石油化工设备维护检修规程

第四册

化纤设备

（上）

2019版

中国石油化工集团有限公司
中国石油化工股份有限公司 组织编写

中国石化出版社

图书在版编目（CIP）数据

石油化工设备维护检修规程：2019版. 第四册，化纤设备 / 中国石油化工集团有限公司，中国石油化工股份有限公司组织编写. — 北京：中国石化出版社，2019.12
ISBN 978-7-5114-5557-4

Ⅰ. ①石… Ⅱ. ①中…②中… Ⅲ. ①石油化工设备 - 检修 - 技术操作规程②化学纤维 - 化工设备 - 检修 - 技术操作规程 Ⅳ. ① TE960.7-65

中国版本图书馆 CIP 数据核字（2019）第 274012 号

中国石化出版社出版发行
地址：北京市东城区安定门外大街 58 号
邮编：100011　电话：(010)57512500
发行部电话：(010)57512575
http://www.sinopec-press.com
E-mail：press@sinopec.com
北京科信印刷有限公司印刷
全国各地新华书店经销
*
787×1092 毫米 16 开本 85.75 印张 1952 千字
2020 年 1 月第 1 版　2020 年 1 月第 1 次印刷
定价：480.00 元（上、下册）

《石油化工设备维护检修规程》修编指导委员会

主　　任：戴厚良

副 主 任：徐　钢　张　涌　朱建民　郭安翔　杨　锋　周志明

委　　员：（以姓氏笔画为序）

于甫春　王鑫武　尹光耀　叶国庆　田宏斌
成　雷　吕建成　朱有志　刘训书　刘建军
刘振宁　麦郁穗　杜　阳　杜博华　李　江
邱宏斌　汪剑波　宋立群　张业金　张成宝
张庆河　张军梁　张忠安　陈雷震　罗　昕
罗重春　金　强　周纪军　赵亚新　赵宝成
赵晓军　胡　佳　袁代红　夏翔鸣　郭绍强
黄志华　董雪林　韩建宇　谭金龙　颜　刚
魏　冬　魏　鑫

特邀委员：赵　岩　周　敏　唐汇云

《石油化工设备维护检修规程》修编专家库

（以姓氏笔画为序）

于晓鹏	王建军	王　群	方紫咪	叶国庆	白　桦
邢　勐	吕　伟	吕建成	朱有志	朱　哲	朱晓明
朱瑞松	任　刚	任名晨	刘子英	刘训书	刘国帅
刘　昕	刘　栋	刘振宁	刘海春	刘　骏	安永明
孙新文	麦郁穗	杜博华	李　江	李江平	李志远
李　晖	李海根	吴尚兵	岑奇顺	何承厚	佘东升
邹吉翼	汪剑波	沈顺弟	张庆河	张如俊	张继兵
张森林	张锁有	陈立义	陈立群	陈永忠	陈志雄
陈金林	陈董清	邰爱民	金　强	周　卫	周文鹏
郑显伟	赵宝成	赵　勇	胡　佳	姜　琳	袁代红
袁红斌	栗雪勇	顾雪冬	钱青松	侯言超	徐文广
徐旺喜	徐继斌	黄绍硕	黄夏林	黄　强	黄勤卫
常培挺	康宝惠	章　文	彭学群	董玉波	董雪林
蒋利军	游碧龙	谢小强	谢道雄	蔡培源	黎德初
潘地培	潘向阳				

化纤设备（腈纶）专业组

组长单位： 中国石化上海石油化工股份有限公司

组员单位： 中国石油化工股份有限公司安庆分公司

中国石油化工股份有限公司齐鲁分公司

化纤设备（腈纶）专业审查专家组

方　珍　严永德　朱爱娟　孙　逸　王建英　韩　炜

章　英　葛贤军　张宏球　赵　亮　刘长升　张志龙

孙九煜　郭洪涛　杜永前　吴春其　周永兴　郑春华

冯永仁　裘伟刚　姜　锋　俞剑骅　王玉明

《石油化工设备维护检修规程》编辑部

主　任： 白　桦

副主任： 潘向阳

成　员： 李跃进　龚志民　孙立泉　蒋　璐　吕芳蕾

《石油化工设备维护检修规程》（2019）修订编制说明

《石油化工设备维护检修规程》（以下简称《规程》），自2004年出版发行以来，作为石化设备完整性管理的支持性文件，在加强石化企业设备完整性管理，提高设备维护检修水平，确保装置安全、稳定、长周期运行等方面发挥了积极作用，受到了广大石油化工设备管理及维护检修人员的欢迎。

随着新装置、新设备的增加，石油化工设备维护检修技术得到了较大的发展，同时，新工艺、新技术、新工具在设备的检维修方面逐步得到应用，装置检修周期已逐步提高到三年、四年或者更长的时间，对设备的正常维护、科学检修提出了更高的要求；随着特种设备、安全环保等方面新的法规、标准颁布，2004版《规程》部分内容已经不能满足石化企业目前设备维护检修工作的需要。

为进一步完善规程，更科学地指导企业石油化工设备的维护检修工作，不断提高设备维护检修质量和设备管理水平，以便适应装置长周期运行的要求，实现企业效益的最大化，中国石化总部决定对2004版《规程》进行修订编制。

为加强对《规程》修编工作的领导，2017年8月中国石化总部组织成立了《规程》修编指导委员会，时任集团公司总经理戴厚良任指导委员会主任，化工事业部牵头，徐钢任副主任，承担了具体领导和组织工作，炼油事业部、资本运营部、生产经营管理部、能源管理与环境保护部和石化出版社的有关领导任副主任，石化企业的设备经理任委员。委员会下设通用设备组、炼油设备组、化工设备组、化纤设备组、碳一化工设备组、电气设备组、仪表组、热电联产设备组、环保设备组、空分设备组、储运设备组等11个专业组，具体负责各专业规程的修编工作。为确保《规程》修编质量，成立了《规程》修编专家库，由国内石化设备相关领域的专家组成；特别邀请了沈鼓集团、陕鼓集团、大橡塑、杭汽集团、杭氧股份、浙江中控、天华院、中密控股、哈博时、吴忠仪表、南防集团、时林公司等优秀石化设备供应商、服务商直接参与规程的修编工作；中国石油、中国海油和中国中化各相关单位及石油石化建安检维修专业协会下属各检维修单位参与了规程审查工作。在石化出版社设立《规程》编辑部，负责规程修编的具体组织以及稿件编辑和出版技术工作。

本次修编工作，新增了48项装置维护检修规程，规定了各装置的主要设备和专用设备的检修周期、检修项目及质量要求、检修过程管理和日常维护等相关内容，同时结合装置的工艺路线，介绍了装置的工艺特性和危害特性，可为编制装置设备检修计划提供指导；新编和调整了部分设备维护检修规程，原部分按照工艺名称命名的设备按照结构进行合并调整；删除了原《规程》中已经淘汰的设备和技术陈旧或经过试行证明不合实际甚至错误的内容，调整后共计286项设备维护检修规程。

2019版《规程》按照GB/T 1.1要求，对规程进行规范，增加了前言、规范性引用文件、附录等内容；对规程中术语进行了统一，力求语言表述规范化；对设备检修周期进行了调整，删除了小修与中修的提法，将小修和中修的部分内容并入大修，日常维护的内容并入了维护章节中，同时将检修项目分解成拆卸程序与要求、回装程序与要求，进一步细化了检修工序，使规程更具可操作性；故障处理章节按照RCM的分析方法重新编制。

在《规程》修编过程中，力图按照信息化、数字化的要求，将维护检修的内容尽量工序化、条目化，为今后石油化工设备维护检修建立统一的信息化管理平台奠定良好的基础。

本次修订编制工作，中国石化各相关企业领导、设备管理人员给予了大力支持，同时得到了中国石油、中国海油、中国中化等兄弟企业以及设备供应商、服务商、检维修单位的大力支持，在此表示衷心感谢。

新编的规程，特别是装置维护检修规程，是新的尝试，还有一个试用的过程；即使是修订的设备规程，由于修订量较大，也难免会有疏漏甚至错误，敬请广大读者提出宝贵意见和建议，以便修订时补充更正。

《石油化工设备维护检修规程》修编指导委员会

2019年11月18日

《石油化工设备维护检修规程》(2004)
修订编制说明

由原中国石油化工总公司生产部1992年组织编制完成、中国石化出版社1993年出版印发各石化企业试行的《石油化工设备维护检修规程》(以下简称《规程》),在加强石化企业设备管理、搞好维护和科学检修、提高设备的可靠度、延长装置运行周期、确保“安、稳、长、满、优”生产方面起到了一定的作用,深受石化企业的好评。

该《规程》出版试行以来,迄今已有十个年头。十年来,随着石油化工技术的进步,石油化工设备维护检修技术得到了较大的发展;随着新装置、新设备的不断增加,原《规程》需要扩大它的涵盖面;随着新工艺、新技术的应用,装置检修由原来的“一年一修”提高到目前的两年、三年甚至更长的检修周期,对设备的正常维护、科学检修提出了更高的要求;随着我国有关压力容器、计量管理、劳动安全等方面新法规和条例的颁布,原《规程》部分内容已不适应新的要求。因此,无论在涵盖面还是技术内容上,原《规程》已不能满足石化企业目前设备维护检修工作的需要。

为进一步完善《规程》,更科学地指导企业石油化工设备的维护检修工作、不断提高设备维护检修质量和设备管理水平、适应装置长周期运行的要求,以实现企业效益的最大化,中国石油化工集团公司和股份公司总部决定对原《规程》组织有关企业进行一次修订。

为了加强对《规程》修订工作的领导,石化集团公司及股份公司于2003年6月组成了以股份公司高级副总裁曹湘洪为主任、炼油事业部、化工事业部、炼化企业经营管理部和中国石化出版社有关领导为副主任、总部有关部门和石化企业有关同志参加的《规程》修订编制委员会,负责修订编制工作的领导。委员会下设炼油、化工、系统三个专业委员会,负责具体组织各专业规程的修订编制工作,并在石化出版社设立《规程》修订编辑部,负责具体的文字编辑和出版技术工作。

本次修订编制工作,按专业进行了分工,将原《规程》10个专业(408个单项规程)划分为三大部分,分别由炼油、化工、系统三个专业委员会负责组织修订、编制及审查工作。炼油专业委员会由炼油事业部牵头,负责通用设备、炼油设备、电气设备和仪表4个专业;化工专业委员会由化工事业部牵头,负责化工设备、化纤设备和化肥设备3

个专业；系统专业委员会由炼化企业经营管理部牵头，负责电站设备、供排水设备和空分设备3个专业。每个专业成立修订编制专业组，分别由中国石油化工集团公司和股份公司下属有关企业担任专业组组长单位，石化企业上千人参与了修订编制工作。

本次修订编制工作，主要遵循了以下几个基本原则：

(1) 应反映出石油化工设备维护检修技术的最新发展，以及对设备维护、检修在工艺、技术上的更高要求。

(2) 根据目前新颁布的有关法规、条例，对原《规程》的相关内容进行更新。

(3) 删减及修改原《规程》中涉及的已经淘汰的设备和技术陈旧或经过试行证明不切合实际甚至错误的内容。

(4) 增补《规程》中未涉及的新装置、新设备，编制增加有关内容，扩大《规程》的涵盖面。

(5) 修订和改进原《规程》中的排版、印刷方面的错误等。

本次修订编制工作的范围，主要针对中国石化系统涵盖面广、大多数企业共有的普遍性设备；对数量极少或某个企业独有的设备未列入本次修订的范围，可由设备所在企业根据情况，进行修订编制，作为本企业的规程。

由于中国石化集团公司和股份公司领导的重视，炼油事业部、化工事业部、炼化企业经营管理部、石化出版社和各有关企业的大力支持，以及全体参加修订编制人员的共同努力，整个修订编制工作进行得比较顺利。由2003年6月总部以中国石化社〔2003〕7号文"关于组织修订《石油化工设备维护检修规程》的通知"下达，整个修订编制工作正式开始起动，到2004年6月底全部修订编制工作完成，总共用了1年的时间。修订编制后的《规程》，经过删减和增补，最终共有395个单项规程，分为159个单行本，10个合订本，由中国石化出版社出版发行。

本次修订编制，除了对原《规程》进行修订外，还增补制订了一些新的单项规程。新编的规程，还有一个试行的过程；即使修订的规程，由于修订人的水平不一，也难免会有一些不适应的内容，因而各企业在执行过程中，希望能积极反馈宝贵意见。有问题和不足之处，请及时向总部有关部门提出，总部将汇总研究，于今后适当时刻给予进一步修订，使之更加完善。

本《规程》在修订编制过程中，各石化企业领导、有关设备管理、维护、检修的工程技术人员和广大职工给予了热情的帮助和大力支持，在此谨表衷心的感谢。

《石油化工设备维护检修规程》修订编制委员会

2004年6月1日

《石油化工设备维护检修规程》（1992）编制说明

随着我国石油化学工业的迅速发展，近年来一大批新装置、新设备陆续投产，并由此推动了设备维护检修技术的不断发展。总公司成立以来，设备维修一直沿用及参照十几年前有关行业部门颁发的维护检修规程进行。这些规程无论在覆盖面上，还是在技术内容上已不能满足目前设备维护检修工作的需要，且部分内容已不符合我国新颁布的有关法规或规定的要求。因此，不少企业多次要求总公司发挥石化集团的整体优势，统一编制出一整套能满足我国现代石油化工生产、指导设备维护检修工作的《石油化工设备维护检修规程》（以下简称《规程》。

为搞好设备的精心维护和科学检修，不断提高维护检修质量，向设备的可靠度深化，总公司生产部于1990年开始组织有关石化企业着手进行《规程》的编制筹备工作，并于1991年4月正式成立编委会，以大连石油化工公司、抚顺石油化工公司、北京燕山石油化工公司、辽阳石油化纤公司、大庆石油化工总厂、齐鲁石油化工公司、上海石油化工总厂、安庆石油化工总厂、金陵石油化工公司及扬子石油化工公司等10家直属石化企业为专业编制组组长单位，分别负责牵头，全面开展通用、炼油、化工、化纤、化肥、电气、仪表、电站、锅炉、供排水和空分等设备维护检修规程的编制工作。总公司系统有35家生产企业1000余人参加了《规程》的资料收集、调研、编写、修改和审查工作。由于总公司领导的重视，各有关企业的大力支持和全体参编人员的共同努力，整个编制工作进展顺利，至1992年10月全部编制完成。全套《规程》共有500个单项规程，约600万字，分168个单行本，9个合订本，由中国石化出版社负责出版发行。

这套《规程》在参考原有有关规程、标准的基础上，总结并采用石化企业长期实践中积累的成熟经验，吸收国内外石化设备维护检修方面的先进技术，贯彻国家现行的有关法规，力图做到反映先进的维护检修技术，有利于加强设备管理，有利于搞好设备的精心维护和科学检修，时提高设备的维修质量，保证装置“安、稳、长、满、优”生产将起到积极作用。

总公司系统生产企业现有近千套装置、100万台设备，门类品种繁多。由于受调研范围、时间和篇幅的限制，本《规程》只编制了主要的和量大面广的设备。由于水平有限，内容和深度也不尽完善，希望各单位在试行中不断总结、积累经验，提出修改意见，待意见汇总后，再行修订补充，使之更加完善。

在编制本《规程》过程中，得到了有关单位领导、工程技术人员和广大职工的大力支持，在此一并表示衷心感谢。

《石油化工设备维护检修规程》编制委员会

1992年10月20日

关于《石油化工设备维护检修规程》第四册《化纤设备》修订编制说明

本规程是由集团公司7个企业相关专业技术人员修订编制而成，由各企业选派优秀的专业技术人员和集团公司特邀专家经过两次集中评审修改后通过。修订编制后的规程更能科学地指导企业开展石油化工设备的维护检修工作，不断提高设备维护检修质量和设备管理水平。

根据编委会和参加编制的全体专业技术人员意见，对《化纤设备》规程进行了整合，对设备名称类同、主要检修内容相似及设备检修内容强相关的规程进行了归并，将通用设备归入《石油化工设备维护检修规程》第一册《通用设备》中，把有使用局限性且即将退出生产的设备规程予以删除，经过合并、删减及取消后本册最终规程编制数量为：装置规程4项，设备规程94项，分上、下两册出版，上册为腈纶设备、下册为涤纶设备。

相关规程修订情况如下：

一、规程编写规范性引用文件增加了新的内容，补充引用了国际标准、国家标准及行业标准等。另外，对规程中技术的专用术语进行了统一，力求语言表述规范化。同时明确了规程适用各类设备的型号。

二、为满足生产装置长周期运行，检修内容应全面、具体，本次规程对设备检修周期进行了调整，删除了小修与中修的提法，将小修和中修的部分内容并入大修，日常维护的内容并入了“维护与故障处理”中，同时将检修项目分解成拆卸程序与要求、回装程序与要求，进一步细化了检修工序，使规程更具可操作性。

三、规程对“检修前准备”进行了模块格式化，充分体现出检修以及检修过程中安全和环保的有关要求。

四、对原规程“常见故障与处理表”进行了修改和必要的增补，采用RCM分析方法，明确设备故障的后果，制定维修策略和维修周期。

五、规程对检修质量标准进行了完善及表格化描述，增加附录A《检修质量控制确认表》和附录B《试车与验收数据记录表》。

上 册 目 录

1. 腈纶联合装置维护检修规程

SHZ 04001—2019

目　次

前　　言

本规程按照GB/T 1.1—2009《标准化工作导则　第1部分：标准的结构和编写》给出的规则起草。

本规程由中国石油化工集团有限公司、中国石油化工股份有限公司提出。

本规程起草单位：中国石油化工股份有限公司安庆分公司。

本规程主要起草人：张宏球、葛贤军。

本规程2019年首次发布。

腈纶联合装置维护检修规程

1 范围

1.1 本规程规定了腈纶联合装置（包括聚合原液单元、回收单元、纺丝单元、成品单元等 4 个单元）主要设备、专用设备的检修周期、检修项目及质量要求、检修过程管理和日常维护的相关内容。

1.2 本规程适用于硫氰酸钠二步法腈纶联合装置的检修维护管理，硫氰酸钠一步法腈纶联合装置检修维护管理可参照执行。

2 规范性引用文件

下列文件中的条款通过本规程的引用而成为本规程的条款。凡是注日期的引用文件，其随后所有的修改单（不包括勘误的内容）或修订版均不适用于本规程，然而，鼓励根据本规程达成协议的各方研究是否可使用这些文件的最新版本。凡是不注日期的引用文件，其最新版本适用于本规程。

TSG 21 固定式压力容器安全技术监察规程

TSG D0001 压力管道安全技术监察规程——工业管道

GB/T 151 热交换器

GB/T 20801 压力管道规范 工业管道

GB 50236 现场设备、工业管道焊接工程施工及验收规范

GB 50484 石油化工建设工程施工安全技术规范

TSG D7005 压力管道定期检验规则—工业管道

TSG R7001 压力容器定期检验规则

GB 50484 石油化工建设工程施工安全技术规范

3 术语与定义

下列术语和定义适用于本文件。

3.1 设备功能

设备功能指的是设备的生产效率和功能，衡量设备功能的指标随设备种类不同而异。

3.2 功能故障

设备、设施不能实现其设计功能时，称之为功能故障，定义为设备、设施不能满足

期望的性能标准。一般指设备失去或降低其规定功能的事件或现象，表现为设备的某些零件失去原有的精度或性能，使设备不能正常运行、技术性能降低，致使设备中断生产或效率降低而影响生产。

3.3 A 类设备

本规程规定的 A 类设备是指经过 RCM 风险评估方法得出的因设备的功能故障引起联合装置停车的该装置的关键设备。

3.4 B+ 类设备

本规程规定的 B+ 类设备是指经过 RCM 风险评估方法得出的设备的功能故障虽然不引起联合装置的停车，但对装置的负荷、质量及可靠性具有重大影响的该装置的主要设备。

4 装置特征

腈纶联合装置是石油化工企业重要的组成部分，根据生产工艺路线特点，湿法工艺分为硫氰酸钠一步法湿法直向纺生产工艺和硫氰酸钠二步法湿法生产工艺。它是以丙烯腈、丙烯酸甲酯、醋酸乙烯酯、甲基丙烯磺酸钠等为主要原料，生产腈纶短纤及长丝产品。

腈纶联合装置通常由聚合原液单、回收、纺丝、成品四个单元部分组成。

硫氰酸钠一步法湿法直向纺生产工艺是在兰州化纤厂 1965 年从英国考陶尔兹（Courtaulds）公司引进的 800t/a 腈纶生产装置的基础上，参照日本爱克斯纶（Exlan）公司生产工艺设计的。基本流程见图 1。

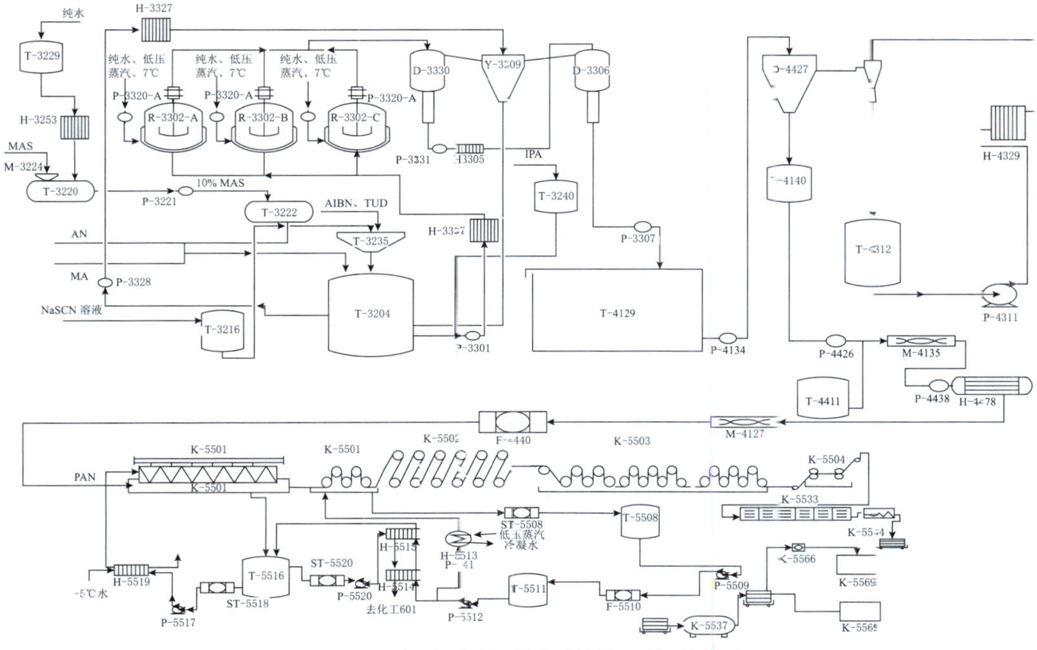

图 1 一步法腈纶联合装置工艺流程图

硫氰酸钠二步法采用美国氰胺（ACC 现在为 STERLING）公司腈纶专利生产工艺技术，工艺生产技术的特点是：聚合釜生产能力大，单体转化率高，连续化程度高，生产容易控制，自动化程度高，采用计算机进行生产控制。基本流程见图 2。

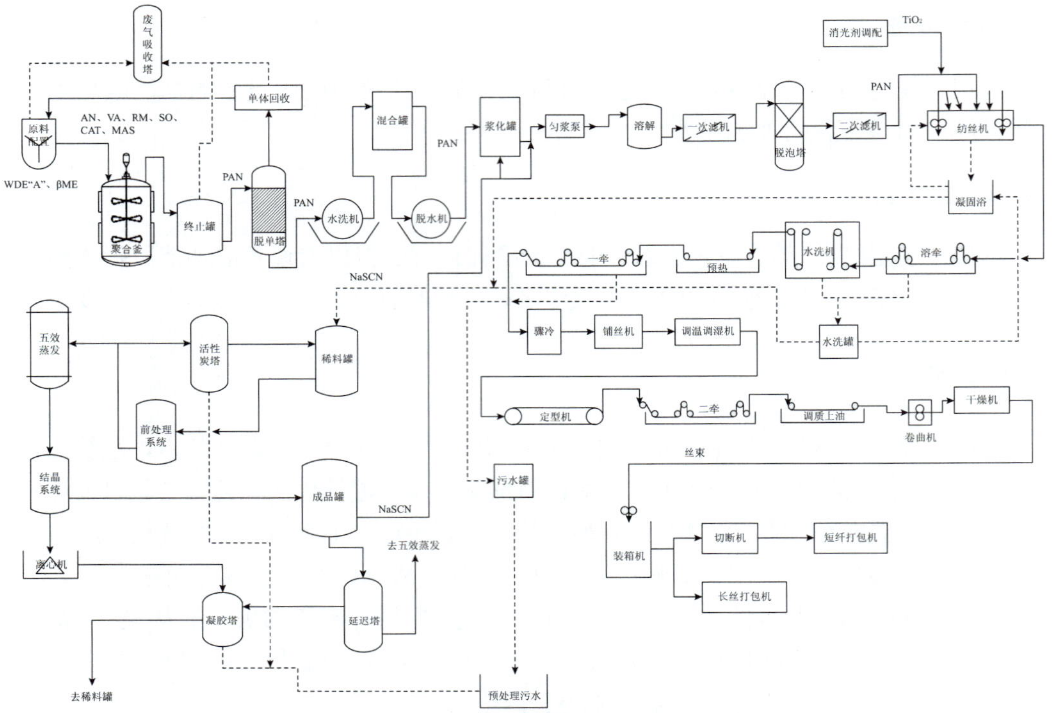

图 2　二步法腈纶联合装置工艺流程图

4.1　聚合原液单元

4.1.1　聚合原液单元工艺原则流程及流程图

聚合原液单元是腈纶纤维生产的重要组成部分。

一步法工艺中丙烯腈、丙烯酸甲酯、甲基丙烯磺酸钠以及硫氰酸钠分别经 4 台质量流量计按工艺要求以一定比例计量，混合后汇成一股进入试剂混合槽；计量后的硫氰酸钠与定量加入的偶氮二异丁腈（AIBN）和二氧化硫脲（TUD）混合，在槽内形成悬浮液。

混合液输送至转化率控制器，以一定流量进入聚合反应釜进行聚合反应，聚合反应温度为 78 ～ 82℃，压力为 0.055 ～ 0.059MPa，反应时间为 1.30 ～ 2.30h，转化率为 55% ～ 62%。

由反应釜顶部出来的聚丙烯腈浆液进入第一单体脱除器伞面，未反应单体在伞面上激烈沸腾汽化逸出，由于单体和水分蒸发时带走热量，使原液温度降低到 45 ～ 51℃，经一次脱单后的原液进入大气腿，经原液预热器加热，再进入第二单体脱除器。经二次脱单后，原液中残余单体含量已控制在≤ 0.15%，原液经过第二脱单塔大气腿由第二单体抽出泵抽出，在原液混合器混合后进入原液混合槽。

二步法工艺是将丙烯腈、醋酸乙烯酯、甲基丙烯磺酸钠、氧化剂（氯酸钠、硫酸铜)、还原剂(亚硫酸氢钠、硝酸钠),巯基乙醇、脱盐水七股物料按一定比例加入到聚合釜中,在60℃,pH=2.1的条件下发生聚合反应,生成聚丙烯腈聚合物。

从聚合釜溢流出来的水和聚合物,经终止、脱单、水洗后进入混合罐。脱水后与冷硫氰酸钠混合,对聚合物进行再浆化处理。溶胀后的聚合物和热硫氰酸钠按一定比例溶解,经压滤、脱泡后进入纺丝原液贮罐。

美国ACC公司专利技术特点是聚合釜生产能力大,单体转化率高,连续化程度高,生产容易控制,自动化程度高,采用计算机进行生产控制。二步法聚合原液单元工艺流程见图3。

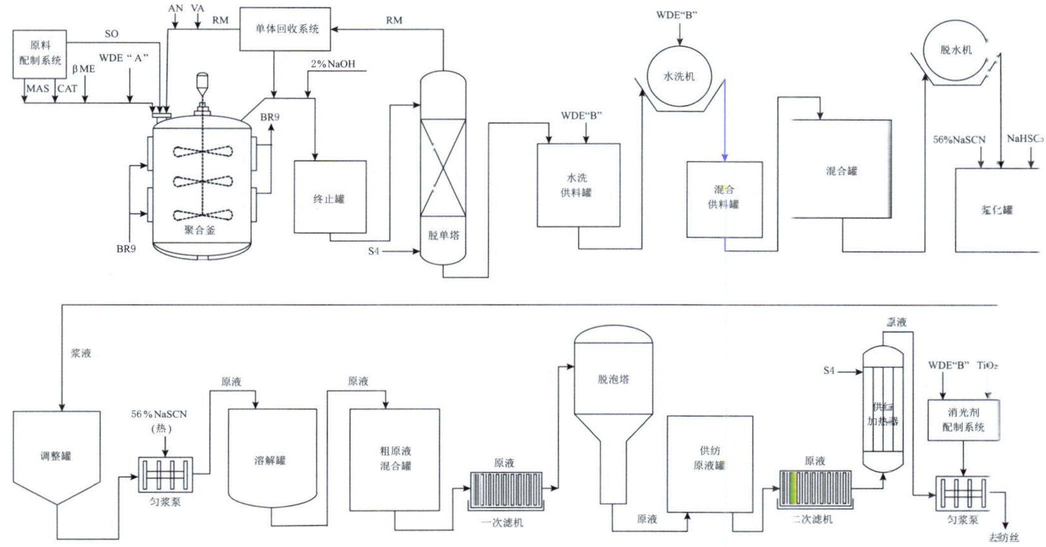

图3 二步法聚合原液单元工艺流程

4.1.2 聚合原液单元工艺特性参数

一步法聚合原液单元工艺特性参数见表1,二步法聚合原液单元工艺特性参数见表2。

表1 一步法聚合原液单元工艺特性参数

控制项目	位号	单位	控制指标范围
NaSCN加入量	F3201	%	85.00～86.00
MAS加入量	F3202	%	0.98～1.10
AN加入量	F3203	%	11.50～12.50
MA加入量	F3204	%	1.00～1.20
IPA瞬时量	F3207	%	0～0.1
AIBN加入量	F3212	%	0.023～0.031

表 1　一步法聚合原液单元工艺特性参数（续）

控制项目	位号	单位	控制指标范围
TUD 加入量	F3213	%	0.056～0.076
试剂混合槽液位	L3301	%	60～70
试剂混合槽温度	T3301	℃	17～23
试剂混合槽密度	D3301	g/cm^3	1.175～1.185
反应釜内温度	T3305	℃	78～82
回用单体冷却器出口温度	T3303	℃	13～17
第一脱单塔液位	L3303	%	48～52
原液预热器出口温度	T3314	℃	82～92
第二脱单塔液位	L3304	%	48～52
单体冷凝器真空度	P3327	kPa	10.7～14.7
浆液混合槽液位	L4401	%	25～95
第三脱单塔真空度	P4420	kPa	4.0～7.0
第三脱单温差	TD4408	℃	5～10
脱泡液封桶液位	L4404	%	60～70
管道混合器出口压力	P4427	MPa	0.2～0.3

表 2　二步法聚合原液单元工艺特性参数

工序名称	特性参数	单位	控制指标
聚合釜	釜温	℃	60±0.5
	其他		V：7.28m^3 pH：2.1±0.3 τ：47min n：190r/min X：83.5%
终止	pH		4.5±0.5
脱单	压力	mmHg(A)	200±20
	蒸汽流量	kg/h	650±50
水洗	真空	mmHg(A)	380±50
	水洗水量	kg/ kg 聚合物	≥3.87

表2　二步法聚合原液单元工艺特性参数（续）

工序名称	特性参数	单位	控制指标
脱水	压力	mmHg(A)	380±50
	浆化比值		0.35±0.03
溶解	溶解温度	℃	79.5±2
	溶解比值		0.81±2
脱泡	温差	℃	1.50～3.50
	压力	mmHg(A)	＜100
供纺	压力	MPa	0.39±0.02
	温度	℃	66～74（根据纺丝要求）

4.1.3　聚合原液单元危害（如腐蚀等）特性

聚合原液单元危害（如腐蚀等）位置及防范措施见表3。

表3　聚合原液单元危害（如腐蚀等）位置及防范措施

腐蚀类别	腐蚀位置	防范措施
物理冲刷	聚合物具有颗粒度，对聚合釜、管线等冲刷减薄	（1）定期测厚检查； （2）减少流程中管线弯头等
结疤堵塞	造成聚合物流动性差，形成块状物堵塞管线、换热器、脱单塔、阀门、机泵等	严格控制工艺指标，定期检查清理
酸碱及盐性腐蚀	原料中含有酸碱、盐（HNO_3、NaOH、$NaHSO_4$、乙硫醇 NaSCN 等），易造成管线及冷换设备腐蚀	（1）设备管线材质采用不锈钢； （2）定期测厚检查

4.2　回收单元

4.2.1　回收单元工艺原则流程及流程图

二步法回收单元主要处理纺丝单元送来的硫氰酸钠稀料，利用蒸发浓缩工艺和离子吸附工艺从中分离得到(56.00±0.50)%的NaSCN和蒸发冷凝液产品，并产生硫酸钠、活性炭及硅藻土等固废。

来自纺丝装置的稀硫氰酸钠溶液过滤后，再经前处理及活性炭塔过滤送入五效顺流降膜减压蒸发提浓。冷凝液进入冷凝液罐后，送到纺丝单元做为水洗水。分离提浓后的硫氰酸钠溶液中含有的硫酸钠，分离后液相部分送回结晶加料罐，固相部分经精滤器和脱色板框过滤后送至凝胶塔；顶部澄清的料液溢流至二次处理系统，经二次滤机和二次板框过滤后进入成品罐，送聚合原液单元。二步法回收单元工艺流程图见图4。

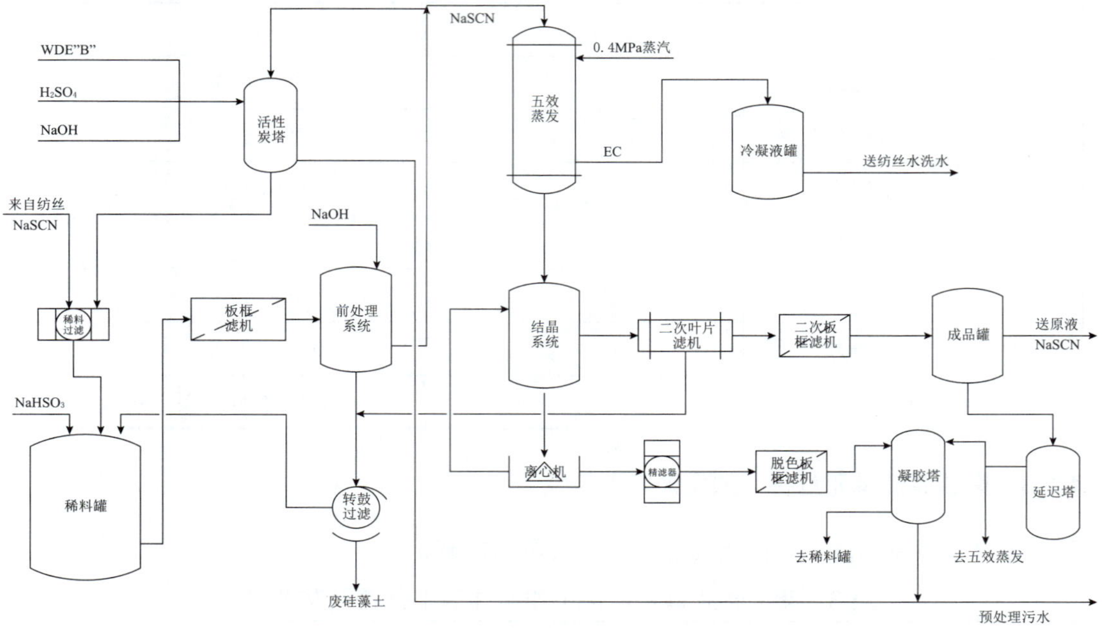

图4　二步法回收单元工艺流程

4.2.2　回收单元工艺特性参数

二步法回收单元工艺特性参数见表4。

表4　二步法回收单元工艺特性参数

工序名称	特性参数	单位	控制指标
前处理系统	前处理罐pH值		7.00～8.00
稀料过滤	稀料滤袋工作切换条件	MPa	进出口压差≥0.15MPa 或工作1周须切换
活性炭塔	板框滤机切换条件	MPa	入口压力≥0.70MPa或流量达不到要求
	活性炭塔进料压力	MPa	≤0.30
	活性炭塔再生压力	MPa	≤0.30
五效蒸发	蒸发供料压力	MPa	0.50～0.55
	蒸发五效蒸发室压力	kPa	8.00～12.00
	蒸发出料温差	℃	20.00～25.00
	蒸发前四效冷凝液硫氰酸钠含量	mg/L	≤50.00
	蒸发五效冷凝液硫氰酸钠含量	mg/L	≤50.00

表4　二步法回收单元工艺特性参数（续）

工序名称	特性参数	单位	控制指标
结晶系统	闪蒸压力	kPa	7.50～9.50
二次滤机	二次滤机工作切换条件	MPa	入口压力≥0.50MPa或工作24h须切换
二次板框滤机	板框滤机工作切换条件	MPa	入口压力≥0.3MPa须切换
延迟塔	延迟进料量	m^3/h	1.50～3.50
	延迟进料温度	℃	55.00～75.00
凝胶塔	凝胶进料量	m^3/h	0.400～4.00

4.2.3　溶剂回收单元危害（如腐蚀等）特性

溶剂回收单元危害（如腐蚀等）位置及防范措施见表5。

表5　溶剂回收单元危害（如腐蚀等）位置及防范措施

腐蚀类别	腐蚀位置	防范措施
结晶堵塞	造成物料流动性差，形成颗粒状物堵塞管线、换热器、阀门、机泵等。	严格控制工艺指标，定期检查热水清洗
酸碱及盐性腐蚀	物料中含有酸碱、盐（H_2SO_4、NaOH、NaSCN等），易造成管线及冷换设备腐蚀	（1）设备管线材质采用不锈钢 （2）定期测厚检查

4.3　纺丝单元

4.3.1　纺丝单元工艺原则流程及流程图

纺丝单元是将聚合原液单元制备的纺丝原液（丙烯腈、醋酸乙烯酯和甲基丙烯磺酸钠的三元共聚物的硫氰酸钠溶液）为原料，加工成具有使用性能的腈纶长丝束，供成品单元生产短纤维或长丝，纺丝单元同时将产生的稀硫氰酸钠溶液送往回收单元。

纺丝单元生产技术系引进美国氰胺（ACC）公司的湿法转向纺丝技术，具有纺丝速度高，二次热水牵伸，连续汽蒸定型等工艺特点。共有纺丝成形、溶剂牵伸、水洗、预热、热牵伸、干燥致密化、汽蒸定型、再牵伸、调质上油、卷曲、干燥、装箱等生产工序。二步法纺丝单元工艺流程图见图5。

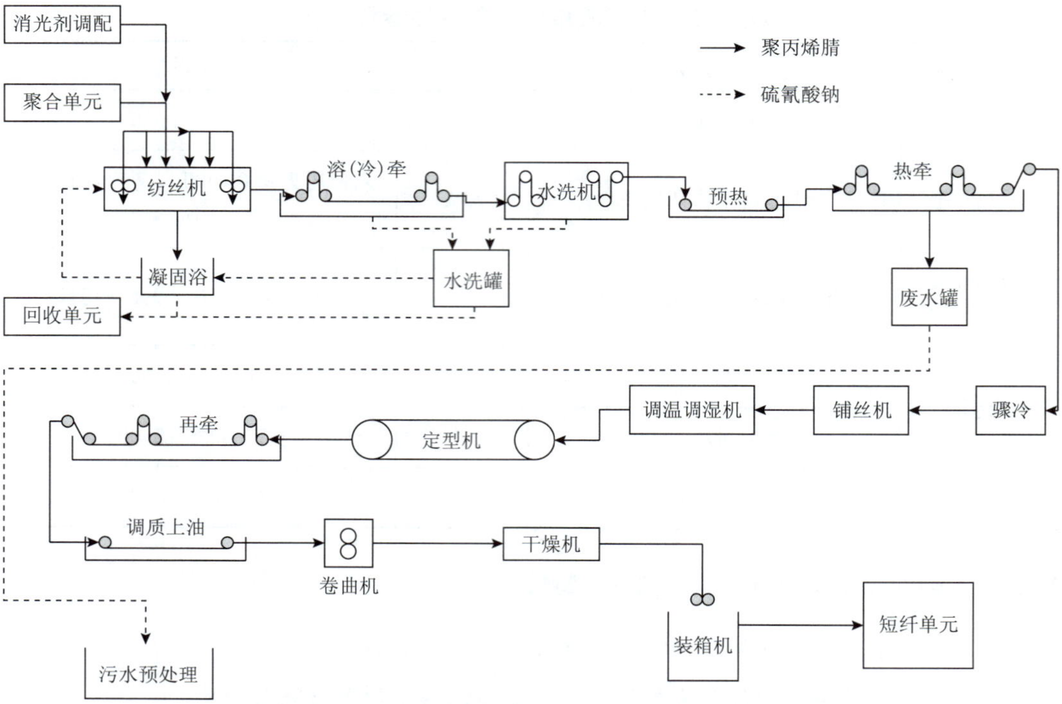

图5　二步法纺丝单元工艺流程

4.3.2　纺丝单元工艺特性参数

二步法纺丝装置工艺特性参数见表6。

表6　二步法纺丝装置工艺特性参数

工序名称	特性参数	单　位	控制指标
纺丝成形	凝固浴温度	℃	-1±1
	纺丝箱流量	m^3 / h	40±6
溶剂牵伸	溶牵温度	℃	49±2
	溶剂牵伸速度	m/min	15.2～50
水洗	水洗水温度	℃	52±5
	水洗水 pH 值		4.5～6.5
	水洗辊速度	m/min	36.1～45.2
预热	预热温度	℃	98±1
热牵伸	热牵伸温度	℃	99±0.5
	热牵速度	m/min	38.0～225
骤冷	骤冷温度	℃	室温
	骤冷速度	m/min	210～220

表6　二步法纺丝装置工艺特性参数（续）

工序名称	特性参数	单 位	控制指标
调温调湿	调温调湿温度	℃	130±10
	铺丝机速度	m/min	175.0～215
定型	定型机压力	MPa	0.125～0.23
	定型机速度	m/min	105.0～192.5
再牵伸	二牵伸温度	℃	82～98
	再牵伸速度	m/min	105.0～229.0
调质上油卷曲	调质上油温度	℃	65～82
	卷曲机速度	m/min	137.5～229.0
干燥	干燥机温度	℃	70～100

4.3.3　纺丝单元危害（如腐蚀等）特性

纺丝单元危害（如腐蚀等）位置及防范措施见表7。

表7　纺丝单元危害（如腐蚀等）位置及防范措施

腐蚀类别	腐蚀位置	防范措施
凝固堵塞	造成物料流动性差，形成胶状或膏物堵塞管线、换热器、阀门、机泵等	严格控制工艺指标，定期检查浓热硫氰酸钠溶液冲洗或蒸汽吹扫
酸及盐性腐蚀	工艺介质本身含有酸、盐（H_2SO_4、NaSCN等），易造成管线及冷换设备腐蚀	（1）设备管线材质采用不锈钢 （2）定期测厚检查

4.4　成品单元

4.4.1　成品单元工艺原则流程及流程图

成品单元以纺丝单元生产的丝束为原料，通过切断或重新铺丝，打成短纤包或长丝包作为产品。工艺流程图见图6。

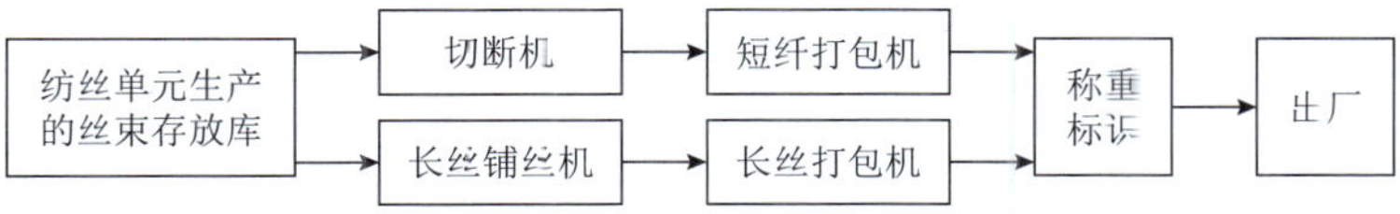

图6　成品单元工艺流程

4.4.2　成品单元工艺特性参数

成品单元工艺特性参数见表8。

表 8　成品单元工艺特性参数

工序名称	特性参数	单位	控制指标
切断	切断速度	m/min	≤ 100 常规；1.5D，≤ 140；3D，≤ 120 高收缩
	刀盘间隙	mm	3～3.5
	刀盘规格	mm	38、51、64、102、76～127 等
长丝铺丝	铺丝速度	m/min	≤ 150 常规
长丝打包	额定总重	kg	400～1000
短纤打包	单秤重量	kg	48～50
	循环次数	次	7
	额定总重	kg	330～350

4.4.3　成品单元危害（如腐蚀等）特性

本单元生产过程中不涉及介质腐蚀等对设备形成的危害。

5　检修周期及检修项目

5.1　主要设备

5.1.1　聚合原液单元主要设备见表 9。

表 9　聚合原液单元主要设备

名称	设备种类		主要设备	通用、专用设备检修规程的代码
转动设备	转鼓滤机		水洗机、脱水机	SHS 01026
	搅拌器		聚合釜搅拌器、终止罐搅拌器、混合槽搅拌器、浆化槽搅拌器、溶解搅拌器	SHS 01046
	泵	离心泵	冷冻水出料泵、含氰废水输送泵、酸性废水输送泵、地坑泵	SHS 01013
		螺杆泵	脱泡塔出料泵	SHS 01016
		齿轮泵	脱泡塔进料泵、头道滤机进料泵、二道滤机进料泵、增压泵	SHS 01017
		屏蔽泵	AN 输送泵、VA 输送泵、回收单体进料泵、循环单体泵、TEG 输送泵	SHS 01043

表9　聚合原液单元主要设备（续）

<table>
<tr><th>名称</th><th colspan="2">设备种类</th><th>主要设备</th><th>通用、专用设备检修规程的代码</th></tr>
<tr><td rowspan="9">静设备</td><td>塔</td><td>填料塔、板式塔</td><td>脱单塔、脱泡塔</td><td>SHS 01007</td></tr>
<tr><td colspan="2">反应器</td><td>聚合釜</td><td>SHS 04317</td></tr>
<tr><td rowspan="2">换热器</td><td>管壳式加热器</td><td>丙烯腈加热器、硫氰酸钠加热器、回收水加热器、溶解加热器、脱泡预热器、纺丝原液加热器</td><td rowspan="2">SHS 01009</td></tr>
<tr><td>冷却器</td><td>丙烯腈冷却器、回收单体冷却器、硫氰酸钠冷却器</td></tr>
<tr><td colspan="2">压力容器</td><td>丙烯腈加热器、NaSCN加热器、脱泡预热器、纺丝原液加热器</td><td>SHS 01004</td></tr>
<tr><td colspan="2">常压容器</td><td>丙烯腈贮槽、VA贮槽、回收单体贮槽、TEG贮槽、回收单体收集槽、倾析槽、回收水贮槽、MAS贮槽等</td><td>SHS 01011</td></tr>
<tr><td colspan="2">压力管道</td><td>浓NaSCN管线、稀NaSCN管线、丙烯腈管线</td><td>SHS 01005</td></tr>
<tr><td colspan="2">阀门</td><td>截止阀、球阀、闸阀、蝶阀、调节阀等</td><td>SHS 01030</td></tr>
<tr><td colspan="4" style="display:none"></td></tr>
<tr><td rowspan="4">仪表设备</td><td>常规仪表</td><td>检测仪表、显示或报警仪表、控制仪表、辅助单元、执行器及其附件</td><td>热电阻、压力变送器、液位变送器、电磁流量计、旋涡流量计、调节阀、电磁阀</td><td>SHS 07003
SHS 07005</td></tr>
<tr><td>控制系统</td><td>集散控制系统（DCS）、可编程控制系统（PLC）、机组控制系统（CCS或ITCC）、工业控制计算机系统（IPC）、监控和数据采集系统（SCADA）</td><td>腈纶联合装置DCS、PLC</td><td>SHS 07008</td></tr>
<tr><td>在线分析仪表</td><td>工业气相色谱仪、氧分析仪、红外分析仪、质谱仪、pH计、电导仪、水分仪</td><td>pH计、电导仪</td><td>SHS 07006</td></tr>
<tr><td>安全环保仪表</td><td>可燃气体检测报警仪、有毒有害气体检测报警仪、氨氮分析仪、化学需氧量分析仪（COD）、水质分析仪、烟气分析仪（CEMS）</td><td>可燃气体检测报警仪、有毒有害气体检测报警仪、化学需氧量分析仪（COD）</td><td>SHS 07006</td></tr>
</table>

表9　聚合原液单元主要设备（续）

名称	设备种类	主要设备	通用、专用设备检修规程的代码
电气设备	旋转电机及调速励磁装置	同步电动机及部分励磁装置、异步电动机、直流电动机及调速装置、交流变频调速装置	SHS 06001
	变压器	油浸电力变压器、干式变压器	SHS 06002
	高压开关	高压开关及 GIS 组合电器	SHS 06003
	配电装置	35kV 及以下高低压配电柜（包括各种配电盘、柜、箱及成套柜），110kV 及以下的户内外母线、绝缘子、构架、水泥电抗器及 6～10kV 电力电容器	SHS 06004
	低压电器	交流接触器、真空接触器、自动空气开关、热继电器、防爆电器	SHS 06005
	电源装置	直流电源装置、UPS 装置及蓄电池	SHS 06006
	电力线路	架空电力线路、电缆线路	SHS 06007
	照明装置	灯具、照明箱、开关、接线盒、照明控制器	SHS 06008
	接地及过电压保护装置	电力线路和电气设备的工作接地、保护接地、防雷及防静电的接地装置、避雷针、避雷网、避雷线及各类避雷器	SHS 06009

5.1.2　回收单元主要设备见表 10。

表 10　回收单元主要设备

<table>
<tr><th>名称</th><th colspan="2">设备种类</th><th>主要设备</th><th>通用、专用设备检修规程的代码</th></tr>
<tr><td rowspan="5">转动设备</td><td colspan="2">转鼓滤机</td><td>真空转鼓过滤机</td><td>SHS 01026</td></tr>
<tr><td colspan="2">搅拌器</td><td>前处理槽搅拌器、固体溶解槽搅拌器、母液罐搅拌器、后过滤反洗地槽搅拌器、固体去除地槽搅拌器、结晶供料槽搅拌器、浓溶剂贮槽搅拌器</td><td>SHS 01046</td></tr>
<tr><td rowspan="2">泵</td><td>离心泵</td><td>前处理输送泵、蒸发供料泵、蒸发循环泵、成品泵、成品输送泵</td><td>SHS 01013</td></tr>
<tr><td>往复泵</td><td>凝胶供料泵</td><td>SHS 01014、SHS 01015</td></tr>
<tr><td colspan="2">离心机</td><td>除固离心机</td><td>SHS 03028</td></tr>
</table>

表 10　回收单元主要设备（续）

名称	设备种类		主要设备	通用、专用设备检修规程的代码
静设备	塔	填料塔、板式塔	离子吸附塔、离子交换塔、凝胶树脂塔	SHS 01007
	换热器	列管式换热器	进料预热器、一效预热器、一效加热器、二效预热器、二效加热器、三效预热器、三效加热器、四效预热器、四效加热器、五效加热器、NaSCN 加热器	SHS 01009
		板式换热器	板片换热器	SHS 01049
	压力容器		一效加热器、水加热器、NaSCN 加热器	SHS 01004
	压力管道		浓 NaSCN 管线、稀 NaSCN 管线、硫酸管线等 9 条	SHS 01005
	阀门		截止阀、球阀、闸阀、蝶阀、调节阀等	SHS 01030
仪表设备	常规仪表	检测仪表、显示或报警仪表、控制仪表、辅助单元、执行器及其附件	液位计、流量计、温度计、压力变送器、电接点压力表、调节阀等	SHS 07002 SHS 07005
	控制系统	集散控制系统（DCS）、可编程控制系统（PLC）、机组控制系统（CCS 或 ITCC）、工业控制计算机系统（IPC）、监控和数据采集系统（SCADA）	回收装置 DCS、PLC	SHS 07008
	在线分析仪表	工业气相色谱仪、氧分析仪、红外分析仪、质谱仪、pH 计、电导仪、水分仪	pH 计、电导仪	SHS 07006
	安全环保仪表	可燃气体检测报警仪、有毒有害气体检测报警仪、氨氮分析仪、化学需氧量分析仪（COD）、水质分析仪、烟气分析仪（CEMS）	可燃气体检测报警仪、有毒有害气体检测报警仪、氨氮分析仪、化学需氧量分析仪（COD）、水质分析仪	SHS 07006

表 10　回收单元主要设备（续）

名称	设备种类	主要设备	通用、专用设备检修规程的代码
电气设备	旋转电机及调速励磁装置	同步电动机及部分励磁装置、异步电动机、直流电动机及调速装置、交流变频调速装置	SHS 06001
	变压器	油浸电力变压器、干式变压器	SHS 06002
	高压开关	高压开关及 GIS 组合电器	SHS 06003
	配电装置	35kV 及以下高低压配电柜（包括各种配电盘、柜、箱及成套柜），110kV 及以下的户内外母线、绝缘子、构架、水泥电抗器及 6～10kV 电力电容器	SHS 06004
	低压电器	交流接触器、真空接触器、自动空气开关、热继电器、防爆电器	SHS 06005
	电源装置	直流电源装置、UPS 装置及蓄电池	SHS 06006
	电力线路	架空电力线路、电缆线路	SHS 06007
	照明装置	灯具、照明箱、开关、接线盒、照明控制器	SHS 06008
	接地及过电压保护装置	电力线路和电气设备的工作接地、保护接地、防雷及防静电的接地装置、避雷针、避雷网、避雷线及各类避雷器	SHS 06009

5.1.3　纺丝单元主要设备见表 11。

表 11　纺丝单元主要设备

名称	设备种类		主要设备	通用、专用设备检修规程的代码
动设备	化纤机械		纺丝机、溶剂牵伸机、水洗机、热牵伸机、骤冷（成形）机、调温调湿烘干机、蒸汽定型机、再牵伸（再卷曲）机、二道烘干机、圆网烘干机、卷曲机、装箱机等	SHS 04097 SHS 04098 SHS 04108 SHS 04301～04311 SHS 04117 SHS 04112 SHS 04119
	泵	离心泵	凝固浴循环泵、回收液泵、水洗水泵、溶液槽泵、水洗水供料泵、油剂槽泵等	SHS 01013
		齿轮泵	回浆泵、浓油剂给料泵等	SHS 01017
	离心式风机		四角风机、屋顶排风机等	SHS 01022

表11　纺丝单元主要设备（续）

<table>
<tr><th>名称</th><th colspan="2">设备种类</th><th>主要设备</th><th>通用、专用设备检修规程的代码</th></tr>
<tr><td rowspan="5">静设备</td><td rowspan="2">换热器</td><td>管壳式换热器</td><td>溶牵加热器、预热加热器、热牵伸加热器、水洗水加热器、油剂加热器等</td><td>SHS 01009</td></tr>
<tr><td>板式换热器</td><td>凝固浴冷却器、凝固浴省能器等</td><td>SHS 01049</td></tr>
<tr><td colspan="2">压力容器</td><td>定型机、溶牵加热器、预热加热器、热牵伸加热器、水洗水加热器、油剂加热器、凝结水缓冲罐等</td><td>SHS 01004</td></tr>
<tr><td colspan="2">压力管道</td><td>稀 NaSCN 管线、S4 蒸汽管线、S8 蒸汽管线等</td><td>SHS 01005</td></tr>
<tr><td colspan="2">阀门</td><td>截止阀、球阀、闸阀、蝶阀、调节阀等</td><td>SHS 01030</td></tr>
<tr><td rowspan="3">仪表设备</td><td>常规仪表</td><td>检测仪表、显示或报警仪表、控制仪表、辅助单元、执行器及其附件</td><td>热电阻、压力变送器、液位变送器、电磁流量计、旋涡流量计、调节阀、电磁阀等</td><td>SHS 01002
SHS 01005</td></tr>
<tr><td>控制系统</td><td>集散控制系统（DCS）、可编程控制系统（PLC）、机组控制系统（CCS 或 ITCC）、工业控制计算机系统（IPC）、监控和数据采集系统（SCADA）</td><td>腈纶联合装置 DCS、PLC</td><td>SHS 01008</td></tr>
<tr><td>在线分析仪表</td><td>工业气相色谱仪、氧分析仪、红外分析仪、质谱仪、pH 计、电导仪、水分仪</td><td>pH 计、电导仪</td><td>SHS 01006</td></tr>
<tr><td rowspan="3">电气设备</td><td colspan="2">旋转电机及调速励磁装置</td><td>同步电动机及部分励磁装置、异步电动机、直流电动机及调速装置、交流变频调速装置</td><td>SHS 06001</td></tr>
<tr><td colspan="2">变压器</td><td>油浸电力变压器、干式变压器</td><td>SHS 06002</td></tr>
<tr><td colspan="2">高压开关</td><td>高压开关及 GIS 组合电器</td><td>SHS 06003</td></tr>
</table>

表11 纺丝单元主要设备（续）

名称	设备种类	主要设备	通用、专用设备检修规程的代码
电气设备	配电装置	35kV及以下高低压配电柜（包括各种配电盘、柜、箱及成套柜），110kV及以下的户内外母线、绝缘子、构架、水泥电抗器及6～10kV电力电容器	SHS 06004
	低压电器	交流接触器、真空接触器、自动空气开关、热继电器、防爆电器	SHS 06005
	电源装置	直流电源装置、UPS装置及蓄电池	SHS 06006
	电力线路	架空电力线路、电缆线路	SHS 06007
	照明装置	灯具、照明箱、开关、接线盒、照明控制器	SHS 06008
	接地及过电压保护装置	电力线路和电气设备的工作接地、保护接地、防雷及防静电的接地装置、避雷针、避雷网、避雷线及各类避雷器	SHS 06009

5.1.4 成品单元主要设备见表12。

表12 成品单元主要设备

名称	设备种类	主要设备	通用、专用设备检修规程的代码
动设备	打包机	FTG/300短纤打包机、Lift-BOX3000短丝打包机	SHS 04339 SHS 04125
		HV803A型打包机、AUTEFA UNI BOX 3000长丝打包机	SHS 04351 SHS 04315
	切断机	罗姆斯切断机、切试1型切断机、SC2型切断机	SHS 04340 SHS 04124 SHS 04312
	铺丝机	摆丝机、折叠机	SHS 04310 SHS 04343

表12　成品单元主要设备（续）

<table>
<tr><th>名称</th><th colspan="2">设备种类</th><th>主要设备</th><th>通用、专用设备检修规程的代码</th></tr>
<tr><td rowspan="2">仪表设备</td><td>控制系统</td><td>集散控制系统（DCS）、可编程控制系统（PLC）、机组控制系统（CCS或ITCC）、工业控制计算机系统（IPC）、监控和数据采集系统（SCADA）</td><td>PLC</td><td>SHS 07008</td></tr>
<tr><td>安全仪表系统（SIS）</td><td>安全联锁系统、紧急停车系统和可燃、有毒有害气体及火灾检测保护系统</td><td>SIS</td><td>SHS 07006</td></tr>
<tr><td rowspan="9">电气设备</td><td colspan="2">旋转电机及调速励磁装置</td><td>同步电动机及部分励磁装置、异步电动机、直流电动机及调速装置、交流变频调速装置</td><td>SHS 06001</td></tr>
<tr><td colspan="2">变压器</td><td>油浸电力变压器、干式变压器</td><td>SHS 06002</td></tr>
<tr><td colspan="2">高压开关</td><td>高压开关及GIS组合电器</td><td>SHS 06003</td></tr>
<tr><td colspan="2">配电装置</td><td>35kV及以下高低压配电柜（包括各种配电盘、柜、箱及成套柜），10kV及以下的户内外母线、绝缘子、构架、水泥电抗器及6～10kV电力电容器</td><td>SHS 06004</td></tr>
<tr><td colspan="2">低压电器</td><td>交流接触器、真空接触器、自动空气开关、热继电器、防爆电器</td><td>SHS 06005</td></tr>
<tr><td colspan="2">电源装置</td><td>直流电源装置、UPS装置及蓄电池</td><td>SHS 06006</td></tr>
<tr><td colspan="2">电力线路</td><td>架空电力线路、电缆线路</td><td>SHS 06007</td></tr>
<tr><td colspan="2">照明装置</td><td>灯具、照明箱、开关、接线盒、照明控制器</td><td>SHS 06008</td></tr>
<tr><td colspan="2">接地及过电压保护装置</td><td>电力线路和电气设备的工作接地、保护接地、防雷及防静电的接地装置、避雷针、避雷网、避雷线及各类避雷器</td><td>SHS 06009</td></tr>
</table>

5.2　检修周期

5.2.1　腈纶联合装置检修应根据实际运行情况进行定期停车大检修，大修周期一般为36～48个月。

5.2.2 有备用设备的或日常可以进行检修的一般不列入大修项目（特殊情况除外）。

5.3 检修内容

5.3.1 聚合原液单元主要检修内容见表 13。

表 13 聚合原液单元主要检修内容

序号	设备名称	设备功能	功能故障	故障周期／月	检修内容	专业类别
1	聚合釜	实现单体聚合转化成高分子	聚合釜温度控制达不到生产要求，聚合物溢流量达不到生产要求，折流板腐蚀超标，釜壁壁厚减薄超标，搅拌桨叶减薄超标，机械密封磨损泄漏	2	1. 检查釜内结疤、溢流管堵塞情况； 2. 检查釜壁厚度、釜壁焊缝、折流板厚度及变形、进料线及机械密封情况； 3. 检查夹套进行检漏。检修封头及其密封； 4. 检查搅拌桨叶情况	B 类
2	搅拌器	提供动力，实现物料尽可能混合均匀	搅拌效果达不到生产要求，齿轮箱异响、密封泄漏，轴弯曲振动大，桨叶脱落、变形	48	1. 检查齿轮箱漏油、振动、异响，温升高、机械泄漏量、润滑油压、油品品质情况。 2. 检查减速机部件磨损情况。必要时更换减速机。 3. 检查搅拌轴、轮毂及桨叶情况	C 类
3	水洗机（脱水机）	通过滤布，实现物料与水的分离	水洗或脱水效果达不到生产要求，减速机异响、温度高、密封泄漏，轴瓦磨损，磨头磨损、漏水，底槽搅拌脱焊开裂、变形	2	1. 检查齿轮箱漏油、振动、异响，温升高、机械泄漏情况； 2. 检查轴瓦磨损，磨头、耐磨板情况； 3. 底槽搅拌检查； 4. 滤布检查、清理喷淋管； 5 检查无极变速器皮带联轴节等	C 类
4	系统工艺管线	利用管道，实现生产物料的输送	工艺管线腐蚀泄漏或静密封泄漏，管线结垢等堵塞	36	1. 检查工艺管线及静密封腐蚀泄漏情况； 2. 检查生产中管线流量是否影响到生产控制与稳定	C 类

表 13 聚合原液单元主要检修内容（续）

序号	设备名称	设备功能	功能故障	故障周期／月	检修内容	专业类别
5	防爆电动机	将电能转换成机械能，为压缩机、风机等各类负载提供动力	振动超标； 轴承声音、温度异常； 绕组短路等	48	具体检修内容见 SHS 06001《旋转电机及调速励磁装置》	B+
6	变压器	将上级电源电压转换为现场设备负载所需的电压等级，为设备提供电能	渗油、漏油消缺； 电气预防性试验； 设备清扫等	48	具体检修内容见 SHS 06002《变压器》	B+
7	高、低压开关柜	电力系统设备，为设备提供电能	故障消缺； 电气预防性试验； 设备清扫等	48	具体检修内容见 SHS 06004《配电装置》	B+
8	UPS 装置及蓄电池	为 DCS 等重要仪表负载供电	故障消缺； 电气预防性试验； 设备清扫等； 蓄电池充放电	48	具体检修内容见 SHS 06006《电源装置》	B+

5.3.2 腈纶联合装置回收单元主要检修内容见表 14。

表 14 腈纶联合装置回收单元主要检修内容

序号	设备名称	设备功能	功能故障	故障周期／月	检修策略	专业类别
1	离心机	利用离心力，实现不同密度液体或悬浮液的分离	产品分离达不到生产要求，主机异常振动和异音、密封泄漏，差速器异响，主轴轴承温度高	12	预定视情维修：转鼓内结晶物、挂料器磨损，进料线情况。 定期维修：内部清洗、清洗线检查，检修封盖及其密封；检修差速器	C 类
2	搅拌器	提供动力，实现物料尽可能混合均匀	搅拌效果达不到生产要求，齿轮箱异响、密封泄漏，轴弯曲振动大，桨叶脱落、变形	48	1. 检查齿轮箱漏油、振动、异响，温升高、机械泄漏量、润滑油压、油品品质情况； 2. 检查减速机部件磨损情况。必要时更换减速机； 3. 检查搅拌轴、轮毂及桨叶情况	C 类

表14　腈纶联合装置回收单元主要检修内容（续）

序号	设备名称	设备功能	功能故障	故障周期/月	检修策略	专业类别
3	转鼓滤机	通过滤布，实现物料与水的分离	产品分离效果达不到生产要求，减速机异响、温度高、密封泄漏，轴瓦磨损，磨头磨损、漏水，底槽搅拌脱焊开裂、变形	2	1. 检查齿轮箱漏油、振动、异响，温升高、机械泄漏情况； 2. 检查轴瓦磨损，磨头、耐磨板情况； 3. 底槽搅拌检查； 4. 滤布检查、清理喷淋管； 5 检查无极变速器皮带联轴节等	C类
4	系统工艺管线	利用管道，实现生产物料的输送	工艺管线腐蚀泄漏或静密封泄漏，管线结垢等堵塞	36	1. 检查工艺管线及静密封腐蚀泄漏情况； 2. 检查生产中管线流量是否影响到生产控制与稳定	C类
5	变压器	将上级电源电压转换为现场设备负载所需的电压等级，为设备提供电能	渗油、漏油消缺； 电气预防性试验； 设备清扫等	48	具体检修内容见SHS 06002《变压器》	B+
6	高、低压开关柜	电力系统设备，为设备提供电能	故障消缺； 电气预防性试验； 设备清扫等	48	具体检修内容见SHS 06004《配电装置》	B+
7	UPS装置及蓄电池	为DCS等重要仪表负载供电	故障消缺； 电气预防性试验； 设备清扫等； 蓄电池充放电	48	具体检修内容见SHS 06006《电源装置》	B+

5.3.3　腈纶联合装置纺丝单元主要检修内容见表15。

表15　腈纶联合装置纺丝单元主要检修内容

序号	设备名称	设备功能	功能故障	故障周期/月	检修内容	专业类别
1	纺丝机	把来自聚合原液单元的原液经计量泵、过滤后从喷丝板挤出到凝固浴中成形初生纤维	计量泵计量不准确，计量泵出入口金属软管腐蚀泄漏；（F2、F3）引出辊、集束辊不转不良，8″辊不转或卡涩	6	1. 检查更换计量泵，金属软管； 2. 检查F2、F3轴承，胶木齿轮的啮合状况，视情况更换轴承或胶木齿轮； 3. 检查8″转向辊轴套，调整压盖	B类

表15　腈纶联合装置纺丝单元主要检修内容（续）

序号	设备名称	设备功能	功能故障	故障周期／月	检修内容	专业类别
2	牵伸机	提高纤维的强度及机械性能、理顺丝束，增加表面积	牵伸辊转子跳动有异响，电机过流跳车，油泵油压低，齿轮箱静密封泄漏。毛刷架断裂，喷淋管变形断裂。电磁离合器离合不佳，联轴节磨损，减速机损坏等	6	1. 检查牵伸辊锁紧螺母、轴承、窜量和齿轮情况； 2. 检查调节油泵出油量，检查油泵传动齿轮及传动键情况； 3. 检查各密封件是否完好，检查轴承游隙、减速机情况； 4. 检查毛刷架、喷淋管状况； 5. 检查离合器摩擦盘间隙，联系电气检查碳刷以及线路； 6. 检查联轴器对中情况	B类
3	水洗机	洗去纤维中的NaSCN，防止纤维中NaSCN含量大于0.01%引发纤维质量缺陷	水洗辊转子跳动有异响，电动机过流跳车； 油雾量小； 水洗下辊不转； 密封件漏油； 联轴节磨损； 减速机损坏	6	1. 检查上辊锁紧螺母，轴承、窜量和齿轮情况； 2. 检查调节油雾发生器油雾量； 3. 检查下辊轴表面是否磨损，检查尼龙套是否损坏； 4. 检查各密封件是否完好，轴承游隙是否正常； 5. 检查联轴节磨损、对中及减速机情况	C类
4	骤冷及松弛环路	为保持良好的牵伸效果，在热牵伸后采用空气骤冷，以防止纤维回缩或被额外拉伸	牵引辊转子跳动有异响，电动机过流跳车； 星辊机构有异响； 皮压辊表面损伤或转动不灵； 丝束带水量大； 联轴节磨损； 减速机损坏	6	1. 检查上辊锁紧螺母，轴承、窜量和齿轮情况； 2. 检查星辊齿片是否变形，调整齿片间隙，检查星辊箱轴承，传动链条情况； 3. 检查皮压辊表面以及轴承情况； 4. 检查气路及气缸情况； 5. 检查润滑、联轴节对中及减速机情况	C类

表15　腈纶联合装置纺丝单元主要检修内容（续）

序号	设备名称	设备功能	功能故障	故障周期/月	检修内容	专业类别
5	调温调湿铺丝机	铺丝机星辊轻轻地抓住丝束将它从松弛环路拉出，同时在无杆气缸横向作用下把丝束均匀地铺到链板上	星辊不动作，拉不动丝，摆臂不摆	6	1. 检查驱动电机、花键轴、铺丝机头总成联轴器情况； 2. 检查星辊间隙及平行度； 3. 检查气源、减压阀和无杆气缸情况	C类
6	调温调湿机、烘干机	丝束在一定的温度和湿度下，内应力得到消除，纤维稳定性得到提高，关键是消除纤维内水分蒸发留下的空洞	风机不转，链板不转，温度达不到要求	6	1. 检查循环风机皮带、轴承和电动机情况； 2. 检查链板驱动无级变速器、减速器及传动皮带、链条情况； 3. 检查链板情况； 4. 检查加热系统情况； 5. 检查润滑情况	B类
7	定型机	改善纤维超分子结构，提高纤维性能	链板跳槽，链板不转，入口密封不转，出口密封叶片卡死，拉入辊不转	6	1. 检查链板张紧、夹丝、轮毂轴平行情况； 2. 检查定型链板、轮毂、链板驱动电机、驱动链条、H联轴节和易断销情况； 3. 检查入口密封总成、入口密封传动方箱及传动万向节情况； 4. 检查出口叶片密封卡丝及活动叶片情况； 5. 检查定型机拉入辊驱动、传动机构情况； 6. 检查拉入辊轴承、填料密封及润滑等情况	C类
8	丝束装箱机	将干燥后的丝束收集装在丝束箱中，以丝束形式送下游工序	夹送辊不转不符合要求，拉不动丝束，铺丝小车不运行不稳定，大车行走不稳	6	1. 检查大车行走电机、减速机、传动链条、行走导轨及行走轮； 2. 检查夹送辊及其驱动电机、同步皮带、轴承情况； 3. 检查夹送辊间隙、气缸及同步情况； 4. 检查气路及磁力气缸情况	C类

表 15　腈纶联合装置纺丝单元主要检修内容（续）

序号	设备名称	设备功能	功能故障	故障周期／月	检修内容	专业类别
9	系统工艺管线	利用管道，实现生产物料的输送	工艺管线腐蚀泄漏或静密封泄漏，管线结垢等堵塞	36	1. 检查工艺管线及静密封腐蚀泄漏情况； 2. 检查生产中管线流量是否影响到生产控制与稳定	C 类
10	电动机	将电能转换成机械能，为压缩机、风机等各类负载提供动力	振动超标； 轴承声音、温度异常； 绕组短路等	48	具体检修内容见 SHS 06001《旋转电机及调速励磁装置》	B+
11	变压器	将上级电源电压转换为现场设备负载所需的电压等级，为设备提供电能	渗油、漏油消缺； 电气预防性试验； 设备清扫等	48	具体检修内容见 SHS 06002《变压器》	B+
12	高、低压开关柜	电力系统设备，为设备提供电能	故障消缺； 电气预防性试验； 设备清扫等	48	具体检修内容见 SHS 06004《配电装置》	B+
13	UPS 装置及蓄电池	为 DCS 等重要仪表负载供电	故障消缺； 电气预防性试验； 设备清扫等； 蓄电池充放电	48	具体检修内容见 SHS 06006《电源装置》	B+

5.3.4　腈纶联合装置成品单元主要检修内容见表 16。

表 16　腈纶联合装置成品单元主要检修内容

序号	设备名称	设备功能	功能故障	故障周期／月	检修内容	专业类别
1	成品打包机	将短纤维按规定要求进行包装	产品包装效果达不到工艺要求，设备密封泄漏	12	1. 检查电子秤结机构卡毛情况 2. 检查继电器情况，重点检查继电器触点是否符合要求 3. 检查电磁阀磨损情况，动作是否灵活，有无卡涩，密封是否完好； 4. 检查油缸的磨损、密封的老化泄漏情况	B 类

表 16　腈纶联合装置成品单元主要检修内容（续）

序号	设备名称	设备功能	功能故障	故障周期 / 月	检修内容	专业类别
2	切断机	将丝束按要求进行切断	丝束切断效果不满足生产要求	36	1. 检查主轴跳动情况； 2. 检查刀盘、刀片情况，重点检查刀柱变形及刀片磨损情况； 3. 检查张紧机构情况	C 类
3	变压器	将上级电源电压转换为现场设备负载所需的电压等级，为设备提供电能	渗油、漏油消缺； 电气预防性试验； 设备清扫等	36	具体检修内容见 SHS 06002《变压器》	B+
4	高、低压开关柜	电力系统设备，为设备提供电能	故障消缺； 电气预防性试验； 设备清扫等	36	具体检修内容见 SHS 06004《配电装置》	B+
5	UPS 装置及蓄电池	为 DCS 等重要仪表负载供电	故障消缺； 电气预防性试验； 设备清扫等； 蓄电池充放电	36	具体检修内容见 SHS 06006《电源装置》	B+

6　装置检修管理

6.1　装置检修前准备工作

6.1.1　装置检修前，参检单位要做好检修作业指导书、施工方案、检修图纸、现场施工平面布置图等各类资料的准备及审核，相关检修资料最终经业主方审批确认后方可实施。大修主要工作统筹见表 17。

表 17　大修主要工作统筹表

大修　工作内容	大修前完成日期
成立大修组织机构	前 14 个月
确定大修时间及大修装置	前 13 个月
编制大修具体工作手册	前 12 个月
确定大修主要项目	前 12 个月
下达大修工程长周期材料	前 12 个月
下达大修计划（含材料计划）	前 11 个月

表 17　大修主要工作统筹表（续）

大修　工作内容	大修前完成日期
投资项目立项	前 16 个月
投资项目委托设计	前 15 个月
下达投资项目长周期设备、材料定货	前 14 个月
完成投资项目施工图的设计，下达常规材料计划	前 9 个月
审定重大项目方案	前 7 个月
审定通用设备检修方案	前 6 个月
审定装置开停车工艺方案	前 4 个月
审定质量控制方案	前 6 个月
制定大修安全管理方案	前 5 个月
大型机具调查	前 6 个月
专用工具清查	前 7 个月
审定施工统筹	前 6 个月
合同范围、大修标段的划分、招标方案的确定	前 10 个月
合同谈判、招标	前 8 个月
签定大修合同	前 4 个月
材料存放及预制地点设定	前 5 个月
大修材料领取	前 2 个月
现场搭脚手架	前 2 个月
施工单位人员、机具进场	前 1 个月
大修现场布置	前 1 个月
大修实施	正常检修
大修资料归档	后 1 个月
大修项目费用结算	后 3 个月
大修工作总结	后 1 个月

6.1.2　进入检修现场的各类施工机具、器具，必须是合格的、适用的，必须有检定合格证和标记，并在有效期内使用，严禁使用未经校验的机具。进场前，所有自检合格并贴有自检合格证的施工机具，要列出汇总清单上交给业主方，并经业三方检验后方可使用。

6.1.3　进入现场的检修耗材、配件等，必须附有质量证明文件，并在指定的地点规范存放。在安装、使用各类检修材料前，应对材料的外观质量进行检查确认，参检单位要做到领用材料检验有见证、验收有记录。

6.1.4　参检单位的所有施工人员，必须具备相应的作业资质，检修前须做好检修方案、技能方面的培训，熟悉检修项目的特点，严格按检修方案进行施工。同时，施工人员必须进行业主方相关专业条线的教育培训，对无相应作业资质、未经教育培训或考核不合格的人员，一律不得上岗作业。

6.2 装置工艺交出检修条件

6.2.1 装置停车方案已全部执行完毕，装置所有盲板按照盲板图表安装、编号、挂牌并经工艺员、设备员、安全员签名确认。

6.2.2 如需动火，系统已经用氮气（或水洗、压缩风）置换合格，与外界用盲板隔断，化验分析合格。

6.2.3 所有电气设备具备检修条件，动设备电机已停电，并按照规定挂停电牌。

6.2.4 所有仪表设备具备检修条件。

6.2.5 一级脱盐水、二级脱盐水总阀已关闭，并排尽全部余水。

6.2.6 BR9、BR1 总阀已关闭，并排尽全部余水。

6.2.7 蒸汽、冷凝水总阀已关闭。

6.2.8 循环水总阀已关闭，并排尽全部余水。

6.2.9 氮气、仪表风、压缩风系统总阀已关闭。

6.2.10 所有物料管线物料排净、吹扫干净，残料已按要求返回储料储罐或相应接受装置。

6.2.11 非储料储罐物料排净、吹扫干净。储存物料区进行标识、硬隔离。

6.2.12 储料储罐关好所有进出口管线阀门，以防串料，搅拌器视情况决定是否开启。

6.2.13 对溶料地坑、凝固浴地坑、污水地坑等各地坑已进行通风置换，检测合格。

6.2.14 现场所有丝束已按要求处理，废丝溶解完成。

6.2.15 成品中间库库存丝束全部出库。

6.2.15 现场已做好收集各种垃圾准备（废弃滤布、滤袋、硅藻土、含油抹布、包装材料等）。

6.2.16 装置地面、明沟、平台及动静设备外表面无油污、杂物。

6.2.17 高压消防水系统运行正常，消防通道畅通，灭火器材数量齐全、完好备用。

6.2.18 系统内设备人孔打开前确认具备开启条件，打开的设备人孔处挂上“未经许可，禁止入内”警示牌。

腈纶联合装置停车检修交出条件确认表见附录 A。

腈纶联合装置盲板清单见附录 B。

6.3 检修过程安全环保管理总体要求

6.3.1 安全管理总体要求

6.3.1.1 装置检修的安全管理，坚持“安全第一、预防为主、综合治理”的方针和“谁主管，谁负责”“谁签发，谁负责”的原则，坚持以人为本、落实责任、强化监管，按属地化管理原则。企业可根据需要自行决定是否外聘第三方 HSSE 监管。第三方 HSSE 监管要纳入到 HSSE 管理体系。

6.3.1.2 各级指挥部的安全环保消防组应按指挥部管理体系要求承担相应的管理责任。

6.3.1.3 承包商应建立健全安全管理体系，分包商的安全管理工作由总承包商负总责。

6.3.1.4 安全监督管理部门对检修过程的安全管理工作进行监督检查，指挥部的安全环保消防组负责施工过程安全检查管理。运行部负责所在区域的施工项目配合和现场安全监督检查。

6.3.2 环保管理总体要求

6.3.2.1 装置停工检修改造环保管理总体要求是：密闭吹扫，有序排放，清洁停工，安全处置，达标排放。

6.3.2.2 为做好停工和检修期间的环保工作，停工装置要落实密闭吹扫及除臭方案，对排放污水、吹扫尾气放空、工业废物处置应进行预申报，排放时必须做到先检测后排放，主管部门根据监测结果确定处理方式。

6.3.2.3 对于化学清洗、射流清洗等产生的废水，项目管理部门在与清洗单位签订合同前要明确废水总量、处理相关责任及要求。

6.4 质量管理

6.4.1 质量管理的总体要求：成立检修质量管理组织机构，明确管理职责，建立质量管理程序文件。

6.4.2 对承包商资质、人员、机具等进行审查。

6.4.3 通过组织设计审查，确保设计质量。

6.4.4 物资采购管理部门组织对采购物资进行入库检验并对重点物资进行监造。

6.4.5 在施工过程中组织对检验检测的质量进行抽查，隐蔽工程留下必要的影像资料。隐蔽工程检查验收记录（含影像）见附录 C。

6.5 变更管理

检修过程要加强变更管理，建立健全变更管理制度和工作流程，采取措施减少变更数量。原则上没有经过各级部门同意的变更不允许在检修中执行。

项目变更控制主要内容：

6.5.1 对于试用产品、设备备件结构形式改变、材质升级要充分识别，要有专门技术论证审批过程，审批时要加强相关专业沟通确认。

6.5.2 所有变更应事前发起，只有当变更得到批准后，才可组织实施。项目变更由变更提出单位发起申请并填写“变更申请单”，按照各企业相关制度规定的权限办理审批手续。

6.5.3 对于因材料找价差导致的超费用计划（或工单预算），需要补办变更手续。

6.5.4 对于不涉及费用计划的变更，如项目名称、版本号、承包商、施工方案、施工进度等也需办理相应的变更手续。

6.5.5 对于结算费用高于非包干合同标的按各企业管理制度执行变更。

6.5.6 投资类项目的变更参照各企业“固定资产投资过程控制管理规定”执行。

6.6 装置检修交回条件

6.6.1 装置开工人员及开车维保人员配备落实。

6.6.2 技术、原辅材料、动力、备品备件等方面的准备。

6.6.3 队伍技术状态、开工方案学习落实情况。

6.6.4 现场规格化情况。

6.6.5 工艺和设备联锁仪表校验情况。

6.6.6 HSSE 措施落实情况。

6.6.7 盲板拆除清单、技术准备情况。

6.6.8 机、电、仪、公用工程、储运、质检等相关专业准备情况。

6.6.9 停工临设拆除、施工尾项整改情况等。

装置检修交回开车条件检查确认表见附录 D。

6.7 检修后期管理

6.7.1 资料交付

承包商应在检修项目结束后 30 天内将交工资料完整地交给使用单位，竣工资料交付参考 SH/T 3503—2017。资料包含内容如下：

竣工图纸，施工技术方案，吊装方案，施工组织设计；施工技术记录，试压记录，中间工序验收单，隐蔽工程验收单，拆检回装记录，发现问题与修复记录，设备开箱资料，设备封闭记录；设备、材料、管道附件、配件的合格证明书及质量保证书，理化检验资料，衬里、防腐、保温施工技术记录及检验报告。

6.7.2 检修总结

装置检修结束后，要对检修改造工作进行总结，对好的做法进行总结、提炼，固化这些经验，指导今后检修改造工作；对总结检修改造中存在的问题，分析原因，完善措施，不断提高管理水平。停工检修工作总结模板见附录 E。

7 装置日常维护

7.1 日常巡检

装置操作人员日常巡检需保现场动静设备运行正常，动设备检查润滑、震动、温度、泄漏情况，滤机运行情况检查滤布有无破裂、转鼓绕线有无松断、输蜡器有无断、套管有无异常升压等，判断故障根据检修规范维修，静设备检查有无泄漏、设备安全附件完整好用、防雷防静电及防台风检查。

电仪人员日常检查电仪控制间设备运行是否正常，继电器、变送器有无发热、声音有无异常，检查制冷系统运行是否正常，要求温度 25℃ ±5℃、湿度≯ 70%，有无必要的防鼠设施。

7.2 日常维护

装置日常维护的基本内容包括：设备维护保养、设备检查和设备修理。

7.2.1 设备维护保养

设备维护保养的内容是保持设备清洁、整齐、润滑良好、安全运行，包括及时紧固松动的紧固件，调整活动部分的间隙等。简言之，即“清洁、润滑、紧固、调整、防腐”十字作业法。维护保养依工作量大小和难易程度分为装置操作工保养、专职保养维修工的保养。

7.2.1.1 装置操作工保养

其主要内容是：进行清洁、润滑、紧固易松动的零件，检查零件、部件的完整。这类保养的项目和部位较少，大多数在设备的外部，一般由装置操作工人承担；

7.2.1.2 专职保养维修工的保养

主要内容包括对设备内部清洁、润滑、局部解体检查和调整，必要时对达到规定磨损限度的零件加以更换。此外，还要对主要零部件的磨损情况进行测量、鉴定和记录。具体标准执行通用设备的检修规程。

在两种维护保养中，装置操作工保养是基础，专职保养维修工的保养是关键。

7.2.2 设备检查和设备修理

设备检查按时间间隔分为日常检查和定期检查。

日常检查由操作人员执行，同操作工的保养结合起来，目的是及时发现不正常的技术状况，进行必要的维护保养工作。

定期检查是按照计划，在操作工参加下，定期由专职维修工执行，也就是预防性检查维修。目的是通过检查，全面准确地掌握零件磨损的实际情况，以便确定是否有进行修理的必要。

7.3 常见故障与处理方法

常见故障与处理方法见表 18。

表 18　常见故障与处理方法

设备类型	故障类型	处理方法
聚合釜	釜体内壁结疤	定期清疤
	搅拌轴晃动	更换或调整清疤
	出料不通畅	工艺调整
	密封泄漏	调整把紧或更换密封及传动轴
	减速器故障	维修或更换减速器
真空转鼓过滤机	滤布失效	修补滤布或更换滤布
	压绳松或脱	重新压紧或更换压绳
	分配头内漏	调整分配头压紧弹簧或修复更换分配孔板
	轴瓦磨损	更换
	底槽搅拌脱焊	更换维修
	真空度不足	工艺调整
离心机	转子异常振动	热水冲洗或更换轴承
	固相不出料	检查进料及差速器
	分离效果不好	工艺调整
纺丝机	密封泄漏	调整把紧或更换密封
	掉纺位	工艺调整
	减速器故障	维修或更换减速器
牵伸机	旋转部件振动或异响	更换轴承
	牵伸辊表面损伤	更换维修
	减速器故障	维修或更换减速器
热水泵	故障现象是易发生抽空，致使机泵轴承和密封失效	更换轴承和机封
离心风机	皮带断或者松	更换或调整
打包机	凝棉器风量小	更换皮带或工艺调整
	密封泄漏	调整把紧或更换密封
	液压油缸有爬行	更换平衡阀或换向阀
	油温高	清洗冷却器或工艺调整
	减速器故障	维修或更换减速器

附 录 A
（资料性附录）
腈纶联合装置停车检修交出条件确认表

日期：____年____月____日

序号	确认条件	责任单位	签字	时间
1	装置停车方案已全部执行完毕	装置		
2	如需动火，系统已经用氮气（或水洗、压缩风）置换合格，与外界用盲板隔断	装置		
3	所有电气设备具备检修条件，动设备电机已停电，并按照规定挂停电牌	装置		
4	所有仪表设备具备检修条件	装置		
5	一级脱盐水、二级脱盐水总阀已关闭，并排尽全部余水	装置		
6	BR9、BR1 总阀已关闭，并排尽全部余水（冬季需排尽内部水）	装置		
7	蒸汽、冷凝水总阀已关闭	装置		
8	循环水总阀已关闭，并排尽全部余水	装置		
9	氮气、仪表风、压缩风系统总阀已关闭	装置		
10	所有物料管线物料排净、吹扫干净，残料已按要求返回储料储罐或相应接受装置	装置		
11	非储料储罐物料排净、吹扫干净	装置		
12	储料储罐关好所有进出口管线阀门，以防串料，搅拌器视情况决定是否开启	装置		
13	对溶料地坑、凝固浴地坑、污水地坑等各地坑已进行通风置换，检测合格	装置		
14	现场所有丝束已按要求处理，废丝溶解完成	装置		
15	成品中间库库存丝束全部出库			
16	现场已做好收集各种垃圾准备（废弃滤布、滤袋、硅藻土、含油抹布、包装材料等）			
17	装置地面、明沟、平台及动静设备外表面无油污、杂物			
18	高压消防水系统运行正常，消防通道畅通，灭火器材数量齐全、完好备用			
注：蒸汽、循环水根据需要可以运行，但检修需做好防烫、防冻工作。				

附　录　B
（资料性附录）
腈纶联合装置盲板清单

序号	盲板编号	作业票编号	盲板位置	安装时间	拆除时间	办理人	确认人	备注

制表：　　　　　　　　　　　　　　　　**审批：**

附　录　C

（资料性附录）

腈纶联合隐蔽工程检查验收记录（含影像）

<table>
<tr><td>工程名称</td><td></td><td>项目经理</td><td></td></tr>
<tr><td>分项工程名称</td><td></td><td>专业工长</td><td></td></tr>
<tr><td>隐蔽工程项目</td><td></td><td>施工单位</td><td></td></tr>
<tr><td>施工标准名称及代号</td><td></td><td>施工图名称及编号</td><td>/</td></tr>
<tr><td rowspan="8">隐蔽工程部位</td><td>质量要求</td><td>施工单位自查记录</td><td>中心验收记录</td></tr>
<tr><td></td><td></td><td></td></tr>
<tr><td></td><td></td><td></td></tr>
<tr><td></td><td></td><td></td></tr>
<tr><td>工程量</td><td>施工单位自测</td><td>中心测量</td></tr>
<tr><td></td><td></td><td></td></tr>
<tr><td></td><td></td><td></td></tr>
<tr><td></td><td></td><td></td></tr>
<tr><td>施工单位
自查结论</td><td colspan="3">施工单位项目技术负责人：　　　　年　月　日</td></tr>
<tr><td>验收结论</td><td colspan="3">项目负责人：　　年　　月　　日
工程结算人员：　年　　月　　日
监察等相关人员：年　　月　　日</td></tr>
<tr><td>相关部门</td><td colspan="3">年　月　日</td></tr>
</table>

注：如需绘制图纸的附本记录后。　　　　保存期限：5年

附 录 D
（资料性附录）
腈纶联合装置开车条件检查确认表

单位名称： 装置名称： 检查时间：

序号	检查项目	确认意见	检查人签名
1	检修项目全部完工，现场工完料尽场地清，质量符合要求，交接确认手续齐全		
2	压力容器安全阀等安全附件调校合格，具备投用条件		
3	机泵单机、联动试车合格，确认手续齐全		
4	润滑油质量及三级过滤符合要求		
5	仪表、在线分析仪调校合格，机、电、仪联锁已设定、确认，具备投用条件		
6	临时用电线已拆除		
7	供电系统已平稳运行，电气设备、线路具备供电条件		
8	供排水系统已正常运行		
9	蒸汽系统已平稳供给		
10	供氮、供风系统运行正常		
11	备品、备件齐全，满足开车需要，保运人员落实		
12	经批准的开车方案已向生产人员交底		
13	生产调度、指挥通讯系统已正常运行		
14	物料供应，产品储运系统处于良好待用状态		
15	环保设施具备投用条件		
16	可燃气体报警仪、毒性气体报警仪、紧急喷淋等安全设施处于完好状态		
17	消防、气防器材齐全，消防通道畅通。消防设施处于完好状态。熟悉消防、气防器材性能和使用方法，考核合格		
18	检验计量中心具备分析条件		
19	检修期间进行的技改、技措项目施工完毕，验收合格。改造部分已进行技术交底，作业指导书已做修订或补充，岗位操作人员已做到应知应会		
20	系统清洗、吹扫、气密置换合格，资料齐全		
21	盲板抽堵正确，确认开车流程畅通		
22	现场治安保卫工作已落实		
遗留问题整改措施：			
开车条件确认检查组长意见：			

附　录　E
（资料性附录）
腈纶联合装置停工检修工作总结模板（设备专业）

根据公司《设备检修管理制度》规定，在装置停工检修结束后各相关单位应组织编写装置停工检修工作总结。为此，就进一步做好装置停工检修工作总结提出要求如下：

封面：

名称：××× 部 ××× 装置 ×××× 年 ×× 月停工检修工作总结

编写人：×××

审核人：×××

批准人：×××（运行部领导）

编写单位：中国石化 ××× 分公司 ××× 部

编写时间：×××× 年 ×× 月

正文

（一）装置停工检修过程概述：

装置开、停工、检修过程简述，本周期装置运行起止时间。

本周期装置运行中出现的主要问题。

本次停工检修、改造内容简述，检修项目计划数（包括补充、追加），检修计划完成情况。重点检修项目情况。

开停工、检修网络执行情况。

（二）主要检修内容技术总结

反应器部分

塔、容器部分

冷换设备

阀门部分

管道部分

泵部分

压力容器检验（包括缺陷返修处理）

压力管道检验（包括缺陷返修处理）

安全阀检验

其他检修方面

技术分析中要有以下内容：上次运行周期出现的问题，本次检修检查情况及采取措施；上次检修遗留问题处理情况；本周期与上周期设备隐蔽检查情况对照；重复发生问题处理方案有效性；装置系统问题；典型案例。

（三）检修计划准确性分析
（四）检修施工队伍评述
（五）材料供应评述
（六）设计质量评价
（七）检修质量评价
（八）本次检修遗留问题及预案
（九）检修管理亮点、存在的不足和下次检修需注意的问题
（十）附表

表 1　设备增加情况表

序号	位号	名称	规格型号	制造厂	数量	备注

表 2　设备拆除情况表

序号	原位号	名称	规格型号	制造厂	数量	备注

表 3　管线拆除情况表

序号	原编号	名称	规格	长度（m）	备注

表 4　设备更换情况表

序号	位号	名称	规格型号		制造厂		数量	备注
			更换前	更换后	更换前	更换后		

表 5　冷换设备检修情况表

序号	位号	名称	规格型号	抽芯清洗	试压换垫	堵管根数	管束更换

表 6　阀门检修、更换情况表（*DN*50 和 *DN*50 以上）

序号	规格型号	公称直径	检修数量	更换数量

表 7　压力容器检验情况表

序号	计划检验台数	增加变更台数	减少变更台数	实际完成台数	缺陷返修台数

表 8　压力管道检验情况表

序号	检验计划		增加变更		减少变更		实际完成	
	条数	米数	条数	米数	条数	米数	条数	米数

表 9　安全阀门检验情况表

序号	计划检验台数	增加变更台数	减少变更台数	实际完成台数

2. HS401 型转向纺丝机维护检修规程

SHS 04097—2019

代替 SHS 04097—2004

目　次

前　言

本规程按照GB/T　1.1—2009《标准化工作导则 第1部分：标准的结构和编写》给出的规则修订。

本规程代替SHS　004097—2004《HS401型转向纺丝机维护检修规程》，与SHS　04097—2004相比，除编辑性修改外，主要技术变化如下：

——细化了拆卸与检测、回装与质量标准；

——对3.3.2　牵伸辊箱（三、四辊箱、减速箱）中齿轮箱主轴与主传动轴同轴度检修质量标准进行了重新修订；

——根据设备检修实际情况，对3.3.3导向、卷取、转向辊机构中的导向辊，通过技术改进给于取消；

——常见功能故障与处理部分按RCM分析方法重新编制；

——增加“附录A　转向纺丝机检修质量控制确认表”；

——增加“附录B　转向纺丝机试车与验收数据记录表”。

本规程由中国石油化工集团有限公司、中国石油化工股份有限公司提出。

本规程起草单位：中国石化上海石化股份有限公司。

本规程主要起草人：张志龙。

本规程历次版本发布情况：

——SHS　04097—1992，SHS　04097—2004。

HS401 型转向纺丝机维护检修规程

1 范围

1.1 主题内容

本规程规定了 HS401 型转向纺丝机检修周期与内容、检修程度与质量标准、试车与验收、维护与故障处理。

1.2 适用范围

本规程适用于 HS401 型转向纺丝机的维护与检修。

2 规范性引用文件

下列文件中的条款通过本规程的引用而成为本规程的条款。凡是注日期的引用文件，其随后所有的修改单（不包括勘误的内容）或修订版均不适用于本规程，然而，鼓励根据本规程达成协议的各方研究是否可使用这些文件的最新版本。凡是不注日期的引用文件，其最新版本适用于本规程。

FZ/T 99014　纺织机械电气设备　通用技术条件

FZ/T 90074　纺织机械产品涂装

SH/T 3503　石油化工建设工程项目交工技术文件规定

SHS 01028　变速机维护检修规程

FZ/T 92026　化纤纺丝计量泵

HS401　型转向纺丝机产品说明书

3 检修周期与内容

3.1 检修周期

根据 HS401 型转向纺丝机系统功能故障及其影响分析的结果，并结合生产装置运行周期，确定设备检修周期，一般为 36 个月。

3.2 检修内容

3.2.1　检查转向辊 传动箱油位、油质情况，视情更换；

3.2.2　检查转向辊摇晃，以及紧固件或轴承腐蚀损坏情况，择差调换；

3.2.3 检查转向辊上下箱体及下箱体离合器组件，检查轴密封点情况及传动件工作状况，调换油封消除泄漏，清洗箱体，添加润滑油；
3.2.4 检查、调整各联轴器同轴度；
3.2.5 检查卷取辊轴承、传动齿轮及齿形皮带磨损情况，择差调换；
3.2.6 检查浴槽及导丝托架，紧固定位，调整刮丝板，调正溢流板高低，修配过滤网；
3.2.7 检查烛型滤器及鹅颈管组件，保温完好；
3.2.8 检查计量泵传动部件，视齿轮磨损、轴承窜动、离合器卡死情况调换；
3.2.9 拆卸行星摆线轮减速器，视联轴器缓冲、链轮、链条磨损情况调换；
3.2.10 检查三、四辊箱润滑喷油口位置，视喷油量清洗油过滤网；
3.2.11 校调仪表流量计的流量，控制检查二、三浴液位；
3.2.12 检查三、四辊箱蜗轮蜗杆磨损及油封漏油情况，视情调换；
3.2.13 拆卸三、四辊箱及减速箱，检查轴承挡磨损情况，视情调换；
3.2.14 检查导丝压辊，上下动作灵活，压辊间无间隙；
3.2.15 检查电气前后联锁控制；
3.2.16 对部件设备及机架进行防腐蚀处理；
3.2.17 检查机架、传动箱腐蚀情况，视情修补、加固、更换；
3.2.18 检查、修补基础；
3.2.19 整机全面做防腐蚀处理。

4 检修程序与质量标准

4.1 检修前准备

4.1.1 根据设备运行技术状态和监测记录，分析故障原因，明确故障部位；
4.1.2 准备必要的图纸资料，编制检修计划；
4.1.3 制定施工方案，明确技术要求，图、表齐全，符合设备安全、环保要求；
4.1.4 施工前组织施工人员进行技术交底，将方案内容、技术、质量等要求交代清楚；
4.1.5 准备检修工器具、清洗剂和润滑油（脂）等；
4.1.6 落实安全防护措施与环保要求：
4.1.6.1 办理好各类进场检修施工手续；
4.1.6.2 检修前切断机台电源等能源，并且挂安全警示牌；
4.1.6.3 停车检修前需确认工艺处置是否满足检修要求；
4.1.6.4 备好相应物料收集桶，避免环境污染；
4.1.6.5 检修人员个人防护必须符合劳保着装规定要求，施工器具验收合格，并落实施工监护人；
4.1.6.6 现场设置施工作业管理牌，落实好文明检修相关准备要求。

4.2 拆卸与检测

4.2.1 车头减速箱

4.2.1.1 切断电源，拆下放油螺栓，排放润滑油装桶；
4.2.1.2 脱开联轴器；
4.2.1.3 拆卸压盖密封，检查压盖密封面是否粗糙、损坏，更换密封件；
4.2.1.4 箱体检修、组装参见 SHS 01028《变速机维护检修规程》；
4.2.1.5 拆卸箱体固定螺丝，吊出箱体，机架检查做防腐。

4.2.2 牵伸辊箱（三、四辊箱）

4.2.2.1 切断电源，拆下放油盖螺栓，放掉润滑油；
4.2.2.2 脱开联轴器，用专用工具拆卸牵伸辊，用油石修磨牵伸辊表面划痕，更换损坏严重的牵伸辊；
4.2.2.3 拆卸传动轴及蜗杆、过桥齿轮轴，依次拆下齿轮、轴承及密封组件，清洗检查各部件，更换失效件；
4.2.2.4 拆卸 1# 牵伸辊轴，清洗检查蜗轮齿形表面磨损情况，有无裂纹、毛刺及严重划痕，更换失效件；
4.2.2.5 依次拆卸 2#、3#、4# 牵伸辊轴、齿轮，清洗检查齿形表面磨损情况，更换失效件；
4.2.2.6 拆卸润滑油泵，解体清洗，视磨损情况调换；
4.2.2.7 拆卸箱体固定螺丝，吊出箱体，机架检查做防腐。

4.2.3 卷取辊、转向机构

4.2.3.1 脱开联轴器，拆卸齿型皮带及带轮齿轮组合件，取下卷取辊，清洗检查各传动件的腐蚀和磨损情况，更换失效件；
4.2.3.2 拆卸转向辊及传动轴，清洗检查各传动件磨损情况，更换失效件；
4.2.3.3 拆卸转向辊箱体，吊出箱体，检查密封盖螺孔，视情修补、更换密封件；
4.2.3.4 清洗箱体，检查轴承挡磨损情况，视磨损情况修补、调换；
4.2.3.5 检查各导辊表面粗糙情况，更换失效件；
4.2.3.6 拆卸离合器箱体，摆杆摆动灵活；
4.2.3.7 拆下箱体传动轴，清洗检查各传动件磨损情况，更换失效件，更换密封件；
4.2.3.8 拆卸下箱体箱体，吊出箱体；
4.2.3.9 清洗箱体，检查轴承挡磨损情况，视磨损情况修补、调换；
4.2.3.10 卷取辊的安装按丝束中心位置进行调整。

4.2.4 压辊部分

4.2.4.1 拆卸气缸与压辊连接，卸下气缸；
4.2.4.2 拆卸压辊传动部件，解体检修，视皮辊表面、轴头磨损情况更换；
4.2.4.3 检查、清洗零部件，更换失效件；
4.2.4.4 拆卸下压辊，清洗检查压辊轴、轴承、链轮链条磨损情况，视情更换、修复；
4.2.4.5 清洗轴承座，检查轴承挡磨损情况，视磨损情况修复、调换；
4.2.4.6 拆卸气缸体，清洗检查各部件，更换失效件；
4.2.4.7 研磨活塞杆表面及缸体衬套；
4.2.4.8 检查调压阀，换向阀及各部接头有无泄漏，更换磨损件，消除泄漏。

4.2.5 烛型过滤器

4.2.5.1 打开放浆考克，排放浆液；
4.2.5.2 拆卸压紧螺母，取下过滤器盖；
4.2.5.3 拆卸滤芯，清洗检查各部件，更换滤芯及密封圈；
4.2.5.4 拆卸烛型过滤器清洗；
4.2.5.5 拆卸滤器放浆考克，解体清洗放浆考克。

4.2.6 计量泵

4.2.6.1 拆卸泵固定螺丝，取出计量泵；
4.2.6.2 拆卸传动齿轮轴，清洗检查传动齿轮、安全销、保险板等磨损情况，更换失效件；
4.2.6.3 解体泵，视主动齿轮轴、被动齿轮轴，清洗检查各部件，更换失效件；
4.2.6.4 拆卸计量泵泵座，清洗擦干，修理泵座平面；
4.2.6.5 检查泵板、轴、齿轮磨损情况，视情更换；
4.2.6.6 修理齿轮、轴、泵板毛刺。

4.2.7 行星摆线针轮减速器

4.2.7.1 脱开联轴器，拆卸行星减速器；
4.2.7.2 拆装检修参见 SHS 01028《变速机维护检修规程》。

4.3 回装与质量标准

4.3.1 回装程序与要求

4.3.1.1 车头减速箱

a）车头箱体就位，校正箱体水平度，紧固箱体螺钉；
b）组装参见 SHS 01028《变速机维护检修规程》；
c）按润滑规定手册要求添加润滑油至油标 1/2 ～ 2/3，盘动检查无异常、泄漏；

d）安装电机、平车，至同轴度≤ 0.05mm。

4.3.1.2 牵伸辊箱（三、四辊箱）

a）四辊箱箱体就位，以车头箱输出轴中心高为基准，校正箱体高低、水平度，紧固箱体螺丝；

b）安装 1# 牵伸辊轴、轴承、蜗轮齿轮，盘动检查轴跳动情况≤ 0.15mm；

c）依次安装2#、3#、4#牵伸辊轴、轴承、齿轮，盘动检查轴跳动情况≤ 0.15mm；

d）安装过桥齿轮、轴；

e）安装传动轴、轴承、蜗杆，调整蜗杆与蜗轮位置，盘动蜗杆轴，手感轻松，锁紧蜗轮；

f）安装润滑油泵，整理润滑油管至润滑点，加油至油标 1/2 ～ 2/3；

g）安装水密封，压板保留调整间隙，预牵伸槽放水，调整密封松紧；

h）安装牵伸辊，轻击牵伸辊，安装到位；

i）盘动检查牵伸辊跳动情况≤ 0.30mm；

j）封预牵伸四辊箱盖板；

k）按照四辊箱安装方法，以四辊箱输出轴为标准，安装三辊箱。

4.3.1.3 卷取辊、转向机构

a）下箱体就位，校正箱体水平度；

b）安装传动轴、轴承；

c）调正前后箱体传动轴同轴度≤ 0.10mm，紧固箱体地脚螺丝，安装联轴器；

d）安装离合器拨车，盘动长传动轴，轻松无异常，离合器离合活络灵活；

e）上箱体就位，校正箱体水平度，紧固箱体地脚螺丝；

f）安装传动轴、轴承，盘动轴轻松无异常；

g）安装转向辊轴、轴承，盘动检查，轴径向跳动≤ 0.15mm；

h）安装转向辊，轻松敲击，调整转向辊晃动，盘动检查转向辊跳动情况≤ 0.30mm；

i）按润滑规定添加转动部位润滑油至油标 1/2 ～ 2/3；

j）安装卷取辊、过桥牙齿轮，安装同步齿形带，卷取辊的位置调整按丝束中心进行。

4.3.1.4 压辊部分

a）安装钢辊轴、轴承，盘动检查轴跳动情况≤ 0.15mm；

b）安装钢辊，轻击到位，加压板紧固定位，盘动检查辊跳动情况≤ 0.30mm；

c）组装压辊轴、轴承，加油脂；

d）盘动压辊，调整轴承压盖间隙；

e）气缸与压辊连接，上下动作，检查上下压辊无间隙。

4.3.1.5 烛型过滤器

a）烛型过滤器就位安装，进出法兰、放浆旋塞阀连接安装；

b）安装加压杆、螺钉与压盖配用。

4.3.1.6 计量泵

a）用绸布将各部件擦净，零件不能互相调换，组装计量泵，边研磨边安装，盘动手感轻松；

b）上校验台校验流量［（150±10）mL/r］、压力（3.2MPa）；

c）计量泵入口＞ 0.4MPa、出口＜ 3.2MPa 范围内有轧死现象，重新拆装，研磨齿轮，直到不咬死通过，如果流量超出（150±10）mL/r，则报废；

d）安装计量泵泵座，连接进出口法兰；

e）安装计量泵、传动齿轮、安全轴销、保险板。

4.3.1.7 行星摆线针轮减速器

a）按照 SHS 01028《变速机维护检修规程》进行组装；

b）就位安装行星减速器；

c）安装电机、联轴器、平车，至同轴度≤ 0.05mm。

4.3.2 检修质量标准

4.3.2.1 机架

机架检修质量标准见表 1。

表 1 机架检修质量标准

mm

序号	检验项目	质量标准	检验方法
1	机架纵横向水平度	≤ 0.1/1000	水平仪、平尺
2	机架垂直度	≤ 0.1/1000	吊线
3	相邻机架标高偏差	±0.05	拉线检查
4	机架地脚螺栓	无松动	目测、扳手检查
5	防腐层	完整、紧贴、有效	目测

4.3.2.2 牵伸辊箱（三、四辊箱、减速箱）

牵伸辊箱（三、四辊箱、减速箱）检修质量标准见表 2。

表 2 牵伸辊箱（三、四辊箱、减速箱）检修质量标准

mm

序号	检验项目	质量标准	检验方法
1	齿轮箱内壁及零部件	清洁	目测
2	油泵装配检修	动作灵活、出油量均匀	目测、手捡
3	箱体底座水平度	≤ 0.1/1000	水平仪
4	齿轮箱主轴与主传动轴同轴度	≤ 0.30	百分表
5	圆柱齿轮啮合接触面积	沿齿高＞ 45%	着色法
		沿齿宽＞ 70%	
6	蜗轮、蜗杆啮合接触面积	沿齿高＞ 60%	着色法
		沿齿宽＞ 65%	
7	圆锥伞齿轮啮合接触面积	沿齿高＞ 60%	着色法
		沿齿宽＞ 60%	
8	传动系统	灵活、无异响	耳听、手捡

4.3.2.3 卷取、转向辊机构

卷取、转向辊机构检修质量标准见表 3。

表 3 卷取、转向辊机构检修质量标准

mm

序号	检验项目	质量标准	检验方法
1	圆柱直齿轮啮合接触面积	沿齿高＞45%	着色法
		沿齿宽＞60%	
2	带轮、齿轮间隙	＜0.5	塞尺
3	联轴节同轴度	≤0.10	百分表
4	离合器	摆动灵活	手捡
5	齿型皮带与齿轮平行	平稳无卡住和撞击	目测、手捡
6	各静密封部位	无泄漏	目测、手捡检查
7	各动密封部位	＜5 滴 / 分	目测、手捡检查

4.3.2.4 行星摆线针轮减速器

行星摆线针轮减速器检修质量标准见表 4。

表 4 行星摆线针轮减速器检修质量标准

mm

序号	检验项目	质量标准	检验方法
1	机座与针齿接合面	平整，装配严密	装配时检查
2	销轴销套表面	无裂纹，划痕等缺陷	装配时检查
	摆线齿轮轴向间隙	0.20～0.25	塞尺
3	联轴节对中	径向圆跳动≤0.1	百分表
4		端面圆跳动≤0.08	
	动密封泄漏	≤5 滴 / 分	目测、秒表检查

4.3.2.5 计量泵

计量泵检修质量标准见表 5。

表 5 计量泵检修质量标准

mm

序号	检验项目	质量标准	检验方法
1	计量泵计量偏差	±10mL/r	校验台
2	联轴节	径向跳动≤0.10	百分表
		端面跳动	
		≤0.20/1000	百分表
3	计量泵压力	入口＞0.4MPa	校验台
		出口＜3.2MPa	
4	离合器	摆动灵活	手捡

4.3.2.6 其他部分

其他部分检修质量标准见表6。

表6 其他部分检修质量标准

mm

序号	检验项目	质量标准	检验方法
1	过滤器组件	密封部位无泄漏，压力表反应灵敏	目测
2	浴槽、导丝架	无泄漏、平整、配件齐全	目测
3	各导辊水平度	≤1.00/1000	水平仪
4	各导辊表面	光洁	手捡
5	原液管道	畅通、无泄漏	目测
6	防腐层、冷保温层	紧贴完整有效	目测
7	凝固浴槽与相邻机架前侧	对齐偏差 ±0.50	拉线检查

5 试车与验收

5.1 试车前准备

5.1.1 全面检查紧固件的连接和传动件的结合情况，在脱离负载的条件下，校对电机转向；

5.1.2 检查各齿轮箱油路、油标的油位和润滑脂添加情况；

5.1.3 全面检查电气、仪表、汽路、水路和压缩空气管路；

5.1.4 检查安全防护罩是否齐全、牢固；

5.1.5 检查附属设备机泵是否运转正常；

5.1.6 全面检查各安全装置是否齐全、有效；

5.1.7 对上述所有检查内容确认正常后试车。

5.2 试车

5.2.1 空载试车

5.2.1.1 试车前检查所有发现的问题应全部整改完毕，检修记录应完整无缺；

5.2.1.2 全机接通电源，单机试运行前，电机必须进行三次点动，观察和检查各传动部位有无异常；

5.2.1.3 连续运行，进行速度调试，检查各传动部位有无异声、异振和过热现象，电机电流有无明显波动；

5.2.1.4 检查各传动齿轮箱有无渗漏；

5.2.1.5 开启喷淋水阀门，检查各连接部位和各挡板有无泄漏或飞溅；

5.2.1.6 空载试车时间不得少于0.5h。

5.2.2 负载试车

5.2.2.1 空载试车时所发现的问题应全部整修完毕，使设备具备良好的机械状态，空载试车记录应完整无缺；

5.2.2.2 在试车中应将所发现的各种问题做好记录，必要时应立即整改，整改后再继续试车，运转平稳等工艺要求；

5.2.2.3 按工艺要求进行调速；

5.2.2.4 由操作人员引丝开车；

5.2.2.5 负载试车不少于 72h，进行考核。

5.3 验收

5.3.1 交接验收必须具备下列条件：

5.3.1.1 达到规定试车时间，运行状况良好；

5.3.1.2 检修记录和试车记录准确、齐全；

5.3.2 检修质量达到本规程 4.3 规定的质量标准的要求；

5.3.3 设备技术状态应达到完好标准；

5.3.4 按规定办理交接验收的手续；

5.3.5 检修现场按照文明施工的要求，做到工完、料尽、场地清。

6 维护与故障处理

6.1 日常维护

6.1.1 维护内容

6.1.1.1 检查转向辊传动箱油位、油质情况（是否进水），寻找进水，消除进水点；

6.1.1.2 检查转向辊摇晃，拆卸转向辊，对紧固件或轴承腐蚀损坏进行调换；

6.1.1.3 检查转向辊箱体及下箱体离合器组件，检查轴密封点情况及传动件工作状况，调换油封消除泄漏，清洗箱体，添加润滑油；

6.1.1.4 检查、调整各联轴器同轴度；

6.1.1.5 检查卷取辊轴承、传动齿轮及齿形皮带磨损情况，视情调换；

6.1.1.6 检查烛型滤器及鹅颈管组件，消除泄漏；

6.1.1.7 检查计量泵及传动部件，视齿轮磨损、轴承窜动、离合器卡死情况调换；

6.1.1.8 检查三、四辊箱润滑喷油润滑点位置，视喷油量情况清洗油过滤网；

6.1.1.9 检查三、四辊箱蜗轮蜗杆磨损情况；

6.1.1.10 以上项目如检查出问题则视情维护。

6.1.2 维护时间

6.1.2.1 操作工按照操作规程对设备进行巡检；

6.1.2.2 保全工每天巡回检查不少于 2 次。

6.2 常见功能故障与处理方法

HS401 型转向纺丝机常见功能故障与处理方法见表 7。

表 7 HS401 型转向纺丝机常见功能故障与处理方法

序号	功能	功能故障	故障模式	故障后果	故障应对策略与检修内容	检修周期
1	保证二、三浴槽液位工艺值	牵伸辊轴与水密封缺水干磨	二、三浴槽液位过低	密封磨损，轴发烫，槽子漏水	安装水密封，调整压板与密封件间隙	30～45 天
		齿轮箱进水	二、三浴槽液位过高	漏水量大，能源浪费	清洗过滤网，控制液位	30～45 天
2	传动系统润滑良好，无异声	轴承、齿轮缺油磨损	润滑油喷不到位	全线停车	调整喷油油管或调换齿轮、轴承	视情况而定
		损坏	传动箱体进水		调换预牵伸辊密封套 O 形圈，清洗油箱换油	30～45 天
		蜗轮蜗杆配合间隙小，蜗轮磨损	蜗轮蜗杆啮合位置不准		调整蜗轮蜗杆啮合位置或调换蜗轮	视情况而定
3	卷取辊转动平稳	卷取辊轴承挡磨损、轴承损坏	机台抖动	影响纤维成形质量	调换卷取辊或调换轴承	30～45 天
		上下箱体轴承损坏			调换箱体轴承	
		同步带磨损			传动同步带	
4	计量泵供浆量（150±10）mL/r	纺前压力低	纺丝喷头＜（15±10）mL/r	影响纤维质量	检查泵前压力，调整原液供浆压力	视情况而定
		泵板间泄漏			调换计量泵	
		计量泵传动齿轮磨损			检查泵传动部件	
		计量泵安全销断裂			调换安全销	

表 7　HS401 型转向纺丝机常见功能故障与处理方法（续）

序号	功能	功能故障	故障模式	故障后果	故障应对策略与检修内容	检修周期
5	压辊间无间隙	气缸密封圈老化，接头松动	上下压辊之间存在间隙	丝束打滑	调换气缸密封，堵漏	30～45 天
		压辊铁芯腐蚀膨胀			调换压辊	1 次 / 年
		钢辊定位螺丝断		钢辊外逃	调换钢辊	1 次 /6 月
6	行星摆线针轮减速器温度≤ 75℃，振动≤ 6mm/s	润滑油油位低	减速器温度＞ 75℃	温度高，全线停车	补充润滑油	30～45 天
		联轴器对中同轴度差，滚子、齿轮磨损	振动大于 6mm/s	减速器振动大，全线停车	联轴器重新对中，减速器整台更新	

附 录 A
（资料性附录）
HS401型转向纺丝机检修质量控制确认表

mm

项目	主要控制内容			等级	施工单位	生产装置	设备管理部门	备注
	标准值	部位	现场记录					
拆卸时检测								
联轴器端面间隙	1.00～3.00	联轴器		B	★	★		
联轴器同轴度	≤0.05	联轴器		B	★	★		
转向辊表面镀铬层	无剥落、毛刺	转向辊		C	★			
转向辊轴径向跳动	≤0.15	转向辊		C	★			
转向辊辊径向跳动	≤0.30	转向辊		C	★			
牵伸辊表面镀铬层	无剥落、毛刺	牵伸辊		C	★			
牵伸辊轴径向跳动	≤0.15	牵伸辊		B	★	★		
牵伸辊辊径向跳动	径向≤0.30	牵伸辊		B	★	★		
纺丝箱体油标油位	1/2～2/3	箱体		C	★			
纺丝箱体油温	＜60℃	箱体		C	★			
回装时检测								
联轴器端面间隙	1.00～3.00	联轴器		B	★	★		
联轴器同轴度	≤0.05	联轴器		B	★	★		
转向辊表面镀铬层	无剥落、毛刺	转向辊		C	★			
转向辊轴径向跳动	≤0.15	转向辊		C	★			
转向辊辊径向跳动	≤0.30	转向辊		C	★			
牵伸辊表面镀铬层	无剥落、毛刺	牵伸辊		C	★			
牵伸辊轴径向跳动	≤0.15	牵伸辊		B	★	★		
牵伸辊辊径向跳动	径向≤0.30	牵伸辊		B	★	★		
纺丝箱体油标油位	1/2～2/3	箱体		C	★			
纺丝箱体油温	＜60℃	箱体		C	★			

注：A级：施工单位、生产装置、设备管理部门专业人员检查确认后签字。
B级：施工单位和生产装置专业人员检查确认后签字。
C级：施工单位专业人员检查确认后签字。
另：如果有监理，监理的职责由甲方授权。

附 录 B
（资料性附录）
HS401 型转向纺丝机试车与验收数据记录表

设备名称		位号		工作介质	
驱动机种类		转速	r/min	试车介质	
试车类别	□空负荷 □负荷	环境温度	℃	试车日期	
连续运转时间	h	启动电流	A		

检查项目		设计值/允许值	实测值								
运行记录时刻											

试车情况：

试车结论：

验收意见	生产装置：
	施工单位：
	设备管理部门：

说明：生产装置组织单机试车与验收，其中主要设备由设备管理部门参与验收，其余均由生产装置、施工单位双方共同验收。

3. 水洗机（PMI）维护检修规程

SHS 04098—2019

代替 SHS 04098—2004

目　次

前　　言

本规程按照GB/T 1.1—2009《标准化工作导则　第1部分：标准的结构和编写》给出的规则起草。

本规程代替SHS 04098—2004《水洗机维护检修规程》，与SHS 04098—2004相比，除了编辑性修改外，主要技术变化如下：

——细化了拆卸与检测、回装与质量标准；

——常见功能故障与处理部分按RCM分析方法重新编制；

——增加“附录A　水洗机（PMI）检修质量控制确认表”；

——增加“附录B　水洗机（PMI）试车与验收数据记录表”。

本规程由中国石油化工集团有限公司、中国石油化工股份有限公司提出。

本规程起草单位：中国石油化工股份有限公司安庆分公司。

本规程主要起草人：孙九煜。

本规程历次版本发布情况：

——SHS 04098—1992、SHS 04098—2004。

水洗机（PMI）维护检修规程

1 范围

1.1 主题内容

本规程规定了二步法腈纶水洗机（PMI）检修周期与内容、检修程序与质量标准、试车与验收、维护与故障处理。

1.2 适用范围

本规程适用于二步法腈纶水洗机（PMI）的维护与检修。

2 规范性引用文件

下列文件中的条款通过本规程的引用而成为本规程的条款。凡是注日期的引用文件，其随后所有的修改单（不包括勘误的内容）或修订版均不适用于本规程，然而，鼓励根据本规程达成协议的各方研究是否可使用这些文件的最新版本。凡是不注日期的引用文件，其最新版本适用于本规程。

SH/T 3503　石油化工建设工程项目交工技术文件规定

FZ/T 90074　纺织机械产品涂装

FZ/T 90089.1　纺织机械铭牌、型式、尺寸及技术要求

FZ/T 99014　纺织机械电气设备　通用技术条件

GB/T 15753　圆弧圆柱齿轮精度

SHS 01028　变速机维护检修规程

PMI 水洗机安装使用说明书

3 检修周期与内容

3.1 检修周期

根据二步法腈纶水洗机（PMI）系统功能故障及其影响分析的结果，并结合生产装置运行周期，确定设备检修周期，一般为 36 个月。

3.2 检修内容

3.2.1 水洗机集汽风罩检修；
3.2.2 水洗机上辊组检修；
3.2.3 过桥齿轮组检修；
3.2.4 水洗机齿轮箱体检修；
3.2.5 蜗轮蜗杆减速器按 SHS 01028《变速机维护检修规程》检修；
3.2.6 联轴器检修；
3.2.7 水洗机下辊检修；
3.2.8 丝束限幅杆检修；
3.2.9 出口滤网及回流管检修；
3.2.10 水洗槽体检修；
3.2.11 润滑油雾管及压缩风系统检修；
3.2.12 水洗水入口阀门检修；
3.2.13 检修电机、控制系统等；
3.2.14 检修自控阀、气动元件、油雾发生器、控制系统等；
3.2.15 机架及检修平台除锈防腐。

4 检修程序与质量标准

4.1 检修前准备

4.1.1 根据设备运行技术状态和监测记录，分析设备故障原因，明确故障部位；
4.1.2 准备必要的图纸资料，编制检修计划；
4.1.3 制定施工方案，明确技术要求，图、表齐全，符合设备安全、环保要求；
4.1.4 施工前组织施工人员进行技术交底，将方案内容、技术、质量等要求交代清楚；
4.1.5 准备检修工器具、清洗剂和润滑油（脂）等；
4.1.6 落实好安全防护措施与环保要求：
4.1.6.1 办理好各类进场检修施工手续；
4.1.6.2 检修前切断机台电源等能源，并且挂安全警示牌；
4.1.6.3 停车检修前需确认工艺处置是否满足检修条件；
4.1.6.4 备好相应物料收集桶，避免环境污染；
4.1.6.5 检修人员个人防护必须符合劳保着装规定要求，施工器具验收合格，并落实施工监护人员；
4.1.6.6 现场设置施工作业管理牌，落实好文明检修相关准备要求。

4.2 拆卸与检测

4.2.1 水洗下辊、水洗槽

4.2.1.1 拆卸限幅架，移出限幅杆，检查限幅杆表面磨损及变形情况；
4.2.1.2 记录目前状态下的下辊水平度，拆卸下辊固定螺栓并放下下辊，检查下辊表面情况；
4.2.1.3 抽出下辊轴，检查轴、轴套磨损情况；
4.2.1.4 抬出下辊，放在检修小车上，运回检修间，检修更换损坏的辊筋、轴套后表面抛光；
4.2.1.5 检查下辊调节座紧固螺栓腐蚀情况，必要时拆下支座的螺栓，全部更换固定螺栓；
4.2.1.6 水洗槽体检查，槽体裂纹、槽体隔板缺陷修复；
4.2.1.7 水洗水回流过滤网拆卸，检查滤网腐蚀、堵塞情况。

4.2.2 水洗上辊

4.2.2.1 拆卸蜗轮蜗杆减速机两端联轴器，检查联轴器润滑、磨损状况；
4.2.2.2 拆卸电机；
4.2.2.3 拆卸蜗轮蜗杆减速机地脚螺栓，吊出减速机，按 SHS 01028《变速机维护检修规程》检修；
4.2.2.4 记录目前状态下的上辊水平度；
4.2.2.5 拆卸联轴器、齿轮箱顶部盖板；
4.2.2.6 拆卸过桥齿轮轴承润滑油雾管线，检查油雾管通畅情况；
4.2.2.7 拆卸过桥齿轮，检查齿轮磨损情况；
4.2.2.8 拆卸转子轴承座上的润滑油雾管接头及油雾管，检查油雾管通畅情况；
4.2.2.9 拆卸上辊端盖，松开上辊紧固螺母，注意紧固螺母不取下，松至与轴端平齐；
4.2.2.10 用专用液压工具拆卸水洗上辊，注意拆卸工具使用安全及上辊表面保护，油压控制在 20MPa 以内；
4.2.2.11 检查转子辊、轴配合面磨损情况；
4.2.2.12 拆卸两端轴承压盖固定螺栓，取下端盖后，拆下转子背面锁紧圆螺母，检查端盖密封情况；
4.2.2.13 用专用工具在背面将转子慢慢压出，吊放在检修小车上，检查轴在箱体上固定螺纹情况；
4.2.2.14 将转子运到检修间解体，拆解轴承、轴承窝座及齿轮，清洗检查轴承、齿轮磨损和配合情况；
4.2.2.15 集汽风罩连接法兰、蝶阀、固定螺栓检查。

4.3 回装与质量标准

4.3.1 回装程序与要求

4.3.1.1 水洗下辊

a) 将更换的轴套压入下辊两端；

b）更换损坏的下辊筋，在打磨后抛光处理；

c）将轴装入辊轴套内，检查应转动灵活；

d) 水洗回流滤网回装，检查应清洁无挂丝；

e）下辊支座回装后，将辊及轴的组件回装到支座内穿入定位螺栓；

f）通过支座调平下辊的水平度，达到要求后紧固支座螺栓；

g）其他下辊按上述相同程序安装；

h）限幅杆回装，按生产要求调整幅宽且中心线与丝束中心线一致。

4.3.1.2 水洗上辊

a) 水洗机齿轮箱体检查，轴承窝座固定螺纹孔修复后清洁齿轮箱，具备回装条件；

b）轴承窝座骨架油封更换；

c）转子组件组装，将轴承装入轴承窝座后回装到轴的前端，锁紧轴承固定螺母；

d）安装键及齿轮，注意齿轮定位台阶方向；

e）转子组件回装，组装完成的组件从正面装入齿轮箱并回装前端轴承压盖，注意轴承窝座润滑油雾孔方位；

f）齿轮定位套，背面轴承窝座回装，注意轴承窝座润滑油雾孔方位；

g）背面轴承回装，安装到位后锁紧轴承单位螺母， 安装中注意轴承、齿轮适度涂抹润滑油；

h）背面轴承压盖回装，检查密封，调整转子轴向间隙符合要求；

i）过桥齿轮组件组装，将过桥短轴与过桥齿轮、轴承组装后锁紧定位螺母；

j) 过桥齿轮组件回装，并紧固桥齿轮组件底座，检查调整过桥齿轮与转子齿轮对中，齿轮啮合间隙符合要求；

k) 安装中注意轴承、齿轮应热装，减少敲击；

l）润滑油雾管线、水洗齿轮箱顶盖板恢复，螺栓紧固；

m）联轴器、减速器和电机回装，联轴器对中后加脂封盖，联轴器防护罩恢复紧固；

n）密封套安装后上辊回装紧固；

o) 水洗上辊端盖恢复，螺钉紧固。

4.3.2 质量标准

4.3.2.1 机架

机架检修质量标准见表 1。

表 1　机架检修质量标准

mm

序号	检验项目	质量标准	检验方法
1	机架纵横水平度	＜0.10/1000	水平仪
2	机架垂直度	＜0.10/1000	水平仪
3	水洗槽纵横水平度	＜0.10/1000	水平仪
4	水洗槽垂直度	＜0.10/1000	水平仪
5	辊中心线对丝束中心线偏差	＜0.50	拉线加千分尺

4.3.2.2　齿轮箱

齿轮箱检修质量标准见表 2。

表 2　齿轮箱检修质量标准

mm

序号	检验项目	质量标准	检验方法
1	齿轮箱内部	清洁	目测
2	油雾系统润滑性能	良好	目测、手检
3	静密封点	应无明显泄漏	目测
4	动密封点	应无明显泄漏	目测
5	齿轮端面平齐	＜0.50	游标卡尺
6	齿轮磨损率	＜20%（以齿顶厚为准）	游标卡尺
7	齿轮啮合间隙	0.10～0.20	压铅、游标卡尺
8	齿轮轴向窜动	0.10～0.15	深度尺

4.3.2.3　水洗辊

水洗辊检修质量标准见表 3。

表 3　水洗辊检修质量标准

mm

序号	检验项目		质量标准	检验方法
1	辊径向圆跳动		＜0.30	百分表
2	辊与辊平行度		＜0.30	内径千分表
3	轴承		应无明显松动	手检
4	辊表面		光滑、无毛刺	目测、手检
5	上辊预紧情况		应无明显松动	目测、手检
6	上辊盘车		灵活无卡涩	手检
7	联轴器对中	同轴度	＜0.10	百分表
		两端面平行度	＜0.15	百分表
8	下辊支座与槽体连接孔漏水		应无明显渗漏	目测
9	下辊转动情况		灵活	手检
10	上、下辊水平度（辊本身）		＜0.50/1000	水平仪

4.3.2.4 阀门

阀门检修质量标准参见 SHS 01030《阀门维护检修规程》。

4.3.2.5 其他部分

其他部分检修质量标准见表 4。

表 4 其他部分检修质量标准

序号	检验项目	质量标准	检验方法
1	润滑良好	充分	目测、化验
2	入口限幅导辊	完好	手测
3	水洗槽限幅杆和滤网	平直、清洁	目测

5 试车与验收

5.1 试车前准备

5.1.1 检查各紧固件紧固及传动件的结合情况；

5.1.2 检查减速机、油雾发生器油位情况；

5.1.3 检查电气、仪表、气路、水路和油路情况；

5.1.4 检查安全防护罩和各安全装置是否齐全、可靠；

5.1.5 以上确认后，封检修工作票，撤去施工作业管理牌，联系送电。

5.2 试车

5.2.1 空载试车

5.2.1.1 空载试车必须在本规程 5.1 各项检查完成后进行；

5.2.1.2 投用油雾发生器，检查并调节油雾量；

5.2.1.3 空载连续试车前，必须进行点动，检查电机转向及各连接部位有无异常；

5.2.1.4 空载连续运行，检查各传动部位有无异响、异常振动及电流异常波动；

5.2.1.5 空载试车时间不少于 0.5h。

5.2.2 负载试车

5.2.2.1 排除空载试车过程中出现的故障和缺陷；

5.2.2.2 按生产指令进行速度调整；

5.2.2.3 由操作人员引丝开车；

5.2.2.4 负载试车时间不少于 72h。

5.3 验收

5.3.1 验收时必须具备下列条件：

5.3.1.1 达到规定试车时间，运行平稳、状况良好；

5.3.1.2 检修记录、试车记录等技术资料齐全、准确；

5.3.2 检修质量按本规程 4.3.2 规定的质量标准进行验收；

5.3.3 设备技术状态达到完好标准；

5.3.4 按规定办理交接验收手续；

5.3.5 检修现场按照文明施工的要求，做到了工完、料尽、场地清。

6 维护与故障处理

6.1 日常维护

6.1.1 维护内容

6.1.1.1 检查上辊是否松动，及时紧固；

6.1.1.2 检查下辊是否有异常振动，紧固或更换下辊；

6.1.1.3 检查清理上、下辊端部的缠丝；

6.1.1.4 检查下辊外端支承座调节螺栓是否变形，更换变形螺栓；

6.1.1.5 上辊转动是否有异响，润滑、调整消除异响；

6.1.1.6 检查出口滤网是否堵塞，并及时清理；

6.1.1.7 减速机油位检查，及时添加润滑油；

6.1.1.8 联轴器检查，检查消除或重新对中；

6.1.1.9 油雾发生器油位、出口油雾量及压力检查，并及时添加润滑油及调整压力；

6.1.1.10 静、动密封点是否有渗漏，消除渗漏；

6.1.1.11 紧固件紧固情况检查并紧固；

6.1.1.12 检查各处轴承的润滑及工作情况；

6.1.1.13 检查压缩风系统工作情况。

6.1.2 维护时间

6.1.2.1 操作人员按《操作规程》要求进行巡检；

6.1.2.2 保全工每天巡回检查不少于 2 次。

6.2 常见功能故障与处理方法

二步法腈纶水洗机（PMI）常见功能故障与处理方法见表 5。

表 5　二步法腈纶水洗机（PMI）常见功能故障与处理方法

序号	功能	功能故障	故障模式	故障后果	故障应对策略与检修内容	检修周期／月
1	保证丝束平稳依次在各辊间运行	丝束运行不平稳连续	水洗辊表面质量不好	易丝断、缠辊	表面打磨抛光	24
			原液质量不合格	丝束易粘辊	调节聚合工艺参数	视情况而定
			下辊水平差	丝束易跑偏	调节下辊水平	视情况而定
			轴承损坏	非计划停车	换辊轴承	24
			上辊背帽松	上辊晃动	预紧	12
			轴弯曲	丝束跑偏、绕辊	换轴	36
		上辊故障无法传送丝束	轴承损坏	非计划停车	更换轴承	36
			齿轮磨损		更换齿轮	36
			联轴器损坏		更换	12
			电机跳点		检修或更换电机	24
			蜗轮蜗杆减速器故障		检查更换	36
			过桥齿轮松动	牵引辊不转	恢复紧固	视情况而定
		下辊故障无法传送丝束	轴套磨损严重	下辊不水平	更换轴套	6
			支座出现松动	下辊不稳定	紧固	6
			轴套与轴配合太紧	下辊不转	检查和更换	视情况而定
			轴两端于轴套配合同心度不够	辊跳动严重	重新加工	视情况而定
			辊两端同心度差		重新加工	视情况而定
			辊、轴、套三者安装不好	下辊不转或跳动严重	重新安装	视情况而定
			球面支承与槽座安装不合理	水平度、垂直度不达标	重新调节	视情况而定
2	蜗轮蜗杆减速器故障	减速器润滑故障	轴承坏	轴承端温度高	更换轴承	36
			缺油	减速器温升高	补加润滑油	视情况而定
			油变质	蜗轮易损坏	更换润滑油	12

表5　二步法腈纶水洗机（PMI）常见功能故障与处理方法（续）

序号	功能	功能故障	故障模式	故障后果	故障应对策略与检修内容	检修周期/月
2	蜗轮蜗杆减速器故障	蜗轮蜗杆故障	轴承坏	减速器不转	更换轴承	36
			啮合不好	振动大、温度高	检修蜗轮箱	36
			轴承安装间隙不好	振动大	重新调节间隙	36
		减速器密封故障	油封坏	减速器漏油	更换油封	36
			接合面密封不好		重装蜗轮箱	36
			紧固件松		紧固	视情况而定
3	齿轮箱密封故障	油雾进入清洗水	密封件老化损坏	齿轮箱漏油	更换密封件	36
			紧固螺栓松动		上紧螺栓	视情况而定
4	油雾发生器故障	齿轮、轴承润滑不良	油位低	油雾量少	补加油	视情况而定
			风压不足	油雾发生器不上量	调节调压器	视情况而定
			油路堵	润滑点无油雾	疏通并清洗油路	24
			压力表失灵	气压与实际不符	重校或更换	视情况而定
			空气预热不好	雾化效果差	调整空气预热器	视情况而定
5	保证水洗水温控制在工艺卡片要求的温度	水洗水温度报警	TIC-6310故障，温度计显示不准、蒸汽压力低或停止	产品质量不受控	检查校正并调整	视情况而定

附 录 A
（资料性附录）
水洗机（PMI）检修质量控制确认表

mm

项目		主要控制内容			等级	施工单位	生产装置	设备部门	备注
		标准值	部位	现场记录					
拆卸时检测									
机架部分	机架水平度	＜ 0.10/1000	机架		B	★	★		
	机架垂直度	＜ 0.10/1000			B	★	★		
	槽体垂直度	＜ 0.10/1000	水洗槽		C	★			
	槽体水平度	＜ 0.10/1000			C	★			
	中心线偏差	＜ 0.50	机架中心线		B	★	★		
水洗齿轮箱	内部清洁	干净无异物	箱体内部		C	★			
	润滑	良好	油雾系统		C	★			
	动、静密封	无明显泄漏	密封处		C	★			
	齿轮端面平齐	＜ 0.50	齿轮端面		C	★			
	齿轮磨损率	＜ 20%（以齿顶厚为准）	齿厚		B	★	★		
	轴向窜动	0.10 ～ 0.15	轴承压盖与轴承之间		B	★	★		
	啮合间隙	0.10 ～ 0.20	齿轮啮合面		B	★	★		
蜗轮蜗杆减速器	内部清洁	干净无异物	箱体内		C	★			
	油位	1/2 ～ 3/5（停车时）	油标		C	★			
	转动状况	灵活无卡涩	轴承		C	★			
	蜗轮齿面	齿面无咬合	蜗轮齿面		B	★	★		
	蜗轮磨损率	＜ 20%（以齿顶厚为准）	蜗轮齿厚		B	★	★		
	蜗杆	无明显损伤	蜗杆表面		C	★			
	轴向窜动	0.10 ～ 0.15	轴承压盖与轴承之间		B	★	★		
	密封状况	无明显泄漏	密封处		B	★	★		

水洗机（PMI）检修质量控制确认表（续）

项目		主要控制内容			等级	施工单位	生产装置	设备部门	备注
		标准值	部位	现场记录					
水洗辊	预紧情况	无明显松动	上辊		B	★	★		
	动、静密封	无明显渗漏	密封处		C	★			
	上辊轴向窜动	0.10～0.15	辊端		B	★	★		
	上辊轴径向跳动	＜0.30	上辊端部周向		B	★	★		
	上辊间平行度	＜0.30	上辊之间		C	★			
	辊、轴同轴度	＜0.10	辊孔与外圆		B	★	★		
	上辊端面平齐	＜1.0	上辊端面		B	★	★		
	转动情况	灵 活	下辊轴套		C	★			
	下辊水平调节	调节灵活好用	调节座		C	★			
	各辊表面	光洁、无损伤	辊表面		C	★			
回装时检测									
机架部分	机架水平度	＜0.10/1000	机架		B	★	★		
	机架垂直度	＜0.10/1000			B	★	★		
	槽体垂直度	＜0.10/1000	水洗槽		C	★			
	槽体水平度	＜0.10/1000			C	★			
	中心线偏差	＜0.50	机架中心线		B	★	★		
水洗齿轮箱	内部清洁	干净无异物	箱体内部		C	★			
	润滑	良好	油雾系统		C	★			
	动、静密封	无明显泄漏	密封处		C	★			
	齿轮端面平齐	＜0.50	齿轮端面		C	★			
	齿轮磨损率	＜20%（以齿顶厚为准	齿厚		B	★	★		
	轴向窜动	0.10～0.15	轴承压盖与轴承之间		B	★	★		
	啮合间隙	0.10～0.20	齿轮啮合面		B	★	★		

水洗机（PMI）检修质量控制确认表（续）

项目		主要控制内容			等级	施工单位	生产装置	设备部门	备注
		标准值	部位	现场记录					
蜗轮蜗杆减速器	内部清洁	干净无异物	箱体内		C	★			
	油位	1/2～3/5（停车时）	油标		C	★			
	转动状况	灵活无卡涩	轴承		C	★			
	蜗轮齿面	齿面无咬合	蜗轮齿面		B	★	★		
	蜗轮磨损率	＜20%（以齿顶厚为准）	蜗轮齿厚		B	★	★		
	蜗杆	无明显损伤	蜗杆表面		C	★			
	轴向窜动	0.10～0.15	轴承压盖与轴承之间		B	★	★		
	密封状况	无明显泄漏	密封处		B	★	★		
水洗辊	预紧情况	无明显松动	上辊		B	★	★		
	动、静密封	无明显渗漏	密封处		C	★			
	上辊轴向窜动	0.10～0.15	辊端		B	★	★		
	上辊轴径向跳动	＜0.30	上辊端部周向		B	★	★		
	上辊间平行度	＜0.30	上辊之间		C	★			
	辊、轴同轴度	＜0.10	辊孔与外圆		B	★	★		
	上辊端面平齐	＜1.0	上辊端面		B	★	★		
	转动情况	灵 活	下辊轴套		C	★			
	下辊水平调节	调节灵活好用	调节座		C	★			
	各辊表面	光洁、无损伤	辊表面		C	★			

注： A 级：施工单位、生产装置、设备管理部门专业人员检查确认后签字。

B 级：施工单位和生产装置专业人员检查确认后签字。

C 级：施工单位专业人员检查确认后签字。

另：如果有监理，监理的职责由甲方授权。

附 录 B
（资料性附录）
水洗机（PMI）试车与验收数据记录表

设备名称		位号		工作介质	
驱动机种类		转速	r/min	试车介质	
试车类别	□空负荷□负荷	环境温度	℃	试车日期	
连续运转时间	h	启动电流	A		

检查项目		设计值／允许值	实测值								
运行记录时刻											

试车情况：	
试车结论：	
验收意见	生产装置：
	施工单位：
	设备管理部门：

说明：生产装置组织单机试车与验收，其中主要设备由设备管理部门参与验收，其余均由生产装置、施工单位双方共同验收。

4. HS431 型水洗机维护检修规程

SHS 04099—2019

代替 SHS 04099—2004

目　　次

前　言

本规程按照 GB/T 1.1—2009《标准化工作导则　第 1 部分：标准的结构和编写》给出的规则起草。

本规程代替 SHS 04099—2004《HS431 型水洗机水洗机维护检修规程》，与 SHS 04099—2004 相比，除了编辑性修改外，主要技术变化如下：

——细化了拆卸与检测、回装与质量标准；

——对 3.3.3 水洗辊传动箱中水洗辊与轴安装后表面径向跳动的检修质量标准进行了重新修订；

——常见功能故障与处理部分按 RCM 分析方法重新编制；

——增加“附录 A　HS431 型水洗机检修质量控制确认表”；

——增加“附录 B　HS431 型水洗机试车与验收数据记录表”。

本规程由中国石油化工集团有限公司、中国石油化工股份有限公司提出并归口。

本规程起草单位：中国石化上海石化股份有限公司。

本规程主要起草人：张志龙。

本规程历次版本发布情况：

——SHS 04099—1992、SHS 04099—2004。

HS431 型水洗机维护检修规程

1 范围

1.1 主题内容

本规程规定了 HS431 型水洗机检修周期与内容、检修程序与质量标准、试车与验收、维护与故障处理。

1.2 适用范围

本规程适用于 HS431 型水洗机的维护与检修。

2 规范性引用文件

下列文件中的条款通过本规程的引用而成为本规程的条款。凡是注日期的引用文件，其随后所有的修改单（不包括勘误的内容）或修订版均不适用于本规程，然而，鼓励根据本规程达成协议的各方研究是否可使用这些文件的最新版本。凡是不注日期的引用文件，其最新版本适用于本规程。

FZ/T 99014 纺织机械电气设备 通用技术条件

FZ/T 90074 纺织机械产品涂装

SH/T 3503 石油化工建设工程项目交工技术文件规定

SHS 01028 变速机维护检修规程

HS431 型水洗机产品说明书

3 检修周期与内容

3.1 检修周期

根据 HS431 型水洗机系统功能故障及其影响分析的结果，并结合生产装置运行周期，确定设备检修周期，一般为 36 个月。

3.2 检修内容

3.2.1 检查传动箱轴承喷油情况，清洗油泵过滤网；

3.2.2 检查传动箱、减速箱油位，择差更换磨损件；检查油质及油路阻塞情况，消除泄漏，添加润滑油；

3.2.3　检查三通箱油质、油位和传动件润滑状况，更换失效件或添加润滑油；
3.2.4　检查和调整喷淋及导丝机构；
3.2.5　检查水洗喷淋泵是否有异声、泄漏，视情况检修处理；
3.2.6　检查各传动轴联轴器及其紧固件，更换失效件；
3.2.7　检查轴承损坏情况，择差更换；
3.2.8　检查、轴、挡水板，择差修理或更换失效件；
3.2.9　清洗浴槽和滤网，择差修理；
3.2.10　检查、修理压辊（包括气缸和换向阀）部件，更换磨损件；
3.2.11　检查水洗槽机架，腐蚀调换；
3.2.12　检查水洗塑料墙板漏水情况、视漏水情况修理；
3.2.13　检查各传动轴、车头传动箱和水洗辊传动箱内各齿轮、轴、轴承、键、密封件等零件，更换失效件；
3.2.14　检查联轴器柱销磨损情况，择差调换；
3.2.15　检查水洗机上方吸风罩；
3.2.16　检查拉窗、重锤部件，更换失效件；
3.2.17　检查管路上各阀门和流量计，更换失效件；
3.2.18　检查电气前后设备联锁控制；
3.2.19　拉动紧急停车安全线，检验停车效果；
3.2.20　全面检查踏脚板、支架腐蚀，视检查情况进行修补、加固、更换；
3.2.21　检查、修补基础；
3.2.22　整机全面做防腐蚀处理。

4　检修程序与质量标准

4.1　检修前准备

4.1.1　根据设备运行技术状态和监测记录，分析故障原因，明确故障部位；
4.1.2　准备必要的图纸资料，编制检修计划；
4.1.3　制定施工方案，明确技术要求，图、表齐全，符合设备安全、环保要求；
4.1.4　施工前组织施工人员进行技术交底，将方案内容、技术、质量等要求交代清楚；
4.1.5　准备检修工器具、清洗剂和润滑油（脂）等；
4.1.6　落实安全防护措施与环保要求
4.1.6.1　办理好各类进场检修施工手续；
4.1.6.2　检修前切断机台电源等能源，并且挂安全警示牌；
4.1.6.3　停车检修前需确认工艺处置是否满足检修要求；
4.1.6.4　备好相应物料收集桶，避免环境污染；
4.1.6.5　检修人员个人防护必须符合劳保着装规定要求，施工器具验收合格，并落实施工监护人；

4.1.6.6　现场设置施工作业管理牌，落实好文明检修相关准备要求。

4.2　拆卸与检测

4.2.1　车头传动箱

4.2.1.1　切断电源，拆下放油盖螺栓，放掉润滑油；

4.2.1.2　拆卸联轴器，打开箱盖，拆卸润滑油泵、油过滤器，解体油泵，调换磨损轴、齿轮、轴承；

4.2.1.3　拆卸箱体传动轴、齿轮、轴承、挡圈、密封件；

4.2.1.4　拆卸车头箱顶盖，拆卸上下输出轴，取出高位储油箱；

4.2.1.5　拆卸传动轴、齿轮、轴承、挡圈、密封件；

4.2.1.6　检查、清洗零部件，择差更换。

4.2.2　水洗辊传动箱

4.2.2.1　拆卸联轴器紧固螺栓，脱开联轴器，拆下传动箱；

4.2.2.2　打开箱盖，放掉润滑油；

4.2.2.3　拆卸传动轴、齿轮、轴承、挡圈、密封件，更换失效件

4.2.2.4　用专用工具拆卸水洗辊、轴，用专用起重工具拉出水洗辊；

4.2.2.5　检查、清洗传动零件，择差更换。

4.2.3　压辊部件

4.2.3.1　拆卸气缸与压辊连接，卸下气缸；

4.2.3.2　拆卸皮辊，解体检修，视皮辊表面、轴头磨损情况更换；

4.2.3.3　检查、清洗零部件，更换失效件。

4.2.4　喷淋管及导丝器

4.2.4.1　拆卸斜挡水板；

4.2.4.2　拆卸喷淋管，对喷淋管内壁进行清洗；

4.2.4.3　拆卸导丝器，清除废丝和杂物；

4.2.4.4　检查校直导丝板小轴、喷淋管。

4.2.5　浴槽、拉窗

4.2.5.1　检查浴槽循环液过滤网板，清除杂物；

4.2.5.2　检查槽体各连接部位，消除泄漏；

4.2.5.3　检查拉窗、吸风罩和照明装置，修理损坏部位。

4.2.6 气缸部件

4.2.6.1 拆卸气缸盖，检查缸套、活塞杆、密封件等零部件，择差更换；
4.2.6.2 清洗检查各部件，更换失效件；
4.2.6.3 研磨活塞杆表面及缸体铜衬套；
4.2.6.4 调换气缸皮碗；
4.2.6.5 检查气动三元件及各部件有无泄漏，视损坏情况更换。

4.3 回装与质量要求

4.3.1 回装程序与要求

4.3.1.1 车头传动箱

a）校正箱体水平度；
b）清洗箱体，依次安装轴、轴承、齿轮；
c）盘动检查齿轮间隙；
d）按润滑规定手册要求添加润滑油至油标 1/2 ～ 2/3，盘动检查无异常；
e）安装上下输出轴、齿轮、轴承，盘动检查无异常；
f）安装高位储油箱，使喷油口对准润滑点；
g）检查车头箱输出轴位置，安装联轴器。

4.3.1.2 水洗辊及传动箱

a）安装水洗辊轴、轴承，加油脂，盘动检查轴跳动情况≤ 0.15mm；
b）安装水洗辊，安装铜套，轻击水洗辊，安装到位；
c）盘动检查水洗辊径向跳动情况≤ 0.30mm；
d）盘动检查传动轴，依次逐台安装；
e）按质量标准调整箱体水平度；
f）用专用工具分别调整各导辊传动箱的相对距离、校正各导辊传动箱的中心高；
g）检查传动箱三轴输出位置，安装联轴器；
h）按润滑规定添加转动部位润滑油至油标 1/2 ～ 2/3。

4.3.1.3 压辊部件

a）组装压辊轴承座，加油脂；
b）盘动压辊，调整轴承压盖间隙；
c）连杆就位安装，压辊上下动作无异常。

4.3.1.4 喷淋管及导丝器

a）安装校正导丝器轴、喷淋管；
b）安装分丝器，调整与丝束位置；
c）安装斜挡水板，调整与丝束距离，上下按动无异常。

4.3.1.5 浴槽、拉窗

a）浴槽接缝螺丝紧固，过滤网位置摆放；

b）拉窗就位，安装连接皮带；

c）安装拉窗后侧配重，调整重量；

d）检查拉窗上下动作，高位定位不下落。

4.3.1.6 气缸部件

a）清洗缸体，依次组装气缸零部件；

b）气缸就位安装，与压辊连接；

c）气缸上下动作，检查上下压辊无间隙。

4.3.2 检修质量标准

4.3.2.1 机架

机架检修质量标准见表 1。

表 1 机架检修质量标准

mm

序号	检验项目	质量标准	检验方法
1	上箱体机架 纵向水平度 横向水平度	≤ 0.15/1000 ≤ 0.15/1000	水平仪
2	下箱体机架 纵向水平度 横向水平度	≤ 0.20/1000 ≤ 0.20/1000	水平仪
3	机架安装基准线对机台定位线位置偏差	≤ 0.50	吊线
4	机架相对标高偏差	±1.50	水准仪
5	各箱体立面垂直度	≤ 0.30/1000	吊线、水平仪

4.3.2.2 车头传动箱

车头传动箱检修质量标准见表 2。

表 2 车头传动箱检修质量标准

mm

序号	检验项目	质量标准	检验方法
1	齿轮箱水平度	≤ 0.10/1000	水平仪
2	电机与主轴同轴度	≤ 0.05	百分表、塞尺
3	齿轮啮合接触面积① 沿齿高 沿齿宽	≥ 40% ≥ 50%	着色法
4	齿厚、侧隙	符合 GB/T 10095	齿厚卡尺、压铅法
5	联轴器端面间隙	1.00 ～ 3.00	塞尺
6	齿轮箱密封状况	润滑油无明显泄漏	目视

4.3.2.3 水洗辊传动箱

水洗辊传动箱检修质量标准见表3。

表3 水洗辊传动箱检修质量标准

mm

序号	检验项目	质量标准	检验方法
1	传动箱水洗辊水平度 上辊箱应上翘 下辊箱应下垂	0.20/1000 ～ 0.30/1000 0.00 ～ 0.10/1000	水平仪
2	齿轮啮合接触面积① 沿齿高 沿齿宽	≥40% ≥50%	着色法
3	齿厚、侧隙	符合 GB/T 10095	齿厚卡尺、压铅法
	水洗辊轴径向跳动	≤0.15	百分表
4	水洗辊表面径向跳动	≤0.30	百分表
5	水洗辊轴与传动箱输出轴同轴度	≤0.50	百分表、塞尺
6	水洗辊表面镀铬层	无剥落、无毛刺	目测、手检
7	传动箱密封状况	润滑油无渗漏	目测

4.3.2.4 压辊、浴槽、拉窗、气缸

压辊、浴槽、拉窗、气缸检修质量标准见表4。

表4 压辊、浴槽、拉窗、气缸检修质量标准

mm

序号	检验项目	质量标准	检验方法
1	转臂升降	灵活	目测
2	气动开关动作	灵活	目测、手检
3	压辊与水洗辊接触情况	无间隙	目测
4	浴槽部件各连接部位	齐全、完好、循环水路畅通、无泄漏	目视
5	拉窗	上下移动轻便、完好	目视
6	气缸密封性能	无泄漏	0.3MPa 气密性试验
7	活塞往复推动	灵活	实试

5 试车与验收

5.1 试车前准备

5.1.1 全面检查紧固件的连接和传动件的结合情况，在脱离负载的条件下，校对电机转向；

5.1.2 检查各齿轮箱油路、油标的油位和润滑脂添加情况；
5.1.3 全面检查电气、仪表、汽路、水路和压缩空气管路；
5.1.4 检查安全防护罩是否齐全、牢固；
5.1.5 检查附属设备机泵是否运转正常；
5.1.6 全面检查各安全装置是否齐全、有效；
5.1.7 对上述所有检查内容确认正常后试车。

5.2 试车

5.2.1 空载试车

5.2.1.1 试车前检查所有发现的问题应全部整改完毕，检修记录应完整无缺；
5.2.1.2 全机接通电源，单机试运行前，电机必须进行三次点动，观察和检查各传动部位有无异常；
5.2.1.3 连续运行，进行速度调试，检查各传动部位有无异常现象，电机电流有无异常波动；
5.2.1.4 检查各传动齿轮箱有无渗漏；
5.2.1.5 启动附属设备机泵进行喷洗试循环，检查各连接部位和各挡板有无泄漏或飞溅；
5.2.1.6 空载试车时间不少于 0.5h。

5.2.2 负载试车

5.2.2.1 空载试车时所发现的问题应全部整修完毕，使设备具备良好的机械状态，空载试车记录应完整无缺；
5.2.2.2 在试车中应将所发现的各种问题做好记录，必要时应立即整改，整改后再继续试车，运转平稳等工艺要求；
5.2.2.3 按工艺要求进行调速；
5.2.2.4 由操作人员引丝开车；
5.2.2.5 负载试车不少于 72h，进行考核。

5.3 验收

5.3.1 交接验收必须具备下列条件：
5.3.1.1 达到规定试车时间，运行状况良好；
5.3.1.2 检修记录和试车记录准确、齐全；
5.3.2 检修质量达到本规程 4.3.2 规定的质量标准的要求；
5.3.3 设备技术状态应达到完好标准；
5.3.4 按规定办理交接验收的手续；
5.3.5 检修现场按照文明施工的要求做到工完、料尽、场地清。

6 维护与故障处理

6.1 日常维护

6.1.1 维护内容

6.1.1.1 检查车头传动箱轴承喷油情况，清洗油泵过滤网；
6.1.1.2 检查和调整喷淋及导丝机构；
6.1.1.3 检查水洗喷淋泵是否有异声、泄漏，视情况维修处理；
6.1.1.4 检查各传动轴联轴器及紧固件，更换失效件；
6.1.1.5 检查轴承损坏情况，择差更换；
6.1.1.6 检查、轴、挡水板，择差修理或更换失效件；
6.1.1.7 清洗浴槽和滤网，择差修理；
6.1.1.8 检查、修理压辊（包括气缸和换向阀）部件，更换磨损件；
6.1.1.9 检查水洗塑料墙板漏水情况，视情修理；
6.1.1.10 检查、拉窗、重锤部件，视情修理或更换失效件；
6.1.1.11 以上项目如检查出问题则视情维护。

6.1.2 维护时间

6.1.2.1 操作工按照《操作规程》对设备进行巡检；
6.1.2.2 保全工每天巡回检查不少于 2 次。

6.2 常见功能故障与处理方法

HS431 型水洗机常见功能故障与处理方法见表 5。

表 5 HS431 型水洗机常见功能故障与处理方法

序号	功能	功能故障	故障模式	故障后果	故障应对策略与检修内容	检修周期
1	车头传动箱无异声	联轴器对中不良	传动箱有异声	全线停车	调换联轴器柱销	30～45 天
		轴承损坏，齿轮磨损	润滑不良		调整箱体各润滑点，喷油畅通	30～45 天
2	水洗辊传动箱温度≤75℃	轴承损坏、齿轮磨损	传动箱发热或有异声，润滑油油位显示不准	电机超载停车	调换传动箱齿轮、轴承、油封	30～45 天

表 5　HS431 型水洗机常见功能故障与处理方法（续）

序号	功能	功能故障	故障模式	故障后果	故障应对策略与检修内容	检修周期
3	水洗辊运行平稳	水洗辊受异常力，轮胎联轴器损坏	水洗辊不转或有异声	水洗辊停用	消除异常力，调换轮胎环	30～45 天
		水洗辊轴端紧固螺栓松动		水洗辊逃出，跳动，停用	检查水洗辊跳动原因，调换或紧固螺丝	
		水洗辊键销、内孔磨		水洗辊与轴有间隙，跳动，停用	拔出水洗辊，检查水洗辊内孔磨损，调换键销	
		水洗辊没安装到位		水洗辊松动逃出	撞击水洗辊，安装到位，紧固螺丝	
4	水洗拉窗上下移动活络	拉窗重锤配重不准	拉窗轧煞	清洁工作无法进行，现场应急无法处理	配重脱落固定	视情况而定
		拉窗皮带脱轨			调整皮带槽位置，皮带复位	
		拉窗窗框脱架			调换拉窗	

附 录 A

（资料性附录）

HS431 型水洗机检修质量控制确认表

mm

项目	主要控制内容			等级	施工单位	生产装置	设备管理部门	备注
	标准值	部位	现场记录					
拆卸时检测								
联轴器端面间隙	1.00 ～ 3.00	联轴器		B	★	★		
联轴器同轴度	≤ 0.05	联轴器		B	★	★		
表面镀铬层	光滑			C	★			
上辊箱水平度	上翘 0.20/1000 ～ 0.30/1000	水洗辊		B	★	★		
下辊箱水平度	下垂 00 ～ 0.10/1000	水洗辊		B	★	★		
轴径向跳动	≤ 0.15	水洗辊		B	★	★		
水洗辊径向跳动	≤ 0.30	水洗辊		B	★	★		
水洗箱体油标油位	（油标高度）1/2 ～ 2/3	油箱		C	★			
水洗箱体油标油温	＜ 60℃	油箱		C	★			
回装时检测								
联轴器端面间隙	1.00 ～ 3.00	联轴器		B	★	★		
联轴器同轴度	≤ 0.05	联轴器		B	★	★		
表面镀铬层	光滑	水洗辊		C	★			

HS431 型水洗机检修质量控制确认表（续）

项目	主要控制内容			等级	施工单位	生产装置	设备管理部门	备注
	标准值	部位	现场记录					
上辊箱水平度	上翘 0.20/1000 ～ 0.30/1000	水洗辊		B	★	★		
下辊箱水平度	下垂 00 ～ 0.10/1000	水洗辊		B	★	★		
轴径向跳动	≤ 0.15	水洗辊		B	★	★		
水洗辊径向跳动	≤ 0.30	水洗辊		B	★	★		
水洗箱体油标油位	（油标高度） 1/2 ～ 2/3	油箱		C	★			
水洗箱体油标油温	＜ 60℃	油箱		C	★			

注：A 级：施工单位、生产装置、设备管理部门专业人员检查确认后签字。

B 级：施工单位和生产装置专业人员检查确认后签字。

C 级：施工单位专业人员检查确认后签字。

另：如果有监理，监理的职责由甲方授权。

附 录 B
（资料性附录）
水洗机试车与验收数据记录表

设备名称		位号		工作介质	
驱动机种类		转速	r/min	试车介质	
试车类别	□空负荷□负荷	环境温度	℃	试车日期	
连续运转时间	h	启动电流	A		

检查项目		设计值/允许值	实测值								
运行记录时刻											

试车情况：	
试车结论：	
验收意见	生产装置：
	施工单位：
	设备管理部门：

说明：生产部门装置单机试车与验收，其中主要设备由设备管理部门参与验收，其余均由生产装置、施工单位双方共同验收。

5. LHS002型热水牵伸联合机维护检修规程

SHS 04101—2019

代替 SHS 04101—2004

目　次

前　言

本规程按照GB/T 1.1—2009《标准化工作导则　第1部分：标准的结构和编写》给出的规则起草。

本规程代替SHS 04101—2004《LHS002型热水牵伸联合机》，与SHS 04101—2004相比，除了编辑性修改外，主要技术变化如下：

——细化了拆卸与检测、回装与质量标准；

——调整了传动箱及传动系统拆装内容；

——对3.3.2七辊牵伸机中牵伸辊与轴安装后表面径向跳动的检修质量标准进行了重新修订；

——常见功能故障与处理部分按RCM分析方法重新编制；

——增加“附录A　LHS002型热水牵伸联合机检修质量控制确认表”；

——增加“附录B　LHS002型热水牵伸联合机试车与验收数据记录表”。

本规程由中国石油化工集团有限公司、中国石油化工股份有限公司提出。

本规程起草单位：中国石化上海石化股份有限公司。

本规程主要起草人：张志龙。

本规程历次版本发布情况：

——SHS 04101—1992、SHS 04101—2004。

LHS002 型热水牵伸联合机维护检修规程

1 范围

1.1 主题内容

本规程规定了 LHS002 型热水牵伸联合机检修周期与内容、检修程序与质量标准、试车与验收、维护与故障处理。

1.2 适用范围

本规程适用于 LHS002 型热水牵伸联合机的维护与检修。

2 规范性引用文件

下列文件中的条款通过本规程的引用而成为本规程的条款。凡是注日期的引用文件，其随后所有的修改单（不包括勘误的内容）或修订版均不适用于本规范，然而，鼓励根据本规范达成协议的各方研究是否可使用这些文件的最新版本。凡是不注日期的引用文件，其最新版本适用于本规程。

FZ/T 99014 纺织机械电气设备 通用技术条件

FZ/T 90074 纺织机械产品涂装

SH/T 3503 石油化工建设工程项目交工技术文件规定

GB/T 15753 圆弧圆柱齿轮精度

SHS 01028 变速机维护检修规程

FJJ 213 VD406-LVD802 型涤纶短纤维设备安装质量检验标准

LHS002 型热水牵伸联合机产品说明书

3 检修周期与内容

3.1 检修周期

根据 LHS002 型热水牵伸联合机系统功能故障及其影响分析的结果，并结合生产装置运行周期，确定设备检修周期，一般为 36 个月。

3.2 检修内容

3.2.1 检查长边轴传动部件，更换失效件；

3.2.2 检查对中辊转动情况，视情调整、修理；
3.2.3 检查七辊牵伸机各传动部件，润滑油的油质、油位，视情更换或添加润滑油（脂）；
3.2.4 检查润滑供油泵、七辊牵伸机润滑喷油润滑点位置，视情清洗过滤网；
3.2.5 检查润滑油泵电机故障报警显示是否灵敏、正常；
3.2.6 检查牵伸辊、轴配合情况，适当调整、紧固；
3.2.7 检查各牵伸辊筒体表面是否光洁、无缠丝，更换失效件；
3.2.8 校调仪表蒸汽自控阀及流量计的计量，控制浴液工艺；
3.2.9 检查牵伸辊铜锥套的磨损情况；更换失效件；
3.2.10 检查各传动齿轮箱、变速器油质、油位，视情更换或添加润滑油；
3.2.11 检查、修整丝片限幅部件和刮丝架组件；
3.2.12 试验手控阀性能，检查压缩空气管路、气缸密封状况，更换失效件；
3.2.13 检查压辊表面是否圆整，开启是否灵活，修理、更换失效件；
3.2.14 检查牵伸辊轴迷宫密封、油封密封、冷却水管路泄漏情况，视情修理、更换；
3.2.15 检查牵伸槽、蒸汽加热盘管是否泄漏，视情修理、更换；
3.2.16 检查各联轴器紧固螺栓或柱销磨损情况，更换失效件；
3.2.17 盘动检查各减速箱、速比箱输入输出轴，视窜动情况开箱检查，调换轴、键销；
3.2.18 检查喷淋管位置和堵塞情况，视情修理或疏通；
3.2.19 检查水、汽、气阀门和管线泄漏和腐蚀情况，视情修理、更换；
3.2.20 检查电气设备联锁控制是否完好；
3.2.21 检查紧急停车线是否灵敏、可靠；
3.2.22 检查机架、传动箱腐蚀情况，视检查情况进行修补、加固、更换；
3.2.23 检查、修补设备基础。

4 检修程序与质量标准

4.1 检修前准备

4.1.1 根据设备运行技术状态和监测记录，分析故障原因，明确故障部位；
4.1.2 准备必要的图纸资料，编制检修计划；
4.1.3 制定施工方案，明确技术要求，图、表齐全，符合设备安全、环保要求；
4.1.4 施工前组织施工人员进行技术交底，将方案内容、技术、质量等要求交代清楚；
4.1.5 准备检修工器具、清洗剂和润滑油（脂）等；
4.1.6 落实安全防护措施与环保要求：
4.1.6.1 办理好各类进场检修施工手续；
4.1.6.2 检修前切断机台电源等能源，并且挂安全警示牌；

4.1.6.3 停车检修前需确认工艺处置是否满足检修要求；
4.1.6.4 备好相应物料收集桶，避免环境污染；
4.1.6.5 检修人员个人防护必须符合劳保着装规定要求，施工器具验收合格，并落实施工监护人；
4.1.6.6 现场设置施工作业管理牌，落实好文明检修相关准备要求。

4.2 拆卸与检测

4.2.1 七辊牵伸机

4.2.1.1 拆下放油盖螺栓，放掉润滑油；
4.2.1.2 拆卸牵伸辊刮丝板、喷淋水管；
4.2.1.3 拆卸刮丝架组件，检查、修整安装螺孔，视螺孔损坏情况修理、更换；
4.2.1.4 拆卸箱盖，用专用工具拆卸牵伸辊；
4.2.1.5 降低牵伸槽，打开牵伸轴后盖，拆卸轴承衬套、牵伸轴，用专用起重工具吊装轴至平坦地面，拆卸轴上的轴承、齿轮、轴套、键、挡圈、密封件和辊端密封装置等，检查、清洗各零部件，更换失效件；
4.2.1.6 清洗油箱，检查油泵、滤油器，保证润滑油路畅通；
4.2.1.7 拆卸压辊，检查压辊表面橡胶层，解体检查轴头、轴承，视磨损情况进行调换；
4.2.1.8 拆卸气缸，检查缸套、皮碗和气动元件等，更换失效件。

4.2.2 丝片对中装置

4.2.2.1 打开箱盖，用专用工具拆卸对中辊；
4.2.2.2 检查轴、轴承、轴承座磨损情况，清洗零部件，更换失效件；
4.2.2.3 检查对中辊上下、左右调整机构，视转动情况进行修正。

4.2.3 热水牵伸槽

4.2.3.1 拆下槽体与外管道连接螺栓，移出牵伸槽；
4.2.3.2 打开槽盖，检查和修整槽体连接处铰链；
4.2.3.3 检查槽焊接处、槽内蒸汽盘管腐蚀情况，修正失效件；
4.2.3.4 清除槽内杂物，溢流处网孔清洗疏通。

4.2.4 长边轴传动装置

4.2.4.1 拆卸各联轴器和连接轴，检查、清洗长轴、轴承等零件，更换失效件；
4.2.4.2 按 SHS 01028《变速机维护检修规程》解体检修各齿轮箱（包括滑移齿轮变速箱、弧锥齿轮箱和圆柱齿轮减速箱），更换失效齿轮箱零部件；
4.2.4.3 清洗箱体和零部件；
4.2.4.4 检查各联轴器和柱销磨损情况，失效更换。

4.3 回装与质量标准

4.3.1 回装程序与要求

4.3.1.1 七辊牵伸机

a）安装牵伸辊轴、齿轮、轴承，盘动检查轴径向圆跳动符合质量标准（≤0.15mm）；

b）牵伸槽复位安装；

c）安装牵伸辊至轴上，轻敲辊子，确保牵伸辊安装到位；

d）盘动检查导丝辊径向跳动符合质量标准（≤ 0.30mm）；

e）安装润滑油泵、润滑油管，加注润滑油；

f）安装刮丝架组件，安装刮丝板；

g）安装矫正喷淋管；

h）组装气缸，确保活塞杆动作灵活，无泄漏；

i）组装压辊并复位，确保压辊上下动作灵活、无卡滞，压辊与牵伸辊表面贴合，无缝隙。

4.3.1.2 丝片对中装置

a）安装对中辊轴、轴承，盘动调节手轮检查手感轻松；

b）调整上下对中辊水平度，辊中心与丝片中心偏差符合质量标准（≤ 2.00mm）；

c）对中辊末端调节移动量符合质量标准（ ≤ 50mm）。

4.3.1.3 热水牵伸槽

a）牵伸槽复位，校正槽体水平度、相对位置和丝片浸入深度；

b）安装牵伸槽连接管道、阀门、连接附件等，检查无泄漏；

c）调整槽盖翻动配重，矫正修理锁紧搭扣。

4.3.1.4 长边轴传动装置

a）按 SHS 01028《变速机维护检修规程》 组装各齿轮箱（包括滑移齿轮变速箱、弧锥齿轮速箱和圆柱齿轮减速箱）；

b）就位安装电机、各齿轮减速箱，校正各箱体水平度和相关位置，紧固基础螺栓；

c）组装长边轴传动装置各部件，按润滑规定加换润滑油（脂）；

d）就位安装长边轴传动装置，校正水平度，与齿轮箱输出轴对准偏差符合要求，紧固长边轴轴承座螺栓；

e）安装联轴器柱销，盘动检查正常；

f）安装万向联轴器，盘动活络、无异常。

4.3.2 检修质量标准

4.3.2.1 七辊牵伸机

七辊牵伸机检修质量标准见表 1。

表 1　七辊牵伸机检修质量标准

mm

序号	检验项目	质量标准	检验方法
1	箱体上平面水平度	< 0.20/1000	水平仪
2	牵伸辊纵向中心与丝片中心偏差	< 2.00	拉线 钢板尺
3	箱体后侧面垂直度	≤ 0.15/1000	吊线、平尺、水平仪
4	牵伸辊表面	无毛刺、无剥落	手检、目视
5	牵伸辊安装后表面径向圆跳动	< 0.30	百分表
6	压辊水平度	< 0.15/1000	水平仪
7	压辊表面胶层 压辊启闭、转动	无裂痕、无剥落、 灵活	目视 手检
8	通水牵伸辊机械密封	转动灵活、无泄漏	实试、目视
9	刮丝架组件安装	符合工艺要求	目视
10	箱体传动齿轮及传动零部件安装	符合 SHS01028《变速机维护检修规程》	按 SHS01028《变速机维护检修规程》进行

4.3.2.2　丝片对中装置

丝片对中装置检修质量标准见表 2。

表 2　丝片对中装置检修质量标准

mm

序号	检验项目	质量标准	检验方法
1	上下对中辊水平时，辊中心与丝片中心偏差	≤ 2.00	拉线 钢板尺
2	上下对中辊转动及调节手轮调整	灵活、轻便	手检
3	辊体表面	无毛刺、无剥落	手检、目视
4	对中辊末端调节移动量	50	钢板尺

4.3.2.3　热水牵伸槽

热水牵伸槽检修质量标准见表 3。

表 3　热水牵伸槽检修质量标准

mm

序号	检验项目	质量标准	检验方法
1	槽体上平面（纵向和横向）水平度	< 1.00/1000	平尺、百分表、水平仪
2	槽体中心线与丝片中心线要求	相距 77.50 保持平行	拉线 钢板尺
3	槽体相对标高（即下牵伸辊对液面浸入深度）	20	实测
4	槽盖	盖板平整合缝小开、闭轻便灵活	目视、手检

4.3.2.4 长边轴传动装置

长边轴传动装置检修质量标准见表 4。

表 4 长边轴传动装置检修质量标准

mm

序号	检验项目	质量标准	检验方法
1	长边轴传动轴心线（纵向和横向）与三台七辊牵伸机输入轴轴心线在同水平基准上的水平允差	＜0.15/1000	拉线、水平尺、水平仪
2	柱销联轴器两轴同轴度	＜0.15/1000	百分表
3	万向联轴器两轴同轴度	＜0.20/1000	百分表
4	各齿轮箱解体检修	符合 SHS《齿轮减速器维护检修规程》	按 SHS《齿轮减速器维护检修规程》进行

5 试车与验收

5.1 试车前准备

5.1.1 全面检查紧固件的联接和传动件的结合情况，在脱离负载的条件下，校对电机转向；

5.1.2 检查各齿轮箱油路、油标的油位和润滑脂添加情况；

5.1.3 全面检查电气、仪表、汽路、水路和压缩空气管路；

5.1.4 检查安全防护罩是否齐全、牢固；

5.1.5 检查附属设备机泵是否运转正常；

5.1.6 全面检查各安全装置是否齐全、有效；

5.1.7 对上述所有检查内容确认正常后试车。

5.2 试车

5.2.1 空载试车

5.2.1.1 试车前检查所有发现的问题应全部整改完毕，检修记录应完整无缺；

5.2.1.2 全机接通电源，单机试运行前，电机必须进行三次点动，观察和检查各传动部位有无异常；

5.2.1.3 连续运行，进行速度调试，检查各传动部位有无异声、异振和过热现象，电机电流有无明显波动；

5.2.1.4 检查各传动齿轮箱有无渗漏；

5.2.1.5 开启喷淋水阀门，检查各连接部位和各挡板有无泄漏或飞溅；

5.2.1.6 空载试车时间不少于 0.5h。

5.2.2 负载试车

5.2.2.1 空载试车时所发现的问题应全部整修完毕，使设备具备良好的机械状态，空载试车记录应完整无缺；
5.2.2.2 在试车中应将所发现的各种问题做好记录，必要时应立即整改，整改后再继续试车，运转平稳等工艺要求；
5.2.2.3 按工艺要求进行调速；
5.2.2.4 由操作人员引丝开车；
5.2.2.5 负载试车不少于72h。

5.3 验收

5.3.1 交接验收必须具备下列条件：
5.3.1.1 达到规定试车时间，运行状况良好；
5.3.1.2 检修记录和试车记录准确、齐全；
5.3.2 检修质量达到本规程4.3.2规定的质量标准的要求；
5.3.3 设备技术状态应达到完好标准；
5.3.4 按规定办理交接验收的手续；
5.3.5 检修现场按照文明施工的要求，做到工完、料尽、场地清。

6 维护与故障处理

6.1 日常维护

6.1.1 维护内容

6.1.1.1 检查长边轴传动部件磨损情况，更换失效件；
6.1.1.2 检查对中辊转动情况，视情调整、修理；
6.1.1.3 检查七辊牵伸机各传动件和润滑油油质、油位，视情更换或添加润滑油；
6.1.1.4 检查润滑供油泵、七辊牵伸机润滑喷油润滑点位置，视情清洗过滤网；
6.1.1.5 检查润滑油泵电机故障报警显示是否灵敏、正常；
6.1.1.6 检查牵伸辊、轴配合情况，适当调整、紧固；
6.1.1.7 检查牵伸辊筒体表面是否光洁、无缠丝，更换失效件；
6.1.1.8 检查牵伸辊铜锥套的磨损情况，更换失效件；
6.1.1.9 检查各传动齿轮箱、变速器油质、油位，视情更换或添加润滑油；
6.1.1.10 检查、修整丝片限幅部件和刮丝架组件；
6.1.1.11 试验手控阀性能，检查压缩空气管路、气缸密封状况，更换失效件；
6.1.1.12 检查压辊表面是否圆整，开启是否灵活，修理、更换失效件；
6.1.1.13 检查牵伸辊轴迷宫密封、油封密封、冷却水管路泄漏情况，视情修理、更换；

6.1.1.14 检查各联轴器紧固螺栓或柱销磨损情况，更换失效件；

6.1.1.15 检查喷淋管位置和堵塞情况，视情修理或疏通；

6.1.1.16 以上项目如检查出问题则视情维护。

6.1.2 维护时间

6.1.2.1 操作工按照《操作规程》对设备进行巡检；

6.1.2.2 保全工每天巡回检查不少于 2 次。

6.2 常见功能故障与处理方法

LHS002 型热水牵伸联合机常见功能故障与处理方法见表 5。

表 5 LHS002 型热水牵伸联合机常见功能故障与处理方法

序号	功能	功能故障	故障模式	故障后果	故障应对策略与检修内容	检修周期／月
1	保证生产连续运行	牵伸辊摇晃、有异响	轴端螺丝松动	牵伸辊外逃，全线停车	轴端螺纹、压板螺丝检查，紧固	6
			锥套外逃	轴、牵伸辊锥面间	轻击锥套，螺丝紧固	
			轴锥面磨损	有间隙牵伸辊摇晃	更换磨损轴或牵伸辊	
			键销剪切变形	罗拉周向间隙大	更换键销	
		牵伸辊缠丝	牵伸辊表面毛糙、有划痕	产品质量不受控，影响生产连续运行	停车处理或更换牵伸辊	视情况而定
2	保证机组连续运转	旋转部件运行不正常	紧固件松动	牵伸辊不转或径向跳动超标	拧紧固定螺栓	
			传动箱轴承损坏		更换轴承	
			传动箱齿轮磨损、啮合不良		调整间隙或更换齿轮	
			联轴器内孔磨损	噪声过大	更换联轴器	
			联轴器对中不良	产生振动、异声	重新找正	

表5 LHS002型热水牵伸联合机常见功能故障与处理方法（续）

序号	功能	功能故障	故障模式	故障后果	故障应对策略与检修内容	检修周期／月
2	保证机组连续运转	减速器故障	轴承磨损	减速机振动大、异声	更换轴承	6
			润滑油不足	减速机温度过高	及时补油	
			易损件磨损	减速机振动大、异声	更换易损件	
			超负荷	减速机温度过高	查找超负荷原因并处理	
			联轴器对中不良	减速机振动大	重新找正	
		电气控制系统不正常	牵伸辊缠辊	电机过电流跳车	处理缠辊	视情况而定
			传动箱润滑不良		检查油路或补油	
			电机绝缘降低		检查电机或检修更换	
			速度调节不当		重新调整	

附 录 A

（资料性附录）

LHS002 型热水牵伸联合机检修质量控制确认表

mm

项目	主要控制内容			等级	施工单位	生产车间	二级管理部门	公司管理部门
	标准值	部位	现场记录					
拆卸时检测								
联轴器端面间隙	1.00～3.00	联轴器		B	★	★		
联轴器同轴度	≤0.05	联轴器		B	★	★		
牵伸辊表面镀铬层	无剥落、无毛刺	牵伸辊		B	★	★		
牵伸辊轴径向跳动	≤0.15	牵伸辊		B	★	★		
牵伸辊径向跳动	≤0.15	牵伸辊		B	★	★		
七辊速比齿轮箱油标油位	1/2～2/3	齿轮箱		C	★			
七辊速比齿轮箱油标油温	＜60℃	齿轮箱		C	★			
回装时检测								
联轴器端面间隙	1.00～3.00	联轴器		B	★	★		
联轴器同轴度	≤0.05	联轴器		B	★	★		
牵伸辊表面镀铬层	无剥落、无毛刺	牵伸辊		B	★	★		
牵伸辊轴径向跳动	≤0.15	牵伸辊		B	★	★		
牵伸辊径向跳动	≤0.15	牵伸辊		B	★	★		
七辊速比齿轮箱油标油位	1/2～2/3	齿轮箱		C	★			
七辊速比齿轮箱油标油温	＜60℃	齿轮箱		C	★			

注： A 级：施工单位、生产装置、设备管理部门专业人员检查确认后签字。

B 级：施工单位和生产装置专业人员检查确认后签字。

C 级：施工单位专业人员检查确认后签字。

另：如果有监理，监理的职责由甲方授权。

附　录　B
（资料性附录）
LHS002 型热水牵伸联合机试车与验收数据记录表

mm

设备名称		位号		工作介质	
驱动机种类		转速	r/min	试车介质	
试车类别	□空负荷□负荷	环境温度	℃	试车日期	
连续运转时间	h	启动电流	A		

检查项目		设计值／允许值	实测值								
运行记录时刻											

试车情况：	
试车结论：	
验收意见	生产装置：
	施工单位：
	设备管理部门：

说明： 生产装置组织单机试车与验收，其中主要设备由设备管理部门参与验收，其余均由生产装置、施工单位双方共同验收。

6. 调温调湿（烘干）机维护检修规程

SHS 04108—2019

代替 SHS 04107—2004、SHS 04108—2004、SHS 04119—2004

目　次

前　　言

本规程按照 GB/T 1.1—2009《标准化工作导则　第 1 部分：标准的结构和编写》给出的规则起草。

本规程代替 SHS 04107—2004《调温调湿铺丝机维护检修规程》、SHS 04108—2004《调温调湿烘干机维护检修规程》、SHS 04119—2004《二道烘干机维护检修规程》，与 SHS 04108—2004、SHS 04107—2004、SHS 04119—2004 相比，除了编辑性修改外，主要技术变化如下：

——细化了拆卸与检测、回装与质量标准；

——常见功能故障与处理表部分按 RCM 分析方法重新编制；

——增加“附录 A　调温调湿（烘干）机检修质量控制确认表”；

——增加“附录 B　调温调湿（烘干）机试车与验收数据记录表”。

本规程由中国石油化工集团有限公司、中国石油化工股份有限公司提出。

本规程起草单位：中国石油化工股份有限公司安庆分公司。

本规程主要起草人：孙九煜。

本规程历次版本发布情况：

——SHS 04108—1992、SHS 04108—2004。

——SHS 04107—1992、SHS 04107—2004。

——SHS 04119—1992、SHS 04119—2004。

调温调湿（烘干）机维护检修规程

1 范围

1.1 主题内容

本规程规定了二步法腈纶调温调湿（烘干）机检修周期与内容、检修程序与质量标准、试车与验收、维护与故障处理。

1.2 适用范围

本规程适用于Proctor公司提供的调温调湿、烘干机、铺丝机的维护和检修。

2 规范性引用文件

下列文件中的条款通过本规程的引用而成为本规程的条款。凡是注日期的引用文件，其随后所有的修改单（不包括勘误的内容）或修订版均不适用于本规程，然而，鼓励根据本规程达成协议的各方研究是否可使用这些文件的最新版本。凡是不注日期的引用文件，其最新版本适用于本规程。

SH/T 3503 石油化工建设工程项目交工技术文件规定

FZ/T 90074 纺织机械产品涂装

FZ/T 90089.1 纺织机械铭牌、型式、尺寸及技术要求

FZ/T 99014 纺织机械电气设备 通用技术条件

SHS 01028 变速机维护检修规程

Proctor调温调湿（烘干）机安装使用说明书

3 检修周期与内容

3.1 检修周期

根据二步法腈纶调温调湿（烘干）机系统功能故障及其影响分析的结果，并结合生产装置运行周期，确定设备检修周期，一般为36个月。

3.2 检修内容

3.2.1 铺丝导丝辊、导丝杆检修；

3.2.2 铺丝机头检修；

3.2.3 铺丝机头传动长轴、万向联轴器、弯颈法兰检修；
3.2.4 铺丝立柱、摆臂检修；
3.2.5 铺丝无杆气缸检修；
3.2.6 气路检修；
3.2.7 烘干链板传动机构检修；
3.2.8 无级变速器及摆线减速器按 SHS 01028《变速机维护检修规程》检修；
3.2.9 滴油润滑器检修；
3.2.10 蒸汽管线和阀门检修；
3.2.11 蒸汽加热片检修；
3.2.12 循环风机、排湿风机检修；
3.2.13 空气滤网及热风分配网检修；
3.2.14 保温门、保温顶检修；
3.2.15 机体框架检修；
3.2.16 检修电机、控制系统等；
3.2.17 检修电磁换向阀、自控阀、气动元件、控制系统等；
3.2.18 碳钢机架除锈防腐。

4 检修与质量标准

4.1 检修前准备

4.1.1 根据设备运行技术状态和监测记录，分析设备故障原因，明确故障部位；
4.1.2 准备必要的图纸资料，编制检修计划；
4.1.3 制定施工方案，明确技术要求，图、表齐全，符合设备安全、环保要求；
4.1.4 施工前组织施工人员进行技术交底，将方案内容、技术、质量等要求交代清楚；
4.1.5 准备检修工器具、清洗剂和润滑油（脂）等；
4.1.6 落实好安全防护措施与环保要求；
4.1.6.1 办理好各类进场检修施工手续；
4.1.6.2 检修前切断机台电源等能源，并且挂安全警示牌；
4.1.6.3 停车检修前需确认工艺处置是否满足检修条件；
4.1.6.4 备好相应物料收集桶，避免环境污染；
4.1.6.5 检修人员个人防护必须符合劳保着装规定要求，施工器具验收合格，并落实施工监护人员；
4.1.6.6 现场设置施工作业管理牌，落实好文明检修相关准备要求；

4.2 拆卸与检测

4.2.1 铺丝机头

4.2.1.1 拆卸缠辊检测开关；
4.2.1.2 拆卸分散板及支架，检查分散板折边处两侧有无裂纹；
4.2.1.3 拆卸机头驱动关节联轴器的连接螺栓；
4.2.1.4 拆卸弯颈法兰与机头的连接螺栓，取下铺丝机头，检查弯颈法兰内圈是否有磨损，焊缝及热影响区附近有无裂纹。

4.2.2 铺丝摆臂

4.2.2.1 拆卸铺丝导丝辊、导丝杆，解体导丝辊，检查导丝辊轴承、导丝辊、导丝杆磨损情况；
4.2.2.2 拆卸摆动无杆气缸，检查气缸有无卡涩和漏气；
4.2.2.3 解体无杆气缸，检查缸体密封条及活塞密封圈磨损、老化情况；
4.2.2.4 拆卸弯颈法兰，注意记录调整垫片的位置及厚度；
4.2.2.5 拆卸电机端关节联轴器的连接螺栓，抽出传动长轴，检查传动长轴磨损、轴端挡圈、关节联轴器灵活情况；
4.2.2.6 拆卸摆臂连接螺栓，取下摆臂前臂，检查摆臂焊接位置有无脱焊或裂纹，摆臂内部有无剐蹭痕迹；
4.2.2.7 测量电机轴安装中心高及各底脚的找正垫厚度，将电机吊出；
4.2.2.8 将摆臂后臂与立柱底板的连接螺栓安装位置做好标记，拆下螺栓，取下摆臂后臂，检查各焊接位置有无裂纹；
4.2.2.9 拆卸立柱摆动轴及轴承，检测立柱垂直度并检查轴、轴承磨损情况。

4.2.3 风机

4.2.3.1 拆卸风机皮带安全防护罩，摘下皮带，检查皮带、带轮磨损情况及安全罩情况；
4.2.3.2 松开紧定套，拉出皮带轮，检查紧定套与皮带轮配合情况；
4.2.3.3 拆卸叶轮口环，松开风机叶轮锁紧螺母，拆下叶轮，检查叶轮变形、风机口环情况；
4.2.3.4 拆卸轴承座与其支架的固定螺栓；
4.2.3.5 抽出风机轴及轴承座组件，拆下并清洗风机轴承，检查轴承、轴情况；
4.2.3.6 检查风机支架脱焊、开裂、紧固情况。

4.2.4 蒸汽加热片

4.2.4.1 拆卸相应区域影响加热片拆卸的保温门及立柱，检查保温门密封条情况，检查立柱有无裂纹；

4.2.4.2　使用起重工具等对立柱拆除区域机架进行支护，注意不得利用铝框架作为吊点或支撑；

4.2.4.3　断开加热片连接法兰；

4.2.4.4　松开加热片固定螺栓，抽出加热片；

4.2.4.5　加热片打压试验，找出泄漏点并修复。

4.2.5　烘干链板

4.2.5.1　需要拆除的链板应位于烘干机出口位置；

4.2.5.2　松开链板张紧机构，检查弹簧、压板情况；

4.2.5.3　从链板的链条固定钩上松开固定螺栓，取下两侧叶子板，检查叶子板有无变形；

4.2.5.4　从链条上取下链板，检查链条磨损状况；

4.2.5.5　拆下链板后检查链板轨道水平度和磨损状况；

4.2.5.6　链板传动链轮、轴、轴承检查。

4.2.6　无级变速器及摆线减速器

4.2.6.1　摘下无级变速器外部的传动皮带，检查皮带磨损情况；

4.2.6.2　拆卸无级变速器地脚螺栓，抬上检修小车运往维修车间；

4.2.6.3　断开摆线减速器连接链板的链条，取下链条，检查链条磨损情况；

4.2.6.4　拆卸摆线减速器地脚螺栓，移出减速器；

4.2.6.5　拆下皮带轮及链轮，检查皮带轮和链轮磨损情况；

4.2.6.6　拆下的无级变速器及摆线减速器，按SHS 01028《变速机维护检修规程》检修。

4.3　回装与质量标准

4.3.1　回装程序与要求

4.3.1.1　铺丝摆臂

a）清洗拆卸下来的所有部件，能继续使用的放在一定位置，做上标注，不能使用的按规定处理；

b）立柱摆动轴检修后恢复，将摆臂后臂与立柱底板用螺栓连接起来，电机复位，按照拆卸前的安装数据进行对中，保证电机轴与摆臂套筒的同轴度，左右摆动摆臂，确认灵活无卡涩；

c）前臂及长轴回装，加润滑脂，将电机端的联轴器恢复，盘车确认同轴度后防护罩恢复；

d）复位弯颈法兰，将拆卸时的调整垫片按原样回装；

e）无杆气缸组装，注意活塞密封圈及缸体密封条回装方向；

f）检修后的无杆气缸回装，检查活塞运行均匀无明显漏气；

g）导丝辊、导丝杆恢复，检查表面无伤痕、毛刺，导丝辊转动灵活。

4.3.1.2 铺丝机头

a）回装铺丝机头，紧固与弯颈法兰连接螺栓，检查铺丝机头水平情况；

b）复位转动长轴关节联轴器，注意加脂润滑；

c）复位分散板及支架，注意从机头落下的丝束应位于分散板斜边的中间位置；

d）电气回装缠辊检测开关，并将开关调整合适位置；

e）检测摆臂的水平度，并通过后臂与立柱底板处的螺栓进行调整。

4.3.1.3 烘干链板

a）链板轨道、隔板、框架检查加固；

b）链板组装到链条固定钩上、两侧回装并固定叶子板，并用螺栓可靠紧固；

c）把安装好的链板分段恢复到轨道上，连接链条，直至全部链板安装完毕；

d）回装链板张紧机构，并张紧链板。

4.3.1.4 蒸汽加热片

a）将修复的加热片用吊装工具把最上一层加热片先吊装在基座上并可靠悬挂；

b）将下一片加热片固定在上一层加热片上，各加热区按规定数量回装加热器片；

c）连接各片加热器进出口法兰，试压无泄漏；

d）支撑立柱、保温门恢复。

4.3.1.5 风机

a）风机支架检修，检查紧固地脚螺栓；

b）带座轴承回装到轴上的指定位置并恢复定位销；

c）风机轴回装到风机支架上，检查轴位于安装孔的中心且垂直度符合要求；

d）将叶轮放置在加热片上并与加热片有效隔离；

e）回装叶轮，紧固锁紧螺栓；

f）叶轮口环回装，调整使叶轮与口环间隙在3mm左右；

g）恢复皮带轮，调整风机与电机皮带轮的平面度，达到要求后紧固紧定套；

h）皮带回装并调整皮带松紧度后紧固调节板；

i）风机安全防护罩恢复，固定螺栓紧固。

4.3.1.6 摆线减速器及无级变速器

a）检修后的摆线减速器吊装就位，地脚螺栓紧固，传动链轮、链条恢复；

b）检修后的无极变速器吊装就位，地脚螺栓紧固，与摆线减速器件的带轮、皮带恢复；

c）调整摆线减速器链轮、张紧轮和链板驱动轴链轮的平面度符合要求；

d）调整无极变速器与摆线减速器皮带轮平面度符合要求后调整张紧度；

e）恢复电机接线。

4.3.2 铺丝机头检修

4.3.2.1 拆卸输入轴联轴节，检查联轴节状况；

4.3.2.2 拆卸传动胶木齿轮轴向定位螺栓和垫片，保护各轴端螺纹，拉下三只胶木齿轮，保存好隔套，检查胶木齿轮外观有无断齿或磨损；

4.3.2.3 松开顶盖板上的调节丝杆，取下拉簧，检查拉簧形变量，超过原长10%的更换，拆卸顶盖板螺栓，取下顶盖板；

4.3.2.4 拆卸机头星辊轴承座固定螺栓，取出固定星辊；

4.3.2.5 松开星辊间隙调整螺栓，拆下其他紧固螺栓（包括偏心轴的定位螺栓），将活动星辊、背板、底板和伞齿轮箱一起取出；

4.3.2.6 拆卸伞齿轮的固定螺栓，伞齿轮箱按SHS 01028《变速机维护检修规程》检修，保存好背板轴承中的轴套，重点检查底板星辊间隙调整顶块有无脱焊、裂纹和磨损，更换损坏件；

4.3.2.7 检修后的伞齿轮箱与底板用螺栓连接起来，螺栓预紧50%左右，再安装轴套、轴承及背板，背板与底板用螺栓紧固，伞齿轮箱紧固后，盘伞齿轮箱看是否灵活，如有卡涩在伞齿轮箱下或背板下加调整垫片，保证盘车灵活；

4.3.2.8 解体检修偏心轴组件，依次拆除孔用挡圈、轴承和铝齿轮，检查各零部件，注意保存轴承隔套和孔用挡圈，然后按相反顺序组装待复位，保证铝齿轮转动灵活；

4.3.2.9 解体检修活动星辊及其轴承座组件，先拆除孔用挡圈，拉出活动星辊轴上的轴承座，重点检查轴承座的铜套有无磨损或偏磨、轴承座顶部及底部的焊接铝块有无裂纹、螺纹是否完整；

4.3.2.10 解体检修星辊组件，拆卸圆形圈，松下所有齿片铝压块的螺钉，更换断裂、变形的齿片之后，紧固压块的螺钉，逐一敲击齿片听有无空脆的声音，确认无异常后复位圆形圈，检查星辊轴承，回装轴承座，组装星辊组件；

4.3.2.11 将固定星辊的轴承座连接到两块侧板上，螺栓预紧70%左右，待调整后紧固，检查两侧板的铜套有无磨损和偏磨，沉头孔有无磨损；

4.3.2.12 将活动星辊及其轴承座组件、偏心轴组件等回装复位；

4.3.2.13 安装固定星辊及伞齿轮箱的两只传动胶木齿轮，注意不能遗漏隔套、垫片及端盖螺栓；

4.3.2.14 调整固定星辊的高度，调整两只胶木齿轮转动灵活、间隙合适后紧固轴承座的螺栓；

4.3.2.15 回装顶盖板及拉簧；

4.3.2.16 调整底板星辊间隙顶块上的调节螺栓，使两星辊的相邻齿片处于同一垂直线上，安装最后一只胶木齿轮及垫片螺栓；

4.3.2.17 微调偏心轴，使伞齿轮箱的胶木轮、铝齿轮和活动星辊胶木轮三者之间的间隙合适，转动灵活无卡涩，且无明显晃动间隙；

4.3.2.18 回装联轴器。

4.3.3 检修质量标准

4.3.3.1 机架

机架检修质量标准见表 1。

表 1 机架检修质量标准

mm

序号	检验项目	质量标准	检验方法
1	机架水平度	＜0.10/1000	水平仪
2	机架垂直度	＜0.10/1000	水平仪
3	机架中心线对丝束中心线偏差	＜0.50	拉线加千分尺

4.3.3.2 链传动部分

链传动部分检修质量标准见表 2。

表 2 链传动检修质量标准

mm

序号	检验项目	质量标准	检验方法
1	链轮装配侧面平齐度	＜0.50	直尺、塞尺
2	链条磨损率	＜1%	目测
3	链条润滑	良 好	目测
4	链轮磨损率	＜20%（以齿尖宽为准）	游标卡尺

4.3.3.3 轨道与链板

轨道与链板检修质量标准见表 3。

表 3 轨道与链板检修质量标准

mm

序号	检验项目	质量标准	检验方法
1	轨道角钢接头平齐度	＜0.50	直尺、塞尺
2	轨道角钢螺丝	应无明显松动	目测、手检
3	轨道角钢磨损度	＜1.0	游标卡尺
4	链板轨道水平度	＜0.10/1000	水平仪
5	链条松紧度	无松动	目测、手检
6	链条滚轮	应无明显滞涩	手检
7	套筒、滚轮	应无明显磨损	目测、手检
8	链板紧固螺丝	应无明显松动	目测、手检
9	相邻链板平行间隙均匀	＜0.1	塞尺
10	链板直线度	＜3.0	拉线检查
11	相邻侧密封板间隙均匀	＜3.0	塞尺
12	链板表面安装板高度差	＜1.0	直尺、塞尺
13	链板主轴水平度	＜0.10/1000	水平仪
14	链板表面	光滑、平整	目测，手检

4.3.3.4　风机

风机检修质量标准见表 4。

表 4　风机检修质量标准

mm

序号	检验项目	质量标准	检验方法
1	风机轴垂直度	＜0.10/1000	水平仪
2	风机轴通过保温顶孔位置居中不均匀度	＜2.0	塞尺
3	风机皮带轮侧面平齐度	＜1.0	直尺、塞尺
4	风机皮带松紧度	适度	手检
5	风机振动值	0.45 mm/s	测振仪
6	转动情况	灵活、无异响	手检、耳听

4.3.3.5　蒸汽加热片

蒸汽加热片检修质量标准见表 5。

表 5　蒸汽加热片检修质量标准

序号	检验项目	质量标准	检验方法
1	散热翅片	无变形、错位	目测
2	加热片本体	无泄漏	水压试验
3	阀门开闭	灵 活	手检
4	静密封点	无泄漏	目测

4.3.3.6　保温门及保温墙板

保温门及保温墙板检修质量标准见表 6。

表 6　保温门及保温墙板检修质量标准

序号	检验项目	质量标准	检验方法
1	保温门开关	完好	手检
2	保温墙板密封	良好	目测
3	保温门密封条	无老化变形	手检、目测

4.3.3.7　轴和辊

轴和辊检修质量标准见表 7。

表 7　轴和辊检修质量标准

mm

序号	检验项目	质量标准	检验方法
1	星辊径向圆跳动	＜0.30	百分表
2	星辊平行度	＜0.30	内径千分表
3	星辊表面	光 洁	手检、目测
4	关节联轴器	灵活	手检、目测

4.3.3.8 阀门

阀门检修质量标准参见 SHS 01030《阀门维护检修规程》。

4.3.3.9 其他部分

其他部分检修质量标准见表 8。

表 8 其他部分检修质量标准

mm

序号	检验项目	质量标准	检验方法
1	润滑	良好	目测
2	机内过滤网	无明显破损	目测
3	滴油管	通畅	目测
4	风门调节、区域隔板	灵活	手检
5	被动轴轴向窜量	0.10 ～ 0.15	百分表
6	气路	无明显漏气	耳听

5 试车与验收

5.1 试车前准备

5.1.1 检查各紧固件紧固及传动件的连接情况；

5.1.2 检查各油标的油位及润滑脂的添加情况；

5.1.3 检查压缩风投用情况；

5.1.4 检查安全防护罩是否齐全紧固；

5.1.5 引入蒸汽，注意疏水；

5.1.6 以上确认后，封检修工作票，撤去施工作业管理牌，联系送电。

5.2 试车

5.2.1 空载试车

5.2.1.1 空载试车必须在本规程 5.1 各项检查完成后进行；

5.2.1.2 空载连续试车前，必须进行点动，检查电机转向及各连接部位有无异常；

5.2.1.3 空载连续运行，检查各传动部位有无异响、异常振动及电流异常波动；

5.2.1.4 空载试车时间不少于 0.5h。

5.2.2 负载试车

5.2.2.1 修复空载试车过程中出现的故障和缺陷；

5.2.2.2 按生产要求调整链板速度；

5.2.2.3 由操作人员引丝开车；

5.2.2.4 负载试车时间不少于 72h。

5.3 验收

5.3.1 验收时必须具备下列条件：

5.3.1.1 达到规定试车时间，运行平稳、状况良好；

5.3.1.2 检修记录、试车记录等技术资料齐全、准确；

5.3.2 检修质量按本规程 4.3.3 规定的质量标准进行验收；

5.3.3 设备技术状态达到完好标准；

5.3.4 按规定办理交接验收手续；

5.3.5 检修现场按照文明施工的要求，做到了工完、料尽、场地清。

6 维护与故障处理

6.1 日常维护

6.1.1 维护内容

6.1.1.1 检查链板运行情况，检查链板有无变形，校正变形链板；

6.1.1.2 检查链板侧叶子板是否变形、缺失，矫正、补缺叶子板；

6.1.1.3 检查链板链条是否刮丝，清除刮丝；

6.1.1.4 检查润滑系统是否工作正常，保障其运行正常；

6.1.1.5 检查蒸汽管路和加热器是否有泄漏，及时消除漏点；

6.1.1.6 检查链条传动和皮带传动的张紧情况，及时调整；

6.1.1.7 检查循环风机皮带情况，更换老化皮带；

6.1.1.8 检查各处轴承的润滑及工作情况；

6.1.1.9 检查链轮、皮带轮的对中情况，及时调整；

6.1.1.10 检查风门、风机滤网工作情况，保障风门好用不漏风，滤网整洁；

6.1.1.11 检查各格栅板及风机护罩有无松动或破损；

6.1.1.12 检查各导丝辊、铺丝机头星辊表面是否有毛刺等不良现象并及时处理；

6.1.1.13 检查导丝辊、传动齿轮、关节联轴器上是否有缠丝，清除缠丝；

6.1.1.14 检查传动长轴工作情况；

6.1.1.15 检查导丝杆等固定及表面光洁情况；

6.1.1.16 检查星辊间隙，齿片是否有断裂或弯曲，更换失效件；

6.1.1.17 检查机头拉簧的张力是否适中，并调节适中；

6.1.1.18 检查气路单元工作情况，气路各连接处是否泄漏及过滤器是否堵塞，消除故障；

6.1.1.19 检查无杆气缸摆动是否均匀，并及时调节。

6.1.2 维护时间

6.1.2.1 操作人员按《操作规程》要求进行巡检；

6.1.2.2 保全工每天巡回检查不少于 2 次。

6.2 常见功能故障与处理方法

调温调湿（烘干）机常见功能故障与处理方法见表 9。

表 9 常见功能故障与处理方法

序号	功能	功能故障	故障模式	故障后果	故障应对策略与检修内容	检修周期 / 月
1	链板输送丝束	丝束不平稳不连续	链板表面破损	产品质量波动	更换链板	视情况而定
			叶子板缺失或变形		补全或更换	1.5
			链板间隙过大		更换链板或调整	视情况而定
			链板挡板破损		更换挡板	视情况而定
			分区隔板开裂		更换分区隔板	视情况而定
			链条轴销脱出	链板不转	轴销复位，安装开口销	视情况而定
			轨道侧边磨损	链板卡涩或不转	链板对中调整，择机修复轨道	36
2	无级变速器故障	润滑故障	轴承坏	轴承抱死	更换轴承	视情况而定
			润滑不良	变速器温升高	更换轴承	视情况而定
		散热差	电机扇叶护罩及侧边被堵死	变速器温升高	清毛	1.5
		传动故障	皮带磨损	打滑或不转	更换皮带	6
			皮带轮磨损	打滑	更换无级变速器	36
			变速轴螺纹咬死	无法调速	更换调速轴	视情况而定
			复位弹簧断		更换无级变速器	视情况而定
		电机故障	线接反	反转	接线调向	视情况而定
			电机绝缘下降	跳电	更换电机	视情况而定
3	摆线减速器故障	减速器润滑故障	轴承坏	轴承端温度高	更换轴承	视情况而定
			润滑不良	减速器温升高	补加润滑油	12
			油变质	齿轮易损坏	更换润滑油	12
		齿轮啮合不良	啮合不好	振动大、温度高	拆检箱体	视情况而定
			轴承安装间隙不好	振动大	重新调节间隙	视情况而定
		减速器密封故障	油封坏	减速器漏油	更换油封	12
			接合面密封不好		重装	视情况而定
			紧固件松		紧固	视情况而定

表 9　常见功能故障与处理方法（续）

序号	功能	功能故障	故障模式	故障后果	故障应对策略与检修内容	检修周期/月
4	风机故障	振动异常	轴不正	振动大	找正	视情况而定
			叶轮失平衡		更换叶轮	视情况而定
			轴叶轮位置磨损		更换轴	视情况而定
			电机跑外圈		更换电机	视情况而定
			机架脱焊		补焊	视情况而定
			基础梁断裂		梁补焊加强	视情况而定
		传动故障	皮带磨损	产品质量波动	更换皮带或张紧	3
			皮带轮磨损		更换皮带轮	视情况而定
		电机故障	线接反		接线调向	视情况而定
			电机烧		更换电机	视情况而定
5	蒸汽加热片及回水漏点	加热片漏	悬挂螺栓过紧	氩弧焊缝拉裂	松螺栓加并帽	视情况而定
			回水管线高于加热器	回水不畅	水击	视情况而定
			蒸汽熵值低	加热片入口蒸汽带水	提高蒸汽品质	视情况而定
		回水管线漏	疏水器浮球破	疏水器不排水	更换浮球	视情况而定
			疏水器方向错		正确安装	视情况而定
6	丝束喂入铺丝机头	两星辊不转，丝束无法喂入	变频器或电机保护动作	铺丝机不能启动	联系电气送电	视情况而定
			电机坏		更换电机	视情况而定
			机头伞齿轮箱坏		更换铺丝机头	0.5
			胶木齿轮坏	电机转、两星辊不转	更换胶木齿轮	0.5
			联轴节分离或键松脱		螺栓复位紧固，键轴径向定位	视情况而定
			长轴与球笼脱开		长轴轴端挡圈复位	视情况而定
			两星辊间隙过大		调节两辊间隙	视情况而定
7	摆臂摆动	拉不动丝	伞齿轮箱坏	丝束松散，丝束拉不进去	更换铺丝机头	0.5
			胶木齿轮坏		更换胶木齿轮	0.5
			电磁阀损坏		更换电磁阀	视情况而定

表 9　常见功能故障与处理方法（续）

序号	功能	功能故障	故障模式	故障后果	故障应对策略与检修内容	检修周期／月
7	摆臂摆动	摆臂不动作	限位开关损坏	摆臂不动作	更换限位开关	视情况而定
			气缸滑块断裂	摆臂摆到一侧后不动作	更换无杆气缸	12
			气源阀门阀芯脱落	摆臂不动作	更换气源阀门	视情况而定
			无杆气缸磨损严重		更换无杆气缸	12
		摆臂摆动不连贯	立柱轴承损坏	摆臂卡涩或运行缓慢	更换立柱轴承	视情况而定
			电磁阀的排气阀堵	摆臂摆动不连贯	清理排气阀	视情况而定
			气路管径不一致	摆臂左右摆速差异大	统一直径	视情况而定

附 录 A
（资料性附录）
调温调湿（烘干）机检修质量控制确认表

mm

项目		主要控制内容			等级	施工单位	生产装置	设备管理部门	备注
		标准值	部位	现场记录					
拆卸时检测									
导丝机构	表面	光洁无毛刺	导丝机构表面		C	★			
	轴承	转动灵活	导丝辊轴承		C	★			
铺丝摆臂	机架水平度	＜ 0.10/1000	机架		B	★	★		
	机架垂直度	＜ 0.10/1000			B	★	★		
	摆丝角度	38° ～ 76°	摆臂		C	★			
铺丝机头	表面	光洁	星辊、分散板		C	★			
	齿轮磨损	＜ 20%	齿厚		C	★			
	星辊平行度	＜ 0.30	星辊之间		B	★	★		
	拉簧	$\Delta L < 10\% L$	弹簧		C	★			
链传动	链轮平齐度	＜ 0.50	链轮端面		B	★	★		
	链条磨损率	＜ 1%	链条		B	★	★		
	链条润滑	良 好	链轮、链条		B	★	★		
	链轮磨损率	＜ 20%（以齿尖宽为准）	齿厚		B	★	★		
轨道与链板	轨道平齐度	＜ 0.50 且不得前低后高	轨道		B	★	★		
	固定螺丝	无明显松动	螺栓		C	★			
	轨道磨损度	＜ 1.0	轨道厚度		B	★	★		
	链条张紧度	适度	链条		C	★			
	链条滚轮	灵活	链条滚轮		C	★			
	套筒、滚子	无明显磨损	链条滚轮		C	★			

调温调湿（烘干）机检修质量控制确认表（续）

项目		主要控制内容			等级	施工单位	生产装置	设备管理部门	备注
		标准值	部位	现场记录					
轨道与链板	链板平行间隙均匀度	＜0.1	链板		C	★			
	链板直线度	＜3.0			C	★			
	密封板间隙均匀度	＜3.0			C	★			
	链板表面安装板高度差	＜1.0			B	★	★		
	主轴水平度	＜0.10/1000	主轴		B	★	★		
	链板表面	光滑、平整	链板表面		C	★			
风机	轴垂直度	＜0.10/1000	风机轴		B	★	★		
	轴穿孔居中不均匀度	＜3.0	安装孔		C	★			
	带轮平齐度	＜1.0	两带轮端面		B	★	★		
	皮带张紧度	适中	皮带		B	★	★		
	盘车	灵活	轴承		B	★	★		
	机架振动值	0.45cm/s	机架		C	★			
蒸汽加热片	散热翅片	无变形、错位	散热翅片		B	★	★		
	加热片	无明显泄漏	加热片列管		B	★	★		
	阀门开闭	灵活	阀门		B	★	★		
	静密封点	无明显泄漏	法兰面		B	★	★		
保温	保温门开关	灵活，无明显泄漏	保温门铰链		C	★			
	墙板密封	无明显泄漏	墙板密封条		C	★			
	密封条	无明显老化	密封条		B	★	★		
烘干机其他部件	润滑	良好	滚轮		B	★	★		
	过滤网	无破损	过滤网		B	★	★		
	油雾管	无明显泄漏，阻塞	油管		C	★			
	风门调节、区域隔板	灵 活	风门		B	★	★		
	传动轴轴向窜量	0.10～0.15	压盖与轴承		B	★	★		

调温调湿（烘干）机检修质量控制确认表（续）

项目		主要控制内容			等级	施工单位	生产装置	设备管理部门	备注
		标准值	部位	现场记录					
回装时检测									
导丝机构	表面	光洁无毛刺	导丝机构表面		C	★			
	轴承	转动灵活	导丝辊轴承		C	★			
铺丝摆臂	机架水平度	＜0.10/1000	机架		B	★	★		
	机架垂直度	＜0.10/1000			B	★	★		
	摆丝角度	38°～76°	摆臂		C	★			
铺丝机头	表面	光洁	星辊、分散板		C	★			
	齿轮磨损	＜20%	齿厚		C	★			
	星辊平行度	＜0.30	星辊之间		B	★	★		
	拉簧	$\Delta L < 10\%L$	弹簧		C	★			
链传动	链轮平齐度	＜0.50	链轮端面		B	★	★		
	链条磨损率	＜1%	链条		B	★	★		
	链条润滑	良 好	链轮、链条		B	★	★		
	链轮磨损率	＜20%（以齿尖宽为准）	齿厚		B	★	★		
轨道与链板	轨道平齐度	＜0.50且不得前低后高	轨道		B	★	★		
	固定螺丝	无明显松动	螺栓		C	★			
	轨道磨损度	＜1.0	轨道厚度		B	★	★		
	链条张紧度	适度	链条		C	★			
	链条滚轮	灵活	链条滚轮		C	★			
	套筒、滚子	无明显磨损	链条滚轮		C	★			
	链板平行间隙均匀度	＜0.1	链板		C	★			
	链板直线度	＜3.0			C	★			
	密封板间隙均匀度	＜3.0			C	★			
	链板表面安装板高度差	＜1.0			B	★	★		
	主轴水平度	＜0.10/1000	主轴		B	★	★		
	链板表面	光滑、平整	链板表面		C	★			

调温调湿（烘干）机检修质量控制确认表（续）

项目		主要控制内容			等级	施工单位	生产装置	设备管理部门	备注
		标准值	部位	现场记录					
风机	轴垂直度	＜0.10/1000	风机轴		B	★	★		
	轴穿孔居中不均匀度	＜3.0	安装孔		C	★			
	带轮平齐度	＜1.0	两带轮端面		B	★	★		
	皮带张紧度	适中	皮带		B	★	★		
	盘车	灵活	轴承		B	★	★		
	机架振动值	0.45cm/s	机架		C	★			
蒸汽加热片	散热翅片	无变形、错位	散热翅片		B	★	★		
	加热片	无明显泄漏	加热片列管		B	★	★		
	阀门开闭	灵活	阀门		B	★	★		
	静密封点	无明显泄漏	法兰面		B	★	★		
保温	保温门开关	灵活，无明显泄漏	保温门铰链		C	★			
	墙板密封	无明显泄漏	墙板密封条		C	★			
	密封条	无明显老化	密封条		B	★	★		
烘干机其他部件	润滑	良好	滚轮		B	★	★		
	过滤网	无破损	过滤网		B	★	★		
	油雾管	无明显泄漏，阻塞	油管		C	★			
	风门调节、区域隔板	灵 活	风门		B	★	★		
	传动轴轴向窜量	0.10～0.15	压盖与轴承		B	★	★		

注：A 级：施工单位、生产装置、设备管理部门专业人员检查确认后签字。

B 级：施工单位和生产装置专业人员检查确认后签字。

C 级：施工单位专业人员检查确认后签字。

另：如果有监理，监理的职责由甲方授权。

附 录 B

（资料性附录）

调温调湿（烘干）机试车与验收数据记录表

设备名称		位号		工作介质	
驱动机种类		转速	r/min	试车介质	
试车类别	□空负荷□负荷	环境温度	℃	试车日期	
连续运转时间	h	启动电流	A		

检查项目		设计值/允许值	实测值								
运行记录时刻											

试车情况：	
试车结论：	
验收意见	生产装置：
	施工单位：
	设备管理部门：

说明： 生产装置组织单机试车与验收，其中主要设备由设备管理部门参与验收，其余均由生产装置、施工单位双方共同验收。

7. R457 型圆网烘干机维护检修规程

SHS 04110—2019

代替 SHS 04110—2004

目　次

前　言

本规程按照GB/T 1.1—2009《标准化工作导则　第1部分：标准的结构和编写》给出的规则起草。

本规程代替SHS 04110—2004《R457型圆网烘干机维护检修规程》，与SHS 04110—2004相比，除了编辑性修改外，主要技术变化如下：

——检修项目细化了拆卸与检测、回装与质量标准；

——常见功能故障与处理部分按RCM分析方法重新编制；

——增加“附录A　R457型圆网烘干机检修质量控制确认表”；

——增加“附录B　R457型圆网烘干机试车与验收数据记录表”。

本规程由中国石油化工集团有限公司、中国石油化工股份有限公司提出。

本规程起草单位：中国石化上海石化股份有限公司。

本规程主要起草人：张志龙。

本规程历次版本发布情况：

——SHS 04110—1992、SHS 04110—2004。

R457 型圆网烘干机维护检修规程

1 范围

1.1 主题内容

本规程规定了 R457 型圆网烘干机检修周期与内容、检修与质量标准、试车与验收、维护与故障处理。

1.2 适用范围

本规程适用于 R457 型圆网烘干机的维护与检修。

2 规范性引用文件

下列文件中的条款通过本规程的引用而成为本规程的条款。凡是注日期的引用文件，其随后所有的修改单（不包括勘误的内容）或修订版均不适用于本规程，然而，鼓励根据本规程达成协议的各方研究是否可使用这些文件的最新版本。凡是不注日期的引用文件，其最新版本适用于本规程。

FZ/T 99014 纺织机械电气设备 通用技术条件

FZ/T 90074 纺织机械产品涂装

SH/T 3503—2017 石油化工建设工程项目交工技术文件规定

R457 型圆网烘干机产品说明书

3 检修周期与内容

3.1 检修周期

根据 R457 型圆网烘干机系统功能故障及其影响分析的结果，并结合生产装置运行周期，确定设备检修周期，一般为 36 个月。

3.2 检修内容

3.2.1 检查圆网转鼓电动机的电流波动幅度，处理转鼓缠丝；

3.2.2 检查安全杆与转鼓间隔距以及挡风板位置是否正确，导流板弧形板是否齐全磨损；

3.2.3 拉动自停杆，检查触碰限位能否自停；

3.2.4 风机接口导流圈密封是否良好；

3.2.5 挡丝圈有无擦碰，进行校正；
3.2.6 导丝辊传动部件检查及张力调整；
3.2.7 检查风机皮带松紧，有无损坏，视情调换；
3.2.8 检查风机抖动情况，确定轴承是否损坏或者叶轮缠丝，并进行处理；
3.2.9 圆网风机轴承每月一次定期打油脂；
3.2.10 圆网传动蜗轮箱补油；
3.2.11 检查转鼓两端面与挡圈间隙大小，确定是否跑偏，并进行调整；
3.2.12 检查盘动圆网转鼓是否有异声，确定调整石墨轴承松紧；
3.2.13 检查圆网转鼓内挡风板位置，定位在前后转鼓丝束交接处；
3.2.14 检查石墨轴承有无磨损，确定调换石墨轴承、转鼓右法兰；
3.2.15 检查转鼓内外封头是否疲劳开裂，进行烧焊加强；
3.2.16 检查圆网上下网孔板堵塞情况，拆下清洁；
3.2.17 检查圆网漏风，进行门板密封调换或者门板调换；
3.2.18 校调仪表自控阀，检查疏水阀性能，确定是否调换；
3.2.19 检查蒸汽散热器及管路漏点并进行消漏；
3.2.20 对圆网烘干机变形严重的框架，整形或者部分调换；
3.2.21 拆风机叶轮，校动平衡，风机裂缝机架调换；
3.2.22 调换封头裂缝、表面变形、右法兰磨损的转鼓；
3.2.23 检查圆网前后设备连锁控制；
3.2.24 圆网外观清洁油漆。

4 检修程序与质量标准

4.1 检修前准备

4.1.1 根据设备运行技术状态和监测记录，分析故障原因，明确故障部位；
4.1.2 准备必要的图纸资料，编制检修计划；
4.1.3 制定施工方案，明确技术要求，图、表齐全，符合设备安全、环保要求；
4.1.4 施工前组织施工人员进行技术交底，将方案内容、技术、质量等要求交代清楚；
4.1.5 准备检修工器具、清洗剂和润滑油（脂）等；
4.1.6 落实安全防护措施与环保要求：
4.1.6.1 办理好各类进场检修施工手续；
4.1.6.2 检修前切断机台电源等能源，并且挂安全警示牌；
4.1.6.3 停车检修前需确认工艺处置是否满足检修要求；
4.1.6.4 备好相应物料收集桶，避免环境污染；
4.1.6.5 检修人员个人防护必须符合劳保着装规定要求，施工器具验收合格，并落实施工监护人；

4.1.6.6 现场设置施工作业管理牌，落实好文明检修相关准备要求。

4.2 拆卸与检测

4.2.1 风机

4.2.1.1 切断电源，卸掉电源线，拆下风机电机；
4.2.1.2 卸掉皮带轮、相形架；
4.2.1.3 拆卸水汀排进出口蒸汽管；
4.2.1.4 拆卸风机旁固定门板；
4.2.1.5 拆卸叶轮外侧挡板；
4.2.1.6 吊出风机机架叶轮组合件；
4.2.1.7 拆卸叶轮与机架分开；
4.2.1.8 插上松紧套，外送叶轮校动平衡；
4.2.1.9 检查机架焊缝、脱焊裂缝情况，视情调换；
4.2.1.10 检查机架油漆耐高温银粉漆；
4.2.1.11 叶轮不校动平衡，只调换风机轴承拆卸步骤：
4.2.1.11.1 切断电源，卸掉电源线，拆下风机电机；
4.2.1.11.2 上方叶轮用专用起重工具吊起，下放叶轮用托架托起叶轮；
4.2.1.11.3 拆轴用挡圈、轴承座螺丝，敲出风机轴承座；
4.2.1.11.4 解体轴承座，调换轴承。

4.2.2 机架

4.2.2.1 拆卸风机侧上中下门板，去掉密封条，清洗贴条处；
4.2.2.2 拆卸操作侧上中下板，去掉密封条，清洗贴条处；
4.2.2.3 拆卸顶部门板，去掉密封条，清洗贴条处；
4.2.2.4 检查风机侧机架脱焊、变形情况，进行校正、局部调换，紧固；
4.2.2.5 检查操作侧机架脱焊、变形情况，进行局部调换，紧固；
4.2.2.6 检查顶部机架脱焊、变形情况，进行局部调换，紧固。

4.2.3 导丝辊

4.2.3.1 拆卸导丝辊减速箱；
4.2.3.2 解体减速箱，调换磨损齿轮、轴承；
4.2.3.3 拆卸上导丝辊，视表面是否光滑进行修理或调换；
4.2.3.4 拆卸下导丝辊，视表面是否光滑进行修理或调换；
4.2.3.5 调换石墨轴承。

4.2.4 转鼓

4.2.4.1 切断电源，卸掉电源线，拆下转鼓电机；
4.2.4.2 拆卸导流板、自停杆、弧形挡风板；
4.2.4.3 拆卸转鼓石墨轴承，抽出中心轴；
4.2.4.4 松花键套螺丝，用葫芦吊起转鼓，拉下超前离合器，吊出超前离合器，拆下侧面固定门板；
4.2.4.5 吊出整只转鼓；
4.2.4.6 拆转鼓右法兰；
4.2.4.7 视转鼓表面变形、前后封头裂缝情况，解体调换转鼓、封头。

4.2.5 超前离合器

4.2.5.1 拆下放油螺栓，放掉润滑油；
4.2.5.2 解体超前离合器；
4.2.5.3 松蜗杆轴承盖螺丝，边转动边轻敲蜗杆，取出蜗杆；
4.2.5.4 松蜗轮轴承盖螺丝，拉出蜗轮；
4.2.5.5 拆下离合器、拆下弹簧；
4.2.5.6 清洗取出零部件；
4.2.5.7 检查滚柱磨损、弹簧弹性失效、蜗轮蜗杆磨损、轴承间隙大小情况，视情调换。

4.2.6 加热水汀排

4.2.6.1 拆水汀排进出连接管道；
4.2.6.2 拆卸吊出有漏点的水汀排；
4.2.6.3 灌水对水汀排进行试压，试压压力为 1.8MPa，找出漏点烧焊，再试压 1.8MPa，保压 10min 不卸压即合格。

4.3 回装与质量标准

4.3.1 回装程序与要求

4.3.1.1 风机

a）叶轮与机架组装，盘动手感轻松；
b）风机座外面绕防热石棉绳；
c）在机架完好的区域，吊上叶轮机架组合件就位，叶轮不许擦碰、撞击；
d）紧固机架螺栓，转动叶轮，检查静平衡正常；
e）安装叶轮外挡板；
f）安装风机旁固定门板；
g）安装水汀排进出口蒸汽管；

h）安装皮带轮、相形架；

i）吊上并安装风机电机，通知电气接电机电源线；

j）不对叶轮校动平衡，只调换风机轴承拆卸步骤：

a1）组装风机轴承；

b1）轴承座就位，轻敲轴承座到位；

c1）安装叶轮，轻敲叶轮中心，安装到位，轴用挡圈定位固定；

d1）抽出托架、取出葫芦，盘动叶轮，检查静平衡正常。

4.3.1.2 机架

a）对拆卸的门板贴装密封条，板对板压住待干，不许移位；

b）待水汀排、导丝辊、转鼓安装完，安装顶部门板；

c）待转鼓安装完，安装操作侧门板；

d）待风机安装完，安装风机侧门板。

4.3.1.3 导丝辊

a）组装减速箱；

b）下导丝辊就位，安装石墨轴承，安装减速箱；

c）上导丝辊就位安装，离合器连杆连接；

d）上下拉动离合器，调节与接近开关位置。

4.3.1.4 转鼓

a）配打封头螺孔，前后封头与转鼓组装；

b）安装转鼓右法兰；

c）转鼓吊进圆网烘干机内，用葫芦吊起转鼓，安装侧面门板；

d）花键套与超前离合器配装松紧正常后拆下；

e）花键套安装在转鼓上；

f）超前离合器就位，与花键套配合安装；

g）中心轴穿进超前离合器，安装石墨轴承；

h）调整转鼓定位至中心，以两侧挡丝圈为准；

i）紧固花键套支头螺钉，盘动检查转动方向；

j）定位安装转鼓内挡风板至前后转鼓丝束交接处；

k）安装导流板、自停杆，调整间隙。

4.3.1.5 超前离合器

a）组装超前离合器；

b）确定离合器方向，安装滚柱、弹簧；

c）安装蜗轮，调整前后间隙；

d）安装蜗杆，盘动蜗杆，调整与蜗轮啮合位置至手感轻松，紧固蜗轮蜗杆轴承盖，再盘动蜗杆，蜗轮转动正常。

4.3.1.6 加热水汀排

a）吊装水汀排定位；

b）连接安装水汀排进出口管道。

4.3.2 检修质量标准

4.3.2.1 机架

机架检修质量标准见表 1。

表 1 机架检修质量标准

mm

序号	检验项目	质量标准	检验方法
1	圆网中心与丝束中心	±0.5	按排列图在机架中点拉线检查
2	机台前侧线	±0.5	在机架前侧用钢皮尺量
3	机台总长度控制	≤10	按图要求尽量缩小积累误差
4	机架纵横水平度	≤0.10/1000	用水平尺测
5	机架纵向水平度（高底差）	≤1	用水平尺测
6	机架垂直度	≤0.50/1000	框式水平仪检查

4.3.2.2 导丝辊

导丝辊检修质量标准见表 2。

表 2 导丝辊检修质量标准

mm

序号	检验项目	质量标准	检验方法
1	下辊水平度	≤0.2/1000	用水平尺测
2	轴与石墨轴承间隙	0.05～0.15	测微片量
3	导丝辊表面	光洁	手感用干丝拉试
4	安全门限位开关，手柄	完好	目测手感
5	扩幅杆	光洁	目测手感

4.3.2.3 导丝辊减速箱

导丝辊减速箱检修质量标准见表 3。

表 3 导丝辊减速箱检修质量标准

mm

序号	检验项目	质量标准	检验方法
1	齿轮啮合间隙	0.10～0.16	测微片量
2	齿轮磨损	≤20%	以齿顶厚度为准，钢皮尺量

4.3.2.4 超前离合器

超前离合器检修质量标准见表 4。

表 4　超前离合器检修质量标准

mm

序号	检验项目	质量标准	检验方法
	蜗轮箱		
1	轴向窜动	0.10 ～ 0.15	手动及百分表测
2	轴承	无间隙	装配时检查
3	动、静密封点	无泄漏	目视手检
4	蜗轮蜗杆磨损	≤ 20%	以齿顶厚度为准，钢皮尺量
5	蜗轮箱安装后	无振动异响	手摸耳听
6	箱体内部及视镜	清洁、清晰	目测
7	油标油位	1/2 ～ 2/3	目测（停车时看油位）
	同步齿型皮带及齿轮		
8	装配侧面	平齐	目测
9	皮带	无磨损	目测
10	齿轮	无严重磨损	目测

4.3.2.5　圆网转鼓

圆网转鼓检修质量标准见表 5。

表 5　圆网转鼓检修质量标准

mm

序号	检验项目	质量标准	检验方法
	圆网		
1	轴水平度	≤ 0.1/1000	水平尺量
2	圆整度	≤ 5	百分表测圆网两端和中部三点
	石墨轴承间隙	0.10 ～ 0.20	测微片测
3	转鼓与挡丝圈间隙	＞ 5	卡板塞测
	隔风板		
4	上下圆网交接超前	10 ～ 20	（1）测量或引头布试
5	圆网密封	良好	（2）目测

4.3.2.6　隔热板门

隔热板门检修质量标准见表 6。

表 6　隔热板门检修质量标准

mm

序号	检验项目	质量标准	检验方法
	隔热板门		
1	螺丝	无缺损	目测手检
2	隔热门	密封性好	目测手检
3	门开关	灵活	手动
	隔距		
4	安全杆与圆网	10±1	专用工具测试
5	导流板与圆网	45 ～ 50	专用工具测试

4.3.2.7 风机

风机检修质量标准见表 7。

表 7 风机检修质量标准

mm

序号	检验项目	质量标准	检验方法
1	轴水平度	≤ 0.1/1000	水平尺测
2	振动	≤ 6mm/s	百分表在电动机中部测试
3	圆网与风机接口导流圈密封	良好	手电筒照
4	轴与轴承配合	K6	装配时检查

4.3.2.8 其他部分

其他部分检修质量标准见表 8。

表 8 其他部分检修质量标准

序号	检验项目	质量标准	检验方法
1	排风门开关	指示正确	目测
2	散热片变形修正	相邻套片不碰	目测
3	花兰滚筒转动	灵活	手检
4	弧形板、匀风板、导流板隔风网板	无缺损	目测
5	阀门开关不灵活	灵活不漏气	目测、手检、通气
6	管道及法兰	无泄漏	目测、手检、通气
7	管道热保温外观	完好	目测
8	机件、门玻璃	一次通过	目测
9	紧固件	完好	目测
10	螺丝不满扣或超长	超出螺母 1 ～ 3 牙	目测
11	安全罩	齐全、无擦碰	目测
12	设备整洁、油漆光滑完整	整洁、完整	目测

5 试车与验收

5.1 试车前准备

5.1.1 全面检查紧固件的联接和传动件的结合情况，在脱离负载的条件下，校对电机转向；

5.1.2 检查各齿轮箱油路、油标的油位和润滑脂添加情况；

5.1.3 全面检查电气、仪表、汽路、水路和压缩空气管路；

5.1.4 检查安全防护罩是否齐全、牢固；

5.1.5 检查附属设备机泵是否运转正常；

5.1.6 全面检查各安全装置是否齐全、有效；

5.1.7 对上述所有检查内容确认正常后试车。

5.2 试车

5.2.1 空载试车

5.2.1.1 试车前检查所有发现的问题应全部整改完毕，检修记录应完整无缺；
5.2.1.2 全机接通电源，单机试运行前，电机必须进行三次点动，观察和检查各传动部位有无异常；
5.2.1.3 连续运行，进行速度调试，检查各传动部位有无异声、异振和过热现象，电机电流有无明显波动；
5.2.1.4 检查各传动齿轮箱有无渗漏；
5.2.1.5 开启喷淋水阀门，检查各连接部位和各挡板有无泄漏或飞溅；
5.2.1.6 空载试车时间不少于 0.5h。

5.2.2 负载试车

5.2.2.1 空载试车时所发现的问题应全部整修完毕，使设备具备良好的机械状态，空载试车记录应完整无缺；
5.2.2.2 在试车中应将所发现的各种问题做好记录，必要时应立即整改，整改后再继续试车，运转平稳等工艺要求；
5.2.2.3 按工艺要求进行调速；
5.2.2.4 由操作人员引丝开车；
5.2.2.5 负载试车不少于 72h。

5.3 验收

5.3.1 交接验收必须具备下列条件：
5.3.1.1 达到规定试车时间，运行状况良好；
5.3.1.2 检修记录和试车记录准确、齐全；
5.3.2 检修质量达到本规程 4.3.2 规定的质量标准的要求；
5.3.3 设备技术状态应达到完好标准；
5.3.4 按规定办理交接验收的手续；
5.3.5 检修现场按照文明施工的要求，做到工完、料尽、场地清。

6 维护与故障处理

6.1 日常维护

6.1.1 维护内容

6.1.1.1 检查圆网转鼓电动机的电流波动幅度，检查转鼓出现的异常；

6.1.1.2　检查安全杆隔距以及挡风板位置是否正确，导流板弧形板是否齐全好用；
6.1.1.3　拉动自停杆，检查触碰限位能否自停；
6.1.1.4　风机接口导流圈密封是否良好；
6.1.1.5　检查风机皮带松紧，有无损坏，进行调换；
6.1.1.6　检查风机抖动情况，确定轴承是否损坏或者叶轮绕丝，并进行处理；
6.1.1.7　圆网风机轴承每月一次定期打油脂；
6.1.1.8　圆网传动蜗轮箱补油；
6.1.1.9　检查转鼓两端面与挡圈间隙大小，确定是否跑偏，并进行调整；
6.1.1.10　检查盘动圆网转鼓是否有异声，确定调整石墨轴承，调整支头螺钉松紧；
6.1.1.11　检查圆网转鼓内挡风板位置，定位在前后转鼓丝束交接处；
6.1.1.12　检查石墨轴承有无磨损，确定调换石墨轴承、右法兰；
6.1.1.13　检查转鼓内外封头是否疲劳开裂，进行烧焊加强；
6.1.1.14　检查圆网上下网孔板堵塞情况，拆下清洁；
6.1.1.15　检查圆网漏风，进行门板密封调换或者门板调换；
6.1.1.16　检查蒸汽散热器及管路漏点并进行消漏；
6.1.1.17　对圆网烘干机变形严重的框架，整形或部分调换；
6.1.1.18　以上项目如检查出问题则视情维护。

6.1.2　维护时间

6.1.2.1　操作工按照《操作规程》对设备进行巡检；
6.1.2.2　保全工每天巡回检查不少于 2 次。

6.2　常见功能故障与处理方法

R457 型圆网烘干机常见功能故障与处理方法见表 9。

表 9　R457 型圆网烘干机常见功能故障与处理方法

序号	功能	功能故障	故障模式	故障后果	故障应对策略与检修内容	检修周期 / 月
1	丝束在转鼓上吸附力强	匀风板堵塞，风量循环差	丝束在转鼓上吸不上	区域温度达不到，丝束烘不干，产生绕辊	拆匀风板清洁	30 ～ 45 天
		风机皮带松、皮带打滑			调换皮带或调节皮带松紧度	
		丝束向内侧飘移，吸进转鼓		转鼓轧煞，丝束无法收缩	转鼓跑偏调整	

表 9　R457 型圆网烘干机常见功能故障与处理方法（续）

序号	功能	功能故障	故障模式	故障后果	故障应对策略与检修内容	检修周期／月
2	风机振动＜6mm/s	电机轴承间隙大	风机振动＞6mm/s	风机机架裂缝，风机停用，丝束绕辊	调换电机	视情况而定
					调换风机轴承	30～45天
		风机轴承坏			调换风机轴承座	
		轴承座松动		风机动平衡差，机架裂缝	清除异物	15～30天
		风机叶轮上有异物				
3	转鼓运行无异声	石墨轴承支头螺钉滑出	转鼓有撞击声	石墨轴承支头螺钉孔挤压损坏	调换石墨轴承	30～45天
		转鼓右法兰内孔磨损		支头螺钉无法定位石墨轴承	调换转鼓右法兰	
		转鼓挡风板脱落 转鼓跑偏		挡风板挡风位置错乱	定位挡风板，调整两侧间隙，紧固螺钉	
				转鼓左右闷头与定位圈摩擦	松花键套轴头螺钉，撞击转鼓封头，定位，与两侧挡风板间隙均匀，紧固螺钉，或磨穿调换闷头	
4	蜗轮箱温度＜75℃，蜗轮箱运行无异声	蜗轮磨损	蜗轮箱温度＞75℃，蜗轮箱异声	转鼓被动转动，纤维收缩困难	调换蜗轮	30～45天
		蜗轮蜗杆轴承坏				
		润滑油有杂质			调换轴承	
					调换润滑油	视情况而定
		蜗轮蜗杆啮合位置不准			调整蜗轮蜗杆间隙	
		同步带、同步带轮磨损			调换同步带或调换同步带轮	

附　录　A
（资料性附录）
R457 型圆网烘干机检修质量控制确认表

mm

项目	主要控制内容			等级	施工单位	生产装置	设备管理部门	备注
	标准值	部位	现场记录					
拆卸时检测								
联轴器端面间隙	1.00～3.00	联轴器		B	★	★		
联轴器同轴度	≤0.05	联轴器		B	★	★		
转鼓圆整度	≤5	转鼓		B	★	★		
转鼓两侧与导丝圈	>5	转鼓		C	★			
转鼓挡风板位置	单号下	挡风板		C	★			
转鼓自停杆	双号上	自停杆		C	★			
转鼓导流板	间隙10，检测限位正常	转鼓		B	★	★		
风机叶轮	间隙45～50	叶轮		B	★	★		
回装时检测								
联轴器端面间隙	1.00～3.00	联轴器		B	★	★		
联轴器同轴度	≤0.05	联轴器		B	★	★		
转鼓圆整度	≤5	转鼓		B	★	★		
转鼓两侧与导丝圈	>5	转鼓		C	★			
转鼓挡风板位置	单号下	挡风板		C	★			
转鼓自停杆	双号上	自停杆		C	★			
转鼓导流板	间隙10，检测限位正常	转鼓		B	★	★		
风机叶轮	间隙45～50	叶轮		B	★	★		

注： A级：施工单位、生产装置、设备管理部门专业人员检查确认后签字。
B级：施工单位和生产装置专业人员检查确认后签字。
C级：施工单位专业人员检查确认后签字。
另：如果有监理，监理的职责由甲方授权。

附 录 B
（资料性附录）
R457 型圆网烘干机试车与验收数据记录表

设备名称		位号		工作介质	蒸汽
驱动机种类		转速	r/min	试车介质	蒸汽
试车类别	□空负荷□负荷	环境温度	℃	试车日期	
连续运转时间	h	启动电流	A		

检查项目		设计值/允许值	实测值							
运行记录时刻										

试车情况：	
试车结论：	
验收意见	生产装置：
	施工单位：
	设备管理部门：
说明：生产装置组织单机试车与验收，其中主要设备由设备管理部门参与验收，其余均由生产装置、施工单位双方共同验收。	

8. 卷曲机（PMI）维护检修规程

SHS 04112—2019

代替 SHS 04112—2004

目　　次

前　言

本规程按照GB/T 1.1—2009《标准化工作导则　第1部分：标准的结构和编写》给出的规则起草。

本规程代替SHS 04112—2004《卷曲机维护检修规程》，与SHS 04112—2004相比，除了编辑性修改外，主要技术变化如下：

——细化了拆卸与检测、回装与质量标准；

——常见功能故障与处理部分按RCM分析方法重新编制；

——增加“附录A　卷曲机（PMI）检修质量控制确认表”；

——增加“附录B　卷曲机（PMI）试车与验收数据记录表”。

本规程由中国石油化工集团有限公司、中国石油化工股份有限公司提出。

本规程起草单位：中国石油化工股份有限公司安庆分公司。

本规程主要起草人：张宏球。

本规程历次版本发布情况：

——SHS 04112—1992、SHS 04112—2004。

卷曲机（PMI）维护检修规程

1 范围

1.1 主题内容

本规程规定了二步法腈纶卷曲机（PMI）检修周期与内容、检修程序与质量标准、试车与验收、维护与故障处理。

1.2 适用范围

本规程适用于美国 PMI 公司提供的湿式卷曲机的维护与检修。

2 规范性引用文件

下列文件中的条款通过本规程的引用而成为本规程的条款。凡是注日期的引用文件，其随后所有的修改单（不包括勘误的内容）或修订版均不适用于本规程，然而，鼓励根据本规程达成协议的各方研究是否可使用这些文件的最新版本。凡是不注日期的引用文件，其最新版本适用于本规程。

FZ/T 99014　纺织机械电气　通用设备技术条件

FZ/T 90074　纺织机械产品涂装

SN/T 3719.1　进出口纺织行业成套设备检验技术要求　第 1 部分：化纤设备

SH/T 3503　石油化工建设工程项目交工技术文件规定

GB/T 15753　圆弧圆柱齿轮精度

ZBJ 19004　圆柱齿轮减速器

SHS 01028　变速机维护检修规程

PMI 卷曲机安装使用说明书

3 检修周期与内容

3.1 检修周期

根据二步法腈纶卷曲机（PMI）系统功能故障及其影响分析的结果，并结合生产装置运行周期，确定设备检修周期，一般为 36 个月。

3.2 检修内容

3.2.1 卷曲机头检修；
3.2.2 机头传动齿轮箱检修；
3.2.3 齿轮减速器检修；
3.2.4 联轴器检修；
3.2.5 油雾系统及压缩风系统检修；
3.2.6 卷曲机物料接液盘、阀门检修；
3.2.7 电气检修电机、控制系统等检修；
3.2.8 仪表检修自控阀、气动元件、控制系统等检修；
3.2.9 碳钢机件除锈防腐。

4 检修程序与质量标准

4.1 检修前准备

4.1.1 根据设备运行技术状态和监测记录，分析故障原因，明确故障部位；
4.1.2 准备必要的图纸资料，编制检修计划；
4.1.3 制定施工方案，明确技术要求，图、表齐全，符合设备安全、环保要求；
4.1.4 施工前组织施工人员进行技术交底，将方案内容、技术、质量等要求交代清楚；
4.1.5 准备检修工器具、清洗剂和润滑油（脂）等。
4.1.6 落实安全防护措施与环保要求：
4.1.6.1 办理好各类进场检修施工手续；
4.1.6.2 检修前切断机台电源等能源，并且挂安全警示牌；
4.1.6.3 停车检修前需确认工艺处置是否满足检修要求；
4.1.6.4 备好相应物料收集桶，避免环境污染；
4.1.6.5 检修人员个人防护必须符合劳保着装规定要求，施工器具验收合格，并落实施工监护人；
4.1.6.6 现场设置施工作业管理牌，落实好文明检修相关准备要求。

4.2 拆卸与检测

4.2.1 卷曲机头

4.2.1.1 拆卸卷曲机头与传动齿轮箱间的两个万向联轴器、润滑油雾管线及压缩风管线，检查万向联轴节磨损情况；
4.2.1.2 拆卸地脚螺栓，用专用起重工具吊出卷曲机头，置于专用检修小车上运回检修间；
4.2.1.3 将卷曲机头置于专用检修机架上，全面清洁后拆卸侧压、门压及辊压气缸；

4.2.1.4　解体气缸，检查气缸弹簧弹力、皮膜老化情况，视情更换；

4.2.1.5　拆卸侧刀架和上、下卷曲刀，检查刀面、刀刃磨损情况，根据情况进行修磨或更换；

4.2.1.6　拆卸卷曲辊驱动轴花键盒，取下驱动轴及花键盒，解体花键盒，检查内盒子润滑、磨损情况，必要时更换；

4.2.1.7　拆卸卷曲辊锁紧螺母，取下止动垫圈；

4.2.1.8　用专用工具拉下卷曲辊，检测卷曲辊表面、轴、轴承磨损、裂纹情况，必要时进行修磨或更换；

4.2.1.9　卷曲辊端面密封环位置检查，接触面如有较大磨损，应更换密封环、卷曲辊；

4.2.1.10　卷曲辊润滑油雾管吹扫检查；

4.2.1.11　卷曲机架活动臂灵活性及前后窜动情况检查。

4.2.2　传动及其他机构

4.2.2.1　拆卸传动齿轮箱联轴器防护罩、联轴器及齿轮箱地脚螺栓，吊出齿轮箱；

4.2.2.2　拆卸减速机联轴器防护罩、联轴器及减速机地脚螺栓，吊出减速机；

4.2.2.3　检查联轴器润滑、磨损情况，视情更换；

4.2.2.4　传动齿轮箱、减速机按 SHS 01028《变速机维护检修规程》检修；

4.2.2.5　拆卸油雾发生器，检查油箱、过滤器及文丘里管状况；

4.2.2.6　拆卸卷曲气缸手动控制刀型阀，检查刀板、密封圈磨损老化情况；

4.2.2.7　拆卸物料接液盘，检查卷曲机头安装底座密封及物料回流滤网情况。

4.3　回装与质量标准

4.3.1　回装程序与要求

4.3.1.1　传动及其他机构

a）物料接液盘安装，更换卷曲机头、安装底座孔密封、物料回流滤网清洁；

b）卷曲气缸手动控制刀型阀检修后恢复，检查刀板、气管接头无明显漏气；

c）油雾发生器组装恢复，油雾管、风管回装，检查应无明显泄漏；

d）传动齿轮箱吊装就位，联轴器对中符合要求后将地脚螺栓紧固；

e）减速机吊装就位，联轴器对中符合要求后将地脚螺栓紧固；

f）联轴器防护罩回装，地脚螺栓紧固；

g）机架碳钢机件除锈防腐。

4.3.1.2　卷曲机头

a）更换磨损端面密封环，注意倒角朝向；

b）更换气缸弹簧、皮膜后，气缸组装恢复；

c）卷曲辊内侧轴承及弹性间隔套复位，轴承上涂抹适量润滑油润滑；

d）外侧轴承、卷曲辊及止动垫圈回装，锁紧螺母锁紧至合适的程度，打表检查卷曲辊跳动符合要求，调整辊间间隙符合要求；

e）回装辊压气缸，通气合上卷曲辊，检查卷曲辊端面平齐情况；

f）调整卷曲机架活动臂使两辊端面平齐后锁紧，盘车检查，注意多取几点，消除误差；

g）卷曲下刀回装，利用专用工具使卷曲刀、辊沿丝束中心线对称分布，检查调整刀刃与卷曲辊平行，间隙适中，下刀侧边均凸出卷曲辊端面 2.4mm，紧固螺栓；

h）卷曲上刀回装，卷曲刀、辊沿丝束中心线对称分布，检查调整刀刃与卷曲辊平行，间隙适中，辊间垫 1.0mm 塞尺，再次合上卷曲辊，检查上下刀尖垂直方向是否平齐；

i）通过调整上刀安装垫片厚度，来调整上刀尖位置，允许上刀尖略微超过下刀尖；

j）卷曲辊驱动轴花键盒组装并加脂润滑后回装；

k）回装侧刀架及侧压气缸，检查下刀尖与侧刀板端面平齐；

l）门压气缸恢复，通气试验，上刀活动刀板应动作灵活，两侧间隙适中，与侧刀无剐蹭；

m）检修完成的卷曲机头运抵现场，吊装就位后紧固地脚螺栓；

n）卷曲辊驱动万向联轴器、润滑油雾管线及压缩风管线恢复。

4.3.2 检修质量标准

4.3.2.1 卷曲机

卷曲机检修质量标准见表 1。

表 1　卷曲机检修质量标准

mm

序号	检验项目	质量标准	检验方法
1	卷曲辊 辊径向、轴向跳动 两辊端面平齐度 卷曲轴向窜动 两辊的间隙 转动情况 辊表面 轴承 密封环密封	 ≤ 0.02 ≤ 0.04 ≤ 0.01 0.09 ～ 0.11 灵活 光洁无裂纹 应无明显松动 应无明显泄漏	 百分表 深度尺 百分表 塞尺 手检 目测、手检 手检、百分表 目测、手检
2	卷曲刀 卷曲辊与卷曲刀刃间隙 刀刃与卷曲辊平行 卷曲刀表面 卷曲刀尖垂直方向平齐 上刀活动刀板 上刀测隙	 0.025 ～ 0.1 ≤ 0.02 光洁平整无裂纹 ≤ 0.02 应动作灵活 ≤ 0.07	 塞尺 塞尺 目测、手检 角尺、塞尺 手检 塞尺

表 1　卷由机检修质量标准（续）

序号	检验项目	质量标准	检验方法
3	联轴器 端面平行度 同轴度	 ≤0.15 ≤0.10	 百分表 百分表
4	机架 底座水平度 底座中心线与丝束中心线偏差 机架水平度	 ＜0.10/1000 ＜0.50 ＜0.10/1000	 水平仪 吊线检查 水平仪
5	其他 气缸 过滤器、过滤网 油雾 手动刀阀	 动作灵活无明显漏气 清洁、无堵塞 正常 灵活无明显漏气	 手检 目测、手检 目测、手检 手检

4.3.2.2　阀门检修质量参见 SHS 01030《阀门维护检修规程》。

5　试车与验收

5.1　试车前准备

5.1.1　检查防护罩、紧固件的连接情况；

5.1.2　检查各油标的油位、润滑脂的添加、油雾发生器投用情况；

5.1.3　检查压缩风投用情况；

5.1.4　打开辊、压测压及门压气缸；

5.1.5　抽出活动侧板；

5.1.6　以上确认后，封检修工作票，撤去施工作业管理牌，联系送电。

5.2　试车

5.2.1　空载试车

5.2.1.1　空载试车必须在本规程 5.1 各项检查完成后进行；

5.2.1.2　空载连续试车前，必须进行三次瞬时点动，检查电机转向及各连接部位有无异常；

5.2.1.3　空载连续运行，检查各传动部位有无异声、异常振动及电流异常波动情况；

5.2.1.4　空载试车时间一般不少于 0.5h。

5.2.2　负载试车

5.2.2.1　空载试车时所发现的问题应全部整改完毕，使设备处于良好状态；

5.2.2.2 按生产安排调整速度；

5.2.2.3 根据生产指令，操作人员引丝开车；

5.2.2.4 负载试车时间一般不少于 72h。

5.3 验收

5.3.1 验收时必须具备下列条件

5.3.1.1 达到规定试车时间，运行平稳、状况良好；

5.3.1.2 检修记录、试车记录等技术资料齐全、准确。

5.3.2 检修质量按本规程 4.3.2 规定的质量标准进行验收；

5.3.3 设备技术状态达到完好标准；

5.3.4 按规定办理交接验收手续；

5.3.5 检修现场按照文明施工的要求，做到了工完、料尽、场地清。

6 维护与故障处理

6.1 日常维护

6.1.1 维护内容

6.1.1.1 检查刀尖处是否挂丝、切边，及时清除挂丝；

6.1.1.2 检查各处轴承的润滑及工作情况；

6.1.1.3 检查油雾发生器工作情况，及时添加润滑油、调整油雾量大小；

6.1.1.4 检查联轴器的对中和工作情况，更换失效件；

6.1.1.5 检查减速器、传动齿轮箱运行情况，消除异常；

6.1.1.6 检查气动元器件工作情况，及时消除缺陷；

6.1.1.7 检查物料接液盘有无泄漏现象，消除泄漏；

6.1.1.8 检查物料回流滤网堵塞情况，及时清理；

6.1.1.9 检查固定螺栓情况，有松动的紧固。

6.1.2 维护时间

6.1.2.1 操作工按《操作规程》要求进行巡检；

6.1.2.2 保全工每天巡回检查不少于 2 次。

6.2 常见功能故障与处理方法

卷曲机（PMI）常见功能故障与处理方法见表 2。

表 2 卷曲机（PMI）常见功能故障与处理方法

序号	功能	功能故障	故障模式	故障后果	故障应对策略与检修内容	检修周期／月
1	保证丝束平稳喂入	丝束运行不平稳连续	辊表面不好	丝束损伤带水	更换机头	24
			辊花键盒故障	产品质量不稳定	更换机头	视情况而定
			机架紧固件松动		调整辊端面	12
			弹性间隔套失弹		更换机头	24
			侧间隙不当	卡丝、带水	重新调整	视情况而定
			四氟侧板磨损		更换侧板	视情况而定
		传动系统运行不正常	辊轴承损坏	非计划停车	更换机头	24
			螺栓剪切	非计划停车	更换机头	视情况而定
			联轴器磨损	异响、转速不稳	更换相关部件	36
2	减速器、传动齿轮箱	润滑不良	轴承坏	轴承端温度高	更换轴承	36
			油变质	设备磨损	更换润滑油	36
			油位低	设备磨损、温升高	补加润滑油	视情况而定
		齿轮转子故障	轴承坏	非计划停车	更换减速机、齿轮箱	36
			啮合不好	振动大、温度高	安排更换	36
			轴承间隙小	温升高	调整	36
			联轴器不对中	振动大	重新找正	12
		密封故障	油封坏	减速器漏油	更换油封	24
			接合面密封不好		重装端盖	24
			紧固件松		紧固	24
3	卷曲辊内密封	水封环故障	辊密封面磨损	辊内进水，影响润滑	更换卷曲辊	12
			水封环卡死或磨损		更换水封环	视情况而定
4	保证卷取电机正常运行	电机电流高跳车	速度过快	生产停车	调节整组速度	视情况而定
			润滑不良	生产停车	换油或油品	36
			电机绝缘降低	生产停车	更换或检修电机	36
			传动部件损坏	生产停车	更换	36
		变频器跳车	生产不稳	生产停车	细化操作	视情况而定
			通信故障	生产停车	维修变频器	24

表 2　卷曲机（PMI）常见功能故障与处理方法（续）

序号	功能	功能故障	故障模式	故障后果	故障应对策略与检修内容	检修周期/月
5	气路系统故障	气压异常	气路漏点	气压偏低	气路消缺	12
			调节阀故障	气压无法调节	更换调节阀	12
			刀阀故障	气动件无法开合	更换刀阀	12
			气缸内漏	气压低，元件动作缓慢	更换气缸	6

附　录　A

（资料性附录）

卷曲机（PMI）检修质量控制确认表

mm

项目		主要控制内容			等级	施工单位	生产装置	设备管理部门	备注
		标准值	部位	现场记录					
拆卸时检测									
卷曲辊	卷曲辊径向、轴向跳动	≤0.02	卷曲辊周向及端面		C	★			
	两辊端面平齐度	≤0.04	卷曲辊端面		C	★			
	轴向窜动	≤0.01	卷曲辊端面		C	★			
	两辊的间隙	0.09～0.11	卷曲辊侧面		C	★			
	动、静密封点	无明显泄漏	密封处		B	★	★		
	辊表面	光洁、无损伤	卷由辊表面		C	★			
	转动情况	灵活	轴承		B	★	★		
卷曲刀	刀辊间隙	0.02～0.10	刀与卷曲辊侧面		B	★	★		
	刀刃卷曲辊平行	≤0.02	刀与卷曲辊侧面		B	★	★		
	卷曲刀表面	光洁平整无裂纹	卷由刀表面		C	★			
	卷曲刀尖垂直方向平齐	≤0.02	上下刀尖		B	★	★		
	上刀活动刀板	动作灵活	活动刀板		C	★			
	上刀侧隙	≤0.07	上刀侧面		B	★	★		
联轴节	端面平行度	≤0.15	联轴节		B	★	★		
	同轴度	≤0.10			B	★	★		
气动件	气缸	运动灵活	气缸		B	★	★		
	过滤器	清洁、无堵塞	过滤器		C	★			
	调压阀	灵活	调压阀		B	★	★		
	手动阀	灵活无漏气	手动阀		B	★	★		

卷曲机（PMI）检修质量控制确认表（续）

项目		主要控制内容			等级	施工单位	生产装置	设备管理部门	备注
		标准值	部位	现场记录					
回装时检测									
卷曲辊	卷曲辊径向、轴向跳动	≤0.02	卷曲辊周向及端面		C	★			
	两辊侧面平齐度	≤0.04	卷曲辊端面		C	★			
	轴向窜动	≤0.01	卷曲辊端面		C	★			
	两辊的间隙	0.09～0.11	卷曲辊侧面		C	★			
	动、静密封点	无明显泄漏	密封处		B	★	★		
	辊表面	光洁、无损伤	卷曲辊表面		C	★			
	转动情况	灵活	轴承		B	★	★		
卷曲刀	刀辊间隙	0.02～0.10	刀与卷曲辊侧面		B	★	★		
	刀刃卷曲辊平行	≤0.02	刀与卷曲辊侧面		B	★	★		
	卷曲刀表面	光洁平整无裂纹	卷曲刀表面		C	★			
	卷曲刀尖垂直方向平齐	≤0.02	上下刀尖		B	★	★		
	上刀活动刀板	动作灵活	活动刀板		C	★			
	上刀侧隙	≤0.07	上刀侧面		B	★	★		
联轴节	端面平行度	≤0.15	联轴节		B	★	★		
	同轴度	≤0.10			B	★	★		
气动件	气缸	运动灵活	气缸		B	★	★		
	过滤器	清洁、无堵塞	过滤器		C	★			
	调压阀	灵活	调压阀		B	★	★		
	手动阀	灵活无漏气	手动阀		B	★	★		

注：A级：施工单位、生产装置、设备管理部门专业人员检查确认后签字。

B级：施工单位和生产装置专业人员检查确认后签字。

C级：施工单位专业人员检查确认后签字。

另：如果有监理，监理的职责由甲方授权。

附　录　B

（资料性附录）

卷曲机（PMI）试车与验收数据记录表

设备名称		位号		工作介质	
驱动机种类		转速	r/min	试车介质	
试车类别	□空负荷 □负荷	环境温度	℃	试车日期	
连续运转时间	h	启动电流	A		

检查项目		设计值／允许值	实测值								
运行记录时刻											

试车情况：	
试车结论：	
验收意见	生产装置：
	施工单位：
	设备管理部门：

说明：生产装置组织单机试车与验收，其中主要设备由设备管理部门参与验收，其余均由生产装置、施工单位双方共同验收。

9. HS451型柔软机维护检修规程

SHS 04115—2019

代替SHS 04115—2004

目　次

前　言

本规程按照GB/T 1.1—2009《标准化工作导则　第1部分：标准的结构和编写》给出的规则起草。

本规程代替SHS 04115—2004《HS451型柔软机维护检修规程》，与SHS 04115—2004相比，除了编辑性修改外，主要技术变化如下：

——细化了拆卸与检测、回装与质量标准；

——常见功能故障与处理部分按RCM分析方法重新编制；

——增加“附录A　HS451柔软机检修质量控制确认表”；

——增加“附录B　HS451柔软机试车与验收数据记录表”。

本规程由中国石油化工集团有限公司、中国石油化工股份有限公司提出。

本规程起草单位：中国石化上海石油化工股份有限公司。

本规程主要起草人：奚金平。

本规程历次版本发布情况：

——SHS 04115—1992、SHS 04115—2004。

HS451 型柔软机维护检修规程

1 范围

1.1 主题内容

本规程规定了 HS451 型柔软机检修周期与内容、检修与质量标准、试车与验收维护与故障处理。

1.2 适用范围

本规程适用于 HS451 型柔软机的维护与检修。

2 规范性引用文件

下列文件中的条款通过本规程的引用而成为本规程的条款。凡是注日期的引用文件，其随后所有的修改单（不包括勘误的内容）或修订版均不适用于本规程，然而，鼓励根据本规程达成协议的各方研究是否可使用这些文件的最新版本。凡是不注日期的引用文件，其最新版本适用于本规程。

FZ/T 99014　纺织机械电气设备　通用技术条件

FZ/T 90074　纺织机械产品涂装

SH/T 3503　石油化工建设工程项目交工技术文件规定

JB/T 2982　摆线针轮减速机

HS451 型柔软机产品说明书、安装技术要求

3 检修周期与内容

3.1 检修周期

根据 HS451 柔软机系统功能故障及其影响分析的结果，并结合生产装置运行周期，确定检修周期，一般为 36 个月。

3.2 检修内容

3.2.1　检查气缸工作状况，消除泄漏；

3.2.2　检查联轴器是否有异声，适时调换弹性柱销；

3.2.3　检查减速机油质、油位，消除泄漏；

3.2.4 检查手控阀、电磁阀动作，上压辊动作正常；
3.2.5 调整、修复导丝棒和分丝器；
3.2.6 清理杂物，添加润滑油（脂）；
3.2.7 检查上压辊橡胶表面是否有划痕，视情调换上压辊；
3.2.8 检查下导丝辊镀铬层表面是否出现毛点，视情抛光修理；
3.2.9 检查上压辊是否能够压干丝束，如压不干，拆气缸上盖调换气缸皮碗；
3.2.10 检查上压辊底板压紧螺丝是否紧固、螺孔是否损坏，视情修理；
3.2.11 检查上压辊连杆与销轴是否咬死，视情处理；
3.2.12 修补浴槽，检查管线及阀门；
3.2.13 调整机架，修补基础；
3.2.14 机架做全面防腐处理；
3.2.15 电机、控制系统等的检查检修；
3.2.16 自控阀、气动元件等的检查维修。

4 检修程序与质量标准

4.1 检修前准备

4.1.1 根据设备运行技术状态和监测记录，分析故障原因，明确故障部位；
4.1.2 内容完整，准备必要的图纸资料，编制检修计划；
4.1.3 制定施工方案，明确技术要求，图、表齐全，符合设备安全、环保要求；
4.1.4 施工前组织施工人员进行技术交底，将方案内容、技术、质量等要求交代清楚；
4.1.5 准备检修工器具、清洗剂和润滑油（脂）等；
4.1.6 落实安全防护措施与环保要求
4.1.6.1 办理好各类进场检修施工手续；
4.1.6.2 检修前切断机台电源等能源，并且挂安全警示牌；
4.1.6.3 停车检修前需确认工艺处置是否满足检修要求；
4.1.6.4 备好相应物料收集桶，避免环境污染；
4.1.6.5 检修人员个人防护必须符合劳保着装规定要求，施工器具验收合格，并落实施工监护人；
4.1.6.6 现场设置施工作业管理牌，落实好文明检修相关准备要求。

4.2 拆卸与检测

4.2.1 传动机构

4.2.1.1 拆卸固定螺栓，脱开联轴器；
4.2.1.2 检查电机、变速箱、联轴器及链轮情况；

4.2.1.3 拆卸电机、变速箱；
4.2.1.4 用专用起重工具吊下电机、变速箱。

4.2.2 上压辊及下导丝辊部分

4.2.2.1 利用设备上方的单轨小车，安装专用起重工具；
4.2.2.2 拆卸顶部固定螺栓及连接气源管；
4.2.2.3 由起重工用专用起重工具将上压辊、机架吊出，吊装时严禁压辊下站人；
4.2.2.4 拆下两端轴承、连杆挂臂，更换失效件；
4.2.2.5 拆卸下压辊固定螺栓；
4.2.2.6 由起重工用专用起重工具将下导丝辊吊出，吊装时严禁压辊下站人；
4.2.2.7 拆卸轴承座、轴承，更换失效件。

4.2.3 气动部分

4.2.3.1 拆卸气缸体，清洗、检查各部件，更换失效件；
4.2.3.2 活塞杆表面研磨，检查轴头磨损情况；
4.2.3.3 刮研缸体铜衬套；
4.2.3.4 拆卸气路接头，清洗检查，更换失效件；

4.2.4 机架及浴槽

4.2.4.1 清洗检查，视腐蚀状况修补机架，加固；
4.2.4.2 机架做喷砂除锈，整机防腐处理；
4.2.4.3 浴槽整形，修补破损部件。

4.3 回装与质量标准

4.3.1 回装程序与要求

4.3.1.1 上压辊及下导丝辊部分

a）下导丝辊、轴承、轴承座组装，并按润滑标准加润滑油或润滑脂；
b）由起重工将下导丝辊吊入就位，吊装时严禁压辊下站人；
c）轻敲下导丝辊部件，安装至设备机架，调整轴承座高低位置，紧固地脚螺栓；
d）上压辊、轴承、轴承座组装，并按润滑标准加润滑油或润滑脂；
e）上压辊部件与底板组装；
f）由起重工将上压辊组装件吊入机架就位，吊装时严禁压辊下站人；
g）检查调整上压辊与下导丝辊接触面，压痕为一直线；
h）紧固上压辊底板螺钉。

4.3.1.2 传动机构

a）安装主被动链轮，吊上变速箱就位，调整与下压辊同轴度；

b）安装联轴器，吊上电机就位，调整与变速箱同轴度；

c）紧固变速箱、电机地脚螺栓；

d）安装联轴器链条、柱销；

e）盘动检查联轴器轻松无异常。

4.3.1.3　气动部分

a）按质量标准和安装要求重新组装；

b）修配气路管线；

c）按润滑标准添加油雾器润滑油；

d）电磁阀手动切换正常。

4.3.1.4　机架及浴槽

a）安装导丝棒，两断面加装密封垫，浴槽穿孔螺栓紧固；

b）安装浴槽出口挡丝杆一套，调整挡丝杆上下位置，使丝束均匀进入压辊；

c）手检浴槽内导丝棒、前后挡丝杆表面光滑无毛刺。

4.3.2　检修质量标准

4.3.2.1　机架

机架检修质量标准见表1。

表1　机架检修质量标准

mm

序号	检验项目	质量标准	检验方法
1	机架纵、横水平度	≤0.10/1000	水平仪
2	压辊中心与丝束中心线允差	≤0.10	吊线、钢尺
3	挡丝杆	不弯曲	目测

4.3.2.2　压辊与导丝辊机构

压辊与导丝辊机构检修质量标准见表2。

表2　压辊与导丝辊机构检修质量标准

mm

序号	检验项目	质量标准	检验方法
1	下导丝辊水平度	≤0.10/1000	水平仪测
2	下导丝辊表面	光洁	目测
3	下导丝辊滚筒径向圆跳动	≤0.10	百分表测
4	上压辊表面	光洁	目测、手捡
5	上压辊转动，上升、下降速度	灵活	目测、手捡
6	上压辊径向圆跳动	≤0.10	百分表测
7	上压辊与下导丝辊面接触	良好	用压痕法
8	上压辊与下导丝辊交叉平行度	±0.50	吊线钢、尺量

4.3.2.3　气动机构

气动机构检修质量标准见表3。

表 3　气动机构检修质量标准

mm

序号	检验项目	质量标准	检验方法
1	气缸动作灵活	灵活	通气目测
2	过滤器	畅通、清洁	目测
3	气动管线	无泄漏	目测
4	油雾器滴油量	1 ～ 2 滴 / 分	气缸通气试验
5	手控阀动作	准确	手动、目测

4.3.2.4　传动机构

传动机构检修质量标准见表 4。

表 4　传动机构检修质量标准

mm

序号	检验项目	质量标准	检验方法
1	摆线轮与机座接合面	平齐	目测
2	销轴表面	光滑	目测
3	销轴套	无刮伤磨损	目测
4	摆线轮轴向间隙	0.20 ～ 0.25	塞尺
5	轴承节径向圆跳动	≤ 0.10	百分表
6	链轴节轴向窜动	≤ 0.08	百分表

5　试车与验收

5.1　试车前准备

5.1.1　检查确认检修质量符合质量标准，有书面质量验收记录；

5.1.2　检查确认各紧固件的连接和传动件的结合情况符合要求；

5.1.3　检查确认各润滑点油位和润滑油脂添加情况符合要求；

5.1.4　检查确认电气、仪表、气路、水路和管路完好、无泄漏、异常现象；

5.1.5　浴槽放水检查泄漏状况；

5.1.6　检查确认安全防护罩、防护栏和安全停车装置齐全完好。

5.2　试车

5.2.1　空载试车

5.2.1.1　空载试车必须在本规程 5.1 各项检查完成后进行；

5.2.1.2　试车前检查所有发现的问题应全部整改完毕，检修记录应完整无缺；

5.2.1.3　连续运行前，各电机必须进行瞬时点动，确认电机运行方向是否正确，观察和检查连接部位有无异常；

5.2.1.4　连续运行，检查各传动部位有无异响、异振和过热情况，电流有无明显波动；

5.2.1.5 空载试车：空载试车不少于 0.5h。

5.2.2 负载试车

5.2.2.1 消除空载试车过程中出现的故障和缺陷；
5.2.2.2 按工艺要求进行调速；
5.2.2.3 由操作人员引丝开车；
5.2.2.4 负载试车不少于 72h。

5.3 验收

5.3.1 交接验收必须具备以下条件：
5.3.1.1 达到规定试车时间，运行状况良好；
5.3.1.2 检修记录、试车记录等技术资料齐全、准确；
5.3.1.3 检修质量按本规程 4.3 规定的质量标准进行验收；
5.3.1.4 设备技术状态达到完好标准；
5.3.1.5 按规定办理交接验收手续；
5.3.1.6 检修现场按照文明施工的要求，做到工完、料尽、场地清。

6 维护与故障处理

6.1 日常维护

6.1.1 维护内容

6.1.1.1 检查设备运行状况，及时排除零星故障；
6.1.1.2 根据《设备润滑管理手册》要求，做好现场润滑油（脂）检查和补加；
6.1.1.3 检查各密封点，消除泄漏现象，不能及时消漏的挂牌跟踪；
6.1.1.4 做好机台清洁卫生工作。

6.1.2 维护时间

6.1.2.1 操作工按照《操作规程》对设备进行巡检；
6.1.2.2 运保人员每天巡回检查不少于 2 次。

6.2 常见功能故障与处理方法

HS451 型柔软机常见故障与处理方法见表 5。

表 5　HS451 型柔软机常见功能故障与处理方法

序号	功能	功能故障	故障模式	故障后果	故障应对策略与检修内容	检修周期／月
1	满足生产工艺要求	压辊运行异常、丝束无法有效压干	气缸内泄漏	运行能耗增加，影响产品质量	检查更换密封件	12～24
			气源压力不足		调节压力	视情况而定
			压辊、轴磨损		更换压辊、轴	6～12
			轴承损坏		更换轴承	视情况而定
			摇臂铰链锈蚀卡死		检查、更换	视情况而定
2	保证生产连续运行	压辊运行有异常抖动或异声	上压辊变形	影响生产连续性	检查上压辊表面状态，视情况更换	视情况而定
			下导丝辊轴端变形或焊缝开裂		检查下导丝辊轴端情况，有无变形或裂纹，视情更换	视情况而定
3	传动系统运行正常	无法有效传动，卡死	减速箱齿轮、轴承磨损	运行异响振动大	检查润滑状态，视情更换轴承	24～36
			联轴器失效	影响生产连续性	联轴器更换，对中检查	3～6
			联接销脱落		链条调整或更换	3～6
			电机损坏		更换电机	视情况而定
4	设备无泄漏	设备泄漏	密封件老化损坏	动、静密封点泄漏	更换密封件	6～12
			紧固件松		紧固	视情况而定

附 录 A
（资料性附录）
HS451 型柔软机检修质量控制确认表

项目	主要控制内容			等级	施工单位	生产装置	设备管理部门	备注
	标准值	部位	现场记录					
拆卸时检测								
下压辊滚筒径向圆跳动	≤ 0.10mm	下压辊表面圆周方向		B	★	★		
导丝辊径向圆跳动	≤ 0.10mm	导丝辊表面圆周方向		B	★	★		
上压辊及下导丝辊表面	光洁，无划痕	上压辊及下导丝辊表面		B	★	★		
回装时检测								
轴承节径向圆跳动	≤ 0.10mm	联轴器						
链轴节轴向窜动	≤ 0.08mm	联轴器						
下压辊水平度	≤ 0.10/1000	下压辊轴向表面						
上、下压辊交叉平行度	±0.50mm	上、下压辊轴端中心点						

注：A 级：施工单位、生产装置、设备管理部门专业人员检查确认后签字。
B 级：施工单位和生产装置专业人员检查确认后签字。
C 级：施工单位专业人员检查确认后签字。
另：如果有监理，监理的职责由甲方授权。

附　录　B
（资料性附录）
HS451 型柔软机试车与验收数据记录表

设备名称		位号		工作介质	
驱动机种类		转速	r/min	试车介质	
试车类别	□空负荷□负荷	环境温度	℃	试车日期	
连续运转时间	h	启动电流	A		

<table>
<tr><td colspan="2">检查项目</td><td rowspan="2">设计值/允许值</td><td colspan="9">实测值</td></tr>
<tr><td colspan="2">运行记录时刻</td><td></td><td></td><td></td><td></td><td></td><td></td><td></td><td></td><td></td></tr>
<tr><td></td><td></td><td></td><td></td><td></td><td></td><td></td><td></td><td></td><td></td><td></td><td></td></tr>
<tr><td></td><td></td><td></td><td></td><td></td><td></td><td></td><td></td><td></td><td></td><td></td><td></td></tr>
<tr><td></td><td></td><td></td><td></td><td></td><td></td><td></td><td></td><td></td><td></td><td></td><td></td></tr>
<tr><td></td><td></td><td></td><td></td><td></td><td></td><td></td><td></td><td></td><td></td><td></td><td></td></tr>
<tr><td></td><td></td><td></td><td></td><td></td><td></td><td></td><td></td><td></td><td></td><td></td><td></td></tr>
<tr><td></td><td></td><td></td><td></td><td></td><td></td><td></td><td></td><td></td><td></td><td></td><td></td></tr>
<tr><td></td><td></td><td></td><td></td><td></td><td></td><td></td><td></td><td></td><td></td><td></td><td></td></tr>
<tr><td></td><td></td><td></td><td></td><td></td><td></td><td></td><td></td><td></td><td></td><td></td><td></td></tr>
<tr><td></td><td></td><td></td><td></td><td></td><td></td><td></td><td></td><td></td><td></td><td></td><td></td></tr>
<tr><td></td><td></td><td></td><td></td><td></td><td></td><td></td><td></td><td></td><td></td><td></td><td></td></tr>
<tr><td></td><td></td><td></td><td></td><td></td><td></td><td></td><td></td><td></td><td></td><td></td><td></td></tr>
<tr><td></td><td></td><td></td><td></td><td></td><td></td><td></td><td></td><td></td><td></td><td></td><td></td></tr>
<tr><td colspan="12">试车情况：</td></tr>
<tr><td colspan="12">试车结论：</td></tr>
<tr><td rowspan="3">验收意见</td><td colspan="11">生产装置：</td></tr>
<tr><td colspan="11">施工单位：</td></tr>
<tr><td colspan="11">设备管理部门：</td></tr>
<tr><td colspan="12">说明：生产装置组织单机试车与验收，其中主要设备由设备管理部门参与验收，其余均由生产装置、施工单位双方共同验收。</td></tr>
</table>

10. S661 型定型联合机维护检修规程

SHS 04116—2019

代替 SHS 04116—2004

目　　次

前　言

本规程按照 GB/T 1.1—2009《标准化工作导则　第 1 部分：标准的结构和编写》给出的规则起草。

本规程代替 SHS 04116—2004《S661 型定型联合机维护检修规程》，与 SHS 04116—2004 相比除了编辑性修改外，主要技术变化如下：

——细化了拆卸与检测、回装与质量标准；

——常见功能故障与处理部分按 RCM 分析方法重新编制；

——增加“附录 A　S661 型定型联合机检修质量控制确认表”；

——增加“附录 B　S661 型定型联合机试车与验收数据记录表”。

本规程由中国石油化工集团有限公司、中国石油化工股份有限公司提出。

本规程起草单位：中国石化上海石油化工股份有限公司。

本规程主要起草人：奚金平。

本规程历次版本发布情况：

——SHS 04116—1992、SHS 04116—2004。

S661 型定型联合机维护检修规程

1 范围

1.1 主题内容

本规程规定了 S661 型定型联合机的检修周期与内容、检修程序与质量标准、试车与验收；维护与故障处理。

1.2 适用范围

本规程适用于 S661 型定型联合机的维护与检修。

2 规范性引用文件

下列文件中的条款通过本规程的引用而成为本规程的条款。凡是注日期的引用文件，其随后所有的修改单（不包括勘误的内容）或修订版均不适用于本规范，然而，鼓励根据本规范达成协议的各方研究是否可使用这些文件的最新版本。凡是不注日期的引用文件，其最新版本适用于本规程。

FZ/T 99014 纺织机械电气设备 通用技术条件

FZ/T 90074 纺织机械产品涂装

SH/T 3503 石油化工建设工程项目交工技术文件规定

GB/T 150 压力容器

S661 型定型联合机产品说明书

3 检修周期与内容

3.1 检修周期

根据 S661 定型联合机系统功能故障及其影响分析的结果，并结合生产装置运行周期，确定检修周期，一般为 36 个月。

3.2 检修内容

3.2.1 开、关定型锅锅门，检查锅门小车启动、制动功能，与锅体无撞击；

3.2.2 检查定型锅锅门与锅体端面间隙，上下左右间隙均匀；

3.2.3 检查锅体二侧齿环托轮滑动、磨损情况，视情修理或调整

3.2.4 检查锅门小车滚轮、导轨的磨损情况，允许范围内进行适当调整；

3.2.5 检查内外滚轮轴承的润滑情况，对轴承进行加油；

3.2.6 检查定型锅搁箱横梁的各焊接点，无脱焊、裂缝，搁箱受载时不与导轨相擦；

3.2.7 检查齿环气缸动作的电磁阀，不许管路漏气，手动、电动操作电磁阀，气缸动作正常；

3.2.8 检查齿环气缸连接点，调整三个气缸，不许漏气损失动能，使三个气缸行程一致；

3.2.9 检查锅门的垂直度、与锅体的平行度，并与锅体齿环相配合，调整齿环托轮，使锅门与锅体齿环达到要求；

3.2.10 锁环试验，不许与锅体有间隙，如有间隙，对磨损的齿环加装黄铜块进行修正；

3.2.11 检查齿环吹气控制限位触点位置，锁紧齿环，电磁阀工作，锅体四个点吹气，密封圈膨胀，与锅门建立密封；

3.2.12 检查真空泵、真空冷凝器冷却水阀门开启，建立冷却水循环；

3.2.13 锅门小车动作，锅门关闭，由手动切自动，启动真空泵；

3.2.14 检查真空气动阀开启关闭动作控制的电磁阀，真空度达标，电磁阀动作，关闭真空阀，自动进入下一步加热动作；

3.2.15 检查加热气动阀开启关闭动作控制的电磁阀，加热温度达标，电磁阀动作，关闭加热阀，观察定型锅安全阀、蒸汽排空冲击处无泄漏，自动进入下一步保温动作；

3.2.16 检查仪表记录纸保温曲线达标，排空电磁阀动作，打开排空阀；

3.2.17 按工艺要求，自动完成定型锅整套动作；

3.2.18 对于泄漏的安全阀，按起跳压力要求重新校验，对锅体排空冲击泄漏点，按压力容器要求进行焊接；

3.2.19 每6年1次对定型锅及锅盖封头的焊缝进行无损探伤测厚，探伤检查前做好安全预防措施，在探伤区域25～30m外要设置警示牌，顺利进行探伤，以便了解设备运行情况，对检修或更新预做准备，其X光拍片要求不少于焊缝总长的20%；

3.2.20 对定型锅、真空泵、冷凝器及轨道的基础底脚螺栓进行认真的检查和平整，对设备的纵横水平度，按质量标准校整；

3.2.21 自控阀、气动元件、仪表控制系统等的检查维修；

3.2.22 检查铺丝底车联轴器、皮带轮、传动皮带，视情调换；

3.2.23 检查铺丝底车滚轮轧丝并清除；

3.2.24 检查输送底车滚轮、丝杆、铜滑灵、轴承磨损情况，视情调换；

3.2.25 检查铺丝箱内侧槽钢定位、脱焊错位情况；

3.2.26 检查摆斗电机联轴器、摆盘转动轴承座，调整传动链条松紧适中；

3.2.27 检查摆盘轴承座支架脱焊、裂缝情况；

3.2.28 检查铺丝摆斗摆幅，调整连杆，以摆足铺丝箱长度为准；

3.2.29 检查摆斗勾丝、连杆转动铜轮，视磨损情况调换；
3.2.30 电机、限位开关、电气控制系统等的检查维修。

4 检修程序与质量标准

4.1 检修前准备

4.1.1 根据设备运行技术状态和监测记录，分析故障原因，明确故障部位；
4.1.2 准备必要的图纸资料，编制检修计划；
4.1.3 制定施工方案，明确技术要求，图、表齐全，符合设备安全、环保要求；
4.1.4 施工前组织施工人员进行技术交底，将方案内容、技术、质量等要求交代清楚；
4.1.5 准备检修工器具、清洗剂和润滑油（脂）等；
4.1.6 落实安全防护措施与环保要求：
4.1.6.1 办理好各类进场检修施工手续；
4.1.6.2 检修前切断机台电源等能源，并且挂安全警示牌；
4.1.6.3 停车检修前需确认工艺处置是否满足检修要求；
4.1.6.4 备好相应物料收集桶，避免环境污染；
4.1.6.5 检修人员个人防护必须符合劳保着装规定要求，施工器具验收合格，并落实施工监护人；
4.1.6.6 现场设置施工作业管理牌，落实好文明检修相关准备要求。

4.2 拆卸与检测

4.2.1 定型锅

4.2.1.1 拆锅门密封条；
4.2.1.2 拆减速箱皮带，移出减速箱；
4.2.1.3 脱开气缸与齿环连接，拆卸气缸，转动检查齿环，转动齿环托轮、轴，视磨损情况按标准修复或更新；
4.2.1.4 用安全支架垫小车横梁；
4.2.1.5 铲车顶起横梁，移出锅内轮轴；
4.2.1.6 松开横梁与锅门连接螺丝，铲车铲出横梁，移出安全支架；
4.2.1.7 移出锅门，靠放柱子旁，用绳子扎牢固定，防止碰撞倾倒；
4.2.1.8 拆锅内磨损轻轨，轻轨移出锅体；
4.2.1.9 凿出锅外磨损轻轨，松开固定螺钉，搬移轻轨；
4.2.1.10 按照拆卸锅内、外轻轨实物，外送加工轻轨；
4.2.1.11 拆卸锅门主、被动轮；
4.2.1.12 打开主被动轮，拆卸轮子、轴承，皮带轮，择差调换；

4.2.1.13 打开气缸，清洗气缸零部件，视磨损情况进行调换；
4.2.1.14 拆锅底排空缓冲小气包，脱开蒸汽管连接法兰；
4.2.1.15 松定型锅地脚螺母；
4.2.1.16 按施工方案，拉出定型锅；
4.2.1.17 检查修正地脚螺栓。

4.2.2 冷凝器

4.2.2.1 确认冷凝器上方的吊装位置；
4.2.2.2 脚手架配合拆除冷凝器进出口管道法兰、上封头与冷凝器连接螺栓；
4.2.2.3 两侧平吊移出上盖；
4.2.2.4 拆除冷凝器与裙座连接螺钉；
4.2.2.5 两侧平吊移出冷凝器；
4.2.2.6 安装盲板，试压 0.5MPa 捉漏；
4.2.2.7 漏点修理，封堵更换，当损坏列管超过 30%，冷凝器报废；
4.2.2.8 再进行试压，直至 0.5MPa 保压 15min 通过；
4.2.2.9 清理裙座内垃圾，视腐蚀情况调换裙座；
4.2.2.10 拆裙座排放单向阀，打开单向阀，研磨阀芯，使定型锅抽真空工作时顺利关闭。

4.2.3 铺丝机

4.2.3.1 拆卸上下蜗轮箱联轴器；
4.2.3.2 拆卸摆斗传动系统、链轮、链条，变速箱及摆斗、连杆、铜滑灵、丝杆；
4.2.3.3 打开摆斗轴承座，拆连杆滑动轴承，拆摆盘、滑块，清洗检查磨损情况，酌情调换；
4.2.3.4 蜗轮箱检修安装参见 HGJ 1042《齿轮减速机维护检修规程》；
4.2.3.5 拆卸底车导轨轮组合，拆卸丝杆轴承座；
4.2.3.6 检查轴承，择差更换；
4.2.3.7 检查丝杆工作段光滑无毛刺。

4.2.4 真空泵

4.2.4.1 拆卸真空泵安全罩，拆卸联轴器；
4.2.4.2 拆卸真空泵进出口法兰；
4.2.4.3 松真空泵基础螺栓，移出真空泵泵体；
4.2.4.4 检修安装参见《水环式真空泵维护检修规程》；

4.3 回装与质量标准

4.3.1 回装程序与要求

4.3.1.1 定型锅

a）移动定型锅就位于基础，修正地脚螺栓孔，校正定型锅垂直、水平度，旋紧螺母；

b）安装锅内轻轨、定位压板螺钉、定位轻轨跨度丝杆；

c）校正轻轨水平度、平行度、平直度；

d）紧固压板螺钉、定位丝杆螺钉；

e）安装锅外轻轨、定位轻轨跨度丝杆及地脚螺栓；

f）校正轻轨平直度、水平度、平行度；

g）紧固轻轨跨度丝杆螺钉；

h）浇注锅外轻轨基础，基础保养期后紧固地脚螺栓；

i）锅外轻轨按要求预埋修平；

j）组装主、被动轮、锅内轮轴各一套；

k）现场铲车铲起定型锅锅门，调换安装锅门主、被动轮组合件；

l）将锅门用铲车铲上轻轨，手推锅门手感轻松；

m）推上锅门至锅体，检查锅门与齿环间隙，按标准调整齿环托轮，使间隙适中；

n）安装气缸，与齿环连接；

o）铲车铲上横梁，与锅门连接，锅内轮轴安装就位；

p）调整横梁，与锅门搁架螺钉连接并烧焊；

q）调换损坏V形铺丝箱座，安装铺丝箱定位挡板，检查槽钢焊缝是否裂损、三角撑挡是否裂损，如有则进行加强修补；

r）按标准安装传动部件及变速箱；

s）安装真空阀、排空阀、加热阀、排空阀；

t）现场送压缩空气，起动锅门，关门到位；

u）手动电磁阀，锁环、松环试验轻松。

4.3.1.2 冷凝器

a）清洁裙座密封面，用密封胶贴放垫片；

b）将冷凝器吊至裙座上就位，确认进出口方向；

c）安装冷凝器与裙座螺钉紧固；

d）清洁冷凝器上密封面，用密封胶贴放垫片；

e）将冷凝器上封头吊装就位，确认进出口方向；

f）安装进出口法兰与真空管连接、与进出水管连接；

g）打开进出水管阀门捉漏。

4.3.1.3　铺丝机

a）安装摆斗支架；

b）安装摆盘轴承座，安装摆盘、链轮；

c）安装摆斗、连杆；

d）安装上蜗轮箱，平车与电机同轴度，安装联轴器；

e）安装蜗轮箱链轮、传动链条；

f）盘动联轴器手感轻松；

g）安装底车丝杆轴承座、皮带轮、导轨轮，盘动皮带轮手感轻松；

h）安装下蜗轮箱，平车与电机同轴度，安装皮带轮；

i）安装三角带，安装联轴器防护罩；

j）确认上下蜗轮箱油位，油标 1/2 ～ 2/3。

4.3.1.4　真空泵

a）搬运真空泵至基础就位；

b）安装联轴器，校正真空泵位置，平车与电机同轴度，紧固基础螺栓；

c）安装真空泵进出口，与冷凝器连接，与排空管连接，与进水管连接；

d）开冷却水进泵，并开底下排水阀，确认畅通即关阀；

e）盘动联轴器手感轻松，安装联轴器安全罩。

4.3.2　检修质量标准

4.3.2.1　定型锅

定型锅检修质量标准见表 1。

表 1　定型锅检修质量标准

mm

序号	检验项目	质量标准	检验方法
（1）	锅体后倾（老式锅）	8±1	法兰上方吊线锤测量，垫填高锅口机座
（2）	锅盖与锅体法兰不平行度	≤ 1.5	锅内则上下左右四点
（3）	锅内轨道水平度	≤ 0.2/1000	用直尺水平尺测
	锅内轨道平行度	≤ 2	用直尺测
	锅内轨道平直度	≤ 0.5/1000	拉线检查
（4）	内外座车轨道磨损	≤ 0.5	用直尺及测微片测
（5）	座车轮磨损	≤ 1	用卡钳测量（以直径计）
（6）	锅门密封圈	完好	目测
（7）	锅体密封试验泄漏	无泄漏	气压试验（以使用压力为准）
（8）	轨道轮子旋转	灵活	手检

表 1　定型锅检修质量标准（续）

序号	检验项目	质量标准	检验方法
(9)	齿轮减速箱		
	箱体内部	清洁	目测
	齿轮减速箱装配安装	无振动异响	手检耳听
	齿轮侧面	平齐	装配时目测检查
	齿轮磨损率	≤ 20%	直尺、测微片测
	轴向窜动	0.10 ～ 0.15	手动及百分表测
	油位	油标 1/2 ～ 2/3	停车时目测检查
	视镜	清晰	目测
	动密封	无明显泄漏	目测、手检
	静密封	无泄漏	目测、手检
	安全罩	齐全不擦碰	目测
	保温或防腐	良好	目测
	设备整洁、油漆光滑完整	整洁、完整	目测

4.3.2.2　冷凝器组件

冷凝器组件检修质量标准见表 2。

表 2　冷凝器组件检修质量标准　　mm

序号	检验项目	质量标准	检验方法
(1)	垂直度	≤ 0.2/1000	框式水平仪（以真空系统进口法兰为基准）
(2)	管内外结垢腐蚀严重	不允许	封闭前经三级检查
(3)	法兰不平齐	≤ 1	钢皮尺、目测
(4)	水压试验	0.4MPa	保压 15min
(5)	法兰垫片	无泄漏	水压检查
(6)	螺丝不满扣或超长	超出 1 ～ 3 牙	目测

4.3.2.3　铺丝机及轨道

铺丝机及轨道检修质量标准见表 3。

表 3　铺丝机及轨道检修质量标准　　mm

序号	检验项目	质量标准	检验方法
(1)	轨道水平度	≤ 0.1/1000	直尺与水平尺实测
(2)	轨道平行度	≤ 1	活动隔距测量（专用工具）
(3)	铺丝机上下轴承松动	完好	手动检查
(4)	蜗轮箱		
	轴向窜动	0.10 ～ 0.15	手动及百分表测
	静密封	无泄漏	手检
	蜗轮蜗杆磨损率	≤ 20%	按齿顶厚度为准，钢皮尺量
	蜗轮箱安装	无振动异响	手检、耳听
	油箱内部	清洁	目测
	视镜	清晰	目测

表 3 铺丝机及轨道检修质量标准（续）

序号	检验项目	质量标准	检验方法
（5）	链轮链条		
	侧面平齐	≤ 0.5	目测
	链条磨损率	≤ 1	拉线检查
	链条润滑	良好	以拉直与压缩的比为准
	链轮磨损	合度	目测
	摆幅调节	良好	以齿尖为限
	安全罩	齐全不擦碰	通入丝束视开车、摆动幅度目测

4.3.2.4 真空泵

真空泵检修质量标准见表 4。

表 4 真空泵检修质量标准

mm

序号	检验项目	质量标准	检验方法
（1）	泵轴水平度	≤ 0.1/1000	用水平尺测
（2）	法兰不平齐	≤ 1	目测
（3）	内腔	清洁	目测、手捡
（4）	叶轮	完好	目测
（5）	分配器	通畅	通水试验、目测
（6）	蝶阀、气动阀	无泄漏	开车检查
（7）	进口水管	通畅、无泄漏	放水检查
（8）	排水管阀	完好	手动检查
（9）	联轴器		
	同轴度	≤ 0.15	百分表
	二端面平行度	≤ 0.10	百分表
	端面间隙	0.5 ～ 1	钢皮尺及测微片测
	与轴配合	K4	测微片测
	上、下皮带轮侧面不平齐度	≤ 1	钢皮尺及测微片测

5 试车与验收

5.1 试车前准备

5.1.1 全面检查紧固件的连接和传动件的结合情况，在脱离负载的条件下，校对电机转向；

5.1.2 检查各齿轮箱油路、油标的油位和润滑脂添加情况；

5.1.3 全面检查电气、仪表、汽路、水路和压缩空气管路；

5.1.4 检查安全防护罩是否齐全、牢固；

5.1.5 检查附属设备机泵是否运转正常；

5.1.6 全面检查各安全装置是否齐全、有效；
5.1.7 对上述所有检查内容确认正常后试车。

5.2 试车

5.2.1 空载试车

5.2.1.1 试车前检查所有发现的问题应全部整改完毕，检修记录立完整无缺；
5.2.1.2 全机接通电源，单机试运行前，电机必须进行三次瞬时点动，观察和检查各传动部位有无异常；
5.2.1.3 连续运行，进行速度调试，检查各传动部位有无异声、异振和过热现象，电机电流有无波动；
5.2.1.4 检查各传动齿轮箱有无渗漏；
5.2.1.5 开启喷淋水阀门，检查各连接部位和各挡板有无泄漏或飞溅；
5.2.1.6 空载试车时间不少于 0.5h。

5.2.2 负载试车

5.2.2.1 空载试车时所发现的问题应全部整修完毕，使设备具备良好的机械状态，空载试车记录应完整无缺；
5.2.2.2 在试车中应将所发现的各种问题做好记录，必要时应立即整改，整改后再继续试车，使设备运转平稳、满足工艺要求；
5.2.2.3 试车时间为 72h。

5.3 验收

5.3.1 验收时必须具备下列条件：
5.3.1.1 达到规定试车时间，运行状况良好；
5.3.1.2 检修记录和试车记录等技术资料齐全、准确；
5.3.2 检修质量按本规程 4.3.2 规定的质量标准进行验收；
5.3.3 设备技术状态达到完好标准；
5.3.4 按规定办理交接验收手续；
5.3.5 检修现场按照文明施工的要求，做到工完、料尽、场地清。

6 维护与故障处理

6.1 日常维护

6.1.1 维护内容

6.1.1.1 开关定型锅锅门，检查锅门小车启动制动部件，与锅体无撞击；

6.1.1.2 检查定型锅锅门与锅体间隙，上下左右间隙均匀；

6.1.1.3 检查锅体二侧齿环托轮滑动、磨损情况，视情修理或调整；

6.1.1.4 检查锅门小车滚轮、导轨的磨损情况，在允许范围内进行适当调整；

6.1.1.5 检查内外滚轮轴承的润滑情况，对轴承定期加油；

6.1.1.6 检查定型锅搁箱横梁的各焊接点，无脱焊、裂缝，搁箱受载时不与导轨相擦；

6.1.1.7 检查齿环气缸动作的电磁阀，不许管路漏气，手动电动操作电磁阀，气缸动作正常；

6.1.1.8 检查齿环气缸连接点，调整三个气缸，不许漏气损失动能，使三个气缸行程一致；

6.1.1.9 检查锅门的垂直度、与锅体的平行度，并与锅体齿环相配合，调整齿环托轮，使锅门与锅体齿环达到要求；

6.1.1.10 锁环试验，不许与锅体有间隙，如有间隙，对磨损的齿环加装黄铜块进行修正；

6.1.1.11 检查齿环吹气控制限位触点位置，锁紧齿环，电磁阀工作，锅体四个点吹气，密封圈膨胀，与锅门建立密封；

6.1.1.12 检查真空泵、真空冷凝器冷却水阀门开启，建立冷却水循环；

6.1.1.13 检查真空气动阀开启关闭动作控制的电磁阀，真空度达标，电磁阀动作，关闭真空阀，自动进入下一步加热动作；

6.1.1.14 检查加热气动阀开启关闭动作控制的电磁阀，加热温度达标，电磁阀动作，关闭加热阀，观察定型锅安全阀、蒸汽排空冲击处无泄漏，自动进入下一步保温动作；

6.1.1.15 检查仪表记录纸保温曲线达标，排空电磁阀动作，打开排空阀；

6.1.1.16 对于泄漏的安全阀，按起跳压力要求重新校验，对锅体排空冲击泄漏点，按压力容器要求进行焊接；

6.1.1.17 自控阀、气动元件、仪表控制系统等的检查维修；

6.1.1.18 检查铺丝底车联轴器、皮带轮、传动皮带，视情调换；

6.1.1.19 检查铺丝底车滚轮轧丝并清除；

6.1.1.20 检查输送底车滚轮、丝杆、铜滑灵、轴承磨损情况，视情调换；

6.1.1.21 检查铺丝箱内侧槽钢定位、脱焊错位情况；

6.1.1.22 检查摆斗电机联轴器、摆盘转动轴承座，调整传动链条松紧适中；

6.1.1.23 检查摆盘轴承座支架脱焊、裂缝情况；

6.1.1.24 检查铺丝摆斗摆幅，调整连杆，以摆足铺丝箱长度为准；

6.1.1.25 检查摆斗勾丝、连杆转动铜轮，视磨损情况调换；

6.1.1.26 电机、限位开关、电气控制系统等的检查维修。

6.1.2 维护时间

6.1.2.1 操作工按照《操作规程》对设备进行巡检；

6.1.2.2 运保人员每天巡回检查不少于 2 次；

6.2 常见功能故障与处理方法

S661 型定型联合机常见功能故障与处理方法见表 5。

表 5 S661 型定型联合机常见功能故障与处理方法

序号	功能	功能故障	故障模式	故障后果	故障应对策略与检修内容	检修周期/月
1	保证生产连续运行、满足定型工艺要求	定型锅锅门故障	锅门座车电机皮带松	影响产品质量	张紧电机支带	视情况而定
			锅门座车与轨道接触不良		重新调整锅门与轨道，使接触良好	12～24
			锅门与锅体不同心、不平行		校正位置使二者同心平行	视情况而定
			齿圈传动气缸漏气，皮碗坏，底座松动		修理传动气缸及底座加固	2～3
		真空度达不到工艺要求	列管冷却器封头垫片泄漏		重新换新垫片，消漏	视情况而定
			真空管路阀门泄漏		捉漏	视情况而定
			锅门密封圈老化损坏		换新密封圈	2～4
			直接蒸汽阀关不紧		换新气动阀	视情况而定
			真空泵冷却水水量不足		开足冷却水	视情况而定
			叶轮间隙大，损坏		检修或调换叶轮	视情况而定
			泵轴封漏气		修理轴封	12～24
2	保证设备连续运行	锅内直接蒸汽管撞坏，汽蒸后出锅，锅门打不开	撞击，法兰垫片坏，蒸汽泄漏严重	影响生产连续性	开关锅门数次，让碰擦件弹性复位，开出锅门，进入锅体，排除故障	视情况而定
		锅门传动主轴轴承坏	泄漏、缺油		调换新轴或调换新轴承	12～24

表 5　S661 型定型联合机常见功能故障与处理方法（续）

序号	功能	功能故障	故障模式	故障后果	故障应对策略与检修内容	检修周期 / 月
2	保证设备连续运行	联合机系统电磁阀坏动作失灵	通道有杂屑、橡皮圈坏，阀芯、阀座接触面毛，电磁阀线圈坏	影响生产连续性	调换新阀，旧阀拆开检查去除杂屑，调换皮碗，加油润滑，并确认电磁阀线圈完好	视情况而定
		其他仪表电器故障	线路老化或元件失效		由仪表或电器部门调换或调试	24 ～ 36
3	设备无泄漏	设备泄漏	密封件老化	动、静密封点泄漏	更换密封件	24 ～ 36
			紧固件松动		紧固	视情况而定

附 录 A

（资料性附录）

S661型定型联合机检修质量控制确认表

mm

项目	主要控制内容			等级	施工单位	生产装置	设备管理部门	备注
	标准值	部位	现场记录					
拆卸时检测								
内外座车轨道磨损	≤0.5	轨道工作面		A	★	★	★	
座车轮磨损	≤1	轮外圆		B	★	★		
冷凝器水压试验0.5MPa	保压15min	管程、壳程		B	★	★		
回装时检测								
锅盖与锅体法兰不平行度	≤1.5	锅盖、锅体端面		A	★	★	★	
锅内轨道平行度	≤2	轨道侧面		A	★	★	★	
抽真空时冷凝器单向阀	无空气吸入	进气口		B	★	★		

注： A级：施工单位、生产车间、二级管理部门、公司管理部门选择性参与检查确认后签字。

B级：施工单位和生产车间检查确认后签字。

C级：施工单位检查确认后签字。

附　录　B

（资料性附录）

S661 型定型联合机试车与验收数据记录表

设备名称		位号		工作介质	
驱动机种类		转速	r/min	试车介质	
试车类别	□空负荷 □负荷	环境温度	℃	试车日期	
连续运转时间	h	启动电流	A		

检查项目		设计值/允许值	实测值								
运行记录时刻											

试车情况：	
试车结论：	
验收意见	生产装置：
	施工单位：
	管理部门：

说明：生产装置组织单机试车与验收，其中主要设备由设备管理部门参与验收，其余均由生产装置、施工单位双方共同验收。

11. 腈纶丝束装箱机（SA150）维护检修规程

SHS 04122—2019

代替 **SHS** 04122—2004

目　次

前　言

本程按照规 GB/T 1.1—2009《标准化工作导则　第 1 部分：标准的结构和编写》给出的规则起草。

本规程代替 SHS 04122—2004《装箱铺丝机维护检修规程》。与 SHS 04122—2004 相比，除了编辑性修改外，主要技术变化如下：

——细化了拆卸与检测、回装与质量标准；

——常见功能故障与处理部分按 RCM 分析方法重新编制；

——增加“附录 A　腈纶丝束装箱机（SA150）检修质量控制确认表”；

——增加“附录 B　腈纶丝束装箱机（SA150）试车与验收数据记录表”。

本规程由中国石油化工集团有限公司、中国石油化工股份有限公司提出。

本规程起草单位：中国石油化工股份有限公司安庆分公司。

本规程主要起草人：孙九煜。

本规程历次版本发布情况：

——SHS 04119—1992、SHS 04119—2004。

腈纶丝束装箱机(SA150)维护检修规程

1 范围

1.1 主题内容

本规程规定了二步法腈纶丝束装箱机(SA150)维护检修周期与内容、检修程序与质量标准、试车与验收、维护与故障处理。

1.2 适用范围

本规程适用于上海安祥公司生产的SA150型腈纶丝束装箱机的维护与检修。

2 规范性引用文件

下列文件中的条款通过本规程的引用而成为本规程的条款。凡是注日期的引用文件，其随后所有的修改单（不包括勘误的内容）或修订版均不适用于本规范，然而，鼓励根据本规范达成协议的各方研究是否可使用这些文件的最新版本。凡是不注日期的引用文件，其最新版本适用于本规程。

SH/T 3503 石油化工建设工程项目交工技术文件规定

FZ/T 90074 纺织机械产品涂装

FZ/T 90089.1 纺织机械铭牌、型式、尺寸及技术要求

FZ/T 99014 纺织机械电气设备 通用技术条件

SHS 01028 变速机维护检修规程

SA150型纺丝装箱机使用说明书

3 检修周期与内容

3.1 检修周期

根据二步法腈纶丝束装箱机(SA150)系统功能故障及影响分析的结果，并结合生产装置运行周期，确定设备检修周期，一般为36个月。

3.2 检修内容

3.2.1 导丝机构检修；

3.2.2 夹送辊传动机构检修；

3.2.3 夹送辊检修；
3.2.4 夹送辊夹紧机构检修；
3.2.5 横向铺丝机构（小车）检修；
3.2.6 纵向铺丝机构（大车）检修；
3.2.7 气路系统检修；
3.2.8 电机、限位开关、控制系统等检修；
3.2.9 电磁换向阀检修；
3.2.10 操作平台除锈防腐。

4 检修程序与质量标准

4.1 检修前准备

4.1.1 根据设备运行技术状态和监测记录，分析设备故障原因，明确故障部位；
4.1.2 准备必要的图纸资料，编制检修计划；
4.1.3 制定施工方案，明确技术要求，图、表齐全，符合设备安全、环保要求；
4.1.4 施工前组织施工人员进行技术交底，将方案内容、技术、质量等要求交代清楚；
4.1.5 准备检修工器具、清洗剂和润滑油（脂）等；
4.1.6 落实好安全防护措施与环保要求
4.1.6.1 办理好各类进场检修施工手续；
4.1.6.2 检修前切断机台电源等能源，并且挂安全警示牌；
4.1.6.3 停车检修前需确认工艺处置是否满足检修条件；
4.1.6.4 备好相应物料收集桶，避免环境污染；
4.1.6.5 检修人员个人防护必须符合劳保着装规定要求，施工器具验收合格，并落实施工监护人员；
4.1.6.6 现场设置施工作业管理牌，落实好文明检修相关准备要求。

4.2 拆卸与检测

4.2.1 夹送辊机构

4.2.1.1 电气拆卸有关限位开关，标记限位固定位置及与活动辊轴承座之间距离；
4.2.1.2 拆卸活动夹送辊与夹紧气缸连接销，检查连接销和销孔磨损情况；
4.2.1.3 拆卸夹送辊的同步带轮及其传动同步带，检查同步带轮磨损及配合情况；
4.2.1.4 拆卸转动箱上的传动齿轮组件，检查齿轮磨损状况；
4.2.1.5 拆卸两根夹送辊两端轴承压盖；
4.2.1.6 拆卸夹送辊轴承止动挡圈；
4.2.1.7 拆卸轴承座紧固螺栓；

4.2.1.8 从机架上取出夹送辊轴承座及轴承，检查轴承磨损及配合情况；

4.2.1.9 取出两夹送辊，检查辊轴尺寸及辊表面磨损情况，注意取出时做好夹丝辊防滑落措施；

4.2.1.10 拆卸活动夹送辊两侧夹紧气缸的气管及其气管接头，拆下两侧夹紧气缸，检查气缸内漏和接头有无损坏。

4.2.2 横向铺丝机构（小车）

4.2.2.1 电气拆卸有关限位开关等；

4.2.2.2 拆卸铺丝无杆气缸的两侧气管及接头；

4.2.2.3 拆卸导丝轮，解体导丝轮的转动轴承及其摆动轴承，检查轴承运行情况；

4.2.2.4 松开铺丝无杆气缸固定在机架两端的固定螺母，抽出无杆气缸，检查气缸滑块有无卡涩及气缸内漏情况；

4.2.2.5 松开铺丝滑块导杆两侧的螺栓，抽出导杆，取下铺丝滑块，检查滑块滑动轴套磨损状况。

4.2.3 纵向铺丝机构（大车）

4.2.3.1 电气拆卸有关电机接线及限位开关等；

4.2.3.2 用起重器具保护性吊扶机架，拆卸机架防翻卡，吊起机架；

4.2.3.3 拆卸驱动链条，检测链条节距及磨损状况；

4.2.3.4 拆卸驱动机及其链轮，检查链轮磨损状况，驱动机减速机按 SHS 01028《变速机维护检修规程》检修；

4.2.3.5 拆卸主动行走轮轴承压盖，取下轴承定位挡圈；

4.2.3.6 升起机架，取下主动行走轮，拆卸主动轮轴承，检测轴径配合尺寸及轴承磨损情况；

4.2.3.7 取出主动轴，拆卸主动轴定位套和链轮，检查链轮磨损情况；

4.2.3.8 拆卸从动轮端盖，取出从动轴锁紧螺母和止动垫；

4.2.3.9 拆卸从动轮，取出从动轴，检查轴的配合情况；

4.2.3.10 拆卸从动轮轴承，检查轴承磨损状况；

4.2.3.11 拆卸从动轮轴承，检查轴承磨损状况；

4.2.3.12 检测导轨平行度、水平度及磨损状况，必要时拆卸更换。

4.3 回装与质量标准

4.3.1 回装程序与要求

4.3.1.1 纵向铺丝机构（大车）

a）将拆卸下来的部件全部清洗，能继续使用的放在一定位置，做上标识，不能使用的按规定处理；

b）将导轨固定在支架上，调整两导轨的平行度和水平度；

c）安装主动轴链轮；

d）把装上链轮的主动轴装入机架两侧轴承座内；

e）把轴承安装在主动轮内，并上好轴承孔卡；

f）安装主动轴两侧定位套，将带轴承的主动轮安装在主动轴上；

g）复位从动轮轴承及其短轴；

h）复位从动轮轴承的止动垫和锁紧螺母，调整窜量后紧定；

i）安装复位的各轴承，加脂润滑，复位各轴承端盖；

j）将机架落在导轨上，安装防翻卡；

k）回装行走驱动机的链轮，将驱动机固定在机架上；

l）拆除机架的吊装器具，检查大车运行有无跑偏情况并调整；

m）链轮端面调平后紧固，回装传动链条并加脂。

4.3.1.2 夹送辊机构

a）回装固定夹送辊两端轴承座；

b）将夹送辊移入轴承座孔内，回装两侧轴承，复位轴承定位挡圈；

c）回装轴承止动垫圈，调整夹送辊轴向窜量，定位锁紧螺母；

d）回装轴承加脂后复位端盖，安装夹送辊同步带轮；

e）在传动箱上回装传动齿轮组件；

f）调整传动齿轮组件和夹送辊的同步带轮，固定夹送辊同步带轮，安装同步带；

g）固定夹紧气缸，复位气缸接头；

h）回装气缸接头与活动辊轴承座连接销；

i）恢复气管接头，连接气管，试压应无明显泄漏；

j）回装就位后的传动齿轮加脂润滑。

4.3.1.3 横向铺丝机构（小车）

a）将导杆穿入机架导杆孔内，回装铺丝滑块，注意滑块内滑动轴套应加脂润滑；

b）恢复导杆两侧紧定垫片和螺栓，拉直导杆；

c）回装铺丝无杆气缸，连接气缸滑块和铺丝滑块，连接体应滑动灵活；

d）回装铺丝无杆气缸两侧紧定螺母，并拉紧铺丝无杆气缸；

e）回装导丝轮，导丝轮要转动灵活；

f）恢复铺丝无杠气缸气管接头，并插上气管，试压应无明显泄漏；

g）电气复位限位开关。

4.3.1.4 其他检修

a）气路检查，更换失效件；

b）调整行程感应块；

c）紧固所有松动的紧固件；

d）电气检修电机，接线后应测试电机转向。

4.3.2 检修质量标准

4.3.2.1 纵向铺丝大车

纵向铺丝大车检修质量标准见表 1。

表 1 纵向铺丝大车检修质量标准

mm

序号	检验项目	质量标准	检验方法
1	机架（导轨）水平度	＜0.50/1000	水平仪
2	机架（导轨）垂直度	＜0.10/1000	水平仪
3	传动链轮侧面平齐度	＜0.5	直尺加塞尺

4.3.2.2 夹送辊

夹送辊检修质量标准见表 2。

表 2 夹送辊检修质量标准

mm

序号	检验项目	质量标准	检验方法
1	夹送辊表面	光洁无毛刺	目测
2	两夹送辊间隙	1.0～3.0	塞尺
3	两夹送辊平行度	＜0.4/1000	内径千分尺

4.3.2.3 传动箱组件

传动箱组件检修质量标准见表 3。

表 3 传动箱组件检修质量标准

mm

序号	检验项目	质量标准	检验方法
1	箱体内部	清洁	目测
2	两齿轮端面平齐度	误差＜0.5	深度尺
3	齿轮磨损率	＜20%（以齿顶厚为准）	游标卡尺
4	齿轮啮合侧隙	0.10～0.15	压铅
5	轴向窜量	0.10～0.15	百分表、深度尺
6	动、静密封	应无明显泄漏	目测

4.3.2.4 横向铺丝小车

横向铺丝小车检修质量标准见表 4。

表 4 横向铺丝小车检修质量标准

mm

序号	检验项目	质量标准	检验方法
1	铺丝无杆气缸	运行平稳	目测
2	两导杆平行度	＜0.50/1000	直尺、水平仪
3	导丝轮	转动灵活	手检

4.3.2.5 其他部分

其他部分检修质量标准见表 5。

表 5 其他部分检修质量标准

mm

序号	检验项目	质量标准	检验方法
1	机件	齐全	目测
2	紧固件	应无明显松动	手检
3	螺栓不满或超长	超出 1 ～ 3 个螺纹	目测
4	安全罩	紧固	目测
5	设备整洁性	油漆光滑、完整	目测

5 试车与验收

5.1 试车前准备

5.1.1 检查各紧固件的紧固及传动件的连接情况；
5.1.2 检查各润滑点润滑脂的添加情况；
5.1.3 全面检查电气、仪表、气路；
5.1.4 检查安全罩和各安全装置是否齐全复位；
5.1.5 检查各限位开关位置是否恰当；
5.1.6 封检修工作票，电工负责送电，撤去隔离和警示牌；
5.1.7 对上述所有检查内容确认正常后试车。

5.2 试车

5.2.1 空载试车

5.2.1.1 试车必须在本规程 5.1 各项检查完成后进行；
5.2.1.2 通电通气后，夹紧夹送辊按生产品种调整两辊之间间隙；
5.2.1.3 空载连续试车前，必须进行三次点动，检查电机转向及各连接部位有无异常；
5.2.1.4 空载连续运行，检查各传动部位有无异响、异常振动及电流异常波动；
5.2.1.5 空载试车检查各气缸接头、气路有无泄漏，并消除漏点；
5.2.1.6 空载试车检查各接近开关位置是否合适，并调整；
5.2.1.7 空载试车时间不少于 0.5h。

5.2.2 负载试车

5.2.2.1 修复空载试车过程中出现的故障和缺陷；
5.2.2.2 按工艺要求进行调速；
5.2.2.3 大车、小车没有卡顿现象；
5.2.2.4 负载试车时间不少于 72h。

5.3 验收

5.3.1 交接验收必须具备下列条件：

5.3.1.1 检修现场按照文明施工的要求，做到工完、料尽、场地清；

5.3.1.2 达到规定的试车时间，运行状况良好；

5.3.2 检修记录、试车记录等齐全、准确；

5.3.3 检修质量按本规程 4.3.2 规定的质量标准进行验收；

5.3.4 设备技术状态达到完好标准；

5.3.5 按规定办理交接验收手续，交付生产使用。

6 维护与故障处理

6.1 日常维护

6.1.1 维护内容

6.1.1.1 检查各润滑部位的工作情况；

6.1.1.2 检查各紧固件有无松动，松动的紧固；

6.1.1.3 检查轴承是否有异响、异常振动，并消除异常；

6.1.1.4 检查气路有无漏气，并消除漏气点；

6.1.1.5 检查无杆气缸运行是否卡顿，达不到工艺要求速度的更换；

6.1.1.6 检查夹送辊间隙是否均匀，不均匀的调整。

6.1.2 维护时间

6.1.2.1 操作人员按《操作规程》要求进行巡检；

6.1.2.2 保全工每天巡回检查不少于 2 次。

6.2 常见功能故障与处理方法

腈纶丝束装箱机（SA150）常见功能故障与处理方法见表 6。

表 6 腈纶丝束装箱机（SA150）常见功能故障与处理方法

序号	功能	功能故障	故障模式	故障后果	故障应对策略与检修内容	检修周期 / 月
1	保障丝束输送入丝束箱	电气系统故障	安全限位坏	装箱机启动不了	联系电气检修	12
			夹丝辊电机跳电	夹送辊不转	更换电机调整联轴节间隙	36
		传动组件故障	同步皮带断或脱落或磨损	夹送辊不转	更换同步皮带	1
			传动齿轮坏	夹送辊不转	更换传动齿	12

表 6 腈纶丝束装箱机（SA150）常见功能故障与处理方法（续）

序号	功能	功能故障	故障模式	故障后果	故障应对策略与检修内容	检修周期／月
1	保障丝束输送入丝束箱	夹送辊速度达不到工艺要求	夹送辊未合到位或两辊之间间隙太大	丝束所受摩擦力不足	调整使辊压紧，并按生产品种，调节两辊间隙	视情况而定
			丝束叠压凌乱、堆丝太多拉不动	丝束打滑、机架抖动	重新引头或捋顺丝束	视情况而定
			气压不足	夹送辊夹持力不足	调整气压到0.4～0.6MPa	视情况而定
			可调节流阀关闭	小车无驱动力	打开调节节流阀	视情况而定
2	保障丝束铺入丝束箱	横向铺丝达不到要求的循环速度	气压过低	小车驱动力不足	消除气路漏点	视情况而定
			气路有漏点	小车驱动力不足	消除气路漏点	视情况而定
			无杆气缸损坏	小车卡涩或运行缓慢	更换无杆气缸	8
3	保障丝束铺入丝束箱	纵向铺丝达不到要求循环速度	减速箱坏	大车不运行	检修减速箱，消除故障	36
			传动机构坏	大车不运行	更换传动机构损坏件	3
			滚轮轴承坏，机架倾斜	机架与轨道摩擦	更换滚轮轴承	12
			大车电机损坏	大车不运行	更换电机	36

附 录 A
（资料性附录）
腈纶丝束装箱机（SA150）检修质量控制确认表

mm

项目		主要控制内容			等级	施工单位	生产装置	设备管理部门	备注
		标准值	部位	现场记录					
拆卸时检测									
导轨	机架（导轨）水平度	＜0.5/1000	导轨		B	★	★		
	机架（导轨）平行度	±1.0	导轨		B	★	★		
	传动链轮平行度	＜0.5	链轮侧面		B	★	★		
夹送辊	夹送辊	光洁无毛刺	夹送辊表面		C	★			
	夹送辊间距	1.0～3.0	两辊之间		B	★	★		
	夹紧气缸	无漏气	气缸		C	★			
传动箱	齿轮箱体内	清洁	箱体内部		C	★			
	齿轮端面平行度	＜0.5	两齿轮端面		C	★			
	齿轮磨损	＜20%	齿厚		C	★			
	两齿啮合侧隙	0.10～0.15	齿轮啮合面		B	★	★		
	轴承轴向窜量	0.10～0.15	轴承压盖与轴承之间		B	★	★		
	齿间润滑	良好	齿轮表面		C	★			
无杆气缸	无杆气缸	无卡涩	气缸滑块		C	★			
	导杆平行度	＜0.50/1000	两导杆		B	★	★		
	导丝轮	转动灵活无卡涩	导丝轮轴承		C	★			
	气管	无磨损漏气	气管		C	★			
	气管接头	无漏气	连接处		C	★			

腈纶丝束装箱机（SA150）检修质量控制确认表（续）

项目 标准值		主要控制内容			等级	施工单位	生产装置	设备管理部门	备注
		部位	现场记录						
回装时检测									
导轨	机架（导轨）水平度	＜0.5/1000	导轨		B	★	★		
	机架（导轨）平行度	±1.0	导轨		B	★	★		
	传动链轮平行度	＜0.5	链轮侧面		B	★	★		
夹送辊	夹送辊	光洁无毛刺	夹送辊表面		C	★			
	夹送辊间距	1.0～3.0	两辊之间		B	★	★		
	夹紧气缸	无漏气	气缸		C	★			
传动箱	齿轮箱体内	清洁	箱体内部		C	★			
	齿轮端面平行度	＜0.5	两齿轮端面		C	★			
	齿轮磨损	＜20%	齿厚		B	★	★		
	两齿啮合侧隙	0.10～0.15	齿轮啮合面		B	★	★		
	轴承轴向窜量	0.10～0.15	轴承压盖与轴承之间		C	★			
无杆气缸	齿间润滑	良好	齿轮表面		C	★			
	无杆气缸	无卡涩	气缸滑块		B	★	★		
	导杆平行度	＜0.50/1000	两导杆		C	★			
	导丝轮	转动灵活无卡涩	导丝轮轴承		C	★			
	气管	无磨损漏气	气管		C	★			
	气管接头	无漏气	连接处						

注： A级：施工单位、生产装置、设备管理部门专业人员检查确认后签字。

B级：施工单位和生产装置专业人员检查确认后签字。

C级：施工单位专业人员检查确认后签字。

另：如果有监理，监理的职责由甲方授权。

附　录　B

（资料性附录）

腈纶丝束装箱机（SA150）试车与验收数据记录表

<table>
<tr><td colspan="2">设备名称</td><td colspan="2"></td><td>位号</td><td></td><td>工作介质</td><td></td></tr>
<tr><td colspan="2">驱动机种类</td><td colspan="2"></td><td>转速</td><td>r/min</td><td>试车介质</td><td></td></tr>
<tr><td colspan="2">试车类别</td><td colspan="2">□空负荷□负荷</td><td>环境温度</td><td>℃</td><td rowspan="2">试车日期</td><td rowspan="2"></td></tr>
<tr><td colspan="2">连续运转时间</td><td colspan="2">h</td><td>启动电流</td><td>A</td></tr>
<tr><td colspan="3">检查项目</td><td rowspan="2">设计值／允许值</td><td colspan="4">实测值</td></tr>
<tr><td colspan="3">运行记录时刻</td><td></td><td></td><td></td><td></td></tr>
<tr><td></td><td colspan="2"></td><td></td><td></td><td></td><td></td><td></td></tr>
<tr><td></td><td colspan="2"></td><td></td><td></td><td></td><td></td><td></td></tr>
<tr><td></td><td colspan="2"></td><td></td><td></td><td></td><td></td><td></td></tr>
<tr><td></td><td colspan="2"></td><td></td><td></td><td></td><td></td><td></td></tr>
<tr><td></td><td colspan="2"></td><td></td><td></td><td></td><td></td><td></td></tr>
<tr><td></td><td colspan="2"></td><td></td><td></td><td></td><td></td><td></td></tr>
<tr><td></td><td colspan="2"></td><td></td><td></td><td></td><td></td><td></td></tr>
<tr><td></td><td colspan="2"></td><td></td><td></td><td></td><td></td><td></td></tr>
<tr><td></td><td colspan="2"></td><td></td><td></td><td></td><td></td><td></td></tr>
<tr><td></td><td colspan="2"></td><td></td><td></td><td></td><td></td><td></td></tr>
<tr><td></td><td colspan="2"></td><td></td><td></td><td></td><td></td><td></td></tr>
<tr><td></td><td colspan="2"></td><td></td><td></td><td></td><td></td><td></td></tr>
<tr><td colspan="8">试车情况：</td></tr>
<tr><td colspan="8">试车结论：</td></tr>
<tr><td rowspan="3">验收意见</td><td colspan="7">生产装置：</td></tr>
<tr><td colspan="7">施工单位：</td></tr>
<tr><td colspan="7">管理部门：</td></tr>
<tr><td colspan="8">说明：生产装置组织单机试车与验收，其中主要设备由设备管理部门参与验收，其余均由生产装置、施工单位双方共同验收。</td></tr>
</table>

12. 切试 1 型切断机维护检修规程

SHS 04125—2019

代替 SHS 04125—2004

目　次

前　　言

本规程按照 GB/T 1.1—2009《标准化工作导则　第 1 部分：标准的结构和编写》给出的规则起草。

本规程代替 SHS 04125—2004《切试 1 型切断机维护检修规程》，与 SHS 04125—2004 相比，除了编辑性修改外主要技术变化如下：

——增加了规范性引用文件；

——细化了拆卸与检测、回装与质量标准；

——常见功能故障与处理部分按 RCM 分析方法重新编制；

——增加“附录 A　切断机检修质量控制确认表”；

——增加“附录 B　切断机试车与验收数据记录表”。

本规程由中国石油化工集团有限公司、中国石油化工股份有限公司提出。

本规程起草单位：中国石化上海石油化工股份有限公司。

本规程主要起草人：章英。

本规程历次版本发布情况：

——SHS 04125—1992、SHS 04125—2004。

切试 1 型切断机维护检修规程

1 范围

1.1 主题内容

本规程规定了切试 1 型切断机维护检修周期与内容、检修程序与质量标准、试车与验收，维护与故障处理。

1.2 适用范围

本规程适用于切试 1 型切断机及所附 VD815 型张力架、VD817C 型捕结器、S701AL 型曳引机的维护与检修。

2 规范性引用文件

下列文件中的条款通过本规程的引用而成为本规程的条款。凡是注日期的引用文件，其随后所有的修改单（不包括勘误的内容）或修订版均不适用于本规程，然而，鼓励根据本规程达成协议的各方研究是否可使用这些文件的最新版本。凡是不注日期的引用文件，其最新版本适用于本规程。

GB/T 15753　圆弧圆柱齿轮精度

JB/ZQ 4000.9　装配通用技术条件

FZ/T 99014　纺织机械电气设备　通用技术条件

FZ/T 90074　纺织机械产品涂装

SH/T 3503　石油化工建设工程项目交工技术文件规定

ZBJ 19004　圆柱齿轮减速器

JIS B 1704　伞齿轮的精度

切试 1 型切断机及所附张力架、捕结器、曳引机的产品说明书

3 检修周期与内容

3.1 检修周期

根据切试 1 型切断机及所附张力架、捕结器、曳引机等系统功能故障及影响分析的结果，并结合生产装置运行周期，确定设备检修周期，一般为 36 个月。

3.2 检修项目

3.2.1 拆检减速机，联轴器同轴度检查、调整；
3.2.2 检查导丝架、导丝圈及梳毛板，更换磨损件；
3.2.3 检查调整张力架缓冲机构及限位；
3.2.4 检查曳引机导辊、齿轮，检查清洗汽缸及气动三元件；
3.2.5 检查切断机的传动机构、刀盘部件及压轮导丝部件；
3.2.6 检查捕结机构的捕结环、导丝环，更换磨损件；
3.2.7 检查张力架滑轮组件、链条组件、缓冲座、导丝辊及限位开关，解体导丝辊，更换失效件；
3.2.8 检查机架、传动箱腐蚀情况，视检查情况进行修补、加固、更换；
3.2.9 保养或更换电机，更换失效电缆线，清扫控制柜，检修或更新变频器；
3.2.10 检修手控阀，更换压力表；
3.2.11 检查、修补基础；
3.2.12 整机全面做防腐处理。

4 检修程序与质量要求

4.1 检修前准备

4.1.1 根据设备运行技术状态和监测记录，分析故障原因，明确故障部位；
4.1.2 准备必要的图纸资料，编制检修计划；
4.1.3 制定施工方案，明确技术要求，图、表齐全，符合设备安全、环保要求；
4.1.4 施工前组织施工人员进行技术交底，将方案内容、技术、质量等要求交代清楚；
4.1.5 准备检修工器具、清洗剂和润滑油（脂）等；
4.1.6 落实安全防护措施与环保要求：
4.1.6.1 办理好各类进场检修施工手续；
4.1.6.2 检修前切断机台电源等，并且挂安全警示牌；
4.1.6.3 停车检修前需确认工艺处置是否满足检修要求；
4.1.6.4 备好相应物料收集桶，避免环境污染；
4.1.6.5 检修人员个人防护必须符合劳保着装规定要求，施工器具验收合格，并落实施工监护人；
4.1.6.6 现场设置施工作业管理牌，落实好文明检修相关准备要求。

4.2 拆卸与检测

4.2.1 切断机

4.2.1.1 安装起重葫芦；

4.2.1.2 拆卸齿轮箱端盖，吊出齿轮轴解体检查；
4.2.1.3 拆卸减速箱、刀盘组件，解体清洗，更换损坏零件；
4.2.1.4 拆卸压轮，解体检查；
4.2.1.5 导丝盘、导丝轮解体清洗、检查，更换磨损件。

4.2.2 捕结器

4.2.2.1 拆卸导丝辊及滚筒，解体清洗并检查轴承是否松动，松动则更换；
4.2.2.2 检查导丝辊及滚筒轴是否弯曲，进行相应校正或更换，检查滚筒表面质量，毛糙则更换；
4.2.2.3 拆卸导丝环、捕结圈，检查表面磨损情况，磨损则更换。

4.2.3 张力架

4.2.3.1 拆卸滚筒，拆连接螺母将整只滚筒取下；
4.2.3.2 拆卸滑动轮架连接螺栓，将滑轮取下；
4.2.3.3 拆卸缓冲装置，取下该组件，解体检查；
4.2.3.4 拆卸链条链轮组件，解体检查；
4.2.3.5 拆卸所有轴承进行清洗，检查是否松动，松动则更换；
4.2.3.6 清洗链条，检查有无异常磨损，磨损超出质量标准则更换；
4.2.3.7 清洗滑道、滑轮。

4.2.4 曳引机

4.2.4.1 拆放油塞，用容器盛油，放尽油箱中润滑油；
4.2.4.2 打开侧盖及轴承盖；
4.2.4.3 拆卸压辊，并视情况调换；
4.2.4.4 拆卸导辊及齿轮，解体检查并清洗各零部件，更换失效件；
4.2.4.5 清洗油箱，清洁油位计。

4.3 回装与质量标准

4.3.1 回装程序与要求

4.3.1.1 切断机

a）减速箱组装后复位；

b）齿轮箱零部件组装并复位安装；

c）导丝盘、导丝轮组装复位，刀盘回装；

d）机件油漆。

4.3.1.2 捕结器

a）用水平尺检查机架水平垂直加工面是否水平，以垂直水平为准，若完好则复紧地脚螺栓，不符合要求时松地脚螺栓，按照水平要求调整垫铁位置，达到要求后紧定地脚螺栓；

b) 装配滚筒，加润滑脂，确保回转灵活；

c) 将滚筒轴安装在机架垂直面上，复查滚筒水平度及跳动；

d) 装好捕结圈及导丝环；

e) 电气接线时要对接近限位完好情况进行检查，并检查铃及指示灯停车时是否起作用，调节捕结圈限位碰铁与接近限位的距离；

f) 机架外表面盖绿漆一层；

g) 自查全机，配件齐全完好，滚筒回转灵活，接近限位灵敏可靠。

4.3.1.3 张力架

a) 将辊轴与轴承进行套装，注意轴承套装时应用管套敲出内圈，保护轴承不受损伤，轴承加油适量，牛油压进滚珠间，弹簧挡圈要安装到位，轴承螺栓要紧好，手动辊转动灵活；

b) 导轨擦锈，上下全程擦干净，并用清漆防锈；

c) 平导轨轴，用水平尺在导轨轴居中 90° 方向看垂直水平，校正底板斜垫铁达到要求后紧固地脚螺栓；

d) 滑动架及链条链轮复位安装，回装滑动滚筒及平衡重锤，缓冲装置复位安装；

e) 检查全机部件齐全，导丝架完好，螺丝紧固，手动运动件回转灵活；

f) 机件油漆。

4.3.1.4 曳引机

a) 检查机架水平度，用水平尺在机架纵横方向看水平，调整机底垫铁达到水平，符合要求后紧固地脚螺栓；

b) 压辊复位安装，检查压辊轴挂脚与气动轴是否垂直，如弯由则要进行校正；

c) 装配导辊及齿轮，逐件安装就位，安装轴承时要求内圈与轴紧配，用套筒工具轻击轴承内圈，使其均匀套装在轴上；

d) 各轴承盖接触面应揩净，密接部分可均匀涂密封胶一层，压紧后可防止油泄漏；

e) 辊轴装配好后应动手观察，旋转是否灵活，若不灵活，检查压盖是否过紧，稍松螺钉，再次回转，若灵活，确认压盖过紧，即拆下压盖，在接触面加青壳纸垫片再行压紧，拧螺钉时要确保压盖均匀受力，防止单面紧造成泄漏；

f) 油箱加油，油量控制为油箱的 1/2 ～ 2/3；

g) 点动电动机，查转向是否正确，如为反转则应调接线端子，再点动，方向正确，才能慢速试车，然后逐步增速；

h) 机件油漆。

4.3.2 检修质量标准

4.3.2.1 切断机检修质量标准见表 1。

表 1　切断机检修质量标准

mm

序号	检修项目	质量标准	停产大修
1	机架水平度	≤ 0.10/1000	水平仪
2	机台与丝束中心线偏差	≤ 0.50	吊线锤以刀口线为准
3	立式齿轮箱 （1）齿轮、轴承 （2）83T 齿轮轴窜动 （3）23T 齿轮轴窜动 （4）动、静密封 （5）动密封泄漏 （6）齿轮磨损率 （7）83T 齿轮轴（主动）径向跳动 （8）箱体内 （9）视镜 （10）油标油位	 无异响 ≤ 0.02 ≤ 0.05 无明显泄漏 ＜ 2 滴 /min ≤ 0.02% ≤ 0.02 清洁 清晰 1/2 ～ 3/5	 （1）手感、耳听 （2）百分表测 （3）百分表测 （4）目测 （5）目测 （6）以齿顶厚度为准，钢尺测量 （7）百分表测轴下端 （8）手感、目测 （9）目测 （10）目测（停车时为准）
4	刀盘组合件 （1）刀盘组合件端面跳动 （2）上下刀盘装刀槽 （3）上下刀盘间距偏差	 ≤ 0.05 合适 无位移	 （1）百分表测上、下刀盘端面 （2）以刀片插进为准 （3）游标卡尺测量
5	压轮导丝部件 压轮导丝垂直度 压轮外径 （3）压轮传动 （4）压轮与刀口间距 （5）压轮与上下刀盘间隙均匀度 （6）调幅轮 （7）导丝辊托架水平度 （8）导丝辊 （9）导丝辊转动 （10）导丝圈	 ≤ 0.05/1000 光滑 灵活 3 ～ 5 ≤ 0.50 光滑 ≤ 0.20/1000 光滑 灵活 光滑	 （1）框式水平仪量压轮上端面 （2）目测 （3）手盘 （4）直尺量 （5）测微片测 （6）手感 （7）水平仪 （8）手感 （9）手盘 （10）手感
6	上、下落丝斗	光滑或破损	手感、目测
7	有机玻璃视罩	清晰	目测
8	齿轮减速箱 （1）箱体机架水平度 （2）箱体内部 （3）减速箱装配 （4）齿轮侧面 （5）齿轮磨损率	 ≤ 0.10/1000 清洁 转动灵活、无振动异响 平齐 ≤ 0.20%	 （1）水平仪 （2）目测 （3）手检、耳听 （4）直尺、测微片量 （5）接齿顶厚度为准，尺量

表 1　切断机检修质量标准（续）

序号	检修项目	质量标准	停产大修
8	（6）齿轮啮合间隙 （7）轴向窜动 （8）视镜 （9）动、静密封 （10）油位	合度 0.10 ～ 0.15 清晰 无泄漏 1/2 ～ 3/5	（6）目测 （7）手动及百分表测 （8）目测 （9）目测 （10）目测（停车时为准）
9	联轴器 （1）同轴度 （2）二端面平行度 （3）端面间隙 （4）与轴配合 （5）弹性圈 （6）销子螺栓	 ≤ 0.15 ≤ 0.10 0.5 ～ 1 K6 完好 紧固	 （1）百分表及测微片测 （2）测微片测 （3）测微片测 （4）游标卡尺测量 （5）手感、目测 （6）扳手复紧
10	皮带轮侧面平齐	≤ 0.50	拉线或直尺
11	键与键槽 （1）键与键槽顶隙 （2）键与键槽二侧紧力	 0.10 ～ 0.25 U8	 塞尺 游标卡尺测量
12	其他 （1）机件 （2）紧固件 （3）螺钉不满扣或超长 （4）安全罩 （5）设备机台	 齐全 齐全、紧固 超出螺母 1 ～ 3 牙 齐全、无碰擦 整洁，油漆光滑完整	 （1）目测 （2）目测、扳手复紧 （3）目测 （4）目测 （5）目测

4.3.2.2　捕结器检修质量标准见表 2。

表 2　捕结器检修质量标准

mm

序号	检验项目	质量标准	检验方法
1	机架部分 （1）机架水平度 （2）机架垂直度 （3）导丝筒与丝束中心线垂	 ≤ 0.1/1000 ≤ 0.1/1000 ±0.5	 （1）水平仪 （2）框式水平仪 （3）吊线锤对地面中心线
2	导丝辊 （1）辊筒轴 （2）转动 （3）表面 （4）径向跳动	 完好 灵活 光洁 ≤ 0.15	 （1）目测 （2）手感、目测 （3）手感 （4）百分表测

表 2　捕结器检修质量标准（续）

序号	检验项目	质量标准	检验方法
3	捕结圈 （1）配件 （2）与滚筒隔距 （3）接近限位	 齐全 15 ～ 20 有效	 （1）目测 （2）尺量 （3）手动、目测
4	摇臂 （1）配件 （2）滚筒转动	 完好 灵活	 （1）目测 （2）手动
5	其他 （1）导丝环安装 （2）机件 （3）螺钉不满扣或超长 （4）紧固件 （5）设备机台	 导丝环光滑，用轴肩螺钉紧固，避免勾丝 齐全 螺牙超出螺母 1 ～ 3 牙 完好 整洁、油漆光滑完整	 （1）目测 （2）目测 （3）目测 （4）扳手复紧 （5）目测

4.3.2.3　张力架检修质量标准见表 3。

表 3　张力架检修质量标准

mm

序号	检验项目	质量标准	检验方法
1	机架部分 （1）机架水平度 （2）机架垂直度 （3）滚筒中线与丝束中心线偏差	 ≤ 0.1/1000 ≤ 0.1/1000 ±1	 （1）水平仪 （2）框式水平仪 （3）用线锤检查
2	滑轮架 （1）润滑 （2）滑轮转动 （3）重锤	 良好 灵活 无缺损	 （1）目测 （2）手动、目测 （3）目测
3	滚筒 （1）转动 （2）表面 （3）轴	 灵活 无毛刺 完好	 （1）手动 （2）目测、手感 （3）目测
4	链条链轮 （1）装配侧面平齐 （2）链条磨损 （3）链条润滑 （4）链轮磨损	 ≤ 0.5 ≤ 1/100 良好 合度	 （1）拉线检查 （2）以拉直与压缩的比为准 （3）目测 （4）以齿尖为线
5	导轨轴	无锈蚀	目测

表 3　张力架检修质量标准（续）

序号	检验项目	质量标准	检验方法
6	缓冲机构，缓冲	完好、有效	手动检查
7	接近限位 （1）位置 （2）作用	 正确 灵敏	 手（碰铁）撤开（碰到限位）停车检查 手（碰铁）撤开（碰到限位）停车检查
8	其他 （1）机体 （2）紧固件 （3）螺钉不满扣或超长 （4）设备机台	 完好 完好 螺牙超出螺母 1 ～ 3 牙 整洁、油漆光滑完整	 （1）目测 （2）扳手复紧 （3）目测 （4）目测

4.3.2.4　曳引机检修质量标准见表 4。

表 4　曳引机检修质量标准

mm

序号	检验项目	质量标准	检验方法
1	箱体部分 （1）箱体纵横水平度 （2）箱体垂直度 （3）导辊中心与丝束中心线之差	 ≤ 0.1/1000 ≤ 0.1/1000 ±0.5	 （1）水平仪 （2）框式水平仪 （3）拉线检查
2	齿轮传动箱 （1）箱体内部 （2）传动箱装配 （3）齿轮侧面 （4）齿轮磨损率 （5）齿轮啮合间隙 （6）轴向窜动 （7）油位 （8）视镜 （9）动、静密封	 清洁 转动灵活，无振动异响 平齐 ≤ 20% 合度 0.10 ～ 0.15 1/2 ～ 3/5 清晰 无明显泄漏	 （1）取样检查 （2）手动、耳听 （3）直尺、测微片测 （4）按齿顶厚度为准，尺量 （5）测微片测或铅压法 （6）手动及百分表测 （7）目测（停车时为准） （8）目测 （9）目测
3	导辊与压辊 （1）导辊表面 （2）压辊表面 （3）上下二辊接触 （4）导辊齿轮键与键槽配合的顶隙 （5）键与键槽二侧紧力	 光洁，无毛刺 平整 均匀 10 ～ 0.25 U8	 （1）目测、手感 （2）目测 （3）目测 （4）塞尺 （5）塞尺

表 4　曳引机检修质量标准（续）

序号	检验项目	质量标准	检验方法
4	联轴器 （1）同轴度 （2）二端面平行度 （3）端面间隙 （4）与轴配合 （5）弹性圈 （6）销子、螺钉	 ≤ 0.15 ≤ 0.10 0.5 ～ 1 K6 完好 完好、紧固	 （1）百分表及测微片测 （2）测微片测 （3）测微片测 （4）游标卡尺测量 （5）手感、目测 （6）扳手复紧
5	气动三元件 （1）气缸动作 （2）过滤器 （3）油雾器 （4）调压阀 （5）手控阀动作 （6）油雾器油量 （7）油雾器滴油	 灵活 无明显堵塞、清洁 清洁 灵活 灵活 1/2 ～ 2/3 1 ～ 2 滴 / 次	 （1）通气观察动作 （2）目测 （3）目测 （4）手动调节指示正确 （5）手动观察 （6）目测 （7）气缸通气试验
6	其他 （1）机体 （2）紧固件 （3）螺钉不满扣或超长 （4）设备机台	 完好 完好 螺牙超出螺母 1 ～ 3 牙 整洁、油漆光滑完整	 （1）目测 （2）扳手复紧 （3）目测 （4）目测

5　试车与验收

5.1　试车前准备

5.1.1　全面检查紧固件的连接和传动件的结合情况，在脱离负载的条件下，校对电机转向；

5.1.2　检查各油标的油位和润滑脂添加情况；

5.1.3　全面检查电气、仪表；

5.1.4　检查各安全装置是否齐全、有效；

5.1.5　对上述所有检查内容确认正常后试车。

5.2　试车

5.2.1　空载试车

5.2.1.1　试车前检查所有发现的问题应全部整改完毕，检修记录应完整无缺；

5.2.1.2　在试车中应将所发现的机械问题做好记录，必要时应立即整修，整修好后再继续试车；

5.2.1.3 空载试车不低于 0.5h。

5.2.2 负载试车

5.2.2.1 空载试车时所发现的问题应全部整修完毕，使设备具备良好的机械状态，空载试车记录应完整无缺；

5.2.2.2 在试车中应将所发现的各种问题做好记录，必要时应立即整改，整改后再继续试车，达到切断长度正常、运转平稳等工艺要求；

5.2.2.3 试车时间为 72h。

5.3 验收

5.3.1 验收时必须具备下列条件：

5.3.1.1 达到规定的试车时间，运行状态良好；

5.3.1.2 检修技术资料、检修记录、试车记录准确齐全；

5.3.2 检修质量达到本规程 4.3.2 规定的检修质量标准的要求；

5.3.3 设备技术状态到达设备完好标准的要求；

5.3.4 按规定办理交接验收手续。

6 维护与故障处理

6.1 日常维护

6.1.1 维护内容

6.1.1.1 减速箱振动、异响情况及联轴器同轴度检查、调整；

6.1.1.2 张力架缓冲机构及限位检查；

6.1.1.3 曳引机的压辊、导辊等及捕结器的导丝辊、捕结圈等转动情况及表面光洁度检查；

6.1.1.4 切断机的传动机构及切断刀检查；

6.1.1.5 以上项目如检查出问题则视情况维护；

6.1.1.6 运保人员应保证机台在润滑、无缺油情况下运转，当机台出现故障时应及时处理，严禁机台带病运转；

6.1.1.7 机台润滑参照《设备润滑管理手册》相关要求。

6.1.2 维护时间

6.1.2.1 操作工按照操作规程对设备进行巡检；

6.1.2.2 运保人员每天巡回检查不少于 2 次；

6.2 常见功能故障与处理方法

切试 1 型切断机常见功能故障与处理方法见表 5。

表 5 切试 1 型切断机常见功能故障与处理方法

序号	功能	功能故障	故障模式	故障后果	故障应对策略与检修内容	检修周期／月
1	保证切断短纤维产品质量	丝束切断产生倍长、超长、超短	丝束张力不匀	产品质量不达标	调整丝束张力	视情况而定
			切断刀刃和压轮外周的间隙不适当		调整压轮间隙	视情况而定
			丝束跑偏		调整导丝辊使丝束居中	视情况而定
			切断刀盘与压轮的上下间隙出现偏差，产生尾巴丝		调整刀盘与压轮的上下间隙	视情况而定
			切断刀刀钝或断裂		检查更换切断刀	视情况而定
2	保证切断机平稳运行	压轮部位发生振动	压轮的轴、轴承磨损损坏	影响产品质量	更换压轮轴、轴承	视情况而定
			压轮的压力不达标		调整压力达到要求	视情况而定
			丝束引入时结头过大		重新打结并引入	视情况而定
			切断刀刀钝或断裂		检查更换切断刀	视情况而定
			刀盘与压轮相接触		调整两者间隙	视情况而定
			压辊轴缠上废丝		清除废丝	视情况而定
		切断机启动困难	减速器卡阻	运行不平稳或停机	检查或更换减速器	12 ～ 24
			电机不转		检查或更换电机	36 ～ 48
			电气控制变频器坏		检查变频器	视情况而定
			丝束引入时节头过大		重新打结并引入	视情况而定
			压轮在后面退到终端位置上		使压轮前进	视情况而定
3	保证机组连续运转	张力架、曳引机等运行不平稳	辊轴承损坏	运行不平稳或跳砸	更换轴承	36 ～ 48
			链条太松或过紧	链条噪声过大或链条抖动	调节链条	视情况而定
			机架固定螺栓松动	机架抖动	紧固螺栓	视情况而定

表 5　切试 1 型切断机常见功能故障与处理方法（续）

序号	功能	功能故障	故障模式	故障后果	故障应对策略与检修内容	检修周期／月
3	保证机组连续运转	减速机故障	联轴器磨损	减速机振动大	更换磨损件或重新对中	视情况而定
			齿轮磨损		更换配件	36～48
			轴承磨损		更换轴承	36～48
			润滑油不足	减速机温度过高	补油	视情况而定
			超负荷		查找超负荷原因并处理	视情况而定

附　录　A
（资料性附录）
切试 1 型切断机检修质量控制确认表

项目	主要控制内容			等级	施工单位	生产装置	设备管理部门	备注
	标准值	部位	现场记录					
拆卸时检测								
刀盘结合件端面跳动值	≤ 0.05mm	刀盘端面		B	★	★		
压轮与上下刀盘间隙均匀度	≤ 0.50mm	压轮与刀盘		B	★	★		
切断机联轴器同轴度及端面平行度	同轴度≤ 0.15mm；平行度≤ 0.10mm；	联轴器		B	★	★		
齿轮轴窜动	轴窜动 0.10 ～ 0.15mm	齿轮轴		B	★	★		
曳引机导辊中心与丝束中心线之差	±0.5mm	导辊中心		B	★	★		
捕结器导丝辊径向跳动	≤ 0.15mm	导丝辊		B	★	★		
张力架滚筒中线与丝束中心线偏差	±1mm	滚筒中线		B	★	★		
回装时检测								
刀盘结合件端面跳动值	≤ 0.05mm	刀盘端面		B	★	★		
压轮与上下刀盘间隙均匀度	≤ 0.50mm	压轮与刀盘		B	★	★		
切断机联轴器同轴度及端面平行度	同轴度≤ 0.15mm；平行度≤ 0.10mm；	联轴器		B	★	★		
齿轮轴窜动	轴窜动≤ 0.10 ～ 0.15mm；	齿轮轴		B	★	★		
曳引机导辊中心与丝束中心线之差	±0.5mm	导辊中心		B	★	★		
捕结器导丝辊径向跳动	≤ 0.15mm	导丝辊		B	★	★		
张力架滚筒中线与丝束中心线偏差	±1mm	滚筒中线		B	★	★		

注： A 级：施工单位、生产装置、设备管理部门专业人员检查确认后签字。
B 级：施工单位和生产装置专业人员检查确认后签字。
C 级：施工单位专业人员检查确认后签字。
另：如果有监理，监理的职责由甲方授权。

附　录　B

（资料性附录）

切试 1 型切断机试车与验收数据记录表

<table>
<tr><td>设备名称</td><td></td><td>位号</td><td></td><td>工作介质</td><td></td></tr>
<tr><td>驱动机种类</td><td></td><td>转速</td><td>r/min</td><td>试车介质</td><td></td></tr>
<tr><td>试车类别</td><td>□空负荷□负荷</td><td>环境温度</td><td>℃</td><td rowspan="2">试车日期</td><td rowspan="2"></td></tr>
<tr><td>连续运转时间</td><td>h</td><td>启动电流</td><td>A</td></tr>
</table>

<table>
<tr><td colspan="2">检查项目</td><td rowspan="2">设计值／允许值</td><td colspan="9">实测值</td></tr>
<tr><td colspan="2">运行记录时刻</td><td></td><td></td><td></td><td></td><td></td><td></td><td></td><td></td><td></td></tr>
<tr><td></td><td></td><td></td><td></td><td></td><td></td><td></td><td></td><td></td><td></td><td></td><td></td></tr>
<tr><td></td><td></td><td></td><td></td><td></td><td></td><td></td><td></td><td></td><td></td><td></td><td></td></tr>
<tr><td></td><td></td><td></td><td></td><td></td><td></td><td></td><td></td><td></td><td></td><td></td><td></td></tr>
<tr><td></td><td></td><td></td><td></td><td></td><td></td><td></td><td></td><td></td><td></td><td></td><td></td></tr>
<tr><td></td><td></td><td></td><td></td><td></td><td></td><td></td><td></td><td></td><td></td><td></td><td></td></tr>
<tr><td></td><td></td><td></td><td></td><td></td><td></td><td></td><td></td><td></td><td></td><td></td><td></td></tr>
<tr><td></td><td></td><td></td><td></td><td></td><td></td><td></td><td></td><td></td><td></td><td></td><td></td></tr>
<tr><td></td><td></td><td></td><td></td><td></td><td></td><td></td><td></td><td></td><td></td><td></td><td></td></tr>
<tr><td></td><td></td><td></td><td></td><td></td><td></td><td></td><td></td><td></td><td></td><td></td><td></td></tr>
<tr><td></td><td></td><td></td><td></td><td></td><td></td><td></td><td></td><td></td><td></td><td></td><td></td></tr>
<tr><td></td><td></td><td></td><td></td><td></td><td></td><td></td><td></td><td></td><td></td><td></td><td></td></tr>
<tr><td></td><td></td><td></td><td></td><td></td><td></td><td></td><td></td><td></td><td></td><td></td><td></td></tr>
</table>

<table>
<tr><td colspan="2">试车情况：</td></tr>
<tr><td colspan="2">试车结论：</td></tr>
<tr><td rowspan="3">验收意见</td><td>生产装置：</td></tr>
<tr><td>施工单位：</td></tr>
<tr><td>设备管理部门：</td></tr>
<tr><td colspan="2">说明：生产装置组织单机试车与验收，其中主要设备由设备管理部门参与验收，其余均由生产装置、施工单位双方共同验收。</td></tr>
</table>

13. 纺丝机维护检修规程

SHS 04301—2019

代替 SHS 04301—2004

目　次

前　　言

本规程按照GB/T 1.1—2009《标准化工作导则　第1部分：标准的结构和编写》给出的规则起草。

本规程代替SHS 04301—2004《纺丝机（川崎重工）维护检修规程》，与SHS 04301—2004相比，除了编辑性修改外，主要技术变化如下：

——增加了规范性引用文件；

——细化了拆卸与检测、回装与质量标准；

——常见功能故障与处理部分按RCM分析方法重新编制；

——增加“附录A　纺丝机检修质量控制确认表”；

——增加“附录B　纺丝机试车与验收数据记录表”。

本规程由中国石油化工集团有限公司、中国石油化工股份有限公司提出。

本规程起草单位：中国石化上海石油化工股份有限公司。

本规程主要起草人：刘长升、王玺。

本规程历次版本发布情况：

——SHS 04301—2004。

纺丝机维护检修规程

1 范围

1.1 主题内容与适用范围

1.1.1 主题内容

本规程规定了二步法腈纶转向纺丝机检修周期与内容、检修程序与质量标准、试车与验收、维护与故障处理方法。

1.1.2 适用范围

本规程适用于二步法腈纶转向纺丝机的维护与检修。

2 规范性引用文件

下列文件中的条款通过本规程的引用而成为本规程的条款。凡是注日期的引用文件，其随后所有的修改单（不包括勘误的内容）或修订版均不适用于本规程，然而，鼓励根据本规程达成协议的各方研究是否可使用这些文件的最新版本。凡是不注日期的引用文件，其最新版本适用于本规程。

GB/T 15753　圆弧圆柱齿轮精度

FZ/T 99014　纺织机械电气设备　通用技术条件

FZ/T 90074　纺织机械产品涂装

SN/T 3719.1　进出口纺织行业成套设备检验技术要求　第1部分：化纤设备

SH/T 3503　石油化工建设工程项目交工技术文件规定

FZ/T 92026　化纤纺丝计量泵

ZBJ 19004　圆柱齿轮减速器

纺丝机（川崎重工）安装标准及维护手册

3 检修周期与内容

3.1 检修周期

根据二步法腈纶转向纺丝机功能故障及影响分析的结果，并结合生产装置运行周期，确定设备检修周期，一般为36个月。

3.2 检修内容

3.2.1 检修纺丝机凝固浴总管进出口阀门、转子流量计；
3.2.2 检修纺丝机操作面板速度控制器、变频器等电气元件；
3.2.3 检修校验计量泵；
3.2.4 拆检计量泵传动系统；
3.2.5 拆检引出辊传动系统及引出辊组件；
3.2.6 拆检、清洗、组装烛形过滤器、计量泵出、入口管；
3.2.7 纺丝机机台校水平，踏脚板、扶手修复；
3.2.8 各浴槽重新校水平，并检查保温（冷）介质情况；
3.2.9 修复纺丝机下地面、各类穿楼管、基础；
3.2.10 更换全部润滑油（脂）；
3.2.11 防腐检修减速器、齿轮箱、管道支架等碳钢件。
3.2.12 检修电机、限位开关、控制系统等。
3.2.13 检修自控阀、气动元件、控制系统等。

4 检修程序与质量标准

4.1 检修前准备

4.1.1 根据设备运行技术状态和监测记录，分析故障原因，明确故障部位；
4.1.2 准备必要的图纸资料，编制检修计划；
4.1.3 制定施工方案，明确技术要求，图、表齐全，符合设备安全、环保要求；
4.1.4 施工前组织施工人员进行技术交底，将方案内容、技术、质量等要求交代清楚；
4.1.5 准备检修工器具、清洗剂和润滑油（脂）等；
4.1.6 落实安全防护措施与环保要求：
4.1.6.1 办理好各类进场检修施工手续；
4.1.6.2 检修前切断机台电源等，并且挂安全警示牌；
4.1.6.3 停车检修前需确认工艺处置是否满足检修要求；
4.1.6.4 备好相应物料收集桶，避免环境污染；
4.1.6.5 检修人员个人防护必须符合劳保着装规定要求，施工器具验收合格，并落实施工监护人；
4.1.6.6 现场设置施工作业管理牌，落实好文明检修相关准备要求。

4.2 拆装与检测

4.2.1 计量泵

4.2.1.1 拆卸、清洁计量泵附件；

4.2.1.2 拆卸计量泵紧固螺栓；

4.2.1.3 从泵座上拆下计量泵；

4.2.1.4 解体传动齿轮轴，清洗、检查传动齿轮、泵板传动轴、隔套、密封圈，更换失效件。

4.2.2 烛形过滤器

4.2.2.1 拆卸烛形过滤器，取出烛形过滤器过滤元件组；

4.2.2.2 解体滤芯，清洗检查各部件，更换密封圈及滤布网。

4.2.3 计量泵驱动电机、减速机、长轴

4.2.3.1 拆卸联轴器、驱动电机、减速机、长轴等；

4.2.3.2 解体减速器，检查齿轮、轴承、油封、传动轴等磨损情况。更换失效件。

4.2.4 引出辊

4.2.4.1 拆卸防缠尼龙刷、下导丝辊，清洗检查引出辊表面有无裂纹、毛刺及严重划痕，更换失效件；

4.2.4.2 拆卸上导丝辊传动罩壳、齿形皮带、齿形带轮、轴承，清洗检查，更换失效件；

4.2.4.3 解体上导丝辊，清洗检查导丝辊、轴承，导丝辊表面应无裂纹、毛刺及严重划痕，更换失效件。

4.2.5 传动齿轮箱

4.2.5.1 拆卸传动罩壳、齿轮马达、联轴器，清洗检查，更换失效件；

4.2.5.2 解体齿轮箱，清洗检查传动齿轮、轴承、油封、传动轴，更换失效件。

4.3 回装与质量标准

4.3.1 回装程序与要求

4.3.1.1 计量泵

a）计量泵组件回装；

b）计量泵复位，螺栓紧固；

c）计量泵附件复位。

4.3.1.2 烛形过滤器

a）烛形过滤器滤芯、过滤元件组装；

b）烛形过滤器入口侧螺帽紧固复位。

4.3.1.3 计量泵驱动电机、减速机、长轴

a）减速机装配复位，手盘灵活；

b）驱动电机、长轴、联轴器安装复位，检查联轴器的同轴度、平行度。

4.3.1.4 引出辊

a）引出辊组件装配；

b）引出辊传动罩壳、齿形皮带、齿形带轮等部件复位；

c）下导丝辊防绕尼龙刷子复位；

d）检查测量上、下导丝辊的径向圆跳动。

4.3.1.5 传动齿轮箱

a）传动齿轮箱的传动齿轮、轴承、油封、传动轴等组件装配复位；

b）传动齿轮箱的传动罩壳、齿轮马达、联轴器等传动部件复位，检查测量联轴器的同轴度、端面平行度；

c）机件防腐。

4.3.2 检修质量标准

4.3.2.1 机架部分

机架部分检修质量标准见表1。

表1 机架部分检修质量标准

mm

序号	检验项目	质量标准	检验方法
1	机架纵横向水平度	≤0.10/1000	平尺、水平尺
2	机架垂直度	＜0.10/1000	框式水平仪
3	各浴槽垂直度	＜0.50/1000	水平尺
4	各浴槽纵横向水平度	＜0.50/1000	框式水平仪
5	同侧两浴槽不平齐	＜0.50	拉线检查
6	导丝辊与丝束中心线偏差	＜0.50	吊线检查
7	机架地脚螺栓	紧固	手检
8	防腐层	完整、紧贴、有效	目测

4.3.2.2 计量泵

计量泵检修质量标准见表2。

表2 计量泵检修质量标准

mm

序号	检验项目	质量标准	检验方法
1	计量泵计量偏差	±5mL	校验台
2	离合器	摆动灵活	目测
3	计量泵转动状况	转动灵活无异响	目测、耳听

4.3.2.3 计量泵传动部分

计量泵传动检修质量标准见表3。

表 3　计量泵传动检修质量标准

mm

序号	检验项目	质量标准	检验方法
1	联轴器　同心度 两端面平行度	≤ 0.10 ≤ 0.10	百分表
2	油位视镜 油位	清晰 1/2 ～ 2/3（停车时）	目测 目测
3	油封	无明显泄漏	目测
4	直齿圆柱齿轮啮合接触面积率	沿齿高＞ 40% 沿齿宽＞ 50%	着色法
5	传动系统	转动灵活无异响	目测、耳听

4.3.2.4　上、下导丝辊传动部分

上、下导丝辊传动部分检修质量标准见表 4。

表 4　上、下导丝辊传动部分检修质量标准

mm

序号	检验项目	质量标准	检验方法
1	上导丝辊径向圆跳动	＜ 0.3	百分表
2	上下导丝辊平行度	＜ 0.3	百分表
3	上、下导丝辊	表面光洁、无毛刺、划痕	目测，手检
4	轴承	无明显松动 无明显磨损 润滑良好	目测、手检
5	齿形皮带	无明显磨损	目测
6	齿形皮带轮端面不平齐	＜ 0.50	直尺式拉线检查
7	齿轮联轴器　同心度 两端面平行度	≤ 0.10 ≤ 0.10	百分表
8	齿轮联轴器与轴配合	良好	安装时检查

4.3.2.5　传动齿轮箱

传动齿轮箱检修质量标准见表 5。

表 5　传动齿轮箱检修质量标准

mm

序号	检验项目	质量标准	检验方法
1	齿轮啮合接触面积率 /%	沿齿高＞ 40 沿齿宽＞ 50	着色法
2	齿轮啮合齿顶间隙	0.60 ～ 0.90	压铅法
3	齿轮啮合侧间隙	0.10 ～ 0.22	压铅法
4	静密封、动密封	无明显泄漏	目测
5	油位视镜 油位	清晰 1/2 ～ 2/3（停车时）	目测
6	传动系统	转动灵活无异响	目测、耳听

4.3.2.6 其他部分

其他部分检修质量标准见表 6。

表 6 其他部分检修质量标准

mm

序号	检验项目	质量标准	检验方法
1	过滤器组件	密封部件无明显泄漏，压力表反应灵敏	目测
2	浴槽、导丝架	无明显泄漏，配件齐全	目测
3	导丝辊	表面光洁、无毛刺	目测、手检
4	原液管道	畅通，无泄漏	目测
5	所有部件连接螺栓	紧固	手检
6	保温层、防腐层	紧贴完整有效	目测

4.3.2.7 齿轮减速器

齿轮减速器检修质量标准见表 7。

表 7 齿轮减速器检修质量标准

mm

序号	检验项目	质量标准	检验方法
1	箱体内部	清洁	取样检查
2	传动系统	转动灵活、无异响	手检、耳听
3	轴承	无明显松动 润滑良好	目检、手检 目测、油品检测
4	两齿轮端面平齐度	≤ 0.20	直尺加测微片
5	齿轮磨损率	20%（以齿顶厚为准）	游标卡尺
6	齿轮啮合侧隙	适度	目测、手检
7	轴向窜动 轴水平度 平行度	0.10 ～ 0.15 水平度≤ 0.04 平行度≤ 0.04	手动及百分表 百分表 百分表
8	油位视镜 油位	清晰 1/2 ～ 2/3（停车时）	目测
9	静密封、动密封	无明显泄漏	目测

5 试车与验收

5.1 试车前检查

5.1.1 检查确认检修质量符合质量标准，有书面质量验收记录；

5.1.2 检查确认各紧固件的连接和传动件的结合情况符合要求；

5.1.3 检查确认各润滑点油位和润滑油脂添加情况符合要求；

5.1.4 检查确认电气、仪表、气路、水路和管路完好、无泄漏、异常现象；
5.1.5 检查确认安全防护罩、防护栏和安全停车装置齐全完好；
5.1.6 对上述所有检查内容确认正常后试车。

5.2 试车

5.2.1 空载试车

5.2.1.1 空载试车必须在本规程 5.1 各项检查完成后进行；
5.2.1.2 试车前检查所有发现的问题应全部整改完毕，检修记录应完整无缺；
5.2.1.3 连续运行前，各电机必须进行瞬时点动，确认电机运行方向是否正确，观察和检查连接部位有无异常；
5.2.1.4 连续运行，检查各传动部位有无异响、异振、异常情况，电流有无明显波动；
5.2.1.5 空载试车：空载试车不小于 0.5h；

5.2.2 负载试车

5.2.2.1 消除空试过程中出现的故障和缺陷；
5.2.2.2 按工艺要求进行调速；
5.2.2.3 由操作人员引丝开车；
5.2.2.4 负载试车不得少于 72h。

5.3 验收

5.3.1 交接验收必须具备以下条件；
5.3.1.1 达到规定试车时间，运行状况良好；
5.3.1.2 检修记录、试车记录等技术资料齐全、准确；
5.3.2 检修质量按本规程 4.3.2 规定的检修质量标准进行验收；
5.3.3 设备技术状态达到完好标准；
5.3.4 按规定办理交接验收手续；
5.3.5 检修现场按照文明施工的要求，做到工完、料尽、场地清。

6 维护与故障处理

6.1 日常维护

6.1.1 维护内容

6.1.1.1 检查计量泵是否全部好用；
6.1.1.2 检查计量泵出、入口管接头是否泄漏；
6.1.1.3 检查烛形过滤器的过滤元件是否全部好用；

6.1.1.4　检查计量泵入口、出口压力表是否全部好用，接头处是否泄漏；
6.1.1.5　检查计量泵齿轮马达是否好用；
6.1.1.6　检查计量泵传动长轴轴承、齿轮、联轴器是否完好；
6.1.1.7　检查上、下导丝辊表面是否有伤痕，上、下导丝辊是否有缠丝，转动是否灵活，径向圆跳动是否符合要求；
6.1.1.8　检查上、下导丝辊传动系统是否有异常，如等径伞齿轮箱、减速器内轴承、齿轮等传动部件磨损情况和润滑情况，齿形联轴器、齿形皮带磨损及松紧度等；
6.1.1.9　检查导丝架、防缠辊刷子、绕丝探测杆是否有异常；
6.1.1.10　检查各紧固件是否松动和有缺陷；
6.1.1.11　检查各浴槽是否有渗漏现象；
6.1.1.12　检查、调整凝固浴中集束导杆组件；
6.1.1.13　清理各处毛丝、胶块、锈蚀；
6.1.1.14　以上项目如检查出问题则视情况维护。

6.1.2　维护时间

6.1.2.1　操作工按照操作规程对设备进行巡检；
6.1.2.2　运保人员每天巡回检查不少于 2 次。

6.2　常见功能故障与处理方法

二步法腈纶转向纺丝机常见功能故障与处理方法见表 8。

表 8　二步法腈纶转向纺丝机常见功能故障与处理方法

序号	功能	功能故障	故障模式	故障后果	故障应对策略与检修内容	故障周期／月
1	保证生产连续运行	纺丝上导丝辊缠丝	辊表面有划痕、毛刺	生产不连续运行	停下处理或更换	视情况而定
		纺丝下导丝辊缠丝	辊表面有划痕、毛刺	生产不连续运行	停下处理或更换	视情况而定
2	保证设备连续运转	传动系统不正常	引出辊轴承坏	上导丝辊不转	更换轴承检修	36 ～ 48
			齿形皮带与齿形带轮啮合不良或断裂		更换齿形皮带或齿形带轮	视情况而定
			联轴器、电机、减速器损坏		更换联轴器、电机、行星减速器	视情况而定
			轴承坏	影响丝束成型	更换轴承	36 ～ 48
			轴弯或轴磨损		更换轴	视情况而定

表 8　二步法腈纶转向纺丝机常见功能故障与处理方法（续）

序号	功能	功能故障	故障模式	故障后果	故障应对策略与检修内容	故障周期 / 月
2	保证设备连续运转	齿轮箱故障	轴承坏	齿轮箱温升高	更换轴承	36 ～ 48
			缺润滑油		补加润滑油	视情况而定
			油变质		更换润滑油	24
			轴承坏	齿轮箱振动大	更换轴承	36 ～ 48
			啮合不良		检修	视情况而定
			轴承安装间隙有误		重新调整间隙	视情况而定
			轴磨损		更换轴	视情况而定
			联轴器对中不良		重新找正	视情况而定
			油封坏	齿轮箱漏油	更换油封	24 ～ 36
			接合面密封不良		重新安装	视情况而定
			紧固件松动		紧固	视情况而定
		减速器故障	轴承磨损	减速机振动大、温度高	更换轴承	36 ～ 48
			润滑油不足		加润滑油	视情况而定
			部件磨损		更换配件	36 ～ 48
			超负荷		查找超负荷原因并处理	视情况而定
			振动大引起		按振动大处理方法	视情况而定
			对中不良		重新对中	视情况而定
		电气控制系统不正常	电机绝缘降低	电流过流跳车	检查电机	视情况而定
			速度调节不当		重新调整	视情况而定
			超负荷		查找超负荷原因并处理	视情况而定
3	设备无泄漏	泄漏故障	密封件老化损坏	排污超标	更换密封件	24 ～ 36
			紧固件松动		紧固	视情况而定

附 录 A
（资料性附录）
纺丝机检修质量控制确认表

项目	主要控制内容			等级	施工单位	生产装置	设备管理部门	备注
	标准值	部位	现场记录					
拆卸时检测								
上导丝辊径向圆跳动	＜0.3mm	上导丝辊两侧端部		B	★	★		
下导丝辊平行度	＜0.3mm	下导丝辊两侧端部		B	★	★		
回装时检测								
上导丝辊径向圆跳动	＜0.3mm	上导丝辊两侧端部		B	★	★		
下导丝辊平行度	＜0.3mm	下导丝辊两侧端部		B	★	★		
联轴器平行度	≤0.10mm	联轴器		B	★			
联轴器同轴度	≤0.10mm	联轴器		B	★			

注：A 级：施工单位、生产装置、设备管理部门专业人员检查确认后签字。
B 级：施工单位和生产装置专业人员检查确认后签字。
C 级：施工单位专业人员检查确认后签字。
另：如果有监理，监理的职责由甲方授权。

附 录 B
（资料性附录）
纺丝机试车与验收数据记录表

<table>
<tr><td>设备名称</td><td></td><td>位号</td><td></td><td>工作介质</td><td></td></tr>
<tr><td>驱动机种类</td><td></td><td>转速</td><td>r/min</td><td>试车介质</td><td></td></tr>
<tr><td>试车类别</td><td>□空负荷□负荷</td><td>环境温度</td><td>℃</td><td rowspan="2">试车日期</td><td rowspan="2"></td></tr>
<tr><td>连续运转时间</td><td>h</td><td>启动电流</td><td>A</td></tr>
</table>

<table>
<tr><td colspan="2">检查项目</td><td rowspan="2">设计值/允许值</td><td colspan="8">实测值</td></tr>
<tr><td colspan="2">运行记录时刻</td><td></td><td></td><td></td><td></td><td></td><td></td><td></td><td></td></tr>
<tr><td></td><td></td><td></td><td></td><td></td><td></td><td></td><td></td><td></td><td></td><td></td></tr>
<tr><td></td><td></td><td></td><td></td><td></td><td></td><td></td><td></td><td></td><td></td><td></td></tr>
<tr><td></td><td></td><td></td><td></td><td></td><td></td><td></td><td></td><td></td><td></td><td></td></tr>
<tr><td></td><td></td><td></td><td></td><td></td><td></td><td></td><td></td><td></td><td></td><td></td></tr>
<tr><td></td><td></td><td></td><td></td><td></td><td></td><td></td><td></td><td></td><td></td><td></td></tr>
<tr><td></td><td></td><td></td><td></td><td></td><td></td><td></td><td></td><td></td><td></td><td></td></tr>
<tr><td></td><td></td><td></td><td></td><td></td><td></td><td></td><td></td><td></td><td></td><td></td></tr>
<tr><td></td><td></td><td></td><td></td><td></td><td></td><td></td><td></td><td></td><td></td><td></td></tr>
<tr><td></td><td></td><td></td><td></td><td></td><td></td><td></td><td></td><td></td><td></td><td></td></tr>
<tr><td></td><td></td><td></td><td></td><td></td><td></td><td></td><td></td><td></td><td></td><td></td></tr>
<tr><td></td><td></td><td></td><td></td><td></td><td></td><td></td><td></td><td></td><td></td><td></td></tr>
<tr><td></td><td></td><td></td><td></td><td></td><td></td><td></td><td></td><td></td><td></td><td></td></tr>
</table>

<table>
<tr><td colspan="2">试车情况：</td></tr>
<tr><td colspan="2">试车结论：</td></tr>
<tr><td rowspan="3">验收意见</td><td>生产装置：</td></tr>
<tr><td>施工单位：</td></tr>
<tr><td>设备管理部门：</td></tr>
<tr><td colspan="2">说明：生产装置组织单机试车与验收，其中主要设备由设备管理部门参与验收，其余均由生产装置、施工单位双方共同验收。</td></tr>
</table>

14. 冷牵伸机（川崎重工）维护检修规程

SHS 04302—2019

代替 SHS 04302—2004

目　次

前　言

本规程按照GB/T 1.1—2009《标准化工作导则　第1部分：标准的结构和编写》给出的规则起草。

本规程代替SHS 04302—2004《冷牵伸机（川崎重工）维护检修规程》，与SHS 04302—2004相比，除了编辑性修改外，主要技术变化如下：

——增加了规范性引用文件；

——细化了拆卸与检测、回装与质量标准；

——调整了传动箱及传动系统拆装内容；

——删除了橡胶压辊、气缸拆装内容；

——常见功能故障与处理部分按RCM分析方法重新编制；

——增加附录A“冷牵伸机检修质量控制确认表”；

——增加附录B“冷牵伸机试车与验收数据记录表”。

本规程由中国石油化工集团有限公司、中国石油化工股份有限公司提出。

本规程起草单位：中国石化上海石油化工股份有限公司。

本规程主要起草人：章英。

本规程历次版本发布情况：

——SHS 04302—2004。

冷牵伸机（川崎重工）维护检修规程

1 范围

1.1 主题内容

本规程规定了冷牵伸机（川崎重工）检修周期与内容、检修程序与质量标准、试车与验收、维护与故障处理。

1.2 适用范围

本规程适用于日本川崎重工制造的二步法腈纶冷牵伸机的维护与检修。

2 规范性引用文件

下列文件中的条款通过本规程的引用而成为本规程的条款。凡是注日期的引用文件，其随后所有的修改单（不包括勘误的内容）或修订版均不适用于本规程，然而，鼓励根据本规程达成协议的各方研究是否可使用这些文件的最新版本。凡是不注日期的引用文件，其最新版本适用于本规程。

FZ/T 99014 纺织机械电气设备 通用技术条件

FZ/T 90074 纺织机械产品涂装

SN/T 3719.1 进出口纺织行业成套设备检验技术要求 第1部分：化纤设备

SH/T 3503 石油化工建设工程项目交工技术文件规定

JB/T 2982 摆线针轮减速机

ZBJ 19004 圆柱齿轮减速器

JIS B 1704 伞齿轮的精度

冷牵伸机（川崎重工）安装标准及维护手册

3 检修周期与内容

3.1 检修周期

根据日本川崎重工制造的二步法腈纶冷牵伸机系统功能故障及影响分析的结果，并结合生产装置运行周期，确定设备检修周期，一般为36个月。

3.2 检修项目

3.2.1 检查各牵伸辊表面是否有毛刺及表面磨损情况；
3.2.2 检查毛刷架是否齐全、完整；
3.2.3 检查刮水刷位置是否正常；
3.2.4 检查各处轴承的润滑及工作情况；
3.2.5 检查联轴器的对中和工作情况；
3.2.6 检查浴槽和各连接部位有无泄漏现象；
3.2.7 检查喷淋管的连接部位有无泄漏；
3.2.8 检查所有零部件的紧固螺栓有无松动现象；
3.2.9 拆检、清洗链条传动系统；
3.2.10 一组、二组、三组传动箱开箱检查牵伸辊轴、轴套、轴承等磨损情况，密封老化情况，更换失效件；
3.2.11 拆检、清洗减速器、齿轮箱等；
3.2.12 检查、清洗传动齿轮箱及注油系统；
3.2.13 检查、校正联轴器；
3.2.14 牵伸机机架校水平；
3.2.15 牵伸机浴槽校水平；
3.2.16 保养或更换电机，更换失效电缆线，清扫控制柜，检修或更新变频器；
3.2.17 整机全面做防腐蚀处理。

4 检修程序与质量标准

4.1 检修前准备

4.1.1 根据设备运行技术状态和监测记录，分析故障原因，明确故障部位；
4.1.2 准备必要的图纸资料，编制检修计划；
4.1.3 制定施工方案，明确技术要求，图、表齐全，符合设备安全、环保要求；
4.1.4 施工前组织施工人员进行技术交底，将方案内容、技术、质量等要求交代清楚；
4.1.5 准备检修工器具、清洗剂和润滑油（脂）等；
4.1.6 落实安全防护措施与环保要求：
4.1.6.1 办理好各类进场检修施工手续；
4.1.6.2 检修前切断机台电源等，并且挂安全警示牌；
4.1.6.3 停车检修前需确认工艺处置是否满足检修要求；
4.1.6.4 备好相应物料收集桶，避免环境污染；
4.1.6.5 检修人员个人防护必须符合劳保着装规定要求，施工器具验收合格，并落实施工监护人；

4.1.6.6 现场设置施工作业管理牌，落实好文明检修相关准备要求。

4.2 拆卸与检测

4.2.1 牵伸辊

4.2.1.1 拆卸牵伸辊的端盖；
4.2.1.2 松开锁紧螺母；
4.2.1.3 拆卸喷淋水管、缠辊检测器支架；
4.2.1.4 用专用液压拉马将牵伸辊拉下（包括轴套及密封组件），检查牵伸辊、轴套磨损情况及油封老化损坏情况，更换失效件。

4.2.2 传动箱

4.2.2.1 拆卸传动链安全罩、传动链、链轮、电磁离合器，清洗检查，更换失效件；
4.2.2.2 拆卸水槽墙板、水密封组件，更换失效件；
4.2.2.3 拆卸箱体上轴承端盖，打开传动箱上箱盖，检查轴承座上、下盖平面情况及传动箱大齿轮啮合情况；
4.2.2.4 用专用起重工具将上排轴吊至平地，检查上排轴前、后轴承磨损情况，检查并校正轴的直线度；
4.2.2.5 拆卸传动箱中箱盖，用专用起重工具吊至平地，检查轴承座上、下盖平面情况、下排传动大齿轮齿面情况；
4.2.2.6 用专用起重工具将下排轴吊至平地，检查下排轴前、后轴承磨损情况，检查并校正轴的直线度。

4.2.3 传动系统

4.2.3.1 拆卸传动系统联轴器安全罩，脱卸链条，检查链条、链轮磨损情况；
4.2.3.2 拆卸减速器输入、输出轴上联轴器，松开减速器地脚螺栓，用专用起重工具将减速器吊至平地，解体减速器并检查零部件磨损情况，则更换失效件；
4.2.3.3 拆卸齿轮箱输入、输出轴上联轴器，松开齿轮箱地脚螺栓，用专用起重工具将齿轮箱吊至平地，解体齿轮箱并检查齿轮、油封、轴承情况，磨损或老化则更换。

4.3 回装与质量标准

4.3.1 回装程序与要求

4.3.1.1 传动箱

a) 传动箱箱体内部清洁，上箱盖、中箱盖、下箱盖结合面研磨；

b) 下排轴前、后轴承安装、吊装就位，前、后轴承压盖安装，使轴轴向窜动量控制在 0.10～0.15mm；

c）安装齿轮箱中箱盖，紧固箱盖螺栓；

d）上排轴前、后轴承安装、吊装就位，前、后轴承压盖安装，使轴轴向窜动量控制在 0.10～0.15mm；

e）安装传动箱上箱盖，紧固箱盖螺栓，安装密封墙板，用百分表检测上、下排轴径向跳动应符合质量标准（＜0.10 mm）要求；

f）传动箱做防护；

g）轴套及密封组件安装复位。

4.3.1.2 牵伸辊

a）将下排、上排牵伸辊分别吊装就位；

b）锁紧轴端锁紧螺母；

c）逐个安装牵伸辊端盖；

d）安装喷淋水管、缠辊检测器；

e）用百分表检测牵伸辊径向跳动，应符合质量标准（＜0.30 mm）要求；

f）机架全面做防腐处理；

g）自查全机，配件齐全完好。

4.3.1.3 传动系统

a）链条传动部件链轮、链条、电磁离合器等清洁后复位安装；

b）减速器、齿轮箱吊装就位，在输入、输出轴上分别安装联轴器，并进行联轴器找正，同轴度≤0.30mm，平行度≤0.20mm；

c）所有联轴器链条安装、安全罩复位、地脚螺栓紧固。

4.3.2 检修质量标准

4.3.2.1 机架部分检修质量标准见表 1。

表 1 机架部分检修质量标准

mm

序号	检验项目	质量标准	检验方法
1	机架纵横向水平度	＜0.10/1000	长直尺加水平尺
2	机架垂直度	＜0.10/1000	框式水平仪
3	牵伸浴槽纵横水平度	＜0.10/1000	框式水平仪
4	牵伸浴槽垂直度	＜0.10/1000	框式水平仪
5	传动箱底座水平度	＜0.10/1000	框式水平仪
6	传动箱后侧垂直度	＜0.10/1000	框式水平仪
7	牵伸辊与丝束中心线	＜0.50	吊线检查

4.3.2.2 齿轮箱组件检修质量标准见表 2。

表 2　齿轮箱组件检修质量标准

mm

序号	检验项目	质量标准	检验方法
1	传动箱内部	清洁	目测
2	轴承	无明显松动 无明显磨损 润滑良好	手检 目测 目测
3	注油系统及其管路	通畅	吹扫
4	齿轮端面不平齐	＜0.50	直尺和测微片
5	齿轮磨损率	＜20%（以齿顶厚为准）	游标卡尺
6	齿轮啮合侧隙	0.10～0.20	压铅法或测微片
7	齿轮轴轴向窜量	0.10～0.15	手动及百分表
8	动、静密封	无明显泄漏	目测

4.3.2.3　牵伸辊及轴检修质量标准见表 3。

表 3　牵伸辊及轴检修质量标准

mm

序号	检验项目	质量标准	检验方法
1	牵伸辊径向圆跳动	＜0.30	百分表
2	两牵伸辊平行度	＜0.30	内径千分表
3	轴径向圆跳动	＜0.10	百分表
4	牵伸辊	表面光洁、无毛刺	目测

4.3.2.4　链条和链轮检修质量标准见表 4。

表 4　链条和链轮检修质量标准

mm

序号	检验项目	质量标准	检验方法
1	两链轮侧面不平齐	＜0.5	拉线检查
2	链条磨损率	1%	以拉直与压缩的长度比为准
3	链条润滑状况	良好	目测
4	链轮磨损情况	无明显磨损	以齿尖为准
5	涨力轮轴承	无明显松动	手检

4.3.2.5　齿轮箱检修质量标准见表 5。

表 5　齿轮箱检修质量标准

mm

序号	检验项目	质量标准	检验方法
1	齿轮啮合接触面积率	沿齿高＞50% 沿齿宽＞50%	着色法
2	齿轮啮合齿顶间隙	0.60～0.90	压铅法

表 5 齿轮箱检修质量标准（续）

序号	检验项目	质量标准	检验方法
3	齿轮啮合侧间隙	0.10 ～ 0.22	压铅法
4	动、静密封	无明显泄漏	目测
5	油位视镜 油位	清晰 1/2 ～ 2/3（停车时）	目测
6	传动系统	转动灵活、无异响	目测、耳听

4.3.2.6 联轴器及其他检修质量标准见表 6。

表 6 联轴器及其他检修质量标准

mm

序号	检验项目	质量标准	检验方法
1	润滑油	无明显变质	目测、油质分析仪
2	全部动、静密封	无明显泄漏	目测
3	联轴器　　同轴度 平行度	0.20 ～ 0.30 0.20	百分表 百分表

5 试车与验收

5.1 试车前准备

5.1.1 检查检修质量符合标准要求，有书面质量验收记录；

5.1.2 检查各紧固件的连接和传动件的结合情况符合要求；

5.1.3 检查各润滑点油位和润滑油脂添加情况符合要求；

5.1.4 检查电气、仪表、气路、水路和管路，无泄漏、异常等情况；

5.1.5 检查安全防护罩、安全停车装置齐全完好；

5.1.6 对上述所有检查内容确认正常后试车。

5.2 试车

5.2.1 空载试车

5.2.1.1 空载试车必须在本规程 5.1 各项检查完成后进行；

5.2.1.2 连续运行前，各电机必须进行点动，观察和检查连接部位有无异常；

5.2.1.3 连续运行，检查各传动部位有无异响、异振情况，电流有无异常波动；

5.2.1.4 空载试车不低于 0.5h。

5.2.2 负载试车

5.2.2.1 空载试车时所发现的问题应全部整修完毕，使设备具备良好的机械状态，空载试车记录应完整无缺；

5.2.2.2 在试车中应将所发现的各种问题做好记录，必要时应立即整改，整改后再继续试车，直至设备运转平稳，满足工艺要求；

5.2.2.3 试车时间为72h。

5.3 验收

5.3.1 交接验收必须具备以下条件：

5.3.1.1 达到规定试车时间，运行状况良好；

5.3.1.2 检修记录、试车记录等技术资料齐全、准确；

5.3.2 检修质量按本规程4.3.2规定的检修质量标准进行验收；

5.3.3 设备技术状态达到完好标准；

5.3.4 按规定办理交接验收手续；

5.3.5 检修现场按照文明施工的要求，做到工完、料尽、场地清。

6 维护与故障处理

6.1 日常维护

6.1.1 维护内容

6.1.1.1 检查各牵伸辊表面是否有毛刺、表面光洁情况；

6.1.1.2 检查各处轴承的润滑及工作情况；

6.1.1.3 检查联轴器的对中和工作情况；

6.1.1.4 检查浴槽和各连接部位有无泄漏现象；

6.1.1.5 检查所有零部件的紧固螺栓有无松动现象；

6.1.1.6 检查气动元件工作情况；

6.1.1.7 以上项目如检查出问题则视情况维护。

6.1.2 维护时间

6.1.2.1 操作工按照操作规程对设备进行巡检；

6.1.2.2 运保人员每天巡回检查不少于2次。

6.2 常见功能故障与处理方法

冷牵伸机（川崎重工）常见功能故障与处理方法见表7。

表 7　冷牵伸机（川崎重工）常见功能故障与处理方法

序号	功能	功能故障	故障模式	故障后果	故障应对策略与检修内容	故障周期／月
1	保证生产连续运行	牵伸辊缠丝	牵伸辊表面毛糙、有划痕	产品质量不受控，影响生产连续运行	停车处理或更换牵伸辊	视情况而定
		牵伸辊晃动	轴承损坏	影响生产连续运行，直至非计划停车	更换轴承	视情况而定
			轴弯或轴磨损		更换轴	视情况而定
			锁紧螺母松动		紧固锁紧螺母	视情况而定
2	保证机组连续运转	旋转部件运行不正常	紧固件松动	牵伸辊不转或径向跳动超标	拧紧固定螺栓	视情况而定
			传动箱轴承损坏		更换轴承	视情况而定
			传动箱齿轮磨损、啮合不良		调整间隙或更换齿轮	视情况而定
			联轴器对中不良	产生振动、异声	重新找正	视情况而定
			链条碰擦保护罩		调节链条松紧和保护罩位置	视情况而定
		减速器故障	轴承磨损	减速机振动大、异声	更换轴承	24 ～ 36
			润滑油不足	减速机温度过高	及时补油	视情况而定
			易损件磨损	减速机振动大、异声	更换易损件	24 ～ 36
			超负荷	减速机温度过高	查找超负荷原因并处理	视情况而定
			联轴器对中不良	减速机振动大	重新找正	视情况而定
		电气控制系统不正常	牵伸辊缠辊	电流过流跳车	处理绕辊	视情况而定
			电机绝缘降低		检查电机或检修更换	视情况而定
			速度调节不当		重新调整	视情况而定
3	保证机组密闭生产	密封泄漏	密封件老化损坏	（1）箱体进水，油质乳化，加速轴承失效引起非计划停车；（2）造成环境污染	更换密封件	24 ～ 36
			紧固件松动		紧固件紧固	视情况而定

附 录 A

（资料性附录）

冷牵伸机检修质量控制确认表

项目	主要控制内容			等级	施工单位	生产装置	设备管理部门	备注
	标准值	部位	现场记录					
拆卸时检测								
牵伸辊跳动	＜ 0.30mm	牵伸辊外端圆周方向		A	★	★	★	
牵伸辊平行度	＜ 0.30mm	两牵伸辊间		B	★	★		
牵伸辊轴跳动	＜ 0.10mm	辊轴悬臂端表面圆周方向		A	★	★	★	
上、下箱盖间隙	＜ 0.05mm	上下箱盖间		B	★	★		
上、下箱盖对中情况和箱盖定位销	对中、定位销完好	上下箱盖		B	★	★		
轴承压盖与轴承间的游隙	0.10～0.15mm	轴承压盖与轴承间		B	★	★		
齿轮磨损率	＜20%	齿厚		B	★	★		
回装时检测								
上、下箱盖间隙	＜0.05mm	上、下箱盖间		B	★	★		
齿轮箱上、下盖螺栓紧固情况，轴承盖紧固情况	紧固良好	齿轮箱上、下盖		B	★	★		
上、下箱盖对中情况和箱盖定位销	对中、定位销完好	上、下箱盖		B	★	★		
轴承压盖与轴承间的游隙	0.10～0.15mm	轴承压盖与轴承间		B	★	★		
牵伸辊轴跳动	＜ 0.10mm	辊轴悬臂端表面圆周方向		A	★	★	★	
牵伸辊跳动	＜ 0.30mm	牵伸辊外端表面圆周方向		A	★	★	★	
牵伸辊平行度	＜ 0.30mm	两牵伸辊间		B	★	★		

注： A 级：施工单位、生产装置、设备管理部门专业人员检查确认后签字

B 级：施工单位和生产装置专业人员检查确认后签字。

C 级：施工单位专业人员检查确认后签字。

另：如果有监理，监理的职责由甲方授权。

附　录　B

（资料性附录）

冷牵伸机试车与验收数据记录表

设备名称		位号		工作介质	
驱动机种类		转速	r/min	试车介质	
试车类别	□空负荷□负荷	环境温度	℃	试车日期	
连续运转时间	h	启动电流	A		

检查项目		设计值／允许值	实测值								
运行记录时刻											

试车情况：	
试车结论：	
验收意见	生产装置：
	施工单位：
	设备管理部门：

说明：生产装置组织单机试车与验收，其中主要设备由设备管理部门参与验收，其余均由生产装置、施工单位双方共同验收。

15. 水洗机维护检修规程

SHS 04303—2019

代替 SHS 04303—2004

目　次

前　言

本规程按照GB/T 1.1—2009《标准化工作导则　第1部分：标准的结构和编写》给出的规则起草。

本规程代替SHS 04303—2004《水洗机（川崎重工）维护检修规程》，与SHS 04303—2004相比，除了编辑性修改外，主要技术变化如下：

——增加了规范性引用文件；

——细化了拆卸与检测、回装与质量标准；

——常见功能故障与处理部分按RCM分析方法重新编制；

——增加“附录A　水洗机机检修质量控制确认表”；

——增加“附录B　水洗机试车与验收数据记录表”。

本规程由中国石油化工集团有限公司、中国石油化工股份有限公司提出。

本规程起草单位：中国石化上海石油化工股份有限公司。

本规程主要起草人：刘长升、王玺。

本规程历次版本发布情况：

——SHS 04303—2004。

水洗机维护检修规程

1 范围

1.1 主题内容

本规程规定了二步法腈纶水洗机检修周期与内容、检修程序与质量标准、试车与验收、维护与故障处理方法。

1.2 适用范围

本规程适用于二步法腈纶水洗机的维护与检修。

2 规范性引用文件

下列文件中的条款通过本规程的引用而成为本规程的条款。凡是注日期的引用文件，其随后所有的修改单（不包括勘误的内容）或修订版均不适用于本规程，然而，鼓励根据本规程达成协议的各方研究是否可使用这些文件的最新版本。凡是不注日期的引用文件，其最新版本适用于本规程。

FZ/T 99014 纺织机械电气设备 通用技术条件

FZ/T 90074 纺织机械产品涂装

SN/T 3719.1 进出口纺织行业成套设备检验技术要求 第1部分：化纤设备

SH/T 3503 石油化工建设工程项目交工技术文件规定

ZBJ 19004 圆柱齿轮减速器

水洗机（川崎重工）安装标准及维护手册

3 检修周期与内容

3.1 检修周期

根据二步法腈纶水洗机系统功能故障及影响分析的结果，并结合生产装置运行周期，确定设备检修周期，一般为36个月。

3.2 检修项目

3.2.1 检查减速器与电动机间联轴器同轴度；

3.2.2 检查水洗辊表面是否有毛刺及磨损情况；

3.2.3 检查水洗辊传动系统是否有异常，如安全罩、轴承、油封、链轮、链条磨损及松紧度，联轴器、齿轮箱，并检查等径伞齿轮箱油位等；
3.2.4 检查毛刷架是否齐全、完好；
3.2.5 检查压丝棒位置是否正常；
3.2.6 检查喷淋管的连接部位有无泄漏，喷嘴有无堵塞；
3.2.7 检查出口压辊是否有划痕，上下运行的工作情况；
3.2.8 检查气路及气动元件有无泄漏、失效现象；
3.2.9 检查水洗拉门完好情况；
3.2.10 检查各紧固件紧固、完好情况；
3.2.11 检查各浴槽是否有渗漏现象；
3.2.12 检查各处轴承的润滑及工作情况；
3.2.13 检查、处理运行中发生的其他缺陷；
3.2.14 检查、测量、校正水洗辊平行度，更换磨损严重的水洗辊；
3.2.15 检查机架本体腐蚀程度，修补腐蚀部分，更换腐蚀严重的槽钢；
3.2.16 全部机架、水槽拆除、吊离，基础重新平整；
3.2.17 减速机平整；
3.2.18 检查电机、限位开关、控制系统等；
3.2.19 检查自控阀、气动元件、控制系统等。

4 检修程序与质量标准

4.1 检修前准备

4.1.1 根据设备运行技术状态和监测记录，分析故障原因，明确故障部位；
4.1.2 准备必要的图纸资料，编制检修计划；
4.1.3 制定施工方案，明确技术要求，图、表齐全，符合设备安全、环保要求；
4.1.4 施工前组织施工人员进行技术交底，将方案内容、技术、质量等要求交代清楚；
4.1.5 准备检修工器具、清洗剂和润滑油（脂）等；
4.1.6 落实安全防护措施与环保要求：
4.1.6.1 办理好各类进场检修施工手续；
4.1.6.2 检修前切断机台电源等，并且挂安全警示牌；
4.1.6.3 停车检修前需确认工艺处置是否满足检修要求；
4.1.6.4 备好相应物料收集桶，避免环境污染；
4.1.6.5 检修人员个人防护必须符合劳保着装规定要求，施工器具验收合格，并落实施工监护人；
4.1.6.6 现场设置施工作业管理牌，落实好文明检修相关准备要求。

4.2 拆卸与检测

4.2.1 水洗辊

4.2.1.1 拆卸安全罩、联轴器、传动链、链轮，清洗检查各部分，更换失效件；
4.2.1.2 拆卸喷淋水管（含缠辊检测器支架），清洗检查，更换失效件；
4.2.1.3 拆卸轴承座上盖、轴承、锁紧套、轴套、油封、圆螺母等，清洗检查，视情况更换；
4.2.1.4 检查水洗辊表面、传动轴轴承挡处磨损情况，更换失效件，清理轴头丝。

4.2.2 出口压辊、气缸

4.2.2.1 拆卸压辊，检查表面磨损情况，磨损严重则更换；
4.2.2.2 压辊解体，清洗检查轴承、轴、油封等，更换失效件；
4.2.2.3 拆卸气缸，解体检查活塞、活塞杆、活塞环、密封件、导向杆等，更换失效件。

4.2.3 传动系统

4.2.3.1 拆卸减速器保护罩、联轴器、测速齿轮、减速器，清洗检查，更换失效件；
4.2.3.2 拆卸传动箱保护罩、联轴器，解体清洗传动箱，检查轴承、齿轮、油封等，更换失效件；
4.2.3.3 拆卸传动轴保护罩、联轴器、轴承座，清洗检查；
4.2.3.4 拆卸链条保护罩、链条、链轮、张紧轮，清洗检查。

4.2.4 机架找平

4.2.4.1 机架表面铲清锈蚀，检查机架纵横水平度并作相应调整；
4.2.4.2 在机架纵横水平有矛盾时，可互借达到最好的水平度，然后紧固地脚螺栓；
4.2.4.3 地脚垫铁固定。

4.2.5 浴槽找平

4.2.5.1 检查水洗浴槽水平度，调整至要求。

4.3 回装与质量标准

4.3.1 回装程序与要求

4.3.1.1 水洗辊

a) 水洗辊起吊、安装复位；
b) 轴承座上盖、轴承、锁紧套、轴套、油封、圆螺母等安装复位；

c）百分表测量水洗辊径向圆跳动；

d）安全罩、联轴器、传动链、链轮安装复位；

e）喷淋水管（含缠辊检测器支架）安装复位。

4.3.1.2　出口压辊、气缸

a）气缸活塞、活塞杆、活塞环、密封件组装；

b）气缸、导向杆气动元件安装复位；

c）气缸压力调整，压辊安装就位。

4.3.1.3　传动系统

a）链条保护罩、链条、链轮、张紧轮安装复位；

b）传动轴保护罩、联轴器、轴承座安装复位；

c）传动箱体、联轴器安装复位；

d）减速器、联轴器、测速齿轮、保护罩安装复位；

e）联轴器同轴度校正。

4.3.2　检修质量标准

4.3.2.1　机架部分检修质量标准见表 1。

表 1　机架部分检修质量标准

mm

序号	检验项目	质量标准	检验方法
1	机架纵向水平度	≤ 0.15/1000	水平仪
2	机架横向水平度	＜ 0.15/1000	水平仪
3	各浴槽垂直度	＜ 0.50/1000	水平仪
4	各浴槽纵横向水平度	＜ 0.50/1000	框式水平仪
5	机架地脚螺栓	紧固	手检
6	防腐层	完整、紧贴、有效	目测

4.3.2.2　等径伞齿轮箱检修质量标准见表 2。

表 2　等径伞齿轮箱检修质量标准

mm

序号	检验项目	质量标准	检验方法
1	齿轮啮合接触面积 /%	沿齿高＞ 50， 沿齿宽＞ 50	着色法 着色法
2	齿轮啮合齿顶间隙	0.60 ～ 0.90	压铅法
3	齿轮啮合侧间隙	0.10 ～ 0.22	压铅法
4	静密封、动密封	无明显泄漏	目测
5	油位视镜 油位	清晰 1/2 ～ 2/3（停车时）	目测
6	传动系统	转动灵活、无异响	目测、耳听

4.3.2.3　水洗辊及轴检修质量标准见表 3。

表 3　水洗辊及轴检修质量标准

mm

序号	检验项目	质量标准	检验方法
1	水洗辊径向圆跳动	＜0.30	百分表
2	两水洗辊平行度	＜0.30	内径千分表
3	轴径向圆跳动	＜0.10	百分表
4	水洗辊	表面光洁、无缠丝	目测

4.3.2.4　链条和链轮检修质量标准见表 4。

表 4　链条和链轮检修质量标准

mm

序号	检验项目	质量标准	检验方法
1	两链轮侧面不平齐	＜0.5	拉线检查
2	链条磨损率	＜1%	以拉直与压缩的长度比为准
3	链条润滑状况	良好	目测
4	链轮磨损情况	无明显磨损	目测、手检
5	张紧轮轴承	无明显松动	目测、手检

4.3.2.5　联轴器及其他检修质量标准见表 5。

表 5　联轴器及其他检修质量标准

mm

序号	检验项目	质量标准	检验方法
1	缠辊检测器支座	无明显松动	目测
2	喷淋管喷嘴	齐全、完好	目测
3	喷淋管	无明显松动	目测
4	喷淋管与水洗辊接触相磨	不允许接触相磨	目测
5	各毛刷、橡胶条	齐全、完好	目测
6	防溅罩	齐全、完好	目测
7	拉门	开启灵活	目测
8	润滑油	无明显变质	目测、油品检测
9	全机动、静密封	无明显泄漏	目测
10	联轴器同轴度 联轴器平行度	0.20～0.30 ＜0.20	百分表 百分表
11	压辊径向跳动	＜0.30	百分表

表5　联轴器及其他检修质量标准（续）

序号	检验项目	质量标准	检验方法
12	压辊水平度 压辊平行度	＜0.30 ＜0.30	百分表 百分表
13	压辊	辊面光洁、无缠丝	目测
14	轴承	无明显松动 无明显磨损 润滑良好	目测、手检 目测、手检 目测、手检

5　试车与验收

5.1　试车前准备

5.1.1　检查确认检修质量符合质量标准，有书面质量验收记录；
5.1.2　检查确认各紧固件的连接和传动件的结合情况符合要求；
5.1.3　检查确认各润滑点油位和润滑油脂添加情况符合要求；
5.1.4　检查确认电气、仪表、气路、水路和管路无泄漏、异常现象
5.1.5　检查确认安全防护罩、防护栏和安全停车装置齐全完好；
5.1.6　对上述所有检查内容确认正常后试车。

5.2　试车

5.2.1　空载试车

5.2.1.1　空载试车必须在本规程5.1各项检查完成后进行；
5.2.1.2　试车前检查所发现的问题应全部整改完毕，检修记录应完整无缺；
5.2.1.3　连续运行前，各电机必须进行点动，确认电机运转方向是否正确，观察和检查连接部位有无异常；
5.2.1.4　连续运行，检查各传动部位有无异响、异振、异常情况，电流有无明显波动；
5.2.1.5　空载试车：空载试车不小于0.5h。

5.2.2　负载试车

5.2.2.1　空载试车时所发现的问题应全部整修完毕，使设备具备良好的机械状态，空载试车记录应完整无缺；
5.2.2.2　在试车中应将所发现的各种问题做好记录，必要时应立即整改，整改后再继续试车，达到运转平稳等工艺要求；
5.2.2.3　试车时间为72h。

5.3 验收

5.3.1 交接验收必须具备以下条件：
5.3.1.1 达到规定试车时间，运行状况良好；
5.3.1.2 检修记录、试车记录等技术资料齐全、准确；
5.3.2 检修质量按本规程 4.3.2 规定的检修质量标准进行验收；
5.3.3 设备技术状态达到完好标准；
5.3.4 按规定办理交接验收手续。

6 维护与故障处理

6.1 日常维护

6.1.1 维护内容

6.1.1.1 检查传动部件的振动、温度、异常声响情况；
6.1.1.2 检查各静、动密封点是否泄漏；
6.1.1.3 检查齿轮箱、联轴器、电机的润滑油（脂）情况；
6.1.1.4 检查各紧固件是否松动；
6.1.1.5 检查是否有部件损坏情况；
6.1.1.6 检查缠辊检测器刷子磨损情况；
6.1.1.7 检查喷淋管喷嘴工作状态，确保通畅；
6.1.1.8 检查水洗辊是否有毛刺及磨损程度；
6.1.1.9 检查压丝棒位置是否正常；
6.1.1.10 以上项目如检查出问题则视情况维护。

6.1.2 维护时间

6.1.2.1 操作工按照操作规程对设备进行巡检；
6.1.2.2 运保人员每天巡回检查不少于 2 次。

6.2 常见功能故障与处理方法

二步法腈纶水洗机设备常见功能故障与处理方法见表 6。

表 6 二步法腈纶水洗机设备常见功能故障与处理方法

序号	功能	功能故障	故障模式	故障后果	故障应对策略与检修内容	故障周期／月
1	保证生产连续运行	水洗辊缠丝	水洗辊表面有划痕，粗糙	生产不正常运行	停机处理或更换	视情况而定

表6　二步法腈纶水洗机设备常见功能故障与处理方法（续）

序号	功能	功能故障	故障模式	故障后果	故障应对策略与检修内容	故障周期／月
2	保证设备连续运转	传动系统不正常	水洗辊轴承坏	水洗辊不转	更换轴承	视情况而定
			联轴器、马达、减速器损坏		更换联轴器、电机、减速器	视情况而定
			轴弯或轴磨损		更换轴	视情况而定
		齿轮箱故障	轴承坏	齿轮箱温升高	更换轴承	36～48
			缺润滑油或油变质		补加或更换润滑油	视情况而定
			轴承坏	齿轮箱振动大	更换轴承	36～48
			啮合不良		检修	视情况而定
			轴承配合间隙大		重新调整间隙	视情况而定
			轴磨损		更换轴	视情况而定
			联轴器对中不良		重新找正	视情况而定
			油封坏	箱体泄漏	更换油封	24～36
			接合面密封失效		重新安装	视情况而定
			紧固件松动		紧固	视情况而定
		减速器故障	轴承磨损	减速机振动大、温度高	更换轴承	36～48
			润滑油不足		加润滑油	视情况而定
			齿轮磨损		更换配件	36～48
			超负荷		查找超负荷原因并处理	视情况而定
			对中不良		重新找正	视情况而定
		电气控制系统不正常	电机绝缘降低	电流过流跳车	检查电机	视情况而定
			速度调节不当		重新调整	视情况而定
			超负荷		查找超负荷原因并处理	视情况而定
3	设备无泄漏	泄漏故障	密封件老化损坏	排污超标	更换密封件	24～36
			紧固件松动		紧固	视情况而定

附　录　A
（资料性附录）
水洗机检修质量控制确认表

项目	主要控制内容			等级	施工单位	生产装置	设备管理部门	备注
	标准值	部位	现场记录					
拆卸时检测								
水洗辊径向圆跳动	＜0.3mm	水洗辊外侧端部		B	★	★		
水洗辊平行度	＜0.3mm	水洗辊内、外侧端部		B	★	★		
联轴器平行度	＜0.3mm	联轴器		B	★	★		
联轴器同轴度	＜0.2mm	联轴器		B	★	★		
回装时检测								
罗拉径向圆跳动	＜0.3mm	水洗辊外侧端部		B	★	★		
罗拉平行度	＜0.3mm	水洗辊内、外侧端部		B	★	★		
联轴器平行度	＜0.3mm	联轴器		B	★	★		
联轴器同轴度	＜0.2mm	联轴器		B	★	★		

注： A级：施工单位、生产装置、设备管理部门专业人员检查确认后签字。
B级：施工单位和生产装置专业人员检查确认后签字。
C级：施工单位专业人员检查确认后签字。
另：如果有监理，监理的职责由甲方授权。

附　录　B

（资料性附录）

水洗机试车与验收数据记录表

设备名称		位号		工作介质	
驱动机种类		转速	r/min	试车介质	
试车类别	□空负荷□负荷	环境温度	℃	试车日期	
连续运转时间	h	启动电流	A		

检查项目		设计值／允许值	实测值								
运行记录时刻											

试车情况：	
试车结论：	
验收意见	生产装置：
	施工单位：
	设备管理部门：

说明：生产装置组织单机试车与验收，其中主要设备的大修由设备管理部门参与验收，其余均由生产装置、施工单位双方共同验收。

16. 热牵伸机（川崎重工）维护检修规程

SHS 04304—2019

代替 SHS 04304—2004

目　　次

前　言

本规程按照GB/T　1.1—2009《标准化工作导则　第1部分：标准的结构和编写》给出的规则起草。

本规程代替SHS　04304—2004《热牵伸机（川崎重工）维护检修规程》，与SHS 04304—2004相比，除了编辑性修改外，主要技术变化如下：

——增加了规范性引用文件；

——细化了拆卸与检测、回装与质量标准；

——调整了传动箱及传动系统拆装内容；

——增加了强制润滑装置检修内容；

——常见功能故障与处理部分按RCM分析方法重新编制；

——增加“附录A　热牵伸机检修质量控制确认表”；

——增加“附录B　热牵伸机试车与验收数据记录表”。

本规程由中国石油化工集团有限公司、中国石油化工股份有限公司提出。

本规程起草单位：中国石化上海石油化工股份有限公司。

本规程主要起草人：章英。

本规程历次版本发布情况：

——SHS　04304—2004。

热牵伸机（川崎重工）维护检修规程

1 范围

1.1 主题内容

本规程规定了热牵伸机（川崎重工）检修周期与内容、检修程序与质量标准、试车与验收、维护与故障处理。

1.2 适用范围

本规程适用于日本川崎重工制造的二步法腈纶热牵伸机的维护与检修。

2 规范性引用文件

下列文件中的条款通过本规程的引用而成为本规程的条款。凡是注日期的引用文件，其随后所有的修改单（不包括勘误的内容）或修订版均不适用于本规程，然而，鼓励根据本规程达成协议的各方研究是否可使用这些文件的最新版本。凡是不注日期的引用文件，其最新版本适用于本规程。

FZ/T 99014　纺织机械电气设备　通用技术条件

FZ/T 90074　纺织机械产品涂装

SN/T 3719.1　进出口纺织行业成套设备检验技术要求　第1部分：化纤设备

SH/T 3503　石油化工建设工程项目交工技术文件规定

JIS B 1704　伞齿轮的精度

ZBJ 19004　圆柱齿轮减速器

JB/T 2982　摆线针轮减速机

热牵伸机（川崎重工）安装标准及维护手册

3 检修周期与内容

3.1 检修周期

根据日本川崎重工制造的二步法腈纶热牵伸机功能故障及影响分析的结果，并结合生产装置运行周期，确定设备检修周期，一般为36个月。

3.2 检修项目

3.2.1 检查各牵伸辊表面是否有毛刺及表面磨损情况；
3.2.2 检查毛刷架是否齐全、完整；
3.2.3 检查刮水刷位置是否正常；
3.2.4 检查各处轴承的润滑及工作情况；
3.2.5 检查联轴器的对中和工作情况；
3.2.6 检查浴槽和各连接部位有无泄漏现象；
3.2.7 检查喷淋管的连接部位有无泄漏现象；
3.2.8 检查拉门是否完好；
3.2.9 检查所有零部件的固定螺栓有无松动现象；
3.2.10 一组、二组传动箱开箱检查牵伸辊轴、轴套、轴承等磨损情况，密封老化损坏情况；
3.2.11 拆检、清洗传动系统减速器、齿轮箱、强制润滑装置（包括冷却器）；
3.2.12 检查、校正传动系统联轴器；
3.2.13 牵伸机机架校水平；
3.2.14 牵伸机浴槽校水平；
3.2.15 保养或更换电机，更换失效电缆线，清扫控制柜，检修或更新变频器；
3.2.16 检修或更新自控阀、铂电阻、转子流量计，压力表等；
3.2.17 整机全面做防腐处理。

4 检修程序与质量标准

4.1 检修前准备

4.1.1 根据设备运行技术状态和监测记录，分析故障原因，明确故障部位；
4.1.2 准备必要的图纸资料，编制检修计划；
4.1.3 制定施工方案，明确技术要求，图、表齐全，符合设备安全、环保要求；
4.1.4 施工前组织施工人员进行技术交底，将方案内容、技术、质量等要求交代清楚；
4.1.5 准备检修工器具、清洗剂和润滑油（脂）等；
4.1.6 落实安全防护措施与环保要求：
4.1.6.1 办理好各类进场检修施工手续；
4.1.6.2 检修前切断机台电源等，并且挂安全警示牌；
4.1.6.3 停车检修前需确认工艺处置是否满足检修要求；
4.1.6.4 备好相应物料收集桶，避免环境污染；
4.1.6.5 检修人员个人防护必须符合劳保着装规定要求，施工器具验收合格，并落实施工监护人；

4.1.6.6 现场设置施工作业管理牌，落实好文明检修相关准备要求。

4.2 拆卸与检测

4.2.1 牵伸辊

4.2.1.1 拆卸牵伸辊的端盖；
4.2.1.2 松开锁紧螺母；
4.2.1.3 拆卸喷淋水管、缠辊检测器支架；
4.2.1.4 用专用液压拉马将牵伸辊拉下（包括轴套及密封组件），检查牵伸辊、轴套磨损情况及密封老化损坏情况，更换失效件。

4.2.2 传动箱

4.2.2.1 拆卸输入轴联轴器、链条、链轮，清洗检查，更换失效件；
4.2.2.2 拆卸吸风罩、拉门框架附件；
4.2.2.3 拆卸水槽墙板、水密封组件，清洗检查，更换失效件；
4.2.2.4 拆卸轴承端盖，打开传动箱上箱盖，检查轴承座上、下箱盖平面情况、传动箱大齿轮啮合情况；
4.2.2.5 用专用起重工具将上排轴吊至平地，检查上排轴前、后轴承磨损情况，检查并校正轴的直线度；
4.2.2.6 拆卸传动箱中箱盖，用专用起重工具吊至平地，检查轴承座上、下盖平面情况、下排传动大齿轮齿面情况；
4.2.2.7 用专用起重工具将下排轴吊出，检查下排轴前、后轴承磨损情况，检查并校正轴的直线度。

4.2.3 传动系统

4.2.3.1 拆卸传动系统联轴器安全罩，脱卸链条，检查链条、链轮磨损情况；
4.2.3.2 拆卸减速器输入、输出轴上联轴器，松开减速器地脚螺栓，用专用起重工具将减速器吊至平地，开盖解体减速器；
4.2.3.3 拆卸齿轮箱输入、输出轴上联轴器，松开齿轮箱地脚螺栓，用专用起重工具将齿轮箱吊至平地，解体齿轮箱检查齿轮、油封、轴承情况，磨损或老化则更换；
4.2.3.4 拆卸传动箱背侧减速器输入、输出轴上联轴器，松开减速器地脚螺栓，用专用起重工具将减速器吊至平地，解体减速器，检查齿轮、油封、轴承情况，磨损或老化则更换。

4.2.4 润滑装置

4.2.4.1 拆卸润滑装置冷却器封头，清洗疏通冷却器；
4.2.4.2 拆检清洗润滑油冷却管线；

4.2.4.3 润滑油箱放油清洗。

4.3 回装与质量标准

4.3.1 回装程序与要求

4.3.1.1 传动箱

a）传动箱箱体内部清洁，上、中、下箱盖结合面研磨；

b）下排轴前、后轴承安装并吊装就位，前、后轴承压盖安装，使轴轴向窜动量控制在 0.10～0.15mm；

c）安装齿轮箱中箱盖，紧固箱盖螺栓；

d）上排轴前、后轴承安装并吊装就位， 前、后轴承压盖安装，使辊轴轴向窜动量控制在 0.10～0.15mm；

e）安装传动箱上箱盖，紧固箱盖螺栓，安装密封墙板，用百分表检测各轴径向跳动，应符合质量标准（＜ 0.10mm）要求；

f）传动箱做防护；

g）轴套及密封组件安装复位。

4.3.1.2 牵伸辊

a）将下排、上排牵伸辊分别吊装就位；

b）锁紧轴端锁紧螺母；

c）安装牵伸辊的端盖；

d）安装喷淋水管、缠辊检测器及光纤；

e）用百分表检测牵伸辊径向跳动，应符合质量标准（＜ 0.30mm）要求。

f）蒸汽罩、拉门复位安装；

g）风管操作平台复位安装；

h）机架全面做防腐处理；

i）自查全机，配件齐全完好。

4.3.1.3 传动系统

a）用专用起重工具将减速器、齿轮箱吊装至一组、二组传动箱背侧就位，在输入、输出轴上分别安装联轴器，并进行联轴器找正，使同轴度≤ 0.30mm， 平行度≤ 0.20mm；

b）所有联轴器链条安装、安全罩复位、地脚螺栓紧固。

4.3.1.4 润滑装置

a）润滑装置冷却器封头安装、螺丝紧固；

b）润滑油冷却管线连接，确保无渗漏；

c）润滑油箱盖板复位。

4.3.2 检修质量标准

4.3.2.1 机架部分检修质量标准见表 1。

表 1　机架部分检修质量标准

mm

序号	检验项目	质量标准	检验方法
1	机架纵横水平度	＜0.10/1000	长直尺加水平尺
2	机架垂直度	＜0.10/1000	框式水平仪
3	牵伸浴槽纵横水平度	＜0.10/1000	长直尺加水平尺
4	牵伸浴槽垂直度	＜0.10/1000	框式水平仪
5	传动箱底座水平度	＜0.10/1000	水平尺
6	传动箱后侧垂直度	＜0.10/1000	框式水平仪
7	牵伸辊与丝束中心线	＜0.50	吊线检查

4.3.2.2　传动箱组件检修质量标准见表 2。

表 2　传动箱组件检修质量标准

mm

序号	检验项目	质量标准	检验方法
1	传动箱内部清洁	清洁	目测
2	轴承	无明显松动 无明显磨损 润滑良好	手检 目测 目测
3	注油系统及其管路	通畅	吹扫
4	齿轮端面平齐度	＜0.50	直尺和测微片
5	齿轮磨损率	＜20%（以齿厚为准）	游标卡尺
6	齿轮啮合侧隙	0.10～0.20	压铅法或测微片
7	齿轮轴轴向窜量	0.10～0.15	手动及百分表
8	静密封、动密封	无明显泄漏	目测

4.3.2.3　牵伸辊及辊轴检修质量标准见表 3。

表 3　牵伸辊及辊轴检修质量标准

mm

序号	检验项目	质量标准	检验方法
1	牵伸辊径向圆跳动	＜0.30	百分表
2	两牵伸辊平行度	＜0.30	内径千分表
3	轴径向圆跳动	＜0.10	百分表
4	牵伸辊	表面光洁、无毛刺	目测

4.3.2.4　减速器检修质量标准见表 4。

表 4　减速器检修质量标准

mm

序号	检验项目	质量标准	检验方法
1	轴向窜动量	0.10 ～ 0.15	百分表或深度卡尺
2	轴承	无明显松动 无明显磨损	手检 目测
3	动、静密封	无明显泄漏	目测
4	齿轮磨损率	＜ 20%（以齿厚为准）	游标卡尺
5	转动情况	转动灵活、无异响	目测、耳听
6	箱体内部	清洁	目测
7	油位视镜 油位	清晰 1/2 ～ 2/3（停车时）	目测

4.3.2.5　齿轮箱质量检修标准见表 5。

表 5　齿轮箱质量检修标准

mm

序号	检验项目	质量标准	检验方法
1	齿轮啮合接触面积率	沿齿高＞ 50% 沿齿宽＞ 50%	着色法
2	齿轮啮合齿顶间隙	0.60 ～ 0.90	压铅法
3	齿轮啮合侧间隙	0.10 ～ 0.22	压铅法
4	动、静密封	无明显泄漏	目测检查
5	油位视镜 油位	清晰 1/2 ～ 2/3（停车时）	目测
6	传动系统	转动灵活、无异响	目测、耳听

4.3.2.6　联轴器及其他检修质量标准见表 6。

表 6　联轴器及其他检修质量标准

mm

序号	检验项目	质量标准	检验方法
1	缠辊检测器支座	无明显松动	目测
2	喷淋管喷嘴	齐全、完好	目测
3	喷淋管	无明显松动	目测
4	喷淋管与牵伸辊	无明显接触相磨	目测
5	各毛刷、橡胶条	齐全、完好	目测
6	拉门及浴槽盖	开启灵活	目测
7	润滑油	无明显变质	目测、油质分析仪

表 6 联轴器及其他检修质量标准（续）

序号	检验项目	质量标准	检验方法
8	全机动、静密封	无明显泄漏	目测
9	牵伸辊	表面光洁、无毛刺	目测
10	轴承	无明显松动 润滑良好	目测 目测
11	联轴器　同轴度 平行度	0.20 ～ 0.30 0.20	百分表 百分表

5 试车与验收

5.1 试车前准备

5.1.1 全面检查各紧固件的连接和传动件的结合情况；

5.1.2 检查各润滑点油位和润滑油脂添加情况；

5.1.3 全面检查电气、仪表、气路、水路和管路；

5.1.4 检查安全罩和安全装置是否齐全、有效；

5.1.5 对上述所有检查内容确认正常后试车。

5.2 试车

5.2.1 空载试车

5.2.1.1 空载试车必须在本规程 5.1 各项检查完成后进行；

5.2.1.2 连续运行前，各电机必须进行点动，观察和检查连接部位有无异常；

5.2.1.3 连续运行，检查各传动部位有无异响、异振情况，电流有无异常波动；

5.2.1.4 空载试车不低于 0.5h。

5.2.2 负载试车

5.2.2.1 空载试车时所发现的问题应全部整修完毕，使设备具备良好的机械状态，空载试车记录应完整无缺；

5.2.2.2 在试车中应将所发现的各种问题做好记录，必要时应立即整改，整改后再继续试车，使设备运转平稳，满足工艺要求；

5.2.2.3 试车时间为 72h。

5.3 验收

5.3.1 验收时必须具备下列条件：

5.3.1.1　达到规定试车时间，运行状况良好；
5.3.1.2　检修记录、试车记录等技术资料齐全、准确；
5.3.2　检修质量按本规程 4.3.2 规定的检修质量标准进行验收；
5.3.3　设备技术状态达到完好标准；
5.3.4　按规定办理交接验收手续；
5.3.5　检修现场按照文明施工的要求，做到工完、料尽、场地清。

6　维护与故障处理

6.1　日常维护

6.1.1　维护内容

6.1.1.1　检查各牵伸辊表面是否有毛刺、表面光洁度情况；
6.1.1.2　检查各处轴承的润滑及工作情况；
6.1.1.3　检查联轴器的对中和工作情况；
6.1.1.4　检查浴槽和各连接部位有无泄漏现象；
6.1.1.5　检查拉门、浴槽盖开启是否灵活；
6.1.1.6　检查所有零部件的紧固螺栓有无松动现象；
6.1.1.7　检查气动元件工作情况；
6.1.1.8　以上项目如检查出问题则视情况维护。

6.1.2　维护时间

6.1.2.1　操作工按照操作规程对设备进行巡检；
6.1.2.2　运保人员每天巡回检查不少于 2 次。

6.2　常见功能故障与处理方法

二步法腈纶热牵伸机常见功能故障与处理方法见表 7。

表 7　二步法腈纶热牵伸机常见功能故障与处理方法

序号	功能	功能故障	故障模式	故障后果	故障应对策略与检修内容	故障周期／月
1	保证热牵伸水温控制在 97～99.5℃或工艺卡片中要求的温度	热牵伸水温度高报	TCV-2108 故障，温度计显示不准	产品质量不受控	检查并校正	视情况而定
		热牵伸水温度低报	TCV-2108 故障，蒸汽压力低或停止			

表 7　二步法腈纶热牵伸机常见功能故障与处理方法（续）

序号	功能	功能故障	故障模式	故障后果	故障应对策略与检修内容	故障周期／月
2	保证机组密闭生产	密封泄漏	水封老化损坏	箱体进水，油质乳化，加速轴承失效，引起非计划停车	定期巡检并记录，按周期性检修计划更换水封	24
			油封老化损坏		按周期性检修计划更换油封	24
			波纹垫片老化损坏	热牵伸水槽漏水，环境污染	（1）定期巡检，发现失效做好记录，并利用停机时间检修更换波纹垫片；（2）根据检修周期更换波纹垫片	12～24
3	保证生产连续运行	牵伸辊缠丝	辊表面毛糙、有划痕	产品质量不受控，影响生产连续运行	停车处理或更换辊	视情况而定
		牵伸辊晃动	轴承坏	影响生产连续运行，直至非计划停车	更换轴承	视情况而定
			轴弯或轴磨损		更换轴	视情况而定
			锁紧螺母松动		紧固锁紧螺母	视情况而定
4	保证机组连续运转	旋转部件运行不正常	紧固件松动	牵伸辊不转或径向跳动超标	拧紧固定螺栓	视情况而定
			传动箱轴承损坏		更换轴承	视情况而定
			传动箱齿轮磨损、啮合不良		调整间隙或更换齿轮	视情况而定
			联轴器及其链条过度磨损	噪声过大	更换联轴器链轮及其链条	视情况而定
			联轴器对中不良	产生振动、异声	重新找正	视情况而定

表 7　二步法腈纶热牵伸机常见功能故障与处理方法（续）

序号	功能	功能故障	故障模式	故障后果	故障应对策略与检修内容	故障周期 / 月
4	保证机组连续运转	减速器故障	轴承磨损	减速机振动大、异声	更换轴承	24 ～ 36
			润滑油不足	减速机温度过高	及时补油	视情况而定
			易损件磨损	减速机振动大、异声	更换易损件	24 ～ 36
			超负荷	减速机温度过高	查找超负荷原因并处理	视情况而定
			联轴器对中不良	减速机振动大	重新找正	视情况而定
		电气控制系统不正常	牵伸辊缠辊	电流过流跳车	处理缠辊	视情况而定
			传动箱润滑不良		检查油路或补油	视情况而定
			电机绝缘降低		检查电机或检修更换	视情况而定
			速度调节不当		重新调整	视情况而定

附　录　A
（资料性附录）
热牵伸机检修质量控制确认表

项目	主要控制内容			等级	施工单位	生产装置	设备管理部门	备注
	标准值	部位	现场记录					
拆卸时检测								
牵伸辊径向跳动	＜0.30mm	牵伸辊外侧圆周方向		A	★	★	★	
轴径向跳动	＜0.10mm	轴悬臂端圆周方向		A	★	★	★	
牵伸辊平行度	＜0.30mm	两牵伸辊间		B	★	★		
上、下箱盖间隙	＜0.05mm	上、下箱盖间		B	★	★		
上、下箱盖对中情况和箱盖定位销	对中、定位销完好	上、下箱盖		B	★	★		
轴承压盖与轴承间的游隙	0.10～0.15mm	轴承压盖与轴承间		B	★	★		
齿轮磨损率	＜20%	齿厚		B	★	★		
回装时检测								
上、下箱盖间隙	＜0.05mm	上、下箱盖间		B	★	★		
上、下箱盖螺栓紧固情况，轴承盖紧固情况	紧固良好	上、下箱盖		B	★	★		
上、下箱盖对中情况和箱盖定位销	对中、定位销完好	上、下箱盖		B	★	★		
轴承压盖与轴承间的游隙	0.10～0.15mm	轴承压盖与轴承间		B	★	★		
轴径向跳动	＜0.10mm	轴悬臂端圆周方向		A	★	★	★	
牵伸辊径向跳动	＜0.3mm	牵伸辊外侧圆周方向		A	★	★	★	
牵伸辊平行度	＜0.30mm	牵伸辊间		B	★	★		

注： A级：施工单位、生产装置、设备管理部门专业人员检查确认后签字。

B级：施工单位和生产装置专业人员检查确认后签字。

C级：施工单位专业人员检查确认后签字。

另：如果有监理，监理的职责由甲方授权。

附　录　B
（资料性附录）
热牵伸机试车与验收数据记录表

设备名称		位号		工作介质	
驱动机种类		转速	r/min	试车介质	
试车类别	□空负荷□负荷	环境温度	℃	试车日期	
连续运转时间	h	启动电流	A		

检查项目		设计值／允许值	实测值								
运行记录时刻											

试车情况：	
试车结论：	
验收意见	生产装置：
	施工单位：
	设备管理部门：

说明：生产装置组织单机试车与验收，其中主要设备的大修由设备管理部门参与验收，其余均由生产装置、施工单位双方共同验收。

17. 成型机维护检修规程

SHS 04305—2019

代替 SHS 04305—2004

目　次

前　　言

本规程按照GB/T　1.1—2009《标准化工作导则　第1部分：标准的结构和编写》给出的规则起草。

本规程代替SHS 04305—2004《成型机（川崎重工）维护检修规程》，与SHS 04305—2004相比，除了编辑性修改外，主要技术变化如下：

——增加了规范性引用文件；

——细化了拆卸与检测、回装与质量标准；

——常见功能故障与处理部分按RCM分析方法重新编制；

——增加“附录A　成型机检修质量控制确认表”；

——增加“附录B　成型机试车与验收数据记录表”。

本规程由中国石油化工集团有限公司、中国石油化工股份有限公司提出。

本规程起草单位：中国石化上海石油化工股份有限公司。

本规程主要起草人：刘长升、王玺。

本规程历次版本发布情况：

——SHS 04305—2004。

成型机维护检修规程

1 范围

1.1 主题内容

本规程规定了二步法腈纶成型机检修周期与内容、检修程序与质量标准、试车与验收，维护与故障处理。

1.2 适用范围

本规程适用于二步法腈纶成型机的维护与检修。

2 规范性引用文件

下列文件中的条款通过本规程的引用而成为本规程的条款。凡是注日期的引用文件，其随后所有的修改单（不包括勘误的内容）或修订版均不适用于本规程，然而，鼓励根据本规程达成协议的各方研究是否可使用这些文件的最新版本。凡是不注日期的引用文件，其最新版本适用于本规程。

FZ/T 99014　纺织机械电气设备　通用技术条件

FZ/T 90074　纺织机械产品涂装

SN/T 3719.1　进出口纺织行业成套设备检验技术要求　第1部分：化纤设备

SH/T 3503　石油化工建设工程项目交工技术文件规定

GB/T 15753　圆弧圆柱齿轮精度

ZBJ 19004　圆柱齿轮减速器

成型机（川崎重工）安装标准及维护手册

3 检修周期与内容

3.1 检修周期

根据二步法腈纶成型机系统功能故障及影响分析的结果，并结合生产装置运行周期，确定设备检修周期，一般为36个月。

3.2 检修项目

3.2.1 检修成型机压空管、喷淋管线的进、出口阀门、减压阀、压力表等附件；

3.2.2 检查成型辊表面磨损情况；
3.2.3 检查毛刷架是否齐全、完整；
3.2.4 检查检测器位置是否正常、好用；
3.2.5 检查压辊是否有伤痕及工作情况；
3.2.6 检查各处轴承的润滑及工作情况，添加或更换润滑油（脂）；
3.2.7 检查联轴器的对中和工作情况，作相应调整；
3.2.8 检查星辊啮合情况及表面磨损情况，作相应调整或更换；
3.2.9 检查气缸、气动元件工作情况；
3.2.10 检查气动管连接部位泄漏现象；
3.2.11 检查螺栓紧固情况；
3.2.12 检查、处理运行中发生的其他缺陷，作相应调整；
3.2.13 调整成型辊水平和上下成型辊的平行度，更换磨损严重的成型辊；
3.2.14 拆检成型辊传动齿轮箱，更换磨损件；
3.2.15 拆检星辊齿轮箱，更换磨损件；
3.2.16 更换全部润滑油（脂）；
3.2.17 机架拆除、吊离，基础重新平整，校正中心线；
3.2.18 机架及电机、减速器、传动箱、背包箱的水平和标高按要求平整；
3.2.19 检修电机、限位开关、控制系统等的；
3.2.20 检修自控阀、气动元件、控制系统等的。

4 检修程序与质量标准

4.1 检修前准备

4.1.1 根据设备运行技术状态和监测记录，分析故障原因，明确故障部位；
4.1.2 准备必要的图纸资料，编制检修计划；
4.1.3 制定施工方案，明确技术要求，图、表齐全，符合设备安全、环保要求；
4.1.4 施工前组织施工人员进行技术交底，将方案内容、技术、质量等要求交代清楚；
4.1.5 准备检修工器具、清洗剂和润滑油（脂）等；
4.1.6 落实安全防护措施与环保要求：
4.1.6.1 办理好各类进场检修施工手续；
4.1.6.2 检修前切断机台电源等，并且挂安全警示牌；
4.1.6.3 停车检修前需确认工艺处置是否满足检修要求；
4.1.6.4 备好相应物料收集桶，避免环境污染；
4.1.6.5 检修人员个人防护必须符合劳保着装规定要求，施工器具验收合格，并落实施工监护人；
4.1.6.6 现场设置施工作业管理牌，落实好文明检修相关准备要求。

4.2 拆卸与检测

4.2.1 成型辊

4.2.1.1 拆卸绕辊检测器支架，百分表测量成型辊径向圆跳动并记录；
4.2.1.2 拆卸成型辊的支座及端盖；
4.2.1.3 用专用工具将成型辊拆出。

4.2.2 压辊、气缸

4.2.2.1 拆卸压辊与气缸的连接销，卸下压辊，检查表面磨损情况，更换失效件；
4.2.2.2 压辊解体，清洗检查轴承、轴、油封等，更换失效件；
4.2.2.3 拆卸气缸，解体检查活塞、活塞杆、活塞环、密封件，导向杆等，更换失效件。

4.2.3 齿轮箱

4.2.3.1 拆卸输入轴安全罩、联轴器、三通箱；
4.2.3.2 拆卸上、下成型辊及压辊；
4.2.3.3 拆卸浴槽墙板及气缸支座；
4.2.3.4 拆卸轴承端盖、油封、传动轴、轴承、齿轮，清洗检查，更换失效件。

4.2.4 星辊

4.2.4.1 拆卸检测器支架；
4.2.4.2 拆卸星辊紧定套；
4.2.4.3 拆卸星辊。

4.2.5 星辊齿轮箱

4.2.5.1 拆卸输入轴安全罩、联轴器；
4.2.5.2 拆卸星辊；
4.2.5.3 拆卸星辊齿轮箱盖、齿轮、锁紧螺母、紧定套、轴、轴承等，清洗检查，更换失效件。

4.2.6 其他检修

4.2.6.1 更换变形的绕辊检测器支架、毛刷、橡胶条等；
4.2.6.2 气路检查，更换失效气动元件，油雾器补油；
4.2.6.3 联轴器检查找正；
4.2.6.4 更换所有失效的密封垫片；
4.2.6.5 紧固所有松动的紧固件；

4.3 回装与质量标准

4.3.1 回装程序与要求

4.3.1.1 成型辊

a）百分表测量成型辊轴径向圆跳动并记录，符合标准成型辊起吊、安装复位；

b）紧固锁紧螺母；

c）成型辊端盖安装复位；

d）成型辊轴承支座安装复位，百分表测量成型辊径向圆跳动并记录；

e）绕辊检测器支架安装复位。

4.3.1.2 压辊、气缸

a）气缸、气动元件安装复位；

b）压辊与气缸连接销安装，压辊复位。

4.3.1.3 齿轮箱

a）齿轮箱轴承端盖、油封、传动轴、轴承、齿轮安装复位，百分表测量轴径向圆跳动并记录，保证符合标准；

b）浴槽墙板、气缸支座安装复位；

c）上、下成型辊及橡皮压辊安装复位，百分表测量成型辊径向圆跳动并记录，保证符合标准；

d）输入轴三通、联轴器、安装复位，校正联轴器同心度，安全罩复位。

4.3.1.4 星辊

a）星辊安装就位，锁紧紧定套，星辊复位；

b）检测器支架安装复位。

4.3.1.5 星辊齿轮箱

a）背包箱盖、齿轮、锁紧螺母、紧定套、轴、轴承安装复位；

b）星辊成型辊安装复位；

c）输入轴联轴器安装复位，校正同心度，安全罩复位。

4.3.2 检修质量标准

4.3.2.1 机架部分检修质量标准见表1。

表1 机架部分检修质量标准

mm

序号	检验项目	质量标准	检验方法
1	机架纵横水平度	＜0.10/100	长直尺加水平尺
2	机架垂直度	＜0.10/100	框式水平仪
3	齿轮箱底座水平度	＜0.10/1000	框式水平仪
4	齿轮箱后侧垂直度	＜0.10/1000	框式水平仪
5	成型辊与丝束中心线	＜0.50	吊线检查

4.3.2.2 背包箱、齿轮箱组件检修质量标准见表2。

表2 背包箱、齿轮箱组件检修质量标准

mm

序号	检验项目	质量标准	检验方法
1	齿轮箱内部	清洁	目测
2	轴承	无明显松动 无明显磨损 润滑良好	目测、手检 目测、手检 目测、油品检测
3	齿轮端面平齐度	＜0.50	直尺和测微片
4	齿轮磨损率	＜20%	以齿顶厚为准
5	齿轮啮合侧隙	0.10～0.20	压铅法或测微片
6	齿轮轴轴向窜量	0.10～0.15	手动及百分表
7	静、动密封	无明显泄漏	目测

4.3.2.3 成型辊及轴检修质量标准见表3。

表3 成型辊及轴检修质量标准

mm

序号	检验项目	质量标准	检验方法
1	成型辊径向圆跳动	＜0.30	百分表
2	两成型辊平行度	＜0.30	内径千分表
3	轴径向圆跳动	＜0.10	百分表
4	成型辊	表面光洁、无毛刺	目测

4.3.2.4 等径伞齿轮箱检修质量标准见表4。

表4 等径伞齿轮箱检修质量标准

mm

序号	检验项目	质量标准	检验方法
1	齿轮啮合接触面积率	沿齿高＞50% 沿齿宽＞50%	着色法
2	齿轮啮合齿顶间隙	0.60～0.90	压铅法
3	齿轮啮合侧间隙	0.10～0.22	压铅法
4	静、动密封	无明显泄漏	目测
5	油位视镜 油位	清晰 1/2～2/3（停车时）	目测
6	传动系统	转动灵活、无异响	目测、耳听、手检

4.3.2.5 联轴器及其他检修质量标准见表5。

表 5　联轴器及其他检修质量标准

mm

序号	检验项目	质量标准	检验方法
1	绕辊检测器支座	无明显松动	目测、手检
2	喷淋管喷嘴	齐全、好用	目测
3	喷淋管	无明显松动	目测、手检
4	喷淋管与成型辊	无明显接触相磨	目测
5	各毛刷、橡胶条	齐全、好用	目测
6	拉门及浴槽盖	开启灵活	目测、手检
7	润滑油	无明显变质	目测
8	全机动、静密封	无明显泄漏	目测
9	成型辊	表面光洁、无毛刺	目测
10	轴承	无明显松动 无明显磨损 润滑良好	目测、手检
11	联轴器同轴度 联轴器平行度	＜0.20 ＜0.20	百分表 百分表

5　试车与验收

5.1　试车前检查

5.1.1　检查检修质量符合质量标准，有书面质量验收记录；
5.1.2　检查各紧固件的联接和传动件的结合情况符合要求；
5.1.3　检查各润滑点油位和润滑油脂添加情况符合要求；
5.1.4　检查电气、仪表、气路、水路和管路完好、无泄漏、异常现象；
5.1.5　检查安全防护罩、防护栏和安全停车装置齐全完好；
5.1.6　对上述所有检查内容确认正常后试车。

5.2　试车

5.2.1　空载试车

5.2.1.1　空载试车必须在本规程 5.1 各项检查完成后进行；
5.2.1.2　试车前检查所有发现的问题应全部整改完毕，检修记录应完整无缺；
5.2.1.3　连续运行前，各电机必须进行瞬时点动，确认电机运行方向是否正确，观察和检查连接部位有无异常；
5.2.1.4　连续运行，检查各传动部位有无异响、异振等情况，电流无明显波动；

5.2.1.5 空载试车：空载试车不小于 0.5h。

5.2.2 负载试车

5.2.2.1 消除空试过程中出现的故障和缺陷；
5.2.2.2 按工艺要求进行调速；
5.2.2.3 由操作人员引丝开车；
5.2.2.4 负载试车不得少于 72h。

5.3 验收

5.3.1 交接验收必须具备以下条件：
5.3.1.1 达到规定试车时间，运行状况良好；
5.3.1.2 检修记录、试车记录等技术资料齐全、准确；
5.3.2 检修质量按本规程 4.3.2 规定的检修质量标准进行验收；
5.3.3 设备技术状态达到完好标准；
5.3.4 按规定办理交接验收手续；
5.3.5 检修现场按照文明施工的要求，做到工完、料尽、场地清。

6 维护与故障处理

6.1 日常维护

6.1.1 维护内容

6.1.1.1 检查成型辊是否缠丝、表面粗糙度；
6.1.1.2 检查星辊是否错位、缠丝、表面粗糙度；
6.1.1.3 检查各处轴承的润滑及工作情况；
6.1.1.4 检查联轴器的对中和工作情况；
6.1.1.5 检查浴槽和各连接部位有无明显泄漏现象；
6.1.1.6 检查所有零部件的固定螺栓有无松动现象；
6.1.1.7 检查气动元件工作情况；
6.1.1.8 以上项目如检查出问题则视情况维护。

6.1.2 维护时间

6.1.2.1 操作工按照操作规程对设备进行巡检；
6.1.2.2 保全工每天巡回检查不少于 2 次。

6.2 常见功能故障与处理方法

二步法腈纶成型机设备常见功能故障与处理方法见表 6。

表 6　二步法腈纶成型机常见功能故障与处理方法

序号	功能	功能故障	故障模式	故障后果	故障应对策略与检修内容	检修周期 / 月
1	保证生产连续运行	成型辊缠丝	成型辊表面毛糙	生产无法连续运行	停车处理或更换	视情况而定
		星辊缠丝	星辊表面有毛刺	生产无法连续运行	停车处理或更换	视情况而定
2	保证设备连续运转	传动辊故障	轴承坏	影响生产质量	更换轴承	36 ～ 48
			轴弯或轴磨损		更换轴	视情况而定
			锁紧螺母松动		重新调整锁紧螺母	视情况而定
		传动星辊故障	轴承坏	影响生产质量	更换轴承	36 ～ 48
			轴弯或轴磨损		更换轴	视情况而定
		传动系统不正常	紧固件松动	旋转部件振动大	拧紧固定螺栓	视情况而定
			轴承损坏		更换轴承	36 ～ 48
			齿轮啮合不良		调整间隙或更换齿轮	视情况而定
			联轴器对中不良		重新找正	视情况而定
		传动系统不正常	轴承损坏	旋转部件异响	更换轴承	36 ～ 48
			齿轮啮合不良		调整间隙或更换齿轮	视情况而定
			联轴器对中不良		重新找正	视情况而定
		传动系统不正常	轴承损坏	生产无法连续运行	更换轴承	36 ～ 48
			缺润滑油（脂）		补加润滑油（脂）	视情况而定
			油（脂）变质		更换油（脂）	24
			联轴器对中不良		重新找正	视情况而定
			紧固件松动		紧固	视情况而定
		电气控制系统不正常	成型辊绕辊	电流过流跳车	处理绕辊	视情况而定
			齿轮箱润滑不良		检查油路或补油	视情况而定
			电机绝缘降低		检查电机	视情况而定
			速度调节不当		重新调整	视情况而定
3	设备无泄漏	设备泄漏	密封件老化损坏	排污超标	更换密封件	24 ～ 36
			紧固件松动		紧固	视情况而定

附　录　A

（资料性附录）

成型机检修质量控制确认表

项目	主要控制内容			等级	施工单位	生产装置	设备管理部门	备注
	标准值	部位	现场记录					
拆卸时检测								
上成型辊传动轴的径向圆跳动	＜0.10mm	上成型辊轴外侧端部		B	★	★		
下成型辊传动轴的径向圆跳动	＜0.10mm	下成型辊轴外侧端部		B	★	★		
上成型辊径向圆跳动	＜0.30mm	上成型辊外侧端部		B	★	★		
下成型辊径向圆跳动	＜0.30mm	下成型辊外侧端部		B	★	★		
上、下成型辊平行度	＜0.30mm	上、下成型辊两侧端部		B	★	★		
回装时检测								
上成型辊传动轴的径向圆跳动	＜0.10mm	上成型辊轴外侧端部		B	★	★		
下成型辊传动轴的径向圆跳动	＜0.10mm	下成型辊轴外侧端部		B	★	★		
上成型辊径向圆跳动	＜0.30mm	上成型辊外侧端部		B	★	★		
下成型辊径向圆跳动	＜0.30mm	下成型辊外侧端部		B	★	★		
上、下成型辊平行度	＜0.30mm	上、下成型辊两侧端部		B	★	★		
联轴器同轴度	＜0.20mm	联轴器		B	★	★		
联轴器平行度	＜0.20mm	联轴器		B	★	★		

注： A级：施工单位、生产装置、设备管理部门专业人员检查确认后签字。

B级：施工单位和生产装置专业人员检查确认后签字。

C级：施工单位专业人员检查确认后签字。

另：如果有监理，监理的职责由甲方授权。

附　录　B
（资料性附录）
成型机试车与验收数据记录表

设备名称		位号		工作介质	
驱动机种类		转速	r/min	试车介质	
试车类别	□空负荷□负荷	环境温度	℃	试车日期	
连续运转时间	h	启动电流	A		

检查项目		设计值/允许值	实测值								
运行记录时刻											

试车情况：	
试车结论：	
验收意见	生产装置：
	施工单位：
	设备管理部门：

说明：生产装置组织单机试车与验收，其中主要设备由设备管理部门参与验收，其余均由生产装置、施工单位双方共同验收。

18. 第一干燥机（NATIONAL）维护检修规程

SHS 04306—2019

代替 SHS 04306—2004

目　次

前　言

本规程按照GB/T 1.1—2009《标准化工作导则　第1部分：标准的结构和编写》给出的规则起草。

本规程代替SHS 04306—2004《第一干燥机维护检修规程》，与SHS 04306—2004相比，除了编辑性修改外，主要技术变化如下：

——增加了规范性引用文件；

——细化了拆卸与检测、回装与质量标准；

——常见功能故障与处理部分按RCM分析方法重新编制；

——增加“附录A　第一干燥机检修质量控制确认表”；

——增加“附录B　第一干燥机试车与验收数据记录表”。

本规程由中国石油化工集团有限公司、中国石油化工股份有限公司提出。

本规程起草单位：中国石化上海石油化工股份有限公司。

本规程主要起草人：刘长升。

本规程历次版本发布情况：

——SHS 04306—2004。

第一干燥机（NATIONAL）维护检修规程

1 范围

1.1 主题内容

本规程规定了二步法腈纶第一干燥机（NATIONAL）检修周期与内容、检修与质量标准、试车与验收、维护与常见故障处理。

1.2 适用范围

本规程适用于二步法腈纶第一干燥机（NATIONAL）的维护与检修。

2 规范性引用文件

下列文件中的条款通过本规程的引用而成为本规程的条款。凡是注日期的引用文件，其随后所有的修改单（不包括勘误的内容）或修订版均不适用于本规程，然而，鼓励根据本规程达成协议的各方研究是否可使用这些文件的最新版本。凡是不注日期的引用文件，其最新版本适用于本规程。

FZ/T 99014 纺织机械电气设备 通用技术条件

FZ/T 90074 纺织机械产品涂装

SN/T 3719.1 进出口纺织行业成套设备检验技术要求 第1部分：化纤设备

SH/T 3503 石油化工建设工程项目交工技术文件规定

ZBJ 19004 圆柱齿轮减速器

第一干燥机（美国NATIONAL）安装标准及维护手册

3 检修周期与内容

3.1 检修周期

根据二步法腈纶第一干燥机（NATIONAL）系统功能故障及影响分析的结果，并结合生产装置运行周期，确定设备检修周期，一般为36个月。

3.2 检修项目

3.2.1 检查链板运行情况，检查链板有无磨损、变形；

3.2.2 检查链板侧密封板是否磨损、变形；

3.2.3 检查链板链条是否挂丝；
3.2.4 检查链条润滑情况，油雾发生器是否工作正常；
3.2.5 检查蒸汽管路和加热器是否有泄漏；
3.2.6 检查链条传动和皮带传动的张紧情况；
3.2.7 检查循环风机、主排风机轴承运行情况；
3.2.8 检查风门、风机滤网工作情况；
3.2.9 检查横动小车轨道润滑、磨损情况，检查横动小车驱动螺杆轴和对开螺母润滑、磨损情况；
3.2.10 检查星形辊筒表面磨损、挂丝及位置情况，且调整；
3.2.11 检查伺服电机、减速器、联轴器、传动系统运行情况；
3.2.12 检查横动小车上梯形丝束导丝器的运动是否平稳，检查丝束导丝器和辊筒导丝器是否清洁、表面有无伤痕，检查辊筒导丝器的转动状况是否平稳；
3.2.13 检查疏水器、阀门工作情况；
3.2.14 检查、处理运行中发生的其他缺陷；
3.2.15 拆检减速箱，清洗检查轴承、齿轮、油封等，更换失效件；
3.2.16 拆检链板驱动的链条传动系统；
3.2.17 检查链板张紧系统；
3.2.18 检查水汀排泄漏情况；
3.2.19 拆检链板侧的密封板，并予以校正或更换；
3.2.20 拆检横动小车的对开螺母，更换失效件；
3.2.21 机架校平；
3.2.22 平装循环风机、主排风机；
3.2.23 平装减速器；
3.2.24 平装横动小车；
3.2.25 全机除锈防腐；
3.2.26 检修电机、限位开关、控制系统等的；
3.2.27 检修自控阀、气动元件、控制系统等的。

4 检修程序与质量标准

4.1 检修前准备

4.1.1 根据设备运行技术状态和监测记录，分析故障原因，明确故障部位；
4.1.2 准备必要的图纸资料，编制检修计划；
4.1.3 制定施工方案，明确技术要求，图、表齐全，符合设备安全、环保要求；
4.1.4 施工前组织施工人员进行技术交底，将方案内容、技术、质量等要求交代清楚；
4.1.5 准备检修工器具、清洗剂和润滑油（脂）等；

4.1.6 落实安全防护措施与环保要求：
4.1.6.1 办理好各类进场检修施工手续；
4.1.6.2 检修前切断机台电源等，并且挂安全警示牌；
4.1.6.3 停车检修前需确认工艺处置是否满足检修要求；
4.1.6.4 备好相应物料收集桶，避免环境污染；
4.1.6.5 检修人员个人防护必须符合劳保着装规定要求，施工器具验收合格，并落实施工监护人；
4.1.6.6 现场设置施工作业管理牌，落实好文明检修相关准备要求。

4.2 拆卸与检测

4.2.1 横动头

4.2.1.1 拆卸安全罩、联轴器、电动机减速箱、导丝架，清洗检查各部分，更换失效件；
4.2.1.2 拆卸传动齿轮、传动轴、轴承、辊筒导丝器、弹簧，清洗检查，更换失效件；
4.2.1.3 拆卸墙板、星辊，清洗检查，更换失效件。

4.2.2 横动小车

4.2.2.1 拆卸横动头；
4.2.2.2 拆卸横动小车、对开螺母，清洗检查，更换失效件；
4.2.2.3 拆卸驱动螺杆、轴承，清洗检查，更换失效件；
4.2.2.4 拆卸横动小车轨道、导轮，清洗检查，更换失效件。

4.2.3 循环风机

4.2.3.1 拆卸均风板、诱导轮、风机叶轮，清洗检查，更换失效件；
4.2.3.2 拆卸安全罩壳、皮带、皮带轮、传动轴、轴承座，清洗检查，更换失效件。

4.2.4 主排风机

4.2.4.1 拆卸安全罩、皮带、皮带轮并检查，更换失效件；
4.2.4.2 拆卸蜗壳盖板、轴承座，清洗检查，更换失效件；
4.2.4.3 拆卸风机叶轮、轴承、轴，清洗检查，更换失效件。

4.2.5 水汀排

4.2.5.1 拆卸蒸汽进、出口管；
4.2.5.2 拆卸门板、门框等；
4.2.5.3 用专用起重工具吊装水汀排至平坦地面并检查，更换失效件。

4.2.6 蝴蝶板、密封板

4.2.6.1 拆卸侧板、压板、蝴蝶板并检查，更换失效件；
4.2.6.2 拆卸连接板、密封板并检查，更换失效件。

4.2.7 链网

4.2.7.1 拆卸侧板、压板、检测器并检查，更换失效件；
4.2.7.2 拆卸传动链、滚轮、蝴蝶板，清洗检查，更换失效件；
4.2.7.3 拆卸链网，清洁检查，更换失效件。

4.2.8 减速箱

4.2.8.1 拆卸皮带、皮带轮、电动机、联轴器、传动链、链轮，清洗检查，更换失效件；
4.2.8.2 解体减速箱，清洗检查传动轴、轴承、油封、齿轮，更换失效件。

4.3 回装与质量标准

4.3.1 回装程序与要求

4.3.1.1 横动头

a）墙板、星辊轴、星辊就位；
b）传动齿轮、传动轴、轴承、辊筒导丝器、弹簧回装；
c）安全罩、联轴器、电动机减速箱、导丝架复位；
d）调整星辊位置间隙。

4.3.1.2 横动小车

a）横动小车轨道、导轮复位，水平校正；
b）驱动螺杆、轴承复位；
c）横动小车、对开螺母复位。

4.3.1.3 循环风机

a）传动轴、轴承座就位，垂直度、水平度校正；
b）皮带、皮带轮、均风板、诱导轮、风机叶轮复位；
c）盘车，叶轮、匀风板位置调整，安全罩壳复位。

4.3.1.4 主排风机

a）风机叶轮、轴承、轴复位，水平度校正；
b）蜗壳盖板、机座复位；
c）盘车，叶轮位置调整，皮带、安全罩壳复位。

4.3.1.5 水汀排

a）水汀排吊装复位；

b）门板、门框等复位；

c）蒸汽进、出口管复位。

4.3.1.6　蝴蝶板、密封板

a）密封板、连接板复位；

b）蝴蝶板、压板复位，盘车调整密封板位置，侧板复位。

4.3.1.7　链网

a）传动链、滚轮复位；

b）链网复位；

c）蝴蝶板、压板复位，盘车调整张力；

d）侧板、检测器复位。

4.3.1.8　减速箱

a）减速箱传动轴、轴承、油封、齿轮等组装复位；

b）箱体、电动机、皮带轮、皮带、联轴器、链轮、传动链复位，盘车调整位置、张力。

4.3.2　检修质量标准

4.3.2.1　机架部分检修质量标准见表 1。

表 1　机架部分检修质量标准

mm

序号	检验项目	质量标准	检验方法
1	机架水平度	＜ 0.10/1000	长直尺加水平尺
2	机架垂直度	＜ 0.10/1000	框式水平仪
3	链板纵向水平度	＜ 0.10/1000	直尺加水平尺
4	机架中心	＜ 0.50	吊线检查

4.3.2.2　减速器（无级变速器）检修质量标准见表 2。

表 2　减速器（无级变速器）检修质量标准

mm

序号	检验项目	质量标准	检验方法
1	箱体内部	清洁	取样检查
2	转动	转动灵活、无异响	手检、耳听
3	传动轴轴向窜量	0.10 ～ 0.15	百分表检查
4	轴承	无明显松动 无明显磨损 润滑良好	装配时检查
5	链条	松紧适度	装配时检查
6	油位视镜 油位	清晰 1/2 ～ 2/3（停车时）	目测
7	静、动密封	无泄漏	目测

4.3.2.3　链传动检修质量标准见表 3。

表 3　链传动检修质量标准

mm

序号	检验项目	质量标准	检验方法
1	链轮装配侧面不平齐	＜0.50	直尺加测微片
2	链条磨损率	＜1%	以拉伸与压缩的长度比为准
3	链条润滑状况	良好	手检
4	链轮磨损率	＜20%（以齿尖厚为准）	游标卡尺

4.3.2.4　导轨与链板检修质量标准见表 4。

表 4　导轨与链板检修质量标准

mm

序号	检验项目	质量标准	检验方法
1	导轨角钢接头不平齐	＜0.50	直尺加测微片，且不得前低后高
2	导轨角钢螺栓	紧固	目测
3	导轨角钢磨损率	＜1.0	直尺加测微片
4	链条	松紧适度	手检
5	链条滚轮	转动灵活、无异响	目测、耳听
6	链条、套筒、滚轮	无明显磨损	目测，手检
7	链板紧固螺栓	紧固	扳手拧紧
8	相邻链板平行间隙	＜0.1	塞尺
9	链板直线度	＜3.0	拉线检查
10	相邻侧密封板间隙	＜3.0	塞尺
11	链板表面安装板高度差	＜1.0	直尺加塞尺
12	链板主装轴水平度	＜0.10/1000	水平仪
13	链板表面	表面光洁、平整	目测，手检

4.3.2.5　风机检修质量标准见表 5。

表 5　风机检修质量标准

mm

序号	检验项目	质量标准	检验方法
1	风机机架水平度	＜0.10/1000	水平尺
2	风机轴垂直度	＜0.10/1000	框式水平仪
3	风机、皮带松紧	松紧适度	手感
4	风机振动	≤0.45	测振仪
5	转动	转动灵活、无异响	目测，手检

4.3.2.6 加热系统检修质量标准见表6。

表6 加热系统检修质量标准

mm

序号	检验项目	质量标准	检验方法
1	散热片	无变形	目测
2	散热器	无泄漏	水压试验，压力表
3	阀门	完好	手动检查
4	静密封	无泄漏	目测

4.3.2.7 隔热门及保温墙板检修质量标准见表7。

表7 隔热门及保温墙板检修质量标准

mm

序号	检验项目	质量标准	检验方法
1	隔热门	完好	手动
2	保温墙板密封情况	良好	目测

4.3.2.8 联轴器检修质量标准见表8。

表8 联轴器检修质量标准

mm

序号	检验项目	质量标准	检验方法
1	平行度	＜0.15	百分表
2	同轴度	＜0.15	百分表

4.3.2.9 其他检修质量标准见表9。

表9 其他检修质量标准

mm

序号	检验项目	质量标准	检验方法
1	润滑油	无变质	目测、油质分析仪
2	机内过滤网	清洁、完好	目测
3	油雾管	通畅、完好	目测
4	风门调节情况	良好	手检
5	被动轴轴向窜量	0.15～0.23	百分表

5 试车与验收

5.1 试车前准备

5.1.1 检查检修质量符合质量标准，有书面质量验收记录；

5.1.2 检查各紧固件的连接和传动件的结合情况符合要求；
5.1.3 检查各润滑点油位和润滑油脂添加情况符合要求；
5.1.4 检查电气、仪表、气路、水路和管路完好、无泄漏、异常现象；
5.1.5 检查安全防护罩、防护栏和安全停车装置齐全完好；
5.1.6 对上述所有检查内容确认正常后试车。

5.2 试车

5.2.1 空载试车

5.2.1.1 空载试车必须在本规程 5.1 各项检查完成后进行；
5.2.1.2 试车前检查所有发现的问题应全部整改完毕，检修记录应完整无缺；
5.2.1.3 连续运行前，各电机必须进行点动，确认电机运行方向是否正确，观察和检查连接部位有无异常；
5.2.1.4 连续运行时，检查各传动部位有无异响、异振，电流有无异常波动；
5.2.1.5 空载试车：空载试车不小于 0.5h。

5.2.2 负载试车

5.2.2.1 消除空试过程中出现的故障和缺陷；
5.2.2.2 按工艺要求进行调速；
5.2.2.3 由操作人员引丝开车；
5.2.2.4 负载试车不得少于 72h。

5.3 验收

5.3.1 交接验收必须具备以下条件：
5.3.1.1 达到规定试车时间，运行状况良好；
5.3.1.2 检修记录、试车记录等技术资料齐全、准确；
5.3.2 检修质量按本规程 4.3.2 规定的检修质量标准进行验收；
5.3.3 设备技术状态达到完好标准；
5.3.4 按规定办理交接验收手续；
5.3.5 检修现场按照文明施工的要求，做到工完、料尽、场地清。

6 维护与故障处理

6.1 日常维护

6.1.1 维护内容

6.1.1.1 检查链板运行情况，检查链板有无变形；

6.1.1.2 检查链板侧密封板是否变形；
6.1.1.3 检查链板链条是否缠丝；
6.1.1.4 检查链条润滑情况，油雾发生器是否工作正常；
6.1.1.5 检查蒸汽管路、疏水器和水汀排是否有泄漏；
6.1.1.6 检查链条传动和皮带传动的张紧情况；
6.1.1.7 检查主排、循环风机轴承运行情况；
6.1.1.8 检查变速器的润滑油位和油色；
6.1.1.9 检查联轴器的对中和润滑情况；
6.1.1.10 检查风门、风机滤网工作情况，及时清理飞毛粉尘；
6.1.1.11 检查辊筒、丝束导丝器和其他与丝束接触部件的表面状况；
6.1.1.12 检查横动小车传动系统工作情况；
6.1.1.13 检查横动小车防缠辊刷及链板防钩丝探测杆工作情况；
6.1.1.14 检查各紧固件是否松动；
6.1.1.15 检查气动元件工作情况；
6.1.1.16 检查压缩空气管线是否泄漏；
6.1.1.17 以上项目如检查出问题则视情况维护。

6.1.2 维护时间

6.1.2.1 操作工按照操作规程对设备进行巡检；
6.1.2.2 保全工每天巡回检查不少于 2 次。

6.2 常见功能故障与处理方法

二步法腈纶第一干燥机常见功能故障与处理方法见表 10。

表 10 二步法腈纶第一干燥机常见功能故障与处理方法

序号	功能	功能故障	故障模式	故障后果	故障应对策略与检修内容	检修周期／月
1	保证生产连续运行	星辊辊筒缠丝	星辊辊筒表面质量有划痕、粗糙	生产无法连续运行	停下处理或更换	视情况而定
2	保证设备连续运转	传动星辊辊筒故障	轴承坏	星辊辊筒径向跳动大，影响产品质量	更换轴承	36 ～ 48
			轴弯或轴磨损		更换轴	视情况而定

表 10　二步法腈纶第一干燥机常见功能故障与处理方法（续）

序号	功能	功能故障	故障模式	故障后果	故障应对策略与检修内容	检修周期／月
2	保证设备连续运转	传动系统不正常	紧固件松动	旋转部件振动大、异声	拧紧固定螺栓	视情况而定
			轴承损坏		更换轴承	36 ～ 48
			齿轮啮合不良		调整间隙或更换齿轮	视情况而定
			联轴器对中不良		重新找正	视情况而定
			齿轮啮合不良		调整间隙或更换齿轮	视情况而定
			链板挂丝损坏	非计划停车	更换链板	视情况而定
			传动链磨损链板跑偏		更换磨损传动链、调整链板传动轴位置	24
			传动链开口销脱落		更换	视情况而定
		电气控制系统不正常	辊筒绕辊	电流过流跳车	处理绕辊	视情况而定
			齿轮箱润滑不良		检查油路补油或换油	视情况而定
			电机绝缘降低		检查电机	视情况而定
			速度调节不当		重新调整	视情况而定
3	设备无泄漏	设备泄漏	密封件老化损坏	排污超标	更换密封件	24 ～ 36
			紧固件松动		紧固	视情况而定

附　录　A
（资料性附录）
第一干燥机检修质量控制确认表

项目	主要控制内容			等级	施工单位	生产装置	设备管理部门	备注
	标准值	部位	现场记录					
拆卸时检测								
链板直线度	＜3.0mm	干燥机出口		B	★	★		
风机机架水平度	＜0.10/1000	风机机架		B	★	★		
风机振动	≤0.45mm/s	风机机架		C	★	★		
回装时检测								
链板直线度	＜3.0mm	干燥机出口		B	★	★		
相邻侧密封板间隙	＜3.0mm	干燥机机架		B	★	★		
链板表面安装板高度差	＜1.0mm	干燥机机架		B	★	★		
链板主装轴水平度	＜0.10/1000	干燥机进出口		B	★	★		
风机机架水平度	＜0.10/1000	风机机架		B	★	★		
风机轴垂直度	＜0.10/1000	风机机架		B	★	★		
风机振动	≤0.45mm/s	风机机架		C	★	★		

注： A级：施工单位、生产装置、设备管理部门专业人员检查确认后签字。

B级：施工单位和生产装置专业人员检查确认后签字。

C级：施工单位专业人员检查确认后签字。

另：如果有监理，监理的职责由甲方授权。

附　录　B
（资料性附录）
第一干燥机试车与验收数据记录表

设备名称		位号		工作介质	
驱动机种类		转速	r/min	试车介质	
试车类别	□空负荷□负荷	环境温度	℃	试车日期	
连续运转时间	h	启动电流	A		

检查项目		设计值／允许值	实测值								
运行记录时刻											

试车情况：	
试车结论：	
验收意见	生产装置：
	施工单位：
	设备管理部门：

说明：生产装置组织单机试车与验收，其中主要设备由设备管理部门参与验收，其余均由生产装置、施工单位双方共同验收。

19. 卷曲机（川崎重工）维护检修规程

SHS 04307—2019

代替 SHS 04307—2004

目　次

前　言

本规程按照日本川崎重工提供的《卷曲机安装标准及维护手册》给出的规则起草。

本规程代替 SHS 04307—2004《卷由机（川崎重工）维护检修规程》，与 SHS 04307—2004 相比，除了编辑性修改外，主要技术变化如下：

——增加了规范性引用文件；

——细化了拆卸与检测、回装与质量标准；

——常见功能故障与处理部分按 RCM 分析方法重新编制；

——增加“附录 A　卷曲机检修质量控制确认表”；

——增加“附录 B　卷曲机试车与验收数据记录表”。

本规程由中国石油化工集团有限公司、中国石油化工股份有限公司提出。

本规程起草单位：中国石化上海石油化工股份有限公司。

本规程主要起草人：陆强。

本规程历次版本发布情况：

——SHS 04307—2004。

卷曲机（川崎重工）维护检修规程

1 范围

1.1 主题内容

本规程规定了日本川崎重工制造的二步法腈纶卷曲机检修周期与内容、检修程序与质量标准、试车与验收、维护与故障处理。

1.2 适用范围

本规程适用于日本川崎重工制造的二步法腈纶卷曲机的维护与检修。

2 规范性引用文件

下列文件中的条款通过本规程的引用而成为本规程的条款。凡是注日期的引用文件，其随后所有的修改单（不包括勘误的内容）或修订版均不适用于本规程，然而，鼓励根据本规程达成协议的各方研究是否可使用这些文件的最新版本。凡是不注日期的引用文件，其最新版本适用于本规程。

GB/T 15753 圆弧齿轮执行标准

FZ/T 99014 纺织机械电气设备 通用技术条件

FZ/T 90074 纺织机械产品涂装

SN/T 3719.1—2013 进出口纺织行业成套设备检验技术要求 第1部分：化纤设备

SH/T 3503—2017 石油化工建设工程项目交工技术文件规定

ZBJ 19004 圆柱齿轮减速器

卷曲机（川崎重工）安装标准及维护手册

3 检修周期与内容

3.1 检修周期

根据二步法腈纶卷曲机功能故障及影响分析的结果，并结合生产装置运行周期，确定设备检修周期，一般为36个月。卷曲机头每运行6个月下线检修。

3.2 检修项目

3.2.1 传动系统联轴器拆检，检查联轴器及链磨损情况；

3.2.2 齿轮箱拆检，检查传动齿轮及链有无松动现象；
3.2.3 检查牵引辊、压辊是否缠丝及表面光洁；
3.2.4 检查气缸动作是否活络、气路有无泄漏；
3.2.5 卷曲机侧板拆检，更换耐磨板，检查刀轮间隙，刀轮表面磨损情况；
3.2.6 检查万向节磨损松动情况；
3.2.7 拆检无级变速箱、三通箱，检查齿轮、油位、油质；
3.2.8 检查浴槽和各连接管线有无泄漏现象；
3.2.9 检查调幅架及浴槽内导丝棒是否有磨损、松动现象；
3.2.10 拆检卷曲机头，更换磨损部件；
3.2.11 检查卷曲机在线振动仪，测温仪，液位计校零；
3.2.12 检查更换电气测速显示器，各传感器；
3.2.13 机架校平，基础修复；
3.2.14 全机防锈防腐。

4 检修程序与质量标准

4.1 检修前准备

4.1.1 根据设备运行技术状态和监测记录，分析故障原因，明确故障部位；
4.1.2 准备必要的图纸资料，编制检修计划；
4.1.3 制定施工方案，明确技术要求，图、表齐全，符合设备安全、环保要求；
4.1.4 施工前组织施工人员进行技术交底，将方案内容、技术、质量等要求交代清楚；
4.1.5 准备检修工器具、清洗剂和润滑油（脂）等；
4.1.6 落实安全防护措施与环保要求：
4.1.6.1 办理好各类进场检修施工手续；
4.1.6.2 检修前切断机台电源等，并且挂安全警示牌；
4.1.6.3 停车检修前需确认工艺处置是否满足检修要求；
4.1.6.4 备好相应物料收集桶，避免环境污染；
4.1.6.5 检修人员个人防护必须符合劳保着装规定要求，施工器具验收合格，并落实施工监护人；
4.1.6.6 现场设置施工作业管理牌，落实好文明检修相关准备要求。

4.2 拆卸与检测

4.2.1 卷曲机机头

4.2.1.1 拆卸安全罩、联轴器、上机架盖；
4.2.1.2 拆卸上卷曲辊、轴承；

4.2.1.3 拆卸丝束出口斜槽及上、下定位板，松开填料板和气缸之间的连接杆；
4.2.1.4 拆卸填料箱进口处的丝束导丝器，清洗检查；
4.2.1.5 拆卸旁板，填料板，上、下刮刀，清洗检查，更换失效件；
4.2.1.6 拆卸卷曲辊轴与万向联轴器的连接销；
4.2.1.7 拆卸下卷曲辊、轴承，更换失效件。

4.2.2 压辊

4.2.2.1 拆卸旁板、检测器支架，清洗检查并调整；
4.2.2.2 拆卸压辊；
4.2.2.3 压辊解体，清洗检查轴承、轴、油封等，更换失效件。

4.2.3 牵引辊

4.2.3.1 拆卸安全罩、链条、链轮，清洗检查，更换失效件；
4.2.3.2 拆卸轴承座、轴承，清洗检查，更换失效件；
4.2.3.3 拆卸牵引辊、轴，更换失效件。

4.2.4 其他部分

4.2.4.1 更换变形检测器支架；
4.2.4.2 联轴器检查找正；
4.2.4.3 拆检或更换泄漏气动元件、气缸；
4.2.4.4 更换所有失效的密封件、垫片；
4.2.4.5 紧固所有松动的紧固件；
4.2.4.6 更换磨损的导丝辊、导丝棒。

4.3 回装与质量标准

4.3.1 回装程序与要求

4.3.1.1 卷曲头

a）检查卷曲辊、轴承座相关尺寸，尺寸符合安装要求；

b）轴承座等相关零件用煤油清洗，轴承座油道采用压缩空气吹扫；

c）轴承应加热后安装，锁紧螺母紧固后转动轴承无卡阻现象；

d）上、下卷曲辊端面平齐，轴承盖螺栓受力均匀，卷曲辊转动无卡阻现象；

e）安装上、下刀，侧板，间隙符合工艺要求；

f）安装背压气缸，与压板连接后上下活络，压下后与下刀相距 20mm；

g）安装填料箱进口处的导丝器、耐磨板，安装耐磨板时注意调节螺栓紧固均匀、到位，防松螺母紧固；

4.3.1.2 压辊

a）检查压辊、轴表面及轴承座内孔有无磨损；

b）轴承安装，轴承盖安装时防止油封唇口翻边、O 形密封圈脱落；

c）压辊轴转动无卡阻，轴两端面宽度尺寸检查修复；

4.3.1.3 牵引辊、轴

a）检查牵引辊表面及轴承挡有无磨损；

b）轴承安装，牵引辊位置确定后先紧固后轴承锁紧螺母，再安装前轴承；

c）检查牵引辊径向跳动；

4.3.2 检修质量标准

4.3.2.1 机架部分检修质量标准见表 1。

表 1 机架部分检修质量标准

mm

序号	检验项目	质量标准	检验方法
1	机架纵横水平度	＜ 0.10/1000	长直尺加水平尺
2	机架垂直度	＜ 0.10/1000	框式水平仪
3	卷曲浴槽纵横水平度	＜ 0.10/1000	长直尺加水平尺
4	卷曲浴槽垂直度	＜ 0.10/1000	框式水平仪
5	底座水平度	＜ 0.10/1000	框式水平仪
6	底座中心线与丝束中心线	＜ 0.50	吊线检查

4.3.2.2 卷曲头检修质量标准见表 2。

表 2 卷曲头检修质量标准

mm

序号	检验项目	质量标准	检验方法
1	上刮刀顶部与上卷曲辊圆周表面间隙	0.08 ～ 0.10	测微片
2	旁板与上、下卷曲辊横面的间隙	0.40	测微片
3	下刮刀与左、右旁板的间隙	0.05	测微片
4	上、下卷曲辊间间隙	0.08 ～ 0.10	测微片
5	上、下刮刀	刀口锋利、光洁	目测、手感
6	上、下卷曲辊直径差 上、下卷曲辊宽度差	≤ 0.01 ≤ 0.015	千分尺 千分尺
7	上、下卷曲辊	表面光洁、无损伤	目测
8	侧板	表面光洁、无锐边	目测
9	上刮刀宽度比下刮刀宽度	0.05×2 对称分布	千分尺
10	上刮刀宽度比上卷曲辊宽度	0.4×2 对称分布	千分尺
11	下刮刀宽度比下卷曲辊宽度	0.3×2 对称分布	千分尺

4.3.2.3 无级变速器及轴检修质量标准见表 3。

表 3 无级变速器及轴检修质量标准

mm

序号	检验项目	质量标准	检验方法
1	箱体内部	清洁	目测
2	转动	转动灵活、无异响	手检、耳听
3	轴承	无明显松动 润滑良好	手检 目测或油品检测
4	两齿轮端面不平齐	≤ 0.20	直尺加测微片
5	齿轮磨损率	20%（以齿顶厚为准）	游标卡尺
6	齿轮啮合侧隙	适度	目测、手检
7	轴向窜动	0.10 ～ 0.15	百分表、卡尺
8	油位视镜 油位	清晰 1/2 ～ 2/3（停车时）	目测
9	静密封、动密封	无明显泄漏	目测

4.3.2.4 联轴器及其他检修质量标准见表 4。

表 4 联轴器及其他检修质量标准

mm

序号	检验项目	质量标准	检验方法
1	平行度	＜ 0.15	百分表
2	同轴度	＜ 0.10	百分表

4.3.2.5 气动件检修质量标准见表 5。

表 5 气动件检修质量标准

mm

序号	检验项目	质量标准	检验方法
1	气缸	动作灵活、无泄漏	手检
2	过滤器	清洁	目测
3	调节阀	调压稳定、无泄漏	手检
4	手动阀	转动灵活、无泄漏	手检

4.3.2.6 链条和链轮检修质量标准见表 6。

表 6 链条和链轮检修质量标准

mm

序号	检验项目	质量标准	检验方法
1	两链轮侧面不平齐	＜ 0.5	拉线检查
2	链条磨损率	1%	以拉直与压缩的长度比为准
3	链条润滑	良好	目测
4	链轮	无明显磨损严重	目测
5	涨力轮轴承	无明显松动	手检

5 试车与验收

5.1 试车前准备

5.1.1 全面检查各紧固件的连接和传动件的结合情况；
5.1.2 检查各润滑点油位和润滑脂添加情况；
5.1.3 全面检查电气、仪表、气路、水路和管路；
5.1.4 检查安全罩和安全装置是否齐全；
5.1.5 对上述所有检查内容确认正常后试车。

5.2 空载试车

5.2.1 空载试车必须在本规程 5.1 各项检查完成后进行；
5.2.2 连续运行前，各电机必须进行点动，观察和检查连接部位有无异常；
5.2.3 连续运行，检查各传动部位有无异响、异振情况，电流有无异常波动；
5.2.4 空载试车，不低于 0.5h。

5.3 验收

5.3.1 交接验收必须具备以下条件：
5.3.1.1 达到规定试车时间，运行状况良好；
5.3.1.2 检修记录、试车记录等技术资料齐全、准确；
5.3.2 检修质量按本规程 4.3.2 规定的检修质量标准进行验收；
5.3.3 设备技术状态达到完好标准；
5.3.4 按规定办理交接验收手续；
5.3.5 检修现场按照文明施工的要求，做到工完、料尽、场地清。

6 维护与故障处理

6.1 日常维护

6.1.1 维护内容

6.1.1.1 检查传动部件的振动、温度、异响；
6.1.1.2 检查各动、静密封点是否泄漏；
6.1.1.3 检查无级变速器、三通箱、齿轮箱的润滑油油质、油位情况；
6.1.1.4 检查气缸动作正常、气路各接头是否泄漏；
6.1.1.5 检查上、下卷曲辊轴承状态，检测工作（温度、震动）情况；
6.1.1.6 检查万向联轴器及其他联轴器的工作情况；
6.1.1.7 检查各气动部分动作是否灵活；

6.1.1.8 检查各紧固件是否松动；

6.1.1.9 以上项目如检查出问题则视情况维护。

6.1.2 维护时间

6.1.2.1 操作工按照操作规程对设备进行巡检；

6.1.2.2 运保人员每天巡回检查不少于 2 次。

6.2 常见功能故障与处理方法

二步法腈纶卷曲机常见功能故障与处理方法见表 7。

表 7 二步法腈纶卷曲机常见功能故障与处理方法

序号	功能	功能故障	故障模式	故障后果	故障应对策略与检修内容	检修周期 / 月
1	丝束卷曲状态达到工艺要求	丝束卷曲时断丝、卡丝或工艺参数不达标	气缸失效、轴承损坏	卷曲辊跳动、断丝	更换气缸、卷曲机备台	6～18
			耐磨板磨损	卷曲异常、毛边丝	更换耐磨板	15 天
			刀轮及侧板间隙跑偏	刀轮卡丝、卷曲异常	间隙检查调整或更换备台	视情况而定
			卷曲辊表面磨损	刀轮卡丝、卷曲异常	现场修磨或更换备台	视情况而定
2	导丝架丝束张力均匀	丝束跑偏或张力不匀	导丝棒磨损、变形	丝束损伤、绕辊	更换导丝棒	12～24
			丝束状态差	丝束跑偏	检查一烘出口丝束状态	视情况而定
			转向辊轴承坏	丝束跑偏	更换轴承	12～24
3	丝束牵引辊正常	牵引辊绕辊、径向跳动	牵引表面毛糙	丝束绕辊	更换牵引辊	24～36
			轴承磨损	运行异响	更换轴承	24～36
			气缸内泄漏	丝束挤压不平	更换气缸密封	12～24
			气源压力不足	丝束挤压不平	检查气源、气路	视情况而定

表 7　二步法腈纶卷曲机常见功能故障与处理方法（续）

序号	功能	功能故障	故障模式	故障后果	故障应对策略与检修内容	检修周期 / 月
4	传动系统运行正常	传动系统不正常	减速箱齿轮、轴承磨损	运行异响，震动大	更换轴承	24～36
			联轴器失效	运行异响、传动失效	联轴器更换，对中检查	12～24
			链条跑偏、断裂	链条异响断裂	链条调整或更换	24～36
5	设备无泄漏	设备泄漏	密封件老化损坏	动、静密封点泄漏	更换密封件	24～36
			紧固件松		紧固	视情况而定

附 录 A
（资料性附录）
卷曲机检修质量控制确认表

项目	主要控制内容			等级	施工单位	生产装置	设备管理部门	备注
	标准值	部位	现场记录					
拆卸时检测								
上下卷曲辊端面平齐	≤0.015mm	卷曲辊端面		B	★	★		
上卷曲辊与上刀间隙	0.08～0.10mm	上卷曲辊与上刀		B	★	★		
下卷曲辊与下刀间隙	0.08～0.10mm	下卷曲辊与下刀		B	★	★		
上下卷曲辊间隙	0.08～0.10mm	卷曲辊表面		B	★	★		
侧板与卷曲辊端面间隙	0.40mm	侧板与卷曲辊端面		B	★	★		
侧板与下刀间隙	0.05mm	侧板与下刀端面		B	★	★		
回装时检测								
上下卷曲辊端面平齐	≤0.015mm	卷曲辊端面		B	★	★		
上卷曲辊与上刀间隙	0.08～0.10mm	上卷曲辊与上刀		B	★	★		
下卷曲辊与下刀间隙	0.08～0.10mm	下卷曲辊与下刀		B	★	★		
上下卷曲辊间隙	0.08～0.10mm	卷曲辊表面		B	★	★		
侧板与卷曲辊端面间隙	0.40mm	侧板与卷曲辊端面		B	★	★		
侧板与下刀间隙	0.05mm	侧板与下刀		B	★	★		
牵引辊跳动	≤0.30mm	牵引辊表面		B	★	★		
联轴器同轴度	≤0.10mm	联轴器表面		B	★	★		
两链轮侧面不平齐	≤0.5mm	链轮端面		B	★	★		

注： A 级：施工单位、生产装置、设备管理部门专业人员检查确认后签字。
B 级：施工单位和生产装置专业人员检查确认后签字。
C 级：施工单位专业人员检查确认后签字。
另：如果有监理，监理的职责由甲方授权。

附 录 B
（资料性附录）
卷曲机试车与验收数据记录表

设备名称		位号		工作介质	
驱动机种类		转速	r/min	试车介质	
试车类别	□空负荷□负荷	环境温度	℃	试车日期	
连续运转时间	h	启动电流	A		

检查项目		设计值 / 允许值	实测值								
运行记录时刻											

试车情况：	
试车结论：	
验收意见	生产装置：
	施工单位：
	设备管理部门：

说明：生产装置组织单机试车与验收，其中主要设备由设备管理部门参与验收，其余均由生产装置、施工单位双方共同验收。

20. 定型机（川崎重工）维护检修规程

SHS 04308—2019

代替 SHS 04308—2004

目　　次

前　言

本规程按照日本川崎重工提供的《定型机安装标准及维护手册》给出的规则起草。

本规程代替 SHS 04308—2004《定型机（川崎重工）维护检修规程》，与 SHS 04308—2004 相比，除了编辑性修改外，主要技术变化如下：

——增加了规范性引用文件；

——细化了拆卸与检测、回装与质量标准；

——增加了定型锅检修内容；

——常见功能故障与处理部分按 RCM 分析方法重新编制；

——增加“附录 A　定型机检修质量控制确认表”；

——增加“附录 B　定型机试车与验收数据记录表”。

本规程由中国石油化工集团有限公司、中国石油化工股份有限公司提出。

本规程起草单位：中国石化上海石油化工股份有限公司。

本规程主要起草人：陆强。

本规程历次版本发布情况：

——SHS 04308—2004。

定型机（川崎重工）维护检修规程

1 范围

1.1 主题内容

本规程规定了日本川崎重工制造的二步法腈纶定型机检修周期与内容、检修程序与质量标准、试车与验收、维护与故障处理。

1.2 适用范围

本规程适用于日本川崎重工制造的二步法腈纶定型机的维护与检修。

2 规范性引用文件

下列文件中的条款通过本规程的引用而成为本规程的条款。凡是注日期的引用文件，其随后所有的修改单（不包括勘误的内容）或修订版均不适用于本规程，然而，鼓励根据本规程达成协议的各方研究是否可使用这些文件的最新版本。凡是不注日期的引用文件，其最新版本适用于本规程。

GB/T 150 压力容器

GB/T 15753 圆弧齿轮执行标准

FZ/T 99014 纺织机械电气设备 通用技术条件

FZ/T 90074 纺织机械产品涂装

SN/T 3719.1 进出口纺织行业成套设备检验技术要求 第1部分：化纤设备

SH/T 3503 石油化工建设工程项目交工技术文件规定

TSGR0004 固定式压力容器安全技术监察规程

ZBJ 19004 圆柱齿轮减速器

定型机（川崎重工）安装标准及维护手册

3 检修周期与内容

3.1 检修周期

根据日本川崎重工制造的二步法腈纶定型机系统功能故障及影响分析的结果，并结合生产装置运行周期，确定设备检修周期，一般为36个月。

3.2 检修项目

3.2.1 检查丝束输送带是否老化开裂，运行跑偏情况；
3.2.2 检查传动链条、链轮的张紧、磨损情况；
3.2.3 检查丝盘传动导轮、传动带磨损及脱落情况；
3.2.4 检查电磁离合器运行及磨损情况；
3.2.5 检查、调整气缸运行速度，气源压力；
3.2.6 检查各气路管连接部位是否泄漏，更换老化部件；
3.2.7 检查横动小车止动器、导轨接口无错位、高低，小车启停平稳；
3.2.8 检查丝盘存储器链条托架是否有变形、松动，更换变形挂钩；
3.2.9 检查铺丝进格链条、链轮是否有松动情况；
3.2.10 检查所有导轨磨损及错位情况；
3.2.11 拆检减速器、蜗轮箱、等径伞齿轮箱；
3.2.12 检查定型锅锁门机构，锁环楔形铜块无异常磨损脱落，密封圈无老化泄漏，动力缸运行正常，连接无松动，更换失效件；
3.2.13 检查定型锅加热管无松动变形，法兰无泄漏；
3.2.14 检查各限位运行情况，无松动移位；
3.2.15 检查各润滑部位的油位、油质；
3.2.16 检查各紧固件是否松动或有缺陷；
3.2.17 检查、处理运行中发生的其他缺陷；
3.2.18 定型锅安全检测并解决存在缺陷；
3.2.19 检查电气 PLC 控制器、各传感器，更换失效件；
3.2.20 检查定型锅控制器、气缸阀、测温元件，更换失效件；
3.2.21 全机防锈防腐。

4 检修程序与质量标准

4.1 检修前准备

4.1.1 根据设备运行技术状态和监测记录，分析故障原因，明确故障部位；
4.1.2 准备必要的图纸资料，编制检修计划；
4.1.3 制定施工方案，明确技术要求，图、表齐全，符合设备安全、环保要求；
4.1.4 施工前组织施工人员进行技术交底，将方案内容、技术、质量等要求交代清楚；
4.1.5 准备检修工器具、清洗剂和润滑油（脂）等；
4.1.6 落实安全防护措施与环保要求：
4.1.6.1 办理好各类进场检修施工手续；
4.1.6.2 检修前切断机台电源等，并且挂安全警示牌；

4.1.6.3 停车检修前需确认工艺处置是否满足检修要求；

4.1.6.4 备好相应物料收集桶，避免环境污染；

4.1.6.5 检修人员个人防护必须符合劳保着装规定要求，施工器具验收合格，并落实施工监护人；

4.1.6.6 现场设置施工作业管理牌，落实好文明检修相关准备要求。

4.2 拆卸与检测

4.2.1 丝束输送带

4.2.1.1 拆卸丝束输送带机架、罩壳；

4.2.1.2 拆卸张紧轮机构，清洗检查，更换失效件；

4.2.1.3 拆卸丝束输送带。

4.2.2 丝盘输送系统

4.2.2.1 拆卸安全网罩、电磁离合器、链轮、链条、张紧轮，清洗检查，更换失效件；

4.2.2.2 拆卸安全网罩、传动皮带、滚轮、张紧轮，清洗检查，更换失效件。

4.2.3 储存器

4.2.3.1 拆卸安全网罩、链条、丝盘托架，变形更换；

4.2.3.2 拆卸张紧轮机构、链轮，清洗检查，更换失效件；

4.2.3.3 拆卸链条两侧挡板，铜条磨损更换；

4.2.3.4 拆卸丝盘止动气缸，连接销磨损更换。

4.2.4 丝盘升降系统

4.2.4.1 拆卸丝盘止动机械限位支架，变形修理或更换；

4.2.4.2 拆卸丝盘升降机架、丝盘抓钩，更换失效件；

4.2.4.3 拆卸气源管、各类气缸，更换失效件；

4.2.4.4 拆卸导向块、滑动杆，更换失效件。

4.2.5 横动小车

4.2.5.1 拆卸小车盖板；

4.2.5.2 拆卸钢索气缸、气源管，更换失效件；

4.2.5.3 拆卸导轨，更换失效件；

4.2.5.4 拆卸台车止动器，更换失效件；

4.2.5.5 拆卸小车轮子，清洗检查，更换失效件。

4.2.6 转台

4.2.6.1 拆卸转台盖板；
4.2.6.2 拆卸止动器、气缸钢丝绳，更换失效件；
4.2.6.3 拆卸转台支架、轮子，更换失效件；
4.2.6.4 拆卸转台导轨，更换失效件。

4.2.7 定型锅

4.2.7.1 拆卸定型锅锅门密封条，更换失效件；
4.2.7.2 拆卸定型锅锁门机构楔形铜块，更换失效件；
4.2.7.3 拆卸定型锅内导轨，更换失效件；
4.2.7.4 拆卸定型锅内蒸汽加热管，检查是否泄漏，更换失效件；
4.2.7.5 拆卸定型锅动力缸，检查齿轮、螺杆磨损情况，更换失效件。

4.3 回装与质量标准

4.3.1 回装程序与要求

4.3.1.1 丝束输送带

a）输送带安装就位；

b）安装张紧轮机构，输送带初步预紧，检查输送带运行时是否有跑偏，调整螺杆至输送带运行时无跑偏；

c）安装机架及安全罩壳。

4.3.1.2 丝盘输送系统

a）安装电磁离合器、链轮、链条、张紧轮，清洗润滑；

b）安装滚轮、张紧轮、传动皮带，调整张紧轮位置；

c）安全罩安装。

4.3.1.3 储存器

a）安装链轮、张紧轮机构；

b）安装链条、丝盘托架，检查、调整链条位置；

c）安装链条两侧挡板；

d）安装丝盘止动器、气缸，检查左右止动器位置一致。

4.3.1.4 丝盘升降系统

a）安装气缸，气源管线，检查气缸垂直度；

b）更换磨损导向块、滑动杆；

c）安装丝盘升降机架、丝盘托架、定位器，检查连接螺母紧固情况，检查机架限位位置是否正确；

d）安装限位支架。

4.3.1.5　横动小车

a）安装小车滚轮、传动轴及链轮；

b）安装气缸、气源管线，连接钢索，调整气源，检查小车启停平稳，无爬行、冲击；

c）安装导轨、调整定位器，检查导轨两端接口平齐度；

d）安装台车止动器；

e）安装小车盖板及左右防护罩，盖板螺栓紧固，防止松动。

4.3.1.6　转台

a）安装转台支架、滚轮，更换磨损导轨，检查导轨接口平齐度；

b）安装减速箱、扭矩联轴器，调整扭矩；

c）安装传动链轮、链条，检查转台正反到位位置，与地面导轨接口平齐；

d）安装台车止动器、盖板。

4.3.1.7　定型锅系统

a）安装定型锅锅门密封条，密封条均匀嵌入，敲击时用铜质或木质榔头，禁用铁榔头，防止密封面变形；

b）安装定型锅锁门机构动力缸，更换楔形铜块，检查各楔形铜块与锅门的啮合情况，关闭时啮合 70% 以上；

c）安装定型锅内导轨，检查导轨水平度；

d）安装定型锅内蒸汽加热管，检查螺栓紧固，法兰无错位泄漏；

e）安装定型锅附属管线、仪表设施。

4.3.2　检修质量标准

4.3.2.1　机架部分检修质量标准见表 1。

表 1　机架部分检修质量标准

mm

序号	检验项目	质量标准	检验方法
1	机架纵横向水平度	＜ 0.10/1000	长直尺加水平尺
2	机架垂直度	＜ 0.10/1000	框式水平尺

4.3.2.2　链条和链轮检修质量标准见表 2。

表 2　链条和链轮检修质量标准

mm

序号	检验项目	质量标准	检验方法
1	两链轮侧面不平齐	＜ 0.5	拉线检查
2	链条磨损率	1%	以拉直与压缩的长度比为准
3	链条润滑状况	良好	目测
4	链轮磨损情况	无明显磨损	以齿尖为准
5	张力轮轴承	无明显松动	手检

4.3.2.3 等径伞齿轮箱检修质量标准见表 3。

表 3 等径伞齿轮箱检修质量标准

mm

序号	检验项目	质量标准	检验方法
1	圆锥伞齿轮啮合接触面积率	沿齿高＞50% 沿齿宽＞50%	着色法
2	齿轮啮合齿顶间隙	0.60～0.90	压铅法
3	齿轮啮合侧间隙	0.10～0.22	压铅法
4	静密封、动密封	无泄漏	目测
5	油位视镜 油位	清晰 1/2～2/3（停车时）	目测
6	传动系统	转动灵活，无异响	目测、耳听

4.3.2.4 联轴器及其他检修质量标准见表 4。

表 4 联轴器及其他检修质量标准

mm

序号	检验项目	质量标准	检验方法
1	链式联轴器同轴度 两端面平行度	≤0.10 ≤0.15	百分表 百分表
2	电磁离合器	无明显磨损	目测
3	凡与丝束接触部分	无毛刺	目测、手检
4	丝束输送带与丝束转台间隙	≤1	钢皮尺
5	丝束输送带状况	无弯曲运行 无明显松弛	目测
6	丝束输送带传动辊	转动灵活、无异响	目测
8	气缸行程	到位、无冲击	目测、钢皮尺
9	气缸、气源管	无明显泄漏	目测
10	气缸钢索	无松弛	目测
11	限位开关状况	接触正常	目测
12	升降机主柱垂直度	≤0.15/1000	框式水平尺
13	丝束转台端面跳动	≤1	百分表
14	推车转台端面跳动	≤1	百分表
15	导轨允许磨量	≤1	钢皮尺
16	导轨接头平齐	≤1	钢皮尺
17	导轨水平度	≤0.5/1000	水平仪
18	传动导轮、轮子	转动灵活	目测
19	止动器基础	无松动	目测

表 4 联轴器及其他检修质量标准（续）

序号	检验项目	质量标准	检验方法
20	定型锅蒸汽加热管	无明显泄漏	目测
21	定型锅锅门密封圈	无明显泄漏	目测

5 试车与验收

5.1 试车前准备

5.1.1 全面检查确认各紧固件的连接和传动件的结合情况；
5.1.2 检查各润滑点油位和润滑油脂添加情况；
5.1.3 全面检查确认电气、仪表、气路、水路和管路；
5.1.4 检查安全罩和安全装置是否齐全；
5.1.5 对上述所有检查内容确认正常后试车。

5.2 试车

5.2.1 空载试车必须在本规程 5.1 各项检查完成后进行；
5.2.2 连续运行前，各电机必须进行点动，观察和检查连接部位有无异常；
5.2.3 连续运行，检查各传动部位有无异响、异振情况，电流有无异常波动；
5.2.4 空载试车：不得少于 0.5h。

5.3 验收

5.3.1 交接验收必须具备以下条件：
5.3.1.1 达到规定试车时间，运行状况良好；
5.3.1.2 检修记录、试车记录等技术资料齐全、准确；
5.3.2 检修质量按本规程 4.3.2 规定的检修质量标准进行验收；
5.3.3 设备技术状态达到完好标准；
5.3.4 按规定办理交接验收手续；
5.3.5 检修现场按照文明施工的要求，做到工完、料尽、场地清。

6 维护与故障处理

6.1 日常维护

6.1.1 维护内容

6.1.1.1 检查丝束输送带表面是否脱落、开裂及运行情况；
6.1.1.2 检查丝束输送带传动辊运行情况；

6.1.1.3 检查丝盘输送系统运行情况；
6.1.1.4 检查丝盘存储器升降系统运行情况；
6.1.1.5 检查转台转动情况；
6.1.1.6 检查横动小车运行情况；
6.1.1.7 检查装载丝盘小车运行情况；
6.1.1.8 检查定型锅运行情况；
6.1.1.9 检查所有零部件的固定螺栓有无松动现象；
6.1.1.10 检查气缸及气动三元件运行情况；
6.1.1.11 检查各处轴承的润滑及松动情况；
6.1.1.12 以上项目如检查出问题则视情况维护。

6.1.2 维护时间

6.1.2.1 操作工按照操作规程对设备进行巡检；
6.1.2.2 运保工每天巡回检查不少于 2 次。

6.2 常见故障与处理方法

日本川崎重工制造的二步法腈纶定型机常见功能故障与处理方法见表 5。

表 5 二步法腈纶定型机常见功能故障与处理方法

序号	功能	功能故障	故障模式	故障后果	故障应对策略与检修内容	检修周期 / 月
1	保证生产连续运行、满足定型工艺要求	定型锅温度失控	控制仪表程序出错	影响产品质量	程序检查	视情况而定
			加热阀故障		修理或更换阀门	12 ～ 24
			设定参数错误		重新设定	视情况而定
			密封圈泄漏		更换密封圈	1 ～ 2
		真空度达不到工艺要求	真空泵内部磨损		泵检修，更换磨损件	视情况而定
			冷却水量低		检查进口截止阀	视情况而定
			冷却水温度高		检查换热器工作状态或清洗	12 ～ 24
2	保证设备连续运转	气缸故障	气缸密封件磨损	影响生产连续性	更换气缸或密封件	12 ～ 24
			连接头脱落		安装复位	视情况而定
			气源气压低		检查气源箱或清理过滤器	视情况而定
			电磁阀故障		检查或更换电磁阀	视情况而定
			电气控制故障		检查控制柜或电磁阀线圈	视情况而定

表 5　二步法腈纶定型机常见功能故障与处理方法（续）

序号	功能	功能故障	故障模式	故障后果	故障应对策略与检修内容	检修周期 / 月
2	保证设备连续运转	铺丝、引丝系统不正常	紧固件松动	影响生产连续性	拧紧固定螺栓	视情况而定
			轴承损坏		更换轴承	36 ～ 48
			传动链条跑偏、断裂		调整更换链条	36 ～ 48
			联轴器磨损		更换联轴器	36 ～ 48
			电磁离合器磨损异响		更换电磁离合器	24 ～ 36
			导轨磨损、错位		重新校正或更换	视情况而定
			定位器磨损松动		紧固或更换磨损定位器	视情况而定
			丝盘变形		修理更换	视情况而定
		电气控制系统不正常	控制柜故障	异常停机影响生产连续性	检查或更换继电器	视情况而定
			现场接触器坏		更换接触器	视情况而定
			电机故障		检查电机	视情况而定
			电磁阀坏		更换电磁阀	视情况而定
3	设备无泄漏	设备泄漏	密封件老化	动、静密封点泄漏	更换密封件	24 ～ 36
			紧固件松动		紧固	视情况而定

附 录 A
（资料性附录）
定型机检修质量控制确认表

项目	主要控制内容			等级	施工单位	生产装置	设备管理部门	备注
	标准值	部位	现场记录					
拆卸时检测								
升降机主柱垂直度	≤0.15/1000	升降机立柱		B	★	★		
导轨水平度	≤0.5/1000	导轨面		B	★	★		
回装时检测								
升降机主柱垂直度	≤0.10/1000	升降机立柱		B	★	★		
联轴器同心度	≤0.10mm	联轴器表面		B	★	★		
传动链轮平齐度	≤0.5mm	链轮端面		B	★	★		
导轨接头平齐	≤1mm	导轨连接部位		B	★	★		
导轨水平度	≤0.5/1000	导轨面		B	★	★		

注：A 级：施工单位、生产装置、设备管理部门专业人员检查确认后签字。
B 级：施工单位和生产装置专业人员检查确认后签字。
C 级：施工单位专业人员检查确认后签字。
另：如果有监理，监理的职责由甲方授权。

附　录　B

（资料性附录）

定型机试车与验收数据记录表

<table>
<tr><td colspan="2">设备名称</td><td></td><td colspan="2">位号</td><td colspan="3"></td><td colspan="2">工作介质</td><td colspan="2"></td></tr>
<tr><td colspan="2">驱动机种类</td><td></td><td colspan="2">转速</td><td colspan="3">r/min</td><td colspan="2">试车介质</td><td colspan="2"></td></tr>
<tr><td colspan="2">试车类别</td><td>□空负荷□负荷</td><td colspan="2">环境温度</td><td colspan="3">℃</td><td colspan="2" rowspan="2">试车日期</td><td colspan="2" rowspan="2"></td></tr>
<tr><td colspan="2">连续运转时间</td><td>h</td><td colspan="2">启动电流</td><td colspan="3">A</td></tr>
<tr><td colspan="2">检查项目</td><td rowspan="2">设计值 / 允许值</td><td colspan="9">实测值</td></tr>
<tr><td colspan="2">运行记录时刻</td><td></td><td></td><td></td><td></td><td></td><td></td><td></td><td></td><td></td></tr>
<tr><td></td><td></td><td></td><td></td><td></td><td></td><td></td><td></td><td></td><td></td><td></td><td></td></tr>
<tr><td></td><td></td><td></td><td></td><td></td><td></td><td></td><td></td><td></td><td></td><td></td><td></td></tr>
<tr><td></td><td></td><td></td><td></td><td></td><td></td><td></td><td></td><td></td><td></td><td></td><td></td></tr>
<tr><td></td><td></td><td></td><td></td><td></td><td></td><td></td><td></td><td></td><td></td><td></td><td></td></tr>
<tr><td></td><td></td><td></td><td></td><td></td><td></td><td></td><td></td><td></td><td></td><td></td><td></td></tr>
<tr><td></td><td></td><td></td><td></td><td></td><td></td><td></td><td></td><td></td><td></td><td></td><td></td></tr>
<tr><td></td><td></td><td></td><td></td><td></td><td></td><td></td><td></td><td></td><td></td><td></td><td></td></tr>
<tr><td></td><td></td><td></td><td></td><td></td><td></td><td></td><td></td><td></td><td></td><td></td><td></td></tr>
<tr><td></td><td></td><td></td><td></td><td></td><td></td><td></td><td></td><td></td><td></td><td></td><td></td></tr>
<tr><td></td><td></td><td></td><td></td><td></td><td></td><td></td><td></td><td></td><td></td><td></td><td></td></tr>
<tr><td></td><td></td><td></td><td></td><td></td><td></td><td></td><td></td><td></td><td></td><td></td><td></td></tr>
<tr><td></td><td></td><td></td><td></td><td></td><td></td><td></td><td></td><td></td><td></td><td></td><td></td></tr>
<tr><td colspan="12">试车情况：</td></tr>
<tr><td colspan="12">试车结论：</td></tr>
<tr><td colspan="2" rowspan="3">验收意见</td><td colspan="10">生产装置：</td></tr>
<tr><td colspan="10">施工单位：</td></tr>
<tr><td colspan="10">设备管理部门：</td></tr>
<tr><td colspan="12">说明：生产装置组织单机试车与验收，其中主要设备由设备管理部门参与验收，其余均由生产装置、施工单位双方共同验收。</td></tr>
</table>

21. 上油机（川崎重工）维护检修规程

SHS 04309—2019

代替 SHS 04309—2004

目　次

前　言

本规程按照日本川崎重工提供的《上油机安装标准及维护手册》给出的规则起草。

本规程代替SHS 04309—2004《上油机（川崎重工）维护检修规程》，与SHS 04309—2004相比，除了编辑性修改外，主要技术变化如下：

——增加了规范性引用文件；

——细化了拆卸检测、回装与质量标准；

——常见故障与处理部分按RCM分析方法重新编制；

——增加“附录A　上油机检修质量控制确认表”；

——增加“附录B　上油机试车与验收数据记录表”。

本规程由中国石油化工集团有限公司、中国石油化工股份有限公司提出。

本规程起草单位：中国石化上海石油化工股份有限公司。

本规程主要起草人：陆强。

本规程历次版本发布情况：

——SHS 04309—2004。

上油机（川崎重工）维护检修规程

1　范围

1.1　主题内容

本规程规定了日本川崎重工制造的二步法腈纶上油机检修周期与内容、检修与质量标准、试车与验收、维护与故障处理。

1.2　适用范围

本规程适用于日本川崎重工制造的二步法腈纶上油机的维护与检修。

2　规范性引用文件

下列文件中的条款通过本规程的引用而成为本规程的条款。凡是注日期的引用文件，其随后所有的修改单（不包括勘误的内容）或修订版均不适用于本规程，然而，鼓励根据本规程达成协议的各方研究是否可使用这些文件的最新版本。凡是不注日期的引用文件，其最新版本适用于本规程。

FZ/T 99014　纺织机械电气设备　通用技术条件

FZ/T 90074　纺织机械产品涂装

SN/T 3719.1—2013　进出口纺织行业成套设备检验技术要求 第 1 部分：化纤设备

SH/T 3503—2017　石油化工建设工程项目交工技术文件规定

GB/T 15753　圆弧圆柱齿轮精度

ZBJ 19004　圆柱齿轮减速器

上油机（川崎重工）安装标准及维护手册

3　检修周期与内容

3.1　检修周期

根据日本川崎重工制造的二步法腈纶上油机设备功能故障及影响分析的结果，并结合生产装置运行周期，确定设备检修周期，一般为 36 个月。

3.2　检修项目

3.2.1　传动系统联轴器拆检，检查联轴器及链磨损情况；

3.2.2 齿轮箱拆检，检查传动齿轮及链有无松动现象；
3.2.3 检查牵引辊、压辊是否绕丝及表面破损；
3.2.4 检查气缸动作是否活络、气路是否有泄漏；
3.2.5 检查星形辊啮合工作情况；
3.2.6 检查星形辊防绕检测器工作情况；
3.2.7 检查张力仪、捕结器工作情况；
3.2.8 拆检减速箱、三通箱，检查齿轮、油位、油质；
3.2.9 检查调幅架及浴槽内导丝棒是否有磨损、松动现象；
3.2.10 机架校平，基础修复；
3.2.11 检查更换电气测速显示器、各传感器；
3.2.12 全机防锈防腐。

4 检修程序与质量标准

4.1 检修前准备

4.1.1 根据设备运行技术状态和监测记录，分析故障原因，明确故障部位；
4.1.2 准备必要的图纸资料，编制检修计划；
4.1.3 制定施工方案，明确技术要求，图、表齐全，符合设备安全、环保要求；
4.1.4 施工前组织施工人员进行技术交底，将方案内容、技术、质量等要求交代清楚；
4.1.5 准备检修工器具、清洗剂和润滑油（脂）等；
4.1.6 落实安全防护措施与环保要求：
4.1.6.1 办理好各类进场检修施工手续；
4.1.6.2 检修前切断机台电源等，并且挂安全警示牌；
4.1.6.3 停车检修前需确认工艺处置是否满足检修要求；
4.1.6.4 备好相应物料收集桶，避免环境污染；
4.1.6.5 检修人员个人防护必须符合劳保着装规定要求，施工器具验收合格，并落实施工监护人；
4.1.6.6 现场设置施工作业管理牌，落实好文明检修相关准备要求。

4.2 拆卸与检测

4.2.1 压辊

4.2.1.1 拆卸旁板、检测器支架，清洗检查并调整；
4.2.1.2 拆卸压辊；
4.2.1.3 压辊解体，清洗检查轴承、轴、油封等，更换失效件。

4.2.2 牵引辊

4.2.2.1 拆卸安全罩、链条、链轮，清洗检查，更换失效件；
4.2.2.2 拆卸轴承座、轴承，清洗检查，更换失效件；
4.2.2.3 拆卸牵引辊、轴，更换失效件。

4.2.3 星形辊

4.2.3.1 拆卸检测器、检测器支架，检修或更换失效件；
4.2.3.2 拆卸传动齿轮箱箱盖、圆螺母、齿轮、锁紧套，清洗检查，更换失效件；
4.2.3.3 拆卸星形辊，更换失效油封。

4.2.4 其他部分

4.2.4.1 更换变形检测器支架；
4.2.4.2 联轴器检查找正；
4.2.4.3 拆检或更换泄漏的气缸；
4.2.4.4 更换所有失效的密封件；
4.2.4.5 拆检传动齿轮箱，更换磨损的链条、链轮；
4.2.4.6 拆卸无级变速器、等径伞齿轮箱、减速器进行解体，清洗检查，更换失效件。

4.3 回装与质量标准

4.3.1 回装程序与要求

4.3.1.2 压辊安装

a) 检查压辊、轴表面及轴承座内孔有无磨损；

b) 轴承安装，轴承盖安装时防止油封唇口翻边、O 形密封圈脱落；

c) 压辊轴转动无卡阻，轴两端面宽度尺寸检查修复；

4.3.1.3 牵引辊、轴安装

a) 检查牵引辊表面及轴承挡有无磨损；

b) 轴承安装，牵引辊位置确定后先紧固后轴承锁紧螺母，再安装前轴承；

c) 检查牵引辊径向跳动；

4.3.1.4 星形辊安装

a) 检查星形辊表面及轴承挡有无磨损；

b) 安装星形辊轴、轴承，齿轮端面平齐，锁紧螺母紧固；

c) 星形辊回装，端面平齐，齿轮与齿轮啮合两侧间隙均匀，相对齿顶与齿底间隙10mm。

4.3.2 检修质量标准

4.3.2.1 机架部分检修质量标准见表 1。

表 1　机架部分检修质量标准

mm

序号	检验项目	质量标准	检验方法
1	机架纵横水平度	＜0.10/1000	长直尺加水平尺
2	机架垂直度	＜0.10/1000	框式水平仪
3	卷曲浴槽纵横水平度	＜0.10/1000	长直尺加水平尺
4	卷曲浴槽垂直度	＜0.10/1000	框式水平仪
5	底座水平度	＜0.10/1000	框式水平仪
6	底座中心线与丝束中心线	＜0.50	吊线检查

4.3.2.2　传动齿轮箱检修质量标准见表 2。

表 2　传动齿轮箱检修质量标准

mm

序号	检验项目	质量标准	检验方法
1	齿轮箱内部	清洁	目测
2	轴承	无明显松动 无明显磨损 润滑良好	目测、手检 塞尺 目测
3	齿轮端面平齐度	＜0.50	直尺和测微片
4	齿轮磨损率	＜20%（以齿顶厚为准）	游标卡尺
5	齿轮啮合侧隙	0.10～0.20	压铅法或测微片
6	齿轮轴轴向窜量	0.10～0.15	手动及百分表
7	静密封、动密封	无明显泄漏	目测

4.3.2.3　牵引辊及轴检修质量标准见表 3。

表 3　牵引辊及轴检修质量标准

mm

序号	检验项目	质量标准	检验方法
1	牵引辊径向圆跳动	＜0.30	百分表
2	两牵引辊平行度	＜0.30	内径千分表
3	轴径向圆跳动	＜0.10	百分表
4	牵引辊	表面光洁、无挂丝	目测

4.3.2.4　压辊检修质量标准见表 4。

表 4　压辊检修质量标准

mm

序号	检验项目	质量标准	检验方法
1	压辊径向跳动	≤0.30	百分表
2	压辊水平度	≤0.30	百分表
3	压辊	表面光洁、无开裂、划伤	目测

4.3.2.5　等径伞齿轮箱检修质量标准见表5。

表5　等径伞齿轮箱检修质量标准

mm

序号	检验项目	质量标准	检验方法
1	圆锥伞齿轮啮合接触面积率	沿齿高＞50%，沿齿宽＞50%	着色法
2	齿轮啮合齿顶间隙	0.60～0.90	压铅法
3	齿轮啮合侧间隙	0.10～0.22	压铅法
4	静密封、动密封泄漏	无明显泄漏	目测
5	油位视镜 油位	清晰 1/2～2/3（停车时）	目测
6	传动系统	转动灵活，无异响	目测

4.3.2.6　无级变速器检修质量标准见表6。

表6　无级变速器检修质量标准

mm

序号	检验项目	质量标准	检验方法
1	箱体内部	清洁	目测
2	传动系统	转动灵活、无异响	手检、耳听
3	轴承	无明显松动 润滑良好	手检 目测或油品检测
4	两齿轮端面平齐度	≤0.20	直尺加测微片
5	齿轮磨损率	20%（以齿顶厚为准）	游标卡尺
6	齿轮啮合侧隙	适度	目测、手感
7	轴向窜动	0.10～0.15	百分表或深度卡尺
8	油位视镜 油位	清晰 1/2～2/3（停车时）	目测
9	静密封、动密封	无泄漏	目测

4.3.2.7　链条和链轮检修质量标准见表7。

表7　链条和链轮检修质量标准

mm

序号	检验项目	质量标准	检验方法
1	两链轮侧面平齐度	＜0.5	拉线检查
2	链条磨损率	1%	以拉直与压缩的长度比为准
3	链条润滑状况	良好	目测
4	链轮	无严重磨损	以齿尖为准
5	涨力轮轴承	无明显松动	装配时检查

4.3.2.8　气动件检修质量标准见表8。

表8　气动件检修质量标准

mm

序号	检验项目	质量标准	检验方法
1	气缸动作	动作灵活、无泄漏	手检
2	过滤器	清洁	目测
3	调节阀	调压稳定、无泄漏	手检
4	手动阀	转动灵活、无泄漏	手检

4.3.2.9　联轴器及其他检修质量标准见表9。

表9　联轴器及其他检修质量标准

mm

序号	检验项目	质量标准	检验方法
1	平行度	＜0.15	百分表
2	同轴度	＜0.10	百分表

5　试车与验收

5.1　试车前准备

5.1.1　全面检查确认各紧固件的连接和传动件的结合情况；

5.1.2　检查各润滑点油位和润滑油脂添加情况；

5.1.3　全面检查确认电气、仪表、气路、水路和管路；

5.1.4　检查安全罩和安全装置是否齐全。

5.1.5　对上述所有检查内容确认正常后试车

5.2　试车

5.2.1　空载试车必须在本规程5.1各项检查完成后进行；

5.2.2　连续运行前，各电机必须进行点动，观察和检查连接部位有无异常；

5.2.3　连续运行，检查各传动部位有无异响、异振情况，电流有无异常波动；

5.2.4　空载试车：不得少于0.5h。

5.3　验收

5.3.1　达到规定试车时间，运行状况良好；

5.3.2　检修记录、试车记录等技术资料齐全、准确；

5.3.3　检修质量按本规程4.3.2规定的检修质量标准进行验收；

5.3.4　设备技术状态达到完好标准；

5.3.5　按规定办理交接验收手续；
5.3.6　检修现场按照文明施工的要求，做到工完、料尽、场地清。

6　维护与故障处理

6.1　日常维护

6.1.1　维护内容

6.1.1.1　检查传动部件的振动、温度、异响；
6.1.1.2　检查各动、静密封点是否泄漏；
6.1.1.3　检查无级变速器、等径伞齿轮箱、齿轮减速器、传动箱、联轴器润滑油（脂）情况；
6.1.1.4　检查气缸、气路泄漏情况；
6.1.1.5　检查牵引辊表面光洁及运行情况；
6.1.1.6　检查压辊是否开裂、划伤及运行情况；
6.1.1.7　检查星形辊齿面是否划伤、有锐边及运行情况；
6.1.1.8　检查各气动部分动作是否活络；
6.1.1.9　检查各紧固件是否松动；
6.1.1.10　以上项目如检查出问题则视情况维护。

6.1.2　维护时间

6.1.2.1　操作工按照操作规程对设备进行巡检；
6.1.2.2　运保工每天巡回检查不少于 2 次。

6.2　常见功能故障与处理方法

日本川崎重工制造的二步法腈纶上油机常见功能故障与处理方法见表 10。

表 10　二步法腈纶上油机常见功能故障与处理方法

序号	功能	功能故障	故障模式	故障后果	故障应对策略与检修内容	检修周期 / 月
1	保证生产连续运行	星形辊磨损、错位	星形辊表面质量有划痕、缺损	影响产品质量	停车处理或更换	视情况而定
			星形辊错位		重新校正处理	视情况而定

表 10　二步法腈纶上油机常见功能故障与处理方法（续）

序号	功能	功能故障	故障模式	故障后果	故障应对策略与检修内容	检修周期 / 月
1	保证生产连续运行	牵引辊径向跳动、丝束挤压不平	轴承坏	牵引辊径向跳动大，影响产品质量	更换轴承	36 ～ 48
			轴磨损		更换轴	视情况而定
			压辊表面毛	牵引辊绕丝	更换压辊	视情况而定
			气源压力不足	牵引辊径向跳动大，影响产品质量	调节气压或清洁过滤器	视情况而定
			气缸内泄漏		更换密封件	36 ～ 48
2	保证设备连续运转	传动系统不正常	链条松动	旋转部件振动大、异响	调节或更换链条	视情况而定
			轴承损坏		更换轴承	36 ～ 48
			齿轮啮合不好		调整间隙或更换齿轮	视情况而定
			联轴器异响		更换联轴器重新找正	36 ～ 48
		电气控制系统不正常	牵引辊绕辊	电流过流跳车	处理绕辊	视情况而定
			轴承或齿轮箱坏		更换轴承或检修	视情况而定
			电机异响		检查电机	视情况而定
			速度调节不当		重新调整	视情况而定
3	设备无泄漏	设备泄漏	密封件老化损坏	动、静密封点泄漏	更换密封件	24 ～ 36
			紧固件松动		紧固	视情况而定

附 录 A
（资料性附录）
上油机检修质量控制确认表

项目	主要控制内容			等级	施工单位	生产装置	设备管理部门	备注
	标准值	部位	现场记录					
拆卸时检测								
牵引辊圆跳动	≤0.10mm	牵引辊表面		B	★	★		
联轴器同轴度	≤0.10mm	联轴器表面		B	★	★		
联轴器平行度	≤0.15mm	联轴器端面		B	★	★		
回装时检测								
牵引辊圆跳动	≤0.10mm	牵引辊表面		B	★	★		
联轴器同轴度	≤0.10mm	联轴器表面		B	★	★		
联轴器平行度	≤0.15mm	联轴器端面		B	★	★		
传动链轮平齐度	≤0.5mm	链轮端面		B	★	★		

注： A级：施工单位、生产装置、设备管理部门专业人员检查确认后签字。

B级：施工单位和生产装置专业人员检查确认后签字。

C级：施工单位专业人员检查确认后签字。

另：如果有监理，监理的职责由甲方授权。

附 录 B

（资料性附录）

上油机试车与验收数据记录表

<table>
<tr><td colspan="2">设备名称</td><td colspan="2"></td><td colspan="2">位号</td><td colspan="2"></td><td colspan="2">工作介质</td><td colspan="2"></td></tr>
<tr><td colspan="2">驱动机种类</td><td colspan="2"></td><td colspan="2">转速</td><td colspan="2">r/min</td><td colspan="2">试车介质</td><td colspan="2"></td></tr>
<tr><td colspan="2">试车类别</td><td colspan="2">□空负荷□负荷</td><td colspan="2">环境温度</td><td colspan="2">℃</td><td colspan="2" rowspan="2">试车日期</td><td colspan="2" rowspan="2"></td></tr>
<tr><td colspan="2">连续运转时间</td><td colspan="2">h</td><td colspan="2">启动电流</td><td colspan="2">A</td></tr>
<tr><td colspan="2">检查项目</td><td rowspan="2">设计值／允许值</td><td colspan="9">实测值</td></tr>
<tr><td colspan="2">运行记录时刻</td><td></td><td></td><td></td><td></td><td></td><td></td><td></td><td></td><td></td></tr>
<tr><td></td><td></td><td></td><td></td><td></td><td></td><td></td><td></td><td></td><td></td><td></td><td></td></tr>
<tr><td></td><td></td><td></td><td></td><td></td><td></td><td></td><td></td><td></td><td></td><td></td><td></td></tr>
<tr><td></td><td></td><td></td><td></td><td></td><td></td><td></td><td></td><td></td><td></td><td></td><td></td></tr>
<tr><td></td><td></td><td></td><td></td><td></td><td></td><td></td><td></td><td></td><td></td><td></td><td></td></tr>
<tr><td></td><td></td><td></td><td></td><td></td><td></td><td></td><td></td><td></td><td></td><td></td><td></td></tr>
<tr><td></td><td></td><td></td><td></td><td></td><td></td><td></td><td></td><td></td><td></td><td></td><td></td></tr>
<tr><td></td><td></td><td></td><td></td><td></td><td></td><td></td><td></td><td></td><td></td><td></td><td></td></tr>
<tr><td></td><td></td><td></td><td></td><td></td><td></td><td></td><td></td><td></td><td></td><td></td><td></td></tr>
<tr><td></td><td></td><td></td><td></td><td></td><td></td><td></td><td></td><td></td><td></td><td></td><td></td></tr>
<tr><td></td><td></td><td></td><td></td><td></td><td></td><td></td><td></td><td></td><td></td><td></td><td></td></tr>
<tr><td></td><td></td><td></td><td></td><td></td><td></td><td></td><td></td><td></td><td></td><td></td><td></td></tr>
<tr><td></td><td></td><td></td><td></td><td></td><td></td><td></td><td></td><td></td><td></td><td></td><td></td></tr>
<tr><td colspan="12">试车情况：</td></tr>
<tr><td colspan="12">试车结论：</td></tr>
<tr><td colspan="2" rowspan="3">验收意见</td><td colspan="10">生产装置：</td></tr>
<tr><td colspan="10">施工单位：</td></tr>
<tr><td colspan="10">设备管理部门：</td></tr>
<tr><td colspan="12">说明：生产装置组织单机试车与验收，其中主要设备由设备管理部门参与验收，其余均由生产装置、施工单位双方共同验收。</td></tr>
</table>

22. HS625 型干燥机维护检修规程

SHS 04310—2019

代替 SHS 04310—2004

目　次

前　言

本规程按照GB/T 1.1—2009《标准化工作导则　第1部分：标准的结构和编写》给出的规则起草。

本规程代替SHS 04310—2004《HS625型干燥机维护检修规程》，与SHS 04310—2004相比，除了编辑性修改外，主要技术变化如下：

——细化了拆卸与检测、回装与质量标准；

——调整了喂入辊组件拆装内容；

——增加了电气专业、仪表专业检修内容；

——常见功能故障与处理部分按RCM分析方法重新编制；

——增加“附录A　HS625型干燥机检修质量控制确认表”；

——增加“附录B　HS625型干燥机试车与验收数据记录表”。

本规程由中国石油化工集团有限公司、中国石油化工股份有限公司提出。

本规程起草单位：中国石化上海石油化工股份有限公司。

本规程主要起草人：刘朝辉。

本规程历次版本发布情况：

——SHS 04310—2004。

HS625 型干燥机维护检修规程

1 范围

1.1 主题内容

本规程规定了二步法腈纶 HS625 型干燥机维护检修周期与内容、检修与质量标准、试车与验收、维护与故障处理。

1.2 适用范围

本规程适用于二步法腈纶 HS625 型干燥机的维护与检修。

2 规范性引用文件

下列文件中的条款通过本规程的引用而成为本规程的条款。凡是注日期的引用文件，其随后所有的修改单（不包括勘误的内容）或修订版均不适用于本规程，然而，鼓励根据本规程达成协议的各方研究是否可使用这些文件的最新版本。凡是不注日期的引用文件，其最新版本适用于本规程。

FZ/T 99014 纺织机械电气设备 通用技术条件

FZ/T 90074 纺织机械产品涂装

SN/T 3719.1 进出口纺织行业成套设备检验技术要求 第 1 部分：化纤设备

SH/T 3503 石油化工建设工程项目交工技术文件规定

GB/T 15753 圆弧圆柱齿轮精度

ZBJ 19004 圆柱齿轮减速器

干燥机的进料部分（日本川崎重工）安装标准及维护手册

HS625 型干燥机安装标准及维护手册

3 检修周期与内容

3.1 检修周期

根据 HS625 型干燥机系统功能故障及影响分析的结果，并结合生产装置运行周期确定检修周期，一般为 36 个月。

3.2 检修项目

3.2.1 检查链板运行情况，检查链板有无变形；
3.2.2 检查链板侧密封板是否变形；
3.2.3 检查链板链条是否磨损；
3.2.4 检查链条润滑情况、油雾器是否工作正常；
3.2.5 检查蒸汽管路和散热器是否有泄漏；
3.2.6 检查链条传动和V带传动的张紧情况；
3.2.7 检查循环风机、主排风机轴承运行情况；
3.2.8 检查风门、风机滤网工作情况；
3.2.9 检查横动小车的联轴器、轨道、传动轴、半螺母、滚轮、轴承等工作情况；
3.2.10 检查喂入辊组件的减速器、联轴器、花篮辊、气缸、压辊、传动齿轮、传动轴、轴承、弹簧等零件是否工作正常；
3.2.11 检查气压传动系统运行情况；
3.2.12 检查导丝系统的导丝棒、导丝辊、拦丝棒等是否工作正常；
3.2.13 检查疏水器、阀门工作情况；
3.2.14 拆检减速器，清洗检查轴承、齿轮、油封等，更换失效件；
3.2.15 拆检链板驱动的链条传动、检查链板张紧系统；
3.2.16 拆检散热器；
3.2.17 拆检链板的侧密封板；
3.2.18 拆检清理风门、风机滤网；
3.2.19 拆检气压传动系统的过滤器、电磁阀等；
3.2.20 拆检横动小车的半螺母；
3.2.21 拆检隔热墙板，更换保温材料、密封条；
3.2.22 机架校水平度、垂直度；
3.2.23 重新安装平整循环风机、主排风机；
3.2.24 重新安装平整减速器；
3.2.25 重新安装平整横动小车；
3.2.26 全机除锈防腐；
3.2.27 检查电动机、限位开关、控制系统等；
3.2.28 检查铂电阻、温度计、调节阀等。

4 检修程序与质量标准

4.1 检修前准备

4.1.1 根据设备运行技术状态和监测记录，分析故障原因，明确故障部位；

4.1.2 准备必要的图纸资料，编制检修计划；
4.1.3 制定施工方案，明确技术要求，图、表齐全，符合设备安全、环保要求；
4.1.4 施工前组织施工人员进行技术交底，将方案内容、技术、质量等要求交代清楚；
4.1.5 准备检修工器具、清洗剂和润滑油（脂）等；
4.1.6 落实安全防护措施与环保要求：
4.1.6.1 办理好各类进场检修施工手续；
4.1.6.2 检修前切断机台电源等能源，并且挂安全警示牌；
4.1.6.3 停车检修前需确认工艺处置是否满足检修要求；
4.1.6.4 备好相应物料收集桶，避免环境污染；
4.1.6.5 检修人员个人防护必须符合劳保着装规定要求，施工器具验收合格，并落实施工监护人；
4.1.6.6 现场设置施工作业管理牌，落实好文明检修相关准备要求。

4.2 拆卸与检测

4.2.1 喂入辊组件

4.2.1.1 拆卸安全罩、联轴器、电动机，清洗检查；
4.2.1.2 拆卸气缸、压辊，清洗检查，更换失效件；
4.2.1.3 拆卸传动齿轮、传动轴、轴承、油封、弹簧，清洗检查，更换失效件；
4.2.1.4 拆卸花篮辊，清洗检查。

4.2.2 横动小车

4.2.2.1 拆卸喂入辊组件，清洗检查；
4.2.2.2 拆卸横动小车半螺母，清洗检查，更换失效件；
4.2.2.3 拆卸驱动螺杆，清洗检查；
4.2.2.4 拆卸横动小车轨道、导轮，清洗检查轴承，更换失效件。

4.2.3 循环风机

4.2.3.1 拆卸安全罩、V带、带轮，清洗检查；
4.2.3.2 拆卸隔热墙板，检查更换失效的保温材料、密封条；
4.2.3.3 拆卸轴承座、轴承、风机叶轮、轴，清洗检查，更换失效件。

4.2.4 主排风机

4.2.4.1 拆卸安全罩、V带、带轮，清洗检查；
4.2.4.2 拆卸蜗壳盖板、轴承座，清洗检查；
4.2.4.3 拆卸风机叶轮、轴承、轴，清洗检查，更换失效件。

4.2.5 散热器

4.2.5.1 拆卸蒸汽进出口管道；
4.2.5.2 拆卸风管、隔热墙板、墙板支架，检查更换失效的保温材料、密封条；
4.2.5.3 用专用起重工具吊装散热器至平坦地面，检查，更换失效件。

4.2.6 密封板

4.2.6.1 拆卸侧板，检查；
4.2.6.2 拆卸密封板，检查，失效更换。

4.2.7 链板

4.2.7.1 拆卸侧板、检测器，检查；
4.2.7.2 拆卸传动链、滚轮、链板，清洗检查，更换失效件。

4.2.8 减速器

4.2.8.1 拆卸电动机、联轴器、传动链、链轮，清洗检查；
4.2.8.2 解体减速器，清洗检查传动轴、轴承、油封、齿轮，更换失效件。

4.3 回装与质量标准

4.3.1 回装程序与要求

4.3.1.1 喂入辊组件安装

a) 安装花篮辊、传动轴、轴承、传动齿轮、油封、弹簧，检查传动轴轴向窜量、要求传动系统转动灵活、无明显异响；

b) 安装气缸、压辊，检查气缸无明显泄漏、检查压辊转动灵活无明显异响；

c) 安装联轴器，检查联轴器平行度和同轴度；

d) 安装电动机、安全罩，检查螺栓紧固无松动。

4.3.1.2 横动小车安装

a) 安装横动小车轨道，检查轨道机架水平度；

b) 安装驱动螺杆，检查转动灵活无明显异响；

c) 安装半螺母、横动小车，检查动作灵活无明显异响；

d) 安装喂入辊组件，检查确保运转灵活无异响。

4.3.1.3 循环风机安装

a) 安装风机轴、轴承、轴承座、叶轮，检查风机轴垂直度和风机振动、检查转动系统转动灵活无明显异响；

b) 安装隔热墙板，检查隔热门完好、保温墙板密封无泄漏；

c) 安装带轮、V 带、安全罩，V 带松弛适度，螺栓紧固无松动。

4.3.1.4 主排风机安装

a）安装风机轴、轴承、轴承座、叶轮，检查风机轴垂直度和风机振动情况，检查转动系统转动灵活，无明显异响；

b）安装蜗壳盖板，检查密封无泄漏；

c）安装带轮、V带、安全罩，V带松弛适度，螺栓紧固无松动。

4.3.1.5 散热器安装

a）散热器吊装复位，散热片无明显变形、散热器无泄漏；

b）安装墙板支架、隔热墙板、风管，隔热门完好、保温墙板密封无泄漏；

c）安装蒸汽进出口管道，各密封面无泄漏。

4.3.1.6 密封板安装

a）安装密封板，检查相邻侧密封板间隙均匀度；

b）安装侧板。

4.3.1.7 链板安装

a）安装传动链、滚轮、链板，链条松弛适度、滚轮转动灵活，检查相邻链板平行间隙均匀度、链板直线度；

b）安装检测器、侧板，检测器应工作正常。

4.3.1.8 减速器安装

a）将组装好的减速器安装复位，检查传动轴轴向窜量，传动系统应转动灵活、无明显异响；

b）安装链轮、传动链、联轴器、电动机，检查链轮装配侧面平齐度、联轴器平行度和同轴度。

4.3.2 检修质量标准

4.3.2.1 机架部分

机架部分检修质量标准见表1。

表1 机架部分检修质量标准

mm

序号	检验项目	质量标准	检验方法
1	机架水平度	＜0.10/1000	长直尺加水平尺
2	机架垂直度	＜0.10/1000	框式水平仪
3	链板纵向水平度	＜0.10/1000	直尺加水平尺
4	机架中心	＜0.50	吊线检查

4.3.2.2 减速器

减速器检修质量标准见表2。

表 2　减速器检修质量标准

mm

序号	检验项目	质量标准	检验方法
1	油箱内部	清洁	目测
2	传动系统	转动灵活、无异响	手检、耳听
3	传动轴轴向窜量	0.10 ～ 0.15	百分表检查
4	轴承	无明显松动 无明显磨损 润滑良好	目测
5	链条	松弛适度	手检
6	油位视镜 油位	清晰 1/2 ～ 2/3（停车时）	目测
7	静密封、动密封	无明显泄漏	目测

4.3.2.3　链传动

链传动检修质量标准见表 3。

表 3　链传动检修质量标准

mm

序号	检验项目	质量标准	检验方法
1	链轮装配侧面平齐度	＜ 0.50	直尺加测微片
2	链条磨损率	＜ 1%	以拉伸与压缩的长度比为准
3	链条润滑状况	良好	手检
4	链轮磨损率	＜ 20%（以齿厚为准）	游标卡尺

4.3.2.4　导轨与链板

导轨与链板检修质量标准见表 4。

表 4　导轨与链板检修质量标准

mm

序号	检验项目	质量标准	检验方法
1	导轨角钢接头平齐度	＜ 0.50	直尺加测微片，且不得前低后高
2	导轨角钢螺栓	紧固	扳手拧紧
3	导轨角钢磨损	＜ 1.0	直尺加测微片
4	链条	松弛适度	手检
5	链条滚轮	转动灵活	手检
6	链条、销套、滚轮、开口销	无明显磨损	目测，手检
7	链板联接螺栓	紧固	扳手拧紧
8	相邻链板平行间隙均匀度	＜ 0.1	塞尺

表 4　导轨与链板检修质量标准（续）

序号	检验项目	质量标准	检验方法
9	链板直线度	＜3.0	拉线检查
10	相邻侧密封板间隙均匀度	＜3.0	塞尺
11	链板表面安装板高度差	＜1.0	直尺加塞尺
12	链板主动轴水平度	＜0.10/1000	水平仪
13	链板	表面光洁、平整	目测，手检

4.3.2.5　风机

风机检修质量标准见表 5。

表 5　风机检修质量标准

mm

序号	检验项目	质量标准	检验方法
1	风机机架水平度	＜0.10/1000	水平尺
2	风机轴垂直度	＜0.10/1000	框式水平仪
3	风机 V 带	松弛适度	手检
4	风机振动	≤0.45	测振仪
5	转动系统	转动灵活、无异响	目测，耳听

4.3.2.6　加热系统

加热系统检修质量标准见表 6。

表 6　加热系统检修质量标准

mm

序号	检验项目	质量标准	检验方法
1	散热片	无明显变形	目测
2	散热器	无泄漏	水压试验
3	阀门	完好	手检、目测
4	静密封	无泄漏	目测

4.3.2.7　隔热门及保温墙板

隔热门及保温墙板检修质量标准见表 7。

表 7　隔热门及保温墙板检修质量标准

mm

序号	检验项目	质量标准	检验方法
1	隔热门	完好	目测
2	保温墙板密封	无泄漏	目测

4.3.2.8　联轴器

联轴器检修质量标准见表 8。

表 8 联轴器检修质量标准

mm

序号	检验项目	质量标准	检验方法
1	平行度	＜0.15	百分表
2	同轴度	＜0.15	百分表

4.3.2.9 其他部分

其他部分检修质量标准见表 9。

表 9 其他部分检修质量标准

mm

序号	检验项目	质量标准	检验方法
1	润滑油	无明显变质	目测或化验
2	机内过滤网	清洁、完好	目测
3	油雾器	通畅、无泄漏	目测
4	风门	完好	手检
5	被动轴轴向窜量	0.15～0.23	百分表

5 试车与验收

5.1 试车前准备

5.1.1 检修质量符合标准要求，有书面质量验收记录；

5.1.2 全面检查各紧固件的联接和传动件的结合情况；

5.1.3 检查各润滑点油位和润滑油脂添加情况；

5.1.4 全面检查电气、仪表、气路、水路和管路，应完好、无泄漏、无异常等情况；

5.1.5 检查安全罩和安全装置是否齐全完好；

5.1.6 对上述所有检查内容确认正常后试车。

5.2 试车

5.2.1 空载试车

5.2.1.1 空载试车必须在本规程 5.1 各项检查完成后进行；

5.2.1.2 连续运行前，各电机必须进行点动，观察和检查连接部位有无异常；

5.2.1.3 连续运行前，检查各传动部位有无异响、异振，电流有无异常波动；

5.2.1.4 空载试车时间不少于 0.5h。

5.2.2 负载试车

5.2.2.1 空载试车时所发现的问题应全部整修完毕，使设备具备良好的机械状态，空载试车记录应完整无缺；

5.2.2.2 在试车中应将所发现的各种问题做好记录，必要时应立即整改，整改后再继续试车，达到运转平稳等要求；

5.2.2.3 负载试车时间不少于72h。

5.3 验收

5.3.1 交接验收必须具备以下条件：

5.3.1.1 达到规定试车时间，运行状况良好；

5.3.1.2 检修记录、试车记录等技术资料齐全、准确；

5.3.2 检修质量按本规程4.3.2规定的检修质量标准进行验收；

5.3.3 设备技术状态达到完好标准；

5.3.4 按规定办理交接验收手续；

5.3.5 检修现场按照文明施工的要求，做到工完、料尽、场地清。

6 维护与故障处理

6.1 日常维护

6.1.1 维护内容

6.1.1.1 检查链板运行情况，检查链板有无变形；

6.1.1.2 检查链板侧密封板是否变形；

6.1.1.3 检查链板链条是否磨损；

6.1.1.4 检查链条润滑情况，油雾器是否工作正常；

6.1.1.5 检查蒸汽管路、疏水器和散热器是否有泄漏；

6.1.1.6 检查链条传动和V带传动的张紧情况；

6.1.1.7 检查主排风机、循环风机轴承运行情况；

6.1.1.8 检查风门、风机滤网工作情况；

6.1.1.9 检查横动头的联轴器、轨道、传动轴、半螺母、滚轮、轴承等工作情况，联轴器的对中和润滑情况；

6.1.1.10 检查喂入辊组件的减速器、联轴器、花篮辊、气缸、压辊、传动齿轮、传动轴、轴承、弹簧等零件工作情况，联轴器的对中和润滑情况，减速器的润滑情况；

6.1.1.11 检查气压传动系统运行情况；

6.1.1.12 检查导丝棒、导丝辊、拦丝棒等与丝束接触部件的表面状况；

6.1.1.13 检查横动小车防缠辊检测器工作情况；

6.1.1.14 检查各紧固件是否松动；

6.1.1.15 检查气动元件工作情况；

6.1.1.16 检查蒸汽、压缩空气管线是否泄漏；

6.1.1.17 隔热墙板腐蚀检查；

6.1.1.18 以上项目如检查出问题则视情况维护。

6.1.2 维护时间

6.1.2.1 操作工按照操作规程对设备进行巡检；

6.1.2.2 保全工每天巡回检查不少于 2 次。

6.2 常见功能故障与处理方法

HS625 型干燥机常见功能故障与处理方法见表 10。

表 10 HS625 型干燥机常见功能故障与处理方法

序号	功能	功能故障	故障模式	故障后果	故障应对策略与检修内容	检修周期／月
1	保证机组连续运转	传动部件运行不正常	轴承损坏	机组停车	更换轴承	视情况而定
			轴承缺油	加快轴承磨损	定期补油或更换轴承	6 个月
			齿轮磨损	齿轮提早失效	更换齿轮	视情况而定
			传动链磨损	链板跑偏	更换磨损传动链、调整链板传动轴位置	视情况而定
			连接螺栓松动	振动加大	紧固连接螺栓	视情况而定
		电气控制系统不正常	电机绝缘下降	电流过流跳车	检修电机	视情况而定
			载荷过大		检查工艺操作原因	视情况而定
			传动系统故障		清除链板、链条缠丝，检查减速器	视情况而定
2	保证生产连续运行	链板损坏	链板挂丝	产生毛边丝	更换链板	视情况而定
		花篮绕辊	花篮辊错位	产生断丝	校正花篮辊	视情况而定
3	保证机组密闭生产	密封泄漏	密封件损坏	润滑油、生产料液泄漏	更换密封件	视情况而定
			紧固螺栓松动		拧紧螺栓	视情况而定

附 录 A
（资料性附录）
HS625 型干燥机检修质量控制确认表

项目	主要控制内容			等级	施工单位	生产装置	设备管理部门	备注
	标准值	部位	现场记录					
拆卸时检测								
机架水平度	＜0.1/1000	机架中部		B	★	★		
机架垂直度	＜0.1/1000	机架中部		B	★	★		
链板纵向水平度	＜0.1/1000	链板中部		B	★	★		
机架中心	＜0.5mm	机架中部		B	★	★		
减速器传动轴轴向窜量	0.1～0.15mm	传动轴		B	★	★		
链轮装配侧面平齐度	＜0.5mm	链轮侧面		B	★	★		
相邻链板平行间隙均匀度	＜0.1mm	相邻链板上部		B	★	★		
链板直线度	＜3mm	链板前、后部		B	★	★		
相邻侧密封板间隙均匀度	＜3mm	相邻侧密封板上部		B	★	★		
链板表面安装板高度差	＜1mm	链板表面		B	★	★		
链板主动轴水平度	＜0.1/1000	链板主动轴中部		B	★	★		
风机机架水平度	＜0.1/1000	机架中部		B	★	★		
风机轴垂直度	＜0.1/1000	轴中部		B	★	★		
风机振动	≤0.45mm	轴承座		B	★	★		
联轴器平行度	＜0.15mm	联轴器侧面		B	★	★		
联轴器同轴度	＜0.15mm	联轴器外圆面		B	★	★		
回装时检测								
机架水平度	＜0.1/1000	机架中部		B	★	★		
机架垂直度	＜0.1/1000	机架中部		B	★	★		

HS625 型干燥机检修质量控制确认表（续）

项目	主要控制内容			等级	施工单位	生产装置	设备管理部门	备注
	标准值	部位	现场记录					
链板纵向水平度	＜0.1/1000	链板中部		B	★	★		
机架中心	＜0.5mm	机架中部		B	★	★		
减速器传动轴轴向窜量	0.1～0.15mm	传动轴		B	★	★		
链轮装配侧面平齐度	＜0.5mm	链轮侧面		B	★	★		
相邻链板平行间隙均匀度	＜0.1mm	相邻链板上部		B	★	★		
链板直线度	＜3mm	链板前、后部		B	★	★		
相邻侧密封板间隙均匀度	＜3mm	相邻侧密封板上部		B	★	★		
链板表面安装板高度差	＜1mm	链板表面		B	★	★		
链板主装轴水平度	＜0.1/1000	链板主动轴中部		B	★	★		
风机机架水平度	＜0.1/1000	机架中部		B	★	★		
风机轴垂直度	＜0.1/1000	轴中部		B	★	★		
风机振动	≤0.45mm	轴承座		B	★	★		
联轴器平行度	＜0.15mm	联轴器侧面		B	★	★		
联轴器同轴度	＜0.15mm	联轴器外圆面		B	★	★		

注： A 级：施工单位、生产装置、设备管理部门专业人员检查确认后签字。

B 级：施工单位和生产装置专业人员检查确认后签字。

C 级：施工单位专业人员检查确认后签字。

另：如果有监理，监理的职责由甲方授权。

附 录 B
（资料性附录）
HS625 型干燥机试车与验收数据记录表

设备名称		位号		工作介质	
驱动机种类		转速	r/min	试车介质	
试车类别	□空负荷□负荷	环境温度	℃	试车日期	
连续运转时间	h	启动电流	A		

检查项目		设计值／允许值	实测值								
运行记录时刻											

试车情况：	
试车结论：	
验收意见	生产装置：
	施工单位：
	设备管理部门：

说明：生产部门组织单机试车与验收，其中主要设备的大修由设备管理部门参与验收，其余均由生产装置、施工单位双方共同验收。

23. 丝束折叠机维护检修规程

SHS 04311—2019

代替 SHS 04311—2004

目 次

前 言

本规程按照GB/T 1.1—2009《标准化工作导则 第1部分：标准的结构和编写》给出的规则起草。

本规程代替SHS 04311—2004《丝束折叠机（川崎重工）维护检修规程》，与SHS 04311—2004相比，除了编辑性修改外，主要技术变化如下：

——细化了拆卸与检测、回装与质量标准；

——调整了传动箱及传动系统拆装内容；

——增加了电气专业、仪表专业检修内容；

——常见功能故障与处理部分按RCM分析方法重新编制；

——增加“附录A 丝束折叠机检修质量控制确认表”；

——增加“附录B 丝束折叠机试车与验收数据记录表”。

本规程由中国石油化工集团有限公司、中国石油化工股份有限公司提出。

本规程起草单位：中国石化上海石油化工股份有限公司。

本规程主要起草人：刘朝辉。

本规程历次版本发布情况：

——SHS 04311—2004。

丝束折叠机维护检修规程

1 范围

1.1 主题内容

本规程规定了二步法腈纶丝束折叠机维护检修周期与内容、检修与质量标准、试车与验收、维护与故障处理。

1.2 适用范围

本规程适用于二步法腈纶丝束折叠机的维护与检修。

2 规范性引用文件

下列文件中的条款通过本规程的引用而成为本规程的条款。凡是注日期的引用文件，其随后所有的修改单（不包括勘误的内容）或修订版均不适用于本规程，然而，鼓励根据本规程达成协议的各方研究是否可使用这些文件的最新版本。凡是不注日期的引用文件，其最新版本适用于本规程。

FZ/T 99014　纺织机械电气设备　通用技术条件

FZ/T 90074　纺织机械产品涂装

SN/T 3719.1　进出口纺织行业成套设备检验技术要求　第1部分：化纤设备

SH/T 3503　石油化工建设工程项目交工技术文件规定

GB/T 15753　圆弧圆柱齿轮精度

ZBJ 19004　圆柱齿轮减速器

GB/T3766　液压传动系统及其元件的通用规则和安全要求

丝束折叠机（川崎重工）安装标准及维护手册

3 检修周期与内容

3.1 检修周期

根据丝束折叠机系统功能故障及影响分析的结果，并结合生产装置运行周期确定检修周期，一般为36个月。

3.2 检修项目

3.2.1 检查电动机、液压泵、轴承、联轴器是否正常；
3.2.2 检查液压油管接头是否泄漏；
3.2.3 检查滑动架的行距是否在正确的范围内；
3.2.4 检查进料辊和导丝辊的表面是否损伤；
3.2.5 检查压缩空气管接头是否泄漏；
3.2.6 检查各类气动部件工作情况；
3.2.7 检查各种机械限位工作情况；
3.2.8 检查链条、链轮涨紧、磨损情况；
3.2.9 检查油箱油位；
3.2.10 检查各紧固件是否松动和有缺陷；
3.2.11 检查、处理运行中发生的其他缺陷；
3.2.12 拆检铺丝夯头系统，重新调整安装；
3.2.13 拆检滑动架和传动丝杆，重新调整安装；
3.2.14 拆检液压传动系统，更换磨损零部件；
3.2.15 拆检各类限位开关，更换损坏、变形的限位开关；
3.2.16 更换全部润滑油（脂）；
3.2.17 丝束折叠机机架校水平；
3.2.18 全机除锈防腐；
3.2.19 检修电动机、限位开关、控制系统等相关内容；
3.2.20 检修显示屏等相关内容。

4 检修程序与质量标准

4.1 检修前准备

4.1.1 根据设备运行技术状态和监测记录，分析故障原因，明确故障部位；
4.1.2 编制检修计划、内容完整，准备必要的图纸资料；
4.1.3 制定施工方案，明确技术要求，图、表齐全，符合设备安全、环保要求；
4.1.4 施工前组织施工人员进行技术交底，将方案内容、技术、质量等要求交代清楚；
4.1.5 准备检修工器具、清洗剂和润滑油（脂）等；
4.1.6 落实安全防护措施与环保要求：
4.1.6.1 办理好各类进场检修施工手续；
4.1.6.2 检修前切断机台电源等能源，并且挂安全警示牌；
4.1.6.3 停车检修前需确认工艺处置是否满足检修要求；

4.1.6.4 备好相应物料收集桶，避免环境污染；
4.1.6.5 检修人员个人防护必须符合劳保着装规定要求，施工器具验收合格，并落实施工监护人；
4.1.6.6 现场设置施工作业管理牌，落实好文明检修相关准备要求。

4.2 拆卸与检测

4.2.1 铺丝夯头系统

4.2.1.1 拆卸铺丝夯头压紧块，清洗检查整形；
4.2.1.2 拆卸气缸，解体检查活塞杆、密封圈，更换失效件；
4.2.1.3 拆卸铺丝夯头支座，检查整形。

4.2.2 导丝辊

4.2.2.1 拆卸液压管、气缸，清洗检查；
4.2.2.2 拆卸横向丝杆、导丝辊，解体清洗检查，更换失效件。

4.2.3 进料辊

4.2.3.1 拆卸电动机、链条、链轮，清洗检查；
4.2.3.2 拆卸气缸、传动丝杆、联轴器，清洗检查，更换失效件；
4.2.3.3 拆卸进料辊，清洗检查轴、轴承等，更换失效件。

4.2.4 滑动架

4.2.4.1 拆卸气源管、液压油管；
4.2.4.2 拆卸铺丝夯头系统，清洗检查；
4.2.4.3 拆卸导丝辊，清洗检查；
4.2.4.4 拆卸进料辊，清洗检查；
4.2.4.5 拆卸进料辊支座，清洗检查；
4.2.4.6 拆卸传动丝杆、联轴器，清洗检查；
4.2.4.7 拆卸纵向丝杆，清洗检查，更换失效件。

4.2.5 液压泵

4.2.5.1 拆卸联轴器、电动机，清洗检查；
4.2.5.2 拆卸减速器，解体清洗检查齿轮、轴承、轴等，更换失效件；
4.2.5.3 拆卸液压泵，解体清洗检查。

4.3 回装与质量标准

4.3.1 回装程序与要求

4.3.1.1 铺丝夯头系统安装

a）安装铺丝夯头支座，检查机架纵横水平度、机架垂直度；

b）安装气缸，检查气缸无明显泄漏；

c）安装铺丝夯头压紧块，检查紧固螺栓无松动。

4.3.1.2 导丝辊安装

a）安装横向丝杆、导丝辊，检查横向丝杆径向跳动和径向水平度；

b）安装气缸、液压管，检查气缸及液压管路无明显泄漏。

4.3.1.3 进料辊安装

a）安装进料辊，检查进料辊径向跳动、水平度、平行度；

b）安装联轴器、传动丝杆、气缸，检查联轴器径向圆跳动和端面圆跳动、检查气缸及气压管路无明显泄漏；

c）安装链轮、链条、电动机，检查两链轮侧面平齐度、螺栓紧固无松动。

4.3.1.4 滑动架安装

a）安装纵向丝杆，检查纵向丝杆径向跳动和径向水平度；

b）安装传动丝杆、联轴器，检查联轴器径向圆跳动和端面圆跳动；

c）安装进料辊支座，检查螺栓紧固无松动；

d）安装进料辊，检查进料辊径向跳动、水平度、平行度；

e）安装导丝辊，检查导丝辊运转灵活；

f）安装铺丝夯头系统，检查机架纵横水平度、机架垂直度；

g）安装气源管、液压油管，检查气压、液压管路无明显泄漏。

4.3.1.5 液压泵安装

a）安装液压泵，检查无明显泄漏；

b）安装减速器，检查运转灵活、无明显泄漏；

c）安装联轴器、电动机，检查联轴器径向圆跳动和端面圆跳动、螺栓紧固无松动。

4.3.2 检修质量标准

4.3.2.1 机架部分

机架部分检修质量标准见表1。

表1 机架部分检修质量标准

mm

序号	检验项目	质量标准	检验方法
1	机架纵横水平度	≤0.10/1000	平尺、水平尺
2	机架垂直度	≤0.10/1000	框式水平仪
3	地脚螺栓及垫铁	紧固	扳手拧紧

4.3.2.2 传动部分

传动部分检修质量标准见表 2。

表 2 传动部分检修质量标准

mm

序号	检验项目	质量标准	检验方法
1	横向丝杆径向跳动	≤0.30	百分表
2	横向丝杆径向水平度	≤0.30	百分表
3	纵向丝杆径向跳动	≤0.30	百分表
4	纵向丝杆径向水平度	≤0.30	百分表
5	横向丝杆与螺母啮合轴向间隙	≤0.15	测微片
6	纵向丝杆与螺母啮合轴向间隙	≤0.15	测微片
7	导杆与纵横向丝杆平行度	≤0.30	百分表
8	进料辊径向跳动	≤0.30	百分表
9	进料辊水平度、平行度	≤0.30	百分表
10	进料辊	表面光洁、无划痕	目测
11	气缸及压缩气源管	无泄漏	目测

4.3.2.3 链条与链轮

链条与链轮检修质量标准见表 3。

表 3 链条与链轮检修质量标准

mm

序号	检验项目	质量标准	检验方法
1	两链轮侧面平齐度	＜0.5	拉线检查
2	链条磨损率	1%	以拉直与压缩的长度比为准
3	链条润滑状况	良好	目测
4	链轮	无明显磨损	以齿尖为准
5	张力轮轴承	无明显松动	手检

4.3.2.4 联轴器及其他

联轴器及其他检修质量标准见表 4。

表 4 联轴器及其他检修质量标准

mm

序号	检验项目	质量标准	检验方法
1	联轴器径向圆跳动	≤0.10	百分表
2	联轴器端面圆跳动	≤0.10	百分表
3	往复行程开关及光电功能	准确无误	目测
4	导丝辊、导丝架及丝束接触部分	表面光洁、无毛刺	目测

5 试车与验收

5.1 试车前准备

5.1.1 检查检修质量符合标准要求，有书面质量验收记录；

5.1.2 全面检查各紧固件的联接和传动件的结合情况符合要求；

5.1.3 检查各润滑点油位和润滑油脂添加情况符合要求；

5.1.4 全面检查电气、仪表、气路、水路和管路完好、无泄漏、无异响等情况；

5.1.5 检查安全罩和安全装置是否齐全完好；

5.1.6 对上述所有检查内容确认正常后试车。

5.2 试车

5.2.1 空载试车

5.2.1.1 空载试车必须在本规程 5.1 各项检查完成后进行；

5.2.1.2 连续运行前，各电机必须进行点动，观察和检查连接部位有无异常；

5.2.1.3 连续运行前，检查各传动部位有无异响、异振，电流有无异常波动；

5.2.1.4 空载试车时间不得少于 0.5h。

5.2.2 负载试车

5.2.2.1 空载试车时所发现的问题应全部整修完毕，使设备具备良好的机械状态，空载试车记录应完整无缺；

5.2.2.2 在试车中应将所发现的各种问题做好记录，必要时应立即整改，整改后再继续试车，达到运转平稳等要求；

5.2.2.3 负载试车时间不少于 72h。

5.3 验收

5.3.1 交接验收必须具备以下条件：

5.3.1.1 达到规定试车时间，运行状况良好；

5.3.1.2 检修记录、试车记录等技术资料齐全、准确；

5.3.2 检修质量按本规程 4.3.2 规定的质量标准进行验收；

5.3.3 设备技术状态达到完好标准；

5.3.4 按规定办理交接验收手续；

5.3.5 检修现场按照文明施工的要求，做到工完、料尽、场地清。

6 维护与故障处理

6.1 日常维护

6.1.1 维护内容

6.1.1.1 检查传动部件的振动、温度、异常声响大小；
6.1.1.2 检查气源管、液压管是否泄漏；
6.1.1.3 检查油箱润滑油油位；
6.1.1.4 检查往复开关及光电功能是否准确；
6.1.1.5 检查各类气缸工作情况；
6.1.1.6 检查电动机、传动丝杆、导丝辊、进料辊、液压泵、联轴器工作情况；
6.1.1.7 做好机台清洁工作，及时清洁；
6.1.1.8 以上项目如检查出问题则视情况维护。

6.1.2 维护时间

6.1.2.1 操作工按照操作规程对设备进行巡检。
6.1.2.2 保全工每天巡回检查不少于 2 次。

6.2 常见功能故障与处理方法

丝束折叠机常见功能故障与处理方法见表 5。

表 5 丝束折叠机常见功能故障与处理方法

<table>
<tr><th>序号</th><th>功能</th><th>功能故障</th><th>故障模式</th><th>故障后果</th><th>故障应对策略与检修内容</th><th>检修周期 / 月</th></tr>
<tr><td rowspan="5">1</td><td rowspan="5">保证机组连续运转</td><td rowspan="3">电气控制系统异常</td><td>电动机损坏</td><td>机组无动作</td><td>修理或更换电动机</td><td>视情况而定</td></tr>
<tr><td>电磁阀线圈烧</td><td>滑动架不返回</td><td>更换电磁阀线圈</td><td>视情况而定</td></tr>
<tr><td>行程开关损坏</td><td>滑动架过界</td><td>更换行程开关</td><td>视情况而定</td></tr>
<tr><td>液压传动故障</td><td>液压电动机坏</td><td>滑动架无动作</td><td>修理或更换</td><td>视情况而定</td></tr>
<tr><td>机械传动故障</td><td>传动丝杆损坏</td><td>滑动架无动作</td><td>修理或更换</td><td>视情况而定</td></tr>
<tr><td rowspan="4">2</td><td rowspan="4">保证生产连续运行</td><td>液压泵异常</td><td>油压不足</td><td rowspan="2">速度慢</td><td>调整油压</td><td>视情况而定</td></tr>
<tr><td rowspan="3">油温异常</td><td>油位低</td><td>补油</td><td>6 个月</td></tr>
<tr><td>冷却器结垢或损坏</td><td rowspan="2">油温过高</td><td>清洗或修理</td><td>12 个月</td></tr>
<tr><td>油压过高、流量过大</td><td>调整</td><td>视情况而定</td></tr>
</table>

表 5　丝束折叠机常见功能故障与处理方法（续）

序号	功能	功能故障	故障模式	故障后果	故障应对策略与检修内容	检修周期／月
2	保证生产连续运行	气压传动故障	往复开关松动、损坏	气缸不返回	调整或更换	视情况而定
3	保证机组密闭生产	密封泄漏	密封件损坏	润滑油泄漏	更换密封件	视情况而定
			紧固螺栓松动		拧紧螺栓	视情况而定

附 录 A
（资料性附录）
丝束折叠机检修质量控制确认表

项目	主要控制内容			等级	施工单位	生产车间	设备管理部门	备注
	标准值	部位	现场记录					
拆卸时检测								
机架纵横水平度	≤0.1/1000	机架中部		B	★	★		
机架垂直度	≤0.1/1000	机架中部		B	★	★		
横向丝杆径向跳动	≤0.30mm	丝杆中部		B	★	★		
横向丝杆径向水平度	≤0.30mm	丝杆中部		B	★	★		
纵向丝杆径向跳动	≤0.30mm	丝杆中部		B	★	★		
纵向丝杆径向水平度	≤0.30mm	丝杆中部		B	★	★		
横向丝杆与螺母啮合轴向间隙	≤0.15mm	丝杆中部		B	★	★		
纵向丝杆与螺母啮合轴向间隙	≤0.15mm	丝杆中部		B	★	★		
导杆与纵横向丝杆平行度	≤0.30mm	丝杆中部		B	★	★		
进料辊径向跳动	≤0.30mm	进料辊中部		A	★	★	★	
进料辊水平度、平行度	≤0.30mm	进料辊中部		A	★	★	★	
两链轮侧面平齐度	<0.50mm	两链轮侧面		B	★	★		
联轴器径向圆跳动	≤0.10mm	联轴器侧面		B	★	★		
联轴器端面圆跳动	≤0.10mm	联轴器外圆面		B	★	★		
回装时检测								
机架纵横水平度	≤0.1/1000	机架中部		B	★	★		
机架垂直度	≤0.1/1000	机架中部		B	★	★		
横向丝杆径向跳动	≤0.30mm	丝杆中部		B	★	★		
横向丝杆径向水平度	≤0.30mm	丝杆中部		B	★	★		
纵向丝杆径向跳动	≤0.30mm	丝杆中部		B	★	★		

丝束折叠机检修质量控制确认表（续）

项目	主要控制内容			等级	施工单位	生产车间	设备管理部门	备注
	标准值	部位	现场记录					
纵向丝杆径向水平度	≤0.30mm	丝杆中部		B	★	★	★	
横向丝杆与螺母啮合轴向间隙	≤0.15mm	丝杆中部		B	★	★		
纵向丝杆与螺母啮合轴向间隙	≤0.15mm	丝杆中部		B	★	★		
导杆与纵横向丝杆平行度	≤0.30mm	丝杆中部		B	★	★		
进料辊径向跳动	≤0.30mm	进料辊中部		A	★	★	★	
进料辊水平度、平行度	≤0.30mm	进料辊中部		A	★	★	★	
两链轮侧面平齐度	＜0.50mm	两链轮侧面		B	★	★		
联轴器径向圆跳动	≤0.10mm	联轴器侧面		B	★	★		
联轴器端面圆跳动	≤0.10mm	联轴器外圆面		B	★	★		

注：A 级：施工单位、生产装置、设备管理部门专业人员检查确认后签字。

B 级：施工单位和生产装置专业人员检查确认后签字。

C 级：施工单位专业人员检查确认后签字。

另：如果有监理，监理的职责由甲方授权。

附 录 B
（资料性附录）
丝束折叠机试车与验收数据记录表

设备名称		位号		工作介质	
驱动机种类		转速	r/min	试车介质	
试车类别	□空负荷□负荷	环境温度	℃	试车日期	
连续运转时间	h	启动电流	A		

检查项目		设计值 / 允许值	实测值								
运行记录时刻											

试车情况：	
试车结论：	
验收意见	生产装置：
	施工单位：
	管理部门：

说明：生产装置组织单机试车与验收，其中主要设备的大修由设备管理部门参与验收，其余均由生产装置、施工单位双方共同验收。

24. 再牵伸再卷曲机维护检修规程

SHS 04312—2019

代替 SHS 04312—2004

目　次

前 言

本规程按照GB/T 1.1—2009《标准化工作导则 第1部分：标准的结构和编写》给出的规则起草。

本规程代替SHS 04312—2004《再卷曲机（川崎重工）维护检修规程》，与SHS 04312—2004相比，除了编辑性修改外，主要技术变化如下：

——细化了拆卸与检测、回装与质量标准；

——调整了再牵伸机牵伸辊、轴拆装内容；

——增加了强制润滑装置、电气专业、仪表专业检修内容；

——常见功能故障与处理部分按RCM分析方法重新编制；

——增加“附录A 再牵伸再卷曲机检修质量控制确认表”；

——增加“附录B 再牵伸再卷曲机试车与验收数据记录表”。

本规程由中国石油化工集团有限公司、中国石油化工股份有限公司提出。

本规程起草单位：中国石化上海石油化工股份有限公司。

本规程主要起草人：刘朝辉。

本规程历次版本发布情况：

——SHS 04312—2004。

再牵伸再卷曲机维护检修规程

1 范围

1.1 主题内容

本规程规定了二步法腈纶再牵伸再卷曲机检修周期与内容、检修程序与质量标准、试车与验收、维护与故障处理。

1.2 适用范围

本规程适用于二步法腈纶再牵伸再卷曲机的维护与检修。

2 规范性引用文件

下列文件中的条款通过本规程的引用而成为本规程的条款。凡是注日期的引用文件，其随后所有的修改单（不包括勘误的内容）或修订版均不适用于本规程，然而，鼓励根据本规程达成协议的各方研究是否可使用这些文件的最新版本。凡是不注日期的引用文件，其最新版本适用于本规程。

FZ/T 99014 纺织机械电气设备 通用技术条件

FZ/T 90074 纺织机械产品涂装

SN/T 3719.1 进出口纺织行业成套设备检验技术要求 第1部分：化纤设备

SH/T 3503 石油化工建设工程项目交工技术文件规定

GB/T 15753 圆弧圆柱齿轮精度

ZBJ 19004 圆柱齿轮减速器

再牵伸再卷曲机（川崎重工）安装标准及维护手册

3 检修周期与内容

3.1 检修周期

根据再牵伸再卷曲机系统功能故障及影响分析的结果，并结合生产装置运行周期确定检修周期，一般为36个月。

3.2 检修项目

3.2.1 检查联轴器工作情况；
3.2.2 检查传动链松紧、磨损情况；
3.2.3 检查牵伸辊表面是否光滑及磨损情况；
3.2.4 检查卷曲机头侧板磨损情况；
3.2.5 检查气缸、气路的泄漏情况；
3.2.6 检查气缸、气动阀工作情况；
3.2.7 检查卷曲辊、刀表面情况；
3.2.8 检查卷曲机上下辊、刀间隙；
3.2.9 检查链板运行情况、链板有无变形；
3.2.10 检查链板链条磨损情况；
3.2.11 检查链条润滑情况、油雾器是否正常工作；
3.2.12 检查链条张紧、磨损情况；
3.2.13 检查蒸汽管路、蒸汽箱是否泄漏；
3.2.14 检查疏水器、阀门工作情况；
3.2.15 检查轴承的润滑及工作情况；
3.2.16 检查电阀制动器工作情况；
3.2.17 检查导丝辊、导丝杆表面磨损情况；
3.2.18 检查所有零部件的紧固螺栓有无松动现象；
3.2.19 检查、处理运行中发生的其他缺陷；
3.2.20 检查调整牵伸辊水平和上下牵伸辊的平行度，更换磨损严重的牵伸辊；
3.2.21 拆检卷曲机头；
3.2.22 拆检清洗链条传动系统；
3.2.23 拆检无级变速器、传动箱、齿轮箱、减速器，清洗检查轴承、齿轮、油封等，更换失效件；
3.2.24 拆检强制润滑装置的油过滤器、冷却器、油泵等；
3.2.25 机架校水平度、垂直度；
3.2.26 重新安装平整无级变速器、传动箱、齿轮箱、减速器、蒸汽箱；
3.2.27 全机防锈防腐；
3.2.28 电气专业检修电动机、限位开关、控制系统等相关内容；
3.2.29 仪表专业检修张力仪、铂电阻、温度计、调节阀等相关内容。

4 检修程序与质量标准

4.1 检修前准备

4.1.1 根据设备运行技术状态和监测记录，分析故障原因，明确故障部位；

4.1.2 准备必要的图纸资料，编制检修计划；
4.1.3 制定施工方案，明确技术要求，图、表齐全，符合设备安全、环保要求；
4.1.4 施工前组织施工人员进行技术交底，将方案内容、技术、质量等要求交代清楚；
4.1.5 准备检修工器具、清洗剂和润滑油（脂）等；
4.1.6 落实安全防护措施与环保要求：
4.1.6.1 办理好各类进场检修施工手续；
4.1.6.2 检修前切断机台电源等，并且挂安全警示牌；
4.1.6.3 停车检修前需确认工艺处置是否满足检修要求；
4.1.6.4 备好相应物料收集桶，避免环境污染；
4.1.6.5 检修人员个人防护必须符合劳保着装规定要求，施工器具验收合格，并落实施工监护人；
4.1.6.6 现场设置施工作业管理牌，落实好文明检修相关准备要求。

4.2 拆卸与检测

4.2.1 再牵伸机牵伸辊轴

4.2.1.1 拆卸安全罩、联轴器、齿轮箱，清洗检查；
4.2.1.2 拆卸牵伸辊端盖、锁紧螺母、牵伸辊，清洗检查；
4.2.1.3 拆卸轴承盖，取出牵伸辊轴，清洗检查轴承、油封、齿轮、传动轴，更换失效件。

4.2.2 再牵伸机压辊、气缸

4.2.2.1 拆卸压辊，检查表面磨损情况；
4.2.2.2 压辊解体，清洗检查轴承、油封、轴，更换失效件；
4.2.2.3 拆卸气缸，解体检查活塞、活塞杆、密封件等，更换失效件。

4.2.3 再牵伸机强制润滑装置

4.2.3.1 拆卸润滑装置冷却器封头，清洗疏通冷却；
4.2.3.2 拆检清洗润滑油冷却管线；
4.2.3.3 润滑油箱放油，开盖清洗油箱。

4.2.4 卷曲机头

4.2.4.1 拆卸安全罩、联轴器、上机架盖；
4.2.4.2 拆卸上卷曲辊、轴承等，清洗检查，更换失效件；
4.2.4.3 拆卸丝束出口斜槽、上下定位板；
4.2.4.4 松开填料板和气缸之间的连接杆；
4.2.4.5 拆卸填料箱进口处的导丝架；

4.2.4.6 拆卸旁板、填料板、上下刮刀，清洗检查，更换失效件；

4.2.4.7 拆卸卷曲辊轴与万向联轴器的连接销；

4.2.4.8 拆卸下卷曲辊、轴承，清洗检查，更换失效件。

4.2.5 丝束输送链板

4.2.5.1 拆卸安全罩、联轴器、减速器，清洗检查；

4.2.5.2 拆卸机架两侧面板；

4.2.5.3 拆卸链条、链轮；

4.2.5.4 拆卸丝束输送链板，清洗检查，更换失效件。

4.2.6 传动机构

4.2.6.1 拆卸安全罩、联轴器，清洗检查；

4.2.6.2 拆卸无级变速器、齿轮箱，清洗检查，更换失效件。

4.3 回装与质量标准

4.3.1 回装程序与要求

4.3.1.1 再牵伸机牵伸辊、轴

a）安装牵伸辊轴、齿轮、轴承、油封、轴承盖，检查牵伸辊轴径向圆跳动，要求密封无明显泄漏；

b）安装牵伸辊，检查牵伸辊径向圆跳动、两牵伸辊平行度；

c）安装联轴器、齿轮箱、安全罩，检查联轴器平行度和同轴度。

4.3.1.2 再牵伸机压辊、气缸

a）气缸、气动元件安装复位，要求气缸动作灵活，气动元件无明显泄漏；

b）压辊安装复位，检查压辊径向圆跳动、水平度。

4.3.1.3 再牵伸机强制润滑装置

a）润滑装置冷却器封头安装、螺丝紧固；

b）润滑油冷却管线联接，确保无渗漏；

c）润滑油箱盖板复位。

4.3.1.4 卷曲头安装

a）安装轴承、下卷曲辊，要求转动灵活、密封无明显泄漏；

b）安装卷曲辊轴与万向联轴器的连接销；

c）安装轴承、上卷曲辊，要求转动灵活、密封无明显泄漏；

d）安装上机架盖、联轴器等，检查联轴器平行度和同轴度；

e）安装上下刮刀、填料板、旁板，按表2卷曲机头检修质量标准检查确认；

f）安装填料箱进口处的导丝架；

g）安装填料板和气缸之间的连接杆；

h）安装上下定位板、丝束出口斜槽，要求螺栓紧固无松动。

4.3.1.5　丝束输送链板安装

a）安装丝束输送链板，检查链板纵向水平度；

b）安装链轮、链条，检查链轮侧面平齐度，链条应松弛适度；

c）安装机架两侧面板、安全罩；

d）安装联轴器、减速器、安全罩，检查联轴器平行度和同轴度，要求传动系统转动灵活、密封无明显泄漏、螺栓紧固无松动。

4.3.1.6　传动机构安装

a）安装联轴器、齿轮箱，检查联轴器平行度和同轴度，要求齿轮箱转动灵活、密封无明显泄漏；

b）安装无级变速器，检查无级变速器轴向窜动，要求传动系统转动灵活、密封无明显泄漏。

4.3.2　检修质量标准

4.3.2.1　机架部分

机架部分检修质量标准见表1。

表1　机架部分检修质量标准

mm

序号	检验项目	质量标准	检验方法
1	机架纵横水平度	＜0.10/1000	长直尺加水平尺
2	机架垂直度	＜0.10/1000	水平仪
3	链板纵向水平度	＜0.10/1000	长直尺加水平尺
4	机台中心	＜0.50	吊线检查

4.3.2.2　卷曲机头

卷曲机头检修质量标准见表2。

表2　卷曲机头检修质量标准

mm

序号	检验项目	质量标准	检验方法
1	上刮刀顶部与上卷曲辊圆周表面间隙	0.04～0.06	测微片
2	旁板与上、下卷曲辊侧面的间隙	0.3	测微片
3	下刮刀与左右旁板的间隙	0.05	测微片
4	上、下卷曲辊间间隙	0.05～0.07	测微片
5	上、下刮刀	表面光洁、无毛刺、刀口锋利	目测、手感
6	上、下卷曲辊直径差	≤0.01	千分尺
	上、下卷曲辊宽度差	≤0.015	千分尺
7	上、下卷曲辊	表面光洁、无毛刺	目测

表 2　卷曲机头检修质量标准（续）

序号	检验项目	质量标准	检验方法
8	侧板	表面光洁、无锐边	目测
9	上刮刀宽度比下刮刀宽度	0.04×2，对称分布	千分尺
10	上刮刀宽度比上卷曲辊宽度	0.28×2，对称分布	千分尺
11	下刮刀宽度比下卷曲辊宽度	0.28×2，对称分布	千分尺

4.3.2.3　无级变速器

无级变速器检修质量标准见表 3。

表 3　无级变速器检修质量标准

mm

序号	检验项目	质量标准	检验方法
1	箱体内部	清洁	目测
2	传动系统	转动灵活、无异响	手检、耳听
3	轴承	无明显松动 无明显磨损 润滑良好	手检
4	两齿轮端面平齐度	≤0.20	直尺加测微片
5	齿轮磨损率	≤20%（以齿厚为准）	游标卡尺
6	齿轮啮合侧隙	适度	目测、手感
7	轴向窜动	0.10～0.15	手动及百分表
8	油位视镜	清晰	目测
	油位	1/2～2/3（停车时）	
9	静密封、动密封	无明显泄漏	目测

4.3.2.4　齿轮箱

齿轮箱检修质量标准见表 4。

表 4　齿轮箱检修质量标准

mm

序号	检验项目	质量标准	检验方法
1	齿轮啮合接触面积率	沿齿高 >50% 沿齿宽 >50%	着色法
2	齿轮啮合齿顶间隙	0.60～0.90	压铅法
3	齿轮啮合侧间隙	0.10～0.22	压铅法
4	静密封、动密封	无明显泄漏	目测
5	油位视镜	清晰	目测
	油位	1/2～2/3（停车时）	
6	传动系统	转动灵活无异响	目测

4.3.2.5　气动件

气动件检修质量标准见表 5。

表 5　气动件检修质量标准

mm

序号	检验项目	质量标准	检验方法
1	气缸	动作灵活、无泄漏	手检
2	过滤器	动作灵活、无泄漏	手检
3	调节阀	动作灵活、无泄漏	手检
4	手动阀	动作灵活、无泄漏	手检

4.3.2.6　联轴器及其他部分

联轴器及其他部分检修质量标准见表 6。

表 6　联轴器及其他部分检修质量标准

mm

序号	检验项目	质量标准	检验方法
1	联轴器平行度	＜0.15	百分表
2	联轴器同轴度	＜0.10	百分表
3	牵伸辊径向圆跳动	＜0.30	百分表
4	两牵伸辊平行度	＜0.10	内径千分表
5	牵伸辊轴径向圆跳动	＜0.10	百分表
6	牵伸辊	表面光洁、无毛刺	目测
7	压辊径向圆跳动	＜0.30	百分表
8	压辊水平度	＜0.30	百分表
9	压辊	表面光洁、无毛刺	目测

5　试车与验收

5.1　试车前准备

5.1.1　检查检修质量符合标准要求，有书面质量验收记录；

5.1.2　全面检查各紧固件的连接和传动件的结合情况，应符合相关要求；

5.1.3　检查各润滑点油位和润滑油脂添加情况；

5.1.4　全面检查电气、仪表、气路、水路和管路，应完好、无泄漏、无异常等情况；

5.1.5　检查安全罩和安全装置是否齐全完好；

5.1.6　对上述所有检查内容确认正常后试车。

5.2 试车

5.2.1 空载试车

5.2.1.1 空载试车必须在本规程5.1各项检查完成后进行；

5.2.1.2 连续运行前，各电机必须进行点动，观察和检查连接部位有无异常；

5.2.1.3 连续运行前，检查各传动部位有无异响、异振情况，电流有无异常波动；

5.2.1.4 空载试车时间不少于0.5h。

5.2.2 负载试车

5.2.2.1 空载试车时所发现的问题应全部整修完毕，使设备具备良好的机械状态，空载试车记录应完整无缺；

5.2.2.2 在试车中应将所发现的各种问题做好记录，必要时应立即整改，整改后再继续试车，达到运转平稳等要求；

5.2.2.3 负载试车时间不少于72h。

5.3 验收

5.3.1 交接验收必须具备以下条件：

5.3.1.1 达到规定试车时间，运行状况良好；

5.3.1.2 检修记录、试车记录等技术资料齐全、准确；

5.3.2 检修质量按本规程4.3.2规定的检修质量标准进行验收；

5.3.3 设备技术状态达到完好标准；

5.3.4 按规定办理交接验收手续；

5.3.5 检修现场按照文明施工的要求，做到工完、料尽、场地清。

6 维护与故障处理

6.1 日常维护

6.1.1 维护内容

6.1.1.1 检查传动部件的振动、温度、异响情况；

6.1.1.2 检查各动、静密封点是否泄漏；

6.1.1.3 检查无级变速器、齿轮箱、联轴器的润滑油（脂）情况；

6.1.1.4 检查气缸、气路的泄漏情况；

6.1.1.5 检查上下卷曲辊、上下刮刀表面情况；

6.1.1.6 检查联轴器的工作情况；

6.1.1.7 检查各气动部分动作是否灵活；

6.1.1.8 检查各紧固件是否松动；

6.1.1.9 检查蒸汽管路、阀门、疏水器和蒸汽箱是否泄漏；

6.1.1.10 检查丝束输送链板工作情况；

6.1.1.11 检查链条、链轮是否磨损；

6.1.1.12 检查防缠辊检测器工作情况；

6.1.1.13 以上项目如检查出问题则视情况维护。

6.1.2 维护时间

6.1.2.1 操作工按照操作规程对设备进行巡检；

6.1.2.2 保全工每天巡回检查不少于2次。

6.2 常见功能故障与处理方法

再牵伸再卷曲机常见功能故障与处理方法见表7。

表7 再牵伸再卷曲机常见功能故障与处理方法

序号	功能	功能故障	故障模式	故障后果	故障应对策略与检修内容	检修周期/月
1	保证生产连续运行	钢辊筒晃动	滚动轴承损坏	影响生产连续运行，直至非计划停车	更换滚动轴承	视情况而定
			轴弯或轴磨损		更换轴	视情况而定
			锁紧螺母松动		紧固锁紧螺母	视情况而定
		钢辊筒缠丝	钢辊筒表面质量不好	产品质量不受控，影响生产连续运行	停机处理或更换	视情况而定
		卷曲头卡丝	卷曲辊表面有缺陷		更换卷曲辊	视情况而定
		卷曲头卡丝	侧板严重磨损		更换侧板	视情况而定
		卷曲头卡丝	二卷曲辊侧面不平齐		重新调节或换辊	视情况而定
		卷曲头卡丝	侧间隙不对		重新调节	视情况而定
		卷曲头卡丝	刀和辊间隙不对		重新调节	视情况而定
2	保证机组连续运转	传动部件运行不正常	紧固件松动	辊筒不转或径向跳动超标	拧紧固定螺栓	视情况而定
			轴承损坏		更换轴承	视情况而定
			齿轮啮合不好		调整间隙或更换齿轮	视情况而定
			联轴器及其链条过度磨损	噪声过大	调节链条松紧和保护罩位置	视情况而定
			联轴器对中不好	产生振动、异声	重新找正	视情况而定

表 7　再牵伸再卷曲机常见功能故障与处理方法（续）

序号	功能	功能故障	故障模式	故障后果	故障应对策略与检修内容	检修周期／月
2	保证机组连续运转	链板损坏	链板挂丝	链板损坏	更换链板	视情况而定
		链板跑偏	传动链磨损	链板跑偏	更换磨损传动链或调整链板传动轴位置	视情况而定
		减速器故障	轴承磨损、	产生振动、异声	更换轴承	视情况而定
			联轴器对中不好		联轴器重新找正	视情况而定
			缺润滑油（脂）	温度过高	补加润滑油（脂）	6
			油（脂）变质		更换油（脂）	2　年
		电气控制系统不正常	钢辊筒绕辊	电流过流跳车	处理绕辊	视情况而定
			齿轮箱润滑不好		检查油路或补油	视情况而定
			电机绝缘降低		检查电机	视情况而定
			速度调节不当		重新调整速度	视情况而定
3	保证机组密闭生产	密封泄漏	密封件老化损坏	润滑油、生产料液泄漏	更换密封件	视情况而定
			紧固件松		紧固	视情况而定

附 录 A
（资料性附录）
再牵伸再卷曲机检修质量控制确认表

项目	主要控制内容			等级	施工单位	生产车间	设备管理部门	备注
	标准值	部位	现场记录					
拆卸时检测								
机架纵横水平度	＜0.10/1000	机架中部		B	★	★		
机架垂直度	＜0.10/1000	机架中部		B	★	★		
链板纵向水平度	＜0.10/1000	链板中部		B	★	★		
机台中心	＜0.50mm	机台中部		B	★	★		
上刮刀顶部与上卷曲辊圆周表面间隙	0.04～0.06mm	上刮刀与上卷曲辊中部		B	★	★		
旁板与上、下卷曲辊侧面的间隙	0.30mm	旁板与上、下卷曲辊侧面		B	★	★		
下刮刀与左右旁板的间隙	0.05mm	下刮刀与左右旁板间		B	★	★		
上、下卷曲辊间间隙	0.05～0.07mm	上、下卷曲辊中部		B	★	★		
上、下卷曲辊直径差	≤0.01mm	上、下卷曲辊中部		B	★	★		
上、下卷曲辊宽度差	≤0.015mm	上、下卷曲辊侧面		B	★	★		
上刮刀宽度比下刮刀宽度	0.04mm×2，对称分布	上、下刮刀侧面		B	★	★		
上刮刀宽度比上卷曲辊宽度	0.28mm×2，对称分布	上刮刀、上卷曲辊侧面		B	★	★		
下刮刀宽度比下卷曲辊宽度	0.28mm×2，对称分布	下刮刀、下卷曲辊侧面		B	★	★		
两齿轮端面平齐度	≤0.20mm	两齿轮端面		B	★	★		
无级变速器轴向窜动	0.10～0.15mm	无级变速器轴		B	★	★		

再牵伸再卷曲机检修质量控制确认表（续）

项目	主要控制内容			等级	施工单位	生产车间	设备管理部门	备注
	标准值	部位	现场记录					
齿轮啮合齿顶间隙	0.60～0.90mm	齿顶		B	★	★		
齿轮啮合侧间隙	0.10～0.22mm	齿轮啮合侧		B	★	★		
联轴器平行度	＜0.15mm	联轴器侧面		B	★	★		
联轴器同轴度	＜0.10mm	联轴器外圆面		B	★	★		
牵伸辊径向圆跳动	＜0.30	牵伸辊外侧		B	★	★		
两牵伸辊平行度	＜0.10	牵伸辊中部		B	★	★		
牵伸辊轴径向圆跳动	＜0.10	牵伸辊轴外端		B	★	★		
压辊径向圆跳动	＜0.30	压辊中部		B	★	★		
压辊水平度	＜0.30	压辊中部		B	★	★		
回装时检测								
机架纵横水平度	＜0.10/1000	机架中部		B	★	★		
机架垂直度	＜0.10/1000	机架中部		B	★	★		
链板纵向水平度	＜0.10/1000	链板中部		B	★	★		
机台中心	＜0.50mm	机台中部		B	★	★		
上刮刀顶部与上卷曲辊圆周表面间隙	0.04～0.06mm	上刮刀与上卷由辊中部		B	★	★		
旁板与上、下卷曲辊横面的间隙	0.30mm	旁板与上、下卷曲辊侧面		B	★	★		
下刮刀与左右旁板的间隙	0.05mm	下刮刀与左右旁板间		B	★	★		
上、下卷曲辊间间隙	0.05～0.07mm	上、下卷曲辊中部		B	★	★		
上、下卷曲辊直径差	≤0.01mm	上、下卷曲辊中部		B	★	★		
上、下卷曲辊宽度差	≤0.015mm	上、下卷曲辊侧面		B	★	★		

再牵伸再卷曲机检修质量控制确认表（续）

项目	主要控制内容			等级	施工单位	生产车间	设备管理部门	备注
	标准值	部位	现场记录					
上刮刀宽度比下刮刀宽度	0.04mm×2对称分布	上、下刮刀侧面		B	★	★		
上刮刀宽度比上卷曲辊宽度	0.28mm×2对称分布	上刮刀、上卷曲辊侧面		B	★	★		
下刮刀宽度比下卷曲辊宽度	0.28mm×2对称分布	下刮刀、下卷曲辊侧面		B	★	★		
两齿轮端面平齐度	≤0.20mm	两齿轮端面		B	★	★		
无级变速器轴向窜动	0.10～0.15mm	无级变速器轴		B	★	★		
齿轮啮合齿顶间隙	0.60～0.90mm	齿顶		B	★	★		
齿轮啮合侧间隙	0.10～0.22mm	齿轮啮合侧		B	★	★		
联轴器平行度	＜0.15mm	联轴器侧面		B	★	★		
联轴器同轴度	＜0.10mm	联轴器外圆面		B	★	★		
牵伸辊径向圆跳动	＜0.30	牵伸辊外侧		B	★	★		
两牵伸辊平行度	＜0.10	牵伸辊中部		B	★	★		
牵伸辊轴径向圆跳动	＜0.10	牵伸辊轴外端		B	★	★		
压辊径向圆跳动	＜0.30	压辊中部		B	★	★		
压辊水平度	＜0.30	压辊中部		B	★	★		

注：A级：施工单位、生产装置、设备管理部门专业人员检查确认后签字。

B级：施工单位和生产装置专业人员检查确认后签字。

C级：施工单位专业人员检查确认后签字。

另：如果有监理，监理的职责由甲方授权。

附　录　B

（资料性附录）

再牵伸再卷曲机试车与验收数据记录表

设备名称		位号		工作介质	
驱动机种类		转速	r/min	试车介质	
试车类别	□空负荷 □负荷	环境温度	℃	试车日期	
连续运转时间	h	启动电流	A		

检查项目		设计值／允许值	实测值								
运行记录时刻											

试车情况：	
试车结论：	
验收意见	生产装置：
	施工单位：
	设备管理部门：
说明：生产装置组织单机试车与验收，其中主要设备的大修由设备管理部门参与验收，其余均由生产装置、施工单位双方共同验收。	

25. SC2型切断机维护检修规程

SHS 04313—2019

（代替 SHS 04313—2004）

目　次

前　言

本规程按照 GB/T 1.1—2009《标准化工作导则　第1部分：标准的结构和编写》给出的规则起草。

本规程代替 SHS 04313—2004《SC2型切断机维护检修规程》，与 SHS 04313—2004 相比，除了编辑性修改外，主要技术变化如下：

——细化了拆卸与检测、回装与质量标准；

——增加了规范性引用文件；

——对压轮导丝部件检修质量标准进行了重新修订；

——取消了切断机传动箱及其检修质量标准；

——增加了蜗轮蜗杆减速箱检修质量标准；

——常见故障与处理部分按 RCM 分析方法重新编制；

——增加“附录A　切断机检修质量控制确认表”；

——增加“附录B　切断机试车与验收数据记录表”。

本规程由中国石油化工集团有限公司、中国石油化工股份有限公司提出。

本规程起草单位：中国石化上海石油化工股份有限公司。

本规程主要起草人：章英。

本规程历次版本发布情况：

——SHS 04313—1992、SHS 04313—2003。

SC2 型切断机维护检修规程

1 范围

1.1 主题内容

本规程规定了 SC2 型切断机检修周期与内容、检修程序与质量标准、试车与验收、维护与故障处理。

1.2 适用范围

本规程适用于 SC2 型切断机维护检修及所附 VD815 型张力架、S701 型曳引机、VD817B 捕结器的维护与检修。

2 规范性引用文件

下列文件中的条款通过本规程的引用而成为本规程的条款。凡是注日期的引用文件，其随后所有的修改单（不包括勘误的内容）或修订版均不适用于本规程，然而，鼓励根据本规程达成协议的各方研究是否可使用这些文件的最新版本。凡是不注日期的引用文件，其最新版本适用于本规程。

FZ/T 99014　纺织机械电气设备　通用技术条件

FZ/T 90074　纺织机械产品涂装

SH/T 3503　石油化工建设工程项目交工技术文件规定

SHS 01028　变速机维护检修规程

SC2 型切断机及所附张力架、捕结器、曳引机的产品说明书

3 检修周期与内容

3.1 检修周期

根据 SC2 型切断机及所附 VD815 型张力架、S701 型曳引机、VD817B 捕结器等系统功能故障及影响分析的结果，并结合生产装置运行周期确定检修周期，一般为 36 个月。

3.2 检修项目

3.2.1　减速机拆检，联轴器同轴度检查、调整；

3.2.2　检查切断机的传动机构、拆卸组装刀盘组合件及压轮导丝部件，失效则更换；

3.2.3 拆检张力架滑轮、滑道、链条组件、缓冲座，导丝辊及限位开关，解体导丝辊、更换失效轴承；

3.2.4 曳引机检查，导辊、压辊、齿轮解体检修，更换失效件；汽缸及气动三元件清洗、加油维护；

3.2.5 捕结机构拆检捕结环、导丝环、滚筒，更换失效零部件；

3.2.6 检查机架、传动箱腐蚀情况，视情况进行修补、加固、更换；

3.2.7 电机保养或更换，失效电缆线更换，控制柜清扫，变频器检修或更新；

3.2.8 手控阀检修，监控显示器检修或更新，压力表更换。

3.2.9 检查、修补基础；

3.2.10 整机全面做防腐蚀处理。

4 检修程序与质量标准

4.1 检修前准备

4.1.1 根据设备运行技术状态和监测记录，分析故障原因，明确故障部位；

4.1.2 准备必要的图纸资料，编制检修计划；

4.1.3 制定施工方案，明确技术要求，图、表齐全，符合设备安全、环保要求；

4.1.4 施工前组织施工人员进行技术交底，将方案内容、技术、质量等要求交代清楚；

4.1.5 准备检修工器具、清洗剂和润滑油（脂）等；

4.1.6 落实安全防护措施与环保要求：

4.1.6.1 办理好各类进场检修施工手续；

4.1.6.2 检修前切断机台电源等能源，并且挂安全警示牌；

4.1.6.3 停车检修前需确认工艺处置是否满足检修要求；

4.1.6.4 备好相应物料收集桶，避免环境污染；

4.1.6.5 检修人员个人防护必须符合劳保着装规定要求，施工器具验收合格，并落实施工监护人；

4.1.6.6 现场设置施工作业管理牌，落实好文明检修相关准备要求。

4.2 拆装与检测

4.2.1 切断机

4.2.1.1 安装龙门起重葫芦；

4.2.1.2 拆卸减速箱、刀盘组件，解体清洗，更换损坏零件、加注润滑油；

4.2.1.3 拆卸压轮，解体检查；

4.2.1.4 导丝盘解体检修，导丝轮检查是否光滑。

4.2.2 捕结器

4.2.2.1 拆卸导丝辊，解体清洗并检查轴承是否松动，松动则更换；
4.2.2.2 检查导丝辊及辊轴是否弯曲，能校正达到要求时可利用，否则更换，检查导丝辊表面质量，毛糙则更换；
4.2.2.3 拆卸导丝环、捕结圈，检查表面磨损情况，磨损则更换。

4.2.3 张力架

4.2.3.1 拆卸导丝滚筒，拆联接螺母将整只滚筒取下；
4.2.3.2 拆卸滑动轮架连接螺栓，将滑轮取下；
4.2.3.3 拆卸缓冲装置，取下该组件；
4.2.3.4 拆卸链条链轮组件，取下该组件；
4.2.3.5 拆卸所有轴承并清洗，检查是否松动，松动则更换；
4.2.3.6 清洗链条，检查有无磨损，磨损超出质量标准则更换；
4.2.3.7 清洗滑道、滑轮。

4.2.4 曳引机

4.2.4.1 拆卸压辊，表面质量不符要求则更换；
4.2.4.2 拆卸导辊、齿轮箱解体检修，部件失效更换；
4.2.4.3 清洗油箱，揩清油位计；
4.2.4.4 汽缸及气动三元件清洗、检修、加油维护。

4.3 回装与质量标准

4.3.1 回装程序与要求

4.3.1.1 切断机

a) 减速箱组装后复位；

b) 导丝盘、导丝轮组装复位，刀盘回装；

c) 机件油漆。

4.3.1.2 捕结器

a) 用水平尺检查机架水平垂直加工面是否水平，以垂直水平为准，若完好则复紧地脚螺栓，检查水平度不符合要求时，松开地脚螺栓，按照水平要求调整垫铁位置，直至达到要求，紧固地脚螺栓；

b) 装配导丝辊，注入润滑脂，确保回转灵活；

c) 将导丝辊轴安装在机架垂直面上，复查导丝辊水平度及径向跳动；

d) 装好捕结圈及导丝环，支头螺丝要用平肩螺丝；

e) 电气接线时要对接近限位完好情况进行检查，检查铃及指示灯停车时是否起作用，调节好捕结圈限位碰铁与接近限位的距离；

f）机架外表面防腐蚀处理；

g）自查全机，配件齐全完好，导丝辊回转灵活，接近限位灵敏可靠。

4.3.1.3 张力架

a）将导辊轴与轴承进行组装，注意轴承组装时应用管套敲出内圈，保护轴承不受损伤。轴承加油适量，牛油压进滚珠间，弹簧挡圈要卡在槽内，轴转动灵活；

b）导轨除锈，上下全程擦清，并用清漆防锈；

c）平导轨轴，用水平尺在导轨轴居中 90° 方向看垂直水平，校正底板斜垫铁达到要求，紧固地脚螺栓；

d）滑动架及链条链轮复位安装，回装滑动滚筒及平衡重锤，缓冲装置复位安装；

e）检查全机部件齐全，导丝架完好，螺丝紧固 ，手动运动件回转灵活；

f）机件油漆。

4.3.1.4 曳引机

a）检查机架水平度，用水平尺在机架纵横方向看水平，调整机底垫铁达到水平，紧固地脚螺栓，检查传动箱腐蚀情况，视检查情况进行修补、加固、更换；

b）装配导辊及齿轮，逐件安装就位，安装轴承时要求内圈与轴紧配，用套筒工具轻击轴承内圈，使其均匀套装在轴上；

c）各轴承盖接触面应揩净，密接部分可均匀涂密封胶一层，压紧后可防止油泄漏；

d）压辊复位安装，检查压辊轴挂脚与气动轴是否垂直，弯曲则要进行校正；

e）油箱加油，油量控制为油箱的 1/2 ～ 2/3 ；

f）整机全面做防腐蚀处理。

4.3.2 检修质量标准

4.3.2.1 SC2 型切断机检修质量标准见表 1。

表 1 SC2 型切断机检修质量标准

mm

序号	检修项目	质量标准	检验方法
1	机架水平度	≤ 0.10/1000	水平仪
2	机台与丝束中心线偏差	≤ 0.50	吊线锤以刀口线为准
3	刀盘组合件 （1）刀盘组合件端面跳动 （2）上下刀盘装刀槽 （3）上下刀盘间距偏差	 ≤ 0.05 无位移 无偏差	 （1）百分表测上、下刀盘端面 （2）以刀片插进为准 （3）卡尺（块规）测
4	压轮导丝部件 （1）压轮导丝垂直度 （2）压轮外径 （3）压轮传动	 ≤ 0.05/1000 光滑 灵活	 （1）框式水平仪量压轮上端面 （2）目测 （3）手盘

表 1　SC2 型切断机检修质量标准（续）

序号	检修项目	质量标准	检验方法
4	（4）压轮与刀口间距 （5）压轮与上下刀盘间隙均匀度 （6）调幅轮 （7）导丝辊托架水平度 （8）导丝辊 （9）导丝辊转动 （10）导丝圈	3 ～ 5 ≤ 0.50 光滑 ≤ 0.20/1000 光滑无毛刺 灵活 光滑	（4）尺量 （5）测微片测 （6）手感 （7）水平仪 （8）手感 （9）手盘 （10）手感
5	下落丝斗	光滑	手感
6	有机玻璃视罩	清晰	目测
7	减速箱（蜗轮蜗杆） （1）轴向窜动 （2）轴承 （3）动、静密封点 （4）蜗轮蜗杆磨损 （5）蜗轮箱安装后 （6）箱体内部及视镜 （7）油标油位	 0.10 ～ 0.15 无明显松动 无明显泄漏 ≤ 20 % 无振动异响 清洁、清晰 1/2 ～ 2/3	 （1）百分表或深度卡尺 （2）手检 （3）目测 （4）以齿顶厚度为准，尺测量 （5）手摸耳听 （6）目测 （7）目测（停车时看油位）
8	联轴器 （1）同轴度 （2）二端面平行度 （3）端面间隙 （4）与轴配合 （5）弹性圈 （6）销子螺丝	 ≤ 0.15 ≤ 0.10 0.5 ～ 1 K6 完好 紧固	 （1）百分表及测微片测 （2）测微片测 （3）测微片测 （4）手检 （5）手感、目测 （6）扳手复紧
9	键与键槽 （1）键与键槽顶隙 （2）键与键槽二侧紧力	 0.10 ～ 0.25 U8	 塞尺 游标卡尺
10	其他 （1）机件 （2）紧固件 （3）螺丝不满扣或超长 （4）安全罩 （5）设备机台	 齐全 紧固、齐全 超出螺母 1 ～ 3 牙 齐全、无碰擦 整洁，油漆光滑完整	 （1）目测 （2）目测、扳手复紧 （3）目测 （4）目测 （5）目测

4.3.2.2　捕结器检修质量标准见表 2。

表 2　捕结器检修质量标准

mm

序号	检验项目	质量标准	检验方法
1	机架部分 （1）水平度 （2）垂直度 （3）导丝辊丝束中心线	 ≤0.1/1000 ≤0.1/1000 ±0.5	 （1）水平仪 （2）框式水平仪 （3）吊线锤对地面中心线
2	导丝辊 （1）辊筒轴 （2）转动 （3）表面 （4）径向跳动	 完好 灵活 光洁 ≤0.15	 （1）目测 （2）手感、目测 （3）目测、手感 （4）百分表测量
3	捕结板（圈） （1）配件 （2）与辊筒隔距 （3）限位开关	 齐全 15～20 有效	 （1）目测 （2）尺量 （3）手动、目测
4	摇臂 （1）配件 （2）辊筒转动	 完好 灵活	 （1）目测 （2）手动
5	其他 （1）导丝环 （2）机件 （3）螺丝 （4）紧固件 （5）设备机台	 完好螺丝紧固，螺丝应用平肩螺丝，避免勾丝 齐全 超出螺母1～3牙 完好 整洁、完整	 （1）目测 （2）目测 （3）目测 （4）扳手复紧 （5）目测

4.3.2.3　张力架检修质量标准见表3。

表 3　张力架检修质量标准

mm

序号	检验项目	质量标准	检验方法
1	机架部分 （1）机架水平度 （2）机架垂直度 （3）滚筒中线与丝束中心线偏差	 ≤0.1/1000 ≤0.1/1000 ±1	 （1）水平仪 （2）框式水平仪 （3）用线锤检查
2	滑轮架 （1）润滑 （2）滑轮转动 （3）重锤	 良好 灵活 无缺损	 （1）目测 （2）手动、目测 （3）目测

表 3　张力架检修质量标准（续）

序号	检验项目	质量标准	检验方法
3	滚筒 （1）转动 （2）表面 （3）轴	 灵活 无毛刺 完好	 （1）手动 （2）手感 （3）目测
4	链条链轮 （1）装配侧面平齐 （2）链条磨损 （3）链条润滑 （4）链轮磨损	 ≤ 0.5 ≤ 1/100 良好 合度	 （1）拉线检查 （2）以拉直与压缩的比为准 （3）目测 （4）以齿尖为线
5	导轨轴	无锈蚀	目测
6	缓冲机构，缓冲	完好、有效	手动检查
7	限位开关 （1）位置 （2）作用	 正确 灵敏	 手揿开停车检查 手揿开停车检查
8	其他 （1）机体 （2）紧固件 （3）螺丝不满扣或超长 （4）设备整洁，油漆光滑完整	 完好 完好 超出螺母 1 ～ 3 牙 整洁、完整	 （1）目测 （2）扳手复紧 （3）目测 （4）目测

4.3.2.4　曳引机检修质量标准见表 4。

表 4　曳引机检修质量标准

mm

序号	检验项目	质量标准	检验方法
1	箱体部分 （1）箱体纵横水平度 （2）箱体垂直度 （3）导辊中心与丝束中心线之差	 ≤ 0.1/1000 ≤ 0.1/1000 ±0.5	 （1）水平仪 （2）框式水平仪 （3）拉线检查
2	齿轮传动箱 （1）箱体内部 （2）传动箱装配 （3）齿轮侧面 （4）齿轮磨损率 （5）齿轮啮合间隙 （6）轴向窜动 （7）油位 （8）视镜 （9）动、静密封泄漏	 清洁 转动灵活，无振动异响 平齐 ≤ 20% 合度 0.10 ～ 0.15 1/2 ～ 3/5 清晰 无明显泄漏	 （1）目测 （2）手动、耳听 （3）直尺、测微片测 （4）按齿顶厚度为准，尺测量 （5）测微片测或压铅法 （6）百分表或深度卡尺 （7）目测（停车时油位） （8）目测 （9）目测

表 4　曳引机检修质量标准（续）

序号	检验项目	质量标准	检验方法
3	导辊与压辊 （1）导辊表面 （2）压辊表面 （3）上下二辊接触 （4）导辊齿轮键与键槽配合的顶隙 （5）键与键槽二侧紧力	 光洁，无毛刺 光滑、平整 均匀 0.10 ～ 0.25 U8	 （1）目测、手感 （2）目测 （3）目测 （4）塞尺 （5）游标卡尺
4	联轴器 （1）同轴度 （2）二端面平行度 （3）端面间隙 （4）与轴配合 （5）弹性圈 （6）销子螺丝	 ≤ 0.15 ≤ 0.10 0.5 ～ 1 K6 完好 完好、紧固	 （1）百分表及测微片测 （2）测微片测 （3）测微片测 （4）游标卡尺 （5）手感、目测 （6）扳手复紧
5	气动三元件 （1）气缸动作 （2）过滤器 （3）油雾器 （4）调压阀 （5）手控阀动作 （6）油雾器油量 （7）油雾器滴油	 灵活 不堵塞、清洁 清洁 灵活 灵活 1/2 ～ 2/3 1 ～ 2 滴 / 次	 （1）通气观察动作 （2）目测 （3）目测 （4）手动调节指示正确 （5）手动观察 （6）目测 （7）气缸通气试验
6	其他 （1）机体 （2）紧固件 （3）螺丝不满扣或超长 （4）设备油漆	 完好 完好 超出螺母 1 ～ 3 牙 设备整洁、油漆光滑完整	 （1）目测 （2）扳手复紧 （3）目测 （4）目测

5　试车与验收

5.1　试车前准备

5.1.1　全面检查紧固件的联接和传动件的结合情况，在脱离负载的条件下，校核电机转向；

5.1.2　检查各油标的油位和润滑脂添加情况；

5.1.3　全面检查电气、仪表；

5.1.4　检查各安全装置是否齐全、有效；

5.1.5　对上述所有检查内容确认正常后试车。

5.2 试车

5.2.1 空载试车

5.2.1.1 试车前检查所有发现的问题应全部整改完毕，检修记录应完整无缺；
5.2.1.2 在试车中应将所发现的问题做好记录，必要时应立即整修，整改好后再继续试车；
5.2.1.3 空载试车不低于 0.5h。

5.2.2 负载试车

5.2.2.1 空载试车时所发现的问题应全部整改完毕，使设备具备良好的机械状态。空载试车记录应完整无缺；
5.2.2.2 在试车中应将所发现的各种问题做好记录，必要时应立即整改，整改后再继续试车，达到切断长度正常、运转平稳等工艺要求；
5.2.2.3 试车时间为 72h。

5.3 验收

5.3.1 验收时必须具备下列条件：
5.3.1.1 达到规定的试车时间，运行状态良好；
5.3.1.2 检修技术资料、检修记录、试车记录准确齐全；
5.3.2 检修质量达到本规程 4.3.2 规定的质量标准；
5.3.3 设备技术状态到达设备完好标准的要求；
5.3.4 按规定办理交接验收手续。

6 维护与故障处理

6.1 日常维护

6.1.1 维护内容

6.1.1.1 减速箱振动、异响情况检查，联轴器同轴度检查、润滑部位检查等；
6.1.1.2 张力架缓冲机构及限位检查；
6.1.1.3 曳引机的导辊及捕结机构的导丝辊等转动情况及捕结圈表面光洁度检查；
6.1.1.4 切断机传动机构及切断刀检查；
6.1.1.5 以上项目如检查出问题则视情况维护。

6.1.2 维护时间

6.1.2.1 操作工按照操作规程对设备进行巡检；
6.1.2.2 运保人员每天巡回检查不少于 2 次。

6.2 常见功能故障与处理方法

SC2 型切断机常见功能故障与处理方法见表 5。

表 5 SC2 型切断机常见功能故障与处理方法

序号	功能	功能故障	故障模式	故障后果	故障应对策略与检修内容	检修周期／月
1	保证切断短纤维产品质量	丝束切断产生倍长、超长、超短	丝束张力不匀	产品质量不达标	调整丝束张力	视情况而定
			切断刀刃和压轮外周的间隙不适当		调整压轮间隙	视情况而定
			丝束跑偏		调整导丝辊使丝束中心	视情况而定
			切断刀盘与压轮的上下间隙出现偏差，产生尾巴丝		调整刀盘与压轮的上下间隙	视情况而定
			切断刀刀钝或断裂		检查更换切断刀	视情况而定
2	保证切断机平稳运行	压轮部位发生振动	压轮的轴、轴承磨损损坏	影响产品质量	更换压轮轴、轴承	视情况而定
			压轮的压力不达标		调整压力达到要求	视情况而定
			丝束引入时节头过大		重新打结并引入	视情况而定
			切断刀刀钝或断裂		检查更换切断刀	视情况而定
		切断机启动困难	涡轮减速器卡阻	运行不平稳或停机	检查或更换减速器	12～24
			电机不转		检查或更换电机	36～48
			电气控制变频器坏		检查更换变频器	视情况而定
			丝束引入时节头过大		重新打结并引入	视情况而定
3	保证机组连续运转	张力架、曳引机等运行不平稳	罗拉轴承损坏	运行不平稳或跳砸	更换轴承	36～48
			链条太松或过紧	链条噪声过大或链条抖动	调节链条	视情况而定
			机架固定螺栓松动	机架抖动	紧固螺栓	视情况而定
		减速机故障	联轴器磨损	减速机振动大	更换磨损件或重新对中	视情况而定
			蜗轮蜗杆磨损	减速机振动大	更换配件	36～48
			轴承磨损	减速机振动大	更换轴承	36～48
			润滑油不足	减速机温度过高	补油	视情况而定

附　录　A

（资料性附录）

SC2 型切断机检修质量控制确认表

项目	主要控制内容			等级	施工单位	生产装置	设备管理部门	备注
	标准值	部位	现场记录					
拆卸时检测								
刀盘结合件端面跳动值	≤ 0.05mm	刀盘端面		B	★	★		
压轮与上下刀盘间隙均匀度	≤ 0.50mm	压轮与刀盘		B	★	★		
切断机联轴器同轴度及端面平行度	同轴度≤ 0.15mm；平行度≤ 0.10mm	联轴器		B	★	★		
曳引机导辊中心与丝束中心线之差	±0.5mm	导辊中心		B	★	★		
曳引机齿轮传动箱辊轴轴向窜动	0.10 ～ 0.15mm	辊轴		B	★	★		
捕结器导丝辊径向跳动	≤ 0.15mm	导丝辊		B	★	★		
张力架滚筒中心与丝束中心线偏差	±1mm	滚筒中心		B	★	★		
回装时检测								
刀盘结合件端面跳动值	≤ 0.05mm	刀盘端面		B	★	★		
压轮与上下刀盘间隙均匀度	≤ 0.50mm	压轮与刀盘		B	★	★		
切断机联轴器同轴度及端面平行度	同轴度≤ 0.15mm；平行度≤ 0.10mm	联轴器		B	★	★		

SC2 型切断机检修质量控制确认表（续）

项目	主要控制内容			等级	施工单位	生产装置	设备管理部门	备注
	标准值	部位	现场记录					
曳引机导辊中心与丝束中心线之差	±0.5mm	导辊中心		B	★	★		
曳引机齿轮传动箱辊轴轴向窜动	0.10 ～ 0.15mm	辊轴		B	★	★		
捕结器导丝辊径向跳动	≤ 0.15mm	导丝辊		B	★	★		
张力架滚筒中心与丝束中心线偏差	±1mm	滚筒中心		B	★	★		

注： A 级：施工单位、生产装置、设备管理部门专业人员检查确认后签字。

B 级：施工单位和生产装置专业人员检查确认后签字。

C 级：施工单位专业人员检查确认后签字。

另：如果有监理，监理的职责由甲方授权。

附 录 B

（资料性附录）

SC2 型切断机试车与验收数据记录表

设备名称		位号		工作介质	
驱动机种类		转速	r/min	试车介质	
试车类别	□空负荷□负荷	环境温度	℃	试车日期	
连续运转时间	h	启动电流	A		

检查项目		设计值/允许值	实测值								
运行记录时刻											

试车情况：	
试车结论：	
验收意见	生产装置：
	施工单位：
	设备管理部门：

说明：生产装置组织单机试车与验收，其中主要设备的大修由设备管理部门参与验收，其余均由生产装置、施工单位双方共同验收。

26. HS1801、HS1802型打包机维护检修规程

SHS 04314—2019

代替 SHS 04314—2004

目　　次

前　言

本规程按照GB/T 1.1—2009《标准化工作导则　第1部分：标准的结构和编写》给出的规则起草。

本规程代替SHS 04314—2004《HS1801、HS1802型打包机维护检修规程》，与SHS 04314—2004相比，除了编辑性修改外，主要技术变化如下：

——细化了拆卸与检测、回装与质量标准；

——常见功能故障与处理部分按RCM分析方法重新编制；

——增加“附录A　HS1801、HS1802型打包机检修质量控制确认表”；

——增加“附录B　HS1801、HS1802型打包机试车与验收数据记录表”。

本规程由中国石油化工集团有限公司、中国石油化工股份有限公司提出。

本规程起草单位：中国石化上海石油化工股份有限公司。

本规程主要起草人：陆强。

本规程历次版本发布情况：

——SHS 04314—2004。

HS1801、HS1802 型打包机维护检修规程

1 范围

1.1 主题内容

本规程规定了 HS1801、HS1802 型打包机的维护检修周期与内容、检修程序与质量标准、试车与验收、维护和故障处理。

1.2 适用范围

本规程适用于邯郸纺织机械厂制造的 HS1801、HS1802 型打包机的维护与检修。

2 规范性引用文件

下列文件中的条款通过本规程的引用而成为本规程的条款。凡是注日期的引用文件，其随后所有的修改单（不包括勘误的内容）或修订版均不适用于本规程，然而，鼓励根据本规程达成协议的各方研究是否可使用这些文件的最新版本。凡是不注日期的引用文件，其最新版本适用于本规程。

FZ/T 99014　纺织机械电气设备　通用技术条件

FZ/T 90074　纺织机械产品涂装

SN/T 3719.1　进出口纺织行业成套设备检验技术要求　第 1 部分：化纤设备

SH/T 3503　石油化工建设工程项目交工技术文件规定

GB/T 3766　液压传动系统及其元件的通用规则和安全要求

FZ/T 96022　化纤打包机

HS1801 型打包机产品说明书（邯郸纺织机械厂）

HS1802 型打包机产品说明书（邯郸纺织机械厂）

3 检修周期与内容

3.1 检修周期

根据 HS1801、HS1802 型打包机系统功能故障及其影响分析的结果，并结合生产装置运行周期确定设备检修周期，一般为 36 个月。

3.2 检修项目

3.2.1 各润滑部位清洁补油；
3.2.2 检查棉箱、通道内光洁无毛刺；
3.2.3 棉箱门平正、推包灵活；
3.2.4 检查气路、油路、缸体是否泄漏；
3.2.5 检修防弹钩、气缸、压板；
3.2.6 检查转向灵活度，锁紧装置是否可靠，箱门转向定位是否准确；
3.2.7 检查棉箱软连接纱网，修补或更换；
3.2.8 检查机架螺栓是否松动，松动紧固；
3.2.9 检查清理各转动轴处的缠丝；
3.2.10 液压站及油泵联轴器的传动部分检查，检查油箱油位、油温；
3.2.11 减速器解体检修，更换液压油，清洗油箱，更换过滤网；
3.2.12 油缸检修，更换油缸密封件；
3.2.13 检查排料斗、计量斗开关门、是否开裂松动；
3.2.14 检查棉箱主柱中心线，调整垂直度；
3.2.15 检查泵、阀及传动件，失效更换；
3.2.16 各类防护罩整修；
3.2.17 解体转箱装置、更换磨损件、校正位置及紧固；
3.2.18 全机拆检，原则上机架不拆，必要时调整后固定位置；
3.2.19 底座水平校正，机架、侧架、横梁的垂直度和水平度复平校正；
3.2.20 更换失效电缆线，现场控制元件，电气控制柜检修或更新；
3.2.21 更换失效压力表，称量系统校准或更新；
3.2.22 全机防锈防腐。

4 检修程序与质量标准

4.1 检修前准备

4.1.1 根据设备运行技术状态和监测记录，分析故障原因，明确故障部位；
4.1.2 编制检修计划、内容完整，准备必要的图纸资料；
4.1.3 制定施工方案，明确技术要求，图、表齐全，符合设备安全、环保要求；
4.1.4 施工前组织施工人员进行技术交底，将方案内容、技术、质量等要求交代清楚；
4.1.5 准备检修工器具、清洗剂和润滑油（脂）等；
4.1.6 落实安全防护措施与环保要求：
4.1.6.1 办理好各类进场检修施工手续；
4.1.6.2 检修前切断机台电源等能源，并且挂安全警示牌；

4.1.6.3 停车检修前需确认工艺处置是否满足检修要求；
4.1.6.4 备好相应物料收集桶，避免环境污染；
4.1.6.5 检修人员个人防护必须符合劳保着装规定要求，施工器具验收合格，并落实施工监护人；
4.1.6.6 现场设置施工作业管理牌，落实好文明检修相关准备要求。

4.2 拆卸与检测

4.2.1 油缸及管阀

4.2.1.1 活塞开至上限，拆除活塞连接件，固定活塞杆与缸体；
4.2.1.2 关闭油泵及总电源，然后拆卸油缸下腔油管进行放油，放油后对油缸上下腔油路接口进行封堵，防止在拆卸过程中出现油液外漏；
4.2.1.3 使用起重工具等起重工具，将油缸吊至地面；
4.2.1.4 油缸解体，打开有杆腔端盖，缓慢水平拉出活塞杆，防止活塞与缸体内壁出现碰擦；
4.2.1.5 对油缸的缸体内部、活塞杆表面、活塞杆导向铜套、活塞滑动面、油管接口螺纹及缸体焊接部分等部位进行检查，导向套内外表面、缸筒的内壁及活塞杆有损伤需使用金相砂皮进行研磨修补后再使用，当拉伤深度＞ 0.2～0.3mm 时，应考虑更换。

4.2.2 气缸及气路

4.2.2.1 关闭电源及气源总阀，拆卸气缸连接件，检查连接件是否有开裂磨损等情况；
4.2.2.2 拆卸气缸管接头、气缸；
4.2.2.3 拆卸气动三元件，清洗汽水分离器。

4.2.3 防弹钩

4.2.3.1 拆除防弹钩罩壳，用起重工具将防弹钩吊住，拆除防弹钩两端的固定轴承座，将其放置地面，检查防弹钩板片是否弯曲变形，板片与主轴的垂直度，板片之间的平行度及焊接部分是否有开裂、脱焊；
4.2.3.2 拆除防弹钩毛刷、主轴支承块轴承及弹簧，检查毛刷是否破损、弹簧是否断裂或变形、主轴支承块是否有变形等；
4.2.3.3 拆除防弹钩上提箱臂。

4.2.4 转台中心立柱

4.2.4.1 拆除转向电机及减速器，拆除中心立柱大螺帽，拆除中心立柱机架；
4.2.4.2 拆除中心立柱大齿轮、轴承及顶升平台；
4.2.4.3 拆除中心立柱轴套与棉箱底座的固定螺栓，用起重工具缓缓拔出中心立柱套；
4.2.4.4 将中心立柱用起重工具吊起后缓缓旋转，使立柱与立柱底部大螺帽脱离并吊出，安放于地面；

4.2.4.5　将棉箱转至 90°，拆除防弹钩及棉箱与底座的八字型锁钩后将棉箱吊出，安放于地面。

4.3　回装与质量标准

4.3.1　回装程序与要求

4.3.1.1　油缸及管阀安装

a) 检查清理各零部件上的毛刺，确保缸体内部光滑、清洁；

b) 密封安装，对密封件安装方向进行检查确认，安装密封时建议专用工具安装，以免损伤密封件而造成泄漏；

c) 活塞杆与活塞组装，要求骑缝螺钉要安装可靠，拧紧后不得露头，并作防松处理；

d) 安装油缸端盖，用力矩扳手将螺栓紧固；

e）油缸装配完成后，将有杆腔、无杆腔油管接口处封堵，防止异物进入油缸，并将油缸活塞与缸体用专用连接板固定；

f）用起重工具等起重工具将油缸吊装到位，并用力矩扳手将其螺栓拧紧，检查油缸垂直度≤ 0.10/1000mm；

g) 安装好油缸上的管路附件（油管，油管抱箍）；

h) 主压实物保压试验，压力上升至 24MPa 时，泵卸荷观察主压上腔压力下降情况，以 5min 内压力下降不超过 5MPa 为合格。

4.3.1.2　气缸及气路安装

a) 检查气缸连接件是否有开裂、磨损情况；

b) 安装气缸，节流阀，管路接头；

c) 安装气动三元件，开启总阀门，调整压力正常后调试气缸；

d) 调节汽缸调速阀，使进料门、排料门同步启闭，时间约 2 ～ 3s。

4.3.1.3　防弹钩安装

a) 将弹簧及轴承安装于防弹钩轴两端，安装轴承时避免用锤子重击、轴承与轴之间的配合应符合要求；

b) 安装轴支承块、毛刷等；

c) 用起重工具将防弹钩起吊到安装高度，固定防弹钩；

d) 调整防弹钩左右位置，使板片正确插入棉箱的防弹钩槽内，用塞尺调整板片与槽的间隙，调整完成后，固定防弹钩组件固定螺栓，保证主轴无窜动；

e) 调整防弹钩缓冲件与棉箱距离，保证防弹钩上下缓冲件伸出的长度一致，保证防弹钩板片连接筋板与棉箱无直接撞击；

f) 调整防弹钩主轴上的弹簧，扭力应为手拉防弹钩外移后，能自动回复为准；

g) 防护罩安装复位。

4.3.1.4　转台中心立柱安装

a）检查棉箱底座的直线度、中心立柱下大螺帽内部螺纹及固定螺栓；

b）将中心立柱吊起，垂直放置在安装位置；

c）将中心立柱套吊起，套入中心立柱，旋入大螺帽，将轴套与棉箱底座固定；

d）安装转箱顶升平台，大齿轮轴承桥梁，并调整中心立柱垂直度；

e）安装减速箱电机；

f）安装各附件和棉箱。

4.3.2　检修质量标准

HS1801、HS1802 型打包机检修质量标准见表 1。

表 1　HS1801、HS1802 型打包机检修质量标准

mm

序号	检验项目	质量标准	检验方法
1	机架部分 （1）底座中心与基础中心 （2）底座二端面垂直度 （3）底座水平度 （4）中心轴垂直度 （5）主压横梁水平度 （6）主预压立柱垂直度 （7）主预压缸垂直度	 ≤ 0.5 ≤ 0.15/1000 ≤ 0.20/1000 ≤ 0.20/1000 ≤ 0.15/1000 ≤ 0.10/1000 ≤ 0.10/1000	 吊线检查 水平仪 水平仪 水平仪 直尺及水平仪 水平仪 水平仪在互成 90°二个方向测
2	转箱门轴垂直度	≤ 0.10/1000	框式水平仪
3	主预压压板与固定棉箱间隙不均度	≤ 5	直尺
4	压力要求 （1）最大预压力，当油压为 23MPa 时 （2）最大主压力，当油压为 24MPa 时 （3）进料斗气缸使用压力 （4）计量斗气缸使用压力 （5）提箱油缸，两油缸总拉力，当油压为 25MPa 时	 280kN（HS1802 型）（HS1801）增压时 60kN、差压时 25kN 3000kN（HS1802 型）2865kN（HS1801 型） 0.4 ～ 0.6MPa（HS1801 型）0.6MPa（HS1802 型） 0.4 ～ 0.6MPa（HS1801 型）0.6MPa（HS1802 型） 1240kN	 目测压力表 目测压力表 目测压力表 目测压力表 目测压力表

表 1　HS1801、HS1802 型打包机检修质量标准（续）

序号	检验项目	质量标准	检验方法
5	转箱		
	（1）转箱侧面平行度	≤ 0.50	直尺
	（2）链条	松紧适中	手检、目测
	（3）定位及阻尼	定位准确，阻尼良好	目测
	（4）时间	20s	秒表
	（5）油缸活塞杆水平度	≤ 0.2/1000	框式水平仪
	（6）定位保险	定位可靠	操作试验
6	油箱、油路、气路		
	（1）油箱、油路	清洁	目测或油品检验
	（2）高压油路	无渗漏	目测、手摸
	（3）低压油路	无渗漏	目测、手摸
	（4）油路、气路	无异声	耳听
	（5）油路、气路	无破损、无堵塞	目测
	（6）各阀门	动作灵活	目测
	（7）油雾器注油	每次预压时 5 ～ 8 滴	目测
	（8）各油箱油标油位正确	1/2 ～ 2/3 油位（按停车时油位）	目测
7	油泵	运行平稳	耳听及目测压力表
8	弹性联轴器		
	（1）同轴度	≤ 0.15	百分表及测微片
	（2）二端面平行度	≤ 0.10	测微片
	（3）端面间隙	2 ～ 4	测微片
	（4）与轴配合	k6	卡尺
	（5）弹性圈	无明显磨损	目测
	（6）销子螺栓	紧固、完好	手检
9	其他		
	（1）油箱、过滤网	油箱清洁，过滤网完好、清洁	目测
	（2）各油、气缸壁及活塞杆	缸壁光滑、活塞杆无明显拉毛、伤痕	目测手检
	（3）与自动称量机联动	匹配	联动试车
	（4）紧固件	牢固、不缺	目测
	（5）螺丝旋入	超过螺母 1 ～ 3 牙	目测
	（6）静密封点	无泄漏	目测手检
	（7）安全罩	齐全、无碰擦	目测
	（8）设备油漆	外表整洁，油漆表面光滑完整	目测

5 试车与验收

5.1 试车前准备

调试组在电气检修人员配合下进行，联动试车时，仪表检修人员必须参加，由机、电、仪三方面人员共同确认后进行联动试车。

5.1.1 各泵、阀、管路按图纸要求安装正确，应特别检查单向卸荷阀、可控单向阀、单向节流阀的进出口方向，打开泵吸油管路上的截止阀；

5.1.2 各泵、阀上未用的接口全部封堵，将所有调压阀手轮调至放松位置；

5.1.3 全面检查紧固件、管路连接处的联接情况；

5.1.4 检查柱塞泵泄油口，泵内是否充满液压油，点动电机检查电机转向是否正确；

5.1.5 检查气路：

5.1.5.1 管路必须清洁，无氧化皮、焊渣等杂物；

5.1.5.2 气路系统各种阀的进出口方向、油雾器、过滤器及电磁阀的接口位置安装正确；

5.1.5.3 气源工作压力在 0.4 ～ 0.6MPa，通气后进料门、排料门都应关闭；

5.1.6 检查各电磁阀，限位开关通、断电情况，压力表显示正常；

5.1.7 检查各安全装置是否齐全有效；

5.1.8 对上述所有检查内容确认正常后试车。

5.2 试车

5.2.1 空载试车

5.2.1.1 试车前检查所发现的问题应全部整改完毕，确认具备试车条件后，接通气源、电源，把开关选择在“手动”位置；

5.2.1.2 在试车中应将所发现的机械问题做好记录，应立即整修，整修好后再继续试车；

5.2.1.3 预压油缸调试（HS1801 型）或预压油缸调试（HS1802 型）；

5.2.1.4 主压油路调试；

5.2.1.5 转箱与棉箱部分调试；

5.2.1.6 联动试车：

将选择开关拨向手动，将打包机全部动作用手动操作一遍，然后将选择开关拨向自动，由计量秤逐次送出计量信号，观察预压及主压提箱、转箱、下玉等动作是否自动正常。再按称量结束，然后按主压升，主压升到上限后停泵，如一切正常即可进行负载试车；

5.2.1.7 试车时间为 2h。

5.2.2 负载试车

5.2.2.1 空载试车时所发现的问题应全部整改完毕；

5.2.2.2　试车中所发现的各种问题应立即整改，最终达到包形完好、运转平稳等相关要求；
5.2.2.3　试车时间为72h。

5.3　验收

验收时必须具备以下条件：
5.3.1.1　达到规定的试车时间，运行状况良好；
5.3.1.2　检修技术资料、检修记录、验收记录准确齐全；
5.3.1.3　检修现场按照文明施工的要求，做到工完、料尽、场地清。
5.3.2　检修质量达到规定的质量标准的要求；
5.3.3　设备技术状态达到设备完好标准的要求；
5.3.4　按规定办理交接验收手续，交付生产使用。

6　维护与故障处理

6.1　日常维护

6.1.1　维护内容

6.1.1.1　清理转台灰尘、检查限位开关；
6.1.1.2　检查泄油瓶内积油是否已满，及时清理；
6.1.1.3　检查防弹钩动作是否正常，轴承座固定螺栓无松动；
6.1.1.4　检查回转齿轮啮合情况，齿面是否有缺损，清理积尘；
6.1.1.5　检查回转减速器油位，转动无异声，连接无松动；
6.1.1.6　检查机架各螺栓的松动情况；
6.1.1.7　检查各油缸动作正常，油缸及管接头无泄漏；
6.1.1.8　检查液压站油泵无异声、泄漏，联轴器无异常磨损；
6.1.1.9　检查液压站油油位、油温正常，各液压阀电气控制器完好；
6.1.1.10　检查气动回路，气动三元件完好，各气缸工作正常，清理气缸周围积毛；
6.1.1.11　检查预压气缸（HS1801型），料仓机架与预压气缸等的固定螺栓的松动情况；
6.1.1.12　检查各限位开关，限位开关及触点螺栓无松动、到位位置正确；
6.1.1.13　以上项目检查有问题则视情况维护。

6.1.2　液压系统使用注意事项

6.1.2.1　液压系统是打包机设备中较重要的部分，应制定严格的操作规程和管理制度；
6.1.2.2　设备按照调试规程调试完毕后，除检修和排除故障外，不得随意触动各元件的调节手柄；

6.1.2.3 每次停机检修后，应认真检查系统各元件调节手柄是否完好，确保重新运行时设备运转正常；

6.1.2.4 拆修时，应小心谨慎，不得碰撞各零件，尤其注意密封面要保护好，检修完须清洗干净，按原样装好；

6.1.2.5 保持液压站的清洁，各阀座、管路连接无泄漏；

6.1.2.6 保证液压油的清洁，各种情况下向油箱内注油都必须通过滤油机或过滤器，过滤精度不得低于20μm，液压油要定期检测更换，换油时，须对油箱内部进行彻底清洗，去除沉淀、积存污物；

6.1.2.7 及时注意各滤油器堵塞信号，发生报警，及时更换滤芯，正常运转也应每月清洗一次；

6.1.2.8 定期检查油箱内油位情况；

6.1.2.9 试运转初期在第500h（约20天后）应检查液压油情况，正常运转时，每隔2000h（约3个月）检查一次，检查时取100mL的油样，检查污染度，如果油液出现下述情况：变色（混入水或空气及逐渐变质时，油液颜色就会变化），臭气（油被氧化变质时，便会发出特殊臭味），则全部更换液压油。根据润滑油定期检测，考虑是否更换；

6.1.2.10 液压设备应定期检修，及时更换密封圈、滤芯等易损件 液压元件在拆装检修、清洗时，需用煤油或金属清洗剂。擦洗时严禁用棉织物，一般用丝绸布清洁。

6.1.3 预压部分注意事项（本项内容仅针对HS1801型打包机）

预压部分发生故障，要停车检修或长时间停车时，应拔出安全销放下左右托架，同时关闭进气截止阀。这样才能把预压板托住，不使活塞因自重而下降，左右托架放下时，接近开关成断开状态，打包机就不能开启，起到安全作用。

6.2 常见功能故障与处理方法

打包机常见功能故障与处理方法见表2。

表2 打包机常见功能故障与处理方法

序号	功能	功能故障	故障模式	故障后果	故障应对策略与检修内容	检修周期/月
1	液压系统工作正常	液压系统无压力或压力不足	油箱内油量少	系统压力低，运行时产生异响	检查油箱，及时补油	6～12
			泵的吸入口和滤油器堵塞		清洗或更换过滤器	12～24
			吸入管混入空气		检修、排气	视情况而定
			泵内部零件磨损		泵解体检修	12～24
			设定压力过低	压力低，影响生产	重新设定压力	视情况而定

表 2　打包机常见功能故障与处理方法（续）

序号	功能	功能故障	故障模式	故障后果	故障应对策略与检修内容	检修周期／月
1	液压系统工作正常	液压系统产生异常杂音	泵的吸油管、滤油器堵塞	运行异响	检查清洁或更换过滤器	12～24
			管接头部分泄漏		在接头部分涂润滑脂，观察噪声是否有变化，若声音减小，便进一步拧紧或更换密封垫	视情况而定
			泵的固定螺栓松动或内部损坏		紧固螺栓或更换新泵	视情况而定
			阀件磨损、失效		拆卸检查，更换磨损件	视情况而定
			因波动压造成配管系统谐振		查阀块的性能，查看管径及弯头等	视情况而定
		液压系统保压不稳	单向阀故障	系统压力低，影响生产	修理或更换单向阀	视情况而定
			阀有内漏		修理或更换阀件	视情况而定
			集成块之间有外漏		更换密封件或拧紧紧固螺栓	视情况而定
			油缸内漏大		检查并修理油缸	24～48
2	各油缸工作正常	油缸动作异常、活塞下沉、密封泄漏	泵无压力或流量不足	影响生产	泵检查检修	12～24
			电磁阀或插装阀故障		更换或修理	视情况而定
			电气控制系统故障		检查电路	视情况而定
			密封磨损泄漏		更换密封件	24～48
			流量控制阀调整不良或动作故障		重新调整或检查阀芯	视情况而定
3	预压气缸动作正常（HS1801）	气缸不动作	气源压力不足	影响生产	调节气源压力	视情况而定
			电磁阀故障		检查或更换电磁阀	视情况而定
			电气控制系统故障		检查电路	视情况而定
			纤维卡住预压头		先关闭进气截止阀，然后清除纤维	视情况而定
			气缸在下降时压头冲过下限位		先关闭进气截止阀，用导链拉起压头，重新调整限位开关，并开通气源	视情况而定
		气缸速度慢	气源压力不足	系统报警停机	调节气源压力或清理三元件	视情况而定
			调速阀坏或调节不当		更换或重新调节	视情况而定
			缸内漏		检修更换密封件	24～36

附 录 A
（资料性附录）
HS1801、HS1802 型打包机检修质量控制确认表

项目	主要控制内容			等级	施工单位	生产车间	设备管理部门	备注
	标准值	部位	现场记录					
拆卸时检测								
油缸垂直度	≤0.10/1000	缸体		B	★	★		
中心轴垂直度	≤0.20/1000	中心轴		B	★	★		
主预压压板与固定棉箱间隙	≤5mm	压板与棉箱		B	★	★		
联轴器同轴度	≤0.15mm	联轴器表面		B	★	★		
油、气缸壁及活塞杆	光滑、无毛刺	缸体及活塞杆		B	★	★		
回装时检测								
油缸垂直度	≤0.10/1000	缸体		B	★	★		
中心轴垂直度	≤0.20/1000	中心轴		B	★	★		
主预压压板与固定棉箱间隙	≤5mm	压板与棉箱		B	★	★		
联轴器同轴度	≤0.15mm	联轴器表面		B	★	★		
油、气缸壁及活塞杆	光滑、无毛刺	缸体及活塞杆		B	★	★		

注：A 级：施工单位、生产装置、设备管理部门专业人员检查确认后签字。

B 级：施工单位和生产装置专业人员检查确认后签字。

C 级：施工单位专业人员检查确认后签字。

另：如果有监理，监理的职责由甲方授权。

附　录　B
（资料性附录）
HS1801、HS1802 型打包机试车与验收记录表

设备名称		位号		工作介质	
驱动机种类		转速	r/min	试车介质	
试车类别	□空负荷□负荷	环境温度	℃	试车日期	
连续运转时间	h	启动电流	A		

检查项目		设计值 / 允许值	实测值							
运行记录时刻										

试车情况：	
试车结论：	
验收意见	生产装置：
	施工单位：
	设备管理部门：

说明： 生产装置组织单机试车与验收，其中主要设备的大修由设备管理部门参与验收，其余均由生产装置、施工单位双方共同验收。

27. AUTEFA UNI BOX 3000 长丝打包机维护检修规程

SHS 04316—2019

代替 SHS 04316—2004

目　次

前　言

本规程按照GB/T 1.1—2009《标准化工作导则　第1部分：标准的结构和编写》给出的规则修订。

本规程代替SHS 04316—2004《AUTEFA UNI BOX 3000长丝打包机维护检修规程》，与SHS 04316—2004相比，除了编辑性修改外，主要技术变化如下：

——细化了拆卸与检测、回装与质量标准；

——常见功能故障与处理部分按RCM分析方法重新编制；

——增加“附录A　长丝打包机检修质量控制确认表”；

——增加“附录B　长丝打包机试车与验收记录表”。

本规程由中国石油化工集团有限公司、中国石油化工股份有限公司提出。

本规程起草单位：中国石化上海石油化工股份有限公司。

本规程主要起草人：陆强。

本规程历次版本发布情况：

——SHS 04316—2004。

AUTEFA UNI BOX 3000 长丝打包机维护检修规程

1 范围

1.1 主题内容

本规程规定了阿托法公司制造的 AUTEFA UNI BOX 3000 长丝打包机的维护检修周期、检修内容与质量要求、试车与验收、维护和故障处理。

1.2 适用范围

本规程适用于 AUTEFA UNI BOX 3000 长丝打包机维护与检修。

2 规范性引用文件

下列文件中的条款通过本规程的引用而成为本规程的条款。凡是注日期的引用文件，其随后所有的修改单（不包括勘误的内容）或修订版均不适用于本规程，然而，鼓励根据本规程达成协议的各方研究是否可使用这些文件的最新版本。凡是不注日期的引用文件，其最新版本适用于本规程。

FZ/T 99014 纺织机械电气设备 通用技术条件

FZ/T 90074 纺织机械产品涂装

SN/T 3719.1 进出口纺织行业成套设备检验技术要求 第 1 部分：化纤设备

SH/T 3503 石油化工建设工程项目交工技术文件规定

GB/T 3766 液压传动系统及其元件的通用规则和安全要求

GB/T 150 压力容器

FZ/T 96022 化纤打包机

AUTEFA UNI BOX 3000 长丝打包机设备维护手册

3 检修周期与内容

3.1 检修周期

根据 AUTEFA UNI BOX 3000 长丝打包机系统功能故障及其影响分析的结果，并结合生产装置运行周期确定检修周期，一般为 36 个月。

3.2 检修项目

3.2.1 各润滑部位清洁补油；
3.2.2 检查气路、油路、缸体是否渗漏；
3.2.3 检查油缸、气缸的动作是否灵活到位；
3.2.4 检查导轨螺栓是否松动，若松动则紧固；
3.2.5 检查铺丝输送带传动系统及传动辊缠丝；
3.2.6 检查减速器、油泵、联轴器等转动部位；
3.2.7 检查和处理运行中发生的其他缺陷；
3.2.8 液压系统检查，油箱清洗，换油，冷却器拆检清洗捉漏；
3.2.9 油缸、气缸检修，更换密封件；
3.2.10 棉箱视情况整形或整修；
3.2.11 高压油泵、阀及密封件失效更换；
3.2.12 铺丝箱移动小车定位及传动导轨检查，更换磨损件；
3.2.13 检查基础机架，并紧固全机螺栓；
3.2.14 更换失效电缆线，现场控制元件，电气控制柜检修或更新；
3.2.15 更换失效压力表，称量系统校准或更新；
3.2.16 全机表面除锈油漆。

4 检修程序与质量标准

4.1 检修前准备

4.1.1 根据设备运行技术状态和监测记录，分析故障原因，明确故障部位；
4.1.2 编制检修计划、内容完整，准备必要的图纸资料；
4.1.3 制定施工方案，明确技术要求，图、表齐全，符合设备安全、环保要求；
4.1.4 施工前组织施工人员进行技术交底，将方案内容、技术、质量等要求交代清楚；
4.1.5 准备检修工器具、清洗剂和润滑油（脂）等；
4.1.6 落实安全防护措施与环保要求：
4.1.6.1 办理好各类进场检修施工手续；
4.1.6.2 检修前切断机台电源等能源，并且挂安全警示牌；
4.1.6.3 停车检修前需确认工艺处置是否满足检修要求；
4.1.6.4 备好相应物料收集桶，避免环境污染；
4.1.6.5 检修人员个人防护必须符合劳保着装规定要求，施工器具验收合格，并落实施工监护人；
4.1.6.6 现场设置施工作业管理牌，落实好文明检修相关准备要求。

4.2 拆卸与检测

4.2.1 油缸

4.2.1.1 活塞退回，拆除活塞连接件，固定活塞杆与缸体；

4.2.1.2 关闭油泵及总电源，然后拆卸油缸下腔油管进行放油，放油后对油缸上下腔油路接口进行封堵，防止在拆卸过程中出现油液外漏；

4.2.1.3 使用起重工具，将油缸吊至平坦地面；

4.2.1.4 油缸解体，打开有杆腔端盖，缓慢水平拉出活塞杆，防止活塞与缸体内壁出现刮擦；

4.2.1.5 对油缸的缸体内部、活塞杆表面、活塞杆导向铜套、活塞滑动面、油管接口螺纹及缸体焊接部分等部位进行检查；导向套内外表面、缸筒的内壁及活塞杆有拉伤伤痕需使用极细的砂皮进行研磨修补后再使用，当拉伤深度＞0.2～0.3mm时，应考虑更换。

4.2.2 液压装置

4.2.2.1 关闭油泵及电源；

4.2.2.2 拆卸油泵，检查更换联轴器及缓冲垫；

4.2.2.3 拆卸电磁阀上电磁线圈，检查清洗电磁阀，更换失效密封圈；

4.2.2.4 油箱开盖，箱体内部清洁，更换过滤网、换油。

4.2.3 折叠（铺丝）

4.2.3.1 关闭气源及电源；

4.2.3.2 拆卸夯头压板，更换气缸或气缸密封件；

4.2.3.3 拆卸伺服电机，检查联轴器，更换磨损件；

4.2.3.4 拆卸传动罩壳，更换齿轮和滚子链；

4.2.3.5 拆卸输送带传动滚轮，更换输送带和传动辊。

4.2.4 箱体运输小车

4.2.4.1 关闭气源及电源；

4.2.4.2 拆卸棉箱导轨、轴承座，更换失效摩擦轮；

4.2.4.3 拆卸定位气缸，检查更换定位轮；

4.2.4.4 拆卸小车传动滚轮，更换磨损滚轮及轴承；

4.2.4.5 拆卸导向轮支座，更换磨损导向轮及轴承。

4.3 回装与质量标准

4.3.1 回装程序与要求

4.3.1.1 油缸安装

a) 检查清理各零部件上的毛刺，确保缸体内部光滑、清洁；

b) 密封安装，对密封件安装方向进行检查确认，安装密封时建议使用专用工具，以免损伤密封件而造成泄漏；

c) 活塞杆与活塞组装，要求骑缝螺钉要安装可靠，拧紧后不得露头，并作防松处理；

d) 安装油缸端盖，用力矩扳手将螺栓紧固；

e）油缸装配完成后，将有杆腔、无杆腔油管接口处封堵，防止异物进入油缸，并将油缸活塞与缸体用专用连接板固定；

f）用起重工具将油缸吊装到位，并用力矩扳手将其螺栓拧紧，检查油缸垂直度≤ 0.10/1000；

g) 安装好油缸上的管路附件（油管，油管抱箍）。

4.3.1.2 液压装置安装

a） 油箱清洁，更换过滤网，清洁油箱时应用煤油、绸布擦洗，防止毛丝等杂物进入液压系统，换油应用 100 目精滤机加入油箱；

b）油泵安装，安装后油泵内应灌油排气；

c）安装电磁阀及管路附件；

d）开启油泵，调试捉漏。

4.3.1.3 折叠（铺丝）安装

a）安装气缸，气缸导向杆及压板，安装后检查气缸上下动作平稳；

b）安装减速器，伺服电机；

c）安装输送带传动滚轮，输送带和传动辊；

d）安装齿轮滚子链，传动罩壳；

e）输送带调试，位置调整。

4.3.1.4 箱体运输小车安装

a）安装摩擦轮、轴承座，调整棉箱导轨，导轨水平度≤ 0.10/1000mm；

b）安装定位滚轮，气缸；

c）安装小车传动滚轮，减速箱；

d）安装导向轮支座，导向轮。

4.3.2 检修质量标准

AUTEFA UNI BOX 3000 长丝打包机检修质量标准见表 1。

表 1　AUTEFA UNI BOX 3000 长丝打包机检修质量标准

mm

序号	检验项目	质量标准	检验方法
1	机架部分 （1）机架水平度 （2）机架垂直度 （3）机座中心与基础中心偏差 （4）机座水平度 （5）立柱纵横向水平度 （6）横梁纵横向水平度	 ≤ 0.10/1000 ≤ 0.10/1000 ≤ 0.5 ≤ 0.10/1000 ≤ 0.15/1000 ≤ 0.15/1000	 长直尺加水平仪 框式水平仪 吊线锤或水平仪 水平仪 水平仪 水平仪
2	油箱、油路及气路 （1）高压油路 （2）油路 （3）气路 （4）油路和气路过滤网 （5）各阀门 （6）油箱、油标	 无泄漏 无震响 无撞击声、不漏气 无堵塞、不破损 动作灵活 1/2 ～ 2/3 油位（按停车时油位）	 目测手检 耳听 耳听 目测 目测 目测
3	油泵	运转平稳	耳听及目测压力表
4	联轴器部分 （1）同轴度 （2）二端面平行度 （3）端面间隙 （4）与轴配合 （5）弹性圈	 ＜ 0.10 ＜ 0.10 2 ～ 4 k6 无严重磨损	 百分表 测微片 测微片 卡尺 手检、目测
5	小车导轨部分 （1）纵横向水平度 （2）链传动 （3）减速箱	 ≤ 0.10/1000 清洁、传动平稳 灵活	 水平仪 目测 手检
6	液压缸部分 （1）液压缸 （2）　主压缸纵横向垂直度 （3）　提升油缸纵横向垂直度	 清洁、活络、定位准、无泄漏 ≤ 0.10/1000 ≤ 0.15/1000	 目测 框式水平仪 框式水平仪
7	气缸部分 （1）气路 （2）气缸	 无明显泄漏 运行平稳、无冲击	 目测 目测

表 1　AUTEFA UNI BOX 3000 长丝打包机检修质量标准（续）

序号	检验项目	质量标准	检验方法
8	其他		
	（1）油箱	清洁	目测
	（2）各油缸、气缸及活塞杆	光滑、无毛刺	目测、手检
	（3）紧固件	牢固、齐全	手检
	（4）螺母旋入长度	超螺母 1 ～ 3 牙	目测
	（5）轴承	无明显振动、异响	耳听、手检
	（6）静密封点	无泄漏	目测
	（7）动密封点	无明显泄漏	目测
	（8）轴承温度	＜ 70℃	测温仪
	（9）安全罩	完好、无擦碰	目测
	（10）设备外表	整洁、油漆光滑完整	目测
	（11）各处限位	灵敏，到位	目测

5　试车与验收

5.1　试车前准备

5.1.1　做好设备内外的清洁工作，并检查机件是否残缺，紧固件是否紧固，安全罩是否齐全；

5.1.2　各泵、阀、管路按图纸要求安装正确，应特别检查单向卸荷阀、可控单向阀、单向节流阀的进出口方向；

5.1.3　各泵、阀上未用的接口全部封堵，各接头螺母处都要加密封圈拧紧；

5.1.4　检查各加油、加脂点是否有油和脂，油位是否合适，油品是否合格；

5.1.5　检查液压泵泄油口，泵内是否充满液压油，点动电机检查电机转向是否正确；

5.1.6　检查压力表是否正常；

5.1.7　检查气路系统各种阀的进出口方向、油雾器、过滤器及电磁阀的接口位置，气源工作压力在 0.45 ～ 0.55MPa；

5.1.8　检查各电磁阀，限位开关通、断电情况，压力表显示正常；

5.1.9　检查各安全装置是否齐全有效；

5.1.10　调试需由机、电、仪三方面人员共同对上述所有检查内容确认正常后试车。

5.2　试车

5.2.1　空载试车

5.2.1.1　试车前检查所发现的问题应全部整改完毕，确认具备试车条件后，取下警告牌，接通气源、电源，把开关选择在“手动”位置。检修记录应完整无缺；

5.2.1.2 试车中发现的机械问题应做好记录，并立即整修，整修好后再继续试车；
5.2.1.3 启动油泵电机，检查油流动方向是否正确，泵的声音是否正常，空转 0.5～1h，检查泵和电机温升，如有异常立即停泵检查；
5.2.1.4 手动操纵主压运动，并排除油缸空气；
5.2.1.5 手动操纵提升箱运动，分别调节两油缸的单向调速阀，使两油缸同步运行；
5.2.1.6 调节压力开关，设定工作压力，使系统压力不超过设计压力，防止超载；
5.2.1.7 手动操纵各运动部件处于初始位置；
5.2.1.8 将选择开关拨向自动，设备全机自动运行一遍，观察各动作是否能自动进行，若一切正常，即可进行实物试车；
5.2.1.9 试车时间为 2h。

5.2.2 负载试车

5.2.2.1 空载试车时所发现的问题应全部整改完毕，使设备具备良好的机械状态，空载试车记录应完整无缺；
5.2.2.2 试车中所发现的各种问题应立即整改，最终达到包形完好、运转平稳等相关要求；
5.2.2.3 试车时应连续运行 72h。在试车时：

a）不能出现与检修有关的各类设备问题；
b）压力表的压力是否符合标准；
c）液压油温不得超过设计温度；
d）轴承的最高温度要小于 70℃；
e）全机无异常振动。

5.3 验收

5.3.1 交接验收必须具备以下条件：
5.3.1.1 达到规定的试车时间，运行状况良好；
5.3.1.2 检修技术资料、检修记录、验收记录准确齐全；
5.3.1.3 检修现场按照文明施工的要求，做到工完、料尽、场地清；
5.3.2 检修质量达到规定的质量标准的要求；
5.3.3 设备技术状态达到设备完好标准的要求；
5.3.4 按规定办理交接验收手续，交付生产使用。

6 维护与故障处理

6.1 日常维护

6.1.1 维护内容

6.1.1.1 检查油雾器是否缺油；

6.1.1.2 检查油箱的油位，油温；
6.1.1.3 查看所有紧固件是否松动；
6.1.1.4 检查轴承是否有异响和振动等；
6.1.1.5 检查各油缸动作正常，油缸及管接头无泄漏；
6.1.1.6 检查液压站油泵无异声、泄漏，联轴器无异常磨损；
6.1.1.7 清理铺丝及输送小车区域设备灰尘，并注意触碰限位；
6.1.1.8 检查各油缸动作正常，保压正常，油缸及管接头无泄漏；
6.1.1.9 终端控制柜检查、清洁；
6.1.1.10 检查铺丝输送带表面是否破损、开裂；
6.1.1.11 以上项目如检查出问题则视情况维护。

6.1.2 维护时间

操作工按照操作规程对设备进行巡检，运保每天巡回检查不少于 2 次。

6.2 常见功能故障与处理方法

长丝打包机常见功能故障与处理方法见表 2。

表 2 长丝打包机常见功能故障与处理方法

序号	功能	功能故障	故障模式	故障后果	故障应对策略与检修内容	检修周期 / 月
1	液压系统工作正常	液压系统不产生压力或压力不足	油箱内油量少	系统压力低，运行异响	检查油箱，及时补油	6～12
			泵的吸入口和滤油器堵塞		系统压力低，异响和损坏油泵	12～24
			吸入管混入空气		检修、排气	视情况而定
			泵内部零件磨损		泵解体检修	12～24
			设定压力过低	压力低，影响生产	重新设定压力	视情况而定
		液压系统产生异常杂音	泵的吸油管、滤油器堵塞	运行异响	检查清洁或更换过滤器	12～24
			管接头部分泄漏		在接头部分涂润滑脂，观察噪声是否有变化，若声音减小，便进一步拧紧或更换密封垫	视情况而定
			泵的固定螺栓松动或内部损坏		紧固螺栓或更换新泵	视情况而定
			阀件磨损、失效		拆卸检查，更换磨损件	视情况而定
			因波动压造成配管系统谐振		查阀块的性能，查看管径及弯头等	视情况而定

表 2　长丝打包机常见功能故障与处理方法（续）

序号	功能	功能故障	故障模式	故障后果	故障应对策略与检修内容	检修周期 / 月
1	液压系统工作正常	液压系统保不住压	单向阀反方向封不住油	系统压力低，影响生产	修理或更换阀件	视情况而定
			阀有内漏		修理或更换阀件	视情况而定
			集成块之间有外漏		更换密封件或拧紧紧固螺栓	视情况而定
			油缸内漏大		检查并修理油缸	24 ～ 48
2	各油缸工作正常	油缸动作异常、活塞下沉、密封泄漏	泵不产生压力或流量不足	影响生产	泵检查检修	12 ～ 24
			电磁阀或插装阀动作有问题		更换或修理	视情况而定
			电气控制系统故障		检查电路	视情况而定
			密封磨损泄漏		更换密封件	24 ～ 48
			流量控制阀调整不良或动作有问题		重新调整或检查阀芯	视情况而定
3	各气缸动作正常	气缸动作异常	气源压力不足	影响生产	调节气源压力或清洁过滤器	视情况而定
			调速阀坏或调节不当		更换或重新调节	视情况而定
			电磁阀故障		检查或更换电磁阀	视情况而定
			电气控制系统故障		检查电路	视情况而定
			纤维卡住压头		先关闭进气截止阀，然后清除卡棉	视情况而定
			缸内漏		检修，换密封件	24 ～ 36
4	设备无泄漏	设备泄漏	密封件老化损坏	动、静密封点泄漏	更换密封件	24 ～ 36
			紧固件松		紧固	视情况而定

附 录 A
（资料性附录）
AUTEFA 长丝打包机检修质量控制确认表

项目	主要控制内容			等级	施工单位	生产装置	设备管理部门	备注
	标准值	部位	现场记录					
拆卸时检测								
主油缸垂直度	≤0.1/1000	油缸体		B	★	★		
导轨水平度	≤0.1/1000	导轨面		B	★	★		
提升油缸纵横向垂直度	≤0.15/1000	油缸体		B	★	★		
油、气缸壁及活塞杆	光滑、无毛刺	油缸体		B	★	★		
回装时检测								
主油缸垂直度	≤0.1/1000	油缸体		B	★	★		
导轨水平度	≤0.1/1000	导轨面		B	★	★		
提升油缸纵横向垂直度	≤0.15/1000	油缸体		B	★	★		
油、气缸壁及活塞杆	光滑、无毛刺	油缸体		B	★	★		

注： A级：施工单位、生产装置、设备管理部门专业人员检查确认后签字。
B级：施工单位和生产装置专业人员检查确认后签字。
C级：施工单位专业人员检查确认后签字。
另：如果有监理，监理的职责由甲方授权。

附 录 B
（资料性附录）
AUTEFA 长丝打包机试车与验收记录表

设备名称		位号		工作介质	
驱动机种类		转速	r/min	试车介质	
试车类别	□空负荷□负荷	环境温度	℃	试车日期	
连续运转时间	h	启动电流	A		

检查项目		设计值 / 允许值	实测值								
运行记录时刻											

试车情况：	
试车结论：	
验收意见	生产装置：
	施工单位：
	设备管理部门：

说明：生产装置组织单机试车与验收，其中主要设备的大修由设备管理部门参与验收，其余均由生产装置、施工单位双方共同验收。

28. G-2101 型凝胶染色机维护检修规程

SHS 04317—2019

代替 SHS 04317—2004

目　　次

前　言

本规程按照 GB/T 1.1—2009《标准化工作导则　第 1 部分：标准的结构和编写》给出的规则起草。

本规程代替 SHS 04317—2004《G-2101 型凝胶染色机维护检修规程》，与 SHS 04317—2004 相比，除了编辑性修改外，主要技术变化如下：

——细化了拆卸与检测、回装与质量标准；

——调整了传动箱及传动系统拆装内容；

——常见功能故障与处理部分按 RCM 分析方法重新编制；

——增加“附录 A　凝胶染色机检修质量控制确认表”；

——增加“附录 B　凝胶染色机试车与验收数据记录表”。

本规程由中国石油化工集团有限公司、中国石油化工股份有限公司提出。

本规程起草单位：中国石化上海石油化工股份有限公司。

本规程主要起草人：曹雄刚。

本规程历次版本发布情况：

——SHS 04317—2004。

G-2101 型凝胶染色机维护检修规程

1 范围

1.1 主题内容

本规程规定了 G-2101 凝胶染色机维护检修周期与内容、检修质量标准、试车与验收、维护与故障处理。

1.2 适用范围

本规程适用于 G-2101 凝胶染色机的维护与检修。

2 规范性引用文件

下列文件中的条款通过本规程的引用而成为本规程的条款。凡是注日期的引用文件，其随后所有的修改单（不包括勘误的内容）或修订版均不适用于本规程，然而，鼓励根据本规程达成协议的各方研究是否可使用这些文件的最新版本。凡是不注日期的引用文件，其最新版本适用于本规程。

FZ/T 99014　纺织机械电气设备　通用技术条件

FZ/T 90074　纺织机械产品涂装

JB/T 9050.1　圆柱齿轮减速器通用技术条件

G-2101 凝胶染色机产品说明书

3 检修周期与内容

3.1 检修周期

根据 G-2101 型凝胶染色机系统功能故障及其影响分析的结果，并结合生产装置运行周期确定检修周期，一般为 36 个月。

3.2 检修项目

3.2.1　检查各紧固件有无松动及缺损；

3.2.2　检查导丝辊、花篮辊有无缠丝；

3.2.3　检查导丝辊相关传动件和轴承的润滑情况；

3.2.4　检查花篮辊、芯轴及轴承磨损和润滑情况；

3.2.5　检查减速箱油位、油质，视情况更换或添加润滑油；
3.2.6　检查各管道接头密封有无渗漏现象；
3.2.7　检查喷嘴是否堵塞，喷水是否正常，进行必要的调整；
3.2.8　检查、处理运行中发生的其它缺陷；
3.2.9　整机全面做防腐蚀处理；
3.2.10　电机、控制系统的检查；
3.2.11　喷淋水进料自控阀、流量计、气动元件、控制系统检查。

4　检修与质量要求

4.1　检修前准备

4.1.1　根据设备运行技术状态和监测记录，分析故障原因，明确故障部位；
4.1.2　编制检修计划、内容完整，准备必要的图纸资料；
4.1.3　制定施工方案，明确技术要求，图、表齐全，符合设备安全、环保要求；
4.1.4　施工前组织施工人员进行技术交底，将方案内容、技术、质量等要求交代清楚；
4.1.5　准备检修工器具、清洗剂和润滑油（脂）等；
4.1.6　落实安全防护措施与环保要求：
4.1.6.1　办理好各类进场检修施工手续；
4.1.6.2　检修前切断机台电源等能源，并且挂安全警示牌；
4.1.6.3　停车检修前需确认工艺处置是否满足检修要求；
4.1.6.4　备好相应物料收集桶，避免环境污染；
4.1.6.5　检修人员个人防护必须符合劳保着装规定要求，施工器具验收合格，并落实施工监护人；
4.1.6.6　现场设置施工作业管理牌，落实好文明检修相关准备要求。

4.2　拆卸与检测

4.2.1　导丝辊

4.2.1.1　安装专用起重工具；
4.2.1.2　拆导丝辊端面盖板、挡丝棒；
4.2.1.3　拆导丝辊与轴锁紧螺母、锁紧垫片，清洗、检查磨损情况，择差更换；
4.2.1.4　拆导丝辊，检查磨损情况，择差更换。

4.2.2　花篮辊

4.2.2.1　安装专用起重工具；
4.2.2.2　拆花篮辊端面盖板、挡丝棒；

4.2.2.3 拆花篮辊与轴锁紧螺母、锁紧垫片，清洗、检查磨损情况，择差更换；
4.2.2.4 拆花篮辊，检查磨损情况，择差更换。

4.2.3 导丝辊轴

4.2.3.1 拆导丝辊步骤与 4.2.1 相同；
4.2.3.2 拆导丝辊轴传动链、链轮，清洗、检查磨损情况，择差更换；
4.2.3.3 拆导丝辊轴轴承座上箱盖、松锁紧套锁紧螺母；
4.2.3.4 拆导丝辊轴与墙板间密封盖板；
4.2.3.5 将导丝辊辊轴吊至地面，吊装过程注意安全；
4.2.3.6 拆辊轴上轴承、锁紧套，清洗、检查磨损情况，择差更换。

4.2.4 花篮辊轴

4.2.4.1 拆花篮辊步骤与 4.2.2 相同；
4.2.4.2 拆花篮辊轴传动链、链轮，清洗、检查磨损情况，择差更换；
4.2.4.3 拆花篮辊轴轴承座上箱盖、松锁紧套锁紧螺母；
4.2.4.4 拆花篮辊轴与墙板间密封盖板；
4.2.4.5 将花篮辊辊轴吊至地面，吊装过程注意安全；
4.2.4.6 拆花篮辊轴上轴承、锁紧套，清洗、检查磨损情况，择差更换。

4.2.5 喷淋水管

拆喷淋水管锁紧螺母，解体清洗、疏通喷淋水管内壁及喷嘴内无结垢堵塞。

4.2.6 减速箱

4.2.6.1 拆减速箱输出轴传动链、链轮，清洗、检查有否磨损，磨损超出质量标准，择差更换；

4.2.6.2 拆电机与减速箱连接螺栓， 检查电机输出轴传动齿轮、键销有否磨损，磨损超出质量标准，择差更换；

4.2.6.3 拆减速箱检查传动齿轮、轴、轴承、油封等， 清洗、检查磨损情况，择差更换。

4.3 回装与质量标准

4.3.1 回装程序与要求

4.3.1.1 导丝辊

a) 吊装导丝辊、锁紧垫片、锁紧螺母，吊装过程注意安全；

b) 装导丝辊端面盖板、挡丝棒。

4.3.1.2 导丝辊轴

a）装导丝辊轴上轴承、锁紧套；

b）吊装导丝辊轴至轴承座、调整、调节轴承、锁紧套位置，装轴承座上箱盖，吊装过程注意安全；

c）装导丝辊步骤与 4.3.1.1 相同；

d）装导丝辊轴链轮、传动链；

e）拆除专用起重工具。

4.3.1.3　花篮辊

a）吊装花篮辊、锁紧垫片、锁紧螺母，吊装过程注意安全；

b）装花篮辊端面盖板、挡丝棒。

4.3.1.4　导丝辊轴

a）装花篮辊轴上轴承、锁紧套；

b）吊装花篮辊轴至轴承座、调整、调节轴承、锁紧套位置，装轴承座上箱盖，吊装过程注意安全；

c）装花篮辊步骤与 4.3.3 相同；

d）装花篮辊轴链轮、传动链；

e）拆除专用起重工具。

4.3.1.5　喷淋水管

装喷淋水管锁紧螺母、喷嘴。

4.3.1.6　减速箱

a）装减速箱内传动齿轮、轴、轴承、油封等；

b）装减速箱输出轴传动链轮、传动链；

c）装减速箱输入轴与电机联轴器。

4.3.2　检修质量标准

检修质量标准见表 1。

表 1　检修质量标准

mm

序号	检验项目	质量标准	检验方法
1	机架纵横水平度	≤ 0.10/1000	水平仪、直尺
2	减速机运转	动作灵活、无异响	手检、耳听
3	减速机油标油位	视镜窗口 1/2 ～ 2/3（按停车时油位）	目测
4	联轴器同轴度	外圆≤ 0.10 平面≤ 0.10	百分表测
5	各处紧固件	无明显松动，无缺损	目测、扳手复紧
6	导丝辊的水平度	≤ 0.10/1000	水平仪
7	花篮辊的水平度	≤ 0.10/1000	水平仪

表 1 检修质量标准（续）

序号	检验项目	质量标准	检验方法
8	导丝辊径向跳动	≤ 0.30	百分表
9	花篮辊径向跳动	≤ 0.30	百分表
10	导丝辊之间的平行度	≤ 0.30	吊线法
11	花篮辊之间的平行度	≤ 0.30	吊线法
12	导丝辊与花篮辊的平行度	≤ 0.30	水平仪
13	导丝辊与花篮辊中心与丝束中心的重合度	≤ 1.5	吊线法
14	导丝辊、花篮辊表面	光洁、不缠丝	手感及用干丝拉侧
15	花篮辊组装，花篮辊绕轴	灵活转动	目测
16	主、从动链轮应在同一平面	允差≤ 1	直尺
17	槽体	平整、无明显泄漏	目测，泄漏试验
18	槽体水平度允差	≤ 1	直尺及水平仪
19	喷嘴喷淋	畅通、无堵塞	目测
20	喷淋装置各管道接头密封	无明显泄漏	目测
21	电机与主轴同轴度	≤ 0.10	百分表
22	减速机水平度允差	≤ 0.10/1000	水平仪
23	机架相对标高偏差	±1	水平仪

5 试车与验收

5.1 试车前准备

5.1.1 检查各地脚是否牢固可靠；

5.1.2 检查紧固件的连接和传动件的结合情况，零部件是否完整无损，盘车有无异常响声，电机转向是否正确；

5.1.3 检查油标的油位和润滑脂的添加情况；

5.1.4 上导丝辊在链条安装前应用手盘动，以检查是否有卡滞现象，下花篮辊用手盘动；

5.1.5 检查安全防护罩是否完好；

5.1.6 确认电机转向符合设计规定，控制系统完好；

5.1.7 仪表关于喷淋水进料自控阀、流量计、气动元件、控制系统在 DCS 控制室显示数据与现场实测一致；

5.1.8 认真检查各安全装置是否齐全、有效；

5.1.9 对上述所有检查内容确认正常后试车。

5.2 试车

5.2.1 空载试车

5.2.1.1 空载试车必须在本规程 5.1 各项检查完成后进行；

5.2.1.2 全机接通电源，单机试运行前，电机必须进行点动，观察和检查各传动部位有无异常；

5.2.1.3 连续运行，检查各传动部位有无异响、异振现象，电机电沉有无异常波动；

5.2.1.4 检查各传动齿轮箱及管路各密封处有无渗漏；

5.2.1.5 空载试车不低于 0.5h。

5.2.2 负载试车

5.2.2.1 修复空载试车过程中出现的故障和缺陷；

5.2.2.2 按工艺要求进行调速；

5.2.2.3 由操作人员引丝开车；

5.2.2.4 停产检修负载试车时间一般均不少于 72h。

5.3 验收

5.3.1 交接验收必须具备以下条件：

5.3.1.1 达到规定的试车时间，运行状况良好；

5.3.1.2 检修技术资料、检修记录准确齐全；

5.3.1.3 检修现场按照文明施工的要求，做到工完、料尽、场地清。

5.3.2 检修质量按本规定 4.3.2 质量标准验收。

5.3.3 设备技术状态达到完好标准。

6.3.4 按规定办理交接验收手续，交付生产使用。

6 维护与故障处理

6.1 日常维护

6.1.1 维护内容

6.1.1.1 检查运行状况：是否有异响，检测有无振动，紧固件是否松动，零件是否缺损，防护措施是否完备；

6.1.1.2 检查密封状况：各密封点是否存在泄漏问题；

6.1.1.3 检查润滑状况：油位和油温是否正常，油质是否清洁；并根据《设备润滑管理手册》要求执行；

6.1.1.4 以上项目如检查出问题则视情况维护。

6.1.2 维护时间

操作工按照操作规程对设备进行巡检，保全工每天巡回检查不得少于 2 次。

6.2 常见功能故障与处理方法

G-2101 型凝胶染色机常见功能故障与处理方法见表 2。

表 2 G-2101 型凝胶染色机常见功能故障与处理方法

功能	功能故障	故障模式	故障后果	故障应对策略与检修内容	检修周期 / 月
保证凝胶染机正常运行	导丝辊不转	减速器与传动输联轴器传动链条断裂、传动齿轮严重磨损	产品质量不受控，影响生产连续运行	更换传动链条、传动齿轮	视情况而定
		导丝辊之间传动链条断裂、传动齿轮严重磨损	产品质量不受控，影响生产连续运行	更换传动链条、传动齿轮	视情况而定
		导丝辊传动轴承损坏	导丝辊晃动、丝束跑偏、导丝辊不转或径向跳动超标	更换轴承	视情况而定
	导丝辊跳动	导丝辊传动轴承严重磨损	导丝辊晃动、丝束跑偏、导丝辊不转或径向跳动超标	更换轴承	视情况而定
		导丝辊传动轴变形	导丝辊晃动、丝束跑偏	更换传动轴	视情况而定
		导丝辊与传动轴锁紧螺母松动	导丝辊晃动、丝束跑偏	紧固上排辊与传动轴锁紧螺母	视情况而定
	导丝辊绕辊	导丝辊表面磨损	产品质量不受控产生毛丝、断丝	更换上排辊	视情况而定
		固定挡丝棒松动	丝束跑偏	调整固定挡丝棒位置	视情况而定
	花篮辊跳动	花篮辊传动轴衬套严重磨损	花篮辊晃动、丝束跑偏	更换传动轴衬套	视情况而定
	花篮辊绕辊	花篮辊表面磨损	产品质量不受控产生毛丝、断丝	更换下排辊	视情况而定

表 2　G-2101 型凝胶染色机常见功能故障与处理方法（续）

功能	功能故障	故障模式	故障后果	故障应对策略与检修内容	检修周期／月
保证凝胶染机正常运行	减速箱异响、振动大	电机与减速箱联接传动齿轮磨损	噪声过大	更换联接传动齿轮	视情况而定
		减速箱传动齿轮磨损	减速机振动大、异响	更换传动齿轮	根据目测、测量、测振而定
		减速箱传动轴承磨损	减速机振动大、异响	更换轴承	根据目测、测量、测振而定
		减速箱润滑油液位下降	减速机温度过高	补充油位	视情况而定
		传动链条磨损	噪声过大	更换传动链条	视情况而定
	喷淋水管喷射不匀或不喷射	喷淋水管排水孔堵塞	影响腈纶纤维染色洗涤效果	利用停车对喷淋水管排水孔进行疏通	视情况而定
		喷淋水供料泵流量不足或泵故障	影响腈纶纤维染色洗涤效果	对供料泵进行修理	视情况而定

附 录 A

（资料性附录）

凝胶染色机检修质量控制确认表

项目	主要控制内容			等级	施工单位	生产车间	设备管理部门	备注
	标准值	部位	现场记录					
拆卸时检测								
减速箱联轴器同轴度	≤0.1mm	联轴器		B	★	★		
导丝辊传动轴径向跳动	≤0.3mm	导丝轴外端面		B	★	★		
导丝辊径向跳动	≤0.3mm	导丝辊外端面		B	★	★		
花篮辊轴径向跳动	≤0.3mm	花篮轴外端面		B	★	★		
花篮辊径向跳动	≤0.3mm	花篮辊外端面		B	★	★		
回装时检测								
减速箱联轴器同轴度	≤0.1mm	联轴器		B	★	★		
导丝辊传动轴径向跳动	≤0.3mm	导丝轴外端面		B	★	★		
导丝辊径向跳动	≤0.3mm	导丝辊外端面		B	★	★		
花篮辊轴径向跳动	≤0.3mm	花篮辊轴外端面		B	★	★		
花篮辊径向跳动	≤0.3mm	花篮辊辊外端面		B	★	★		

注： A 级：施工单位、生产装置、设备管理部门专业人员检查确认后签字。

B 级：施工单位和生产装置专业人员检查确认后签字。

C 级：施工单位专业人员检查确认后签字。

另：如果有监理，监理的职责由甲方授权。

附　录　B
（资料性附录）
凝胶染色机试车与验收数据记录表

设备名称		位号		工作介质	
驱动机种类		转速	r/min	试车介质	
试车类别	□空负荷□负荷	环境温度	℃	试车日期	
连续运转时间	h	启动电流	A		

检查项目		设计值／允许值	实测值								
运行记录时刻											

试车情况：	
试车结论：	
验收意见	生产装置：
	施工单位：
	管理部门：

说明：生产装置组织单机试车与验收，其中主要设备的大修由设备管理部门参与验收，其余均由生产装置、施工单位双方共同验收。

29. 聚合釜维护检修规程

SHS 04318—2019

代替 SHS 04318—2004、SHS 04357—2004

目 次

前　言

本规程按照GB/T 1.1—2009《标准化工作导则　第1部分：标准的结构和编写》给出的规则起草。

本规程代替SHS 04318—2004《铝制立式带搅拌器聚合釜（川崎重工）维护检修规程》、SHS 04357—2004《铝制立式带搅拌器聚合釜维护检修规程》，与SHS 04318—2004、SHS 04357—2004相比，除了编辑性修改外，主要技术变化如下：

——细化了拆卸与检测、回装与质量标准；

——调整了传动箱及传动系统拆装内容；

——常见功能故障与处理部分按RCM分析方法重新编制；

——增加“附录A　聚合釜检修质量控制确认表”；

——增加“附录B　聚合釜试车与验收数据记录表”。

本规程由中国石油化工集团有限公司、中国石油化工股份有限公司提出。

本规程起草单位：中国石化上海石油化工股份有限公司、中国石油化工股份有限公司安庆分公司。

本规程主要起草人：曹雄刚、张宏球、范进军。

本规程历次版本发布情况：

——SHS 04318—2004；

——SHS 04357—2004。

聚合釜维护检修规程

1 范围

1.1 主题内容

本规程规定了 NaSCN 二步法腈纶铝制立式带搅拌器聚合釜维护检修周期与内容、检修与质量标准、试车与验收、维护与故障处理。

1.2 适用范围

本规程适用于二步法腈纶铝制立式带搅拌器聚合釜的维护与检修。

2 规范性引用文件

下列文件中的条款通过本规程的引用而成为本规程的条款。凡是注日期的引用文件，其随后所有的修改单（不包括勘误的内容）或修订版均不适用于本规程，然而，鼓励根据本规程达成协议的各方研究是否可使用这些文件的最新版本。凡是不注日期的引用文件，其最新版本适用于本规程。

SHS 03020　化工厂带搅拌反应器（釜）的检修规程

SHS 01028　变速机维护检修规程

TSG 21—2016　固定式压力容器安全技术监察规程

JB/T 4734　铝制焊接容器

TSG ZF003　爆破片装置安全技术监察规程

HG/T 3796.1—2005　搅拌器型式及主要参数

NaSCN 二步法腈纶聚合釜的安装、调试使用说明书

3 检修周期与内容

3.1 检修周期

根据 NaSCN 二步法腈纶聚合釜系统功能故障及影响分析的结果，并结合生产装置运行周期确定检修周期，一般为 36 个月。

3.2 检修内容

3.2.1 筒体内壁清疤，溢流口清疤；

3.2.2　进料连接软管、进料管、进出口阀门、安全阀、爆破片等检查、检验；
3.2.3　传动机构各润滑部位检查加油；
3.2.4　水密封装置检查；
3.2.5　机械密封检修；
3.2.6　筒体内壁及焊缝、搅拌浆叶、轴保护套、溢流保护套、进料管、扰流内冷进出口管、内冷扰流管腐蚀状态进行目测检查和仪器测厚，对腐蚀的保护套及其他零件，当强度不够时，应予以更换；
3.2.7　冷却扰流管开车前泄漏检查；
3.2.8　检查、修理冷却水管与筒体之间填料密封；
3.2.9　减速器检修；
3.2.10　检修、修理搅拌轴、搅拌器支座、联轴器等；
3.2.11　测量筒体与机架之间的垂直与水平度，必要时进行调整；
3.2.12　筒体内壁腐蚀减簿处加焊铝板；
3.2.13　电机、控制系统的检查；
3.2.14　测温仪、进料自控阀、流量计、气动元件、控制系统的检查。

4　检修程序与质量要求

4.1　检修前准备

4.1.1　根据设备运行技术状态和监测记录，分析故障原因，明确故障部位；
4.1.2　准备必要的图纸资料，编制检修计划；
4.1.3　制定施工方案，明确技术要求，图、表齐全，符合设备安全、环保要求；
4.1.4　施工前组织施工人员进行技术交底，将方案内容、技术、质量等要求交代清楚；
4.1.5　准备检修工器具、清洗剂和润滑油（脂）等；
4.1.6　落实安全防护措施与环保要求：
4.1.6.1　办理好各类进场检修施工手续；
4.1.6.2　检修前切断机台电源等能源，并且挂安全警示牌；
4.1.6.3　停车检修前需确认工艺处置是否满足检修要求；
4.1.6.4　备好相应物料收集桶，避免环境污染；
4.1.6.5　检修人员个人防护必须符合劳保着装规定要求，施工器具验收合格，并落实施工监护人；
4.1.6.6　现场设置施工作业管理牌，落实好文明检修相关准备要求。

4.2　拆卸与检测

4.2.1　聚合釜筒体清疤、检查

4.2.1.1　安装专用起重工具；

4.2.1.2　拆卸下封头排料管；
4.2.1.3　拆卸下封头夹套水进出口管道；
4.2.1.4　拆卸下封头法兰紧固螺栓；
4.2.1.5　用专用起重工具将下封头吊至平地，吊装过程注意安全；
4.2.1.6　拆卸溢流口管法兰紧固螺栓，人工将溢流口管移至平地；
4.2.1.7　检修人员进入聚合釜筒体内将安全带固定在内冷扰流管上；
4.2.1.8　检修人员在聚合釜筒体内清疤，注意安全；
4.2.1.9　检修人员在聚合釜筒体内检查筒体内壁、焊缝、搅拌桨叶、轴保护套、溢流保护套、进料管、扰流内冷进出口管、内冷扰流管（折流板）腐蚀状态，进行目测检查和仪器测厚，注意安全；
4.2.1.10　清疤工具应使用铜制榔头等。

4.2.2　搅拌轴轴封装置

水密封装置：
4.2.2.1　拆卸水密封外罩壳连接螺丝、密封水进出口法兰紧固螺栓，将水密封外罩壳取下；
4.2.2.2　拆卸水密回转座、回转套连接螺丝，将水密回转座、回转套取下；
4.2.2.4　拆卸水密封内座连接螺丝，将水密封内座取下；
机械密封：
4.2.2.5　拆卸机械密封冲洗冷却水管线；
4.2.2.6　拆卸机械密封及其辅助系统设备、阀件等；
4.2.2.7　检查搅拌轴弯曲度及其与密封座的垂直度、同轴度及搅拌轴的轴向窜动量、搅拌轴密封部位的磨损情况。

4.2.3　减速箱

4.2.3.1　拆卸排油螺丝，用容器盛油，放尽减速箱中润滑油；
4.2.3.2　拆卸电机与减速箱联轴器、与减速器相关接油管及影响减速箱检修其他设施、附件；
4.2.3.3　拆卸减速器顶盖及侧盖盖板；
4.2.3.4　拆卸轴承、传动轴、油封及齿轮等，解体检查并清洗各零部件，失效则更换；
4.2.3.5　清洗减速箱。

4.2.4　搅拌桨叶、轴套、传动轴、扰流内冷进出口管、内冷扰流管（折流板）

4.2.4.1　拆卸下搅拌桨叶及搅拌轴、轴套上的紧固件，用铝制圆棒垫在叶轮凸台上用铜锤敲击使下搅拌桨叶卸下；
4.2.4.2　拆卸中搅拌桨叶下部轴套上的紧固件，轻轻敲击轴套使其卸下，若轴套上结疤严重，则破坏性拆除；

4.2.4.3 拆卸中搅拌桨叶及搅拌轴、上部轴套上的紧固件，用铝制圆棒垫在叶轮凸台上用铜锤敲击使中搅拌桨叶卸下；

4.2.4.4 拆卸上搅拌桨叶下部轴套上的紧固件，轻轻敲击轴套使其卸下，若轴套内结疤严重，则破坏性拆除；

4.2.4.5 拆卸上搅拌桨叶及搅拌轴、上部轴套上的紧固件，用铝制圆棒垫在叶轮凸台上用铜锤敲击使上搅拌桨叶卸下；

4.2.4.6 拆卸上轴套与搅拌轴紧定螺钉，轻轻敲击轴套使其卸下，若轴套内结疤严重，则破坏性拆除；

4.2.4.7 拆卸有碍于提起搅拌轴的搅拌器（减速器），提起搅拌轴，并用专用工夹具可靠支承；

4.2.4.8 拆卸扰流内冷进出口管与筒体的填料密封，拆卸扰流内冷进出口管、内冷扰流管（折流板）。

4.2.5 进料管

4.2.5.1 拆卸进料管与聚合釜顶部紧固螺栓；

4.2.5.2 拆卸进料管与聚合釜筒体内部紧固螺栓；

4.2.5.3 用专用起重工具将进料管吊出聚合釜筒体。

4.2.6 搅拌轴、聚合釜筒体

4.2.6.1 安装专用起重工具；

4.2.6.2 拆卸聚合釜下封头夹套水进出口管道、聚合釜下封头；

4.2.6.3 聚合釜筒体清疤；

4.2.6.4 拆卸搅拌轴密封装置（水密封装置或机械密封装置）、溢流口管（出口管）、密封水进出口管；

4.2.6.5 拆卸搅拌桨叶、轴套，用专用工夹将搅拌轴可靠支承；

4.2.6.6 拆卸电机与减速箱联轴器、与减速器相关接油管及影响减速箱检修其他设施、附件、减速器与搅拌轴联轴器、与聚合釜筒体相接的冷却水管道等；

4.2.6.7 用专用起重工具将电动、减速箱吊至安全区域、用垫木将垫放平整；

4.2.6.8 用专用起重工具将搅拌轴吊至安全区域、用垫木垫放平整；

4.2.6.9 拆卸电动、减速箱平台机架与聚合釜筒体机架固定螺栓；

4.2.6.10 用专用起重工具将电动、减速箱平台机架吊至安全区域、摆放平整；

4.2.6.11 拆卸聚合釜筒体支座与机架固定螺栓；

4.2.6.12 用专用起重工具将聚合釜筒体吊至安全区域。

4.3 回装与质量标准

4.3.1 回装程序与要求

4.3.1.1 聚合釜下封头

a）用专用起重工具将下封头吊起；

b）装下封头法兰紧固螺栓；

c）装下封头夹套水进出口管道；

d）装下封头排料管；

e）拆卸专用起重工具。

4.3.1.2 搅拌轴轴封装置

水密封装置：

a）装水密封内座，紧固螺丝；

b）装水密回转座、回转套，紧固螺丝；

c）装水密封外罩壳、密封水进出口法兰，紧固螺栓；

机械密封：

d）装机械密封及其辅助系统设备、阀件等；

e）机械密封冲洗冷却水管线。

4.3.1.3 减速器

a）装排油螺丝；

b）装轴承、传动轴、油封及齿轮等；

c）减速器顶盖及侧盖盖板；

d）装电机与减速箱联轴器、与减速器相关接油管及影响减速箱检修其他设施、附件；

e）加润滑润油至标准油位。

4.3.1.4 搅拌浆叶、轴套、传动轴、扰流内冷进出口管、内冷扰流管（折流板）

a）装上轴套并与搅拌轴用螺钉紧固；

b）装搅拌浆叶及搅拌轴、上部轴套上的紧固螺栓；

c）装上搅拌浆叶下部轴套，并与上搅拌浆叶连接紧固；

d）装中搅拌浆叶与搅拌轴紧固螺栓；

e）装中搅拌浆叶下部轴套，并与中搅拌浆叶连接紧固；

f）装下搅拌浆叶与搅拌轴紧固螺栓、上部轴套上的紧固螺栓；

g）装扰流内冷进出口管、内冷扰流管（折流板），装扰流内冷进出口管与筒体的填料密封，并与筒体联接紧固；

h）装内冷扰流管（折流板）并与扰流内冷进出口管连接紧固。

4.3.1.5 进料管

a）用专用起重工具将进料管吊入聚合釜筒体；

b）装进料管与聚合釜筒体内部紧固螺栓；

c）装进料管与聚合釜顶部紧固螺栓；

d）拆卸专用起重工具。

4.3.1.6 搅拌轴、聚合釜筒体

a）用专用起重工具将聚合釜筒体吊至机架，安装聚合釜筒体支座与机架紧固螺栓；

b）用专用起重工具将电动、减速箱平台机架吊至聚合釜筒体机架，紧固螺栓；

c）用专用起重工具将搅拌轴吊至聚合釜筒体内，用专用工夹具将搅拌轴可靠支承；

d）用专用起重工具将减速箱吊至电动机、减速箱平台支座，紧固螺栓；

e）装电机与减速箱联轴器、减速器与搅拌轴联轴器、与减速器相关接油管及影响减速箱检修其他设施、附件、电机与减速箱联轴器、与聚合釜筒体相接的冷却水管道等；

f）装水密封装置、溢流口管（出口管）、密封水进出口管；

g）装搅拌轴密封装置；

h）装搅拌桨叶、轴套；

i）装聚合釜下封头、聚合釜下封头夹套水进出口管道；

j）拆卸专用起重工具。

4.3.2 检修质量标准

检修质量标准见表1。

表1 检修质量标准

mm

序号	检验项目	质量标准	检验方法
1	水密封装置： （1）水密封内套排水孔 （2）水密封外套与水密封座连接 （3）水密封外套密封水进出口管连接	（1）不允许堵塞 （2）不允许堵塞 （3）不允许堵塞	（1）目测 （2）目测 （3）目测
2	聚合釜清疤： （1）聚合釜内壁 （2）聚合釜溢流口	（1）无浆块 （2）无浆块	（1）目测 （2）目测
3	聚合釜厚度： （1）叶轮 （2）轴保护套 （3）溢流口保护套 （4）进料管 （5）聚合釜内壁 （6）内冷扰流管 （7）扰流内冷进口管 （8）扰流内冷出口管	（1）≥13 （2）≥3 （3）≥3 （4）≥3 （5）≥10 （6）≥3 （7）≥3 （8）≥3	（1）钢皮尺 （2）测厚仪 （3）测厚仪 （4）测厚仪 （5）测厚仪 （6）测厚仪 （7）测厚仪 （8）测厚仪

表 1　检修质量标准（续）

序号	检验项目	质量标准	检验方法
4	搅拌轴： （1）轴上端水封处径向摆动量 （2）轴下端径向摆动量 （3）轴的轴向窜动量	（1）≤0.2 （2）≤2 （3）≤0.2	（1）百分表 （2）游标尺 （3）游标尺
5	减速箱： （1）油位视镜 （2）油位 （3）动静密封点	（1）清晰 （2）1/2～2/3（停车时） （3）无明显泄漏	（1）目测 （2）目测 （3）目测
6	机架 （1）机架水平度 （2）垂直度 （3）机台中心偏差	（1）＜0.1/1000 （2）＜0.1/1000 （3）＜0.5	（1）框式水平仪 （2）框式水平仪 （3）直尺加塞尺

5　试车与验收

5.1　试车前检查

5.1.1　确认各项检修工作已完成，检修记录齐全，检修质量符合 4.3.2 规定，有试车方案；

5.1.2　设备零部件完整无缺，螺栓紧固，具备试车条件；

5.1.3　各润滑部位按规定加注润滑油（脂），冷却水系统及水密封系统畅通无阻；

5.1.4　确认电机转向符合设计规定，控制系统完好；

5.1.5　确认测温仪、进料自控阀、流量计、气动元件、控制系统在 DCS 控制室显示数据与现场实测一致；

5.1.6　认真检查各安全装置是否齐全、有效；

5.1.7　对上述所有检查内容确认正常后试车。

5.2　试车

5.2.1　空载试车

5.2.1.1　空载试车必须在本规程 5.1.1 各项检查完成后进行；

5.2.1.2　连续运行前，各电机必须进行点动，观察和检查连接部位有无异常；

5.2.1.3　空试只能点动 1～2s，确认电机转动方向。

5.2.2　负载试车

5.2.2.1　聚合釜筒体内加纯水至工艺标准液位；

5.2.2.2 连续运行，检查各传动部位有无异响、异振情况，电流有无异常波动；
5.2.2.3 连续运行不得少于 0.5h。

5.3 验收

5.3.1 验收时必须具备下列条件：
5.3.1.1 达到规定试车时间，运行状况良好；
5.3.1.2 检修记录、试车记录等技术资料齐全、准确；
5.3.2 检修质量按本规程 4.3 规定的质量标准进行验收；
5.3.3 设备技术状态达到完好标准；
5.3.4 按规定办理交接验收手续；
5.3.5 检修现场按照文明施工的要求，做到工完、料尽、场地清。

6 维护与故障处理

6.1 日常维护

6.1.1 维护内容

6.1.1.1 检查减速箱有无振动、异响，联轴器同轴度、润滑部位等，视情况作相应调整或添加润滑油（脂）；
6.1.1.2 经常检查各运动部件有无松动和异常声响；
6.1.1.3 检查冷却水、密封水是否畅通，压力、温度、流量、液位是否符合要求；
6.1.1.4 检查电机电流是否正常；
6.1.1.5 检查各轴承部位温度、声音是否正常；
6.1.1.6 检查搅拌轴是否因紧固件失灵而下沉，如有下沉时，应立即停车处理；
6.1.1.7 检查聚合釜筒体是否渗漏，如有渗漏，应立即停车处理；
6.1.1.8 以上项目如检查出问题则视情况维护。

6.1.2 维护时间

6.1.2.1 操作工按照操作规程对设备进行巡检；
6.1.2.2 保全工每天巡回检查不得少于 2 次。

6.2 常见功能故障与处理方法

聚合釜常见功能故障与处理方法见表 2。

表 2　聚合釜常见功能故障与处理方法

序号	功能	功能故障	故障模式	故障后果	故障应对策略与检修内容	检修周期
1	保证聚合釜釜内温 60℃ ±1℃，聚合釜夹套水流量 250～350m³/h	聚合釜顶温度计温度与淤浆出口温度一致	聚合釜内壁、温度计保护套表面工艺结疤	影响聚合体体产品质量	定期巡检；温度监控；釜内壁、叶轮、轴保护套、溢流保护套、进料管、扰流内冷进出口管、内冷扰流管表面清疤	40～50 天
2	保证聚合釜夹套水流量 250～350m³/h	聚合釜夹套水循环水槽液位下降	扰流内冷进出口管、内冷扰流管腐蚀减薄、穿孔，夹套水进入槽内	影响聚合体体产品质量	停车清疤后，对夹套系统进行捉漏试验，检查扰流内冷进出口管、内冷扰流管表面腐蚀减薄量及是否穿孔，扰流内冷进出口管、内冷扰流管厚度 ≤ 2mm 或穿孔则更换。	40～50 天
3	保证聚合釜釜水密封水流量 200～300L/h	密封水进入聚合釜减少	水密内套纯水通道堵塞或搅拌轴与釜顶搅拌轴出口处结疤堵塞，密封水从密封罩内向外漏水	影响聚合体体产品质量	停车清疤时，对搅拌轴与釜顶搅拌轴出口处进行清疤进行清疤。对水密内套纯水通道进行疏通或更换。	40～50 天
		密封水进入终止釜减少	水密封至终止釜水封管道堵塞	影响聚合体体产品质量	停车清疤时，对水密封至终止釜水封管道堵塞	40～50 天
4	保证聚合釜正常运行	聚合釜筒体腐蚀减薄	聚合釜筒体腐蚀减薄至 10.8mm 以下	影响聚合釜使用寿命	大修对筒体进贴补修理或更新	7～8 年
		聚合釜叶轮厚度腐蚀减薄	聚合釜叶轮厚度减薄至 13mm 以下	影响聚合单产品质量	更轮叶轮	根据测厚数据而定

表 2　聚合釜常见功能故障与处理方法（续）

序号	功能	功能故障	故障模式	故障后果	故障应对策略与检修内容	检修周期
4	保证聚合釜正常运行	聚合釜上轴套、短轴套、长轴套厚腐蚀度减薄	聚合釜上轴套、短轴套、长轴套厚度腐蚀减薄至穿孔，聚合物淤浆进入轴套内腐蚀搅拌轴且淤浆结疤，影响叶轮、轴套检修	影响搅拌轴运行	更轮，上轴套、短轴套、长轴套	根据测厚数据或目测而定
		聚合釜水封处异响	搅拌轴上轴套或短轴套腐蚀断裂	影响搅拌轴运行	更轮上轴套或短轴套	根据目测而定
			搅拌轴上回转套、止回转套松动或脱落	上回转套、止回转套磨损	更换上回转套、止回转套	根据目测而定
			搅拌轴下沉与聚合釜筒体相碰，轴套筒体磨损	影响搅拌轴运行	停车清疤时，打开减速箱对搅拌轴锁紧状态进行调整	根据目测、异响而定
5	保证聚合釜搅拌器减速箱正常运行	减速箱异响、振动大	电机与减速箱同心度≤ 0.10mm	影响电机与减速箱运行	停车清疤时，对电机、减速箱同心度进行调整	40 ～ 50 天
			减速箱传动齿轮磨损	影响电机与减速箱运行	停车清疤时，更换传动齿轮	根据目测、测量异响而定
			减速箱传动轴承磨损	影响电机与减速箱运行	停车清疤时，更换轴承	根据目测、测量异响而定

附　录　A
（资料性附录）
聚合釜检修质量控制确认表

项目	主要控制内容			等级	施工单位	生产车间	设备管理部门	备注
	标准值	部位	现场记录					
拆卸时检测								
上轴套	≥ 3mm	上轴套		B	★	★		
短轴套	≥ 3mm	短轴套		B	★	★		
长轴套	≥ 3mm	上		B	★	★		
	≥ 3mm	下		B	★	★		
搅拌桨叶	≥ 10mm	上		B	★	★		
	≥ 10mm	中		B	★	★		
	≥ 10mm	下		B	★	★		
溢流口保护套	≥ 3mm	保护套		B	★	★		
进料管	≥ 3mm	进料管		B	★	★		
内冷扰流管	≥ 3mm	东北侧		B	★	★		
	≥ 3mm	东南侧		B	★	★		
	≥ 3mm	西北侧		B	★	★		
	≥ 3mm	西南侧		B	★	★		
扰流内冷进口管	≥ 3mm	东北侧		B	★	★		
	≥ 3mm	东南侧		B	★	★		
	≥ 3mm	西北侧		B	★	★		
	≥ 3mm	西南侧		B	★	★		
扰流内冷出口管	≥ 3mm	东北侧		B	★	★		
	≥ 3mm	东南侧		B	★	★		
	≥ 3mm	西北侧		B	★	★		
	≥ 3mm	西南侧		B	★	★		
回装时检测								
上轴套	≥ 3mm	上轴套		B	★	★		
短轴套	≥ 3mm	短轴套		B	★	★		

聚合釜检修质量控制确认表（续）

项目	主要控制内容			等级	施工单位	生产车间	设备管理部门	备注
	标准值	部位	现场记录					
长轴套	≥ 3mm	上		B	★	★		
	≥ 3mm	下		B	★	★		
叶轮	≥ 10mm	上		B	★	★		
	≥ 10mm	中		B	★	★		
	≥ 10mm	下		B	★	★		
溢流口保护套	≥ 3mm	保护套		B	★	★		
进料管	≥ 3mm	进料管		B	★	★		
内冷扰流管	≥ 3mm	东北侧		B	★	★		
	≥ 3mm	东南侧		B	★	★		
	≥ 3mm	西北侧		B	★	★		
	≥ 3mm	西南侧		B	★	★		
扰流内冷进口管	≥ 3mm	东北侧		B	★	★		
	≥ 3mm	东南侧		B	★	★		
	≥ 3mm	西北侧		B	★	★		
	≥ 3mm	西南侧		B	★	★		
扰流内冷出口管	≥ 3mm	东北侧		B	★	★		
	≥ 3mm	东南侧		B	★	★		
	≥ 3mm	西北侧		B	★	★		
	≥ 3mm	西南侧		B	★	★		

注： A 级：施工单位、生产装置、设备管理部门专业人员检查确认后签字。

B 级：施工单位和生产装置专业人员检查确认后签字。

C 级：施工单位专业人员检查确认后签字。

另：如果有监理，监理的职责由甲方授权。

附　录　B

（资料性附录）

聚合釜试车与验收数据记录表

<table>
<tr><td colspan="2">设备名称</td><td></td><td colspan="2">位号</td><td colspan="2"></td><td colspan="2">工作介质</td><td colspan="3"></td></tr>
<tr><td colspan="2">驱动机种类</td><td></td><td colspan="2">转速</td><td colspan="2">r/min</td><td colspan="2">试车介质</td><td colspan="3"></td></tr>
<tr><td colspan="2">试车类别</td><td>□空负荷□负荷</td><td colspan="2">环境温度</td><td colspan="2">℃</td><td colspan="2" rowspan="2">试车日期</td><td colspan="3" rowspan="2"></td></tr>
<tr><td colspan="2">连续运转时间</td><td>h</td><td colspan="2">启动电流</td><td colspan="2">A</td></tr>
<tr><td colspan="2">检查项目</td><td rowspan="2">设计值/允许值</td><td colspan="9">实测值</td></tr>
<tr><td colspan="2">运行记录时刻</td><td></td><td></td><td></td><td></td><td></td><td></td><td></td><td></td><td></td></tr>
<tr><td></td><td></td><td></td><td></td><td></td><td></td><td></td><td></td><td></td><td></td><td></td><td></td></tr>
<tr><td></td><td></td><td></td><td></td><td></td><td></td><td></td><td></td><td></td><td></td><td></td><td></td></tr>
<tr><td></td><td></td><td></td><td></td><td></td><td></td><td></td><td></td><td></td><td></td><td></td><td></td></tr>
<tr><td></td><td></td><td></td><td></td><td></td><td></td><td></td><td></td><td></td><td></td><td></td><td></td></tr>
<tr><td></td><td></td><td></td><td></td><td></td><td></td><td></td><td></td><td></td><td></td><td></td><td></td></tr>
<tr><td colspan="12">试车情况：</td></tr>
<tr><td colspan="12">试车结论：</td></tr>
<tr><td colspan="2" rowspan="3">验收意见</td><td colspan="10">生产装置：</td></tr>
<tr><td colspan="10">施工单位：</td></tr>
<tr><td colspan="10">设备管理部门：</td></tr>
<tr><td colspan="12">说明：生产装置组织单机试车与验收，其中主要设备的大修由设备管理部门参与验收，其余均由生产装置、施工单位双方共同验收。</td></tr>
</table>

30. FTG/300 短纤打包机维护检修规程

SHS 04339—2019

代替 SHS 04339—2004

目　　次

前　　言

本规程按照 GB/T 1.1—2009《标准化工作导则第 1 部分：标准的结构和编写》给出的规则起草。

本规程代替 SHS 04339—2004《FTG/300 短纤打包机维护检修规程》，与 SHS 04339—2004 相比，除了编辑性修改外，主要技术变化如下：

——细化了拆卸与检测、回装与质量标准；

——常见功能故障与处理部分按 RCM 分析方法重新编制；

——增加“附录 A　FTG/300 短纤打包机检修质量控制确认表”；

——增加“附录 B　FTG/300 短纤打包机试车与验收数据记录表”。

本规程由中国石油化工集团有限公司、中国石油化工股份有限公司提出。

本规程起草单位：中国石油化工股份有限公司安庆分公司。

本规程主要起草人：薛彦军、张宏球。

本规程历次版本发布情况：

——SHS 04339—2004。

FTG/300 短纤打包机维护检修规程

1 范围

1.1 主题内容

本规程规定了意大利瓜克冉尼公司制造的 FTG/300 型短纤维打包机的检修周期与内容、检修程序与质量标准、试车与验收、维护与故障处理。

1.2 适用范围

本规程适用于意大利瓜克冉尼公司制造的 FTG/300 型短纤维打包机的维护与检修。

2 规范性引用文件

下列文件中的条款通过本规程的引用而成为本规程的条款。凡是注日期的引用文件，其随后所有的修改单（不包括勘误的内容）或修订版均不适用于本规程，然而，鼓励根据本规程达成协议的各方研究是否可使用这些文件的最新版本。凡是不注日期的引用文件，其最新版本适用于本规程。

FZ/T 99014　纺织机械电气设备　通用技术条件

FZ/T 90074　纺织机械产品涂装

SN/T 3719.1　进出口纺织行业成套设备检验技术要求　第 1 部分：化纤设备

SH/T 3503　石油化工建设工程项目交工技术文件规定

GB/T 3766　液压传动系统及其元件的通用规则和安全要求

GB/T 15753　圆弧圆柱齿轮精度

JB/T 8853　圆锥圆柱齿轮减速器

FZ/T 96022　化纤打包机

SHS 01028　变速机维护检修规程

FTG/300 型打包机操作维护手册

3 检修周期与内容

3.1 检修周期

根据对意大利瓜克冉尼公司制造的 FTG/300 型短纤维打包机系统功能故障及影响分析的结果，并结合生产装置运行周期确定检修周期，一般为 36 个月。

3.2 检修项目

3.2.1 风机拆检，检查叶轮、V带、轴承箱，清理缠毛，更换磨损件；
3.2.2 拆检凝棉器机构，检查传动链条、尼龙导向轮、钢网筒、皮辊等，清理缠毛，更换损坏件；
3.2.3 拆检凝棉器风道，检查吸风道、耳道、支架，矫形、清理缠毛；
3.2.4 拆检凝棉器减速箱，按SHS 01028《变速机维护检修规程》检修；
3.2.5 拆检电子秤机构，检查上、下秤板、支架、轴承、气缸，清理卡毛，变形的矫正、损坏的更换；
3.2.6 拆检推料器机构，检查行走轮、导向轮、气缸、密封、面板对中、各焊接点及室壁门变形等情况，检修更换或矫正失效件，清理缠毛；
3.2.7 拆检活板机构，检查导向轮、气缸及连接等对中情况，清理缠毛，更换损坏部件；
3.2.8 拆检移动箱体机构，检查上方导向轮、下方行走轮，调整各轮确保箱体对中，清洗加脂，视情更换调整；
3.2.9 拆检箱体底门、侧门、防弹钩等机构，更换磨损销轴、轴瓦，清洗加脂；
3.2.10 拆检防漏毛密封，检查凝棉器、电子秤、推料器、活板、防弹钩、移动箱体各处密封条情况，更换密封条；
3.2.11 叉包小车传动机构拆检，清理缠毛、更换磨损件，减速箱按SHS 01028《变速机维护检修规程》检修；
3.2.12 液压系统管线、油缸检查，更换密封或油缸、消除漏点、清理缠毛；
3.2.13 拆检液压站，检查液压油泵、过滤器、油岛等，更换磨损件及滤芯；
3.2.14 液压油箱拆检，清洁油箱更换液压油；
3.2.15 打包机机架水平校验，爬梯、扶手、栏杆支架等矫形紧固；
3.2.16 检修电机、控制系统、安保系统等；
3.2.17 检修电磁阀、气动元件、控制系统等；
3.2.18 整机外观油漆符合标准，机件无残缺。

4 检修程序与质量标准

4.1 检修前准备

4.1.1 根据设备运行技术状态和监测记录，分析故障原因，明确故障部位；
4.1.2 准备必要的图纸资料，编制检修计划；
4.1.3 制定施工方案，明确技术要求，图、表齐全，符合设备安全、环保要求；
4.1.4 施工前组织施工人员进行技术交底，将方案内容、技术、质量等要求交代清楚；
4.1.5 准备检修工器具、清洗剂和润滑油（脂）等。

4.1.6 落实安全防护措施与环保要求：

4.1.6.1 办理好各类进场检修施工手续；

4.1.6.2 检修前切断机台电源等，并且挂安全警示牌；

4.1.6.3 停车检修前需确认工艺处置是否满足检修要求；

4.1.6.4 备好相应物料收集桶，避免环境污染；

4.1.6.5 检修人员个人防护必须符合劳保着装规定要求，施工器具验收合格，并落实施工监护人；

4.1.6.6 现场设置施工作业管理牌，落实好文明检修相关准备要求。

4.2 拆卸与检测

FTG/300型短纤打包机结构复杂，检修内容较多，要做好统筹安排，凝棉器、风机、电子秤、推料器、活板、移动箱体、液压系统、液压站及叉包小车等各机构可从上往下依次进行检修，注意避免交叉作业风险。

4.2.1 凝棉器、风机

4.2.1.1 联系电气拆卸凝棉器的保护限位和电机接线，并从穿线管中抽出电缆；

4.2.1.2 拆卸钢网筒两端耳道风筒、汇集风筒和进料段风筒；

4.2.1.3 拆卸凝棉器底座固定螺栓，确认没有线缆和螺栓与凝棉器相连；

4.2.1.4 用吊车把凝棉器从打包机顶部吊到地面，放置于较宽敞的地方，便于检修。吊车作业注意不要触碰设备；

4.2.1.5 拆卸链传动组件，检查链条、链轮情况，减速箱按SHS 01028《变速机维护检修规程》检修；

4.2.1.6 解体凝棉器，将钢网筒和皮辊从安装孔中移出；

4.2.1.7 检查更换凝棉器各部位的密封条；

4.2.1.8 检查更换皮辊和相关轴承、链条和张紧块；

4.2.1.9 检查钢网筒表面，矫正变形，焊修裂纹并打磨抛光，对变形严重或裂纹较多无法恢复原状的更换；

4.2.1.10 凝棉器框架检查矫正；

4.2.1.11 拆卸风机皮带罩、皮带，检查皮带老化、带轮磨损情况

4.2.1.12 风机拆检，清理叶轮缠毛，检查轴承磨损及润滑情况。

4.2.2 电子秤、推料器、活板

4.2.2.1 气缸拆卸，检查活塞杆导向套磨损情况，更换磨损件，清理卡毛；

4.2.2.2 拆卸导向轮，检查更换磨损导向轮、轴承等；

4.2.2.3 拆卸行走轮，检查更换磨损行走轮、轴承等；

4.2.2.4 检查电子秤秤板、推料器面板、活板情况，变形的矫正、支架有裂纹的焊补并加固；

4.2.2.5 防漏毛密封检查，损坏的更换。

4.2.3 移动箱体

4.2.3.1 拆卸各导向轮组件，检查导向轮、调整垫、销轴、轴承等磨损情况；
4.2.3.2 拆卸箱体行走轮，检查行走轮、调整垫、销轴、轴套等磨损情况；
4.2.3.3 检查箱体门、门锁机构销轴及销套磨损情况；
4.2.3.4 检查移动箱体导轨的磨损和箱体内侧面划伤、毛刺情况；
4.2.3.5 拆卸防弹钩，检查防弹钩变形、密封、销轴及销套磨损情况；
4.2.3.6 箱底板拆卸，检查箱底板变形、磨损情况。

4.2.4 主、预压油缸导向套密封更换

4.2.4.1 将箱体移到合适位置，主压检修移到预压位，反之移到主压位，拆除相关限位开关；
4.2.4.2 接好到油箱的放油软管，打开手阀，在自重力作用下压头缓慢下落，排空缸体及油管内液压油；
4.2.4.3 搭设脚手架，拆卸压头限位杆后，装上专用吊耳；
4.2.4.4 在两活塞杆中心线上方设置专用起重工具，给压头向上的保护拉力；
4.2.4.5 拆卸油缸导向套压盖螺栓，向下拉出导向密封套后，装上专用的卡具。注意卡具安装中不能对活塞杆造成损伤；
4.2.4.6 操作起重工具将压头缓缓放到底后，拆下压头放于枕木上；
4.2.4.7 拆卸压头连接法兰防转销，旋下法兰；
4.2.4.8 取出导向套，清洗检查活塞杆、导向套密封及铜套的磨损、老化情况。

4.2.5 主、预压油缸整体更换

4.2.5.1 将箱体移到合适位置，主压检修移到预压位，反之移到主压位，拆除相关限位开关；
4.2.5.2 手动操作将压头移至最下端；
4.2.5.3 拆卸压头限位杆，装上专用吊耳；
4.2.5.4 在压头吊耳上钩好专用起重工具吊钩，拆去压头法兰连接螺栓，将压头卸放于枕木上；
4.2.5.5 手动操作把油缸活塞移至最上端，先拆卸一根油缸固定螺栓，利用该螺栓孔通过专用连接杆将压头安装法兰与油缸固定座可靠锁紧；
4.2.5.6 放尽油缸及油管内液压油后，拆卸油管，注意管口及时封闭；
4.2.5.7 在油缸的顶端装上专用吊耳，使用吊车等专用起重工具，拉紧油缸。注意不要发生碰撞；
4.2.5.8 拆去油缸底座固定螺栓，预压油缸转动90°，向上把预压油缸吊出（主压油缸向下缓缓放到地面）后，转移油缸到宽敞的地方解体检修。

4.2.6 油缸解体

4.2.6.1 在检修间宽敞地面上放置枕木，便于检修作业中避免检修中零部件落地；

4.2.6.2 将油缸平放在专用钢架上，拆去油缸底座上的连接螺栓，取下油缸端盖；

4.2.6.3 拆卸密封导向套的固定螺栓，用起重设备，将活塞杆缓缓提出油缸，平放在地面上的枕木上；

4.2.6.4 取出密封导向套，清洗检查密封圈和铜套的老化、磨损情况，更换失效件；

4.2.6.5 清洗检查活塞密封及油缸端盖密封老化变形情况，更换损坏密封件；

4.2.6.6 检查活塞杆表面及油缸内壁情况，抛光及研磨消除缺陷，拉伤磨损严重的采取其他措施恢复原始设计尺寸；

4.2.6.7 以上工作完成后准备组装恢复。

4.2.7 液压、气动系统

4.2.7.1 放尽油管及油箱中液压油，打开检查孔，检查油箱及油滤器情况；

4.2.7.2 主、预压油泵拆卸，检查弹性块、联轴器、轴头磨损情况；

4.2.7.3 油管拆卸，清洗检查吹扫，管口注意封闭；

4.2.7.4 油岛各控制阀拆检清洗吹扫，注意清洗中不要留有纤维尘；

4.2.7.5 膨胀节拆卸，检查清洗吹扫；

4.2.7.6 气动控制阀拆卸，检查空气过滤器、压缩风管线情况。

4.2.8 叉包小车检修

4.2.8.1 放尽油箱内的液压油，清洗油箱；

4.2.8.2 将叉包小车吊起 30mm，支垫牢固后，解体检查行走传动机构；

4.2.8.3 减速箱按 SHS 01028《变速机维护检修规程》检修；

4.2.8.4 拆卸叉子翻转机构，检查轴承叉间距情况。

4.3 回装与质量标准

4.3.1 回装程序与要求

4.3.1.1 凝棉器、风机

a）更换钢网筒导向轮、轴承、链条和张紧块等易损件后，组装凝棉器并调整各处间隙和链条张紧度；

b）凝棉器密封条恢复，密封间隙应均匀；

c）将组装完成的凝棉器吊装就位，紧固底座螺栓，电气接线恢复。吊车作业注意安全，不得有撞碰现象；

d）耳道风筒矫形后恢复，风筒连接可靠应无明显漏风；

e）风机组装恢复，轴端跳动符合要求，盘车灵活无卡涩；

f）更换磨损带轮、V 带，防护罩恢复紧固。

4.3.1.2 电子秤、推料器、活板

a）导向轮、行走轮恢复，盘车检查转动灵活无卡涩；

b）检修完成的秤板、面板、活板回装；

c）秤板、面板、活板密封回装，密封应均匀无明显空隙；

d）气缸恢复，检查气缸及接头应无明显漏气。

4.3.1.3 移动箱体

a）各导向轮组件清洗，更换磨损导向轮、调整垫、轴承、销轴及销套后加脂润滑；

b）更换磨损箱体移动导轨，箱体内侧面划伤、毛刺打磨光滑；

c）清洗箱体行走轮，更换磨损行走轮、调整垫、销轴和销套后加脂润滑，检查调整箱体在主压、预压位的中心线位置；

d）更换磨损箱体门、门锁机构销轴、销套并加脂润滑；

e）矫正后的防弹钩恢复，磨损销轴、销套及密封更换；

f）箱底板恢复，检查调整导向轮，保持底板水平。

4.3.1.4 主、预压油缸导向套密封

a）检查测量活塞杆、导向套密封及铜套的尺寸，确认合格后，更换导向套密封，清洗吹扫干净，回装到活塞杆上；

b）旋紧压头安装法兰并回装防转销；

c）用专用起重工具辅助回装压头，紧固压头法兰连接螺栓；

d）利用在两活塞杆中心线上方设置的专用起重工具，给压头向上的预紧拉力；

e）拆除专用的卡具，表面清洁后上移导向套到安装位并紧固压盖螺栓；

f）拆除专用起重工具及吊耳，恢复压头限位杆；

g）回装相关限位开关；

h）关闭泄油阀，拆除放油软管；

i）恢复送电，手动操作油缸上下动作几次，赶出油缸内空气，同时检查导向套处、油管接头处有无液压油渗漏；

j）确认无渗漏，停电、拆除脚手架。

4.3.1.5 主、预压油缸整体更换

a) 用专用起重工具，吊起需要更换的油缸；

b）预压：把预压油缸吊到打包机预压油缸座顶部，油缸从上往下慢慢就位到油缸座处，旋转油缸 90° 就位后紧固；

c）主压：把主压油缸吊到打包机主压油缸座下部，油缸从下往上慢慢从油缸安装孔缓慢上升到油缸安装座，旋转油缸对准下端油管安装孔位置后紧固固定螺栓；

d）拆去油缸上的吊耳，恢复连接油管；

e）在起重工具配合下，把压头安装到油缸活塞杆上，拆去吊耳及起重工具；

f）恢复压头限位杆及限位；

g）恢复送电，手动操作油缸上下动作几次，赶出油缸内空气，油缸上下运行平稳无明显泄漏。

4.3.1.6　油缸检修组装

a）活塞密封更换组装，注意密封的安装方向；

b）油缸端盖恢复，连接螺栓紧固；

c）用起重设备，将活塞杆缓缓送进油缸，平放于枕木上，在活塞杆端垫入专门垫木，使活塞杆处于水平位置，整个安装过程中油缸内不要留有纤维尘等杂质；

d）密封导向套更换密封后回装，导向套压盖紧固；

e）检查油管连接口，清洁封闭；

f）以上工作完成后将油缸放入专用架子树立放置。

4.3.1.7　液压、气动系统

a）清洁后的油岛各控制阀恢复，检查不要留有纤维尘等杂质；

b）清洁后的油管恢复；

c）清洗油箱，更换油滤器，封闭恢复检查孔；

d）主、预液压泵检修后恢复，盘车应灵活无卡涩；

e）膨胀节更换，法兰紧固；

f）恢复气动阀、空气过滤器、更换损坏压缩风管；

g）系统各压力控制阀参数按标准调整；

h）加装液压油到合适油位，加油口封闭紧固。

4.3.1.8　叉包小车

a）叉子翻转机构、叉间距矫形后恢复；

b）行走传动机构检修后回装，撤除支垫；

c）加装液压油，加油口封闭紧固。

4.3.2　检修质量标准

短纤打包机各机构检修质量标准见表1。

表1　短纤打包机检修质量标准

mm

序号	检验项目	质量标准	检验方法
1	凝棉器		
	凝棉器皮辊与钢网筒间隙	2.0±1.0	塞尺
	凝棉器皮辊端面间隙	1.0±0.5	塞尺
	凝棉器皮辊与钢网筒平行度	≤1.0	直尺
	凝棉器皮辊表面	光滑、无毛刺	目测
	钢网筒表面网孔堵孔率	≤5%	目测
	钢网筒两端圆度误差	≤5	直尺
	钢网筒两端外圆与侧板孔间隙	≤3	直尺
	链轮间平面度误差	≤1	直尺、深度尺
	风机轴端径向跳动	≤0.02	百分表
	风机转动	灵活无卡涩	目测、手检

表 1　短纤打包机检修质量标准（续）

序号	检验项目	质量标准	检验方法
2	电子秤 上、下秤板关闭间隙 上、下秤板动作到位时间间隔 下秤板关闭后上秤板打开延迟时间	 ≤ 3.0 一致 ≥ 1.0s	 塞尺 目测 秒表
3	推料器 气缸水平 顶面与前面网孔板的垂直度	 ≤ 0.3/1000 ≤ 0.5/1000	 水平仪 水平仪
4	移动箱体 防弹钩板间平行度 导向轮轴套内孔与轴配合间隙 箱体行走轮轴线与导轨纵向垂直度 箱体内侧面 行走轮导轨磨损量 门阻尼器作用力 箱体在主、预压位移动方向侧隙偏差 底板水平	 ≤ 2.0 F8/h8 ≤ 1.0 光滑 ≤ 0.5 35 ～ 40kg ≤ 2.0 ≤ 0.3/1000	 直尺 游标卡尺 角尺 手检 游标卡尺 手检 直尺 水平仪
5	液压、气动系统 油箱、油路 油箱、油路、气路 膨胀节 油路、气路 油路、气路调压阀 各油箱油位	 清洁 应无明显泄漏 无明显缺陷 应无明显振动 动作灵敏 1/2 ～ 3/5（停车时油位）	 目测 目测、手检 目测 手检 目测 目测
6	压力要求 217L/min 泵溢流压力 187Lmin 泵溢流压力 100Lmin 泵溢流压力 箱体液压泵溢流压力 叉包小车液压泵溢流压力	 ≤ 5MPa ≤ 10MPa ≤ 24 MPa ≤ 8 MPa ≤ 10 MPa	 压力表 压力表 压力表 压力表 压力表
7	打包机润滑	润滑良好	目测、油品检测
8	联轴器 同轴度 平行度	 0.20 ～ 0.30 0.20	 百分表 百分表
9	机架部分 机架纵横水平度 机架垂直度	 < 0.10/1000 < 0.10/1000	 水平仪 水平仪

5 试车与验收

5.1 试车前准备

5.1.1 检查确认泵，阀、管路按要求正确连接。检查气路的快速排气阀和单向节流阀进出口是否正确；
5.1.2 确认油泵过滤器前单向阀处于打开状态，泄油阀处于关闭状态；
5.1.3 检查确认液压油已装入且温度不低于 10℃，否则需要循环升温；
5.1.4 检查确认电动机转向，并手动盘车，应转动灵活无卡涩；
5.1.5 接通气源，检查确认压力应不低于 0.55 MPa；
5.1.6 检查确认注油口是否封盖，排气罩是否安装紧固；
5.1.7 检查确认安保系统是否正常投用；
5.1.8 以上确认后，封检修工作票，撤去施工作业管理牌，联系送电。

5.2 试车

5.2.1 空载试车

5.2.1.1 空载试车必须在本规程 5.1 各项检查完成后进行，把选择开关置于“手动”位置；
5.2.1.2 试车中所发现的问题应做好记录，并在整改后继续试车；
5.2.1.3 较长时间停车检修，空载试车液压油应充分循环，时间一般不少于 2h，如有异常，在查明原因并排除异常后，继续试车。
5.2.1.4 预、主压系统空载试车

a) 检查预压、主压压头及各限位是否紧固；

b) 手动上、下运行压头数次，检查限位与接近感应块间的距离是否合适并排出油缸中的空气，同步检查各限位的位置是否满足要求，必要时调整限位。

5.2.1.5 电子秤和推料器空载试车

a）手动操作检查电子秤上下秤板开、关信号和推料器前、后位信号是否正常，需要时电气人员调整；

b）检查电子秤两对秤板开合动作是否一致，必要时调节单向调速阀；

c）推料器的前后运行应顺畅无卡顿。

5.2.1.6 移动箱体空载试车

a）手动逐一操作防弹钩、箱底板、侧门、锁栓、活板等机构，检查动作是否均匀、灵敏、可靠，各位置信号应正常、准确；

b）手动操作移动箱体到达主压或预压位，检查箱体及其位置锁定定位销信号是否正常。检查箱体在主、预压位的对中情况，必要时调整箱体和定位销限位，反复检查对中情况，使之工作可靠；

c）调整各限位时注意不要发生撞缸，各油缸运行中应无爬行现象。

5.2.1.7 凝棉器空载试车

a）启动风机，检查风量大小；

b）启动凝棉器，检查凝棉器各机构运行是否平稳。

5.2.1.8 以上空载试车正常后，把选择开关置于“自动”位置空循环试车。

5.2.2 负载试车

排除空载试车中发现的缺陷，手动将主、预压头分别置最上端；投用电子秤，推料器位于起始位，活板门打开；箱体处于预压位，叉包小车位于输送带处且叉子放下。确定以上各部分正常后，依次启动风机、凝棉器、主、预压泵电机，按照生产指令设定电子秤。

5.2.2.1 启动切断机，投入物料；

5.2.2.2 观察负荷状态下打包机各机构完成动作是否顺畅，如有问题应及时整改，使设备处于良好的机械状态，试车的记录应完整；

5.2.2.3 负载试车时间应不少于 72h。

5.3 验收

5.3.1 验收时必须具备下列条件：

5.3.1.1 达到规定试车时间，运行平稳、状况良好；

5.3.1.2 检修记录、试车记录等技术资料齐全、准确；

5.3.2 检修质量按本规程 4.3.2 规定的质量标准进行验收；

5.3.3 设备技术状态达到完好标准；

5.3.4 按规定办理交接验收手续；

5.3.5 检修现场按照文明施工的要求，做到了工完、料尽、场地清。

6 维护与故障处理

6.1 日常维护

6.1.1 维护内容

6.1.1.1 操作工每班清扫飞毛，保持机台整洁，保全工必须按规定巡回检查，按要求做好设备点检及润滑等工作。

a）检查设备运转状态、温度、振动、响声是否正常；

b）每月对液压系统油缸、油管连接螺栓紧固情况进行一次检查；

c）检查各限位开关是否灵敏并消除缺陷；

d）检查箱体、活板等密封情况并加以恢复；

e）定期（一般 3 个月）分析液压介质，并根据分析结果更换液压油。

6.1.1.2　液压机构：

a）检查各溢流阀的设定值是否有变化，各压力继电器是否动作灵敏，适时调整；

b）检查泵入口过滤器压差，压差应不大于 0.2bar；

c）检查活塞杆表面，应光洁无划痕；

d）检查油箱油位，及时补油，油位高度应保持在油箱 1/2 ～ 3/5 位置；

e）检查油冷器和油温情况，保持油温不超过 65℃；

f）检查各油管的减震垫是否松动或损坏，及时紧固或更换。

6.1.1.3　气动系统：

a）检查气缸气路压力应不低于 0.45MPa；

b）检查压缩风过滤器工作情况，定期（约 2 ～ 3 个月）清洗或更换滤芯；

c）检查气动系统，应无明显漏气现象。

6.1.1.4　检查各处轴承的润滑及工作情况。

6.1.2　维护时间

6.1.2.1　操作工按照《操作规程》对设备进行巡检；

6.1.2.2　保全工每天巡检不少于 2 次。

6.2　常见故障与处理方法

短纤打包机常见故障与处理方法见表 2。

表 2　短纤打包机常见故障与处理方法

序号	功能	功能故障	故障模式	故障后果	故障应对策略与检修内容	检修周期 / 月
1	保证打包机电机正常运行	过电流跳车	油泵入口滤芯堵塞 油泵故障电机绝缘降低	非计划停车	更换滤芯 检查油泵 检查电机	12
2	保证 FTG 打包机连续运行	短纤维不能吸入凝棉腔	V 带磨损	风机风量小	定期更换 V 带	4
			风机叶轮卡毛	风机风量小	检查，清理卡毛	每班
			风道漏风	风机风量损失	修复调整风道、更换密封	12
			风机轴承损坏	风机无风量	更换轴承	36
		凝棉器不能把短纤维分离出	密封腔漏风	风量损失	更换、调整密封腔密封件	4
				风量损失	钢网筒中间隔板松或密封磨损	4

表 2　短纤打包机常见故障与处理方法（续）

序号	功能	功能故障	故障模式	故障后果	故障应对策略与检修内容	检修周期 / 月
2	保证 FTG 打包机连续运行	凝棉器不能把短纤维分离出	凝棉器皮辊不转	凝棉器皮辊卡毛轴承卡毛	清理卡毛、更换轴承。	视情况而定
			钢网筒偏心	钢网筒支承失效	更换尼龙导向轮、调整钢网筒	4
			减速机故障	钢网筒不动作	更换减速机	36
			传动链条故障	链条变形、拉长、张紧块磨损	更换链条、张紧块	视情况而定
		电子秤称重误差	秤板脱焊	电子秤开关不严	拆卸后矫正焊接	12
			气缸漏气	电子秤动作不灵	更换气缸	36 ～ 48
			轴承磨损	电子秤动作卡涩	更换轴承	36
		推料器不能推料	导向轮卡毛、磨损	推料器动作卡涩	清理卡毛、更换尼龙导向轮、轴承	视情况而定
			行走轮磨损	推料器动作卡涩	更换尼龙行走轮、轴承	24
			气缸损坏	推料器不动作	更换气缸	12
			推料器脱焊	推料器不动作	矫正补焊加强	视情况而定
			推料器漏毛	产品损失	更换推料器密封	视情况而定
		移动箱体：防弹钩、侧门、侧门栓、底板动作异常	防弹钩油缸漏油	防弹钩保持不住	更换油缸密封	36
			侧门销轴轴瓦磨损	侧门 PLC 开关信号易丢失	更换销轴瓦	36
			侧门油缸损坏	侧门不能开关	拆检油缸，更换磨损件	36
			侧门栓油缸损坏	侧门关不严栓不住	拆检油缸，更换磨损件	36
			底板导向轮磨损	底板开关不到位	更换磨损导向轮及轴	6
			底板油缸磨损	底板不能开关	拆检油缸，更换磨损件	36
			液压阀阀芯卡涩	油缸动作不能满足要求	拆检清洗电磁阀	36
			液压阀磨损	油缸保压差	更换电磁阀	36
			箱体定位异常	定位气缸坏	拆检定位气缸	12
				定位块松动	紧固调整限位块	视情况而定

表 2　短纤打包机常见故障与处理方法（续）

序号	功能	功能故障	故障模式	故障后果	故障应对策略与检修内容	检修周期／月
3	保证 FTG 打包机连续运行	油泵泄漏或异响	过滤器脏	油泵吸入口噪音大	清洗或更换过滤器	4
			油泵密封磨损	油泵漏油	更换密封	36
			油泵刮板磨损	油泵震动、噪音大	更换油泵	36
		叉包小车不能工作	叉子变形	不能叉包	矫正叉子	视情况而定
			液压系统故障	叉子不翻转	液压系统电磁阀拆检、调整	36
			叉包小车故障	行走轮链条故障	更换链条、张紧度调整	视情况而定
				小叉车行走减速机支架故障	更换支架	视情况而定
		主、预压油缸渗油或不动作	油缸导向套 密封磨损	油缸导向套处漏油	更换导向套密封	24
			油缸上端盖密封老化	油缸上端盖漏油	更换上端盖密封	36
			油缸活塞内漏	压头位置不能保持	更换活塞密封或油缸	36
			压头不动作	电磁阀故障	查找问题电磁阀，拆检	36
				电仪故障	查找电仪问题，修复	视情况而定

附 录 A
(资料性附录)
FTG/300 型短纤打包机检修质量数据控制确认表

mm

项目		主要控制内容			等级	施工单位	生产装置	设备管理部门	备注
		标准值	部位	现场记录					
拆卸时检测									
凝棉器	凝棉器皮辊与钢网筒间隙	2.0±1.0	皮辊与钢网筒侧面		B	★	★		
	凝棉器皮辊端面间隙	1.0±0.5	皮辊端面		B	★	★		
	凝棉器皮辊与钢网筒平行度	≤1.0	皮辊与钢网筒两端侧面		B	★	★		
	凝棉器皮辊表面	表面光洁	皮辊表面		C	★			
	钢网筒表面网孔堵孔率	≤5%	钢网筒网孔		C	★			
	钢网筒两端圆度误差	≤5	钢网筒两端		B	★	★		
	钢网筒与凝棉器侧板孔间隙	≤3	钢网筒与凝棉器侧板孔		B	★	★		
	传动链轮平面误差	≤1	链轮端面		C	★			
	风机轴径向跳动	≤0.02	风机轴头		B	★	★		
电子秤	上、下秤板关位间隙	≤3.0	两秤板之间		B	★	★		
	上、下秤板各自动作时间	基本一致			B	★	★		
	下秤板关闭后上秤板打开延迟时间	≥1.0s			B	★	★		
推料器	气缸水平	≤0.3/1000	气缸缸体		C	★			
	顶面与前面网孔板的垂直度	≤0.5/1000	顶面与前面拐角处		B	★	★		

FTG/300 型短纤打包机检修质量数据控制确认表（续）

项目		主要控制内容			等级	施工单位	生产装置	设备管理部门	备注
		标准值	部位	现场记录					
移动箱体	防弹钩板间的平行度	≤ 2.0	防弹钩板之间		C	★			
	导向轮铜套内孔与轴配合间隙	F8/h8	轴套内孔与轴外径		C	★			
	箱体行走轮轴线与导轨纵向垂直度	≤ 1.0	行走轮轴线与导轨		B	★	★		
	箱体内表面	光滑	箱体内表面		C	★			
	行走轮导轨磨损量	≤ 0.5	导轨		C	★			
	门阻尼器作用力	35 ～ 40kg			B	★	★		
	箱体在主、预压位纵向两侧隙偏差	≤ 2.0	箱体		B	★	★		
	底板水平度	≤ 0.3/1000	底板		B	★	★		
液压、气动系统	油箱、油路	清洁	油箱、油路		B	★	★		
	油箱、油路、气路	应无明显泄漏	油箱、油路、气路		C	★			
	膨胀节	无缺陷	膨胀节		B	★			
	油路、气路	应无明显振动	油路、气路		B	★	★		
	油路、气路调压阀	灵敏	调压阀		B	★	★		
	油箱油位	1/2 ～ 3/5（停车时油位）	油箱油标		C	★			
压力要求	217L/min 泵溢流压力	0 ～ 5MPa	压力表		B	★	★		
	2187L/min 泵溢流压力	0 ～ 10MPa	压力表		B	★	★		

FTG/300 型短纤打包机检修质量数据控制确认表（续）

项目		主要控制内容			等级	施工单位	生产装置	设备管理部门	备注
		标准值	部位	现场记录					
压力要求	3100L/min 泵溢流压力	0～24 MPa	压力表		B	★	★		
	箱体液压泵溢流压力	0～8 MPa	压力表		B	★	★		
	叉包小车液压泵溢流压力	0～10 MPa	压力表		B	★	★		
联轴器	同轴度 平行度	0.2～0.3 0.2	联轴器		B	★	★		
机架	机架纵横水平度	＜0.10/1000	机架		B	★	★		
	机架垂直度	＜0.10/1000	机架		B	★	★		
回装时检测									
凝棉器	凝棉器皮辊与钢网筒间隙	2.0±1.0	皮辊与钢网筒侧面		B	★	★		
	凝棉器皮辊端面间隙	1.0±0.5	皮辊端面		B	★	★		
	凝棉器皮辊与钢网筒平行度	≤1.0	皮辊与钢网筒两端侧面		B	★	★		
	凝棉器皮辊表面	表面光洁	皮辊表面		C	★			
	钢网筒表面网孔堵孔率	≤5%	钢网筒网孔		C	★			
	钢网筒两端圆度误差	≤5	钢网筒两端		B	★	★		
	钢网筒与凝棉器侧板孔间隙	≤3	钢网筒与凝棉器侧板孔		B	★	★		
	传动链轮平面误差	≤1	链轮端面		C	★			
	风机轴径向跳动	≤0.02	风机轴头		B	★	★		

FTG/300型短纤打包机检修质量数据控制确认表（续）

项目		主要控制内容			等级	施工单位	生产装置	设备管理部门	备注
		标准值	部位	现场记录					
电子秤	上、下秤板关位间隙	≤ 3.0	两秤板之间		B	★	★		
	上、下秤板各自动作时间	基本一致			B	★	★		
	下秤板关闭后上秤板打开延迟时间	≥ 1.0s			B	★	★		
推料器	气缸水平	≤ 0.3/1000	气缸缸体		C	★			
	顶面与前面网孔板的垂直度	≤ 0.5/1000	顶面与前面拐角处		B	★	★		
移动箱体	防弹钩片间的平行度	≤ 2.0	防弹钩板之间		C	★			
	导向轮铜套内孔与轴配合间隙	F8/h8	铜套内孔与轴外径		C	★			
	箱体行走轮轴线与导轨纵向垂直度	≤ 1.0	行走轮轴线与导轨		B	★	★		
	箱体内侧面	光滑	箱体内表面		C	★			
	行走轮导轨磨损量	≤ 0.5	导轨		C	★			
	门阻尼器作用力	35 ～ 40kg			B	★	★		
	箱体在主、预压位纵向两侧隙偏差	≤ 2.0	箱体		B	★	★		
	底板水平度	≤ 0.3/1000	底板		B	★	★		
液压、气动系统	油箱、油路	清洁	油箱、油路		B	★	★		
	油箱、油路、气路	应无明显泄漏	油箱、油路、气路		C	★			
	膨胀节	无缺陷	膨胀节		B	★			
	油路、气路	应无明显振动	油路、气路		B	★	★		
	油路、气路调压阀	灵敏	调压阀		B	★	★		
	油箱油位	1/2 ～ 3/5（停车时油位）	油箱油标		C	★			

FTG/300 型短纤打包机检修质量数据控制确认表（续）

项目		主要控制内容			等级	施工单位	生产装置	设备管理部门	备注
		标准值	部位	现场记录					
压力要求	217L/min 泵溢流压力	0～5MPa	压力表		B	★	★		
	2187L/min 泵溢流压力	0～10MPa	压力表		B	★	★		
	3100L/min 泵溢流压力	0～24 MPa	压力表		B	★	★		
	箱体液压泵溢流压力	0～8 MPa	压力表		B	★	★		
	叉包小车液压泵溢流压力	0～10 MPa	压力表		B	★	★		
联轴器	同轴度 平行度	0.2～0.3 0.2	联轴器		B	★	★		
机架	机架纵横水平度	＜0.10/1000	机架		B	★	★		
	机架垂直度	＜0.10/1000	机架		B	★	★		

注： A 级：施工单位、生产装置、设备管理部门专业人员检查确认后签字。
B 级：施工单位和生产装置专业人员检查确认后签字。
C 级：施工单位专业人员检查确认后签字。
另：如果有监理，监理的职责由甲方授权。

附　录　B

（资料性附录）

FTG/300 短纤打包机试车与验收数据记录表

设备名称		位号		工作介质	
驱动机种类		转速	r/min	试车介质	
试车类别	□空负荷□负荷	环境温度	℃	试车日期	
连续运转时间	h	启动电流	A		

检查项目		设计值/允许值	实测值								
运行记录时刻											

试车情况：	
试车结论：	
验收意见	生产装置：
	施工单位：
	设备管理部门：

说明：生产装置组织单机试车与验收，其中主要设备的大修由设备管理部门参与验收，其余均由生产装置、施工单位双方共同验收。

31. 罗姆斯切断机维护检修规程

SHS 04340—2019

代替 SHS 04340—2004、SHS 04348—2004

目 次

前　　言

本程按照规 GB/T 1.1—2009《标准化工作导则　第 1 部分：标准的结构和编写》给出的规则修订。

本规程代替 SHS 04340—2004《罗姆斯 MARK IV 型切断机维护检修规程》、SHS 04348—2004《MK4-A3 型切断机维护检修规程》，与 SHS 04339—2004、SHS 04348—2004 相比，除了编辑性修改外，主要技术变化如下：

——细化了拆卸与检测、回装与质量标准；

——常见功能故障与处理部分按 RCM 分析方法重新编制；

——增加“附录 A　罗姆斯切断机检修质量控制确认表”；

——增加“附录 B　罗姆斯切断机试车与验收数据记录表”。

本规程由中国石油化工集团有限公司、中国石油化工股份有限公司提出。

本规程起草单位：中国石油化工股份有限公司安庆分公司。

本规程主要起草人：张宏球。

本规程历次版本发布情况：

——SHS 04339—2004。

罗姆斯切断机维护检修规程

1 范围

1.1 主题内容

本规程规定了罗姆斯切断机的检修周期与内容、检修程序与质量标准、试车与验收、日常维护与故障处理方法。

1.2 适用范围

本规程适用于罗姆斯切断机的维护与检修。

2 规范性引用文件

下列文件中的条款通过本规程的引用而成为本规程的条款。凡是注日期的引用文件，其随后所有的修改单（不包括勘误的内容）或修订版均不适用于本规程，然而，鼓励根据本规程达成协议的各方研究是否可使用这些文件的最新版本。凡是不注日期的引用文件，其最新版本适用于本规程。

FZ/T 99014 纺织机械电气设备 通用技术条件

FZ/T 90074 纺织机械产品涂装

SN/T 3719.1 进出口纺织行业成套设备检验技术要求 第1部分：化纤设备

SH/T 3503 石油化工建设工程项目交工技术文件规定

GB/T 15753 圆弧圆柱齿轮精度

ZBJ 19004 圆柱齿轮减速器

SHS 01028 变速机维护检修规程

罗姆斯切断机维护手册

3 检修周期及内容

3.1 检修周期

根据罗姆斯切断机系统功能故障及影响分析结果，并结合生产装置运行周期确定设备检修周期，一般为36个月。

3.2 检修项目

3.2.1 刀盘上、下胶木板磨损、变形、紧固等情况检查修理；
3.2.2 刀盘联轴器磨损、跳动状况检查；
3.2.3 压轮总成及轴套磨损情况检查，螺栓紧固；
3.2.4 压轮间隙、压切弹簧检查，调节或更换，压轮对中调整；
3.2.5 道夫板和风筒视窗检查矫形；
3.2.6 张力辊检查，更换磨损张力辊、轴承、水平调整；
3.2.7 捕结器动作灵活性、准确性检查，回复弹簧检查更换；
3.2.8 传动皮带张紧、对中情况检查，调整；
3.2.9 主轴机构轴承箱检查，更换磨损轴承、轴等磨损件；
3.2.10 电气检修电机、变频器、控制系统等；
3.2.11 仪表检修电磁阀、气动元件、控制系统等；
3.2.12 校验机架水平；
3.2.13 碳钢机件油漆或补漆。

4 检修程序与质量标准

4.1 检修前准备

4.1.1 根据设备运行技术状态和监测记录，分析故障原因，明确故障部位；
4.1.2 编制检修计划、内容完整，准备必要的图纸资料；
4.1.3 制定施工方案，明确技术要求，图、表齐全，符合设备安全、环保要求；
4.1.4 施工前组织对施工人员进行技术交底，将方案内容、技术、质量等要求交代清楚；
4.1.5 准备检修工器具、清洗剂和润滑油（脂）等。
4.1.6 落实安全防护措施与环保要求；
4.1.6.1 办理好各类进场检修施工手续；
4.1.6.2 检修前切断机台电源等能源，并且挂安全警示牌；
4.1.6.3 停车检修前需确认工艺处理是否满足检修要求；
4.1.6.4 备好相应物料收集桶，避免环境污染；
4.1.6.5 检修人员个人防护必须符合劳保着装规定要求，施工器具验收合格，并落实施工监护人；
4.1.6.6 现场设置施工作业管理牌，落实好现场文明检修相关准备要求。

4.2 拆卸与检测

4.2.1 切断机主体机构

4.2.1.1 拆卸刀盘（取下刀盘时注意防摔），检测刀盘联轴器的轴向和径向跳动，并做好记录；

4.2.1.2 拆卸刀盘联轴器、皮带罩、皮带、大小皮带轮，再次检测主轴下端的轴向和径向跳动，与 4.2.1.1 进行比对，不符合要求的调整或更换主轴、联轴器；

4.2.1.3 拆卸压轮总成，检查压轮轴、轴承及压轮情况；

4.2.1.4 检查压轮弹簧的弹力和长度，不符合要求的更换；

4.2.1.5 检测压轮摆臂轴与轴套间隙，更换磨损铜套；

4.2.1.6 检查调整各丝束转向杆位置。

4.2.2 张力架

4.2.2.1 检查张力辊表面是否有刀伤划痕，视情更换；

4.2.2.2 拆卸张力辊轴端法兰，解体张力辊，检查轴承及轴的状况；

4.2.2.3 检查气动元件是否灵活、漏气，清洗气动三联件；

4.2.2.4 张力辊开合气缸拆解，更换密封件；

4.2.2.5 检查限幅杆、导丝杆变形和对中状况。

4.2.3 捕结器

4.2.3.1 拆卸捕结器前后导丝环，检查表面磨损情况；

4.2.3.2 拆卸捕结器，检查捕结圆及捕结杆间隙沿长度方向宽窄一致情况；

4.2.3.3 检查捕结器拉簧及与限位开关触点情况；

4.2.3.4 捕结器下方丝束转向辊拆检。

4.3 回装与质量标准

4.3.1 回装程序与要求

切断机各机构相对独立，均可独立进行检修，检修人力许可时可同时进行。

4.3.1.1 捕结器

a）捕结器下方丝束转向辊完成检修组装后恢复，应转动灵活、表面光洁；

b）捕结器矫形后回装，要求捕结杆间隙沿长度方向宽窄一致，与限位开关接触良好；

c）捕结器弹簧回装，手动试验回弹位置正常；

d）捕结器导丝环恢复，处于丝束中心线位置且表面光洁。

4.3.1.2 张力架

a）检修好的张力辊回装，要求表面无毛刺及伤痕，转动灵活；

b）张力辊轴向位置调整，使两辊沿轴向平行且中心线与丝页中心线基本一致，紧固可靠；

c）张力辊开合气缸恢复，动作灵活无明显卡顿；

d）清洗后的气动元器件回装，动作灵活可靠无明显漏气；

e）限幅杆矫形回装，与丝束中心线对中一致。

4.3.1.3 切断机主体机构

a）组装好的主轴复位紧固，检测调整刀盘联轴器端的轴向和径向跳动；

b）刀盘联轴器、皮带轮、皮带及防护罩恢复，检查皮带轮应处于同一水平面上；

c）刀盘恢复并检查调整刀盘下胶木板面与道夫板的间隙；

d）压轮总成恢复，检查压轮端面水平情况；

e）检查压轮弹簧的弹力和长度，调整弹簧压紧力、自锁力，并紧固锁紧螺母；

f）检查压轮与刀盘相对位置，调整使压轮处于刀盘中间，上下间隙应一致；

g）调整各丝束转向杆到合适位置后紧固。

4.3.2 检修质量标准

罗姆斯切断机检修质量标准见表 1。

表 1 罗姆斯切断机检修质量标准

mm

序号	检验项目	质量标准	检验方法
1	主轴机构		
	刀盘连轴器轴、径向跳动	轴向≤ 0.04	百分表
		径向≤ 0.025	百分表
	连轴器与轴配合	H6/m5	游标卡尺
	键配合顶隙	0.10 ～ 0.25	塞尺
	键与键槽侧面配合	U8	游标卡尺
	皮带轮侧面平齐度	≤ 0.50	直尺、塞尺
2	压轮		
	压轮总成水平度	≤ 0.10/1000	水平仪
	压轮表面	应无明显磨损、伤痕	目测
	压轮轴径向跳动	≤ 0.04	百分表
	压轮摆臂轴与铜套间隙	0.04 ～ 0.08	游标卡尺
	压轮与刀刃间隙	3.0 ～ 3.5	塞尺
3	刀盘		
	刀盘铁芯跳动	轴向≤ 0.15	百分表
		径向≤ 0.10	百分表
	刀盘下胶木板与道夫板间隙	9.0 ～ 10.0	塞尺
4	捕结器		
	捕结间隙误差	≤ 1.0	游标卡尺
	转动状况	灵活、光洁	目测、手检
5	张力辊		
	张力辊表面	光洁无毛刺	目测
	上下辊平行	≤ 1.0	塞尺
	张力辊气缸	动作灵活无明显漏气	目测、手检

5 试车与验收

5.1 试车前检查

5.1.1 全面检查传动件的结合和紧固件的紧固情况，在脱离负载的条件下，校对电机转向；
5.1.2 检查张力辊的开合是否灵活；
5.1.3 检查捕结器限位动作后是否及时复位；
5.1.4 检查各安全限位是否齐全、可靠；
5.1.5 以上确认后，封检修工作票，撤去施工作业管理牌，联系送电。

5.2 试车

5.2.1 空载试车

5.2.1.1 必须在本规程 5.1 各项检查完成后进行，把选择开关置于“手动”位置；
5.2.1.2 点动试车，检查运行有无异响、振动，电流是否异常波动；
5.2.1.3 空载试车时间应不少于 0.5h。

5.2.2 负载试车

5.2.2.1 空载试车时所发现的问题应全部整改完毕，使设备处于良好状态；
5.2.2.2 更换生产所需品种刀盘，注意间隙调整；
5.2.2.3 根据生产安排，引丝投料开车；
5.2.2.4 试车时间应不少于 72h。

5.3 验收

5.3.1 验收时必须具备下列条件：
5.3.1.1 达到规定试车时间，运行平稳、状况良好；
5.3.1.2 检修记录、试车记录等技术资料齐全、准确。
5.3.2 检修质量按本规程 4.3.2 规定的质量标准进行验收；
5.3.3 设备技术状态达到完好标准；
5.3.4 按规定办理交接验收手续；
5.3.5 检修现场按照文明施工的要求，做到了工完、料尽、场地清。

6 维护与故障处理

6.1 日常维护

6.1.1 维护内容

6.1.1.1 检查各轴承温度，超过规定值应及时处理；
6.1.1.2 检查紧固件有无松动，松动的紧固；
6.1.1.3 检查捕结器及各限位状况，有异常的调整；
6.1.1.4 检查各处轴承的润滑及工作情况。

6.1.2 维护时间

6.1.2.1 操作工按照操作规程对设备进行巡检；
6.1.2.2 保全工每天巡检不少于 2 次。

6.2 常见功能故障与处理方法

罗姆斯切断机常见功能故障与处理方法见表 2。

表 2 罗姆斯切断机常见功能故障与处理方法

序号	功能	功能故障	故障模式	故障后果	故障应对策略与检修内容	检修周期／月
1	保证切断机马达正常运行	电流过流跳车	（1）导丝架缠丝 （2）切断机主轴故障 （3）减速机故障 （4）电机绝缘降低	非计划停车	（1）清理缠丝 （2）检查主轴 （3）更换减速机 （4）检查电机	36
2	保证切断机正常运行	纤维切断产生倍长、超短、超长	（1）丝束张力不合适	短纤质量降等	（1）调整丝束张力	立即调整
			（2）丝束总旦数不足		（2）加足旦数	立即调整
			（3）切断刀刃和压轮外周的间隙不适当		（3）调整间隙	立即调整
			（4）丝束跑偏		（4）调节导丝组件	立即调整
			（5）压轮的压力不够		（5）调整压力达到要求	立即调整
		压轮部位发生周期性振动	（1）弹簧压力不足	产品质量波动	（1）调整弹簧	立即调整
			（2）切断刀片已磨钝或损坏	产品质量波动	（2）换刀片	立即处理
			（3）压轮总成固定螺栓松	产品质量波动	（3）紧固	立即处理
		捕结器无端动作	（1）弹簧弹力减弱	生产临时中断	（1）更换弹簧	立即处理
			（2）捕结器圈缠丝	生产临时中断	（2）清除缠丝	立即处理

附 录 A
（资料性附录）
罗姆斯切断机检修质量控制确认表

mm

项目		主要控制内容			等级	施工单位	生产装置	设备管理部门	备注
		标准值	部位	现场记录					
拆卸时检测									
主轴机构	刀盘联轴器轴、径向跳动	≤ 0.04、≤ 0.025	联轴器		B	★	★		
	刀盘联轴器与主轴	H6/m5	主轴外径与联轴器内孔		B	★	★		
	键配合顶隙	0.10 ～ 0.25	键顶面		B	★	★		
	键与键槽侧面配合	U8	键槽		B	★	★		
	皮带轮端面平齐	≤ 0.50	皮带轮端面		C	★			
压轮	压轮端面水平	≤ 0.10/1000	压轮端面		B	★	★		
	压轮表面	应无明显磨损、伤痕	压轮表面		C	★			
	压轮轴径向跳动	≤ 0.04	压轮轴外圆		B	★	★		
	压轮摆臂轴与轴套间隙	0.04 ～ 0.08	摆臂轴外径与轴套内孔		B	★	★		
	压轮与刀刃间隙	3.0 ～ 3.5	刀刃与压轮侧面		B	★	★		
刀盘	下胶木板轴、径向跳动	≤ 0.15、≤ 0.10	胶木板		B	★	★		
	下胶木板与道夫板间隙	9.0 ～ 10.0	胶木板侧面		B	★	★		
捕结器	捕结杆间隙误差	≤ 1.0	捕结杆		C	★			
	转动状况	灵活、光洁	导丝轮轴承		C	★			
张力辊	张力辊表面	表面光洁无毛刺	张力辊表面		C	★			
	上下辊平行	≤ 1.0	张力辊之间		C	★			
	张力辊气缸	动作灵活无明显漏气	气缸		C	★			

罗姆斯切断机检修质量控制确认表（续）

项目		主要控制内容			等级	施工单位	生产装置	设备管理部门	备注
		标准值	部位	现场记录					
回装时检测									
主轴机构	刀盘联轴器轴、径向跳动	≤ 0.04、≤ 0.025	联轴器		B	★	★		
	刀盘连轴器与主轴	H6/m5	主轴外径与联轴器内孔		B	★	★		
	键配合顶隙	0.10 ～ 0.25	键顶面		B	★	★		
	键与键槽侧面配合	U8	键槽		B	★	★		
	皮带轮端面平齐	≤ 0.50	皮带轮端面		C	★			
压轮	压轮端面水平	≤ 0.10/1000	压轮端面		B	★	★		
	压轮表面	应无明显磨损、伤痕	压轮表面		C	★			
	压轮轴径向跳动	≤ 0.04	压轮轴外圆		B	★	★		
	压轮摆臂轴与轴套间隙	0.04 ～ 0.08	摆臂轴外径与轴套内孔		B	★	★		
	压轮与刀刃间隙	3.0 ～ 3.5	刀刃与压轮侧面		B	★	★		
刀盘	下胶木板轴、径向跳动	≤ 0.15、≤ 0.10	胶木板		B	★	★		
	下胶木板与道夫板间隙	9.0 ～ 10.0	胶木板侧面		B	★	★		
捕结器	捕结杆间隙误差	≤ 1.0	捕结杆		C	★			
	转动状况	灵活、光洁	导丝轮轴承		C	★			
张力辊	张力辊表面	表面光洁无毛刺	张力辊表面		C	★			
	上下辊平行	≤ 1.0	张力辊之间		C	★			
	张力辊气缸	动作灵活无明显漏气	气缸		C	★			

注： A 级：施工单位、生产装置、设备管理部门专业人员检查确认后签字。

B 级：施工单位和生产装置专业人员检查确认后签字。

C 级：施工单位专业人员检查确认后签字。

另：如果有监理，监理的职责由甲方授权。

附 录 B
（资料性附录）
罗姆斯切断机试车与验收数据记录表

设备名称		位号		工作介质	
驱动机种类		转速	r/min	试车介质	
试车类别	□空负荷□负荷	环境温度	℃	试车日期	
连续运转时间	h	启动电流	A		

检查项目		设计值／允许值	实测值								
运行记录时刻											

试车情况：	
试车结论：	
验收意见	生产装置：
	施工单位：
	管理部门：

说明：生产装置组织单机试车与验收，其中主要设备的大修由设备管理部门参与验收，其余均由生产装置、施工单位双方共同验收。

32. 干法腈纶牵引喂入机维护检修规程

SHS 04343—2019

代替 SHS 04343—2004

目　次

前　言

本规程按照 GB/T 1.1—2009《标准化工作导则　第 1 部分：标准的结构和编写》给出的规则起草。

本规程代替 SHS 04343—2004《HS411 型牵引喂入机维护检修规程》，与 SHS 04343—2004 相比，除了编辑性修改外，主要技术变化如下：

——增加了规范性引用文件；

——细化了拆卸与检测、回装与质量标准；

——增加了电气、仪表的检修项目；

——增加了减速箱及传动系统拆装内容；

——常见功能故障与处理部分按 RCM 分析方法重新编制；

——增加“附录 A　牵引喂入机检修质量控制确认表”；

——增加“附录 B　牵引喂入机试车与验收数据记录表”。

本规程由中国石油化工集团有限公司、中国石油化工股份有限公司提出。

本规程起草单位：中国石油化工股份有限公司齐鲁分公司。

本规程主要起草人：赵亮。

本规程历次版本发布情况：

——SHS 04343—2004。

干法腈纶牵引喂入机维护检修规程

1 范围

1.1 主题内容

本规程规定了干法腈纶牵引喂入维护检修周期与内容、检修程序与质量标准、试车与验收、维护与故障处理。

1.2 适用范围

本规程适用于干法工艺腈纶牵引喂入机的维护与检修。

2 规范性引用文件

下列文件中的条款通过本规程的引用而成为本规程的条款。凡是注日期的引用文件，其随后所有的修改单（不包括勘误的内容）或修订版均不适用于本规程，然而，鼓励根据本规程达成协议的各方研究是否可使用这些文件的最新版本。凡是不注日期的引用文件，其最新版本适用于本规程。

FZ/T 99014　纺织机械电气设备　通用技术条件

GB 50231　机械设备安装工程施工及验收通用规范

GB 50185　工业设备及管道绝热工程施工质量验收规范

SH/T 3503　石油化工建设工程项目交工技术文件规定

GB/T 15753　圆弧圆柱齿轮精度

3 检修周期与内容

3.1 检修周期

根据干法腈纶牵引喂入机系统功能故障及影响分析的结果，并结合生产装置运行周期，确定检修周期，一般为 36 个月。

3.2 检修内容

3.2.1 检查主动辊轴承及轴套磨损情况、油封密封磨损情况，维修更换；

3.2.2 检查挤压辊各辊轴、轴承磨损情况、油封密封磨损情况，维修更换；

3.2.3 检查气缸密封磨损老化情况，维修更换；

3.2.4 检查换向阀使用情况，无泄漏现象；
3.2.5 检查快速接头等气路接头完好情况，无泄漏现象；
3.2.6 检查惰辊轴承磨损情况，油封密封磨损老化情况，维修更换；
3.2.7 检查截止阀、减压阀、三联体完好情况，维修更换；
3.2.8 检查导轨润滑、滑动灵活情况，密封磨损老化情况，维修更换；
3.2.9 检查齿轮箱轴、轴套、轴承等磨损情况，密封磨损老化情况，维修更换；
3.2.10 检查罩壳部分完整紧固情况，维修更换；
3.2.11 检查压缩空气出、入口阀门泄漏情况，维修更换；
3.2.12 电气检查电机、控制系统等完好情况，维修更换；
3.2.13 仪表检查自控阀、气动元件、控制系统等完好情况，维修更换；
3.2.14 整机全面做防腐处理。

4 检修程序与质量标准

4.1 检修前准备

4.1.1 根据设备运行技术状态和监测记录，分析故障原因，明确故障部位；
4.1.2 准备必要的图纸资料，编制检修计划；
4.1.3 制定施工方案，明确技术要求，图、表齐全，符合设备安全、环保要求；
4.1.4 施工前组织施工人员进行技术交底，将方案内容、技术、质量等要求交代清楚；
4.1.5 准备检修工器具、清洗剂和润滑油（脂）等；
4.1.6 落实安全防护措施与环保要求
4.1.6.1 办理好各类进场检修施工手续；
4.1.6.2 检修前切断机台电源等，并且挂安全警示牌；
4.1.6.3 停车检修前需确认工艺处置是否满足检修要求；
4.1.6.4 备好相应物料收集桶，避免环境污染；
4.1.6.5 检修人员个人防护必须符合劳保着装规定要求，施工器具验收合格；并落实施工监护人；
4.1.6.6 现场设置施工作业管理牌，落实好文明检修相关准备要求。

4.2 拆卸与检测

4.2.1 断开压缩空气快速接头；
4.2.2 用专用起重工具和专用小车将整机拆除运回维修间进行拆卸；
4.2.3 拆电机由电仪专业进行检查维修；
4.2.4 拆除同步带和同步带轮，检查完好情况，更换失效件；
4.2.5 拆主动辊（两件）检查前后轴承及轴套磨损情况、油封磨损老化情况，更换失效件，检查轴的直线度；

4.2.6 拆挤压辊（七件）检查各辊轴承、轴、油封、O形圈完好情况，更换失效件；检查各辊子平行度；
4.2.7 拆卸气缸，检查密封、活塞完好情况，更换失效件；
4.2.8 拆卸换向阀检查磨损情况，更换失效件；
4.2.9 检查快速接头等气路接头完好情况，更换接头；
4.2.10 拆卸及检查惰辊、轴承磨损情况，更换失效件；
4.2.11 检查截止阀、减压阀、三联体完好情况，更换失效件；
4.2.12 检查导轨滑动灵活情况，密封磨损、老化情况，更换失效件；
4.2.13 拆卸齿轮箱检查齿轮磨损情况，轴、轴承、密封件完好情况，更换失效件；
4.2.14 齿轮箱放油、清洗；
4.2.15 检查罩壳完好、紧固情况，更换失效件；
4.2.16 清理机台卫生。

4.3 回装与质量标准

4.3.1 回装程序与要求

4.3.1.1 齿轮箱箱体内部清洁，研磨箱盖结合面；
4.3.1.2 组装齿轮箱，更换齿轮、轴承、密封，配合运转良好；
4.3.1.3 齿轮箱加油润滑，油位 1/2 ～ 2/3（停车时），符合要求；
4.3.1.4 安装紧固齿轮箱，转动平稳，无异响、无泄漏；
4.3.1.5 安装气缸、截止阀、减压阀、三联体，更换软管及快速接头，无泄漏；
4.3.1.6 安装惰辊，更换轴承、密封，运转灵活，各辊表面光洁；
4.3.1.7 安装挤压辊（七件）更换轴承、密封，运转灵活，压辊包胶层完好无破损；
4.3.1.8 安装主动辊，更换轴承、密封，运转灵活，各辊表面光洁；
4.3.1.9 用专用起重工具和专用小车运至现场安装到导轨上，调整到位后螺栓紧固；
4.3.1.10 用专用起重工具吊装电机进行安装；
4.3.1.11 安装皮带，松紧适度；
4.3.1.12 设备零部件完整无缺、螺栓紧固、具备试车条件；
4.3.1.13 接通压缩空气和电源进行调试。

4.3.2 检修质量标准

4.3.2.1 机架部分检修质量标准见表 1。

表 1　机架部分检修质量标准

序号	检验项目	质量标准	检验方法
1	两主动辊平行度	＜ 0.12mm	百分表
2	主动辊与同侧张紧辊平行度	＜ 0.05mm	百分表
3	主动辊与同侧压辊、调节辊平行度	＜ 0.12mm	百分表
4	各辊到铅垂线的距离	4.5 ～ 5mm	吊铅坠、直尺量
5	机架纵横水平度	＜0.10/1000mm	长直尺加水平尺
6	机架垂直度	＜0.10/1000mm	框式水平仪
7	挤压辊径向圆跳动	＜0.30mm	百分表
8	两挤压辊平行度	＜0.30mm	内径千分表
9	轴径向圆跳动	＜0.10mm	百分表
10	轴向窜动量	0.10 ～ 0.15mm	百分表或深度尺
11	轴承	无明显松动 无明显磨损	手检
12	箱体内部	清洁	目测
13	油品	润滑良好	目测或油品检测
14	油位	1/2 ～ 2/3（停车时）	目测
15	导轨	滑动灵活，密封良好	目测
16	气缸动作	准确可靠	目测
17	辊子表面	光滑、无脏物附着	目测
18	压辊包胶层	完好无破损	目测
19	整机部件	齐全完整	目测

4.3.2.2　齿轮箱组件检修质量标准见表 2。

表 2　齿轮箱组件检修质量标准

序号	检验项目	质量标准	检验方法
1	齿轮箱内部清洁	清洁	目测
2	轴承	无明显松动 无明显磨损 润滑良好	手检
3	齿轮端面平齐度	＜ 0.50mm	直尺和测微片
4	齿轮磨损率	≤ 20%（以齿厚为准）	游标卡尺
5	齿轮啮合侧隙	0.10 ～ 0.20mm	压铅法或测微片
6	齿轮轴轴向窜量	0.10 ～ 0.15mm	百分表或深度尺

5 试车与验收

5.1 试车前准备

5.1.1 全面检查各紧固件的连接及传动件的结合情况；
5.1.2 检查各润滑点油位和润滑油脂添加情况；
5.1.3 全面检查电气、仪表、气路、水路和管路完好情况；
5.1.4 检查安全罩和安全装置完好情况；
5.1.5 对上述所有检查内容确认正常后试车。

5.2 试车

5.2.1 空载试车

5.2.1.1 空载试车必须在本规程 5.1 各项检查完成后进行；
5.2.1.2 连续运行前，各电机必须进行点动，观察和检查连接部位有无异常；
5.2.1.3 连续运行，检查各传动部位有无异响、异常振动等情况，电流有无异常波动；
5.2.1.4 空载试车不低于 0.5h。

5.2.2 负载试车

5.2.2.1 空载试车时所发现的问题应全部整修完毕，使设备具备良好的机械状态。空载试车记录应完整无缺；
5.2.2.2 在试车中应将所发现的各种问题做好记录，应立即整改，整改后再继续试车，使设备运转平稳、满足工艺要求；
5.2.2.3 试车时间为 72h。

5.3 验收

5.3.1 验收时必须具备下列条件：
5.3.1.1 达到规定试车时间，运行状况良好；
5.3.1.2 检修记录、试车记录等技术资料齐全、准确；
5.3.2 检修质量按本规程 4.3.2 规定的质量标准进行验收；
5.3.3 设备技术状态达到完好标准；
5.3.4 按规定办理交接验收手续；
5.3.5 检修现场按照文明施工的要求，做到工完、料尽、场地清。

6 维护与故障处理

6.1 日常维护

6.1.1 维护内容

6.1.1.1 检查气缸动作、压辊限位开关动作情况，视情况作相应调整；
6.1.1.2 检查各处轴承的润滑及工作情况，视情况更换或添加润滑油（脂）；
6.1.1.3 检查联轴器的振动和噪音情况，视情况作相应调整；
6.1.1.4 检查各辊挂丝、表面光洁度情况，视情况更换修理；
6.1.1.5 检查快速接头等气路接头应无明显泄漏情况，有泄漏应及时消漏；
6.1.1.6 检查所有零部件的固定螺栓应无缺损和松动，应及时补充或紧固；
6.1.1.7 检查拉门开启应灵活，视情况作相应调整；
6.1.1.8 检查油杯油位应保持正常（不超过 2 / 3）油雾器油路畅通；
6.1.1.9 检查、处理运行中发生的其他缺陷。

6.1.2 维护时间

6.1.2.1 操作工按照操作规程对设备进行巡检；
6.1.2.2 运保人员每天巡回检查不少于 2 次。

6.2 常见功能故障与处理方法

干法腈纶牵引喂入机常见功能故障与处理方法见表 3。

表 3 干法腈纶牵引喂入机常见功能故障与处理方法

功能	功能故障	故障模式	故障后果	故障应对策略与检修内容	检修周期／月
保证机组连续运转	传动系统运行不正常	滚动轴承损坏	冒烟、非计划停车	定期定量补油，根据润滑油更换计划定期更换润滑油；根据检修周期更换滚动轴承。	24～36
		皮带跑偏	产品质量不受控	辊子重新对中	视情况而定
		皮带打滑、磨损	产品质量不受控	更换皮带	
	减速机故障	联轴器对中不良	减速机振动大	重新对中	视情况而定
		滚子或齿轮磨损	减速机振动大、异声	更换配件	36～48
		轴承磨损	减速机振动大、异声	更换轴承	
		润滑油不足	减速机温度过高	加润滑油	视情况而定
		超负荷	减速机温度过高	查找超负荷原因并处理	

表 3　干法腈纶牵引喂入机常见功能故障与处理方法（续）

功能	功能故障	故障模式	故障后果	故障应对策略与检修内容	检修周期／月
保证机组连续运转	牵引辊晃动	轴承损坏	非计划停车	更换轴承	视情况而定
		轴弯或轴磨损		更换轴	
		锁紧螺母松动		重新调整锁紧螺母	
	牵引辊缠丝	辊表面有划痕、毛糙	产品质量不受控	停车处理或更换	视情况而定
	气缸不动作	气缸密封损坏	非计划停车	检查更换	视情况而定
		电磁阀坏		检查更换	
	电气控制系统正常	电机绝缘降低	电流过流跳车	检查更换电机	视情况而定
		齿轮箱润滑不良		检查油路或补油	
		牵引辊绕辊		处理缠辊	

附 录 A
（资料性附录）
干法腈纶牵引喂入机检修质量控制确认表

项目		主要控制内容			等级	施工单位	生产装置	设备管理部门	备注
		标准值	部位	现场记录					
拆卸时检测									
齿轮箱	辊轴轴向窜动量	0.10 ～ 0.15mm	辊轴		B	★	★		
	齿轮磨损率	≤ 20%	齿轮		B	★	★		
	齿轮啮合侧隙	0.10 ～ 0.20mm	齿轮啮合处		B	★	★		
	轴承与轴配合	无明显松动	轴承与轴配合处		B	★	★		
	齿轮箱油封	无泄漏	油封		B	★	★		
气动系统	气缸杆水平度	≤ 0.3/1000	气缸杆		B	★	★		
	气缸轴封、气路接头	无明显泄漏	各密封点		B	★	★		
	油雾器油量	1/2 ～ 3/5	油雾器		B	★	★		
惰辊	惰辊平行度公差	≤ 0.50mm	惰辊外侧圆周面		B	★	★		
挤压辊	径向圆跳动	＜ 0.30mm	挤压辊外侧圆周面		B	★	★		
	两挤压辊平行度	＜ 0.30mm	两挤压辊外侧圆周面间		B	★	★		
主动辊	平行度	＜ 0.12mm	两主动辊外侧圆周面		B	★	★		
	主动辊与同侧张紧辊平行度	＜ 0.05mm	主动辊与同侧张紧辊外侧圆周面		B	★	★		
	主动辊与同侧压辊、调节辊平行度	＜ 0.12mm	主动辊与同侧压辊、调节辊外侧圆周面		B	★	★		
机架部分	纵横水平度	＜ 0.10/1000	机架		B	★	★		
	垂直度	＜ 0.10/1000	机架		B	★	★		

干法腈纶牵引喂入机检修质量控制确认表（续）

项目		主要控制内容			等级	施工单位	生产装置	设备管理部门	备注
		标准值	部位	现场记录					
回装时检测									
齿轮箱	辊轴轴向窜动量	0.10～0.15mm	辊轴		B	★	★		
齿轮箱	齿轮磨损率	≤20%	齿部		B	★	★		
齿轮箱	齿轮啮合侧隙	0.10～0.20mm	齿轮啮合处		B	★	★		
齿轮箱	轴承与轴配合	无明显松动	轴承与轴配合处		B	★	★		
齿轮箱	齿轮箱油封	无泄漏	油封处		B	★	★		
气动系统	气缸杆水平度	≤0.3/1000	气缸杆		B	★	★		
气动系统	气缸轴封、气路接头	无明显泄漏	各密封点		B	★	★		
气动系统	油雾器油量	1/2～3/5	油雾器		B	★	★		
惰辊平行度公差		≤0.50mm	惰辊外侧圆周面		B	★	★		
挤压辊	径向圆跳动	＜0.30mm	挤压辊外侧圆周面		B	★	★		
挤压辊	两挤压辊平行度	＜0.30mm	两挤压辊外侧圆周面间		B	★	★		
主动辊	两主动辊平行度	＜0.12mm	两主动辊外侧圆周面间		B	★	★		
主动辊	主动辊与同侧张紧辊平行度	＜0.05mm	主动辊与同侧张紧辊外侧圆周面间		B	★	★		
主动辊	主动辊与同侧压辊、调节辊平行度	＜0.12mm	主动辊与同侧压辊、调节辊外侧圆周面间		B	★	★		
机架部分	纵横水平度	＜0.10/1000	机架		B	★	★		
机架部分	垂直度	＜0.10/1000	机架		B	★	★		

注： A级：施工单位、生产装置、设备管理部门专业人员检查确认后签字。

B级：施工单位和生产装置专业人员检查确认后签字。

C级：施工单位专业人员检查确认后签字。

另：如果有监理，监理的职责由甲方授权。

附 录 B
（资料性附录）
干法腈纶牵引喂入机试车与验收数据记录表

设备名称			位号			工作介质					
驱动机种类			转速	r/min		试车介质					
试车类别		□空负荷 □负荷	环境温度	℃		试车日期					
连续运转时间		h	启动电流	A							
检查项目		设计值/允许值	实测值								
运行记录时刻											
试车情况：											
试车结论：											
验收意见	生产装置：										
	施工单位：										
	设备管理部门：										
说明：生产装置组织单机试车与验收，其中主要设备的大修由设备管理部门参与验收，其余均由生产装置、施工单位双方共同验收。											

33. 干法腈纶摆丝机维护检修规程

SHS 04344—2019

代替 SHS 04344—2004

目　次

前　　言

本规程按照GB/T 1.1—2009《标准化工作导则　第1部分：标准的结构和编写》给出的规则起草。

本规程代替SHS 04344—2004《HS421型摆丝机维护检修规程》与SHS 04344—2004相比，除了编辑性修改外，主要技术变化如下：

——增加了规范性引用文件；

——细化了拆卸与检测、回装与质量标准；

——增加了电气、仪表的检修项目；

——常见功能故障与处理部分按RCM分析方法重新编制；

——增加"附录A　干法腈纶摆丝机检修质量控制确认表"；

——增加"附录B　干法腈纶摆丝机试车与验收数据记录表"。

本规程由中国石油化工集团有限公司、中国石油化工股份有限公司提出。

本规程起草单位：中国石油化工股份有限公司齐鲁分公司。

本规程主要起草人：赵亮。

本规程历次版本发布情况：

——SHS 04344—2004。

干法腈纶摆丝机维护检修规程

1 范围

1.1 主题内容

本规程规定了干法腈纶摆丝机维护检修周期与内容、检修程序与质量标准、试车与验收、维护与故障处理。

1.2 适用范围

本规程适用于干法工艺腈纶摆丝机的维护与检修。

2 规范性引用文件

下列文件中的条款通过本规程的引用而成为本规程的条款。凡是注日期的引用文件，其随后所有的修改单（不包括勘误的内容）或修订版均不适用于本规程，然而，鼓励根据本规程达成协议的各方研究是否可使用这些文件的最新版本。凡是不注日期的引用文件，其最新版本适用于本规程。

FZ/T 99014　纺织机械电气设备　通用技术条件

GB 50231　机械设备安装工程施工及验收通用规范

SH/T 3503　石油化工建设工程项目交工技术文件规定

GB 50236　现场设备、工业管道焊接工程施工规范

3 检修周期与内容

3.1 检修周期

根据干法腈纶摆丝机系统功能故障及影响分析的结果，并结合生产装置运行周期，确定检修周期，一般为 36 个月。

3.2 检修内容

3.2.1　检查四通阀、二通阀泄漏情况；

3.2.2　检查尼龙轴瓦磨损情况；

3.2.3　检查连杆部件滚针轴承完好情况；

3.2.4　检查气油缸活塞磨损情况，密封磨损情况；

3.2.5　检查摆丝靴磨损变形情况；
3.2.6　检查行程板使用情况，泄漏情况；
3.2.7　检查截止阀、减压阀、三联体使用情况、泄漏情况；
3.2.8　检查罩壳完好和紧固情况，调校紧固；
3.2.9　检查电机、控制系统等完好情况；
3.2.10　检查自控阀、气动元件、控制系统等完好情况；
3.2.11　检查机架变形开裂情况；
3.2.12　整机全面做防腐处理。

4　检修程序与质量标准

4.1　检修前准备

4.1.1　根据设备运行技术状态和监测记录，分析故障原因，明确故障部位；
4.1.2　准备必要的图纸资料，编制检修计划；
4.1.3　制定施工方案，明确技术要求，图、表齐全，符合设备安全、环保要求；
4.1.4　施工前组织施工人员进行技术交底，将方案内容、技术、质量等要求交代清楚；
4.1.5　准备检修工器具、清洗剂和润滑油（脂）等；
4.1.6　落实安全防护措施与环保要求：
4.1.6.1　办理好各类进场检修施工手续；
4.1.6.2　检修前切断机台电源等能源，并且挂安全警示牌；
4.1.6.3　停车检修前需确认工艺处置是否满足检修要求；
4.1.6.4　备好相应物料收集桶，避免环境污染；
4.1.6.5　检修人员个人防护必须符合劳保着装规定要求，施工器具验收合格，并落实施工监护人；
4.1.6.6　现场设置施工作业管理牌，落实好文明检修相关准备要求。

4.2　拆卸与检测

4.2.1　断开压缩空气气源；
4.2.2　拆卸四通阀、二通阀，检查阀芯磨损情况、密封磨损情况，更换磨损、失效部件；
4.2.3　拆卸行程板，检查完好情况，更换磨损、失效部件；
4.2.4　拆卸横向、纵向气油缸，检查连杆轴承及活塞密封件磨损情况，更换失效件；
4.2.5　检查气路、油路泄漏情况，密封磨损情况，更换气路、密封件；
4.2.6　拆卸摆靴，检查变形、开裂情况，消除挂丝点；
4.2.7　拆卸连杆检查滚针轴承、连杆磨损情况，更换轴承、磨损的连杆；
4.2.8　拆卸摆架检查尼龙轴瓦，检查摆架轴承磨损情况，更换轴承、尼龙轴瓦；

4.2.9 检查三联体、油杯完好情况，更换失效件；
4.2.10 检查快速接头等气路接头泄漏情况，更换接头、密封；
4.2.11 拆卸喷淋管检查堵塞情况，疏通喷淋孔；
4.2.12 清理、调整机台。

4.3 回装与质量标准

4.3.1 回装程序与要求

4.3.1.1 安装摆架连杆部件，更换失效的轴承、尼瓦轴瓦，传动部件转动灵活；
4.3.1.2 安装气油缸，更换失效的密封，动作灵活，无泄漏；
4.3.1.3 安装、更换变形软管及泄漏的快速接头，无泄漏；
4.3.1.4 安装行程板、四通阀、二通阀，换向准确，无泄漏；
4.3.1.5 安装截止阀、减压阀、三联体，油雾器油位 1/2 ～ 3/5，无泄漏；
4.3.1.6 安装摆靴，摆丝网管的内外表面不得有磕碰、划伤；
4.3.1.7 安装喷淋管，无堵塞；
4.3.1.8 设备零部件完整无缺、螺栓紧固，具备试车条件；
4.3.1.9 接通压缩空气进行调试。

4.3.2 检修质量标准

4.3.2.1 干法腈纶摆丝机检修质量标准见表 1。

表 1 干法腈纶摆丝机检修质量标准

序号	检验项目	质量标准	检验方法
1	机台横向水平度	0.1/1000	水平仪检测
2	机台纵向水平度	0.15/1000	水平仪检测
3	摆靴摆幅	≤ 700mm	卷尺
4	摆靴	不挂丝	目测
5	气油缸动作	平稳、灵活	目测
6	四通阀、二通阀	换向准确	目测
7	油雾器	清洁	目测
8	油雾器油量	1/2 ～ 3/5	目测
9	气缸动作一次油雾器滴油量	1 滴～ 2 滴	目测
10	气油缸水平度	≤ 0.20mm	水平仪
11	整机部件	齐全完整	目测

5　试车与验收

5.1　试车前准备

5.1.1　全面检查各紧固件的联接及传动件的结合情况；
5.1.2　检查各润滑点油位和润滑油脂添加情况；
5.1.3　全面检查电气、仪表、气路、水路和管路工作正常；
5.1.4　检查安全罩和安全装置是否齐全、有效；
5.1.5　对上述所有检查内容确认正常后试车。

5.2　试车

5.2.1　空载试车

5.2.1.1　空载试车必须在本规程 5.1 各项检查完成后进行；
5.2.1.2　连续运行，检查各传动部位无异响、异振情况；
5.2.1.3　调整摆靴的摆幅、摆频到最佳状况；
5.2.1.4　空载试车不低于 0.5h。

5.2.2　负载试车

5.2.2.1　空载试车时所发现的问题应全部整修完毕，使设备具备良好的机械状态。空载试车记录应完整无缺；
5.2.2.2　在试车中应将所发现的各种问题做好记录，应立即整改，整改后再继续试车，使设备运转平稳、满足工艺要求；
5.2.2.3　负载试车时间为 72h。

5.3　验收

5.3.1　验收时必须具备下列条件：
5.3.1.1　达到规定试车时间，运行状况良好；
5.3.1.2　检修记录、试车记录等技术资料齐全、准确；
5.3.2　检修质量按本规程 4.3.2 规定的质量标准进行验收；
5.3.3　设备技术状态达到完好标准；
5.3.4　按规定办理交接验收手续；
5.3.5　检修现场按照文明施工的要求，做到工完、料尽、场地清。

6 维护与故障处理

6.1 日常维护

6.1.1 维护内容

6.1.1.1 检查各处轴承的润滑及工作情况，视情况更换或添加润滑油（脂）；
6.1.1.2 检查所有零部件的固定螺栓紧固情况，应及时紧固；
6.1.1.3 检查气路元件动作的准确性，应无明显泄漏情况，有泄漏应及时消漏；
6.1.1.4 检查油杯油位应保持正常（不超过 2 / 3）油雾器油路畅通；
6.1.1.5 检查、处理运行中发生的其它缺陷；
6.1.1.6 检查摆网摆动平稳状况；应及时进行调整；
6.1.1.7 横动装置摆幅符合工艺要求；应随时进行调整；
6.1.1.8 使用秒表将摆丝网管摆频（气缸冲程速度）调整至南北与东西约 4 : 6。

6.1.2 维护时间

6.1.2.1 操作工按照操作规程对设备进行巡检；
6.1.2.2 运保人员每天巡回检查不少于 2 次。

6.2 常见功能故障与处理方法

干法腈纶摆丝机常见功能故障与处理方法见表 2。

表 2 干法腈纶摆丝机常见功能故障与处理方法

功能	功能故障	故障模式	故障后果	故障应对策略与检修内容	检修周期 / 月
保证机组连续运转	油缸不动作	密封损坏	非计划停车	更换密封	视情况而定
		电磁阀坏		更换电磁阀	
		压缩空气压力不足		调整压力	
	油缸速度慢	电磁换向阀失灵	非计划停车	检查并更换	视情况而定
		单向节流阀故障		重新调整或更换	
		阀油缸或管道有外漏		检查并更换	
	摆靴不到位或单摆	四通阀卡涩	非计划停车	更换四通阀	视情况而定
		连杆轴承坏		更换连杆轴承	
		气油缸卡涩		调整或更换气油缸	
	摆靴挂丝	摆靴有毛刺	非计划停车	打磨或更换	视情况而定
保证机组连续运转	油雾器上油不足	油位低	非计划停车	加油	视情况而定
		风压不足		调节减压阀，并检查风压	

附 录 A

（资料性附录）

干法腈纶摆丝机检修质量控制确认表

项目	主要控制内容			等级	施工单位	生产装置	设备管理部门	公司管理部门
	标准值	部位	现场记录					
拆卸时检测								
气缸水平度	≤0.3/1000	气缸杆表面		B	★	★		
摆架横向水平度	＜0.10/1000	摆架表面		B	★	★		
摆架纵向水平度	＜0.15/1000	摆架表面		B	★	★		
机架纵横水平度	＜0.10/1000	机架表面		B	★	★		
机架垂直度	＜0.15/1000	机架表面		B	★	★		
回装时检测								
气缸水平度	≤0.3/1000	气缸杆表面		B	★	★		
摆架横向水平度	＜0.10/1000	摆架表面		B	★	★		
摆架纵向水平度	＜0.15/1000	摆架表面		B	★	★		
机架纵横水平度	＜0.10/1000	机架表面		B	★	★		

注： A级：施工单位、生产装置、设备管理部门专业人员检查确认后签字。

B级：施工单位和生产装置专业人员检查确认后签字。

C级：施工单位专业人员检查确认后签字。

另：如果有监理，监理的职责由甲方授权。

附　录　B

（资料性附录）

干法腈纶摆丝机试车与验收数据记录表

<table>
<tr><td>设备名称</td><td></td><td>位号</td><td></td><td>工作介质</td><td></td></tr>
<tr><td>驱动机种类</td><td></td><td>转速</td><td>r/min</td><td>试车介质</td><td></td></tr>
<tr><td>试车类别</td><td>□空负荷□负荷</td><td>环境温度</td><td>℃</td><td rowspan="2">试车日期</td><td rowspan="2"></td></tr>
<tr><td>连续运转时间</td><td>h</td><td>启动电流</td><td>A</td></tr>
</table>

<table>
<tr><td colspan="2">检查项目</td><td rowspan="2">设计值／允许值</td><td colspan="9">实测值</td></tr>
<tr><td colspan="2">运行记录时刻</td><td></td><td></td><td></td><td></td><td></td><td></td><td></td><td></td><td></td></tr>
<tr><td></td><td></td><td></td><td></td><td></td><td></td><td></td><td></td><td></td><td></td><td></td><td></td></tr>
<tr><td></td><td></td><td></td><td></td><td></td><td></td><td></td><td></td><td></td><td></td><td></td><td></td></tr>
<tr><td></td><td></td><td></td><td></td><td></td><td></td><td></td><td></td><td></td><td></td><td></td><td></td></tr>
<tr><td></td><td></td><td></td><td></td><td></td><td></td><td></td><td></td><td></td><td></td><td></td><td></td></tr>
<tr><td></td><td></td><td></td><td></td><td></td><td></td><td></td><td></td><td></td><td></td><td></td><td></td></tr>
<tr><td></td><td></td><td></td><td></td><td></td><td></td><td></td><td></td><td></td><td></td><td></td><td></td></tr>
<tr><td></td><td></td><td></td><td></td><td></td><td></td><td></td><td></td><td></td><td></td><td></td><td></td></tr>
<tr><td></td><td></td><td></td><td></td><td></td><td></td><td></td><td></td><td></td><td></td><td></td><td></td></tr>
<tr><td></td><td></td><td></td><td></td><td></td><td></td><td></td><td></td><td></td><td></td><td></td><td></td></tr>
<tr><td></td><td></td><td></td><td></td><td></td><td></td><td></td><td></td><td></td><td></td><td></td><td></td></tr>
<tr><td></td><td></td><td></td><td></td><td></td><td></td><td></td><td></td><td></td><td></td><td></td><td></td></tr>
<tr><td></td><td></td><td></td><td></td><td></td><td></td><td></td><td></td><td></td><td></td><td></td><td></td></tr>
<tr><td colspan="12">试车情况：</td></tr>
<tr><td colspan="12">试车结论：</td></tr>
<tr><td rowspan="3">验收意见</td><td colspan="11">生产装置：</td></tr>
<tr><td colspan="11">施工单位：</td></tr>
<tr><td colspan="11">管理部门：</td></tr>
<tr><td colspan="12">说明：生产装置组织单机试车与验收，其中主要设备的大修由设备管理部门参与验收，其余均由生产装置、施工单位双方共同验收。</td></tr>
</table>

34. 干法腈纶换筒机维护检修规程

SHS 04345—2019

代替 SHS 04345—2004

目　次

前　言

本规程按照GB/T 1.1—2009《标准化工作导则　第1部分：标准的结构和编写》给出的规则起草。

本规程代替SHS 04345—2004《HS441型换筒机维护检修规程》，与SHS 04345—2004相比，除了编辑性修改外，主要技术变化如下：

——增加了规范性引用文件；

——细化了拆卸与检测、回装与质量标准；

——增加了电气、仪表的检修项目；

——增加了减速箱及传动系统拆装内容；

——常见功能故障与处理部分按RCM分析方法重新编制；

——增加“附录A　干法腈纶换筒机检修质量控制确认表”；

——增加“附录B　干法腈纶换筒机试车与验收数据记录表”。

本规程由中国石油化工集团有限公司、中国石油化工股份有限公司提出。

本规程起草单位：中国石油化工股份有限公司齐鲁分公司。

本规程主要起草人：吴连强。

本规程历次版本发布情况：

——SHS 04345—2004。

干法腈纶换筒机维护检修规程

1 范围

1.1 主题内容

本规程规定了干法腈纶换筒机维护检修周期与内容、检修程序与质量标准、试车与验收、维护与故障处理。

1.2 适用范围

本规程适用于干法工艺腈纶换筒机的维护与检修。

2 规范性引用文件

下列文件中的条款通过本规程的引用而成为本规程的条款。凡是注日期的引用文件，其随后所有的修改单（不包括勘误的内容）或修订版均不适用于本规程，然而，鼓励根据本规程达成协议的各方研究是否可使用这些文件的最新版本。凡是不注日期的引用文件，其最新版本适用于本规程。

FZ/T 99014　纺织机械电气设备　通用技术条件

GB 50231　机械设备安装工程施工及验收通用规范

SH/T 3503　石油化工建设工程项目交工技术文件规定

GB/T 15753　圆弧圆柱齿轮精度

GB 50236　现场设备、工业管道焊接工程施工规范

3 检修周期与内容

3.1 检修周期

根据干法腈纶换筒机系统功能故障及影响分析的结果，并结合生产装置运行周期，确定检修周期，一般为 36 个月。

3.2 检修内容

3.2.1 检查盖板完好情况，清理地坑内积水及杂物；

3.2.2 检查拨叉、链条、链轮磨损和使用情况，进行检修或更换；

3.2.3 检查带滑块滚动轴承完好情况，更换磨损的滑块、滚动轴承；

3.2.4 检查导轨的磨损、变形情况，进行修补或更换；
3.2.5 蜗轮减速箱检查轴、轴套、轴承等磨损情况，密封老化及磨损情况，进行修复或更换，清理减速箱并加注润滑油；
3.2.6 电气检修电机、控制系统等，检修更换；
3.2.7 仪表检修自控阀、气动元件、控制系统等，检修更换；
3.2.8 盖板防腐。

4 检修程序与质量标准

4.1 检修前准备

4.1.1 根据设备运行技术状态和监测记录，分析故障原因，明确故障部位；
4.1.2 准备必要的图纸资料，编制检修计划；
4.1.3 制定施工方案，明确技术要求，图、表齐全，符合设备安全、环保要求；
4.1.4 施工前组织施工人员进行技术交底，将方案内容、技术、质量等要求交代清楚；
4.1.5 准备检修工器具、清洗剂和润滑油（脂）等；
4.1.6 落实安全防护措施与环保要求：
4.1.6.1 办理好各类进场检修施工手续；
4.1.6.2 检修前切断机台电源等，并且挂安全警示牌；
4.1.6.3 停车检修前需确认工艺处置是否满足检修要求；
4.1.6.4 备好相应物料收集桶，避免环境污染；
4.1.6.5 检修人员个人防护必须符合劳保着装规定要求，施工器具验收合格，并落实施工监护人；
4.1.6.6 现场设置施工作业管理牌，落实好文明检修相关准备要求。

4.2 拆卸与检测

4.2.1 切断电源；
4.2.2 拆除盖板，检查盖板完好情况，校形或更换，清理地坑内积水及杂物；
4.2.3 拆除导轨调校整形，检查导轨的磨损、变形情况，更换失效件；
4.2.4 拆除滑块滚动轴承检查完好情况，更换滚动轴；
4.2.5 拆除蜗轮减速箱，吊装出地坑，拆检齿轮箱，检查蜗轮、蜗杆磨损情况，轴、轴承完好情况，更换失效件；
4.2.6 拆除拨叉、链条、链轮检查磨损情况，更换磨损部件；
4.2.7 齿轮箱放油、清洗；
4.2.8 清理、调整机台。

4.3 回装与质量标准

4.3.1 回装程序与要求

4.3.1.1 齿轮箱箱体内部清洁，箱盖结合面研磨；
4.3.1.2 组装齿轮箱，更换齿轮、轴承、密封，配合运转良好；
4.3.1.3 齿轮箱加油润滑， 油位 1/2 ～ 2/3（停车时），符合要求；
4.3.1.4 安装紧固齿轮箱，转动平稳，无异响、无泄漏；
4.3.1.5 安装链轮、链条，各节链片安装后应松紧适度，转动灵活，无卡死现象，拨叉灵活，安装滑块滚动轴承并调节松紧，滚轮转动灵活；
4.3.1.6 安装导轨，调整链条合适后，焊接在基础框架上；
4.3.1.7 安装盖板要求平整无卡碰，紧固螺栓；
4.3.1.8 设备零部件完整无缺、螺栓紧固，具备试车条件；
4.3.1.9 接通电源进行试车。

4.3.2 检修质量标准

4.3.2.1 主机部分检修质量标准见表 1。

表 1 主机部分检修质量标准

序号	检验项目	质量标准	检验方法
1	链条	松紧适度	手检
2	链轮平行度	≤ 0.5mm	拉线检查
3	拨叉动作	灵活	目测
4	地脚螺栓垂直度	10/1000	目视或吊线法
5	地脚螺栓距预留孔壁的距离	±10mm	钢尺检测
6	拧紧螺母后地脚螺栓的外露长度	1.5 ～ 3 个螺距	目测
7	轴承	无明显松动 无明显磨损严重	手检
8	导轨平行度	≤ 0.5mm	框式水平仪
9	整机部件	齐全完整	目测

4.3.2.2 齿轮箱组件检修质量标准见表 2。

表 2 齿轮箱组件检修质量标准

序号	检验项目	质量标准	检验方法
1	齿轮箱内部清洁	清洁	目测
2	轴向窜动	0.10 ～ 0.15mm	百分表或深度尺
3	齿轮啮合侧隙	0.10 ～ 0.20mm	压铅法或测微片

表 2　齿轮箱组件检修质量标准（续）

序号	检验项目	质量标准	检验方法
4	轴承	无明显松动 无明显磨损严重 润滑良好	手检
5	齿轮磨损率	≤ 20%（以齿厚为准）	游标卡尺
6	转动情况	灵活	手检
7	油位	1/2 ～ 3/5（停车时油位）	目测
8	密封	无明显泄漏	目测

5　试车与验收

5.1　试车前准备

5.1.1　全面检查各紧固件的连接及传动件的结合情况；
5.1.2　检查各润滑点油位和润滑油脂添加情况；
5.1.3　全面检查电气、仪表、气路、水路和管路工作正常；
5.1.4　检查安全罩和安全装置齐全、有效；
5.1.5　对上述所有检查内容确认正常后试车。

5.2　试车

5.2.1　空载试车

5.2.1.1　空载试车必须在本规程 5.1 各项检查完成后进行；
5.2.1.2　连续运行前，电机必须进行点动，观察和检查连接部位异常情况；
5.2.1.3　连续运行，检查各传动部位应无异响、异振等情况，电流无明显波动；
5.2.1.4　空载试车不低于 0.5h。

5.2.2　负载试车

5.2.2.1　空载试车时所发现的问题应全部整改完毕，使设备具备良好的机械状态。空载试车记录应完整无缺；
5.2.2.2　在试车中应将所发现的各种问题做好记录，应立即整改。整改后再继续试车，使设备运转平稳、满足工艺要求；
5.2.2.3　试车时间为 72h。

5.3 验收

5.3.1 验收时必须具备下列条件

5.3.1.1 达到规定试车时间，运行状况良好；

5.3.1.2 检修记录、试车记录等技术资料齐全、准确；

5.3.2 检修质量按本规程 4.3.2 规定的质量标准进行验收；

5.3.3 设备技术状态达到完好标准；

5.3.4 按规定办理交接验收手续；

5.3.5 检修现场按照文明施工的要求，做到工完、料尽、场地清。

6 维护与故障处理

6.1 日常维护

6.1.1 维护内容

6.1.1.1 检查紧固件松动情况，应及时紧固；

6.1.1.2 检查拨叉、链条磨损变形和润滑情况；视情况更换或添加润滑油（脂）；

6.1.1.3 检查换桶机换桶情况，出现异常应及时进行调整；

6.1.1.4 抽稀液管完好且正确安装，吸力正常，有泄漏及时消漏；

6.1.1.5 检查稀液喷淋情况；出现堵塞应及时处理；

6.1.1.6 检查落丝情况，摆网挂丝情况；出现挂丝应及时更换；

6.1.1.7 检查盖板完好情况，出现变形或开焊应及时进行调整和补焊；

6.1.1.8 检查导轨的磨损、变形情况，视情况更换修理，添加润滑油（脂）；

6.1.1.9 检查、处理运行中发生的其他缺陷。

6.1.2 维护时间

6.1.2.1 操作工按照操作规程对设备进行巡检；

6.1.2.2 运保人员每天巡回检查不少于 2 次。

6.2 常见功能故障与处理方法

换筒机常见功能故障与处理方法见表 3。

表 3　换筒机常见功能故障与处理方法

功能	功能故障	故障模式	故障后果	故障应对策略与检修内容	检修周期 / 月
保证机组连续运转	传动系统运行不正常	滚动轴承损坏	冒烟、非计划停车	定期定量补油，根据润滑油更换计划定期更换润滑油；根据检修周期更换滚动轴承。	24 ～ 36
		联轴器链条太松或过紧	链条噪声过大或链条抖动	调节紧链器或除掉过长链节。	视情况而定
		链条、链轮过度磨损	链条噪声过大或链条抖动	更换链条或链轮	视情况而定
	减速机故障	联轴器对中不良	减速机振动大	重新对中	视情况而定
		滚子或齿轮磨损	减速机振动大、异声	更换配件	36 ～ 48
		轴承磨损	减速机振动大、异声	更换轴承	36 ～ 48
		润滑油不足	减速机温度过高	加润滑油	视情况而定
		超负荷	减速机温度过高	查找超负荷原因并处理	视情况而定
	换不出筒	拨叉低	非计划停车	更换拨叉	视情况而定
		链条不转		检查电机及减速箱	
		筒轮太高		调整高度	
	换筒困难	导轨磨损	非计划停车	修复或更换	视情况而定
		盖板开焊变形		修复调整	
		稀液管不抽稀液		检查处理	

附　录　A

（资料性附录）

干法腈纶换筒机检修质量控制确认表

项目	主要控制内容			等级	施工单位	生产装置	设备管理部门	备注
	标准值	部位	现场记录					
拆卸时检测								
轴向窜动量	0.10～0.15mm	轴端面		B	★	★		
齿轮磨损率	≤20%	齿厚		B	★	★		
齿轮啮合侧隙	0.10～0.20mm	齿厚		B	★	★		
链轮平行度	≤0.5mm	链轮端面		B	★	★		
两导轨平行度	≤0.5mm	两导轨端面		B	★	★		
导轨水平度	0.1/1000	导轨上表面		B	★	★		
回装时检测								
轴向窜动量	0.10～0.15mm	轴端面		B	★	★		
齿轮磨损率	≤20%	齿厚		B	★	★		
齿轮啮合侧隙	0.10～0.20mm	齿厚		B	★	★		
链轮平行度	≤0.5mm	链轮端面		B	★	★		
两导轨平行度	≤0.5mm	两导轨端面		B	★	★		

注： A级：施工单位、生产装置、设备管理部门专业人员检查确认后签字。

B级：施工单位和生产装置专业人员检查确认后签字。

C级：施工单位专业人员检查确认后签字。

另：如果有监理，监理的职责由甲方授权。

附 录 B

（资料性附录）

干法腈纶换筒机试车与验收数据记录表

<table>
<tr><td>设备名称</td><td></td><td>位号</td><td></td><td>工作介质</td><td></td></tr>
<tr><td>驱动机种类</td><td></td><td>转速</td><td>r/min</td><td>试车介质</td><td></td></tr>
<tr><td>试车类别</td><td>□空负荷□负荷</td><td>环境温度</td><td>℃</td><td rowspan="2">试车日期</td><td rowspan="2"></td></tr>
<tr><td>连续运转时间</td><td>h</td><td>启动电流</td><td>A</td></tr>
</table>

<table>
<tr><td colspan="2">检查项目</td><td rowspan="2">设计值/允许值</td><td colspan="9">实测值</td></tr>
<tr><td colspan="2">运行记录时刻</td><td></td><td></td><td></td><td></td><td></td><td></td><td></td><td></td><td></td></tr>
<tr><td></td><td></td><td></td><td></td><td></td><td></td><td></td><td></td><td></td><td></td><td></td><td></td></tr>
<tr><td></td><td></td><td></td><td></td><td></td><td></td><td></td><td></td><td></td><td></td><td></td><td></td></tr>
<tr><td></td><td></td><td></td><td></td><td></td><td></td><td></td><td></td><td></td><td></td><td></td><td></td></tr>
<tr><td></td><td></td><td></td><td></td><td></td><td></td><td></td><td></td><td></td><td></td><td></td><td></td></tr>
<tr><td></td><td></td><td></td><td></td><td></td><td></td><td></td><td></td><td></td><td></td><td></td><td></td></tr>
<tr><td></td><td></td><td></td><td></td><td></td><td></td><td></td><td></td><td></td><td></td><td></td><td></td></tr>
<tr><td></td><td></td><td></td><td></td><td></td><td></td><td></td><td></td><td></td><td></td><td></td><td></td></tr>
<tr><td></td><td></td><td></td><td></td><td></td><td></td><td></td><td></td><td></td><td></td><td></td><td></td></tr>
<tr><td></td><td></td><td></td><td></td><td></td><td></td><td></td><td></td><td></td><td></td><td></td><td></td></tr>
<tr><td></td><td></td><td></td><td></td><td></td><td></td><td></td><td></td><td></td><td></td><td></td><td></td></tr>
<tr><td></td><td></td><td></td><td></td><td></td><td></td><td></td><td></td><td></td><td></td><td></td><td></td></tr>
<tr><td></td><td></td><td></td><td></td><td></td><td></td><td></td><td></td><td></td><td></td><td></td><td></td></tr>
<tr><td colspan="12">试车情况：</td></tr>
<tr><td colspan="12">试车结论：</td></tr>
<tr><td rowspan="3">验收意见</td><td colspan="11">生产装置：</td></tr>
<tr><td colspan="11">施工单位：</td></tr>
<tr><td colspan="11">设备管理部门：</td></tr>
<tr><td colspan="12">说明：生产部门组织单机试车与验收，其中主要设备的大修由设备管理部门参与验收，其余均由生产装置、施工单位双方共同验收。</td></tr>
</table>

35. 干法腈纶水洗牵伸联合机维护检修规程

SHS 04346—2019

代替 SHS 04346—2004

目　　次

前　言

本规程按照 GB/T　1.1—2009《标准化工作导则　第 1 部分：标准的结构和编写》给出的规则起草。

本规程代替 SHS 04346—2004《LHS004 型水洗牵伸联合机维护检修规程》，与 SHS 04346—2004 相比，除了编辑性修改外，主要技术变化如下：

——增加了规范性引用文件；

——细化了拆卸与检测、回装与质量标准；

——增加了电气、仪表的检修项目；

——增加了涡轮蜗杆减速箱及传动系统拆装内容；

——常见功能故障与处理部分按 RCM 分析方法重新编制；

——增加“附录 A　干法腈纶水洗牵伸联合机检修质量控制确认表”；

——增加“附录 B　干法腈纶水洗牵伸联合机试车与验收数据记录表”。

本规程由中国石油化工集团有限公司、中国石油化工股份有限公司提出。

本规程起草单位：中国石油化工股份有限公司齐鲁分公司。

本规程主要起草人：赵亮。

本规程历次版本发布情况：

——SHS 04346—2004。

干法腈纶水洗牵伸联合机维护检修规程

1 范围

1.1 主题内容

本规程规定了干法腈纶水洗牵伸联合机维护检修周期与内容、检修程序与质量标准、试车与验收、维护与故障处理。

1.2 适用范围

本规程适用于干法工艺腈纶水洗牵伸联合机的维护与检修。

2 规范性引用文件

下列文件中的条款通过本规程的引用而成为本规程的条款。凡是注日期的引用文件，其随后所有的修改单（不包括勘误的内容）或修订版均不适用于本规程，然而，鼓励根据本规程达成协议的各方研究是否可使用这些文件的最新版本。凡是不注日期的引用文件，其最新版本适用于本规程。

GB 50126　工业设备及管道绝热工程施工规范

GB 50184　工业金属管道工程施工质量验收规范

GB 50235　工业金属管道工程施工规范

GB 50236　现场设备、工业管道焊接工程施工规范

GB/T 15753　圆弧圆柱齿轮精度

FZ/T 99014　纺织机械电气设备　通用技术条件

GB 50231　机械设备安装工程施工及验收通用规范

SH/T 3503　石油化工建设工程项目交工技术文件规定

GB 50236　现场设备、工业管道焊接工程施工规范

3 检修周期与内容

3.1 检修周期

根据干法腈纶水洗牵伸联合机系统功能故障及影响分析的结果，并结合生产装置运行周期，确定检修周期，一般为 36 个月。

3.2 检修内容

3.2.1 检查调整隔桶架并固定；
3.2.2 检查稀液总管，调整角度，处理漏点并紧固；
3.2.3 检查更换磨损的环圈；
3.2.4 检查更换大门密封，调整大门间隙；
3.2.5 检查油泵，更换损坏件，处理漏油；
3.2.6 检查上油辊、惰辊，更换轴承；
3.2.7 检查上油辊齿轮箱，更换损坏的轴、轴承、齿轮、密封件；
3.2.8 检查气源三联体、脚踏阀及各气动元件，清洗更换损坏件；
3.2.9 检查气缸，更换损坏的密封；
3.2.10 检查叠丝器支架，更换损坏件；
3.2.11 检查叠丝辊、并丝辊表面喷涂，更换轴承；
3.2.12 纤伸油箱清洗换油；
3.2.13 检查冷却输送辊，更换轴承；
3.2.14 检查上油油泵，更换损坏件，处理漏油；
3.2.15 检查输送带调节器，更换输送带，输送辊轴承；
3.2.16 补齐缺损的有机玻璃门并调整落料通道；
3.2.17 检查 1100-1500 齿轮箱，更换损坏的轴、轴承、齿轮、密封件；
3.2.18 检查齿轮联轴器，更换磨损的销轴并加油，按要求进行热对中；
3.2.19 检查牵伸辊（上辊）更换磨损的辊子、花键、轴承、密封环；
3.2.20 检查牵伸辊（下辊）更换磨损的辊子、机械密封、轴承，按规定调整扭矩；
3.2.21 检查牵引齿轮箱，更换箱体及内部各磨损件；
3.2.22 检查牵引辊更换轴承、长、短轴；
3.2.23 检查冷却输送带齿轮箱，更换损坏件；
3.2.24 卷曲油箱清洗、换油；
3.2.25 检查电机、控制系统等完好情况；
3.2.26 检查自控阀、气动元件、控制系统等完好情况；
3.2.27 检查蒸汽出、入口阀门，更换垫片，处理漏点；
3.2.28 整机全面做防腐处理。

4 检修程序与质量标准

4.1 检修前准备

4.1.1 根据设备运行技术状态和监测记录，分析故障原因，明确故障部位；
4.1.2 准备必要的图纸资料，编制检修计划；

4.1.3 制定施工方案，明确技术要求，图、表齐全，符合设备安全、环保要求；
4.1.4 施工前组织施工人员进行技术交底，将方案内容、技术、质量等要求交代清楚；
4.1.5 准备检修工器具、清洗剂和润滑油（脂）等；
4.1.6 落实安全防护措施与环保要求：
4.1.6.1 办理好各类进场检修施工手续；
4.1.6.2 检修前切断机台电源等，并且挂安全警示牌；
4.1.6.3 停车检修前需确认工艺处置是否满足检修要求；
4.1.6.4 备好相应物料收集桶，避免环境污染；
4.1.6.5 检修人员个人防护必须符合劳保着装规定要求，施工器具验收合格，并落实施工监护人；
4.1.6.6 现场设置施工作业管理牌，落实好文明检修相关准备要求。

4.2 拆卸与检测

4.2.1 水洗牵丝部分

4.2.1.1 拆卸隔桶架，整形、修复；
4.2.1.2 拆卸各导丝环，检查调整，更换失效件；
4.2.1.3 拆卸一道捕结器辊，检查轴、轴承磨损情况，更换失效件，并调整间隙；
4.2.1.4 接液盘整形调整角度，拆卸稀液软管更换并消除漏点；
4.2.1.5 减速箱放油，清理减速箱，处理油路漏油；
4.2.1.6 拆卸油泵，检查检查轴、轴承、齿轮磨损情况，更换失效件，处理油路漏点；
4.2.1.7 拆除护罩，拆卸联轴器，检查磨损情况，更换失效件；
4.2.1.8 拆卸减速箱，检查齿轮磨损情况，轴、轴承、油封磨损情况，更换失效件；
4.2.1.9 拆加热盘管，补焊漏点；
4.2.1.10 拆卸刮水挡板结合件，检查调整支架，更换磨损的刮水板；
4.2.1.11 用升降小车拆卸出、入口挤压辊结合件，检查轴、轴承、油封磨损情况，更换失效件，更换磨损的包胶辊；
4.2.1.12 拆卸牵伸辊结合件，检查轴承、机械密封磨损情况，更换失效件，更换花键磨损和表面镀层脱落的辊子，处理漏点；
4.2.1.13 拆卸牵伸惰辊结合件，检查轴承、机械密封磨损情况，更换失效件，更换表面镀层磨损的辊子；
4.2.1.14 拆卸上油辊链条，检查链轮、链条磨损情况，更换失效件；
4.2.1.15 拆卸上油辊减速箱，检查齿轮磨损情况，轴、轴承、油封磨损情况，更换失效件；
4.2.1.16 拆卸上油辊，检查轴、轴承、磨损情况，更换失效件，更换表面磨损的上油辊；

4.2.1.17 拆卸挤压辊气缸（2 件），检查密封、活塞磨损情况，更换密封，处理漏点；

4.2.1.18 拆卸气源三联体、脚踏阀及各气动元件，检查完好情况，更换失效件，处理漏点；

4.2.1.19 拆卸水洗机密封门，密封门整形，更换修补密封门保温层，更换大门密封、钢丝绳并调整大门间隙处理漏点；

4.2.1.20 检查冷凝水系统更换损坏的疏水器、阀门并处理漏点；

4.2.1.21 拆卸叠丝机各导丝辊，检查轴、轴承磨损情况，更换失效件；

4.2.1.22 拆检并丝器，检查轴、轴承磨损情况，更换失效件；

4.2.1.23 拆卸调整拉门，更换弯曲变形的滑杆和磨损的钢丝绳；

4.2.1.24 拆卸汽蒸箱，清理堵塞的气孔，更换泄漏的蒸汽软管。

4.2.2 水洗冷却输送部分

4.2.2.1 卷曲油箱放油，清理油箱；处理油路漏油；

4.2.2.2 拆卸齿轮箱，检查齿轮磨损情况，轴、轴承、油封磨损情况，更换失效件；

4.2.2.3 拆除护罩，拆检联轴器，检查钢膜片、螺栓使用情况，更换失效件；

4.2.2.4 拆卸牵引齿轮箱，检查齿轮磨损情况，轴、轴承、油封磨损情况，更换失效件；

4.2.2.5 拆卸牵引辊（2 件）检查轴、轴承磨损情况，更换失效件；

4.2.2.6 拆卸牵引惰辊，检查轴、轴承磨损情况，更换失效件；

4.2.2.7 拆卸牵引辊气缸，检查密封、活塞磨损情况，更换密封处理漏点；

4.2.2.8 拆卸万向联轴器，检查磨损情况，更换失效件；

4.2.2.9 拆卸冷却输送带，检查轴承座、轴承、输送带、各输送辊磨损情况，更换失效件。

4.3 回装与质量标准

4.3.1 回装程序与要求

4.3.1.1 水洗牵丝部分

a) 安装接液盘调整角度，更换泄漏的稀液软管、磨损的钢丝绳；

b) 隔桶架开裂补焊，调整固定；

c) 安装各导丝环，更换变形和磨损的导丝环；

d) 安装一道捕结器辊，更换轴承、密封，运转灵活，各辊表面光洁，调整间隙；

e) 减速箱箱体内部清洁，箱盖结合面研磨；

f) 组装减速箱，更换齿轮、轴承、密封，配合运转良好；

g) 减速箱加油润滑，油位 1/2 ～ 2/3（停车时），符合要求；

h) 安装紧固减速箱，转动平稳，无异响、无泄漏；

i) 安装牵伸辊结合件，更换轴承、轴封，磨损的花键轴需外协修复，运转灵活，各辊表面光洁；

j）安装牵伸惰辊结合件，更换轴承、机械密封，运转灵活，各辊表面光洁，无泄漏；

k）安装联轴器，更换磨损的花键套、销柱，对中后紧固联轴器，传动部件转动灵活；

l）安装油泵，更换联轴器，运行平稳，无泄漏；

m）安装加热盘管，盘管表面光滑无泄漏；

n）安装出、入口挤压辊结合件，更换轴承、密封，运转灵活，压辊包胶层完好无破损；

o）安装刮水挡板结合件，调整修复变形、开裂的挡板，更换刮水板（硅橡胶）调整间隙；

p）安装挤压辊气缸，更换失效的密封，动作灵活，无泄漏；

q）安装气源三联体、脚踏阀、软管及快速接头，无泄漏；油雾器油量 1/2 ～ 3/5；

r）安装上油辊，更换轴承，运转灵活，各辊表面光洁；

s）安装上油辊链条，更换磨损的链条，链条松紧适度，润滑良好；

t）安装水洗机密封门，更换磨损的大门密封，更换磨损的钢丝绳，调整配重，调整大门松紧度，大门开合灵活轻便无泄漏；

u）安装冷凝水系统更换损坏的疏水器、阀门，无泄漏；

v）安装叠丝机各叠丝辊，更换轴承，运转灵活，各辊表面光洁；

w）安装并丝器，更换轴承，运转灵活，各辊表面光洁；

x）安装调整各拉门，更换钢丝绳，调整配重，调整大门松紧度，拉门开合灵活轻便；

y）安装汽蒸箱，调整角度，更换蒸汽软管，无泄漏。

4.3.1.2　水洗冷却输送部分

a）油箱内部清洁，油箱加油，油位 2/3；

b）齿轮箱箱体内部清洁，箱盖结合面研磨；

c）组装齿轮箱，更换齿轮、轴承、密封，配合运转良好；

d）齿轮箱加油润滑，油位 1/2 ～ 2/3（停车时），符合要求；

e）安装紧固齿轮箱，转动平稳，无异响、无泄漏；

f）安装联轴器，更换磨损的梅花垫，对中后紧固联轴器，传动部件转动灵活；

g）安装牵引辊（2 件），更换轴承、密封，运转灵活，各辊表面光洁；

h）安装牵引惰辊，更换轴承、密封，运转灵活，各辊表面光洁；

i）安装牵引辊气缸，更换失效的密封，动作灵活，无泄漏；

j）安装万向联轴器（2 件），更换磨损的花键轴紧固，转动灵活；

k）安装输送辊、更换轴承，调整输送辊平行度，输送带不跑偏、松紧适度；

l）补齐缺损的有机玻璃盖板；

m）设备零部件完整无缺、螺栓紧固、具备试车条件；

n）接通电源进行调试。

4.3.2 检修质量标准

4.3.2.1 主机部分检修质量标准见表1。

表1 主机部分检修质量标准

序号	检验项目	质量标准	检验方法
1	一道捕结开关间隙	12.5mm±3mm	直尺、塞尺
2	机械密封	不漏水	目测
3	输送带	不跑偏	目测
4	输送带	松紧适度	目测
5	润滑	良好	目测
6	机架底面刻线对丝束中心线的纵向偏移	±1mm	线锥法、用钢板尺检测
7	机架底面刻线对基础线的横向偏移	±1mm	线锥法、用钢板尺检测
8	机架顶梁上平面水平度	0.30/1000	用平尺、水平仪检测
9	机架装轴承座平面水平度	0.30/1000	用平尺、水平仪检测
10	主动辊水平度	0.30/1000	用平尺、水平仪检测
11	主动辊前后两辊的平行度	0.3mm	用卡规检测
12	主动辊辊子中心线与丝束中心线垂直度	0.3mm	线锥法、用钢板尺检测
13	被动辊水平度	0.30/1000	用平尺、水平仪检测
14	被动辊前后两辊的平行度	0.3mm	用卡规检测
15	被动辊辊子中心线与丝束中心线垂直度	0.3mm	线锥法、用钢板尺检测
16	上油棍水平度	0.30/1000	用平尺、水平仪检测
17	压辊包胶层	完好无破损	目测
18	上油棍辊子中心线与丝束中心线垂直度	0.5mm	线锥法、用钢板尺检测
19	油雾器	清洁	目测
20	气缸动作	准确可靠	目测
21	油雾器油量	1/2～3/5	目测
22	气缸动作一次油雾器滴油量	1 滴～2滴	目测
23	气缸垂直度	≤0.20mm	水平仪
24	刮水板与挤压辊的间隙	3～5mm	塞尺检测

表 1　主机部分检修质量标准（续）

序号	检验项目	质量标准	检验方法
25	导丝机架上平面的水平度	0.15/1000mm	用平尺、水平仪检测
26	导丝机架横向中心线对丝束中心线的垂直度	0.5mm	线锥法、用钢板尺检测
27	叠丝辊中心线对十字线偏移	±0.5mm	线锥法、用钢板尺检测
28	叠丝辊平行度	0.5mm	用塞尺检测
29	叠丝辊水平度	0.5/1000	用平尺、水平仪检测
30	并丝辊中心线对十字线偏移	±1mm	线锥法、用钢板尺检测
31	并丝辊水平度	0.5/1000	用平尺、水平仪检测
32	各牵伸辊平行度公差	≤ 0.50mm	用钢卷尺检测
33	各辊表面	光洁	目测
34	全机密封	无泄漏	目测
35	安全罩	齐全	目测
36	全机机件	完好	目测

4.3.2.2　齿轮箱检修质量标准见表 2。

表 2　齿轮箱检修质量标准

序号	检验项目	质量标准	检验方法
1	箱体内部	清洁，无杂物	目测
2	齿轮侧隙	≤ 0.20mm	塞尺
3	齿轮磨损率	≤ 20%	按齿顶高度为准
4	两齿轮不平齐	≤ 0.20mm	直尺和测微片
5	齿轮啮合间隙	适度（0.087 ～ 0.147）	压铅法或测微片
6	轴承	无明显松动 无明显磨损 润滑良好	手检
7	轴向间隙	0.10 ～ 0.15mm	百分表
8	停车时油位	1/2 ～ 3/5	目测

4.3.2.3　联轴器部分检修质量标准表 3。

表 3　联轴器部分检修质量标准

序号	检验项目	质量标准	检验方法
1	同轴度	≤ 0.15mm	百分表 \ 测微片
2	二端面平行度	≤ 0.10mm	测微片
3	端面间隙	0.5 ～ 1mm	测微片
4	销子螺丝	无腐蚀、紧固	手检

4.3.2.4　链条链轮部分检修质量标准表 4。

表 4　链条链轮部分检修质量标准

序号	检验项目	质量标准	检验方法
1	侧面平齐	≤ 0.5mm	拉线检查
2	链条磨损率	≤ 1/1000mm	以拉直与压缩比率为准
3	链条润滑	良好	目测

4.3.2.5　气动件部分检修质量标准表 5。

表 5　气动件部分检修质量标准

序号	检验项目	质量标准	检验方法
1	气缸动作	灵活	目测
2	控制阀	灵活	目测
3	油雾气油量	1/2 ～ 3/5	目测
4	汽蒸箱盖的间隙与丝束中心线偏差	≤ 1mm	塞尺
5	汽蒸箱	不变形	目测

5　试车与验收

5.1　试车前准备

5.1.1　全面检查各紧固件的连接和传动件的结合情况；

5.1.2　检查各润滑点油位和润滑油脂添加情况；

5.1.3　全面检查电气、仪表、气路、水路和管路完好情况；

5.1.4　检查安全罩和安全装置应齐全、有效；

5.1.5　对上述所有检查内容确认正常后试车。

5.2　试车

5.2.1　空载试车

5.2.1.1　空载试车必须在本规程 5.1 各项检查完成后进行；

5.2.1.2 连续运行前，电机必须进行点动，观察和检查连接部位无异常；
5.2.1.3 连续运行，检查各传动部位无异响、异振，电流无异常波动；
5.2.1.4 空载试车不低于 0.5h。
5.2.2 负载试车
5.2.2.1 空载试车时所发现的问题应全部整修完毕，使设备具备良好的机械状态。空载试车记录应完整无缺；
5.2.2.2 在试车中应将所发现的各种问题做好记录，应立即整改，整改后再继续试车，使设备运转平稳、满足工艺要求；
5.2.2.3 试车时间为 72h。

5.3 验收

5.3.1 验收时必须具备下列条件：
5.3.1.1 达到规定试车时间，运行状况良好；
5.3.1.2 检修记录、试车记录等技术资料齐全、准确；
5.3.2 检修质量按本规程 4.3.2 规定的质量标准进行验收；
5.3.3 设备技术状态达到完好标准；
5.3.4 按规定办理交接验收手续；
5.3.5 检修现场按照文明施工的要求，做到工完、料尽、场地清。

6 维护与故障处理

6.1 日常维护

6.1.1 维护内容

6.1.1.1 检查各辊牵伸辊表面腐蚀情况，表面光洁度，视情况更换修理；
6.1.1.2 检查各处轴承的润滑及工作情况，视情况更换或添加润滑油（脂）；
6.1.1.3 检查联轴器的振动和噪音情况，视情况应及时进行维修；
6.1.1.4 检查水槽，机械密封无明显泄漏现象，有泄漏应及时消漏；
6.1.1.5 检查水洗纤伸大门、活门开启应灵活、到位，视情况作相应调整；
6.1.1.6 检查所有零部件的固定螺栓松动情况，应及时紧固；
6.1.1.7 检查各管线，处理漏点，更换泄漏的阀门、疏水器；
6.1.1.8 检查气路元件动作的准确性，无明显泄漏，视情况作相应调整；
6.1.1.9 检查油杯油位应保持正常（不超过 2/3）油雾器油路畅通；
6.1.1.10 检查出、入口挤压辊升降平稳到位，包胶完好情况，应及时进行更换；
6.1.1.11 检查牵伸水槽加热盘管无泄漏；有泄漏应及时消漏；
6.1.1.12 检查牵伸、卷曲油泵上油连锁完好情况，应及时进行调整；

6.1.1.13 检查卷曲油箱油位正常，应及时进行补油；

6.1.1.14 检查冷却输送带完好、运行情况，应及时更换或调整；

3.1.1.15 检查、处理运行中发生的其他缺陷。

6.1.2 维护时间

6.1.2.1 操作工按照操作规程对设备进行巡检；

6.1.2.2 运保人员每天巡回检查不少于 2 次。

6.2 常见功能故障与处理方法

水洗牵伸联合机常见功能故障与处理方法见表 6。

表 6 水洗牵伸联合机常见功能故障与处理方法

序号	功能	功能故障	故障模式	故障后果	故障应对策略与检修内容	检修周期 / 月
1	保证水洗牵伸水槽温度控制在工艺要求的范围	牵伸水温度高报	温度计显示不准	产品质量不受控	检查并校正	视情况而定
		热牵伸水温度低报	蒸汽压力低或停止			
			加热器泄漏			
			密封门漏气			
2	保证水洗牵伸机箱体密闭生产	密封效果差	加热器泄漏	牵伸底辊进水，加速轴承失效	定期巡检并记录，按周期性检修计划更换机械密封。	24
			密封门漏气	牵伸水槽漏水，环境污染	定期巡检，发现失效做好记录，并利用停机时间检修更换大门密封	12 ～ 24
3	保证机组连续运转	传动系统运行不正常	滚动轴承损坏	冒烟、非计划停车	定期定量补油，根据润滑油更换计划定期更换润滑油；根据检修周期更换滚动轴承。	24 ～ 36
			联轴器链条太松或过紧	链条噪声过大或链条抖动	调节紧链器或除掉过长链节。	视情况而定
			链条、链轮过度磨损	链条噪声过大或链条抖动	更换链条或链轮	

表 6 水洗牵伸联合机常见功能故障与处理方法（续）

序号	功能	功能故障	故障模式	故障后果	故障应对策略与检修内容	检修周期／月
3	保证机组连续运转	减速机故障	联轴器对中不良	减速机振动大	重新对中	视情况而定
			滚子或齿轮磨损	减速机振动大、异声	更换配件	36～48
			轴承磨损	减速机振动大、异声	更换轴承	
			润滑油不足	减速机温度过高	加润滑油	视情况而定
			超负荷	减速机温度过高	查找超负荷原因并处理	
		各辊转动不灵活	轴承损坏	非计划停车	更换轴承	视情况而定
			轴弯或轴磨损		更换轴	
			锁紧螺母松动		重新调整锁紧螺母	
		各辊缠丝	辊表面有划痕、毛糙	产品质量不受控	停车处理或更换	视情况而定
		电流过流跳车	缠辊	非计划停车	处理绕辊	视情况而定
			齿轮箱润滑不良		检查油路或补油	
			电机绝缘降低		检查电机	
		脚踏不到位	气压不足	非计划停车	调节三联体气压	视情况而定
			气缸卡涩		气缸更换密封	
			换向阀堵塞		清理换向阀	

附　录　A

（资料性附录）

干法腈纶水洗牵伸联合机检修质量控制确认表

项目		主要控制内容			等级	施工单位	生产装置	设备管理部门	备注
		标准值	部位	现场记录					
拆卸时检测									
底面刻线对丝束中心线的纵向偏移		±1mm	隔桶架		B	★	★		
一道捕结开关间隙		12.5mm±3mm	捕结开关		B	★	★		
牵伸辊结合件	主动牵伸辊水平度	≤0.30/1000	主动牵伸辊外侧圆周面		B	★	★		
牵伸辊结合件	主动牵伸辊前后两辊平行度	≤0.30mm	主动牵伸辊前后两辊的外侧圆周面间		B	★	★		
牵伸辊结合件	主动牵伸辊中心线与丝束中心线垂直度	≤0.30mm	主动牵伸辊		B	★	★		
牵伸惰辊结合件	被动牵伸惰辊水平度	≤0.30/1000	被动牵伸惰辊外侧圆周面		B	★	★		
牵伸惰辊结合件	被动牵伸惰辊前后两辊平行度	≤0.30mm	被动牵伸惰辊前后两辊的外侧圆周面间		B	★	★		
牵伸惰辊结合件	被动牵伸惰辊中心线与丝束中心线垂直度	≤0.30mm	被动牵伸惰辊		B	★	★		
链轮平行度		≤0.5mm	链轮		B	★	★		
输送带两输送辊平行度公差		≤0.50mm	两输送辊外侧圆周面间		B	★	★		
出入口挤压辊结合件	挤压辊径向圆跳动	≤0.30mm	挤压辊外侧圆周面		B	★	★		
出入口挤压辊结合件	挤压辊平行度	≤0.30mm	挤压辊外侧圆周面		B	★	★		
出入口挤压辊结合件	刮水板与挤压辊的间隙	3～5mm	刮水板与挤压辊间		B	★	★		

干法腈纶水洗牵伸联合机检修质量控制确认表（续）

项目		主要控制内容			等级	施工单位	生产装置	设备管理部门	备注
		标准值	部位	现场记录					
上油辊	上油辊水平度	≤ 0.30/1000	上油辊外侧圆周面		B	★	★		
	上油辊中心线与丝束中心线垂直度	≤ 0.50mm	上油辊		B	★	★		
叠丝机	叠丝辊中心线对十字线偏移	±0.5mm	叠丝辊		B	★	★		
	两叠丝辊外侧圆周面平行度	≤ 0.50/1000	两叠丝辊外侧圆周面		B	★	★		
	叠丝辊水平度	≤ 0.50/1000	叠丝辊外侧圆周面		B	★	★		
齿轮箱	轴向窜动量	0.10 ～ 0.15mm	轴端		B	★	★		
	蜗轮蜗杆磨损率	≤ 20%	蜗轮蜗杆		B	★	★		
	齿轮啮合侧隙	0.10 ～ 0.20mm	齿轮啮合处		B	★	★		
并丝器	并丝辊中心线对十字线偏移	±1mm	并丝辊		B	★	★		
	并丝辊水平度	≤ 0.50/1000	并丝辊外侧圆周面		B	★	★		
气动系统	气缸杆垂直度	≤ 0.20mm	气缸杆		B	★	★		
	气缸轴封、气路接头	无明显泄漏	各密封点		B	★	★		
	油雾器油量	1/2 ～ 3/5	油雾器		B	★	★		
汽蒸箱盖的间隙与丝束中心线偏差		≤ 1mm	汽蒸箱盖		B	★	★		
联轴器	同轴度	≤ 0.15mm	两端外侧圆周面		B	★	★		
	平行度	≤ 0.10mm	两端面		B	★	★		
	两端面间隙	0.5 ～ 1mm	两端面间		B	★	★		
牵引辊平行度		≤ 0.50mm	牵伸辊外侧圆周面		B	★	★		

干法腈纶水洗牵伸联合机检修质量控制确认表（续）

项目		主要控制内容			等级	施工单位	生产装置	设备管理部门	备注
		标准值	部位	现场记录					
牵引惰辊	径向圆跳动	≤0.30mm	牵引惰辊外侧圆周面		B	★	★		
	平行度	≤0.30mm	牵引惰辊外侧圆周面		B	★	★		
两万向联轴器平行度		≤0.5mm	两万向联轴器外侧圆周面间		B	★	★		
机架部分	机架底面刻线对丝束中心线的纵向偏移	±1mm	机架底面		B	★	★		
	机架底面刻线对基础线的横向偏移	±1mm	机架底面		B	★	★		
	机架顶梁上平面水平度	≤0.30/1000	机架顶梁		B	★	★		
	机架装轴承座平面水平度	≤0.30/1000	机架		B	★	★		
回装时检测									
隔桶架底面刻线对丝束中心线的纵向偏移		±1mm	隔桶架		B	★	★		
一道捕结器辊		12.5mm±3mm	一道捕结开关间隙		B	★	★		
牵伸辊结合件	主动牵伸辊水平度	≤0.30/1000	主动牵伸辊外侧圆周面		B	★	★		
	主动牵伸辊前后两辊平行度	≤0.30mm	主动牵伸辊前后两辊的外侧圆周面间		B	★	★		
	主动牵伸辊中心线与丝束中心线垂直度	≤0.30mm	主动牵伸辊		B	★	★		

干法腈纶水洗牵伸联合机检修质量控制确认表（续）

项目		主要控制内容			等级	施工单位	生产装置	设备管理部门	备注
		标准值	部位	现场记录					
牵伸惰辊结合件	被动牵伸惰辊水平度	≤ 0.30/1000	被动牵伸惰辊外侧圆周面		B	★	★		
牵伸惰辊结合件	被动牵伸惰辊前后两辊平行度	≤ 0.30mm	被动牵伸惰辊前后两辊的外侧圆周面间		B	★	★		
牵伸惰辊结合件	被动牵伸惰辊中心线与丝束中心线垂直度	≤ 0.30mm	被动牵伸惰辊		B	★	★		
链轮平行度		≤ 0.5mm	链轮		B	★	★		
输送带两输送辊平行度公差		≤ 0.50mm	两输送辊外侧圆周面间		B	★	★		
出入口挤压辊结合件	挤压辊径向圆跳动	≤ 0.30mm	挤压辊外侧圆周面		B	★	★		
出入口挤压辊结合件	挤压辊平行度	≤ 0.30mm	挤压辊外侧圆周面		B	★	★		
出入口挤压辊结合件	刮水板与挤压辊的间隙	3 ～ 5mm	刮水板与挤压辊间		B	★	★		
上油辊	水平度	≤ 0.30/1000	上油辊外侧圆周面		B	★	★		
上油辊	上油辊中心线与丝束中心线垂直度	≤ 0.50mm	上油辊		B	★	★		
叠丝机	叠丝辊中心线对十字线偏移	±0.5mm	叠丝辊		B	★	★		
叠丝机	两叠丝辊外侧圆周面平行度	≤ 0.50/1000	两叠丝辊外侧圆周面		B	★	★		
叠丝机	叠丝辊水平度	≤ 0.50/1000	叠丝辊外侧圆周面		B	★	★		
齿轮箱	轴向窜动量	0.10 ～ 0.15mm	轴端		B	★	★		
齿轮箱	蜗轮蜗杆磨损率	≤ 20%	蜗轮蜗杆		B	★	★		
齿轮箱	齿轮啮合侧隙	0.10 ～ 0.20mm	齿轮啮合处		B	★	★		

干法腈纶水洗牵伸联合机检修质量控制确认表（续）

项目		主要控制内容：标准值	主要控制内容：部位	主要控制内容：现场记录	等级	施工单位	生产装置	设备管理部门	备注
并丝器	并丝辊中心线对十字线偏移	±1mm	并丝辊		B	★	★		
	并丝辊水平度	≤0.50/1000	并丝辊外侧圆周面		B	★	★		
气动系统	气缸杆垂直度	≤0.20mm	气缸杆		B	★	★		
	油雾器油量	1/2～3/5	油雾器		B	★	★		
汽蒸箱盖的间隙与丝束中心线偏差		≤1mm	汽蒸箱盖的间隙		B	★	★		
联轴器	同轴度	≤0.15mm	两端外侧圆周面		B	★	★		
	平行度	≤0.10mm	两端面		B	★	★		
	两端面间隙	0.5～1mm	两端面		B	★	★		
牵引辊平行度		≤0.50mm	牵引辊外侧圆周面		B	★	★		
牵引惰辊	径向圆跳动	≤0.30mm	牵引惰辊外侧圆周面		B	★	★		
	平行度	≤0.30mm	牵引惰辊外侧圆周面		B	★	★		
两万向联轴器外侧圆周面平行度		≤0.5mm	两万向联轴器外侧圆周面间		B	★	★		
机架部分	机架底面刻线对丝束中心线的纵向偏移	±1mm	机架底面		B	★	★		
	机架底面刻线对基础线的横向偏移	±1mm	机架底面		B	★	★		
	机架顶梁上平面水平度	≤0.30/1000	机架顶梁	机架部分	B	★	★		
	机架装轴承座平面水平度	≤0.30/1000	机架		B	★	★		

注： A级：施工单位、生产装置、设备管理部门专业人员检查确认后签字。

B级：施工单位和生产装置专业人员检查确认后签字。

C级：施工单位专业人员检查确认后签字。

另：如果有监理，监理的职责由甲方授权。

附　录　B
（资料性附录）
干法腈纶水洗牵伸联合机试车与验收数据记录表

设备名称		位号		工作介质	
驱动机种类		转速	r/min	试车介质	
试车类别	□空负荷□负荷	环境温度	℃	试车日期	
连续运转时间	h	启动电流	A		

检查项目		设计值/允许值	实测值								
运行记录时刻											

试车情况：	
试车结论：	
验收意见	生产装置：
	施工单位：
	设备管理部门：

说明：生产部门组织单机试车与验收，其中主要设备的大修由设备管理部门参与验收，其余均由生产装置、施工单位双方共同验收。

36. 干法腈纶卷曲机维护检修规程

SHS 04347—2019

代替 SHS 04347—2004

目　次

前　言

本规程按照GB/T 1.1—2009《标准化工作导则　第1部分：标准的结构和编写》给出的规则起草。

本规程代替SHS 04347—2004《HS542型卷曲机维护检修规程》，与SHS 04347—2004相比，除了编辑性修改外，主要技术变化如下：

——增加了规范性引用文件；

——细化了拆卸与检测、回装与质量标准；

——增加了电气、仪表的检修项目；

——增加了减速箱及传动系统拆装内容；

——常见功能故障与处理部分按RCM分析方法重新编制；

——增加“附录A　卷曲机检修质量控制确认表”；

——增加“附录B　卷曲机试车与验收数据记录表”。

本规程由中国石油化工集团有限公司、中国石油化工股份有限公司提出。

本规程起草单位：中国石油化工股份有限公司齐鲁分公司。

本规程主要起草人：赵亮。

本规程历次版本发布情况：

——SHS 04347—2004。

干法腈纶卷曲机维护检修规程

1 范围

1.1 主题内容

本规程规定了干法腈纶卷曲机维护检修周期与内容、检修程序与质量标准、试车与验收、维护与故障处理。

1.2 适用范围

本规程适用于干法工艺腈纶卷曲机的维护与检修。

2 规范性引用文件

下列文件中的条款通过本规程的引用而成为本规程的条款。凡是注日期的引用文件，其随后所有的修改单（不包括勘误的内容）或修订版均不适用于本规程，然而，鼓励根据本规程达成协议的各方研究是否可使用这些文件的最新版本。凡是不注日期的引用文件，其最新版本适用于本规程。

FZ/T 99014　纺织机械电气设备　通用技术条件

GB 50231　机械设备安装工程施工及验收通用规范

SH/T 3503　石油化工建设工程项目交工技术文件规定

GB/T 15753　圆弧圆柱齿轮精度

GB 50235　工业金属管道工程施工规范

3 检修周期与内容

3.1 检修周期

根据干法腈纶卷曲机系统功能故障及影响分析的结果，并结合生产装置运行周期确定检修周期，一般为36个月。

3.2 检修内容

3.2.1　拆解卷曲机、清理缠丝；

3.2.2　检查更换磨损的上部导丝器；

3.2.3　检查上、下卷曲辊，更换失效的轴承，对卷曲辊进行修磨；

3.2.4 检查填料箱并进行修磨清理毛刺，检查更换磨损的卷曲刀；
3.2.5 检查气源管，处理漏点；
3.2.6 检查薄膜气缸更换磨损的密封件，处理漏点；
3.2.7 检查同步带和同步带轮完好情况，更换失效件；
3.2.8 齿轮箱检查，更换损坏的轴、轴承、齿轮、密封件；
3.2.9 组装卷曲机，重新调整间隙并热试；
3.2.10 检查电机、控制系统等完好情况，维修更换；
3.2.11 检查自控阀、气动元件、控制系统等完好情况，维修更换；
3.2.12 清理机台卫生。

4 检修程序与质量标准

4.1 检修前准备

4.1.1 根据设备运行技术状态和监测记录，分析故障原因，明确故障部位；
4.1.2 编制检修计划、内容完整，准备必要的图纸资料；
4.1.3 制定施工方案，明确技术要求，图、表齐全，符合设备安全、环保要求；
4.1.4 施工前组织施工人员进行技术交底，将方案内容、技术、质量等要求交代清楚；
4.1.5 准备检修工器具、清洗剂和润滑油（脂）等；
4.1.6 落实安全防护措施与环保要求：
4.1.6.1 办理好各类进场检修施工手续；
4.1.6.2 检修前切断机台电源等能源，并且挂安全警示牌；
4.1.6.3 停车检修前需确认工艺处置是否满足检修要求；
4.1.6.4 备好相应物料收集桶，避免环境污染；
4.1.6.5 检修人员个人防护必须符合劳保着装规定要求，施工器具验收合格，并落实施工监护人；
4.1.6.6 现场设置施工作业管理牌，落实好文明检修相关准备要求。

4.2 拆卸与检测

4.2.1 断开万向联轴器，切断压缩空气，用专用升降小车运回维修间进行拆卸；
4.2.2 将卷曲机安装在转台上并固定；
4.2.3 拆除上部导丝器，检查完好情况，更换失效件；
4.2.4 拆除气源管，检查完好情况，更换失效件；
4.2.5 拆除同步带和同步带轮，检查完好情况，更换失效件；
4.2.6 拆除上辊框架、拆下卷曲辊（两件）检查上辊表面毛刺和划痕，根据检查情况外协修磨，检查花键轴磨损情况、轴承、密封件完好情况，更换失效件；
4.2.7 拆除填料箱，拆下卷曲刀，检查填料箱内部有无损伤毛刺，刀口有无缺损和毛刺进行修磨，轴承完好情况，更换失效件；

4.2.8 拆卸被动辊检查惰辊表面毛刺和划痕，检查轴、轴承、密封件完好情况，更换失效件；

4.2.9 拆卸齿轮箱检查齿轮磨损情况，轴、轴承、密封件完好情况，更换失效件；

4.2.10 齿轮箱放油、清洗；

4.2.11 拆除薄膜气缸检查密封情况，更换失效件；

4.2.12 清理机台卫生。

4.3 回装与质量标准

4.3.1 回装程序与要求

4.3.1.1 安装上卷曲辊，更换轴承、密封，运转灵活，各辊表面光洁，调整间隙后上紧螺栓紧固；

4.3.1.2 安装下卷曲辊，更换轴承、密封，运转灵活，各辊表面光洁，调整间隙后上紧螺栓紧固；

4.3.1.3 安装气源管线，无泄漏；

4.3.1.4 齿轮箱箱体内部清洁，箱盖结合面研磨；

4.3.1.5 组装齿轮箱，更换齿轮、轴承、密封，配合运转良好；

4.3.1.6 齿轮箱加油润滑，油位 1/2 ～ 2/3（停车时），符合要求；

4.3.1.7 安装紧固齿轮箱，转动平稳，无异响、无泄漏；

4.3.1.8 安装上辊框架并紧固；

4.3.1.9 安装上部导丝器并紧固；

4.3.1.10 安装同步带轮并紧固，安装同步带，松紧适度；

4.3.1.11 安装薄膜气缸，更换失效的密封件，动作灵活，无泄漏；

4.3.1.12 用专用小车运至现场安装，调整到位后螺栓紧固；

4.3.1.13 连接万向联轴器并紧固；

4.3.1.14 安装、更换变形软管及泄漏的快速接头；

4.3.1.15 设备零部件完整无缺、螺栓紧固、具备试车条件；

4.3.1.16 接通蒸汽、压缩空气进行调试。

4.3.2 检修质量标准

4.3.2.1 主机部分检修质量标准见表 1。

表 1 主机部分检修质量标准

序号	检验项目	质量标准	检验方法
1	机台相对标高	±1mm	水准仪检测
2	机台横向水平度	0.1/1000mm	水平仪检测

表 1　主机部分检修质量标准（续）

序号	检验项目	质量标准	检验方法
3	机台纵向水平度	0.15/1000mm	水平仪检测
4	卷曲辊轴向中心线与丝束中心线位置	0.5mm	沿卷曲辊吊线，钢板尺检测
5	上下卷曲辊水平度	0.1/1000mm	水平仪检测
6	上下卷曲辊轴线对丝束中心线垂直度	1/1000mm	沿卷曲辊吊线，钢板尺检测

4.3.2.2　齿轮箱组件检修质量标准见表 2。

表 2　齿轮箱组件检修质量标准

序号	检验项目	质量标准	检验方法
1	齿轮箱内部清洁	清洁	目测
2	轴承	无明显松动 无明显磨损 润滑良好	手检
3	齿轮端面平齐度	＜ 0.50mm	直尺和测微片
4	齿轮磨损率	＜ 20%（以齿厚为准）	游标卡尺
5	齿轮啮合侧隙	0.10 ～ 0.20mm	压铅法或测微片
6	齿轮轴轴向窜量	0.10 ～ 0.15mm	百分表或深度尺

4.3.2.3　上卷曲辊组件检修质量标准见表 3。

表 3　上卷曲辊组件检修质量标准

序号	检验项目	质量标准	检验方法
1	两辊开口度	6 ～ 8mm	钢尺
2	两辊关闭尺寸	0.25 ～ 0.30mm	塞尺
3	气缸压力	5MPa	压力表
4	两辊上表面	光洁无划痕	目测
5	两卷曲辊直径和宽度差	≤ 0.01mm	千分尺

4.3.2.4　填料箱组件检修质量标准见表 4。

表 4　填料箱组件检修质量标准

序号	检验项目	质量标准	检验方法
1	卷曲刀口与上辊间隙（热运后）	0.1 ～ 0.2mm	塞尺
2	两卷曲刀调整	不透光	目测
3	固定辊与两刀间隙	0.3mm	塞尺

4.3.2.5　下卷曲辊组件检修质量标准见表 5。

表 5　下卷曲辊组件检修质量标准

序号	检验项目	质量标准	检验方法
1	两辊开口度	8 ～ 12mm	钢尺
2	两辊关闭尺寸	1mm	塞尺
3	辊与刮刀间隙	0.1mm	塞尺
4	气缸压力	0.4MPa	压力表

5　试车与验收

5.1　试车前准备

5.1.1　全面检查各紧固件的连接和传动件的结合情况；
5.1.2　检查各润滑点油位和润滑油脂添加情况；
5.1.3　全面检查电气、仪表、气路、水路和管路；
5.1.4　检查安全罩和安全装置应齐全、有效；
5.1.5　对上述所有检查内容确认正常后试车。

5.2　试车

5.2.1　空载试车

5.2.1.1　空载试车必须在本规程 5.1 各项检查完成后进行；
5.2.1.2　把调校好的卷曲机装到校验台上；
5.2.1.3　下辊轴装万向联轴器，波纹管拧紧螺钉；
5.2.1.4　装同步带轮和皮带；
5.2.1.5　将卷曲机加热 20min 后，先点动无异常后再试车；
5.2.1.6　空载试车时各传动部件不得出现异常现象；
5.2.1.7　空载试车不得少于 0.5h。

5.2.2　负载试车

5.2.2.1　空载试车时所发现的问题应全部整修完毕，使设备具备良好的机械状态，空载试车记录应完整无缺；
5.2.2.2　将调校好的卷曲机安装到牵伸机上；
5.2.2.3　配合水洗牵伸机一同进行负载试车；
5.2.2.4　在试车中应将所发现的各种问题做好记录，应立即整改，整改后再继续试车，使设备运转平稳、满足工艺要求；

5.2.2.5 试车时间为 72h。

5.3 验收

5.3.1 验收时必须具备下列条件：

5.3.1.1 达到规定试车时间，运行状况良好；

5.3.1.2 检修记录、试车记录等技术资料齐全、准确；

5.3.2 检修质量按本规程 4.3.2 规定的检修质量标准进行验收；

5.3.3 设备技术状态达到完好标准；

5.3.4 按规定办理交接验收手续；

5.3.5 检修现场按照文明施工的要求，做到工完、料尽、场地清。

6 维护与故障处理

6.1 日常维护

6.1.1 维护内容

6.1.1.1 检查同步带轮，同步带张紧程度，及时调整或更换同步带；

6.1.1.2 检查磨损圆盘支架，更换磨损的摩擦片；

6.1.1.3 检查卷曲辊、卷曲刀、视情况调整间隙，更换修理；

6.1.1.4 检查气路动作并处理泄漏情况；

6.1.1.5 检查各处轴承的润滑及工作情况，视情况更换或添加润滑油（脂）；

6.1.1.6 检查、处理运行中发生的其他缺陷；

6.1.1.7 检查气动元件工作情况，视情况作相应调整；

6.1.1.8 出现卷曲丝束的卷曲数不符合要求，应及时调整卷曲机上、下辊压力；

6.1.2 维护时间：

6.1.2.1 操作工按照操作规程对设备进行巡检；

6.1.2.2 运保人员每天巡回检查不少于 2 次。

6.2 常见功能故障与处理方法

干法腈纶卷曲机常见功能故障与处理方法见表 6。

表6　干法腈纶卷曲机常见功能故障与处理方法

功能	功能故障	故障模式	故障后果	故障应对策略与检修内容	检修周期/月
保证机组连续运转	传动系统运行不正常	滚动轴承损坏	非计划停车	定期定量补油，根据润滑油更换计划定期更换润滑油；根据检修周期更换滚动轴承	24～36
		同步带太松或过紧	产品质量不受控	调节更换同步带	视情况而定
		同步带轮过度磨损		更换同步带轮	
	减速机故障	滚子或齿轮磨损	减速机振动大、异声	更换配件	36～48
		轴承磨损	减速机振动大、异声	更换轴承	36～48
		润滑油不足	减速机温度过高	加润滑油	视情况而定
		超负荷	减速机温度过高	查找超负荷原因并处理	视情况而定
	卷曲机断丝	卷曲刀或刮刀上有毛刺	产品质量不受控	修磨，去除毛刺	视情况而定
		卷曲辊与卷曲箱的位置调节不当		重新调节间隙	
		石墨侧板磨损或损坏		更换石墨侧板	
		卷曲辊调整不当		重新调整	
	卷曲机不进丝	卷曲辊加压气缸气压太低	产品质量不受控	调节气压	视情况而定
		卷曲辊间距太大		重新调整间隙	
		卷曲箱与卷曲辊间距不当		重新调节间隙	
		卷曲刀刀尖弯曲		更换卷曲刀	
	气缸不动作	气缸密封损坏	非计划停车	检查更换	视情况而定
		电磁阀坏		检查更换	

附 录 A
（资料性附录）
干法腈纶卷曲机检修质量控制确认表

项目	主要控制内容			等级	施工单位	生产装置	设备管理部门	公司管理部门
	标准值	部位	现场记录					
拆卸时检测								
轴向窜动量	0.10 ～ 0.15mm	轴端面		B	★	★		
齿轮磨损率	≤ 20%	齿轮面		B	★	★		
齿轮啮合侧隙	0.10 ～ 0.20mm	两齿轮面		B	★	★		
两上卷曲辊开口度	6 ～ 8mm	两上卷曲辊		B	★	★		
两上卷曲辊关闭尺寸	0.25 ～ 0.30mm	两上卷曲辊		B	★	★		
卷曲辊直径和宽度差	≤ 0.01mm	卷曲辊		B	★	★		
两下卷曲辊开口度	8 ～ 12mm	两下卷曲辊		B	★	★		
两下卷曲辊关闭尺寸	≤ 1mm	两下卷曲辊		B	★	★		
卷曲辊与刮刀间隙	≤ 0.1mm	卷曲辊与刮刀		B	★	★		
上、下卷曲辊外侧圆周面水平度	＜ 0.10/1000	上、下卷曲辊外侧圆周面		B	★	★		
卷曲刀口与上卷曲辊间隙	0.1 ～ 0.2mm	卷曲刀口与上卷曲辊		B	★	★		
卷曲辊与两刀间隙	≤ 0.3mm	卷曲辊与两刀		B	★	★		
卷曲刀刀口平整	不透光	卷曲刀刀口		B	★	★		
两同步带轮两端面平行度	≤ 0.10mm	两同步带轮两端面		B	★	★		
卷曲机机台相对标高	±1mm	卷曲机机台		B	★	★		
机台横向水平度	≤ 0.1/1000	机台横向面		B	★	★		
机台纵向水平度	≤ 0.15/1000	机台纵向面		B	★	★		
卷曲辊轴向中心线与丝束中心线位置	≤ 0.5mm	卷曲辊轴向中心线		B	★	★		
上下卷曲辊轴线对丝束中心线垂直度	≤ 1/1000	上下卷曲辊轴线		B	★	★		

干法腈纶卷曲机检修质量控制确认表（续）

项目	主要控制内容			等级	施工单位	生产装置	设备管理部门	公司管理部门
	标准值	部位	现场记录					
回装时检测								
轴向窜动量	0.10～0.15mm	轴端面		B	★	★		
齿轮磨损率	≤20%	齿轮面		B	★	★		
齿轮啮合侧隙	0.10～0.20mm	两齿轮面		B	★	★		
两上卷曲辊开口度	6～8mm	两上卷曲辊		B	★	★		
两上卷曲辊关闭尺寸	0.25～0.30mm	两上卷曲辊		B	★	★		
卷曲辊直径和宽度差	≤0.01mm	卷曲辊		B	★	★		
两下卷曲辊开口度	8～12mm	两下卷曲辊		B	★	★		
两下卷曲辊关闭尺寸	≤1mm	两下卷曲辊		B	★	★		
卷曲棍与刮刀间隙	≤0.1mm	卷曲棍与刮刀		B	★	★		
上、下卷曲辊外侧圆周面水平度	＜0.10/1000	上、下卷曲辊		B	★	★		
卷曲刀口与上卷曲辊间隙	0.1～0.2mm	卷曲刀口与上卷曲辊		B	★	★		
卷曲辊与两刀间隙	≤0.3mm	卷曲辊与两刀		B	★	★		
卷曲刀刀口平整	不透光	卷曲刀刀口		B	★	★		
两同步带轮两端面平行度	≤0.10mm	两同步带轮两端面		B	★	★		
卷曲机机台相对标高	±1mm	卷曲机机台		B	★	★		
机台横向水平度	≤0.1/1000	机台横向面		B	★	★		
机台纵向水平度	≤0.15/1000	机台纵向面		B	★	★		
卷曲辊轴向中心线与丝束中心线位置	≤0.5mm	卷曲辊轴向中心线		B	★	★		
上下卷曲辊轴线对丝束中心线垂直度	≤1/1000	上下卷曲辊轴线		B	★	★		

注： A级：施工单位、生产装置、设备管理部门专业人员检查确认后签字。
B级：施工单位和生产装置专业人员检查确认后签字。
C级：施工单位专业人员检查确认后签字。
另：如果有监理，监理的职责由甲方授权。

附　录　B

（资料性附录）

干法腈纶卷曲机试车与验收数据记录表

<table>
<tr><td>设备名称</td><td></td><td>位号</td><td></td><td>工作介质</td><td></td></tr>
<tr><td>驱动机种类</td><td></td><td>转速</td><td>r/min</td><td>试车介质</td><td></td></tr>
<tr><td>试车类别</td><td>□空负荷□负荷</td><td>环境温度</td><td>℃</td><td rowspan="2">试车日期</td><td rowspan="2"></td></tr>
<tr><td>连续运转时间</td><td>h</td><td>启动电流</td><td>A</td></tr>
</table>

<table>
<tr><td colspan="2">检查项目</td><td rowspan="2">设计值/允许值</td><td colspan="9">实测值</td></tr>
<tr><td colspan="2">运行记录时刻</td><td></td><td></td><td></td><td></td><td></td><td></td><td></td><td></td><td></td></tr>
<tr><td></td><td></td><td></td><td></td><td></td><td></td><td></td><td></td><td></td><td></td><td></td><td></td></tr>
<tr><td></td><td></td><td></td><td></td><td></td><td></td><td></td><td></td><td></td><td></td><td></td><td></td></tr>
<tr><td></td><td></td><td></td><td></td><td></td><td></td><td></td><td></td><td></td><td></td><td></td><td></td></tr>
<tr><td></td><td></td><td></td><td></td><td></td><td></td><td></td><td></td><td></td><td></td><td></td><td></td></tr>
<tr><td></td><td></td><td></td><td></td><td></td><td></td><td></td><td></td><td></td><td></td><td></td><td></td></tr>
<tr><td></td><td></td><td></td><td></td><td></td><td></td><td></td><td></td><td></td><td></td><td></td><td></td></tr>
</table>

<table>
<tr><td colspan="2">试车情况：</td></tr>
<tr><td colspan="2">试车结论：</td></tr>
<tr><td rowspan="3">验收意见</td><td>生产装置：</td></tr>
<tr><td>施工单位：</td></tr>
<tr><td>管理部门：</td></tr>
<tr><td colspan="2">说明：生产部门组织单机试车与验收，其中主要设备的大修由设备管理部门参与验收，其余均由生产装置、施工单位双方共同验收。</td></tr>
</table>

37. 干法腈纶烘干联合机维护检修规程

SHS 04349—2019

代替 SHS 04349—2004

目　次

前　言

本规程按照 GB/T 1.1—2009《标准化工作导则　第 1 部分：标准的结构和编写》给出的规则起草。

本规程代替 SHS 04349—2004《LHS005 型两用烘干联合机维护检修规程》，与 SHS 04349—2004 相比，除了编辑性修改外，主要技术变化如下：

——增加了规范性引用文件；

——细化了拆卸与检测、回装与质量标准；

——增加了电气、仪表的检修项目；

——增加了涡轮蜗杆减速箱及传动系统拆装内容；

——常见功能故障与处理部分按 RCM 分析方法重新编制；

——增加“附录 A　烘干联合机检修质量控制确认表”；

——增加“附录 B　烘干联合机试车与验收数据记录表”。

本规程由中国石油化工集团有限公司、中国石油化工股份有限公司提出。

本规程起草单位：中国石油化工股份有限公司齐鲁分公司。

本规程主要起草人：赵亮。

本规程历次版本发布情况：

——SHS 04349—2004。

干法腈纶烘干联合机维护检修规程

1 范围

1.1 主题内容

本规程规定了干法腈纶烘干联合机维护检修周期与内容、检修程序与质量标准、试车与验收、维护与故障处理。

1.2 适用范围

本规程适用于干法工艺腈纶烘干联合机的维护与检修。

2 规范性引用文件

下列文件中的条款通过本规程的引用而成为本规程的条款。凡是注日期的引用文件，其随后所有的修改单（不包括勘误的内容）或修订版均不适用于本规程，然而，鼓励根据本规程达成协议的各方研究是否可使用这些文件的最新版本。凡是不注日期的引用文件，其最新版本适用于本规程。

GB 50184 工业金属管道工程施工质量验收规范

GB 50235 工业金属管道工程施工规范

GB 50231 机械设备安装工程施工及验收通用规范

GB 50126 工业设备及管道绝热工程施工规范

GB 50236 现场设备、工业管道焊接工程施工规范

GB/T 15753 圆弧圆柱齿轮精度

SH/T 3503 石油化工建设工程项目交工技术文件规定

FZ/T 99014 纺织机械电气设备 通用技术条件

3 检修周期与内容

3.1 检修周期

根据干法腈纶烘干联合机系统功能故障及影响分析的结果，并结合生产装置运行周期确定检修周期，一般为 36 个月。

3.2 检修内容

3.2.1 检查加热盘管，整形补漏，更换滤网、隔板；
3.2.2 检查更换密封条毛毡，修复保温层，隔热门整形，更换活门密封条；
3.2.3 检查轴承座，清洗更换轴承，加油润滑；
3.2.4 检查各链轮、链条，更换磨损件；
3.2.5 检查更换磨损的平、斜帘及磨损的链轮；
3.2.6 检查更换受损及挂丝的摆丝靴；
3.2.7 检查阀门、疏水器、排风管，失效更换；
3.2.8 检查J形槽更换轴承、链条、调整升降灵活；
3.2.9 检查各输送辊，更换受损轴承及联轴器；
3.2.10 检查减速箱，更换损坏的轴、轴承、齿轮、密封件；
3.2.11 检查循环风机叶轮，做动平衡，更换轴承并加油；
3.2.12 检查链板、蝴蝶板，调校修复，更换磨损的滚轮、销轴；
3.2.13 检查导轨磨损情况，磨损量大于1mm需更换，并更换损坏的护板、毛毡密封；
3.2.14 检查蒸汽靴齿轮箱、更换损坏的轴、轴承、齿轮、密封件，清洗加油，调整升降灵活；
3.2.15 清洗气动元件（三联体、油雾器）及管路，更换损坏件并按规定加油润滑；
3.2.16 检查摆丝靴磨损挂丝情况；
3.2.17 检查气油缸更换密封件；
3.2.18 检查电机、控制系统等完好情况，维修更换；
3.2.19 检查自控阀、气动元件、控制系统等完好情况，维修更换；
3.2.20 检查蒸汽出、入口阀门，更换垫片处理漏点；
3.2.21 整机全面做防腐处理。

4 检修程序与质量标准

4.1 检修前准备

4.1.1 根据设备运行技术状态和监测记录，分析故障原因，明确故障部位；
4.1.2 编制检修计划、内容完整，准备必要的图纸资料；
4.1.3 制定施工方案，明确技术要求，图、表齐全，符合设备安全、环保要求；
4.1.4 施工前组织施工人员进行技术交底，将方案内容、技术、质量等要求交代清楚；
4.1.5 准备检修工器具、清洗剂和润滑油（脂）等；
4.1.6 落实安全防护措施与环保要求：
4.1.6.1 办理好各类进场检修施工手续；
4.1.6.2 检修前切断机台电源等能源，并且挂安全警示牌；

4.1.6.3 停车检修前需确认工艺处置是否满足检修要求；
4.1.6.4 备好相应物料收集桶，避免环境污染；
4.1.6.5 检修人员个人防护必须符合劳保着装规定要求，施工器具验收合格，并落实施工监护人；
4.1.6.6 现场设置施工作业管理牌，落实好文明检修相关准备要求。

4.2 拆卸与检测

4.2.1 循环风机

4.2.1.1 拆卸安全罩、V带、皮带轮，检查使用情况，更换失效件；
4.2.1.2 拆卸循环风机叶轮，检查轴、轴承完好情况，更换失效件；
4.2.1.3 叶轮做动平衡。

4.2.2 链板部分

4.2.2.1 拆卸蝴蝶板、链板，清理污垢，检查蝴蝶板、链板完好情况，进行调整、修复，更换失效件；
4.2.2.2 拆卸导轨链条，检查滚轮、销轴磨损情况，更换失效件，清理缠丝；
4.2.2.3 拆卸导轨，检查磨损情况，更换失效件；
4.2.2.4 拆卸护板，检查变形、磨损情况，更换失效件；
4.2.2.5 拆卸、更换新的毛毡密封。

4.2.3 主机部分

4.2.3.1 拆卸V带、皮带轮，检查使用情况，更换失效件；
4.2.3.2 拆卸传动链条、链轮、涨紧轮，检查使用情况，更换失效件；
4.2.3.3 拆卸减速检查齿轮磨损情况，轴、轴承、密封件完好情况，更换失效件；
4.2.3.4 齿轮箱放油、清洗；
4.2.3.5 拆卸传动部件，检查轴、轴承使用情况，更换失效件；
4.2.3.6 拆卸调节弹簧，检查使用情况，更换失效件；
4.2.3.7 拆润滑油杯，检查毛刷使用情况，更换失效件，清洗油杯；
4.2.3.8 拆卸输送皮带，检查输送带、输送辊、轴承使用情况，更换失效件；
4.2.3.9 拆卸剥纤辊，检查轴、轴承使用情况，更换失效件。

4.2.4 加热器

4.2.4.1 用专用升降小车拆卸加热盘管，清理、整形、补焊漏点，检查滤网、隔板使用情况，更换失效件；
4.2.4.2 拆卸变形的隔热门，整形、修复，更换密封条；
4.2.4.3 修复破损的保温层；

4.2.4.4 拆卸隔板密封；检查板密封板破损变形情况，更换失效件；
4.2.4.5 检查冷凝水系统更换损坏的疏水器、阀门并处理漏点；
4.2.4.6 拆卸仪表蒸汽调节阀，检测调校；
4.2.4.7 拆卸变形的调整风门，整形、修复。

4.2.5 短纤喂入

4.2.5.1 拆卸链条、链轮、涨紧轮，检查使用情况，更换失效件
4.2.5.2 拆卸减速检查齿轮磨损情况，轴、轴承、密封件完好情况，更换失效件；
4.2.5.3 齿轮箱放油、清洗；
4.2.5.4 拆卸斜帘，用专用工具将斜帘拆下，检查链轮、轴的使用情况，更换失效件，清理斜帘内部漏棉；
4.2.5.5 拆卸平帘，用专用工具将平帘卸到地面，检查链轮、轴的使用情况，更换失效件；
4.2.5.6 拆卸传动部件，检查轴、轴承座使用情况，更换失效件；
4.2.5.7 拆卸角钉辊变形、断裂角钉并进行更换；
4.2.5.8 拆卸剥纤辊，检查轴、轴承使用情况，更换失效件。

4.2.6 长丝喂入

4.2.6.1 拆卸摆丝靴，检查摆丝靴、轴承使用情况，更换失效件；
4.2.6.2 拆卸J形槽，检查齿轮啮合情况和定位的可靠性，更换失效件；
4.2.6.3 拆卸链条、链轮、涨紧轮，检查使用情况，更换失效件；
4.2.6.4 拆卸气油缸，更换活塞密封件；
4.2.6.5 拆卸气阀、控制阀，三联体检查完好情况，更换失效件。

4.2.7 丝束传动

4.2.7.1 拆除齿轮箱联轴器，更换失效件；
4.2.7.2 拆除蜗轮减速箱，检查蜗轮、蜗杆磨损情况，轴、轴承、油封完好情况，更换失效件；
4.2.7.3 拆卸主、被动辊，检查轴、轴承、调节器完好情况，更换失效件；
4.2.7.4 拆卸输送带，检查轴承、各输送辊完好情况，失效更换；更换磨损的输送带；
4.2.7.5 补齐缺损的有机玻璃门、调校限位开关。

4.2.8 汽蒸靴部分

4.2.8.1 拆除齿轮箱联轴器，更换失效件；
4.2.8.2 拆除蜗轮减速箱，检查蜗轮、蜗杆磨损情况，轴、轴承、油封完好情况，更换失效件；

4.2.8.3　拆卸升降器，检查调节连杆使用情况，更换失效件。

4.3　回装与质量标准

4.3.1　回装程序与要求

4.3.1.1　循环风机

a) 安装循环风机主轴，更换轴承，固定轴承座，轴承加油润滑；

b) 循环风机叶轮吊挂安装，不容许磕碰，无弯曲或变形，转动灵活无异响 ；

c) 安装皮带轮，皮带轮无损伤；

d) 安装风机 V 带 ，V 带不分层、不老化，松紧适度；

e) 安装风机护罩并紧固。

4.3.1.2　链板部分

a) 安装上、下导轨，按照位号按顺序依次安装两侧上、下共 28 根导轨，导轨无变形、弯曲，安装要平整牢固；

b) 安装 170 件特制的不锈钢滚轮链条，形成环状，链条滚轮运转灵活，链条套筒滚轮圆整；

c) 链板安装在滚轮链条上、每块链板采用插入式相接，犹如铰链，在链板的左右端安装蝴蝶板，链板、蝴蝶板无变形、开裂，运转灵活无卡碰，螺栓紧固；

d) 安装护板、毛毡密封，护板平整，密封条紧贴板面；

e) 安装调节弹簧，调整两侧链条涨力，松紧适度，使链板、链条运行平稳。

4.3.1.3　主机部分

a) 减速箱箱体内部清洁，箱盖结合面研磨；

b) 组装减速箱，更换齿轮、轴承、密封，配合运转良好；

c) 减速箱加油润滑，油位 1/2 ～ 2/3（停车时），符合要求；

d) 安装紧固减速箱，转动平稳，无异响、无泄漏；

e) 安装皮带轮，皮带轮无损伤；

f) 安装风机 V 带 ，V 带不分层、不老化，松紧适度；

g) 安装链轮、链条、涨紧轮，各节链片安装后应松紧适度，转动灵活，无卡死现象，链条润滑良好；

h) 安装传动部件，更换轴承，紧固轴承座，轴承加油润滑；

i) 安装润滑油杯，更换毛刷；

j) 安装输送辊、更换轴承，调整输送辊平行度；

k) 安装输送带，输送带完好无破损，调整松紧适度，输送带不跑偏；

l) 检查剥纤辊，更换轴承、剥纤板。

4.3.1.4　加热器

a) 用升降小车安装加热盘管，散热片无倒伏、变形，法兰连接无泄漏，散热器铜管无泄漏；

b）更换滤网、隔板，滤网完好清洁，隔板安装紧固不漏风；

c）安装隔热门，隔热门开关灵活，保温板接缝玻璃棉不外露，更换隔热门密封条，接缝压条平整无松动；

d）检查烘房保温层，包角密封，保温层无破损，接口处无变形、开裂；

e）安装隔板密封，隔板密封无变形损坏，间隙调整灵活；

f）检查冷凝水系统泄漏情况，更换泄漏的疏水器、阀门，保温完好；

g）检查仪表蒸汽调节阀，调节灵敏、准确，无泄漏；

h）检查排风调节风门，无变形损坏，开启轻便灵活。

4.3.1.5　短纤喂入

a）检查斜帘下方衬板，无磨损、变形、开裂；

b）安装斜帘内部链轮，无磨损，调整链轮间距并紧固；

c）用专用工具安装斜帘，将斜帘拉入斜帘槽内，用螺栓连接紧固，斜帘木条完好，角钉齐全，螺栓、铆钉无脱落，衬布无开裂；

d）用专用工具安装平帘，将平帘拉入平帘槽内，用螺栓连接紧固，平帘木条完好，螺栓、铆钉无脱落，衬布无开裂；

e）安装链轮、链条、涨紧轮，各节链片安装后应松紧适度，转动灵活，无卡死现象，链条润滑良好；

f）安装传动部件，更换轴承，紧固轴承座，轴承润滑；

g）安装角钉辊、更换轴承，更换断裂的角钉；

h）安装剥纤辊，更换轴承、更换磨损、破裂的剥纤板。

4.3.1.6　长丝喂入

a）安装摆丝靴，摆丝靴无挂丝， 内外表面不得有磕碰、划伤；更换轴承、连杆部件，传动部件转动应轻便灵活；

b）安装连杆部件，更换失效的轴承，传动部件转动灵活；

c）安装汽油缸，更换失效的密封，动作灵活，无泄漏；

d）安装链轮、链条，各节链片安装后应松紧适度，转动灵活，无卡死现象，链条润滑良好；

e）安装 J 形槽，内外表面光滑，无磨损、变形。

4.3.1.7　丝束传动

a）齿轮箱箱体内部清洁，箱盖结合面研磨；

b）组装齿轮箱，更换齿轮、轴承、密封，配合运转良好；

c）齿轮箱加油润滑， 油位 1/2 ～ 2/3（停车时），符合要求；

d）安装紧固齿轮箱，转动平稳，无异响、无泄漏；

e）安装联轴器，更换磨损的梅花垫，对中后紧固联轴器，传动部件转动灵活；

f）安装输送辊、更换轴承，调整输送辊平行度，输送带不跑偏、松紧适度；

g）补齐缺损的有机玻璃盖板，调整限位开关。

4.3.1.8 汽蒸靴部分

a）安装齿轮、轴承，轴承无松动；

b）安装齿轮箱，复位紧固螺栓；

c）安装联轴器，更换磨损的梅花垫，对中后紧固联轴器，传动部件转动灵活，安装护罩并紧固；

d）安装升降器，润滑升降螺杆。

4.3.2 检修质量标准

4.3.2.1 主机部分检修质量标准见表1。

表1 主机部分检修质量标准

序号	检验项目	质量标准	检验方法
1	机台中心线对基准线偏差	±0.5mm	吊线对中心线
2	机架前侧线对基准线偏差	±0.5mm	钢尺量
3	机架纵横水平度	≤0.01/1000	直尺水平尺测量
4	全机纵向水平度	±0.5mm	直尺水平尺测量
5	机架垂直度	≤0.5/1000	挂线垂于机架侧面

4.3.2.2 导轨及链板部分检修质量标准见表2。

表2 导轨及链板部分检修质量标准

序号	检验项目	质量标准	检验方法
1	链板导轨纵横水平度	≤0.3/1000	平尺与水平仪测量
2	导轨角钢接头平齐度	≤0.30mm	钢板尺
3	导轨角钢螺丝	无松动	扳手拧紧
4	导轨角钢磨损量	≤1mm	钢皮尺测微片测
5	链条	运转灵活	手感
6	链条滚轮	运转灵活	手动
7	链条套筒滚轮	圆整	手检
8	链板紧固螺丝	紧固	手检
9	相邻链板平行间隙均匀度	≤1mm	测厚片检查
10	链板平直度	≤3mm	拉线检查
11	链板主动轴水平度	≤0.10/1000	水平尺检查
12	帘板邻板密封条	紧贴板面	目测
13	帘板主动链轮错位	≤0.20/1000	用标准轴水平仪测
14	上导轨纵向水平度	0.3/1000	用平尺、水平仪检测
15	下导轨纵向水平度和横跨水平度	0.4/1000	用平尺、水平仪检测

表 2　导轨及链板部分检修质量标准（续）

序号	检验项目	质量标准	检验方法
16	上、下导轨全长纵向水平度累计误差	0 ～ 1.5m	用平尺、水平仪检测
17	导轨接头高低平齐度	0.3mm	用塞尺检测
18	上导轨轨距尺寸偏差	±2mm	两侧导轨挡块处用平车轴检测
19	上导轨轨距中心对机台中心线横向偏移	±1.5mm	线锥法、用钢板尺检测

4.3.2.3　风机部分检修质量标准见表 3。

表 3　风机部分检修质量标准

序号	检验项目	质量标准	检验方法
1	风机轴垂直度	≤ 0.10/1000	水平仪检测
2	风机叶轮在蜗壳位置居中的不均匀度	≤ 3mm	塞尺
3	风机皮带轮侧面平齐度	≤ 1mm	拉线检查
4	风机 V 带	松紧适度	手检
5	风机振动振幅	≤ 0.30mm	测振仪
6	转动	灵活无异响	目测
7	V 带	不分层，不老化	目测，手检

4.3.2.4　隔热门及保温墙板检修质量标准见表 4。

表 4　隔热门及保温墙板检修质量标准

序号	检验项目	质量标准	检验方法
1	隔热门开关	灵活	手检
2	接缝压条	平整无松动	目测
3	保温板接缝玻璃棉	不外露	目测
4	密封板与蝴蝶板之间间隙	0 ～ 1mm	用塞尺检测
5	密封板接头不平度	0.3mm	手检

4.3.2.5　加热器部分检修质量标准见表 5。

表 5　加热器部分检修质量标准

序号	检验项目	质量标准	检验方法
1	散热片	无变形	目测
2	散热器	无泄漏	目测
3	阀门启闭	灵活	手检
4	静、动密封点	无泄漏	目测

4.3.2.6 减速箱部分检修质量标准见表 6。

表 6 减速箱部分检修质量标准

序号	检验项目	质量标准	检验方法
1	轴向窜动	0.10 ～ 0.15mm	百分表或深度尺
2	轴承	无明显松动 无明显磨损 润滑良好	手检
3	静密封	无明显渗漏	目测
4	蜗轮蜗杆磨损率	≤ 20%	以齿顶厚度为准
5	动作	灵活	手检
6	油箱油品	润滑良好	目测或油品检测
7	油标	清晰	目测
8	停车时油位	1/2 ～ 3/5	目测
9	齿轮啮合测间隙	0.2 ～ 0.4mm	用塞尺测量
10	齿轮表面接触 沿齿高 沿齿宽	 50% 60%	齿面着色检查
11	齿轮啮合要求	平稳、端面平齐，无异响	目测，手检
12	齿轮磨损率	≤ 20%	目测，手检

4.3.2.7 联轴器部分检修质量标准见表 7。

表 7 联轴器部分检修质量标准

序号	检验项目	质量标准	检验方法
1	同轴度	≤ 0.15mm	钢尺测微片测
2	二端面平行度	≤ 0.10mm	测微片测
3	端面间隙	0.5 ～ 1mm	测微片测
4	与轴配合	K6	装配时检查
5	弹性圈	无磨损	目测
6	销子螺丝	无腐蚀、紧固	手检
7	键与键槽顶隙	0.10 ～ 0.52mm	塞尺

4.3.2.8 传动部分检修质量标准见表 8。

表 8 传动部分检修质量标准

序号	检验项目	质量标准	检验方法
1	链板主传动轴横跨水平度	0.25/1000mm	用平尺、水平仪检测
2	链板主传动轴与机台十字线的平行度	0.5mm	线锥法、用钢板尺检测

表 8　传动部分检修质量标准（续）

序号	检验项目	质量标准	检验方法
3	链板被动轴横跨水平度	0.25/1000mm	用平尺、水平仪检测
4	齿轮	平稳，无跳动	目测
5	温升	≤ 35℃	用温度计测量
6	声音	正常，无异响	耳听
7	链轮侧面平齐	≤ 0.5mm	拉线检查
8	链轮装配要求	无打跳现象	用直尺测量，目测
9	链条	润滑良好	目测

4.3.2.9　气动原件部分检修质量标准见表 9。

表 9　气动原件部分检修质量标准

序号	检验项目	质量标准	检验方法
1	气缸动作	灵活	目测
2	控制阀	灵敏	目测
3	油雾器	清洁	目测
4	油雾器油量	1/2 ～ 3/5	目测
5	动作一次油雾器滴油	1 ～ 2 滴	目测

4.3.2.10　其他部分检修质量标准见表 10。

表 10　其他部分检修质量标准

序号	检验项目	质量标准	检验方法
1	机件	无残缺	目测
2	紧固件	无松动	手检
3	螺丝不满扣或超长	超螺母 1 ～ 3 牙	目测
4	安全罩	完好齐全	目测
5	保温或防腐	良好	目测
6	输送带	不跑偏	目测
7	摆丝靴	无挂丝	目测
8	剥纤辊板	完好	目测
9	平帘、斜帘	木条完好，角钉齐全，螺栓铆钉无脱落，衬布无开裂	目测
10	机体	整洁，油漆光滑完整	目测

5 试车与验收

5.1 试车前准备

5.1.1 全面检查各紧固件的联接和传动件的结合情况；
5.1.2 检查各润滑点油位和润滑油脂添加情况；
5.1.3 全面检查电气、仪表、气路、水路和管路完好情况；
5.1.4 检查安全罩和安全装置应齐全、有效；
5.1.5 对上述所有检查内容确认正常后试车。

5.2 试车

5.2.1 空载试车

5.2.1.1 空载试车必须在本规程 5.1 各项检查完成后进行；
5.2.1.2 冷态试车：

a) 电气、仪表、机械等部门配合试车；

b) 点动各风机，检查运转方向正确，无异响和振动；

c) 启动风机应一个风机启动正常后再启动另一风机。为了减少启动时电流过载，尽量避免冷车启动；

d) 各运动部位动作平稳，各单机设备运行正常，轴承温升不高；

e) 无级变速器的调节应在运转中进行，调节平稳有效，设备停运时，严禁调节调速电机手轮；

f) 补风口、排风口开启适当；

g) 冷态试车时间为 0.5h ；

h) 在试车过程中应将所发现的各种问题做好记录，必要时应立即整改。

5.2.1.3 热态试车

a) 开启蒸汽阀门，注意缓慢操作，防止水击；

b) 调节温度自控仪表到设定温度，使温升达到工艺要求；

c) 疏通回水管路中所有旁通阀门，排除积水后，关闭旁通阀；

d) 各阀门、加热器、疏水器等工作正常，无泄漏；

e) 开启蒸汽阀门应一个区、一个区逐步开启；

f) 在试车中应将所发现的各种问题做好记录，应立即整改；

g) 试车时间 1h。

5.2.2 负载试车

5.2.2.1 空载试车时所发现的问题应全部整修完毕，使设备具备良好的机械状态，空载试车记录应完整无缺；

5.2.2.2 开车投料时短纤喂入机必须与烘干机相配合，先开烘干机再开短纤喂入机，避免堵车；
5.2.2.3 在试车中应将所发现的各种问题做好记录，应立即整改，整改后再继续试车，使设备运转平稳、满足工艺要求；
5.2.2.4 试车时间为72h。

5.3 验收

5.3.1 验收时必须具备下列条件：
5.3.1.1 达到规定试车时间，运行状况良好；
5.3.1.2 检修记录、试车记录等技术资料齐全、准确；
5.3.2 检修质量按本规程4.3.2规定的检修质量标准进行验收；
5.3.3 设备技术状态达到完好标准；
5.3.4 按规定办理交接验收手续；
5.3.5 检修现场按照文明施工的要求，做到工完、料尽、场地清。

6 维护与故障处理

6.1 日常维护

6.1.1 维护内容

6.1.1.1 检查各处轴承的润滑及松动情况，视情况更换或添加润滑油（脂）；
6.1.1.2 检查链板、蝴蝶板变形损坏情况，整形或更换；清洁链板表面污垢，保持畅通无堵；
6.1.1.3 检查丝束喂入装置动作平稳，摆丝斗磨损挂丝情况，视情况更换修理；
6.1.1.4 检查气路元件动作的准确性，应无漏点，视情况作相应调整；
6.1.1.5 检查油杯油位应保持正常（不超过2／3）油雾器油路畅通；
6.1.1.6 摆幅符合工艺要求，检查喂入摆丝靴的摆幅及摆频应符合（20±2）周/min；
6.1.1.7 检查烘干机排气风门及空气补充风门全开；
6.1.1.8 检查加热器处理泄露，清理散热器过滤网上的堵棉和污物；
6.1.1.9 检查各管线，处理漏点，更换泄漏的阀门、疏水器；
6.1.1.10 检查、处理运行中发生的其他缺陷；
6.1.1.11 检查联轴器的振动和噪音情况，视情况作相应调整；
6.1.1.12 检查活门开启应灵活、到位，视情况作相应调整；
6.1.1.13 检查所有零部件的固定螺栓应无缺损和松动，应及时补充或紧固。

6.1.2 维护时间

6.1.2.1 操作工按照《操作规程》对设备进行巡检；

6.1.2.2　运保人员每天巡回检查不少于 2 次。

6.2　常见功能故障与处理方法

干法腈纶烘干联合机常见功能故障与处理方法见表 11。

表 11　干法腈纶烘干联合机常见功能故障与处理方法

序号	功能	功能故障	故障模式	故障后果	故障应对策略与检修内容	检修周期 / 月
1	保证烘干机烘房温控制在工艺要求范围	温度高报	温度计显示不准	产品质量不受控	检查并调校	视情况而定
		温度低报	蒸汽压力低或停止			
			加热器泄漏			
			密封门漏气			
2	保证烘干机烘房密闭生产	密封泄漏	活门密封老化损坏	产品质量不受控	定期巡检并记录，按周期性检修计划更换密封	12 ～ 24
			机顶保温老化损坏		定期巡检，发现漏点及时修复	
3	保证机组连续运转	传动系统运行不正常	滚动轴承损坏	冒烟、非计划停车	定期定量补油，根据润滑油更换计划定期更换润滑油；根据检修周期更换滚动轴承	24 ～ 36
			联轴器链条太松或过紧	链条噪声过大或链条抖动	调节紧链器或除掉过长链节	视情况而定
			链条、链轮过度磨损	链条噪声过大或链条抖动	更换链条或链轮	
		减速机故障	联轴器对中不良	减速机振动大	重新对中	视情况而定
			滚子或齿轮磨损	减速机振动大、异声	更换配件	36 ～ 48
			轴承磨损	减速机振动大、异声	更换轴承	
			润滑油不足	减速机温度过高	加润滑油	视情况而定
			超负荷	减速机温度过高	查找超负荷原因并处理	

表 11　干法腈纶烘干联合机常见功能故障与处理方法（续）

序号	功能	功能故障	故障模式	故障后果	故障应对策略与检修内容	检修周期／月
3	保证机组连续运转	主传动故障	全机突然停车	非计划停车，产品质量不受控	调整倒伏的蝴蝶板	视情况而定
					检查电气过载并修复	
			主传动运转正常而链板停止运转		更换保险销	
			主传动负荷过大		调整链条	
					清理滚轮缠丝	
			主传动爬行或振动		调节张紧装置	
		牵引辊缠丝	传动轴内部、轴头缠丝	损坏设备	清理滚轮缠丝	视情况而定
		电流过流跳车	牵引辊绕辊	非计划停车	处理绕辊	视情况而定
			齿轮箱润滑不良		检查油路或补油	
			电机绝缘降低		检查电机	

附　录　A
（资料性附录）
干法腈纶烘干联合机检修质量控制确认表

项目	主要控制内容			等级	施工单位	生产装置	设备管理部门	备注
	标准值	部位	现场记录					
拆卸时检测								
循环风机轴垂直度	≤ 0.10/1000	轴端面		B	★	★		
风机叶轮在蜗壳位置居中的不均匀度	≤ 3mm	叶轮外圈到喇叭圈的距离		B	★	★		
振动振幅	≤ 0.30mm	轴径		B	★	★		
两皮带轮平齐度	≤ 1mm	皮带轮端面		B	★	★		
导轨角钢磨损量	≤ 1mm	导轨角钢上平面		B	★	★		
上、下导轨横向水平度	≤ 0.30/1000	导轨上平面		B	★	★		
导轨角钢接头平齐度	≤ 0.30mm	导轨上平面		B	★	★		
上导轨纵向水平度	≤ 0.30/1000	上导轨上平面		B	★	★		
下导轨纵向水平度	≤ 0.40/1000	下导轨上平面		B	★	★		
上、下导轨全长纵向水平度累计误差	0 ～ 1.5m	导轨上平面		B	★	★		
导轨接头高低平齐度	≤ 0.30mm	导轨上平面		B	★	★		
链板平行间隙均匀度	≤ 1mm	链板之间		B	★	★		
链板平直度	≤ 3mm	链板上平面		B	★	★		
密封板与蝴蝶板间隙	0 ～ 1mm	密封板与蝴蝶板之间		B	★	★		
密封板接头不平度	≤ 0.3mm	密封板表面		B	★	★		
链板主动轴水平度	≤ 0.10/1000	轴表面		B	★	★		
链板主传动轴与机台十字线的平行度	≤ 0.5mm	轴表面		B	★	★		
链板被动轴水平度	≤ 0.25/1000	轴表面		B	★	★		
传动轴链轮与斜帘链条扣偏差	≤ 0.20/1000	链轮端面与斜帘链条扣间隙		B	★	★		
斜帘对角线差	≤ 5mm	斜帘平展时测量		B	★	★		
传动轴链轮与平帘链条扣偏差	≤ 0.20/1000	链轮端面与平帘链条扣间隙		B	★	★		
平帘对角线差	≤ 3mm	平帘平展时测量		B	★	★		

干法腈纶烘干联合机检修质量控制确认表（续）

项目	主要控制内容			等级	施工单位	生产装置	设备管理部门	备注
	标准值	部位	现场记录					
链轮平行度	≤ 0.5mm	链轮端面		B	★	★		
帘板主动链轮错位	≤ 0.20/1000	链轮端面		B	★	★		
两输送辊平行度公差	≤ 0.50mm	输送辊表面		B	★	★		
主传动皮带轮平齐度	≤ 1mm	皮带轮端面		B	★	★		
轴向窜动量	0.10 ～ 0.15mm	轴端面		B	★	★		
齿轮啮合侧隙	≤ 20%	齿厚		B	★	★		
齿轮啮合侧隙	0.10 ～ 0.20mm	齿厚		B	★	★		
上下箱盖间隙	≤ 0.05mm	上下箱盖间		B	★	★		
轴承压盖与轴承间的游隙	0.1 ～ 0.15mm	轴承压盖与轴承间		B	★	★		
联轴器两端同轴度	≤ 0.15mm	联轴器径向		B	★	★		
联轴器两端面平行度	≤ 0.10mm	联轴器端面		B	★	★		
联轴器两端面间隙	0.5 ～ 1mm	联轴器端面		B	★	★		
机台横向水平度	≤ 0.50mm	机台表面		B	★	★		
机台纵向水平度	≤ 0.50mm	机台表面		B	★	★		
机架纵横水平度	≤ 0.10/1000	机架表面		B	★	★		
回装时检测								
循环风机轴垂直度	≤ 0.10/1000	轴端面		B	★	★		
风机叶轮在蜗壳位置居中的不均匀度	≤ 3mm	叶轮外圈到喇叭圈的距离		B	★	★		
振动振幅	≤ 0.30mm	轴径		B	★	★		
两皮带轮侧面平齐度	≤ 1mm	皮带轮端面		B	★	★		
导轨角钢磨损量	≤ 1mm	导轨角钢上平面		B	★	★		
上、下导轨横向水平度	≤ 0.30/1000	导轨上平面		B	★	★		
导轨角钢接头平齐度	≤ 0.30mm	导轨上平面		B	★	★		
上导轨纵向水平度	≤ 0.30/1000	上导轨上平面		B	★	★		
下导轨纵向水平度	≤ 0.40/1000	下导轨上平面		B	★	★		
上、下导轨全长纵向水平度累计误差	0 ～ 1.5mm	导轨上平面		B	★	★		
导轨接头高低平齐度	≤ 0.30mm	导轨上平面		B	★	★		
链板平行间隙均匀度	≤ 1mm	链板之间		B	★	★		
链板平直度	≤ 3mm	链板上平面		B	★	★		

干法腈纶烘干联合机检修质量控制确认表（续）

项目	主要控制内容			等级	施工单位	生产装置	设备管理部门	备注
	标准值	部位	现场记录					
密封板与蝴蝶板间隙	0～1mm	密封板与蝴蝶板之间		B	★	★		
密封板接头不平度	≤0.3mm	密封板表面		B	★	★		
链板主动轴水平度	≤0.10/1000	轴表面		B	★	★		
链板主传动轴与机台十字线的平行度	≤0.5mm	轴表面		B	★	★		
链板被动轴水平度	≤0.25/1000	轴表面		B	★	★		
传动轴链轮与斜帘链条扣偏差	≤0.20/1000	链轮端面与斜帘链条扣间隙		B	★	★		
斜帘对角线差	≤5mm	斜帘平展时测量		B	★	★		
传动轴链轮与平帘链条扣偏差	≤0.20/1000	链轮端面与平帘链条扣间隙		B	★	★		
平帘对角线差	≤3mm	平帘平展时测量		B	★	★		
链轮平行度	≤0.5mm	链轮端面		B	★	★		
帘板主动链轮错位	≤0.20/1000	链轮端面		B	★	★		
两输送辊平行度公差	≤0.50mm	输送辊表面		B	★	★		
皮带轮侧面平齐度	≤1mm	皮带轮端面		B	★	★		
轴向窜动量	0.10～0.15mm	轴端面		B	★	★		
齿轮啮合侧隙	≤20%	齿厚		B	★	★		
齿轮啮合侧隙	0.10～0.20mm	齿厚		B	★	★		
上下箱盖间隙	≤0.05mm	上下箱盖间		B	★	★		
轴承压盖与轴承间的游隙	0.1～0.15mm	轴承压盖与轴承间		B	★	★		
联轴器两端同轴度	≤0.15mm	联轴器径向		B	★	★		
联轴器两端面平行度	≤0.10mm	联轴器端面		B	★	★		
联轴器两端面间隙	0.5～1mm	联轴器端面		B	★	★		
机台横向水平度	≤0.50mm	机台表面		B	★	★		
机台纵向水平度	≤0.50mm	机台表面		B	★	★		

注： A级：施工单位、生产装置、设备管理部门专业人员检查确认后签字。
B级：施工单位和生产装置专业人员检查确认后签字。
C级：施工单位专业人员检查确认后签字。
另：如果有监理，监理的职责由甲方授权。

附　录　B
（资料性附录）
干法腈纶烘干联合机试车与验收数据记录表

<table>
<tr><td colspan="2">设备名称</td><td colspan="2"></td><td colspan="2">位号</td><td colspan="2"></td><td colspan="2">工作介质</td><td colspan="2"></td></tr>
<tr><td colspan="2">驱动机种类</td><td colspan="2"></td><td colspan="2">转速</td><td colspan="2">r/min</td><td colspan="2">试车介质</td><td colspan="2"></td></tr>
<tr><td colspan="2">试车类别</td><td colspan="2">□空负荷□负荷</td><td colspan="2">环境温度</td><td colspan="2">℃</td><td colspan="2" rowspan="2">试车日期</td><td colspan="2" rowspan="2"></td></tr>
<tr><td colspan="2">连续运转时间</td><td colspan="2">h</td><td colspan="2">启动电流</td><td colspan="2">A</td></tr>
<tr><td colspan="2">检查项目</td><td rowspan="2">设计值／允许值</td><td colspan="9">实测值</td></tr>
<tr><td colspan="2">运行记录时刻</td><td></td><td></td><td></td><td></td><td></td><td></td><td></td><td></td><td></td></tr>
<tr><td></td><td></td><td></td><td></td><td></td><td></td><td></td><td></td><td></td><td></td><td></td><td></td></tr>
<tr><td></td><td></td><td></td><td></td><td></td><td></td><td></td><td></td><td></td><td></td><td></td><td></td></tr>
<tr><td></td><td></td><td></td><td></td><td></td><td></td><td></td><td></td><td></td><td></td><td></td><td></td></tr>
<tr><td></td><td></td><td></td><td></td><td></td><td></td><td></td><td></td><td></td><td></td><td></td><td></td></tr>
<tr><td></td><td></td><td></td><td></td><td></td><td></td><td></td><td></td><td></td><td></td><td></td><td></td></tr>
<tr><td></td><td></td><td></td><td></td><td></td><td></td><td></td><td></td><td></td><td></td><td></td><td></td></tr>
<tr><td></td><td></td><td></td><td></td><td></td><td></td><td></td><td></td><td></td><td></td><td></td><td></td></tr>
<tr><td></td><td></td><td></td><td></td><td></td><td></td><td></td><td></td><td></td><td></td><td></td><td></td></tr>
<tr><td></td><td></td><td></td><td></td><td></td><td></td><td></td><td></td><td></td><td></td><td></td><td></td></tr>
<tr><td></td><td></td><td></td><td></td><td></td><td></td><td></td><td></td><td></td><td></td><td></td><td></td></tr>
<tr><td colspan="12">试车情况：</td></tr>
<tr><td colspan="12">试车结论：</td></tr>
<tr><td rowspan="3">验收意见</td><td colspan="11">生产装置：</td></tr>
<tr><td colspan="11">施工单位：</td></tr>
<tr><td colspan="11">设备管理部门：</td></tr>
<tr><td colspan="12">说明：生产装置组织单机试车与验收，其中主要设备的大修由设备管理部门参与验收，其余均由生产装置、施工单位双方共同验收。</td></tr>
</table>

38. 干法腈纶丝束装桶机检修规程

SHS 04350—2019

代替 SHS 04350—2004

目　次

前 言

本规程按照 GB/T 1.1—2009《标准化工作导则 第 1 部分：标准的结构和编写》给出的规则起草。

本规程代替 SHS 04350—2004《LHS008 型丝束装桶机维护检修规程》，与 SHS 04350—2004 相比，除了编辑性修改外，主要技术变化如下：

——增加了规范性引用文件；

——细化了拆卸与检测、回装与质量标准；

——增加了电气、仪表的检修项目；

——增加了涡轮蜗杆减速箱及传动系统拆装内容；

——常见功能故障与处理部分按 RCM 分析方法重新编制；

——增加“附录 A 丝束装桶机检修质量控制确认表”；

——增加“附录 B 丝束装桶机试车与验收数据记录表”。

本规程由中国石油化工集团有限公司、中国石油化工股份有限公司提出。

本规程起草单位：中国石油化工股份有限公司齐鲁分公司。

本规程主要起草人：赵亮。

本规程历次版本发布情况：

——SHS 04350—2004。

干法腈纶丝束装桶机检修规程

1 范围

1.1 主题内容

本规程规定了干法腈纶丝束装桶机维护检修周期与内容、检修程序与质量标准、试车与验收、维护与故障处理。

1.2 适用范围

本规程适用于干法工艺腈纶丝束装桶机的维护与检修。

2 规范性引用文件

下列文件中的条款通过本规程的引用而成为本规程的条款。凡是注日期的引用文件，其随后所有的修改单（不包括勘误的内容）或修订版均不适用于本规程，然而，鼓励根据本规程达成协议的各方研究是否可使用这些文件的最新版本。凡是不注日期的引用文件，其最新版本适用于本规程。

GB 50236　现场设备、工业管道焊接工程施工规范

GB 50235　工业金属管道工程施工规范

GB 50231　机械设备安装工程施工及验收通用规范

GB/T 15753　圆弧圆柱齿轮精度

SH/T 3503　石油化工建设工程项目交工技术文件规定

FZ/T 99014　纺织机械电气设备　通用技术条件

3 检修周期与内容

3.1 检修周期

根据干法腈纶丝束装桶机系统功能故障及影响分析的结果，并结合生产装置运行周期确定检修周期，一般为 36 个月。

3.2 检修内容

3.2.1 检查牵引辊轴承及轴套磨损情况、油封磨损情况，更换或维修；

3.2.2 检查小车轮子轴承、车轮的磨损情况，更换或维修；

3.2.3 检查联轴器磨损及对中情况，调整更换；
3.2.4 检查各导丝辊轴承磨损情况，更换或维修；
3.2.5 检查牵引辊包胶层脱胶、划伤情况，轴承磨损情况，更换或维修；
3.2.6 检查气缸活塞磨损情况，密封磨损情况，更换或维修；
3.2.7 蜗轮减速箱检查涡轮、蜗杆、轴承、密封等磨损情况，更换或维修；
3.2.8 检查各气油缸活塞磨损情况，密封磨损情况，更换或维修；
3.2.9 检查杆端球轴承及滚珠轴承磨损情况，更换或维修；
3.2.10 检查气动元件（油雾器、过滤器、调速阀、减压阀）及管路完好、泄漏情况，处理漏点；
3.2.11 检查摆丝靴磨损变形情况，更换或维修；
3.2.12 检查电机、控制系统等情况，维修更换；
3.2.13 检查自控阀、气动元件、控制系统等情况，维修更换；
3.2.14 整机全面做防腐处理。

4 检修程序与质量标准

4.1 检修前准备

4.1.1 根据设备运行技术状态和监测记录，分析故障原因，明确故障部位；
4.1.2 编制检修计划、内容完整，准备必要的图纸资料；
4.1.3 制定施工方案，明确技术要求，图、表齐全，符合设备安全、环保要求；
4.1.4 施工前组织施工人员进行技术交底，将方案内容、技术、质量等要求交代清楚；
4.1.5 准备检修工器具、清洗剂和润滑油（脂）等；
4.1.6 落实安全防护措施与环保要求：
4.1.6.1 办理好各类进场检修施工手续；
4.1.6.2 检修前切断机台电源等能源，并且挂安全警示牌；
4.1.6.3 停车检修前需确认工艺处置是否满足检修要求；
4.1.6.4 备好相应物料收集桶，避免环境污染；
4.1.6.5 检修人员个人防护必须符合劳保着装规定要求，施工器具验收合格，并落实施工监护人；
4.1.6.6 现场设置施工作业管理牌，落实好文明检修相关准备要求。

4.2 拆卸与检测

4.2.1 断开压缩空气气源
4.2.2 拆除护罩，拆卸联轴器，检查磨损情况，更换失效件；
4.2.3 拆除蜗轮减速箱，拆检齿轮箱，检查蜗轮、蜗杆磨损情况，轴、轴承、油封完好情况，更换失效件；

4.2.4 拆除主动辊、被动辊，检查轴、轴承完好情况，失效更换，包胶层完好无破损，检查各辊子平行度；
4.2.5 拆卸气缸检查密封、活塞磨损情况，更换密封，处理漏点
4.2.6 拆卸各导丝辊检查轴、轴承完好情况，喷涂陶瓷光滑无破损，更换失效件；
4.2.7 拆汽油缸用专用起重工具从钢平台吊至平地，拆卸汽油缸更换密封；
4.2.8 调整导轨更换尼龙轴瓦；
4.2.9 拆摆斗摆丝靴，检查轴承座更换轴承；摆丝靴光滑无损伤
4.2.10 拆卸压实气缸、压头，检查更换气缸密封，压头整形；
4.2.11 用专用起重工具吊起装筒小车并固定，检查挂钩、小车车轮、小车导轨磨损情况，更换失效件；
4.2.12 拆地坑汽油缸吊至平地，拆卸汽油缸更换密封；
4.2.13 检查三联体、油杯完好情况，更换失效件；
4.2.14 检查油管、压缩空气管线，处理漏点；
4.2.15 接好压缩空气进行调试。

4.3 回装与质量标准

4.3.1 回装程序与要求

4.3.1.1 检查地坑导轨，更换磨损的导轨并加油润滑；
4.3.1.2 安装地坑汽油缸，更换失效的密封，动作灵活，无泄漏；
4.3.1.3 安装汽油缸油管、压缩空气软管，无泄漏；
4.3.1.4 检查装筒小车车轮，更换磨损的车轮、失效的轴承，小车复位；
4.3.1.5 安装截止阀、减压阀、三联体，油雾器油量 1/2 ～ 3/5；无泄漏；
4.3.1.6 安装压实气缸更换失效的密封，动作灵活，无泄漏；
4.3.1.7 安装压实气缸压头，压头整形、去除毛刺；
4.3.1.8 安装摆斗摆丝靴，更换失效的轴承，摆丝靴的内表面不得有磕碰、划伤；
4.3.1.9 用专用起重工具将汽油缸吊装到平台上进行安装，更换失效的密封件，动作灵活，无泄漏；
4.3.1.10 调整导轨更换失效的尼龙轴瓦并加油润滑；
4.3.1.11 安装各导丝辊更换失效轴承，检查各辊子平行度，喷涂陶瓷光滑无破损；
4.3.1.12 齿轮箱箱体内部清洁，箱盖结合面研磨；
4.3.1.13 组装齿轮箱，更换齿轮、轴承、密封，配合运转良好；
4.3.1.14 齿轮箱加油润滑，油位 1/2 ～ 2/3（停车时），符合要求；
4.3.1.15 安装紧固齿轮箱，转动平稳，无异响、无泄漏；
4.3.1.16 安装主动辊、被动辊，更换失效轴承，运转灵活，压辊包胶层完好无破损；调整间隙；

4.3.1.17　安装紧固联轴器，更换磨损的梅花垫，传动部件转动灵活；

4.3.1.18　安装气缸，更换失效的密封，动作灵活，无泄漏；

4.3.1.19　设备零部件完整无缺、螺栓紧固、具备试车条件；

4.3.1.20　接通压缩空气和电源进行调试。

4.3.2　检修质量标准

4.3.2.1　机架部分检修质量标准见表 1。

表 1　机架部分检修质量标准

序号	检验项目	质量标准	检验方法
1	气缸动作	灵活	目测
2	控制阀	灵敏	手检
3	油雾器	清洁	目测
4	油雾器油量	1/2 ～ 3/5	目测
5	气缸动作一次油雾器滴油量	1 ～ 2 滴	目测
6	气油缸水平度	≤ 0.20mm	水平仪
7	导丝辊（喷涂陶瓷）	弧面光滑	目测
8	牵引辊	辊面光滑不刮丝	目测
9	轴承	无明显松动 无明显磨损 润滑良好	手检
10	主从牵引辊相对位置	最小间隙 0.10mm	塞尺
11	主动辊平行度	＜ 0.12mm	百分表
12	主动辊与被动辊平行度	＜ 0.12mm	百分表
13	机架纵横水平度	＜ 0.10/1000	长直尺加水平尺
14	机架垂直度	＜ 0.10/1000	框式水平仪
15	挤压辊径向圆跳动	＜ 0.30mm	百分表
16	轴径向圆跳动	＜ 0.10mm	百分表
17	轴向窜动量	0.10 ～ 0.15mm	手动及百分表
18	导轨平行度	＜ 0.5/1000	打百分表
19	导轨磨损量	＜ 1mm	卡尺
20	摆靴	不挂丝	目测

4.3.2.2　齿轮箱组件检修质量标准见表 2。

表 2　齿轮箱组件检修质量标准

序号	检验项目	质量标准	检验方法
1	齿轮箱内部清洁	清洁	目测
2	轴承	无明显松动 无明显磨损 润滑良好	手检
3	齿轮端面平齐度	＜ 0.50mm	直尺和测微片
4	齿轮磨损率	＜ 20%（以齿厚为准）	游标卡尺
5	齿轮啮合侧隙	0.10 ～ 0.20mm	压铅法或测微片
6	齿轮轴轴向窜量	0.10 ～ 0.15mm	手动及百分表
7	静密封、动密封	无明显泄漏	目测

4.3.2.3　联轴器部分检修质量标准表 3。

表 3　联轴器部分检修质量标准

序号	检验项目	质量标准	检验方法
1	同轴度	≤ 0.15mm	钢尺测微片
2	二端面平行度	≤ 0.10mm	测微片
4	端面间隙	0.5 ～ 1mm	测微片
5	销子螺丝	无腐蚀、紧固	手检

5　试车与验收

5.1　试车前准备

5.1.1　全面检查各紧固件的联接和传动件的结合情况；
5.1.2　检查各润滑点油位和润滑油脂添加情况；
5.1.3　全面检查电气、仪表、气路、水路和管路；
5.1.4　检查安全罩和安全装置应齐全、有效；
5.1.5　对上述所有检查内容确认正常后试车。

5.2　试车

5.2.1　空载试车

5.2.1.1　空载试车必须在本规程 5.1 各项检查完成后进行；
5.2.1.2　连续运行前，各电机必须进行点动，观察和检查连接部位有无异常；
5.2.1.3　连续运行，检查各传动部位无异响、异振等情况，电流无明显波动；
5.2.1.4　空载试车不低于 0.5h。

5.2.2 负载试车

5.2.2.1 空载试车时所发现的问题应全部整修完毕，使设备具备良好的机械状态。空载试车记录应完整无缺；
5.2.2.2 在试车中应将所发现的各种问题做好记录，应立即整改，整改后再继续试车，使设备运转平稳、满足工艺要求；
5.2.2.3 试车时间为 72h。

5.3 验收

5.3.1 验收时必须具备下列条件：
5.3.1.1 达到规定试车时间，运行状况良好；
5.3.1.2 检修记录、试车记录等技术资料齐全、准确；
5.3.2 检修质量按本规程 4.3.2 规定的检修质量标准进行验收；
5.3.3 设备技术状态达到完好标准；
5.3.4 按规定办理交接验收手续；
5.3.5 检修现场按照文明施工的要求，做到工完、料尽、场地清。

6 维护与故障处理

6.1 日常维护

6.1.1 维护内容

6.1.1.1 检查联轴器的振动和噪音情况，视情况作相应调整；
6.1.1.2 检查各处轴承的润滑及工作情况，视情况更换或添加润滑油（脂）；
6.1.1.3 检查有机玻璃门开关应灵活、到位，视情况作相应调整；
6.1.1.4 检查所有零部件的固定螺栓应无缺损和松动，应及时补充或紧固；
6.1.1.5 检查气动元件工作情况，视情况作相应调整；
6.1.1.6 检查各牵引辊表面光洁无挂丝，视情况更换修理；
6.1.1.7 检查、处理运行中发生的其他缺陷；
6.1.1.8 检查小车车轮完好和缠丝情况，及时更换和清理；
6.1.1.9 检查摆网摆动平稳状况，应及时进行调整；
6.1.1.10 检查油杯油位应保持正常（不超过 2/3）油雾器油路畅通。

6.1.2 维护时间

6.1.2.1 操作工按照《操作规程》对设备进行巡检；
6.1.2.2 运保人员每天巡回检查不少于 2 次。

6.2 常见功能故障与处理方法

干法腈纶丝束装桶机常见功能故障与处理方法见表 4。

表 4 干法腈纶丝束装桶机常见功能故障与处理方法

功能	功能故障	故障模式	故障后果	故障应对策略与检修内容	检修周期 / 月
保证机组连续运转	传动系统运行不正常	滚动轴承损坏	非计划停车	定期定量补油，根据润滑油更换计划定期更换润滑油；根据检修周期更换滚动轴承。	24 ～ 36
		联轴器磨损		更换联轴器	视情况而定
	减速机故障	联轴器对中不良	减速机振动大	重新对中	视情况而定
		滚子或齿轮磨损	减速机振动大、异声	更换配件	36 ～ 48
		轴承磨损	减速机振动大、异声	更换轴承	
		润滑油不足	减速机温度过高	加润滑油	视情况而定
		超负荷	减速机温度过高	查找超负荷原因并处理	
	丝束摆幅不均	气缸损坏	非计划停车	更换密封	视情况而定
		摆丝靴挂丝		处理挂丝	
	油缸不动作	密封损坏	非计划停车	更换密封	视情况而定
		电磁阀坏		更换电磁阀	
		压缩空气压力不足		调整压力	
	不进丝	电器故障	非计划停车	检查修复	视情况而定
		牵引辊不到位		检查调整	
		齿轮箱或联轴器损坏		检查修复	
	油缸速度慢	电磁换向阀失灵	非计划停车	检查并更换	视情况而定
		单向节流阀故障		重新调整或更换	
		阀油缸或管道有外漏		检查并更换	

表 4　干法腈纶丝束装桶机常见功能故障与处理方法（续）

功能	功能故障	故障模式	故障后果	故障应对策略与检修内容	检修周期 / 月
保证机组连续运转	罗拉晃动	轴承损坏	非计划停车	更换轴承	视情况而定
		轴弯或轴磨损		更换轴	
		锁紧螺母松动		重新调整锁紧螺母	
	罗拉缠丝	罗拉表面有划痕、毛糙	产品质量不受控	停车处理或更换	视情况而定
	气缸不动作	气缸密封损坏	非计划停车	检查更换	视情况而定
		电磁阀坏		检查更换	
	电流过流跳车	电机绝缘降低	非计划停车	检查更换电机	视情况而定
		齿轮箱润滑不良		检查油路或补油	
		罗拉绕辊		处理绕辊	

附 录 A
（资料性附录）
丝束装桶机检修质量控制确认表

项目	主要控制内容			等级	施工单位	生产装置	设备管理部门	备注
	标准值	部位	现场记录					
拆卸时检测								
轴向窜动量	0.10 ～ 0.15mm	轴端面		B	★	★		
蜗轮蜗杆磨损率	≤ 20%	齿厚		B	★	★		
齿轮啮合侧隙	0.10 ～ 0.20mm	齿厚		B	★	★		
上下箱盖间隙	≤ 0.05mm	上下箱盖间		B	★	★		
轴承压盖与轴承间的游隙	0.1 ～ 0.15mm	轴承压盖与轴承间		B	★	★		
两导轨平行度	≤ 0.5/1000	两导轨端面		B	★	★		
导轨上表面磨损量	＜ 1mm	导轨上表面		B	★	★		
主动辊径向圆跳动	＜ 0.30mm	主动辊外侧圆周方向		B	★	★		
主动辊与挤压辊平行度	＜ 0.12mm	主动辊与挤压辊间		B	★	★		
主、从牵引辊相对位置最小间隙	＜ 0.10mm	主、从牵引辊间		B	★	★		
挤压辊外径向圆跳动	＜ 0.30mm	挤压辊外侧圆周方向		B	★	★		
导丝辊径向圆跳动	＜ 0.30mm	导丝辊外侧圆周方向		B	★	★		
导丝辊平行度	＜ 0.30mm	两导丝辊间		B	★	★		
导轨水平度	≤ 0.5/1000	导轨上表面		B	★	★		
导轨上表面磨损量	＜ 1mm	导轨上表面		B	★	★		
联轴器两端同轴度	≤ 0.15mm	联轴器径向		B	★	★		
联轴器两端面平行度	≤ 0.10mm	联轴器端面		B	★	★		
联连轴器两端面间隙	0.5 ～ 1mm	联轴器端面		B	★	★		
机台横向水平度	≤ 0.10/1000	机台表面		B	★	★		
机台纵向水平度	≤ 0.15/1000	机台表面		B	★	★		

丝束装桶机检修质量控制确认表（续）

项目	主要控制内容			等级	施工单位	生产装置	设备管理部门	备注
	标准值	部位	现场记录					
回装时检测								
轴向窜动量	0.10～0.15mm	轴端面		B	★	★		
蜗轮蜗杆磨损率	≤20%	齿厚		B	★	★		
齿轮啮合侧隙	0.10～0.20mm	齿厚		B	★	★		
上下箱盖间隙	≤0.05mm	上下箱盖间		B	★	★		
轴承压盖与轴承间的游隙	0.1～0.15mm	轴承压盖与轴承间		B	★	★		
两导轨上表面平行度	≤0.5/1000	两导轨端面		B	★	★		
导轨上表面磨损量	＜1mm	导轨上表面		B	★	★		
主动辊径向圆跳动	＜0.30mm	主动辊外侧圆周方向		B	★	★		
主动辊与挤压辊平行度	＜0.12mm	主动辊与挤压辊间		B	★	★		
主、从牵引辊相对位置最小间隙	＜0.10mm	主、从牵引辊间		B	★	★		
挤压辊外径向圆跳动	＜0.30mm	挤压辊外侧圆周方向		B	★	★		
导丝辊径向圆跳动	＜0.30mm	导丝辊外侧圆周方向		B	★	★		
导丝辊平行度	＜0.30mm	两导丝辊间		B	★	★		
导轨上表面平行度	≤0.5/1000	导轨上表面		B	★	★		
导轨上表面磨损量	＜1mm	导轨上表面		B	★	★		
两端同轴度	≤0.15mm	联轴器径向		B	★	★		
两端面平行度	≤0.10mm	联轴器端面		B	★	★		
两端面间隙	0.5～1mm	联轴器端面		B	★	★		
机台横向水平度	≤0.10/1000	机台表面		B	★	★		
机台纵向水平度	≤0.15/1000	机台表面		B	★	★		

注：A级：施工单位、生产装置、设备管理部门专业人员检查确认后签字。
B级：施工单位和生产装置专业人员检查确认后签字。
C级：施工单位专业人员检查确认后签字。
另：如果有监理，监理的职责由甲方授权。

附　录　B
（资料性附录）
丝束装桶机试车与验收数据记录表

设备名称		位号		工作介质	
驱动机种类		转速	r/min	试车介质	
试车类别	□空负荷□负荷	环境温度	℃	试车日期	
连续运转时间	h	启动电流	A		

检查项目		设计值／允许值	实测值								
运行记录时刻											

试车情况：	
试车结论：	
验收意见	生产装置：
	施工单位：
	设备管理部门：

说明：生产装置组织单机试车与验收，其中主要设备的大修由设备管理部门参与验收，其余均由生产装置、施工单位双方共同验收。

39. 干法腈纶打包机维护检修规程

SHS 04351—2019

代替 SHS 04351—2004

目　　次

前　言

本规程按照GB/T 1.1—2009《标准化工作导则　第1部分：标准的结构和编写》给出的规则起草。

本规程代替SHS 04351—2004《HV803A型打包机维护检修规程》，与SHS 04351—2004相比，除了编辑性修改外，主要技术变化如下：

——增加了规范性引用文件；

——细化了拆卸与检测、回装与质量标准；

——增加了电气、仪表的检修项目；

——增加了减速箱及传动系统拆装内容；

——常见功能故障与处理部分按RCM分析方法重新编制；

——增加“附录A　打包机检修质量控制确认表”；

——增加“附录B　打包机试车与验收数据记录表”。

本规程由中国石油化工集团有限公司、中国石油化工股份有限公司提出。

本规程起草单位：中国石油化工股份有限公司齐鲁分公司。

本规程主要起草人：赵亮。

本规程历次版本发布情况：

——SHS 04351—2004。

干法腈纶打包机维护检修规程

1 范围

1.1 主题内容

本规程规定了干法腈纶打包机维护检修周期与内容、检修程序与质量标准、试车与验收、维护与故障处理。

1.2 适用范围

本规程适用于干法工艺腈纶打包机的维护与检修。

2 规范性引用文件

下列文件中的条款通过本规程的引用而成为本规程的条款。凡是注日期的引用文件，其随后所有的修改单（不包括勘误的内容）或修订版均不适用于本规程，然而，鼓励根据本规程达成协议的各方研究是否可使用这些文件的最新版本。凡是不注日期的引用文件，其最新版本适用于本规程。

GB 50236 现场设备、工业管道焊接工程施工规范

GB 50235 工业金属管道工程施工规范

GB 50231 机械设备安装工程施工及验收通用规范

GB/T 15753 圆弧圆柱齿轮精度

GB/T 3766 液压传动系统及其元件的通用规则和安全要求

SH/T 3503 石油化工建设工程项目交工技术文件规定

FZ/T 99014 纺织机械电气设备 通用技术条件

3 检修周期与内容

3.1 检修周期

根据干法腈纶打包机系统功能故障及影响分析的结果，并结合生产装置运行周期确定检修周期，一般为 36 个月。

3.2 检修内容

3.2.1 检查油雾器，更换损坏件并加油；

3.2.2 检查空气滤气器，更换滤芯；
3.2.3 检查转箱油缸，更换密封件、链条并润滑；
3.2.4 检查气动马达，更换轴承等损坏件并加油；
3.2.5 检查大、小门更换密封，调整间隙；
3.2.6 检查提箱密封，更换毛刷密封，调整间隙；
3.2.7 检查减速箱，更换损坏的轴、轴承、齿轮、密封件；
3.2.8 检查成品包输送辊子，更换轴承；
3.2.9 液压泵站清洗换油，更换滤油器滤芯，阀组密封件；
3.2.10 检查柱塞泵、齿轮泵更换磨损的联轴器；
3.2.11 检查油路管道，处理漏油点；
3.2.12 检查气缸，清洗更换密封件、活塞环；
3.2.13 检查调校主压立柱、预压立柱、中心立柱；
3.2.14 检查更换各轴承（进料门、排料门、小门、大门轴、提箱转箱）并加油润滑；
3.2.15 更换主压缸铜套及密封件，并调校动作；
3.2.16 更换预压缸铜套及密封件，并调校动作、预压头整形；
3.2.17 检查清洗气动元件（油雾器、过滤器、调速阀、减压阀）管路、更换损坏件；
3.2.18 检查蜗轮蜗杆锁门机构更换损坏轴承并加油；
3.2.19 检查提升机构，更换气缸并调整弹簧；
3.2.20 检查更换损坏的压力表和温度计；
3.2.21 检查清洗单向节流阀和插装阀，更换损坏件；
3.2.22 检查压缩空气出、入口阀门，更换垫片处理漏点；
3.2.23 检查地毯开关保持完好；
3.2.24 检查电机、控制系统等完好情况，维修更换；
3.2.25 检查自控阀、气动元件、控制系统等完好情况，维修更换；
3.2.26 整机全面做防腐处理。

4 检修程序与质量标准

4.1 检修前准备

4.1.1 根据设备运行技术状态和监测记录，分析故障原因，明确故障部位；
4.1.2 编制检修计划、内容完整，准备必要的图纸资料；
4.1.3 制定施工方案，明确技术要求，图、表齐全，符合设备安全、环保要求；
4.1.4 施工前组织施工人员进行技术交底，将方案内容、技术、质量等要求交代清楚；
4.1.5 准备检修工器具、清洗剂和润滑油（脂）等；
4.1.6 落实安全防护措施与环保要求；
4.1.6.1 办理好各类进场检修施工手续；

4.1.6.2　检修前切断机台电源等能源，并且挂安全警示牌；

4.1.6.3　停车检修前需确认工艺处置是否满足检修要求；

4.1.6.4　备好相应物料收集桶，避免环境污染；

4.1.6.5　检修人员个人防护必须符合劳保着装规定要求，施工器具验收合格，并落实施工监护人；

4.1.6.6　现场设置施工作业管理牌，落实好文明检修相关准备要求。

4.2　拆卸与检测

4.2.1　主压油缸

4.2.1.1　打开液压站阀门，利用活塞杆重量排放主压油缸下腔液压油；

4.2.1.2　在主压油缸下方放置支撑物，拆卸主压头，检查密封，更换失效件；

4.2.1.3　拆卸主压油缸上腔油管，旋开上腔圆螺母；拆卸下腔端盖螺栓；

4.2.1.4　在油缸活塞顶端安装吊环；

4.2.1.5　用专用工具将活塞杆拉出活塞，检查主压缸内壁和活塞杆表面划痕，更换失效件；

4.2.1.6　拆卸主压油缸上、下腔铜套、密封，检查磨损情况，更换失效件；

4.2.1.7　拆卸活塞杆密封，检查磨损情况，更换失效件；

4.2.1.8　拆卸法兰、接头、检查密封情况，更换失效件。

4.2.2　预压缸

4.2.2.1　停压缩空气，在预压下方挂住预压头，防止预压头下落；

4.2.2.2　拆卸预压顶部管道，旋开上盖；

4.2.2.3　在预压活塞杆顶端安装吊环，松开上、下腔端盖螺栓；

4.2.2.4　用专用工具将活塞杆拉出活塞，检查预压缸内壁和活塞杆表面划痕，更换失效件；

4.2.2.5　拆卸预压缸上、下腔铜套、密封，检查磨损情况，更换失效件；

4.2.2.6　拆卸活塞杆密封，检查磨损情况，更换失效件；

4.2.2.7　拆卸法兰、接头、检查密封情况，更换失效件；

4.2.2.8　拆卸预压头，检查翅片，更换失效件。

4.2.3　气动系统

4.2.3.1　拆卸各气缸（计量门、排料门、提升、定位、大门、小门、止棉等）拆检、清洗更换密封件；

4.2.3.2　拆卸油雾器、过滤器、调速阀、油雾器、减压阀，检查清洗，更换损坏件；

4.2.3.3　拆卸空气滤气器，更换滤芯；

4.2.3.4　检查气路，更换压缩空气软管，处理漏气，调整压缩空气管线；

4.2.3.5 拆卸气动马达，检查轴承、滑片使用情况，更换失效件。

4.2.4 机架及其他

4.2.4.1 用专用工具吊住中心立柱，松开立柱固定环，拉起立柱，检查上、下对开轴承的松动情况，更换失效件；
4.2.4.2 把大门打开，伸展180°，两侧支持保持平衡；
4.2.4.3 把大门立柱的固定螺栓松开，将两扇大门移出打包机500mm，在立柱上方用专用工具将立柱慢慢拉出，检查轴承、铜套磨损情况，更换失效件；
4.2.4.4 拆卸小门，检查滑轮、轴承磨损情况，更换失效件；
4.2.4.5 拆卸止棉装置，检查链条、止棉棒磨损情况，更换失效件；
4.2.4.6 拆卸蜗轮蜗杆锁门机构，检查齿轮、锁门舌头的磨损情况，轴、轴承、油封完好情况，更换失效件；
4.2.4.7 拆卸提升机构，检查弹簧、压条使用情况，更换失效件；
4.2.4.8 拆卸帘密封更换新的帘密封；
4.2.4.9 拆卸大、小门密封，更换新的密封条；
4.2.4.10 拆卸提箱毛刷密封，更换新的提箱密封；
4.2.4.11 拆卸大门，检查大门拉杆、门闸框体、铜套磨损情况，更换失效件；
4.2.4.12 拆卸输送小车减速箱，检查蜗轮、蜗杆磨损情况，轴、轴承、油封完好情况，更换失效件；
4.2.4.13 拆卸输送小车，检查链轮、链条磨损情况，更换失效件；
4.2.4.14 检查更换成品包输送辊子轴承；
4.2.4.15 检查棉箱，整形、修补、清理表面划痕；
4.2.4.16 检查计量斗门、进料斗门开焊、变形，补焊或调校；
4.2.4.17 拆卸计量斗门、进料斗门气缸，检查密封情况，更换失效件；
4.2.4.18 清理打包机地坑油污、杂物。

4.2.5 液压系统

4.2.5.1 拆卸转箱油缸，检查密封磨损情况，更换失效件；
4.2.5.2 拆卸转箱油缸传动链条，检查链条磨损情况，更换失效件；
4.2.5.3 液压站油箱放油，清理油箱；
4.2.5.4 拆卸液压站各滤油器滤芯，检查清理堵塞，更换失效件；
4.2.5.5 拆卸液压站节流阀和插装阀，检查密封件磨损情况，更换失效件；
4.2.5.6 检查更换损坏的压力表和温度计；
4.2.5.7 拆卸高压油管更换垫片；
4.2.5.8 拆卸柱塞泵护罩、联轴器，检查联轴器磨损情况，更换失效件；
4.2.5.9 拆卸柱塞泵，检查轴承、花键轴磨损情况，更换失效件；

4.2.5.10 拆卸定位缓冲器，检查密封使用情况，更换失效件。

4.3 回装与质量标准

4.3.1 回装程序与要求

4.3.1.1 主压油缸

a) 将活塞杆放入油缸中，安装主压油缸上、下腔铜套、密封，活塞杆密封，运行平稳无卡顿，无泄漏，无噪音；

b) 安装端盖密封圈，旋上上腔圆螺母，安装上腔油管，更换法兰、接头密封圈，无泄漏；

c) 安装下腔端盖，加装 5 ～ 7 片铜垫片，上紧螺栓，无泄漏；

d) 主压头更换接油槽密封圈，再安装主压头；

e) 安装下腔油管更换法兰、接头密封圈。

4.3.1.2 预压缸

a) 将活塞杆放入预压缸中，安装预压缸上、下腔铜套、上腔密封，下腔活塞杆密封，由于上腔铜套是过渡配合在安装时要先将铜套均匀加热，待铜套热膨胀后安装。运行平稳无卡顿，无泄漏，无噪声；

b) 拆掉吊点，安装上、下腔端盖，连接管线，无泄漏；

c) 安装法兰、接头更换密封圈；

d) 安装预压头，更换变形的翅片，光滑无毛刺。

4.3.1.3 气动系统

a) 安装各气缸（计量门、排料门、提升、定位、大门、小门、上棉等）动作灵敏、无泄漏；

b) 安装油雾器、过滤器、调速阀、油雾器、减压阀，油雾器油量 1/2 ～ 3/5，无泄漏；

c) 安装空气滤气器，更换滤芯，无泄漏；

d) 安装压缩空气软管，无泄漏；

e) 安装气动马达，更换齿轮、滑片、轴承，运行灵活到位，无泄漏，无噪音；

f) 安装压缩空气管线，要求横平竖直，管线固定，无泄漏。

4.3.1.4 机架及其他

a) 更换中心立柱轴承，用专用工具将中心立柱安放到位，紧固立柱固定环，旋转平稳，无卡顿、噪声；

b) 安装大门立柱，更换轴承、铜套，用专用工具将大门立柱安装到位，紧固立柱下方螺母，将大门推到打包机框体用螺栓连接固定，运转灵活，无卡顿、噪音；

c) 安装小门，更换滑轮、轴承，运转灵活，无卡顿、噪声；

d) 安装止棉装置，更换气缸、链条、止棉棒，气缸及管线无泄漏，链条各节链片安装后应松紧适度，止棉棒光滑无变形，运转灵活，无卡死现象；

e）安装蜗轮蜗杆锁门机构，更换齿轮、轴承，运转灵活，无卡顿、噪音，无泄漏，锁门斜铁接触情况一致且良好；

f）安装提升机构，更换弹簧、提升气缸，运行到位，无泄漏；

g）安装新的帘密封，帘密封完好，无漏棉；

h）安装大、小门密封，用压条紧固，无漏棉；

i）安装新的毛刷提箱密封，间隙合适，无漏棉；

j）安装大门，更换大门拉杆、门闸框体、铜套；配合良好，动作到位；

k）安装输送小车减速箱，更换齿轮、轴承，运行平稳，无泄漏，链条各节链片安装后应松紧适度，转动灵活，无卡死现象；

l）安装更换损坏的成品包输送辊子轴承，运转灵活，辊表面光滑；

m）检查棉箱，整形、修补、清理表面划痕，表面光滑无挂丝；

n）修补开焊、变形的计量斗门、进料斗门 ，无变形，表面光滑无挂丝；

o）更换计量斗门、进料斗门气缸，开闭应平稳，配合良好，动作到位，气缸杆伸出长度应调节准确，进料斗关闭后应无缝隙。

4.3.1.5　液压系统

a）安装转箱油缸，更换失效的密封，动作灵活，无泄漏；

b）安装转箱油缸传动链条各节链片安装后应松紧适度，转动灵活，无卡死现象；

c）液压站更换滤芯，无变形、堵塞；

d）检查液压站节流阀和插装阀，更换密封件，阀体无泄漏；

e）更换损坏的压力表和温度计，仪表显示准确、正常；

f）安装高压油管更换垫片，无泄漏；

g）安装柱塞泵，更换轴承，运转灵活，无卡顿、噪声，无泄漏；

h）安装柱塞泵联轴器，更换磨损的链轮、链条，传动部件转动灵活，安装护罩并紧固；

i）液压站油箱清理干净，封闭端盖，加装液压油，无泄漏；

j）安装定位缓冲器，更换密封，运行平稳，定位准确。

4.3.2　检修质量标准

4.3.2.1　机架部分检修质量标准见表 1。

表 1　机架部分检修质量标准

序号	检验项目	质量标准	检验方法
1	底座纵向水平	0.1/1000	水平仪
2	底座横向水平	0.1/1000	水平仪
3	底座中心线与安装基准线	±1mm	钢板尺
4	底座顶面水平度	0.1/1000	水平仪

表 1　机架部分检修质量标准（续）

序号	检验项目	质量标准	检验方法
5	主压立柱、预压立柱与底座安装刻线	±0.5mm	钢板尺
6	顶横梁中心与底座中心	±0.5mm	钢板尺
7	顶横梁主压侧底面水平度	0.25/1000	水平仪
8	底座主压侧端垂直度	0.15/1000	水平仪
9	底座预压侧端面垂直度	0.2/1000	框式水平仪
10	主压立柱，中心立柱，预压立柱三者中心线与底座中心线偏差	≤ 1mm	钢板尺
11	中心立柱垂直度	0.2/1000	框式水平仪
12	主压立柱上安装主压油缸平面的水平	0.1/1000	水平仪
13	预压立柱顶面的水平（横向）	0.3/1000	水平仪
14	主压立柱与中心立柱卡环相接触平面的水平（纵向）	0.1/1000	水平仪

4.3.2.2　油缸检修质量标准见表 2。

表 2　油缸检修质量标准

序号	检验项目	质量标准	检验方法
1	主压油缸活塞杆的垂直度	0.1/1000	水平仪
2	预压气缸料仓机架上 700×700 平面的水平	纵向 0.2/1000 横向 0.2/1000	水平仪
3	预压缸的垂直度	0.2/1000	水平仪
4	转箱油缸活塞杆的水平	0.1/1000	水平仪
5	转箱油缸传动链条张紧状态	适中	手检
6	转箱油缸在端面定位时活塞杆离缸底距离	4 ～ 8mm	钢板尺

4.3.2.3　纤维箱部分检修质量标准见表 3。

表 3　纤维箱部分检修质量标准

序号	检验项目	质量标准	检验方法
1	大小门之间缝隙	1 ～ 3mm	塞尺
2	大小门大平面的垂直度	0.1/1000mm	直角弯尺，塞尺
3	锁门斜铁接触情况	一致且良好	目测

4.3.2.4　联轴器部分检修质量标准见表 4。

表 4　联轴器部分检修质量标准

序号	检验项目	质量标准	检验方法
1	同轴度	≤ 0.15mm	钢板尺、百分表
2	二端面平行度	≤ 0.10mm	塞尺
3	端面间隙	0.5 ～ 1mm	塞尺

4.3.2.5　气动原件部分检修质量标准见表 5。

表 5　气动原件部分检修质量标准

序号	检验项目	质量标准	检验方法
1	气缸动作	灵活	目测
2	过滤器	清洁	目测
3	油雾器	清洁	目测
4	调速阀	灵敏	手检
5	油雾器油量	1/2 ～ 3/5	目测
6	动作一次油雾器滴油	1 ～ 2 滴	目测

4.3.2.6　链条链轮检修质量标准见表 6。

表 6　链条链轮检修质量标准

序号	检验项目	质量标准	检验方法
1	侧面平齐	≤ 0.5mm	钢板尺
2	链条磨损率	≤ 20%	塞尺
3	链条润滑	良好	目测
4	链轮	无明显磨损	目测

4.3.2.7　蜗轮箱检修质量标准见表 7。

表 7　蜗轮箱检修质量标准

序号	检验项目	质量标准	检验方法
1	轴承	无明显松动 无明显磨损严重 润滑良好	手检
2	轴向窜动	0.10 ～ 0.15mm	百分表或深度尺
3	动、静密封	无渗漏	目测
4	蜗轮蜗杆磨损率	≤ 20%	塞尺

表 7　蜗轮箱检修质量标准（续）

序号	检验项目	质量标准	检验方法
5	传动状态	灵活无振动	目测
6	油箱内部油品	润滑良好	目测或油品检测

4.3.2.8　减速箱检修质量标准见表 8。

表 8　减速箱检修质量标准

序号	检验项目	质量标准	检验方法
1	齿轮啮合侧隙	0.2 ～ 0.4mm	塞尺
2	表面接触沿齿宽	60%	游标卡尺
3	表面接触沿齿高	50%	游标卡尺
4	轴承	无明显松动 无明显磨损严重 润滑良好	手检
5	停车时油位	1/2 ～ 3/5	目测

4.3.2.9　液压泵检修质量标准见表 9。

表 9　液压泵检修质量标准

序号	检验项目	质量标准	检验方法
1	油量	960 ～ 1200L	目测
2	油质分析	润滑良好	目测或油品检测
3	联轴器	无异常	目测
4	油泵	表面无杂物	目测
5	滤油器	无破损	目测

4.3.2.10　其他部分检修质量标准见表 10。

表 10　其他部分检修质量标准

序号	检验项目	质量标准	检验方法
1	机件	无缺陷	目测
2	紧固件	无缺陷	手检
3	防腐	良好	目测
4	设备	清洁、光滑平整	目测
5	管路	清洁	吹扫

5 试车与验收

5.1 试车前准备

5.1.1 检查各管路接头已经接通拧紧，并将各气柜的截止阀关闭；
5.1.2 检查调压阀调节螺杆无松开，并将调速阀调节到阻压较大位置；
5.1.3 检查在未通压缩空气之前，先校正各换向阀电磁铁的动作与操作箱上按钮动作应相对应；
5.1.4 全面检查各紧固件的联接和传动件的结合情况；
5.1.5 检查各润滑点油位和润滑油脂添加情况；
5.1.6 全面检查电气、仪表、气路、水路和管路；
5.1.7 检查安全罩和安全装置应齐全、有效；
5.1.8 对上述所有检查内容确认正常后试车。

5.2 试车

5.2.1 空载试车

5.2.1.1 空载试车必须在本规程 5.1 各项检查完成后进行；
5.2.1.2 连续运行前，各电机必须进行点动，观察和检查连接部位无异常；
5.2.1.3 连续运行，检查各传动部位无异响、异振，电流有无明显波动；
5.2.1.4 点动、然后空运转柱塞泵 15min，运转声音正常无压力脉冲振动，温升和噪音无异常；
5.2.1.5 手动操作主压上升，禁止撞缸顶，主压上升时上腔放气；
5.2.1.6 手动操作主压下降，禁止撞缸底，离下压板 550mm 即可以下腔放气；
5.2.1.7 主压下降时可调节 CV3 节流手柄，使主压下降时不爬行；
5.2.1.8 操作主压上升、下降，动作准确，活塞运行平稳；
5.2.1.9 点动齿轮泵，运行 15min，温升及噪音无异常；
5.2.1.10 手动操作转箱动作，需对管子排气，调整转箱速度；
5.2.1.11 操作转箱动作，动作准确，活塞运行平稳；
5.2.1.12 接通压缩空气，调节预压升降运行，消除预压升停时的缓冲；
5.2.1.13 调节预压升降速度，速度不得过快而撞缸底；
5.2.1.14 依次调节计量、排料大小门、止棉、提升、定位等各气缸运转，使之运行平稳，动作时间在规定范围内（按质量标准）；
5.2.1.15 可多次重复以上各动作，使其真正达到运行平稳；
5.2.1.16 空载试车不得少于 8h。

5.2.2 负载试车

5.2.2.1 空载试车时所发现的问题应全部整修完毕，使设备具备良好的机械状态。空载试车记录应完整无缺；

5.2.2.2 在试车中应将所发现的各种问题做好记录，应立即整改，整改后再继续试车，使设备运转平稳、满足工艺要求；

5.2.2.3 与烘干机匹配使用；

5.2.2.4 在投料过程中根据现场情况继续调整各动作；

5.2.2.5 整机运转平稳，无卡、阻、振动、异声；

5.2.2.6 负载试车不得少于 72h。

5.3 验收

5.3.1 验收时必须具备下列条件：

5.3.1.1 达到规定试车时间，运行状况良好；

5.3.1.2 检修记录、试车记录等技术资料齐全、准确；

5.3.2 检修质量按本规程 4.3.2 规定的检修质量标准进行验收；

5.3.3 设备技术状态达到完好标准；

5.3.4 按规定办理交接验收手续；

5.3.5 检修现场按照文明施工的要求，做到工完、料尽、场地清。

6 维护与故障处理

6.1 日常维护

6.1.1 维护内容

6.1.1.1 检查液压站和各管路应无明显泄漏，有泄漏则及时消漏；

6.1.1.2 检查各处轴承的润滑及工作情况，视情况更换或添加润滑油（脂）；

6.1.1.3 检查联轴器的振动和噪音情况，视情况应及时进行维修；

6.1.1.4 检查提箱密封、帘密封，大门密封，视情况更换修理；

6.1.1.5 检查主、预压活塞杆无划痕，检查集油管的油量，视情况作相应调整；

6.1.1.6 检查所有零部件的固定螺栓应无松动现象，松动则及时紧固；

6.1.1.7 检查气动元件工作情况，视情况作相应调整；

6.2.1.8 检查地毯开关工作状态应保持正常，视情况更换修理；

6.2.1.9 检查油杯油位应保持正常（不超过 2/3）；视情况作相应调整；

6.2.1.10 检查液压站油箱油位正常，视情况作相应调整；

6.2.1.11 检查、处理运行中发生的其他缺陷。

6.1.2 维护时间：

6.1.2.1 操作工按照《操作规程》对设备进行巡检；

6.1.2.2 运保人员每天巡回检查不少于2次。

6.2 常见功能故障与处理方法

干法腈纶打包机常见功能故障与处理方法见表11。

表11 干法腈纶打包机常见功能故障与处理方法

功能	功能故障	故障模式	故障后果	故障应对策略与检修内容	检修周期／月
保证机组连续运转	进料门不能进行正常的半开动作	进料门的限位开关不动作	非计划停车	更换或调节限位开关	视情况而定
		排料门气缸不动作	非计划停车	检查更换气缸、电磁阀	
		控制装置发生故障	非计划停车	更换控制继电器	
	自动运转时计量结束但不排出纤维	不发出定量前检测信号	非计划停车	检查定量前设定开关，更换放大器（ANP）A/D插件	视情况而定
		流量调整不当	非计划停车	调整定量前设定值，更换流量调节板	
		控制装置发生故障	非计划停车	更换控制继电器	
	计量精度不高	精度不稳定	产品质量不受控	重新调整	视情况而定
		调整值出现误差		重新调整	
	液压系统产生异常噪声（泵体）	泵吸油管、吸油滤器堵塞	非计划停车	清洗吸油管、油滤器	视情况而定
		吸油管道及接头部位漏进空气		拧紧或更换密封垫	
		泵轴、密封处漏气		更换密封件	
		泵固定螺栓松动		拧紧螺栓	
	液压系统产生异常噪音（溢流阀）	主阀芯卡住引起活动不灵活	非计划停车	检查，重新装配	视情况而定
		先导式溢流阀的锥阀过度磨损		更换先导式溢流阀	
		弹簧与排气口的空气混振		全部排出空气并检查混入空气的部位	
	液压系统产生异常噪音	各机械部分的紧固螺栓松动	非计划停车	拧紧螺栓	视情况而定
		管道支架固定件松动		固定支架	

表 11　干法腈纶打包机常见功能故障与处理方法（续）

功能	功能故障	故障模式	故障后果	故障应对策略与检修内容	检修周期／月
保证机组连续运转	系统无压力或压力下降（油泵）	油箱油量少	非计划停车	检查油箱液位及时补充必要的油量	视情况而定
		泵的吸入管和吸滤器堵塞		清洗吸滤器和油箱，更换新液压油	
		从吸油管漏进空气		检查并排除空气	
		泵运转性能不好		检查泵的运行	
	系统无压力或压力下降（溢流阀）	设定压力过低	非计划停车	重新设定压力	视情况而定
		阀节流塞小孔堵塞		清洗	
		先导式溢流阀阀座损伤		更换先导溢流阀	
		先导式溢流阀弹簧永久变形或断裂		更换弹簧	
		主阀阀芯卡住或损伤		研磨或更换	
	系统无压力（其他）	管路有破损	非计划停车	检查管路并修理	视情况而定
		元件密封件损坏		检查并更换	
		压力表损坏		检查并更换	
		电磁换向阀损坏		检查并更换	
	油缸不动作	电磁换向阀失灵	非计划停车	检查并更换	视情况而定
		阀芯卡住或球式阀密封不好		检查并更换	
		油缸卡住		检查并更换	
	油缸速度慢	电磁换向阀失灵	非计划停车	检查并更换	视情况而定
		单向节流阀故障		重新调整或更换	
		阀油缸或管道有外漏		检查并更换	

附 录 A
（资料性附录）
干法腈纶打包机检修质量控制确认表

项目	主要控制内容			等级	施工单位	生产装置	设备管理部门	备注
	标准值	部位	现场记录					
拆卸时检测								
活塞杆的垂直度	≤ 0.10/1000	活塞杆表面		B	★	★		
主压立柱与底座安装刻线	±0.5mm	主压立柱与底座		B	★	★		
主压立柱上安装主压油缸平面的水平	≤ 0.10/1000	主压立柱平面		B	★	★		
底座主压侧端垂直度	≤ 0.15/1000	底座主压侧端		B	★	★		
顶横梁主压侧底面水平度	≤ 0.25/1000	顶横梁主压侧底面		B	★	★		
活塞杆	光滑无磨损、毛刺	活塞杆		B	★	★		
预压气缸料仓机架上700×700平面的水平，纵向	≤ 0.20/1000	预压气缸料仓机架平面		B	★	★		
预压气缸料仓机架上700×700平面的水平，横向	≤ 0.20/1000	预压气缸料仓机架横向面		B	★	★		
预压缸的垂直度	≤ 0.20/1000	预压缸		B	★	★		
预压立柱与底座安装刻线	±0.5mm	预压立柱与底座		B	★	★		
预压立柱顶面的水平（横向）	≤ 0.30/1000	预压立柱顶面		B	★	★		
底座预压侧端面垂直度	≤ 0.20/1000	底座预压侧端面		B	★	★		
大、小门平面的垂直度	≤ 0.10/1000	大、小门平面		B	★	★		
大、小门间隙	1 ～ 3mm	大、小门间隙		B	★	★		

干法腈纶打包机检修质量控制确认表（续）

项目	主要控制内容			等级	施工单位	生产装置	设备管理部门	备注
	标准值	部位	现场记录					
转箱油缸活塞杆的水平度	≤0.10/1000	转箱油缸活塞杆		B	★	★		
转箱油缸在端面定位时活塞杆离缸底距离	4～8mm	转箱油缸端面		B	★	★		
链轮平行度	≤0.5mm	链轮表面		B	★	★		
两侧链条侧面平齐	≤0.5mm	两链条侧面		B	★	★		
链条磨损率	≤20%	链条						
顶横梁中心与底座中心	±0.5mm	顶横梁中心		B	★	★		
轴向窜动量	0.10～0.15mm	轴端面		B	★	★		
齿轮啮合侧隙	0.10～0.20mm	齿轮啮合面		B	★	★		
气缸杆水平度	≤0.3/1000	气缸杆		B	★	★		
中心立柱垂直度	≤0.20/1000	中心立柱垂直度		B	★	★		
主压立柱，中心立柱，预压立柱三者中心线与底座中心线偏差	≤1mm	主压立柱，中心立柱，预压立柱三者中心线与底座中心线偏差		B	★	★		
主压立柱与中心立柱卡环相接触平面的水平（纵向）	≤0.10/1000	主压立柱与中心立柱卡环相接触平面的水平（纵向）		B	★	★		
回装时检测								
活塞杆的垂直度	≤0.10/1000	活塞杆表面		B	★	★		
主压立柱与底座安装刻线	±0.5mm	主压立柱与底座		B	★	★		
主压立柱上安装主压油缸平面的水平	≤0.10/1000	主压立柱平面		B	★	★		
底座主压侧端垂直度	≤0.15/1000	底座主压侧端		B	★	★		
顶横梁主压侧底面水平度	≤0.25/1000	顶横梁主压侧底面		B	★	★		

干法腈纶打包机检修质量控制确认表（续）

项目	主要控制内容			等级	施工单位	生产装置	设备管理部门	备注
	标准值	部位	现场记录					
活塞杆	光滑无磨损、毛刺	活塞杆		B	★	★		
预压气缸料仓机架上 700×700 平面的水平，纵向	≤ 0.20/1000	预压气缸料仓机架平面		B	★	★		
预压气缸料仓机架上 700×700 平面的水平，横向	≤ 0.20/1000	预压气缸料仓机架横向面		B	★	★		
预压缸的垂直度	≤ 0.20/1000	预压缸		B	★	★		
预压立柱与底座安装刻线	±0.5mm	预压立柱与底座		B	★	★		
预压立柱顶面的水平（横向）	≤ 0.30/1000	预压立柱顶面		B	★	★		
底座预压侧端面垂直度	≤ 0.20/1000	底座预压侧端面		B	★	★		
大、小门平面的垂直度	≤ 0.10/1000	大、小门平面		B	★	★		
大、小门间隙	1 ～ 3mm	大、小门间隙		B	★	★		
转箱油缸活塞杆的水平度	≤ 0.10/1000	转箱油缸活塞杆		B	★	★		
转箱油缸在端面定位时活塞杆离缸底距离	4 ～ 8mm	转箱油缸端面		B	★	★		
链轮平行度	≤ 0.5mm	链轮表面		B	★	★		
两侧链条侧面平齐	≤ 0.5mm	两链条侧面		B	★	★		
链条磨损率	≤ 20%	链条		B	★	★		
顶横梁中心与底座中心	±0.5mm	顶横梁中心		B	★	★		
轴向窜动量	0.10 ～ 0.15mm	轴端面		B	★	★		
齿轮啮合侧隙	0.10 ～ 0.20mm	齿轮啮合面		B	★	★		
气缸杆水平度	≤ 0.3/1000	气缸杆		B	★	★		
中心立柱垂直度	≤ 0.20/1000	中心立柱垂直度		B	★	★		

干法腈纶打包机检修质量控制确认表（续）

<table>
<tr><td rowspan="2">项目</td><td colspan="3">主要控制内容</td><td rowspan="2">等级</td><td rowspan="2">施工单位</td><td rowspan="2">生产装置</td><td rowspan="2">设备管理部门</td><td rowspan="2">备注</td></tr>
<tr><td>标准值</td><td>部位</td><td>现场记录</td></tr>
<tr><td>主压立柱，中心立柱，预压立柱三者中心线与底座中心线偏差</td><td>≤ 1mm</td><td>主压立柱，中心立柱，预压立柱三者中心线与底座中心线偏差</td><td></td><td>B</td><td>★</td><td>★</td><td></td><td></td></tr>
<tr><td>主压立柱与中心立柱卡环相接触平面的水平（纵向）</td><td>≤ 0.10/1000</td><td>主压立柱与中心立柱卡环相接触平面的水平（纵向）</td><td></td><td>B</td><td>★</td><td>★</td><td></td><td></td></tr>
</table>

注：A 级：施工单位、生产装置、设备管理部门专业人员检查确认后签字。

B 级：施工单位和生产装置专业人员检查确认后签字。

C 级：施工单位专业人员检查确认后签字。

另：如果有监理，监理的职责由甲方授权。

附　录　B
（资料性附录）
干法腈纶打包机试车与验收数据记录表

设备名称		位号		工作介质	
驱动机种类		转速	r/min	试车介质	
试车类别	□空负荷□负荷	环境温度	℃	试车日期	
连续运转时间	h	启动电流	A		

检查项目		设计值／允许值	实测值								
运行记录时刻											

试车情况：	
试车结论：	
验收意见	生产装置：
	施工单位：
	管理部门：
说明：生产装置组织单机试车与验收，其中主要设备的大修由设备管理部门参与验收，其余均由生产装置、施工单位双方共同验收。	

石油化工设备维护检修规程

第四册

化 纤 设 备

（下）

2019 版

中国石油化工集团有限公司
中国石油化工股份有限公司 组织编写

中国石化出版社

图书在版编目（CIP）数据

石油化工设备维护检修规程：2019 版 . 第四册，化纤设备 / 中国石油化工集团有限公司，中国石油化工股份有限公司组织编写 . — 北京：中国石化出版社，2019.12
ISBN 978-7-5114-5557-4

Ⅰ. ①石… Ⅱ. ①中…②中… Ⅲ. ①石油化工设备 - 检修 - 技术操作规程②化学纤维 - 化工设备 - 检修 - 技术操作规程
Ⅳ. ① TE960.7-65

中国版本图书馆 CIP 数据核字（2019）第 274012 号

中国石化出版社出版发行
地址：北京市东城区安定门外大街 58 号
邮编：100011　电话：(010)57512500
发行部电话：(010)57512575
http://www.sinopec-press.com
E-mail：press@sinopec.com
北京科信印刷有限公司印刷
全国各地新华书店经销
*
787×1092 毫米 16 开本 85.75 印张 1952 千字
2020 年 1 月第 1 版　2020 年 1 月第 1 次印刷
定价：480.00 元（上、下册）

《石油化工设备维护检修规程》修编指导委员会

主　　任：戴厚良

副 主 任：徐　钢　张　涌　朱建民　郭安翔　杨　锋
周志玥

委　　员：（以姓氏笔画为序）

于甫春　王鑫武　尹光耀　叶国庆　田宏斌
成　雷　吕建成　朱有志　刘训书　刘建军
刘振宁　麦郁穗　杜　阳　杜博华　李　江
邱宏斌　汪剑波　宋立群　张业金　张成宝
张庆河　张玨梁　张忠安　陈雷震　罗　昕
罗重春　全　强　周纪军　赵亚新　赵宝威
赵晓军　胡　佳　袁代红　夏翔鸣　郭绍弨
黄志华　董雪林　韩建宇　谭金龙　颜　刚
魏　冬　魏　鑫

特邀委员：赵　岩　周　敏　唐汇云

《石油化工设备维护检修规程》修编专家库

（以姓氏笔画为序）

于晓鹏	王建军	王　群	方紫咪	叶国庆	白　桦
邢　勐	吕　伟	吕建成	朱有志	朱　哲	朱晓明
朱瑞松	任　刚	任名晨	刘子英	刘训书	刘国帅
刘　昕	刘　栋	刘振宁	刘海春	刘　骏	安永明
孙新文	麦郁穗	杜博华	李　江	李江平	李志远
李　晖	李海根	吴尚兵	岑奇顺	何承厚	佘东升
邹吉翼	汪剑波	沈顺弟	张庆河	张如俊	张继兵
张森林	张锁有	陈立义	陈立群	陈永忠	陈志雄
陈金林	陈董清	郃爱民	金　强	周　卫	周文鹏
郑显伟	赵宝成	赵　勇	胡　佳	姜　琳	袁代红
袁红斌	栗雪勇	顾雪冬	钱青松	侯言超	徐文广
徐旺喜	徐继斌	黄绍硕	黄夏林	黄　强	黄勤卫
常培挺	康宝惠	章　文	彭学群	董玉波	董雪林
蒋利军	游碧龙	谢小强	谢道雄	蔡培源	黎德初
潘地培	潘向阳				

化纤设备（涤纶）专业组

组长单位： 中国石化仪征化纤有限责任公司

组员单位： 中国石化上海石油化工股份有限公司

中国石油化工股份有限公司洛阳分公司

中国石油化工股份有限公司天津分公司

化纤设备（涤纶）专业审查专家组

王书冯　袁　宝　高　策　江广军　裘伟刚　蔡守俭

曹碧城　严明盛　刘　园　余胜尧　龚天寿　何宁溪

程亚群　陈法祥　孙维靖　俞建清　潘　林　贾传兵

徐永林

《石油化工设备维护检修规程》编辑部

主　任： 白　桦

副主任： 潘向阳

成　员： 李跃进　龚志民　孙立泉　蒋　璐　吕芳蕾

《石油化工设备维护检修规程》（2019）修订编制说明

《石油化工设备维护检修规程》（以下简称《规程》），自2004年出版发行以来，作为石化设备完整性管理的支持性文件，在加强石化企业设备完整性管理，提高设备维护检修水平，确保装置安全、稳定、长周期运行等方面发挥了积极作用，受到了广大石油化工设备管理及维护检修人员的欢迎。

随着新装置、新设备的增加，石油化工设备维护检修技术得到了较大的发展，同时，新工艺、新技术、新工具在设备的检维修方面逐步得到应用，装置检修周期已逐步提高到三年、四年或者更长的时间，对设备的正常维护、科学检修提出了更高的要求；随着特种设备、安全环保等方面新的法规、标准颁布，2004版《规程》部分内容已经不能满足石化企业目前设备维护检修工作的需要。

为进一步完善规程，更科学地指导企业石油化工设备的维护检修工作，不断提高设备维护检修质量和设备管理水平，以便适应装置长周期运行的要求，实现企业效益的最大化，中国石化总部决定对2004版《规程》进行修订编制。

为加强对《规程》修编工作的领导，2017年8月中国石化总部组织成立了《规程》修编指导委员会，时任集团公司总经理戴厚良任指导委员会主任，化工事业部牵头，徐钢任副主任，承担了具体领导和组织工作，炼油事业部、资本运营部、生产经营管理部、能源管理与环境保护部和石化出版社的有关领导任副主任，石化企业的设备经理任委员。委员会下设通用设备组、炼油设备组、化工设备组、化纤设备组、碳一化工设备组、电气设备组、仪表组、热电联产设备组、环保设备组、空分设备组、储运设备组等11个专业组，具体负责各专业规程的修编工作。为确保《规程》修编质量，成立了《规程》修编专家库，由国内石化设备相关领域的专家组成；特别邀请了沈鼓集团、陕鼓集团、大橡塑、杭汽集团、杭氧股份、浙江中控、天华院、中密控股、哈博时、吴忠仪表、南防集团、时林公司等优秀石化设备供应商、服务商直接参与规程的修编工作；中国石油、中国海油和中国中化各相关单位及石油石化建安检维修专业协会下属各检维修单位参与了规程审查工作。在石化出版社设立《规程》编辑部，负责规程修编的具体组织以及稿件编辑和出版技术工作。

本次修编工作，新增了48项装置维护检修规程，规定了各装置的主要设备和专用设备的检修周期、检修项目及质量要求、检修过程管理和日常维护等相关内容，同时结合装置的工艺路线，介绍了装置的工艺特性和危害特性，可为编制装置设备检修计划提供指导；新编和调整了部分设备维护检修规程，原部分按照工艺名称命名的设备按照结构进行合并调整；删除了原《规程》中已经淘汰的设备和技术陈旧或经过试行证明不合实际甚至错误的内容，调整后共计286项设备维护检修规程。

2019版《规程》按照GB/T 1.1要求，对规程进行规范，增加了前言、规范性引用文件、附录等内容；对规程中术语进行了统一，力求语言表述规范化；对设备检修周期进行了调整，删除了小修与中修的提法，将小修和中修的部分内容并入大修，日常维护的内容并入了维护章节中，同时将检修项目分解成拆卸程序与要求、回装程序与要求，进一步细化了检修工序，使规程更具可操作性；故障处理章节按照RCM的分析方法重新编制。

在《规程》修编过程中，力图按照信息化、数字化的要求，将维护检修的内容尽量工序化、条目化，为今后石油化工设备维护检修建立统一的信息化管理平台奠定良好的基础。

本次修订编制工作，中国石化各相关企业领导、设备管理人员给予了大力支持，同时得到了中国石油、中国海油、中国中化等兄弟企业以及设备供应商、服务商、检维修单位的大力支持，在此表示衷心感谢。

新编的规程，特别是装置维护检修规程，是新的尝试，还有一个试用的过程；即使是修订的设备规程，由于修订量较大，也难免会有疏漏甚至错误，敬请广大读者提出宝贵意见和建议，以便修订时补充更正。

《石油化工设备维护检修规程》修编指导委员会
2019年11月18日

《石油化工设备维护检修规程》（2004）修订编制说明

由原中国石油化工总公司生产部1992年组织编制完成、中国石化出版社1993年出版印发各石化企业试行的《石油化工设备维护检修规程》（以下简称《规程》），在加强石化企业设备管理、搞好维护和科学检修、提高设备的可靠度、延长装置运行周期、确保“安、稳、长、满、优”生产方面起到了一定的作用，深受石化企业的好评。

该《规程》出版试行以来，迄今已有十个年头。十年来，随着石油化工技术的进步，石油化工设备维护检修技术得到了较大的发展；随着新装置、新设备的不断增加，原《规程》需要扩大它的涵盖面；随着新工艺、新技术的应用，装置检修由原来的“一年一修”提高到目前的两年、三年甚至更长的检修周期，对设备的正常维护、科学检修提出了更高的要求；随着我国有关压力容器、计量管理、劳动安全等方面新法规和条例的颁布，原《规程》部分内容已不适应新的要求。因此，无论在涵盖面还是技术内容上，原《规程》已不能满足石化企业目前设备维护检修工作的需要。

为进一步完善《规程》，更科学地指导企业石油化工设备的维护检修工作、不断提高设备维护检修质量和设备管理水平、适应装置长周期运行的要求，以实现企业效益的最大化，中国石油化工集团公司和股份公司总部决定对原《规程》组织有关企业进行一次修订。

为了加强对《规程》修订工作的领导，石化集团公司及股份公司于2003年6月组成了以股份公司高级副总裁曹湘洪为主任、炼油事业部、化工事业部、炼化企业经营管理部和中国石化出版社有关领导为副主任、总部有关部门和石化企业有关同志参加的《规程》修订编制委员会，负责修订编制工作的领导。委员会下设炼油、化工、系统三个专业委员会，负责具体组织各专业规程的修订编制工作，并在石化出版社设立《规程》修订编辑部，负责具体的文字编辑和出版技术工作。

本次修订编制工作，按专业进行了分工，将原《规程》10个专业（408个单项规程）划分为三大部分，分别由炼油、化工、系统三个专业委员会负责组织修订、编制及审查工作。炼油专业委员会由炼油事业部牵头，负责通用设备、炼油设备、电气设备和仪表4个专业；化工专业委员会由化工事业部牵头，负责化工设备、化纤设备和化肥设备3

个专业；系统专业委员会由炼化企业经营管理部牵头，负责电站设备、供排水设备和空分设备3个专业。每个专业成立修订编制专业组，分别由中国石油化工集团公司和股份公司下属有关企业担任专业组组长单位，石化企业上千人参与了修订编制工作。

本次修订编制工作，主要遵循了以下几个基本原则：

(1)应反映出石油化工设备维护检修技术的最新发展，以及对设备维护、检修在工艺、技术上的更高要求。

(2)根据目前新颁布的有关法规、条例，对原《规程》的相关内容进行更新。

(3)删减及修改原《规程》中涉及的已经淘汰的设备和技术陈旧或经过试行证明不切合实际甚至错误的内容。

(4)增补《规程》中未涉及的新装置、新设备，编制增加有关内容，扩大《规程》的涵盖面。

(5)修订和改进原《规程》中的排版、印刷方面的错误等。

本次修订编制工作的范围，主要针对中国石化系统涵盖面广、大多数企业共有的普遍性设备；对数量极少或某个企业独有的设备未列入本次修订的范围，可由设备所在企业根据情况，进行修订编制，作为本企业的规程。

由于中国石化集团公司和股份公司领导的重视，炼油事业部、化工事业部、炼化企业经营管理部、石化出版社和各有关企业的大力支持，以及全体参加修订编制人员的共同努力，整个修订编制工作进行得比较顺利。由2003年6月总部以中国石化社〔2003〕7号文“关于组织修订《石油化工设备维护检修规程》的通知”下达，整个修订编制工作正式开始起动，到2004年6月底全部修订编制工作完成，总共用了1年的时间。修订编制后的《规程》，经过删减和增补，最终共有395个单项规程，分为159个单行本，10个合订本，由中国石化出版社出版发行。

本次修订编制，除了对原《规程》进行修订外，还增补制订了一些新的单项规程。新编的规程，还有一个试行的过程；即使修订的规程，由于修订人的水平不一，也难免会有一些不适应的内容，因而各企业在执行过程中，希望能积极反馈宝贵意见。有问题和不足之处，请及时向总部有关部门提出，总部将汇总研究，于今后适当时刻给予进一步修订，使之更加完善。

本《规程》在修订编制过程中，各石化企业领导、有关设备管理、维护、检修的工程技术人员和广大职工给予了热情的帮助和大力支持，在此谨表衷心的感谢。

《石油化工设备维护检修规程》修订编制委员会

2004年6月1日

《石油化工设备维护检修规程》(1992)
编制说明

随着我国石油化学工业的迅速发展，近年来一大批新装置、新设备陆续投产，并由此推动了设备维护检修技术的不断发展。总公司成立以来，设备维修一直沿用及参照十几年前有关行业部门颁发的维护检修规程进行。这些规程无论在覆盖面上，还是在技术内容上已不能满足目前设备维护检修工作的需要，且部分内容已不符合我国新颁布的有关法规或规定的要求。因此，不少企业多次要求总公司发挥石化集团的整体优势，统一编制出一整套能满足我国现代石油化工生产、指导设备维护检修工作的《石油化工设备维护检修规程》(以下简称《规程》。

为搞好设备的精心维护和科学检修，不断提高维护检修质量，向设备的可靠度深化，总公司生产部于1990年开始组织有关石化企业着手进行《规程》的编制筹备工作，并于1991年4月正式成立编委会，以大连石油化工公司、抚顺石油化工公司、北京燕山石油化工公司、辽阳石油化纤公司、大庆石油化工总厂、齐鲁石油化工公司、上海石油化工总厂、安庆石油化工总厂、金陵石油化工公司及扬子石油化工公司等10家直属石化企业为专业编制组组长单位，分别负责牵头，全面开展通用、炼油、化工、化纤、化肥、电气、仪表、电站、锅炉、供排水和空分等设备维护检修规程的编制工作。总公司系统有35家生产企业1000余人参加了《规程》的资料收集、调研、编写、修改和审查工作。由于总公司领导的重视，各有关企业的大力支持和全体参编人员的共同努力，整个编制工作进展顺利，至1992年10月全部编制完成。全套《规程》共有500个单项规程，约600万字，分168个单行本，9个合订本，由中国石化出版社负责出版发行。

这套《规程》在参考原有有关规程、标准的基础上，总结并采用石化企业长期实践中积累的成熟经验，吸收国内外石化设备维护检修方面的先进技术，贯彻国家现行的有关法规，力图做到反映先进的维护检修技术，有利于加强设备管理，有利于搞好设备的精心维护和科学检修，时提高设备的维修质量，保证装置“安、稳、长、满、优”生产将起到积极作用。

总公司系统生产企业现有近千套装置、100万台设备，门类品种繁多。由于受调研范围、时间和篇幅的限制，本《规程》只编制了主要的和量大面广的设备。由于水平有限，内容和深度也不尽完善，希望各单位在试行中不断总结、积累经验，提出修改意见，待意见汇总后，再行修订补充，使之更加完善。

在编制本《规程》过程中，得到了有关单位领导、工程技术人员和广大职工的大力支持，在此一并表示衷心感谢。

《石油化工设备维护检修规程》编制委员会

1992年10月20日

关于《石油化工设备维护检修规程》第四册《化纤设备》修订编制说明

本规程是由集团公司7个企业相关专业技术人员修订编制而成，由各企业选派优秀的专业技术人员和集团公司特邀专家经过两次集中评审修改后通过。修订编制后的规程更能科学地指导企业开展石油化工设备的维护检修工作，不断提高设备维护检修质量和设备管理水平。

根据编委会和参加编制的全体专业技术人员意见，对《化纤设备》规程进行了整合，对设备名称类同、主要检修内容相似及设备检修内容强相关的规程进行了归并，将通用设备归入《石油化工设备维护检修规程》第一册《通用设备》中，把有使用局限性且即将退出生产的设备规程予以删除，经过合并、删减及取消后本册最终规程编制数量为：装置规程4项，设备规程94项，分上、下两册出版，上册为腈纶设备、下册为涤纶设备。

相关规程修订情况如下：

一、规程编写规范性引用文件增加了新的内容，补充引用了国际标准、国家标准及行业标准等。另外，对规程中技术的专用术语进行了统一，力求语言表述规范化。同时明确了规程适用各类设备的型号。

二、为满足生产装置长周期运行，检修内容应全面、具体，本次规程对设备检修周期进行了调整，删除了小修与中修的提法，将小修和中修的部分内容并入大修，日常维护的内容并入了"维护与故障处理"中，同时将检修项目分解成拆卸程序与要求、回装程序与要求，进一步细化了检修工序，使规程更具可操作性。

三、规程对"检修前准备"进行了模块格式化，充分体现出检修以及检修过程中安全和环保的有关要求。

四、对原规程"常见故障与处理表"进行了修改和必要的增补，采用RCM分析方法，明确设备故障的后果，制定维修策略和维修周期。

五、规程对检修质量标准进行了完善及表格化描述，增加附录A《检修质量控制确认表》和附录B《试车与验收数据记录表》。

下 册 目 录

1. 涤纶短纤维装置维护检修规程

SHZ 04002—2019

目　次

前 言

本规程按照GB/T 1.1—2009《标准化工作导则 第1部分：标准的结构和编写》给出的规则起草。

本规程由中国石油化工集团有限公司、中国石油化工股份有限公司提出。

本规程起草单位：中国石化仪征化纤有限责任公司。

本规程主要起草人：王书冯、高 策、郑 德、俞建清、陈亚群、张曹娟、
王巧凤、万明标。

本规程协作起草单位及人员：

洛阳石化：程前进、牛建峰；

天津石化：宋 杰、和 强；

上海石化：唐明华、裘伟刚。

本规程2019年首次发布。

涤纶短纤维装置维护检修规程

1　范围

1.1　本规程规定了涤纶短纤维装置（包括熔体输送及纺丝工序、卷绕工序、往复集束工序、牵伸卷曲工序、切断打包工序 5 个单元）及其主要设备、专用设备的检修周期、检修项目及质量要求、检修过程管理和日常维护的相关内容。

1.2　本规程适用于石油化工涤纶短纤维装置的检修维护管理。

目前中国石化在用涤纶短纤维装置见表 1。

表 1　目前中国石化在用涤纶短纤维装置

序号	单位	装置	工艺包	设计产能 /（10^4t/a）
1	仪征化纤	涤纶短纤维装置	东洋纺	1.5
2	仪征化纤	涤纶短纤维装置	东洋纺	2.5
3	仪征化纤	涤纶短纤维装置	吉玛	4.5
4	洛阳石化	涤纶短纤维装置	杜邦	5
5	天津石化	涤纶短纤维装置	纽马格	5

2　规范性引用文件

下列文件中的条款通过本规程的引用而成为本规程的条款。凡是注日期的引用文件，其随后所有的修改单（不包括勘误的内容）或修订版均不适用于本规程，然而，鼓励根据本规程达成协议的各方研究是否可使用这些文件的最新版本。凡是不注日期的引用文件，其最新版本适用于本规程。

TSG 21　固定式压力容器安全技术监察规程

TSG D0001　压力管道安全技术监察规程——工业管道

GB/T 151　热交换器

GB/T 20801　压力管道规范　工业管道

GB 50484　石油化工建设工程施工安全技术规范

3 术语与定义

下列术语和定义适用于本文件。

3.1 设备功能

设备功能指的是设备的生产效率和功能，衡量设备功能的指标随设备种类不同而异。

3.2 功能故障

设备、设施不能实现其设计功能时，称之为功能故障，定义为设备、设施不能满足期望的性能标准。一般指设备失去或降低其规定功能的事件或现象，表现为设备的某些零件失去原有的精度或性能，使设备不能正常运行、技术性能降低，致使设备中断生产或效率降低而影响生产。短纤装置的设备设施功能故障主要表现为：冲刷腐蚀、点蚀、转动部件损坏、仪器仪表损坏、电气设备老化等。

3.3 A类设备

本规程规定的A类设备是指经过RCM风险评估方法得出的因设备的功能故障引起装置停车的该装置的关键设备。涤纶短纤维装置A类设备见表2。

表2　涤纶短纤维装置A类设备

序号	设备名称	设备型号
1	增压泵	DC-1500（HV402） TR180-M（21-22P03） SLJ1600LL-103（27-34P01） BOOSTER-1482（35-38P01）
2	第三牵伸机	HV582
3	丝桶往复装置	7137/7337-Y14（21-22K） 27-30X01（27-30K） SHV4803A（31-34K） SHV4604A（35-38K）
4	定型机	7258/7458-Y10（21-22K） ZHV705（27-34K） ZHV705G（35-38K）

3.4 B+类设备

本规程规定的B+类设备是指经过RCM风险评估方法得出的设备的功能故障虽然不引起装置的停车，但对装置的负荷、质量及可靠性具有重大影响的设备。涤纶短纤维装置 B+ 类设备见表 3。

表 3　涤纶短纤维装置 B+ 类设备

序号	设备名称	设备型号、位号
1	纺丝机	HV452、27/30Y01、SHV4601C、7137/7337-Y01
2	螺杆挤压机	P160-25A、15E4/24D、39/40M201.1～2
3	卷绕机	HV472、39-Y204、40-Y203、7137/7337-Y13、27-30Y05、SHV4724A
4	丝桶往复装置	HV481、19K511M、39/40-Y208、SHV4803
5	第二牵伸机	HV572、HV573R、HV573A、39/40-Y309、7258/7458-Y07、27/30Y12、HV575
6	第三牵伸机	HV583R、HV583A、39/40-Y311、7258/7458-Y12
7	卷曲机	7258/7458-Y17、HV349
8	长边轴传动装置	LHV902
9	松弛热定型机	ZHV726、KC-1205C、CHV725、39/40-Y321、7258/7458-Y21
10	切断机	27/30Y22、HV771、
11	打包机	H1801A、HV802A、HV803、HV804A、HV804C、HV804D、HV805、HV805-2Z、HV809、HV809A、LHV805-1、LHV805-3
12	环吹空调机组	AC401、AC402
13	丝桶搬运车	

4　装置特征

涤纶短纤维装置以聚酯熔体或切片为原料，经过融熔纺丝、卷绕牵引、集束、牵伸定型、卷曲切断、打包等生产过程，最终生产出涤纶短纤维产品。其生产过程通常由熔体输送及纺丝工序、卷绕工序、往复集束工序、牵伸卷曲工序、切断打包工序 5 个单元组成。

涤纶短纤维装置纺丝分为直接纺和间接纺两种。直接纺省去了聚合物的切片、切片干燥、螺杆熔融挤压等工序，将熔体直接通过管道输送到纺丝。

国内涤纶短纤维装置工艺生产技术主要有：日本东洋纺、德国吉玛、德国纽玛格和美国杜邦。其基本流程框图分别见图 1 ～图 4。

本规程主要以日本东洋纺工艺技术介绍工艺流程。

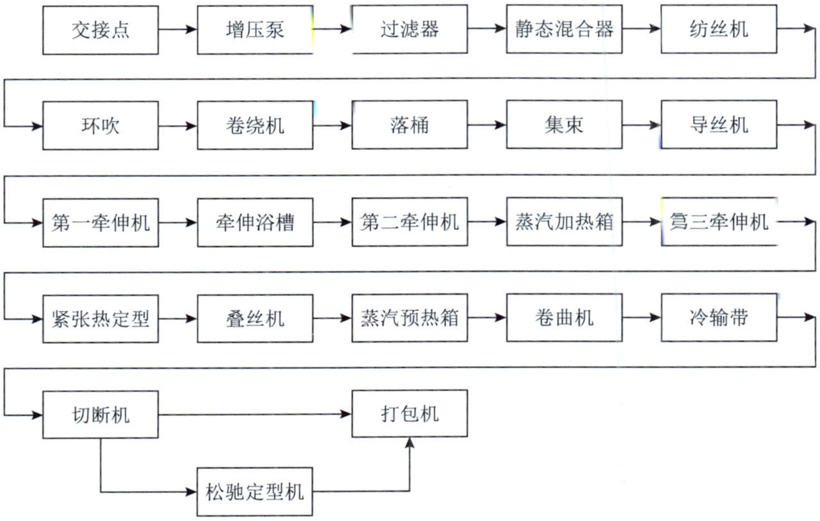

图 1　日本东洋纺直接纺工艺流程图

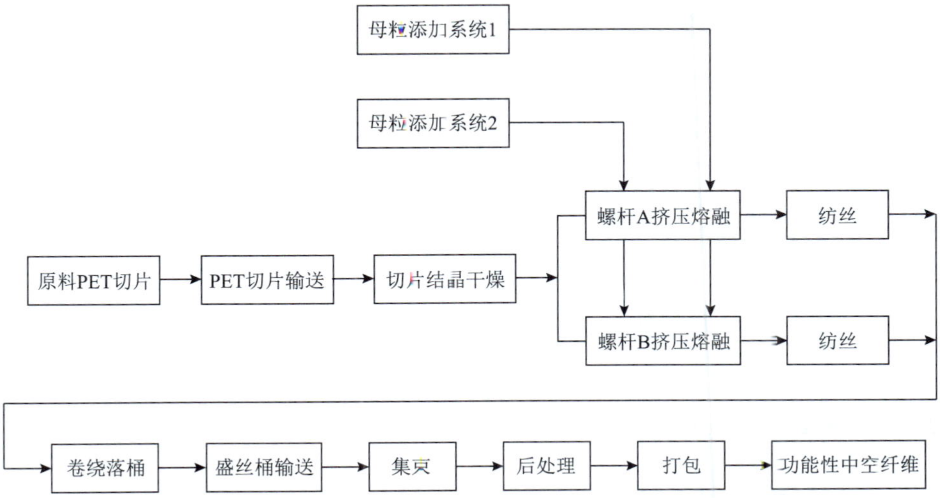

图 2　日本东洋纺间接纺工艺流程图

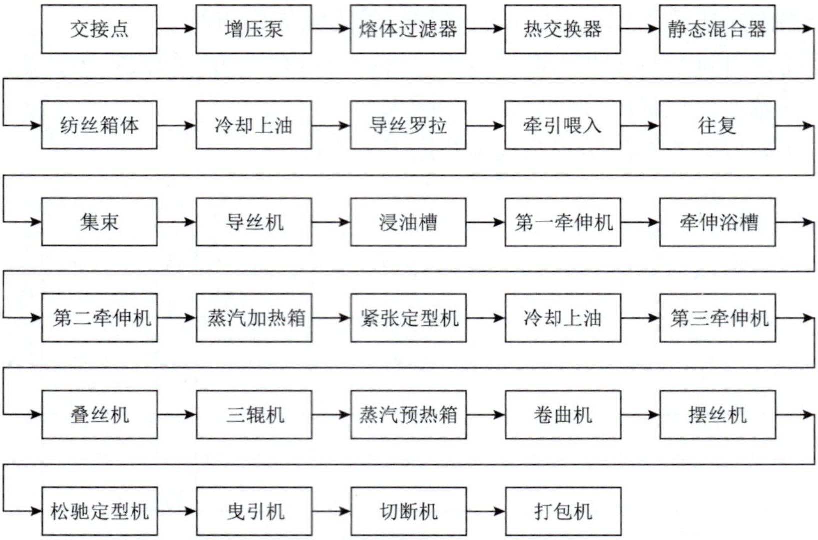

图 3　德国吉玛、纽玛格直接纺工艺流程图

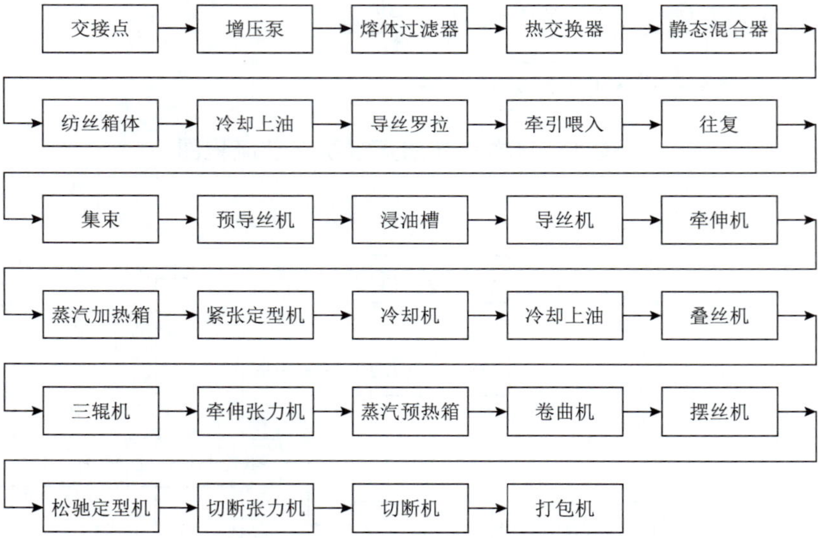

图 4　美国杜邦直接纺工艺流程图

4.1　熔体输送及纺丝工序

4.1.1　熔体输送及纺丝工序流程及流程图

4.1.1.1　直接纺工艺

从聚酯装置送来的合格熔体以一定压力进入纺丝熔体管道，经三通阀分送到两条线的增压泵（BP）增压后送往熔体过滤器（PFL）滤除杂质，每条生产线设有两台交

替使用的过滤器，熔体滤除杂质后经冷却型静态混合器（ST-MX）匀化后送到纺丝箱体（SPB），经熔体切断阀、计量泵（GP）进入纺丝组件（NZ）。在组件内再次除去杂质后，从喷丝板细孔中挤出，在环吹风冷却及卷绕拉伸张力的作用下逐渐变细并凝固成形。

增压泵的转速与纺丝箱体入口熔体压力联锁控制，当压力低于设定值时，增压泵自动提速，高于设定值时自动降速，以确保熔体输送压力稳定。纺丝箱体内熔体管道采用辐射式分配，每个位的熔体管道长度相同，以确保位与位间的熔体输送压力均匀。工艺流程见图5。

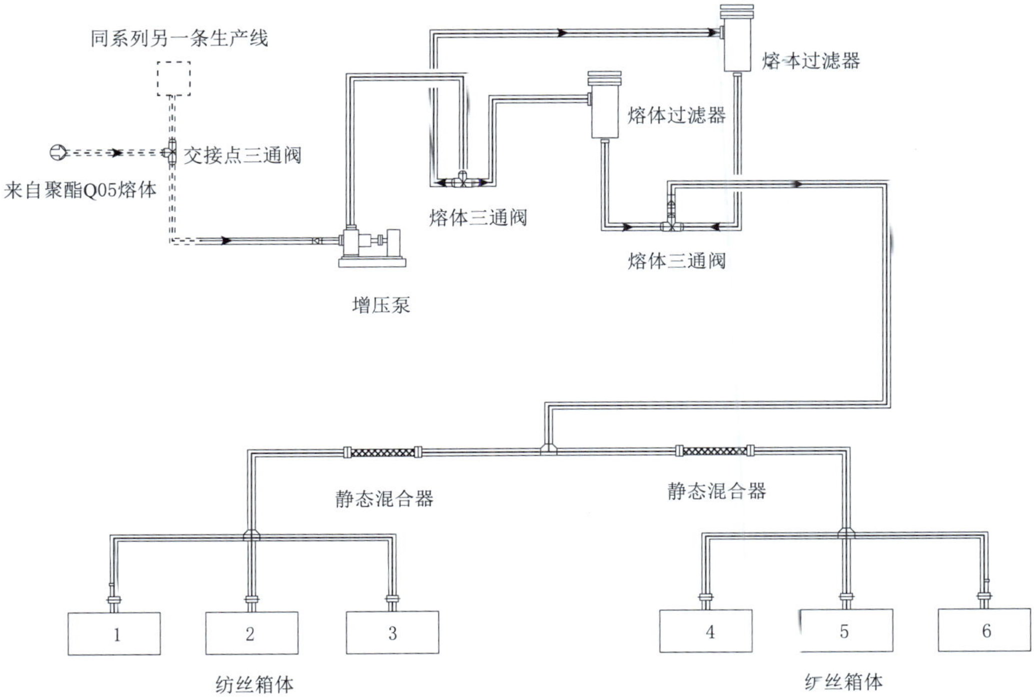

图5　直接纺熔体输送及纺丝工序流程图

4.1.1.2　间接纺工艺

通过回转给料器定量地把切片送入振动筛，经振动筛筛选分离出的合格切片由脉冲发生器以密闭输送方式从切片输送管路送入切片料仓。切片经料斗通过回转给料器送到预结晶器，连续均匀地喂入干燥塔，经充分干燥后，进入螺杆挤压机。在螺杆挤压机中熔融成聚酯熔体，以一定的压力进入一用一备交替使用的熔体过滤器滤除杂质后，送到纺丝箱体（SPB）。经熔体切断阀、计量泵（GP）进入纺丝组件（NZ）。在组件内再次除去杂质后，从喷丝板细孔中挤出，在环吹风冷却及卷绕拉伸张力的作用下逐渐变细并凝固成形。

螺杆的转速与纺丝箱体入口熔体压力联锁控制，当压力低于设定值时，螺杆自动提速，高于设定值时自动降速，确保熔体输送压力稳定。纺丝箱体内熔体管道采用辐射式分配，每个位的熔体管道长度相同，以确保位与位间的熔体输送压力均匀。工艺流程见图6。

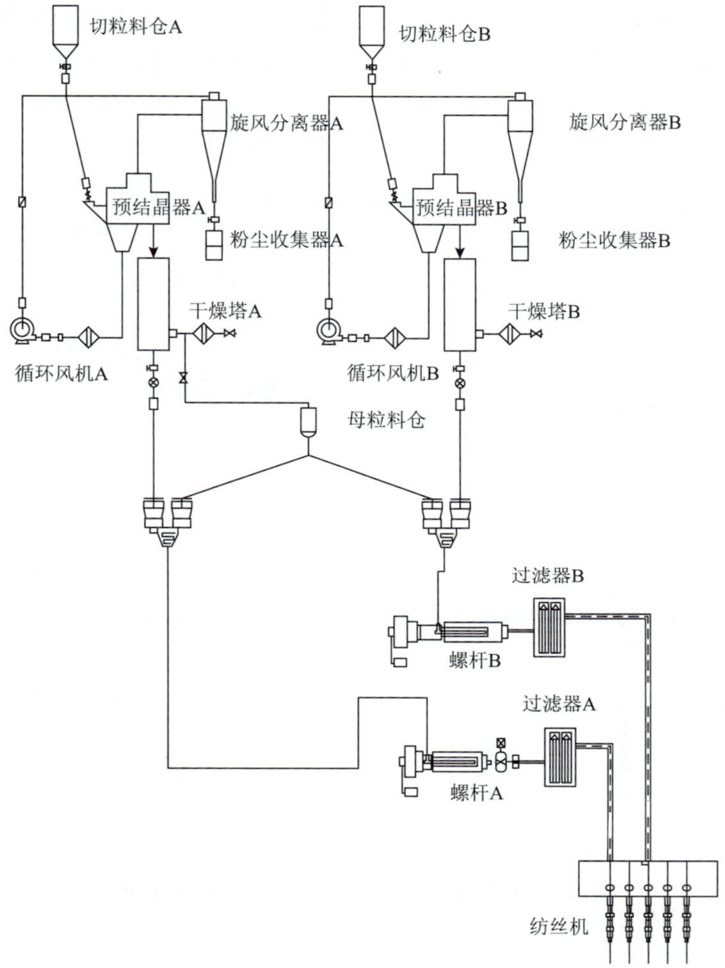

图6　间接纺熔体输送及纺丝工序流程图

4.1.2　熔体输送及纺丝工序工艺特性

熔体直纺工艺：采用熔体增压泵和在线可切换式熔体过滤器进行熔体输送，经卧式计量泵驱动、上装式组件、半敞开式环吹，通过气－液两相热媒加热及DCS系统控制实现纺丝。具有流程短、能耗低、工艺控制方便可靠的优点。

切片间接纺工艺：切片采用脉冲气流输送，干燥工艺采用沸腾床连续预结晶加分子筛吸附干燥，纺丝采用螺杆挤压机、切换式熔体过滤器、卧式计量泵驱动、上装式组件、半敞开式环吹，通过气相热媒加热及 DCS 系统控制实现纺丝。具有工艺控制灵活、转换品种方便等特点。

熔体输送与纺丝工序中熔体管道、纺丝箱体加热均采用热媒加热方式。管道热媒介质采用联苯联苯醚或加氢三联苯，纺丝箱体加热介质采用联苯联苯醚。液相热媒加热炉和气相热媒加热炉均采用电加热方式或者采用聚酯热媒加热方式。

4.1.3 熔体输送、纺丝工序的危害特性

熔体输送、纺丝工序对人体的危害：高温熔体喷出、热媒系统泄漏及高温组件操作造成的人员烫伤；工器具缺陷或操作不当造成的人员摔伤、扭伤。

熔体输送、纺丝工序对环境的影响：熔体裂解气、泄漏热媒、三甘醇气体及高温设备给环境、人员带来不利的影响。

熔体输送、纺丝工序对设备的影响主要有物理冲刷、腐蚀、堵塞等，主要危害位置及防范措施详见表 4。

表 4 熔体输送、纺丝主要危害位置及防范措施

危害类别	危害位置	防范措施
烫伤	高温熔体管道、热媒管阀、三甘醇管阀、纺丝箱体等高温设备，熔体过滤器、组件操作等	（1）作业现场注意劳保着装； （2）排放、泄漏点等进行隔离
化工气体	过滤器、组件熔体裂解气、纺丝设备泄漏热媒、三甘醇气体等	（1）作业现场注意劳保着装； （2）排放、泄漏点等进行隔离
物理冲刷	（1）熔体对熔体切换阀门的冲刷减薄； （2）热媒对管道、容器的冲刷减薄； （3）循环水对热媒泵夹套的冲刷减薄	（1）停车大修研磨修复； （2）定期测厚检查； （3）定期检查、检修
结焦堵塞	由于熔体流动性差、内漏等，造成熔体管道、过滤器、组件的结焦堵塞	严格控制工艺温度参数，规范阀门操作，定期更换组件、过滤器及渗漏检查

4.2 卷绕工序

4.2.1 卷绕工序流程及流程图

原丝经卷绕机的上、下油轮双面上油、自由辊（鞍型、直型）导向后将各纺丝位的丝条合成一股，通过总导丝辊、V 形轮后由曳引机牵引送入喂入轮。七辊和五辊曳引机之间装有调幅装置，牵引辊和喂入轮的电机分别通过各自的变频器来控制转速。

在喂入轮处设有接近开关，当喂入轮发生缠辊时，接近开关控制电动机抱刹动作以保护设备不受损坏。喂入机减速箱润滑油系统设有油压开关，当油压低于设定值时，油压开关动作，自动停车。卷绕工序流程见图 7。

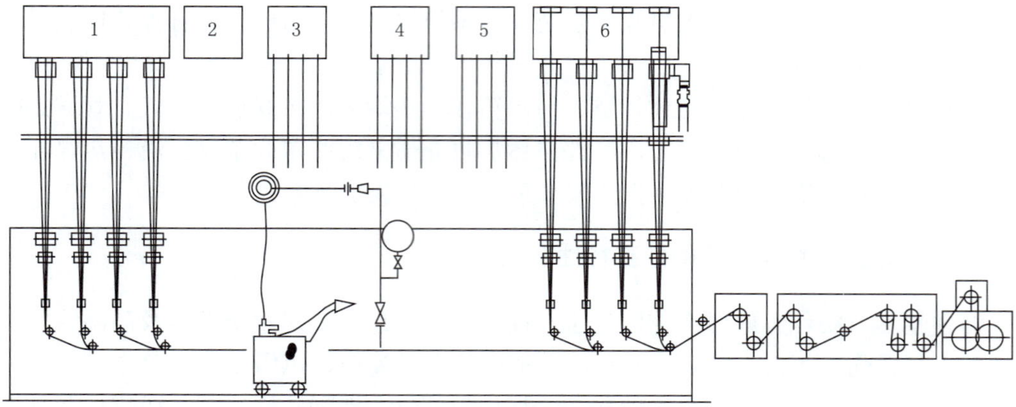

图 7　卷绕工序流程图

4.2.2　卷绕工序工艺特性

卷绕工序的工艺特性主要是通过调整油轮的转速实现对丝束上油量的控制，满足原丝上油的要求。其中油轮的表面质量、包角、油剂质量及油剂管线油藻堵塞情况对丝束上油影响较大。丝束张力通过调幅器、喂入轮中心距、侧隙的调整来实现。

东洋纺工艺卷绕设备上油采用油轮双面上油，原丝充分上油后，有效地减少原丝的静电，减少前纺缠辊。

4.2.3　卷绕工序危害特性

卷绕工序对人体的危害：现场设备噪声引起的听力损伤。处理缠辊、绕辊作业、生头、巡检时高速运行的转动设备对人体的伤害。现场油剂飞溅、渗漏到钢平台上易造成人员滑倒摔伤。

卷绕工序对环境的危害：现场高速运转设备的噪音大，生产辅料 - 油剂使用产生的污水影响 COD 指标。

卷绕工序对设备的危害：生产过程中使用的油剂对设备造成腐蚀和高速运动的丝束对设备的磨损。主要危害位置及防范措施详见表 5。

表 5　卷绕工序主要危害位置及防范措施

危害类别	危害位置	防范措施
听力损伤	卷绕高速运行的设备（喂入机）产生的高噪声	（1）作业现场注意劳保着装； （2）现场增设备防噪声隔音室
机械伤害	卷绕处理缠辊、绕辊作业、生头、巡检时高速运行的转动设备对人体的伤害。油剂黏附在平台造成的人员摔伤	（1）作业现场注意劳保着装； （2）严格按操作法操作； （3）及时清扫操作平台
油剂污水超标	卷绕油剂使用产生的污水影响 COD 指标	减少油剂的泄漏及回收

表 5 卷绕工序主要危害位置及防范措施（续）

危害类别	危害位置	防范措施
腐蚀	纺丝卷绕用油剂具有较强碱性，对设备表面、设备基础及电气元件、电缆有腐蚀性	（1）设备表面贴不锈钢材料； （2）定期冲洗钢平台及基础； （3）电气元件定期检测与更换
磨损	由于前纺卷绕原丝运行速度达 1400m/min，对卷绕丝道部件（油轮、罗拉、曳引辊、喂入轮）磨损大	定期检查丝道表面质量，择差更换

4.3 往复集束工序

4.3.1 往复集束工序工艺流程及流程图

盛丝桶往复机以设定速度做横向和纵向往复运动，将来自喂入轮落下的原丝均匀地铺在盛丝桶中。丝束满桶后的出桶和空桶送入采用辊道自动控制或采用电瓶叉车人工搬运，每桶装丝量按定时自动计量，确保每桶丝长一致。盛丝桶往复和输送工序流程见图 8。

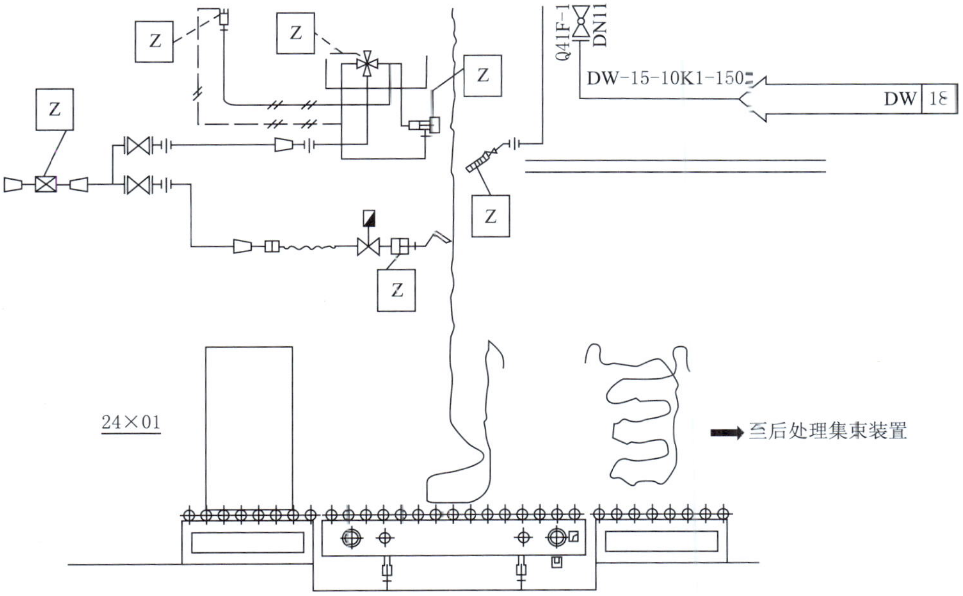

图 8 盛丝桶往复和输送工序流程图

在集束位置上的满桶盛丝桶，按工艺规定桶数的原丝分别经导丝环、张力架、品字辊引往上导丝架、下导丝架进行集束和调整丝束张力。每条生产线集束装置上配备了两列互为备用的集束架，上导丝架为两个可移动的眼睛导丝架，当一批丝牵伸完毕时进行切换。在集束导丝架上分别设有乱丝检测、张力异常检测和尾丝光电报警系统。

4.3.2 往复集束工序工艺特性

盛丝桶往复机是位于前纺设备和后纺设备之间的一台设备，其主要作用是把喂入轮喂给的未牵伸丝束有规律地均匀铺入盛丝桶中，并将丝桶按工艺要求进行有序定点放置。当丝束满桶时具有自动熔断丝束、自动定时换桶和自动送桶功能。

其主要工艺特性是往复盛丝桶内的丝束铺丝要均匀，禁止出现丝束与桶边形成间隙或丝束打边现象，严禁出现W形铺丝情况。其二，满桶丝束的配置满足后纺牵伸生产桶数的要求。其三，盛丝桶往复机运行要平稳，防止冲击造成“丝结”，其出桶时要快速调节，尽可能使每桶丝长度一致。其四，料桶生头要调整集束张力架张力，使丝束运行时张力基本一致。

4.3.3 往复和集束工序危害特性

往复和集束设备对人体的危害：往复地坑油污清理作业造成人员摔伤、扭伤，人工处理盛丝桶、辊道缠丝时造成人员机械伤害。

往复和集束工序对设备的危害：丝束运行时夹带的油剂对设备有较大的腐蚀，设备纵、横向往复运动引起的冲击造成对设备松动（链条松动、链板松动、滚轮松动等）和零部件磨损（导轨磨损、地轨磨损、车轮磨损等）。主要危害位置及防范措施详见表6。

表6　往复和集束主要危害位置及防范措施

危害类别	危害位置	防范措施
摔伤	往复人员清理卫生、人工铺丝时上下盛丝桶往复机、盛丝桶易造成滑跌摔伤	（1）作业现场注意劳保着装； （2）设备及地坑保持清洁； （3）增加盛丝桶爬梯
机械伤害	人工处理盛丝桶作业、处理集束辊道缠丝时盛丝桶对人员造成的挤压伤害	（1）作业现场注意劳保着装； （2）增加监控报警装置
腐蚀	往复设备上方的卷绕用油剂具有较强碱性，对设备表面及电气元件有腐蚀性	（1）控制油剂上油量，防止油剂下落至往复设备上； （2）电气元件定期检测与更换
松动	由于设备往复运行带来的冲击，造成设备松动（链条、链板、滚轮）	（1）调整好测量与油压，尽量减少冲击； （2）定期检查、紧固松动情况
磨损	由于设备运行载荷大，零部件间存在相对位移及基础沉降因素，易造成上导轨、地轨磨损	（1）定期检查导轨的磨损情况； （2）及时做好设备的润滑； （3）大修时做好地轨标高的测定

4.4 牵伸和卷曲工序

4.4.1 牵伸和卷曲工艺流程及流程图

下导丝架引出的丝束，从导丝机经浸油槽均匀分成三片丝，依次通过浸渍槽、一牵、牵伸浴槽、二牵、蒸汽加热箱、三牵进行牵伸，经五辊紧张定型机、叠丝机定型上油后进入预热箱、卷曲机卷曲、冷却输送至切断。其牵伸、定型和卷曲设备由单台电动机驱动长边轴传动。东洋纺牵伸和卷曲工艺流程见图 9。

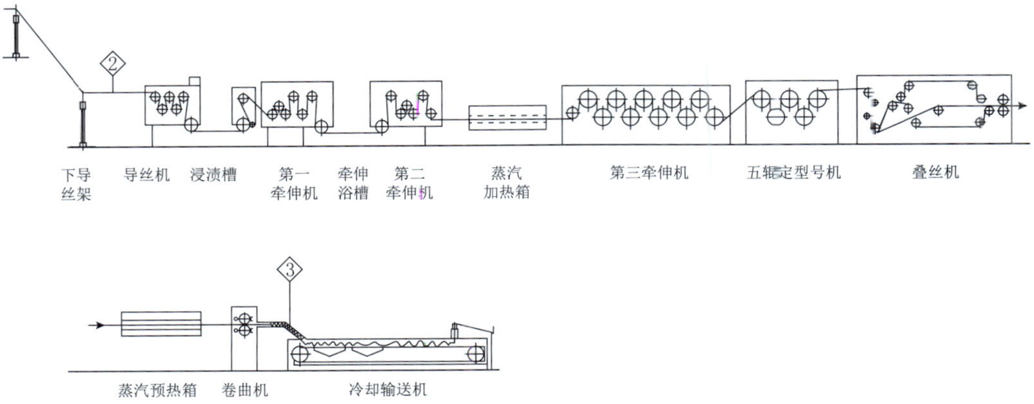

图 9　东洋纺牵伸和卷曲工艺流程图

4.4.2　牵伸和卷曲工艺特性

前纺的原丝要通过牵伸才能实现产品纤度、强度等指标达到设计值。后纺流程中有两道牵伸：第一道在第一牵伸机与第二牵伸机间，通过油浴槽方式实现；第二道在第二牵伸机与第三牵伸机间，通过蒸汽加热箱实现。

后纺热定型的目的是消除纤维在拉伸过程中产生的内应力，改善纤维的弹性，降低纤维的热收缩率，使其尺寸稳定。

卷曲的目的是提高纤维的抱合力和摩擦系数，改善纤维的纺织加工性能。涤纶短纤维装置多数采用机械卷曲法，也即填塞式卷曲法。卷曲一般采用下压式卷由形式的高温卷曲工艺（东洋纺工艺）和采用上压式卷曲形式的低温卷曲工艺（吉玛、纽玛格工艺）两种方式。

在后加工生产设备中，牵伸辊、定型辊辊温的工艺满足情况对产品内在质量指标影响较大，其中蒸汽的压力、温度、热值都是主要影响因素。同时，后加工牵伸工序上油剂的油浓、油温、上油等控制精度决定了后加工运转率和产品使用质量。

4.4.3　牵伸和卷曲工序危害特性

牵伸和卷曲工序对人体的危害：牵伸线作业时易造成高温烫伤和机械伤害，压力容器、中压蒸汽管道由于减薄爆裂造成人体伤害，牵伸设备运行噪声对人体的听力损伤。

牵伸和卷曲工序对环境的危害：设备润滑油、油剂泄漏造成水体总磷、COD 的超标，现场高温设备、噪声对环境的污染。

牵伸和卷曲工序对设备的危害：高温、高湿及油剂对设备的腐蚀，牵伸转动设备部件磨损，中压蒸汽对设备零部件、管道的冲刷减薄。主要危害位置及防范措施详见表7。

表 7　牵伸和卷曲工序主要危害位置及防范措施

危害类别	危害位置	防范措施
机械伤害	牵伸设备缠辊处理、生头作业时，丝束缠勾刀、手造成人身伤害	（1）正确穿带劳保用品； （2）按《操作法》规范作业； （3）牵伸线增加紧停装置
高温烫伤	牵伸设备辊面、蒸汽加热箱及设备传动侧的高压蒸汽管阀、回转接头的高温及泄漏	（1）正确穿戴劳保用品； （2）泄漏管阀的隔离
水体污染	现场油剂、润滑油泄漏造成水体总磷、COD的超标	（1）及时检查、消缺漏点； （2）牵伸线增加油剂回收再利用装置
腐蚀	牵伸设备使用的油剂具有较强碱性，对设备表面及电气元件有腐蚀性	（1）设备表面贴不锈钢材料； （2）电气元件定期检测与更换
磨损	由于后纺丝束运行总旦数高，牵伸张力大，对牵伸丝道部件（牵伸辊、浸渍辊、压辊、定型辊）磨损大	定期检查丝道表面质量，择差更换；检查设备润滑情况
冲刷	后纺牵伸采用S22中压蒸汽，由于长时间冲刷减薄，造成管道、阀门、回转接头泄漏	（1）定期检查更换阀门、回转接头； （2）定期检测管道减薄情况，更换检修

4.5　切断、打包工序

4.5.1　切断、打包工序工艺流程及流程图

丝束经捕结器、曳引张力机后进入切断机，切成规定长度的短纤维落入打包机。切断、打包工序工艺流程见图 10。

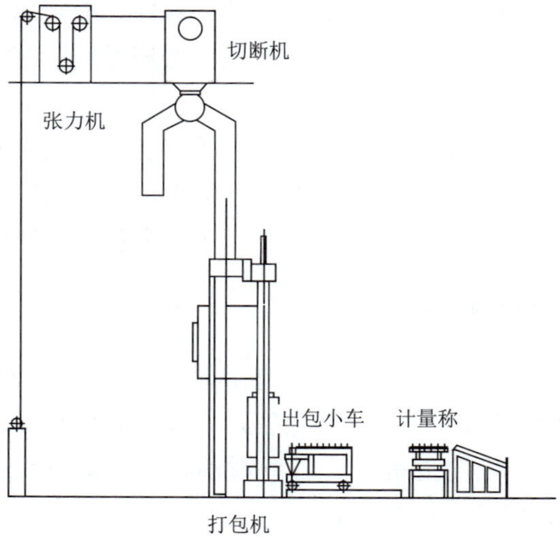

图 10　切断、打包工序工艺流程图

4.5.2 切断、打包工序工艺特性

张力机是后纺生产线中与切断机配套使用的设备，主要作用是根据丝束的实际张力大小进行适当调整，并将丝束供给切断机。该设备对丝束切断的长度影响很大，如张力调整不当，会产生超倍长质量问题。

切断机会影响产品的主要质量指标——切断长度。影响因素主要有：布丝不匀、压轮压力不足、切断刀钝刀、断刀造成超倍长及切断白粉。

打包机是涤纶短纤维装置生产流程的最后一台主要设备，其作用是将切断后的涤纶短纤维按一定重量捆成一定形状的纤维包。涤纶短纤维从进料斗、计量斗、推料箱进入预压棉箱预压缩后，再经转箱到主压侧压缩即可捆成纤维包。本机机体庞大，结构复杂，可分成机械部分、液压系统、气压系统、电气和仪表控制5大部分。

4.5.3 切断、打包工序危害特性

切断、打包工序对人体的危害：切断机丝束缠辊处理、打包机转动设备对人体的机械伤害。打包机运行时的噪声对人的听力损伤。

切断、打包工序对环境的危害：设备液压油的外漏造成环境污染，打包机运行的噪声污染。

切断、打包工序对设备的危害：切断、打包转动设备零部件松动、磨损。详见表8。

表8 切断、打包工序主要危害位置及防范措施

危害类别	危害位置	防范措施
机械伤害	切断机清棉时，切断刀易造成手指划伤。人体误入打包机转箱区域及异常作业造成物体打击	（1）正确使用劳动防护用品； （2）按《操作法》规范操作； （3）增设打包机转箱安全防护
润滑油污染	打包机外漏的润滑油造成危废物的产生	（1）检查、消除设备泄漏点； （2）危废物的规范管理
松动	打包设备运行存在缸体变载运行及箱体往复回转运动，造成设备零部件、管线易松动	（1）易松动点做好防松动标识； （2）认真巡检，及时检查、紧固
磨损、变形	切断丝束对设备造成的磨损，主要有张力压辊磨损损坏、切断刀磨损、断裂、刀槽支承轴变形	定期检查丝道表面质量，择差更换；料桶检查切断刀、刀槽磨损、变形情况

5 检修周期及检修项目

5.1 主要设备

5.1.1 熔体输送及纺丝工序主要设备见表9。

表 9　熔体输送及纺丝工序主要设备

名称	设备种类		主要设备	通用、专用设备检修规程的代码
转动设备	炼油化工专用机械	化纤机械	纺丝机	SHS 04537
	泵	齿轮泵	增压泵	新增 DC1500
		屏蔽泵	热媒屏蔽泵	SHS 03047
	离心式风机		环吹空调	SHS 01022
静设备	化纤机械		熔体过滤器	SHS 04535
	加热炉		气相热媒加热器、液相热媒加热器	SHS 10011
	压力容器		热媒膨胀槽、压缩空气罐	SHS 01004
	压力管道		熔体管道、热媒管道	SHS 01005
仪表设备	常规仪表	检测仪表、显示或报警仪表、控制仪表、辅助单元、执行器及其附件	流量计、液位计、变送器、控制阀、开关阀、现场一次显示仪表	
	控制系统	集散控制系统（DCS）、可编程控制系统（PLC）、机组控制系统（CCS 或 ITCC）、工业控制计算机系统（IPC）、监控和数据采集系统（SCADA）	集散控制系统（DCS）、可编程控制系统（PLC）	
	安全仪表系统（SIS）	安全联锁系统、紧急停车系统和可燃、有毒有害气体及火灾检测保护系统	增压泵压力联锁，汽相热媒炉、液相热媒炉压力联锁、液位联锁、温度联锁，前纺火灾报警系统	
电气设备	控制系统		可编程控制系统（PLC）	
	电动机		增压泵异步电动机、计量泵永磁同步电动机	
	电源设备		增压泵、计量泵变频器，UPS 不间断电源	
	电力消耗设备		增压泵、熔体过滤器、气相热媒炉、液相热媒炉、三甘醇清洗设备电加热器	

5.1.2　卷绕工序主要设备见表 10。

表 10　卷绕工序主要设备

名称	设备种类		主要设备	通用、专用设备检修规程的代码
转动设备	炼油化工专用机械	化纤机械	卷绕机	SHS 04539
	泵	屏蔽泵	油剂循环泵	SHS 03047
仪表设备	常规仪表	检测仪表、显示或报警仪表、控制仪表、辅助单元、执行器及其附件	液位计、现场一次显示仪表	
	安全仪表系统（SIS）	安全联锁系统、紧急停车系统和可燃、有毒有害气体及火灾检测保护系统	喂入机润滑油压力联锁	
电气设备	控制系统		可编程控制系统（PLC）	
	电动机		牵引辊、喂入轮永磁同步电动机	
	电源设备		卷绕 FR1、FR2、SR 变频器	

5.1.3　往复集束工序主要设备见表 11。

表 11　往复集束工序主要设备

名称	设备种类		主要设备	通用、专用设备检修规程的代码
转动设备	炼油化工专用机械	化纤机械	盛丝桶往复机	SHS 04541
			辊道输送设备	SHS 04542
仪表	常规仪表	检测仪表、显示或报警仪表、控制仪表、辅助单元、执行器及其附件	显示或报警仪表、执行器、现场一次显示仪表	
电气设备	控制系统		可编程控制系统（PLC）	
	电动机		异步电动机、伺服电动机	
	电源设备		变频器	

5.1.4　牵伸卷曲工序主要设备见表 12。

表12 牵伸卷曲工序主要设备

名称	设备种类		主要设备	通用、专用设备检修规程的代码
转动设备	炼油化工专用机械	化纤机械	导丝机	SHS 04543
			浸渍辊机	SHS 04545
			第一牵伸机	SHS 04546
			牵伸浴槽	
			第二牵伸机	SHS 04546
			第三牵伸机	SHS 04550
			热定型机	新增 HV702 型热定型机
			紧张定型机	SHS 04549
			叠丝机	SHS 04553
			卷曲机	SHS0 4557
			长边轴传动装置	SHS 04559
			铺丝机	SHS 04560
			冷却输送机	
			松弛定型机	SHS 04562
	泵	离心泵	油剂泵、热水泵	SHS 01013
		齿轮泵	润滑油泵	SHS 01017
静设备	炼油化工专用机械	化纤机械	蒸汽加热箱	
	压力容器		闪蒸罐、分汽缸	SHS 01004
	压力管道		中压蒸汽管道	SHS 01005
仪表	常规仪表	检测仪表、显示或报警仪表、控制仪表、辅助单元、执行器及其附件	流量计、液位计、变送器、现场一次显示仪表	
	控制系统	集散控制系统（DCS）、可编程控制系统（PLC）、机组控制系统（CCS 或 ITCC）、工业控制计算机系统（IPC）、监控和数据采集系统（SCADA）	牵伸 DCS、PCS 控制系统	
	安全仪表系统（SIS）	安全联锁系统、紧急停车系统和可燃、有毒有害气体及火灾检测保护系统	牵伸光栅安全联锁、牵伸线紧急停车系统	

表 12 牵伸卷曲工序主要设备（续）

名称	设备种类	主要设备	通用、专用设备检修规程的代码
电气设备	控制系统	可编程控制系统（PLC）	
	电动机	交流异步电动机、直流电动机	
	电源设备	变频器、直流调速器、逆变器	

5.1.5 切断打包工序主要设备见表 13。

表 13 切断打包工序主要设备

名称	设备种类		主要设备	通用、专用设备检修规程的代码
转动设备	炼油化工专用机械	化纤机械	张力机	SHS 04563
			切断机	
			打包机	SHS 04566
静设备	压力容器		压空罐	SHS 01004
仪表	常规仪表	检测仪表、显示或报警仪表、控制仪表、辅助单元、执行器及其附件	打包机油压检测报警，主、预压压力检测与联锁控制，ABB 张力检测与控制。	
	控制系统	集散控制系统（DCS）、可编程控制系统（PLC）、机组控制系统（CCS 或 ITCC）、工业控制计算机系统（IPC）、监控和数据采集系统（SCADA）	打包机 PLC 控制系统	
	安全仪表系统（SIS）	安全联锁系统、紧急停车系统和可燃、有毒有害气体及火灾检测保护系统	打包机光栅安全联锁	
电气设备	控制系统		可编程控制系统（PLC）	
	电动机		交流异步电动机	
	电源设备		变频器	

5.2 检修周期

5.2.1 涤纶短纤维装置检修应根据实际运行情况进行定期停车检修，推荐检修周期按48～60个月确定。

5.2.2 一般情况下，有备用设备的或日常可以进行检修的不列入停车检修项目范围。

5.2.3 检修工期指从交出检修到交回工艺联调试车之间的时间，不包含停工和开工需要的时间。涤纶短纤维装置大修检修工期一般为30天左右，如有其他项目同时进行，检修工期按实际施工进度合理安排。涤纶短纤维装置消缺检修工期以聚酯消缺检修工期为准，如设备出现特殊故障，检修工期按实际检修情况合理安排。

5.3 检修内容

5.3.1 涤纶短纤维装置熔体输送及纺丝工序主要检修内容见表14。

表14 涤纶短纤维装置熔体输送及纺丝工序主要检修内容

序号	设备名称	设备功能	功能故障	检修内容	专业类别
1	增压泵	用于熔体的输送和增压，满足纺丝箱体的压力要求	增压泵运行压力无法满足工艺要求，设备磨损、泄漏及传动系统故障	1. 增压泵分解、清洗、齿轮、轴检测，更换易损件； 2. 同步齿形带、带轮检查及皮带张力检查，择差更换； 3. 球笼联轴节清洗、检查，更换易损件，加润滑脂； 4. 减速机解体、清洗、检查、择差更换易损件及轴承； 5. 检查泵体连接管道（压空、热媒、熔体）是否存在泄漏，视情检修	A类
2	熔体过滤器	对熔体进行过滤，去除大于30μm的凝聚粒子与杂质	过滤器压差超工艺值，过滤器内、外泄漏，过滤器切换阀失效	1. 检查滤室进出口密封面磨损、变形情况，并择差修复； 2. 解体检修熔体阀传动机构，并加注耐高温脂； 3. 切换阀解体检修，更换轴承、密封件，视情研磨阀座； 4. 排放阀解体检修，更换密封件； 5. 检查热媒阀及管道的泄漏情况，择差更换或检修； 6. 修补或更换保温	B+类

表 14　涤纶短纤维装置熔体输送及纺丝工序主要检修内容（续）

序号	设备名称	设备功能	功能故障	检修内容	专业类别
3	纺丝机	熔体通过计量泵均匀输送到各个纺丝位，经组件的过滤、均匀分配，在一定的压力下从喷丝孔中喷出，通过环吹冷却形成丝条	设备传动装置运行故障，设备泄漏、磨损振动大。组件高压、泄漏造成原丝异常，环吹设备风量、风压不满足工艺要求	1. 计量泵传动装置解体、清洗、检查、换油，择差更换零部件； 2. 检查计量泵针形阀，择差更换损坏件； 3. 根据工艺要求拆下计量泵、耐磨板进行分解、清洗、检查； 4. 纺丝箱体根据保温情况进行更换，包括箱体隔热板更换； 5. 环吹装置密封、升降滑道、气缸清理检查、检修； 6. 纺丝组件的热分解、清洗、检修、更换、组装； 7. 纺丝箱刹车系统检修； 8. 纺丝基础板环吹密封件更换	B- 类

5.3.2　涤纶短纤维装置卷绕工序主要检修内容见表 15。

表 15　涤纶短纤维装置卷绕工序主要检修内容

序号	设备名称	设备功能	功能故障	检修内容	专业类别
1	卷绕机	卷绕机主是接受纺丝机纺制的纤维，给湿上油后，经导丝辊进入牵引，形成一定的牵伸倍率，并将丝束送到喂入机	上油系统因油泵、管线异常引起油剂断油；油轮传动系统故障造成油轮上油停上；各种自由罗拉、牵引辊转动和表面质量异常，牵引辊跳动异常，调幅器失效造成丝束不稳、毛丝、缠辊多	1. 解体检修油轮，择差更换轴承、油轮轴、上下油轮、链轮、链条等损坏件； 2. 油轮减速机解体检修，择差更换轴承、油封； 3. 油轮电磁离合器解体检修，更换轴承； 4. 择差更换三球接头、轴承，传动轴检修、校正或更换； 5. 择差更换各罗拉（直形、鞍形、V 形）和总导丝辊、轴承、轴； 6. 检查、择差牵引辊； 7. 检修丝束调幅装置，择差更换瓷件、气缸； 8. 更换废丝管； 9. 清扫油剂管道及供应系统管路； 10. 更换油剂进油、回油管线、阀门； 11. 压空管道清扫管路、消漏	B+ 类

表 15 涤纶短纤维装置卷绕工序主要检修内容（续）

序号	设备名称	设备功能	功能故障	检修内容	专业类别
2	喂入机	喂入机对丝束有一定的夹持力，并通过喂入轮的转动，将丝牵引至盛丝筒	喂入轮侧隙不匀、中心距无法调整造成丝束张力不稳、偏斜、跳动大；设备密封异常造成润滑油泄漏；喂入轮、轴承、联轴节的磨损	1. 择差更换喂入轮； 2. 更新联轴节并找正，补充润滑脂； 3. 更换油封、皮腕，喂入机输入、输出轴轴颈修复； 4. 润滑管路消漏，油过滤器清洗； 5. 检修中心距调节系统，更换损坏件； 6. 择差更换轴承、轴、齿轮等； 7. 解体丝束切断装置，修磨刀片，择差更换气缸； 8. 检修或更新润滑油泵	

5.3.3 涤纶短纤维装置往复集束工序主要检修内容见表 16。

表 16 涤纶短纤维装置往复集束工序主要检修内容

序号	设备名称	设备功能	功能故障	检修内容	专业类别
1	往复设备	接受卷绕机喂入轮输出的原丝，并将丝束均匀有规律地铺入盛丝桶中，当满桶时能自动定时换桶，并将空桶与满桶间的丝束自动切断，同时将满桶丝自动送入下道工序	往复异常情况下的停车（越位故障、链板损坏卡停），台车前后限位异常造成丝束偏离，台车运行冲击造成桶底线不匀，设备运行泄漏及磨损（滚轮、轴、轴承、油缸密封件）	1. 泵站电磁阀、流量阀组检修； 2. 调整、疏通帘板导轨润滑油管； 3. 液压油管全部更换； 4. 主、从动轴轴承全部更换； 5. 油泵联轴节检查、找正，缓冲块更换； 6. 进、出桶罗拉测量标高、调整，地坑导轨测量标高、平行度，择差更换地轨； 7. 帘板、滚轮择差更换，往复链条更换； 8. 油缸解体更换密封件； 9. 车轮解体清洗，轴承择差更换； 10. 台车上下导轨择差更换； 11. 减速机解体更换损坏件、换油； 12. 联轴节轮胎更换； 13. 油箱清洗、换油； 14. 泵站电机底座缓冲垫更换	B+ 类
2	辊道输送	对满筒丝束按生产线布置有序排放，并将空桶有序引入进桶辊道，满足台车要求	盛丝筒无法正常运行，无法进入往复装置，造成台车卡停故障	1. 检查所有链条，择差更换，2#、11# 小车车轮轴承更换； 2. 检修 13 辊道，小车和满桶辊道推进器，择差更换磨损件； 3. 检查调整 19 推臂、17 升降机、17 挡板与 CRT 装置各部分的协调性；	B+ 类

表 16 涤纶短纤维装置往复集束工序主要检修内容（续）

序号	设备名称	设备功能	功能故障	检修内容	专业类别
2	辊道输送	对满筒丝束按生产线布置有序排放，并将空桶有序引入进桶辊道，满足台车要求	盛丝筒无法正常运行，无法进入往复装置，造成台车卡停故障	4. 各种气缸密封件更换检修； 5. 压空管线、截止阀择差更换； 6. 所有减速机消漏、换油； 7. 所有辊轴缠丝清理； 8. 所有辊轴转动情况检查，择差更换轴承； 9. 所有盛丝桶推进轮块、轴承检查、择差更换	B+ 类
3	集束	一定数量的盛丝桶有序排列，将丝束均匀地导入导丝机	盛丝桶内桶底丝多，三辊机轴承故障、晃动大，磁眼损坏、导丝框变形	1. 张力调整架检修； 2. 品字辊轴承检修更换，变形校正； 3. 择差更换磁眼，校正导丝框； 4. 检修上导丝架磁眼固定弹簧； 5. 集束架上托丝杆校正、抬高	B+ 类

5.3.4 涤纶短纤维装置牵伸卷曲工序主要检修内容见表 17。

表 17 涤纶短纤维装置牵伸卷曲工序主要检修内容

序号	设备名称	设备功能	功能故障	检修内容	专业类别
1	导丝机	将下导丝架丝束导入浸渍槽上油	油路系统堵塞、泄漏，设备磨损、松动造成导丝辊晃动，导丝辊表面损伤影响生产运行	1. 分解导丝辊和输入轴，更换密封件，择差更换轴、轴承； 2. 箱体内部清洗，视窗更换全部密封件； 3. 检查导丝辊的水平度与径跳、表面质量，调整及检修； 4. 润滑系统清洗，更换密封件，更换润滑油	B+ 类
2	油剂浴槽	对未牵伸丝进行上油	油剂外漏，分丝棒松动、刮丝，设备磨损、松动造成浸渍辊晃动	1. 拆除、检查循环管道，消除漏点，清理内部黏附物； 2. 拆除、检查油剂循环泵、回油泵，更换润滑油脂、轴承； 3. 检查浸入辊表面情况及轴承状况，择差更换辊、轴、轴承及油封； 4. 检查油剂槽开口处密封情况，调整位置高度，防止油剂外漏； 5. 分丝棒检查、紧固，择差更换	B+ 类

表 17 涤纶短纤维装置牵伸卷曲工序主要检修内容（续）

序号	设备名称	设备功能	功能故障	检修内容	专业类别
3	第一牵伸机	对上油后的丝进行牵引、压除多余油剂，与第二牵伸机对丝束以一定的倍率进行第一次牵伸	油路系统堵塞、泄漏，设备磨损、松动造成牵伸辊晃动、断轴，牵伸辊表面损伤影响生产运行，压辊压合不良造成丝束异常	1. 拆除、清洗、检查牵伸辊及传动部件，清洗辊轴前、后轴承，更换磨损件； 2. 拆检输入轴与过桥轴，检查过桥轴与齿轮的轴孔配合情况，更换全部密封件，轴承择差更换； 3. 检查所有传动齿轮齿面啮合状况（包括齿面点蚀、磨损、硬性损伤等），齿面着色探伤检查； 4. 清洗传动箱体，油箱换油，水路、油路、气路消漏、消堵； 5. 压辊气缸检修、转轴轴承更换，更换缸与槽体密封件； 6. 油冷却器疏通、清洗、试压，油泵拆检，联轴节检查，弹性块更换； 7. 检查牵伸辊、浸渍辊、自紧压辊表面质量，择差更换； 8. 浸渍辊与轴的配合及紧固部位检查，择差更换，密封件更换	B+ 类
4	牵伸浴槽	对牵伸丝束上油，稳定牵伸点	油剂外漏，分丝棒松动、刮丝，消泡风机故障	1. 导丝棒座矫正，择差更换，清除槽内杂物； 2. 消泡系统疏通、清理检修，风机轴承择差更换，分离器过滤网清洗，择差更换； 3. 盖控、整流罩矫正找平； 4. 疏水系统管线检修	B+ 类
5	第二牵伸机	对上油后的丝进行牵伸、压除多余油剂，与第一牵伸机对丝束以一定的倍率进行第一次牵伸，并将丝束送入第三牵伸机，与其形成第二次牵伸	油路系统堵塞、泄漏，设备磨损、松动造成牵伸辊晃动、断轴、断齿，牵伸辊表面损伤影响生产运行，压辊压合不良造成丝束异常	1. 拆拔所有牵伸辊，前、后轴承清洗，择差更换，辊面质量检查，择差外修； 2. 清洗、疏通前轴承迷宫式挡油盘、前后轴承座回油孔； 3. 输入、过桥部件检查，齿轮打表检查端跳，择差更换零部件； 4. 更换辊轴连接螺栓； 5. 拆除浸渍辊，检查辊轴的配合、辊面质量和密封件情况，择差更换；	B+ 类

表 17 涤纶短纤维装置牵伸卷曲工序主要检修内容（续）

序号	设备名称	设备功能	功能故障	检修内容	专业类别
5	第二牵伸机	对上油后的丝进行牵伸、压除多余油剂，与第一牵伸机对丝束以一定的倍率进行第一次牵伸，并将丝束送入第三牵伸机，与其形成第二次牵伸	油路系统堵塞、泄漏，设备磨损、松动造成牵伸辊晃动、断轴、断齿，牵伸辊表面损伤影响生产运行，压辊压合不良造成丝束异常	6. 润滑系统清洗、消漏，示油器清洗、择差更换，箱体内各润滑点与示油器对应检查； 7. 压辊气路系统消漏； 8. 大、小压辊、套筒及辊轴择差更换，大压辊气缸底板固定； 9. 检查箱体内各齿轮啮合和齿面磨损情况，择差更换； 10. 箱体彻底清洗，换油； 11. 毛刷架补齐，校正，安装板检修	B+ 类
6	蒸汽加热箱	对牵伸丝束进行加热，有利于丝束牵伸	箱体变形造成启闭困难	1. 箱盖配重杆及配重调整； 2. 检查箱体变形情况，整体校正； 3. 箱体导流板检查、紧固	B+ 类
7	第三牵伸机	与第二牵伸机对丝束以一定的倍率进行第二次牵伸，并将丝束送入热定型机	油路系统堵塞、泄漏，设备磨损、松动造成牵伸辊晃动、断轴、断齿，牵伸辊表面损伤影响生产运行，牵伸温度不满足工艺要求	1. 拆拔 0～12# 辊，检查前后轴承端盖处密封情况，择差更换密封件，疏通、清洗前轴承迷宫式挡油盘、前后轴承座回油孔； 2. 清洗前后轴承，择差更换，牵伸辊表面质量检查，择差更换； 3. 齿轮、大轴、轮毂检查，择差更换，大轴外修； 4. 输入、过桥部件检查齿面，打表检查齿轮端跳，择差更换； 5. 润滑系统清洗、消漏，油管压空吹扫、疏通，箱内各润滑点与示油器一致性检查； 6. 齿轮箱体及润滑油管道清洗、换油； 7. 夹套管、虹吸管、进回软管、回转接头等检查，择差更换； 8. 配合辊筒打压、探伤检测； 9. 辊筒连接螺栓 M30 更换； 10. 补齐支承杆； 11. 检查、检修门控系统导轨、导轮及油气缸； 12. 油冷器酸洗	A 类

表 17　涤纶短纤维装置牵伸卷曲工序主要检修内容（续）

序号	设备名称	设备功能	功能故障	检修内容	专业类别
8	紧张定型机	对丝束进行热定型	油路系统堵塞、泄漏，设备磨损、松动造成定型辊晃动、链条断裂，定型辊表面损伤影响生产运行，定型辊温度不满足工艺要求。	1. 输入、过桥部件检查齿面，打表检查齿轮端跳，择差更换； 2. 润滑系统清洗、消漏，油管压空吹扫、疏通，箱内各润滑点对应示油器与图纸一致性检查； 3. 箱体内彻底清洗、换油； 4. 虹吸管、夹套管、进回软管、回转接头等检修，择差更换； 5. 配合辊筒打压、探伤检测； 6. 视窗玻璃择差更换； 7. 回转头防脱落支承修复、补全、紧固； 8. 辊筒表面质量情况检查，择差更换或外协检修辊筒； 9. 检查链条磨损、链轮松动情况，择差更换； 10. 检查链条张力调整机构是否松动、脱齿； 11. 检查、检修门控系统导轨、导轮及油气缸； 12. 油冷器酸洗	B+ 类
9	叠丝机	对丝束进行上油、三片丝束重叠便于进入卷曲机	上油不良，导丝辊、电加热辊缠辊多，设备磨损造成辊子松动、晃动和断轴	1. 所有导丝辊 电加热辊解体检修，择差更换辊轴和轴承； 2. 上油轮轴承、链条择差更换； 3. 上油轮毛刷架解体检修； 4. 油剂管全部更换检修； 5. 上下调幅摆臂检修，要求调节自如； 6. 牵引辊输入轴消漏、油封更换； 7. 箱体内齿轮、链条传动部件检查，择差更换； 8. 拆检电加热辊，更换轴承、油脂及密封件； 9. 检查、检修门控系统导轨、导轮及油气缸	B+ 类

表 17　涤纶短纤维装置牵伸卷曲工序主要检修内容（续）

序号	设备名称	设备功能	功能故障	检修内容	专业类别
10	卷曲机	对丝束进行卷曲，提高纤维的后加工的抱合力	卷曲数、卷曲度不满足工艺要求，设备泄漏、磨损造成设备运行跳动大，无法满足正常生产	1. 检查卷曲辊辊面及端面磨损情况，择差成对更换； 2. 分解清洗卷曲辊轴承及轴承套部件，择差成对更换轴承，更换密封件及其他损坏件； 3. 拆检下辊摇臂推力轴承，清洗并更换； 4. 拆检上下卷曲刀、侧板，视情进行检查、更换损坏件； 5. 检查气缸泄漏情况，择差更换密封件； 6. 检修清洗齿轮箱内部，齿轮、轴承择差更换； 7. 检修气路部件（调压阀、手动阀等）； 8. 拆检热水泵，更换轴承、机械密封及其他磨损件； 9. 各润滑点加油、脂； 10. 检查水、汽阀门泄漏情况，择差更换	B+ 类
11	长边轴传动装置	对牵伸线各单元机提供动力，并通过齿轮调整牵伸倍率	设备泄漏造成润滑油外漏，设备磨损、松动造成传动齿轮箱振动大、断齿，传动联轴节、球笼异常造成牵伸丝倍率异常	1. 解体、检查各齿轮箱的轴承间隙，输入输出轴的轴向窜动量，齿轮齿面及齿轮端跳（包括 MG），择差更换轴承、调整垫； 2. 更换所有油封（TC 型）、O 形环； 3. 齿轮箱及视窗结合面消漏； 4. 视窗玻璃择差更换； 5. 润滑系统清洗、消漏、示油器清洗，择差更换，油管压空吹扫、疏通； 6. 解体、清洗、检查球笼联轴节磨损情况，择差更换； 7. 所有边轴联轴节择差更换，打表找正； 8. 所有边轴轴承清洗，择差更换； 9. 检查齿轮箱油封处轴磨损情况，择差分解、外修； 10. 油箱本体检漏	B+ 类
12	冷却输送带	将卷曲后的丝束冷却、去湿，并输送到张力机	丝束在冷却输送带上跑偏，冷却风机效率下降、风机故障，减速机泄漏	1. 清理辊子（橡胶辊、托辊、蛇行调节辊、导丝辊），轴承清洗检查，择差更换； 2. 减速机检修，择差更换损坏件； 3. 冷却风口缠丝清理、风管检修； 4. 冷却风机、电机分解检修，风机择差动平衡检测； 5. 择差更换输送带、调整	B+ 类

表 17 涤纶短纤维装置牵伸卷曲工序主要检修内容（续）

序号	设备名称	设备功能	功能故障	检修内容	专业类别
13	铺丝机	将卷曲后的丝束均匀铺设到松弛定型机	缠丝、设备磨损造成轴、轴承、皮带异常	1. 减速机解体检修，择差更换损坏件； 2. 回转装置解体检修，择差更换轴承； 3. 链条、链轮、皮带择差更换	B+ 类
14	松弛定型机	将丝束加热、去湿、定型，并输送到切断机	丝束铺设不匀，箱体温度不符合工艺要求，设备磨损（风机轴、轴承、链条、链板及减速机）引起的泄漏、振动	1. 拆检各种风机，风叶、轴承清洗、检查，轴承更换，叶轮动平衡检查； 2. 分解、清洗摆线针轮减速机，择差更换磨损件，传动系统链条、皮带更换； 3. 清除换热器表面污物，消漏、打压检漏； 4. 烘房框架检查校正、密封件更新； 5. 链条、导轨拆除、更新； 6. 链板拆除，清洗、检修、校正； 7. 箱体内“T”型网、平板网拆除、清洗、校正安装； 8. 箱体内防护罩、摩擦条择差更换； 9. 摆斗系统检查，择差更换摆斗、轴承、关节轴承等； 10. 拆检主传动轴，择差更换传动链轮、轴、轴承、传动键等； 11. 检修循环风机、排风风机、新风风机、冷却风机调节阀； 12. 箱体内部积棉、积灰清理； 13. 各润滑点加油、脂； 14. 检修风门把手，择差更换； 15. 检修公用工程管阀，检修疏水阀，择差更换； 16. 检修前、后打手，更换轴承等； 17. 各种断螺栓取出检修与补缺； 18. 烘箱表面的防腐处理	B+ 类

5.3.5 涤纶短纤维装置切断打包工序主要检修内容见表 18。

表 18 涤纶短纤维装置切断打包工序主要检修内容

序号	设备名称	设备功能	功能故障	检修内容	专业类别
1	张力机	将丝束以稳定的张力输送给切断机	丝束张力不稳定影响产品质量，设备磨损造成减速机泄漏、传动系统振动加剧	1. 分解、清洗、检查气缸，更换密封件； 2. 分解、清洗、检查辊、轮，择差检修或更换； 3. 清洗所有轴承，择差更换轴承； 4. 检查缓冲弹簧、同步带，择差更换； 5. 分解减速机、清洗、检查，择差更换损坏件； 6. 压辊表面及压合质量检查，择差更换压辊	B+ 类

表 18　涤纶短纤维装置切断打包工序主要检修内容（续）

序号	设备名称	设备功能	功能故障	检修内容	专业类别
2	切断机	将丝束按工艺长度进行切断	切断异常形成的长丝束、超长、超倍长、重切现象，设备磨损造成的切断钝刀、断刀和推压辊气缸内漏及减速机泄漏和振动加剧	1. 拆检主轴，轴承清洗、择差更换； 2. 拆检链条联轴节、择差更换； 3. 择差更换门框密封条和有机玻璃； 4. 分解、检修蜗轮蜗杆减速机，更换损坏件、换润滑油； 5. 同步齿形带、带轮择差更换； 6. 气路系统消漏； 7. 推压辊气缸解体换密封，气缸内注专用润滑脂； 8. 喂入轮、轴承检查，择差更换，喂入轮位置调整； 9. 推压辊位置调整，轴承更换	B+ 类
3	打包机	将切断后的丝束按要求进行定重、打包	设备异常造成的不定重、油污、异物投诉，设备磨损造成的设备（油站、油管、油缸）液压油泄漏，设备振动造成设备、各类紧固件的松动，液压系统阀组异常磨损、器件变形造成油缸动作异常	1. 清洗所有的油、气过滤器，油雾器适时补油； 2. 检查油、气管路及附件，并消除漏点； 3. 检查均棉辊表面情况，择差修复，分解检修传动机构，更换轴承、链条等； 4. 分解检查储料斗、计量斗是否存在裂纹，检查气缸，更换密封件； 5. 检查所有导向套、护套的磨损情况，视情况更换导向套； 6. 分解清洗转箱机构轴承、减速机、转向齿轮，清洗、检查、择差更换； 7. 检查推料气缸密封件、导向件是否磨损，调速阀调整，检查推料板的位置并进行调整； 8. 密封框架校正，择差更换破损的密封，检查密封气缸密封件、导向杆，视情修复； 9. 检查止棉部件动作的灵活性及密封件、轴承检修或更换； 10. 清洗检查顶箱缸及其附件，择差更换密封部件； 11. 箱体内衬不锈钢板的检查与修复； 12. 分解检修液压油泵，择差更换损坏件，检修联轴节、软管； 13. 清洗各类阀件，择差更换或修理，更换所有 O 形密封圈； 14. 液压油站、滤网清洗，循环水冷却器检修； 15. 油站压力表等显示表计的检修与校验；	B+ 类

表 18 涤纶短纤维装置切断打包工序主要检修内容（续）

序号	设备名称	设备功能	功能故障	检修内容	专业类别
3	打包机	将切断后的丝束按要求进行定重、打包	设备异常造成的不定重、油污、异物投诉，设备磨损造成的设备（油站、油管、油缸）液压油泄漏，设备振动造成设备、各类紧固件的松动，液压系统阀组异常磨损、器件变形造成油缸动作异常	16. 检查、检修出包装置的油站、链条、辊和减速机； 17. 分解清洗全部液压油缸、气缸，更换密封件； 18. 校正主压缸、预压缸的安装位置，确保活塞杆的垂直度； 19. 光电信号安装位置确认及紧固； 20. 设备清理及防腐检修	B+ 类

5.3.6 涤纶短纤维装置仪表设备主要检修内容见表 19。

表 19 涤纶短纤维装置仪表设备主要检修内容

序号	设备名称	设备功能	功能故障	检修策略	专业类别
1	ECS-100 控制站	基于网络技术、多种总线兼容的集散控制系统，为工艺操作提供平台	控制站或控制网络冗余部件故障	预定视情维修：检查操作室与控制室的温度及湿度和空调的运行情况，检查有无腐蚀性气体腐蚀设备与过多的粉尘堆积的现象，检查操作室、控制室受电磁干扰情况和振动情况。更换冗余的主控卡、冗余的数据转发卡、冗余的 I/O 卡、冗余的控制网络集线器（HUB）、冗余的控制器电源。 定期维修：按生产装置的检修周期，对 ECS-100，系统解体、清灰、I/O 卡件调校、系统测试调校，点检完成后应有系统测试报告。系统维护人员应做好控制子目录文件（组态、流程图、SCX 语言、图形化编程等）、各自控制回路的 PID 参数、调节器的正反作用等系统数据的硬盘备份记录工作，同时要求采用书面、软盘、光盘等进行备份；对系统组态、控制参数作必要修改后，系统维护人员应及时做好记录及备份更新工作	A 类

表 19 涤纶短纤维装置仪表设备主要检修内容（续）

序号	设备名称	设备功能	功能故障	检修策略	专业类别
2	操作员站、工程师站和多功能站	ECS-100 系统组态和系统维护，过程监控管理的人机界面，数据信息采集、管理与控制	死机	预定视情维修：检查 PC 机、操作台风扇部件运转正常，无杂音；PC 机运行状态正常、无异常声响，显示器无闪烁、抖动现象，报警声响清晰。检查空调系统运行是否正常，环境温度、湿度是否符合要求。 定期维修：操作站解体清洗、系统维护人员应做好控制子目录文件（组态、流程图、SCX 语言、图形化编程等）、各自控制回路的 PID 参数、调节器的正反作用等系统数据的硬盘备份记录工作，同时要求采用书面、软盘、光盘等进行备份；对系统组态、控制参数作必要修改后，系统维护人员应及时做好记录及备份更新工作	A 类
3	温度仪表	现场温度测量仪表	仪表无指示，仪表指示最大，仪表指示最小，仪表指示不变化	预定视情维修：定期对仪表进行清洁，清除污物，检查仪表电源是否正常。 定期维修：应保持清洁、干燥、外观完好；接线柱和调整螺丝无锈蚀；定期检查绝缘电阻，对地绝缘电阻应大于 20MΩ。系统应有良好的接地，接地电阻小于 10Ω	B+ 类
4	流量仪表	现场流量测量仪表	仪表无指示，仪表指示最大，仪表指示最小，仪表指示不变化	预定视情维修：定期对仪表进行清洁，清除污物，检查仪表电源是否正常；检查接线是否松动。 定期维修：核实流量计的测量范围、耐温、耐压值是否与被测流体相符；检查流量计安装方式与方向；确认上下游直管段距离；检查传感器接地是否可靠	B+ 类
5	物位仪表	现场物位测量仪表	仪表无指示，仪表指示最大，仪表指示最小，仪表指示不变化	预定视情维修：检查仪表接线是否良好，有无腐蚀、进水等情况，检查仪表电源是否正常。 定期维修：定期检查仪表横平竖直，必须保证测量室垂直；定期检查保温伴热系统；疏通，清洗，或更换引压阀；检查电源、信号线、接线端子；扭力管或支承簧片	B+ 类

表19 涤纶短纤维装置仪表设备主要检修内容（续）

序号	设备名称	设备功能	功能故障	检修策略	专业类别
6	压力仪表	现场压力测量仪表	仪表读数为零，变送器不能通讯，变送器读数不稳定，有压力变化，输出无反应	预定视情维修：仪表运行时应保持外观清洁无污物，表盘刻度清晰，仪表引压管、阀门及接头等不得渗漏，检查引压管保温伴热情况，防止隔离液冻、凝、气化等。 定期维修：变送器内部检查元器件、零配件、连接无缺损、断裂、变形、腐蚀、密封等情况；变送器与工艺介质连接面检查；绝缘检查；定期校验	B+类
7	气动薄膜调节阀	控制阀门	阀门不动作，阀门定位器振荡，填料外漏，电磁阀不动作	预定视情维修：检查调节阀及定位器等附属设备，气源及输入、输出信号是否正常，连接管路是否严密不漏，填料函及法兰连接处有无介质外漏。 定期维修：定期检查阀体的内壁和连接阀座的内螺纹处；定期检查密封面和与阀体连接的外螺纹处；定期检查阀芯的密封面阀杆上部与密封填料接触面；定期检查阀体、上阀盖、下阀盖各法兰密封面的腐蚀程度；定期更换执行机构中薄膜片和O形密封圈	B+类
8	单元组合仪表	单元组合仪表	仪表完全不动作，指针在刻度上限或者在刻度下限，指针不动作，指针振荡，指示误差大	预定视情维修：注意记录仪指示值是否正确，划线、走纸是否正常，表体和零件是否整洁完好。 定期维修：定期检查电源线连接；定期检查面板LCD背景灯；检查主板是否完全插入主板槽内；定期增大趋势设定间隔；定期增加基本周期设置	B+类
9	轴振动和轴位移仪表	打包机轴振动和轴位移测量仪表	监测器各通道均失灵，间隙电压指零，间隙电压负向超限	预定视情维修：定时进行巡回检查，及时进行维护，保持探头、电缆整洁，应无破损，安装无松动，每个通道“OK”灯均亮。 定期维修：振动和位移监测系统仪表随转机同时检修；探头应在转机解体前拆下，定期对探头进行校验；转机检修结束后，按使用要求进行安装调试；盘车检查振动测量总的机械和电的综合偏移振幅不超过6μm；检查仪表指示的轴位移量与机械位移量之误差应满足精度要求	B+类

表 19　涤纶短纤维装置仪表设备主要检修内容（续）

序号	设备名称	设备功能	功能故障	检修策略	专业类别
10	称重仪表	打包机称重仪表	通讯（内部，外部）故障，测量传感器故障，进料器系统不能启动，总的实际流量值波动	预定视情维修：处理气源漏点，电磁阀正常切换，阀门动作顺畅，清除负荷传感器上的粉尘。 定期维修：定期检查电源插头是否插牢或断线；定期检查保险丝；定期检查仪表电源部分；定期检查各导线连接；定期用万用表检查稳压电源输出	B+ 类

5.3.7　涤纶短纤维装置电气设备主要检修内容见表 20。

表 20　涤纶短纤维装置电气设备主要检修内容

序号	设备名称	设备功能	功能故障	检修策略	专业类别
1	三相异步电机	三相异步电机故障	绕组缺相、绕组短路、绕组三相不平衡，轴承故障，端盖跑圈	预定视情维修：温升、振动、采样分析相不平衡，轴承故障，端盖跑圈。 定期维修：达到故障周期进行检修，绕组检查，更换轴承	A/ B+ 类
2	直流电机	直流电机故障	绕组不平衡、短路、绝缘下降，轴承故障，端盖跑圈	预定视情维修：温升、振动、采样分析相不平衡，轴承故障，端盖跑圈。 定期维修：定期更换碳刷，检查换向器；达到故障周期进行检修，绕组检查，更换轴承	B+ 类
3	变频器	变频器故障	散热风扇故障停运，电容老化，主板老化	预定视情维修：温升、电流等运行参数监测。 定期维修：达到故障周期进行检修，更换散热风扇，检查清扫、紧固	A/ B+ 类
4	电气控制柜	电气控制柜故障	开关无法合闸，或者一合闸就跳开	预定视情维修：开关柜内温度高，达到需要停运更换元器件和紧固线路要求、电流参数异常、内部短路。 定期维修：检查、清扫、坚固	B+ 类

6　装置检修管理

6.1　装置检修前准备工作

a）成立检修指挥部，专业职能组已确定，职责、人员分工明确；

b）检修计划已制定下达，检修方案已落实审批，各图纸资料齐全；

c）检修队伍施工人员已确定，施工人员已进行安全培训，现场安全环保及技术交底已完成；

d）检修用专用工器具已维护保养；

e）检修用各种备件已到货；

f）检修用各类三甘醇、热媒、润滑油、碱液等辅料准备齐全。

6.2 工艺交出检修条件

6.2.1 装置工艺交出的主要要求

涤纶短纤维装置工艺处理结束后，熔体输送管道、熔体过滤器、纺丝箱体等设备内的物料必须排净，前后纺设备油剂槽的油剂排放完成，高温设备、管道内的蒸汽已减压排放结束，现场热媒已降温、排尽或隔离。在装置交付检修前，工艺人员检查确认设备容器人孔拆卸、盲板加装、容器内采样分析、停电等工作，经相关部门签字确认后，由装置开具用火、用电、进入受限空间等相关特殊作业许可证和设备检修交出手续，进入检修状态。工艺交出要具备以下条件：

a）装置所有盲板按照盲板图、表安装编号、挂牌，并经工艺员、设备员、安全员签名确认，确保检修装置与原料区、其他生产装置及氮气等公用工程实施硬隔离；

b）系统内设备、管线按规定进行吹扫和置换，取样分析合格；

c）雨水井取样分析合格，雨污分流，排水畅通；

d）系统内设备人孔打开前的确认，打开的设备人孔处挂上“未经许可，禁止入内”警示牌；

e）指定具有监护资格的人员负责吊装、动火、进入受限空间等作业的监护。

附表：

《×× 公司设备检修交出交回单》

《×× 公司盲板抽堵作业许可证》

《×× 公司停（送）电票》

《×× 公司高处作业许可证》

《×× 公司起重作业许可证》

《×× 公司用火作业许可证》

《×× 公司临时用电许可证》

《×× 公司动土作业许可证》

《×× 公司进入受限空间作业许可证》

《×× 公司平台及护栏设施作业票》

《×× 公司作业安全分析表（JSA）》

6.3 检修过程安全环保管理总体要求

严格执行中国石化、公司安全生产禁令，遵守中国石化及各企业相关的 HSSE 规章制度；遵守涤纶短纤维装置检修安全、环保、保卫管理规定、HSSE 控制方案。

6.3.1 禁止性规定

a）严禁在禁烟区域内吸烟、在岗饮酒，包含外来承包商、承运商人员。

b）严禁高处作业不系安全带。

c）严禁无操作证从事电气、起重、电气焊作业。

d）严禁违反操作规程进行用火、进入受限空间、临时用电作业。

e）外来承包商人员必须先经两级入厂 HSSE 教育，核实身份信息，办理身份识别证后方可进场；进入现场必须做好个人劳动保护，戴好安全帽（需有单位标识），每个施工队伍必须穿好统一工作服和劳保鞋以及其他必要的劳动防护，焊工必须穿焊工服。

f）所有检修项目必须凭设备交出单至装置安全员处办理一般作业许可证，填写“七想七不干”提示卡后方可施工；如需动火、进入受限空间、临时用电、高处、破土等直接作业的，还必须办理相应作业许可证，得到许可后方可作业。

g）用火、进入受限、高处、起重等直接作业按规定实行施工单位、装置双监护，要求双方监护人必须有明确标识（穿黄马甲），双方监护人全程监护，检查并确认落实各项防范措施。同时，必须落实视频监控。

h）高处作业必须规范使用五点式安全带，严禁在高处上下抛掷工具、材料和杂物。

i）脚手架未经三方验收，挂“禁止使用”红牌，任何人员不得使用，搭建、拆除脚手架时必须按规定设置警戒区域，派人守护防止坠物伤人。

j）现场使用的各类工器具需经专业人员检查并张贴检查合格证方可使用。

k）项目单位应组织施工单位对气瓶的安全状况进行检查验收，验收合格且挂牌后方可使用。

l）设备检修后封人孔前，工艺人员要严格检查，禁止把工具、材料等遗留在设备内。

m）转动设备在运行过程中，禁止任何物品及人体任何部位接触转动部分。

n）外来承包商未经允许，严禁擅自动用、踩踏装置内的阀门、仪表、按钮、管线等设施，严禁进入非检修施工区域。

o）其他要求按照相关管理规定执行。

6.3.2 一般性规定

a）在增压泵、过滤器、纺丝箱体熔体排放作业时，必须戴防护手套、护目镜或防护面具；在可能有腐蚀液体溅出时的作业（如三甘醇、液碱及油剂作业）需戴防碱手套、面罩、穿防酸雨靴。

b）作业场所氧含量低于 19.5%时，需佩戴空气呼吸器；如作业场所有毒气体或化学物质泄漏时，需佩戴防毒面具或空气呼吸器。

c）拆接软管时（三甘醇清洗、热媒排放时），必须了解介质的性质，确认软管处于良好的状态和所有的连接处都十分牢固，以保证不会泄漏。对于蒸汽软管，为了防止从软管排出的水高速射流，要首先打开蒸汽阀直到软管内的水全部释放完为止。用后将软管内的物料洗净，软管盘好。

d）检修完毕，现场必须做到“工完、料尽、场地清”。

e）与检修相连容器、管线盛有可燃物时，必须采取物理隔离措施。

f）排放或排气时，要先检查风向，操作期间要位于上风位置。

g）从事接触粉尘作业时（风道清理）必须戴防尘口罩。

h）现场作业应避免交叉作业，出现交叉作业由项目单位负责协调，按照错时、错位或硬隔离原则落实防护措施，施工方应签订安全生产管理协议。

i）检修施工过程要严格执行文明检修各项规定，劳保着装规范，工器具、施工材料定置化摆放，设备备件、零部件不得落地，润滑油等不得洒落地面，检修各类废弃物定点存放，不得乱丢；产生危险废弃物需存放至规定存放点。

j）检修施工期间必须节约用水用电，未经许可不得使用消防水，现场无长流水、长明灯；如需使用压缩空气必须经工艺人员确认。

k）非紧急情况下不得使用现场灭火器等应急设施，不得占用消防通道；发生火情或其他事故，应立即报警并向应急指挥部汇报。

l）外来承包商人员的摩托车、私家车不得驶入检修界区内，按照指定停车点停放；电动车、自行车及各类工程车、电动三轮车如需运输检修材料可临时停在装置指定的停车区域内。

m）各承包商负责各自承修项目材料、工器具等设施、设备的防盗工作，材料或工器具出门必须办理出门证。

n）其他要求按照相关管理规定执行。

6.4 质量管理

总体要求：成立检修质量管理相关组织机构，明确管理职责。

a）对承包商及检修人员进行资质审查，进行工器具验收并粘贴合格标识。

b）通过组织审查重要设备的吊装、检修、施工方案，确保装置检修质量受控。

c）物资采购管理部门组织对采购物资进行入库检验并对重点物资进行监造。

d）在施工过程中，严格按照施工方案或设备检修质量工序卡中质控点和停止点的要求进行过程质量验收。

e）隐蔽工程施工的中间工序必须按施工顺序逐项验收合格后方可进入下道施工工序。

6.5 变更管理

a）变更管理原则：变更管理坚持谁主管谁负责、谁变更谁负责、谁审批谁负责的原则；变更管理坚持必须评估的原则。未经风险评估不得变更，不得用行政审批替代专业技术评估。尽可能减少变更的原则。设备变更管理部门应从严控制设备变更，杜绝不必要的变更，尽量减少临时变更。

b）变更管理流程：变更需严格按照变更管理流程进行变更申请、变更评估、变更审批、变更实施、变更关闭、变更效果评估，最后将变更申请审批表、评估报告、实施方案审查表、变更关闭审批单、效果评估报告按照保存期要求进行保存。

c）变更管理的其他要求：①严格执行集团公司《中国石化变更安全管理规定》；②执行企业变更管理的相关规定。

6.6 装置检修交回条件

6.6.1 装置检修交回确认主要内容

a）装置开车人员及开车保运人员配备落实；

b）原辅材料、动力等准备完成；

c）开工方案学习落实到位；

d）现场做到“工完、料尽、场地清”的施工要求落实情况；

e）工艺和设备联锁仪表测试情况；

f）HSSE 措施落实情况；

g）盲板拆除情况与检修前盲板加装清单内容确认一致；

h）机、电、仪、公用工程、储运、质检等相关专业准备完成

i）停工检修期间临时使用的设备、设施的拆除完成。

6.6.2 装置检修交回工艺特性要求

a）气相、液相热媒已填充完毕，并具备升温条件。

b）设备紧固件完成热紧固。

c）转动设备完成 72h 空运转。

d）辅助系统（组件、油剂、空调）已准备就绪，单位冷却风量已校测。

e）DCS 系统功能测试完成，各工艺参数设定正确。电机控制变频参数设置完成，并完成现场测定。

f）前后纺开车用工器具准备完成，并放置到位。

g）确认前后纺丝道上的部件（油轮、罗拉、导丝辊、牵引辊、喂入轮、牵伸辊、冷输带、链板等）表面光滑且转动灵活。

h）确认各类检测器、开关、信号的完好。

i）后纺设备急停开关、转动防护等安全设备、设施已检查、检测完成。

j）切断刀盘已经安装好，切断长度符合工艺要求。

k）清扫打包机，确保打包机内外干净、无挂棉。

执行装置检修交回开工确认表如下：

《设备检修记录单》

《零部件换、修记录单》

《设备试车验收记录单》

《检修（施工）项目验收单》
《隐蔽工程验收记录》
《装置（设施）开车条件检查确认表》

6.7 检修后期管理

6.7.1 资料归档清单

清单应包含的资料如下：

a）检修前的准备工作：检修计划、检修方案、进厂零件质量检验表；生产线系统停车修前状态监测数据汇总表，岗位大修工艺确认交接确认单；

b）中间检修过程的资料：设备检修记录、检验记录、零部件更换记录、设备试车验收记录单、隐蔽工程验收单、检修质量控制确认表、装置大修（修前、修中、遗留）主要设备问题统计表、试压记录、检修（施工）项目验收单、装置（设施）开车条件检查确认表。

c）竣工资料：竣工图纸，各种施工的记录、图片、视频、竣工报告等。

7 装置日常维护

7.1 涤纶短纤维装置设备日常维护与故障处理见表21。

表21 涤纶短纤维装置设备日常维护与故障处理

设备类型	故障类型	处理方法
增压泵	齿形带跑偏	在线调整
	齿形带脱齿	定期更换齿形带
	皮带轮磨损	定期更换
	减速机油封漏油	定期加油，油封定期更换
	减速器故障	维修或更换减速器
	增压泵断轴	检修更换泵轴
	增压泵密封泄漏	检修更换密封函
	球笼异常故障	检修更换球笼
	增压异常跳停	1. 恢复保温，关闭冷却压缩空气； 2. 电机及传动设备故障，排查、检修； 3. 增压泵故障（卡泵、断轴、断齿），检修； 4. 工艺联锁异常、参数等，检查
熔体过滤器	三通阀泄漏	更换密封件
	三通阀操作困难、关不严	1. 检修传动轴承、更换； 2. 更换内部密封件； 3. 阀杆、阀座密封研磨

表 21 涤纶短纤维装置设备日常维护与故障处理（续）

设备类型	故障类型	处理方法
熔体过滤器	本体泄漏	检修、定期更换密封件
	过滤器堵塞	1. 更换滤芯； 2. 清洗熔体管道
	取样阀、排放阀堵塞、泄漏	1. 清洗阀门； 2. 拆解检修，更换密封件
纺丝机	减速机振动大	1. 检查对中情况，调整； 2. 更换减速机，更换损坏件； 3. 传动轴零部件异常，检修； 4. 计量泵轴头脱出
	计量泵异常不出丝	1. 计量泵损坏； 2. 传动轴头脱落
	修板时熔体停不了	1. 刹车系统异常卡阻、脱落； 2. 刹车片磨损严重
	纺丝箱体保温异常	保温板损坏，检修
	环吹风异常	1. 检查环吹头与纺丝位对中情况，调整； 2. 检查环吹漏风情况，异常检修； 3. 检修风道手柄及连接机构； 4. 定期更换环吹整流筒及无纺布
卷绕机	上油轮停转	1. 边轴传动情况，检修更换轴承、联轴节、链轮、链条及紧固件； 2 调整离合器摩擦片间隙； 3. 检修油轮轴承及链条、链轮情况； 4. 检修油轮与轴的传动键； 5. 油轮与轴存在轴向窜动
	各类转动罗拉异常振动、异常声音	1. 轴承缺油脂，检修； 2. 轴承异常，检修； 3. 轴挡松动脱落，检修
	油轮上油异常	1. 油剂输送泵出口压力低，切换检修； 2. 油管油槽堵塞，清理检修； 3. 分油管、阀门异常，检修或更换； 4. 油量调节阀异常，检修
	吸丝口不吸丝	1. 压空气源异常，检修； 2. 支线压空管脱落或损坏，检修； 3. 电磁阀损坏； 4. 吸丝口、废丝管堵塞，检查
	油轮减速机异常振动、温升	缺油、磨损造成零部件损坏，检修

表 21　涤纶短纤维装置设备日常维护与故障处理（续）

设备类型	故障类型	处理方法
曳引机	牵引辊表面损坏	更换牵引辊
	牵引辊表面跳动大	1. 电机轴承异常，更换检修； 2. 牵引辊失衡，校动平衡； 3. 牵引辊定位锥面损坏，更换
	牵引机异常振动与声音	1. 牵引辊振动大； 2. 电机轴承异常
	丝束张力异常、丝束不稳	丝束调幅器异常
喂入机	喂入轮异常	1. 表面损坏，更换； 2. 声音异常、动平衡异常，更换； 3. 侧隙跑偏，调整
	喂入机刹车时间长	1. 电机抱刹异常，调整； 2. 接近开关异常，调整
	喂入机传动异常	1. 检查输入轴对中情况，调整； 2. SF 联轴节缺油
	润滑不良	1. 润滑油泵故障，检修更换； 2. 油管堵塞、润滑位置异常，检修； 3. 油压开关异常，调试
	设备泄漏	1. 润滑油管泄漏，检修； 2. 设备视窗泄漏，检修； 3. 喂入机输入、输出轴端漏油检修更换皮碗、油封
环吹空调	循环水泵异常	1. 不对中造成的振动，检修； 2. 泵轴泄漏，检修
	湿度低	1. 水箱温度低，调整； 2. 水泵压力低； 3. 喷嘴异常，雾化效果差更换喷嘴
	温度低	1. 换热效果差，清洗换热器； 2. 水箱温度低； 3. 加热管线、阀门异常，检修
	风压不足	1. 过滤网堵塞，更换； 2. 表冷器堵塞未清洗； 3. 风机效率低，更新； 4. 风道存在异常漏风，检修
	风机振动大	1. 传动不对中，调整； 2. 缓振器损坏，更换； 3. 叶轮不平衡，校测； 4. 润滑异常造成轴承、轴磨损，检修
	风阀关不严	1. 风阀密封损坏，检修； 2. 风阀锈蚀变形无法操作

表 21　涤纶短纤维装置设备日常维护与故障处理（续）

设备类型	故障类型	处理方法
往复装置	台车卡桶	1. 推臂异常偏斜造成桶体偏斜，检修； 2. 台车进桶导板变形、轴承损坏，检修； 3. 台车链板异常变形、断裂，更换； 4. 台车定位链板定位块脱落，检修
	台车纵向运行不均匀	1. 链条与链轮配合异常，检修； 2. 链条张力过松，调整； 3. 两侧链条长度不一致，更换
	台车横向运行不均匀	1. 两侧油缸不平衡，更换； 2. 车轮与地轨存在卡阻，调整
	台车运行冲击大	1. 油站阀组存在异常，清洗检修； 2. 电磁阀、流量阀调整不良
	纵向越位	1. 调幅机构调整异常； 2. 电气元件异常松动，紧固； 3. 异常丝、灰尘阻挡，清理
	熔断装置异常	1. 传动油泵、减速机异常，检修； 2. 链轮与轴连接脱落，检修； 3. 门架基础松动造成传动链条卡阻
	台车纵向不动作	1. 油马达故障，更换； 2. 油路无液压油输出或压力过低，检修调整； 3. 阀组调整异常
	油路泄漏	管道泄漏检修
导丝机	导丝辊表面异常	更换检修
	导丝辊晃动大	检修
	漏油	检修更换油封
浸渍辊	浸渍辊表面异常	更换检修
	导丝辊晃动大	检修
	漏油	检修更换油封
自紧压辊	压辊晃动大	轴承异常检修
	压辊效果异常	1. 压辊包胶损坏，更换； 2. 气缸异常不同步，检修； 3. 气缸基础松动，检修； 4. 压辊轴异常不平行，检修
	压辊表面质量异常	1. 包胶质量或平衡期短，更换； 2. 脱胶、表面磨损，更换

表21 涤纶短纤维装置设备日常维护与故障处理（续）

设备类型	故障类型	处理方法
牵伸设备	牵伸辊表面质量异常	更换检修
	牵伸辊晃动、断轴	检修
	齿轮损坏	齿轮更换检修
	传动轴承窜动、损坏	更换轴承及锁紧套
	润滑系统异常	1. 油泵异常，检修； 2. 油滤器堵塞，清理； 3. 润滑点异常，调整； 4. 轴承回油口不准确，检修； 5. 示油器异常，调整或更换
	牵伸辊辊温低	1. 系统压力不足，工艺调整； 2. 仪表调节阀异常，检修； 3. 回转接头损坏，更换检修； 4. 虹吸短管位置异常或过短，检修； 5. 虹吸管磨损更换检修
	油乳化	1. 夹套管损坏，检修； 2. 泵站排气进水，检修； 3. 油冷器损坏，检修
	前墙板漏油	1. 前轴承端盖密封不良，检修； 2. 前轴承回油孔位置异常，检修
叠丝机	导丝辊表面质量异常	更换检修
	导丝辊晃动大、声音异常	检修更换轴承
	电加热辊卡阻	检修轴承
	调幅机架卡阻	润滑、检修
	压辊不平衡	检修气缸
	上油异常	1. 上油泵异常，清洗检修； 2. 上油管堵塞清理； 3. 减速机异常检修； 4. 传动链条脱落、断裂检修； 5. 上油毛刷架安装不对中、不平行，调整； 6. 毛毡未及时更换
长边轴	齿轮箱润滑异常	1. 泵出口压力低，更换泵； 2. 油滤器未及时切换清洗，切换； 3. 油冷器损坏或油箱渗漏造； 4. 成油乳化，检修； 5. 润滑油阀开度不足，调整； 6. 润滑点位置异常，调整

表 21 涤纶短纤维装置设备日常维护与故障处理（续）

设备类型	故障类型	处理方法
长边轴	齿轮箱振动大	1. 主箱体异常振动造成，排查检修； 2. 球笼、SF 联轴节异常损坏、缺油，检修； 3. 对中异常，调整； 4. 更换异常松动，轴承； 5. 传动轴磨损，检修更换； 6. 设备基础松动，检修； 7 齿轮侧隙调整不良，调整； 8. 齿轮啮合不良，调整
	润滑油温高	1. 异常润滑造成设备温升大，检查调整； 2. 油冷却器换热效果差，酸洗
卷曲机	卷曲辊表面损坏	更换卷曲辊
	卷曲异常	1. 卷曲辊异常跳动，更换轴承； 2. 卷曲辊间隙不匀，调整； 3. 卷曲辊偏斜，调整； 4. 卷曲辊端面错位，调整； 5. 卷曲刀损伤，检修； 6. 侧板磨损，更换检修； 7. 铜带传动机构异常检修
	主、背气缸异常	1. 气源管损坏，更换； 2. 气缸内、外漏，检修； 3. 气缸行程调整
	卷曲辊温度过高	1. 工艺调整水温； 2. 卷曲辊回转接头、管道异常，检修； 3. 卷曲辊循环水路堵塞
	传动齿轮箱异常	1. 润滑不良造成温度高，调整； 2. 对中不良振动大，检修调整； 3. 传动球笼异常损坏，检修更换； 4. 密封不良造成润滑油泄漏
冷却输送带	冷输带跑偏	1. 网带两侧张力不匀，调整； 2. 前后传动胶辊不平行，调整； 3. 防跑偏装置、挡轮异常，检修
	丝束跑偏	1. 网带质量异常，检修更换； 2. 丝束存在厚薄不匀，工艺调整； 3. 卷曲机出口丝束不匀，工艺调整
	冷却风机振动大	1. 基础松动，紧固； 2. 叶轮平衡异常检修； 3. 风道不畅

表21　涤纶短纤维装置设备日常维护与故障处理（续）

设备类型	故障类型	处理方法
冷却输送带	丝束除湿能力不足	1. 风机异常检修； 2. 风道丝束堵塞，工艺清理； 3. 风阀开度异常，工艺调整
	主传动减速机异常	1. 传动振动大，检修更换损坏件； 2. 检修润滑油泄漏
曳引张力机	辊表面质量异常	检修更换
	压辊异常、缠辊多	1. 压辊表面质量差、更换； 2. 压辊压合存在间隙，调整检修
	张力机构冲击大	1. 工艺运行不不稳，工艺调整； 2. 冷输出口光电异常，调整范围小，工艺调整； 3. 调整平衡块、链条异常检修； 4. 调整位移传感器与电气控制异常，调试
切断机	切断马鞍辊缠丝多	1. 表面质量差，更换检修； 2. 辊端面高度不够，丝束易跳出，更换挡边高的马鞍辊； 3. 工艺调整张力，确保丝束不膨松
	切断刀、刀鞘异常	1. 丝束异常丝进入产生钝刀、断刀，更换刀； 2. 钝刀不更换造成断刀，工艺检查； 3. 含水量大的丝进入刀盘造成刀鞘变形，工艺调整，更换刀盘
	联轴节异常	检修
	传动减速异常漏油	漏油，检修
	长丝束、白粉多	1. 钝刀，更换； 2. 断刀未及时更换，更换； 3. 推压辊异常，检修； 4. 推压气缸不良，检修更换
松弛设备	主传动减速机异常	1. 皮带松脱，更换； 2. 基础松动，检修
	链板传动链条	1. 链条断，更换检修； 2. 链条脱离导轨，检修调整； 3. 链条两侧长度不匀，调整
	链板异常	1. 松脱，紧固； 2. 链板蝴蝶板脱焊，检修； 3. 链板损坏，更换
	摩擦条、防护板异常	松脱检修

表 21　涤纶短纤维装置设备日常维护与故障处理（续）

设备类型	故障类型	处理方法
松弛设备	循环风量不足	1. T 型网堵塞，工艺清理； 2. 平板网堵塞，工艺清理； 3. 风机叶轮缠丝，检修清理； 4. 换热器堵塞，检修清理； 5. 风阀开度异常，工艺调整
	换热器泄漏	检修、打压
	各种风阀异常	1. 循环风阀异常，检修； 2. 排风风阀异常，检修； 3. 新风风阀异常，检修
	风机振动大	1. 轴承异常，检修； 2. 叶轮动平衡检修； 3. 基础松动，检修
	摆丝斗异常	1. 摆丝斗开裂损坏，检修； 2. 轴承损坏，检修； 3. 传动盘异常，摆丝不到位，工艺调整； 4. 减速机异常损坏，检修
打包机	预压故障	1. 油缸外漏，检修； 2. 油缸内漏，检修； 3. 预压头松脱，紧固； 4. 导向杆异常，检修； 5. 油管、阀泄漏，检修
	主压故障	1. 油缸外漏，检修； 2. 油缸内漏，检修； 3. 主压头松动，紧固； 4. 油管、阀泄漏，检修
	顶箱缸故障	1. 油缸外漏，检修； 2. 油缸内漏，检修； 3. 油管、阀泄漏，检修
	转箱故障	1. 顶箱不到位，检修调整； 2. 转箱轴承卡阻、检修； 3. 转齿轮断齿，检修调整方向； 4. 减速机松动、损坏，检修更换
	提箱故障	1. 油缸外漏，检修； 2. 油缸内漏，检修； 3. 油管、阀泄漏，检修； 4. 缸头松脱，检修紧固； 5. 同步连杆松动、断裂，更换； 6. 上棉板异常卡阻、轴承松动检修

表 21　涤纶短纤维装置设备日常维护与故障处理（续）

设备类型	故障类型	处理方法
打包机	推棉机构故障	1. 棉卡阻未及时清理，工艺清理； 2. 气缸紧固件松动，紧固； 3. 气缸位置安装异常造成推料板与预压头剐蹭，检修调整
	储料斗、计量斗动作异常	1. 电气检测元件松动，紧固； 2. 气缸内外漏，更换； 3. 冲击大，调整气阀； 4. 斗损坏开裂，焊接检修
	计量不准	1. 传感器松动，紧固调整； 2. 传感器损坏，更换； 3. 每称称量设定值不合理，工艺调整； 4. 定期作业不好，工艺定期清理； 5. 计量系统存在干扰，接地检修； 6. 计量系统程序调试不良，调试
	出包系统故障	1. 出包小车叉臂变形、断裂，检修； 2. 出包小车抬升、下降异常，检修液压系统； 3. 出包小车运行冲击大，电气元件位置调整； 4. 出包小车打滑，地轨检修； 5. 出包辊道转动不灵活，检修； 6. 出包辊道链条蹭包布，调整高度

7.2　安全环保消防设备常见故障及注意事项见表 22。

表 22　安环消防设备常见故障及注意事项

设备类别	常见故障	注意事项
火灾自动报警系统	报警按钮失效、探测器失效、报警控制器失效	报警按钮、探测器、报警控制器是否正常工作
自动喷水灭火系统	自动喷水喷头损坏	自动喷水喷头是否完好
建筑消防设施	防火门、防火卷帘损坏、送风、排烟机、应急照明损坏	定期检查是否正常工作
灭火器	灭火器超期、压力表指示降低、内部灭火材料失效	校验期、压力指示

2. 聚酯装置维护检修规程

SHZ 04003—2019

目　次

前　言

本规程按照GB/T 1.1—2009《标准化工作导则　第1部分：标准的结构和编写》给出的规则起草。

本规程由中国石油化工集团有限公司、中国石油化工股份有限公司提出。

本规程起草单位：中国石化仪征化纤有限责任公司。

本规程主要起草人：王书冯、蒋维宏、孙维靖、余胜尧、何宁溪、潘　林、
桑育军、吴本喜、陈广金、吴朝祥、王洪玲、杨明婕。

本规程协作起草单位及人员：

洛阳石化：鲍建明、孙光荣；
天津石化：江广军、曲　健；
上海石化：曹碧城、唐明华。

本规程2019年首次发布。

聚酯装置维护检修规程

1 范围

1.1 规程范围

本规程规定了聚酯装置（包括辅助、酯化、缩聚3个单元）主要设备、专用设备的检修周期、检修项目及质量要求、检修过程管理和日常维护的相关内容。

1.2 适用范围

本规程适用于石油化工吉玛和中纺院工艺包聚酯装置的维护与检修。

目前中国石化在用聚酯装置情况见表1。

表1 目前中国石化系统在用聚酯装置情况

序号	单位	装置	工艺包	设计产能/（10^4t/a）
1	仪征化纤	聚酯装置	吉码	6～10
2	仪征化纤	聚酯装置	昆仑	10～20
3	洛阳石化	聚酯装置	杜邦	20
4	天津石化	聚酯装置	吉玛	20
5	上海石化	聚酯装置	昆仑	15
6	上海石化	聚酯装置	钟纺	20～30

2 规范性引用文件

下列文件中的条款通过本规程的引用而成为本规程的条款。凡是注日期的引用文件，其随后所有的修改单（不包括勘误的内容）或修订版均不适用于本规程，然而，鼓励根据本规程达成协议的各方研究是否可使用这些文件的最新版本。凡是不注日期的引用文件，其最新版本适用于本规程。

TSG 21 固定式压力容器安全技术监察规程

TSG D0001 压力管道安全技术监察规程——工业管道

GB/T 151 热交换器

GB/T 20801 压力管道规范 工业管道

GB 50484 石油化工建设工程施工安全技术规范

3 术语与定义

下列术语和定义适用于本文件。

3.1 设备功能

设备功能指的是设备的生产效率和功能，衡量设备功能的指标随设备种类不同而异。

3.2 功能故障

设备、设施不能实现其设计功能时，称之为功能故障，定义为设备、设施不能满足期望的性能标准。一般指设备失去或降低其规定功能的事件或现象，表现为设备的某些零件失去原有的精度或性能，使设备不能正常运行、技术性能降低，致使设备中断生产或效率降低而影响生产。

3.3 故障模式

故障模式一般是对产品所发生的、能被观察或测量到的故障现象的规范描述。

3.4 A类设备

本规程规定的A类设备是指经过RCM风险评估方法得出的因设备的功能故障引起装置停车的该装置的关键设备。聚酯装置A类设备见表2。

表2 聚酯装置A类设备

序号	设备名称	备注
1	酯化反应器（搅拌器）	第一、第二酯化
2	缩聚反应器（搅拌器）	第二预缩聚
3	缩聚圆盘反应器	第二预缩聚、终缩聚

3.5 B+类设备

本规程规定的B+类设备是指经过RCM风险评估方法得出的设备的功能故障虽然不引起装置的停车，但对装置的负荷、质量及可靠性具有重大影响的设备。聚酯装置B+类设备见表3。

表3 聚酯装置B+类设备

序号	设备名称	备注
1	浆料混合搅拌器	
2	捏合机	吉玛装置生产线
3	预聚物输送泵	齿轮泵 （上海石化为A类）

表 3　聚酯装置 B+ 类设备（续）

序号	设备名称	备注
4	终聚物输送泵	齿轮泵 （上海石化、洛阳石化为 A 类）
5	切粒机	
6	热媒炉	

4　装置特征

聚酯是由二元或多元醇和二元或多元酸缩聚而成，在大分子主链上含有酯键的一大类高聚物的总称。

精对苯二甲酸（PTA）与乙二醇（EG）配制成浆料，浆料经酯化、缩聚过程最终生产出合格的聚对苯二甲酸乙二酯（PET）熔体。PET 熔体送下游进行纺丝或经水下切粒机切成粒状切片，再将切片进行包装处理。

聚酯装置生产线通常由辅助单元、酯化单元和缩聚单元三大单元组成。

聚酯装置主要为吉码装置、昆仑装置、钟纺工艺和杜邦装置。德国吉玛公司开发出连续直接酯化缩聚的工业化生产工艺，并设计出带有成膜搅拌器的圆盘反应器，使 PTA 法生产技术更加完善。吉玛工艺成套装置为五釜反应流程，其中终缩聚反应釜为两个圆盘反应器并列。1998 年开始仪征化纤与中纺院合作对部分聚酯吉码装置生产线进行增容改造，更换第一酯化反应器及搅拌器，增加第三预缩聚圆盘反应器。2000 年后聚酯装置开始国产化，为中纺院成套工艺装置，也是五釜流程，但终缩聚圆盘反应器为一个。杜邦装置一般为三釜流程，主反应器分别为酯化反应釜、预缩聚反应釜和终缩聚反应釜。本规程主要介绍吉玛装置和中纺院装置的维护检修，其基本流程见图 1。

4.1　辅助单元

4.1.1　辅助单元工艺流程及流程图

PTA 槽车或小包装经卸料风机输送至 PTA 大料仓，后经送料风机输送至装置内 PTA 日料仓。日料仓内 PTA 经计量秤送至配制槽内参与浆料配制。

EG 从罐区经离心泵输送至聚酯装置参与浆料配制。

一次热媒经热媒泵输送至热媒炉进行加热后进入聚酯装置为酯化和缩聚单元反应提供热量媒介。辅助单元流程见图 2。

4.1.2　辅助单元的工艺特性

PTA 原料是生产聚酯产品的最主要部分，学名为精对苯二甲酸，为白色、松散的结晶粉末。

聚酯产品是由原料经过酯化和缩聚两部分完成的，其中酯化反应为吸热反应；缩聚

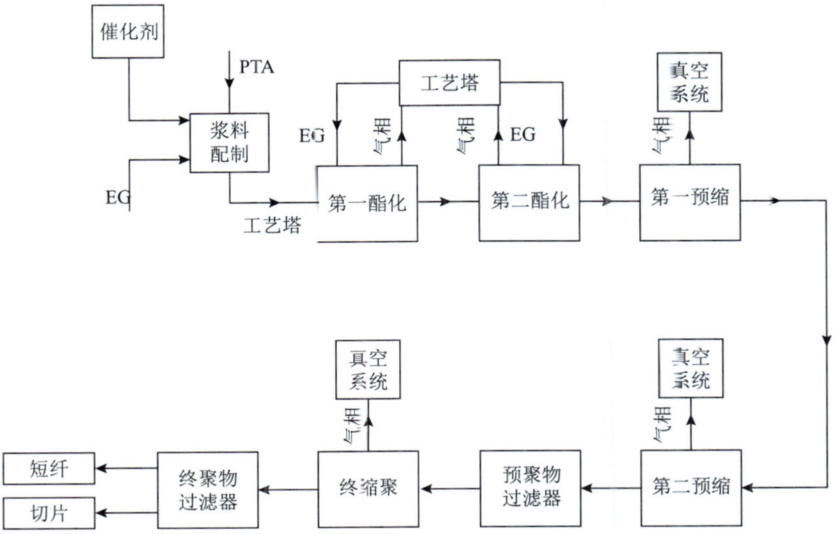

图1 聚酯装置流程图

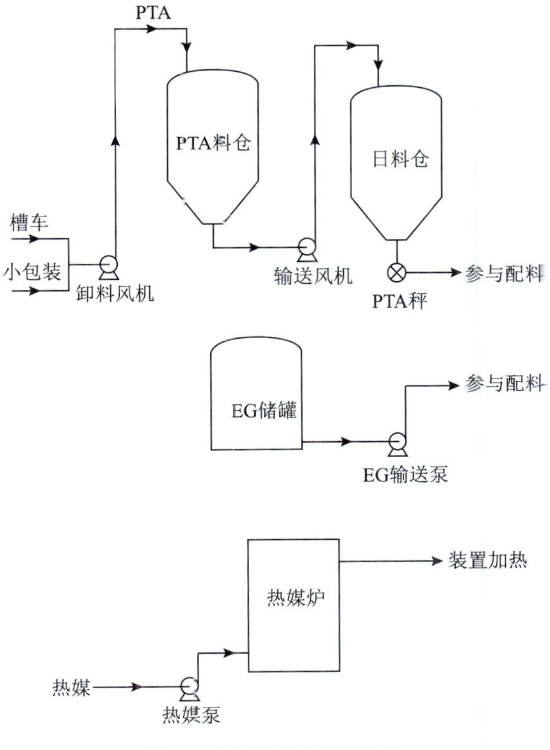

图2 辅助单元流程图

反应虽然为放热反应，但由于放热量较小，生产中仍需要一定的热量来进行保温，该热量是通过载热体（氢化三联苯导热油，俗称热媒）来完成的。

4.1.3 辅助单元危害特性

辅助单元对人员的主要危害有：存在天然气、高压瓦斯（洛阳石化）、液化气、沼气、高温热媒、蒸汽、尾气、氮气等介质泄漏和 PTA 粉尘危害；卸料和输送风机运行噪声危害。

辅助单元对环境的主要危害有：存在天然气、乙二醇、热媒、溴化锂等介质泄漏和 PTA 粉尘污染环境。

辅助单元对设备的主要危害有：泄漏、磨损、疲劳、高温蠕变、轻微硫腐蚀、老化等。

4.2 酯化单元

4.2.1 酯化单元工艺流程及流程图

定量的新鲜 EG 和催化剂在配制槽中经充分搅拌、加热，完全溶解配制成锑含量一定（各聚酯生产线不尽相同）的催化剂溶液，经检验合格后输送至供料槽，再连续送往 PTA 浆料配制槽。PTA 粉料自 PTA 日料仓经计量、振动分离后，与来自供料槽的催化剂溶液和回收 EG 一起进入捏合机（该设备原设计未设置，为后期在吉码装置生产线新增），捏合成 PTA 浆料后再进入浆料配制槽，在配制槽中充分搅拌制成 PTA 浓度一定的 PTA 浆料。

PTA 浆料通过螺杆泵输送并进行计量，进入第一酯化反应器。反应器分内、外两室，并设有加热夹套及列管式内加热器，采用了带有剪切轮的螺旋桨式搅拌器，使物料充分混合，加速流动、传热和水分排出，从而加速反应。

物料自第一酯化反应器利用位差和压差直接流入第二酯化反应器，添加剂悬浮液由供料槽经齿轮泵或螺杆泵从第二酯化反应器顶部直接加入。第二酯化反应器也分内、外两室，反应器结构与第一酯化反应器类似，也设有加热夹套及列管式内加热器，采用了带有剪切轮的螺旋桨式搅拌器，使物料充分混合，加速流动、传热和水分排出，从而加速反应。

第一酯化反应器与第二酯化反应器产生的 EG 和水的混合蒸汽，进入工艺塔进行分离，除去水分后的 EG 再送往第一酯化反应器与第二酯化反应器内室中继续参加反应。塔顶馏出的工艺废水除按一定比例回流外，其余经过气提处理后去污水预处理。

酯化单元流程见图 3。

4.2.2 酯化单元的工艺特性

酯化反应是一平衡可逆过程，为了顺利得到酯化产品，反应过程中不断地将小分子副产物移出反应体系，促使反应向生成酯化物的方向进行。由于酯化反应系统中的 H^+

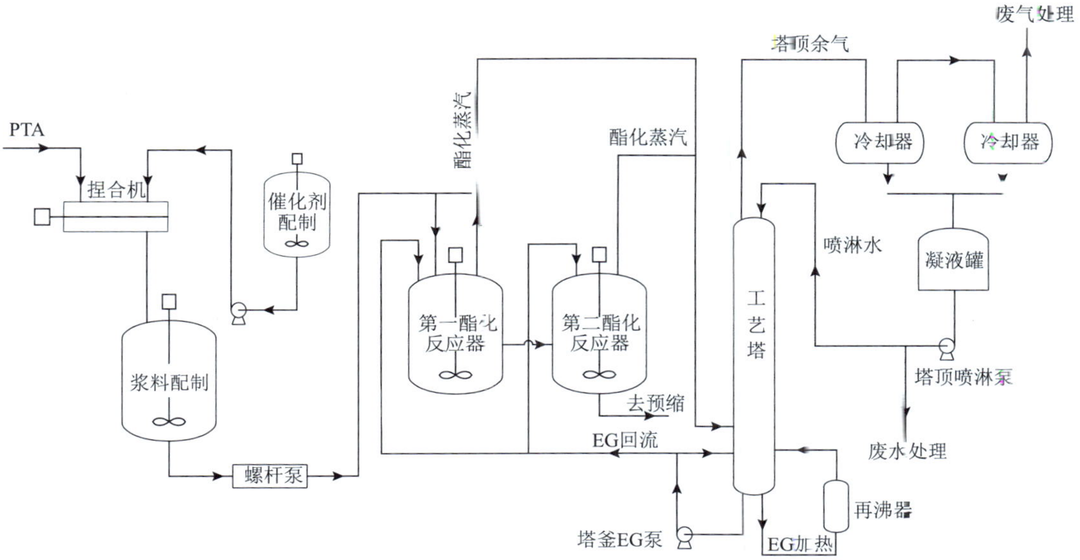

图 3　酯化单元流程图

具有自催化作用，因此在各装置上均未再另外添加酯化催化剂。该阶段需要控制完成一定的酯化率，确保后续反应能正常进行。

4.2.3　酯化单元危害特性

酯化单元对人员的主要危害有：存在热媒、蒸汽、乙二醇、熔体等介质泄漏造成的火灾、烫伤等危害。

酯化单元对环境的主要危害有：存在乙二醇、热媒、催化剂、尾气、添加剂等介质泄漏污染环境。

酯化单元对设备的主要危害有：泄漏、磨损、疲劳、高温蠕变、轻微醛腐蚀、老化等。

4.3　缩聚单元

4.3.1　缩聚单元工艺流程及流程图

酯化物自第二酯化反应器利用位差和压差直接从中部进入第一预缩反应器。预缩聚反应虽为放热反应，但放热量较小，并且反应温度高，因此该反应器也设置了夹套及列管式内加热器。当酯化物从第二酯化反应器进入第一预缩反应器时，由于压力大幅下降，压差较大，EG 等低沸物大量汽化，使物料发生剧烈的翻腾，所以第一预缩反应器未设搅拌器。

第一预缩配有一套真空系统，由喷淋冷凝器、液封槽、乙二醇循环泵、冷却器和液环真空泵组成。

预聚物接着进入第二预缩反应器继续进行预缩聚反应。第二预缩反应器也设置了夹套及盘管式内加热器，主要用来保温。为快速脱除小分子，反应器内设有桨式搅拌器。

第二预缩也配有一套真空系统，由喷淋冷凝器、液封槽、乙二醇循环泵、冷却器和液环真空泵组成。

经过二段预缩后，预聚物齿轮泵经预聚物过滤器除去炭黑、凝集粒子等杂质后进入终缩聚反应器。

终缩聚反应器为圆盘反应器，共有一定数量的圆盘，分为多个隔室，圆盘低速旋转，将物料拉成薄膜，增大蒸发面积，使反应产生的小分子能快速逸出反应体系。

每台缩聚反应器分别配有一套真空系统，由乙二醇三级蒸汽喷射泵、液封槽、循环泵、冷却器、液环真空泵和乙二醇蒸发器组成。

熔体黏度达到预定值后由出料齿轮泵分别送往短纤装置或者切粒装置。

缩聚单元流程见图 4。

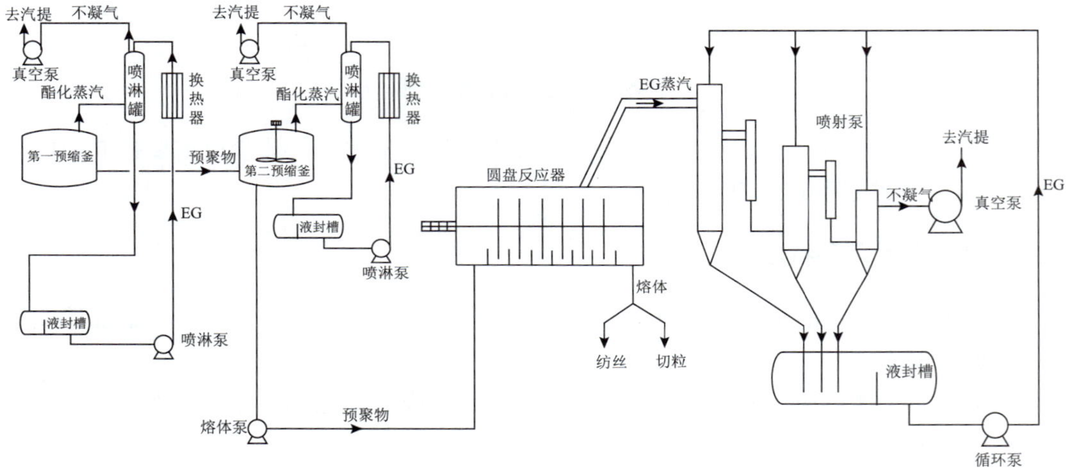

图 4 缩聚单元流程图

4.3.2 缩聚工艺特性

缩聚反应也是一平衡可逆过程，为了得到高分子量的聚酯产品，小分子副产物不断地被抽出反应体系。缩聚反应在高真空度、高温下进行。

缩聚反应需要加入适当的催化剂，在浆料配制阶段或酯化结束阶段加入系统。

4.3.3 缩聚单元危害特性

缩聚单元对人员的主要危害有：存在热媒、蒸汽、乙二醇、熔体等介质泄漏造成的火灾、烫伤等危害，以及放射源对人员的辐射伤害、水下切粒机运行噪声危害等。

缩聚单元对环境的主要危害有：存在乙二醇、热媒、尾气等介质泄漏污染环境。

缩聚单元对设备的主要危害有：泄漏、磨损、疲劳、高温蠕变、轻微醛腐蚀、老化等。

5 检修周期及检修项目

5.1 主要设备

5.1.1 辅助单元主要设备

聚酯装置辅助单元设备见表4。

表4 聚酯装置辅助单元主要设备

名称	设备种类		主要设备	通用、专用设备检修规程的代码
动设备	鼓风机	罗茨鼓风机	PTA输送鼓风机	
	压缩机	螺杆式压缩机、活塞式压缩机	PTA卸料压缩机、PTA输送压缩机	
	泵	离心泵	热媒离心泵、乙二醇进料泵、汽提塔塔釜泵、热媒屏蔽泵、水切片输送泵、冷冻水泵	
		齿轮泵	润滑油齿轮泵	
	离心式风机		氮气输送鼓风机、除尘风机、加热炉鼓风机、汽提风机	
静设备	加热炉		有机热载体加热炉	
	塔	填料塔	汽提塔	
	换热器	管壳式换热器	塔顶空冷器、空气预热器、水冷却器	
	制冷机		溴化锂制冷机	
	氮气柜		气囊氮气柜	
	压力容器		氮气过滤器、气液分离器、氮气缓冲罐、压缩空气缓冲罐	
	常压储罐、固定槽车		乙二醇储罐、PTA卸料槽车、PTA储存料仓、切片料仓	
	压力管道		EG管道、热媒管道、天然气管道、蒸汽管道、氮气管道	
	安全阀		氮气安全阀、热媒安全阀、蒸汽安全阀、呼吸阀	
	阀门		截止阀、球阀、闸阀、蝶阀、调节阀、换向阀等	

表 4　聚酯装置辅助单元主要设备（续）

名称	设备种类		主要设备	通用、专用设备检修规程的代码
仪表设备	常规仪表	检测仪表、显示或报警仪表、控制仪表、辅助单元、执行器及其附件	液位计、流量计、温度计、压力变送器、电接点压力表、调节阀等	
	控制系统	集散控制系统（DCS）	浙江中控 ECS-700、Honeywell DCS 控制系统、和利时	
	在线分析仪表	氧分析仪	氧化锆	
电气设备	电机控制系统	变频调速系统	变频器、空气开关、接触器、电抗器、变换器、电动机	
		软启动控制系统	软启动器、空气开关、接触器、互感器、电动机	
		直接启动控制	热继电器、空气开关、接触器、互感器、电动机	
		星三角启动控制	热继电器、空气开关、接触器、互感器、时间继电器、电动机	
	供配电系统		进线母联、馈线回路框架开关	
	UPS		主机、电池	
	火灾报警系统		主机、烟感探测器、温感探测器、层显仪、端子箱	
	无主机呼叫系统		主机、防爆电话	
	防爆电气设备		防爆操作柱、防爆控制箱	

5.1.2　酯化单元主要设备

聚酯装置酯化单元主要设备列表见表 5。

表 5　聚酯装置酯化单元主要设备

名称	设备种类	主要设备	通用、专用设备检修规程的代码
转动设备	搅拌器	浆料搅拌器、第一酯化搅拌器、第二酯化搅拌器、催化剂搅拌器、添加剂搅拌器	

表 5　聚酯装置酯化单元主要设备（续）

名称	设备种类		主要设备	通用、专用设备检修规程的代码
转动设备	泵	离心泵	乙二醇进料泵、乙二醇循环泵、气提塔塔釜泵、工艺塔塔底泵、冷却水循环泵、热媒屏蔽泵、热媒离心泵	
		螺杆泵	浆料输送泵、催化剂加料泵、二氧化钛加料泵	
		隔膜泵	添加剂注入泵	
		齿轮泵	酯化物输送泵、二氧化钛溶液输送泵	
	捏合机		浆料捏合机	
	离心机		二氧化钛离心机	
	球磨机		二氧化钛球磨机	
	PTA 下料装置		旋转给料器、螺旋给料器、振动筛	
	离心式风机		工业空调风机、工艺塔空冷器风机、除尘风机	
静设备	反应器		第一酯化反应器、第二酯化反应器、酯化加热器、酯化分离器	
	塔	泡罩塔、浮阀塔	工艺塔	
	换热器	管壳式换热器	塔顶冷却器、浆料预热器、乙二醇预热器	
		板式换热器	酯化回流水冷却器、乙二醇冷却器	
	压力容器		酯化反应器、热媒蒸发器、乙二醇蒸发器、气液分离器、氮气缓冲罐	
	常压储罐		乙二醇储罐、回用乙二醇收集槽	
	压力管道		熔体管道、EG 管道、蒸汽管道、氮气管道、热媒管道	
	安全阀		酯化反应器爆破片、酯化反应器安全阀、乙二醇蒸发器安全阀、氮气安全阀、热媒安全阀、呼吸阀	
	阀门		汽相三通阀、乙二醇三通阀、酯化物进（出）口阀、截止阀、球阀、闸阀、蝶阀、调节阀等	

表5 聚酯装置酯化单元主要设备（续）

名称	设备种类		主要设备	通用、专用设备检修规程的代码
仪表设备	常规仪表	检测仪表、显示或报警仪表、控制仪表、辅助单元、执行器及其附件	液位计、流量计、温度计、压力变送器、电接点压力表、调节阀等	
	控制系统	集散控制系统（DCS）	浙江中控 ECS-700 、Honeywell DCS 控制系统	
	在线分析仪表	氧分析仪	氧化锆	
	特殊仪表	重量控制仪表	PTA 称重控制系统	
电气设备	电机控制系统	变频调速系统	变频器、空气开关、接触器、电抗器、变换器、电动机	
		软启动控制系统	软启动器、空气开关、接触器、互感器、电动机	
		直接启动控制	热继电器、空气开关、接触器、互感器、电动机	
		星三角启动控制	热继电器、空气开关、接触器、互感器、时间继电器、电动机	
	供配电系统		进线母联、馈线回路框架开关	
	UPS		主机、电池	
	火灾报警系统		主机、烟感探测器、温感探测器、层显仪、端子箱	
	无主机呼叫系统		主机、防爆电话	
	防爆电气设备		防爆操作柱、防爆控制箱	

5.1.3 缩聚单元主要设备

聚酯装置缩聚单元主要设备列表见表6。

表6 聚酯装置缩聚单元主要设备

名称	设备种类		主要设备	通用、专用设备检修规程的代码
动设备	搅拌器	卧式搅拌器	预缩聚反应器、终缩聚反应器	
		立式搅拌器	第二预缩搅拌器	

表 6　聚酯装置缩聚单元主要设备（续）

名称	设备种类		主要设备	通用、专用设备检修规程的代码
动设备	泵	离心泵	乙二醇泵、冷却水输送泵、热媒屏蔽泵、水切片输送泵、脱盐水循环泵	
		液环泵	液环真空泵	
		齿轮泵	预聚物输送泵、熔体出料泵、润滑油泵、硅油泵	
	刮板冷凝器		物料刮板冷凝器	
	造粒设备		切粒机、振动筛、风干机	
	输送机		切片旋转输送器、链板输送机	
静设备	反应器		第一预缩反应器、第二预缩反应器	
	过滤器		预聚物过滤器、熔体过滤器、除盐水过滤器、残渣过滤器	
	换热器	管壳式换热器	热媒蒸发器、塔顶换热器、乙二醇冷却器、除盐水冷却器、	
		板式换热器	脱盐水换热器、乙二醇换热器、塔顶换热器、除盐水冷却器	
	喷射器		乙二醇喷射器	
	压力容器		第一预缩聚反应器（热媒蒸汽加热）、蒸发器、缓冲罐	
	常压容器、常压储罐、喷淋冷凝器		除盐水贮槽、热媒膨胀槽、乙二醇液封槽、切片存储罐、乙二醇喷淋冷凝器	
	压力管道		熔体管道、乙二醇管道、热媒管道、蒸汽管道	
	安全阀		热媒安全阀、蒸汽安全阀	
	阀门		熔体阀、截止阀、球阀、调节阀等	

表 6 聚酯装置缩聚单元主要设备（续）

名称	设备种类		主要设备	通用、专用设备检修规程的代码
仪表设备	常规仪表	检测仪表、显示或报警仪表、控制仪表、辅助单元、执行器及其附件	液位计、流量计、温度计、压力变送器、电接点压力表、调节阀等	
	控制系统	可编程控制系统（PLC）	切粒机 PLC 控制系统	
	在线分析仪表	黏度分析仪	黏度计	
电气设备	电机控制系统	变频调速系统	变频器、空气开关、接触器、电抗器、变换器、电动机	
		软启动控制系统	软启动器、空气开关、接触器、互感器、电动机	
		直接启动控制	热继电器、空气开关、接触器、互感器、电动机	
		星三角启动控制	热继电器、空气开关、接触器、互感器、时间继电器、电动机	
	供配电系统		进线母联、馈线回路框架开关	
	UPS		主机、电池	
	火灾报警系统		主机、烟感探测器、温感探测器、层显仪、端子箱	
	无主机呼叫系统		主机、防爆电话	
	防爆电气设备		防爆操作柱、防爆控制箱	

5.2 检修周期

5.2.1 聚酯装置检修应根据实际运行情况进行定期停车检修，检修周期推荐按 36～60 个月确定。

5.2.2 除特殊情况外，有备台或日常可以进行检修的设备不列入停车检修项目。

5.2.3 检修工期指从交出检修到交回工艺开车之间的时间，不包含停工和开工需要的时间。聚酯装置检修应根据装置实际运行状况及检修目的综合确定检修工期，检修工期推荐 15～20 天，如涉及重要改造及更新项目，检修工期按项目实际进度合理安排。

5.3 检修内容

聚酯装置辅助单元主要检修内容见表 7。

表 7　聚酯装置辅助单元主要检修内容

序号	设备名称	设备功能	功能故障	检修内容	专业类别
1	热媒炉	通过燃烧油或天然气对炉管内热媒介质进行加热，提供聚酯装置所需要热量	热媒炉热效率下降，烟气排放达不到环保要求，炉壁温度超标，炉管温度超标，烟气温度超标，炉顶、炉底温度高	定期维修： 1. 对盘管清灰、测厚； 2. 对重点部位的焊缝着色探伤和射线探伤检查； 3. 视情况对盘管进行检漏和试压；检修炉盖及其密封；检修炉壁及其壳体上部的夹套； 4. 检修挡火板及其保温，择差更换； 5. 检修并清洗燃烧器； 6. 检修空气预热器； 7. 炉顶、炉底保温修复； 8. 烟道挡板检查、检修。 预定视情维修： 炉管壁温、炉膛温度、炉膛压力、烧嘴燃烧情况、热效率、排烟温度	B+ 类

聚酯装置酯化单元主要检修内容见表 8。

表 8　聚酯装置酯化单元主要检修内容

序号	设备名称	设备功能	功能故障	检修内容	专业类别
1	浆料搅拌器	通过对 PTA 和 EG 的搅拌，是两种物质能按比例混合成酯化原料，同时通过搅拌防止浆料结块	混合效果达不到生产要求，齿轮箱异响，搅拌器晃动，轴封泄漏，振动大，支架轴承温度高，联锁停机设备运行异常	定期维修： 轴校正、涂镀，叶轮位置调整、紧固，增加或更换填料，更换机架轴承，更换齿轮箱，轴跳动检查。 预定视情维修： 齿轮箱漏油、振动、异响，温升高、填料密封泄漏量、润滑油压、油品品质	B+ 类
2	第一、第二酯化搅拌器	通过搅拌器的搅拌可以使 PTA、EG 达到紧密接触，并不断更换物质间的相互作用面及热交换过程，从而加速酯化反应	搅拌效果达不到生产要求，齿轮箱异响、机械密封泄漏，静密封泄漏，轴弯曲振动大，桨叶脱落、变形，支架轴承温度高，底支承滑动轴承损坏，设备条件联锁，仪表故障	定期维修： 轴校正、涂镀，叶轮调整、坚固，更换机械密封，更换机架轴承和滑动轴承，更换齿轮箱。 预定视情维修： 齿轮箱漏油、振动、异响，温升高、机械密封泄漏量、润滑油压、油品品质	A 类

表 8 聚酯装置酯化单元主要检修内容（续）

序号	设备名称	设备功能	功能故障	检修内容	专业类别
3	第一、第二酯化反应器	为酯化反应提供场所，同时通过盘管及夹套提供反应所需热量	酯化率不足，热媒列管或盘管泄漏，夹套或壳体热媒泄漏，静密封泄漏，折流板断裂	定期维修： 更换法兰垫片，更换视镜，更换防爆膜。盘管定位卡检查紧固。 预定视情维修： 视镜垫片泄漏，视镜破裂，夹套焊缝裂纹，防爆膜破裂	A 类
4	捏合机	通过对 PTA 和部分乙二醇的初步搅拌，使两种介质初步混合	捏合效果达不到生产要求，振动大、异响、卡涩	定期维修： 齿轮箱轴承及辱封更换，捏合机轴承及唇封更换，专动销更换。 预定视情维修： 捏合机转子轴颈磨损涂镀修复，齿轮箱齿轮磨损修复或轮齿折断更换等	B+ 类

聚酯装置缩聚单元主要检修内容见表 9。

表 9 聚酯装置缩聚单元主要检修内容

序号	设备名称	设备功能	功能故障	检修内容	专业类别
1	终缩圆盘反应器	通过对聚合物的搅拌、加热，并保持一定的反应压力，使反应物混合均匀，达到一定的缩聚转化率	搅拌效果达不到生产要求，轴封泄漏，密封、搅拌器或齿轮箱振动大、异响联轴器异响	定期维修： 更换轴封，清洗密封液、润滑油系统，检查或更换支承轴承及轴套，检查或更换齿轮箱，更换联轴节及弹性快，检查搅拌轴直线度，检查圆盘与隔板及釜壁间隙，转速控制系统和仪表调试。 预定视情维修： 反应器振动、噪声、温度、轴封泄漏量、真空度、润滑及密封液系统、齿轮箱振动	A 类
2	第二预缩圆盘反应器	通过对聚合物的搅拌、加热，并保持一定的反应压力，使反应物混合均匀，达到一定的缩聚转化率	搅拌效果达不到生产要求，轴封泄漏，密封、润滑系统泄漏，静密封泄漏，搅拌器振动大、异响，齿轮箱振动大、异响，万向节异响，轴承温度高，设备条件连锁，仪表故障	定期维修： 更换轴封，清洗密封液、润滑油系统，检查或更换支承轴承及轴套，检查或更换齿轮箱，更换联轴节及弹性快，检查搅拌轴直线度，检查圆盘与隔板及釜壁间隙，转速控制系统和仪表调试。 预定视情维修： 反应器振动、噪声、温度、轴封泄漏量、真空度、润滑及密封液系统、齿轮箱振动	A 类

表 9　聚酯装置缩聚单元主要检修内容（续）

序号	设备名称	设备功能	功能故障	检修内容	专业类别
3	第二预缩搅拌器（吉玛装置）	通过对聚合物的搅拌、加热，并保持一定的反应压力，使反应物混合均匀，达到一定的缩聚转化率	搅拌效果达不到生产要求，齿轮箱异响、机械密封泄漏，静密封泄漏，轴弯曲振动大，桨叶脱落、变形，支架轴承温度高，设备条件联锁，仪表故障	定期维修： 轴校正、涂镀，更换机械密封，更换支架轴承和滑动轴承，更换齿轮箱。 预定视情维修： 齿轮箱漏油、振动、异响，温升高、机械密封泄漏量、润滑油压、油品品质	A 类
4	第二预缩反应器（吉玛装置）	通过对聚合物的搅拌、加热，并保持一定的反应压力，使反应物混合均匀，达到一定的缩聚转化率	缩聚效果不佳，热媒列管或盘管泄漏，夹套或壳体热媒泄漏，静密封泄漏，折流板断裂	定期维修： 检查或更换唇焊法兰垫片，内部盘管及紧固件检查。 预定视情维修： 夹套焊缝裂纹	A 类
5	第一预缩反应器	为第一缩聚反应提供场所，同时通过盘管及夹套提供缩聚反应所需热量	缩聚效果不佳，热媒列管或盘管泄漏，夹套或壳体热媒泄漏，静密封泄漏，折流板断裂	定期维修： 检查或更换唇焊法兰垫片，内部盘管及紧固件检查，折流板检查。 预定视情维修： 夹套焊缝裂纹	A 类
6	预聚物输送泵	为预聚物加压场所，为介质输送提供密闭通道	流量不足或输出压力波动，密封泄漏，泵体过热，振动、发出噪声或卡死，齿轮箱振动异响、联轴节振动异响	定期维修： 检查或更换螺旋密封，更换法兰、墙板及轴封垫片，检查或更换成套齿轮轴及滑动轴承，检查或更换齿轮箱，更换万向联轴节。 预定视情维修： 密封泄漏，泵输出流量不足或输出压力不足，齿轮箱振动异响、联轴节振动异响	B+ 类

表 9　聚酯装置缩聚单元主要检修内容（续）

序号	设备名称	设备功能	功能故障	检修内容	专业类别
7	终聚物输送泵	为缩聚物加压场所，为介质输送提供密闭通道	流量不足或输出压力不足，密封泄漏，泵体过热，振动、发出噪声或卡死，齿轮箱振动异响、联轴节振动异响	定期维修： 检查或更换螺旋密封，更换法兰、墙板及轴封垫片，检查或更换成套齿轮轴及滑动轴承，检查或更换齿轮箱，更换万向联轴节。 预定视情维修： 密封泄漏，泵输出流量不足或输出压力不足，齿轮箱振动异响、联轴节振动异响	B+ 类
8	切粒机	为聚合物进行切片加工的场所	粒子不规则，并带，毛刺，披挂，断带，切粒机振动、异响、三股水系统堵塞、泄漏	定期维修： 更换动刀及定刀；检查或更换前后引料辊；检查剥离器及引料辊摩擦片磨损情况；更换联轴节弹性块；更换动刀及引料辊轴承。 预定视情维修： 粒子不规则，并带，毛刺，三股水系统堵塞、泄漏	B+ 类

聚酯装置电气设备主要检修内容见表 10。

表 10　聚酯装置电气设备功能故障分析

序号	设备名称	设备功能	功能故障	检修内容	专业类别
1	UPS	为装置控制系统提供应急电源	UPS 出现故障代码	定期维修： 1. 检查UPS运行环境是否符合制度要求； 2. 检查 UPS 面板各界面显示是否正常； 3. 防尘垫、冷却风扇、冷却风道、本身散热风扇等检查、清理； 4. 电气连接螺栓检查、紧固； 5. 整流、逆变、检修回路是否正常； 6. 电池充放电是否正常。 预定视情维修： 更换电源主板、功率板、元器件等	A 类
2	三相异步电机	将电能转化为机械能，为动设备驱动	绕组断相、绕组短路、绕组三相不平衡，轴承故障，端盖跑圈	定期维修：达到故障周期进行检修，绕组检查，更换轴承；预定视情维修：温升、振动、采样分析相不平衡，轴承故障，端盖跑圈	B+ 类

表 10 聚酯装置电气设备功能故障分析（续）

序号	设备名称	设备功能	功能故障	检修内容	专业类别
3	变频器	实现电机的变速运行，调整电机功率	散热风扇故障停运，电容老化，主板老化	定期维修：达到故障周期进行检修，更换散热风扇，检查清扫紧固；预定视情维修：温升、电流等运行参数监测	B+ 类

聚酯装置仪表设备主要检修内容见表 11。

表 11 聚酯装置仪表设备功能故障分析

序号	设备名称	设备功能	功能故障	检修内容	专业类别
1	DCS 集散控制系统	工艺操作控制及设备联锁	失电，电池报警，卡件故障报警，操作站数据显示错误，网络通信故障	定期维修： 检查电源，更换电池、检查卡件或更换，检查、修改组态，检查通讯电缆及交换机接口。 预定视情检修： 对 DCS 系统进行检修、清灰、检查更换电池和卡件测试、更换，双路电源检修确认，并及时备份	A 类
2	浮筒液位计	测量聚酯装置反应器液位	实际液位有变化，但无指示或指示不跟踪；无液位，指示最大值；有液位，但指示最小值	定期维修： 清理浮筒异物，更换变送器，检查电源、信号线、接线端子。 预定视情维修： 检查、校验、清焦	B+
3	吹气式液位计	测量聚酯装置反应器液位	变送器输出值不稳定或显示液位值超量程，转子流量计无指示、流量不稳定、浮子上下抖动	定期维修： 疏通正压侧吹气管，检查校验变送器或更换，检查消除转子流量计接口处漏点，或更换转子流量计。 预定视情维修： 检查、校验、清理吹气管	B+
4	PTA 称重控制系统	聚酯装置 PTA 原料重量添加控制	超差报警，下料超时报警，变频器故障报警，速度报警，系统故障	定期维修： 检查确认 PTA 料仓无架桥，旋转下料器未堵塞，检查或更换下料电磁阀、变频器，检查反吹系统。 预定视情检修： 进行清秤、校验量程和精度，检修变频器和电磁阀	B+

表 11 聚酯装置仪表设备功能故障分析（续）

序号	设备名称	设备功能	功能故障	检修内容	专业类别
5	黏度计	聚酯装置熔体黏度指示	压力值异常，黏度波动、无变化，电机过载	定期检修： 重新保温，更换底板、销子，调整链条，检查、更换压力探头，检修电机。 预定视情维修： 每次检修彻底清洗底板，更换销子，检查校验压力探头	B+

6 装置检修管理

6.1 装置检修前准备工作

6.1.1 检修人员专业组已处理，人员分工明确。

6.1.2 检修计划已制定下达，检修方案已落实审批，各图纸资料齐全。

6.1.3 检修队伍施工人员已确定，施工人员已进行安全培训，现场安全环保及技术交底已完成。

6.1.4 检修专用工器具已维护保养。

6.1.5 检修专用各种备件已到货。

6.2 工艺交出检修条件

6.2.1 装置工艺交出的主要要求

6.2.1.1 装置停车方案已全部执行完毕。

6.2.1.2 EG 已经排出楼内，进楼 EG 管线已加盲板。

6.2.1.3 热媒已排出系统并用氮气吹扫，盲板已加。

6.2.1.4 废水、废气系统外排阀已经关闭。如需动火，系统已经用氮气置换合格，与外界用盲板隔断。

6.2.1.5 装置放射源均已拆除或关闭，现场标识完好，并有专人签字确认。

6.2.1.6 动设备电机已停电，并按照规定挂停电牌。

6.2.1.7 蒸汽、冷凝水总阀已关闭。

6.2.1.8 循环水总阀已关闭。

6.2.1.9 根据检修要求，界区盲板已加装完毕。

6.2.1.10 现场已做好收集各种垃圾准备（废热媒、废 EG、含油抹布等）。

6.2.1.11 高压消防水系统运行正常，消防通道畅通，灭火器材数量齐全、完好备用。

6.2.1.12 污水取样分析合格，排水畅通。

6.2.1.13 制定停工安全、环保措施和工作危害分析记录表（JSA）。

6.2.1.14　指定具有监护人资格的人员负责动火、进设备等作业的监护。

6.2.2　装置工艺交出的特殊要求

装置检修交出同时执行设备单项检修交出确认和相关作业许可确认，包含热拆的检修项目需对热拆进行单项交出确认。

6.3　检修过程安全环保规定

严格执行中国石化、公司安全生产禁令，遵守中国石化及各企业相关的HSSE规章制度；遵守企业检修安全、环保、保卫管理规定、HSSE控制方案。

6.3.1　禁止性规定

6.3.1.1　严禁在禁烟区域内吸烟、在岗饮酒，包含外来承包商、承运商人员。
6.3.1.2　严禁高处作业不系安全带。
6.3.1.3　严禁无操作证从事电气、起重、电气焊作业。
6.3.1.4　严禁违反操作规程进行用火、进入受限空间、临时用电作业。
6.3.1.5　外来承包商人员必须先两级入厂HSSE教育，核实身份信息，办理身份识别证后方可进场；进入现场必须做好个人劳动保护，戴好安全帽（需有单位标识），穿好工作服和劳保鞋以及其他必要的劳动防护，焊工必须穿焊工服。
6.3.1.6　所有检修项目必须凭设备交出单至装置安全员处办理一般作业许可证，填写“七想七不干”提示卡后方可施工；如需动火、进入受限、临时用电、高处、破土、放射等直接作业的，还必须办理相应作业许可证，得到许可后方可作业。
6.3.1.7　用火、进入受限、高处、放射等直接作业按规定实行施工单位、装置双监护，要求双方监护人必须有明确标识（穿黄马甲），双方监护人全程监护，检查并确认落实各项防范措施；高处作业必须规范使用五点式安全带。
6.3.1.8　设备检修后封人孔前，工艺、设备人员要严格检查，禁止把工具、材料等遗留在设备内。
6.3.1.9　严禁在高处上下抛掷工具、材料和杂物。
6.3.1.10　转动设备在运行过程中，禁止用任何物品及人体任何部位接触转动部分。
6.3.1.11　雨天现场作业穿雨衣，禁止打雨伞。
6.3.1.12　现场使用的各类带电式工器具需经专业人员检查并张贴检查合格证方可使用。
6.3.1.13　脚手架未经三方验收挂“禁止使用”红牌，任何人员不得使用，搭建、拆除脚手架时必须按规定设置警戒区域，派人守护防止坠物伤人。
6.3.1.14　外来承包商未经允许，严禁擅自动用、踩踏装置内的阀门、仪表、按钮、管线等设施，严禁进入非检修施工区域。
6.3.1.15　其他要求按照相关管理规定执行。

6.3.2 一般规定

6.3.2.1 在熔体排放等高温或有残余降解物料等系统作业时，必须戴防护面罩和防烫手套。

6.3.2.2 作业场所氧含量低于19.5%时，需佩戴空气呼吸器。

6.3.2.3 接软管，必须了解介质的性质，确认软管处于良好的状态和所有的连接处都十分牢固，以保证不会泄漏。同时要考虑拆软管时如何泄压。对于蒸汽软管，为了防止从软管排出的水高速射流，要首先打开蒸汽阀直到软管内的水全部释放完为止。用后将软管内的物料洗净，软管盘好。

6.3.2.4 受限空间内脚手架必须架设钢管脚手架，若条件不允许需采用其他脚手架的，必须在施工方案上明确，方案审批后才能实施。

6.3.2.5 检修完毕，现场必须做到“工完、料尽、场地清”。

6.3.2.6 与检修相连容器、管线盛有可燃物时，必须采取物理隔离措施。

6.3.2.7 进入带有放射性仪表的容器内作业时，应先关闭或拆除放射源，防止辐射伤害。

6.3.2.8 排放或排气时，要先检查风向，操作期间要位于上风位置。

6.3.2.9 从事接触PTA粉尘作业时必须戴防尘口罩。

6.3.2.10 现场作业应避免交叉作业，出现交叉作业由装置设备管理部门负责协调，按照错时、错位或硬隔离原则落实防护措施。

6.3.2.11 检修施工过程要严格执行文明检修各项规定，规范着装，工器具、施工材料定置化摆放，设备备件、零部件不得落地，润滑油等不得洒落地面，检修各类废弃物定点存放，不得乱丢；产生危险废弃物需存放至规定存放点。

6.3.2.12 检修施工期间必须节约用水用电，未经许可不得使用消防水，现场无长流水、长明灯；如需使用压缩空气必须经工艺人员确认。

6.3.2.13 非紧急情况下不得使用现场灭火器等应急设施，不得占用消防通道；发生火情或其他事故，应立即报警并向部大修指挥部汇报。

6.3.2.14 外来承包商人员的摩托车、私家车不得驶入运行部围墙界区内，按照指定停车点停放；电动车、自行车及各类工程车、电动三轮车如需运输检修材料可临时停在装置旁道路上；车辆进出检修现场必须服从门卫检查、管理。

6.3.2.15 各承包商负责各自承修项目材料、工器具等设施、设备的防盗工作，材料或工器具出门必须到安保部门办理出门证。

6.3.2.16 其他要求按照相关管理规定执行。

6.4 质量管理

6.4.1 质量管理的总体要求

总体要求：成立检修质量管理组织机构，明确管理职责。

6.4.1.1 对承包商及检修人员进行资质审查，进行工器具验收并粘贴合格标识。

6.4.1.2 通过组织审查重要设备的吊装、检修、施工方案，确保装置检修质量受控。
6.4.1.3 物资采购管理部门组织对采购物资进行入库检验并对重点物资进行监造。
6.4.1.4 在施工过程中，严格按照施工方案或设备检修质量工序卡中质控点和停止点的要求进行过程质量验收。
6.4.1.5 隐蔽工程施工的中间工序必须按施工顺序逐项验收合格后方可进入下道施工工序。

6.5 变更管理

6.5.1 变更管理原则：变更管理坚持谁主管谁负责、谁变更谁负责、谁审批谁负责的原则；变更管理坚持必须评估的原则。未经风险评估不得变更，不得用行政审批替代专业技术评估。尽可能减少变更的原则。设备变更管理部门应从严控制设备变更，杜绝不必要的变更，尽量减少临时变更。
6.5.2 变更管理流程：变更需严格按照变更管理流程进行变更申请、变更评估、变更审批、变更实施、变更关闭、变更效果评估，最后将变更申请审批表、评估报告、实施方案审查表、变更关闭审批单、效果评估报告按照保存期要求进行保存。
6.5.3 变更管理的其他要求：a）严格执行中国石化变更安全管理的相关规定；b）执行企业变更管理的相关规定。

6.6 装置检修交回条件

6.6.1 本装置交回开车的要求

6.6.1.1 检修项目全部完工，现场“工完、料尽、场地清”，质量符合要求，交接确认手续齐全。
6.6.1.2 压力容器安全阀等安全附件调校合格，具备投用条件。
6.6.1.3 机泵单机、联动试车合格，确认手续齐全。
6.6.1.4 润滑油质量及三级过滤符合要求。
6.6.1.5 仪表、在线分析仪调校合格，机、电、仪联锁已设定、确认，具备投用条件。
6.6.1.6 临时用电线已拆除。
6.6.1.7 电气设备、线路具备供电条件。
6.6.1.8 公用工程系统已平稳运行。
6.6.1.9 开车备件齐全，满足开车需要，保运人员落实。
6.6.1.10 经批准的开车方案已向生产人员交底。
6.6.1.11 生产调度、指挥通信系统已正常运行。
6.6.1.12 物料供应，产品储运系统处于良好待用状态。
6.6.1.13 环保设施具备投用条件。
6.6.1.14 气体报警仪、毒性气体报警仪、紧急喷淋等安全设施处于完好状态。
6.6.1.15 消防、气防器材齐全，消防通道畅通，消防设施处于完好状态，熟悉消防、气防器材性能和使用方法，考核合格。

6.6.1.16 清洗、吹扫、保压合格，盲板抽堵正确，确认开车流程畅通。

6.6.1.17 安全保卫工作已落实。

6.6.2 该装置相关的工艺特性要求

6.6.2.1 严格执行各企业放射源管理要求，确保交回时具备放射源投用条件。

6.6.2.2 真空系统检漏合格。

6.7 检修后期管理

6.7.1 资料归档清单

6.7.1.1 检修前的准备工作：施工技术方案，大型吊装方案，设备、备件开箱记录。

6.7.1.2 中间检修过程的资料：检验记录、试运记录、问题反馈报告、设备检修记录卡，试压记录，中间工序验收单，隐蔽工程验收单，发现问题与修复记录，理化检验资料，衬里、防腐、保温施工技术记录及检验报告。

6.7.1.3 竣工资料：竣工图纸，各种施工的记录、图片、视频、竣工报告、大修总结等。

7 装置日常维护

聚酯装置日常维护见表 12。

表 12 聚酯装置日常维护

设备类型	故障类型	处理方法
立式搅拌器	机封泄漏	调整密封液压力或更换机封
	轴承温度异常	补加润滑脂或更换轴承
	齿轮箱油位低	补加润滑油
	振动偏大	检查齿轮箱、电机等
缩聚反应器	轴封泄漏	选择关闭部分阀门或停车处理
	齿轮箱渗油、振动偏大	更换油封或齿轮箱
	油站管阀渗漏，油压偏低或偏高，流量、温度不符合要求等	及时调整油站油压、流量、温度等参数
	电机电流过高	修理电机、调整黏度、降低液位、降低转速
齿轮泵	螺旋密封泄漏	调整背压或更换螺旋密封垫片
	齿轮箱渗油、异响或振动大	更换油封；更换弹性块或齿轮箱
	万向联轴器异响	更换万向联轴器
	泵出口压力波动	检查是否漏气及泵效率状况
	法兰或墙板泄漏	更换法兰及墙板垫片

表 12 聚酯装置日常维护（续）

设备类型	故障类型	处理方法
切粒机	粒子不规则	检查电机变频和引料辊间隙、重新调整动刀和定刀
	有并带粒子	清理导流槽、调整平行度
	铸带断条	产能与铸带头设计不匹配、降低引料速度
	引料辊缠辊	调整剥离刀间隙
反应器	密封泄漏	对泄漏点进行消除
	视镜损坏	更换视镜或增加密封罩
加热炉	火焰不正常	燃烧器烧嘴进行清洗
	火焰不正常	巡检检查火焰，定期检查火监
	炉管结垢	视情况对热煤炉进行清灰

7.1 安全环保消防设施

聚酯装置安全环保消防设施见表 13。

表 13 聚酯装置安全环保消防设施

设备类别	常见故障	注意事项
火灾自动报警系统	报警按钮失效、探测器失效、报警控制器失效	报警按钮、探测器、报警控制器是否正常工作，定期开展功能性试验工作
自动喷水灭火系统	自动喷水喷头损坏	自动喷水喷头是否完好
泡沫灭火系统	泡沫产生器损坏，不灵活等	泡沫产生器是否正常，定期润滑、进行出水试验
气体灭火系统	喷头损坏、储存容器泄漏	检查喷头、容器压力
建筑消防设施	防火门、防火卷帘损坏、送风、排烟机、应急照明损坏	定期检查是否正常工作，及时处理
灭火器	灭火器超期、压力表指示降低、铅封损坏、内部灭火材料失效	校验期、压力指示，定期检查

7.2 防腐

聚酯装置设备腐蚀较为轻微，一般利用消缺、停车检修对设备进行腐蚀调查及局部腐蚀检查，根据腐蚀调查的结果安排合理的防腐，采取相应的防腐蚀措施。

3. PTA 装置维护检修规程

SHZ 04004—2019

目　　次

前　　言

本标准按照GB/T 1.1—2009《标准化工作导则　第1部分：标准的结构和编写》给出的规则起草。

本标准由中国石油化工集团有限公司、中国石油化工股份有限公司提出。

本标准起草单位：中国石化仪征化纤有限责任公司。

本标准主要起草人：王书冯、袁　宝、龚天寿、陈法祥、高立斌、曹松玉、
刘炎冰、万　意、袁亮续、张翼飞、张明星、周建伟。

本标准协作起草单位及起草人：

扬子石化：严明盛；
上海石化：蔡守俭、郑春华；
洛阳石化：伊　春；
天津石化：杨　超、王雅彬。

PTA 装置维护检修规程

1 范围

1.1 本规程规定了 PTA 装置（包括氧化配料反应结晶、氧化过滤干燥、精制配料反应结晶、精制过滤干燥、溶剂回收 5 个单元）主要设备、专用设备的检修周期、检修项目及质量要求、检修过程管理和日常维护的相关内容。

1.2 本规程适用于石油化工 PTA 装置的检修维护管理。目前中国石化在用 PTA 装置见表 1。

表 1 目前中国石化在用 PTA 装置情况

序号	单位	装置	工艺包	设计产能 /（10^4t/a）	实际产能 /（10^4t/a）
1	仪征化纤	PTA 装置 1 线	阿莫科	25	35
2	仪征化纤	PTA 装置 2 线	杜邦	45	65
3	扬子石化	PTA 装置 3 线	杜邦	45	65
4	上海石化	PTA 装置	三井	22.5	40
5	天津石化	PTA 装置	三井	25	34.5
6	洛阳石化	PTA 装置	阿莫科	22.5	35

2 规范性引用文件

下列文件中的条款通过本规程的引用而成为本规程的条款。凡是注日期的引用文件，其随后所有的修改单（不包括勘误的内容）或修订版均不适用于本规程，然而，鼓励根据本规程达成协议的各方研究是否可使用这些文件的最新版本。凡是不注日期的引用文件，其最新版本适用于本规程。

TSG 21 固定式压力容器安全技术监察规程

TSG D0001 压力管道安全技术监察规程——工业管道

GB/T 151 热交换器

GB/T 20801 压力管道规范 工业管道

GB 50484 石油化工建设工程施工安全技术规范

3 术语与定义

下列术语和定义适用于本文件。

3.1 设备功能

设备功能指的是设备的生产效率和功能，衡量设备功能的指标因设备种类不同而异。

3.2 功能故障

设备、设施不能实现其设计功能时，称之为功能故障，定义为设备、设施不能满足期望的性能标准。一般指设备失去或降低其规定功能的事件或现象，表现为设备的某些零件失去原有的精度或性能，使设备不能正常运行、技术性能降低，致使设备中断生产或效率降低而影响生产。PTA 装置的设备设施功能故障主要表现为：醋酸腐蚀、PT 酸腐蚀、冲刷腐蚀、氢腐蚀、卤素离子的点蚀、转动部件损坏、仪器仪表损坏、电气设备老化等。

3.3 A 类设备

本规程规定的 A 类设备是指经过 RCM 风险评估方法得出的因设备的功能故障引起装置停车的该装置的关键设备。PTA 装置 A 类设备见表 2。

表 2　PTA 装置 A 类设备

1	空气压缩机	9	TA 干燥机
2	尾气膨胀机	10	PTA 第一结晶器及搅拌器
3	汽轮机	11	PTA 第二结晶器及搅拌器
4	发电机	12	PTA 第三结晶器及搅拌器
5	氧化反应器及搅拌器	13	PTA 第四结晶器及搅拌器
6	氧化第一结晶器及搅拌器	14	PTA 第五结晶器及搅拌器
7	氧化第二结晶器及搅拌器	15	加氢反应器
8	氧化第三结晶器及搅拌器	16	PTA 干燥机

3.4 B+ 类设备

本规程规定的 B+ 类设备是指经过 RCM 风险评估方法得出的设备的功能故障虽然不引起装置的停车，但对装置的负荷、质量及可靠性具有重大影响的设备。PTA 装置 B+ 类设备见表 3。

表 3　PTA 装置 B+ 类设备

1	TA 过滤机进料罐及搅拌器	20	干燥机进料螺旋输送器	39	第三结晶器输送泵
2	母液罐及搅拌器	21	TA 旋转进料阀	40	过滤机进料泵
3	PTA 母液冷却塔及搅拌器	22	高压吸收塔	41	氢气压缩机
4	滤饼再打浆罐及搅拌器	23	干燥机洗涤塔	42	TA 进料旋转阀（三井工艺无）
5	溶剂汽提塔蒸发罐及搅拌器	24	常压吸收塔	43	打浆罐搅拌器
6	残渣再打浆罐及搅拌器	25	PTA 母液冷却塔	44	真空过滤机
7	TA 旋转真空过滤机	26	溶剂汽提塔	45	真空泵
8	干燥机洗涤塔风机	27	溶剂脱水塔	46	TA 干燥机进料螺旋
9	母液冷却塔风机	28	TA 过滤机真空泵	47	常压离心机出料螺旋
10	过滤机出口螺旋输送器	29	反应器进料泵	48	真空过滤机出料螺旋
11	压力过滤机循环气风机	30	压力过滤机进料罐搅拌器	49	再打浆罐及搅拌器
12	真空过滤机进料罐及搅拌器	31	常压离心机进料罐及搅拌器	50	干燥机出口旋转阀
13	PTA 班料仓旋转阀	32	压力过滤机进料泵	51	压力离心机进料泵
14	高速泵	33	低压溶解进料泵	52	过滤机进料泵
15	常压离心机进料泵	34	精制第二预热器	53	精制第三预热器
16	精制第一预热器	35	第二结晶器闪蒸蒸汽加热器	54	第四结晶器闪蒸蒸汽加热器
17	精制第四预热器	36	凝液再冷器	55	再打浆水第一加热器
18	第五结晶器闪蒸蒸汽加热器	37	PTA 干燥机冷凝器	56	压滤机循环气冷却器
19	再打浆水第二加热器	38	压力过滤机		

4 装置特征

PTA 装置是重要的大宗化工原料装置之一，是聚酯纤维和非纤维聚合物的重要基础原料，PTA 的下游加工产品主要是聚酯，主要用途是生产聚酯纤维（涤纶）、聚酯瓶片和聚酯薄膜等，在生产和日常生活中发挥很大的作用。PTA 装置通常包括氧化配料反应结晶、氧化过滤干燥、精制配料反应结晶、精制过滤干燥和溶剂回收 5 个单元。基本流程见图 1（主要代表 BP- 阿莫科工艺、杜邦工艺）、图 2（三井工艺）。

4.1 氧化配料反应结晶

4.1.1 氧化配料反应结晶单元工艺流程及流程图

BP- 阿莫科工艺、杜邦工艺空气经过滤器进入空压机压缩至一定压力后送入氧化反应器，空压机由蒸汽透平和尾气膨胀机驱动。PX、醋酸溶剂、液体钴锰催化剂和氢溴酸促进剂混合溶液按照一定比例进入氧化反应器。在恒温恒压下，混合溶液和压缩空气在反应器中进行氧化反应。氧化反应器出来的浆料经过三个串联结晶器进行结晶，结晶物水溶液进行降温降压后由泵送至过滤机系统进行过滤。

三井工艺基础工艺流程为对二甲苯（PX）、醋酸溶剂（Q）和醋酸钴、醋酸锰催化剂及四溴乙烷（TBE）助催化剂一起进入氧化反应器 TD-201，空气（空气与纯氧的混合气）通过流量控制进入反应器底部，底进轴锚式搅拌器保持固体为悬浮状态。氧化反应放出的热量通过蒸发溶剂带走，反应器顶部的脱水塔用来除去氧化反应中生成的水。该工艺采用一级结晶降压后送至离心机系统过滤。

氧化反应放出的热量通过溶剂蒸发回收，排出反应器的蒸汽通过换热器将溶剂冷凝，部分回流至反应器，未冷凝的气体送入吸收塔中进行洗涤处理，洗涤后的气体经过尾气汽液分离罐，除去其中的液体送往尾气干燥器干燥，该气体主要用于气送、设备密封和料仓反吹等，另一股送往尾气膨胀机回收能量后放空。

氧化配料反应结晶单元工艺流程见图 3。

4.1.2 氧化配料反应结晶单元的工艺特性

氧化配料反应结晶以 PX 和氧气为原料，在一定的反应条件和催化剂的作用下，原料 PX 发生氧化反应，生成粗 TA 并副产 4-CBA、PT 酸等，在串联的三级结晶器中进行降温降压结晶的工艺过程。该单元的特点是高温催化氧化反应，可连续稳定地生产粗 TA，并保持较高 TA 转化率。

4.1.3 氧化配料反应结晶单元的危害特性

氧化配料反应结晶单元对人主要危害有：PX、液体催化剂、醋酸、氢溴酸等介质泄漏对人员造成伤害；压缩空气和高压蒸汽及尾气噪声对人员造成的伤害；放射源对人员的辐射伤害。

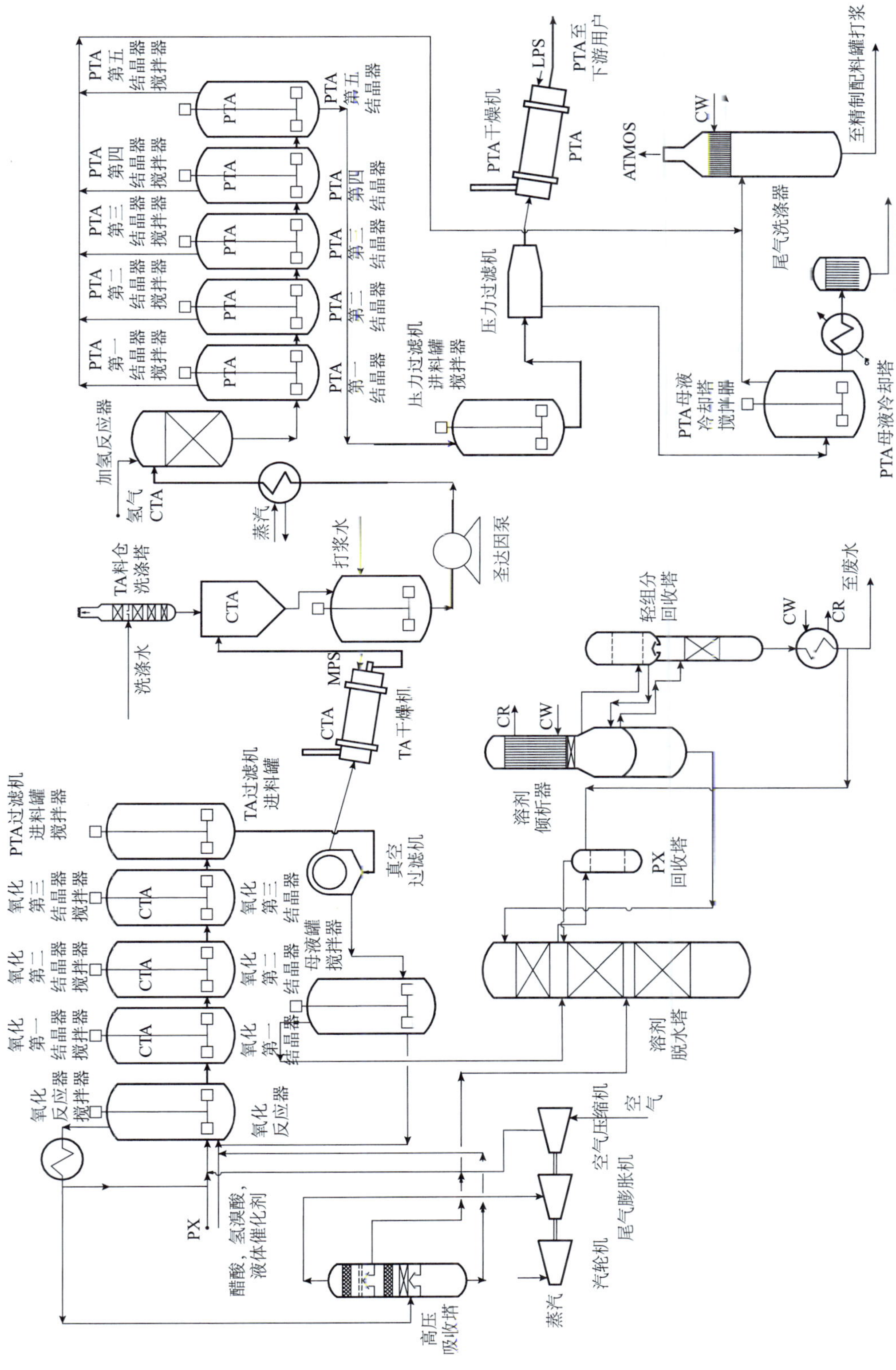

图1 PTA装置流程图

（BP—阿莫科工艺、杜邦工艺）

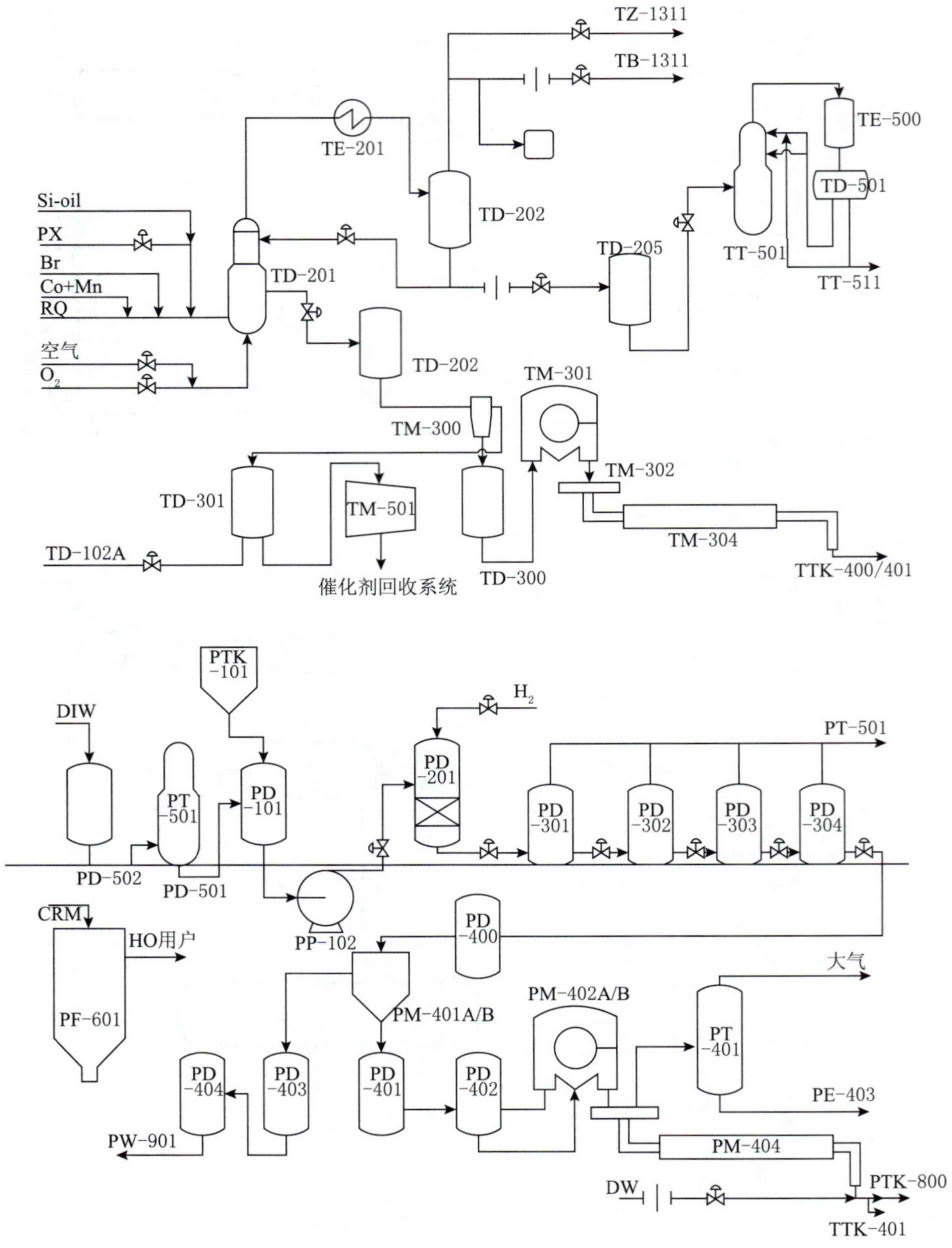

图 2　PTA 装置流程图

（三井工艺）

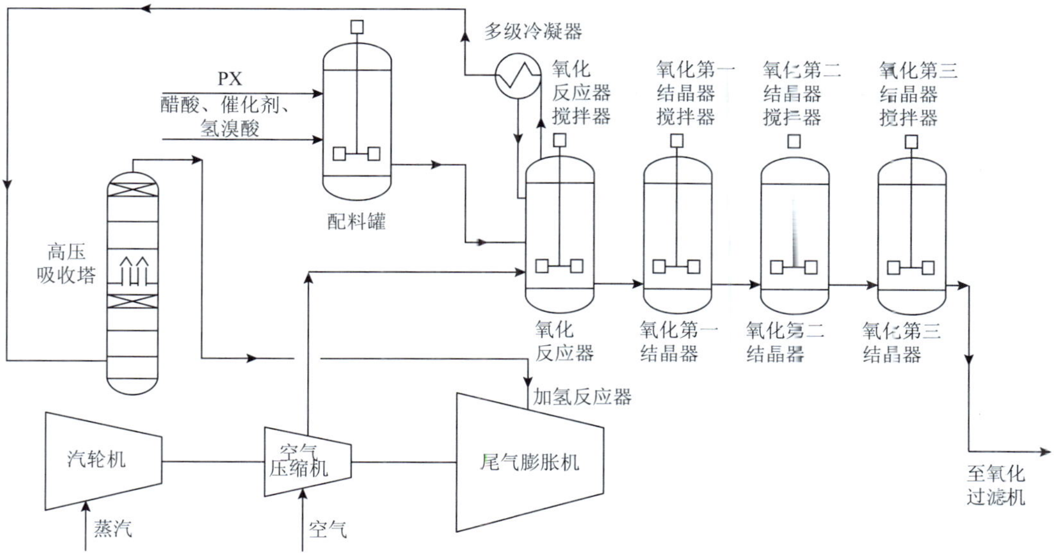

图 3　氧化配料反应结晶单元流程

氧化配料反应结晶单元对环境的主要危害有：PX、液体催化剂、醋酸、氢溴酸等介质泄漏污染环境；压缩空气和高压蒸汽及尾气噪声对环境危害。

氧化配料反应结晶单元对设备主要危害有：液体催化剂、氢溴酸、醋酸、PT 酸等介质对设备的腐蚀等。氧化配料反应结晶单元主要危害位置及防范措施见表 4。

表 4　氧化配料反应结晶单元主要危害位置及防范措施

危害类别	危害位置	防范措施
酸灼伤	配料罐、氧化反应器、结晶器以及介质为酸、催化剂的管道阀门等	（1）作业现场注意劳保着装； （2）排放、泄漏点等进行隔离
噪声危害	空压机、膨胀机、汽轮机、发电机及高压蒸汽管道	（1）对空压机房加隔音设施； （2）定期对噪音区域进行监测； （3）按规定佩戴劳保用品
辐射伤害	氧化反应器、结晶器等放射性液位计的放射源	（1）液位计周边禁止长时间停留； （2）设备检修时需关闭放射源
酸性腐蚀	配料罐、氧化反应器、结晶器以及介质为酸、催化剂的管道阀门等	（1）定期对设备、管道等进行测厚、检查设备点蚀及均匀腐蚀情况，建立腐蚀台账； （2）选用耐腐蚀能力强的材料
物理冲刷	配料罐、氧化反应器、结晶器及其附属管道阀门等	定期对设备、管道等进行测厚、检查设备及管道的冲刷情况，建立台账

4.2 氧化过滤干燥单元

4.2.1 氧化过滤干燥单元工艺流程及流程图

氧化过滤干燥单元主要是将结晶单元的浆料进行过滤、干燥，利用差压式过滤工艺和旋转真空干燥工艺得到干燥的粗 TA。三井工艺中还使用离心过滤机初步过滤，再送至利用差压式过滤工艺和旋转真空干燥工艺得到干燥的粗 TA。工艺流程图见图 4。

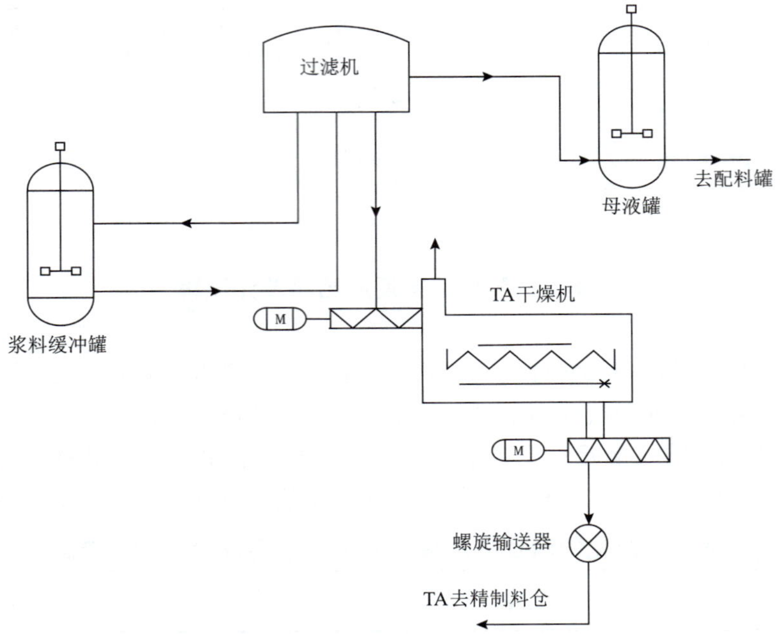

图 4 氧化过滤干燥单元流程

4.2.2 氧化过滤干燥单元工艺特性参数

氧化过滤干燥单元主要是将氧化反应后的粗 TA 浆料在差压式过滤机中除去浆料中的湿组分，滤饼通过螺旋输送器送入旋转列管式干燥机进行干燥，除去滤饼中的挥发组分，得到干燥的粗 TA，送入下游精制料仓。该单元的特点主要是物料的过滤和干燥，该物理过程主要在负压或微负压工况下进行。

4.2.3 氧化过滤干燥单元危害特性

氧化过滤干燥单元对人主要危害有：醋酸介质泄漏对人员造成伤害。

氧化过滤干燥单元对环境的主要危害有：醋酸介质泄漏污染环境。

氧化过滤干燥单元对设备主要危害有：醋酸、氢溴酸、PT 酸等介质对设备的腐蚀等。主要危害位置及防范措施见表 5。

表 5　氧化过滤干燥单元的主要危害位置及防范措施

危害类别	危害位置	防范措施
酸灼伤	过滤机、缓冲罐、母液罐、螺旋输送器、干燥机以及介质为酸、催化剂的管道阀门等	（1）作业现场注意劳保着装； （2）排放、泄漏点等进行隔离
环境危害	介质为酸、碱等危化物的排放口、泄漏点	（1）使用密闭取样口； （2）建立泄漏点台账，加强泄漏点管理
酸性腐蚀	过滤机、缓冲罐、母液罐、螺旋输送器、干燥机以及介质为酸、催化剂的管道阀门等	（1）定期对设备、管道等进行测厚、检查设备点蚀及均匀腐蚀情况，建立腐蚀台账； （2）选用耐腐蚀能力强的材料
物理冲刷	缓冲罐、母液罐、螺旋输送器、干燥机及其附属管道阀门等	定期对设备、管道等进行测厚、检查设备点蚀情况，建立台账

4.3　精制预热反应结晶单元

4.3.1　精制预热反应结晶单元工艺流程及流程图

中间料仓的粗 TA 粉末通过旋转阀或螺旋输送器送入进料打浆罐与循环溶剂混合形成 TA 浆料，浆料通过高速泵升压，并经预热器加热，使粗 TA 完全溶解于水中，形成的液相物料进入加氢反应器，在催化剂的作用下与氢气发生反应，将粗 TA 中的副产物（主要是 4-CBA）转化为 PT 酸。BP- 阿莫科工艺、杜邦工艺中反应器出来的物料进入五台串联的结晶器，三井工艺采用四台串联的结晶器。物料逐级降低压力，蒸发水分，并进行冷却和结晶，同时利用结晶器的闪蒸蒸汽预热反应前的浆料及再打浆水来实现能量回收。工艺流程图见图 5。

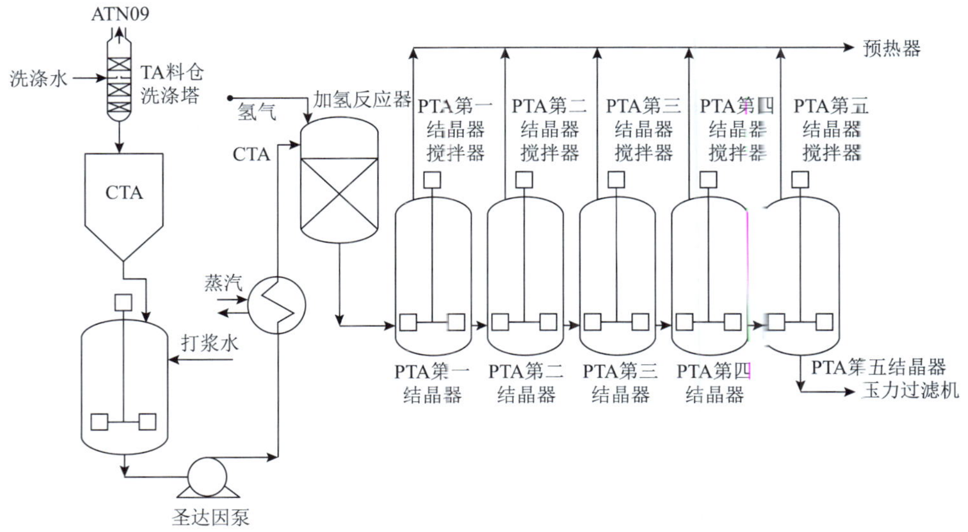

图 5　精制预热反应结晶单元流程

4.3.2 精制预热反应结晶单元工艺特性参数

精制预热反应结晶单元主要以氧化产品粗TA为原料，通过将粗TA溶解于高温高压的水中，并使副产物（主要是4-CBA）在催化剂的作用下与氢气发生反应生成PT酸，在结晶过程中，通过冷却和闪蒸使得TA结晶析出，PT酸仍溶解于溶剂中。该单元的特点主要是在高温高压条件下进行加氢反应。

4.3.3 精制预热反应结晶单元危害特性

精制预热反应结晶单元对人主要危害有：氢气泄漏着火、高温高压介质泄漏、PTA粉料泄漏对人员造成伤害；放射源对人员的辐射伤害。

精制预热反应结晶单元对环境的主要危害有：存在PTA粉料泄漏污染环境。

精制预热反应结晶单元对设备主要危害有：PT酸、氢气等介质对设备的腐蚀。主要危害位置及防范措施见表6。

表6 精制预热反应结晶单元的主要危害位置及防范措施

危害类别	危害位置	防范措施
着火、爆炸	加氢反应器、氢压机等介质为氢气和高温高压介质的设备和管道阀门	（1）作业现场注意劳保着装； （2）排放、泄漏点等进行隔离
环境危害	介质为酸、碱等危化物的排放口、泄漏点	（1）使用密闭取样口； （2）建立泄漏点台账，加强泄漏点管理
辐射伤害	加氢反应器、精制结晶器液位计的放射源	（1）液位计周边禁止长时间停留； （2）设备检修时需关闭放射源
酸性腐蚀	加氢反应器、精制结晶器以及介质为酸、催化剂的管道阀门等	（1）定期对设备、管道等进行测厚、检查设备点蚀及均匀腐蚀情况，建立腐蚀台账； （2）选用耐腐蚀能力强的材料
氢腐蚀	加氢反应器及氢压机氢气管道	（1）定期对设备、管道等进行检验； （2）选用对氢气不敏感的材质
物理冲刷	加氢反应器、精制结晶器、浆料预热器、圣达因泵及其附属管道阀门等	定期对设备、管道等进行测厚、检查设备冲刷情况，建立台账

4.4 精制过滤干燥气送单元

4.4.1 精制过滤干燥气送单元工艺流程及流程图

结晶器出来的浆料通过进料泵送往压力过滤机。压力过滤机进行固液分离，形成PTA滤饼。对PTA滤饼再次进行打浆，浆料送入真空过滤机。真空过滤机出来的滤饼由螺旋输送器送入PTA干燥机进行干燥。PTA干燥机出来的产品通过旋转阀，用惰气送至班料仓做短期贮存，质量分析合格后再送入成品料仓。最终产品经气送系统送至下游用户或槽车运走。精制过滤目前主要有两种工艺即一步法和两步法。具体流程见图6和图7。

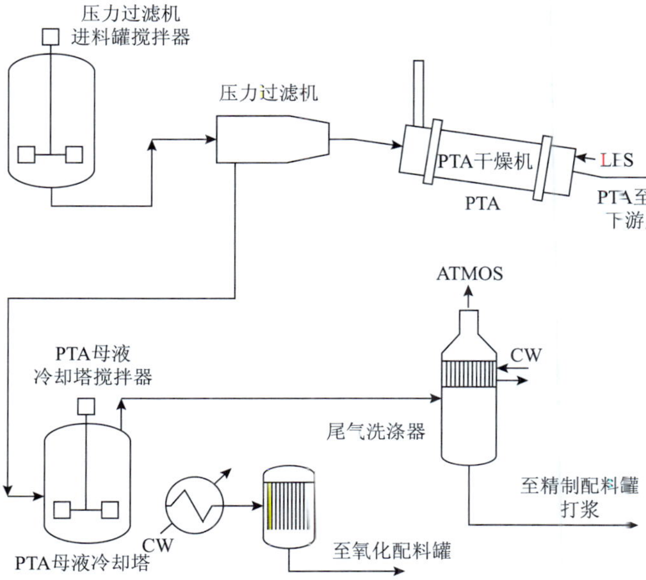

图6　精制过滤干燥气送流程一步法

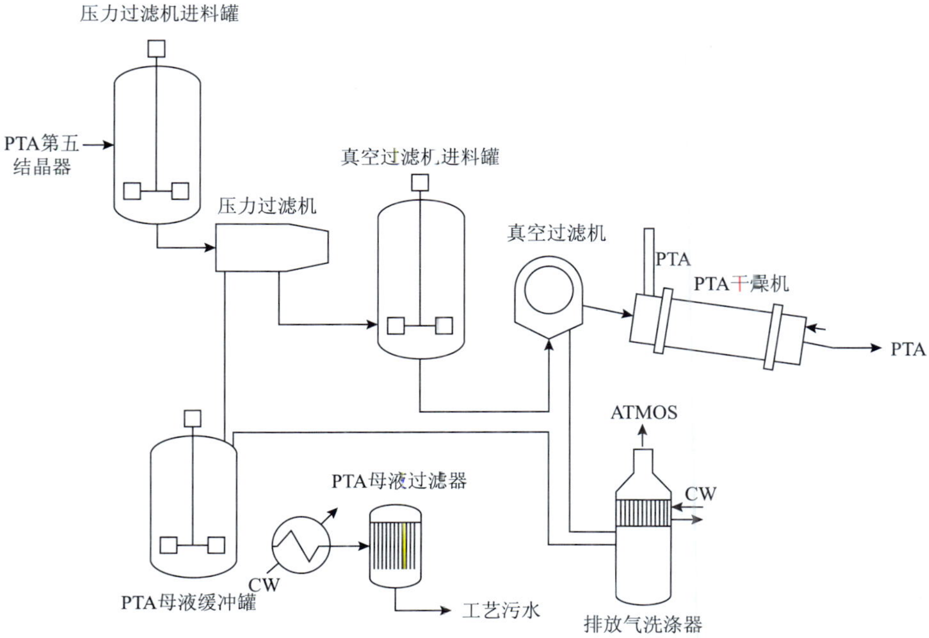

图7　精制过滤干燥气送流程两步法

4.4.2 精制过滤干燥气送单元工艺特性参数

精制过滤干燥气送单元以结晶器出来的浆料为原料，经过压力过滤、再打浆，以及真空过滤或压力过滤，除去浆料中溶于水的副产物，滤饼送入干燥机进行干燥，干燥后合格的成品 PTA 送至下游用户。该单元的特点主要是物料的过滤和干燥，该物理过程主要在真空（及压力）过滤和微负压干燥工况下进行。

4.4.3 精制过滤干燥气送单元危害特性

精制过滤干燥气送单元对人主要危害有：PTA 粉料爆炸危险；尾气噪音对人员造成的伤害；PTA 粉料泄漏对人员造成伤害；放射源对人员的辐射伤害。

精制过滤干燥气送单元对环境的主要危害有：存在 PTA 粉料泄漏污染环境。

精制过滤干燥气送单元对设备主要危害有：PT 酸介质对设备的腐蚀。主要危害位置及防范措施见表 7。

表 7 精制过滤干燥气送单元的主要危害位置及防范措施

危害类别	危害位置	防范措施
着火、爆炸	料仓、输送设备等	（1）作业现场注意劳保着装； （2）防止粉料泄漏； （3）严控该区域内动火作业
环境危害	料仓、干燥机的排放口、泄漏点	（1）使用密闭取样口； （2）建立泄漏点台账，加强泄漏点管理
辐射伤害	母液罐、过滤机进料罐液位计的放射源	（1）液位计周边禁止长时间停留； （2）设备检修时需关闭放射源
酸性腐蚀	母液罐、过滤机进料罐及其附属管道阀门等	（1）定期对设备、管道等进行测厚、检查设备点蚀及均匀腐蚀情况，建立腐蚀台账； （2）选用耐腐蚀能力强的材料
物理冲刷	加氢反应器、精制结晶器、浆料预热器、圣达因泵及其附属管道阀门等	定期对设备、管道等进行测厚、检查设备冲刷情况，建立台账

4.5 溶剂回收单元

4.5.1 溶剂回收单元工艺流程及流程图

将氧化反应过程中抽出水和吸收塔的洗涤水在溶剂脱水塔中实现醋酸溶剂的分离。溶剂脱水塔顶部的蒸汽冷凝进入脱水塔冷凝倾析器，水相和有机相分离，水相靠重力流入回收塔，而有机相作为回流。从倾析器出来的气体和不凝蒸汽进入回收塔的上部。新鲜醋酸与回收的溶剂混合冷却。高压溶剂泵向高压溶剂用户供应醋酸，脱水溶剂泵则向低压用户供应醋酸。脱水塔的中间部位抽出一股液体，送入 PX 回收塔，将来自反应系统的未反应PX与共沸剂分离，分离出来的共沸剂以蒸汽的形式回到脱水塔中。溶剂回收目前主要有两种工艺，即普通精馏法和共沸精馏法。具体流程见图8和图9。

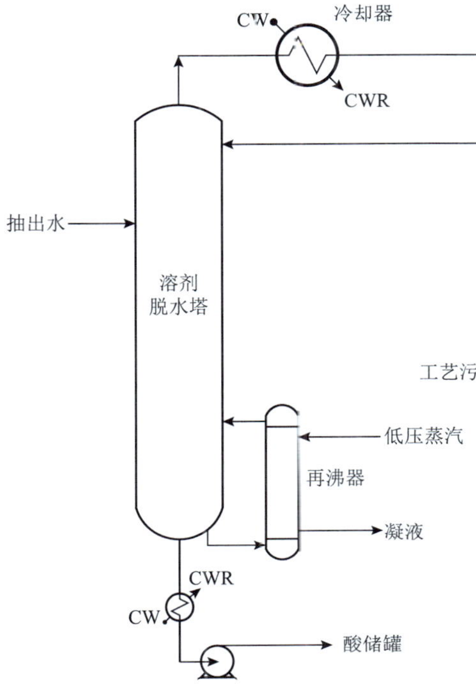

图8 溶剂回收单元流程普通精馏

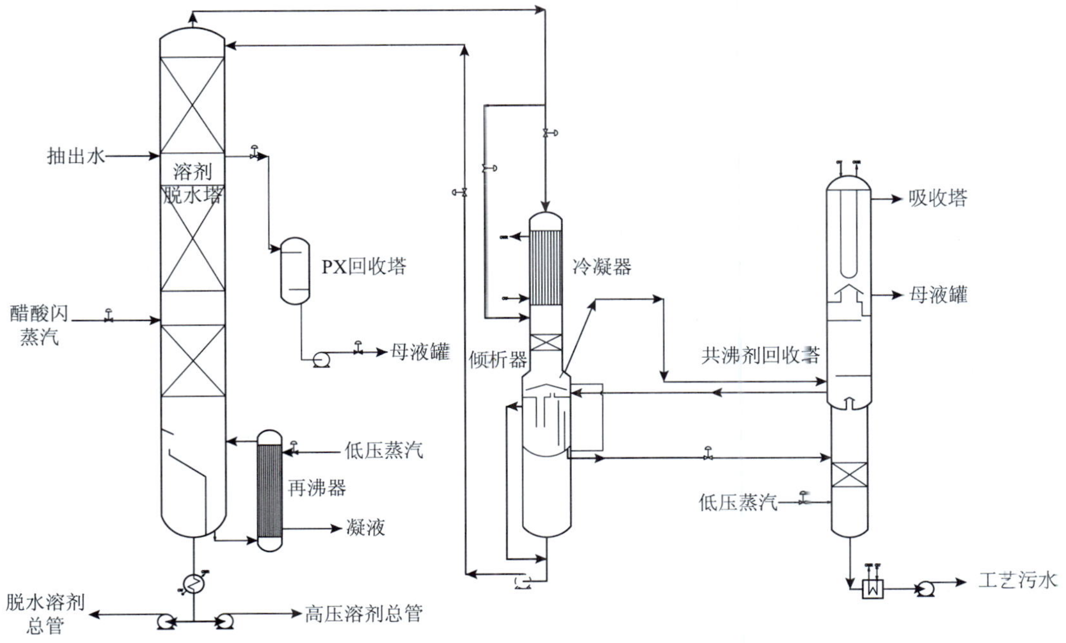

图9 溶剂回收单元流程共沸精馏

4.5.2 溶剂回收单元工艺特性参数

溶剂脱水塔通过共沸精馏，移走溶剂中多余的水，塔釜馏出物醋酸返回装置继续使用，从塔底流出的液相由泵送至母液罐中，再循环到氧化反应器。脱水塔顶部的蒸汽中醋酸甲酯从溶剂回收系统循环返回氧化反应器。该单元的特点主要是醋酸溶剂的回收利用。

4.5.3 溶剂回收单元危害特性

溶剂回收单元对人主要危害有：存在醋酸、共沸剂、醋酸甲酯等介质泄漏对人员造成伤害；放射源对人员的辐射伤害。

溶剂回收单元对环境的主要危害有：存在醋酸、共沸剂、醋酸甲酯等介质泄漏污染环境。

溶剂回收单元对设备主要危害有：醋酸、氢溴酸等介质对设备的腐蚀等。主要危害及防范措施见表 8。

表 8 主要危害位置及防范措施

危害类别	危害位置	防范措施
环境危害	介质为酸、共沸剂、醋酸甲酯设备、管道的排放口、泄漏点	（1）使用密闭取样口； （2）建立泄漏点台账，及时处理泄漏点，加强泄漏点管理
辐射伤害	高压吸收塔、溶剂脱水塔、脱水塔冷凝倾析器液位计	（1）液位计周边禁止长时间停留； （2）设备检修时需关闭放射源
酸性腐蚀	高压吸收塔、溶剂脱水塔、脱水塔冷凝倾析器、再沸器、溶剂输送泵以及介质为酸、催化剂的管道阀门等	（1）定期对设备、管道等进行测厚、检查设备点蚀情况，建立腐蚀台账； （2）选用耐腐蚀能力强的材料
酸灼伤	介质为酸、共沸剂、醋酸甲酯设备、管道的排放口、泄漏点	（1）作业现场注意劳保着装； （2）排放、泄漏点等进行隔离
物理冲刷	高压吸收塔、溶剂脱水塔、脱水塔冷凝倾析器、再沸器、溶剂输送泵及其附属管道阀门等	定期对设备、管道等进行测厚、检查设备点蚀情况，建立台账

5 检修周期及检修项目

5.1 主要设备

5.1.1 PTA 装置氧化配料反应结晶单元主要设备见表 9。

表 9　PTA 装置氧化配料反应结晶单元主要设备

名称	设备种类		主要设备	通用、专用设备检修规程的代码
转动设备	压缩机组（包括工业汽轮机）		空气压缩机	
			尾气膨胀机	
			汽轮机	
			发电机	
	泵	离心泵	反应器进料泵、第三结晶器输送泵	
		螺杆泵	润滑油泵	
		往复泵	注剂泵	
		齿轮泵	润滑油泵	
		隔膜泵	加料泵、回收泵	
	搅拌器		氧化反应搅拌器、进料混合罐搅拌器、氧化第一结晶器搅拌器、氧化第二结晶器搅拌器、氧化第三结晶器搅拌器	
静设备	塔	浮阀塔	高压吸收塔	
	换热器	管壳式换热器	开车加热器、反应器第一冷凝器、反应器第二冷凝器、反应器第三冷凝器、反应器尾气冷却器、第一结晶器冷凝器、第一结晶器冷凝器、第二结晶器冷凝器、第三结晶器冷凝器	
		螺旋板换热器	进料混合罐排气冷凝器	
	压力容器		反应器、结晶器、换热器、尾气气液分离罐、塔等	
	常压容器、常压储罐		进料混合罐、催化剂储罐等	
	压力管道		反应器气相管线、结晶器气相管线等	
	安全阀		反应器、结晶器、换热器等压力容器及压力管道上	
	阀门		角阀、球阀、截止阀、闸阀等	
仪表设备	现场仪表		流量计、液位计、变送器、放射性仪表、控制阀、开关阀、现场一次显示仪表	
	控制系统		集散控制系统（DCS）、可编程控制系统（PLC）	
	安全仪表系统（SIS）		安全联锁系统（FSC）	
	在线分析仪表		氧分析仪、电导仪、	
	安全环保仪表		可燃气体检测报警仪、有毒有害气体检测报警仪、化学需氧量分析仪（COD）、尾气分析仪（VOC）	

表 9 PTA 装置氧化配料反应结晶单元主要设备（续）

名称	设备种类	主要设备	通用、专用设备检修规程的代码
电气设备	电动机	交流电动机、异步电动机、变频电动机、电动头	
	开关柜	低压开关柜（盘）、高压变频器、低压变频器	
	电源设备	UPS、逆变电源	
	电力消耗设备	电加热器、电伴热器	

5.1.2 PTA 装置氧化过滤干燥单元主要设备见表 10。

表 10 PTA 装置氧化过滤干燥单元主要设备

名称	设备种类		主要设备	通用、专用设备检修规程的代码
转动设备	过滤机		TA 旋转真空过滤机	
	干燥机		TA 干燥机	
	旋转阀		TA 旋转进料阀	
	风机		干燥机洗涤塔风机	
	螺旋输送器		过滤机出口螺旋输送器、干燥机进料螺旋输送器	
	泵	离心泵	反应器进料泵、第三结晶器输送泵	
		液环泵	TA 过滤机真空泵	
	搅拌器		TA 过滤机进料罐搅拌器、母液罐搅拌器	
静设备	塔	板式塔	干燥机洗涤塔、常压吸收塔	
	换热器	管壳式换热器	TA 过滤机蒸汽冷却器、干燥机洗涤塔溶剂冷却器	
	压力容器		TA 过滤机进料罐、母液分离罐	
	常压容器、常压储罐		缓冲罐、母液罐等	
	压力管道		TA 过滤机进料罐气相管线、母液分离罐气相管线等	
	安全阀		TA 过滤机进料罐、母液分离罐、换热器等压力容器及压力管道上	
	阀门		角阀、球阀、截止阀、闸阀等	

表 10　PTA 装置氧化过滤干燥单元主要设备（续）

名称	设备种类	主要设备	通用、专用设备检修规程的代码
仪表设备	现场仪表	流量计、液位计、变送器、放射性仪表、控制阀、开关阀、现场一次显示仪表	
	控制系统	集散控制系统（DCS）、可编程控制系统（PLC）	
	安全仪表系统（SIS）	安全联锁系统（FSC）	
	在线分析仪表	氧分析仪、电导仪、	
	安全环保仪表	可燃气体检测报警仪、有毒有害气体检测报警仪、化学需氧量分析仪（COD）、	
电气设备	电动机	交流电动机、异步电动机、变频电动机、电动头	
	开关柜	低压开关柜（盘）、高压变频器、低压变频器	
	电源设备	UPS、逆变电源	
	电力消耗设备	电加热器、电伴热器	

5.1.3　PTA 装置精制预热反应结晶单元主要设备见表 11。

表 11　PTA 装置精制预热反应结晶单元主要设备

名称	设备种类		主要设备	通用、专用设备检修规程的代码
转动设备	压缩机	活塞式压缩机	氢气压缩机	
	搅拌器		打浆罐搅拌器、精制第一结晶器搅拌器、精制第二结晶器搅拌器、精制第三结晶器搅拌器、精制第四结晶器搅拌器、精制第五结晶器搅拌器	
	泵	离心泵	低压溶解进料泵、圣达因泵	
	旋转阀		TA 进料旋转阀	
静设备	反应器		加氢反应器	
	换热器	管壳式换热器	冷凝液再冷却器、浆料预热器	
	压力容器		反应器、结晶器、换热器	
	常压容器		CTA 中间料仓、配料罐	
	压力管道		反应器、结晶器、换热器等连接管道	
	安全阀		反应器、结晶器、换热器等压力容器、压力管道上	
	阀门		角阀、球阀、截止阀、闸阀等	

表 11　PTA 装置精制预热反应结晶单元主要设备（续）

名称	设备种类	主要设备	通用、专用设备检修规程的代码
仪表设备	现场仪表	流量计、液位计、变送器、放射性仪表、控制阀、开关阀、现场一次显示仪表	
	控制系统	集散控制系统（DCS）、可编程控制系统（PLC）	
	安全仪表系统（SIS）	安全联锁系统（FSC）	
	在线分析仪表	氧分析仪、电导仪、	
	安全环保仪表	可燃气体检测报警仪、有毒有害气体检测报警仪、化学需氧量分析仪（COD）	
电气设备	电动机	交流电动机、异步电动机、变频电动机、电动头	
	开关柜	低压开关柜（盘）、高压变频器、低压变频器	
	电源设备	UPS、逆变电源	
	电力消耗设备	电加热器、电伴热器	

5.1.4　PTA 装置精制过滤干燥气送单元主要设备见表 12。

表 12　PTA 装置精制过滤干燥气送单元主要设备

名称	设备种类		主要设备	通用、专用设备检修规程的代码
转动设备	过滤机		真空过滤机、压力过滤机	
	离心机		常压离心机	
	干燥机		TA 干燥机	
	搅拌器		压力过滤机进料罐搅拌器、再打浆罐搅拌器、常压离心机进料罐搅拌器、真空过滤机进料罐搅拌器	
	风机	离心式风机	压力过滤机循环气风机	
	泵	离心泵	压力离心机进料泵、压力过滤机进料泵、常压离心机进料泵、真空过滤机进料泵、PTA 干燥机凝液泵	
		液环真空泵	真空泵	
	螺旋输送器		常压离心机出料螺旋输送器、真空过滤机出料螺旋输送器	
	旋转阀		干燥机出口旋转阀、PTA 班料仓旋转阀、	

表 12　PTA 装置精制过滤干燥气送单元设备列表（续）

名称	设备种类		主要设备	通用、专用设备检修规程的代码
静设备	换热器	管壳式换热器	再打浆水加热器、干燥机冷凝器	
	压力容器		换热器、进料罐	
	常压容器		PTA 班料仓、PTA 成品料仓	
	压力管道		换热器、进料罐等连接管道	
	安全阀		换热器、进料罐等压力容器、压力管道上	
	阀门		角阀、球阀、截止阀、闸阀等	
仪表设备	现场仪表		流量计、液位计、变送器、放射性仪表、控制阀、开关阀、现场一次显示仪表	
	控制系统		集散控制系统（DCS）、可编程控制系统（PLC）	
	安全仪表系统（SIS）		安全联锁系统（FSC）	
	在线分析仪表		氧分析仪、电导仪、	
	安全环保仪表		可燃气体检测报警仪、有毒有害气体检测报警仪	
电气设备	电动机		交流电动机、异步电动机、变频电动机、电动头	
	开关柜		低压开关柜（盘）、高压变频器、低压变频器	
	电源设备		UPS	
	电力消耗设备		电加热器、电伴热器	

5.1.5　PTA 装置溶剂回收单元主要设备见表 13。

表 13　PTA 装置溶剂回收单元主要设备

名称	设备种类		主要设备	通用、专用设备检修规程的代码
动设备	风机		母液冷却塔风机	
	薄膜蒸发器		残渣蒸发器	
	泵	离心泵	溶剂汽提塔循环泵、残渣泵、溶剂泵、脱水塔回流泵、吸收塔回流泵	
	搅拌器		PTA 母液冷却塔搅拌器、滤饼再打浆罐、溶剂汽提塔蒸发罐搅拌器、残渣再打浆罐搅拌器	

表 13　PTA 装置溶剂回收单元设备列表（续）

名称	设备种类		主要设备	通用、专用设备检修规程的代码
静设备	塔	板式塔及填料塔	PTA 母液冷却塔、溶剂汽提塔、溶剂脱水塔、稀醋酸萃取塔	
	换热器	管壳式换热器	溶剂汽提塔再沸器、脱水塔再沸器、溶剂冷却器、吸收塔进料冷却器	
	过滤器		母固过滤器	
	压力容器		溶剂汽提塔蒸发罐、残渣再打浆罐、脱水塔凝液罐	
	常压容器		滤饼再打浆罐、稀醋酸萃取塔	
	压力管道		溶剂汽提塔蒸发罐、残渣再打浆罐、脱水塔凝液罐等连接管道	
	安全阀		溶剂汽提塔蒸发罐、残渣再打浆罐、脱水塔凝液罐等压力容器、压力管道上	
	阀门		角阀、球阀、截止阀、闸阀等	
仪表设备	现场仪表		流量计、液位计、变送器、放射性仪表、控制阀、开关阀、现场一次显示仪表	
	控制系统		集散控制系统（DCS）、可编程控制系统（PLC）	
	安全仪表系统（SIS）		安全联锁系统（FSC）	
	在线分析仪表		氧分析仪、电导仪	
	安全环保仪表		可燃气体检测报警仪、有毒有害气体检测报警仪	
电气设备	电动机		交流电动机、异步电动机、变频电动机、电动头	
	开关柜		低压开关柜（盘）、低压变频器	
	电源设备		UPS	
	电力消耗设备		电加热器、电伴热器	

5.2　检修周期

5.2.1　PTA 装置检修应根据实际运行情况进行定期停车检修，检修周期一般按 24～48 个月确定。

5.2.2　一般情况下，有备用设备或日常可以进行检修的设备不列入大修项目范围。

5.2.3　检修工期指从交出检修到交回工艺开车之间的时间，不包含停工和开工需要的时间。PTA 装置大修检修工期一般为 25～30 天，如有其他项目同时进行，检修工期按实际施工进度合理安排。PTA 装置消缺检修工期一般为 3～10 天，如设备出现特殊故障，检修工期按实际检修情况合理安排。

5.3　检修内容

5.3.1　PTA 装置氧化配料反应结晶单元主要检修内容见表 14。

表 14　PTA 装置氧化配料反应结晶单元主要检修内容

序号	设备名称	设备功能	功能故障	检修内容	专业类别
1	空气压缩机	将空气升压、升温，流量达到氧化反应要求，送至反应器参与氧化反应	机组出口压力、流量无法满足生产；轴系振动大、轴位移大、轴承温度高、润滑油油温高等导致联锁停车；油系统故障；喘振；级间温度高；设备条件联锁；电气故障；仪表故障	定期更换密封件、滑动轴承。定期检查油系统。定期测试各联锁条件等	A 类
2	尾气膨胀机	回收反应器余热，为空气压缩机提供动力	迷宫密封泄漏、静密封泄漏，轴系振动大，轴位移大，轴承温度高、润滑油油温高、油系统故障、导叶故障、设备条件联锁、电气故障、仪表故障导致设备停运	定期更换密封件、滑动轴承。定期检查油系统。定期测试各联锁条件等	A 类
3	汽轮机	为空气压缩机提供动力	油封、气封泄漏、静密封泄漏，轴系振动大，轴位移大，轴承温度高、上下缸体温差大、真空度下降、润滑油油温高、油系统故障、主汽门故障、冷凝器液位高、凝液泵故障、设备条件联锁、电气故障、仪表故障	定期更换密封件、滑动轴承。定期检查油系统。定期对主汽门进行维护。及时排除凝液泵故障。定期测试各联锁条件等	A 类
4	发电机	稳定机组转速，与电力系统联网发电或受电。	油封、轴系振动大，轴位移大，轴承温度高、润滑油油温高、油系统故障、定子故障、轴瓦故障、转子故障、励磁部分故障等	轴瓦检查、励磁部分检查、定子部分检查、冷却器检查、转子检查等	A 类

表 14　PTA 装置氧化配料反应结晶单元主要检修内容（续）

序号	设备名称	设备功能	功能故障	检修内容	专业类别
5	进料混合罐及搅拌器	使物料进入氧化反应器前充分搅拌，混合均匀	机封泄漏、齿轮箱异常、搅拌器卡停、搅拌器电流波动、电机故障、出料不畅等故障导致设备停运	定期更换机封；日常巡检注意齿轮箱油温及运行状态，及时排除故障	B+ 类
6	氧化反应器及搅拌器	为氧化反应提供场所，为介质输送提供密闭通道。保证浆料混合均匀防止固体沉积，并通过压差把反应产物送至氧化第一结晶器	设备腐蚀泄漏或静密封泄漏导致停机；机封泄漏、齿轮箱异常导致设备停机；润滑油油压差高报、润滑油泵故障导致齿轮箱润滑不良；搅拌器电流波动、电机故障、仪表联锁、出料不畅等导致设备停机	定期更换机封、底轴承等；润滑油压差高及时更换油滤芯，及时处理油泵故障；定期对齿轮箱进行状态监测	A 类
7	氧化第一结晶器及搅拌器	为物料二次氧化提供场所，为介质输送提供密闭通道。保证浆料混合均匀防止固体沉积，促进晶核的形成，促进物料结晶	封泄漏、齿轮箱异常、搅拌器卡停、搅拌器电流波动、电机故障、出料不畅等故障导致设备停运	定期更换机封；日常巡检注意齿轮箱油温及运行状态，及时排除齿轮箱故障	A 类
8	氧化第二结晶器及搅拌器	为物料结晶提供稳定的温度和压力，为介质输送提供密闭通道。保证浆料混合均匀防止固体沉积，并通过压力差把物料送至第三结晶器	封泄漏、齿轮箱异常、搅拌器卡停、搅拌器电流波动、电机故障、出料不畅等故障导致设备停运	定期更换机封；日常巡检注意齿轮箱油温及运行状态，及时排除齿轮箱故障	A 类
9	氧化第三结晶器及搅拌器	为物料结晶提供稳定的温度和压力，为介质输送提供密闭通道。为物料结晶提供稳定的温度和压力	封泄漏、齿轮箱异常、搅拌器卡停、搅拌器电流波动、电机故障、出料不畅等故障导致设备停运	定期更换机封、底轴承；日常巡检注意齿轮箱、油温及运行状态，及时排除故障	A 类

5.3.2　PTA 装置氧化过滤干燥单元主要检修内容见表 15。

表 15 PTA 装置氧化过滤干燥单元主要检修内容

序号	设备名称	设备功能	功能故障	检修内容	专业类别
1	TA 旋转真空过滤机	对 TA 浆料进行过滤，形成滤饼	反吹系统故障导致下料不畅；电机过载；齿轮箱异响；滤布破损、真空度下降；滤液固体含量高	检查反吹气压力；检查并调整溢流堰高度；定期检查齿轮箱，更换滤布；更换填料密封等	B+ 类
2	TA 过滤机真空泵	给真空过滤机提供真空的工作环境	齿轮箱、轴承损坏导致设备停机；叶轮磨损导致性能下降；油系统故障导致泵联锁停机；电机故障；仪表联锁导致设备停机	定期更换轴承，检查齿轮箱和叶轮等；定期清理油系统；定期更换电机、监察联锁	E+ 类
3	干燥机洗涤塔风机	把干燥机内的载气送至洗涤塔洗涤	出口压力低；电机电流波动；过载卡死；轴承温度高；风机振动大；迷宫密封泄漏	定期维修：更换轴承；更换迷宫密封组件；检查轴向窜量、径向跳动；检查轴承座和轴承的配合尺寸；检查轴承座安装尺寸；检查各级隔板、口环以及叶轮；检查甩油环等 检查密封气管路	B+ 类
4	过滤机出口螺旋输送器	输送过滤机下料的滤饼	转子过载卡死；齿轮箱故障；轴承温度高；转子剐蹭；填料泄漏下料不畅；电机故障等导致设备停运	定期更换轴承；更换密封填料 检查转子；更换链条；更换齿轮箱；定期换油；链轮找正	B- 类
5	干燥机进料螺旋输送器	把 TA 滤饼送至氧化干燥机	转子过载卡死；齿轮箱故障；轴承温度高；转子剐蹭；填料泄漏下料不畅；电机故障	定期更换轴承；更换密封填料；检查转子；更换链条；更换齿轮箱；定期换油；检查螺旋和壳体间隙；链轮找正	B+ 类
6	TA 干燥机	对 TA 进行加干燥	下料不畅；电料波动大；填料密封泄漏；干燥效果差；内压高；齿轮箱故障；液力耦合器漏油；不凝汽喷嘴有蒸汽排出；列管填料泄漏；托轮磨损；旋转接头泄漏；仪表联锁；电气故障	定期检查列管；管支承检查；抄料板检查；腐蚀减薄检查；更换进出端大填料及 V 型块；检查托轮磨损情况；更换旋转接头；齿轮箱定期换油；液力耦合器检查；择差更换碰嘴	A 类

表 15 PTA 装置氧化过滤干燥单元主要检修内容（续）

序号	设备名称	设备功能	功能故障	检修内容	专业类别
7	TA 旋转进料阀	输送 TA 粉末至精制料仓	料不畅；转子卡死；电流波动大；转速联锁；轴封泄漏；轴承温度高；加热夹套温度低；整体振动大；齿轮箱故障	定期更换轴承；更换轴封；定期更换齿轮箱；定期换油；更换链条；链轮找正；更换轴套；检查转子和轴的同心度；检查转子和壳体间隙；检查壳体磨损情况	B+ 类
8	TA 过滤机进料罐搅拌器	保证浆料混合均匀防止固体沉积，防止过滤机内产生闪蒸	机封泄漏、齿轮箱异常、搅拌器卡停、搅拌器电流波动、电机故障、出料不畅等故障导致设备停运	定期更换机封；定期更换齿轮箱；定期更换润滑油；搅拌器底轴承定期更换；底轴承座检查；桨叶、轴检查；内部腐蚀检查；机封甘油管路检查	B+ 类
9	母液罐搅拌器	对母液进行搅拌，防止物料沉积	机封泄漏、齿轮箱异常、搅拌器卡停、搅拌器电流波动、电机故障、出料不畅等故障导致设备停运	定期更换机封；定期更换齿轮箱；定期更换润滑油；搅拌器底轴承定期更换；底轴承座检查；桨叶、轴检查；内部腐蚀检查；机封甘油管路检查	B+ 类

5.3.3 PTA 装置回收萃取单元主要检修内容见表 16。

表 16 PTA 装置回收萃取单元主要检修内容

序号	设备名称	设备功能	功能故障	检修内容	专业类别
1	母液冷却塔风机	为母液冷却塔内气体提供一定的压力，并送至冷却器冷却	出口压力低；电机电流波动；过载卡死；轴承温度高；风机振动大；迷宫密封泄漏	定期更换轴承；更换迷宫密封组件；检查轴向窜量、径向跳动；检查轴承座和轴承的配合尺寸；检查轴承座安装尺寸；检查各级隔板、口环以及叶轮；检查甩油环等；检查密封气管路	B+ 类

表 16　PTA 装置回收萃取单元主要检修内容（续）

序号	设备名称	设备功能	功能故障	检修内容	专业类别
2	残渣蒸发器	回收残渣	机封泄漏、齿轮箱油温异常、齿轮箱异常、残渣蒸发器整体振动大、转子卡停、罐体检漏口有物料泄漏、电机电流波动、电机故障，出料不畅	定期更换机封；定期更换齿轮箱；定期更换润滑油；搅拌器底轴承定期更换；底轴承座检查；桨叶、轴检查；内部腐蚀检查；机封甘油管路检查	B+ 类
3	PTA 母液冷却塔搅拌器	对塔底母液进行搅拌，防止物料沉积	机封泄漏、齿轮箱异常、搅拌器卡停、搅拌器电流波动、电机故障、出料不畅等故障导致设备停运	定期更换机封；定期更换齿轮箱；定期更换润滑油；搅拌器底轴承定期更换；底轴承座检查；桨叶、轴检查；内部腐蚀检查；机封甘油管路检查	B+ 类
4	滤饼再打浆罐搅拌器	对回收的滤饼打浆，防止物料沉积	机封泄漏、齿轮箱异常、搅拌器卡停、搅拌器电流波动、电机故障、出料不畅等故障导致设备停运	定期更换机封；定期更换齿轮箱；定期更换润滑油；搅拌器底轴承定期更换；底轴承座检查；桨叶、轴检查；内部腐蚀检查；机封甘油管路检查	B+ 类
5	溶剂汽提塔蒸发罐搅拌器	对罐内物料进行搅拌，防止物料沉积	机封泄漏、齿轮箱异常、搅拌器卡停、搅拌器电流波动、电机故障、出料不畅等故障导致设备停运	定期更换机封；定期更换齿轮箱；定期更换润滑油；搅拌器底轴承定期更换；底轴承座检查；桨叶、轴检查；内部腐蚀检查；机封密封液管路检查	B+ 类
6	残渣再打浆罐搅拌器	对回收的滤饼打浆，防止物料沉积	机封泄漏、齿轮箱异常、搅拌器卡停、搅拌器电流波动、电机故障、出料不畅等故障导致设备停运	定期更换机封；定期更换齿轮箱；定期更换润滑油；搅拌器底轴承定期更换；底轴承座检查；桨叶、轴检查；内部腐蚀检查；机封甘油管路检查	B+ 类

5.3.4　PTA 装置精制预热反应结晶单元主要检修内容见表 17。

表 17　PTA 装置精制预热反应结晶单元主要检修内容

序号	设备名称	设备功能	功能故障	检修内容	专业类别
1	氢气压缩机	将氢气升压进入加氢反应器内部，流量达到生产要求	机组出口流量、压力达不到生产要求；膜间压力高报；振动大；油压低；仪表故障	定期更换润滑油、油过滤器；定期清洗油冷器；定期更换一、二级吸、排气阀，一、二级限压阀、曲轴轴承、十字头大端滑动轴承、十字头小端轴承、活塞头以及活塞环等易损件，对仪表系统进行调试	B+ 类
2	高速泵	将浆料升压使其通过下游预热器进入加氢反应器内；保证机组连续运行；为浆料提供密闭运行通道	泵开车时没有流量或流量不足、没有压力或压力不足；机封泄漏；齿轮箱油温过高	定期更换润滑油、油过滤器；定期清洗油冷器；定期更换机封；检查滑动轴承间隙，择机更换；检查高速轴跳动和窜量	B+ 类
3	TA 进料旋转阀	输送 TA 物料，为介质输送提供密闭通道	旋转阀卡住；旋转阀物料输出不足；旋转阀有刮擦声；轴封处漏粉料	定期检查蒸汽供应和蒸汽温度，调整加热旋转阀温度；检查轴承、轴封情况，择机更换；检查旋转阀进料量和转速；检查解体旋转阀检修，查看是否有异物；检查是否物料堆积或转子与壳体间隙过小；检查轴封完好情况	B+ 类
4	打浆罐搅拌器	为 TA 粉料再打浆并搅拌，保证浆料混合均匀防止固体沉积。并使物料达到反应器温度后进入预加氢反应器	设备腐蚀泄漏或静密封泄漏；搅拌轴停止转动；机械密封泄漏；搅拌器内发生异常响声；齿轮箱温度过高；搅拌器晃动大；电机过载跳停	定期更换机封；定期更换齿轮箱；定期更换润滑油；搅拌器底轴承定期更换；底轴承座检查；桨叶、轴检查；内部腐蚀检查；机封甘油管路检查	B+ 类
5	PTA 第一结晶器搅拌器	为 PTA 溶液提供“闪蒸冷却”条件，保证浆料混合均匀防止固体沉积。使得溶剂中的 PTA 结晶出来，增加固体浓度	设备腐蚀泄漏或静密封泄漏；搅拌轴停止转动；机械密封泄漏；搅拌器内发生异常响声；齿轮箱温度过高；搅拌器晃动大；电机过载跳停	定期更换机封；定期更换齿轮箱；定期更换润滑油；搅拌器底轴承定期更换；底轴承座检查；桨叶、轴检查；内部腐蚀检查；机封密封液管路检查	A 类

表 17 PTA 装置精制预热反应结晶单元主要检修内容（续）

序号	设备名称	设备功能	功能故障	检修内容	专业类别
6	PTA 第二结晶器搅拌器	为 PTA 溶液提供“闪蒸冷却”条件，保证浆料混合均匀防止固体沉积。使得溶剂中的 PTA 结晶出来，增加固体浓度	设备腐蚀泄漏或静密封泄漏；搅拌轴停止转动；机械密封泄漏；搅拌器内发生异常响声；齿轮箱温度过高；搅拌器晃动大；电机过载跳停	定期更换机封；定期更换齿轮箱；定期更换润滑油；搅拌器底轴承定期更换；底轴承座检查；桨叶、轴检查；内部腐蚀检查；机封密封液管路检查	A 类
7	PTA 第三结晶器搅拌器	为 PTA 溶液提供“闪蒸冷却”条件，保证浆料混合均匀防止固体沉积。使得溶剂中的 PTA 结晶出来，增加固体浓度	设备腐蚀泄漏或静密封泄漏；搅拌轴停止转动；机械密封泄漏；搅拌器内发生异常响声；齿轮箱温度过高；搅拌器晃动大；电机过载跳停	定期更换机封；定期更换齿轮箱；定期更换润滑油；搅拌器底轴承定期更换；底轴承座检查；桨叶、轴检查；内部腐蚀检查；机封密封液管路检查	A 类
8	PTA 第四结晶器搅拌器	为 PTA 溶液提供“闪蒸冷却”条件，保证浆料混合均匀防止固体沉积。使得溶剂中的 PTA 结晶出来，增加固体浓度	设备腐蚀泄漏或静密封泄漏；搅拌轴停止转动；机械密封泄漏；搅拌器内发生异常响声；齿轮箱温度过高；搅拌器晃动大；电机过载跳停	定期更换机封；定期更换齿轮箱；定期更换润滑油；搅拌器底轴承定期更换；底轴承座检查；桨叶、轴检查；内部腐蚀检查；机封密封液管路检查	A 类
9	PTA 第五结晶器搅拌器	为 PTA 溶液提供“闪蒸冷却”条件，保证浆料混合均匀防止固体沉积。使得溶剂中的 PTA 结晶出来，增加固体浓度	设备腐蚀泄漏或静密封泄漏；搅拌轴停止转动；机械密封泄漏；搅拌器内发生异常响声；齿轮箱温度过高；搅拌器晃动大；电机过载跳停	定期更换机封；定期更换齿轮箱；定期更换润滑油；搅拌器底轴承定期更换；底轴承座检查；桨叶、轴检查；内部腐蚀检查；机封密封液管路检查	A 类
10	加氢反应器	为 CTA 溶液提供加氢反应	人孔法兰或接管法兰泄漏	定期更换人孔垫片，各法兰接管垫片；定期检查底部 JOHNSON 过滤网的缝距，超标更换；定期检查顶部分布器是否完好，紧固件是否缺失	B+ 类

5.3.5 PTA 装置精制预热反应结晶单元主要检修内容见表 18。

表 18 PTA 装置精制过滤干燥气送检修内容

序号	设备名称	设备功能	功能故障	检修内容	专业类别
1	真空过滤机	实现 PTA 物料的分离过滤	转鼓卡死，启动电流过高；填料泄漏；下料不畅；滤液固含量高；电机齿轮箱振动大	定期更换维护齿轮箱，更换润滑油；定期更换滤布、壳体填料及内填料、链条等；定期检查壳体支承轴承，检查调整反吹靴间隙，定期检查滤桥 Ω 条等完好情况；定期检查联轴器	B+ 类
2	压力过滤机	实现 PTA 物料的分离过滤	滤液品质差；滤饼太薄；机组振动大；主轴承温度高；因润滑油流量联锁停车	定期更换维护齿轮箱，更换润滑油；定期更换滤布、转股填料、机械密封等；定期检查联轴器、滑动轴承、耐磨套，检查调整反吹靴间隙。定期检查滤桥 Ω 条等完好情况	B+ 类
3	PTA 干燥机	为 PTA 物料提供加热场所，为介质输送提供密闭通道	填料泄漏严重；蒸汽凝液排出不畅，有水击声；旋转接头泄漏	定期更换进出料端 V 形填料和方形填料；进料端东西止推轮位置调整；更换齿轮箱、液力耦合器及拖轮等润滑油；齿轮啮合间隙复核；齿轮箱与电机找正复核	B+ 类
4	真空泵	为真空过滤机建立真空，保持真空过滤机内部压差	真空度降低；机泵振动大；机械密封泄漏；齿轮箱异响，温度高	定期更换维护齿轮箱，更换润滑油；定期更机械密封、轴承；定期更换高、低速联轴节；定期复核找正数据	B+ 类
5	TA 干燥机进料螺旋	输送 PTA 物料，使其进入到干燥机内部，	螺旋声音异常；电流波动大；填料部位漏料；轴承异响，温度高；齿轮箱振动大，温度高	定期更换轴承、链条、填料等备件，定期停机时检查复核螺旋叶片与壳体间的间隙；定期 PT 检查螺旋叶片焊缝；定期更换维护齿轮箱	B+ 类

表 18　PTA 装置精制过滤干燥气送检修内容（续）

序号	设备名称	设备功能	功能故障	检修内容	专业类别
6	常压离心机出料螺旋	输送 PTA 物料，使其进入到干燥机内部，为介质输送提供密闭通道	螺旋声音异常；电流波动大；填料部位漏料；轴承异响，温度高；齿轮箱振动大，温度高	定期更换轴承、链条、填料等备件，定期停机时检查复核螺旋叶片与壳体间的间隙；定期 PT 检查螺旋叶片焊缝；定期更换维护齿轮箱，更换润滑油	B- 类
7	真空过滤机出料螺旋	输送 PTA 物料，使其进入到下游设备，为介质输送提供密闭通道	螺旋声音异常；电流波动大；填料部位漏料；轴承异响，温度高；齿轮箱振动大，温度高	定期更换轴承、链条、填料等备件，定期停机时检查复核螺旋叶片与壳体间的间隙；定期 PT 检查螺旋叶片焊缝；定期更换维护齿轮箱，更换润滑油	B- 类
8	压力过滤机循环气风机	为压力过滤机提供压力，保持压滤机内部压差	风机振动大；机械密封泄漏；轴承温度高	定期更换润滑油、轴承、迷宫密封、机械密封；定期检查联轴节、进出口膨胀节；定期解体检查叶轮变形情况	B+ 类
9	压力过滤机进料罐搅拌器	为 PTA 浆料提供搅拌场所，保证浆料混合均匀防止固体沉积	设备腐蚀泄漏或静密封泄漏；搅拌轴停止转动；机械密封泄漏；搅拌器内发生异常响声；齿轮箱温度过高；搅拌器晃动大；电机过载跳停	定期更换机封；定期更换齿轮箱　定期更换润滑油；搅拌器底轴承定期更换；底轴承座检查；桨叶、轴检查；内部腐蚀检查；机封密封液管路检查	B+ 类
10	再打浆罐搅拌器	为 PTA 浆料提供搅拌场所，保证浆料混合均匀防止固体沉积	设备腐蚀泄漏或静密封泄漏；搅拌轴停止转动；机械密封泄漏；搅拌器内发生异常响声；齿轮箱温度过高；搅拌器晃动大；电机过载跳停	定期更换机封；定期更换齿轮箱；定期更换润滑油；搅拌器底轴承定期更换；底轴承座检查；桨叶、轴检查；内部腐蚀检查；机封密封液管路检查	B+ 类

表 18　PTA 装置精制过滤干燥气送检修内容（续）

序号	设备名称	设备功能	功能故障	检修内容	专业类别
11	真空过滤机进料罐搅拌器	为 PTA 浆料提供搅拌场所，保证浆料混合均匀防止固体沉积	设备腐蚀泄漏或静密封泄漏；搅拌轴停止转动；机械密封泄漏；搅拌器内发生异常响声；齿轮箱温度过高；搅拌器晃动大；电机过载跳停	定期更换机封；定期更换齿轮箱；定期更换润滑油；搅拌器底轴承定期更换;底轴承座检查;桨叶、轴检查；内部腐蚀检查；机封密封液管路检查	B+ 类
12	常压离心机进料罐搅拌器	为 PTA 浆料提供搅拌场所，保证浆料混合均匀防止固体沉积	设备腐蚀泄漏或静密封泄漏；搅拌轴停止转动；机械密封泄漏；搅拌器内发生异常响声；齿轮箱温度过高；搅拌器晃动大；电机过载跳停	定期更换机封；定期更换齿轮箱；定期更换润滑油；搅拌器底轴承定期更换;底轴承座检查;桨叶、轴检查；内部腐蚀检查；机封密封液管路检查	B+ 类
13	干燥机出口旋转阀	输送 PTA 物料，为介质输送提供密闭通道	旋转阀卡住；旋转阀物料输出不足；旋转阀有刮擦声；轴封处漏粉料	定期更换轴承、轴封填料等易损件；定期检查转子磨损情况	B+ 类
14	PTA 班料仓旋转阀	输送 PTA 物料，为介质输送提供密闭通道	旋转阀卡住；旋转阀物料输出不足；旋转阀有刮擦声；轴封处漏粉料	定期更换轴承、轴封填料等易损件；定期检查转子磨损情况	B+ 类

5.3.6　PTA 装置仪表设备主要检修内容见表 19。

表 19　PTA 装置仪表设备主要检修内容

序号	设备名称	设备功能	功能故障	检修策略	专业类别
1	HONEYWELL TPS 系统	集散控制系统，为工艺操作提供平台	GUS 无法与 LCN 通讯；HM 非冗余模件故障；LCN 节点故障；死机；系统掉电，高速通道设备故障	预定视情维修：清洁室内外卫生，接地检查，供电系统检查，各个模件应检查为无故障，冗余系统切换检查，空调系统。 定期维修：彻底清洁室内外卫生，清洁插件板和插件箱；接地检查；供电系统检查；各子系统通过 HVYS 测试程序测试；冗余系统切换检查；对控制程序检查维护；备品备件上机测试；软件备份；空调系统检修	A 类

表 19　PTA 装置仪表设备主要检修内容（续）

序号	设备名称	设备功能	功能故障	检修策略	专业类别
2	FSC 紧急停车系统	紧急停车系统，保护装置安全	CPU 硬件故障；CPU 软件故障；COM 模块故障；WD 模块故障；WDR 模块故障；VBD 模块故障；DBM 模块故障；HBD 模块故障；DI 模块故障；DO 模块故障；AI 模块故障；AO 模块故障	预定视情维修：卫生清洁，检查控制室内的温度、湿度，在 DCS 上检查 SMM 模件的运行状况，检查系统是否有接地。检查 DEM（诊断模件）中的电压、温度及报警信息，在维护 PC 上检查系统运行状态。 定期维修：彻底清洁室内外卫生，清洁插件板和插件箱；空调系统检修；电源系统检查；系统运行环境检查；系统检修；检查底座连接线；定期更换保险；对控制程序检查维护；备品备件上机测试；软件备份	A 类
3	TRICON 系统	空压机控制系统，确保压缩机开停车	主机架故障；扩展机架故障；电源模块故障；主处理器模件故障；模拟输入输出模件故障；数字输入输出模件故障；脉冲信号模件故障；热电偶输入模件故障；网络通信模件故障；外部中端板故障；系统软件故障	预定视情维修：保证 Tristation 1131 系统软件长期连续运行，通过在线诊断界面检查系统软、硬件运行情况，该 PC 机禁止非专用光盘和软盘的使用，以防电脑病毒的入侵。 定期维修：接地检查；机柜卫生清扫；供电电源检查；系统在线诊断；机柜内运行模块检查；备用电池的更换；控制程序备份；SOE 的维护；热备模件性能测试；I/O 模件调试及系统联锁测试；备品备件上机测试	A 类
4	温度仪表	现场温度测量仪表	仪表无指示，仪表指示最大，仪表指示最小，仪表指示不变化	预定视情维修：定期对仪表进行清洁，清除污物，检查仪表电源是否正常。 定期维修：应保持清洁、干燥、外观完好；接线柱和调整螺丝无锈蚀；定期检查绝缘电阻，对地绝缘电阻应大于 20MΩ。系统应有良好的接地，接地电阻小于 10Ω	B+ 类

表 19　PTA 装置仪表设备主要检修内容（续）

序号	设备名称	设备功能	功能故障	检修策略	专业类别
5	流量仪表	现场流量测量仪表	仪表无指示，仪表指示最大，仪表指示最小，仪表指示不变化	预定视情维修：定期对仪表进行清洁，清除污物，检查仪表电源是否正常；检查接线是否松动。 定期维修：核实流量计的测量范围、耐温、耐压值是否与被测流体相符；检查流量计安装方式与方向；确认上下游直管段距离；检查传感器接地是否可靠	B+ 类
6	物位仪表	现场物位测量仪表	仪表无指示，仪表指示最大，仪表指示最小，仪表指示不变化	预定视情维修：检查仪表接线是否良好，有无腐蚀、进水等情况，检查仪表电源是否正常。 定期维修：定期检查仪表横平竖直，必须保证测量室垂直；定期检查保温伴热系统；疏通，清洗，或更换引压阀；检查电源、信号线、接线端子；扭力管或支承簧片	B+ 类
7	同位素仪表	密闭反应釜液位测量仪表	仪表无指示，仪表指示最大，仪表指示最小，仪表指示不变化	预定视情维修：检查仪表接线是否良好，有无腐蚀、进水等情况，检查仪表电源是否正常。 定期维修：确认探测器和变送器干燥、清洁；检查低压电源和高压电源；检查中子探测器和变送器与防爆筒之间绝缘	B+ 类
8	压力仪表	现场压力测量仪表	仪表读数为零，变送器不能通讯，变送器读数不稳定，有压力变化，输出无反应	预定视情维修：仪表运行时应保持外观清洁无污物，表盘刻度清晰，仪表引压管、阀门及接头等不得渗漏，检查引压管保温伴热情况，防止隔离液冻、凝、气化等。 定期维修：变送器内部检查元器件、零配件、连接无缺损、断裂、变形、腐蚀、密封等情况；变送器与工艺介质连接面检查；绝缘检查；定期校验	B+ 类

表 19 PTA 装置仪表设备主要检修内容（续）

序号	设备名称	设备功能	功能故障	检修策略	专业类别
9	气动薄膜调节阀	控制阀门	阀门不动作，阀门定位器振荡，填料外漏，电磁阀不动作	预定视情维修：检查调节阀及定位器等附属设备，气源及输入、输出信号是否正常，连接管路是否严密不漏，填料函及法兰连接处有无介质外漏。 定期维修：定期检查阀体的内壁和连接阀座的内螺纹处；定期检查密封面和与阀体连接的外螺纹处；定期检查阀芯的密封面阀杆上部与密封填料接触面；定期检查阀体、上阀盖、下阀盖各法兰密封面的腐蚀程度；定期更换执行机构中薄膜片和O形密封圈	B- 类
10	单元组合仪表	单元组合仪表	仪表完全不动作，指针在刻度上限或者在刻度下限，指针不动作，指针振荡，指示误差大	预定视情维修：注意记录仪指示值是否正确，划线、走纸是否正常，表体和零件是否整洁完好。 定期维修：定期检查电源线连接；定期检查面板 LCD 背景灯；检查主板是否完全插入主板槽内；定期增大趋势设定间隔；定期增加基本周期设置	B+ 类
11	在线磁氧分析仪	反应釜氧含量测量仪表	电源控制板故障，测温原件故障，加热原件故障，传感器接口板故障，自动校准失败	预定视情维修：检查样品气的流量、压力、温度，检查样品连接有无泄漏，定期清洗或更换过滤器。 定期维修：定期更换清洗过滤器；检查变压器变压比设置情况；对传感器装置和任何配备的取样系统执行泄漏试验；检查取样压力范围；调节分析仪入口流量	A 类
12	可燃气体报警仪	现场可燃气体测量仪表	传感器缓慢漂移，检测系统之间断线或短路，电源线路故障	预定视情维修：按动试验按钮，检查指示、报警系统是否正常，定期标定零点与量程。 定期维修：定期检查仪表零点；定期检查仪表量程；定期检查检测器防雨罩，防止意外进水；强检周期已一年；检查是否有干扰气体；检查来自周围设备噪音	A 类

表 19 PTA 装置仪表设备主要检修内容（续）

序号	设备名称	设备功能	功能故障	检修策略	专业类别
13	轴振动和轴位移仪表	压缩机轴振动和轴位移测量仪表	监测器各通道均失灵，间隙电压指零，间隙电压负向超限	预定视情维修：定时进行巡回检查，及时进行维护，保持探头、电缆整洁，应无破损，安装无松动，每个通道“OK”灯均亮。 定期维修：振动和位移监测系统仪表随转机同时检修；探头应在转机解体前拆下，定期对探头进行校验；转机检修结束后，按使用要求进行安装调试；盘车检查振动测量总的机械和电的综合偏移振幅不超过 6μm；检查仪表指示的轴位移量与机械位移量之误差应满足精度要求	A 类
14	称重仪表	料仓称重仪表	通讯（内部，外部）故障，测量传感器故障，进料器系统不能启动，总的实际流量值波动	预定视情维修：处理气源漏点，电磁阀正常切换，阀门动作顺畅，清除负荷传感器上的粉尘。 定期维修：定期检查电源插头是否插牢或断线；定期检查保险丝；定期检查仪表电源部分；定期检查各导线连接；定期用万用表检查稳压电源输出	B+ 类

5.3.7 PTA 装置电气设备主要检修内容见表 20。

表 20 PTA 装置电气设备主要检修内容

序号	设备名称	设备功能	功能故障	检修策略	专业类别
1	三相异步电动机故障	三相异步电动机	绕组断相、绕组短路、绕组三相不平衡，轴承故障，端盖跑圈	预定视情维修：温升、振动、采样分析相不平衡，轴承故障，端盖跑圈。 定期维修：达到故障周期进行检修，绕组检查，更换轴承	A 类
2	变频器故障	电机动变频器	散热风扇故障停运，电容老化，主板老化	预定视情维修：温升、电流等运行参数监测。 定期维修：达到故障周期进行检修，更换散热风扇，检查清扫紧固	A 类

表 20　PTA 装置电气设备主要检修内容（续）

序号	设备名称	设备功能	功能故障	检修策略	专业类别
3	电动机故障	氧化反应器电动机	故障停运，不能启动	预定视情维修：电机轴承温度高、变频器排风温度、电流、变频器工作参数异常、现场电动机振动，声音检测异常 定期维修：1. 电机两端轴承加油；2. 变频器风扇滤网 2 月定期更换；3. 电机的绝缘检查并做烤漆；4. 更换备台	A 类
4	电气控制柜故障	电气控制柜	开关无法合匝，或者一合匝就跳开	预定视情维修：开关柜内温度高，达到需要停运更换元器件和紧固线路要求、电流参数异常、内部短路	A 类
5	发电机	同步发电机	发电机不能同步	1. 发电机本体检查，排查本体故障。 2. 励磁盘检查，同步盘检查，排除异常。 3. 同步断路器检查排除异常	A 类

6　装置检修管理

6.1　装置检修前准备工作

a）检修人员专业组已处理，人员分工明确；

b）检修计划已制定下达，检修方案已落实审批，各图纸资料齐全；

c）检修队伍施工人员已确定，施工人员已进行安全培训，现场安全环保及技术交底已完成；

d）检修用专用工器具已维护保养；

e）检修用各种备件已到货；

f）检修用各类干燥机、催化剂、润滑油、碱液等辅材准备齐全。

6.2　工艺交出检修条件

6.2.1　装置工艺交出的主要要求。

PTA 装置工艺处理结束后，储罐、管线、设备内等物料必须排净，碱洗、水洗、泄压全部完成。在装置交付检修前，工艺人员检查确认设备容器人孔拆卸、盲板加装、容器内采样分析、停电、等工作，经相关部门签字确认后，由装置开具用火、用电、进入受限空间等相关特殊作业许可证和设备检修交出手续，进入检修状态。工艺交出要具备以下条件：

a）装置所有盲板按照盲板图、表安装、编号、挂牌，并经工艺员、设备员、安全员签名确认。确保检修装置与原料区、其他生产装置及氮气等公用工程实施硬隔离；

b）系统内设备、管线按规定进行吹扫和置换，取样分析合格；

c）雨水井取样分析合格，雨污分流，排水畅通；

d）系统内设备人孔打开前的确认；打开的设备人孔处挂上“未经许可，禁止入内”警示牌；

e）指定具有监护资格的人员负责吊装、动火、进入受限空间等作业的监护。

6.3 检修过程安全环保总体要求

严格执行中国石化、公司安全生产禁令，遵守中国石化及各企业相关的HSSE规章制度；遵守PTA装置检修安全、环保、保卫管理规定、HSSE控制方案。

6.3.1 禁止性规定

a）严禁在禁烟区域内吸烟、在岗饮酒，包含外来承包商、承运商人员。

b）严禁高处作业不系安全带。

c）严禁无操作证从事电气、起重、电气焊作业。

d）严禁违反操作规程进行用火、进入受限空间、临时用电作业。

e）外来承包商人员必须先经部、装置两级入厂HSSE教育，核实身份信息，办理身份识别证后方可进场；进入现场必须做好个人劳动保护，戴好安全帽（需有单位标识），穿好工作服和劳保鞋以及其他必要的劳动防护，焊工必须穿焊工服。

f）所有检修项目必须凭设备交出单至装置安全员处办理一般作业许可证，填写“七想七不干”提示卡后方可施工；如需动火、进入受限、临时用电、高处、破土、放射等直接作业的，还必须办理相应作业许可证，得到许可后方可作业。

g）用火、进入受限、高处、放射等直接作业按规定实行施工单位、装置双监护，要求双方监护人必须有明确标识（穿黄马甲），双方监护人全程监护，检查并确认落实各项防范措施；高处作业必须规范使用五点式安全带。

h）设备检修后封人孔前，工艺人员要严格检查，禁止把工具、材料等遗留在设备内。

i）严禁在高处上下抛掷工具、材料和杂物。

j）转动设备在运行过程中，禁止用任何物品及人体任何部位接触转动部分。

k）雨天现场作业穿雨衣、禁止打雨伞。

l）现场使用的各类工器具需经专业人员检查并张贴检查合格证方可使用。

m）脚手架未经三方验收挂“禁止使用”红牌，任何人员不得使用，搭建、拆除脚手架时必须按规定设置警戒区域，派人守护防止坠物伤人。

n）外来承包商未经允许，严禁擅自动用、踩踏装置内的阀门、仪表、按钮、管线等设施，严禁进入非检修施工区域。

o）其他要求按照相关管理规定执行。

6.3.2 一般性规定

a）在 HBr 系统及其他可能接触到酸、碱系统作业时，必须戴防酸手套；在可能有酸、碱溅出时需穿防酸外衣、戴面罩、穿防酸雨靴。

b）作业场所氧含量低于 19.5%时，需佩戴空气呼吸器；如作业场所有碳氢化合物，有毒气体或化学物质泄漏时，需佩戴防毒面具或空气呼吸器。

c）接软管，必须了解介质的性质，确认软管处于良好的状态和所有的连接处都十分牢固，以保证不会泄漏。同时要考虑拆软管时如何泄压。对于蒸汽软管，为了防止从软管排出的水高速射流，要首先打开蒸汽阀直到软管内的水全部释放完为止。用后将软管内的物料洗净，软管盘好。

d）受限空间内脚手架必须架设钢管脚手架，若条件不允许需采用其他脚手架的，必须在施工方案上明确，方案审批后才能实施。如不锈钢内表面设备、钛衬层及不锈钢衬层设备，使用时必须进行相应的防护。

e）检修完毕，现场必须做到“工完、料尽、场地清”。

f）与检修相连容器、管线盛有可燃物时，必须采取物理隔离措施。

g）进入带有放射性仪表的容器内作业时，应先关闭或拆除放射源。

h）排放或排气时，要先检查风向，操作期间要位于上风位置。

i）从事接触 PTA 粉尘作业时必须戴防尘口罩。

j）现场作业应避免交叉作业，出现交叉作业有装置设备管理部门负责协调，按照错时、错位或硬隔离原则落实防护措施。

k）检修施工过程要严格执行文明检修各项规定，劳保着装规范，工器具、施工材料定置化摆放，设备备件、零部件不得落地，润滑油等不得洒落地面，检修各类废弃物定点存放，不得乱丢；产生危险废弃物需存放至规定存放点。

l）检修施工期间必须节约用水用电，未经许可不得使用消防水，现场无长流水、长明灯；如需使用压缩空气必须经工艺人员确认。

m）非紧急情况下不得使用现场灭火器等应急设施，不得占用消防通道；发生火情或其他事故，应立即报警并向部检修指挥部汇报。

n）外来承包商人员的摩托车、私家车不得驶入部围墙界区内，按照指定停车点停放；电动车、自行车及各类工程车、电动三轮车如需运输检修材料可临时停在装置旁道路上。

o）各承包商负责各自承修项目材料、工器具等设施、设备的防盗工作，材料或工器具出门必须到安保部门办理出门证。

p）其他要求按照相关管理规定执行。

6.4 质量管理

6.4.1 质量管理的总体要求

总体要求：成立检修质量管理相关组织机构，明确管理职责。

a）对承包商及检修人员进行资质审查，进行工器具验收并粘贴合格标识。

b）通过组织审查重要设备的吊装、检修、施工方案，确保装置检修质量受控。

c）物资采购管理部门组织对采购物资进行入库检验并对重点物资进行监造。

d）在施工过程中，严格按照施工方案或设备检修质量工序卡中质控点和停止点的要求进行过程质量验收。

e）隐蔽工程施工的中间工序必须按施工顺序逐项验收合格后方可进入下道施工工序。

6.5 变更管理

a）变更管理原则：变更管理坚持谁主管谁负责、谁变更谁负责、谁审批谁负责的原则；变更管理坚持必须评估的原则。未经风险评估不得变更，不得用行政审批替代专业技术评估。尽可能减少变更的原则。设备变更管理部门应从严控制设备变更，杜绝不必要的变更，尽量减少临时变更。

b）变更管理流程：变更需严格按照变更管理流程进行变更申请、变更评估、变更审批、变更实施、变更关闭、变更效果评估，最后将变更申请审批表、评估报告、实施方案审查表、变更关闭审批单、效果评估报告按照保存期要求进行保存。

c）变更管理的其他要求：1. 严格执行中国石化变更安全管理的相关规定。2. 执行企业变更管理的相关规定。

6.6 装置检修交回条件

6.6.1 本装置交回的特殊要求

严格执行各企业放射源管理要求，确保交回时具备放射源投用条件。

6.6.2 装置检修交回确认主要内容

a）装置开车人员及开车保运人员配备落实；

b）原辅材料、动力等准备完成；

c）开工方案学习落实到位；

d）现场“工完、料尽、场地清”的施工要求落实情况；

e）工艺和设备联锁仪表测试情况；

f）HSSE 措施落实情况；

g）盲板拆除情况与检修前盲板加装清单内容确认一致；

h）机、电、仪、公用工程、储运、质检等相关专业准备完成；

i）停工检修期间临时使用的设备、设施的拆除完成。

6.7 检修后期管理

检修资料归档清单应包含的资料如下：

a）检修前的准备工作：施工技术方案，大型吊装方案，设备、备件开箱记录；

b）中间检修过程的资料：检验记录、试运记录、问题反馈报告、设备检修记录卡，试压记录，中间工序验收单，隐蔽工程验收单，发现问题与修复记录，理化检验资料，衬里、防腐、保温施工技术记录及检验报告；

c）竣工资料：竣工图纸，各种施工的记录、图片、视频、竣工报告、检修总结等。

7 装置日常维护

7.1 PTA 装置设备日常维护与故障处理

PTA 装置设备日常维护与故障处理方法见表 21。

表 21 PTA 装置设备日常维护与故障处理方法

设备类型	故障类型	处理方法
干燥机	筒壁集料，蒸汽消耗增加	工艺碱洗
	列管填料泄漏	把填料改为成型填料
	螺旋进料器声音异常电流波动大	1. 调整螺旋间隙； 2. 清理螺旋内集料； 3. 检查或更换齿轮箱
	填料腔温度过高	1. 加润滑脂； 2. 清洗冷却水腔
	托轮磨损	调整接触角度 检查润滑油系统 更换托轮
	大轴承异响、卡死	轴承补油 更换轴承
	蒸汽冷凝液排出不畅、有水击声	降低冷凝罐液位，疏通冷凝水
	不凝气排气不畅	清理或更换不凝气碰嘴
	筒体腐蚀减薄、撕裂	贴板补焊筒体或更新干燥机

表 21 PTA 装置设备日常维护与故障处理（续）

设备类型	故障类型	处理方法
立式搅拌器	机封泄漏	1. 调整密封液压力； 2. 更换机封
	电流波动	1. 检查搅拌器负荷； 2. 检查更换底轴承及轴套； 3. 检查桨叶是否脱落、轴是否损坏等
	减速机故障	检修或更换减速机
真空过滤机	下料量不足	1. 调整围堰高度； 2. 调整转速； 3. 碱洗滤布
	转鼓卡死，电机过载	1. 检查或更换轴承； 2. 调整反吹间隙； 3. 调整填料压盖螺栓
	减速箱故障	检修或更换减速机
	滤布失效	修补或更换滤布
	填料密封泄漏	把紧或更换填料
压力过滤机	下料量不足	1. 调整围堰高度； 2. 调整转速； 3. 碱洗滤布
	转鼓卡死，电动机过载	1. 碱洗或更换滑动轴承； 2. 调整反吹间隙； 3. 调整填料压盖螺栓
	减速箱故障	检修或更换减速机
	滤布失效	修补或更换滤布
	机械密封泄漏	1. 调整密封液压力； 2. 更换机封
叶环真空泵	机械密封泄漏	1. 调整密封液压力； 2. 更换机封
	齿轮箱故障	1. 维修或更换齿轮箱； 2. 检查或检修齿轮箱油路
	真空度降低	1. 调整叶轮和吸气盘间隙； 2. 检查补液管和冷凝器； 3. 检查工作液温度，及时做出调整

表 21 PTA 装置设备日常维护与故障处理（续）

设备类型	故障类型	处理方法
旋转阀	输送量不足	1. 工艺检查下料系统、输送气压力等； 2. 检查并调整旋转阀转速
	阀体内有异常噪音	1. 检查转子和壳体间隙； 2. 清理旋转阀内部块料
	轴封泄漏	1. 调整密封气； 2. 把紧或更换填料
	旋转阀电流高报或卡死	1. 清理旋转阀内块料或异物； 2. 检查壳体加热温度； 3. 检查壳体是否变形
	齿轮箱故障	维护或更换齿轮箱
氢气压缩机	未达到工作油压	1. 检修或更换溢流阀、修理阀座； 2. 检查并更换油侧膜片； 3. 维修或更换隔膜头底部止回阀、补偿油泵止回阀； 4. 维修或更换补偿油泵
	未达到工作气压且气流量下降	1. 检查吸、排气阀密封性； 2. 更换气侧膜片； 3. 检查消除隔膜头端盖密封和气路管线各密封的泄漏点； 4. 检查清理入口过滤网
	油温过高	1. 检查冷却水系统； 2. 检查摩擦副是否缺油、缺脂，运行是否正常
	排气温度高	检查冷却水系统
高速泵	机械密封漏料或漏油	1. 调整密封液压力； 2. 更换机封
	振动及噪声增大	1. 检查或更换齿轮、轴瓦、轴承等； 2. 检查修复叶轮、诱导轮，重做动平衡
	齿轮箱故障	维修或更换齿轮箱
	油压过低	1. 检查油位； 2. 检查清理油过滤器； 3. 修理或更换油嘴、油泵等； 4. 清理油冷却器
	电机过载	1. 工艺检查物料黏度、是否有大尺寸颗粒物； 2. 检查扩散器喉部直径、泵内部腐蚀情况

表 21 PTA 装置设备日常维护与故障处理（续）

设备类型	故障类型	处理方法
空气压缩机	滑动轴承表面麻点	静电未释放，更换电刷，检查静电释放
	导叶开度偏差大	1. 检查气缸是否漏气； 2. 检修或更换导叶执行机构
	叶轮振动大 润滑油油温高报联锁停车	1. 叶轮表面积垢严重，叶轮清理，更换转子； 2. 增加油冷却器的清洗频次，定期校验联锁仪表
膨胀机	超速联锁误报导致停车	1. 检查或更换探头； 2. 消除机组振动对探头的影响
	推力轴承磨损严重	减少喘振现象的发生
	叶轮振动偏大	1. 清理叶轮积垢，转子做动平衡； 2. 检查预热器是否泄漏，减少加热蒸汽的杂质对叶轮的影响
汽轮机	控制阀油缸机构进油管线膨胀节开裂、漏油	检修或更换主汽门油缸，减小振动
	位移联锁误报导致停车	定期检查机体静电释放，确保完好
发电机	轴瓦故障	更换轴瓦或修复，检查电机轴的磨损情况
	定子故障	更换定子或维修相关定子构件
	励磁故障	根据情况检查更换二极管或保险或附属电缆
	转子故障	对故障部件进行维修或更换线圈或铁芯等

7.2 安全环保消防设施

安全环保消防设施常见故障与处理方法见表 22。

表 22 安全环保消防设施常见故障与处理方法

设备类别	常见故障	注意事项
火灾自动报警系统	报警按钮失效、探测器失效、报警控制器失效	报警按钮、探测器、报警控制器是否正常工作
自动喷水灭火系统	自动喷水喷头损坏	自动喷水喷头是否完好
泡沫灭火系统	泡沫产生器损坏	泡沫产生器是否正常
气体灭火系统	喷头损坏、储存容器泄漏	喷头、容器压力
建筑消防设施	防火门、防火卷帘损坏、送风、排烟机、应急照明损坏	定期检查是否正常工作
灭火器	灭火器超期、压力表指示降低、内部灭火材料失效	校验期、压力指示

7.3 防腐

日常巡检注意观察复合材质容器设备检漏口是否异常。对介质有腐蚀性的容器、设备、管道及附件进行定期测厚。利用消缺、停车检修对容器和设备进行系统性腐蚀调查，形成第三方专业调查报告。建立腐蚀台账，根据腐蚀调查的结果安排合理的检修更换周期，并制定相应的防腐蚀措施。

4. 聚酯搅拌器（含容器）维护检修规程

SHS 04501—2019

代替 SHS 04501—2004、SHS 04504—2004

目　　次

前　言

本规程按照 GB/T 1.1—2009《标准化工作导则　第 1 部分：标准的结构和编写》给出的规则修订。

本规程代替 SHS 04501—2004《带搅拌器的容器维护检修规程》和 SHS 04504—2004《立式反应釜维护检修规程》，除了编辑性修改外主要技术变化如下：

——明确了本规程适用聚酯装置搅拌器（含容器）的型号；

——常见功能故障与处理部分按 RCM 分析方法重新编制；

——增加“附录 A　检修数据记录表”；

——增加“附录 B　试车与验收数据记录表”。

本规程由中国石油化工集团有限公司、中国石油化工股份有限公司提出。

本规程起草单位：中国石油化工股份有限公司天津分公司。

本规程主要起草人：江广军。

本规程历次版本发布情况：

——SHS 04501—2004；

——SHS 04504—2004。

聚酯搅拌器（含容器）维护检修规程

1 范围

1.1 主题内容

本规程规定了聚酯装置搅拌器（含容器）的检修周期与内容、检修程序与质量标准、试车与验收、日常维护与故障处理。

1.2 适用范围

本规程适用于聚酯装置EKATO及其他各种搅拌器（含容器）的维护检修。

2 规范性引用文件

下列文件中的条款通过本规程的引用而成为本规程的条款。凡是注日期的引用文件，其随后所有的修改单（不包括勘误的内容）或修订版均不适用于本规程，然而，鼓励根据本规程达成协议的各方研究是否可使用这些文件的最新版本。凡是不注日期的引用文件，其最新版本适用于本规程。

TSG 21　固定式压力容器安全技术监察规程

GB/T 150　压力容器

3 检修周期与内容

3.1 检修周期

根据聚酯装置搅拌器（含容器）功能故障及其影响分析的结果，并结合生产装置运行周期，确定设备检修周期，一般为36～48个月。

3.2 检修内容

3.2.1　检查减速机旋转装置，检查联轴器，检查或更换弹性块及连接件。

3.2.2　检查、修理或更换容器视镜、灯镜、温度计套管等。

3.2.3　解体检查减速箱，参照SHS 01028《变速机维护检修规程》执行。

3.2.4　检查上部机架轴承及搅拌轴底部的滑动轴承，并择差更换。

3.2.5　对轴封系统进行检查，属于机械密封的，更换零部件，组装，按要求进行试压。

3.2.6　检查底部人孔悬臂支承装置，进行合理润滑维护或维修。

3.2.7 检查搅拌器轴的直线度，超差时需校直，必要时更换。

3.2.8 检查搅拌器叶轮排列方法，以及检查校正叶轮的变形，必要时做动平衡或更换。

3.2.9 检查或修理容器内部盘管或列管加热器，检查、紧固釜内部件。

3.2.10 对反应釜内壁进行高压水清洗或人工清理，检查容器内部构件的相对位置，必要时测量容器壁厚，利用无损检测技术检查各焊缝。

3.2.11 对液位计进行维护、维修、校准。

3.2.12 属于压力容器的反应釜应按 TSG 21《固定式压力容器安全技术监察规程》的规定检修。

3.2.13 检查、修理或更换进料阀、放料阀，检查清理疏通气相出口管线。

3.2.14 检查修补容器外部保温。

4 检修程序与质量标准

4.1 检修前准备

4.1.1 准备相关技术资料，根据日常维护、运转和测试记录，确定检修内容，制定检修方案。

4.1.2 落实好检修时所需的备品备件、原材料、工器具等，并根据相关备品备件和原材料的质量标准做好备品备件和原材料的质量检查和确认。

4.1.3 检修人员已接受安全教育，并接受了设备的介质特性、现场环境和设备故障情况的安全、技术交底。

4.1.4 落实检修中的安全和环保措施，做好介质的排尽、排放和收集工作。

4.1.5 按照停送电等相关管理规定办理相关作业票证。

4.1.6 进入容器前须先用专用空气压缩机充入空气进行置换，经检测正常后办理进入受限空间许可证，才能进入。

4.1.7 完成检修前其他工作确认。

4.1.8 检修过程应符合国家及集团公司相关安全环保管理制度等方面管理要求。

4.2 拆卸与检测

4.2.1 拆卸搅拌器轴承时，为防止搅拌轴掉入容器中，必须把轴吊起支承住，方可拆卸轴承。

4.2.2 检查搅拌器与容器相连接法兰的水平度。

4.2.3 测量搅拌轴的偏摆数据。

4.2.4 拆卸并放置好桨叶，检查视情况修复，必要时做平衡。

4.2.5 拆卸搅拌器与容器法兰螺丝，拉出搅拌轴。

4.2.6 检查搅拌轴直线度及表面情况。

4.2.7 对带有下支承轴承搅拌器的搅拌轴，还应注意检查下轴承处轴与轴承的磨损情况。

4.2.8 解体、检查密封件。

4.2.9 搅拌容器内加热盘管焊缝进行无损检测。

4.2.10 所有紧固部位的螺栓进行紧固检查。

4.3 回装与质量标准

4.3.1 搅拌器回装前应确拆卸下来的保所有的零、部件及轴、罐壁等清洗干净。

4.3.2 搅拌轴回装。搅拌轴回装前应进行直线度及表面情况检查、检测，必要时进行修复处理，质量标准符合表 1 要求；对带有下支承轴承搅拌器的搅拌轴，需对下轴承处轴与轴承的磨损情况，视情况更换。

表 1 搅拌轴检修质量标准

序号	检查项目	质量标准	检查工具
1	轴的直线度	$X/Y \leq$ 1mm/1000mm； Y：从下轴头到上轴承处的距离，mm； X：最下端偏摆量，mm	千分表
2	搅拌轴的摆动量	圆度≤ 0.02mm/1000mm	千分表

4.3.3 搅拌叶回装。搅拌轴回装前应进行检查、检测，视情况修复 必要时做平衡。

4.3.4 轴封组装。轴封为机械密封的，轴封组装前应对轴套、轴承、油封等进行检查，质量标准符合表 2 要求。轴封为填料密封的，回转前，对填料进行 48h 以上浸泡。

表 2 机封检修质量标准

序号	检验项目	质量标准	检验方法
1	轴套、轴承内外圈及滚子表面	无明显磨痕，无点蚀和剥落现象	目测、手感
2	机封静压试验	0.2MPa、30min 以上无压力降	打压

4.3.5 轴封回装。回装前检查安装轴封轴表面光滑，无毛刺和划痕。

4.3.6 减速箱和电机回装。减速箱的检修执行 SHS 01028《变速机维护检修规程》的有关部分，其主要质量标准符合表 3 要求；确认好电动机转向后，对电动机和减速箱、减速箱和主轴的联轴器进行找正，找正标准符合表 4。

表 3 齿轮箱检修质量标准

序号	检验项目	质量标准	检验方法
1	齿轮接触面	沿齿高＞ 50% 沿齿宽＞ 70%	着色法
2	轴向窜动量	0.06～0.20mm	百分表
3	啮合间隙	0.04～0.12mm	压铅法

表 4 联轴器找正质量标准

序号	检验项目	质量标准	检验方法
1	径向偏差	≤0.05mm	百分表
2	角向偏差	≤0.05mm	百分表
3	轴向间隙	2～4mm	直尺

4.3.7 检修完成后废油、含油抹布、粉尘等清理到指定位置规范收集，合规处理，符合工完、料尽、场地清等要求。

5 试车与验收

5.1 试车前准备

5.1.1 检修工程应符合工完、料尽、场地清等要求。
5.1.2 检查检修记录，确认检修数据正确。
5.1.3 手动盘车 3 周以上，转动灵活，不偏重。
5.1.4 封液系统正常，零附件齐全好用。
5.1.5 减速箱润滑油油位符合要求，油封无泄漏。
5.1.6 热负荷试车时，一定要先对搅拌器连接法兰、人孔、容器视镜处法兰及设备介质进出口法兰等处进行热紧固。

5.2 试车

5.2.1 试车前容器内液位不低于 20%。
5.2.2 点试电动机，确认转向正确。
5.2.3 按操作规程，启动电动机，达到额定转速后，搅拌器运转平稳无杂音。
5.2.4 电流不超过额定值。
5.2.5 密封无泄漏。

5.3 验收

5.3.1 运转 24h，各项指标达到技术要求或满足生产需要。
5.3.2 设备达到完好标准。
5.3.3 检修记录齐全准确。

6 维护与故障处理

6.1 日常维护

6.1.1 检查确认电动机轴承有无杂音、振动，温度有无异常升高。

6.1.2 检查确认减速箱有无杂音，润滑油位是否正常，振动、温度有无异常升高。

6.1.3 检查确认搅拌器内有无异常声音。

6.1.4 检查电机电流是否正常。

6.1.5 检查各指示仪表及电气按钮有无损坏、缺少或失灵。

6.1.6 检查确认搅拌器搅拌轴晃动情况。

6.1.7 定期加注润滑油（脂）。

6.2 常见功能故障与处理方法

聚酯搅拌器（含容器）常见功能故障与处理方法见表5。

表5 聚酯搅拌器（含容器）常见功能故障与处理方法

序号	功能	功能故障	故障模式	故障后果	故障应对策略与检修内容	故障周期/月
1	保证搅拌器内液位正常	液位计不准	液位计失灵或电仪传输信号故障	产品质量不合格	定期巡检；检查处理液位计	视情而定
2	保证搅拌器连续运行	连接法兰等密封部位泄漏	法兰连接螺栓松动	环境污染	紧固连接螺栓或更换密封件	视情而定
			密封件老化	环境污染	更换密封件	视情而定
			轴封部位泄漏	环境污染	停机处理	专家评估
			输入输出轴部位磨损	环境污染	定期巡检；检查、补油清理油污	视情而定
3	保证搅拌器连续运行	内部连接件异常	搅拌轴弯曲、变形	振动异常停机	定期巡检；停机处理	专家评估
			搅拌轴端螺母松动			
			搅拌桨叶松动			
			轴承间隙变大			
4	保证搅拌器连续运行	减速机异常	轴承损坏	减速机异常	停机检修	专家评估
			油变质或太脏		换油	视情而定
			减速机超温		定期巡检	视情而定

附　录　A
（资料性附录）
检修数据记录表

装置：　　　　　　　　位号：　　　　　　　　检修日期：　年　　月　　日至　　年　　月　　日

项目	主要控制内容			等级	施工单位	生产装置	设备管理部门	备注
	标准值	部位	现场记录					
拆卸时检测								
轴直线度	X/Y（验收标准）	从下轴头到上轴承处		B				
搅拌轴下端轴振摆	≤ 2mm/1000mm	轴下端		B				
机封试压试验	0.15MPa 无压降	机封		B				
联轴器	2～5mm			B				
搅拌叶	无变形	1　层		B				
	无变形	2　层		B				
	无变形	3　层		B				
	无变形	4　层		B				
	无变形	5　层		B				
拆卸时检测								
轴直线度	X/Y（验收标准）	从下轴头到上轴承处		B				
搅拌轴下端轴振摆	≤ 2mm/1000mm	轴下端		B				
机封试压试验	0.15MPa 无压降	机封		B				
联轴器	2～5mm			B				
搅拌叶	无变形	1　层		B				
	无变形	2　层		B				
	无变形	3　层		B				
	无变形	4　层		B				
	无变形	5　层		B				

注： A 级：施工单位、生产装置、设备管理部门专业人员检查确认后签字。

B 级：施工单位和生产装置专业人员检查确认后签字。

C 级：施工单位专业人员检查确认后签字。

另：如果有监理，监理的职责由甲方授权。

附　录　B

（资料性附录）

试车与验收数据记录表

年　　月　　日

<table>
<tr><td>使用单位</td><td colspan="2"></td><td colspan="2">检修单位</td><td colspan="2"></td></tr>
<tr><td>设备位号及名称</td><td colspan="2"></td><td colspan="2">设备类别</td><td colspan="2">静设备（　　）；动设备（　　）</td></tr>
<tr><td colspan="2">试车验收前的准备工作</td><td>静设备</td><td>动设备</td><td colspan="2">状态确认</td><td>确认人</td></tr>
<tr><td colspan="2">1. 各加油点已按规定加好润滑油</td><td></td><td>△</td><td colspan="2"></td><td></td></tr>
<tr><td colspan="2">2. 密封液已加好</td><td></td><td>△</td><td colspan="2"></td><td></td></tr>
<tr><td colspan="2">3. 电源线已接好</td><td></td><td>△</td><td colspan="2"></td><td></td></tr>
<tr><td colspan="2">4. 工艺准备已完毕</td><td>△</td><td>△</td><td colspan="2"></td><td></td></tr>
<tr><td colspan="2">5. 已填好检修记录单位和零部件换修记录单</td><td>△</td><td>△</td><td colspan="2"></td><td></td></tr>
<tr><td colspan="2">6. 设备本体及检修现场干净</td><td>△</td><td>△</td><td colspan="2"></td><td></td></tr>
<tr><td colspan="2">7. 加热、冷却系统运行正常</td><td>△</td><td>△</td><td colspan="2"></td><td></td></tr>
<tr><td colspan="2">8. 润滑、密封液系统工作正常</td><td></td><td>△</td><td colspan="2"></td><td></td></tr>
<tr><td colspan="2">9. 盘车轻松，无轻重不均匀感</td><td></td><td>△</td><td colspan="2"></td><td></td></tr>
<tr><td colspan="2">10. 电机点动或单试转向正确</td><td></td><td>△</td><td colspan="2"></td><td></td></tr>
<tr><td colspan="2">11. 防腐或保温完好</td><td>△</td><td>△</td><td colspan="2"></td><td></td></tr>
<tr><td colspan="2">12. 静密封点无泄漏</td><td>△</td><td>△</td><td colspan="2"></td><td></td></tr>
<tr><td colspan="2">试车验收数据</td><td colspan="2"></td><td>标准值</td><td>实测值</td><td></td></tr>
<tr><td colspan="2">13. 温升</td><td></td><td>△</td><td></td><td></td><td></td></tr>
<tr><td colspan="2">14. 电流</td><td></td><td>△</td><td></td><td></td><td></td></tr>
<tr><td colspan="2">15. 振动值</td><td></td><td>△</td><td></td><td></td><td></td></tr>
<tr><td colspan="2">16. 动密封泄漏量</td><td></td><td>△</td><td></td><td></td><td></td></tr>
<tr><td colspan="7">验收结论：</td></tr>
<tr><td colspan="7">验收人员签字：

检修单位：　　　　　　　　使用单位：　　　　　　　　主管部门：</td></tr>
</table>

注： 1. 在相应设备类别（　　）内填“√”，“△”指该设备应验收这些项目；

2. 对于状态确认项目，在确认栏内填“√”（符合要求）或“×”（不符合要求）；

3. 对于电流等非定性项目，在“标准值”栏和“实测值”栏内填数值。

5. 螺旋输送器维护检修规程

SHS 04502—2019

代替 SHS 04502—2004

目　次

前　　言

本规程按照GB/T 1.1—2009《标准化工作导则　第1部分：标准的结构和编写》给出的规则起草。

本规程代替SHS 04502—2004《螺旋输送器维护检修规程》，与SHS 04502—2004相比，除了编辑性修改外主要技术变化如下：

——常见功能故障与处理部分按RCM分析方法重新编制；

——增加“附录A　检修数据记录表”；

——增加“附录B　试车与验收数据记录表”。

本规程由中国石油化工集团有限公司、中国石油化工股份有限公司提出。

本规程起草单位：中国石油化工股份有限公司洛阳分公司。

本规程主要起草人：刘园、牛建峰。

本规程历次版本发布情况：

——SHS 04502—2004。

螺旋输送器维护检修规程

1 范围

1.1 主题内容

本规程规定了聚酯装置中PTA螺旋输送器的检修周期与内容、检修与质量标准、试车与验收、维护与故障处理。

1.2 适用范围

本规程适用于聚酯装置中PTA和切片螺旋输送器的维护与检修。

2 规范性引用文件

下列文件中的条款通过本规程的引用而成为本规程的条款。凡是注日期的引用文件，其随后所有的修改单（不包括勘误的内容）或修订版均不适用于本规程，然而，鼓励根据本规程达成协议的各方研究是否可使用这些文件的最新版本。凡是不注日期的引用文件，其最新版本适用于本规程。

JB/T 7679 螺旋输送机

3 检修周期和内容

3.1 检修周期

根据螺旋输送器功能故障及其影响分析的结果，并结合生产装置运行周期，确定设备检修周期，一般为36～48个月。

3.2 检修内容

3.2.1 更换转子的支承轴承。

3.2.2 拆卸螺旋输送器，检查螺旋输送器转子的磨损情况，测量螺旋与料槽间的间隙，间隙超出10mm时，需更换螺旋转子。

3.2.3 检查螺旋输送器机壳内壁损伤情况，必要时进行修复。

3.2.4 测量转子各部位尺寸，修复轴颈等损伤部位。

3.2.5 检查联轴器磨损情况，必要时进行修复或更换。

3.2.6 检修减速箱。

4 检修程序与质量标准

4.1 检修前准备

4.1.1 准备相关技术资料，根据日常维护、运转和测试记录，确定检修内容，制定检修方案。

4.1.2 落实好检修时所需的备品备件、原材料、工器具等，并根据相关备品备件和原材料的质量标准做好备品备件和原材料的质量检查和确认。

4.1.3 检修人员已接受安全教育，并接受了设备的介质特性、现场环境和设备故障情况的安全、技术交底。

4.1.4 落实检修中的安全和环保措施，做好介质的排尽、排放和收集工作。

4.1.5 按照停送电等相关管理规定办理相关作业票证。

4.1.6 确认设备交出手续是否完备。

4.1.7 完成检修前其他工作确认。

4.2 拆卸与检查

4.2.1 拆卸螺旋输送器辅助设施及管线。

4.2.2 拆卸螺旋输送器联轴器，拉下螺旋侧半联轴器。

4.2.3 拆卸螺旋输送器前、后端盖，拆下轴承等，拉出螺旋转子。

4.2.4 清理、检修螺旋转子。

4.2.5 清理、检修螺旋输送器机壳。

4.2.6 解体检查轴承箱，更换轴承。

4.3 回装与质量标准

4.3.1 回装

4.3.1.1 所有备件清洗测量完毕后回装机壳及转子。

4.3.1.2 回装密封腔及填料压盖。

4.3.1.3 回装轴承，调整轴承定位。

4.3.1.4 回装减速箱、电机及联轴器，对中找正。

4.3.2 检修质量标准

螺旋输送器检修质量标准见表1。

表1 螺旋输送器检修质量标准

序号	检查项目	质量标准	检查工具
1	螺旋转子与料槽间隙	5～10mm	止通规测量左右两点及最低点与料槽间隙
2	螺旋节中心线同心度	≤ 2mm	止通规

表 1　螺旋输送器检修质量标准（续）

序号	检查项目	质量标准	检查工具
3	轴颈圆柱度	≤0.02mm	百分表
4	联轴器径向偏差	≤0.08mm	百分表
5	联轴器轴向偏差	≤0.06mm	百分表

5　试车与验收标准

5.1　试车前准备

5.1.1　检修工程应符合工完、料尽、场地清等要求。

5.1.2　检查检修记录，按 4.3.2 检修质量标准确认检修数据正确。

5.1.3　盘车，螺旋输送器转子动作灵活。

5.1.4　单试电动机合格，确认转向正确。

5.1.5　确认两端密封氮气已投用。

5.1.6　启动电动机，确认链条传动正常。

5.2　试车

5.2.1　按操作规程，启动电机，达到额定转速后，减速箱、螺旋转子运转平稳。

5.2.2　电流不超过额定值。

5.2.3　密封无明显泄漏。

5.3　验收

5.3.1　运转 24h，各项指标达到技术要求或满足生产需要。

5.3.2　设备达到完好标准。

5.3.3　检修记录齐全准确。

6　维护与故障处理

6.1　日常维护

6.1.1　联轴器对中找正。

6.1.2　检查联轴器磨损情况，视情更换。

6.1.3　检查密封的磨损情况，对损坏密封进行更换。

6.1.4　检查、处理螺旋输送器及辅助管线接头的泄漏问题。

6.1.5　轴承加脂润滑。

6.1.6　检查螺旋输送器，清除螺旋叶片间的杂物。

6.1.7 检查确认电动机轴承无杂音、振动，温度无异常。
6.1.8 检查确认减速箱无杂音，润滑油位正常。
6.1.9 检查确认螺旋输送器内有无异常声响。
6.1.10 检查确认轴封泄漏量是否在正常范围。
6.1.11 检查各指示仪表及电气按钮有无损坏、缺少或失灵。
6.1.12 定期补充润滑油（脂）。

6.2 常见功能故障与处理方法

螺旋输送器常见功能故障与处理方法见表2。

表2 螺旋输送器常见功能故障与处理方法

序号	功能	功能故障	故障模式	故障后果	故障应对策略与检修内容	检修周期/月
1	保证螺旋输送器正常运转	不送料或送料不畅	下料管线堵塞	不送料、影响生产	检查下料系统	视情而定
2			螺旋转子与壳体间隙大	效率下降	修理螺旋转子	视情而定
3		驱动部位故障	轴承损坏	影响生产	更换轴承	视情而定
4			链条或链轮磨损	设备损伤、影响负荷	更换链条或链轮	视情而定
5			链轮与轴配合过松	设备损伤、影响负荷	更换配合符合要求的链轮	视情而定
6		内部有异常响声	螺旋转子与壳体间有异物	设备损伤	清理杂物	视情而定
7			转子与壳体摩擦	设备损坏	修理	视情而定
8		轴封泄漏	密封故障	设备损坏、环境污染	更换填料或垫片	视情而定

附　录　A

（资料性附录）

检修数据记录表

设备名称：螺旋输送器　　　　设备位号：　　　　　　　　检修日期：

序号	检测项目	质量标准	检测方法	质控等级	实测记录		确认人		
					修前	修后	检修人员	检修单位技术人员	使用单位技术人员
1	螺旋转子与料槽间隙	5～10mm	止通规测量左右两点及最低点与料槽间隙	停止点					
2	螺旋节中心线同心度	≤ 2mm	止通规	停止点					
3	轴颈圆柱度	≤ 0.02mm	百分表	停止点					
4	联轴器找正	≤ 0.10mm	百分表	停止点					

注：自控点是检修人员进行质量检验的检修工序点；质控点是检修方质检员或技术员进行质量检验的工序点；停止点是检修、使用双方技术人员都必须到现场确认的检修工序点。

附 录 B
（资料性附录）
试车与验收数据记录表

年 月 日

<table>
<tr><td>使用单位</td><td></td><td colspan="2">检修单位</td><td colspan="3"></td></tr>
<tr><td>设备位号及名称</td><td></td><td colspan="2">设备类别</td><td colspan="3">静设备（ ）；动设备（ ）</td></tr>
<tr><td colspan="2">试车验收前的准备工作</td><td>静设备</td><td>动设备</td><td colspan="2">状态确认</td><td>确认人</td></tr>
<tr><td colspan="2">1. 各加油点已按规定加好润滑油</td><td></td><td>△</td><td colspan="2"></td><td></td></tr>
<tr><td colspan="2">2. 电源线已接好</td><td></td><td>△</td><td colspan="2"></td><td></td></tr>
<tr><td colspan="2">3. 工艺准备已完毕</td><td>△</td><td>△</td><td colspan="2"></td><td></td></tr>
<tr><td colspan="2">4. 检修记录单位和零部件换修记录单已填好</td><td>△</td><td>△</td><td colspan="2"></td><td></td></tr>
<tr><td colspan="2">5. 设备本体及检修现场干净</td><td>△</td><td>△</td><td colspan="2"></td><td></td></tr>
<tr><td colspan="2">6. 润滑、密封气系统工作正常</td><td></td><td>△</td><td colspan="2"></td><td></td></tr>
<tr><td colspan="2">7. 盘车轻松，无轻重不均匀感</td><td></td><td>△</td><td colspan="2"></td><td></td></tr>
<tr><td colspan="2">8. 电机点动或单试转向正确</td><td></td><td>△</td><td colspan="2"></td><td></td></tr>
<tr><td colspan="2">9. 静密封点无泄漏</td><td>△</td><td>△</td><td colspan="2"></td><td></td></tr>
<tr><td colspan="2">试车验收数据</td><td colspan="2"></td><td>标准值</td><td>实测值</td><td></td></tr>
<tr><td colspan="2">10. 电流</td><td></td><td>△</td><td></td><td></td><td></td></tr>
<tr><td colspan="2">11. 振动值</td><td></td><td>△</td><td></td><td></td><td></td></tr>
<tr><td colspan="2">12. 动密封泄漏量</td><td></td><td>△</td><td></td><td></td><td></td></tr>
<tr><td colspan="7">验收结论：</td></tr>
<tr><td colspan="7">验收人员签字：

检修单位： 使用单位： 主管部门：</td></tr>
</table>

注： 1. 在相应设备类别（ ）内填“√”，“△”指该设备应验收这些项目；

2. 对于状态确认项目，在确认栏内填“√”（符合要求）或“×”（不符合要求）；

3. 对于电流等非定性项目，在“标准值”栏和“实测值”栏内填数值。

6. 捏和机维护检修规程

SHS 04503—2019

代替 SHS 04503—2004

目　次

前　言

本规程按照 GB/T 1.1—2009《标准化工作导则　第 1 部分：标准的结构和编写》给出的规则起草。

本规程代替 SHS 04503—2004《捏和机维护检修规程》，与 SHS 04503—2004 相比，除了编辑性修改外主要技术变化如下：

——明确了本规程适用捏合机的型号；

——常见功能故障与处理部分按 RCM 分析方法重新编制；

——增加“附录 A　检修数据记录表”；

——增加“附录 B　试车与验收数据记录表”。

本规程由中国石油化工集团有限公司、中国石油化工股份有限公司提出。

本规程起草单位：中国石化仪征化纤有限责任公司。

本规程主要起草人：孙维靖。

本规程历次版本发布情况：

——SHS 04503—2004。

捏和机维护检修规程

1 范围

1.1 主题内容

本规程规定了聚酯装置中捏和机设备的检修周期、检修内容与质量标准、试车与验收、维护与故障处理。

1.2 适用范围

本规程适用于聚酯装置中 JN600 型捏和机设备的维护与检修。

2 规范性引用文件

下列文件中的条款通过本规程的引用而成为本规程的条款。凡是注日期的引用文件，其随后所有的修改单（不包括勘误的内容）或修订版均不适用于本规程，然而，鼓励根据本规程达成协议的各方研究是否可使用这些文件的最新版本。凡是不注日期的引用文件，其最新版本适用于本规程。

SJ 2459 摆线针轮减速器技术条件

3 检修周期及内容

3.1 检修周期

根据捏和机功能故障及其影响分析的结果，并结合生产装置运行周期，确定设备检修周期，一般为 36～60 个月。

3.2 检修项目

3.2.1 检查、紧固各部位连接螺栓。

3.2.2 检查调整联轴器的同心度。

3.2.3 检查转子及壳体磨损情况。

3.2.4 解体、检修摆线针轮齿轮箱。

3.2.5 检查、解体同步齿轮箱，调整转子啮合间隙、转子轴端间隙等。

3.2.6 拆卸清洗两端轴承座，更换两端轴承。

3.2.7 更换捏合机两端轴封，检查转子、叶片、上盖等。

3.2.8 检查主、从动轴磨损情况，视磨损情况决定是否抽芯修复。
3.2.9 检查、测量转子的轴向窜动量。
3.2.10 检修电仪设备。

4 检修程序与质量标准

4.1 检修前准备

4.1.1 准备相关技术资料，根据日常维护、运转和测试记录，确定检修内容，制定检修方案。
4.1.2 落实好检修时所需的备品备件、原材料、工器具等，并根据相关备品备件和原材料的质量标准做好备品备件和原材料的质量检查和确认。
4.1.3 检修人员已接受安全教育，并接受了设备的介质特性、现场环境和设备故障情况的安全、技术交底。
4.1.4 落实检修中的安全和环保措施，做好介质的排尽、排放和收集工作。
4.1.5 按照停送电等相关管理规定办理相关作业票证。
4.1.6 确认设备交出手续是否完备。
4.1.7 完成检修前其他工作确认。

4.2 拆卸与检测

4.2.1 拆除捏合机附属工艺管线。
4.2.2 拆卸电机和摆线针轮减速机。
4.2.3 拆卸同步齿轮箱。
4.2.4 拆除捏合机上盖板。
4.2.5 拆卸前、后轴承座、油封。
4.2.6 对主轴在油封密封处及轴承处的尺寸进行测量并记录，如果测量结果超标，需要将主轴移出处理。
4.2.7 检查主轴叶片是否弯曲、变形，如存在弯曲变形情况，需将主轴移出处理。
4.2.8 如果需要对主轴进行处理，先拆卸捏合机后端盖，然后从此位置将轴移出。

4.3 回装与质量标准

4.3.1 回装前应确保所有的零、部件及机壳清洗干净。对捏合机箱体进行检查，确保无裂纹、无变形、无机械损伤，经检查合格后，方能回装。
4.3.2 对主轴的叶片及油封密封处及轴承处的尺寸进行检查，主轴检修质量标准符合表 1 要求。

表 1　主轴检修质量标准

序号	检验项目	质量标准	检验方法
1	主轴直线度	≤ 3mm/1000mm	打表法
2	主轴油封密封处尺寸	$\phi 110^{+0.046}_{+0.000}$ mm	游标卡尺
3	主轴轴承处尺寸	$\phi 110^{+0.035}_{+0.013}$ mm	游标卡尺
4	主轴叶片	无弯曲、无变形	手感，目测

4.3.3　回装油封、轴承及轴承座。轴承座回装时应进行检测，检修质量标准符合表 2 要求。

表 2　轴承座检修质量标准

序号	检验项目	质量标准	检验方法
1	轴承配合处内径	$\phi 200^{+0.046}_{+0.000}$ mm	游标卡尺
2	自由端轴承盖安装	轴承外圈压盖与轴承外圈有 3～5mm 间隙	游标卡尺

4.3.4　回装同步齿轮箱。同步齿轮检修质量标准符合表 3 要求。

表 3　同步齿轮箱检修质量标准

序号	检验项目	质量标准	检验方法
1	齿轮接触面	沿齿高＞ 50% 沿齿宽＞ 70%	着色法
2	啮合间隙	0.02～0.05mm	压铅法
3	同步齿轮轴头径向跳动	≤ 0.01mm	百分表

4.3.5　回装摆线针轮齿轮箱和电机。摆线针轮齿轮箱的检修参照 SHS 01028《齿轮箱检修规程》执行。检修质量标准符合表 4 要求。

表 4　摆线针轮齿轮箱检修质量标准

序号	检验项目	质量标准	检验方法
1	齿轮接触面	沿齿高＞ 50% 沿齿宽＞ 70%	着色法
2	轴向窜动量	0.08～0.25mm	百分表
3	啮合间隙	0.05～0.15mm	压铅法

4.3.6　电动机单试完方向后，对摆线针轮齿轮箱与同步齿轮箱、同步齿轮箱与主轴间联轴器进行找正。联轴器找正标准符合表 5 要求。

表 5 联轴器找正质量标准

序号	检验项目	质量标准	检验方法
1	径向偏差	≤ 0.05mm	百分表
2	角向偏差	≤ 0.05mm	百分表
3	轴向间隙	2～4mm	直尺

4.3.7 回装捏合机上盖板。

4.3.8 回装捏合机附属工艺管线。

4.3.9 检修完成后废油、含油抹布、粉尘等清理到指定位置规范收集，合规处理，符合工完、料尽、场地清等要求。

5 试车与验收

5.1 试车前准备

5.1.1 检查各进、出口和旁通阀门，应灵活好用，各密封点无泄漏，各零部件、附件齐全完好。

5.1.2 各润滑点润滑油、脂加注完成。

5.1.3 盘车轻松、无轻重不均匀感。

5.1.4 各阀门灵活有效、各密封点无泄漏，各零部件、附件齐全完好。

5.1.5 检查仪表、电气、气路系统使其具备试车条件，调试安全联锁装置。

5.1.6 检修资料齐全，检修数据完整、准确、符合要求。

5.1.7 完成其他试车条件确认。

5.2 试车

5.2.1 空负荷运行 5～10min，无异常现象，可进行负荷试车。

5.2.2 负荷试车

5.2.2.1 各部位轴承温度不大于 70℃。

5.2.2.2 设备润滑油及各个管路、接头无漏油、漏料等现象。

5.2.2.3 设备运转平稳，无异常振动，无异常声音。

5.2.2.4 电机电流在额定范围内。

5.3 验收

5.3.1 设备连续运行 24h 后，各项技术指标达到设计要求值或满足生产需要。

5.3.2 设备达到完好标准。

5.3.3 完善检修记录，检修记录齐全、准确，按规定办理验收手续。

6 维护与故障处理

6.1 日常维护

6.1.1 巡检中注意检查运转有无异常，注意检查同步齿轮箱及摆线针轮减速箱（减速箱）的油位。

6.1.2 定期检查输入、输出端的轴承，定期清理并补加油脂；

6.1.3 定期检查联轴器的柱销，择差更换。

6.1.4 检查电机电流是否在额定范围内。

6.2 常见功能故障与处理方法

捏和机常见功能故障与处理方法见表 6。

表 6 捏和机常见功能故障与处理方法

序号	功能	功能故障	故障模式	故障后果	故障应对策略与检修内容	检修周期 / 月
1	保证捏和机满足工艺要求	捏合效果差	转向不正确，叶片损坏、脱落	造成机内堆料，物料无法充分捏合，下料不畅	调整转向；如果叶片缺陷，恢复叶片功能	视情而定
2		进、出料管堵塞	料管内壁逐渐黏附，通道逐渐变小；异物卡滞	物料流量不能满足工艺需求	疏通管道	视情而定
4	保证捏合机连续稳定运行	机体轴承温度过高	轴封失效，介质进入	轴承不能得到有效润滑	检修轴封	24
5			润滑油变质	润滑状态不良	更换润滑油	12
6			轴承失效	主轴卡死，损坏主轴	更换轴承	24～36
7		主机振动大	联轴器对中不良	造成主机振动大，甚至共振	重新找正	视情而定
8			柱销或柱销孔异常	振动大，无法驱动主机	更换柱销或重新加工半联轴节	视情而定
9			轴承损坏	振动大，破坏主轴	更换新轴承	24～36
10			主轴磨损或弯曲	振动大，破坏机壳	主轴修复或校直	视情而定
11		同步齿轮箱有异响	齿轮箱缺油，轴承故障，同步齿轮磨损	加速同步齿轮箱故障	修理同步齿轮箱	视情而定
12		摆线会轮减速机异常振动	轴承损坏，柱销、销套严重磨损，摆线轮磨损	摆线针轮减速机失效	检修，更换失效件	视情而定

附　录　A
（资料性附录）
检修数据记录表

设备名称：捏合机　　　　　　　　设备位号：　　　　　　　　　　检修日期：

序号	检测项目	质量标准	检测方法	质控等级	实测记录		确认人		
					修前	修后	检修人员	检修单位技术人员	使用单位技术人员
1	自由端轴承盖安装	轴承外圈压盖与轴承外圈有3～5mm间隙	游标卡尺	质控点					
2	联轴器对中度	径向偏差≤0.10mm 角向偏差≤0.10mm	打表法	质控点					
3	主轴直线度	≤3mm/1000mm	打表法	质控点					
4	主轴油封密封处尺寸	$\phi 110^{+0.046}_{+0.000}$ mm	游标卡尺	质控点					
5	主轴轴承处尺寸	$\phi 110^{+0.035}_{+0.013}$ mm	游标卡尺	质控点					
6	主轴直线度	≤3/1000	百分表	质控点					
7	同步齿轮接触面	沿齿高＞50% 沿齿宽＞70%	着色法	质控点					
8	同步齿轮啮合间隙	0.02～0.05mm	压铅法	质控点					
9	同步齿轮轴头径向跳动	≤0.01mm	百分表	质控点					
10	主轴叶片	无弯曲、无变形	手感，目测	自控点					
11	摆线针轮减速机盘车	无轻重不均感	手感	自控点					
12	同步齿轮箱盘车	无轻重不均感	手感	自控点					

注：自控点是检修人员进行质量检验的检修工序点；质控点是检修方质检员或技术员进行质量检验的工序点；停止点是检修、使用双方技术人员都必须到现场确认的检修工序点。

附　录　B

（资料性附录）

试车与验收数据记录表

年　　月　　日

<table>
<tr><td>使用单位</td><td></td><td colspan="2">检修单位</td><td colspan="3"></td></tr>
<tr><td>设备位号及名称</td><td></td><td colspan="2">设备类别</td><td colspan="3">静设备（　　）；动设备（　　）</td></tr>
<tr><td colspan="2">试车验收前的准备工作</td><td>静设备</td><td>动设备</td><td colspan="2">状态确认</td><td>确认人</td></tr>
<tr><td colspan="2">1. 各加油点已按规定加好润滑油</td><td></td><td>△</td><td colspan="2"></td><td></td></tr>
<tr><td colspan="2">2. 密封液已加好</td><td></td><td>△</td><td colspan="2"></td><td></td></tr>
<tr><td colspan="2">3. 电源线已接好</td><td></td><td>△</td><td colspan="2"></td><td></td></tr>
<tr><td colspan="2">4. 工艺准备已完毕</td><td>△</td><td>△</td><td colspan="2"></td><td></td></tr>
<tr><td colspan="2">5. 已填好检修记录单位和零部件换修记录单</td><td>△</td><td>△</td><td colspan="2"></td><td></td></tr>
<tr><td colspan="2">6. 设备本体及检修现场干净</td><td>△</td><td>△</td><td colspan="2"></td><td></td></tr>
<tr><td colspan="2">7. 加热、冷却系统运行正常</td><td>△</td><td>△</td><td colspan="2"></td><td></td></tr>
<tr><td colspan="2">8. 润滑、密封液系统工作正常</td><td></td><td>△</td><td colspan="2"></td><td></td></tr>
<tr><td colspan="2">9. 盘车轻松，无轻重不均匀感</td><td></td><td>△</td><td colspan="2"></td><td></td></tr>
<tr><td colspan="2">10. 电机点动或单试转向正确</td><td></td><td>△</td><td colspan="2"></td><td></td></tr>
<tr><td colspan="2">11. 防腐或保温完好</td><td>△</td><td>△</td><td colspan="2"></td><td></td></tr>
<tr><td colspan="2">12. 静密封点无泄漏</td><td>△</td><td>△</td><td colspan="2"></td><td></td></tr>
<tr><td colspan="2">试车验收数据</td><td colspan="2"></td><td>标准值</td><td>实测值</td><td></td></tr>
<tr><td colspan="2">13. 温升</td><td></td><td>△</td><td></td><td></td><td></td></tr>
<tr><td colspan="2">14. 电流</td><td></td><td>△</td><td></td><td></td><td></td></tr>
<tr><td colspan="2">15. 振动值</td><td></td><td>△</td><td></td><td></td><td></td></tr>
<tr><td colspan="2">16. 动密封泄漏量</td><td></td><td>△</td><td></td><td></td><td></td></tr>
<tr><td colspan="7">验收结论：</td></tr>
<tr><td colspan="7">验收人员签字：

检修单位：　　　　　　　　使用单位：　　　　　　　　主管部门：</td></tr>
</table>

注： 1. 在相应设备类别（　　）内填“√”，“△”指该设备应验收这些项目。

2. 对于状态确认项目，在确认栏内填“√”（符合要求）或“×”（不符合要求）。

3. 对于电流等非定性项目，在“标准值”栏和“实测值”栏内填数值。

7. 酯化蒸馏塔维护检修规程

SHS 04505—2019

代替 SHS 04505—2004

目　次

前　言

本规程按照 GB/T 1.1—2009《标准化工作导则　第1部分：标准的结构和编写》给出的规则起草。

本规程代替 SHS 04505—2004《酯化蒸馏塔维护检修规程》，与 SHS 04505—2004 相比，除了编辑性修改外主要技术变化如下：

——常见功能故障与处理部分按 RCM 分析方法重新编制；

——增加“附录A　检修数据记录表”；

——增加“附录B　试车与验收数据记录表”。

本规程由中国石油化工集团有限公司、中国石油化工股份有限公司提出。

本规程起草单位：中国石油化工股份有限公司天津分公司。

本规程主要起草人：江广军。

本规程历次版本发布情况：

——SHS 04505—2004。

酯化蒸馏塔维护检修规程

1　范围

1.1　主题内容

本规程规定了酯化蒸馏塔的检修周期与内容、检修程序与质量标准、试车与验收、维护与故障处理。

1.2　适用范围

本规程适用于聚酯装置的酯化蒸馏塔的维护检修。

2　规范性引用文件

下列文件中的条款通过本规程的引用而成为本规程的条款。凡是注日期的引用文件，其随后所有的修改单（不包括勘误的内容）或修订版均不适用于本规程，然而，鼓励根据本规程达成协议的各方研究是否可使用这些文件的最新版本。凡是不注日期的引用文件，其最新版本适用于本规程。

TSG 21　固定式压力容器安全技术监察规程

GB/T 150　压力容器

3　检修周期与内容

3.1　检修周期

根据酯化蒸馏塔功能故障及其影响分析的结果，并结合生产装置运行周期，确定设备检修周期，一般为36～48个月。

3.2　检修项目

3.2.1　消除静密封泄漏，检查紧固各部件螺栓；
3.2.2　检查修理塔体和内衬的腐蚀、变形和各处焊缝；
3.2.3　检查修理或更换塔盘板和鼓泡元件；
3.2.4　检查、清理或更换视镜；
3.2.5　检查修理破沫网、集油箱、喷淋装置和除沫器等部件；
3.2.6　检查校验安全附件；

3.2.7 检查修理塔基础裂纹、破损、倾斜和下沉；
3.2.8 塔体防腐、保温处理。

4 检修程序与质量标准

4.1 检修前准备

4.1.1 准备相关技术资料，根据日常维护、运转和测试记录，确定检修内容，制定检修方案；
4.1.2 落实好检修时所需的备品备件、原材料、工器具等，并根据相关备品备件和原材料的质量标准做好备品备件和原材料的质量检查和确认；
4.1.3 检修人员已接受安全教育，并接受了设备的介质特性、现场环境和设备故障情况的安全、技术交底；
4.1.4 落实检修中的安全和环保措施，做好介质的排尽、排放和收集工作；
4.1.5 按照停送电等相关管理规定办理相关作业票证；
4.1.6 进入塔内前须先用专用空气压缩机充入空气进行置换，经检测正常后办理进入受限空间许可证，才能进入；
4.1.7 完成检修前其他工作确认。

4.2 拆装与检查

4.3 拆卸与检测

4.3.1 拆卸塔盘前，应在塔釜出料口垫上防护板，避免杂物落进管道。塔盘安装完毕后，应清理异物，及时取出防护板；
4.3.2 拆装泡罩塔、浮阀塔塔盘时，应该按编号顺序进行；卡子紧固件的扭曲变形或四脚张开应予以更换；拆卸下的塔盘及其泡罩、浮阀、卡子紧固件等应集中堆放，清洗除垢，妥善保管；
4.3.3 检修塔盘时，塔盘的少量变形可以用木榔头进行校正；塔盘边缘的开裂用氩弧焊接；当升气短管在塔盘中活动、泄漏液体时，只能用胀管器胀接，不允许焊接；
4.3.4 浮阀塔的塔盘上有矩形导向浮阀和梯形导向浮阀两种，浮阀在浮阀孔内应能上下自如；应检修或更换变形的浮阀和补充齐全缺少的浮阀；
4.3.5 用铜丝刷、抹布等在水中清除塔盘、泡罩、卡子上的积垢，或者把塔盘、泡罩、卡子拆除后浸泡在稀释的化学清洗剂中与积垢层起化学反应后再稍加人工清洗，清除积垢，使塔盘露出金属本色；
4.3.6 泡罩塔或浮阀塔分块式弓形、矩形塔盘，在进入人孔前需预先装上卡子紧固件、聚四氟乙烯垫和不锈钢弹簧垫片；泡罩塔的双头螺栓的两头都有旋口，可以往上或往下两面安装塔盘；浮阀塔只能从下往上安装塔盘；安装完每一层塔盘，若有异物留在塔盘上，须在装下一层之前及时清理；

4.3.7 塔盘的密封垫使用膨化聚四氟乙烯垫，膨化聚四氟乙烯垫片应按照塔盘的安装尺寸预先冲一排小孔，穿紧固件的螺栓；

4.3.8 泡罩塔塔盘试漏时，由下往上，每装完一层试一层；试漏时加水至溢流堰板的最高液面；15min 内液面下降小于 5mm。

4.4 回装与质量标准

4.4.1 塔内必须清理干净，无异物；

4.4.2 塔盘、鼓泡元件和各构件等几何尺寸和材质应符合图纸规定，并应有合格证书；应根据实际质量情况进行抽检；

4.4.3 内件安装前，应清理表面油污、焊渣、铁锈、泥沙和毛刺等；对塔盘零部件还应编注序号以便组装；

4.4.4 塔内构件和塔盘等必须紧固牢靠，不得有松动现象；

4.4.5 塔盘板排列和开孔方向，塔盘板和塔内构件之间的连接方式、尺寸和密封填料等应符合图纸规定；

4.4.6 塔盘、鼓泡元件和塔内构件等受腐蚀、冲蚀后，其剩余厚度应保证至少能使用到下个检修周期；

4.4.7 塔内衬里不应有裂纹、鼓泡和剥离等现象。

4.4.8 板式塔检修质量标准

a）支承圈

（a）支承圈上表面应平整，整个支承圈上表面水平度允差见表 1。

表 1 支承圈上表面水平度

mm

塔器公称直径 *DN*	水平度允差
≤ 1600	3
＞ 1600～4000	5
＞ 4000～6000	6
＞ 6000～8000	8
＞ 8000～10000	10

（b）相邻两层支承圈的间距尺寸偏差为 ±3mm，任意两层支承圈间距尺寸偏差在 20 层内为 ±10mm。

b）支承梁

（a）支承梁上表面应平直，其直线度公差值为 1‰ *L*（*L* 为支承梁长度），且水平度小于 5mm。

（b）支承梁组装中心位置偏差为 ±2mm。

（c）支承梁安装后，上表面应与支承圈上表面在同一水平面上，其水平度允差同表 2。

c）受液盘、降液板和溢流堰

（a）上表面应平整，整个受液盘上表面的水平度允差见表 2。

表 2　表面水平度

mm

受液盘长度 L	水平度允差
≤ 4000	3
＞ 4000	1‰，且不大于 7

（b）受液盘、降液板组装后，降液板底端与受液盘的垂直距离为基本尺寸 ±3mm，降液板与受液盘之边的水平距离偏差为最大 +5mm，最小 -2mm。

（c）固定在降液板上的塔盘支承件，其上表面与支持圈上表面应在同一水平线上，允许偏差为上偏差 +1mm，下偏差为 -0.5mm。

（d）溢流堰安装后，堰顶端直线度公差值见表 3，堰高允差见表 4。

表 3　直线度公差

mm

塔器公称直径 DN	水平度允差
≤ 1500	3
＞ 1500～2500	4.5
＞ 2500	6

表 4　堰高允差

mm

塔器公称直径 DN	水平度允差
≤ 3000	±1.5
＞ 3000	±3

d）塔盘板

（a）塔盘板应平整，整个塔盘板的水平度公差值见表 5。

表 5　塔盘板的水平度公差

mm

塔盘板长度 L	水平度允差	
	筛板、浮阀、泡罩、网孔塔盘	舌形塔盘
≤ 1000	2	3
＞ 1000～1500	2.5	3.5
＞ 1500	3	4

（b）塔盘组装后，塔盘面水平度在整个面上的公差值见表 6。

表 6　塔盘面水平度

mm

塔体内径 *DN*	水平度允差
≤ 1600	4
> 1600～4000	6
> 4000～6000	9
> 6000～8000	12
> 8000～10000	15

e）浮阀

（a）浮阀弯脚角度一般为 45°～90°，且浮阀应开启灵活，开度一致，不得有卡涩和脱落现象。

（b）塔盘上阀孔直径冲蚀后，其孔径增大值不大于 2mm。

f）圆泡罩

（a）圆泡罩安装时，应调整泡罩高度，使同一层塔盘上所有泡罩齿根到塔盘板上表面的高度符合图纸要求，其尺寸偏差为 ±1.5mm。

（b）圆泡罩与升气管的同心度不大于 3mm。

4.4.9　检修完成后废油、含油抹布、粉尘等清理到指定位置规范收集，合规处理，符合工完、料尽、场地清等要求。

5　试车与验收

5.1　试车

5.1.1　检修工程应符合工完、料尽、场地清等要求。

5.1.2　检修记录齐全、准确。

5.1.3　确认质量合格，并具备试验条件。

5.1.4　泡罩塔应做充水和鼓泡试验。

5.1.4.1　充水试验

试验前应将所有泪孔堵死，加水至泡罩最高液面，充水后 15min，水面下降高度不大于 5mm 为合格，试验后应使所有泪孔畅通。

5.1.4.2　鼓泡试验

将水不断地注入受液盘内，在塔盘下部通入 0.001MPa 以下的压缩风，要求所有齿缝都均匀鼓泡，且泡罩无震动现象为合格。

5.2　验收

5.2.1　检修记录单和零部件换修记录单已填写好。

5.2.2　塔盘、塔壁和各构件清洗干净，壁厚腐蚀或减薄在 1mm 之内。

5.2.3 每层塔盘的密封符合要求，泄漏量在允许范围之内。

5.2.4 各附属管线阀门已检查清洗，螺栓齐全无泄漏，塔体外保温完好。

5.2.5 压力表、温度表、液位计、灯镜、视镜等附件安装齐全、可靠。

6 维护与故障处理

6.1 日常维护

6.1.1 巡检酯化蒸馏塔的各项操作参数，通过视镜定期观察内部介质的工况。

6.1.2 定期检查视镜、灯镜密封和液面计有无泄漏，并消漏。

6.1.3 定期消除塔系统“跑、冒、滴、漏”。

6.2 常见功能故障与处理方法

酯化蒸馏塔常见功能故障与处理方法见表7。

表7 酯化蒸馏塔常见功能故障与处理方法

序号	功能	功能故障	故障模式	故障后果	故障应对策略与检修内容	检修周期／月
1	保证塔无泄漏	人孔或灯、视镜法兰泄漏	外泄漏	物料喷溅外溢	带压堵漏或更换垫片、视镜	3
2		塔釜的壳体泄漏	外泄漏	振动大	带压堵漏或停车补焊外壳增加补强圈	专家评估
3	保证塔运转正常	塔釜出料管线堵	流程不通	工艺塔憋压	工艺吹扫清洗拆出料管线清理	视情而定
4		回流管线堵	流程不通	影响进料量	拆回流管线清洗	视情而定

附 录 A
（资料性附录）
检修数据记录表

设备名称：酯化蒸馏塔　　　　设备位号：　　　　检修日期：

序号	检测项目	质量标准	检测方法	质控等级	实测记录		确认人		
					修前	修后	检修人员	检修单位技术人员	使用单位技术人员
1	溢流堰与降液管水平度	偏差 ±4mm	水平仪	质控点					
2	溢流堰距降液管末端间隙	偏差 ±3mm	卡尺或直尺	质控点					
3	塔板水平度	偏差 ±4.5mm	水平仪	质控点					
4	溢流堰高度	偏差 +1.5mm	卡尺或直尺	质控点					
5	降液管末端距塔板间距	偏差 +3mm	卡尺或直尺	质控点					
6	密封性试验	每层塔盘在充水后至水全部流干的时间≥30min	充水	停检点					
7	塔板	平整、无变形、无损伤	目测	自控点					

注：自控点是检修人员进行质量检验的检修工序点；质控点是检修方质检员或技术员进行质量检验的工序点；停止点是检修、使用双方技术人员都必须到现场确认的检修工序点。

附　录　B

（资料性附录）

试车与验收数据记录表

年　　月　　日

<table>
<tr><td>使用单位</td><td></td><td colspan="2">检修单位</td><td colspan="3"></td></tr>
<tr><td>设备位号及名称</td><td></td><td colspan="2">设备类别</td><td colspan="3">静设备（　　）；动设备（　　）</td></tr>
<tr><td colspan="2">试车验收前的准备工作</td><td>静设备</td><td>动设备</td><td colspan="2">状态确认</td><td>确认人</td></tr>
<tr><td colspan="2">1. 各加油点已按规定加好润滑油</td><td></td><td>△</td><td colspan="2"></td><td></td></tr>
<tr><td colspan="2">2. 密封液已加好</td><td></td><td>△</td><td colspan="2"></td><td></td></tr>
<tr><td colspan="2">3. 电源线已接好</td><td></td><td>△</td><td colspan="2"></td><td></td></tr>
<tr><td colspan="2">4. 工艺准备已完毕</td><td>△</td><td>△</td><td colspan="2"></td><td></td></tr>
<tr><td colspan="2">5. 已填好检修记录单位和零部件换修记录单</td><td>△</td><td>△</td><td colspan="2"></td><td></td></tr>
<tr><td colspan="2">6. 设备本体及检修现场干净</td><td>△</td><td>△</td><td colspan="2"></td><td></td></tr>
<tr><td colspan="2">7. 加热、冷却系统运行正常</td><td>△</td><td>△</td><td colspan="2"></td><td></td></tr>
<tr><td colspan="2">8. 润滑、密封液系统工作正常</td><td></td><td>△</td><td colspan="2"></td><td></td></tr>
<tr><td colspan="2">9. 盘车轻松，无轻重不均匀感</td><td></td><td>△</td><td colspan="2"></td><td></td></tr>
<tr><td colspan="2">10. 电机点动或单试转向正确</td><td></td><td>△</td><td colspan="2"></td><td></td></tr>
<tr><td colspan="2">11. 防腐或保温完好</td><td>△</td><td>△</td><td colspan="2"></td><td></td></tr>
<tr><td colspan="2">12. 静密封点无泄漏</td><td>△</td><td>△</td><td colspan="2"></td><td></td></tr>
<tr><td colspan="2">试车验收数据</td><td colspan="2"></td><td>标准值</td><td>实测值</td><td></td></tr>
<tr><td colspan="2">13. 温升</td><td></td><td>△</td><td></td><td></td><td></td></tr>
<tr><td colspan="2">14. 电流</td><td></td><td>△</td><td></td><td></td><td></td></tr>
<tr><td colspan="2">15. 振动值</td><td></td><td>△</td><td></td><td></td><td></td></tr>
<tr><td colspan="3">16. 动密封泄漏量</td><td>△</td><td></td><td></td><td></td></tr>
<tr><td colspan="7">验收结论：</td></tr>
<tr><td colspan="7">验收人员签字：

检修单位：　　　　　　　使用单位：　　　　　　　主管部门：</td></tr>
</table>

注： 1. 在相应设备类别（　　）内填“√”，“△”指该设备应验收这些项目。

2. 对于状态确认项目，在确认栏内填“√”（符合要求）或“×”（不符合要求）。

3. 对于电流等非定性项目，在“标准值”栏和“实测值”栏内填数值

8. 上流式预聚釜维护检修规程

SHS 04506—2019

代替 SHS 04506—2004

目　　次

前　言

本规程按照GB/T 1.1—2009《标准化工作导则　第1部分：标准的结构和编写》给出的规则起草。

本规程代替SHS 04506—2004《上流式预聚釜维护检修规程》，与SHS 04506—2004相比，除了编辑性修改外主要技术变化如下：

——检修周期与内容章节里，删除小修与中修的提法，小修和中修的部分内容并入大修，属于日常维护的内容并入“维护与故障处理”；

——常见功能故障与处理部分按RCM分析方法重新编制；

——增加“附录A　检修数据记录表”；

——增加“附录B　试车与验收数据记录表”。

本规程由中国石油化工集团有限公司、中国石油化工股份有限公司提出。

本规程起草单位：中国石化上海石油化工股份有限公司。

本规程主要起草人：俞剑骅。

本规程历次版本发布情况：

——SHS 04506—2004。

上流式预聚釜维护检修规程

1 范围

1.1 主题内容

本规程规定了聚酯装置中上流式预聚釜的检修周期、检修内容与质量标准、试车与验收、维护与故障处理。

1.2 适用范围

本规程适用于聚酯装置中上流式预聚釜（简称 UFPP）的维护检修。

2 规范性引用文件

下列文件中的条款通过本规程的引用而成为本规程的条款。凡是注日期的引用文件，其随后所有的修改单（不包括勘误的内容）或修订版均不适用于本规程，然而，鼓励根据本规程达成协议的各方研究是否可使用这些文件的最新版本。凡是不注日期的引用文件，其最新版本适用于本规程。

TSG 21　固定式压力容器安全技术监察规程

GB/T 150　压力容器

3 检修周期及内容

3.1 检修周期

根据上流式预聚釜功能故障及其影响分析的结果，并结合生产装置运行周期，确定设备检修周期，一般为 48～60 个月。

3.2 检修项目

3.2.1　检查、修理、检测反应器壳体及焊缝。

3.2.2　检查密封面、安全附件、螺栓，更换密封元件（填料及垫片）。

3.2.3　清洗塔盘、釜壁、封头，去除结焦物。

3.2.4　清洗预热器。

4 检修程序与质量标准

4.1 检修前准备

4.1.1 备齐图纸、技术资料，必要时编制施工方案。

4.1.2 落实好检修时所需的备品备件、材料、专用工器具的准备工作并对其质量进行确认验收。

4.1.3 选择有维修资质的检修单位并进行技术交底。

4.1.4 对参与检修的人员进行安全及环保教育，做好作业危害分析与评估、风险控制措施的修前交底与落实。

4.1.5 工艺处理符合要求。

4.1.6 办理好相关作业的票证，填写好设备交出资料。

4.2 拆卸与检测

4.2.1 拆除工序：

4.2.1.1 割除上封头 90° 大弯头，内外套管。

4.2.1.2 搭建承重梁吊架工装。

4.2.1.3 拆除保温层，拆除预聚釜相应接管。

4.2.1.4 吊起上封头，用卷扬机或手拉葫芦和钳工配合拆卸 16 层塔盘。

4.2.1.5 内筒体、大弯管、上封头除焦、清洗、抛光。

4.2.1.6 对 16 层塔盘除焦、清洗校正、抛光。

4.2.1.7 检查内壁有无腐蚀、裂纹、局部鼓包或凹陷，不锈钢衬里有无剥离、脱落。

4.2.1.8 检查反应器防腐层、保温层有无破损。

4.2.1.9 内部组件安装前，应清理表面，对塔盘、定距螺栓应编注序号，以便组装。

4.3 回装与质量标准

4.3.1 回装

4.3.1.1 验收合格后，方可回装。

4.3.1.2 按照各层塔板与大法兰的距离要求安装 16 层塔盘，更换填料。

4.3.1.3 安装上封头

4.3.1.4 组装大弯管，对现场焊接部位进行拍片。

4.3.1.5 气密性试验 0.1～0.2MPa，合格后甲方交付验收。

4.3.1.6 安装测温仪表，及二次表的接线。

4.3.1.7 恢复所有拆除的管线及保温。

4.3.2 检修质量标准

4.3.2.1 受压元件的修理，必须保证其结构和强度，满足安全使用要求。

4.3.2.2 压力容器的检修单位及焊工、探伤工应持有有效期内特种设备作业的许可证或资格证，并只能承担所规定范围内的项目。

4.3.2.3 采用焊接方法对反应器进行修理时，应遵守以下要求：

a）压力容器的焊补、挖补及热处理等技术要求，应参照相应制造技术规范，制定施工方案及适合于使用的质量要求，焊接工艺应经焊接技术负责人审查同意。

b）完成焊接工作后，应做无损探伤，确认修补部位符合质量要求。

c）受压元件不得采用贴补的修理方法。

d）反应器及其接管法兰密封面不得有径向划痕、腐蚀斑点等影响密封性能的损伤。反应器的接管采用螺纹连接，螺纹表面不得有裂纹、凹陷等缺陷。法兰不得强行联接。

e）反应器密封垫片表面不得有径向划痕。

f）主螺栓应逐个清洗干净，用磁粉或渗透探伤，确认螺纹无裂纹。用于200℃以上的螺栓应涂防烧结剂。

g）压力表安装前应进行校验，指示灵活准确，刻度清楚，刻度盘上应画出最高工作压力的红线，检定标记清晰，铅封完整，连接处无泄漏。

h）液面计除应符合有关规定外，并应符合下列要求：

（a）液面计安装前应进行水压试验，试验压力为1.5倍最高工作压力；

（b）液面计保温套和防泄漏装置可靠好用；

（c）反应器保温层检修按相关的规程进行。

5 试车与验收

5.1 试车前的准备工作

5.1.1 检修工程应符合工完、料尽、场地清等要求。

5.1.2 确认各项检修工作已完成，检修记录齐全，检修质量符合4.3.2的规定，有完整的试车方案。

5.1.3 设备零部件完整无缺，螺栓紧固、具备试车条件。

5.1.4 安全附件校验合格，齐全完整。

5.1.5 仪表及联锁装置齐全、准确、灵敏、可靠。

5.2 验收

5.2.1 由设备管理部门组织相关人员参加验收，属于压力容器的，按压力容器相关规定执行。

5.2.2　反应器修理后，各项数据达到技术要求或满足安全生产的要求。

5.2.3　提交下列技术资料：

5.2.3.1　各项施工记录，包括：

隐蔽工程记录；

封闭记录；

检修记录（含焊缝质量检验检测报告）；

中间检验记录；

安全附件校验、定压记录。

6　维护与故障处理

6.1　日常维护

6.1.1　反应釜运行中，严禁超温超压。

6.1.2　检查各部件有无松动，或异声。

6.1.3　各静密封部位完好无泄漏。

6.1.4　定时巡检。

6.2　常见功能故障与处理方法

上流式预聚釜常见功能故障与处理方法见表 1。

表 1　上流式预聚釜常见功能故障与处理方法

序号	功能	功能故障	故障模式	故障后果	故障应对策略与检修内容	故障周期 / 月
1	保证釜内液位正常	釜体液位计不准	液位计失灵或发信管堵塞	产品质量不合格	定期巡检；疏通液位计发信管通道；或更换新件	视情而定
2	保证预聚釜连续运行	连接法兰等密封面泄漏	法兰连接螺栓紧固不佳 密封件损坏 法兰密封面损坏	环境污染、非计划停车	紧固连接螺栓 更换密封件 修补或更换	视情而定

附　录　A

（资料性附录）

检修数据记录表

装置：　　　　　　　位号：　　　　　　　检修日期：　年　　月　　日至　　年　　月　　日

项目	主要控制内容			等级	施工单位	生产装置	设备管理部门	备注
	标准值	现场记录 1	现场记录 2					
拆卸时检测								
塔盘水平度	＜3mm			B	★	★		
偶数层塔盘与筒体	＜0.2mm			B	★	★		
筒体及塔盘表面抛光粗糙度	＜0.8mm			B	★	★		
1# 塔盘与大法兰端面距离	7335mm			B	★	★		
2# 塔盘与大法兰端面距离	6988mm			B	★	★		
4# 塔盘与大法兰端面距离	6350mm			B	★	★		
6# 塔盘与大法兰端面距离	5710mm			B	★	★		
8# 塔盘与大法兰端面距离	5068mm			B	★	★		
10# 塔盘与大法兰端面距离	4428mm			B	★	★		
12# 塔盘与大法兰端面距离	3844mm			B	★	★		
14# 塔盘与大法兰端面距离	3244mm			B	★	★		
16# 塔盘与大法兰端面距离	2554mm			B	★	★		

注： A 级：施工单位、生产装置、设备管理部门专业人员检查确认后签字。

B 级：施工单位和生产装置专业人员检查确认后签字。

C 级：施工单位专业人员检查确认后签字。

另：如果有监理，监理的职责由甲方授权。

附　录　B

（资料性附录）

试车与验收数据记录表

年　　月　　日

使用单位		检修单位			
设备位号及名称		设备类别	动设备（　　）；静设备（　　）		
试车验收前的准备工作	静设备	动设备	标准值	实测值	确认
1. 各加油点已按规定加好润滑油		△			
2. 密封液已加好		△			
3. 电源线已接好		△			
4. 工艺准备已完毕	△	△			
试车验收内容					
1. 检修记录单位和零部件换修记录单已填好	△	△			
2. 设备本体及检修现场干净	△	△			
3. 加热、冷却系统运行正常	△	△			
4. 润滑、密封液系统工作正常		△			
5. 盘车轻松，无轻重不均匀感		△			
6. 防腐或保温完好	△	△			
7. 静密封点无泄漏	△	△			
8. 温升		△			
9. 电流		△			
验收结论：					
验收人员签字： 检修单位：　　　使用单位：　　　主管部门：					

注：1. 在（　　）内填“√”，“△”指该设备应验收这些项目。

2. 对于定性项目，在确认栏内填“√”（符合要求）或“×”（不符合要求）。

3. 对于电流等非定性项目，在“标准值”栏和“实测值”栏内填数值。

9. 卧式圆盘反应器维护检修规程

SHS 04507—2019

代替 SHS 04507—2004

目　次

前　　言

本规程按照GB/T 1.1—2009《标准化工作导则　第1部分：标准的结构和编写》给出的规则起草。

本规程代替SHS 04507—2004《卧式圆盘反应器维护检修规程》，与SHS 04507—2004相比，除了编辑性修改外主要技术变化如下：

——删除小修与中修的提法，部分内容并入大修，属于日常维护的内容并入“维护与故障处理”；

——常见功能故障与处理部分按RCM分析方法重新编制；

——增加“附录A　检修数据记录表（一）”；

——增加“附录B　检修数据记录表（二）”；

——增加“附录C　试车与验收数据记录表”。

本规程由中国石油化工集团有限公司、中国石油化工股份有限公司提出。

本规程起草单位：中国石化上海石油化工股份有限公司。

本规程主要起草人：冯永仁。

本规程历次版本发布情况：

——SHS 04507—2004。

卧式圆盘反应器维护检修规程

1 范围

1.1 主题内容

本规程规定了聚酯装置卧式圆盘反应器的检修周期、检修内容与质量标准、试车与验收、维护与故障处理。

1.2 适用范围

本规程适用于聚酯装置卧式圆盘反应器的维护与检修。

2 规范性引用文件

下列文件中的条款通过本规程的引用而成为本规程的条款。凡是注日期的引用文件，其随后所有的修改单（不包括勘误的内容）或修订版均不适用于本规程，然而，鼓励根据本规程达成协议的各方研究是否可使用这些文件的最新版本。凡是不注日期的引用文件，其最新版本适用于本规程。

GB/T 150　压力容器

TSG 21　固定式压力容器安全技术监察规程

3 检修周期与内容

3.1 检修周期

根据卧式圆盘反应器功能故障及其影响分析的结果，并结合生产装置运行周期，确定设备检修周期，一般为36～48个月。

3.2 检修项目

3.2.1　拆卸清洗检查齿型联轴器并添加油脂。

3.2.2　拆卸减速机检查齿轮的磨损情况并更换润滑油。

3.2.3　拆卸清洗检查轴承。

3.2.4　拆卸清洗检查机械密封组件和更换填料。

3.2.5　拆卸和吊装釜体后端盖。

3.2.6　拆卸清洗搅拌轴和搅拌圆盘，检查磨损情况。

3.2.7 清洗釜体，检查磨损情况。
3.2.8 拆卸清洗检查密封液与冷却水系统的管路附件。
3.2.9 检修电仪设备。

4 检修程序与质量标准

4.1 检修前的准备

4.1.1 准备相关技术资料，根据日常维护、运转和测试记录，确定检修内容，制定检修方案。
4.1.2 落实好检修时所需的备品备件、原材料、工器具等，并根据相关备品备件和原材料的质量标准做好备品备件和原材料的质量检查和确认。
4.1.3 检修人员已接受安全教育，并接受了设备的介质特性、现场环境和设备故障情况的安全、技术交底。
4.1.4 落实检修中的安全和环保措施，做好介质的排尽、排放和收集工作。
4.1.5 按照停送电等相关管理规定办理相关作业票证。
4.1.6 确认设备交出手续是否完备。
4.1.7 完成检修前其他工作确认。

4.2 拆卸与检测

4.2.1 拆卸传动皮带和联轴器防护罩。
4.2.2 拆卸减速箱与电动机传动皮带，拆下电动机。
4.2.3 拆卸减速箱与釜连接搅拌轴联轴器，并测量轴向、径向间隙，做好记录。
4.2.4 拆卸釜体两端机械密封密封液及冷却水系统的管路。
4.2.5 检查减速箱，检修参照 SHS 01028《变速机维护检修规程》执行。
4.2.6 在非驱动侧搅拌轴端面上做好相对位置记号。
4.2.7 拆卸釜两端轴承压盖，测量轴套到轴端尺寸，并做好记录。
4.2.8 拆卸釜两端的轴承，清洗和检查轴承的磨损情况。
4.2.9 拆卸釜两端轴封（机械密封组件和填料）。
4.2.10 拆卸检查搅拌轴填料处的石墨衬圈。
4.2.11 拆卸非驱动侧端盖螺栓，打磨唇封焊缝。
4.2.12 移走后端盖，安放在定置点内，用专用支架固定搅拌轴。
4.2.13 拆卸非驱动侧搅拌轴反螺栓轴套。
4.2.14 按顺序拆除搅拌圆盘及挡板，并进行清洗检查。
4.2.15 所有紧固挡板和搅拌圆盘的螺栓进行清洗检查。
4.2.16 用目测结合无损检测检查反应釜内壁，损坏处修复。
4.2.17 用目测结合无损检测检查搅拌轴及轴上连接搅拌圆盘的突出部分，损坏处修复。

4.2.18 测定搅拌轴挠度。

4.2.19 拆洗、检查密封液与润滑油系统管路。

4.3 回装

4.3.1 釜体检修

釜体允许补焊条件:

a)釜体内壁局部腐蚀面积不大于釜体内壁总面积 30%，且判定可修复。

b)釜体内壁产生“鼓包”面积不大于釜体内壁总面积的 5%。

4.3.2 釜体更换条件

4.3.2.1 釜体内壁壁厚均匀腐蚀超过设计规定的最小值。

4.3.2.2 因碱脆或晶间腐蚀严重，使釜体内壁及焊缝产生裂纹已不能修补。

4.3.2.3 釜体内壁壁厚因局部腐蚀小于设计规定的最小值，且腐蚀面积大于总面积的30%。

4.3.3 填料密封装置检修

4.3.3.1 安装填料应将其制成填料环，并以 45° 开口搭接，搭接后的内径应与轴径相同，每层错角按 0°、180°、270°、90°，交叉放置，防止接口在同一方位上重叠。

4.3.3.2 压紧压盖时，交替拧紧螺栓，用力要均匀，压盖端面与填料箱端面应平行。

4.3.3.3 填料箱体的冷却系统，应畅通无阻，如发现有污垢，要及时处理。

4.3.4 机械密封装置检修

4.3.4.1 更换 O 形环。

4.3.4.2 检查挡环及密封环间隙，如超差则更换新件。

4.3.4.3 检查动环、静环工作面的平直度偏差应小于 0.009mm，否则应进行研磨或更换。

4.3.4.4 检查各密封环工作面的磨损状况，必要时要核算密封比压值，调整弹簧的压缩量。

4.3.4.5 机械密封安装后进行保压检验。密封腔充 0.4MPa 压力的氮气，保压 0.5h 以上压力下降不大于 0.02MPa(注意温度变化引起的压力波动)。

4.3.5 密封液和冷却系统检修

4.3.5.1 密封液循环泵无缺陷，机械密封无泄漏。

4.3.5.2 调节阀、分流阀等附件正常完好。

4.3.5.3 流量计计量准确。

4.3.6 搅拌轴检修

搅拌轴轴径磨损，修复或更换轴头。

4.4 质量标准

4.4.1 釜体

4.4.1.1 反应器的修理、检验检测、耐压试验等的技术要求按 TSG 21《固定式压力容器安全技术监察规程》规定执行。
4.4.1.2 不锈钢衬里焊缝不得有裂纹、气孔、弧坑和夹渣。

4.4.2 填料函

4.4.2.1 填料压盖与填料箱的配合采用 G7/d11。
4.4.2.2 填料压盖孔与轴的间隙为 0.75～1.00mm。
4.4.2.3 填料压盖的端面与填料箱端面间距应相等，允许偏差为 ±0.3mm。

4.4.3 搅拌轴与搅拌圆盘

4.4.3.1 在填料密封处轴的径向圆跳动应小于 0.25mm。
4.4.3.2 轴的直线度公差应小于 0.1mm/1000mm。
4.4.3.3 搅拌轴应与圆盘回转平面垂直，且不超过 ±5mm。
4.4.3.4 搅拌圆盘与釜下底壁的间隙为 10～30mm。
4.4.3.5 对双轴圆盘反应器，驱动端两轴端面不平行度≤0.2mm，同轴度上下间≤0.3mm，左右间≤0.8mm。
4.4.3.6 搅拌轴轴径修复后的尺寸、精度、形位公差、表面粗糙度等应符合图纸要求。

4.4.4 联轴器

4.4.4.1 联轴器的检修质量执行 SHS 03059《化工设备通用部件检修质量标准》中的有关规定。
4.4.4.2 联轴器回装找正标准见表 1。

表 1 联轴器回装找正标准

序号	检验项目	质量标准	检验方法
1	电机与减速箱皮带轮平行度	1～2mm	塞尺
2	皮带张紧力	10～15mm	游标卡尺
3	联轴器端面同轴度（上下）	≤0.30mm	百分表
4	联轴器端面同轴度（左右）	≤0.80mm	百分表
5	联轴器端面不平行度	≤0.20mm	百分表

4.4.4.3　反应釜搅拌轴与减速箱联轴器安装，一定要在反应釜加热至230℃以上，才能进行搅拌轴与减速箱找正。

4.4.4.4　检修完成后废油、含油抹布、粉尘等清理到指定位置规范收集，合规处理，符合工完、料尽、场地清的要求。

4.4.4.5　电气接线送电、仪表复位调试。

5　试车与验收

5.1　试车前的准备工作

5.1.1　检查各进、出口和旁通阀门，应灵活好用，开启机械密封密封液和冷却水系统，压力、温度达到规定值，各密封点无泄漏，各零部件、附件齐全完好。

5.1.2　密封液和冷却系统运行正常。

5.1.3　安全附件校验合格，齐全完整。

5.1.4　全面检查反应釜各运转部分与静止机件的紧固情况。

5.1.5　盘车轻松、无轻重不均匀感。

5.1.6　仪表及联锁装置齐全、准确、灵敏、可靠。

5.1.7　检修资料齐全，检修数据完整、准确、符合要求。

5.1.8　完成其他试车条件确认。

5.2　试车

5.2.1　空负荷试车

5.2.1.1　按操作规程，启动电动机，确认减速箱转向。

5.2.1.2　减速箱机械转动部分应转动轻快自如，无异常声音，各部位润滑良好。

5.2.1.3　电流稳定，不超过规定值。

5.2.2　负荷试车

5.2.2.1　反应釜本体升温时，升温过程按操作手册规定缓慢进行，釜体内部零部件均匀受热。

5.2.2.2　釜体升温，对釜体上所有的螺栓（包括进出口法兰）进行二次热紧固。

5.2.2.3　釜本体升温至230℃以上，对搅拌轴与减速箱进行找正，联轴器安装。

5.2.2.4　手动盘车，在搅拌轴转动一周后，搅拌器与设备内壁或内件无摩擦碰撞，无异常情况。

5.2.2.5　启动反应釜电动机，设备运转平稳，无异常振动，无异常声音。

5.2.2.6　电动机电流在额定范围内。

5.2.2.7　检查搅拌轴轴承有无异音、温度不得超过70℃。

5.3 验收

5.3.1 连续运行 24h 后，各项技术指标达到设计要求值或满足生产需要。

5.3.2 设备达到完好标准。

5.3.3 空负荷、升温试车记录。

5.3.4 完善检修记录，检修记录齐全、准确，按规定办理验收手续。

6 维护与故障处理

6.1 日常维护

6.1.1 检查减速箱润滑油油位，如有变化及时处理。

6.1.2 反应釜运行中，严禁超温超压。

6.1.3 检查各部件有无松动、振动、杂音。

6.1.4 检查搅拌轴两端冷却水是否畅通，出口水温度符合规定。检查电机电流是否正常。

6.1.5 检查各轴承温度是否正常。

6.1.6 检查密封良好无泄漏。

6.1.7 短期停车期间必须每星期盘车一次，如需停车半年以上，停主机后要排除润滑油加入防锈油。

6.2 常见功能故障与处理方法

卧式圆盘反应器常见功能故障与处理方法见表 2。

表 2 卧式圆盘反应器常见功能故障与处理方法

序号	功能	功能故障	故障模式	故障后果	故障应对策略与检修内容	检修周期／月
1	保证反应釜传动转速能力	搅拌轴转数降低或停止转动	皮带打滑	生产产品降等处理	皮带轮间距调整	视情而定
			皮带损坏	生产产品降等处理	更换皮带	视情而定
			电机故障	火灾、环境污染，非计划停机	修理或更换	36～48
2	反应釜机械密封失效	密封液内漏和外漏	轴封泄漏	火灾、环境污染	关闭局部阀门	36～48
			石墨环和金属环磨损	火灾、环境污染，非计划停机	更换石墨环	36～48
			弹簧弹力不足	火灾、环境污染，非计划停机	更换弹簧	36～48

表 2　卧式圆盘反应器常见功能故障与处理方法（续）

序号	功能	功能故障	故障模式	故障后果	故障应对策略与检修内容	检修周期 / 月
3	反应釜电流值增大和降低	异常响声	搅拌圆盘刮壁或圆盘相碰	火灾、环境污染，非计划停机	检修检查搅拌翼	36～48
		搅拌轴晃动	搅拌轴弯曲	火灾、环境污染，非计划停机	检修校正搅拌轴	36～48
			轴承间隙过大	火灾、环境污染，非计划停机	检修更换轴承	36～48
4	生产工艺参数及设备状态监测数据异常	电机电流过高	电机故障	火灾、环境污染，非计划停机	修理电机	36～48
			黏度过高	生产产品降等处理	调整黏度	视情而定
			液位过高	生产产品降等处理	降低液位	视情而定
			转速偏高	生产产品降等处理	降低转速	视情而定

附 录 A
（资料性附录）
检修数据记录表（一）

装置：　　　　　　位号：　　　　　　检修日期：　年　月　日至　年　月　日

石墨环和金属环研磨后尺寸						
		标准尺寸	0°	90°	180°	270°
主动轴驱动侧	石墨环	≥55.9mm				
	金属环	≥34.7mm				
主动轴反驱动侧	石墨环	≥55.9mm				
	金属环	≥34.7mm				
从动轴驱动侧	石墨环	≥55.9mm				
	金属环	≥34.7mm				
从动轴反驱动侧	石墨环	≥55.9mm				
	金属环	≥34.7mm				

机械密封组装后的加压试验			
	加压试验压力	标准允许泄漏量	结果
主动轴驱动侧	0.4MPa	半小时≤0.020MPa	
主动轴反驱动侧	0.4MPa	半小时≤0.020MPa	
从动轴驱动侧	0.4MPa	半小时≤0.020MPa	
从动轴反驱动侧	0.4MPa	半小时≤0.020MPa	

附 录 B
（资料性附录）
检修数据记录表（二）

装置： 位号： 检修日期： 年 月 日至 年 月 日

项目	主要控制内容			等级	施工单位	生产装置	设备管理部门	备注
	标准值	部位	现场记录					
拆卸时检测								
联轴器齿轮啮合的接触面积	＞75%	齿高		B				
	＞70%	齿宽		B				
双轴之间的相对位置		反驱动侧		B				
搅拌轴轴端与减速箱轴端的相对距离		搅拌轴轴端与减速箱轴端		B				
机械密封加压试验	0.40MPa	驱动侧		B				
		反驱动侧		B				
联轴器同心度	0.80mm	径向		B				
	0.20mm	端面		B				
回装时检测								
减速机与搅拌轴联轴器齿轮啮合的接触面积	＞75%	齿高		B				
	＞70%	齿宽		B				
双轴之间的相对位置，搅拌轴轴端与减速箱轴端的相对距离	轴端记号	反驱动侧		B				
	拆卸之前尺寸	搅拌轴轴端与减速箱轴端		B				
机械密封加压试验	0.40MPa	驱动侧		B				
		反驱动侧		B				
联轴器同心度	0.80mm	径向		B				
	0.20mm	端面		B				

注： A级：施工单位、生产装置、设备管理部门专业人员检查确认后签字。

B级：施工单位和生产装置专业人员检查确认后签字。

C级：施工单位专业人员检查确认后签字。

另：如果有监理，监理的职责由甲方授权。

附　录　C

（资料性附录）

试车与验收数据记录表

年　　月　　日

<table>
<tr><td>使用单位</td><td></td><td colspan="2">检修单位</td><td colspan="4"></td></tr>
<tr><td>设备位号及名称</td><td></td><td colspan="2">设备类别</td><td colspan="4">动设备（　　）；静设备（　　）</td></tr>
<tr><td colspan="2">试车验收前的准备工作</td><td>静设备</td><td colspan="2">动设备</td><td>标准值</td><td>实测值</td><td>确认</td></tr>
<tr><td colspan="2">1. 各加油点已按规定加好润滑油</td><td></td><td colspan="2">△</td><td></td><td></td><td></td></tr>
<tr><td colspan="2">2. 密封液已加好</td><td></td><td colspan="2">△</td><td></td><td></td><td></td></tr>
<tr><td colspan="2">3. 电源线已接好</td><td></td><td colspan="2">△</td><td></td><td></td><td></td></tr>
<tr><td colspan="2">4. 工艺准备已完毕</td><td>△</td><td colspan="2">△</td><td></td><td></td><td></td></tr>
<tr><td colspan="2">试车验收内容</td><td></td><td colspan="2"></td><td></td><td></td><td></td></tr>
<tr><td colspan="2">1. 检修记录单位和零部件换修记录单已填好</td><td>△</td><td colspan="2">△</td><td></td><td></td><td></td></tr>
<tr><td colspan="2">2. 设备本体及检修现场干净</td><td>△</td><td colspan="2">△</td><td></td><td></td><td></td></tr>
<tr><td colspan="2">3. 加热、冷却系统运行正常</td><td>△</td><td colspan="2">△</td><td></td><td></td><td></td></tr>
<tr><td colspan="2">4. 润滑、密封液系统工作正常</td><td></td><td colspan="2">△</td><td></td><td></td><td></td></tr>
<tr><td colspan="2">5. 盘车轻松，无轻重不均匀感</td><td></td><td colspan="2">△</td><td></td><td></td><td></td></tr>
<tr><td colspan="2">6. 防腐或保温完好</td><td>△</td><td colspan="2">△</td><td></td><td></td><td></td></tr>
<tr><td colspan="2">7. 静密封点无泄漏</td><td>△</td><td colspan="2">△</td><td></td><td></td><td></td></tr>
<tr><td colspan="2">8. 温升</td><td></td><td colspan="2">△</td><td></td><td></td><td></td></tr>
<tr><td colspan="2">9. 电流</td><td></td><td colspan="2">△</td><td></td><td></td><td></td></tr>
<tr><td colspan="2"></td><td colspan="6"></td></tr>
<tr><td colspan="2"></td><td colspan="6"></td></tr>
<tr><td colspan="2"></td><td colspan="6"></td></tr>
<tr><td colspan="8">验收结论：</td></tr>
<tr><td colspan="8">验收人员签字：

检修单位：　　　　　　　　使用单位：　　　　　　　　主管部门：</td></tr>
</table>

注：1. 在（　　）内填“√”，“△”指该设备应验收这些项目。

2. 对于定性项目，在确认栏内填“√”（符合要求）或“×”（不符合要求）。

3. 对于电流等非定性项目，在“标准值”栏和“实测值”栏内填数值。

10. 卧式鼠笼式聚合釜维护检修规程

SHS　04508—2019

代替 SHS 04508—2004

目　次

前　言

本规程按照 GB/T 1.1—2009《标准化工作导则　第 1 部分：标准的结构和编写》给出的规则起草。

本规程代替 SHS 04508—2004《卧式鼠笼式聚合釜维护检修规程》，与 SHS 04508—2004 相比，除了编辑性修改外主要技术变化如下：

——检修周期与内容章节，删除小修与中修的提法，小修和中修的部分内容并入大修，属于日常维护的内容并入“维护与故障处理”；

——常见功能故障与处理部分按 RCM 分析方法重新编制；

——增加“附录 A　检修数据记录表”；

——增加“附录 B　试车与验收数据记录表”。

本规程由中国石油化工集团有限公司、中国石油化工股份有限公司提出。

本规程起草单位：中国石化上海石油化工股份有限公司。

本规程主要起草人：俞剑骅。

本规程历次版本发布情况：

——SHS 04508—2004。

卧式鼠笼式聚合釜维护检修规程

1 范围

1.1 主题内容

本规程规定了聚酯装置中卧式鼠笼式聚合釜的检修周期、检修内容、检修程序与质量标准、试车与验收、维护与故障处理。

1.2 适用范围

本规程适用于聚酯装置中鼠笼式聚合釜的维护检修。

2 规范性引用文件

下列文件中的条款通过本规程的引用而成为本规程的条款。凡是注日期的引用文件，其随后所有的修改单（不包括勘误的内容）或修订版均不适用于本规程，然而，鼓励根据本规程达成协议的各方研究是否可使用这些文件的最新版本。凡是不注日期的引用文件，其最新版本适用于本规程。

TSG 21　固定式压力容器安全技术监察规程

GB/T 150　压力容器

3 检修周期与内容

3.1 检修周期

根据卧式鼠笼式聚合釜功能故障及其影响分析的结果，并结合生产装置运行周期，确定设备检修周期，一般为48~60个月。

3.2 检修项目

3.2.1　检查、检修搅拌器密封乙二醇系统。

3.2.2　检查、检修液位计。

3.2.3　检查及消除泄漏，紧固松动螺栓。

3.2.4　检查搅拌轴联轴节对中情况。

3.2.5　清洗检查轴承，测量轴承游隙并换油。

3.2.6　拆检齿轮联轴器并换油。

3.2.7 检查减速箱齿轮的磨损情况并换油。
3.2.8 开盖，抽出搅拌鼠笼，清理釜壁和鼠笼。
3.2.9 检查或更换轴承、轴承座。
3.2.10 更换机械密封或填料密封。
3.2.11 检查、修复或更换搅拌短轴和鼠笼。
3.2.12 检查、修复釜体并清洗夹套。

4 检修程序与质量标准

4.1 检修前的准备

4.1.1 准备相关技术资料，根据日常维护、运转和测试记录，确定检修内容，制定检修方案。
4.1.2 落实好检修时所需的备品备件、原材料、工器具等，并根据相关备品备件和原材料的质量标准做好备品备件和原材料的质量检查和确认。
4.1.3 检修人员已接受安全教育，并接受了设备的介质特性、现场环境和设备故障情况的安全、技术交底。
4.1.4 落实检修中的安全和环保措施，做好介质的排尽、排放和收集工作。
4.1.5 按照停送电等相关管理规定办理相关作业票证。
4.1.6 确认设备交出手续是否完备。
4.1.7 完成检修前其他工作确认。

4.2 拆卸与检测

4.2.1 拆卸釜两端封头保温及相关连接管道。
4.2.2 拆除减速箱与聚合釜之间的联轴器测量轴向、径向间隙并做好记录。
4.2.3 拆卸二端短轴与釜体的连接压盖和螺栓，从釜体内抽出轴和轴承；检查磨损情况。
4.2.4 拆卸四个液位计，疏通，校验。
4.2.5 拆卸主动侧封头，拉出鼠笼搅拌器。
4.2.6 清洁釜体内壁；釜体内部无损检测，如有缺陷，制定修理方案。
4.2.7 拆除机械探头，对气相管打磨清洗。
4.2.8 打开减速箱箱盖，测量齿轮间隙，检查齿轮表面的磨损情况，更换润滑油。
4.2.9 拆卸检查电机与减速箱间的联轴器，测量轴套到轴端尺寸，并做好记录。
4.2.10 拆下釜两端轴承，检查轴承磨损情况择差更换；测量轴端与筒体之间法兰的尺寸，并做好记录。
4.2.11 拆卸机械密封（或填料密封、唇式密封），测量轴套间隙，并做好记录。
4.2.12 拆卸釜非驱动侧端盖并检查。
4.2.13 清洗鼠笼搅拌器表面结焦物至露出金属本色，检查并修整。

4.3 回装

4.3.1 将清理后的鼠笼装回釜体。
4.3.2 更换封头垫片。
4.3.3 回装主动侧轴承座与平台。
4.3.4 安装两端短轴至盘车自如。
4.3.5 两端密封安装至规定间隙，并做好记录；恢复所有保温。
4.3.6 回装两端轴承，调整并记录。
4.3.7 安装釜体与减速箱的联轴器，并调整到合适精度。
4.3.8 减速箱加注指定牌号润滑油，将减速箱盖合上，复位。
4.3.9 回装减速箱与电动机之间的联轴器。
4.3.10 回装釜两端密封装置的乙二醇接管，以及热媒管道。
4.3.11 升温后对搅拌鼠笼中心重新校正至 0.12mm 之内。
4.3.12 安装 4 个液位计。

4.4 部件检修

4.4.1 釜体检修

釜体允许补焊条件：
a）釜体内壁局部腐蚀面积不大于釜体内壁总面积 30%，且判定可修复；
b）釜体内壁产生“鼓包”面积不大于釜体内壁总面积的 5%。

4.4.2 釜体更换条件

4.4.2.1 釜体内壁壁厚均匀腐蚀超过设计规定的最小值。
4.4.2.2 因碱脆或晶间腐蚀严重，使釜体内壁及焊缝产生裂纹已不能修补。
4.4.2.3 釜体内壁壁厚因局部腐蚀小于设计规定的最小值，且腐蚀面积大于总面积的 30%。

4.4.3 填料密封装置检修

4.4.3.1 安装填料应将其制成填料环，并以 45° 开口搭接，搭接后的内径应与轴径相同，每层错角按 0°、180°、270°、90° 交叉放置，防止接口在同一方位上重叠。
4.4.3.2 压紧压盖时，交替拧紧螺栓，用力均匀，压盖端面与填料箱端面应平行。
4.4.3.3 填料箱体的冷却系统，应畅通无阻，如发现有污垢，要及时处理。

4.4.4 机械密封装置检修

4.4.4.1 更换 O 形环。
4.4.4.2 检查挡环及密封环间隙，如超差则更换新件。

4.4.4.3 检查动环、静环工作面的平直度，偏差应小于0.009mm，否则应进行研磨或更换。

4.4.4.4 检查各密封环工作面的磨损状况，必要时要核算密封比压值，调整弹簧的压缩量。

4.4.5 唇式密封装置检修

检查唇封磨损、变形情况，择差更换。

4.4.6 搅拌短轴检修

搅拌短轴轴径磨损或腐蚀，修复或更换。

4.5 检修质量标准

4.5.1 釜体

4.5.1.1 聚合釜的修理、检验检测、耐压试验等的技术要求按 TSG 21《固定式压力容器安全技术监察规程》规定执行。

4.5.1.2 不锈钢焊缝不得有裂纹、气孔、弧坑和夹渣。

4.5.2 密封乙二醇系统无泄漏。

4.5.3 搅拌短轴与搅拌器

4.5.3.1 在机械密封处短轴的同心度应小于0.12mm。

4.5.3.2 两短轴间的直线度公差应小于0.1mm/1000mm。

4.5.3.3 搅拌短轴应与鼠笼回转平面垂直，其垂直度公差为鼠笼半径的4mm/1000mm，且不超过5mm。

4.5.3.4 搅拌器与端盖总间隙（轴窜动量）在规定范围内。

4.5.3.5 搅拌短轴端与减速箱联轴器的轴向间隙为14～18mm，同轴度公差应小于0.2mm。

4.5.3.6 搅拌短轴轴径修复后的尺寸、精度、形位公差、表面粗糙度等应符合图纸要求。

5 试车与验收

5.1 试车前的准备工作

5.1.1 检修工程应符合工完、料尽、场地清等要求。

5.1.2 确认各项检修工作已完成，检修记录齐全，检修质量标准符合4.5的规定，有完整的试车方案。

5.1.3 设备零部件完整无缺，螺栓紧固、具备试车条件。

5.1.4 安全附件校验合格，齐全完整。

5.1.5 仪表及联锁装置齐全、准确、灵敏、可靠。

5.1.6　各润滑部位按规定加注润滑油（脂）、冷却系统畅通无阻。
5.1.7　确认电动机转向正确。
5.1.8　盘车自如。

5.2　试车

5.2.1　反应釜气密性试验应执行 TSG 21《固定式压力容器安全技术监察规程》或设计图样的规定。
5.2.2　机械转动部分应转动轻快自如，无异常声音，各部位润滑良好。
5.2.3　搅拌器与设备内壁或内件应无摩擦碰撞，反应釜内件应牢固可靠。
5.2.4　减速箱温度正常，油温应小于 70℃。
5.2.5　密封液和冷却系统运行正常。
5.2.6　电流稳定，不超过规定值。各种仪表灵敏好用。
5.2.7　空载试车正常后进行加料试车，试车合格，达到完好标准。

5.3　验收

5.3.1　检修记录齐全、准确。
5.3.2　耐压、气密性试验记录。
5.3.3　主要零部件的无损检验报告。
5.3.4　更换零部件清单。
5.3.5　试车记录。

6　维护与故障处理

6.1　日常维护

6.1.1　维护内容

6.1.1.1　严格执行石油化工设备相关的润滑管理制度。
6.1.1.2　反应釜运行中，严禁超温超压。
6.1.1.3　检查各部件有无松动、振动、杂音。
6.1.1.4　检查搅拌短轴两端密封乙二醇是否畅通，出口乙二醇温度是否正常。
6.1.1.5　检查各轴承温度是否正常。
6.1.1.6　保持机械密封良好无泄漏。

6.2　常见功能故障与处理方法

卧式鼠笼式聚合釜常见功能故障与处理方法见表 1。

表 1　卧式鼠笼式反应釜常见功能故障与处理方法

序号	功能	功能故障	故障模式	故障后果	故障应对策略与检修内容	故障周期 / 月
1	保证釜内真空条件	釜体内部真空破坏	密封面磨损或损坏	产品质量不合格	定期巡检；压力监控；调节密封乙二醇流量或更换密封	视情而定
2	保证聚合釜连续运行	仪表及控制系统不正常	液位计不准	环境污染、非计划停车	调整氮气压力 疏通液位计管子	视情而定
3	保证聚合釜连续运行	机械故障	搅拌短轴和主轴瓦摩擦或搅拌短轴与端盖相摩擦 搅拌器刮壁 各回转中心对中不良	非计划停车	停车处理 重新校正各轴的中心	视情而定
4	保证聚合釜连续运行	机械故障	搅拌短轴晃动	非计划停车	校正短轴安装精度 调整短轴插入深度	校正 调整短轴插入深度

附 录 A
（资料性附录）
检修数据记录表

装置：　　　　　　　　位号：　　　　　　　　检修日期：　　年　　月　　日至　　年　　月　　日

项目		主要控制内容			等级	施工单位	生产装置	设备管理部门	备注
		标准值	部位	现场记录					
拆卸时检测									
短轴	同心度	0.12mm	机械密封处						
	直线度	0.1mm/1000mm	整轴长度						
短轴与减速箱联轴器	轴向间隙	14～18mm	轴端						
	同轴度	0.2mm	轴端						
回装时检测									
短轴	同心度	0.12mm	机械密封处						
	直线度	0.1mm/1000mm	整轴长度						
短轴与减速箱联轴器	轴向间隙	14～18mm	轴端						
	同轴度	0.2mm	轴端						

注： A级：施工单位、生产装置、设备管理部门专业人员检查确认后签字。
B级：施工单位和生产装置专业人员检查确认后签字。
C级：施工单位专业人员检查确认后签字。
另：如果有监理，监理的职责由甲方授权。

附　录　B
（资料性附录）
试车与验收数据记录表

年　　月　　日

<table>
<tr><td>使用单位</td><td></td><td colspan="2">检修单位</td><td colspan="4"></td></tr>
<tr><td>设备位号及名称</td><td></td><td colspan="2">设备类别</td><td colspan="4">动设备（　　）；静设备（　　）</td></tr>
<tr><td colspan="2">试车验收前的准备工作</td><td>静设备</td><td colspan="2">动设备</td><td>标准值</td><td>实测值</td><td>确认</td></tr>
<tr><td colspan="2">1. 各加油点已按规定加好润滑油</td><td></td><td colspan="2">△</td><td></td><td></td><td></td></tr>
<tr><td colspan="2">2. 密封液已加好</td><td></td><td colspan="2">△</td><td></td><td></td><td></td></tr>
<tr><td colspan="2">3. 电源线已接好</td><td></td><td colspan="2">△</td><td></td><td></td><td></td></tr>
<tr><td colspan="2">4. 工艺准备已完毕</td><td>△</td><td colspan="2">△</td><td></td><td></td><td></td></tr>
<tr><td colspan="2">试车验收内容</td><td></td><td colspan="2"></td><td></td><td></td><td></td></tr>
<tr><td colspan="2">1. 检修记录单位和零部件换修记录单已填好</td><td>△</td><td colspan="2">△</td><td></td><td></td><td></td></tr>
<tr><td colspan="2">2. 设备本体及检修现场干净</td><td>△</td><td colspan="2">△</td><td></td><td></td><td></td></tr>
<tr><td colspan="2">3. 加热、冷却系统运行正常</td><td>△</td><td colspan="2">△</td><td></td><td></td><td></td></tr>
<tr><td colspan="2">4. 润滑、密封液系统工作正常</td><td></td><td colspan="2">△</td><td></td><td></td><td></td></tr>
<tr><td colspan="2">5. 盘车轻松，无轻重不均匀感</td><td></td><td colspan="2">△</td><td></td><td></td><td></td></tr>
<tr><td colspan="2">6. 防腐或保温完好</td><td>△</td><td colspan="2">△</td><td></td><td></td><td></td></tr>
<tr><td colspan="2">7. 静密封点无泄漏</td><td>△</td><td colspan="2">△</td><td></td><td></td><td></td></tr>
<tr><td colspan="2">8. 温升</td><td></td><td colspan="2">△</td><td></td><td></td><td></td></tr>
<tr><td colspan="2">9. 电流</td><td></td><td colspan="2">△</td><td></td><td></td><td></td></tr>
<tr><td colspan="2"></td><td colspan="6"></td></tr>
<tr><td colspan="2"></td><td colspan="6"></td></tr>
<tr><td colspan="2"></td><td colspan="6"></td></tr>
<tr><td colspan="8">验收结论：</td></tr>
<tr><td colspan="8">验收人员签字：

检修单位：　　　　　　　使用单位：　　　　　　　主管部门：</td></tr>
</table>

注：1. 在（　　）内填“√”，“△”指该设备应验收这些项目。
2. 对于定性项目，在确认栏内填“√”（符合要求）或“×”（不符合要求）。
3. 对于电流等非定性项目，在“标准值”栏和“实测值”栏内填数值。

11. 熔体齿轮泵维护检修规程

SHS 04509—2019

代替 SHS 04509—2004

目　次

前　　言

本规程按照GB/T 1.1—2009《标准化工作导则　第1部分：标准的结构和编写》给出的规则起草。

本规程代替SHS 04509—2004《熔体齿轮泵维护检修规程》，与SHS 04509—2004相比，除了编辑性修改外主要技术变化如下：

——删除小修与中修的提法，部分内容并入大修，属于日常维护的内容并入“维护与故障处理”；

——常见功能故障与处理部分按RCM分析方法重新编制；

——增加“附录A　检修数据记录表”；

——增加“附录B　检修质量控制确认表”。

本规程由中国石油化工集团有限公司、中国石油化工股份有限公司提出。

本规程起草单位：中国石化上海石油化工股份有限公司。

本规程主要起草人：冯永仁。

本规程历次版本发布情况：

——SHS 04509—2004。

熔体齿轮泵维护检修规程

1 范围

1.1 主题内容

本规程规定了熔体齿轮泵的检修周期、检修内容与质量标准、试车与验收、维护与故障处理。

1.2 适用范围

本规程适用于日本岛津制作社制作的熔体齿轮泵的维护与检修，其他瑞士 Maag、巴马格、威特熔体齿轮泵设备的维护与检修可参考。

2 规范性引用文件

下列文件中的条款通过本规程的引用而成为本规程的条款。凡是注日期的引用文件，其随后所有的修改单（不包括勘误的内容）或修订版均不适用于本规程，然而，鼓励根据本规程达成协议的各方研究是否可使用这些文件的最新版本。凡是不注日期的引用文件，其最新版本适用于本规程。

JB/T 7041　液压齿轮泵

3 检修周期与内容

3.1 检修周期

根据熔体齿轮泵功能故障及其影响分析的结果，并结合生产装置运行周期，确定设备检修周期，一般为 36～48 个月。

3.2 检修项目

3.2.1　拆卸检查弹性联轴器和万向节，更换弹性胶圈及柱销和添加润滑脂。

3.2.2　拆卸齿轮泵泵体，安装清洗短管。

3.2.3　拆卸检查减速箱，清洗油位视镜，更换润滑油。

3.2.4　解体齿轮泵泵体。

3.2.5　检查轴封系统。

3.2.6　检查泵体、前后端盖、滑动轴承润滑的回流通道和端盖紧固螺栓。

3.2.7 检查滑动轴承、长短齿轮轴。

3.2.8 检查测量泵体圆柱度和各零部件尺寸和配合间隙，必要时修复。

3.2.9 检修电仪设备。

4 检修程序与质量标准

4.1 检修前准备

4.1.1 准备相关技术资料，根据日常维护、运转和测试记录，确定检修内容，制定检修方案。

4.1.2 落实好检修时所需的备品备件、原材料、工器具等，并根据相关备品备件和原材料的质量标准做好备品备件和原材料的质量检查和确认。

4.1.3 检修人员已接受安全教育，并接受了设备的介质特性、现场环境和设备故障情况的安全、技术交底。

4.1.4 落实检修中的安全和环保措施，做好介质的排尽、排放和收集工作。

4.1.5 按照停送电等相关管理规定办理相关作业票证。

4.1.6 确认设备交出手续是否完备。

4.1.7 完成检修前其他工作确认。

4.2 拆卸与检测

4.2.1 拆卸电机与减速箱联轴器弹性胶圈及柱销，拆卸泵体与减速箱万向节。

4.2.2 拆卸齿轮泵泵体，安装清洗短管。

4.2.3 检查减速箱，检修参照 SHS 01028《变速机维护检修规程》执行。

4.2.4 拆卸泵体轴封系统，清理填料函、反螺旋密封及轴封冷却夹套腔体，更换填料和垫片。

4.2.5 拆卸泵体前、后端盖，打磨及清扫，检查前后端盖回流槽及泵体回流孔。

4.2.6 拆卸滑动轴承及长短齿轮轴，打磨及清扫，检查磨损情况。

4.2.7 测量泵体圆柱度、各零部件尺寸和配合间隙。

4.2.8 拆卸下的零件部件应妥善保管，避免损伤。

4.3 回装与质量标准

4.3.1 齿轮泵回装前应确保所有的零部件及泵体清洗干净。对滑动轴承表面进行无损检测，确保滑动轴承无裂纹、无机械损伤及毛刺，经检查合格后，方能回装。

4.3.2 泵体和齿轮轴回装

4.3.2.1 泵体齿轮啮合齿顶间隙为（0.2～0.3）m（m 为模数）。

4.3.2.2 泵体齿轮啮合的齿侧间隙回装标准见表 1。

表 1　齿轮啮合的齿侧间隙

序号	齿轮中心距	标准间隙	最大间隙	检验方法
1	小于 50mm	0.085～0.100mm	0.20mm	塞尺
2	大于 50～80mm	0.105～0.120mm	0.25mm	塞尺
3	大于 80～120mm	0.130～0.150mm	0.30mm	塞尺
4	大于 120～200mm	0.170～0.200mm	0.35mm	塞尺

4.3.2.3　泵体各零部件检修质量标准见表 2。

表 2　泵体各零部件检修质量标准

序号	检验项目	质量标准	检验方法
1	齿轮两端面与轴孔中心线垂直度公差值	0.02mm/100mm	量具
2	两齿轮宽度一致，单个齿轮宽度误差	0.05mm/100mm	千分尺
3	两齿轮端面平行度公差值	0.02mm/100mm	量具
4	齿轮啮合接触斑点应均匀分布在节圆线周围，其接触面积	沿齿宽应大于 60%，沿齿高应大于 45%	红丹粉检查
5	齿轮与轴的配合	H7/m6	量具
6	齿轮端面与端盖的轴向总间隙	0.05～0.10mm	塞尺
7	齿顶与壳体的径向间隙	0.10～0.15mm	塞尺
8	轴与滑动轴承径向间隙	0.001～0.002*D*（*D* 为轴颈直径）	塞尺
9	轴颈圆柱度公差值	0.01mm	量具
10	轴颈最大磨损量	0.01*D*（*D* 为轴颈直径）	千分尺
11	滑动轴承外圆与端盖配合	R7/h6	量具
12	滑动轴承内孔与外圆的同轴度公差值	0.01mm	量具
13	壳体内孔中心线与两端面垂直度公差值	0.02mm/100mm	量具
14	壳体内孔圆柱度公差值	0.02～0.03mm/100mm	量具
15	轴颈粗糙度	R_a1.6	粗糙度对照表
16	端盖密封面表面粗糙度	R_a1.6	粗糙度对照表
17	轴套表面粗糙度	R_a1.6	粗糙度对照表
18	壳体两端面粗糙度	R_a1.6	粗糙度对照表

4.3.3　泵体前后端盖回装，所有的螺孔和螺栓都进行回攻及清理，螺栓上涂高温二硫化钼。

4.3.4 轴封回装

4.3.4.1 填料压盖与轴之间径向间隙为0.4～0.5mm，轴向间隙均匀。

4.3.4.2 填料尺寸正确，切口平行、整齐、无松动，接口与轴心线成30°角。

4.3.4.3 压装填料时，每圈填料的接口必须错开，一般接口交错120°，填料不宜压装过紧。

4.3.4.4 反螺旋密封体安装时，反螺纹内涂上一层润滑脂，冷却密封夹套内保持干净。

4.3.5 联轴器回装

4.3.5.1 联轴器的检修质量执行SHS 01073《一般机泵用联轴器检修及质量标准》中的有关规定。

4.3.5.2 联轴器回装找正标准见表3。

表3 联轴器回装找正标准

序号	检验项目	质量标准	检验方法
1	联轴器端面间隙	2～3mm	塞尺
2	联轴器端面同轴度	≤0.05mm	百分表
3	联轴器端面不平行度	≤0.03mm	百分表

4.3.5.3 齿轮泵与减速箱万向节安装，齿轮泵泵体升温加热至230℃以上，泵轴盘动无异常，才能进行齿轮泵与减速箱找正，其标准是二轴中心偏差2°以内。

4.3.5.4 电气接线送电、仪表复位调试。

5 试车与验收

5.1 试车前的准备

5.1.1 减速箱润滑部位按规定加润滑油。

5.1.2 安全附件校验合格，齐全完整。

5.1.3 齿轮泵与减速箱连接脱开，不能安装万向节。

5.1.4 全面检查各运转部分与静止机件的紧固情况。

5.1.5 盘车轻松、无轻重不均匀感。

5.1.6 仪表及联锁齐全、准确、灵敏、可靠。

5.1.7 检修资料齐全，检修数据完整、准确、符合要求。

5.1.8 完成其他试车条件确认。

5.2 试车

5.2.1 空负荷试车

5.2.1.1 按操作规程，启动电机，确认减速箱转向。

5.2.1.2 减速箱机械转动部分应转动轻快自如，无异常声音，各部位润滑良好。
5.2.1.3 电流稳定，不超过规定值。

5.2.2 负荷试车

5.2.2.1 齿轮泵升温过程按操作手册规定缓慢进行，泵体内部零部件均匀受热。
5.2.2.2 齿轮泵升温过程中，每 2h 盘动一次泵轴，泵体内部零部件均匀受热。
5.2.2.3 齿轮泵泵体升温，对泵体上所有的螺栓（包括泵进出口法兰）二次进行热紧固。
5.2.2.4 齿轮泵泵体升温加热至 230℃以上，齿轮泵与减速箱进行找正，万向节安装。
5.2.2.5 齿轮泵开泵前，切断现场电源，打开泵进出口阀门，手动盘泵，一直到泵出口管线上排放阀有输送物料流出，关闭排放阀，才能启动齿轮泵运转。
5.2.2.6 齿轮泵体轴封填料或反螺旋体密封泄漏量在允许范围内（≤ 10g/24h）。
5.2.2.7 设备运转平稳，无异常振动，无异常声音。
5.2.2.8 电动机电流在额定范围内。
5.2.2.9 检查减速箱轴承有无异音、温度不得超过 70℃。

5.3 验收

5.3.1 连续运行 24h 后，各项技术指标达到设计要求值或满足生产需要。
5.3.2 设备达到完好标准。
5.3.3 空负荷、升温试车记录。
5.3.4 完善检修记录，检修记录齐全、准确，按规定办理验收手续。

6 维护与故障处理

6.1 日常维护

6.1.1 检查减速箱润滑油油位，如有变化及时处理。
6.1.2 齿轮泵运行中，严禁超压。
6.1.3 检查各部件有无松动、振动、杂音。
6.1.4 检查减速箱轴承温度是否正常。
6.1.5 检查轴封泄漏情况。
6.1.6 检查轴封冷却系统。
6.1.7 短期停车期间必须每星期手动盘车一次，如需停车半年以上，停主机后要排除润滑油加入防锈油。

6.2 常见功能故障与处理方法

熔体齿轮泵常见功能故障与处理方法见表 4。

表 4 熔体齿轮泵常见功能故障与处理方法

序号	功能	功能故障	故障模式	故障后果	故障应对策略与检修内容	检修周期/月
1	保证齿轮泵泵效率能力	输出压力低	泵进口吸入量不够	生产负荷降产	增高液面	视情而定
			泵体或入口漏气	火灾、环境污染，非计划停机	更换垫片，紧固螺栓，修复	视情而定
			齿轮轴向间隙过大	火灾、环境污染，非计划停机	检修更换，调整间隙	36~48
		密封渗漏	轴中心线偏斜	减少万向节使用寿命，非计划停机	检修，重新找正	视情而定
			轴套磨损	火灾、环境污染，非计划停机	检修更换轴套	36~48
			轴承间隙过大，泵振动超标	火灾、环境污染，非计划停机	检修更换轴承	36~48
			填料密封圈失效	火灾、环境污染，非计划停机	更换填料或密封圈	36~48
2	保证齿轮泵连续运转	泵体运转不正常	联轴器找正	振动和异音大，非计划停机	检修，重新找正	视情而定
			轴承间隙过大或过小	火灾、环境污染，非计划停机	检修时调整间隙	36~48
			齿轮径向、轴向、齿侧间隙过小	火灾、环境污染，非计划停机	检修时调整间隙或更换齿轮	36~48
			填料过紧	异常停泵，非计划停机	调整填料压盖螺栓预紧力	视情而定
			出口阀开度过小造成压力过高	异常停泵，非计划停机	开大出口阀门降低压力	视情而定
		电动机超负荷	吸入介质比重或黏度过大	生产产品降等	调整介质密度或黏度	视情而定
			出口过滤器压差过大	过滤器泄漏及产品降等	检查清洗出口过滤器	视情而定
			电动机出现故障	非计划停机	更换电机	36~48
			排出压力过高	产品降等	降低排出口压力	视情而定

表 4　熔体齿轮泵常见功能故障与处理方法（续）

序号	功能	功能故障	故障模式	故障后果	故障应对策略与检修内容	检修周期／月
3	生产工艺参数及设备状态监测数据异常	振动大或发出噪声	吸入黏度过高	产品降等	降低黏度	视情而定
			轴承磨损间隙过大	火灾、爆炸、环境污染，非计划停机	检修更换轴承	36～48
			电机与减速箱和减速箱与泵轴同轴度超差	振动和异音大，非计划停机	检修，重新找正	视情而定
			泵内进杂物	火灾、爆炸、环境污染，非计划停机	清理杂物，检查过滤器	36～48
			齿轮磨损	火灾、爆炸、环境污染，非计划停机	修理或更换齿轮	36～48
			键槽损坏或配合松动	火灾、爆炸、环境污染，非计划停机	修理或更换	36～48
			地脚螺栓松动	非计划停机	紧固螺栓	视情而定
			吸入空气	产品降等	排除空气并消漏	视情而定

附 录 A
（资料性附录）
检修数据记录表

检修日期：20　年　月　日　　　　　　　　检修系列：________

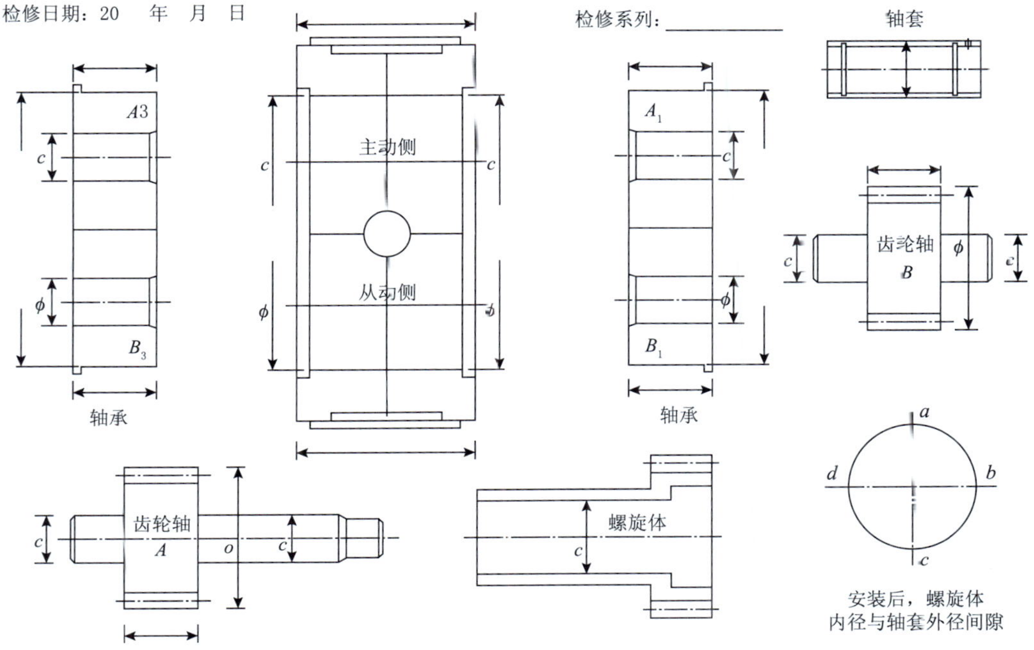

注：以上记录检修后实测数据

设备位号			检修日期	
检修单位			检修人员	
部品名称		部品的状况	处理后的内容	
本体				
前盖				
后盖				
旋转体密封				
齿轮轴	A			
	B			
轴承	A_1			
	B_1			
	A_3			
	B_3			
轴套				
密封垫圈				
螺栓				
其他				
验收情况		验收日期	工艺验收	
			设备验收	

附 录 B
（资料性附录）
检修质量控制确认表

装置： 位号： 检修日期： 年 月 日至 年 月 日

项目	主要控制内容			等级	施工单位	生产装置	设备管理部门	备注
	标准值	部位	现场记录					
拆卸时检测								
齿轮啮合的接触面积	＞45%	齿高		B				
	＞60%	齿宽		B				
轴与滑动轴承间隙	0.001～0.002*D*（*D*为轴颈直径）	滑动轴承与轴		B				
泵体内腔椭圆度	0.10mm	主动齿轮轴端		B				
		从动齿轮轴端		B				
电机与减速箱联轴器同心度	0.05mm	径向		B				
	0.03mm	端面		B				
回装时检测								
齿轮啮合的接触面积	＞45%	齿高		B				
	＞60%	齿宽		B				
轴与滑动轴承间隙	0.001～0.002*D*（*D*为轴颈直径）	滑动轴承与轴		B				
泵体内腔椭圆度	0.10mm	主动齿轮轴端		B				
		从动齿轮轴端		B				
电机与减速箱联轴器同心度	0.05mm	径向		B				
		端面		B				

注： A级：施工单位、生产装置、设备管理部门专业人员检查确认后签字。
B级：施工单位和生产装置专业人员检查确认后签字。
C级：施工单位专业人员检查确认后签字。
另：如果有监理，监理的职责由甲方授权。

12. 熔体过滤器维护检修规程

SHS 04510—2019

代替 SHS 04510—2004

目　次

前　　言

本规程按照GB/T 1.1—2009《标准化工作导则　第1部分：标准的结构和编写》给出的规则起草。

本规程代替SHS 04510—2004《熔体过滤器维护检修规程》，与SHS 04510—2004相比，除了编辑性修改外主要技术变化如下：

——删除小修与中修的提法，部分内容并入大修，属于日常维护的内容并入“维护与故障处理”；

——常见功能故障与处理部分按RCM分析法重新编制；

——增加“附录A　检修数据记录表”；

——增加“附录B　试车与验收数据记录表”。

本规程由中国石油化工集团有限公司、中国石油化工股份有限公司提出。

本规程起草单位：中国石化上海石油化工股份有限公司。

本规程主要起草人：冯永仁。

本规程历次版本发布情况：

——SHS 04510—2004。

熔体过滤器维护检修规程

1 范围

1.1 主题内容

本规程规定了聚酯装置熔体过滤器的检修周期、检修内容与质量标准、试验与验收、维护与故障处理。

1.2 适用范围

本规程适用于聚酯装置熔体过滤器的维护与检修。

2 规范性引用文件

下列文件中的条款通过本规程的引用而成为本规程的条款。凡是注日期的引用文件，其随后所有的修改单（不包括勘误的内容）或修订版均不适用于本规程，然而，鼓励根据本规程达成协议的各方研究是否可使用这些文件的最新版本。凡是不注日期的引用文件，其最新版本适用于本规程。

TSG 21　固定式压力容器安全技术监察规程

GB/T 150　压力容器

3 检修周期及内容

3.1 检修周期

根据熔体过滤器功能故障及其影响分析的结果，并结合生产装置运行周期，确定设备检修周期，一般为 24～36 个月。

3.2 检修项目

3.2.1　拆卸检查更换各紧固螺栓。

3.2.2　拆卸过滤器上盖。

3.2.3　拆卸检查滤芯花板螺纹。

3.2.4　拆卸更换筒体进出口及过滤器密封垫。

3.2.5　清洗及检查滤芯，滤芯做气泡测试。

3.2.6　拆卸检查过滤器进出口特殊三通阀。

3.2.7　检修电仪设备。

4　检修程序与质量标准

4.1　检修前准备

4.1.1　准备相关技术资料，根据日常维护、运转和测试记录，确定检修内容，制定检修方案。
4.1.2　落实好检修时所需的备品备件、原材料、工器具等，并根据相关备品备件和原材料的质量标准做好备品备件和原材料的质量检查和确认。
4.1.3　检修人员已接受安全教育，并接受了设备的介质特性、现场环境和设备故障情况的安全、技术交底。
4.1.4　落实检修中的安全和环保措施，做好介质的排尽、排放和收集工作。
4.1.5　按照停送电等相关管理规定办理相关作业票证。
4.1.6　确认设备交出手续是否完备。
4.1.7　完成检修前其他工作确认。

4.2　拆卸与检测

4.2.1　解体过滤器

4.2.1.1　按对角方向依次序松开过滤器上盖螺栓，吊开过滤器上盖，摆放在定置点内。
4.2.1.2　将螺栓逐个拆出并摆放整齐。
4.2.1.3　吊出滤芯组件，注意保护筒体平面密封面。
4.2.1.4　拆卸滤芯组件。
4.2.1.5　滤芯花板螺纹清理检查。
4.2.1.6　滤芯清洗及检查，做气泡测试。
4.2.1.7　对过滤器筒体内部进行检查确认。

4.2.2　回装与质量标准

4.2.2.1　回装前应确保所有的零、部件清洗干净。对滤芯表面进行检查，确保零部件无机械损伤及毛刺，经检查合格后，方能回装。
4.2.2.2　滤芯组件回装时，从中间开始向外侧装，注意必须使用扭力扳手紧固。
4.2.2.3　将组装好的滤芯组件放入现场的过滤器。
4.2.2.4　在上盖与筒体的连接时，更换密封圈，检查各密封面是否完好，各螺栓按对角依次进行紧固。注意螺栓使用前必须清理干净和检测完好，且必须涂防烧结剂。
4.2.2.5　用 0.4MPa 氮气进行气密试验，保压 0.5h 以上压力下降不大于 0.02MPa（注意温度变化引起的压力波动）。

4.2.2.6 将过滤器预热至工作温度，对螺栓进行热紧固。

4.2.2.7 过滤器进出口特殊三通阀回装，检修执行 SHS 02019《特殊阀门维护检修规程》的相关部分。

4.2.2.8 电仪等其他附属设备设施进行检查检修后回装。

4.2.2.9 检修完成后废旧物清理到指定位置规范收集，合规处理，符合工完、料尽、场地清等要求。

4.3 检修质量标准

4.3.1 螺栓紧固力矩见表 1。

4.3.2 滤芯检查气泡测试，用目测气泡分布均匀，回气压力一般不超过 700mmH_2O，气泡直径≤ 5mm。

4.3.3 滤芯外表无破损。

表 1 紧固部位力矩

序号	紧固部位	把紧力矩 /（kgf·m）	备注
1	过滤筒与加热夹套的 U 型把紧螺杆	103.5	热态（316℃）
2	过滤筒与加热夹套的下部顶紧螺钉	41.4	热态（316℃）
3	进出口阀门与加热夹套的连接螺钉	34.6	热态（316℃）
4	过滤筒进料口螺钉	382	热态（316℃）
5	过滤筒出料口螺钉	382	热态（316℃）
6	阀芯连接螺钉	138	热态（316℃）
7	填料压盖	0.7～1.4	热态（316℃）

5 试车与验收

5.1 试车前的准备工作

5.1.1 检查各进、出口和旁通阀门，盘动灵活；各密封点无泄漏，各零部件、附件齐全完好。

5.1.2 全面检查各运转部分与静止机件的紧固情况。

5.1.3 仪表及联锁装置齐全、准确、灵敏、可靠。

5.1.4 检修资料齐全，检修数据完整、准确、符合要求。

5.1.5 完成其他试车条件确认。

5.2 试车

5.2.1 空负荷试车

5.2.1.1 按操作规程，启动电动特殊三通阀，确认现场开关与阀门开关一致。

5.2.1.2 特殊三通阀机械传动部分应转动轻快自如，无异常声音，各部位润滑良好。

5.2.1.3 电流稳定，不超过规定值。

5.3 验收

5.3.1 连续投运 24h 后，各项技术指标达到设计要求值或满足生产需要。

5.3.2 设备达到完好标准。

5.3.3 完善检修记录，检修记录齐全、准确，按规定办理验收手续。

6 维护与故障处理

6.1 日常维护

6.1.1 严格按操作规程程序启动、运行与停车，并做好运行记录。

6.1.2 检查过滤器压差，不允许超压运行。

6.1.3 检查各密封面及紧固螺栓有无松动。

6.1.4 维修运保人员定时检查，及时处理所发现的问题。

6.1.5 检查保温完好情况。

6.2 常见功能故障与处理方法

熔体过滤器常见功能故障与处理方法见表 2。

表 2 熔体过滤器常见功能故障与处理方法

序号	功能	功能故障	故障模式	故障后果	故障应对策略与检修内容	检修周期 / 月
1	产量瞬间降低，工艺参数来不及调整	进口压力升高	滤芯堵塞	生产产品降等处理	更换和清理滤芯	视情而定
2	阀门关闭信号不到位，无法切换过滤器	阀门关不死	阀芯被异物卡住	火灾、环境污染，非计划停机	系列停车，检修阀门	视情而定
3	阀门开关信号时间长，无法判断阀门状况	阀门开关不顺畅	阀杆结焦或填料压得太紧	生产产品降等处理	清理结焦或调整填料松紧度	视情而定

附　录　A
（资料性附录）
检修数据记录表

装置：　　　　　　　　　　位号：　　　　　　　　　检修日期：　　年　　月　　日至　　年　　月　　日

序号	检修主要内容	质量标准	控制级别	检查情况
1	滤芯外观及滤网	滤芯表面无凹凸痕迹，滤芯网无明显破损	B	
2	滤芯破损和堵塞	气泡分布均匀，回气压力一般不超过 700mm 水柱，气泡直径 ≤ 5mm	B	
3	滤芯底部支承板螺栓	螺栓无明显松动，用扭力扳手紧固	B	
4	筒体密封面及垫片	无明显划痕	B	
5	螺栓的强度及涂防烧结剂	目测螺栓螺纹无破损及表面有防烧结剂	B	
6	过滤器气密封试验	0.4MPa，无泄漏	B	

注： A 级：施工单位、生产装置、设备管理部门专业人员检查确认后签字。

B 级：施工单位和生产装置专业人员检查确认后签字。

C 级：施工单位专业人员检查确认后签字。

另：如果有监理，监理的职责由甲方授权。

附　录　B

（资料性附录）

试车与验收数据记录表

序号	项目	作业				确认		
		部门	签名	开始日期	完成日期	部门	签名	日期
				月　日　时	月　日　时	技术工艺组		月　日　时
1	TEG 清洗	工艺组				工艺组		
2	上盖排热媒	工艺组				工艺组		
3	内部压力为零	工艺组				工艺组		
4	拆保温	维修组				设备组		
5	开盖换内滤芯	维修组				设备组		
6	上盖升温	工艺组				工艺组		
7	热紧固	维修组				设备组		
8	气密试验	工艺组				技术 设备组		
9	保温	维修组				设备组		
10	备用状态	工艺组				技术 工艺组		

13. 蒸汽喷射泵维护检修规程

SHS 04512—2019

代替 SHS 04512—2004

目　次

前　言

本规程按照GB/T 1.1—2009《标准化工作导则　第1部分：标准的结构和编写》给出的规则起草。

本规程代替SHS 04512—2004《蒸汽喷射泵维护检修规程》，与SHS 04512—2004相比，除了编辑性修改外主要技术变化如下：

——常见功能故障与处理部分按RCM分析方法重新编制；

——增加“附录A　检修数据记录表”；

——增加“附录B　试车与验收数据记录表”。

本规程由中国石油化工集团有限公司、中国石油化工股份有限公司提出。

本规程起草单位：中国石油化工股份有限公司洛阳分公司。

本规程主要起草人：朱现卫、牛建峰。

本规程历次版本发布情况：

——SHS 04512—2004。

蒸汽喷射泵维护检修规程

1 范围

1.1 主题内容

本规程规定了聚酯装置中蒸汽喷射泵的检修周期、检修内容与质量标准、试车与验收、维护与故障处理。

1.2 适用范围

本规程适用于聚酯装置中蒸汽喷射泵的维护与检修，其他石油化工、化纤装置的水蒸气喷射泵的维护与检修可参照执行。

2 规范性引用文件

下列文件中的条款通过本规程的引用而成为本规程的条款。凡是注日期的引用文件，其随后所有的修改单（不包括勘误的内容）或修订版均不适用于本规程，然而，鼓励根据本规程达成协议的各方研究是否可使用这些文件的最新版本。凡是不注日期的引用文件，其最新版本适用于本规程。

JB/T 8540 水蒸气喷射真空泵

GB/T 151 热交换器

3 检修周期与内容

根据蒸汽喷射泵功能故障及其影响分析的结果，并结合生产装置运行周期，确定设备检修周期，一般为36～48个月。

3.1 检修内容

3.1.1 检查、清理各级喷射泵的喷嘴、扩散管，保持各零部件完好，没有腐蚀、堵塞、磨损等现象。

3.1.2 打开各级间冷凝器两端封头，检查、修理各级冷凝器的管程、壳程，保持完好畅通，没有变形、腐蚀、裂纹、堵塞等情况。

3.1.3 清洗扩散器管口。

4 检修与质量标准

4.1 检修前准备

4.1.1 准备相关技术资料，根据日常维护、运转和测试记录，确定检修内容，制定检修方案。

4.1.2 落实好检修时所需的备品备件、原材料、工器具等，并根据相关备品备件和原材料的质量标准做好备品备件和原材料的质量检查和确认。

4.1.3 检修人员已接受安全教育，并接受了设备的介质特性、现场环境和设备故障情况的安全、技术交底。

4.1.4 落实检修中的安全和环保措施，做好介质的排尽、排放和收集工作。

4.1.5 按照相关管理规定办理相关作业票证。

4.1.6 确认设备交出手续是否完备。

4.1.7 完成检修前其他工作确认。

4.2 拆卸与检查

4.2.1 检查蒸汽喷射泵壳体、冷凝器是否损坏。

4.2.2 拆卸各级喷嘴，检查各级喷嘴、扩散管、粗滤器，保持各零部件完好。

4.2.3 拆卸各级间冷凝器的两端封头，检查冷凝器的管程、壳程，保持完好畅通。

4.2.4 检查所有安全阀、压力表、温度计、阀门、疏水器、减压阀等部件保持完好。

4.2.5 检查大气腿及冷凝液受液槽，保持排水畅通并保持液位正常。

4.2.6 检查紧固件的损伤情况。

4.2.7 检查连接法兰、封头的密封面、密封垫片。

4.3 回装与质量标准

4.3.1 蒸汽喷射泵壳体、冷凝器应无损坏，如损坏必须进行修补，经复审合格后方可投入运行。

4.3.2 喷射器、冷凝器上与筒体或锥体组焊的法兰、座板、管板应垂直于锥体或筒体的主轴中心线，其偏差均不得超过法兰、座板、管板外径的 0.5%（外径小于 100 mm 时，按 100 mm 计算），且不大于 1.5 mm。

4.3.3 保持各级间冷凝器的管程、壳程畅通，没有变形、腐蚀、裂纹、堵塞等情况。

4.3.4 各级喷嘴及其蒸汽伴热线、循环水线上阀门、疏水器、减压阀、安全阀、压力表、温度计、丝堵等部件，保持灵活、可靠、完好。

4.3.5 各级蒸汽喷射泵大气腿畅通。

4.3.6 各连接螺栓应无松动、损坏。

4.3.7 各连接法兰、封头的密封面、垫片应无划伤。

4.3.8 冷凝器管束更换应按 GB/T 151《热交换器》或设计图纸要求进行。

4.3.9 保温修补按相关的设备及管道保温、保冷维护检修规程执行。

4.3.10 检修完成后废油、含油抹布、粉尘等清理到指定位置规范收集，合规处理，符合工完、料尽、场地清等要求。

5 试车与验收

5.1 试验前准备

5.1.1 检修工程应符合工完、料尽、场地清等要求。

5.1.2 检修记录必须齐全准确。

5.1.3 各级蒸汽喷射泵、冷凝器内零部件已清理干净。

5.1.4 各连接法兰、封头及安全附件已装配齐全且检验合格。

5.1.5 热态紧固已完成。

5.2 试验

5.2.1 关闭蒸汽喷射泵入口阀门。

5.2.2 蒸汽喷射泵冷凝液受液槽注水或乙二醇至溢流。

5.2.3 投用蒸汽喷射泵循环冷却水，无泄漏为合格。

5.2.4 投用蒸汽喷射泵的伴热蒸汽，无泄漏为合格。

5.2.5 引蒸汽至各级喷嘴。

5.2.6 各连接法兰、阀门密封点无泄漏为合格。

5.2.7 安装水银绝压表在第一级泵负荷入口处。

5.2.8 从后至前依次做空载试验，压力达到设计要求为合格。

5.3 验收

5.3.1 试运行 24h，各项指标达到技术要求或满足生产要求。

5.3.2 设备达到完好标准。

5.3.3 检修记录齐全、准确。

6 维护与故障处理

6.1 日常维护

6.1.1 检查蒸汽喷射泵壳体、冷凝器、法兰、螺栓等是否损坏。

6.1.2 拆卸清洗各级喷射泵的喷嘴，更换喷嘴垫片。

6.1.3 检修或更换各级喷淋冷凝器的喷嘴。

6.1.4 检查、修理蒸汽喷射泵上各级喷嘴及其伴热蒸汽系统、循环水系统上的阀门、疏水器、减压阀、安全阀、压力表等部件，保持灵活、可靠、完好。

6.1.5 检查、清理或修理大气腿堵塞、腐蚀、裂缝等。

6.1.6 更换部分螺栓、螺母、法兰及封头的密封垫片。

6.1.7 检查、清理第一级喷淋冷凝器中的凝聚物。

6.1.8 检查、清理喷射泵吸入口处的凝聚物。

6.1.9 检查、校验安全阀、压力表、温度计及联锁装置。

6.1.10 检查、修补保温。

6.1.11 认真检查设备运行参数，发现蒸汽喷射泵抽真空能力出现异常时，及时查找原因。

6.1.12 保持蒸汽喷射泵喷射蒸汽、伴热蒸汽、循环冷却水的温度和压力在设定值范围内。

6.1.13 保持蒸汽喷射泵的各级冷凝器尾管温度在设定值范围内。

6.1.14 保持各接管、疏水器、丝堵、紧固件完好。

6.1.15 保持蒸汽喷射泵泵体、冷凝器及周围环境清洁。

6.1.16 保持各指示仪表及联锁装置完好。

6.1.17 检查保温是否完好。

6.2 常见功能故障与处理方法

蒸汽喷射泵常见功能故障与处理方法见表 1。

表 1 蒸汽喷射泵常见功能故障与处理方法

序号	功能	功能故障	故障模式	故障后果	故障应对策略与检修内容	检修周期／月
1	保证蒸汽喷射泵抽真空能力	真空度不足	喷嘴、扩散管、粗滤器堵塞腐蚀或磨损 蒸汽压力低 循环冷却水压力低 冷凝器堵塞 排放管线堵塞	影响生产负荷	检查、清理或更换损坏元件；调整蒸汽压力 调整循环冷却水压力 清理冷凝器、管线 疏通排放线	视情而定
2		真空突然失去	喷射蒸汽压力低、含水量大 循环冷却水流量低或水温高或压力波动或夹带空气 漏入空气	影响生产负荷	调整蒸汽 调整循环冷却水压力、流量、温度 消除泄漏	视情而定

附　录　A

（资料性附录）

检修数据记录表

设备名称：蒸汽喷射泵　　　　　　设备位号：　　　　　　　　检修日期：

序号	检测项目	质量标准	检测方法	质控等级	实测记录		确认人		
					修前	修后	检修人员	检修单位技术人员	使用单位技术人员
1	蒸汽喷射泵壳体、冷凝器	无损坏	目测、磁粉、着色	停止点					
2	冷凝器的管程、壳程	畅通，无变形、腐蚀、裂纹、堵塞	目测、磁粉、着色	停止点					
3	蒸汽喷射泵大气腿	畅通	目测	停止点					
4	喷嘴	可靠、完好	目测	停止点					
5	连接法兰、封头的密封面、垫片	无划伤	目测	自控点					
6	保温	无破损	目测	自控点					
7	连接螺栓	无松动、损坏	目测	自控点					
8	蒸汽伴热线及附件	灵活、可靠、完好	目测	质控点					
9	循环水线及附件	灵活、可靠、完好	目测	质控点					

注： 自控点是检修人员进行质量检验的检修工序点；质控点是检修方质检员或技术员进行质量检验的工序点；停止点是检修、使用双方技术人员都必须到现场确认的检修工序点。

附　录　B
（资料性附录）
试车与验收数据记录表

年　　月　　日

<table>
<tr><td>使用单位</td><td></td><td colspan="2">检修单位</td><td colspan="3"></td></tr>
<tr><td>设备位号及名称</td><td></td><td colspan="2">设备类别</td><td colspan="3">静设备（　　）；动设备（　　）</td></tr>
<tr><td colspan="2">试车验收前的准备工作</td><td>静设备</td><td>动设备</td><td colspan="2">状态确认</td><td>确认人</td></tr>
<tr><td colspan="2">1. 各加油点已按规定加好润滑油</td><td></td><td>△</td><td colspan="2"></td><td></td></tr>
<tr><td colspan="2">2. 密封液已加好</td><td></td><td>△</td><td colspan="2"></td><td></td></tr>
<tr><td colspan="2">3. 电源线已接好</td><td></td><td>△</td><td colspan="2"></td><td></td></tr>
<tr><td colspan="2">4. 工艺准备已完毕</td><td>△</td><td>△</td><td colspan="2"></td><td></td></tr>
<tr><td colspan="2">5. 检修记录单位和零部件换修记录单已填好</td><td>△</td><td>△</td><td colspan="2"></td><td></td></tr>
<tr><td colspan="2">6. 设备本体及检修现场干净</td><td>△</td><td>△</td><td colspan="2"></td><td></td></tr>
<tr><td colspan="2">7. 加热、冷却系统运行正常</td><td>△</td><td>△</td><td colspan="2"></td><td></td></tr>
<tr><td colspan="2">8. 润滑、密封液系统工作正常</td><td></td><td>△</td><td colspan="2"></td><td></td></tr>
<tr><td colspan="2">9. 盘车轻松，无轻重不均匀感</td><td></td><td>△</td><td colspan="2"></td><td></td></tr>
<tr><td colspan="2">10. 电机点动或单试转向正确</td><td></td><td>△</td><td colspan="2"></td><td></td></tr>
<tr><td colspan="2">11. 防腐或保温完好</td><td>△</td><td>△</td><td colspan="2"></td><td></td></tr>
<tr><td colspan="2">12. 静密封点无泄漏</td><td>△</td><td>△</td><td colspan="2"></td><td></td></tr>
<tr><td colspan="2">试车验收数据</td><td colspan="2"></td><td>标准值</td><td>实测值</td><td></td></tr>
<tr><td colspan="2">13. 温升</td><td></td><td>△</td><td></td><td></td><td></td></tr>
<tr><td colspan="2">14. 电流</td><td></td><td>△</td><td></td><td></td><td></td></tr>
<tr><td colspan="2">15. 振动值</td><td></td><td>△</td><td></td><td></td><td></td></tr>
<tr><td colspan="2">16. 动密封泄漏量</td><td></td><td>△</td><td></td><td></td><td></td></tr>
<tr><td colspan="7">验收结论：</td></tr>
<tr><td colspan="7">验收人员签字：

检修单位：　　　　　　　　使用单位：　　　　　　　　主管部门：</td></tr>
</table>

注： 1. 在相应设备类别（　　）内填“√”，“△”指该设备应验收这些项目。

2. 对于状态确认项目，在确认栏内填“√”（符合要求）或“×”（不符合要求）。

3. 对于电流等非定性项目，在“标准值”栏和“实测值”栏内填数值。

14. 刮板冷凝器维护检修规程

SHS 04513—2019

代替 SHS 04513—2004

目　次

前　言

本规程按照GB/T 1.1—2009《标准化工作导则　第1部分：标准的结构和编写》给出的规则起草。

本规程代替SHS 04513—2004《刮板冷凝器维护检修规程》，与SHS 04513—2004相比，除了编辑性修改外主要技术变化如下：

——明确了本规程适用刮板冷凝器的型号；

——对常见功能故障与处理部分按RCM分析方法重新编制；

——增加“附录A　检修数据记录表”；

——增加“附录B　试车与验收数据记录表”。

本规程由中国石油化工集团有限公司、中国石油化工股份有限公司提出。

本规程起草单位：中国石化仪征化纤有限责任公司。

本规程主要起草人：潘林。

本规程历次版本发布情况：

——SHS 04531—2004。

刮板冷凝器维护检修规程

1 范围

1.1 主题内容

本规程规定了聚酯刮板冷凝器的检修周期与内容、检修程序与质量标准、试车与验收、维护与故障处理。

1.2 适用范围

本规程适用于聚酯装置 JE642、JR6301-00、JR6501-00、JR6701-00 等刮板冷凝器的维护与检修。

2 规范性引用文件

下列文件中的条款通过本规程的引用而成为本规程的条款。凡是注日期的引用文件，其随后所有的修改单（不包括勘误的内容）或修订版均不适用于本规程，然而，鼓励根据本规程达成协议的各方研究是否可使用这些文件的最新版本。凡是不注日期的引用文件，其最新版本适用于本规程。

GB 50231 机械设备安装工程施工及验收通用规范

GB/T 51193 聚酯及固相缩聚设备工程安装与质量验收规范

HG/T 20569 机械搅拌设备

3 检修周期与内容

3.1 检修周期

根据刮板冷凝器系统功能故障及影响分析的结果，并结合生产装置运行周期确定检修周期，一般为 36～60 个月。

3.2 检修项目

3.2.1 解体检修电动机，更换轴承、线圈等。

3.2.2 解体检修齿轮箱，择差更换轴承、油封、齿轮等易损件。

3.2.3 拆卸、清洗密封液管线、阀门及密封液罐，保持干净清洁、畅通。

3.2.4 解体检修轴封，更换油封，择差更换轴套、支承环、轴承等。
3.2.5 检查滑动轴承、内轴套的磨损情况，择差更换滑动轴承及内轴套。
3.2.6 检查长轴的跳动、磨损状况，视情况进行修复。
3.2.7 检查、调直刮刀片、支承架等部件，测量刮板间隙，紧固部件。
3.2.8 检查刮刀、轮辐等连接部位焊缝有无断裂，视情处理。

4 检修程序与质量标准

4.1 拆卸前准备

4.1.1 准备相关技术资料，根据日常维护、运转和测试记录，确定检修内容，制定检修方案。
4.1.2 落实好检修时所需的备品备件、原材料、工器具等，并根据相关备品备件和原材料的质量标准做好备品备件和原材料的质量检查和确认。
4.1.3 检修人员已接受安全教育，并接受了设备的介质特性、现场环境和设备故障情况的安全、技术交底。
4.1.4 落实检修中的安全和环保措施，做好介质的排尽、排放和收集工作。
4.1.5 按照停送电等相关管理规定办理相关作业票证。
4.1.6 确认设备交出手续是否完备。
4.1.7 完成检修前其他工作确认。

4.2 拆卸与检测

4.2.1 拆除电动机、齿轮箱及联轴器。
4.2.2 联轴器拆除后测量轴头到端盖外壁间的距离，并做好记录。
4.2.3 进入刮板冷凝器内部测量刮刀至罐壁间的距离，并做好记录。
4.2.4 拆除密封液管线。
4.2.5 松轴封锁紧并帽，拆除轴封装置，并移至检修间进行解体检修。
4.2.6 检查内部滑动轴承及轴套的磨损情况，如果需更换，须将副刮刀及轮毂拆下后，再将轴承座及轴套拆下。
4.2.7 检查刮刀片、支承筋板等有无变形，刮刀与筒壁之间的间隙有无改变。
4.2.8 检查刮刀与轮辐等连接部位螺栓有无松动、脱落，焊缝有无断裂现象。
4.2.9 检查内轴承冲洗喷嘴堵塞情况，清堵或择差更换。

4.3 回装与质量标准

4.3.1 轴封组装。轴封组装前应对轴套、轴承、油封等进行检查，轴封检修质量标准符合表 1 的要求。

表 1 轴封检修质量标准

序号	检验项目	质量标准	检验方法
1	轴套、支承轴承内外圈及滚子表面	无明显磨痕，无点蚀和剥落现象	目测、手感
2	轴套外径	$\phi 100^{+0.035}_{+0.013}$ mm	外径千分尺
3	轴封座与油封配合处内径	$\phi 130^{+0.04}_{+0.000}$ mm	内径千分尺
4	轴承座与轴承外圈配合出内径	$\phi 150^{+0.04}_{+0.000}$ mm	内径千分尺
5	轴套轴向窜量	0.03～0.08 mm	百分表
6	轴封组装完毕后保压试验（内、外腔）	气压 0.20MPa，保压 2h 以上无压力降	打压

4.3.2 对刮刀与轮辐等连接部位进行仔细检查、紧固，确保螺栓有无松动、脱落，焊缝无断裂现象。

4.3.3 检查确认刮板内部支承轴承及轴套的无磨损。

4.3.4 轴封整体回装。

4.3.5 检查主轴，主轴无明显弯曲、变形，主轴直线度不大于 0.15mm/1000mm。

4.3.6 检查内部刮刀片、支承筋板等有无变形，再次测量刮刀与筒壁之间的间隙，保证间隙在 10～20mm 之间。

4.3.7 轴封密封液管路回装。回装前应对管路和密封液罐进行清洗、吹扫，确保密封液系统清洁。

4.3.8 齿轮箱和电机回装。齿轮箱和电机回装。齿轮箱的检修按照 SHS 01028《减速机维护检修规程》执行，齿轮箱检修质量标准符合表 2 的要求。确认好电动机转向后，对电动机和齿轮箱、齿轮箱和切割室间联轴器进行找正，联轴器找正质量标准符合表 3 的要求。

表 2 齿轮箱检修质量标准

序号	检验项目	质量标准	检验方法
1	齿轮接触面	沿齿高＞ 50% 沿齿宽＞ 70%	着色法
2	轴向窜动量	0.06～0.20mm	百分表
3	啮合间隙	0.04～0.12mm	压铅法

表 3 联轴器找正质量标准

序号	检验项目	质量标准	检验方法
1	径向偏差	≤ 0.05mm	百分表
2	角向偏差	≤ 0.05mm	百分表
3	轴向间隙	2～4mm	直尺

4.3.9 检修完成后废油、含油抹布、粉尘等清理到指定位置规范收集，合规处理，符合工完、料尽、场地清等要求。

5 试车与验收

5.1 试车前准备

5.1.1 检查各进、出口和旁通阀门，应灵活好用，各密封点无泄漏，各零部件、附件齐全完好。
5.1.2 密封液罐内密封液已加至正常液位。
5.1.3 各润滑点润滑油、脂加注完成。
5.1.4 盘车轻松、无轻重不均匀感。
5.1.6 各阀门灵活有效、各密封点无泄漏，各零部件、附件齐全完好。
5.1.6 检查仪表、电气、气路系统使其具备试车条件，调试安全联锁装置。
5.1.7 检修资料齐全，检修数据完整、准确、符合要求。
5.1.8 完成其他试车条件确认。

5.2 试车

5.2.1 空负荷运行 5～10min，无异常现象，可进行负荷试车。
5.2.2 负荷试车
5.2.2.1 轴封密封液不内漏。
5.2.2.2 各部位轴承温度不大于 70℃。
5.2.2.3 机组润滑油及各个管路、接头无漏油、漏气、漏水等现象。
5.2.2.4 设备运转平稳，无异常振动，无异常声音。
5.2.2.5 电动机电流在额定范围内。

5.3 验收

5.3.1 机组连续运行 24h 后，各项技术指标达到设计要求值或满足生产需要。
5.3.2 设备达到完好标准。
5.3.3 完善检修记录，检修记录齐全、准确，按规定办理验收手续。

6 维护与故障处理

6.1 日常维护

6.1.1 检查、清理各连接部位的泄漏，检查密封液液位，要定期进行置换、补加。
6.1.2 定期打开密封液排放阀，检查密封液质量，目测有浑浊予以全部更换。
6.1.3 检查减速箱中润滑油的油位、温度是否正常，油封有无泄漏，有无异常声响，要定期补加润滑油。

6.1.4　检查轴封支承轴承有无异响，按润滑要求对支承轴承进行补加油脂。

6.1.5　检查输入端的锁紧螺母是否有松动，其他连接螺栓和地脚螺栓是否有松动和缺损。

6.1.6　检查联轴器的连接销是否磨损，择差更换。

6.1.7　定期检查联轴器间隙，确认刮刀轴向有无移位现象。

6.2　常见功能故障与处理方法

刮板冷凝器常见功能故障与处理方法见表6。

表6　刮板冷凝器常见功能故障与处理方法

序号	功能	功能故障	故障模式	故障后果	故障应对策略与检修内容	检修周期／月
1	保证刮板冷凝器能力	刮板停运	系统轴承卡死	设备停运	对轴承进行更换	视情而定
2			电动机故障	设备停运	电气检查修理	视情而定
3			联轴器弹性块或联轴器损坏	设备损伤、影响负荷	更换弹性块或联轴器	24～60
4			刮刀被异物卡住	设备停运	手动反向盘车或倒吸	视情而定
5	保证压缩机连续运转	轴封泄漏	唇型密封圈损坏	设备损伤、影响负荷	更换唇形密封圈	视情而定
6			轴套磨损严重	设备损伤、影响负荷	更换轴套	视情而定
7			密封液位低，唇封干磨	设备损伤、影响负荷	定期检查、补加密封液	视情而定
8		设备振动大或声音异常	齿轮箱故障	设备损伤、影响负荷	检查修理齿轮箱	36～60
9			轴封主轴承损坏	设备损伤、影响负荷	更换轴封轴承	36～60
10			滑动轴承磨损严重	设备损伤、影响负荷	更换滑动轴承	36～60
11			刮板变形	设备损伤、影响负荷	校正刮板	36～60
12		刮板停运	系统轴承卡死	设备停运	对轴承进行更换	视情而定
13			电动机故障	设备停运	电气检查修理	视情而定
14			联轴器弹性块或联轴器损坏	设备损伤、影响负荷	更换弹性块或联轴器	24～60
15			刮刀被异物卡住	设备停运	手动反向盘车或倒吸	视情而定

附 录 A
（资料性附录）
检修数据记录表

设备名称：刮板冷凝器　　　　　　　设备位号：　　　　　　　　　检修日期：

序号	检测项目	质量标准	检测方法	质控等级	实测记录		确认人		
					修前	修后	检修人员	检修单位技术人员	使用单位技术人员
1	轴封组装完毕后保压试验（内、外腔）	气压 0.20MPa，保压 2h 以上无压力降	打压	停止点					
2	轴套、支承轴承内外圈及滚子表面	无明显磨痕，无点蚀和剥落现象	目测、手感	质控点					
3	轴套外径	$\phi 100^{+0.035}_{+0.013}$ mm	外径千分尺	质控点					
4	轴封座与油封配合处内径	$\phi 130^{+0.04}_{+0.000}$ mm	内径千分尺	质控点					
5	轴承座与轴承外圈配合处内径	$\phi 150^{+0.04}_{+0.000}$ mm	内径千分尺	质控点					
6	轴套轴向窜量	0.03～0.08 mm	百分表	质控点					
7	主轴直线度	≤ 0.15mm/1000mm	百分表	质控点					
8	刮刀与筒壁之间的间隙	10～20mm	卷尺	质控点					
9	联轴器径向偏差	≤ 0.05mm	百分表	自控点					
10	联轴器角向偏差	≤ 0.05mm	百分表	自控点					
11	联轴器轴向间隙	2～4mm	直尺	自控点					

注： 自控点是检修人员进行质量检验的检修工序点；质控点是检修方质检员或技术员进行质量检验的工序点；停止点是检修、使用双方技术人员都必须到现场确认的检修工序点。

附　录　B
（资料性附录）
试车与验收数据记录表

年　　月　　日

<table>
<tr><td>使用单位</td><td></td><td>检修单位</td><td colspan="4"></td></tr>
<tr><td>设备位号及名称</td><td></td><td>设备类别</td><td colspan="4">静设备（　　）；动设备（　　）</td></tr>
<tr><td colspan="2">试车验收前的准备工作</td><td>静设备</td><td>动设备</td><td colspan="2">状态确认</td><td>确认人</td></tr>
<tr><td colspan="2">1. 各加油点已按规定加好润滑油</td><td></td><td>△</td><td colspan="2"></td><td></td></tr>
<tr><td colspan="2">2. 密封液已加好</td><td></td><td>△</td><td colspan="2"></td><td></td></tr>
<tr><td colspan="2">3. 电源线已接好</td><td></td><td>△</td><td colspan="2"></td><td></td></tr>
<tr><td colspan="2">4. 工艺准备已完毕</td><td>△</td><td>△</td><td colspan="2"></td><td></td></tr>
<tr><td colspan="2">5. 检修记录单位和零部件换修记录单已填好</td><td>△</td><td>△</td><td colspan="2"></td><td></td></tr>
<tr><td colspan="2">6. 设备本体及检修现场干净</td><td>△</td><td>△</td><td colspan="2"></td><td></td></tr>
<tr><td colspan="2">7. 加热、冷却系统运行正常</td><td>△</td><td>△</td><td colspan="2"></td><td></td></tr>
<tr><td colspan="2">8. 润滑、密封液系统工作正常</td><td></td><td>△</td><td colspan="2"></td><td></td></tr>
<tr><td colspan="2">9. 盘车轻松，无轻重不均匀感</td><td></td><td>△</td><td colspan="2"></td><td></td></tr>
<tr><td colspan="2">10. 电机点动或单试转向正确</td><td></td><td>△</td><td colspan="2"></td><td></td></tr>
<tr><td colspan="2">11. 防腐或保温完好</td><td>△</td><td>△</td><td colspan="2"></td><td></td></tr>
<tr><td colspan="2">12. 静密封点无泄漏</td><td>△</td><td>△</td><td colspan="2"></td><td></td></tr>
<tr><td colspan="2">试车验收数据</td><td colspan="2"></td><td>标准值</td><td>实测值</td><td></td></tr>
<tr><td colspan="2">13. 温升</td><td></td><td>△</td><td></td><td></td><td></td></tr>
<tr><td colspan="2">14. 电流</td><td></td><td>△</td><td></td><td></td><td></td></tr>
<tr><td colspan="2">15. 振动值</td><td></td><td>△</td><td></td><td></td><td></td></tr>
<tr><td colspan="2">16. 动密封泄漏量</td><td></td><td>△</td><td></td><td></td><td></td></tr>
<tr><td colspan="7">验收结论：</td></tr>
<tr><td colspan="7">验收人员签字：

检修单位：　　　　　　　　使用单位：　　　　　　　　主管部门：</td></tr>
</table>

注： 1. 在相应设备类别（　　）内填“√”，“△”指该设备应验收这些项目。

2. 对于状态确认项目，在确认栏内填“√”（符合要求）或“×”（不符合要求）。

3. 对于电流等非定性项目，在“标准值”栏和“实测值”栏内填数值。

15. 水下切粒机维护检修规程

SHS 04515—2019

代替 SHS 04515—2004

目　次

前 言

本规程按照GB/T 1.1—2009《标准化工作导则 第1部分：标准的结构和编写》给出的规则起草。

本规程代替SHS 04515—2004《水下切粒机维护检修规程》，与SHS 04515—2004相比，除了编辑性修改外主要技术变化如下：

——明确了本规程适用水下切粒机的型号；

——对常见功能故障与处理部分按RCM分析方法重新编制；

——增加“附录A 检修数据记录表”；

——增加“附录B 试车与验收数据记录表”。

本规程由中国石油化工集团有限公司、中国石油化工股份有限公司提出。

本规程起草单位：中国石化仪征化纤有限责任公司。

本规程主要起草人：潘林。

本规程历次版本发布情况：

——SHS 04515—2004。

水下切粒机维护检修规程

1 范围

1.1 主题内容

本规程规定了聚酯装置水下切粒机的检修周期、检修内容与质量标准、试车与验收、维护与故障处理。

1.2 适用范围

本规程适用于聚酯装置中USG600、M-900H、900V、SQL950、TSQW600等水下切粒机的维护与检修。

2 规范性引用文件

下列文件中的条款通过本规程的引用而成为本规程的条款。凡是注日期的引用文件，其随后所有的修改单（不包括勘误的内容）或修订版均不适用于本规程，然而，鼓励根据本规程达成协议的各方研究是否可使用这些文件的最新版本。凡是不注日期的引用文件，其最新版本适用于本规程。

GB/T 51193　聚酯及固相缩聚设备工程安装与质量验收规范

3 检修周期及内容

3.1 检修周期

根据对水下切粒机系统功能故障及其影响分析的结果，并结合生产装置运行周期，确定设备检修周期，一般为36～60个月。

3.2 检修项目

3.2.1 检查切割室内动刀、定刀、前引料辊、后引料辊、剥离器的磨损情况，视磨损程度及时处理或更换。

3.2.2 检查轴承及其密封元件，择差更换。

3.2.3 更换联轴器弹性元件，择差更换联轴器并重新找正。

3.2.4 更换、清洗铸带头，并更换密封件。

3.2.5 检查、调校铸带头和切粒机体的相对位置。

3.2.6 解体检查齿轮箱，测量传动齿轮的啮合间隙，择差更换齿轮。
3.2.7 拆卸并清理溢流水箱，并检查修理启动板组件。
3.2.8 拆卸检查切断板组件。
3.2.9 检查喷嘴堵塞情况，择差更换。
3.2.10 调整修复导流板。
3.2.11 检查气源管路系统各元件，择差更换零部件。
3.2.12 检查仪表控制系统，择差更换仪表元器件。

4 检修程序与质量标准

4.1 拆卸前准备

4.1.1 准备相关技术资料，根据日常维护、运转和测试记录，确定检修内容，制定检修方案。
4.1.2 落实好检修时所需的备品备件、原材料、工器具等，并根据相关备品备件和原材料的质量标准做好备品备件和原材料的质量检查和确认。
4.1.3 检修人员已接受安全教育，并接受了设备的介质特性、现场环境和设备故障情况的安全、技术交底。
4.1.4 落实检修中的安全和环保措施，做好介质的排尽、排放和收集工作。
4.1.5 按照停送电等相关管理规定办理相关作业票证。
4.1.6 确认设备交出手续是否完备。
4.1.7 完成检修前其他工作确认。

4.2 拆卸与检测

4.2.1 凭热拆工作票对铸带头进行热拆。
4.2.2 拆除与水下切粒机相连的工艺管线和电仪设备等附属设备设施。
4.2.3 拆除动刀和引料辊电机及齿轮箱，解体检查齿轮箱，更换轴承、油封等易损件，择差更换齿轮。
4.2.4 拆除切割室，并整体移至检修间进行解体检修。
4.2.5 打开切割室盖板，拆前、后引料辊、剥离器、动刀、定刀等部件的磨损情况，视磨损程度进行处理或更换，更换支承轴承。
4.2.6 拆除喷嘴架及喷嘴，对喷嘴进行检查、清洗，择差更换。
4.2.7 拆除溢流水箱端盖，对溢流水箱内部进行清洗。
4.2.8 拆除三股水过滤器和水管，对过滤器和水管进行清洗、检查，择差更换。

4.3 回装与质量标准

4.3.1 切割室组装。切割室组装前应对动刀、定刀、前后引料辊进行检查、检测，择差进行修复或更换，切割室检修质量标准符合表 1 的要求。

表 1　切割室检修质量标准

序号	检验项目	质量标准	检验方法
1	动刀外圆直径	≥ 157mm	游标卡尺
2	动刀外圆跳动	≤ 0.01mm	百分表
3	定刀刃磨沿长度	≤ 0.01mm/1000mm	塞尺
4	前引料辊状况	齿顶面无缺陷 齿顶面无磨	目测、手感
5	后引料辊的圆柱度	圆柱度≤ 0.06 且表面无缺陷	机床上沿轴向素线打表或外径千分尺
6	前引料辊轴承部位轴径	$\phi 35^{+0.18}_{+0.02}$	外径千分尺
7	后引料辊轴承部位轴径	$\phi 40^{+0.18}_{+0.02}$	外径千分尺
8	两定刀片的对接间隙	≤ 0.02mm	塞尺
9	动刀与定刀间的间隙	0.02～0.04mm	塞尺
10	前、后引料辊间隙	1.25～2.0mm	塞尺
11	联轴节、弹性块及链轮、链条	完好	目测、手感
12	气缸气密性实验	气压 0.4 MPa，保压 15min 无压力降	打压

4.3.2　溢流水箱回装。回装前应对溢流水箱内部进行清洗，并对水箱密封垫片进行更换。回转后测量溢流水箱出口间隙，保证间隙在 1.5～2.0mm 范围内。

4.3.3　三股水管和过滤器回装。水管不应有龟裂、泄漏；过滤器滤芯无变形，过滤精度符合要求。

4.3.4　喷嘴架和喷嘴回装。回装前应对喷嘴进行检查，喷嘴不应堵塞，喷嘴的喷射角度与导向板的法线方向成 30° 夹角。

4.3.5　切割室回装。

4.3.6　齿轮箱和电机回装。齿轮箱的检修按照 SHS 01028《减速机维护检修规程》执行，齿轮箱检修质量标准符合表 2 的要求。确认好电动机转向后，对电动机和齿轮箱、齿轮箱和切割室间联轴器进行找正，联轴器找正质量标准见表 3。

表 2　齿轮箱检修质量标准

序号	检验项目	质量标准	检验方法
1	齿轮接触面	沿齿高＞ 50% 沿齿宽＞ 70%	着色法
2	轴向窜动量	0.06～0.20mm	百分表
3	啮合间隙	0.04～0.12mm	压铅法

表 3　联轴器找正质量标准

序号	检验项目	质量标准	检验方法
1	径向偏差	≤0.05mm	百分表
2	角向偏差	≤0.05mm	百分表
3	轴向间隙	2～4mm	直尺

4.3.7　待切粒机铸带头升温到位后，回装铸带头。

4.3.8　检修完成后废油、含油抹布、粉尘等清理到指定位置规范收集，合规处理，符合工完、料尽、场地清等要求。

5　试车和验收

5.1　试车前准备

5.1.1　检查各进、出口和旁通阀门，应灵活好用，开启三股水系统，三股水压力、流量符合要求，各密封点无泄漏，各零部件、附件齐全完好。

5.1.2　各润滑点润滑油、脂加注完成。

5.1.3　盘车轻松、无轻重不均匀感。

5.1.4　各阀门灵活有效、各密封点无泄漏，各零部件、附件齐全完好。

5.1.5　检查仪表、电气、气路系统使其具备试车条件，调试安全联锁装置。

5.1.6　检修资料齐全，检修数据完整、准确、符合要求。

5.1.7　完成其他试车条件确认。

5.2　试车

5.2.1　启动切粒机，机械传动部分、液压动力单元运转平稳，无异常振动和声响。

5.2.2　负荷试车

5.2.2.1　仪表指示准确、灵敏。

5.2.2.2　各部位轴承温度不大于 70℃。

5.2.2.3　润滑油及各个管路、接头无漏油、漏气、漏水等现象。

5.2.2.4　设备运转平稳，无异常振动，无异常声音。

5.2.2.5　电机电流在额定范围内。

5.2.2.6　切片无异状，满足工艺要求

5.3　验收

5.3.1　设备连续运行 24h 后，各项技术指标达到设计要求值或满足生产需要。

5.3.2　设备达到完好标准。

5.3.3　完善检修记录，检修记录齐全、准确，按规定办理验收手续。

6 维护与故障处理

6.1 日常维护

6.1.1 经常保持机组清洁。
6.1.2 及时处理铸带的并带、飘带现象。
6.1.3 检查处理喷淋水的喷嘴。
6.1.4 检查清洗水过滤器。
6.1.5 定期检查、调整三股水流量和压力。
6.1.6 定期检查产品有无毛刺、异形。

6.2 常见功能故障与处理方法

水下切粒机常见功能故障与处理方法见表 4。

表 4 水下切粒机常见功能故障与处理方法

序号	功能	功能故障	故障模式	故障后果	故障应对策略与检修内容	检修周期 / 月
1	保证切片粒子符合要求	切片毛刺	动刀与定刀间隙异常	切片有毛刺，影响切片质量	调整间隙	视情而定
2			动刀刀刃磨损	切片有毛刺，影响切片质量	换刀，重新研磨	视情而定
3			冷却水温度过高或流量低	切片有毛刺，影响切片质量	调节水温或水流量	视情而定
4		切片并带	铸带粘在一起	切片有并带，影响切片质量	引导铸带分开	视情而定
5			多个铸带并入一个导槽内	切片有并带，影响切片质量	引导铸带分开	视情而定
6			前后引料辊不平行	切片有并带，影响切片质量	调整平行度	视情而定
7			导流槽太脏	切片有并带，影响切片质量	清理导流槽	视情而定
8			产能过高	切片有并带，影响切片质量	调整产能	视情而定
9			喷淋水喷嘴堵塞或角度不对	切片有并带，影响切片质量	疏通或调整角度	视情而定
10		切片超长	冷却水量不够或进口水温高；中间换热器效率差；二级压缩机异常	设备损伤、联锁停机	定期巡检；提高供水压力，降低进口水温；清洗中间换热器	视情而定换热器每年清洗

表 4　水下切粒机常见功能故障与处理方法（续）

序号	功能	功能故障	故障模式	故障后果	故障应对策略与检修内容	检修周期／月
11	保证切粒机连续运转	切割室故障	动刀、引料辊轴承损坏	设备损伤、影响负荷	更换轴承	24~60
12			切割室齿轮箱故障	设备损伤、影响负荷	检查修理齿轮箱	36~60
13			切割室气缸锁不住	设备损伤、影响负荷	仪表检查处理	24~60
14			联轴器弹性快或联轴器损坏	设备损伤、影响负荷	更换弹性块或联轴器	24~60
15			电机故障	设备损伤、影响负荷	电气检查修理	24~60
16		披挂	引料间隙太小	设备停运、影响负荷	对引料间隙进行调整	视情而定
17			喷淋水、溢流水流量不足	设备停运、影响负荷	定期巡检，及时调整喷淋水、溢流水流量	视情而定
18			引料速度太低	设备停运、影响负荷	及时调整引料速度与银联速度，使之匹配	视情而定
19		机组温度高	出口或机头温度高	设备损坏	检查调整进气温度、冷却水量或水温，检查修理油系统、过滤器，换热器，轴承故障	定期巡检视情而定

附　录　A
（资料性附录）
设备检修数据记录表

检修日期：

序号	检测项目	质量标准	检测方法	质控等级	实测记录		确认人		
					修前	修后	检修人员	检修单位技术人员	使用单位技术人员
1	动刀与定刀间的间隙	0.02～0.04mm	塞尺	停止点					
2	前、后引料辊间隙	1.25～2.0mm	塞尺	停止点					
3	动刀外圆直径	≥157mm	游标卡尺	质控点					
4	动刀外圆跳动	≤0.01mm	百分表	质控点					
5	定刀刃磨沿长度	≤0.01mm/1000mm	塞尺	质控点					
6	前引料辊状况	齿顶面无缺陷 齿顶面无磨损	目测、手感	质控点					
7	后引料辊的圆柱度	圆柱度≤0.06且表面无缺陷	机床上沿轴向素线	质控点					
8	前引料辊轴承部位轴径	$\phi 35^{+0.18}_{+0.02}$	外径千分尺	质控点					
9	后引料辊轴承部位轴径	$\phi 40^{+0.18}_{+0.02}$	外径千分尺	质控点					
10	气缸气密性实验	气压4bar，保压15min无压力降	打压	质控点					
11	径向偏差	≤0.05mm	百分表	自控点					
12	角向偏差	≤0.05mm	百分表	自控点					
13	轴向间隙	2～4mm	直尺	自控点					

注：自控点是检修人员进行质量检验的检修工序点；质控点是检修方质检员或技术员进行质量检验的工序点；停止点是检修、使用双方技术人员都必须到现场确认的检修工序点。

附　录　B

（资料性附录）

试车与验收数据记录表

<table>
<tr><td>使用单位</td><td></td><td>检修单位</td><td colspan="4"></td></tr>
<tr><td>设备位号及名称</td><td></td><td>设备类别</td><td colspan="4">静设备（　　）；动设备（　　）</td></tr>
<tr><td colspan="2">试车验收前的准备工作</td><td>静设备</td><td>动设备</td><td colspan="2">状态确认</td><td>确认人</td></tr>
<tr><td colspan="2">1. 各加油点已按规定加好润滑油</td><td></td><td>△</td><td colspan="2"></td><td></td></tr>
<tr><td colspan="2">2. 密封液已加好</td><td></td><td>△</td><td colspan="2"></td><td></td></tr>
<tr><td colspan="2">3. 电源线已接好</td><td></td><td>△</td><td colspan="2"></td><td></td></tr>
<tr><td colspan="2">4. 工艺准备已完毕</td><td>△</td><td>△</td><td colspan="2"></td><td></td></tr>
<tr><td colspan="2">5. 检修记录单位和零部件换修记录单已填好</td><td>△</td><td>△</td><td colspan="2"></td><td></td></tr>
<tr><td colspan="2">6. 设备本体及检修现场干净</td><td>△</td><td>△</td><td colspan="2"></td><td></td></tr>
<tr><td colspan="2">7. 加热、冷却系统运行正常</td><td>△</td><td>△</td><td colspan="2"></td><td></td></tr>
<tr><td colspan="2">8. 润滑、密封液系统工作正常</td><td></td><td>△</td><td colspan="2"></td><td></td></tr>
<tr><td colspan="2">9. 盘车轻松，无轻重不均匀感</td><td></td><td>△</td><td colspan="2"></td><td></td></tr>
<tr><td colspan="2">10. 电机点动或单试转向正确</td><td></td><td>△</td><td colspan="2"></td><td></td></tr>
<tr><td colspan="2">11. 防腐或保温完好</td><td>△</td><td>△</td><td colspan="2"></td><td></td></tr>
<tr><td colspan="2">12. 静密封点无泄漏</td><td>△</td><td>△</td><td colspan="2"></td><td></td></tr>
<tr><td colspan="2">试车验收数据</td><td colspan="2"></td><td>标准值</td><td>实测值</td><td></td></tr>
<tr><td colspan="2">13. 温升</td><td></td><td>△</td><td></td><td></td><td></td></tr>
<tr><td colspan="2">14. 电流</td><td></td><td>△</td><td></td><td></td><td></td></tr>
<tr><td colspan="2">15. 振动值</td><td></td><td>△</td><td></td><td></td><td></td></tr>
<tr><td colspan="2">16. 动密封泄漏量</td><td></td><td>△</td><td></td><td></td><td></td></tr>
<tr><td colspan="7">验收结论：</td></tr>
<tr><td colspan="7">验收人员签字：

检修单位：　　　　　　　　使用单位：　　　　　　　　主管部门：</td></tr>
</table>

注： 1. 在相应设备类别（　　）内填“√”，“△”指该设备应验收这些项目。

2. 对于状态确认项目，在确认栏内填“√”（符合要求）或“×”（不符合要求）。

3. 对于电流等非定性项目，在“标准值”栏和“实测值”栏内填数值。

16. 振动式筛网分离器维护检修规程

SHS 04516—2019

代替 SHS 04516—2004

目　　次

前 言

本规程按照 GB/T 1.1—2009《标准化工作导则 第 1 部分：标准的结构和编写》给出的规则起草。

本规程代替 SHS 04516—2004《振动式筛网分离器维护检修规程》，与 SHS 04516—2004 相比，除了编辑性修改外主要技术变化如下：

——明确了本规程适用振动式筛网分离器的型号；

——对常见功能故障与处理部分按 RCM 分析方法重新编制；

——增加“附录 A 检修数据记录表”；

——增加“附录 B 试车与验收数据记录表”。

本规程由中国石油化工集团有限公司、中国石油化工股份有限公司提出。

本规程起草单位：中国石化仪征化纤有限责任公司。

本规程主要起草人：潘林。

本规程历次版本发布情况：

——SHS 04516—2004。

振动式筛网分离器维护检修规程

1 范围

1.1 主题内容

本规程规定了聚酯装置中振动式筛网分离器的检修周期、检修内容与质量标准、试车与验收、维护与故障处理。

1.2 适用范围

本规程适用于聚酯装置GNLV100P、ZZS-80-250/2、ZDS882、SUF8/18/1等型号振动式筛网分离器的维护与检修。

2 规范性引用文件

下列文件中的条款通过本规程的引用而成为本规程的条款。凡是注日期的引用文件，其随后所有的修改单（不包括勘误的内容）或修订版均不适用于本规程，然而，鼓励根据本规程达成协议的各方研究是否可使用这些文件的最新版本。凡是不注日期的引用文件，其最新版本适用于本规程。

JB/T 5496 振动筛制造通用技术条件

JB/T 9022 振动筛设计规范

3 检修周期与内容

3.1 检修周期

根据振动式筛网分离器系统功能故障及其影响分析的结果，并结合生产装置运行周期，确定检修周期，一般为36～60个月。

3.2 检修项目

3.2.1 解体检修振动电动机，检查轴承、偏心块、密封件的磨损情况。

3.2.2 检查出料口软节及其附属管件，择差修理或更换。

3.2.3 检查筛网与壳体间密封件，择差更换。

3.2.4 检查振动筛筛网，修理变形和破损部位，择差更换。

3.2.5 检查振动筛及其盖板的支承筋板和压板变形情况，择差修复或更换。

3.2.6　检查振动筛壳体及焊缝，不得有裂纹、变形、腐蚀等情况。
3.2.7　检查弹簧的磨损、腐蚀及老化情况，择差更换。
3.2.8　检查并紧固所有螺栓连接部位。

4　检修程序与质量标准

4.1　拆卸前准备

4.1.1　准备相关技术资料，根据日常维护、运转和测试记录，确定检修内容，制定检修方案。
4.1.2　落实好检修时所需的备品备件、原材料、工器具等，并根据相关备品备件和原材料的质量标准做好备品备件和原材料的质量检查和确认。
4.1.3　检修人员已接受安全教育，并接受设备的介质特性、现场环境和设备故障情况的安全、技术交底。
4.1.4　落实检修中的安全和环保措施，做好介质的排尽、排放和收集工作。
4.1.5　按照停送电等相关管理规定办理相关作业票证。
4.1.6　确认设备交出手续是否完备。
4.1.7　完成检修前其他工作确认。

4.2　拆卸与检测

4.2.1　拆卸与振动筛进出口相连的工艺管线和软连接。
4.2.1　拆卸振动电动机，并整体移至检修间进行检修。
4.2.2　拆卸盖板紧固件，拆除振动筛盖板。
4.2.3　拆卸上层筛网。
4.2.4　拆卸下层筛网。
4.2.5　拆卸振动筛壳体。
4.2.6　拆卸弹簧。

4.3　回装与质量标准

4.3.1　振动筛回装前应保证各零部件及振动筛内部清理干净。
4.3.2　弹簧回装。回装前应对弹簧进行检查、检测，弹簧检修质量标准符合表1的要求。

表1　弹簧检修质量标准

序号	检验项目	质量标准	检验方法
1	弹簧高度	不低于初始高度10%	卷尺
2	弹簧间高度差	弹簧间高度偏差不大于1mm	卷尺

4.3.3 回装振动筛壳体。回装时应对壳体进行检查，确保壳体无裂纹、变形或脱焊。

4.3.4 回装下层筛网。回装时应对筛网筛面和筛孔直径进行检查，网面应平整、无破损，最大筛孔直径不超出原直径5%。更换下层筛网与壳体间的密封条。

4.3.5 回装上层筛网。回装时应对筛网筛面和筛孔直径进行检查，网面应平整、无破损，最大筛孔直径不超出原直径5%。更换上层筛网与壳体间的密封条。

4.3.6 回装振动筛盖板。回装时应对盖板进行检查，确保壳体无裂纹、变形或脱焊。

4.3.7 回装振动电动机。振动电动机检修质量标准符合表2的要求。

表2 振动电动机检修质量标准

序号	检验项目	质量标准	检验方法
1	振动部件与静止部件间隔	＞50mm	卷尺
2	偏心块平行度	≤0.04mm	游标卡尺

4.3.8 回装振动筛进出口软连接。

4.3.9 检修完成后废油、含油抹布、粉尘等清理到指定位置规范收集，合规处理，符合工完、料尽、场地清等要求。

5 试车与验收

5.1 试车前准备

5.1.1 检查各进、出口和旁通阀门，应灵活好用，各零部件、附件齐全完好。

5.1.2 检查仪表、电气、气路系统使其具备试车条件，调试安全联锁装置。

5.1.3 各润滑部位按规定加注润滑脂。

5.1.4 确认电动机转向符合设计要求。

5.1.5 检修资料齐全，检修数据完整、准确、符合要求。

5.1.6 完成其他试车条件确认。

5.2 试车

5.2.1 启动后，振动器润滑正常无干磨现象，声音正常，无发热及漏油现象。

5.2.2 各部位连接牢固，运转轻快自如，无异常声响，振幅值符合设计要求。

5.2.3 电流稳定且不超过设计值。

5.2.4 各部位轴承温度不大于70℃。

5.3 验收

5.3.1 机组连续运行24h后，各项技术指标达到设计要求值或满足生产需要。

5.3.2 设备达到完好标准。

5.3.3 完善检修记录，检修记录齐全、准确，按规定办理验收手续。

6 维护及常见故障处理

6.1 日常维护

6.1.1 检查振动式分离器筛网或筛网是否积料，筛网是否变形或破损。
6.1.2 检查或紧固各部位的连接螺栓。
6.1.3 手感检查振动电机的振幅是否正常，转向是否相反，调节偏心块的位置。
6.1.4 检查振动式分离器盖板和出口软连接，消除泄漏。
6.1.5 定期对振动电机补加润滑脂。

6.2 常见功能故障与处理方法

振动式筛网分离器常见功能故障与处理方法见表 3。

表 3 振动式筛网分离器常见功能故障与处理方法

序号	功能	功能故障	故障模式	故障后果	故障应对策略与检修内容	检修周期／月
1	保证振动筛连续运	振动电机振幅故障	偏心角度不正确	设备损伤、影响负荷	重新调整偏心距	36～60
2			配重铁块安装角度不正确	设备损伤、影响负荷	重新调节配重铁块位置	36～60
3			轴承损坏或偏心过大	设备损伤、影响负荷	更换轴承或重新调节偏心	36～60
4		设备泄漏	进、出口软连接破损	设备损伤、影响负荷	定期巡检，更换软连接	视情而定
5			上、下层筛网与壳体间泄漏	设备损伤、影响负荷	定期巡检，更换垫片	视情而定
6		筛网堵塞，堆积物料	筛网孔或孔间距偏小	设备损伤、影响负荷	更换筛网	定期巡检视情而定
7		出料含并带或超长切片	筛网破损或筛网孔偏大	设备损伤、影响负荷	更换筛网	定期巡检视情而定
8		物料跑偏	筛体两侧振幅不同	设备损伤、影响负荷	重新调整两侧振幅	
9			振动弹簧损坏	设备损伤、影响负荷	更换并重新调整弹簧	

附 录 A
（资料性附录）
检修数据记录表

设备名称：振动式筛网分离器　　　　　设备位号：　　　　　　　　　检修日期：

序号	检测项目	质量标准	检测方法	质控等级	实测记录		确认人		
					修前	修后	检修人员	检修单位技术人员	使用单位技术人员
1	弹簧高度	不低于初始高度10%	卷尺	质控点					
2	弹簧间高度差	弹簧间高度偏差不大于1mm	卷尺	质控点					
3	振动部件与静止部件间隔	＞50mm	卷尺	质控点					
4	偏心块平行度	≤0.04mm	游标卡尺	质控点					
5	筛孔直径	不超出原直径5%	游标卡尺	自控点					

注： 自控点是检修人员进行质量检验的检修工序点；质控点是检修方质检员或技术员进行质量检验的工序点；停止点是检修、使用双方技术人员都必须到现场确认的检修工序点。

附　录　B
（资料性附录）
试车与验收数据记录表

年　　月　　日

使用单位		检修单位			
设备位号及名称		设备类别	静设备（　　）；动设备（　　）		
试车验收前的准备工作	静设备	动设备	状态确认		确认人
1. 各加油点已按规定加好润滑油		△			
2. 密封液已加好		△			
3. 电源线已接好		△			
4. 工艺准备已完毕	△	△			
5. 检修记录单位和零部件换修记录单已填好	△	△			
6. 设备本体及检修现场干净	△	△			
7. 加热、冷却系统运行正常	△	△			
8. 润滑、密封液系统工作正常		△			
9. 盘车轻松，无轻重不均匀感		△			
10. 电机点动或单试转向正确		△			
11. 防腐或保温完好	△	△			
12. 静密封点无泄漏	△	△			
试车验收数据			标准值	实测值	
13. 温升		△			
14. 电流		△			
15. 振动值		△			
16. 动密封泄漏量		△			
验收结论：					
验收人员签字： 检修单位：　　　　使用单位：　　　　主管部门：					

注：1. 在相应设备类别（　　）内填“√”，“△”指该设备应验收这些项目。
2. 对于状态确认项目，在确认栏内填“√”（符合要求）或“×”（不符合要求）。
3. 对于电流等非定性项目，在“标准值”栏和“实测值”栏内填数值。

17. 切片离心干燥机维护检修规程

SHS 04518—2019

代替 SHS 04518—2004

目　　次

前　　言

本规程按照 GB/T 1.1—2009《标准化工作导则　第 1 部分：标准的结构和编写》给出的规则起草。

本规程代替 SHS 04518—2004《切片离心干燥机维护检修规程》，与 SHS 04518—2004 相比，除了编辑性修改外主要技术变化如下：

——明确了本规程适用切片离心干燥机的型号；

——对常见功能故障与处理部分按 RCM 分析方法重新编制；

——增加“附录 A　检修数据记录表”；

——增加“附录 B　试车与验收数据记录表”。

本规程由中国石油化工集团有限公司、中国石油化工股份有限公司提出。

本规程起草单位：中国石化仪征化纤有限责任公司。

本规程主要起草人：潘林。

本规程历次版本发布情况：

——SHS 04518—2004。

切片离心干燥机维护检修规程

1 范围

1.1 主题内容

本规程规定了聚酯装置中切片离心干燥机的检修周期、检修内容与质量标准、试车与验收、维护与故障处理。

1.2 适用范围

本规程适用于聚酯装置中 D512、D416、LG400 型切片离心干燥机的维护与检修。

2 规范性引用文件

下列文件中的条款通过本规程的引用而成为本规程的条款。凡是注日期的引用文件，其随后所有的修改单（不包括勘误的内容）或修订版均不适用于本规程，然而，鼓励根据本规程达成协议的各方研究是否可使用这些文件的最新版本。凡是不注日期的引用文件，其最新版本适用于本规程。

HG/T 4272　颗粒离心干燥机

JB/T 10563　一般用途离心通风机技术条件

3 检修周期与内容

3.1 检修周期

根据切片离心干燥机系统功能故障及影响分析的结果，并结合生产装置运行周期确定设备检修周期，一般为 36～60 个月。

3.2 检修项目

3.2.1　检查进口分离水滤网处是否积料，进口管线是否有漏水。

3.2.2　检查离心干燥机底部防水轴封磨损情况。

3.2.3　检查离心干燥机过滤网是否堵塞和有无破损。

3.2.4　检查离心干燥机皮带张紧度和皮带、皮带轮的磨损情况。

3.2.5　清理离心干燥机各部位遗留切片及粉尘。

3.2.6　检查附属管件，择差修理或更换。

3.2.7 检查机架构件有无裂纹和脱焊现象。
3.2.8 更换上部和底部支承轴承。
3.2.9 检查转子部位叶片有无裂纹及变形。
3.2.10 检查转子轴承做位置的磨损情况和转子动平衡情况。
3.2.11 解体、检修抽湿风机。
3.2.12 检修电仪设备。

4 检修与质量标准

4.1 检修前准备

4.1.1 准备相关技术资料，根据日常维护、运转和测试记录，确定检修内容，制定检修方案。
4.1.2 落实好检修时所需的备品备件、原材料、工器具等，并根据相关备品备件和原材料的质量标准做好备品备件和原材料的质量检查和确认。
4.1.3 检修人员已接受安全教育，并接受设备的介质特性、现场环境和设备故障情况的安全、技术交底。
4.1.4 落实检修中的安全和环保措施，做好介质的排尽、排放和收集工作。
4.1.5 按照停送电等相关管理规定办理相关作业票证。
4.1.6 确认设备交出手续是否完备。
4.1.7 完成检修前其他工作确认。

4.2 拆卸与检测

4.2.1 拆除与离心干燥机相连的工艺管线和电仪设备等附属设备设施。
4.2.2 拆卸离心干燥机进口水切片滤网盖板。
4.2.3 拆卸箱门内弧形筛网。
4.2.4 拆卸离心干燥机防护罩、皮带、皮带轮。
4.2.5 拆卸顶部防尘滤板。
4.2.6 拆卸离心干燥机顶部轴承。
4.2.7 拆卸离心干燥机底部轴承。
4.2.8 拆卸离心干燥机底部防水轴封。
4.2.9 拆卸离心干燥机转子。
4.2.10 拆卸抽湿风机防护罩、皮带和皮带轮。
4.2.11 解体抽湿风机。

4.3 回装与质量标准

4.3.1 离心干燥机回装前应保证所有零部件和离心干燥机内部清洗干净。

4.3.2 抽湿风机回装。抽湿风机的检修按照 SHS 01028《变速机维护检修规程》执行。

4.3.3 离心干燥机底部防水轴封回装。底部防水轴封回装时应对 V 型密封圈、油封等易损件进行更换。

4.3.4 离心干燥机转子回装。离心干燥机转子回装前应进行检查、检测，必要时进行修复处理、动平衡试验，离心干燥机转子检修质量标准符合表 1 的要求。

表 1 离心干燥机转子检修质量标准

序号	检验项目	质量标准	检验方法
1	转子动平衡	G6.3	动平衡试验
2	转子轴承颈径向跳动	≤ 0.02mm	百分表
3	转子防水轴封位置径向跳动	≤ 0.02mm	百分表
4	转子轴承颈表面粗糙度	R_a0.8	粗糙度检测仪等
5	转子防水轴封位置表面粗糙度	R_a0.8	粗糙度检测仪等
6	转子叶片焊缝	无气孔、裂纹等缺陷	目测、磁粉、着色

4.3.4 离心干燥机顶部和底部轴承回装。

4.3.5 离心干燥机顶部防尘滤板回装。回装时应对防尘滤板进行清洗、吹扫，保证滤板无灰尘。

4.3.6 离心干燥机皮带轮、皮带回装。离心干燥机皮带轮检修质量标准符合表2的要求。

表 2 离心干燥机皮带轮检修质量标准

序号	检验项目	质量标准	检验方法
1	皮带轮	无明显磨损	目测
2	皮带轮间水平度	≤ 0.5mm	水平仪、卷尺等
3	皮带张紧力	10～12mm	指压法

4.3.7 离心干燥机弧形筛网回装。对筛网进行检查，筛网不允许出现破损、变形，回装时使筛网的顶部和底部与离心干燥机框架外圆均匀、紧密贴合，筛网与框架外圆的间隙不大于 0.3mm。

4.3.8 离心干燥机进口水切片滤网盖板回装。滤网盖板不允许出现破损，变形。

4.3.9 回装与离心干燥机相连的工艺管线和电仪设备等附属设备设施。

4.3.10 检修完成后废油、含油抹布、粉尘等清理到指定位置规范收集，合规处理，符合工完、料尽、场地清等要求。

5 试车与验收

5.1 试车前准备

5.1.1 检查各进、出口阀门，应灵活好用，各密封点无泄漏，各零部件、附件齐全完好。
5.1.2 各润滑点润滑油、脂加注完成。
5.1.3 电机电源线已接好并已送电，单试电机转向正确。
5.1.4 离心干燥机、抽湿机盘车轻松、无轻重不均匀感。
5.1.5 各阀门灵活有效、各密封点无泄漏，各零部件、附件齐全完好。
5.1.6 全面检查离心干燥机、抽湿机各运转部分与静止机件的紧固情况。
5.1.7 检查仪表、电气、气路系统使其具备试车条件，调试安全联锁装置。
5.1.8 检修资料齐全，检修数据完整、准确、符合要求。
5.1.9 完成其他试车条件确认。

5.2 试车

5.2.1 空负荷运行 5～10min，无异常现象，可进行负荷试车。
5.2.2 负荷试车
5.2.2.1 各部位轴承温度不大于 70℃。
5.2.2.2 离心干燥机各个管路、接头无漏水。
5.2.2.3 离心干燥机无漏切片现象。
5.2.2.4 设备运转平稳，无异常振动，无异常声音。
5.2.2.5 电动机电流在额定范围内。

5.3 验收

5.3.1 离心干燥机连续运行 24h 后，各项技术指标达到设计要求值或满足生产需要。
5.3.2 设备达到完好标准。
5.3.3 完善检修记录，检修记录齐全、准确，按规定办理验收手续。

6 维护与故障处理

6.1 日常维护

6.1.1 定期对设备进行巡检，检查切片水含量和切片粉尘情况。
6.1.2 定期检查离心干燥机筛网有无漏切片现象
6.1.3 检查设备运行有无异常震动和噪声。

6.2 常见功能故障与处理方法

切片离心干燥机常见功能故障与处理方法见表 3。

表 3　切片离心干燥机常见功能故障与处理方法

序号	功能	功能故障	故障模式	故障后果	故障应对策略与检修内容	检修周期／月
1	保证离心干燥机能力	切片水含量高	离心干燥机转速低	产品达不到工艺生产要求	提高转速	视情而定
			进口滤网堵	产品达不到工艺生产要求	定期巡检；清理滤网	视情而定
			排水口堵	产品达不到工艺生产要求	定期巡检；疏通排水口	视情而定
			生产负荷太大	产品达不到工艺生产要求	降低生产负荷	视情而定
			离心风机进出口不畅通	产品达不到工艺生产要求	定期巡检；清理离心风机进出口	视情而定
2		离心干燥机底部漏水	离心干燥机底部轴封失效	设备损伤、影响负荷	定期巡检；更换底部轴封	视情而定
3	保证离心干燥机连续运转	离心干燥机传动系统不正常	传动带松动或断裂	设备效率低、影响负荷	更换传动带	12～24
4			皮带轮磨损	设备效率低、影响负荷	更换皮带轮	36～60
5			电机故障	设备停机、影响负荷	电气专业检查清理	36～60
6		离心干燥机振动大或声音异常	轴承故障	设备损伤、影响负荷	定期补加润滑脂及检修更换轴承	36～60
7			转子不平衡	设备损伤、影响负荷	做动平衡实验	36～60
8			转子叶片损坏	设备损伤、影响负荷	更换叶片	36～60

附　录　A
（资料性附录）
检修数据记录表

设备名称：离心干燥机　　　　　　设备位号：　　　　　　　　　　检修日期：

序号	检测项目	质量标准	检测方法	质控等级	实测记录		确认人		
					修前	修后	检修人员	检修单位技术人员	使用单位技术人员
1	转子动平衡	G6.3	动平衡试验	停止点					
2	转子轴承颈径向跳动	≤0.02mm	百分表	停止点					
3	转子防水轴封位置径向跳动	≤0.02mm	百分表	停止点					
4	转子轴承颈表面粗糙度	R_a0.8	粗糙度检测仪等	质控点					
5	转子防水轴封位置表面粗糙度	R_a0.8	粗糙度检测仪等	质控点					
6	转子叶片焊缝	无气孔、裂纹等缺陷	目测、磁粉、着色	质控点					
7	皮带轮间水平度	≤0.5mm	水平仪、卷尺等	质控点					
8	皮带轮	无明显磨损	目测	自控点					
9	皮带张紧力	10～12mm	指压法	自控点					
10	筛网与框架外圆的间隙	≤0.3mm	塞尺	自控点					

注：自控点是检修人员进行质量检验的检修工序点；质控点是检修方质检员或技术员进行质量检验的工序点；停止点是检修、使用双方技术人员都必须到现场确认的检修工序点。

附　录　B
（资料性附录）
试车与验收数据记录表

年　　月　　日

<table>
<tr><td>使用单位</td><td></td><td>检修单位</td><td colspan="4"></td></tr>
<tr><td>设备位号及名称</td><td></td><td>设备类别</td><td colspan="4">静设备（　　）；动设备（　　）</td></tr>
<tr><td colspan="2">试车验收前的准备工作</td><td>静设备</td><td>动设备</td><td colspan="2">状态确认</td><td>确认人</td></tr>
<tr><td colspan="2">1. 各加油点已按规定加好润滑油</td><td></td><td>△</td><td colspan="2"></td><td></td></tr>
<tr><td colspan="2">2. 密封液已加好</td><td></td><td>△</td><td colspan="2"></td><td></td></tr>
<tr><td colspan="2">3. 电源线已接好</td><td></td><td>△</td><td colspan="2"></td><td></td></tr>
<tr><td colspan="2">4. 工艺准备已完毕</td><td>△</td><td>△</td><td colspan="2"></td><td></td></tr>
<tr><td colspan="2">5. 检修记录单位和零部件换修记录单已填好</td><td>△</td><td>△</td><td colspan="2"></td><td></td></tr>
<tr><td colspan="2">6. 设备本体及检修现场干净</td><td>△</td><td>△</td><td colspan="2"></td><td></td></tr>
<tr><td colspan="2">7. 加热、冷却系统运行正常</td><td>△</td><td>△</td><td colspan="2"></td><td></td></tr>
<tr><td colspan="2">8. 润滑、密封液系统工作正常</td><td></td><td>△</td><td colspan="2"></td><td></td></tr>
<tr><td colspan="2">9. 盘车轻松，无轻重不均匀感</td><td></td><td>△</td><td colspan="2"></td><td></td></tr>
<tr><td colspan="2">10. 电机点动或单试转向正确</td><td></td><td>△</td><td colspan="2"></td><td></td></tr>
<tr><td colspan="2">11. 防腐或保温完好</td><td>△</td><td>△</td><td colspan="2"></td><td></td></tr>
<tr><td colspan="2">12. 静密封点无泄漏</td><td>△</td><td>△</td><td colspan="2"></td><td></td></tr>
<tr><td colspan="2">试车验收数据</td><td colspan="2"></td><td>标准值</td><td>实测值</td><td></td></tr>
<tr><td colspan="2">13. 温升</td><td></td><td>△</td><td></td><td></td><td></td></tr>
<tr><td colspan="2">14. 电流</td><td></td><td>△</td><td></td><td></td><td></td></tr>
<tr><td colspan="2">15. 振动值</td><td></td><td>△</td><td></td><td></td><td></td></tr>
<tr><td colspan="2">16. 动密封泄漏量</td><td></td><td>△</td><td></td><td></td><td></td></tr>
<tr><td colspan="7">验收结论：</td></tr>
<tr><td colspan="7">验收人员签字：

检修单位：　　　　　　使用单位：　　　　　　主管部门：</td></tr>
</table>

注： 1. 在相应设备类别（　　）内填“√”，“△”指该设备应验收这些项目。

2. 对于状态确认项目，在确认栏内填“√”（符合要求）或“×”（不符合要求）。

3. 对于电流等非定性项目，在“标准值”栏和“实测值”栏内填数值。

18. 切片包装链板机维护检修规程

SHS 04519—2019

代替 SHS 04519—2004

目　次

前　言

本规程按照GB/T 1.1—2009《标准化工作导则　第1部分：标准的结构和编写》给出的规则起草。

本规程代替SHS 04519—2004《切片包装链板机维护检修规程》，与SHS 04519—2004相比，除了编辑性修改外主要技术变化如下：

——明确了本规程适用切片包装链板机的型号；

——对常见功能故障与处理部分按RCM分析方法重新编制；

——增加“附录A　检修数据记录表”；

——增加“附录B　试车与验收数据记录表”。

本规程由中国石油化工集团有限公司、中国石油化工股份有限公司提出。

本规程起草单位：中国石化仪征化纤有限责任公司。

本规程主要起草人：陈广金。

本规程历次版本发布情况：

——SHS 04519—2004。

切片包装链板机维护检修规程

1 范围

1.1 主题内容

本规程规定了切片包装链板式输送机的检修周期、检修内容与质量标准、试车与验收、维护与故障处理。

1.2 适用范围

本规程适用于LBJ-10、YH-17型号切片包装链板式输送机设备的维护与检修。

2 规范性引用文件

下列文件中的条款通过本规程的引用而成为本规程的条款。凡是注日期的引用文件，其随后所有的修改单（不包括勘误的内容）或修订版均不适用于本规程，然而，鼓励根据本规程达成协议的各方研究是否可使用这些文件的最新版本。凡是不注日期的引用文件，其最新版本适用于本规程。

GB 50231 机械设备安装工程施工及验收通用规范

3 检修周期与内容

3.1 检修周期

根据切片包装链板机功能故障及其影响分析的结果，并结合生产装置运行周期确定检修周期，一般为36～60个月。

3.2 检修项目

3.2.1 拆洗并检查全部链板、滚轮组件及导轨有无变形、磨损，择差修理、校正或更换。

3.2.2 拆卸全部输送链条，检查磨损、断裂情况，择差更换。

3.2.3 拆卸检查传动套筒滚子链及大、小链轮，择差更换。

3.2.4 检查传动轴、始端轴、终端轴及滚动轴磨损、弯曲变形情况，修理或更换。

3.2.5 拆卸轴上固定、活动轴承及链板底部滚动轴固定轴承，择差更换轴承。

3.2.6 检查并调整导轨基础和机架的水平度，调整传动轴、始端轴和终端轴三轴的平行度。

3.2.7　解体清洗摆线针轮减速机，择差更换内构件，检查减速机底板固定情况。

3.2.8　检修电仪设备。

4　检修程序与质量标准

4.1　检修前准备

4.1.1　准备相关技术资料，根据日常维护、运转和测试记录，确定检修内容，制定检修方案。

4.1.2　落实好检修时所需的备品备件、原材料、工器具等，并根据相关备品备件和原材料的质量标准做好备品备件和原材料的质量检查和确认。

4.1.3　检修人员已接受安全教育，并接受了设备的介质特性、现场环境和设备故障情况的安全、技术交底。

4.1.4　落实检修中的安全和环保措施，做好介质的排尽、排放和收集工作。

4.1.5　按照停送电等相关管理规定办理相关作业票证。

4.1.6　确认设备交出手续是否完备。

4.1.7　完成检修前其他工作确认。

4.2　拆卸与检测

4.2.1　拆卸摆线针轮减速箱、传动轴上的大小链轮及电仪设备等附属设备设施。

4.2.2　拆卸其中一块链板两端套筒滚子链上的固定销，断开链板机。

4.2.3　重复上述方法，将链板机分段铺开检修，做好连接标记。

4.2.4　检测机架中心线与链板输送机的纵向中心线偏差≤ 2mm；检测机架支柱对安装地面垂直偏差≤ 2mm/m。

4.2.5　检测相邻两支架的标高偏差≤ 2mm，支架横向水平度偏差≤ 1mm/m。

4.2.6　检测链板机机架上的两纵向钢轨道间距。

4.2.7　轴承拆卸。拆卸传动轴、始端轴、终端轴及滚动轴上的固定、活动轴承。

4.2.8　拆卸传动轴、始端轴、终端轴上的链轮，检测轴的直线度。

4.2.9　拆卸链板两端输送链条。

4.2.10　拆卸链板底部滑轮组件，包括滑轮座、轴承、连接销、开口销、螺栓。

4.2.11　拆卸下来的零件部件应清洗、检查，妥善保管，避免损伤。

4.3　回装与质量标准

4.3.1　调整链板导轨基础和支架水平度偏差≤ 1mm/m。

4.3.2　导轨拼接回装。导轨焊接前应检查有无毛刺、变形，必要时进行修复或更换。导轨安装检修质量标准应符合表 1 的要求。

表 1　导轨安装检修质量标准

序号	检验项目	质量标准	检验方法
1	导轨接头	左右偏移偏差≤ ±1mm 上下偏移偏差≤ 0.3 mm	水平仪、直尺
2	导轨对链板机中心线距离偏差	≤ 1mm	经纬仪
3	两导轨轨距偏差 两轨道相对标高偏差	≤ 2mm ≤ 2mm	直尺、水准仪
4	导轨直线度偏差	≤ 0.3mm/m	经纬仪

4.3.3　安装传动轴、始端轴、终端轴及活动轴承。三轴应平行，轴线对链板机中心线垂直度偏差≤ 1mm/m，两链轮间横向中心与整机中心线的偏差≤ 1mm。

4.3.4　安装链板底部滚动轴及固定轴承，要求滚动轴线对链板机中心线的垂直度偏差≤ 1mm/m，滚动轴安装水平度偏差≤ 1mm。

4.3.5　滚轮组件回装。所有滚轮应处于同一水平面上，相邻两滚轮标高偏差≤ 1mm。

4.3.6　各段链板连接回装。链板回装应平整，螺栓紧固齐全，各链板间的间隙均匀。输送链条间距与链轮间距一致，滚轮间距与导轨的间距一致，无偏磨现象。

4.3.7　减速箱输出轴应与传动轴平行，大小链轮应在同一平面内。

4.3.8　检修完成后废油、含油抹布、粉尘等清理到指定位置规范收集，合规处理，符合工完、料尽、场地清等要求。

5　试车和验收

5.1　试车前准备

5.1.1　检查各零部件、附件齐全完好。检查各运转部件与静止机件的紧固情况。

5.1.2　减速箱润滑油已加好，输送链条、链轮及轴承已检查加润滑脂。

5.1.3　盘车轻松、无轻重不均匀感，安装转动部位防护罩。

5.1.4　检查仪表、电气系统使其具备试车条件，调试安全联锁装置。

5.1.5　检修资料齐全，检修数据完整、准确、符合要求。

5.1.6　完成其他试车条件确认。

5.2　试车

5.2.1　空负荷运行 5～10min，无异常现象，可进行负荷试车。

5.2.2　负荷试车

5.2.2.1　光电开关控制准确、灵敏。

5.2.2.2　各部位轴承温度不大于 70℃，润滑油无泄漏。

5.2.2.3　链板机运转平稳，无异常振动，无异常声音。

5.2.2.4　电机电流在额定范围内。

5.3 验收

5.3.1 链板机连续运行 24h 后，各项技术指标达到设计要求并满足生产需要。
5.3.2 设备达到完好标准。
5.3.3 完善检修记录，检修记录齐全、准确，按规定办理验收手续。

6 维护与故障处理

6.1 日常维护

6.1.1 检查链板输送滚子链与链轮的松紧程度，并予以调整。
6.1.2 检查输送滚子链有无变形、松动和脱节，开口销有无断裂，连接销轴是否内缩。
6.1.3 检查链板上有无杂物和变形、螺栓有无松动和脱落。
6.1.4 清理链板底部滚轮杂物，检查轴承座的运行状况，择差更换。
6.1.5 检查所有滑轮和导轨的接触，确保润滑良好，轴承座加润滑脂。
6.1.6 检查所有传动链条及大小链轮的松紧程度，并作适当调整。
6.1.7 检查摆线针轮减速箱的油位及其运行有无异常。

6.2 常见功能故障与处理方法

切片包装链板机常见功能故障与处理方法见表 2。

表 2 切片包装链板机常见功能故障与处理方法

序号	功能	功能故障	故障模式	故障后果	故障应对策略与检修内容	检修周期／月
1	保证链板机正常运转	链板跑偏、影响产量	滚轮组件磨损	设备损伤	择差更换滚轮组件	48～60
2			轨道磨损	设备损伤	择差更换轨道	48～60
3			链轮松动、偏移	设备损伤	调整轴承并定位	视情而定
4			固定、活动轴承座松动	设备损伤	调整、紧固轴承	视情而定
5	保证链板机连续运转	链板机不动作	电机故障	设备停机	电气检查修理	视情而定
6			摆线针轮减速箱故障	设备损伤、影响负荷	检查修理减速箱	视情而定
7			链轮固定不牢，松脱打转	设备损伤	重新固定楔形键	视情而定
8			超载运行	设备损伤	减少包重量和数量	视情而定
9			始端、终端传动轴断裂	设备损伤、效率下降	更换或修复	24～60
10			传动链脱节或崩断	设备损伤	调整链条	48～60

表 2　切片包装链板机常见功能故障与处理方法（续）

序号	功能	功能故障	故障模式	故障后果	故障应对策略与检修内容	检修周期／月
11	保证链板机连续运转	链板机卡死	轴承缠包装袋等异物	设备损伤	清理或更换	24~60
12			轴承损坏	设备损伤	更换轴承	48~60
13			输送链条脱节或崩断	设备损伤	重新调整输送链条	24~60
14			链板等部件变形或松动	设备损伤	检查紧固松动部件	视情而定
15		自动模式下无法运行	光电开关损坏	效率下降	更换光电开关	视情而定
			光电开关前有障碍物		清除障碍物	视情而定
16	保证润滑系统正常	润滑不良	轴承温度过高	润滑性能下降、设备损坏	检查更换轴承	24~60
17			减速箱漏油		消漏、补加润滑油	视情而定
18			轴承缺少润滑脂		补加润滑脂	视情而定

附 录 A
（资料性附录）
检修数据记录表

设备名称：切片包装链板机　　　　设备位号：　　　　检修日期：

序号	检测项目	质量标准	检测方法	质控等级	实测记录		确认人		
					修前	修后	检修人员	检修单位技术人员	使用单位技术人员
1	导轨接头	左右偏移偏差≤1mm 上下偏移偏差≤0.3 mm	水平仪、直尺	停止点					
2	导轨对机组中心线距离偏差	≤1mm	经纬仪	停止点					
3	两轨距偏差 轨道标高偏差	≤2mm ≤2mm	直尺、水准仪	停止点					
4	导轨直线度偏差	≤0.3mm/m	经纬仪	停止点					
5	邻两支架的标高偏差	≤2mm	水准仪	质控点					
6	支架横向水平度偏差	≤1mm/m	水平仪	质控点					
7	轴线与机组中心线垂直度	≤1mm/m	经纬仪	质控点					
8	机架与机组纵向中心线偏差	≤2mm	直尺、经纬仪	自控点					
9	机架支柱与地面垂直偏差	≤2mm/m	百分表、水平仪	自控点					
10	两链轮与机组中心线对称度	≤1mm	直尺	自控点					
11	相邻两滚动轴安装标高偏差	≤1mm	水准仪	自控点					
12	相邻两滚轮标高偏差	≤1mm	水准仪	自控点					

注：自控点是检修人员进行质量检验的检修工序点；质控点是检修方质检员或技术员进行质量检验的工序点；停止点是检修、使用双方技术人员都必须到现场确认的检修工序点。

附 录 B
（资料性附录）
试车与验收数据记录表

年　　月　　日

<table>
<tr><td>使用单位</td><td></td><td>检修单位</td><td colspan="4"></td></tr>
<tr><td>设备位号及名称</td><td></td><td>设备类别</td><td colspan="4">静设备（　　）；动设备（　　）</td></tr>
<tr><td colspan="2">试车验收前的准备工作</td><td>静设备</td><td>动设备</td><td colspan="2">状态确认</td><td>确认人</td></tr>
<tr><td colspan="2">1. 各加油点已按规定加好润滑油</td><td></td><td>△</td><td colspan="2"></td><td></td></tr>
<tr><td colspan="2">2. 密封液已加好</td><td></td><td>△</td><td colspan="2"></td><td></td></tr>
<tr><td colspan="2">3. 电源线已接好</td><td></td><td>△</td><td colspan="2"></td><td></td></tr>
<tr><td colspan="2">4. 工艺准备已完毕</td><td>△</td><td>△</td><td colspan="2"></td><td></td></tr>
<tr><td colspan="2">5. 检修记录单位和零部件换修记录单已填好</td><td>△</td><td>△</td><td colspan="2"></td><td></td></tr>
<tr><td colspan="2">6. 设备本体及检修现场干净</td><td>△</td><td>△</td><td colspan="2"></td><td></td></tr>
<tr><td colspan="2">7. 加热、冷却系统运行正常</td><td>△</td><td>△</td><td colspan="2"></td><td></td></tr>
<tr><td colspan="2">8. 润滑、密封液系统工作正常</td><td></td><td>△</td><td colspan="2"></td><td></td></tr>
<tr><td colspan="2">9. 盘车轻松，无轻重不均匀感</td><td></td><td>△</td><td colspan="2"></td><td></td></tr>
<tr><td colspan="2">10. 电机点动或单试转向正确</td><td></td><td>△</td><td colspan="2"></td><td></td></tr>
<tr><td colspan="2">11. 防腐或保温完好</td><td>△</td><td>△</td><td colspan="2"></td><td></td></tr>
<tr><td colspan="2">12. 静密封点无泄漏</td><td>△</td><td>△</td><td colspan="2"></td><td></td></tr>
<tr><td colspan="2">试车验收数据</td><td colspan="2"></td><td>标准值</td><td>实测值</td><td></td></tr>
<tr><td colspan="2">13. 温升</td><td></td><td>△</td><td></td><td></td><td></td></tr>
<tr><td colspan="2">14. 电流</td><td></td><td>△</td><td></td><td></td><td></td></tr>
<tr><td colspan="2">15. 振动值</td><td></td><td>△</td><td></td><td></td><td></td></tr>
<tr><td colspan="2">16. 动密封泄漏量</td><td></td><td>△</td><td></td><td></td><td></td></tr>
<tr><td colspan="7">验收结论：</td></tr>
<tr><td colspan="7">验收人员签字：

检修单位：　　　　　　　　使用单位：　　　　　　　　主管部门：</td></tr>
</table>

注： 1. 在相应设备类别（　　）内填“√”，“△”指该设备应验收这些项目。

2. 对于状态确认项目，在确认栏内填“√”（符合要求）或“×”（不符合要求）。

3. 对于电流等非定性项目，在“标准值”栏和“实测值”栏内填数值。

19. 高温离心泵维护检修规程

SHS 04520—2019

代替 SHS 04520—2004

目　　次

前　　言

本规程按照GB/T 1.1—2009《标准化工作导则　第1部分：标准的结构和编写》给出的规则起草。

本规程代替SHS 04520—2004《高温离心泵维护检修规程》，与SHS 04520—2004相比，除了编辑性修改外主要技术变化如下：

——对常见功能故障与处理部分按RCM分析方法重新编制；

——增加“附录A　检修数据记录表”；

——增加“附录B　试车与验收数据记录表”。

本规程由中国石油化工集团有限公司、中国石油化工股份有限公司提出。

本规程起草单位：中国石油化工股份有限公司洛阳分公司。

本规程主要起草人：刘园、牛建峰。

本规程历次版本发布情况：

——SHS 04520—2004。

高温离心泵维护检修规程

1 范围

1.1 主题内容

本规程规定了聚酯装置高温离心热媒泵的检修周期与内容、检修与质量标准、试车与验收、维护与故障处理。

1.2 适用范围

本规程适用于聚酯装置高温离心热媒泵等的维护与检修。

2 规范性引用文件

下列文件中的条款通过本规程的引用而成为本规程的条款。凡是注日期的引用文件，其随后所有的修改单（不包括勘误的内容）或修订版均不适用于本规程，然而，鼓励根据本规程达成协议的各方研究是否可使用这些文件的最新版本。凡是不注日期的引用文件，其最新版本适用于本规程。

GB/T 16907 离心泵技术条件（Ⅰ类）

3 检修周期和内容

3.1 检修周期

根据高温离心泵功能故障及影响分析的结果，并结合生产装置运行周期确定设备检修周期，一般为36～48个月。

3.2 检修内容

3.2.1 解体、检查各零部件磨损情况，必需时更换轴承、口环和叶轮等。

3.2.2 检查轴的直线度，必要时校正或更换。

3.2.3 检查叶轮，必要时做动平衡。

3.2.4 更换机械密封。

4 检修与质量标准

4.1 检修前准备

4.1.1 准备相关技术资料，根据日常维护、运转和测试记录，确定检修内容，制定检修方案。

4.1.2 落实好检修时所需的备品备件、原材料、工器具等，并根据相关备品备件和原材料的质量标准做好备品备件和原材料的质量检查和确认。

4.1.3 检修人员已接受安全教育，并接受设备的介质特性、现场环境和设备故障情况的安全、技术交底。

4.1.4 落实检修中的安全和环保措施，做好介质的排尽、排放和收集工作。

4.1.5 按照停送电等相关管理规定办理相关作业票证。

4.1.6 确认设备交出手续是否完备。

4.1.7 完成检修前其他工作确认。

4.2 拆卸与检查

4.2.1 热松泵体螺栓，螺栓松 1～2 圈。

4.2.2 拆卸联轴器安全护罩，检查联轴器对中。

4.2.3 拆卸、检查联轴器。

4.2.4 拆卸密封液罐及附属管线，并检查、吹扫。

4.2.5 拆卸检查冷却水线，视情况疏通清洗。

4.2.6 拆卸泵体螺栓，拆出泵头。

4.2.7 依次拆下叶轮、轴承及机封。

4.2.8 测量叶轮口环跳动和口环与密封环之间的间隙。

4.3 回装与质量标准

4.3.1 高温离心泵检修质量标准所有备件清洗测量完毕后回装轴承转子，调整转子轴窜量。

4.3.2 回装轴承箱油封。

4.3.3 回装机械密封及叶轮。

4.3.4 泵头组装后整体回装。

4.3.5 回装联轴器，对中找正。

4.3.6 回装附属管线。

表 1　高温离心泵检修质量标准

序号	检查项目	质量标准		检查方法
1	密封环与叶轮口环间隙	口环直径<100mm	0.6～0.8mm	游标卡尺
		口环直径≥100mm	0.8～1.0mm	
2	主轴颈圆柱度	≤0.02mm		百分表
3	轴颈及密封配合面	无划伤、斑痕		目视、手感
4	转子轴向窜量	0.08～0.10mm		百分表
5	密封压缩量	2～3.5mm		深度尺
6	叶轮径向跳动	≤0.1mm		百分表
7	叶轮动平衡等级	G6.3		动平衡机
8	联轴器径向偏差	≤0.08mm		百分表
9	联轴器轴向偏差	≤0.06mm		百分表

5　试车与验收标准

5.1　试车前准备

5.1.1　检修工程应符合工完、料尽、场地清等要求。

5.1.2　检查检修记录，确认检修数据正确。

5.1.3　盘车灵活。

5.1.4　点试电动机确认转向正确。

5.1.5　松开泵支脚螺栓，泵预热速度不得超过 50℃/h，每 30min 盘车 180°。

5.1.6　泵预热结束后，进行热紧固、热找正，紧固泵支脚螺栓。

5.1.7　密封液系统正常，零附件齐全好用。

5.2　试车

5.2.1　按操作规程，启动电机，达到额定转速后，泵运转平稳无杂音。

5.2.2　电流不超过额定值。

5.2.3　流量、压力平稳。

5.2.4　机械密封无泄漏。

5.3　验收

5.3.1　运转 24h，各项指标达到技术要求或满足生产需要。

5.3.2　设备达到完好标准。

5.3.3 检修记录齐全准确。

6 维护与故障处理

6.1 日常维护

6.1.1 检查调整联轴器对中，更换联轴器或弹性块。
6.1.2 检查、清洗密封液罐。
6.1.3 补充轴承润滑（油）脂。
6.1.4 处理辅助管线泄漏点。
6.1.5 检查出入口压力、振动、密封泄漏、轴承温度等是否正常。
6.1.6 保持密封液罐液位正常，管线畅通。
6.1.7 检查各部位螺栓是否松动。
6.1.8 保持保温层的完整。

6.2 常见功能故障与处理方法

高温离心泵常见功能故障与处理方法见表 2。

表 2 高温离心泵常见功能故障与处理方法

序号	功能	功能故障	故障模式	故障后果	故障应对策略与检修内容	检修周期 / 月
1	保证高温离心泵连续运转	振动大	泵轴与电动机轴不对中	设备振动、损伤	重新找正	视情而定
2			轴承损坏	设备损伤、影响负荷	更换	24～60
3			转动部分平衡被破坏	设备振动、损伤	检查消除	视情而定
4			泵抽空或气蚀	影响负荷	调整罐液位或泵出口阀开度、清理入口过滤器	视情而定
5			地脚螺栓松动	设备损伤、影响负荷	紧固	视情而定
6		轴承温度过高	轴承缺（油）脂	设备损伤	加（油）脂	24～60
7			封液罐内介质脏	设备损伤	更换密封液	48～60
8			轴承磨损	设备振动、损伤	更换	24～60
9			轴承箱冷却水不通	设备损伤	疏通清理	视情而定

表 2　高温离心泵常见功能故障与处理方法（续）

序号	功能	功能故障	故障模式	故障后果	故障应对策略与检修内容	检修周期 / 月
10	保证高温离心泵连续运转	流量不足	出入口阀门未到位	效率下降	调整	视情而定
11			泵内或管路有杂物堵塞	效率下降	检查清理	视情而定
12			泵内或吸入管内有气体	效率下降	重新灌泵，清入口过滤器	24～60
13		机械密封泄漏	机械密封磨损	设备损坏	更换机械密封	视情而定
14			介质脏	设备损坏	介质加强过滤	视情而定
15			气蚀	设备损坏	调整管路阀门开度或清理过滤器	定期巡检视情而定

附　录　A

（资料性附录）

检修数据记录表

设备名称：高温离心泵　　　　　　设备位号：　　　　　　　　　检修日期：

序号	检测项目	质量标准	检测方法	质控等级	实测记录		确认人		
					修前	修后	检修人员	检修单位技术人员	使用单位技术人员
1	密封环与叶轮口环间隙	口环直径＜100mm：0.6～0.8mm	游标卡尺	停止点					
		口环直径≥100mm：0.8～1.0mm		停止点					
2	主轴颈圆柱度	≤0.02mm	百分表	停止点					
3	轴颈及密封配合面	无划伤、斑痕	目视、手感	停止点					
4	转子轴向窜量	0.08～0.10mm	百分表	质控点					
5	密封压缩量	2～3.5mm	深度尺	质控点					
6	叶轮径向跳动	≤0.1mm	百分表	质控点					
7	叶轮动平衡等级	G6.3	动平衡机	质控点					
8	联轴器径向偏差	≤0.08mm	百分表	质控点					
9	联轴器轴向偏差	≤0.06mm	百分表	质控点					

注： 自控点是检修人员进行质量检验的检修工序点；质控点是检修方质检员或技术员进行质量检验的工序点；停止点是检修、使用双方技术人员都必须到现场确认的检修工序点。

附 录 B
（资料性附录）
试车与验收数据记录表

年　　月　　日

<table>
<tr><td>使用单位</td><td></td><td>检修单位</td><td colspan="4"></td></tr>
<tr><td>设备位号及名称</td><td></td><td>设备类别</td><td colspan="4">静设备（　　）；动设备（　　）</td></tr>
<tr><td colspan="2">试车验收前的准备工作</td><td>静设备</td><td>动设备</td><td colspan="2">状态确认</td><td>确认人</td></tr>
<tr><td colspan="2">1. 各加油点已按规定加好润滑油</td><td></td><td>△</td><td colspan="2"></td><td></td></tr>
<tr><td colspan="2">2. 密封液已加好</td><td></td><td>△</td><td colspan="2"></td><td></td></tr>
<tr><td colspan="2">3. 电源线已接好</td><td></td><td>△</td><td colspan="2"></td><td></td></tr>
<tr><td colspan="2">4. 工艺准备已完毕</td><td>△</td><td>△</td><td colspan="2"></td><td></td></tr>
<tr><td colspan="2">5. 检修记录单位和零部件换修记录单已填好</td><td>△</td><td>△</td><td colspan="2"></td><td></td></tr>
<tr><td colspan="2">6. 设备本体及检修现场干净</td><td>△</td><td>△</td><td colspan="2"></td><td></td></tr>
<tr><td colspan="2">7. 加热、冷却系统运行正常</td><td>△</td><td>△</td><td colspan="2"></td><td></td></tr>
<tr><td colspan="2">8. 润滑、密封液系统工作正常</td><td></td><td>△</td><td colspan="2"></td><td></td></tr>
<tr><td colspan="2">9. 盘车轻松，无轻重不均匀感</td><td></td><td>△</td><td colspan="2"></td><td></td></tr>
<tr><td colspan="2">10. 电机点动或单试转向正确</td><td></td><td>△</td><td colspan="2"></td><td></td></tr>
<tr><td colspan="2">11. 防腐或保温完好</td><td>△</td><td>△</td><td colspan="2"></td><td></td></tr>
<tr><td colspan="2">12. 静密封点无泄漏</td><td>△</td><td>△</td><td colspan="2"></td><td></td></tr>
<tr><td colspan="2">试车验收数据</td><td colspan="2"></td><td>标准值</td><td>实测值</td><td></td></tr>
<tr><td colspan="2">13. 温升</td><td></td><td>△</td><td></td><td></td><td></td></tr>
<tr><td colspan="2">14. 电流</td><td></td><td>△</td><td></td><td></td><td></td></tr>
<tr><td colspan="2">15. 振动值</td><td></td><td>△</td><td></td><td></td><td></td></tr>
<tr><td colspan="2">16. 动密封泄漏量</td><td></td><td>△</td><td></td><td></td><td></td></tr>
<tr><td colspan="7">验收结论：</td></tr>
<tr><td colspan="7">验收人员签字：

检修单位：　　　　　　　　使用单位：　　　　　　　　主管部门：</td></tr>
</table>

注： 1. 在相应设备类别（　　）内填“√”，“△”指该设备应验收这些项目。

2. 对于状态确认项目，在确认栏内填“√”（符合要求）或“×”（不符合要求）。

3. 对于电流等非定性项目，在“标准值”栏和“实测值”栏内填数值。

20. 氮气柜维护检修规程

SHS 04525—2019

代替 SHS 04525—2004

目　次

前　　言

本规程按照GB/T 1.1—2009《标准化工作导则　第1部分：标准的结构和编写》给出的规则起草。

本规程代替SHS 04525—2004《氮气柜维护检修规程》，与SHS 04525—2004相比，除了编辑性修改外主要技术变化如下：

——对检修周期进行了调整；

——增加了五节导管的拆装步骤及皮囊安装要点；

——增加了部分图示；

——对常见功能故障与处理部分按RCM分析方法重新编制；

——增加“附录A　检修数据记录表”；

——增加“附录B　试车与验收数据记录表”。

本规程由中国石油化工集团有限公司、中国石油化工股份有限公司提出。

本规程起草单位：中国石化仪征化纤有限责任公司。

本规程主要起草人：孙维靖。

本规程历次版本发布情况：

——SHS 04525—2004。

氮气柜维护检修规程

1　范围

1.1　主题内容

本规程规定了聚酯装置中氮气柜的检修周期、检修内容与质量标准、试车与验收、维护与故障处理。

1.2　适用范围

本规程适用于聚酯吉玛装置中氮气柜（50W02）及同类装置氮气柜的维护与检修。

2　规范性引用文件

下列文件中的条款通过本规程的引用而成为本规程的条款。凡是注日期的引用文件，其随后所有的修改单（不包括勘误的内容）或修订版均不适用于本规程，然而，鼓励根据本规程达成协议的各方研究是否可使用这些文件的最新版本。凡是不注日期的引用文件，其最新版本适用于本规程。

德国 ZIMMER 《DESIGN AND TECHNICAL DOCUMENTATION》4.18 卷

GB 51066　工业企业干式煤气柜安全技术规范

GB 50128　立式圆筒形钢制焊接储罐施工规范

GB 50236　现场设备、工业管道焊接工程施工规范

SH/T 3530　石油化工立式圆筒形钢制储罐施工工艺标准

3　检修周期与内容

3.1　检修周期

根据氮气柜系统功能故障及影响分析的结果，并结合生产装置运行周期确定检修周期，一般为 48～60 个月。

3.2　检修内容

3.2.1　检修氮气柜的指示盘和钢丝绳、滑轮和重锤。钢丝绳上抹润滑脂进行润滑。对损坏的钢丝绳进行更换。

3.2.2　检修并清洗氮气柜放气的封液装置。检修皮囊护栏。

3.2.3 对破损的皮囊进行修补。
3.2.4 调整氮气柜平衡盘上的配重。五节导管涂抹润滑脂。
3.2.5 消除气柜各系统管阀的漏点。
3.2.6 检修氮气柜平衡盘。
3.2.7 解体检查五节导管，择差更换磨损的导管、尼龙导向圈，重新涂抹润滑脂。
3.2.8 检修氮气柜的皮囊及其护栏，修补皮囊的泄漏点或更换皮囊。
3.2.9 清理氮气柜的内壁和底板，检查内部的焊缝。

4 检修程序与质量标准

4.1 检修前准备

4.1.1 技术人员准备相关技术资料，根据日常维护、运转和测试记录，确定检修内容，制定检修方案。
4.1.2 落实好检修时所需的备品备件、原材料、工器具等。检修前将可能要更换的导向套、尼龙导向圈及部分加工件准备到位，并做好质量检查和确认。
4.1.3 参检人员及相关人员已进行安全教育，并做好技术交底。
4.1.4 确认设备的交出手续是否完备。
4.1.5 落实检修中的安全及环保措施，做好工艺处理。
4.1.6 排尽氮气前，平衡盘尚有足够高度时，安装平衡盘支腿（检修人员须佩戴空气呼吸器作业）。
4.1.7 所有与氮气柜连接的管道安装盲板。
4.1.8 释放氮气，用空气置换罐内氮气。
4.1.9 进行有害气体检测。
4.1.10 从底部人孔进入，清理积聚罐底的物料。
4.1.11 如果需更换皮囊，复核皮囊扇形平铺件的尺寸。
4.1.12 检修工程应符合 HSSE、ISO 14000 安全环保等方面的要求。

4.2 拆卸与检查

4.2.1 五节导管（见图 1）的拆卸与检查

4.2.1.1 将 1# 导管底部的圆板（ϕ540×12）四周的 16 只 M20 螺栓脱开。
4.2.1.2 将 3# 导管下部与平衡盘交接处的一圈管向（纵向）24 只 M20 螺栓和径向（横向）24 只 M20 螺栓脱开。
4.2.1.3 将 5# 导管在罐外支承耳四周 24 只 M20 螺栓脱开。
4.2.1.4 将罐顶内侧与 5# 导管交接处的加强支承角钢（L65.8）的 M20 紧固螺栓脱开（角钢两端均脱开）。

4.2.1.5　在 5# 导管上部对称焊接两个吊耳作为着力点，用长臂吊车将 5 根导管整体吊出。

4.2.1.6　将 1# 导管底部圆板（ϕ 540×12）刨开去除。

4.2.1.7　将 3# 导管底部周向的附件（包括平衡盘过渡件和限位圈）刨开去除。

4.2.1.8　分别将 5#、4#、3#、2# 导管从组合导管上退出。

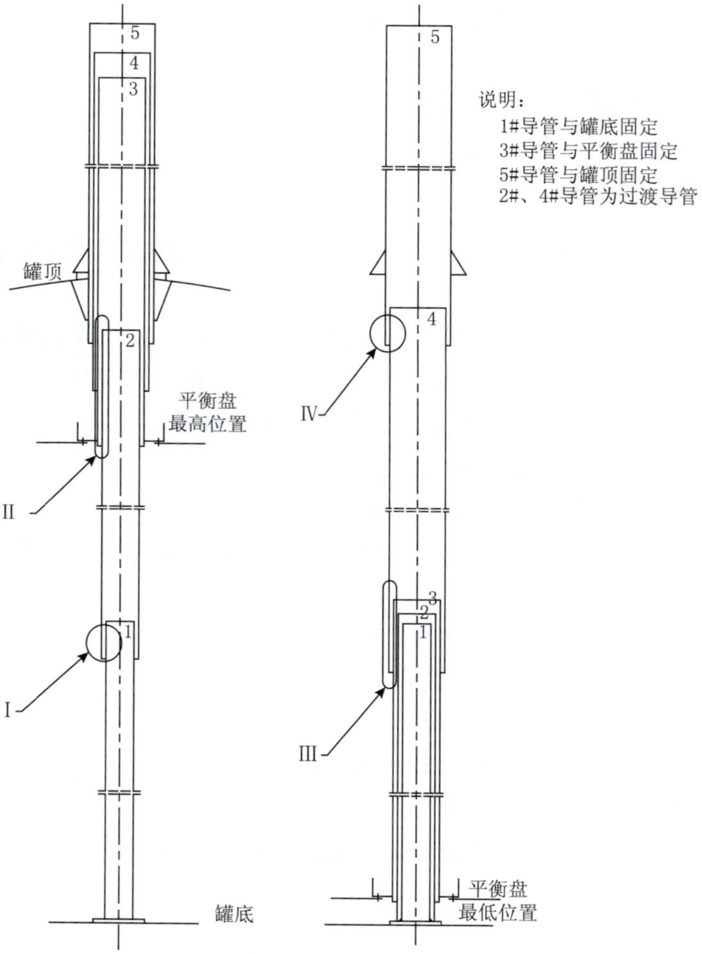

图 1　五节导管示意图

4.2.1.9　对各导管管端尼龙导向圈（见图 2）进行更换。

4.2.1.10　在 1# 导管的外表面，5# 导管的内表面，2#、3#、4# 导管的内、外表面均匀地涂抹一层润滑脂。组装前通知使用方技术员确认。

4.2.1.11　检修、更换完毕后按导管分离的逆顺序进行组合。安装被刨去的零部件（加工件），吊装就位。

4.2.1.12　充氮气，使平衡盘升起，拆除支承杆（工作人员借助消气防提供的呼吸面罩）。

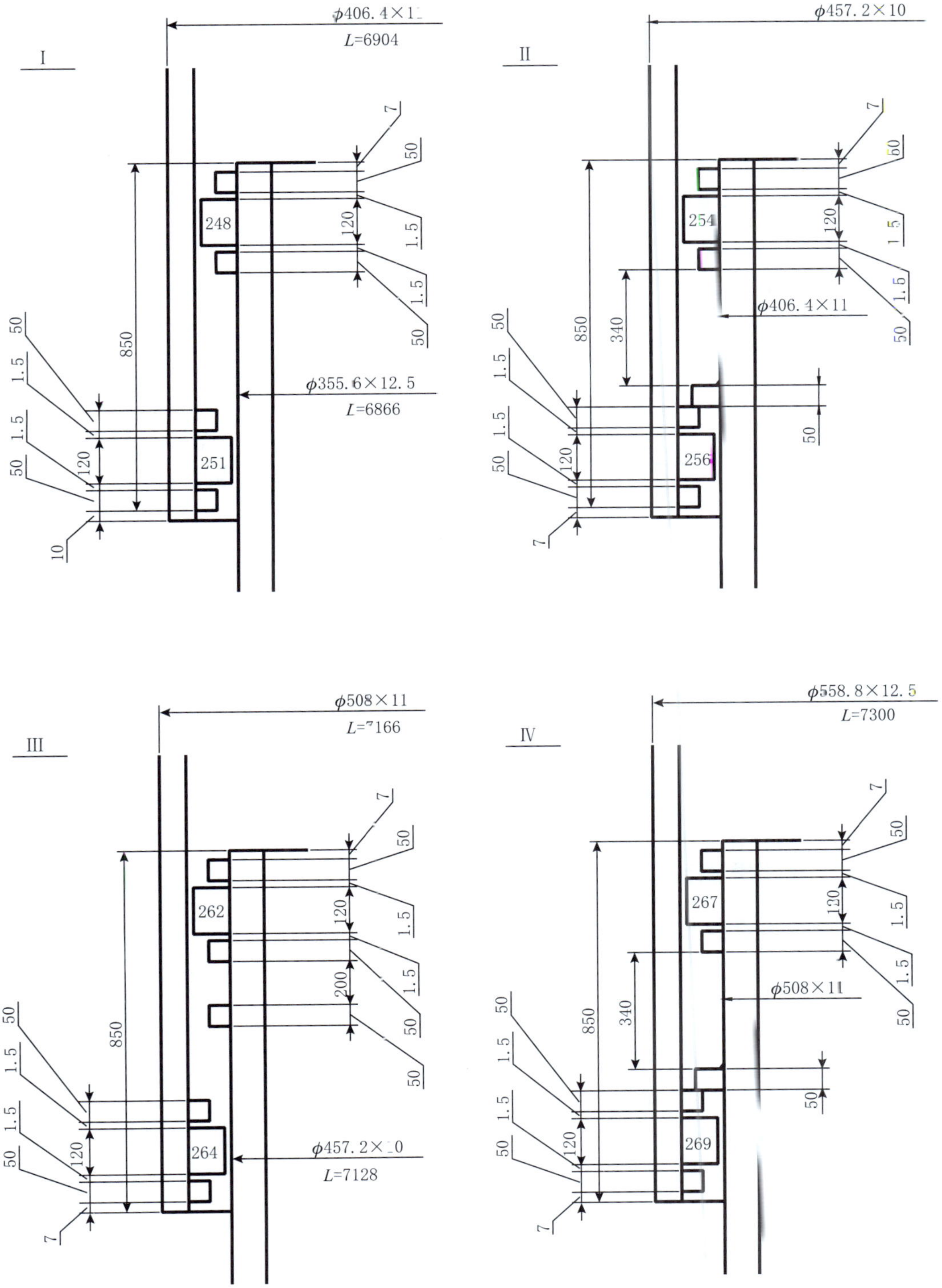

图 2　尼龙导向圈的相对位置关系

4.2.2 皮囊的更换

4.2.2.1 对新皮囊（见图 3）安装前的检查。将新皮囊在空旷且平整的场地铺开，检查扇形夹角 θ 及素线长 t。

假设在线皮囊上口直径为 $2R$，下口直径为 $2r$，高为 h，则

素线长

$$t=\sqrt{(R-r)^2+h^2}$$

$\theta=2\pi(R-r)/t$ （rad）

检查时要考虑去除安装余量。

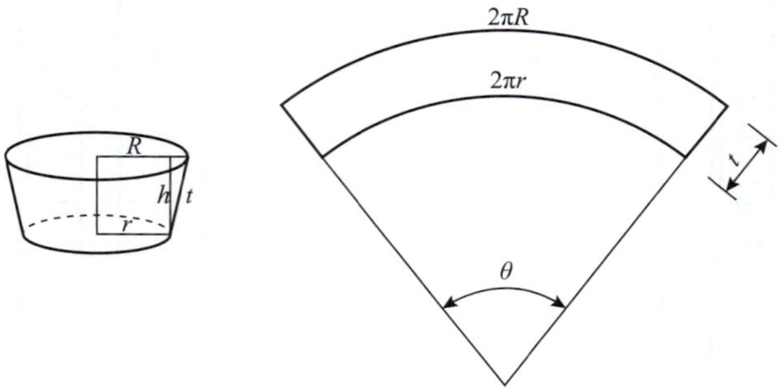

图 3 皮囊安装前的尺寸复核

4.2.2.2 检查皮囊外观有无明显缺陷。

4.2.2.3 皮囊安装时，要先从上、下端弧边的中点开始向两边逐点紧固，最后合拢时留有粘接余量。

4.2.2.4 对皮囊开口处进行黏接固化。

4.3 回装与检修质量标准

4.3.1 回装前应对柜体及周边辅助设施进行检查，合格后方能回装，柜体及周边检修质量标准符合表 1 的要求。

表 1 柜体及周边检修质量标准

序号	检验项目	质量标准	检验方法
1	各放气装置的水封	完好	目测
2	橡胶皮囊的护栏无变形和断裂	无变形和断裂	目测
3	内壁和底板	清洗干净，无杂物	目测
4	安全阀	已按要求校验	目测
5	气量仪表盘	显示准确	目测
6	皮囊护栏完好，皮囊侧不出现锋利尖角，毛刺	无尖角，毛刺	目测

4.3.2 回装皮囊。皮囊需进行必要的检查、检测，皮囊检修质量标准符合表 2 的要求。

表 2 皮囊检修质量标准

序号	检验项目	质量标准	检验方法
1	皮囊气密性	完好无泄漏	肥皂水检漏
2	皮囊合拢后外观	不得出现扭曲、褶皱	目测

4.3.3 回装平衡盘及五节导管。平衡盘及五节导管需进行必要的检查、检测，平衡盘及五节导管检修质量标准符合表 3 的要求。

表 3 平衡盘及五节导管检修质量标准

序号	检验项目	质量标准	检验方法
1	平衡盘水平度	≤ 5/1000	水平仪
2	五节导管灵活性	导管伸缩灵活，无滞涩感	耳、目测

5 试车与验收

5.1 试车前的准备

5.1.1 废油、含油抹布、粉尘等清理到指定位置规范收集，合规处理。

5.1.2 检查由工艺牵头，机电仪各专业参加。

5.1.3 检修工程应符合工完、料尽、场地清等要求。

5.1.4 各进出口阀门灵活好用、各接口无泄漏、各仪表齐全、准确。

5.1.5 氮气柜平衡盘支承杆已取掉，配重已调整，五节导向管已涂抹润滑脂。

5.1.6 氮气柜指示盘和钢丝绳、重锤完好，液封放气装置已检修。

5.1.7 所有盲板已拆除。

5.1.8 对试车条件进行最终确认，满足工艺生产的要求。

5.2 验收

5.2.1 检修记录单和零部件换修记录单已填写好。

5.2.2 氮气柜皮囊完好无泄漏，皮囊护栏完好。

5.2.3 氮气柜指示盘和钢丝绳、重锤完好

5.2.4 安全附件完好。

5.2.5 裙座基础的地脚螺栓紧固齐全，钢结构和扶梯已防腐。

6 维护与常见故障处理

6.1 日常维护

6.1.1 巡检氮气柜各放气装置是否正常，补充水封液位。

6.1.2 巡检氮气柜的指示盘以及钢丝绳、重锤是否正常。

6.1.3 检查氮气柜的皮囊有无泄漏。活塞盘配重及其升降装置是否正常。

6.1.4 消除各连接口及其系统的“跑、冒、滴、漏”。

6.2 常见功能故障与处理方法

氮气柜常见功能故障与处理方法见表 4。

表 4 氮气柜常见功能故障与处理方法

序号	功能	功能故障	故障模式	故障后果	故障应对策略与检修内容	检修周期 / 月
1	保证氮气柜满足工艺要求	皮囊破损	皮囊老化；尖硬物体戳破	气柜无法投用	定期巡检；对皮囊进行修补	视情而定
2		气量不足	进气管堵塞；出气管不畅	气量不能满足工艺要求	定期巡检；对进、出气管进行疏通	视情而定
4	保证氮气柜连续稳定运行	氮气柜钢丝绳断裂	钢丝绳磨损	影响气量指示	更换钢丝绳	视情而定
5			钢丝绳出现阻滞	影响气量指示	修理钢丝绳	视情而定
6		氮气柜皮囊护栏断裂	系统超载	造成皮囊破裂	保证水封机构完好；减轻平衡盘上载物重量	视情而定
7			护栏有缺陷	尖角会将皮囊戳破	修复护栏，保持护栏完好	视情而定
8		平衡盘中部出现铁屑	尼龙导向圈磨损	导向效果劣化，导管伸缩滞涩	更换尼龙导向圈	视情而定
9			导向圈夹持环直接啃削导向管内表面	导向管伸缩时发出异响；导管内表面加速磨损，导致导管失效	更换尼龙导向圈，在导向圈外表面和导向管内表面涂抹润滑脂	视情而定
10		料仓顶部进料管阀、金属软管、翻边泄漏	管道震动、冲击或磨损出现疲劳裂纹	气量不能满足工艺要求	加固管道，补焊或更换损坏的管道，软管	视情而定

附 录 A
（资料性附录）
检修数据记录表

设备名称：氮气柜　　　　　　设备位号：　　　　　　　　　　检修日期：

序号	检测项目	质量标准	检测方法	质控等级	实测记录		确认人		
					修前	修后	检修人员	检修单位技术人员	使用单位技术人员
1	平衡盘水平度	不大于 5/1000	水平仪	质控点					
2	皮囊尺寸复核	素线长和扇形角符合计算值	画线、拉线，角度尺	停止点					
3	尼龙导向套安装完成后	导向套松紧合适，外表面涂抹润滑脂	手感、目测	质控点					
4	皮囊安装合拢前	皮囊上、下边缘坚固可靠，下边缘不扭曲	手感、目测	质控点					
5	五节导管组合前	尼龙导向圈安装就位，尺寸已复核，导管内表面及导向圈外表面涂抹润滑脂	目测	停止点					
6	五节导管分离后	导管内表面无磨损	目测	自控点					

注：自控点是检修人员进行质量检验的检修工序点；质控点是检修方质检员或技术员进行质量检验的工序点；停止点是检修、使用双方技术人员都必须到现场确认的检修工序点。

附　录　B
（资料性附录）
试车与验收数据记录表

年　　月　　日

<table>
<tr><td>使用单位</td><td colspan="2"></td><td>检修单位</td><td colspan="4"></td></tr>
<tr><td>设备位号及名称</td><td colspan="2"></td><td>设备类别</td><td colspan="4">静设备（　　）；动设备（　　）</td></tr>
<tr><td colspan="3">试车验收前的准备工作</td><td>静设备</td><td>动设备</td><td colspan="2">状态确认</td><td>确认人</td></tr>
<tr><td colspan="3">1. 各加油点已按规定加好润滑油</td><td></td><td>△</td><td colspan="2"></td><td></td></tr>
<tr><td colspan="3">2. 密封液已加好</td><td></td><td>△</td><td colspan="2"></td><td></td></tr>
<tr><td colspan="3">3. 电源线已接好</td><td></td><td>△</td><td colspan="2"></td><td></td></tr>
<tr><td colspan="3">4. 工艺准备已完毕</td><td>△</td><td>△</td><td colspan="2"></td><td></td></tr>
<tr><td colspan="3">5. 检修记录单位和零部件换修记录单已填好</td><td>△</td><td>△</td><td colspan="2"></td><td></td></tr>
<tr><td colspan="3">6. 设备本体及检修现场干净</td><td>△</td><td>△</td><td colspan="2"></td><td></td></tr>
<tr><td colspan="3">7. 加热、冷却系统运行正常</td><td>△</td><td>△</td><td colspan="2"></td><td></td></tr>
<tr><td colspan="3">8. 润滑、密封液系统工作正常</td><td></td><td>△</td><td colspan="2"></td><td></td></tr>
<tr><td colspan="3">9. 盘车轻松，无轻重不均匀感</td><td></td><td>△</td><td colspan="2"></td><td></td></tr>
<tr><td colspan="3">10. 电机点动或单试转向正确</td><td></td><td>△</td><td colspan="2"></td><td></td></tr>
<tr><td colspan="3">11. 防腐或保温完好</td><td>△</td><td>△</td><td colspan="2"></td><td></td></tr>
<tr><td colspan="3">12. 静密封点无泄漏</td><td>△</td><td>△</td><td colspan="2"></td><td></td></tr>
<tr><td colspan="3">试车验收数据</td><td colspan="2"></td><td>标准值</td><td>实测值</td><td></td></tr>
<tr><td colspan="3">13. 温升</td><td></td><td>△</td><td></td><td></td><td></td></tr>
<tr><td colspan="3">14. 电流</td><td></td><td>△</td><td></td><td></td><td></td></tr>
<tr><td colspan="3">15. 振动值</td><td></td><td>△</td><td></td><td></td><td></td></tr>
<tr><td colspan="3">16. 动密封泄漏量</td><td></td><td>△</td><td></td><td></td><td></td></tr>
<tr><td colspan="8">验收结论：</td></tr>
<tr><td colspan="8">验收人员签字：

检修单位：　　　　　　　　使用单位：　　　　　　　　主管部门：</td></tr>
</table>

注： 1. 在相应设备类别（　　）内填“√”，“△”指该设备应验收这些项目。
2. 对于状态确认项目，在确认栏内填“√”（符合要求）或“×”（不符合要求）。
3. 对于电流等非定性项目，在“标准值”栏和“实测值”栏内填数值。

21. 袋式过滤器维护检修规程

SHS 04526—2019

代替 SHS 04526—2004

目　　次

前　言

本规程按照 GB/T 1.1—2009《标准化工作导则　第 1 部分：标准的结构和编写》给出的规则起草。

本规程代替 SHS 04526—2004《袋式过滤器维护检修规程》。与 SHS 04526—2004 相比，除了编辑性修改外主要技术变化如下：

——对常见功能故障与处理部分按 RCM 分析方法重新编制；

——增加"附录 A　检修数据记录表"；

——增加"附录 B　试车与验收数据记录表"。

本规程由中国石油化工集团有限公司、中国石油化工股份有限公司提出。

本规程起草单位：中国石油化工股份有限公司洛阳分公司。

本规程主要起草人：牛建峰。

本规程历次版本发布情况：

——SHS 04526—2004。

袋式过滤器维护检修规程

1 范围

1.1 本规程规定了聚酯装置中PTA袋式过滤器的检修周期和内容、检修与质量标准、试漏与验收、维护及故障处理。
1.2 本规程适用于聚酯装置中PTA袋式过滤器的维护检修。石油化工、化纤装置的滤袋式过滤器的维护与检修可参照执行。

2 规范性引用文件

下列文件中的条款通过本规程的引用而成为本规程的条款。凡是注日期的引用文件，其随后所有的修改单（不包括勘误的内容）或修订版均不适用于本规程，然而，鼓励根据本规程达成协议的各方研究是否可使用这些文件的最新版本。凡是不注日期的引用文件，其最新版本适用于本规程。

HJ/T 328　脉冲喷吹类袋式除尘

HJ/T 327　环境保护产品技术要求袋式除尘器滤

JB/T 8534　内滤分室反吹类袋式除尘

3 检修周期与内容

3.1 检修周期

根据袋式过滤器系统功能故障及影响分析的结果，并结合生产装置运行周期确定检修周期，一般为36～48个月。

3.2 检修内容

3.2.1 检查袋式过滤器的大盖密封垫片，如损坏需更换垫片。
3.2.2 拆卸、检查、更换滤袋及滤袋支承架。
3.2.3 检查、更换滤袋夹紧设施。

4 检修程序与质量标准

4.1 检修前准备

4.1.1 准备相关技术资料，根据日常维护、运转和测试记录，确定检修内容，制定检修方案。

4.1.2 落实好检修时所需的备品备件、原材料、工器具等，并根据相关备品备件和原材料的质量标准做好备品备件和原材料的质量检查和确认。

4.1.3 检修人员已接受安全教育，并接受了设备的介质特性、现场环境和设备故障情况的安全、技术交底。

4.1.4 落实检修中的安全和环保措施，做好介质的排尽、排放和收集工作。

4.1.5 按照相关管理规定办理相关作业票证。

4.1.6 确认设备交出手续是否完备。

4.1.7 完成检修前其他工作确认。

4.2 拆卸与检查

4.2.1 拆卸袋式过滤器大盖，检查氮气反吹管线有无松动、脱落。

4.2.2 拆卸滤芯压紧螺栓或压紧卡子，检查滤袋有无脱落，取出滤袋并检查支承架有无变形。

4.2.3 检查反吹电磁阀工作状态。

4.2.4 更换滤袋。

4.3 检修质量标准

袋式过滤器检修质量标准见表 1。

表 1 袋式过滤器检修质量标准

序号	检查项目	质量标准	检验方法
1	各密封面	无划伤 变形	目视
2	垫片	无变形，断裂	目视
3	滤袋法兰平面度	≤ 3mm	平面度检查仪或水平仪
4	滤袋	无破损，缝针均匀，无跳线	目视
5	滤袋支承架	无伤痕无变形	目视，拉线测量
6	螺栓	无松动、螺纹无损伤	目视、扳手抽检

5 试漏与验收

5.1 试漏前准备

5.1.1 检修工程应符合工完、料尽、场地清等要求。
5.1.2 施工单位确认质量合格，并具备试漏条件，检修记录已填好。
5.1.3 安全附件校验合格，齐全完整。
5.1.4 仪表及联锁装置齐全、准确、灵敏、可靠。

5.2 试漏

向袋式过滤器充氮气至一定压力，检测大盖及各法兰处无泄漏为合格。

5.3 验收

5.3.1 反吹清灰控制阀，反吹时间，反吹间隔、顺序控制可调精确。
5.3.2 试运行 24h，满足生产要求
5.3.3 检修记录齐全、准确。按规定办理验收手续。

6 维护与故障处理

6.1 日常维护

6.1.1 检查氮气反吹系统。
6.1.2 认真检查设备运行参数，发现袋式过滤器压差高于或接近于其设定值，应及时清扫或更换滤袋。
6.1.3 操作人员应严格遵守安全操作规程，定时对袋式过滤器进行巡回检查，检查过滤器进出口压差及过滤器的泄漏情况等。
6.1.4 保持螺栓紧固、完好。
6.1.5 检查反吹电磁阀工作状况。
6.1.6 保持压力表的完好。
6.1.7 保持袋式过滤器及周围环境的清洁。

6.2 常见功能故障与处理方法

袋式过滤器常见功能故障与处理方法见表 2。

表 2　袋式过滤器常见功能故障与处理方法

序号	功能	功能故障	故障模式	故障后果	故障应对策略与检修内容	检修周期／月
1	保证袋式过滤器使用性能	压差增大	滤袋堵塞 反吹系统故障	能力下降	更换滤袋、 装修反吹系统	视情而定
2		压差突然降低	滤袋脱落 滤袋破损	能力下降	安装滤袋 更换滤袋	视情而定 每季清理
3		大盖泄漏	垫片变形、断裂 螺栓强度不足、松动 法兰刚性不足或变形 法兰平行度超标 法兰密封面损坏	过滤器停止使用	更换垫片 更换螺栓、紧固螺栓 更换法兰或缺陷处理 更换法兰 平行度≤3mm 更换法兰	视情而定

附 录 A
（资料性附录）
检修数据记录表

设备名称：袋式过滤器　　　　　　设备位号：　　　　　　　　　检修日期：

序号	检测项目	质量标准	检测方法	质控等级	实测记录		确认人		
					修前	修后	检修人员	检修单位技术人员	使用单位技术人员
1	各密封面	无划伤，变形	目测	自控点					
2	垫片	无变形，断裂	目测、磁粉、着色	自控点					
3	滤袋法兰平面度	≤ 3mm	平面度检查仪或水平仪	质控点					
4	滤袋	无破损，缝针均匀，无跳线	目测	停止点					
5	滤袋支承架	无伤痕无变形	目视，拉线测量	自控点					
6	螺栓	无松动、螺纹无损伤	目测	自控点					
7	反吹氮气管线	无脱落、松动	目视	自控点					

注：自控点是检修人员进行质量检验的检修工序点；质控点是检修方质检员或技术员进行质量检验的工序点；停止点是检修、使用双方技术人员都必须到现场确认的检修工序点。

附　录　B

（资料性附录）

试车与验收数据记录表

年　　月　　日

使用单位		检修单位			
设备位号及名称		设备类别	静设备（　　）；动设备（　　）		
试车验收前的准备工作	静设备	动设备	状态确认		确认人
1. 各加油点已按规定加好润滑油		△			
2. 密封液已加好		△			
3. 电源线已接好		△			
4. 工艺准备已完毕	△	△			
5. 检修记录单位和零部件换修记录单已填好	△	△			
6. 设备本体及检修现场干净	△	△			
7. 加热、冷却系统运行正常	△	△			
8. 润滑、密封液系统工作正常		△			
9. 盘车轻松，无轻重不均匀感		△			
10. 电机点动或单试转向正确		△			
11. 防腐或保温完好	△	△			
12. 静密封点无泄漏	△	△			
试车验收数据			标准值	实测值	
13. 温升		△			
14. 电流		△			
15. 振动值		△			
16. 动密封泄漏量		△			
验收结论：					
验收人员签字： 检修单位：　　　　使用单位：　　　　主管部门：					

注： 1. 在相应设备类别（　　）内填“√”，“△”指该设备应验收这些项目。

2. 对于状态确认项目，在确认栏内填“√”（符合要求）或“×”（不符合要求）。

3. 对于电流等非定性项目，在“标准值”栏和“实测值”栏内填数值。

22. 无油螺杆压缩机维护检修规程

SHS 04527—2019

代替 SHS 04527—2004

目　次

前　言

本规程按照GB/T 1.1—2009《标准化工作导则　第1部分：标准的结构和编写》给出的规则起草。

本规程代替SHS 04527—2004《无油螺杆压缩机维护检修规程》，与SHS 04527—2004相比，除了编辑性修改外主要技术变化如下：

——明确了本规程适用无油螺杆压缩机的型号；

——对常见功能故障与处理部分按RCM分析方法重新编制；

——增加“附录A　检修数据记录表”；

——增加“附录B　试车与验收数据记录表”。

本规程由中国石油化工集团有限公司、中国石油化工股份有限公司提出。

本规程起草单位：中国石化仪征化纤有限责任公司。

本规程主要起草人：余胜尧。

本规程历次版本发布情况：

——SHS 04527—2004。

无油螺杆压缩机维护检修规程

1 范围

1.1 主题内容

本规程规定了无油螺杆压缩机的检修周期与内容、检修程序与质量标准、试车与验收、维护与故障处理。

1.2 适用范围

本规程适用于 SK163、LGW-25/3-X、LGW132/049E、LGWD132/919D/Aerzen VM45 型号无油螺杆压缩机设备的维护与检修。

2 规范性引用文件

下列文件中的条款通过本规程的引用而成为本规程的条款。凡是注日期的引用文件，其随后所有的修改单（不包括勘误的内容）或修订版均不适用于本规程，然而，鼓励根据本规程达成协议的各方研究是否可使用这些文件的最新版本。凡是不注日期的引用文件，其最新版本适用于本规程。

JB/T 10598 一般用干螺杆空气压缩机技术条件

GB/T 3853 容积式压缩机验收试验

GB/T 151 热交换器

3 检修周期与内容

3.1 检修周期

根据无油螺杆压缩机系统功能故障及影响分析的结果，并结合生产装置运行周期确定检修周期，一般 GHH 公司 SK163 型号压缩机检修周期为 24～36 个月，LGW 系列无锡压缩机检修周期为 48～60 个月，Aerzen VM 系列型号无油螺杆压缩机 36～48 个月。

3.2 检修项目

3.2.1 拆卸检查清洗油系统油冷却器、油过滤器，拆卸并解体检查油泵。

3.2.2 检查、清洗冷却水系统和换热器，更换密封件。

3.2.3 拆卸、检查清理消音器。

3.2.4 检查机组进、出口介质过滤器。
3.2.5 检查、紧固各部位连接螺栓。
3.2.6 检查调整联轴器的同心度。
3.2.7 解体压缩机机体。
3.2.8 检查转子及壳体磨损情况。
3.2.9 检查、调整同步齿轮，调整转子啮合间隙、转子轴端间隙等。
3.2.10 检查、测量转子的轴向窜动量。
3.2.11 解体、检修增速箱。
3.2.12 检查密封装置和轴承。
3.2.13 检修电仪设备。

4 检修程序与质量标准

4.1 检修前准备

4.1.1 准备相关技术资料，根据日常维护、运转和测试记录，确定检修内容，制定检修方案。
4.1.2 落实好检修时所需的备品备件、原材料、工器具等，并根据相关备品备件和原材料的质量标准做好备品备件和原材料的质量检查和确认。
4.1.3 检修人员已接受安全教育，并接受了设备的介质特性、现场环境和设备故障情况的安全、技术交底。
4.1.4 落实检修中的安全和环保措施，做好介质的排尽、排放和收集工作。
4.1.5 按照停送电等相关管理规定办理相关作业票证。
4.1.6 确认设备交出手续是否完备。
4.1.7 完成检修前其他工作确认。

4.2 拆卸与检测

4.2.1 拆除机组油换热器、介质消音器、介质换热器、油过滤器、联轴器、管线及电仪设备等附属设备设施。
4.2.2 拆卸压缩机机体并整体移至检修间进行解体检修。
4.2.3 拆卸轴承箱盖螺栓及定位销清理压缩机并测量记录：同步齿轮的啮合间隙、转子间的间隙、转子与壳体间（高压侧）的端面间隙、转子与机壳的径向间隙等数据。
4.2.4 拆卸同步齿轮。拆卸前所有相邻部件的相关位置做好配对标记。
4.2.4.1 拆卸大齿轮锁紧垫片，将定位销拉出；
4.2.4.2 将大齿轮从轮毂上拆卸下来；
4.2.4.3 拆卸轮毂和小齿轮。
4.2.5 轴承拆卸。拆卸同步齿轮侧止推轴承及两侧径向轴承。

4.2.6 轴封拆卸。拆卸阴、阳转子两侧石墨密封环组件、灯笼环及螺旋铜套，并做好螺旋铜套安装位置标记。

4.2.7 转子拆卸。从机壳内抽出阴、阳转子，避免碰损。

4.2.8 拆卸下的零件部件应清洗、检查，妥善保管，避免损伤。

4.3 回装与质量标准

4.3.1 压缩机回装前应确保所有的零、部件及机壳清洗干净。对壳体及端板内表面进行无损检测，确保零部件无裂纹、无机械损伤及毛刺，经检查合格后，方能回装。

4.3.2 转子回装。转子回装前应进行检查、检测，必要时进行修复处理、动平衡试验，转子检修质量标准符合表1的要求。

表1 转子检修质量标准

序号	检验项目	质量标准	检验方法
1	转子动平衡	G2.5	动平衡试验
2	螺杆两端面对轴心线的垂直度	≤0.02mm	百分表
3	螺杆直线度允许公差	≤0.02mm	百分表
4	转子表面粗糙度	R_a1.6	粗糙度检测仪等
5	转子轴颈表面粗糙度	R_a0.8	粗糙度检测仪等
6	转子表面及轴颈处	无气孔、裂纹和伤痕等缺陷	目测、磁粉、着色

4.3.3 轴封回装。回装时注意不要损坏石墨环，测量石墨环内径 D 与相应轴径 d，确认 $D-d$=0.07～0.11mm。装上轴封压盖，确认各石墨环能浮动。

4.3.4 轴承回装。将新的成对径向推力轴承装入轴承座（注意外圈宽边相对），用压盖压紧，测量压盖与轴承座的间隙 X，磨制垫片至 $X^{0}_{-0.01}$，重新将垫圈装入。轴承回装应使用轴承加热器等预热后回装，不允许使用敲击等野蛮操作方式回装。

4.3.5 同步齿轮回装。同步齿轮检修质量标准符合表2的要求。

表2 同步齿轮检修质量标准

序号	检验项目	质量标准	检验方法
1	齿轮接触面	沿齿高＞50% 沿齿宽＞70%	着色法
2	啮合间隙（SK163 GHH压缩机）	0.02～0.05mm	压铅法
3	啮合间隙（LGW系列无锡压缩机）	0.03～0.05mm	压铅法
4	同步齿轮轴头径向跳动	≤0.01mm	百分表

4.3.6 转子轴向间隙的调整。测量转子各部位间隙符合质量标准要求，必要时通过改变调整垫的厚度来调节轴向间隙。

4.3.7 转子啮合间隙的调整。调整同步齿轮的从动齿轮圈，使阴、阳转子的啮合相位角发生微小的改变来调整转子啮合间隙，间隙合格后，重新铰孔和定位同步齿轮。转子间隙调整质量标准符合表 3 的要求。

表 3　转子间隙调整质量标准

序号	检验项目	质量标准	检验方法
1	转子排气端轴向间隙（SK163　GHH 压缩机）	0.04～0.06mm	塞尺
2	转子排气端轴向间隙（LGW 系列无锡压缩机）	0.02～0.06mm	塞尺
3	啮合间隙（SK163　GHH 压缩机）	0.10～0.15mm	塞尺
4	啮合间隙（LGW 系列无锡压缩机）	0.08～0.12mm	塞尺
5	阴阳转子的轴向窜动	≤ 0.01mm	百分表
6	转子与壳体之间的径向间隙	0.15～0.25mm	塞尺

4.3.8　增速机检修。增速机的检修按照 SHS　01028《减速机维护检修规程》执行。增速机检修质量标准符合表 4 的要求。

表 4　增速机检修质量标准

序号	检验项目	质量标准	检验方法
1	齿轮接触面	沿齿高＞ 50% 沿齿宽＞ 70%	着色法
2	轴向窜动量	0.08～0.25mm	百分表
3	啮合间隙	0.05～0.15mm	压铅法

4.3.9　回装大齿轮端盖、半联轴器，检查各部位紧固情况，转子盘车灵活无卡阻。

4.3.10　回装输入端螺旋铜套时，面向轴端，若轴的旋转方向是顺时针，则安装左旋铜套；若轴的旋转方向为逆时针则安装右旋铜套。

4.3.11　对机组换热器、消音器、过滤器、管线及电仪设备等附属设备设施进行检查检修后回装。

4.3.12　压缩机机头组装完成后，运至现场吊装回装，确认电机转向后对电机与压缩机间联轴器进行找正。联轴器找正质量标准符合表 5 的要求。

表 5　联轴器找正质量标准

序号	检验项目	质量标准	检验方法
1	径向偏差	≤ 0.05mm	百分表
2	角向偏差	≤ 0.05mm	百分表
3	轴向间隙	2～4mm	直尺

4.3.13　检修完成后废油、含油抹布、粉尘等清理到指定位置规范收集，合规处理，符合工完、料尽、场地清等要求。

5 试车与验收

5.1 试车前准备

5.1.1 检查各进、出口和旁通阀门，应灵活好用，开启油、水系统，压力、温度达到规定值，各密封点无泄漏，各零部件、附件齐全完好。
5.1.2 冷却系统运行正常。
5.1.3 润滑油系统运行正常。
5.1.4 盘车轻松、无轻重不均匀感。
5.1.5 各阀门灵活有效、各密封点无泄漏，各零部件、附件齐全完好。
5.1.6 全面检查压缩机各运转部分与静止机件的紧固情况。
5.1.7 检查仪表、电气、气路系统使其具备试车条件，调试安全联锁装置。
5.1.8 检修资料齐全，检修数据完整、准确、符合要求。
5.1.9 完成其他试车条件确认。

5.2 试车

5.2.1 空负荷运行 5～10min，无异常现象，可进行负荷试车。
5.2.2 负荷试车
5.2.2.1 仪表指示准确、灵敏。
5.2.2.2 各部位轴承温度不大于 70℃。
5.2.2.3 机组润滑油及各个管路、接头无漏油、漏气、漏水等现象。
5.2.2.4 设备运转平稳，无异常振动，无异常声音。
5.2.2.5 电机电流在额定范围内。

5.3 验收

5.3.1 机组连续运行 24h 后，各项技术指标达到设计要求值或满足生产需要。
5.3.2 设备达到完好标准。
5.3.3 完善检修记录，检修记录齐全、准确，按规定办理验收手续。

6 维护与故障处理

6.1 日常维护

6.1.1 严格控制排出气体、润滑油、冷却水的温度和压力，并做好记录。
6.1.2 检查润滑油油箱的油面，如有变化及时处理。
6.1.3 定期清洗滤油器滤芯及进口过滤网。
6.1.4 短期停车期间必须每星期盘车一次，如需停车半年以上，停主机后要排除润滑油加入防锈油。

6.2 常见功能故障与处理方法

无油螺杆压缩机常见功能故障与处理方法见表6。

表6 无油螺杆压缩机常见功能故障与处理方法

序号	功能	功能故障	故障模式	故障后果	故障应对策略与检修内容	检修周期/月
1	保证压缩机能力及压力	能力或压力低于正常值	电磁阀或卸荷阀故障;卸荷阀未全开,放空阀未关严;管网用气量过大;压缩机效率差	影响生产负荷	定期巡检,监控流量及压力;检查、检修电磁阀及卸荷阀;调整管网用气量;检查检修压缩机	视情而定
2		吸气压力降低	过滤器堵; 管道等系统有漏气	能力下降	定期巡检;清洗或更换过滤器;检查消除漏气点	视情而定 过滤器每季清理
3		二级吸入压力升高	冷却水量不够或进口水温高;中间换热器效率差;二级压缩机异常	设备损伤、联锁停机	定期巡检;提高供水压力,降低进口水温;清洗中间换热器	视情而定 换热器每年清洗
4	保证压缩机连续运转	溶液泵故障	轴承故障	压缩机停机、影响负荷	电气检查修理	视情而定
6			联轴器故障	设备损伤、影响负荷	检查更换联轴器,重新找正	48~60
7		压缩机振动大或声音异常	轴承故障	设备损伤、影响负荷	检查处理油系统,定期检修更换轴承	24~60
8			同步齿轮故障	设备损伤、影响负荷	检查修理同步齿轮	48~60
9			转子运行异常	设备损伤、影响负荷	检查清理机头;测量调整转子间隙	24~60
10			部件松动	设备损伤、影响负荷	检查紧固松动部件	视情而定
11		机组泄漏	系统漏气	效率下降	定期巡检,检查漏点并消除	视情而定
12			润滑油泄漏	设备损坏、环境污染	定期巡检,及时消除漏点,检查更换汽封组件	24~60
13		机组温度高	出口或机头温度高	设备损坏	检查调整进气温度、冷却水量或水温,检查修理油系统、过滤器,换热器,轴承故障	定期巡检 视情而定

表 6　无油螺杆压缩机常见功能故障与处理方法（续）

序号	功能	功能故障	故障模式	故障后果	故障应对策略与检修内容	检修周期 / 月
14	保证油系统正常运转	供油温度升高	轴承温度过高	润滑性能下降、设备损坏	检查更换轴承	24~60
15			油冷却不好		检查冷却器供水情况	视情而定
16			油冷却器进口油温升高		检查调整进水温	视情而定
17						
18		供油压力下降	油过滤器堵塞 油泵有故障 油箱中油位下降	润滑不足、设备损坏、联锁停机	清洗油过滤器 检修油泵 加油或停车检查	视情而定

附 录 A
(资料性附录)
检修数据记录表

设备名称：无油螺杆压缩机　　　　设备位号：　　　　检修日期：

序号	检测项目	质量标准	检测方法	质控等级	实测记录		确认人		
					修前	修后	检修人员	检修单位技术人员	使用单位技术人员
1	转子动平衡	不大于 G2.5	动平衡实验	停止点					
2	同步齿轮啮合间隙	0.02～0.05mm	压铅法	停止点					
3	转子啮合间隙	0.08～0.15mm	塞尺	停止点					
4	转子排气端轴向间隙	0.02～0.08mm	塞尺	停止点					
5	阴阳转子轴向窜动	≤0.01mm	百分表	停止点					
6	同步齿轮接触面	沿齿高＞50% 沿齿宽＞70%	着色法	质控点					
7	螺杆两端面对轴心线的垂直度	≤0.02mm	百分表	质控点					
8	螺杆水平度允许公差	≤0.02mm	百分表	质控点					
9	同步齿轮轴头径向跳动	≤0.01mm	打表法	质控点					
10	增速机齿轮接触面	沿齿高＞50% 沿齿宽＞70%	着色法	质控点					
11	增速机轴向窜动量	0.25～0.4mm	百分表	质控点					
12	增速机齿轮啮合间隙	0.22～0.28mm	压铅法	质控点					

检修数据记录表（续）

序号	检测项目	质量标准	检测方法	质控等级	实测记录		确认人		
					修前	修后	检修人员	检修单位技术人员	使用单位技术人员
13	联轴器对中度	径向偏差≤0.05mm 角向偏差≤0.05mm	打表法	质控点					
14	转子表面粗糙度	不高于 R_a1.6	粗糙度检测仪等	自控点					
15	转子轴颈表面粗糙度	不高于 R_a0.8	粗糙度检测仪等	自控点					
16	转子表面及轴颈处	无气孔、裂纹和伤痕等缺陷	目测、磁粉、着色	自控点					

注：自控点是检修人员进行质量检验的检修工序点；质控点是检修方质检员或技术员进行质量检验的工序点；停止点是检修、使用双方技术人员都必须到现场确认的检修工序点。

附 录 B
（资料性附录）
试车与验收数据记录表

年 月 日

<table>
<tr><td>使用单位</td><td></td><td>检修单位</td><td colspan="4"></td></tr>
<tr><td>设备位号及名称</td><td></td><td>设备类别</td><td colspan="4">静设备（ ）；动设备（ ）</td></tr>
<tr><td colspan="2">试车验收前的准备工作</td><td>静设备</td><td>动设备</td><td colspan="2">状态确认</td><td>确认人</td></tr>
<tr><td colspan="2">1. 各加油点已按规定加好润滑油</td><td></td><td>△</td><td colspan="2"></td><td></td></tr>
<tr><td colspan="2">2. 密封液已加好</td><td></td><td>△</td><td colspan="2"></td><td></td></tr>
<tr><td colspan="2">3. 电源线已接好</td><td></td><td>△</td><td colspan="2"></td><td></td></tr>
<tr><td colspan="2">4. 工艺准备已完毕</td><td>△</td><td>△</td><td colspan="2"></td><td></td></tr>
<tr><td colspan="2">5. 检修记录单位和零部件换修记录单已填好</td><td>△</td><td>△</td><td colspan="2"></td><td></td></tr>
<tr><td colspan="2">6. 设备本体及检修现场干净</td><td>△</td><td>△</td><td colspan="2"></td><td></td></tr>
<tr><td colspan="2">7. 加热、冷却系统运行正常</td><td>△</td><td>△</td><td colspan="2"></td><td></td></tr>
<tr><td colspan="2">8. 润滑、密封液系统工作正常</td><td></td><td>△</td><td colspan="2"></td><td></td></tr>
<tr><td colspan="2">9. 盘车轻松，无轻重不均匀感</td><td></td><td>△</td><td colspan="2"></td><td></td></tr>
<tr><td colspan="2">10. 电机点动或单试转向正确</td><td></td><td>△</td><td colspan="2"></td><td></td></tr>
<tr><td colspan="2">11. 防腐或保温完好</td><td>△</td><td>△</td><td colspan="2"></td><td></td></tr>
<tr><td colspan="2">12. 静密封点无泄漏</td><td>△</td><td>△</td><td colspan="2"></td><td></td></tr>
<tr><td colspan="2">试车验收数据</td><td colspan="2"></td><td>标准值</td><td>实测值</td><td></td></tr>
<tr><td colspan="2">13. 温升</td><td></td><td>△</td><td></td><td></td><td></td></tr>
<tr><td colspan="2">14. 电流</td><td></td><td>△</td><td></td><td></td><td></td></tr>
<tr><td colspan="2">15. 振动值</td><td></td><td>△</td><td></td><td></td><td></td></tr>
<tr><td colspan="2">16. 动密封泄漏量</td><td></td><td>△</td><td></td><td></td><td></td></tr>
<tr><td colspan="7">验收结论：</td></tr>
<tr><td colspan="7">验收人员签字：

检修单位： 使用单位： 主管部门：</td></tr>
</table>

注： 1. 在相应设备类别（ ）内填“√”，“△”指该设备应验收这些项目。

2. 对于状态确认项目，在确认栏内填“√”（符合要求）或“×”（不符合要求）。

3. 对于电流等非定性项目，在“标准值”栏和“实测值”栏内填数值。

23. 热媒加热炉维护检修规程

SHS 04529—2019

代替 SHS 04529—2004

目　次

前　言

本规程按照GB/T 1.1—2009《标准化工作导则　第1部分：标准的结构和编写》给出的规则起草。

本规程代替SHS 04529—2004《热媒加热炉维护检修规程》。与SHS 04529—2004相比，除了编辑性修改外主要技术变化如下：

——明确了本规程适用热媒加热炉的所有型号；

——对常见功能故障与处理部分按RCM分析方法重新编制；

——增加“附录A　检修数据记录表”；

——增加“附录B　试车与验收数据记录表”。

本规程由中国石油化工集团有限公司、中国石油化工股份有限公司提出。

本规程起草单位：中国石化上海石油化工股份有限公司。

本规程主要起草人：王玉明。

本规程历次版本发布情况：

——SHS 04527—2004。

热媒加热炉维护检修规程

1 范围

1.1 主题内容

本规程规定了热媒加热炉的检修周期、检修内容与质量标准、试车与验收、维护与故障处理。

1.2 适用范围

本规程适用于聚酯装置热媒加热炉（由碧海舟、航天部十一研究所、AURA 等公司生产制造的热媒加热炉）的维护与检修。

2 规范性引用文件

下列文件中的条款通过本规程的引用而成为本规程的条款。凡是注日期的引用文件，其随后所有的修改单（不包括勘误的内容）或修订版均不适用于本规程，然而，鼓励根据本规程达成协议的各方研究是否可使用这些文件的最新版本。凡是不注日期的引用文件，其最新版本适用于本规程。

TSG G0001 锅炉安全技术监察规程

SH 3534 石油化工筑炉工程施工及验收规范

SH/T 3115 石油化工管式炉轻质浇注料衬里工程技术条件

SH/T 3112 石油化工管式炉炉管胀接工程技术条件

SH 3531 隔热耐磨混凝土衬里技术规范

SH/T 3096 加工高硫原油重点装置主要设备设计选材导则

JB/T 1616 管式空气预热器技术条件

3 检修周期与内容

3.1 检修周期

根据热媒加热炉系统功能故障及影响分析的结果，并结合生产装置运行周期确定检修周期，一般为 24～36 个月。

3.2 检修内容

3.2.1 更换炉体和空气预热器的接口密封。

3.2.2 停炉清理炉内结焦物。

3.2.3 清理燃烧器、燃烧器烧嘴结焦物。

3.2.4 炉底排灰口清灰。

3.2.5 火焰监测器探头清理。

3.2.6 炉管清灰，检查炉管及管件表面有无氧化爆皮、弯曲变形、腐蚀、冲蚀、裂纹、鼓包等。重点检查是否存在局部过烧情况。炉管管壁测厚，对重点部位的焊缝着色探伤和射线探伤检查。

3.2.7 检修炉盖及其密封，并检查卡兰式压紧装置。

3.2.8 检修炉壁及其壳体上部的夹套。

3.2.9 检修挡火板及其保温，择差更换。视情况检修炉管支承板。

3.2.10 检修炉底耐火砼层、燃烧器耐火筒，对炉底夹道清灰。

3.2.11 检修空气预热器，检漏并消漏。重点检查低温段搪瓷换热管腐蚀泄漏情况。

3.2.12 检修燃烧器。

3.2.13 检查修补炉体的内外层保温和预热器的外部保温。

3.2.14 检查炉管及管件连接与支承件（如支耳、吊架、导向杆、堵头等），确认是否存在变形、断裂及卡死等情况。

3.2.15 检修炉体各钢结构平台、扶梯和炉底，对腐蚀部位进行防腐处理。

3.2.16 检查热电偶及套管的焊缝。

3.2.17 检修烟囱底阀，烟囱防腐处理，必要时对烟囱进行测厚。

3.2.18 检查局部挡火板或保温，视损坏情况进行修复，炉内清理结焦物。

4 检修程序与质量标准

4.1.1 准备相关技术资料，根据日常维护、运转和测试记录，确定检修内容，制定检修方案。

4.1.2 落实好检修时所需的备品备件、原材料、工器具等，并根据相关备品备件和原材料的质量标准做好备品备件和原材料的质量检查和确认。

4.1.3 检修人员已接受安全教育，并接受了设备的介质特性、现场环境和设备故障情况的安全、技术交底。

4.1.4 落实检修中的安全和环保措施，做好介质的排尽、排放和收集工作。

4.1.5 按照停送电等相关管理规定办理相关作业票证。

4.1.6 确认设备交出手续是否完备。

4.1.7 完成检修前其他工作确认。

4.2 拆卸与检测

4.2.1 开炉顶大盖，松开全部活动压卡，气割分别焊在两只吊耳上的4只固定压卡。封大盖时还必须再焊在吊耳上并把紧螺栓压紧。

4.2.2 炉管的清灰应在炉内塔脚手架人工进行。由上往下用钢丝刷清灰。脚手架管不允许从中心耐火筒中进出，以免损坏耐火筒。

4.2.3 空气预热器翅片，包括搪瓷管空气预热器除用人工疏通加压缩空气吹扫的方法清灰外，也可用高压水进行清灰。空气预热器顶部的保温层应拆除，检查有无裂纹和壳体变形。

4.2.4 炉管测厚。

4.2.5 炉管检漏可采用氮气检漏、冷态热媒检漏、热态热媒检漏等方法。热检时热媒温度为150～280℃。

4.2.7 检查炉管与其支承板的焊缝拉脱处有无凹坑缺陷。

4.2.8 更换挡火板时，挡火板必须下埋，并点焊在底环板座上，同时尽量紧贴炉管。

4.2.9 检查炉底耐火砼层是否有缺损和裂缝，择差修补。燃烧器耐火筒若有贯穿性裂纹或断裂时，必须更换。

4.2.10 炉体上部的内壁局部烧损部分，可采用钢板贴补法或挖补法修补。

4.3 检修质量标准

热媒加热炉检修质量标准见表2。

表2 热媒加热炉检修质量标准

序号	检修项目	质量标准	检查方法
1	炉盖	1. 钢板不变形，保温无脱落 2. 密封面和卡兰式压紧装置完好	目测
2	挡火板	1. 无鼓包变形、氧化烧蚀、焊缝开裂等情况 2. 材质1Cr18Ni9Ti，厚度4mm。最低点高0.8～1.0m 最高点1.1～1.2m，下埋点焊在底环板座上 3. 紧贴炉管，与炉管的最大间隙不大于10mm 4. 挡火板上焊有保温钉，粘贴50 mm厚的保温纤维	目测 钢尺
3	炉管	1. 清灰干净，测量壁厚不小于3.5mm 2. 炉管无未焊透，裂纹等缺陷以及变形和腐蚀 3. 炉管增大不大于5%或周长增加3%以下 4. 由渗碳、蠕变等原因引起的裂纹深度不超过壁厚的1/2的	目测及 无损检测
4	炉体	1. 无局部鼓包变形和焊缝开裂 2. 炉顶部无局部烧蚀、烧穿和氧化剥落 3. 清灰孔无泄漏，密封盘根已更换	目测 目测 钢尺

表 2 热媒加热炉检修质量标准（续）

序号	检修项目	质量标准	检查方法
5	炉底	1. 炉底耐火砼体无缺损、裂纹，总厚度为 300mm 2. 耐火砼体的裂缝不大于 5mm 5. 燃烧器耐火筒无断裂无贯穿性裂纹 6. 炉底环板无下沉现象	目测
6	内外保温	挡火板上和炉壁顶部内侧做一层	
7	燃烧器	1. 清洗见金属光泽，涡流叶片无变形，裂纹 2. 燃烧器中心孔内外圈清扫干净 3. 燃烧器中心偏离不大于 5mm 4. 螺栓紧固齐全，各连接密封面无泄漏 5. 喷嘴孔尺寸大于原尺寸 0.1mm 时，应更换	目测
8	空气预热器	1. 壳体无鼓包变形，局部过烧，内壁已清扫干净，无裂纹 2. 换热翅片或搪瓷列管已清灰干净 3. 各法兰接口的密封已更换，螺栓紧固，齐全 4. 堵管数量超过 1/3 时，更换空气预热器	目测
9	烟囱	1. 底阀，启闭灵活，无泄漏 2. 地脚螺栓和防雷接地良好 3. 烟囱已防腐刷银灰色面漆	手感 目测
10	操作平台	1. 上下操作平台格栅齐全，卡子紧固可靠 2. 顶部吊架、扶手栏杆、梯子完好	目测

5 试车与验收

5.1 试车前准备

5.1.1 检修工程应符合工完、料尽、场地清等要求。

5.1.2 试车由工艺牵头，机电仪各专业参加。

5.1.3 热媒炉控制部分已调试完毕，风机、热媒泵处于完好状态。

5.2 试车

5.2.1 热媒炉升温速率控制在 10～15℃ /h。

5.2.2 热媒炉供热稳定，满足工艺生产要求。

5.2.3 对各火监、温度等联锁进行确认。

5.2.4 试车结束后，按规定办理交接手续，由工艺、设备和电仪等相关人员进行签字确认。

5.3 验收

5.3.1 填写检修记录单。

5.3.2　炉壁上部及其夹层钢板无鼓包变形。
5.3.3　炉壁上部内保温，挡火板保温无明显缝隙，质量符合要求。
5.3.4　各室炉管清灰干净，检漏、测厚和焊缝探伤符合要求。
5.3.5　炉膛内清扫干净，炉底耐火砼体无裂缝和缺损。
5.3.6　炉管内外支承板完好，各清灰口已清灰，螺栓齐全，密封面无泄漏。
5.3.7　空气预热器换热翅片或搪瓷列管已清灰干净，各法兰接口螺栓齐全，密封面无泄漏。
5.2.8　炉体及其空气预热器的外保温质量符合要求。
5.2.9　各燃气、热媒、烟气及其点火系统完好，各仪表正常完好。
5.2.10　烟囱底阀完好，烟囱防腐层完好。

6　维护与故障处理

6.1　日常维护

6.1.1　定时巡检炉体各处密封，炉盖密封，定时检测炉底温度。
6.1.2　定时巡检燃烧器和进出炉管的压力和温度等参数。
6.1.3　定期检查燃烧情况，定期拆卸、清洗并检查烧杆及其烧嘴。
6.1.4　观察烟囱的冒烟情况，定期排放烟囱底阀的炉灰。
6.1.5　定期对火监器探头等进行清洗。
6.1.6　定时进行吹灰作业。
6.1.7　消除现场“跑、冒、滴、漏”。

6.2　常见功能故障与处理方法

热媒加热炉常见功能故障与处理方法见表 3。

表 3　热媒加热炉常见功能故障与处理方法

序号	功能	功能故障	故障模式	故障后果	故障应对策略与检修内容	检修周期／月
1	保证热媒炉能力及效率	能力或压力低于正常值	燃气调节阀或放空阀故障；调节阀开度卡死，放空阀未关严；用气量提不上去；炉子效率低	影响生产负荷	定期巡检，监控炉子出口温度及压力；检查、检修调节阀及放空阀；调节阀开大提升用气量；检查检修热媒炉	视情而定
2		减压阀后压力降低	过滤器堵； 管道等系统有漏气	能力下降	定期巡检；清洗或更换过滤器；检查消除漏气点	视情而定 过滤器每季清理
3		喷嘴压力升高	喷嘴堵塞严重	出口温度下降、影响生产	定期巡检；清洗喷嘴	视情而定 喷嘴每年清洗

表 3　热媒加热炉常见功能故障与处理方法（续）

序号	功能	功能故障	故障模式	故障后果	故障应对策略与检修内容	检修周期 / 月
4	保证热媒炉连续运转	热媒系统不正常	电机故障	热媒泵停机、影响负荷	电气检查修理	视情而定
5			热媒泵过滤器堵塞	设备损伤、影响负荷	检查清理过滤器	48~60
6			热媒泵冷却效果不好	冷却设备损伤、影响运行	检查清洗冷却器	48~60
7		热媒炉温度等联锁异常	火监器报警故障	炉膛内结焦、燃烧器结焦、影响负荷	检查清理喷嘴结焦，定期检修更换火监探头	24~60
8			炉顶或炉底温度偏高	设备损伤、影响负荷	大盖密封失效或被烧坏	48~60
9			废气温度过高	设备损伤、影响负荷	炉管、空气预热器结灰	24~30
10			热媒出口温度高故障联锁	设备损伤、影响负荷	检查温度设定值、热媒循环量	视情而定
11		炉体泄漏	热媒炉大盖密封泄漏	效率下降	定期巡检，检查漏点并消除	视情而定
12			热媒炉炉管泄漏热媒	设备损坏、环境污染	定期巡检，及时消除漏点，检查更换炉管	停车检修
13		炉体温度高	炉体外表面温度超过70℃	影响环境	检查保温状况，保温失效	定期巡检视情而定

附　录　A

（资料性附录）

检修数据记录表

设备名称：热媒加热炉　　　　　　　　设备位号：　　　　　　　　　　　检修日期：

序号	检测项目	质量标准	检测方法	质控等级	实测记录		确认人		
					修前	修后	检修人员	检修单位技术人员	使用单位技术人员
1	炉盖	无变形，氧化烧蚀，焊缝开裂	目测、磁粉、着色	停止点					
2	炉管	管壁厚度≥3.5mm	检测仪等	停止点					
3	炉体	无鼓包变形和焊缝开裂	目测	停止点					
4	炉底	耐火砼裂缝≤5mm	塞尺	停止点					
5	内保温模块	内模块≤5mm间隙	塞尺	质控点					
6	燃烧器	中心偏离≤5mm	塞尺	质控点					
7	空气预热器	列管表面无灰尘	目测	质控点					
8	烟囱	防腐达到要求	目测	质控点					
9	操作平台	平台格栅齐全	目测	质控点					
10	挡火板	无氧化烧蚀，焊缝开裂	目测、磁粉、着色	质控点					

注：自控点是检修人员进行质量检验的检修工序点；质控点是检修方质检员或技术员进行质量检验的工序点；停止点是检修、使用双方技术人员都必须到现场确认的检修工序点。

附　录　B
（资料性附录）
试车与验收数据记录表

年　　月　　日

<table>
<tr><td>使用单位</td><td></td><td>检修单位</td><td colspan="4"></td></tr>
<tr><td>设备位号及名称</td><td></td><td>设备类别</td><td colspan="4">静设备（　　）；动设备（　　）</td></tr>
<tr><td colspan="2">试车验收前的准备工作</td><td>静设备</td><td>动设备</td><td colspan="2">状态确认</td><td>确认人</td></tr>
<tr><td colspan="2">1. 各加油点已按规定加好润滑油</td><td></td><td>△</td><td colspan="2"></td><td></td></tr>
<tr><td colspan="2">2. 电源线已接好</td><td></td><td>△</td><td colspan="2"></td><td></td></tr>
<tr><td colspan="2">3. 工艺准备已完毕</td><td>△</td><td>△</td><td colspan="2"></td><td></td></tr>
<tr><td colspan="2">4. 检修记录单位和零部件换修记录单已填好</td><td>△</td><td>△</td><td colspan="2"></td><td></td></tr>
<tr><td colspan="2">5. 设备本体及检修现场干净</td><td>△</td><td>△</td><td colspan="2"></td><td></td></tr>
<tr><td colspan="2">6. 加热、冷却系统运行正常</td><td>△</td><td>△</td><td colspan="2"></td><td></td></tr>
<tr><td colspan="2">7. 润滑系统工作正常</td><td></td><td>△</td><td colspan="2"></td><td></td></tr>
<tr><td colspan="2">8. 盘车轻松，无轻重不均匀感</td><td></td><td>△</td><td colspan="2"></td><td></td></tr>
<tr><td colspan="2">9. 电机点动或单试转向正确</td><td></td><td>△</td><td colspan="2"></td><td></td></tr>
<tr><td colspan="2">10. 防腐或保温完好</td><td>△</td><td>△</td><td colspan="2"></td><td></td></tr>
<tr><td colspan="2">11. 静密封点无泄漏</td><td>△</td><td>△</td><td colspan="2"></td><td></td></tr>
<tr><td colspan="2">试车验收数据</td><td colspan="2"></td><td>标准值</td><td>实测值</td><td></td></tr>
<tr><td colspan="2">12. 电流（额定电流内）</td><td></td><td>△</td><td></td><td></td><td></td></tr>
<tr><td colspan="2">13. 振动值（控制范围内）</td><td></td><td>△</td><td></td><td></td><td></td></tr>
<tr><td colspan="2">14. 升温速率（每小时 10～15℃）</td><td>△</td><td></td><td></td><td></td><td></td></tr>
<tr><td colspan="2">15. 热紧固（所有螺栓联接部位）</td><td>△</td><td></td><td></td><td></td><td></td></tr>
<tr><td colspan="2">16. 连锁值进行确认</td><td>△</td><td>△</td><td></td><td></td><td></td></tr>
<tr><td colspan="7">验收结论：</td></tr>
<tr><td colspan="7">验收人员签字：

检修单位：　　　　　　　　使用单位：　　　　　　　　主管部门：</td></tr>
</table>

注： 1. 在相应设备类别（　　）内填“√”，“△”指该设备应验收这些项目。
2. 对于状态确认项目，在确认栏内填“√”（符合要求）或“×”（不符合要求）。
3. 对于电流等非定性项目，在“标准值”栏和“实测值”栏内填数值。

24. TiO_2 研磨机维护检修规程

SHS 04530—2019

代替 SHS 04530—2004

目　次

前　言

本规程按照GB/T 1.1—2009《标准化工作导则　第1部分：标准的结构和编写》给出的规则起草。

本规程代替SHS 0453—2004《TiO_2研磨机维护检修规程》，与SHS 04530—2004相比，除了编辑性修改外主要技术变化如下：

——明确了本规程适用TiO_2研磨机的型号；

——对常见功能故障与处理部分按RCM分析方法重新编制；

——增加“附录A　检修数据记录表”；

——增加“附录B　试车与验收数据记录表”。

本规程由中国石油化工集团有限公司、中国石油化工股份有限公司提出。

本规程起草单位：中国石油化工股份有限公司洛阳分公司。

本规程主要起草人：牛建峰。

本规程历次版本发布情况：

——SHS 04530—2004。

TiO_2 研磨机维护检修规程

1 范围

1.1 主题内容

本规程规定了聚酯装置中 TiO_2 研磨机的检修周期与内容、检修与质量标准、试车与验收、维护与故障处理。

1.2 适用范围

本规程适用于聚酯装置RED HEAD、PMH50TEX、NETSCH等系列研磨机的维护与检修。

2 规范性引用文件

下列文件中的条款通过本规程的引用而成为本规程的条款。凡是注日期的引用文件，其随后所有的修改单（不包括勘误的内容）或修订版均不适用于本规程，然而，鼓励根据本规程达成协议的各方研究是否可使用这些文件的最新版本。凡是不注日期的引用文件，其最新版本适用于本规程。

GB 50276 破碎、粉磨设备安装工程施工及验收规范

3 检修周期和内容

3.1 检修周期

根据 TiO_2 研磨机系统功能故障及影响分析的结果，并结合生产装置运行周期确定检修周期，一般为 36～48 个月。

3.2 检修内容

3.2.1 清洗筒体冷却水夹套。

3.2.2 检查或更换密封。

3.2.3 更换研磨机转子的轴承。

3.2.4 拆卸研磨机搅拌圆盘组件，检查磨损情况。

3.2.5 检查研磨机筒体缸或研磨槽壁损伤情况，测量缸体圆柱度等，并进行修复或更换。

3.2.6 测量轴或搅拌圆盘组件各部位尺寸，处理、修复轴颈等损伤部位。

3.2.7 转子做平衡。

3.2.8 检修研磨机的进口单向阀。

4 检修程序与质量标准

4.1 检修前准备

4.1.1 准备相关技术资料，根据日常维护、运转和测试记录，确定检修内容，制定检修方案。
4.1.2 落实好检修时所需的备品备件、原材料、工器具等，并根据相关备品备件和原材料的质量标准做好备品备件和原材料的质量检查和确认。
4.1.3 检修人员已接受安全教育，并接受了设备的介质特性、现场环境和设备故障情况的安全、技术交底。
4.1.4 落实检修中的安全和环保措施，做好介质的排尽、排放和收集工作。
4.1.5 按照停送电等相关管理规定办理相关作业票证。
4.1.6 确认设备交出手续是否完备。
4.1.7 完成检修前其他工作确认。

4.2 拆卸与检查

4.2.1 拆卸研磨机附件及管线。
4.2.2 拆卸研磨机皮带护罩，拆卸皮带。
4.2.3 拆卸过滤设施。
4.2.4 使用拆卸工具，拆下联轴器。
4.2.5 拆卸轴承室的盖板、轴承，卸下轴承室。
4.2.6 使用吊具，拉出搅拌轴组件。拆卸转子、研磨盘和轴套。
4.2.7 拆卸密封装置。
4.2.8 清理并检查拆下的转子。
4.2.9 检查、清理研磨机缸体或研磨槽。

4.3 回装与质量标准

TiO_2 研磨机检修质量应符合表 1 的要求。
4.3.1 回装研磨机缸体或研磨槽。
4.3.2 回装转子。
4.3.3 回装密封装置。
4.3.4 回装轴承，调整转子与缸体相对位置。
4.3.5 回装皮带轮及皮带，调整皮带张紧度。
4.3.6 回装护罩及附属管线。

表 1　TiO_2 研磨机检修质量标准

序号	检查项目	质量标准	检查工具
1	轴直线度	＜ 0.02mm	百分表
2	皮带轮找平	±0.25mm	钢板尺、塞尺
3	皮带轮张紧度	8.5kgf 皮带压下 35mm	钢板尺，弹簧秤
4	轴封（卧式）	无泄漏	目测
5	研磨腔内衬钢套	研磨凹槽深度不超过钢套厚度的 50%	游标卡尺
6	搅拌轴端面径跳动	＜ 0.15mm	百分表

5　试车与验收标准

5.1　试车前的准备

5.1.1　检修工程应符合工完、料尽、场地清等要求。
5.1.2　检查检修记录，确认检修数据正确。
5.1.3　盘车灵活无异常。
5.1.4　单试电动机合格，确认转向正确。
5.1.5　确认研磨机研磨珠料位适当。
5.1.6　确认研磨机冷却水投用。
5.1.7　零附件齐全好用。

5.2　试车

5.2.1　按操作规程，当研磨筒料位达到溢流时，启动电动机，确认电动机及研磨机运行正常，无异常振动及杂音。
5.2.2　电流不超过额定值。
5.2.3　密封无泄漏。

5.3　验收

5.3.1　运转 24h，各项指标达到技术要求或满足生产需要。
5.3.2　设备达到完好标准。
5.3.3　检修记录齐全准确。

6　维护与故障处理

6.1　日常维护

6.1.1　检查传动皮带的运行及磨损情况，调整及更换传动皮带。

6.1.2 检查研磨机过滤设施，及时更换滤网。

6.1.3 更换研磨珠。

6.1.4 对轴承进行加脂润滑。

6.1.5 检查研磨机筒体磨损情况。

6.1.6 检查联轴器使用情况，处理相关问题。

6.1.7 检查、处理静密封渗漏，检查并紧固各部件螺栓、接头、锁紧螺母。

6.1.8 检查传动皮带轮和电机皮带轮对中。

6.1.9 检查确认电机轴承有无杂音、振动，温度有无异常升高。

6.1.10 检查确认研磨机内有无异常声响。

6.1.11 检查确认研磨机溢流速度，温度有无异常。

6.1.12 检查确认皮带是否打滑或跳动。

6.1.13 检查各指示仪表及电气按钮有无损坏，缺少或失灵。

6.1.14 检查密封系统是否泄漏，及时补加密封液。

6.1.15 定期向各润滑油嘴补充润滑脂。

6.1.16 检查研磨机电流是否正常平稳。

6.2 常见功能故障与处理方法

TiO_2 研磨机常见功能故障与处理方法见表 2。

表 2 TiO_2 研磨机常见功能故障与处理方法

序号	功能	功能故障	故障模式	故障后果	故障应对策略与检修内容	检修周期／月
1	保证研磨机正常运转	异常响声	皮带松、传递力矩不匀	设备损伤	张紧或更换皮带	视情而定
2			皮带轮找正不好	设备损伤	调整	视情而定
3			转子不平衡	设备损伤	转子做平衡	视情而定
4			轴承故障	设备损伤	更换轴承	视情而定
5		电流过低	物料温度高，黏度下降	影响生产	检查冷却水	视情而定
6			研磨珠损耗多	影响生产	停车补充	视情而定
7			浆料浓度偏低	影响生产	停车调整	视情而定
8		驱动设备达不到提供的速度	皮带缺陷，皮带张力不正确	设备损伤	更换皮带或调整皮带张紧度	视情而定

附 录 A

（资料性附录）

检修数据记录表

设备名称：TiO_2 研磨机　　　　设备位号：　　　　检修日期：

序号	检测项目	质量标准	检测方法	质控等级	实测记录		确认人		
					修前	修后	检修人员	检修单位技术人员	使用单位技术人员
1	轴直线度	＜0.02mm	百分表	停止点					
2	皮带轮找平	+0.25mm	钢板尺、塞尺	停止点					
	皮带轮张紧度	8.5kgf 皮带压下35mm	钢板尺，弹簧称	停止点					
	轴封（卧式）	无泄漏	目测	停止点					
3	研磨腔内衬钢套	研磨凹槽深度不超过钢套厚度的 50%	游标卡尺	停止点					
4	搅拌轴端面径向跳动	＜0.15mm	百分表	停止点					

注：自控点是检修人员进行质量检验的检修工序点；质控点是检修方质检员或技术员进行质量检验的工序点；停止点是检修、使用双方技术人员都必须到现场确认的检修工序点。

附　录　B

（资料性附录）

试车与验收数据记录表

年　　月　　日

使用单位		检修单位			
设备位号及名称		设备类别	静设备（　　）；动设备（　　）		
试车验收前的准备工作	静设备	动设备	状态确认		确认人
1. 各加油点已按规定加好润滑油		△			
2. 电源线已接好		△			
3. 工艺准备已完毕	△	△			
4. 检修记录单位和零部件换修记录单已填好	△	△			
5. 设备本体及检修现场干净	△	△			
6. 润滑、密封气系统工作正常		△			
7. 盘车轻松，无轻重不均匀感		△			
8. 电机点动或单试转向正确		△			
9. 静密封点无泄漏	△	△			
试车验收数据			标准值	实测值	
10. 电流		△			
11. 振动值		△			
12. 动密封泄漏量		△			
验收结论：					
验收人员签字： 检修单位：　　　　使用单位：　　　　主管部门：					

注： 1. 在相应设备类别（　　）内填“√”，“△”指该设备应验收这些项目。

2. 对于状态确认项目，在确认栏内填“√”（符合要求）或“×”（不符合要求）。

3. 对于电流等非定性项目，在“标准值”栏和“实测值”栏内填数值。

25. TiO_2 离心分离机维护检修规程

SHS 04531—2019

代替 SHS 04531—2004

目　次

前　言

本规程按照GB/T 1.1—2009《标准化工作导则　第1部分：标准的结构和编写》给出的规则起草。

本规程代替SHS 04531—2004《TiO_2离心分离机维护检修规程》，与SHS 04531—2004相比，除了编辑性修改外主要技术变化如下：

——明确了本规程适用TiO_2离心分离机的型号；

——对常见功能故障与处理部分按RCM分析方法重新编制；

——增加“附录A　检修数据记录表”；

——增加“附录B　试车与验收数据记录表”。

本规程由中国石油化工集团有限公司、中国石油化工股份有限公司提出。

本规程起草单位：中国石化仪征化纤有限责任公司。

本规程主要起草人：陈广金。

本规程历次版本发布情况：

——SHS 04531—2004。

TiO_2 离心分离机维护检修规程

1 范围

1.1 主题内容

本规程规定了 TiO_2 离心分离机的检修周期、检修内容与质量标准、试车与验收、维护与故障处理。

1.2 适用范围

本规程适用于 LW355、LW350HQ-N、LW350AD、LW430DE 型 TiO_2 离心分离机的维护与检修。

2 规范性引用文件

下列文件中的条款通过本规程的引用而成为本规程的条款。凡是注日期的引用文件，其随后所有的修改单（不包括勘误的内容）或修订版均不适用于本规程，然而，鼓励根据本规程达成协议的各方研究是否可使用这些文件的最新版本。凡是不注日期的引用文件，其最新版本适用于本规程。

JB/T 502　螺旋卸料沉降离心机

GB 19815—2005　离心机　安全要求

GB/T 10895　离心机　分离机　机械振动测试方法

3 检修周期与内容

3.1 检修周期

根据 TiO_2 离心分离机系统功能故障及其影响分析的结果，并结合生产装置运行周期确定检修周期，一般为 48～60 个月。

3.2 检修项目

3.2.1　检查进料管磨损情况，紧固各部位连接螺栓。

3.2.2　解体检查差速器，更换齿轮、轴承和密封件。

3.2.3　检修电动机、电磁阀等电仪设备。

3.2.4　解体离心分离机本体。

3.2.5 检查转鼓内壁与螺旋叶片磨损情况、有无裂纹和变形。
3.2.6 检查转鼓主轴承及螺旋支承轴承，并择差更换。
3.2.7 检查转鼓及螺旋平衡情况，必要时进行动平衡校正。
3.2.8 检查、更换减振器，修复机架构件的裂纹和脱焊部位。
3.2.9 检查、更换所有密封部件及易损件。

4 检修程序与质量标准

4.1 检修前准备

4.1.1 准备相关技术资料，根据日常维护、运转和测试记录，确定检修内容，制定检修方案。
4.1.2 落实好检修时所需的备品备件、原材料、工器具等，并根据相关备品备件和原材料的质量标准做好备品备件和原材料的质量检查和确认。
4.1.3 检修人员已接受安全教育，并接受了设备的介质特性、现场环境和设备故障情况的安全、技术交底。
4.1.4 落实检修中的安全和环保措施，做好介质的排尽、排放和收集工作。
4.1.5 按照停送电等相关管理规定办理相关作业票证。
4.1.6 确认设备交出手续是否完备。
4.1.7 完成检修前其他工作确认。

4.2 拆卸与检测

4.2.1 拆除物料管线、皮带轮、联轴器、差速器及电仪设备等附属设备设施。
4.2.2 打开离心分离机机体防护罩，吊起整机运送至检修间进行解体检修。
4.2.3 拆卸转鼓左、右轴承座，解体更换主轴承、油封。
4.2.4 拆卸转鼓大端盖板，抽出螺旋，避免碰损，更换支承轴承、油封。
4.2.5 检查螺旋叶片不得有裂纹、脱焊和严重磨损，否则进行补焊修理。
4.2.6 分别检测转鼓、螺旋及差速器外壳动平衡精度不低于 G6.3 级。
4.2.7 解体差速器。解体前在差速器外壳上做好标记。
4.2.8 拆卸下的零件部件应清洗、检查，妥善保管，避免损伤。

4.3 回装与质量标准

4.3.1 回装前应确保所有的零部件清洗干净。对转鼓、螺旋的焊缝进行无损检测，确保无裂纹、无机械损伤及变形，经检查合格后，方能回装。
4.3.2 轴承回装。将螺旋左右支承轴承装入轴承座中，装配采用热装法，加热温度应小于 120℃，不允许使用敲击等野蛮操作方式回装。
4.3.3 螺旋回装至转鼓中。回装前应进行检查、检测，必要时进行修复处理、动平衡试验。转鼓、螺旋检修质量标准符合表 1 的要求。

表 1　转鼓、螺旋检修质量标准

序号	检验项目	质量标准	检验方法
1	转鼓、螺旋动平衡	G6.3	动平衡机
2	螺旋两端轴颈径向跳动	≤ 0.03mm	百分表
3	螺旋两端同轴度	＜ 0.02mm	百分表
4	螺旋轴向窜动量	＜ 0.2mm	百分表
5	转鼓两端轴颈密封处径向跳动	≤ 0.03mm	百分表
6	转鼓内径和螺旋叶片外缘间隙	≤ 1.5 倍原间隙	塞尺

4.3.4　转鼓两端主轴承座组装完成后，整体运至现场吊装至机座中。

4.3.5　安装行星齿轮差速器，输出轴与螺旋花键连接，差速器与传动盖连接，配合面垫铜皮来调节差速器径向跳动应小于 0.05mm。

4.3.6　对机组物料管线、冷水管线及电仪设备等附属设施进行检查检修后回装。

4.3.7　确认电机转向后，对电机与差速器间的联轴器进行找正。联轴器找正质量标准应符合表 2 的要求。

表 2　联轴器找正质量标准

序号	检验项目	质量标准	检验方法
1	径向偏差	≤ 0.05mm	百分表
2	角向偏差	≤ 0.05mm	百分表
3	轴向间隙	2～4mm	直尺

4.3.8　安装皮带轮传动装置，检测皮带轮径向跳动小于 0.08mm。

4.3.9　三角皮带安装。新旧皮带不得混用，调整传动带的松紧度，用 2kg 左右的力作用于每根皮带跨度的中心，以 16mm/m 的挠度为合适。

4.3.10　检修完成后废油、含油抹布、粉尘等清理到指定位置规范收集，合规处理，符合工完、料尽、场地清等要求。

5　试车与验收

5.1　试车前准备

5.1.1　检查工艺参数设定及阀门的状态，各密封点无泄漏，各零部件、附件齐全完好，机罩已安装固定。

5.1.2　冷水系统正常，压力、温度达到规定值。

5.1.3　轴承部位润滑油（脂）补加适量。

5.1.4　盘车轻松、无轻重不均匀感。

5.1.5 检查三角传动带是否正常，安装转动部位防护罩。

5.1.6 全面检查机组各运转部分与静止机座的紧固情况。

5.1.7 检查仪表、电气、气路系统使其具备试车条件，调试安全联锁装置。

5.1.8 检修资料齐全，检修数据完整、准确、符合要求。

5.1.9 完成其他试车条件确认。

5.2 试车

5.2.1 离心分离机空载试验在额定转速下进行，不少于4h。

5.2.2 离心分离机带物料运转试验在额定工况下进行，不少于8h。

5.2.2.1 确认操作按钮，启动主机。

5.2.2.2 待设备运转正常后，先加注清水冲洗5min，关闭清水阀，然后打开进料阀，逐渐加大进料量至正常。

5.2.2.3 观察主机运行是否平稳，控制系统是否正常，处理效果是否满意，各仪表显示是否正常，确认开机是否成功。

5.3 验收

5.3.1 离心分离机生产能力和分离效果应符合设计要求。

5.3.2 设备运转平稳，无堵塞、漏料现象。

5.3.3 电机运行电流在标准范围内。

5.3.4 转鼓转速应不低于额定转速的97%。

5.3.5 无异常振动和杂音，空运转振动不大于7.1mm/s，物料试运转振动不大于11.2mm/s，噪声不大于90dB。

5.3.6 空运转时，主轴承温度不大于70℃，温升不大于35℃；物料试运转时，主轴承温度不大于75℃，温升不大于40℃。

5.3.7 差速器油温不大于70℃，温升不大于40℃。

5.3.8 主机清洁，附件完好。

5.3.9 完善检修记录，检修记录齐全、准确，按规定办理验收手续。

6 维护与故障处理

6.1 日常维护

6.1.1 严格控制主机转速、差转速、进料量和冷水温度，并做好记录。

6.1.2 检查进料管与转鼓间隙，转鼓与螺旋间隙，发现异常及时调整。

6.1.3 定期、定量添加转鼓主轴承及螺旋轴承润滑脂，更换差速器润滑油。

6.1.4 适当调整三角传动带的松紧度，新旧皮带不得混合使用，选用皮带长度必须一致，延长传动带和带轮的使用寿命。

6.1.5 定期检查、保养电气系统，检查保护装置是否可靠。

6.1.6 检查各密封部件有无泄漏现象，定期更换易损件。

6.2 常见功能故障与处理方法

TiO_2离心分离机常见功能故障与处理方法见表2。

表2 TiO_2离心分离机常见功能故障与处理方法

序号	功能	功能故障	故障模式	故障后果	故障应对策略与检修内容	检修周期／月
1	保证机组生产能力和分离效果	不排料或排料少	悬浮液浓度太低或进料量太少	影响生产负荷	加大进料量	视情况而定
2			固相与液相的比重差小		改进工艺	
3			转鼓与螺旋同步或旋转方向相反		调整差转速或改变旋转方向	
4			差速器损坏		修复或更换差速器	
5			自动控制系统失灵		检查自动控制系统	
6		残渣含水率高	进料量过多	影响分离效果	减少进料量	视情况而定
7			液层深度太深		调整液层深度	
8			分离因素低		提高转鼓转速	
9		清液含固量高	进料量太大	影响分离效果	减少进料量	视情况而定
10			分离因素低		提高转鼓转速	
11			液层深度不够		调整液层深度	
12			物料难以分离		改进工艺	
13	保证机组运行稳定性	振动过大	转鼓内部有不均匀沉积物料	停机、影响负荷	加清水冲洗并配合手动盘车	视情况而定
14			转鼓或螺旋上的轴承损坏	设备损伤、影响负荷	更换轴承	24～60
15			旋转部件的连接处有松动或变形	设备损伤、影响负荷	检查紧固或修复连接件	48～60
16			进料不均匀	效率下降	调整进料量	视情况而定
17			零部件动平衡不好	设备损伤、影响负荷	重新校正或更换零部件	48～60
18			联轴器、皮带轮故障	设备损伤、影响负荷	检查更换联轴器、皮带轮，重新找正	48～60

表 2　TiO_2 离心分离机常见功能故障与处理方法（续）

序号	功能	功能故障	故障模式	故障后果	故障应对策略与检修内容	检修周期／月
19	保证机组运行稳定性	声音异常	转鼓排料口堵塞	设备损伤、影响负荷	停机清理	视情况而定
20			机壳内有堆积物	设备损伤、影响负荷	打开机罩检查清理	视情况而定
21			螺旋叶片间距被物料堵塞	设备损伤、影响负荷	检查清理孔头；测量调整转子间隙	视情况而定
22	保证润滑系统运行正常	差速器油温升高，超过 70℃	差速器缺油	润滑性能下降、设备损坏	检查油位	视情况而定
23			负荷太高		调整生产负荷	视情况而定
24			散热不好		改善环境温度	视情况而定
25			内部轴承或齿轮损坏		修复或更换零部件	48～60
26		主轴承油温升高，超过 75℃	油路不通或油品变质	润滑性能下降、设备损坏	疏通油路，更换润滑脂	视情况而定
27			皮带太紧，导致轴承摩擦功耗高		适量调松皮带	视情况而定
28			轴承损坏		更换轴承	48～60

附　录　A
（资料性附录）
检修数据记录表

设备名称：TiO_2离心分离机　　　　设备位号：　　　　　　检修日期：

序号	检测项目	质量标准	检测方法	质控等级	实测记录		确认人		
					修前	修后	检修人员	检修单位技术人员	使用单位技术人员
1	转鼓、螺旋动平衡	不大于G6.3	动平衡机	停止点					
2	转鼓内径和螺旋叶片间隙	不大于1.5倍原间隙	塞尺	停止点					
3	差速器径向跳动	≤0.05mm	百分表	停止点					
4	螺旋两端轴颈径向跳动	≤0.03mm	百分表	质控点					
5	螺旋两端同轴度	＜0.02mm	百分表	质控点					
6	螺旋轴向窜动量	＜0.2mm	百分表	质控点					
7	转鼓两端轴颈径向跳动	≤0.03mm	百分表	质控点					
8	联轴器对中度	径向偏差≤0.05mm 角向偏差≤0.05mm	打表法	质控点					
9	皮带轮径向跳动	≤0.08mm	百分表	质控点					
10	转鼓内表面粗糙度	不大于R_a0.8	粗糙度检测仪等	自控点					
11	轴颈表面粗糙度	不大于R_a1.6	粗糙度检测仪等	自控点					

检修数据记录表（续）

序号	检测项目	质量标准	检测方法	质控等级	实测记录		确认人		
					修前	修后	检修人员	检修单位技术人员	使用单位技术人员
12	机罩与机座密封面粗糙度	不大于 $R_a3.2$	粗糙度检测仪等	自控点					
13	螺旋叶片表面及轴颈处	无气孔、裂纹和伤痕等缺陷	目测、磁粉、着色	自控点					
14	机座水平度	长、宽方向≤2mm	水平仪	自控点					

注：自控点是检修人员进行质量检验的检修工序点；质控点是检修方质检员或技术员进行质量检验的工序点；停止点是检修、使用双方技术人员都必须到现场确认的检修工序点。

附 录 B
（资料性附录）
试车与验收数据记录表

年 月 日

<table>
<tr><td>使用单位</td><td></td><td>检修单位</td><td colspan="4"></td></tr>
<tr><td>设备位号及名称</td><td></td><td>设备类别</td><td colspan="4">静设备（ ）；动设备（ ）</td></tr>
<tr><td colspan="2">试车验收前的准备工作</td><td>静设备</td><td>动设备</td><td colspan="2">状态确认</td><td>确认人</td></tr>
<tr><td colspan="2">1. 各加油点已按规定加好润滑油</td><td></td><td>△</td><td colspan="2"></td><td></td></tr>
<tr><td colspan="2">2. 密封液已加好</td><td></td><td>△</td><td colspan="2"></td><td></td></tr>
<tr><td colspan="2">3. 电源线已接好</td><td></td><td>△</td><td colspan="2"></td><td></td></tr>
<tr><td colspan="2">4. 工艺准备已完毕</td><td>△</td><td>△</td><td colspan="2"></td><td></td></tr>
<tr><td colspan="2">5. 检修记录单位和零部件换修记录单已填好</td><td>△</td><td>△</td><td colspan="2"></td><td></td></tr>
<tr><td colspan="2">6. 设备本体及检修现场干净</td><td>△</td><td>△</td><td colspan="2"></td><td></td></tr>
<tr><td colspan="2">7. 加热、冷却系统运行正常</td><td>△</td><td>△</td><td colspan="2"></td><td></td></tr>
<tr><td colspan="2">8. 润滑、密封液系统工作正常</td><td></td><td>△</td><td colspan="2"></td><td></td></tr>
<tr><td colspan="2">9. 盘车轻松，无轻重不均匀感</td><td></td><td>△</td><td colspan="2"></td><td></td></tr>
<tr><td colspan="2">10. 电机点动或单试转向正确</td><td></td><td>△</td><td colspan="2"></td><td></td></tr>
<tr><td colspan="2">11. 防腐或保温完好</td><td>△</td><td>△</td><td colspan="2"></td><td></td></tr>
<tr><td colspan="2">12. 静密封点无泄漏</td><td>△</td><td>△</td><td colspan="2"></td><td></td></tr>
<tr><td colspan="2">试车验收数据</td><td colspan="2"></td><td>标准值</td><td>实测值</td><td></td></tr>
<tr><td colspan="2">13. 温升</td><td></td><td>△</td><td></td><td></td><td></td></tr>
<tr><td colspan="2">14. 电流</td><td></td><td>△</td><td></td><td></td><td></td></tr>
<tr><td colspan="2">15. 振动值</td><td></td><td>△</td><td></td><td></td><td></td></tr>
<tr><td colspan="2">16. 动密封泄漏量</td><td></td><td>△</td><td></td><td></td><td></td></tr>
<tr><td colspan="7">验收结论：</td></tr>
<tr><td colspan="7">验收人员签字：

检修单位： 使用单位： 主管部门：</td></tr>
</table>

注： 1. 在相应设备类别（ ）内填“√”，“△”指该设备应验收这些项目。

2. 对于状态确认项目，在确认栏内填“√”（符合要求）或“×”（不符合要求）。

3. 对于电流等非定性项目，在“标准值”栏和“实测值”栏内填数值。

26. 溴化锂制冷机维护检修规程

SHS 04532—2019

代替 SHS 04532—2004

目　次

前　　言

本规程按照GB/T 1.1—2009《标准化工作导则　第1部分：标准的结构和编写》给出的规则起草。

本规程代替SHS 04532—2004《溴化锂制冷机维护检修规程》，与SHS 04532—2004相比，除了编辑性修改外主要技术变化如下：

——明确了本规程适用溴化锂制冷机的型号；

——对常见功能故障与处理部分按RCM分析方法重新编制；

——增加“附录A　检修数据记录表”；

——增加“附录B　试车与验收数据记录表”。

本规程由中国石油化工集团有限公司、中国石油化工股份有限公司提出。

本规程起草单位：中国石化仪征化纤有限责任公司。

本规程主要起草人：柳宇宏。

本规程历次版本发布情况：

——SHS 04532—2004。

溴化锂制冷机维护检修规程

1 范围

1.1 主题内容

本规程规定了聚酯装置中溴化锂制冷机的检修周期、检修内容与质量标准、试车与验收、维护与故障处理。

1.2 适用范围

本规程适用于聚酯装置中 LCC-31、LCC-41 等型号溴化锂制冷机的维护与检修。

2 规范性引用文件

下列文件中的条款通过本规程的引用而成为本规程的条款。凡是注日期的引用文件，其随后所有的修改单（不包括勘误的内容）或修订版均不适用于本规程，然而，鼓励根据本规程达成协议的各方研究是否可使用这些文件的最新版本。凡是不注日期的引用文件，其最新版本适用于本规程。

GB/T 18431　蒸汽和热水型溴化锂吸收式冷水机组

3 检修周期及内容

3.1 检修周期

根据溴化锂制冷机系统功能故障及影响分析的结果，并结合生产装置运行周期确定检修周期，一般为 36～60 个月。

3.2 检修项目

3.2.1 更换真空泵 V 形皮带或调节张紧度，更换润滑油。

3.2.2 按需清洗冷却水系统滤网。

3.2.3 按需检修或更换真空系统的抽气隔膜阀膜片或吸收液泵前后的截止阀。

3.2.4 择差修补溴化锂制冷机外壳和热水、冷冻水系统的外保温。

3.2.5 清洗检查吸收器、蒸发器、再生器和冷凝器的换热列管，必要时进行胀管、换管，更换密封垫片。

3.2.6 检修吸收液泵和冷剂水泵。

3.2.7 检修真空泵。

3.2.8 检修或更换各系统的温水三通阀、截止阀、抽气隔膜阀和碟阀。

3.2.9 溴化锂制冷机真空系统进行压力检漏。

3.2.10 系统防腐保温。

3.2.11 检修电仪设备。

4 检修与质量标准

4.1 拆卸前的准备

4.1.1 准备相关技术资料，根据日常维护、运转和测试记录，确定检修内容，制定检修方案。

4.1.2 落实好检修时所需的备品备件、原材料、工器具等，并根据相关备品备件和原材料的质量标准做好备品备件和原材料的质量检查和确认。

4.1.3 检修人员已接受安全教育，并接受了设备的介质特性、现场环境和设备故障情况的安全、技术交底。

4.1.4 落实检修中的安全和环保措施，做好介质的排尽、排放和收集工作。

4.1.5 按照停送电等相关管理规定办理相关作业票证。

4.1.6 确认设备交出手续是否完备。

4.1.7 完成检修前其他工作确认。

4.2 拆卸与检测

4.2.1 拆除管道及制冷机外保温。

4.2.2 拆除机组相连的管道及附属设施。

4.2.3 拆除、检修机组真空泵，检查皮带、皮带轮及隔膜及轴承。

4.2.4 拆除、检修机组吸收液泵和冷剂泵。

4.2.5 拆卸吸收器、蒸发器、再生器和冷凝器的端盖，更换密封垫。

4.2.6 清理吸收器、蒸发器、再生器和冷凝器的换热列管的结垢。如用机械清理，不要损伤铜管的胀管。

4.2.7 检查换热管与管板连接，必须牢固。

4.2.8 拆除、检查各系统的温水三通阀、截止阀、抽气隔膜阀和蝶阀。

4.2.9 对筒体进行测厚，选取最薄弱部位测 8 个位置点的壁厚值。

4.2.10 拆装并调校压力表、温度表以及信号传感器。

4.3 回装与质量标准

4.3.1 回装吸收器、蒸发器、再生器和冷凝器的端盖。回装前应对吸收器、蒸发器、再生器和冷凝器内部端盖进行不少于两道防锈漆的防腐处理。吸收器、蒸发器、再生器和冷凝器的保压、检漏标准参照SHS 01009《管壳式换热器维护检修规程》执行。吸收器、蒸发器、再生器和冷凝器检修质量标准符合表1的要求。

表1 吸收器、蒸发器、再生器和冷凝器检修质量标准

序号	检验项目	质量标准	检验方法
1	0.15MPa氮气进行检漏	无泄漏点、管子破裂堵管数小于单层总管数的5%	目测
2	0.1MPa氮气进行保压检查	24h压力不降	目测
3	5mmHg绝压下进行真空检漏	24h压力升高不超过0.2mmHg	目测
4	吸收器、蒸发器、再生器和冷凝器的换热列管	干净无杂物污垢，见金属光泽	目测

4.3.2 回装已检查或检修好的各系统的温水三通阀、截止阀、抽气隔膜阀和蝶阀。

4.3.3 回装真空隔膜泵。真空隔膜泵的检修标准参照SHS 03059《隔膜泵维护检修规程》执行。隔膜泵检修质量标准符合表2的要求。

表2 隔膜泵检修质量标准

序号	检验项目	质量标准	检验方法
1	真空泵隔膜	无破损、无老化龟裂、有弹性	目测、手感
2	真空泵皮带及皮带轮	无明显磨损	目测
3	主轴颈圆柱度	≤0.02mm	百分表
4	真空泵轴承内外圈及滚子表面	无裂纹及明显变形	目测

4.3.4 回装吸收液泵和冷剂泵。吸收液泵和冷剂泵的检修标准参照SHS 01013《离心泵维护检修规程》执行。

4.3.5 回装机组相连管线及附属设施。

4.3.6 恢复管道及制冷机外保温。

4.3.7 回装压力表、温度表以及信号传感器。

4.3.8 检修完成后废油、含油抹布、粉尘等清理到指定位置规范收集，合规处理，符合工完、料尽、场地清等要求。

5 试车与验收

5.1 试车前准备

5.1.1 检查各进、出口和旁通阀门，应灵活好用，各密封点无泄漏，各零部件、附件齐全完好。

5.1.2 吸收液泵和冷剂水泵、真空泵已盘车正常，无轻重不均匀感。

5.1.3 溴化锂溶液配制的质量与浓度符合规定要求，溴化锂溶液按规定重量加入。
5.1.4 冷却水的质量、温度符合要求。
5.1.5 检查仪表、电气、气路系统使其具备试车条件，调试安全联锁装置。
5.1.6 检修资料齐全，检修数据完整、准确、符合要求。
5.1.7 完成其他试车条件确认。

5.2 试车

5.2.2.1 仪表指示准确、灵敏。
5.2.2.2 各泵运转平稳，无杂音，轴承温度不大于 70℃。
5.2.2.3 机组各个管路、接头无漏油、漏气、漏水等现象。
5.2.2.4 设备运转平稳，无异常振动，无异常声音。
5.2.2.5 电机电流在额定范围内。

5.3 验收

5.3.1 机组连续运行 24h 后，各项技术指标达到设计要求值或满足生产需要。
5.3.2 设备达到完好标准。
5.3.3 完善检修记录，检修记录齐全、准确，按规定办理验收手续。

6 维护与故障处理

6.1 日常维护

6.1.1 巡检溴化锂制冷机的真空度，冷冻水、热水、冷却水的温度和压力。
6.1.2 定期抽查冷冻水、冷却水的水质，抽查吸收液的浓度。
6.1.3 定期巡检真空泵的运行状况和能力以及润滑油位。
6.1.4 定期巡检吸收液泵、冷剂泵和冷、热水泵的运行有无异常。
6.1.5 溴化锂制冷机长期停用时，应定期进行抽气作业，维持设备内的真空度，定期检查冷冻水、冷却水、加热水的进出口压力、温度变化情况。
6.1.6 检查各泵运转时有无杂音和振动情况。
6.1.7 检查真空泵运转时有无异常现象，真空泵油的污染和乳化程度。
6.1.8 检查制冷效果和真空度。
6.1.9 检查清洗过滤器。

6.2 常见故障功能与处理方法

溴化锂制冷机常见功能故障与处理方法见表 3。

表 3 溴化锂制冷机常见功能故障与处理方法

序号	功能	功能故障	故障模式	故障后果	故障应对策略与检修内容	检修周期/月
1	保证制冷机制冷量	冷冻水温无法达到设计值	空气漏入机内	无法满足生产需要 能力下降	抽真空，排除空气；检查通大气的阀门、法兰、接头、必要时进行检漏	视情而定
2			冷凝器传热管结垢，冷剂水的温度逐渐升高		清扫传热管，若因水质引起，则应调整水质	视情而定
3			冷却水量不足或冷却水温度过高		调整冷却水量，检查冷却水管路中的滤网	视情而定
4			全负荷时发生器溶液温度低于设计值		提高热水压力、温度	视情而定
5			热水调节阀给定值不适当		调整热水调节阀	视情而定
6			热水温度过高	溴化锂结晶	调整热水进水温度	视情而定
7	保证制冷机正常运行	真空泵的极限真空度降低	电机故障	真空泵停运影响制冷机运行	电气检查修理	36～60
8			泵体故障	真空泵停运影响制冷机运行	机械检查修理	36～60
9		吸收液泵和冷剂泵故障	轴承故障	振动大	定期检修更换轴承、轴套	36～60
10			定子故障	更换备台泵或检修定子	检查修理定子	视情而定

附　录　A
（资料性附录）
检修数据记录表

设备名称：溴化锂制冷机　　　　　设备位号：　　　　　　　　　　检修日期：

序号	检测项目	质量标准	检测方法	质控等级	实测记录		确认人		
					修前	修后	检修人员	检修单位技术人员	使用单位技术人员
1	0.15MPa 氮气进行检漏	无泄漏点	肥皂液检测	停止点					
3	0.1MPa 氮气进行保压检查	24h 压力不变	压力表	停止点					
4	5mmHg 绝压下进行真空检漏	24h 压力升高不超过 0.2mmHg	压力表	停止点					
5	吸收器、蒸发器、再生器和冷凝器的换热列管	管子破裂堵管数小于单层总管数的 5%	目测	质控点					
6	筒体测厚	按机组说明书要求	超声波	质控点					
7	主轴颈圆柱度	≤ 0.02mm	百分表	质控点					
8	真空泵隔膜	无破损、无老化龟裂、有弹性	目测、手感	自控点					
9	真空泵皮带及皮带轮	无明显磨损	目测	自控点					
10	真空泵轴承内外圈及滚子表面	无裂纹及明显变形	目测	自控点					
11									
12									
12									
13									
14									

注：自控点是检修人员进行质量检验的检修工序点；质控点是检修方质检员或技术员进行质量检验的工序点；停止点是检修、使用双方技术人员都必须到现场确认的检修工序点。

附　录　B
（资料性附录）
试车与验收数据记录表

年　　月　　日

<table>
<tr><td>使用单位</td><td></td><td>检修单位</td><td colspan="4"></td></tr>
<tr><td>设备位号及名称</td><td></td><td>设备类别</td><td colspan="4">动设备（　　）；静设备（　　）</td></tr>
<tr><td colspan="2">试车验收前的准备工作</td><td>静设备</td><td>动设备</td><td>标准值</td><td>实测值</td><td>确认</td></tr>
<tr><td colspan="2">1. 各加油点已按规定加好润滑油</td><td></td><td>△</td><td></td><td></td><td></td></tr>
<tr><td colspan="2">2. 密封液已加好</td><td></td><td>△</td><td></td><td></td><td></td></tr>
<tr><td colspan="2">3. 电源线已接好</td><td></td><td>△</td><td></td><td></td><td></td></tr>
<tr><td colspan="2">4. 工艺准备已完毕</td><td>△</td><td>△</td><td></td><td></td><td></td></tr>
<tr><td colspan="2">试车验收内容</td><td></td><td></td><td></td><td></td><td></td></tr>
<tr><td colspan="2">1. 检修记录单位和零部件换修记录单已填好</td><td>△</td><td>△</td><td></td><td></td><td></td></tr>
<tr><td colspan="2">2. 设备本体及检修现场干净</td><td>△</td><td>△</td><td></td><td></td><td></td></tr>
<tr><td colspan="2">3. 加热、冷却系统运行正常</td><td>△</td><td>△</td><td></td><td></td><td></td></tr>
<tr><td colspan="2">4. 润滑、密封液系统工作正常</td><td></td><td>△</td><td></td><td></td><td></td></tr>
<tr><td colspan="2">5. 盘车轻松，无轻重不均匀感</td><td></td><td>△</td><td></td><td></td><td></td></tr>
<tr><td colspan="2">6. 防腐或保温完好</td><td>△</td><td>△</td><td></td><td></td><td></td></tr>
<tr><td colspan="2">7. 静密封点无泄漏</td><td>△</td><td>△</td><td></td><td></td><td></td></tr>
<tr><td colspan="2">8. 温升</td><td></td><td>△</td><td></td><td></td><td></td></tr>
<tr><td colspan="2">9. 电流</td><td></td><td>△</td><td></td><td></td><td></td></tr>
<tr><td colspan="2"></td><td colspan="5"></td></tr>
<tr><td colspan="2"></td><td colspan="5"></td></tr>
<tr><td colspan="2"></td><td colspan="5"></td></tr>
<tr><td colspan="7">验收结论：</td></tr>
<tr><td colspan="7">验收人员签字：

检修单位：　　　　　　　　使用单位：　　　　　　　　主管部门：</td></tr>
</table>

注： 1. 在（　　）内填“√”，“△”指该设备应验收这些项目。
2. 对于定性项目，在确认栏内填“√”（符合要求）或“×”（不符合要求）。
3. 对于电流等非定性项目，在“标准值”栏和“实测值”栏内填数值。

27. 熔体管道维护检修规程

SHS 04533—2019

代替 SHS 04533—2004

目　次

前　言

本规程按照 GB/T 1.1—2009《标准化工作导则　第 1 部分：标准的结构和编写》给出的规则起草。

本规程代替 SHS 04533—2004《熔体管道维护检修规程》，与 SHS 04533—2003 相比，除了编辑性修改外主要技术变化如下：

——调整了检修周期，完善了检修内容；

——常见功能故障与处理部分按 RCM 分析方法重新编制；

——增加“附录 A　检修数据记录表”；

——增加“附录 B　试车与验收数据记录表”。

本规程由中国石油化工集团有限公司、中国石油化工股份有限公司提出。

本规程起草单位：中国石油化工股份有限公司洛阳分公司。

本规程主要起草人：牛建峰。

本规程历次版本发布情况：

——SHS 04533—2004。

熔体管道维护检修规程

1 范围

1.1 主题内容

本规程规定了聚酯装置中熔体管道的检修周期和内容、检修程序与质量标准、试验与验收、维护及故障处理。

1.2 适用范围

本规程适用于聚酯装置中工作压力≤ 25MPa，工作温度≤ 350℃，材质为碳钢、不锈钢的夹套管型式熔体管道维护与检修，包括内管焊缝隐蔽型和外露型两类。

2 规范性引用文件

下列文件中的条款通过本规程的引用而成为本规程的条款。凡是注日期的引用文件，其随后所有的修改单（不包括勘误的内容）或修订版均不适用于本规程，然而，鼓励根据本规程达成协议的各方研究是否可使用这些文件的最新版本。凡是不注日期的引用文件，其最新版本适用于本规程。

GB/T 20801　压力管道规范　工业管道

GB/T 25151.3　尿素高压设备制造检验方法　第 3 部分：尿素级超低碳铬镍钼奥氏体不锈钢晶间腐蚀倾向试验

FZ 211　夹套管施工及验收规范

GB/T 246　金属管　压扁试验方法

GB/T 2650　焊接接头冲击试验方法

GB/T 31032　钢质管道焊接及验收

GB/T 26141　无损检测　射线照相底片数字化系统的质量鉴定

3 检修周期与内容

3.1 检修周期

根据熔体管道系统功能故障及其影响分析的结果，并结合生产装置运行周期，确定设备检修周期，一般为 36～72 个月。

3.2 检修内容

3.2.1 焊缝修补。
3.2.2 更换外管。
3.2.3 更换内管。

4 检修程序与质量标准

4.1 检修前准备

4.1.1 准备相关技术资料，根据日常维护、运转和测试记录，确定检修内容，制定检修方案。
4.1.2 落实好检修时所需的备品备件、原材料、工器具等，并根据相关备品备件和原材料的质量标准做好备品备件和原材料的质量检查和确认。
4.1.3 与熔体管道连接的热媒管线吹扫、置换干净并加装盲板隔开。
4.1.4 检修人员已接受安全教育，并接受了设备的介质特性、现场环境和设备故障情况的安全、技术交底。
4.1.5 落实检修中的安全和环保措施，做好介质的排尽、排放和收集工作。
4.1.6 按照停送电等相关管理规定办理相关作业票证。
4.1.7 确认设备交出手续是否完备。
4.1.8 完成检修前其他工作确认。

4.2 拆卸与检测

4.2.1 拆卸熔体管道法兰螺栓。
4.2.2 取出法兰之间的密封垫片。
4.2.3 宏观检查外管腐蚀、变形等。必要时采用表面探伤抽查。
4.2.4 检查熔体管道焊缝、法兰等密封元件有无泄漏、损坏。
4.2.5 检查弹簧支、吊架有无损坏。
4.2.6 检查密封面、密封垫。
4.2.7 检查紧固件的损伤情况。

4.3 回装与质量标准

4.3.1 管子、管道附件、阀门及弹簧支、吊架的检验
4.3.1.1 一般规定

a）熔体管道所用的管子、管道附件（包括弯头、三通、异径管、法兰、盲板、紧固件及补偿件等）及阀门，应具有制造厂的合格证。对每批碳钢、不锈钢管子、管件应抽检其化学成分，并同时做出相应标记。但设计压力≤1.6MPa的碳钢管件可不予检验。

b）无合格证的管子、管件，应做机械性能和化学分析检验，其检验结果应符合国家或部颁标准的相应规定，不符合者严禁使用，并分别做出明显标记。

c）熔体管道所用的管子、管件、阀门均应有材质标记；使用前应按国家或部颁的相应标准进行外观检验。

d）不同材质的管子、管件及阀门等要妥善保管和维护，不得混淆或损坏。

e）熔体管道所用的其他附件（如静态混合器等）应按设计文件进行检验。

4.3.1.2　钢管检验

a）各类管子的钢管种类、外径和壁厚公差，应符合 GB/T 20801.2—2006《压力管道规范　工业管道》的要求。

b）钢管内表面粗糙度应符合订货合同规定的要求。其外表面应无裂纹、缩孔、夹渣、折叠、重皮等缺陷，锈蚀或凹陷应不超过壁厚负偏差。

c）有耐腐蚀要求的不锈钢管应抽检晶间腐蚀试验。抽检试验一般应按 GB/T 25151.3—2010《尿素级超低碳铬镍钼奥氏体不锈钢晶间腐蚀倾向试验》进行。

d）高压钢管必须按国家或部颁标准验收。验收应分批进行。每批钢管应是同规格、同炉罐号、同热处理条件。

e）高压钢管应具有制造厂的合格证书。在此证书上注明：

（a）供方名称或代号；

（b）需方名称或代号；

（c）合同号；

（d）钢号；

（e）炉罐号、批号和重量；

（f）品种名称和尺寸；

（g）化学成分；

（h）试验结果；

（i）标准编号。

4.3.1.3　管道附件检验

a）各种冲压管件的外观不应有裂纹、夹渣、折叠、重皮等缺陷。

b）管件的几何尺寸及光洁度，应符合各类熔体管道的设计规定要求。

c）弯头、异径管、三通的主要尺寸偏差及材质应符合设计要求。

d）法兰的螺栓连接孔间距误差≤ 0.5mm。

e）法兰密封面应平整光洁，不得有毛刺啃刀及径向沟槽。

f）缠绕垫片的密封面不应有划痕、松散、翘曲等缺陷。

g）螺栓、螺母的材质和硬度应符合设计规定要求，螺纹应完整，无锈蚀、毛刺、伤痕、裂纹等缺陷。螺栓、螺母应配合良好。

h）高压螺栓、螺母每批应抽检 5% 进行硬度检查。若有不合格者，需做加倍检查。如仍有不合格者不得使用。必要时可进行机械性能试验和金相组织检查。

4.3.1.4 阀门检验

a）阀门在施工前应进行外观检查，必要时可从同型号、同规格、同制造厂的每批阀门中抽样解体检查，抽查数一般为1%，但不得少于1个。如有不合格者，应逐个进行检验。

b）阀门应逐个进行液压强度试验和严密性试验。壳体（包括夹套）的强度试验压力为公称压力的1.5倍，试验时将压力缓慢升至试验压力后保持5min，检查壳体和填料无渗漏现象为合格。然后在公称压力下进行严密性试验，阀芯密封面不漏为合格。严密性不合格的阀门，须解体检查，并重新试验。

4.3.1.5 弹簧支、吊架的检验

a）熔体管道支、吊架所用的弹簧，外观构造、尺寸和材质应符合设计规定要求；支、吊架弹簧应有制造厂的合格证。

b）熔体管道弹簧支、吊架上应附有弹簧的拉伸、压缩标尺，其标尺应注明载荷与位移的对应关系。

c）弹簧支、吊架出厂时，锁定销应锁在设计冷态值位置上，否则应进行调整。

4.3.2 熔体管道的预制

4.3.2.1 熔体管道在使用前必须用铁丝绑扎干净布在管内来回拖拉进行清扫，合格后，立即用彩布条封闭端口。

4.3.2.2 碳钢管线出库后，应立即进行除锈、涂刷底漆、色标和管内清理、封闭的工作。

4.3.2.3 熔体管道的施工应按照先大管后小管、先主管后支管、先内管后外管的次序进行。先从动设备一端安起。

4.3.2.4 熔体管道的预制应在清洁、避风、环境温度高于0℃的预制车间内进行。

4.3.2.5 熔体管道的预制应合理安排施工工序，制定内外管分段预制步骤，使焊缝减少到最低限度。

4.3.2.6 在内管的直管段、弯头等焊接的同时，按步骤套上外管，内管焊缝需裸露可见，以便各项检查，待内管各项探伤试压合格后，再完成外管的焊接工作；不锈钢管道预制时不得与碳钢材料混放。切割、打磨应使用专门砂轮片。

4.3.2.7 碳钢管的管口、坡口不宜用火焰切割，应用齿锯或机械方法进行，如用火焰切割时，其断面必须用砂轮打磨；不锈钢管必须用机械方法或等离子切割。

4.3.2.8 外管段制作时，应比相应的内管段短50～100mm，以便内管的各项检查和试验。

4.3.2.9 熔体管道制作应保证它的直线性和水平转角、立体转角的准确性。利用平台和角规严格控制其几何尺寸，还需有防止部件施焊变形的技术措施。

4.3.2.10 熔体管道夹套内管内表面（包括焊缝区），应用机械或手工方法进行打磨和抛光，使其符合设计规定要求。

4.3.2.11 预制好的法兰焊肉应光滑，密封面不准有刮伤、凹坑及径向划痕，端面需妥善密封保护。

4.3.2.12 为保证内、外管的夹套间隙，满足工艺要求，熔体管道内管外壁应焊以同材质的定位板。

4.3.2.13 定位板与外管内壁间隙 δ > 1.5mm 为宜。

4.3.2.14 定位板安装以不影响环隙介质的流动和管子的热位移为宜。水平配管时其中两块定位板对地面夹角保持在 110°～120° 范围内。垂直配管时三块定位板 120° 均布。

4.3.2.15 定位板安装间距按设计要求施工。

4.3.2.16 管线对口时在距接口中心 200mm 处测量平度值，允许偏差为 1mm。

4.3.2.17 熔体管线开孔孔径< 50mm 时，则开孔必须采用机械钻孔形式；当开孔孔径≥ 50mm 时，可以采用火焰切割或等离子切割开孔，但必须用砂轮打磨平整，切割飞溅和氧化物应清理干净。

4.3.2.18 预制好的管线，应及时做好标记，进行编号；并进行内部清扫和端口封闭工作。

4.3.2.19 内管上的测温测压接口必须先用小于开孔直径的钻头进行钻孔，再经过修磨达到要求，避免开口过大。

4.3.3 熔体管道预制件的检验

4.3.3.1 熔体管道预制件应具有制造厂的合格证和试验报告，并注明射线探伤、强度试验和严密性试验的结果和数值。

4.3.3.2 熔体管道的内管应是无缝钢管，内管管件应是无缝管件。

4.3.3.3 熔体管道预制件应逐根进行外观检验。表面应无划痕、凹陷等损伤。

4.3.3.4 焊缝表面质量应符合 FZ 211—2013《夹套管施工及验收规范》接头焊缝质量标准中的有关规定。

4.3.3.5 熔体管道对接焊缝内表面高度为零，内管内壁表面粗糙度（包括焊缝部分）达到 R_a1.6。

4.3.3.6 熔体管道内、外管同心度偏差应符合表 1 的规定。

表 1 内、外管同心度偏差值

内管公称直径	内、外管同心度偏差值
DN ≤ 150mm	≤ 1.5mm
150mm < DN ≤ 350mm	≤ 2.0mm
DN > 350mm	≤ 3.0mm

4.3.3.7 法兰密封面的平面度应符合表 2 的规定。

表 2　法兰密封面的平面度值

内管公称直径	内、外管同心度偏差值
$DN \leq$ 150mm	≤ 0.5mm
150mm < $DN \leq$ 300mm	≤ 0.75mm
300mm < $DN \leq$ 450mm	≤ 1.0mm

4.3.3.8　熔体管道预制件外观检验合格后，方可进行射线探伤。

4.3.3.9　熔体管道预制件的内、外管焊缝，均抽检 10% 进行射线探伤。如其中有不合格者，按原规定比例加倍探伤。如仍有不合格者，应对该管的全部焊缝进行射线探伤。

4.3.4　熔体管道及附件安装

4.3.4.1　熔体管道安装

a）熔体管道安装应在建筑物、构筑物施工基本完成，有关配管的设备及支、吊架已就位、固定、找平后进行，且熔体管道应先于邻近有关的单线管的安装。

b）熔体管道安装前，对预制的各系统、各区段需用的阀门、仪表配件等按设计图纸，分段组件编号，认真核实实物和施工记录无误时，再对内管进行清理检查，经质量检验部门确认后，方准安装就位和封闭连接。

c）熔体管道安装时，不应使其重量作用于转动设备上。不得强制对口或改变垫片厚度补偿安装误差。安装工作如间断进行，须及时封闭敞开的管道和阀门的端口。

d）熔体管道安装的坐标，标高水平度、垂直度应符合设计要求，其偏差值不应超过下列规定：

（a）坐标偏差 ±10mm；

（b）标高偏差 ±5mm；

（c）管道安装的水平偏差≤ 1mm/1000mm，最大不超过 20mm；

（d）管道安装的垂直偏差≤ 1mm/1000mm，最大不超过 15mm。

e）设计有坡度的熔体管道，应保证规定的坡度值。调整安装坡度的垫板，不允许加在管道与管托之间，只能加在管托底板下面。

f）平套管穿越墙壁、平台、楼板处应装设套管和挡水环。熔体管道附属的连接件（温度计、压力计接头等）应与熔体管道制作同时施工完毕。

g）熔体管道使用的阀门、仪表等，安装前必须进行强度和密封试验，调试合格。不合格的产品严禁安装。符合安装的产品应附有合格证书（产品型号、规格、试验、数据、清洁度、干燥度均需详细填写）。

h）熔体管道法兰在螺栓紧固前应检查其结合面的不平行度和间隙偏差。紧固后应检查法兰中心线的偏移值。其误差不应超过 FZ 211—2013《夹套管施工及验收规范》有关规定。

i）安装使用的螺栓、垫片应符合设计规定。如需加放临时垫片，其尺寸应与正式垫片相同，并在所加位置做出醒目标志，便于系统试验前予以更换。

j）使用的垫片表面应符合 FZ 211—2013《夹套管施工及验收规范》的规定，尺寸大小应与法兰相符。高温熔体管道使用的螺栓、螺母应涂以二硫化钼、石墨机油等“防烧结剂”，垫片应涂密封膏，以便拆卸和维修。高温熔体管道的螺栓、螺母在试运行时应按设计规定进行热紧。

k）法兰连接应使用同一材质和规格的螺栓、螺母。螺母应在同侧。紧固螺栓应对称均匀，松紧适度，以外露 2～3 扣长度为宜。

l）熔体管道焊缝位置布局应符合以下规定：

（a）直管段对接焊缝间距，内管不应小于 200mm，外管不应小于 100mm；

（b）环向焊缝距管架不应小于 100mm，且不得留在过墙或楼板处；

（c）水平管段外管剖切的纵向焊缝，应置于易检修的部位；

（d）内管焊缝上不得开孔或连接支管段，外管焊缝上应尽量避免开孔或连接支管。

m）熔体管道安装完毕，应把管线编号写在（或挂牌）管段的明显位置上，以利于其他相应的配合、管理、试验等各项工作。

4.3.4.2　补偿器的安装

a）补偿器安装前应按设计规定值进行均匀预拉伸（压缩），并注意其安装间距。波形补偿器具有方向性，严禁倒装。内套有焊缝的一端，对于水平装配的管道应安置在介质进入侧；垂直装置的管道应安置于上端。

b）补偿器与管道应保持同心，不得偏斜，其定位螺栓不应任意拆卸，只有当整段管路装配工序全部结束时，方可松开，且不予拆除。

4.3.4.3　管架安装

a）熔体管道安装时，应按设计要求对支、吊架正确定位和固定。对弹簧支吊架还应校对其型号、规格及冷态定位销锁定值是否与实际相符。

b）熔体管道属于热位移管系，其吊杆应在位移反向就位，并按设计规定位移值的一半倾斜安装。两根位移不同的熔体管道，不得使用同一吊杆。

c）导向支架或滑动支架的滑动面应平整光滑，不得有偏斜和有碍运行的卡涩现象，导向板与管托之间应有 2～3mm 间隙，滑动支架与导向板相对安装位置从支承面中心向热膨胀反向偏移，其偏移值为位移值的一半。

d）焊接型管托与外管焊接，其质量应符合 FZ 211—2013《夹套管施工及验收规范》有关规定。如采用卡箍形管托与外管固定时，应加垫石棉板隔热，不得相对移动。

e）弹簧支吊架的安装应符合设计要求，安装过程中，不得随意松动定位销，只能在系统强度试验完成后，才准予进行调整工作。

f）弹簧支吊架的调整必须保证其使用性能。冷态时负荷位置应处于相应的标志线上。支吊架的拉杆受力应均匀且略有弹性。

g）弹簧支吊架的调整应符合调整步骤和程序，并填写好调整记录。

（a）运行前的检查调整：取出定位销；检查位移指示是否处于冷态标志位置；检查安装过程中，支吊架部件有无过负荷、损伤及变形；

（b）运行中检查调整：根据指示位置，检查管道位移量；确认指示位置是否处在热态标志处，如果误差≥ 5mm，应予调整。

4.3.4.4 联络管安装

a）熔体管道安装工序基本结束，保温工作开始前，进行联络管安装。联络管的材质、规格按设计要求。

b）水平熔体管道的联络管安装应注意：若输送气态介质，应高进低出；若输送液态介质，应低进高出。管路应排放流畅，防止积液，避免堵塞通路。

c）熔体管道阀门和熔体管道法兰的联络管安装应紧凑美观，方便检查和操作，法兰上多余的联络管孔应在系统清扫合格后、保温工作前封焊。

4.3.5 熔体管道焊接

4.3.5.1 对焊工的要求

a）焊工必须在焊接责任工程师和专业指导人员指导下进行技能培训，经考试合格并取得合格证者，才准予参加合格项目的施焊工作。

b）不锈钢焊条氩弧焊和焊条电弧焊分别考试合格者，才准予参加不锈钢的氩电联合焊接工作（即焊条氩弧焊封底，焊条电弧焊盖面）。

c）具有合格证的焊工，连续六个月以上没有从事该合格项目的焊接工作，应重新进行技能复试，合格者方准该项目的施焊工作（复试时免于冷弯试验）。

d）参加新钢种、新焊接材料或新工艺施焊的焊工，应进行补充技能考试，合格者才能施焊。

e）对特殊重要的熔体管道需进行焊前工艺考试合格，在施焊过程中应按规定的焊接工艺进行焊接，工序之间应有交接手续。

f）焊工考试合格标准：

（a）弯曲试验应按 GB/T 246—2007《金属管　压扁试验方法》进行；

（b）根据设计要求，做常温冲击试验时，应按 GB/T 2650—2008《焊接接头冲击试验方法》进行；

（c）取样数量及部位应符合 GB/T 31032—2014《钢质管道焊接及验收》规定；

（d）当设计文件或有关的专用技术条件中对于焊接接头提出金相、抗腐蚀、硬度或者其他性能要求时，在试验中应按这些要求增加试验项目，试验方法及合格标准应按设计文件的有关规定进行。

g）试验结果应符合下列要求：

（a）机械性能合格标准按 GB/T 2650—2008《焊接接头冲击试验方法》规定执行；

（b）不锈钢晶间腐蚀倾向试验应经 GB/T 25151.3—2010《尿素高压设备制造检验方法　第 3 部分：尿素级超低碳铬镍钼奥氏体不锈钢晶间腐蚀倾向试验》试验合格；

（c）射线探伤试验应经 GB/T 31032—2014《钢质管道焊接及验收》检查合格。

4.3.5.2 焊接材料

a）各种焊接材料及其辅助材料，应具有材质合格证。

b）氩弧焊使用的氩气纯度应在 99.9% 以上。

c）焊接各种材料的填充材料选择，应根据母材钢种的成分和可焊性特点满足具体质量要求。特殊情况应与设计部门商定。

d）焊条的保管和使用前的干燥处理以保证焊接工艺和质量为前提，贮藏、存放于通风良好、防潮、干燥的地方，现场施工的焊条需存放在保温箱内。

4.3.5.3 焊接工艺要求

a）焊接坡口需确认无裂纹等缺陷，并清除坡口区的毛刺、氧化物、水分和其他脏物，必须用酒清或丙酮等有机溶剂除去坡口区的油污后施焊。

b）不锈钢管采用氩弧焊或氩电联合焊，碳钢管根据工艺要求亦可采用氩电联合焊。

c）点固焊点，应由焊接同一管道的焊工进行；点固焊用的焊条、焊丝与正式焊缝所用的焊条、焊丝相同；点固焊工艺条件与正式焊缝工艺条件相同，必须焊透。点固焊位置及点数，当管道公称直径 $DN \leqslant 100$mm 时，3 点均布；当 $DN > 100$mm 时，4 点以上均布为宜。点固焊点长度为 5～10mm，高度不超过管壁厚的 1/3。点固焊点应避开交叉点。点固焊的焊肉如有裂纹等缺陷，应及时处理。

d）正式焊接前必须检查点固点，确认无裂纹等缺陷时方准施焊。

e）引弧应在焊接坡口内进行，不得在管道母材上引弧或将熄弧点引向焊道以外。不锈钢焊接时，需在前一层焊缝冷却后，才能焊接后一层。焊缝及坡口的清理需用不锈钢丝刷或黄铜丝刷。焊接地线卡头一般用紫铜制作。

f）内管焊接时，宜采用氩弧焊打底充氩保护，以确保焊缝成型，使管内壁平整光滑无凸瘤，满足生产工艺要求。定位板及内、外管连接处的角焊缝防止内管烧穿。法兰、承插接头及三通角焊缝至少焊两层。施焊过程中应妥善保护法兰密封面、母材和临近设备，管道需有防飞溅玷污的措施，如有玷污应及时处理。

g）不锈钢焊缝修补时，不得用碳弧气刨。

h）经检查合格的不锈钢焊缝及其热影响区，应用酸洗、钝化膏（或液）尽早进行酸洗、钝化处理。

i）现场焊接施工，需有防风、雨、雪的安全防护措施。

j）焊接工艺评定按 GB/T 31032—2014《钢质管道焊接及验收》执行。

4.3.5.4 焊接质量检查

a）质量检查人员需经专门的技术培训和考核，能严格遵守检查操作规程，正确掌握评定标准。质量检查人员需经单位技术总负责人批准。

b）每个焊口的焊渣和焊缝两侧的残余物应及时清除（特别注意熔体管道内腔的残留物，以防间隙堵塞）。焊缝的外观检查需用 5～10 倍放大镜和焊口检测仪等工具。焊缝表面应平整光洁，两侧过渡平缓。表面质量按 FZ 211—2013《夹套管施工及验收规范》的有关规定进行鉴定。

c）熔体管道的角焊缝和法兰焊缝均需进行着色试验检查，合格后才能进行下一步工作。对于奥氏体不锈钢及奥氏体－铁素体不锈钢与碳素钢异质焊缝的每一层都必须做着色检验，检验合格后方可焊接下一层焊缝。

d）按设计要求对熔体管道内、外管焊缝内部缺陷进行检查。射线探伤检查按 GB/T 26141—2010《无损检测　射线照相底片数字化系统的质量鉴定》中的有关规定执行。

e）各种检查过程中发现缺陷应予返修，重新焊接，检查至合格为止。

f）同一焊缝的同一部位返修次数，碳钢不应超过 2 次，不锈钢不应超过 1 次，仍不合格者应将焊口热影响区 1～2mm 切除，重新制作、焊接，检查至合格为止。

g）用射线检查熔体管道对接焊缝内部缺陷，标准和要求按 FZ 211—2013《夹套管施工及验收规范》第 6 章的有关规定执行。

4.3.6 熔体管道系统的吹洗

4.3.6.1 熔体管道安装构成系统后，应进行内、外管的吹扫工作，系统吹扫前，应编制吹扫方案，无方案不得进行吹扫工作。

4.3.6.2 内管用干燥无油的压缩空气进行系统吹扫，气体流速不小于 20m/s，应用锤（不锈钢管道用木锤或铜锤）敲打管子，对焊缝、死角和管底等部位应重点敲打，但不应损伤管子，管子出口放置白布检查，吹出的气流中无铁锈和脏物为合格。

4.3.6.3 熔体管道热媒夹套系统吹扫同本规程第 4.3.6.2 条。

4.3.7 熔体管道的保温层检修按相关的设备及管道保温、保冷检修规程进行。

5 试验与验收

5.1 试压前准备

5.1.1 检修工程应符合工完、料尽、场地清等要求。

5.1.2 检修记录已填好。

5.1.3 施工单位确认质量合格，并具备试验条件。

5.2 试验与验收

5.2.1 一般规定

5.2.1.1 熔体管道的强度与严密性试验，一般采用液压进行。如有其他原因，液压试验有困难时，可用气压试验代替，其试验压力一般不超过 1MPa，但应采取安全措施。

5.2.1.2 熔体管道试验时，要考虑介质的静压力，应用两只校验合格的压力表，其精度不低于 1.5 级，表的满刻度为试验压力的 1.5～2 倍。

5.2.2 液压试验

5.2.2.1 液压试验应用洁净水进行，如熔体管道为奥氏体不锈钢管，水的氯离子含量不得超过 25ppm。否则应采取软化、脱盐或蒸馏等措施，以防不锈钢管的腐蚀。注水时，应将空气排尽，且环境温度不低于 5℃。否则，须有防冻措施。

5.2.2.2 强度试验压力取设计压力的 1.25 倍进行，严密性试验压力按设计压力进行。

5.2.2.3 液压强度试验，升压应缓慢。达到试验压力后，保压 10min，以无泄漏、目测无变形为合格。

5.2.2.4 液压严密性试验一般在强度试验合格后进行，保压 30min，经全面检查，以无泄漏为合格。

5.2.3 气压试验

5.2.3.1 气压试验介质一般用无油压缩空气、氮气或其他惰性气体进行。

5.2.3.2 气压强度试验压力为设计压力的 1.15 倍。严密性试验压力按设计压力进行。

5.2.3.3 气压强度试验，压力按试验压力的 10% 逐级缓升，达到试验压力后保压 5 分钟，以无泄漏、目测无变形为合格。

5.2.3.4 气压强度试验合格后，降至设计压力，用涂肥皂水等方法检查，如无泄漏，保压 30 分钟，压力不降，则严密性试验为合格。

5.2.4 内管的试验

5.2.4.1 熔体管道内管全部焊接工作完毕并经焊质量检查合格后，进行内管的强度试验和严密性试验。

5.2.4.2 因熔体管道内管属于高、中压管道，强度试验合格后，还需做严密性试验。

5.2.5 外管的试验

5.2.5.1 热媒熔体管道的外管，在预制阶段可不进行强度试验，待安装后与联络管一并进行系统强度和严密性试验。

5.2.5.2 热媒熔体管道的外管，应用联苯、氨气或压缩空气进行试验。无泄漏为合格。

5.2.6 管路系统试验

5.2.6.1 熔体管道安装完毕，应根据工作压力分系统进行强度试验。

5.2.6.2 熔体管道路系统液压试验完毕，应立即将水排尽，吹干，及时封闭并作好记录。

5.2.6.3 熔体管道熔体管道路系统的气压严密性试验，应在系统吹扫合格后进行。

5.3 验收

5.3.1 验收应由设备管理部门组织有关单位参加，所有熔体管道检修后的技术资料应按职责范围由设备管理部门主管压力管道的技术人员签字后才能生效。

5.3.2 熔体管道修理后，必须履行严格的验收手续，各项数据达到技术要求或能满足安全生产的要求。

5.3.3 提交下列技术资料：

5.3.3.1 设计变更及材料代用通知单、材料及零部件合格证。

5.3.3.2 各项施工记录，包括：

a）隐蔽工程记录。

b）封闭记录。

c）检修记录（焊缝质量检验报告）。

5.3.3.3 试验记录。

6 维护与故障处理

6.1 日常维护

6.1.1 修补保温层。

6.1.2 更换部分螺栓、螺母及垫片。

6.1.3 更换、修理弹簧支、吊架。

6.1.4 因熔体管道为压力管道，所以操作人员应持证上岗。使用单位应对操作人员定期进行专业培训与安全教育。

6.1.5 熔体管道的使用单位，必须建立熔体管道技术档案并由管理部门统一保管。技术档案的内容包括压力管道登记卡、管道运行情况、管道空视图、检验检查记录、测厚记录、检修更换记录、事故登记记录等。

6.1.6 熔体管道的使用单位，应在工艺操作规程和岗位操作规程中，明确提出熔体管道安全操作要求，其内容至少包括：

6.1.6.1 熔体管道的操作工艺指标（含最高工作压力、最高工作温度）。

6.1.6.2 熔体管道的岗位操作法（含熔体管道的开、停时的操作程序和注意事项）。

6.1.6.3 熔体管道运行中应重点检查的项目和部位，运行中可能出现异常现象和防止措施，以及紧急情况的处置和报告程序。

6.1.7 定时巡检，加强对熔体管道压力的监控，保证熔体管道压力平稳。当发现下列异常现象之一时，操作人员应立即采取紧急措施，并按规定的报告程序，及时向有关部门报告。

6.1.7.1 熔体管道工作压力、介质温度超过规定值时，采取措施仍不能得到有效措施。

6.1.7.2 熔体管道发生裂缝、鼓包、变形、泄漏等危及安全的现象。

6.1.7.3 接管、紧固件损坏，难以保证安全运行。

6.1.7.4 熔体管道发生严重振动，危及安全运行。

6.1.7.5 其他异常情况。

6.1.8 保持熔体管道保温层及周围环境的清洁。

6.2 常见功能故障与处理方法

熔体管道常见功能故障与处理方法见表3。

表3 熔体管道常见功能故障与处理方法

序号	功能	功能故障	故障模式	故障后果	故障应对策略与检修内容	检修周期/月
1	保证熔体管道正常运行	法兰处密封泄漏	垫片变形、断裂 螺栓强度不足、松动或腐蚀 法兰刚性不足或变形 法兰平行不好，中心偏差 法兰密封面损坏	影响生产负荷	更换垫片 更换螺栓、紧固螺栓 更换法兰或缺陷处理 更换法兰 更换法兰	视情而定
2		管道堵塞	熔体碳化，堵塞管线	停工	切割，煅烧、机械疏通	视情而定

附 录 A
（资料性附录）
检修数据记录表

设备名称：　　　　　　　　　　　设备位号：　　　　　　　　　　　检修日期

序号	检测项目	质量标准	检测方法	质控等级	实测记录		确认人		
					修前	修后	检修人员	检修单位技术人员	使用单位技术人员
1	管道及管件	无裂纹、夹渣、折叠、重皮等缺陷	目测、磁粉、着色	停止点					
2	阀门	壳体和填料无渗漏	液压强度试验和严密性试验	停止点					
3	弹簧支、吊架	有制造厂的合格证	目测	停止点					
4	保温	无破损	目测	自控点					
5	法兰	密封面应平整光洁，不得有毛刺、啃刀及径向沟槽	目测	自控点					
6	缠绕垫片	密封面不应有划痕、松散、翘曲等缺陷	目测	质控点					
7	螺栓、螺母	螺纹应完整，无锈蚀、毛刺、伤痕、裂纹等缺陷。螺栓、螺母应配合良好	目测	质控点					

注：自控点是检修人员进行质量检验的检修工序点；质控点是检修方质检员或技术员进行质量检验的工序点；停止点是检修、使用双方技术人员都必须到现场确认的检修工序点。

附　录　B
（资料性附录）
试车与验收数据记录表

年　　月　　日

<table>
<tr><td>使用单位</td><td></td><td>检修单位</td><td colspan="4"></td></tr>
<tr><td>设备位号及名称</td><td></td><td>设备类别</td><td colspan="4">静设备（　　）；动设备（　　）</td></tr>
<tr><td colspan="2">试车验收前的准备工作</td><td>静设备</td><td>动设备</td><td colspan="2">状态确认</td><td>确认人</td></tr>
<tr><td colspan="2">1. 各加油点已按规定加好润滑油</td><td></td><td>△</td><td colspan="2"></td><td></td></tr>
<tr><td colspan="2">2. 密封液已加好</td><td></td><td>△</td><td colspan="2"></td><td></td></tr>
<tr><td colspan="2">3. 电源线已接好</td><td></td><td>△</td><td colspan="2"></td><td></td></tr>
<tr><td colspan="2">4. 工艺准备已完毕</td><td>△</td><td>△</td><td colspan="2"></td><td></td></tr>
<tr><td colspan="2">5. 检修记录单位和零部件换修记录单已填好</td><td>△</td><td>△</td><td colspan="2"></td><td></td></tr>
<tr><td colspan="2">6. 设备本体及检修现场干净</td><td>△</td><td>△</td><td colspan="2"></td><td></td></tr>
<tr><td colspan="2">7. 加热、冷却系统运行正常</td><td>△</td><td>△</td><td colspan="2"></td><td></td></tr>
<tr><td colspan="2">8. 润滑、密封液系统工作正常</td><td></td><td>△</td><td colspan="2"></td><td></td></tr>
<tr><td colspan="2">9. 盘车轻松，无轻重不均匀感</td><td></td><td>△</td><td colspan="2"></td><td></td></tr>
<tr><td colspan="2">10. 电机点动或单试转向正确</td><td></td><td>△</td><td colspan="2"></td><td></td></tr>
<tr><td colspan="2">11. 防腐或保温完好</td><td>△</td><td>△</td><td colspan="2"></td><td></td></tr>
<tr><td colspan="2">12. 静密封点无泄漏</td><td>△</td><td>△</td><td colspan="2"></td><td></td></tr>
<tr><td colspan="2">试车验收数据</td><td colspan="2"></td><td>标准值</td><td>实测值</td><td></td></tr>
<tr><td colspan="2">13. 温升</td><td></td><td>△</td><td></td><td></td><td></td></tr>
<tr><td colspan="2">14. 电流</td><td></td><td>△</td><td></td><td></td><td></td></tr>
<tr><td colspan="2">15. 振动值</td><td></td><td>△</td><td></td><td></td><td></td></tr>
<tr><td colspan="2">16. 动密封泄漏量</td><td></td><td>△</td><td></td><td></td><td></td></tr>
<tr><td colspan="7">验收结论：</td></tr>
<tr><td colspan="7">验收人员签字：

检修单位：　　　　　　　　使用单位：　　　　　　　　主管部门：</td></tr>
</table>

注：1. 在相应设备类别（　　）内填“√”，“△”指该设备应验收这些项目。
2. 对于状态确认项目，在确认栏内填“√”（符合要求）或“×”（不符合要求）。
3. 对于电流等非定性项目，在“标准值”栏和“实测值”栏内填数值。

28. 熔体三通阀维护检修规程

SHS 04534—2019

代替 SHS 04534—2004

目　次

前　　言

本规程按照GB/T 1.1—2009《标准化工作导则　第1部分：标准的结构和编写》给出的规则起草。

本规程代替SHS 04534—2004《42TK-HIR-EM4571-A熔体三通阀维护检修规程》。与SHS 04534—2004相比，除编辑性修改外主要技术变化如下：

——调整了检修周期，完善了检修内容；

——常见功能故障与处理部分按RCM分析方法重新编制；

——增加“附录A　检修数据记录表”；

——增加“附录B　试车与验收数据记录表”。

本规程由中国石油化工集团有限公司、中国石油化工股份有限公司提出。

本规程起草单位：中国石油化工股份有限公司天津分公司。

本规程主要起草人：江广军。

本规程历次版本发布情况：

——SHS 05034—2004。

熔体三通阀维护检修规程

1 范围

1.1 主题内容

本规程规定了熔体三通阀的检修周期与内容、检修程序与质量标准、试车与验收、日常维护与故障处理。

1.2 适用范围

本规程适用于聚酯熔体物料流通的熔体三通阀的维护与检修。

2 规范性引用文件

下列文件中的条款通过本规程的引用而成为本规程的条款。凡是注日期的引用文件，其随后所有的修改单（不包括勘误的内容）或修订版均不适用于本规程，然而，鼓励根据本规程达成协议的各方研究是否可使用这些文件的最新版本。凡是不注日期的引用文件，其最新版本适用于本规程。

SH 3518 阀门检验与管理规定

API 598 阀门的检查与实验

3 检修周期与内容

3.1 检修周期

根据熔体三通阀系统功能故障及其影响分析的结果，并结合生产装置运行周期，确定设备检修周期，一般为36～48个月。

3.2 检修内容

3.2.1 检查传动机构有无损伤。

3.2.2 更换或添加耐高温润滑脂。

3.2.3 检查阀杆及填料处有无熔体泄漏，及时清除泄漏物料。

3.2.4 拆除保温，检查三通阀开关是否灵活，有无泄漏，视情况更换密封填料。

3.2.5 检查梯形螺杆及导套配合是否正常，有无磨损，视情况维修或更换。

3.2.6 检查推力轴承，视情况清理、润滑或更换。

3.2.7 视情况拆卸解体阀门，清理阀体，更换换向密封圈。

3.2.8 检查阀门伴热夹套及管线是否有泄漏等缺陷。

3.2.9 修复保温。

4 检修程序与质量标准

4.1 检修前准备

4.1.1 准备相关技术资料，根据日常维护、运转和测试记录，确定检修内容，制定检修方案。

4.1.2 落实好检修时所需的备品备件、原材料、工器具等，并根据相关备品备件和原材料的质量标准做好备品备件和原材料的质量检查和确认。

4.1.3 检修人员已接受安全教育，并接受了设备的介质特性、现场环境和设备故障情况的安全、技术交底。

4.1.4 落实检修中的安全和环保措施，做好介质的排尽、排放和收集工作。

4.1.5 按照停送电等相关管理规定办理相关作业票证。

4.1.6 确认设备交出手续是否完备。

4.1.7 完成检修前其他工作确认。

4.2 拆卸与检查

4.2.1 拆卸阀体保温。

4.2.2 拆除传动机构，视情况维修或更换推力轴承、导套等零部件。

4.2.3 拉出阀杆，检查阀杆、阀芯磨损情况，更换填料及换向密封圈。

4.2.4 检查阀门伴热夹套及管线是否有泄漏等缺陷，视情况进行无损检测。

4.2.5 修复保温。

4.3 回装与质量标准

4.3.1 阀杆、阀芯、换向密封圈、填料等回装前应确认拆卸下来的所有的部件均处理干净。

4.3.2 换向密封圈更换前应检查阀门流道内全部清理干净，无划痕和磨损，必要时修复。

4.3.3 阀杆、阀芯回装前应进行表面检查、检测，必要时进行修复处理。

4.3.4 填料更换前，需将填料腔体全部清理干净，确保腔体及阀杆部位无划痕和磨损，必要时修复。

4.3.5 传动机构回装前，推力轴承、导套应进行检查，视情况更换；熔体三通阀检修质量标准见表1。

4.3.6 阀门伴热夹套及管线在保温前检查是否有泄漏等缺陷，视情况进行无损检测。

表 1 熔体三通阀检修质量标准

序号	检查项目	质量标准	检查方法
1	传动部分	润滑良好、转动灵活	目视、手感
2	更换填料	转动灵活、无泄漏	目视、手感
2	更换换向密封圈	转动自如、无泄漏	目视、手感

4.3.7 检修完成后，废油、含油抹布、粉尘等清理到指定位置规范收集，合规处理，符合工完、料尽、场地清等要求。

5 试车与验收

5.1 试车前准备

5.1.1 按熔体三通阀检修质量标准进行检查验收。
5.1.2 确认各润滑点都按润滑要求加注油脂。
5.1.3 做到工完、料净、场地清，废弃物按有关规定进行分类处理。
5.1.4 确认相应检修记录齐全、规范。

5.2 试车

5.2.1 空载试车。

5.2.1.1 转动手轮，动作平稳，无阻塞。

5.2.2 负载试车。

5.2.2.1 阀杆动作平稳，无振动、异响、外漏情况。

5.3 验收

5.3.1 达到规定试车时间，运行状态良好。
5.3.2 试车记录齐全、规范。
5.3.3 设备运行负荷工艺要求后，由设备主管部门、检修单位和使用单位三方办理交接验收。

6 维护与故障处理

6.1 日常维护

6.1.1 检查三通阀运转情况，声音、温升是否正常，各部件是否齐全、有无缺损。
6.1.2 检查阀门是否有泄漏。

6.1.3 检查各润滑部位是否缺油脂。

6.1.4 检查仪表或电气元件部分有无损坏、缺少或失灵。

6.1.5 检查热媒件热情况，是否有泄漏。

6.1.6 检查保温是否完好。

6.1.7 保持机台及周围环境卫生清洁。

6.2 常见功能故障与处理方法

熔体三通阀常见功能故障与处理方法见表2。

表2 熔体三通阀常见功能故障与处理方法

序号	功能	功能故障	故障模式	故障后果	故障应对策略与检修内容	检修周期/月
1	保证熔体三通阀运转正常	紧固	手轮前端螺母脱落或发杆脱落	无法操作	定期巡检，检查紧固螺栓或螺母	3
2		定位	切换不到位或内部转向密封圈损坏	影响工艺操作	检查，择机更换维修	24
3		润滑	缺少润滑或推力轴承损坏	开关操作困难	定期巡检，添加润滑脂	6
4	保证熔体三通阀无泄漏	泄漏	填料密封失效	物料泄漏烫伤	更换填料	视情而定
5			压盘螺栓松	设备损伤、影响负荷	定期紧固螺栓	3

附 录 A
（资料性附录）
检修数据记录表

装置：　　　　　　　位号：　　　　　　　检修日期：　年　月　日至　年　月　日

项目	主要控制内容			等级	检修单位	生产装置	设备管理部门	备注
	标准值	部位	现场记录					
拆卸时检测								
传动部分	润滑良好、转动灵活	蜗轮蜗杆		B				
填料	转动灵活、无泄漏	阀体		B				
换向密封圈	转动自如、无泄漏	阀体		B				
密封面及垫片	无明显划痕	阀体		B				
保温	厚 150mm，密实，平整	阀体						
拆卸时检测								
传动部分	润滑良好、转动灵活	蜗轮蜗杆		B				
填料	转动灵活、无泄漏	阀体		B				
换向密封圈	转动自如、无泄漏	阀内		B				
密封面及垫片	无明显划痕	阀体		B				
保温	厚 150mm，密实，平整	阀体		B				

注： A 级：施工单位、生产装置、设备管理部门专业人员检查确认后签字。
B 级：施工单位和生产装置专业人员检查确认后签字。
C 级：施工单位专业人员检查确认后签字。
另：如果有监理，监理的职责由甲方授权。

附　录　B
（资料性附录）
试车与验收数据记录表

年　　月　　日

使用单位		检修单位			
设备位号及名称		设备类别	静设备（　　）；动设备（　　）		
试车验收前的准备工作	静设备	动设备	状态确认		确认人
1. 各加油点已按规定加好润滑油		△			
2. 密封液已加好		△			
3. 电源线已接好		△			
4. 工艺准备已完毕	△	△			
5. 检修记录单位和零部件换修记录单已填好	△	△			
6. 设备本体及检修现场干净	△	△			
7. 加热、冷却系统运行正常	△	△			
8. 润滑、密封液系统工作正常		△			
9. 盘车轻松，无轻重不均匀感		△			
10. 电机点动或单试转向正确		△			
11. 防腐或保温完好	△	△			
12. 静密封点无泄漏	△	△			
试车验收数据			标准值	实测值	
13. 温升		△			
14. 电流		△			
15. 振动值		△			
16. 动密封泄漏量		△			
验收结论：					
验收人员签字： 检修单位：　　　　使用单位：　　　　主管部门：					

注： 1. 在相应设备类别（　　）内填“√”，“△”指该设备应验收这些项目。
2. 对于状态确认项目，在确认栏内填“√”（符合要求）或“×”（不符合要求）。
3. 对于电流等非定性项目，在“标准值”栏和“实测值”栏内填数值。

29. 99S01 型过滤器维护检修规程

SHS 04535—2019

代替 SHS 04535—2004

目　　次

前　　言

本规程按照 GB/T 1.1—2009《标准化工作导则　第 1 部分：标准的结构和编写》给出的规则起草。

本规程代替 SHS 04535—2004《99S01 型过滤器维护检修规程》，与 SHS 04535—2004 相比，除了编辑性修改外主要技术变化如下：

——明确了本规程适用过滤器的型号；

——常见功能故障与处理部分按 RCM 分析方法重新编制；

——增加“附录 A　检修数据记录表”；

——增加“附录 B　试车与验收数据记录表”。

本规程由中国石油化工集团有限公司、中国石油化工股份有限公司提出。

本规程起草单位：中国石化仪征化纤有限责任公司。

本规程主要起草人：俞建清。

本规程历次版本发布情况：

——SHS 04535—2004。

99S01 型过滤器维护检修规程

1 范围

1.1 主题内容

本规程规定了 99S01 型熔体过滤器的检修周期与内容、检修程序与质量标准、试车与验收、维护与故障处理。

1.2 适用范围

本规程适用于 99S01 型熔体过滤器的维护与检修。

2 规范性引用文件

下列文件中的条款通过本规程的引用而成为本规程的条款。凡是注日期的引用文件，其随后所有的修改单（不包括勘误的内容）或修订版均不适用于本规程，然而，鼓励根据本规程达成协议的各方研究是否可使用这些文件的最新版本。凡是不注日期的引用文件，其最新版本适用于本规程。

HG/T 20592 钢制管法兰（PN 系列）

HG/T 20615 钢制管法兰（CLASS 系列）

3 检修周期与内容

3.1 检修周期

根据 99S01 型熔体过滤器系统功能故障及影响分析的结果，并结合生产装置运行周期，确定设备检修周期，一般为 48～60 个月。

3.2 检修项目

3.2.1 检查滤室进出口密封面磨损、变形情况，并择差修复。

3.2.2 检查熔体阀传动机构是否损伤、变形，解体检修，并加注耐高温脂。

3.2.3 切换阀解体检修，择差更换轴承、密封件，视情阀座研磨等。

3.2.4 排放阀解体检修，更换密封件。

3.2.5 排空阀传动机构分解，择差更换零部件。

3.2.6 检查、择差更换紧固件。

3.2.7 检查热媒阀及管道的泄漏情况，择差更换密封件、阀门或进行在线堵漏。
3.2.8 修补或更换保温。

4 检修程序与质量标准

4.1 检修前的准备

4.1.1 准备相关技术资料，根据日常维护、运转和测试记录，确定检修内容，制定检修计划。
4.1.2 落实好检修时所需的备品备件、材料、工器具等，并根据相关质量标准做好质量检查和确认。
4.1.3 选择有维修资质的检修单位并与之进行技术交底，熟悉图纸等相关资料，编制设备检修方案。
4.1.4 对参与检修的人员进行安全及环保教育，做好作业危害分析与评估、风险控制措施的交底与落实。
4.1.5 工艺处理符合要求。
4.1.5.1 熔体裂解、打开过滤器排放阀、排空阀进行熔体排放、吹扫，以确保熔体过滤器、管道内无压力；
4.1.5.2 视情对热媒管阀进行检修时，需按制度要求进行盲板封堵处理。
4.1.5.3 熔体切换阀须在工作温度下热拆、分解。
4.1.5.4 熔体切换阀、熔体滤芯需进行 TEG 清洗，并确保清洁质量。
4.1.6 做好现场检修隔离、警示、挂牌管理。
4.1.7 办理好相关作业的票证，填写好设备交出资料，设备交出手续完备。
4.1.8 完成检修前其他工作确认。

4.2 拆卸与检测

4.2.1 检查起吊工具，松开紧固螺栓，将滤室吊出，检查滤室进出口密封面的完好情况。
4.2.2 从滤室上面取下滤室出口段，拆掉使用过的密封，检查密封沟槽完好情况；慢慢地将滤芯束从滤室中取出，去掉密封，检查滤芯受损情况；在单根滤芯拆卸之前，整个滤芯束先清洗。
4.2.3 按设备图纸拆出切换阀的手轮和阀芯及密封，并做必要的记号，以防回装时位置搞错。

a）将手轮组件从阀体上拆解下来，检修传动套、传动丝杆；
b）拆除密封压盖、阀芯导向套、密封件、密封环；
c）拆除阀芯密封件，检查密封件变形损坏情况；
d）检查阀芯、阀体、传动丝杆熔体和积炭情况；
e）检查阀座的磨损情况。

4.2.4 排放阀解体检修，检查阀芯、阀杆的磨损情况及传动丝杆、密封件损坏情况。

4.2.5 排空阀传动机构分解，检查导向滑轨、阀芯的磨损、变形情况。

4.3 回装与质量标准

4.3.1 过滤器回装前应保证所有零部件和滤室、阀体内部清洗干净。

4.3.2 所有的紧固螺栓要彻底清除旧的润滑脂和其他脏物，确认螺纹无损伤后，涂上高品质、耐高温润滑剂。

4.3.3 所有密封件需全部更新。

4.3.4 清理中间滤室、滤芯安装板、滤室入口段上的密封沟槽内的熔体杂物，检查沟槽是否存在损伤，用手轻划密封槽沿无毛刺、光滑。

4.3.5 安装滤芯到滤芯安装板上，把滤芯固定格栅安装到滤芯的底部，放入密封圈，将滤芯束放入中间滤室上方，放入密封圈把滤室入口段固定到中间滤室上。

4.3.6 紧固力矩与紧固顺序如下：

a）紧固力矩：第一次 714 N·m；第二次 952 N·m，第三次 800 N·m。

b）紧固顺序：见图 1。

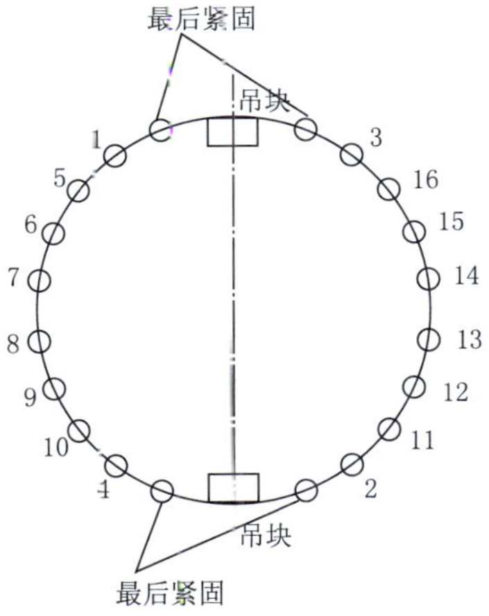

图 1 紧固顺序图

第一次：先均匀紧固吊块两侧第 2 个螺栓（对角共 4 个螺栓紧固），并用同样力矩将其余螺栓逐位紧固一遍（吊块相邻的 4 个螺栓不紧固）。

第二次：同第一次。

第三次：均匀紧固吊块两侧螺栓（对角共 4 个螺栓）。

4.3.7 滤室安装前要清理熔体进出口端密封沟槽内的熔体杂物，检查沟槽是否存在损伤，用手轻划密封槽沿无毛刺、光滑。

4.3.8 确认换热器、阀门等系统中的组件已被加热至操作温度。松开换热器上的顶紧螺栓，在滤室的熔体进出口中插入新的密封件，通过换热器的内壁扶正过滤室，然后慢慢地放入直到过滤室悬挂在它的定位销钉上。

4.3.9 过滤室达到工艺要求温度时，方可进行螺栓的紧固，以600～800N·m力矩上下平衡紧固。注意：设计时过滤室熔体进出口之间的距离比换热器的短，所以夹紧双头螺栓和顶紧螺栓在过滤室没有稳定在操作温度之前不能紧固，否则会引起泄漏。

4.3.10 确认阀芯密封件已更换，确认阀座密封面无损伤、光滑无毛刺。

4.3.11 将阀芯与阀芯连接套通过定位销、紧固螺栓连接起来，并将其小心放入阀芯腔内，组装、安装切换阀填料、压盖，并进行预紧。升温到正常工作温度时，对阀芯紧固螺栓进行热紧固。

4.3.12 安装阀杆、调整防转定位销，安装阀两侧连接、安装板，安装铜套、推力轴承、固定板、手轮及紧母。

4.3.13 对阀杆丝杠、定位槽、铜套、推力轴承及连接件加注耐高温油脂。

4.3.14 根据切换阀操作灵活性进行填料松紧程度的调整。

4.3.15 设备保温修复。

4.4 检修质量标准

99S01型熔体过滤器检修质量标准见表1。

表1 99S01型熔体过滤器检修质量标准

序号	检验项目	质量标准	检查方法
1	切换阀、排放阀、排空阀	转动灵活无异常	手感
2	各阀门密封点	无泄漏	目视
3	进出口法兰密封面	完好无碰伤、无泄漏	目视
4	连接件、传动件、轴承、导轨等	加注涂耐高温脂	目视
5	填料固定螺栓	7～14N·m	手动紧固
6	保温	保温层厚度150mm，密实，外观平整，外表温度符合规定要求	目视
7	热媒保温夹套	无泄漏，无缺陷	目视或无损检测

5 试车与验收

5.1 试车前准备

5.1.1 按本规程4.3.2质量标准进行检查验收。

5.1.2 各阀门灵活有效，各密封点无泄漏，各零部件、附件齐全完好。

5.1.3 确认各连接件、传动件、轴承、导轨等都按润滑要求加脂。

5.1.4 各连接件紧固良好。

5.1.5　做到工完、料尽、场地清，废弃物按有关规定进行分类处理。
5.1.6　检修资料齐全，检修数据完整、准确、符合要求。
5.1.7　确认公用工程、工艺条件、电气、仪表满足试车条件。
5.1.8　完成其他试车条件确认。

5.2　试车

5.2.1　空载试车

5.2.1.1　阀门操作是否灵活。

5.2.2　负载试车

5.2.2.1　检查各阀杆、滤室内、外漏情况。
5.2.2.2　阀门操作是否灵活。
5.2.2.3　负载试车按满负荷正常生产速度进行调试。

5.3　验收

5.3.1　达到规定试车时间，各项技术指标达到设计要求值或满足生产需要。
5.3.2　设备达到完好标准。
5.3.3　完善检修记录，检修记录齐全、准确，按规定办理验收手续。

6　维护与故障处理

6.1　日常维护

6.1.1　检查滤室进出口、滤室本体的泄漏情况，定期更换密封件；检查设备相应熔体阀门、热媒阀门及相应管线是否有泄漏，如有立即查找原因，并采取措施进行消漏。
6.1.2　检查滤室本体密封面、本体定位销的情况，并视情检修。
6.1.3　检查熔体阀（切换阀、排放阀、排空阀）操作是否灵活，择差更换易损件，必要时加脂润滑。
6.1.4　检查、清理、择差更换紧固螺栓，定期刷涂耐高温脂。
6.1.5　择差更换设备保温。
6.1.6　按设备润滑要求进行润滑，做好润滑记录。
6.1.7　按设备巡检维护要求，做好巡检维护记录。
6.1.8　检查各指示仪表有无损坏、缺少、失灵。

6.2　常见功能故障与处理方法

99S01 型熔体过滤器常见功能故障与处理方法见表 2。

表 2　99S01 型熔体过滤器常见功能故障与处理方法

序号	功能	功能故障	故障模式	故障后果	故障应对策略与检修内容	检修周期 / 月
1	保证熔体过滤器能力	过滤器、阀体的内外漏	过滤器熔体内漏	产品达不到工艺生产要求	更换滤芯	视情而定
			过滤器熔体外漏	熔体外漏、裂解、火灾	切换过滤器、更换密封件、密封面检修、安装及紧固要满足工艺条件	视情而定
			切换阀外漏	熔体外漏、裂解、火灾	更换填料或拧紧压盘螺栓	视情而定
			切换阀内漏	熔体外漏、裂解、火灾	更换阀芯密封件	停车检修
2	保证过滤器连续运转	手轮操作不灵活	润滑不良	设备损伤、影响负荷	加注润滑脂	1 次 /12 月
3			轴承损坏	设备损伤、影响负荷	更换轴承	视情而定
4		阀体不能切换	手轮键脱落	设备损伤、影响负荷	修复键	视情而定
5			连接销断裂	设备损伤、影响负荷	修复	视情而定
6			铜套磨损损坏	设备损伤、影响负荷	更换	视情而定
7			定位销断裂	设备损伤、影响负荷	修复	视情而定

附　录　A
（资料性附录）
检修数据记录表

项目	主要控制内容			等级	检修单位	主产装置	设备管理部门	备注
	标准值	部位	现场记录					
拆卸时检测								
法兰密封面	完好无碰伤、划痕	进出口法兰		B	★	★		
阀芯密封件	无划痕、变形	阀芯（2只）		B	★	★		
回装时检测								
法兰密封面	完好无碰伤、划痕	进出口法兰		B	★	★		
阀芯密封件	无划痕、变形	阀芯（2只）		B	★	★		
连接件、传动件、轴承、导槽	加注涂耐高温脂	内孔、端面		B	★	★		
阀芯紧固螺栓紧固力矩	1288N·m	阀芯两端		B	★	★		
填料固定螺栓	7～14N·m	填料压盖		B	★	★		

注： A级：施工单位、生产装置、设备管理部门专业人员检查确认后签字。

B级：施工单位和生产装置专业人员检查确认后签字。

C级：施工单位专业人员检查确认后签字。

另：如果有监理，监理的职责由甲方授权。

附　录　B

（资料性附录）

试车与验收数据记录表

年　　月　　日

<table>
<tr><td>使用单位</td><td></td><td>检修单位</td><td colspan="4"></td></tr>
<tr><td>设备位号及名称</td><td></td><td>设备类别</td><td colspan="4">动设备（　　）；静设备（　　）</td></tr>
<tr><td colspan="2">试车验收前的准备工作</td><td>静设备</td><td>动设备</td><td>标准值</td><td>实测值</td><td>确认</td></tr>
<tr><td colspan="2">1. 各加油点已按规定加好润滑油</td><td></td><td>△</td><td></td><td></td><td></td></tr>
<tr><td colspan="2">2. 密封液已加好</td><td></td><td>△</td><td></td><td></td><td></td></tr>
<tr><td colspan="2">3. 工艺准备已完毕</td><td>△</td><td>△</td><td></td><td></td><td></td></tr>
<tr><td colspan="2">试车验收内容</td><td></td><td></td><td></td><td></td><td></td></tr>
<tr><td colspan="2">1. 检修记录单位和零部件换修记录单已填好</td><td>△</td><td>△</td><td></td><td></td><td></td></tr>
<tr><td colspan="2">2. 设备本体及检修现场干净</td><td>△</td><td>△</td><td></td><td></td><td></td></tr>
<tr><td colspan="2">3. 加热系统运行正常</td><td>△</td><td>△</td><td></td><td></td><td></td></tr>
<tr><td colspan="2">4. 润滑系统工作正常</td><td></td><td>△</td><td></td><td></td><td></td></tr>
<tr><td colspan="2">5. 盘车轻松，无轻重不均匀感</td><td></td><td>△</td><td></td><td></td><td></td></tr>
<tr><td colspan="2">6. 防腐或保温完好</td><td>△</td><td>△</td><td></td><td></td><td></td></tr>
<tr><td colspan="2">7. 静密封点无泄漏</td><td>△</td><td>△</td><td></td><td></td><td></td></tr>
<tr><td colspan="2"></td><td colspan="5"></td></tr>
<tr><td colspan="2"></td><td colspan="5"></td></tr>
<tr><td colspan="2"></td><td colspan="5"></td></tr>
<tr><td colspan="2"></td><td colspan="5"></td></tr>
<tr><td colspan="7">验收结论：</td></tr>
<tr><td colspan="7">验收人员签字：

检修单位：　　　　　　　使用单位：　　　　　　　主管部门：</td></tr>
</table>

注：1. 在相应设备类别（　　）内填“√”，“△”指该设备应验收这些项目。

2. 对于状态确认项目，在确认栏内填“√”（符合要求）或“×”（不符合要求）。

3. 对于电流等非定性项目，在“标准值”栏和“实测值”栏内填数值。

30. TR180-M 增压泵维护检修规程

SHS 04536—2019

代替 SHS 04536—2004

目　次

前　　言

本规程按照GB/T 1.1—2009《标准化工作导则　第1部分：标准的结构和编写》给出的规则起草。

本规程代替SHS 04536—2004《TR180-M增压泵维护检修规程》，与SHS 04536—2004相比，除了编辑性修改外主要技术变化如下：

——明确了本规程适用增压泵的型号；

——常见功能故障与处理部分按RCM分析方法重新编制；

——增加“附录A　检修数据记录表”；

——增加“附录B　试车与验收数据记录表”。

本规程由中国石油化工集团有限公司、中国石油化工股份有限公司提出。

本规程起草单位：中国石化仪征化纤有限责任公司。

本规程主要起草人：俞建清。

本规程历次版本发布情况：

——SHS 04536—2004。

TR180–M 增压泵维护检修规程

1 范围

1.1 主题内容

本规程规定了 TR180-M 型增压泵的检修周期与内容、检修程序与质量标准、试车与验收、维护与故障处理。

1.2 适用范围

本规程适用于 TR180-M 型增压泵、SBJ1600LL 增压泵的维护与检修。

2 规范性引用文件

下列文件中的条款通过本规程的引用而成为本规程的条款。凡是注日期的引用文件，其随后所有的修改单（不包括勘误的内容）或修订版均不适用于本规程，然而，鼓励根据本规程达成协议的各方研究是否可使用这些文件的最新版本。凡是不注日期的引用文件，其最新版本适用于本规程。

SHS 01028 变速机维护检修规程

JB/T 5513 十字轴式万向联轴器

3 检修周期与内容

3.1 检修周期

根据 TR180-M 型增压泵系统功能故障及其影响分析的结果，并结合生产装置运行周期，确定设备检修周期，一般为 48～60 个月。

3.2 检修项目

3.2.1 增压泵拆除、分解、清洗、检查，齿轮轴探伤，修磨各部件、更换易损件，组装上机。

3.2.2 联轴节拆检、清洗、检查，更换易损件，加润滑脂。

3.2.3 根据变速机的运行情况（振动、温升），酌情分解减速机，检查轴承、油封，择差更换。

3.2.4 紧固地脚螺栓。

3.2.5 检查增压泵的保温情况，酌情检修。

3.2.6 检查泵体连接管道（压空、热媒、熔体）是否存在泄漏，视情检修。

3.2.7 增压泵电机、加热器、测温探头和电气控制柜的检修、吹扫、紧固。

4 检修程序与质量标准

4.1 检修前的准备

4.1.1 准备相关技术资料，根据日常维护、运转和测试记录，确定检修内容，制定检修计划。

4.1.2 落实好检修时所需的备品备件、材料、工器具等，并根据相关质量标准做好质量检查和确认。

4.1.3 选择有维修资质的检修单位并与之进行技术交底，熟悉图纸等相关资料，编制设备检修方案。

4.1.4 对参与检修的人员进行安全及环保教育，做好作业危害分析与评估、风险控制措施的交底与落实。

4.1.5 工艺处理符合要求。

4.1.5.1 增加泵冷却用压空阀门已关闭。

4.1.5.2 熔体裂解、打开泵前、后排放阀排放、吹扫，以确保熔体管道内无压力。

4.1.5.3 视情对热媒管阀进行检修或设备拆除需要时，需按制度要求进行盲板封堵处理。

4.1.5.4 增压泵需要在泵工作温度下热拆、分解。

4.1.5.5 增压泵需进行 TEG 清洗，并确保清洁质量。

4.1.6 做好设备停送电管理，现场检修隔离、警示、挂牌管理。

4.1.7 办理好相关作业的票证，填写好设备交出资料，设备交出手续完备。

4.1.8 完成检修前其他工作确认。

4.2 拆卸与检测

4.2.1 安装并紧固好吊具和索具。

4.2.2 确认工艺处理完毕，用于对泵体加热的热媒阀门已关闭并加装盲板，可以实施热媒排放作业。

4.2.3 增压泵解体、清洗，检查齿轮轴、齿轮、轴承磨损情况，检查增压泵迷宫密封磨损情况。增压泵结构见图 1。

a) 拆除联轴节、主动齿轮轴后端防护罩，拆除螺旋迷宫密封装置和压空管；

b) 拆除增压泵与减速机之间的万向联轴节；

c) 拆卸输入轴联轴节连接法兰压盖，用拉马拆除增压泵输入轴联轴节连接法兰；

d) 拆卸前后螺旋迷宫密封支架；

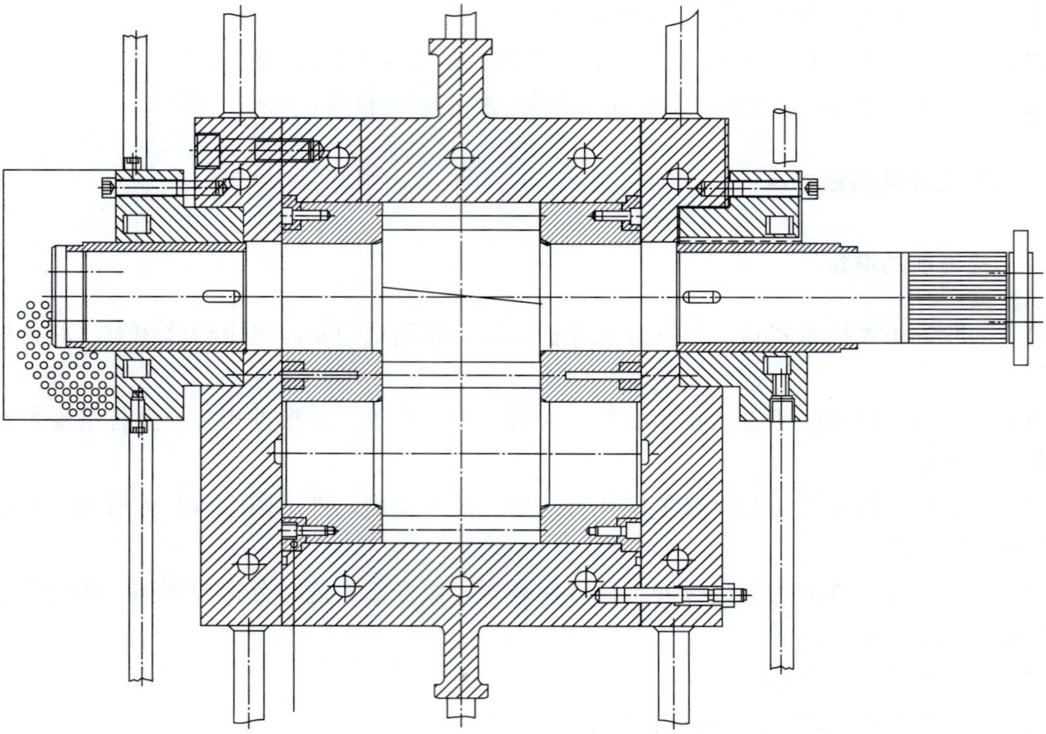

图 1　TR180-M 型增压泵

e) 用专用工具取出前后螺旋迷宫密封轴套；

f) 取出前盖板定位销；

g) 拆卸增压泵前盖板紧固螺栓；

h) 关闭前盖板加热用热媒进出阀门，排空管道内热媒后加盲板；

i) 增压泵前盖板用顶杆进行分解，穿入钢丝用葫芦吊离；

j) 拆除滑动轴承定位环，用专用工具取出增压泵前滑动轴承；

k) 用葫芦和钢丝绳吊出增压泵主动齿轮和被动齿轮；

l) 按上述 g）～j）的方法拆卸增压泵后盖板和滑动轴承；

m) 拆卸的零件或部件放入清洗篮用三甘醇进行清洗。

4.2.4　清洗完后检查齿面、轴颈及轴承的磨损情况，检查润滑通道是否良好，并做好必要的记录。

4.2.5　增压泵变速机检修参照 SHS 01028《变速机维护检修规程》执行。

4.2.6　分解十字型万向联轴节，检查轴承、关节短轴磨损情况，检查关节及伸缩花键润滑。

a）拆除联轴节两侧的安装螺栓，检查法兰定位面是否损伤；

b）在关节开口方向，拆除关节短轴的卡簧，利用专用工具将联轴节本体与法兰分离；

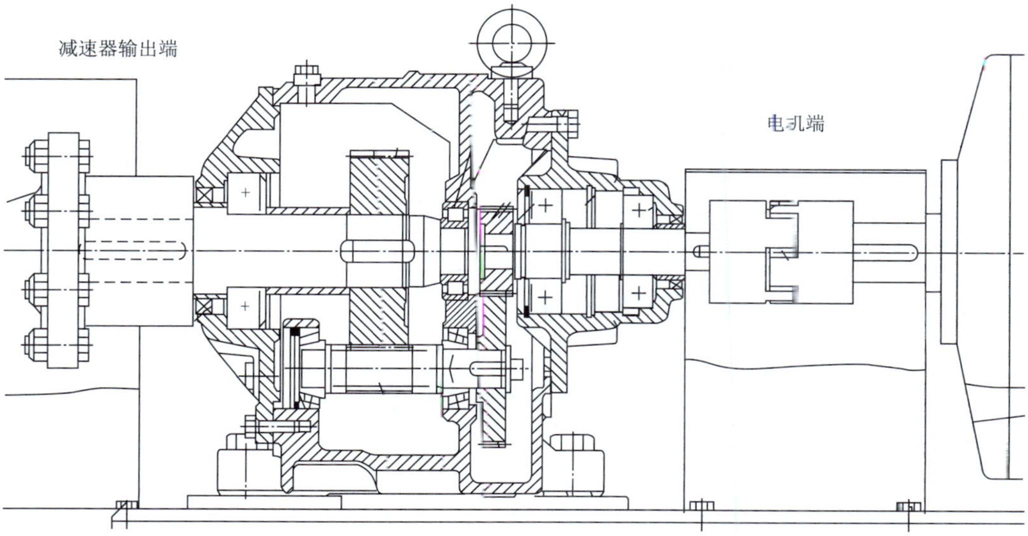

图 2　TR180-M 型增压变速机图

c）利用专用工具将关节短轴与联轴节本体分离，检查轴承、短轴的磨损情况；

d）分解联轴节本体伸缩花键，检查润滑和磨损情况。

4.3　回装与质量标准

4.3.1　检查泵的装配螺栓和安装螺栓，使用前螺栓螺纹清理、清洗、套丝、涂刷耐高温脂；其余零件须用三氯乙稀脱脂，并用干净的压缩空气吹干，滑动部立稍许涂些硅油。

4.3.2　检查齿轮轴轴颈、齿轮、滑动轴承、前后泵板、泵腔、熔体润滑回路等无异常损伤。

4.3.3　通过架台及滑动轴承、齿轮、定位环组装，检查齿轮啮合间隙、轴颈与滑动轴承配合间隙及相关尺寸与公差。

4.3.3.1　齿轮

a）齿轮啮合侧间隙应符合表 1 的规定；

表 1　齿轮啮合侧间隙标准　mm

中心距	≤ 50	51～80	81～120	121～200
间隙	0.085	0.105	0.13	0.17

b）两齿轮宽度一致，单个齿轮宽度误差不得超过 0.05mm/100mm；

c）齿轮啮合接触斑点均匀，其接触面积沿齿长≥ 70%，沿齿高≥ 50%；

d）齿轮端面与滑动轴承轴向间隙为 0.1～0.15mm，齿顶间隙为 0.15～0.25mm，但必须大于轴与轴瓦的径向间隙；

e）齿轮跳动≤ 0.02mm，齿轮端跳≤ 0.05mm。

4.3.3.2 轴与轴承

a）检查主动齿轮轴的磨损情况，质量标准见表 2；

表 2 齿轮轴质量标准

mm

检验项目	质量标准	检查方法
齿轮轴轴颈直径处磨损量	≤ 0.1	游标卡尺
齿轮轴（填料处）磨损部位面积范围	≤ 1/3	目测

b）滑动轴承外圆与端盖配合为 R7/h6；

c）轴颈与滑动轴承配合间隙值见表 3。

表 3 轴颈与滑动轴承配合间隙值

转速 /（r/min）	1500 以下	1500～3000	3000 以上
间隙 /mm	（1.2/1000）D	（1.5/1000）D	（2/1000）D

4.3.4 按增压泵拆卸相反顺序进行回装，并注意以下几个问题：

a）装配前零部件均需要清洗，并用白绸布擦试干净；

b）确认泵板上熔体润滑线路，防止装错造成泵损坏；

c）严禁出现影响配合尺寸的零件表面的划伤、碰撞与敲击，如滑动轴承的各种端面、前后泵板内侧面、泵内腔面、轴承定位环等；

d）安装过程中，随时要进行手动盘齿轮轴，确认齿轮轴运转正常；

e）螺旋迷宫密封与轴套的直径间隙为 0.75～1mm，周向间隙均匀且不大于 0.1mm；

f）十字联轴节定位凸台无损伤，确保法兰连接可靠；

g）关注关节轴承与花键的油脂润滑。

4.3.5 其他检修质量标准见表 4。

表 4 其他检修质量标准

mm

序号	检验项目	质量标准	检查方法
1	万向联轴节	表面无裂纹 套管无损伤	目测
2	减速机输出轴与增压泵输入轴同轴度	≤ 1	钢尺、塞尺
3	各密封点	无泄漏	目视
4	手动盘车	回转均匀、无滞点	手感、听棒

5 试车与验收

5.1 试车前准备

5.1.1 按本规程 4.3 质量标准进行检查验收。

5.1.2 各阀门灵活有效、各密封点无泄漏，各零部件、附件齐全完好。

5.1.3 确认各润滑点都按润滑要求加油、脂。
5.1.4 各连接件紧固良好。
5.1.5 做到工完、料尽、场地清，废弃物按有关规定进行分类处理。
5.1.6 确认相应检修记录齐全、规范。
5.1.7 确认公用工程、工艺条件、电气、仪表满足试车条件。
5.1.8 完成其他试车条件确认。

5.2 试车

5.2.1 空载试车

5.2.1.1 确认电机转向。
5.2.1.2 首先不安装联轴节，启动电动机检查减速器运行情况。
5.2.1.3 进行 24h 空载运行验收（低、中、高速各 8h）。
5.2.1.4 增压泵空载盘车灵活、无卡阻。

5.2.2 负载试车

5.2.2.1 负载试车按满负荷正常生产速度进行调试。
5.2.2.2 检查各润滑点泄漏、温升情况和设备运转正常。
5.2.2.3 检查泵体、热媒球阀泄漏情况。
5.2.2.4 检查电动机电压、电流正常。

5.3 验收

5.3.1 达到规定试车时间，各项技术指标达到设计要求值或满足生产需要。
5.3.2 设备达到完好标准。
5.3.3 完善检修记录，检修记录齐全、准确，按规定办理验收手续。

6 维护与故障处理

6.1 日常维护

6.1.1 检查泵轴颈处的泄漏情况，调整冷却压空流量。
6.1.2 检查增压泵连接管道（压空、热媒）的泄漏情况，消漏检修。
6.1.3 检查泵体保温情况，酌情检修。
6.1.4 检查联轴节轴承的运行情况，是否存在异常铁粉、异常声音与振动。需进行排查、检修、加补润滑脂。
6.1.5 检查减速机振动、温升情况，择差更换易损件及轴承，定期加注、更换润滑油，定期紧固基础螺栓。

6.1.6　检查电动机与减速机联轴节，更换缓冲垫。

6.1.7　定期更换电动机轴承、润滑脂加注。

6.1.8　检查电动机的温度、电流及电压是否正常。

6.1.9　检查各指示仪表有无异常。

6.1.10　保持机台及周围环境清洁。

6.1.11　按设备润滑要求进行润滑，做好润滑记录。

6.1.12　按设备巡检维护要求做好巡检维护记录。

6.2　常见功能故障与处理方法

TR180-M 增压泵设备常见功能故障与处理方法见表 5。

表 5　TR180-M 增压泵常见功能故障与处理方法

序号	功能	功能故障	故障模式	故障后果	故障应对策略与检修内容	检修 周期／月
1	保证熔体增压能力	增压泵泄漏	增压泵轴封熔体泄漏	产品消耗增加	调整轴封冷却压空流量 螺栓未紧固 调整密封与轴套间隙	随时调整检修 系统停车检修
			齿轮泵连接法兰处漏	熔体外漏、裂解、火灾	紧固安装螺栓 更换密封垫片	系统停车检修
			热媒泄漏	热媒外漏、火灾	安装螺栓紧固、更换密封垫片 泵板损坏、开裂	视情而定 停车检修
		吐出量不稳定	速度太快 入口熔体压力太低 入口熔体温度低 黏度不稳定	消耗高、影响质量	工艺调整	视情而定
2	保证增压泵连续运转	增压泵异常停车	电机故障	设备损坏、影响负荷	轴承缺油，更换轴承，或 电机断轴，更换电机	1 次 /18月
3			电气控制系统故障	设备损坏、影响负荷	电器老化、更换 通信故障、检查检修 联锁点表计异常、误报、更换仪表、检查检修	停车检修
4			电机低速运行产生过电压自停	设备损伤、影响负荷	工艺调整	视情而定
5			超负荷运行跳停	设备损伤、影响负荷	工艺调整	视情而定

表 5　TR180-M 增压泵常见功能故障与处理方法（续）

序号	功能	功能故障	故障模式	故障后果	故障应对策略与检修内容	检修周期/月
6			联轴节故障	设备损坏、影响负荷	缓冲垫损坏、联轴节损坏 润滑不良，关节轴承损坏	停车检修
7		增压泵异常停车	减速机故障	设备损坏、影响负荷	润滑不良，添加或更换润滑油 高速部故障（轴承、齿轮、键），检修或更换备台 更换老化或磨损油封	停车检修
8			泵体故障	设备损坏、影响负荷	润滑不良造成滑动轴承损坏 齿轮损坏、断轴故障 齿轮轴与密封咬合故障	停车检修
9			温度异常故障	设备损伤、影响负荷	停车后及时关闭冷却阀 开车前及时做好泵体保温	视情而定
10	保证增压泵连续运转		熔体料位或熔体压力太低，无足量的熔体进入齿轮泵	设备损伤、影响负荷	工艺调整	视情而定
11			转速太高	设备损伤、影响负荷	工艺调整	视情而定
12		增压泵异音	泵内存在空气	设备损伤、影响负荷	检查熔体法兰及密封	停车检修
13			滑动轴承润滑不良	设备损伤、影响负荷	清理、调整	停车检修
14			联轴节轴承润滑不良	设备损伤、影响负荷	清理、调整	停车检修

附 录 A
（资料性附录）
检修数据记录表

项目	主要控制内容			等级	检修单位	生产装置	设备管理部门	备注
	标准值	部位	现场记录					
拆卸时检测								
万向联轴节	表面无裂纹、套管无损伤	套管、法兰		B	★	★		
减速机输出轴与增压泵输入轴同轴度	≤1mm	两者中心线		B	★	★		
手动盘车	回转均匀、无滞点	齿轮轴		B	★	★		
各密封点	无泄漏	泵板、法兰		B	★	★		
齿轮轴滑动部位直径处磨损量	≤0.1mm	齿轮轴		A	★	★	★	
齿轮轴滑动部分表面磨损部位面积范围	≤1/3	齿轮轴		A	★	★	★	
轴承侧面、轴孔	有无异常划痕	轴承		B	★	★		
齿轮侧面	有无异常划痕	齿轮		B	★	★		
迷宫密封、盖板与泵体结合部	有无异常划痕	密封		B	★	★		
齿轮轴表面	有无裂纹	齿轮轴		A	★	★	★	
齿轮啮合侧间隙	≤0.17mm	齿轮		B	★	★		
轴颈与滑动轴承配合间隙值	≤0.08mm	轴颈与滑动轴承		B	★	★		
回装时检测								
万向联轴节	表面无裂纹、套管无损伤	套管、法兰		B	★	★		
减速机输出轴与增压泵输入轴同轴度	≤1mm	两者中心线		B	★	★		

检修数据记录表（续）

项目	主要控制内容			等级	检修单位	生产装置	设备管理部门	备注
	标准值	部位	现场记录					
各密封点	无泄漏	泵板、法兰		B	★	★		
手动盘车	回转均匀、无滞点	泵		B	★	★		
齿轮轴滑动部位直径处磨损量	≤0.1mm	齿轮轴		A	★	★	★	
齿轮轴滑动部分表面磨损部位面积范围	≤1/3	齿轮轴		A	★	★	★	
轴承侧面、轴孔	有无异常划痕	轴承		B	★	★		
齿轮侧面	有无异常划痕	齿轮		B	★	★		
迷宫密封、盖板与泵体结合部	有无异常划痕	密封		B	★	★		
齿轮轴表面	有无裂纹	齿轮轴		A	★	★	★	
齿轮啮合侧间隙	≤0.17mm	齿轮		B	★	★		
轴颈与滑动轴承配合间隙值	≤0.08mm	轴颈与滑动轴承		B	★	★		

注： A级：施工单位、生产装置、设备管理部门专业人员检查确认后签字。

B级：施工单位和生产装置专业人员检查确认后签字。

C级：施工单位专业人员检查确认后签字。

另：如果有监理，监理的职责由甲方授权。

附 录 B
（资料性附录）
试车与验收数据记录表

年 月 日

使用单位		检修单位				
设备位号及名称		设备类别	动设备（ ）；静设备（ ）			
试车验收前的准备工作		静设备	动设备	标准值	实测值	确认
1. 各加油点已按规定加好润滑油			△			
2. 密封液已加好			△			
3. 电源线已接好			△			
4. 工艺准备已完毕		△	△			
试车验收内容						
1. 检修记录单位和零部件换修记录单已填好		△	△			
2. 设备本体及检修现场干净		△	△			
3. 加热、冷却系统运行正常		△	△			
4. 润滑、密封液系统工作正常			△			
5. 盘车轻松，无轻重不均匀感			△			
6. 防腐或保温完好		△	△			
7. 静密封点无泄漏		△	△			
8. 温升			△			
9. 电流			△			
验收结论：						
验收人员签字： 检修单位： 使用单位： 主管部门：						

注： 1. 在相应设备类别（ ）内填“√”，“△”指该设备应验收这些项目。

2. 对于状态确认项目，在确认栏内填“√”（符合要求）或“×”（不符合要求）。

3. 对于电流等非定性项目，在“标准值”栏和“实测值”栏内填数值。

31. HV452型纺丝机维护检修规程

SHS 04537—2019

代替 SHS 04537—2004

目　次

前　言

本规程按照GB/T 1.1—2009《标准化工作导则　第1部分：标准的结构和编写》给出的规则起草。

本规程代替SHS 04537—2004《HV452型纺丝机维护检修规程》，与SHS 04537—2004相比，除了编辑性修改外主要技术变化如下：

——明确了本规程适用纺丝机的型号；

——常见功能故障与处理部分按RCM分析方法重新编制；

——增加"附录A　检修数据记录表"；

——增加"附录B　试车与验收数据记录表"。

本规程由中国石油化工集团有限公司、中国石油化工股份有限公司提出。

本规程起草单位：中国石化仪征化纤有限责任公司。

本规程主要起草人：俞建清。

本规程历次版本发布情况：

——SHS 04537—2004。

HV452型纺丝机维护检修规程

1 范围

1.1 主题内容

本规程规定了HV452型纺丝机的检修周期与内容、检修程序与质量标准、试车与验收、维护与故障处理。

1.2 适用范围

本规程适用于HV452型、Q442型、SHV4601C型、BN100A-6.600-STV型纺丝机的维护与检修。

2 规范性引用文件

下列文件中的条款通过本规程的引用而成为本规程的条款。凡是注日期的引用文件，其随后所有的修改单（不包括勘误的内容）或修订版均不适用于本规程，然而，鼓励根据本规程达成协议的各方研究是否可使用这些文件的最新版本。凡是不注日期的引用文件，其最新版本适用于本规程。

GB/T 150 压力容器

SH/T 3074 石油化工钢制压力容器

3 检修周期与内容

3.1 检修周期

根据HV452型纺丝机功能故障及其影响分析的结果，并结合生产装置运行周期，确定设备检修周期，一般为48～60个月。

3.2 检修项目

3.2.1 计量泵驱动装置减速器全部清洗、换油，择差解体检修。

3.2.2 解体、清洗、检查计量泵传动装置，更换损坏件。

3.2.3 检查计量泵针形阀，择差更换损坏件。

3.2.4 根据工艺要求拆下计量泵、耐磨板进行分解、清洗、检查，择差更换。

3.2.5 检查纺丝箱体的紧固情况。

3.2.6　修补保温层，择差更换保温罩。
3.2.7　自动升降环吹装置滑道检查、清理，气缸检查、检修。
3.2.8　上油环视窗、上油环清洗与检查，择差更换上油环，间隙调整及水平找正。
3.2.9　上油系统管道、过滤器清洗、检查，油剂计量泵分解、清洗、择差更换损坏件。
3.2.10　计量泵变频柜、现场控制柜吹扫、紧固、检查，更换损坏件。
3.2.11　电动机择差检修，电动机风扇检查，电动机电源线、接地线检查。
3.2.12　纺丝熔体管道、箱体仪表压力探头、高温膜片压力表、温度仪表等检修、调校，纺丝防爆膜片（含熔体管道）更换等。
3.2.13　按照设备运行状况和设备监测结果，对设备大修内容中的若干项进行检修。
3.2.14　纺丝箱体根据保温情况进行更换，包括箱体隔热板更换。
3.2.15　全机防腐处理。

4　检修程序与质量标准

4.1　检修前的准备

4.1.1　准备相关技术资料，根据日常维护、运转和测试记录，确定检修内容，制定检修计划。
4.1.2　落实好检修时所需的备品备件、材料、工器具等，并根据相关质量标准做好质量检查和确认。
4.1.3　选择有维修资质的检修单位并与之进行技术交底，熟悉图纸等相关资料，编制设备检修方案。
4.1.4　对参与检修的人员进行安全及环保教育，做好作业危害分析与评估、风险控制措施的交底与落实。
4.1.5　工艺处理符合要求。
4.1.5.1　熔体裂解后，启动计量泵运行，并确保熔体管道内无压力；
4.1.5.2　计量泵需要在泵工作温度下热拆；
4.1.5.3　计量泵需进行 TEG 清洗，并确保清洁质量。
4.1.6　做好设备停送电管理，现场检修隔离、警示、挂牌管理。
4.1.7　办理好相关作业的票证，填写好设备交出资料，设备交出手续完备。
4.1.8　完成检修前其他工作确认。

4.2　拆卸与检测

4.2.1　解体、清洗、检查计量泵传动装置。
　　a）拆除安全防护罩，电动机拆线、脱开；
　　b）拆除联轴飞轮盘及刹车装置，将飞轮盘用拉马分别从电动机、减速机输入端拆除下来；

c）拆松锁紧套上的内六角螺栓，将轴、轴套等从计量泵腔内收回；

d）拆除联轴器内的连接螺钉，将整个传动轴外移到检修平台，将联轴器从减速机输出轴端拆除；

e）拆除安全销，分解泵轴、轴套、轴及锁紧套；

f）清洗、清理零部件，检查刹车靠背轮、刹车片磨损量≤ 1mm，检查刹车靠背轮是否完好，间隙 2～3mm，检查缓冲圈磨损情况；

g）检查锁紧套的完好情况，确认膨胀圈有效；

h）检查计量泵耐磨板表面无损伤。

4.2.2 计量泵变速机检修按 SHS 01028《变速机维护检修》执行。

4.2.3 拆除计量泵，解体、清洗、检查、修磨、择差更换零部件。

a）清理计量泵内六角安装螺栓内孔，利用专用工具，将计量泵从纺丝箱体拆除，TEG 清洗后进行分解作业；

b）卸下将军帽压盖、将军帽、传动套；

c）拆下内六角螺栓，取下前板、中间板、驱动轴、驱动齿轮和自由齿轮；

d）从拆卸台上取下后板；

e）检查各泵板密封面是否存在划伤、齿轮是否存在磨损、传动键是否变形等。

4.2.4 清理耐磨板内六角安装螺栓内孔，利用专用工具，将耐磨板从张丝箱体上拆除，耐磨板要清洗研磨，拆装时不能碰伤精密平面。

4.2.5 检查环吹风装置的密封状态，包括风筒接口法兰、波纹管及法兰、环吹上盖及上盖与纺丝箱体等。

4.2.6 检查环吹风装置车轮、风筒抬升、环吹头升降部件是否灵活，零部件有无缺损。

4.2.7 自动升降环吹装置滚轮、滑道缠丝检查，滚轮轴承检查，气缸泄漏检查。

4.2.8 检查箱体保温板是否完好，检查纺丝箱体的紧固情况，要求固定端无松动，膨胀端松动。

4.2.9 停车后热态检查计量泵针型阀操作性及渗漏状况，择差分解针形阀。

4.2.10 上油环视窗清洗、更换，上油环分解、清洗，检查调油唇间隙。

4.2.11 上油系统管道、过滤器清洗、检查，油剂计量泵分解、清洗。

4.2.12 检查各指示仪表及电气按钮有无损坏、缺少或失灵。

4.2.13 保温层检查是否存在损伤、缺陷。

4.3 回装与质量标准

4.3.1 回装

4.3.1.1 计量泵传动装置安装

a）将泵轴、轴套、轴通过顶丝、安全销组装在一起，形成传动组件；

b）将锁紧套套在轴上，并插入联轴器套筒内，旋紧胀套螺钉，注意松紧度适当即可，防止传动组件与套筒脱开；

c）将联轴器安装在减速机输出轴上，将减速机安装在原标识的固定位置；

d）将传动组件一端插入计量泵输入孔，另一端与联轴器连接，并用螺栓紧固；调整传动组件的位置，确保泵轴与泵输入孔留有5～8mm间隙后紧固锁紧套螺钉；

e）在减速机输入轴上安装飞轮盘，安装电动机，调整飞轮盘间隙为2～3mm。

4.3.1.2 计量泵组装

a）将后板放在组装台上，将齿轮内孔及两侧面薄薄地涂上一层硅油后，再套在支柱上（从动齿轮轴）；

b）先在键上薄薄地涂上一层硅油，将键插在驱动轴上，将驱动齿轮及两侧喷涂硅油后套在驱动轴上，将轴插在后板上；

c）套中间板，注意中间板的方向，使两个对接记号D的位置对准；

d）同样套前板；

e）用六根M14组装螺栓把泵拧紧，要求螺栓涂二硫化钼润滑剂、两个一对按对角线均匀拧紧、紧固转矩150～160N·m、插上两根定位销，然后再拧紧；

f）在主动泵轴上安装联轴节、将军帽、将军帽压盖，用6根M8组装螺栓拧紧，要求螺栓涂二硫化钼润滑剂、两个一对按对角线均匀拧紧、紧固转矩31～35N·m；

g）将泵从分解台取出，将硅油注入泵内，再用手柄夹具转几圈后，将泵内多余的硅油排出；

h）用盲栓塞好泵的吸入口和排出口，将它保存备用。

4.3.1.3 计量泵、耐磨板安装

a）清理、清洗箱体耐磨板安装孔，并用丝锥过孔，用安装螺栓试装确认；

b）清理、清洗耐磨板、耐磨板上的计量泵安装螺孔，并用丝锥过孔，用安装螺栓试装确认；

c）用耐磨板安装导向杆对角定位耐磨板位置，将安装螺栓装入、紧固，拆除导向杆，安装另外两根螺栓，按照紧固力矩对称紧固，工艺升温到位后需进行热紧固；

d）计量泵安装前需对耐磨板表面进行清理、研磨，确保安装面质量；

e）用计量泵安装导向杆对角定位计量泵位置，将安装螺栓装入、紧固，拆除导向杆，安装另外两根螺栓，按照紧固力矩对称紧固，安装完成后需手动盘泵，确认安装质量，用保温棉进行保温，待工艺升温到位后进行热紧固。

4.3.1.4 计量泵传动装置与计量泵的对中（见图1）

a）利用安装计量泵的螺孔，将专用定心工具（b）安装在耐磨板上；

b）在减速器输出轴端套装专用定心工具（a），用其伸缩定位杆的30°尖端来找准专用定心工具（b）上指示刻度线，其基准分别以第6、12、13、19位为起始位置，如箱体指定热胀向左位移时，就对准左面刻线，每移动一纺丝部位，相应移一格刻线；

c）每位以专用定心工具（a）的伸缩定位杆上的刻线为准，确定传动装置的轴向距离；

d）同时应找准其水平位置及垂直位置。

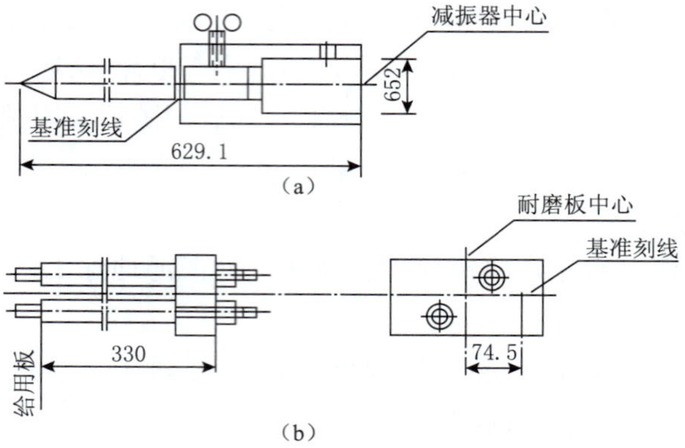

图 1　计量泵传动装置对中工具

4.3.2　检修质量标准

HV452 型纺丝机检修质量标准见表 1。

表 1　HV452 型纺丝机检修质量标准　　mm

序号	检查项目	质量标准	检查方法
1	计量泵耐磨板表面	无划伤、无斑痕	目视、手感
2	减速机与电机同轴度	＜0.3	钢尺、塞尺
3	刹车片磨损量	≤1	直尺
4	电机与减速器靠背轮间的间隙	2～3	直尺

5　试车与验收

5.1　试车前准备

5.1.1　按本规程 4.3.2 检修质量标准进行检查验收。
5.1.2　各阀门灵活有效、各密封点无泄漏，各零部件、附件齐全完好。
5.1.3　确认各润滑点都按润滑要求加油、脂。
5.1.4　各连接件紧固良好。
5.1.5　做到工完、料尽、场地清，废弃物按有关规定进行分类处理。
5.1.6　确认相应检修记录齐全、规范。
5.1.7　确认公用工程、工艺条件、电气、仪表满足试车条件。
5.1.8　完成其他试车条件确认。

5.2 试车

5.2.1 空载试车

5.2.1.1 确认电机转向，确认后空运转48h；
5.2.1.2 手动盘车，纺丝减速机运转轻松灵活；
5.2.1.3 与传动变速机进行24h空载（不连接计量泵）运行验收（低、中、高速各8h）；
5.2.1.4 纺丝变速机温升正常，工作电流正常；
5.2.1.5 全机各动静密封点无泄漏。

5.2.2 负载试车

5.2.2.1 负载试车按满负荷正常生产速度进行调试；
5.2.2.2 检查各润滑点泄漏、温升情况和设备运转正常；
5.2.2.3 检查泵体、耐磨板无泄漏；
5.2.2.4 全机各部件运行平稳，振动、声音等无异常。
5.2.2.5 检查电机电压、电流正常。

5.3 验收

5.3.1 达到规定试车时间，各项技术指标达到设计要求值或满足生产需要。
5.3.2 设备达到完好标准。
5.3.3 完善检修记录，检修记录齐全、准确，按规定办理验收手续。

6 维护与故障处理

6.1 日常维护

6.1.1 检查机械设备运转状况，振动、声音、温升等是否正常，各部件是否齐全、有无缺损。
6.1.2 择差检修计量泵传动装置，更换损坏件。
6.1.3 择差更换计量泵减速机。
6.1.4 检查计量泵、减速机、纺丝箱体及各管道、阀门的泄漏情况，视情进行检修。
6.1.5 检查减速器运行情况，定期清洗更换润滑油，择差更换减速机。
6.1.6 对装有机械手的机台，检查机械手滑轮、气缸等部件，调整轨道定位偏心轴承位置。
6.1.7 环吹风装置密封性检查、修理。
6.1.8 检查环吹风装置升降灵活、车轮完好、转动灵活，择差分解、清洗、检查吹风冷却部件，更换易损件，整流筒全部更换。

6.1.9 检查各指示仪表及电气按钮有无损坏、缺少或失灵。

6.1.10 保持机台及周围环境清洁。

6.1.11 按设备润滑要求进行润滑，做好润滑记录。

6.1.12 按设备巡检维护要求做好巡检维护记录。

6.2 常见功能故障与处理方法

HV452 型纺丝机设备常见功能故障与处理方法见表 2。

表 2 HV452 型纺丝机常见功能故障与处理方法

序号	功能	功能故障	故障模式	故障后果	故障应对策略与检修内容	检修 周期 / 月
1	保证纺丝能力	纺丝组件不出丝	电机未运行 计量泵安全销断 传动胀套松动 计量泵泵头脱离、泵头打碎	影响产量	排查检修或更换电机 更换安全销 紧固胀套螺栓或更换胀套 重新调整泵头、紧固或更换计量泵	随时检修
			纺丝组件压力过高 组件温度低 箱体入口压力过低	影响产量	定期更换组件 延长组件保温、调整箱体温度 工艺调整参数	随时检修
		熔体泄漏	计量泵熔体泄漏 耐磨板熔体泄漏 组件泄漏进入箱体	熔体外漏、火灾	更换计量泵 检修或更换耐磨板 更换箱体保温板	视情检修
		环吹风异常	密封件老化或破损 波纹管老化 压紧连杆装置调整不到位 风筒变形 组件膨胀节卡死	消耗高、影响质量	检修、更换、调整	视情而定
2	保证纺丝连续运转	计量泵传动装置异常	减速机缺油	设备损坏、影响负荷	加油	定期加油
			轴承异常、轴磨损		更换轴承、轴	视情检修
			减速机漏油		更换油封	视情检修
			联轴节弹性圈磨损		更换检修	视情检修
			安全销受损		更换检修	视情检修
			传动轴轴头变形		更换检修	视情检修
			计量泵将军传动套松动		紧固检修	视情检修
			计量泵将军传动套开裂		更换传动套	视情检修

表 2　HV452 型纺丝机常见功能故障与处理方法（续）

序号	功能	功能故障	故障模式	故障后果	故障应对策略与检修内容	检修周期／月
2	保证纺丝连续运转	环吹风装置异常	车轮缠丝卡死，转盘积灰	设备损伤、影响负荷	清理作业	视情检修
			轴承损坏、钢珠、滚道损坏		更换检修	视情检修
			销轴松动		更换检修	视情检修
			升降滑道卡阻		更换检修	视情检修
			保温板破裂		更换检修	视情检修

附　录　A

（资料性附录）

检修数据记录表

项目	主要控制内容													等级	检修单位	生产装置	设备管理部门	备注
	标准值	现场记录																
		1	2	3	4	5	6	7	8	9	10	11	12					
		13	14	15	16	17	18	19	20	21	22	23	24					
拆卸时检测																		
计量泵及耐磨板	密封面无划伤、裂纹													B	★	★		
电动机减速机同轴度	＜0.3mm													B	★	★		
电动机减速器联轴节间隙	2～3mm													B	★	★		
刹车片磨损量	≤1mm													B	★	★		
回装时检测																		
计量泵及耐磨板	密封面无划伤裂纹													B	★	★		
手动盘泵	回转均匀、无滞点													B	★	★		
减速机与电动机同轴度	＜0.3mm													B	★	★		
电动机减速器联轴节间隙	2～3mm													B	★	★		
刹车片磨损量	≤1mm													B	★	★		
泵安装力矩	170N·m													B	★	★		
泵热紧力矩	230N·m													B	★	★		

注：A级：施工单位、生产装置、设备管理部门专业人员检查确认后签字。

B级：施工单位和生产装置专业人员检查确认后签字。

C级：施工单位专业人员检查确认后签字。

另：如果有监理，监理的职责由甲方授权。

附　录　B

（资料性附录）

试车与验收数据记录表

年　　月　　日

<table>
<tr><td>使用单位</td><td></td><td>检修单位</td><td colspan="4"></td></tr>
<tr><td>设备位号及名称</td><td></td><td>设备类别</td><td colspan="4">动设备（　　）；静设备（　　）</td></tr>
<tr><td colspan="2">试车验收前的准备工作</td><td>静设备</td><td>动设备</td><td>标准值</td><td>实测值</td><td>确认</td></tr>
<tr><td colspan="2">1. 各加油点已按规定加好润滑油</td><td></td><td>△</td><td></td><td></td><td></td></tr>
<tr><td colspan="2">2. 密封液已加好</td><td></td><td>△</td><td></td><td></td><td></td></tr>
<tr><td colspan="2">3. 电源线已接好</td><td></td><td>△</td><td></td><td></td><td></td></tr>
<tr><td colspan="2">4. 工艺准备已完毕</td><td>△</td><td>△</td><td></td><td></td><td></td></tr>
<tr><td colspan="2">试车验收内容</td><td></td><td></td><td></td><td></td><td></td></tr>
<tr><td colspan="2">1. 检修记录单位和零部件换修记录单已填好</td><td>△</td><td>△</td><td></td><td></td><td></td></tr>
<tr><td colspan="2">2. 设备本体及检修现场干净</td><td>△</td><td>△</td><td></td><td></td><td></td></tr>
<tr><td colspan="2">3. 加热、冷却系统运行正常</td><td>△</td><td>△</td><td></td><td></td><td></td></tr>
<tr><td colspan="2">4. 润滑、密封液系统工作正常</td><td></td><td>△</td><td></td><td></td><td></td></tr>
<tr><td colspan="2">5. 盘车轻松，无轻重不均匀感</td><td></td><td>△</td><td></td><td></td><td></td></tr>
<tr><td colspan="2">6. 防腐或保温完好</td><td>△</td><td>△</td><td></td><td></td><td></td></tr>
<tr><td colspan="2">7. 静密封点无泄漏</td><td>△</td><td>△</td><td></td><td></td><td></td></tr>
<tr><td colspan="2">8. 温升</td><td></td><td>△</td><td></td><td></td><td></td></tr>
<tr><td colspan="2">9. 电流</td><td></td><td>△</td><td></td><td></td><td></td></tr>
<tr><td colspan="2"></td><td colspan="5"></td></tr>
<tr><td colspan="2"></td><td colspan="5"></td></tr>
<tr><td colspan="2"></td><td colspan="5"></td></tr>
<tr><td colspan="7">验收结论：</td></tr>
<tr><td colspan="7">验收人员签字：

检修单位：　　　　　　　　使用单位：　　　　　　　　主管部门：</td></tr>
</table>

注： 1. 在相应设备类别（　　）内填“√”，“△”指该设备应验收这些项目。

2. 对于状态确认项目，在确认栏内填“√”（符合要求）或“×”（不符合要求）。

3. 对于电流等非定性项目，在“标准值”栏和“实测值”栏内填数值。

32. 1331-Y12 组件上位车检修规程

SHS 04538—2019

代替 SHS 04538—2004

目　次

前　言

本规程按照GB/T 1.1—2009《标准化工作导则　第1部分：标准的结构和编写》给出的规则起草。

本规程代替SHS 04538—2004《1331-Y12组件上位车维护检修规程》，与SHS 04538—2004相比，除了编辑性修改外主要技术变化如下：

——常见功能故障与处理部分按RCM分析方法重新编制；

——增加“附录A　检修数据记录表”；

——增加“附录B　试车与验收数据记录表”。

本规程由中国石油化工集团有限公司、中国石油化工股份有限公司提出。

本规程起草单位：中国石油化工股份有限公司洛阳分公司。

本规程主要起草人：刘园、牛建峰。

本规程历次版本发布情况：

——SHS 04538—2004。

1331-Y12 组件上位车检修规程

1 范围

1.1 主题内容

本规程规定了 1331-Y12 组件上位车的检修周期与内容、检修程序与质量标准、试车与验收、维护与故障处理。

1.2 适用范围

本规程适用于 1331-Y12 组件上位车，亦适用于 AK014 型组件上位车及同类型设备的维护和检修。

2 规范性应用文件

下列文件中的条款通过本规程的引用而成为本规程的条款。凡是注日期的引用文件，其随后所有的修改单（不包括勘误的内容）或修订版均不适用于本规程，然而，鼓励根据本规程达成协议的各方研究是否可使用这些文件的最新版本。凡是不注日期的引用文件，其最新版本适用于本规程。

JB/T 10205　液压缸技术条件

JB/T 6996　重型机械液压系统通用技术条件

3 检修周期与内容

3.1 检修周期

根据 1331-Y12 组件上位车功能故障及其影响分析的结果，并结合生产装置运行周期，确定设备检修周期，一般为 36～48 个月。

3.2 检修项目

3.2.1　液压系统管路的接头泄漏检查处理。

3.2.2　叉杆的转动灵活性检查维修。

3.2.3　检查紧固件的紧固情况。

3.2.4　检验液压油理化指标和清洁度，视情更换液压油或过滤器。

3.2.5　调整更换或润滑磨损的链条链轮。

3.2.6 更换损坏的轮或轮子轴承，清理轮子的缠丝。
3.2.7 调整底部锁定装置。
3.2.8 调整起重控制阀及流量控制阀。
3.2.9 起重油缸解体检修。
3.2.10 液压泵解体检修。
3.2.11 调节液压系统。
3.2.12 清理液压油箱，更换液压管路过滤期器及液压油。

4 检修程序与质量标准

4.1 拆卸前准备

4.1.1 检查日常检修，运转和测试的记录，确定检修项目。
4.1.2 落实好检修时所需的备品备件、材料、工器具的准备工作并对其质量进行确认。
4.1.3 选择有维修资质的检修单位并与之进行质量交底。
4.1.4 落实消防、安全、环保工作，并对参与检修的人员进行安全及环保教育。
4.1.5 工艺处理符合要求。
4.1.6 办理好相关作业的票证，填写好设备交出资料。

4.2 拆卸与检测

4.2.1 检查、调整或更换起重链

4.2.1.1 在地面最靠近车架中间的垂直构件下放置一坚硬的支承物。
4.2.1.2 降下车架到被支承物撑住，起重链松开，关闭电源。
4.2.1.3 卸下将链固定到起重杆十字支杆上的开口销和叉杆销。
4.2.1.4 从滑轮上取下链条将新的链条放置在滑轮上。
4.2.1.5 将开口销合叉杆销固定到原位。
4.2.1.6 松开调整螺栓上的顶部防松螺母，转动调整螺母上的六角螺母收紧链条的松垂部分，使两根链条获得均匀的张力，使调整螺栓和压头平行，拧紧防松螺栓。

4.2.2 解体检修起重油缸

4.2.2.1 将起重油缸固定在夹钳中，卸下压紧螺母、刮油环和O形环。
4.2.2.2 从起重油缸中拉出油缸压头并从夹钳上卸下起重油缸。
4.2.2.3 将压头固定在夹钳上，卸下压头上的螺母，取出垫圈、填料活塞、O形圈和U形环。
4.2.2.4 在活塞上装上新的U形环，在油缸压头上装上新的O形圈、活塞和螺母，将压头装入油缸管内。

4.2.2.5　在压紧螺母上装上新的O形圈和刮油环，并把压紧螺母安装在油缸管上。

4.2.3　解体检修液压泵

4.2.3.1　排放系统的液压油，断开电池电缆、电流计和开关线。
4.2.3.2　断开与泵相连的管道和软管。
4.2.3.3　拆下泵和电机的固定螺栓。
4.2.3.4　将泵和电机的连接螺栓拧下，将泵和电机分开。
4.2.3.5　检修液压油泵。

4.2.4　更换液压油过滤器

4.2.4.1　将叉杆放到最低，去除系统的压力。
4.2.4.2　拆去油槽排气盖和油槽排放螺塞，将油放掉。
4.2.4.3　从油槽底部弯管处旋出过滤器。
4.2.4.4　以相反的顺序安装。

4.3　回装与质量标准

1331-Y12组件上位车检修质量标准见表1。

表1　1331-Y12组件上位车检修质量标准

序号	检验项目	质量标准	检验方法
1	液压系统	无泄漏	目视
2	液压缸负载升降动作	升降灵活，上升、下降行程到位	目视
3	液压缸保位能力	沉降量≤0.05mm/min	沉降法
4	车轮	无损坏 无缠丝	目视
5	车底部刹车试验	急速刹车≤0.2m	刹车测距
6	各部位润滑	润滑良好	目视
7	链条、链轮传动	销轴连接良好，链轮无严重磨损	目视
8	电缆及接线柱连接情况	电缆无老化开裂，接线处无松动、发热	目视，测温
9	托装组件	摆臂摆动灵活、托臂微调灵活	耳听、目视

5　试车与验收

5.1　试车前准备

5.1.1　按本规程4.3检修质量标准进行检查验收。
5.1.2　确认各润滑点都按润滑要求加油。

5.1.3 做到工完、料净、场地清，废弃物按有关规定进行分类处理。
5.1.4 确认相应检修记录齐全、规范。

5.2 试车

5.2.1 移动装卸车灵活，无明显阻力。
5.2.2 空载升降叉杆，检查其提升和下降到最大位置的操作。
5.2.3 负载升降叉杆，检查其提升和下降到最大位置的操作，检查叉杆能准确定位以方便更换组件。

5.3 验收

5.3.1 更换或搬运组件进行验收。
5.3.2 验收按本规程 4.3 检修质量标准进行。
5.3.3 检修和试车记录齐全。
5.3.4 运行符合工艺要求。

6 维护与故障处理

6.1 日常维修

6.1.1 维护内容

6.1.1.1 检查消除液压系统管路及接头处的泄漏；
6.1.1.2 检查叉杆的升降动作，并及时调整；
6.1.1.3 检查各部分的润滑状况，定期润滑；
6.1.1.4 消除承载轮子的缠丝；
6.1.1.5 查看底部刹车，及时调整或更换磨损件。

6.2 常见功能故障与处理方法

1331-Y12 组件上位车常见功能故障与处理方法见表 2。

表 2 1331-Y12 组件上位车常见功能故障与处理方法

序号	功能	功能故障	故障模式	故障后果	故障应对策略与检修内容	检修周期 / 月
1	保证组件上位车的能力	液压油系统故障	起重油缸漏油	无法起重	更换油缸密封	视情况而定
			液压油槽漏油	无法起重	检查更换泵和油槽间吸入管线	24～36
			油缸杆保位时爬行	起重位置不能保持	检查维修油缸密封；检查单向阀、起重控制阀	视情况而定
			叉杆不到位	无法起重	油位低，加油；维修泵	24～36

表 2　1331-Y12 组件上位车常见功能故障与处理方法（续）

序号	功能	功能故障	故障模式	故障后果	故障应对策略与检修内容	检修周期／月
1	保证组件上位车的能力	车机械系统故障	起重时有异响	车损坏	润滑起重支架滑轨；检查维修起重杆顶部链轮轴承；检查链条	24～36
			起重升降控制位置不精确	起重位置不能保持	检查更换起重控制阀弹簧；检查更换起重控制阀	视情况而定
			叉杆上有负载或无负载时慢速运行	起重位置不能保持	检查更换止动阀；检查更换起重油缸填料；维修泵；检查调整液压系统	视情况而定
			底部锁定装置啮合时起重车不停止	起重位置不能保持	检查调整底部锁定装置；更换底部锁定闸瓦	视情况而定

附 录 A
（资料性附录）
检修数据记录表

设备名称：　　　　　　　　　　　　　设备位号：　　　　　　　　　检修日期：

序号	检测项目	质量标准	检测方法	质控等级	实测记录		确认人		
					修前	修后	检修人员	检修单位技术人员	使用单位技术人员
1	液压系统	无泄漏	目视法	停止点					
2	液压缸负载升降动作	升降灵活，上升、下降行程到位	目视法	停止点					
3	液压缸保持能力	沉降量≤0.05mm/min	沉降法	停止点					
4	车底部刹车试验	急速刹车≤0.2m	卷尺	停止点					
5	链条、链轮传动	连接良好、无磨损	目视法	质控点					
6	托装组件	摆臂摆动灵活、托臂微调灵活	目视法	质控点					

备注：自控点是检修人员进行质量检验的检修工序点；质控点是检修方质检员或技术员进行质量检验的工序点；停止点是检修、使用双方技术人员都必须到现场确认的检修工序点。

附　录　B
（资料性附录）
试车与验收数据记录表

年　　月　　日

使用单位		检修单位			
设备位号及名称		设备类别	静设备（　　）；动设备（　　）		
试车验收前的准备工作	静设备	动设备	状态确认		确认人
1. 各加油点已按规定加好润滑油		△			
2. 密封液已加好		△			
3. 电源线已接好		△			
4. 工艺准备已完毕	△	△			
5. 检修记录单位和零部件换修记录单已填好	△	△			
6. 设备本体及检修现场干净	△	△			
7. 加热、冷却系统运行正常	△	△			
8. 润滑、密封液系统工作正常		△			
9. 盘车轻松，无轻重不均匀感		△			
10. 电机点动或单试转向正确		△			
11. 防腐或保温完好	△	△			
12. 静密封点无泄漏	△	△			
试车验收数据			标准值	实测值	
13. 温升		△			
14. 电流		△			
15. 振动值		△			
16. 动密封泄漏量		△			
验收结论：					
验收人员签字： 检修单位：　　　　　　使用单位：　　　　　　主管部门：					

备注： 1. 在相应设备类别（　　）内填“√”，“△”指该设备应验收这些项目。

2. 对于状态确认项目，在确认栏内填“√”（符合要求）或“×”（不符合要求）。

3. 对于电流等非定性项目，在“标准值”栏和“实测值”栏内填数值。

33. 卷绕机维护检修规程

SHS 04539—2019

代替 SHS 04539—2004

目　次

前　言

本规程按照GB/T 1.1—2009《标准化工作导则　第1部分：标准的结构和编写》给出的规则起草。

本规程代替SHS 04539—2004《卷绕机维护检修规程》，与SHS 04539—2004相比，除了编辑性修改外主要技术变化如下：

——明确了本规程适用卷绕机的型号；

——常见功能故障与处理部分按RCM分析方法重新编制；

——增加“附录A　检修数据记录表”；

——增加“附录B　试车与验收数据记录表”。

本规程由中国石油化工集团有限公司、中国石油化工股份有限公司提出。

本规程起草单位：中国石化仪征化纤有限责任公司。

本规程主要起草人：俞建清。

本规程历次版本发布情况：

——SHS 04539—2004。

卷绕机维护检修规程

1 范围

1.1 主题内容

本规程规定了HV472型、Y-03型卷绕机的检修周期与内容、检修程序与质量标准、试车与验收、维护与故障处理。

1.2 适用范围

本规程适用于HV472型、Y-03型卷绕机的维护与检修。

2 规范性引用文件

下列文件中的条款通过本规程的引用而成为本规程的条款。凡是注日期的引用文件，其随后所有的修改单（不包括勘误的内容）或修订版均不适用于本规程，然而，鼓励根据本规程达成协议的各方研究是否可使用这些文件的最新版本。凡是不注日期的引用文件，其最新版本适用于本规程。

GB/Z 19414 工业用闭式齿轮传动装置

3 检修周期与内容

3.1 检修周期

根据卷绕机功能故障及其影响分析的结果，并结合生产装置运行周期，确定设备检修周期，一般为48～60个月。

3.2 检修项目

3.2.1 下列各部件分解、清洗、检查、更换损坏件，轴承、密封件全部更换，齿轮择差更换：

a）上油部件；

b）自由罗拉、V形辊、总导丝辊；

c）对装有这些部件机台的丝束切断装置、移丝装置、吸丝装置；

d）牵引辊；

e）喂入机。

3.2.2 检查修理总传动轴，更换损坏件；分解、清洗链条、链轮、挠性联轴器、轴、轴承，择差更换零部件，加润滑脂。

3.2.3 分解、检修传动减速器、电磁离合器，择差更换轴承、油封等损坏件。

3.2.4 清洗油剂管路、回油槽、更换损坏件；油剂泵择差分解、清洗、检修。

3.2.5 清洗传动箱、油箱、视油器等，油管疏通，各润滑点位置检查、调整，润滑泵的检查、检修或更换。

3.2.6 喂入机油润滑系统消漏、过滤器清洗，联轴器更换润滑脂。

3.2.7 调整所有上油装置，包括上油轮及缝隙上油。

3.2.8 切断装置及网络生头装置修理，缠辊检测装置的调整并紧固。

3.2.9 检查所有阀件，择差更换。

3.2.10 检查、调整丝道部件，择差更换。

3.2.11 喂入机、牵引辊变频柜、上油轮变频柜及现场控制柜吹扫、紧固、检查，更换风扇。

3.2.12 更换牵引辊电机轴承，对轴承跑圈电动机予以更换，电动机电源线、接地线检查；牵引辊电动机、喂入轮电动机、上油轮电动机风扇清扫。

3.2.13 调整喂入轮接近开关；油压开关控制柜柜内元器件、接线端子检修。

3.2.14 喂入轮电机抱闸调整；择差检修喂入轮电动机。

3.2.15 检查SR压力调节器及接线紧固情况，择差更换。

3.2.16 全机设备防腐处理。

4 检修程序与质量标准

4.1 检修前的准备

4.1.1 准备相关技术资料，根据日常维护、运转和测试记录，确定检修内容，制定检修计划。

4.1.2 落实好检修时所需的备品备件、材料、工器具等，并根据相关质量标准做好质量检查和确认。

4.1.3 选择有维修资质的检修单位并与之进行技术交底，熟悉图纸等相关资料，编制设备检修方案。

4.1.4 对参与检修的人员进行安全及环保教育，做好作业危害分析与评估、风险控制措施的交底与落实。

4.1.5 工艺处理符合要求。

4.1.5.1 油剂管线内油剂已排空、置换清洗。

4.1.6 做好设备停送电管理，现场检修隔离、警示、挂牌管理。

4.1.7 办理好相关作业的票证，填写好设备交出资料，设备交出手续完备。

4.1.8 完成检修前其他工作确认。

4.2 拆卸与检测

4.2.1 拆卸油轮传动防护罩。

4.2.2 拆卸上油轮传动链条、清洗清理，检查链轮、链条磨损情况。

4.2.3 上油轮拆卸、缠丝清理、清洗，检查上油轮表面有无损伤和油轮轴、轴承磨损情况。

4.2.4 从卷绕面板上分别拆卸各自由辊（鞍形罗拉、直形罗拉、V形辊、总导丝辊），分解自由辊，检查各自由辊表面、轴、轴承的磨损情况。

4.2.5 上油轮变速机拆卸，解体检修按 SHS 01028《变速机维护检修规程》执行。

4.2.6 拆卸电磁离合器、解体检修，检查轴承磨损状况、检测线圈电阻值及间隙尺寸。

4.2.7 长边轴分段拆卸，检查三球联轴节、销孔、链轮及相关部位轴磨损情况，检查支承轴承磨损情况。

4.2.8 拆卸油剂管、废丝管，检查管线是否老化、泄漏、堵塞。

4.2.9 用专用工具拆卸五七牵引辊，拆卸牵引辊时，要注意牵引辊电机轴头螺纹旋向，检查牵引辊表面、锥孔表面、电机轴表面质量状况。

4.2.10 确认移丝器气缸是否存在泄漏，根据实际情况安排拆卸与外修。

4.2.11 拆卸丝束切断器，检查切断刀刃是否锋利、气缸是否泄漏、电磁阀是否动作可靠及管路附件是否无泄漏。

4.2.12 解体喂入机，检查喂入轮表面、输入、输出、过桥轴及轴承、齿轮齿面及轴孔、齿轮啮合侧隙、联轴节及蛇形弹簧、润滑油泵及润滑管路附件。

a）放大喂入轮中心距，使喂入轮轮齿脱离接触；

b）用专用工具依次拆卸窄、宽喂入轮，清洗喂入轮，检查轮齿的完好情况和磨损状况；

c）拆卸喂入机联轴节罩及联轴节蛇形簧，清洗后检查联轴节及蛇形簧磨损情况；

d）与电气配合拆卸喂入机电机；

e）拆卸润滑油管及喂入机后盖板，检查是否存在漏油；

f）拆卸输入轴组件及传动齿轮，做好齿轮位置及啮合记号，检查齿轮啮合情况；

g）拆卸喂入轮输出轴油封端盖，并取出油封，检查输出轴油封处磨损情况；

h）拆卸过桥轴前端盖；

i）用铜棒敲击、取出喂入轮轴、输入轴和过桥轴，敲击时应加衬垫；

j）分解喂入轮轴、输入轴和过桥轴组件；

k）用卡簧钳取出卡簧，拉马拆卸轴承；

l）依次拆卸轴上的圆螺母、止退垫片和轴承；

m）拆卸输出轴密封皮碗；

n）测量各配合处配合间隙，并做好记录；

o）检查各润滑油路是否通畅、位置是否准确。

4.2.13 解体油剂泵，检查叶轮及轴承磨损情况，按 SHS 01074《屏蔽泵维护检修规程》

执行。

4.2.14　设备清理。

4.3　回装与质量标准

4.3.1　回装

4.3.1.1　安装油轮，调整油轮水平度及前后位置。

a）将上、下油轮轴分别装入上、下油轮内，通过键连接并用顶丝顶紧，油轮轴端用挡圈、螺钉进行轴向定位；

b）将上、下油轮分别装入相应上、下位置，并穿过墙板后分别安装轴承、链轮、轴承；

c）通过安装轴承与轴的相对位置调整来调节油轮伸出长度位置，调整后方可固定轴承位置；

d）通过轴承安装板长腰孔的安装调节，可调整油轮水平高度，调整合适后固定螺栓；

e）通过油轮轴承安装长腰孔来调整油轮的包角，调节合适后紧固安装螺栓。

4.3.1.2　安装长边轴、长边轴减速机。

a）按照边轴分布情况，按序将短轴放置在后机架上；

b）分别对应卷绕位安装链轮、轴承，利用键、顶丝进行紧固；

c）用三球联轴节将短轴连接起来；

d）将减速机放置在安装基础上，调整安装位置，确保链轮平行度，调整链条张力。

4.3.1.3　安装电磁离合器及传动链条，调节链条松紧，链条加润滑脂。

4.3.1.4　安装油剂管、废丝管。

4.3.1.5　安装各自由辊。

4.3.1.6　安装油轮传动防护罩。

4.3.1.7　牵引辊安装，并检查牵引辊跳动和水平度。

4.3.1.8　喂入机组装，并检查喂入轮的回差。

4.3.2　检修质量标准

HV472 型卷绕机检修质量标准见表 1。

表 1　HV472 型卷绕机检修质量标准

mm

序号	检验项目	质量标准	检验方法
1	牵引辊水平度	≤0.2/1000	水平仪
2	牵引辊表面径跳	≤0.05	百分表
3	喂入轮齿背面凸缘ϕ454 处径跳	≤0.05	百分表

表 1　HV472 型卷绕机检修质量标准（续）

序号	检验项目	质量标准	检验方法
4	喂入轮齿啮合深度至 5mm 时（中心距 475）侧隙	均匀对称	塞尺
5	喂入轮传动齿轮啮合时，喂入轮齿隙摆动回差	尽可能达到 0.2	百分表
6	联轴节同轴度	≤0.05	百分表
7	联轴节靠背轮间隙	1.6～4.3	直尺
8	上油轮总传动轴水平（对装有上油轮总传动轴）	≤0.5/1000	水平仪
9	丝束中心距面板距离（Y-11 型）	30±1	直尺

5　试车与验收

5.1　试车前准备

5.1.1　按本规程 4.3.2 检修质量标准进行检查验收。

5.1.2　各阀门灵活有效、各密封点无泄漏，各零部件、附件齐全完好。

5.1.3　确认各润滑点都按润滑要求加油、脂。

5.1.4　各连接件紧固良好。

5.1.5　做到工完、料尽、场地清，废弃物按有关规定进行分类处理。

5.1.6　确认相应检修记录齐全、规范。

5.1.7　确认公用工程、工艺条件、电气、仪表满足试车条件。

5.1.8　完成其他试车条件确认。

5.2　试车

5.2.1　空载试车

5.2.1.1　确认电机转向，确认正常后进行 72h 试运转；

5.2.1.2　全机按钮、吸丝器、丝束切断器、光电检测装置运行正常；

5.2.1.3　循环润滑系统、油剂系统工作正常；

5.2.1.4　网络生头器试动作正常、剪切顺利。

5.2.2　负载试车

5.2.2.1　负载试车按满负荷正常生产速度进行调试；

5.2.2.2　全机各部件运行平稳，振动、声音等无异常；

5.2.2.3　喂入机、牵引辊电机、变速传动装置等润滑正常、温升正常；
5.2.2.4　全机各动静密封点无泄漏；
5.2.2.5　工作电流：喂入机电动机电流正常、五七辊电动机电流正常。

5.3　验收

5.3.1　达到规定试车时间，各项技术指标达到设计要求值或满足生产需要。
5.3.2　设备达到完好标准。
5.3.3　完善检修记录，检修记录齐全、准确，按规定办理验收手续。

6　维护与故障处理

6.1　日常维护

6.1.1　吹扫油剂管路，清理油轮缠丝，清洗油轮及上下油槽。
6.1.2　检查上油轮表面有无损伤，针形阀工作是否正常，油槽水平状况（对装有上油轮部件的机台）。
6.1.3　各传动链条张力、链轮位置的检查、调整、润滑，择差检修。
6.1.4　检查罗拉、总导丝辊、V形转子转动是否灵活，表面有无损伤，罗拉择差解体检修。
6.1.5　吸丝器、切断剪刀、移丝器、网络生头器性能是否良好，定期检查、清理、调整网络生头切丝器，丝束切断器（刀片式）择差检修。
6.1.6　调整并紧固缠辊检测装置。
6.1.7　检查牵引辊、喂入轮是否工作正常，择差更换牵引辊或喂入轮。
6.1.8　检查喂入机润滑油泵运转情况，油箱油位是否正常，喂入机油润滑系统消漏，过滤器清洗。
6.1.9　喂入机联锁调试。
6.1.10　检查修理回油槽液位控制装置，油剂管路消漏，择差更换油剂泵。
6.1.11　压缩空气管路消漏，油雾器补油，过滤器清洗，气缸检查。
6.1.12　检查修理移动式吸丝装置、网络器生头装置，更换损坏件。
6.1.13　检查紧固所有连接件。
6.1.14　检查机械设备运转状况，振动、声音、温升等是否正常，各部件是否齐全、有无缺损。
6.1.15　各指示仪表电气按钮有无损坏、缺少或失灵。
6.1.16　保持机台及周围环境清洁。
6.1.17　按设备巡检维护要求做好巡检维护记录。
6.1.18　按设备润滑要求进行润滑，做好润滑记录。

6.2 常见功能故障与处理方法

HV472 型卷绕机常见功能故障与处理方法见表 2。

表 2 HV472 型卷绕机常见功能故障与处理方法

序号	功能	功能故障	故障模式	故障后果	故障应对策略与检修内容	检修周期／月
1	保证卷绕能力	卷绕缠辊	油澡断油 上油轮变频器故障 上油变速机故障 电离合器不动作 传动链条脱落	影响产量	清理油澡 更换变频器 更换上油变速机 更换或检修离合器 链长张力调整	随时检修
			牵引辊粘丝 油剂浓度 喂入轮毛丝多	影响产量	工艺调整参数 调整喂入轮张力、侧隙、中心距，清理检查轮齿或更换喂入轮	随时检修
			纺丝计量泵异常停位	影响产量	更换计量泵 检修计量泵传动装置 调整温度、减少泵轴端熔体泄漏泵跳停	视情检修
			卷绕油轮、各自由辊表面质量差	消耗高、影响质量	检查、修磨油轮和各自由辊表面	视情检修
		卷绕落丝异常	上油量不足或油液异常 张力调整异常 喂入轮中心距不良 喂入轮侧隙异常	消耗高、影响质量	工艺调整参数 调整喂入轮张力、侧隙、中心距，清理检查轮齿或更换喂入轮	视情检修
2	保证卷绕连续运转	卷绕机运行异常	油轮异常松动、晃动、碰擦	设备损伤、影响负荷	紧固调整	定期加油
			传动链条松动、脱落		调整张力	视情检修
			轴承磨损、缺油		更换检修、添加润滑脂	视情检修
			变速机缺油，声音异常		检修、加油	视情检修
			各自由辊运行噪声大、振动大		在线更换	视情检修
			吸丝口电磁阀损坏、漏气、废丝管堵塞		更换、检修	视情检修
			油剂泵运行异常		切换检修	视情检修
			油剂电磁阀故障		更换检修	视情检修

表 2　HV472 型卷绕机常见功能故障与处理方法（续）

序号	功能	功能故障	故障模式	故障后果	故障应对策略与检修内容	检修周期 / 月
2	保证卷绕连续运转	牵引喂入异常	牵引辊跳动大、轴承异常	设备损伤、影响负荷	更换检修	1 次 /24 月
			牵引辊表面镀层脱落		更换检修	1 次 /24 月
			喂入轮轮齿表面损伤		更换检修	视情检修
			喂入轮动平衡异常		更换检修	视情检修
			压力开关异常		更换检修	视情检修
			气路压力不足		更换气动三元件	停车检修
			润滑系统油压异常		更换检修	视情检修
			喂入轮接近形状失效		更换检修	停车检修

附　录　A
（资料性附录）
检修数据记录表

项目	主要控制内容							等级	检修单位	生产装置	设备管理部门	备注
	标准值	现场记录										
		5-1#	5-2#	5-3#	5-4#	5-5#	5-6#					
		5-7#	7-1#	7-2#	7-3#	7-4#	7-5#					
拆卸时检测												
牵引辊水平度	≤0.2/1000							B	★	★		
牵引辊表面径跳	≤0.05mm							B	★	★		
喂入轮齿背面凸缘 ϕ454 处径跳	≤0.05mm（宽、窄）							A	★	★		
喂入轮齿隙摆动回差	≤0.2mm							A	★	★		
联轴节同轴度	≤0.05mm							A	★	★		
回装时检测												
牵引辊水平度	≤0.2/1000							B	★	★		
牵引辊表面径跳	≤0.05mm							B	★	★		
喂入轮齿背面凸缘 ϕ454 处径跳	≤0.05mm（宽、窄）							A	★	★		
喂入轮齿啮合侧隙	均匀							A	★	★		
喂入轮齿隙摆动回差	≤0.2mm							A	★	★		
联轴节同轴度	≤0.05mm							A	★	★		
联轴节靠背轮间隙	1.6～4.3mm							B	★	★		
上油轮总传动轴水平	≤0.5/1000							B	★	★		
丝束中心距面板距离（Y-11 型）	(30±1) mm							B	★	★		

注： A 级：施工单位、生产装置、设备管理部门专业人员检查确认后签字。

B 级：施工单位和生产装置专业人员检查确认后签字。

C 级：施工单位专业人员检查确认后签字。

另：如果有监理，监理的职责由甲方授权。

附　录　B

（资料性附录）

试车与验收数据记录表

年　　月　　日

<table>
<tr><td>使用单位</td><td></td><td>检修单位</td><td colspan="4"></td></tr>
<tr><td>设备位号及名称</td><td></td><td>设备类别</td><td colspan="4">动设备（　　）；静设备（　　）</td></tr>
<tr><td colspan="2">试车验收前的准备工作</td><td>静设备</td><td>动设备</td><td>标准值</td><td>实测值</td><td>确认</td></tr>
<tr><td colspan="2">1. 各加油点已按规定加好润滑油</td><td></td><td>△</td><td></td><td></td><td></td></tr>
<tr><td colspan="2">2. 密封液已加好</td><td></td><td>△</td><td></td><td></td><td></td></tr>
<tr><td colspan="2">3. 电源线已接好</td><td></td><td>△</td><td></td><td></td><td></td></tr>
<tr><td colspan="2">4. 工艺准备已完毕</td><td>△</td><td>△</td><td></td><td></td><td></td></tr>
<tr><td colspan="2">试车验收内容</td><td></td><td></td><td></td><td></td><td></td></tr>
<tr><td colspan="2">1. 检修记录单位和零部件换修记录单已填好</td><td>△</td><td>△</td><td></td><td></td><td></td></tr>
<tr><td colspan="2">2. 设备本体及检修现场干净</td><td>△</td><td>△</td><td></td><td></td><td></td></tr>
<tr><td colspan="2">3. 加热、冷却系统运行正常</td><td>△</td><td>△</td><td></td><td></td><td></td></tr>
<tr><td colspan="2">4. 润滑、密封液系统工作正常</td><td></td><td>△</td><td></td><td></td><td></td></tr>
<tr><td colspan="2">5. 盘车轻松，无轻重不均匀感</td><td></td><td>△</td><td></td><td></td><td></td></tr>
<tr><td colspan="2">6. 防腐或保温完好</td><td>△</td><td>△</td><td></td><td></td><td></td></tr>
<tr><td colspan="2">7. 静密封点无泄漏</td><td>△</td><td>△</td><td></td><td></td><td></td></tr>
<tr><td colspan="2">8. 温升</td><td></td><td>△</td><td></td><td></td><td></td></tr>
<tr><td colspan="2">9. 电流</td><td></td><td>△</td><td></td><td></td><td></td></tr>
<tr><td colspan="2"></td><td colspan="5"></td></tr>
<tr><td colspan="2"></td><td colspan="5"></td></tr>
<tr><td colspan="2"></td><td colspan="5"></td></tr>
<tr><td colspan="7">验收结论：</td></tr>
<tr><td colspan="7">验收人员签字：

检修单位：　　　　　　　　使用单位：　　　　　　　　主管部门：</td></tr>
</table>

注： 1. 在相应设备类别（　　）内填“√”，“△”指该设备应验收这些项目。
2. 对于状态确认项目，在确认栏内填“√”（符合要求）或“×”（不符合要求）。
3. 对于电流等非定性项目，在“标准值”栏和“实测值”栏内填数值。

34.71-37Y14 往复机维护检修规程

SHS 04540—2019

代替 SHS 04540—2004

目　次

前　　言

本规程按照GB/T 1.1—2009《标准化工作导则　第1部分：标准的结构和编写》给出的规则起草。

本规程代替SHS 04540—2004《71-37Y14往复机维护检修规程》，与SHS 04540—2004相比，除了编辑性修改外主要技术变化如下：

——明确了本规程适用往复机的型号；

——常见功能故障与处理部分按RCM分析方法重新编制；

——增加“附录A　检修数据记录表”；

——增加“附录B　试车与验收数据记录表”。

本规程由中国石油化工集团有限公司、中国石油化工股份有限公司提出。

本规程起草单位：中国石化仪征化纤有限责任公司。

本规程主要起草人：俞建清。

本规程历次版本发布情况：

——SHS 04540—2004。

71-37Y14 往复机维护检修规程

1　范围

1.1　主题内容

本规程规定了 7137-Y14 往复机的检修周期与内容、检修程序与质量标准、试车与验收、维护与故障处理。

1.2　适用范围

本规程适用于 7137-Y14 往复机的维护与检修。

2　规范性引用文件

下列文件中的条款通过本规程的引用而成为本规程的条款。凡是注日期的引用文件，其随后所有的修改单（不包括勘误的内容）或修订版均不适用于本规程，然而，鼓励根据本规程达成协议的各方研究是否可使用这些文件的最新版本。凡是不注日期的引用文件，其最新版本适用于本规程。

SHS 01028　变速机维护检修规程

3　检修周期与内容

3.1　检修周期

根据 7137-Y14 往复机功能故障及其影响分析的结果，并结合生产装置运行周期，确定设备检修周期，一般为 48～60 个月。

3.2　检修项目

3.2.1　拆检纵动变速箱、横动变速箱及进、出桶变速箱（进、出口各 1 台），检查蜗轮蜗杆磨损情况，更换密封件，择差更换轴承，更换膜片联轴节。

3.2.2　检查各链轮、链条磨损情况及链条伸长量，择差更换。

3.2.3　检查所有驱动辊回转圆滑性，更换静平衡差的辊子及损坏的带座轴承；检查辊子的磨损情况，择差更换或修复。

3.2.4　拆检车轮座，择差更换车轮及轴承等部件。

3.2.5　更换磨损严重的地坑导轨。

3.2.6 分解、清洗、检查拨丝板部件，更换损坏件。
3.2.7 现场电气元件的检查、测试，控制柜的吹扫、紧固检查。
3.2.8 现场触摸屏的检测确认、通信信号的测试。
3.2.9 全机防腐处理。

4 检修程序与质量标准

4.1 检修前的准备

4.1.1 准备相关技术资料，根据日常维护、运转和测试记录，确定检修内容，制定检修计划。
4.1.2 落实好检修时所需的备品备件、材料、工器具等，并根据相关质量标准做好质量检查和确认。
4.1.3 选择有维修资质的检修单位并与之进行技术交底，熟悉图纸等相关资料，编制设备检修方案。
4.1.4 对参与检修的人员进行安全及环保教育，做好作业危害分析与评估、风险控制措施的交底与落实。
4.1.5 工艺处理符合要求。
4.1.6 做好设备停送电管理，现场检修隔离、警示、挂牌管理。
4.1.7 办理好相关作业的票证，填写好设备交出资料，设备交出手续完备。
4.1.8 完成检修前其他工作确认。

4.2 拆卸与检测

4.2.1 拆检纵动变速箱、横动变速箱、进出桶变速箱，检查蜗轮蜗杆、轴承、油封磨损情况，具体按 SHS 01028《变速机维护检修规程》执行。
4.2.2 拆除传动链轮、链条，检查磨损情况。
4.2.3 拆除、检查所有驱动辊回转圆滑性、轴承磨损及润滑情况。
4.2.4 拆除、分解车轮座部件，检查车轮轴、轴承磨损及润滑情况。
4.2.5 分解进出桶传输辊，检查磨损与润滑、轴承定位情况。

4.3 回装与质量标准

4.3.1 回装

4.3.1.1 减速机的回装

a）使用合适的清洁剂清洗输出轴套内接合面、倒角和端面，便于与主轴的安装配合。清洗过程中要防止清洗剂与输出轴油封接触造成油封老化。

b）检查输出轴轴套、主轴接合面、倒角是否存在损伤，否则需进行修复，并涂适当润滑剂，防止接合面腐蚀。

c）借助螺母和丝杆套装减速机，通过空心输出轴进行支承。必须是空心输出轴与设备轴成一直线，不得有歪斜现象。

（a）通过螺母4将螺杆5固定在机器轴1上；

（b）清理键槽、键安装键，将机器轴对准轴套、键槽轻轻导入轴套口，保证中心线一致及键与键槽对准；

（c）旋紧螺母6，将机器轴慢慢装入轴套内，直到安装到位，见图1；

（d）安装到位后，用螺钉将机器轴1与止推垫圈连接并紧固，防止机器轴松动。

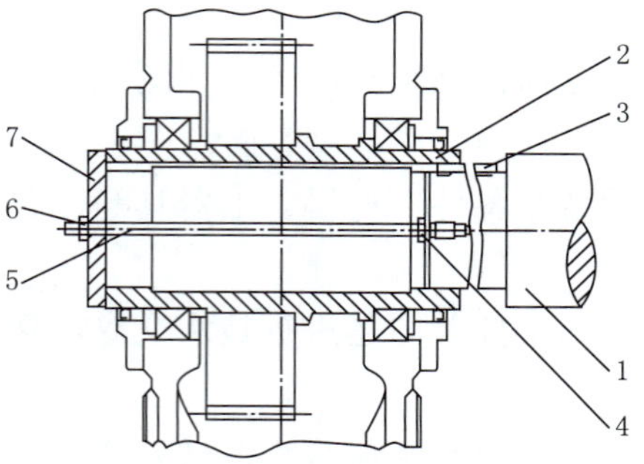

图1　减速机轴安装图例

1—机器轴；2—空心轴；3—调整弹簧；4，6—螺母；5—螺纹杆；7—止推垫圈

4.3.1.2　车轮的回装

a）车轮轴、车轮等零部件清洗干净备用；

b）往复车轮轴装配图见图2，分别将宽度为22mm键装入车轮轴两侧的键槽内，将车轮A（直轮）装入动力输入轴端，车轮B（凹轮）装入另一端；

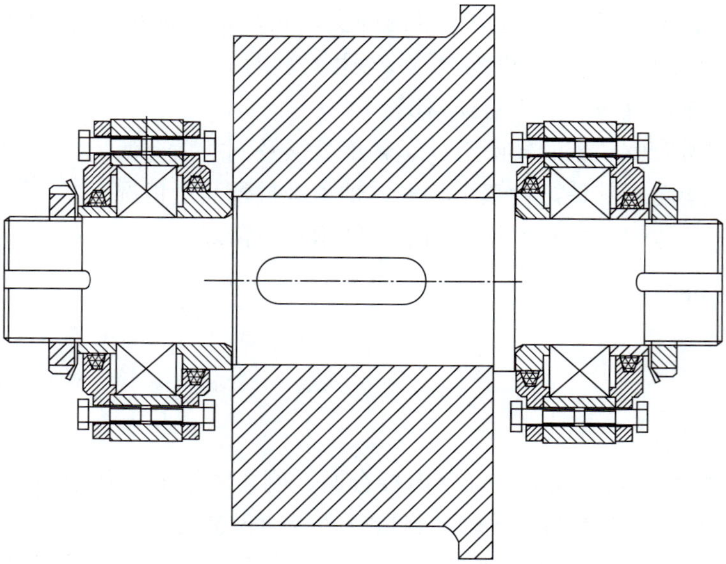

图2　往复车轮轴装配图

c）分别将轴套宽度为 20mm、58mm 的轴套安装到车轮 A、B 的两侧；

d）将油封装入轴承端盖；

e）安装轴承端盖、轴承与轴承座、轴承端盖于车轮轴两端；

f）轴承座安装在台车机架上，调整轴承位置，测试车轮轴转动灵活；

g）轴承、轴承座加注润滑脂，加油脂量为 1/3～2/3，将轴承端盖固定在轴承座上；

h）在轴承侧安装轴套（左右各一）；

i）将止退垫、锁紧螺母安装并紧固，止退垫卡入止退槽。

4.3.1.3 驱动辊的回装

a）驱动辊轴承、链轮安装处进行清洗，确认接合面、倒角无毛刺、损伤。

b）将轴承端盖、轴承与轴承座、轴承端盖安装在驱动辊上。

c）将组装好的驱动辊安装到台车的机架上，并确认辊子转动灵活。

d）驱动辊动入端安装链轮、链条。

4.3.2 检修质量标准

7137-Y14 往复机检修质量标准见表 1。

表 1 7137-Y14 往复机检修质量标准 mm

序号	检验项目	质量标准	检验方法
1	车轮直径磨损量	≤ 2	直尺
2	变速箱温升	≤ 35℃	红外测温仪
3	链条松紧度	≤ 40/1000	目测、手感
4	进桶、台车、出桶罗拉辊标高差	≤ 1	水准仪

5 试车与验收

5.1 试车前准备

5.1.1 按本规程 4.3.2 检修质量标准进行检查验收。

5.1.2 确认各润滑点都按润滑要求加油、脂。

5.1.3 各连接件紧固良好。

5.1.4 做到工完、料尽、场地清，废弃物按有关规定进行分类处理。

5.1.5 确认相应检修记录齐全、规范。

5.1.6 确认公用工程、工艺条件、电气、仪表满足试车条件。

5.1.7 完成其他试车条件确认。

5.2 试车

5.2.1 空载试车

5.2.1.1 确认电机转向；
5.2.1.2 启动电机检查减速器运行情况；
5.2.1.3 进行24h空载运行验收（低、中、高速各8h）。

5.2.2 负载试车

5.2.2.1 负载试车按满负荷正常生产速度进行调试；
5.2.2.2 检查各润滑点泄漏、温升情况和设备运转正常；
5.2.2.3 检查电动机电压、电流正常。

5.3 验收

5.3.1 达到规定试车时间，各项技术指标达到设计要求值或满足生产需要。
5.3.2 设备达到完好标准。
5.3.3 完善检修记录，检修记录齐全、准确，按规定办理验收手续。

6 维护与故障处理

6.1 日常维护

6.1.1 清除缠丝，保持机台及周围环境清洁。
6.1.2 检查更换磨损严重的进、出桶驱动辊，择差更换驱动辊、链条。
6.1.3 检查进、出桶辊道轴承运行是否灵活，各轴承座是否存在松动，进、出桶是否平稳，是否存在跑偏现象，辊子是否存在高度差或磨损不一的现象，进行相关排查或调整、检修。
6.1.4 检查台车驱动辊转动灵活性、磨损情况，检查轴承运行情况、润滑情况，并择差进行检修、更换、润滑。
6.1.5 检查辊子链条、节头松动、跳齿情况，并加以检修调整或择差更换。
6.1.6 出桶时检查拔丝动作是否灵敏，择差检修拔丝板气缸。
6.1.7 酌情检修、更换变速箱输入轴承，检修更换膜片联轴节。
6.1.8 检查各减速机是否存在漏油，对缺油设备加注润滑油。
6.1.9 对往复输送辊轴承定期进行润滑脂加注。
6.1.10 按设备润滑要求进行润滑，做好润滑记录。
6.1.11 检查设备上各种电气元器件的松动情况，进行紧固。
6.1.12 按设备巡检维护要求做好巡检维护记录。

6.2 常见功能故障与处理方法

7137-Y14 往复机常见功能故障与处理方法见表 2。

表 2 7137-Y14 往复机常见功能故障与处理方法

序号	功能	功能故障	故障模式	故障后果	故障应对策略与检修内容	检修周期 / 月
1	保证往复机运行能力	电气故障	通信接口故障	影响产能、非计划停车	检查通讯电缆与接口、更换	停车检修
			电气元件故障		更换故障电气元件	
			操作屏死机		重新启动、升级	
		机械故障	纵向传输轴承缺油磨损严重	影响产能、非计划停车	更换轴承	停车检修
			纵向传输轴磨损		更换辊轴	
			链条断裂		修复链条	
			膜片联轴节故障		更换膜片	
2	保证往复机连续运转	往复机异常	横动车轮故障	影响负荷、设备损伤	检查车轮轴承润滑，更换轴承 检查车轮轴磨损，更换轴 检查、紧固锁紧螺母 检查、更换传动键	停车检修
			台车跑偏、车轮卡	影响负荷、设备损伤	检查两地轨平行度、与中心线的垂直度 检查、紧固车轮安装螺栓	视情检修
			台车纵、横向越位	影响负荷、设备损伤	检查光电、接近开关等元件损坏、松动、位置变化情况，调整或更换	视情检修
			纵向传动电机振动大	影响负荷、设备损伤	减速机与输出辊轴存在松动 输出辊轴轴承异常	停车检修
			车轮打滑	影响负荷、设备损伤	检查地轨标高、调整 地轨磨损不匀，打磨	视情检修
			进出桶异常	影响消耗、设备损伤	检查辊子磨损情况，择差更换 检查轴承松动情况，定位紧固 调整辊子平行度与高度，防止桶进出时偏斜	视情检修

附 录 A
（资料性附录）
检修数据记录表

项目	主要控制内容		等级	检修单位	生产装置	设备管理部门	备注
	标准值	现场记录					
拆卸时检测							
主动车轮直径磨损量（1#、2#）	≤ 2mm		B	★	★		
从动车轮直径磨损量（3#、4#）	≤ 2mm		B	★	★		
台车链条松紧度（驱动前3辊）	≤ 40/1000		B	★	★		
台车链条松紧度（驱动后3辊）	≤ 40/1000		B	★	★		
进桶罗拉辊标高差（1#～4#）	≤ 1mm		A	★	★		
台车罗拉辊标高差（1#～4#）	≤ 1mm		A	★	★		
出桶罗拉辊标高差（1#～4#）	≤ 1mm		A	★	★		
回装时检测							
主动车轮直径磨损量（1#、2#）	≤ 2mm		B	★	★		
从动车轮直径磨损量（3#、4#）	≤ 2mm		B	★	★		
台车链条松紧度（驱动前3辊）	≤ 40/1000		B	★	★		
台车链条松紧度（驱动后3辊）	≤ 40/1000		B	★	★		
进桶罗拉辊标高差（1#～4#）	≤ 1mm		A	★	★		
台车罗拉辊标高差（1#～4#）	≤ 1mm		A	★	★		
出桶罗拉辊标高差（1#～4#）	≤ 1mm		A	★	★		

注： A级：施工单位、生产装置、设备管理部门专业人员检查确认后签字。

B级：施工单位和生产装置专业人员检查确认后签字。

C级：施工单位专业人员检查确认后签字。

另：如果有监理，监理的职责由甲方授权。

附 录 B
（资料性附录）
试车与验收数据记录表

年 月 日

<table>
<tr><td>使用单位</td><td></td><td>检修单位</td><td colspan="4"></td></tr>
<tr><td>设备位号及名称</td><td></td><td>设备类别</td><td colspan="4">动设备（ ）；静设备（ ）</td></tr>
<tr><td colspan="2">试车验收前的准备工作</td><td>静设备</td><td>动设备</td><td>标准值</td><td>实测值</td><td>确认</td></tr>
<tr><td colspan="2">1. 各加油点已按规定加好润滑油</td><td></td><td>△</td><td></td><td></td><td></td></tr>
<tr><td colspan="2">2. 密封液已加好</td><td></td><td>△</td><td></td><td></td><td></td></tr>
<tr><td colspan="2">3. 电源线已接好</td><td></td><td>△</td><td></td><td></td><td></td></tr>
<tr><td colspan="2">4. 工艺准备已完毕</td><td>△</td><td>△</td><td></td><td></td><td></td></tr>
<tr><td colspan="2">试车验收内容</td><td></td><td></td><td></td><td></td><td></td></tr>
<tr><td colspan="2">1. 检修记录单位和零部件换修记录单已填好</td><td>△</td><td>△</td><td></td><td></td><td></td></tr>
<tr><td colspan="2">2. 设备本体及检修现场干净</td><td>△</td><td>△</td><td></td><td></td><td></td></tr>
<tr><td colspan="2">3. 加热、冷却系统运行正常</td><td>△</td><td>△</td><td></td><td></td><td></td></tr>
<tr><td colspan="2">4. 润滑、密封液系统工作正常</td><td></td><td>△</td><td></td><td></td><td></td></tr>
<tr><td colspan="2">5. 盘车轻松，无轻重不均匀感</td><td></td><td>△</td><td></td><td></td><td></td></tr>
<tr><td colspan="2">6. 防腐或保温完好</td><td>△</td><td>△</td><td></td><td></td><td></td></tr>
<tr><td colspan="2">7. 静密封点无泄漏</td><td>△</td><td>△</td><td></td><td></td><td></td></tr>
<tr><td colspan="2">8. 温升</td><td></td><td>△</td><td></td><td></td><td></td></tr>
<tr><td colspan="2">9. 电流</td><td></td><td>△</td><td></td><td></td><td></td></tr>
<tr><td colspan="2"></td><td colspan="5"></td></tr>
<tr><td colspan="2"></td><td colspan="5"></td></tr>
<tr><td colspan="2"></td><td colspan="5"></td></tr>
<tr><td colspan="7">验收结论：</td></tr>
<tr><td colspan="7">验收人员签字：
检修单位：　　　　使用单位：　　　　主管部门：</td></tr>
</table>

注：1. 在相应设备类别（ ）内填“√”，“△”指该设备应验收这些项目。
2. 对于状态确认项目，在确认栏内填“√”（符合要求）或“×”（不符合要求）。
3. 对于电流等非定性项目，在“标准值”栏和“实测值”栏内填数值。

35. HV481 往复机维护检修规程

SHS 04541—2019

代替 SHS 04541—2004

目　次

前　　言

本规程按照GB/T 1.1—2009《标准化工作导则　第1部分：标准的结构和编写》给出的规则起草。

本规程代替SHS 04541—2004《HV481往复机维护检修规程》，与SHS 04541—2004相比，除了编辑性修改外主要技术变化如下：

——明确了本规程适用往复机的型号；

——常见功能故障与处理部分按RCM分析方法重新编制；

——增加“附录A　检修数据记录表”；

——增加“附录B　试车与验收数据记录表”。

本规程由中国石油化工集团有限公司、中国石油化工股份有限公司提出。

本规程起草单位：中国石化仪征化纤有限责任公司。

本规程主要起草人：俞建清。

本规程历次版本发布情况：

——SHS 04537—2004。

HV481 往复机维护检修规程

1 范围

1.1 主题内容

本规程规定了HV481型往复机的检修周期与内容、检修程序与质量标准、试车与验收、维护与故障处理。

1.2 适用范围

本规程适用于HV481型往复机的维护与检修。

2 规范性引用文件

下列文件中的条款通过本规程的引用而成为本规程的条款。凡是注日期的引用文件，其随后所有的修改单（不包括勘误的内容）或修订版均不适用于本规程，然而，鼓励根据本规程达成协议的各方研究是否可使用这些文件的最新版本。凡是不注日期的引用文件，其最新版本适用于本规程。

JB/T 6434　输油齿轮泵

3 检修周期与内容

3.1 检修周期

根据HV481型往复机功能故障及其影响分析的结果，并结合生产装置运行周期，确定设备检修周期，一般为48～60个月。

3.2 检修项目

3.2.1　分解帘板部件、主从动轴轴承座、车轮部件、拔丝板部件，清洗、检查、择差更换。

3.2.2　检查链条、链轮、导轨的磨损情况，择差更换。

3.2.3　打开纵向传动蜗轮蜗杆变速器轴承盖，清洗轴承，加润滑脂，用煤油冲洗减速机内部，如发现异物冲出，需解体检修。

3.2.4　纵向主传动轴，从动轴着色探伤检查，有裂纹更换。

3.2.5　清洗检查丝束熔断器升降装置，加润滑脂，调整张力，轴承、链轮等择差更换，校正熔断器架子水平度、垂直度，检查蜗轮蜗杆变速机。

3.2.6 液压缸内、外漏情况检查，解体缸体，择差更换易损件。

3.2.7 清洗、检修油马达。

3.2.8 疏通车轮及上导轨润滑油管。

3.2.9 油箱内部清洗、过滤器清洗，清洗、检修油泵、阀组，择差更换密封件。

3.2.10 择差更换管路附件和密封件。

3.2.11 视情况全机防腐油漆。

4 检修程序与质量标准

4.1 检修前的准备

4.1.1 准备相关技术资料，根据日常维护、运转和测试记录，确定检修内容，制定检修计划。

4.1.2 落实好检修时所需的备品备件、材料、工器具等，并根据相关质量标准做好质量检查和确认。

4.1.3 选择有维修资质的检修单位并与之进行技术交底，熟悉图纸等相关资料，编制设备检修方案。

4.1.4 对参与检修的人员进行安全及环保教育，做好作业危害分析与评估、风险控制措施的交底与落实。

4.1.5 工艺处理符合要求。

4.1.6 做好设备停送电管理，现场检修隔离、警示、挂牌管理。

4.1.7 办理好相关作业的票证，填写好设备交出资料，设备交出手续完备。

4.1.8 完成检修前其他工作确认。

4.2 拆卸与检测

4.2.1 台车主体设备拆卸

a）台车侧板拆卸：用工具将台车两侧板连接螺栓拆除，检查侧板上的轴承损坏情况；

b）链板拆卸：将台车上的每一块帘板连接螺栓拆除，把帘板取下检查链板、滑轮磨损情况，择差更换；

c）链条拆卸：找出链条接头，拆下链条接头，将链条抽出，检查链条磨损及伸长量；

d）横向进给机构拆卸：拆卸进、回油管，旋下油缸接头的两个顶丝，将接头拆下，取下活塞杆软防护罩，拆卸两横向油缸；

e）将油马达与蜗轮蜗杆变速机的轮胎联轴节拆下，检查轮胎联轴节；

f）拆除变速机与安装板的连接螺栓，打开纵向蜗轮蜗杆减速器轴承盖，利用拉马将减速器从主轴上拆卸下来，变速机检修按 SHS 01028《变速机维护检修规程》执行；

g）检查上导轨的磨损及变形情况，视情拆除上导轨安装螺栓，将导轨移除；

h）拆除主、从动轴上轴承与链轮：拆除从动轴轴承座水平调整机构，拆除主、从动轴承座安装螺栓，从轴上拆除轴承与链轮，检查轴承、链轮磨损情况。

4.2.2 车轮的拆卸、解体

a）车轮结构见图 1。拆除车轮安装螺钉，将车轮组件从台车机架上脱离；

b）拆除端盖螺钉端盖、M68×2 圆螺母、止退垫、垫圈；

c）拆除轴承座安装螺钉，利用顶丝分别拆卸轴套 1、2；

d）从轴套内拆除轴承、油封，检查磨损情况；

e）将车轮轴与车轮从组装板孔中抽出，拆除挡圈、圆螺母 M80×2；

f）用拉马将车轮与轴分离。

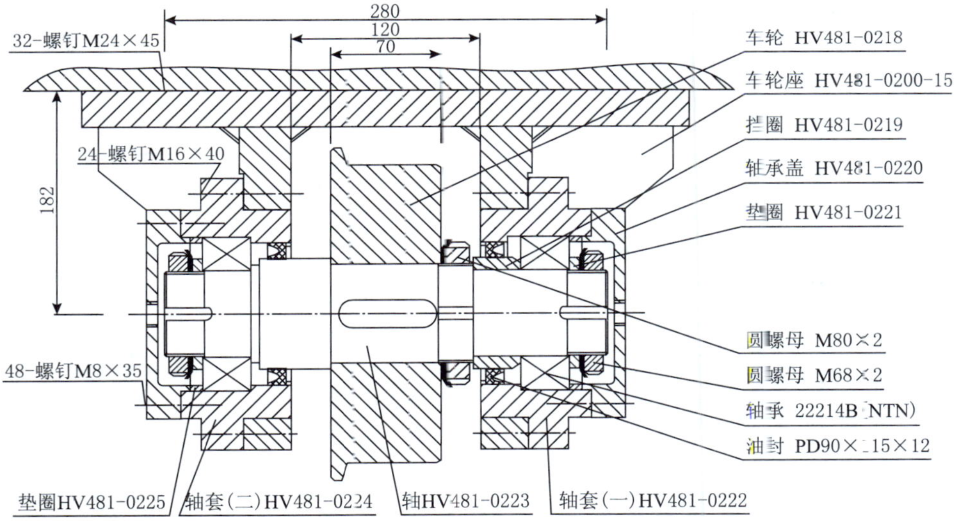

图 1　车轮结构图

4.2.3 油压缸的拆卸

a）拆除一对ϕ100×ϕ56×1880mm 液压缸的安装螺钉，拆卸进、回油管，旋下油缸接头的两个顶丝（图 2），将接头拆下，取下活塞杆软防护罩，拆卸两横向油缸（图 3）；

b）拆除油缸两处缸盖密封压盖螺钉，拆下压盖；卸下缸盖密封套，检查密封套的磨损情况（图 4）；

c）更换缸盖密封的 1 个 Yx 密封圈和 2 个 O 形圈；

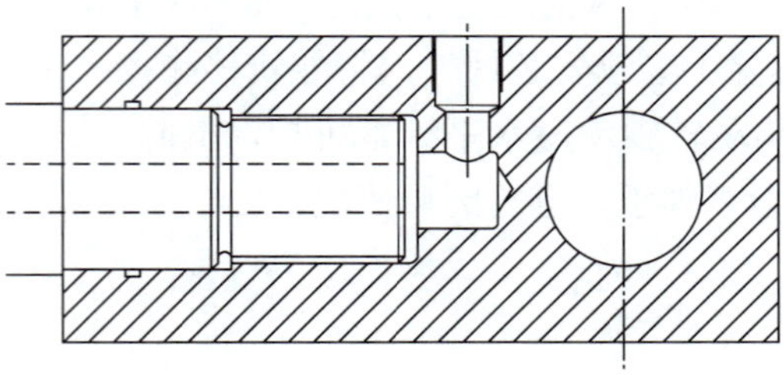

图 2　油缸杆端正密封

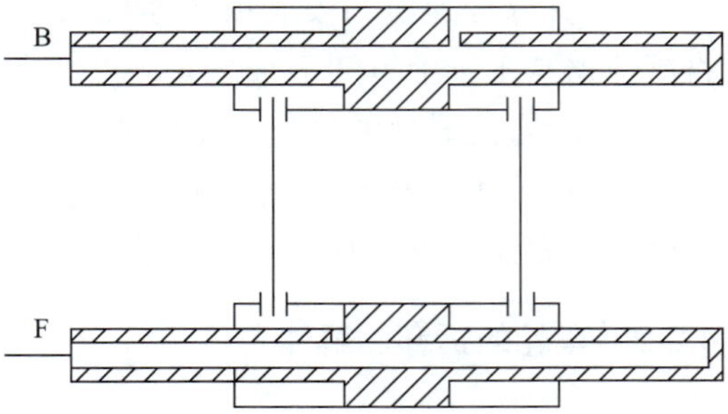

图 3　往复横向油缸

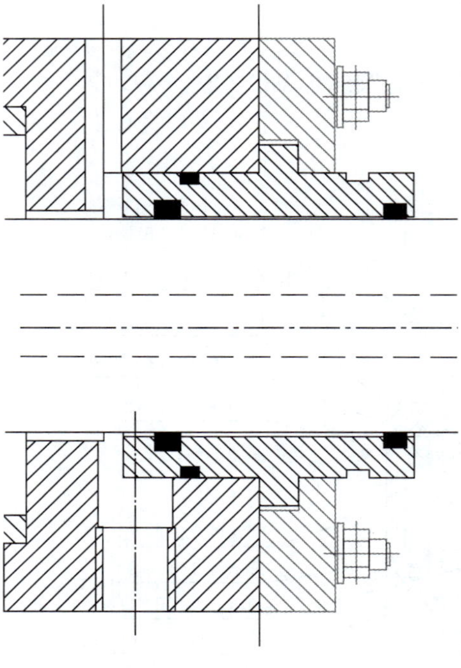

图 4　油缸缸盖密封

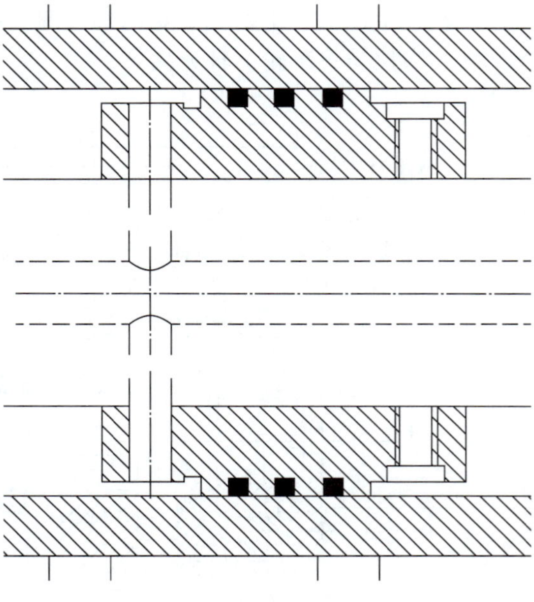

图 5　油缸活塞密封

d）将活塞杆从油缸中抽出，检查活塞杆表面、油缸内腔表面的磨损情况，视情检修，检查活塞密封件，择差更换（图 5）。

4.3　回装与质量标准

4.3.1　回装

4.3.1.1　车轮回装

a）确认车轮轴尺寸、表面质量，在轴上轻涂一层薄油；

b）车轮架垂直（轴线）在钳台，放入车轮（车轮缘向上），键装入键槽，对准位置后将车轴安装到车轮上，安装到位；

c）油封装置轴套 2 内，轴套装到车轮架上，用 M16×40 的螺钉安装，切勿紧死；

d）安装轴承 22214B、垫片 0221、垫片 0225、锁紧垫和锁紧螺母；

e）将车轮架翻转 180°，安装车轮紧固用锁紧垫和螺母（M80），安装挡圈 0215；

f）按 c）、d）步骤安装另一侧，其中 0225 垫片不装；

g）确认车轮转动灵活，边转动边紧固轴套安装螺钉；

h）安装两侧轴承端盖。

车轮部件的检修，主要是更换车轮、轴、轴承、挡圈、垫圈、油封、圆螺母、止退垫。注意车轮轮缘与车轮轴、垫圈的位置关系，分清楚轴的固定端和自由端。

4.3.1.2 油压缸的回装

a）确认油缸内表面、活塞密封、活塞杆表面已检修、更换；

b）活塞杆装入油缸内；

c）更换缸盖密封、安装密封套、压盖，并用螺钉紧固；

d）更换缸端密封，将活塞杆装入连接件方块中，油管连接。

安装时，要防止密封件的损伤，注意活塞杆方向。

4.2.1.3 台车主体设备的回装

a）按拆卸相反程序进行回装。

b）回装时注意事项：

（a）减速机键槽尺寸有 24mm、25mm 两种规格，主动轴键槽尺寸要与之匹配；

（b）安装主动轴时，轴承座固定螺栓、减速机底板螺栓要一边紧固、一边盘动减速机，要求固定到位后，减速机手动盘车自如；

（c）主、从动轴的轴承安装时，有固定端和自由端之分，固定端在东头、自由端在西头；

（d）主动轴、从动轴组装链轮时，要求四只链轮的轮齿完全对齐；

（e）四根链条的接头全部对齐，便于日常检修或更换大轴。

4.2.1.4 台车的调整

a）油泵输出压力的调整：压力调整螺钉设置在液控换向阀②上，用来调定柱塞泵的最高输出压力，其顺时针转动输出压力高，逆时针转动输出压力低。

b）油泵输出流量的调整：流量调整螺钉设置在油缸③内，其顺时针转动倾角小，流量减小；逆时针转动倾角大，流量增大。

（a）先完全关闭流量调节阀，使流量调节阀的刻度为 0；

（b）进行自动运转，用油压泵的流量调整螺钉把速度调整至实际运转所需最大速度略快一点即可，以便最大限度地减少能耗。

注意：压力、流量调定后，用锁紧螺母固定。

c）往复速度的调整：用流量调整手柄顺时针旋转时，流量调节阀开度大，分流多，速度就慢，逆时针旋转时速度就快。

d）铺丝状况的调整：调整往复丝筒的前、后限，防止丝落台车；调整纵、横向速度配比，丝束不出现“W”丝，确保铺丝均匀。

e）换向冲击调整：KL 电磁阀调整，逆时针旋转时，流量增大，切换冲击大；顺时针旋转时，流量减小，切换冲击小。

4.3.2 检修质量标准

HV481 往复机检修质量标准见表 1。

表 1 HV481 往复机检修质量标准

mm

序号	检验项目	质量标准	检验方法
1	横动车轮直径磨损	＜ 2	直尺
2	熔断器横梁水平度	＜ 3/1000	水平仪，塞尺
3	横动罗拉标高	FL+500±1	水准仪
4	上导轨磨损量	工字形＜ 1.5 T 形＜ 0.8	游标卡尺
5	导轨标高	PL-385±1	水准仪
6	纵向主，从动轴	无裂纹	着色探伤
7	液压缸活塞杆	光洁，无划伤	目视

5 试车与验收

5.1 试车前准备

5.1.1 按本规程 4.3.2 检修质量标准进行检查验收。

5.1.2 各阀门灵活有效、各密封点无泄漏，各零部件、附件齐全完好。

5.1.3 确认各润滑点都按润滑要求加油、脂。

5.1.4 各连接件紧固良好。

5.1.5 做到工完、料尽、场地清，废弃物按有关规定进行分类处理。

5.1.6 确认相应检修记录齐全、规范。

5.1.7 确认公用工程、工艺条件、电气、仪表满足试车条件。

5.1.8 完成其他试车条件确认。

5.2 试车

5.2.1 空载试车

5.2.1.1 确认电动机转向。

5.2.1.2 手动盘车，纵向传动部件回转均匀。
5.2.1.3 丝束熔断器、拔丝部件、纵向开关部件运转正常。
5.2.1.4 液压系统、自动工作系统工作正常。
5.2.1.5 进行 24h 空载运行验收（低、中、高速各 8h）。

5.2.2 负载试车

5.2.2.1 负载试车按满负荷正常生产速度进行调试。
5.2.2.2 检查全机各部件运行平稳，振动、声音等无异常。
5.2.2.3 检查全机各动、静密封点无泄漏。
5.2.2.4 检查电机电压、电流正常。

5.3 验收

5.3.1 达到规定试车时间，各项技术指标达到设计要求值或满足生产需要。
5.3.2 设备达到完好标准。
5.3.3 完善检修记录，检修记录齐全、准确，按规定办理验收手续。

6 维护与故障处理

6.1 日常维护

6.1.1 检查油路系统有无漏油，泵运行是否正常，油箱油位、油温是否正常；液压油站回油过滤器定期清洗。
6.1.2 检查拔丝动作是否灵敏。
6.1.3 检查丝束熔断器性能是否良好，丝束切断升降链条检查、清洗、加油、调整张力。
6.1.4 检查帘板有无断裂，挡块是否松动，并及时处理。
6.1.5 检查帘板、链条、链轮、滑轮磨损、缠丝、润滑情况，定期清理、润滑、调整链条张力，紧固紧固件，择差更换损坏件。
6.1.6 检查调整推桶部件，择差更换损坏件。
6.1.7 保持机台及周围环境清洁。
6.1.8 按设备巡检维护要求做好巡检维护记录。
6.1.9 按设备润滑要求进行润滑，做好润滑记录。

6.2 常见功能故障与处理方法

HV481 往复机常见功能故障与处理方法见表 2。

表 2　HV481 往复机常见功能故障与处理方法

序号	功能	功能故障	故障模式	故障后果	故障应对策略与检修内容	检修周期/月
1	保证往复机运行能力	机械故障	换向冲击大	影响产能、非计划停车	调整辅油路节流阀开度 调整电磁阀缓冲 传动键松动检修	停车检修
			液压系统振动大		检查油泵与电机安装不同心 检查吸油口堵塞或油管破裂 调整油泵输出压力与流量 检修油路存在泄漏 流量阀的调整与检修 排除液压系统内空气并调试	
			链条断裂		调整对链条的润滑油量 检查、检修异常的链条接头 检查、检修链条异常损坏 调整链条伸长、松动	
			变速机滚键		调整台车纵向速度 调整流量阀与电磁阀的缓冲 检修更换变速机或传动键	
2	保证往复机连续运转	往复机异常	上桶异常	影响负荷、设备损伤	推臂动作异常，推桶方向偏斜 调整台车纵、横向上桶位置 更换异常变形的定位链板 更换变形或断裂的链板 调整推臂气源压力	视情检修
			横动车轮故障	影响负荷、设备损伤	检查车轮轴承润滑，更换轴承 检查车轮轴磨损，更换轴 检查、紧固锁紧螺母 检查、更换传动键	停车检修
			台车跑偏、车轮卡	影响负荷、设备损伤	检查两地轨平行度、与中心线的垂直度 检查、紧固车轮安装螺栓	视情检修
			台车纵、横向越位	影响负荷、设备损伤	电磁阀缓冲过大，调整 无触点开关或电气失灵 调整限位开关位置	视情检修
			车轮打滑	影响负荷、设备损伤	检查地轨标高、调整 地轨磨损不匀，打磨	视情检修

表 2　HV481 往复机常见功能故障与处理方法（续）

序号	功能	功能故障	故障模式	故障后果	故障应对策略与检修内容	检修周期/月
2	保证往复机连续运转	往复机异常	拔丝板不动作	影响负荷、设备损伤	检修或更换电磁阀 更换老化或破裂气管 更换卡死气缸	视情检修
			熔断器升降失灵	影响负荷、设备损伤	调整上升速度、上下限位距离 调整电加热设定时间	视情检修
			油站异常	影响负荷、设备损伤	检修存在泄漏的液压管线 检修、清洗电磁阀、流量阀，更换密封件 更换联轴节缓冲垫 检修油泵或更换	视情检修

附 录 A

（资料性附录）

检修数据记录表

项目	主要控制内容					等级	检修单位	生产装置	设备管理部门	备注
	标准值									
拆卸时检测										
横动车轮直径磨损	＜2mm	1#	2#	3#	4#	B	★	★		
熔断器水平度	＜3/1000					B	★	★		
上导轨磨损量	T形＜0.8mm	1#	2#	3#	4#	B	★	★		
地轨磨损量	工形＜1.5mm	南		北		B	★	★		
纵向主，从动轴	无裂纹	主动轴		从动轴		A	★	★		
液压缸活塞杆	光洁，无划伤	B		F		B	★	★		
回装时检测										
横动车轮直径磨损	＜2mm	1#	2#	3#	4#	B	★	★		
熔断器水平度	＜3/1000					B	★	★		
上导轨磨损量	T形＜0.8mm	1#	2#	3#	4#	B	★	★		
地轨磨损量	工形＜1.5mm	南		北		B	★	★		
横动罗拉标高	FL+500±1					B	★	★		
导轨标高	PL-385±1					A	★	★		

注： A级：施工单位、生产装置、设备管理部门专业人员检查确认后签字。

B级：施工单位和生产装置专业人员检查确认后签字。

C级：施工单位专业人员检查确认后签字。

另：如果有监理，监理的职责由甲方授权。

附 录 B
（资料性附录）
试车与验收数据记录表

年　　月　　日

<table>
<tr><td>使用单位</td><td></td><td>检修单位</td><td colspan="4"></td></tr>
<tr><td>设备位号及名称</td><td></td><td>设备类别</td><td colspan="4">动设备（　　）；静设备（　　）</td></tr>
<tr><td colspan="2">试车验收前的准备工作</td><td>静设备</td><td>动设备</td><td>标准值</td><td>实测值</td><td>确认</td></tr>
<tr><td colspan="2">1. 各加油点已按规定加好润滑油</td><td></td><td>△</td><td></td><td></td><td></td></tr>
<tr><td colspan="2">2. 密封液已加好</td><td></td><td>△</td><td></td><td></td><td></td></tr>
<tr><td colspan="2">3. 电源线已接好</td><td></td><td>△</td><td></td><td></td><td></td></tr>
<tr><td colspan="2">4. 工艺准备已完毕</td><td>△</td><td>△</td><td></td><td></td><td></td></tr>
<tr><td colspan="2">试车验收内容</td><td></td><td></td><td></td><td></td><td></td></tr>
<tr><td colspan="2">1. 检修记录单位和零部件换修记录单已填好</td><td>△</td><td>△</td><td></td><td></td><td></td></tr>
<tr><td colspan="2">2. 设备本体及检修现场干净</td><td>△</td><td>△</td><td></td><td></td><td></td></tr>
<tr><td colspan="2">3. 加热、冷却系统运行正常</td><td>△</td><td>△</td><td></td><td></td><td></td></tr>
<tr><td colspan="2">4. 润滑、密封液系统工作正常</td><td></td><td>△</td><td></td><td></td><td></td></tr>
<tr><td colspan="2">5. 盘车轻松，无轻重不均匀感</td><td></td><td>△</td><td></td><td></td><td></td></tr>
<tr><td colspan="2">6. 防腐或保温完好</td><td>△</td><td>△</td><td></td><td></td><td></td></tr>
<tr><td colspan="2">7. 静密封点无泄漏</td><td>△</td><td>△</td><td></td><td></td><td></td></tr>
<tr><td colspan="2">8. 温升</td><td></td><td>△</td><td></td><td></td><td></td></tr>
<tr><td colspan="2">9. 电流</td><td></td><td>△</td><td></td><td></td><td></td></tr>
<tr><td colspan="2"></td><td colspan="5"></td></tr>
<tr><td colspan="2"></td><td colspan="5"></td></tr>
<tr><td colspan="2"></td><td colspan="5"></td></tr>
<tr><td colspan="7">验收结论：</td></tr>
<tr><td colspan="7">验收人员签字：
检修单位：　　　　　　　　使用单位：　　　　　　　　主管部门：</td></tr>
</table>

注：1. 在相应设备类别（　　）内填“√”，“△”指该设备应验收这些项目。
2. 对于状态确认项目，在确认栏内填“√”（符合要求）或“×”（不符合要求）。
3. 对于电流等非定性项目，在“标准值”栏和“实测值”栏内填数值。

36. 72/74-58Y03 导丝机维护检修规程

SHS 04543—2019

代替 SHS 04543—2004

目　次

前　　言

本规程按照 GB/T 1.1—2009《标准化工作导则　第1部分：标准的结构和编写》给出的规则起草。

本规程代替 SHS 04543—2004《72/74-58Y03 导丝机维护检修规程》，与 SHS 04543—2004 相比，除了编辑性修改外主要技术变化如下：

——明确了本规程适用导丝机的型号；

——常见功能故障与处理部分按 RCM 分析方法重新编制；

——增加“附录 A　检修数据记录表”；

——增加“附录 B　试车与验收数据记录表”。

本规程由中国石油化工集团有限公司、中国石油化工股份有限公司提出。

本规程起草单位：中国石化仪征化纤有限责任公司。

本规程主要起草人：徐永林。

本规程历次版本发布情况：

——SHS 04543—2004。

72/74-58Y03 导丝机维护检修规程

1 范围

1.1 主题内容

本规程规定了72/74-58Y03导丝机的维护检修周期与内容、检修程序与质量标准、试车与验收、维护与故障处理。

1.2 适用范围

本规程适用于72/74-58Y03导丝机及同类设备的维护与检修。

2 规范性引用文件

下列文件中的条款通过本规程的引用而成为本规程的条款。凡是注日期的引用文件，其随后所有的修改单（不包括勘误的内容）或修订版均不适用于本规程，然而，鼓励根据本规程达成协议的各方研究是否可使用这些文件的最新版本。凡是不注日期的引用文件，其最新版本适用于本规程。

GB/Z 18620.1 圆柱齿轮 检验实施规范 第1部分：轮齿同侧齿面的检验

GB/Z 18620.2 圆柱齿轮 检验实施规范 第2部分：径向综合偏差、径向跳动、齿厚和侧隙的检验

3 检修周期与内容

3.1 检修周期

根据72/74-58Y03导丝机功能故障及其影响分析的结果，并结合生产装置运行周期，确定设备检修周期，一般为48～60个月。

3.2 检修项目

3.2.1 导丝机主箱体，拆解辊筒，更换连接螺栓、弹性垫圈，检查轴承及齿轮磨损情况，更换输入轴油封。

3.2.2 传动系统拆分，检查、检修球笼联轴器。

3.2.3 循环油润滑系统检修，更换油泵油封；检查弹性联轴器，择差更换，更换弹性块；清洗润滑油滤芯，择差更换。

4 检修程序与质量标准

4.1 检修前的准备

4.1.1 准备相关技术资料，根据日常维护、运转和测试记录，确定检修内容，制定检修计划。

4.1.2 落实好检修时所需的备品备件、材料、工器具等，并根据相关质量标准做好质量检查和确认。

4.1.3 选择有维修资质的检修单位并与之进行技术交底，熟悉图纸等相关资料，编制设备检修方案。

4.1.4 对参与检修的人员进行安全及环保教育，做好作业危害分析与评估、风险控制措施的交底与落实。

4.1.5 工艺处理符合要求。

4.1.6 做好设备停送电管理，现场检修隔离、警示、挂牌管理。

4.1.7 办理好相关作业的票证，填写好设备交出资料，设备交出手续完备。

4.1.8 完成检修前其他工作确认。

4.2 拆卸与检测

4.2.1 设备内润滑油抽取、排放、收集，送至指定地点存放；

4.2.2 传动系统球笼联轴器的分解检修，具体按 SHS 01073《一般机泵用联轴器检修及质量标准》执行，球笼结构见图 1。

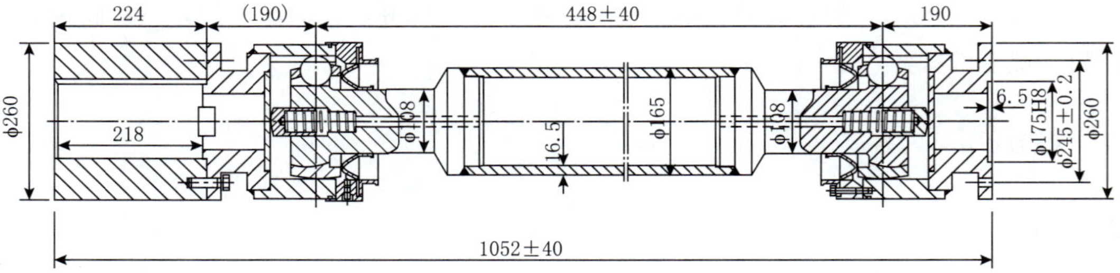

图 1 球笼结构图

4.2.3 清洗油过滤器滤芯、择差更换滤芯及密封件；更换油泵密封件，视轴颈磨损情况解体油泵，修复轴颈，手动盘泵轴无卡阻，具体参照 SHS 01017《齿轮泵维护检修规程》执行。

4.2.4 主箱体

4.2.4.1 检查各导丝辊径跳、变形及表面光洁度，研磨毛刺，择差检修。

4.2.4.2 拆除前后轴承端盖螺钉及后轴承端盖，检查 O 形圈、轴承磨损情况，择差更换。

4.2.4.3 松开齿轮锁紧套螺栓，脱开齿轮及锁紧套，用钢丝绳吊住齿轮及锁紧套。用液压泵从轴后端液压加油孔注入高压油对后轴承进行拆卸，慢慢向外拉出辊轴，送至专业检修场所进行分解、检修。

4.2.4.4 利用液压缸分别连接轴油压孔，将前轴承从辊轴分离，拆除甩油盘、前轴承端盖。

4.2.4.5 检查轴承、齿轮、甩油盘，择差更换。

4.2.4.6 用临时索具吊住输入轴，拆除螺钉、前端盖、轴用挡圈 拆除螺钉、后端盖，将输入轴从后轴承安装孔吊出，拆卸前后轴承，检查轴承、齿轮及配合面磨损情况，择差更换。检查油封轴套，更换输入轴油封。输入轴部件见图 2。

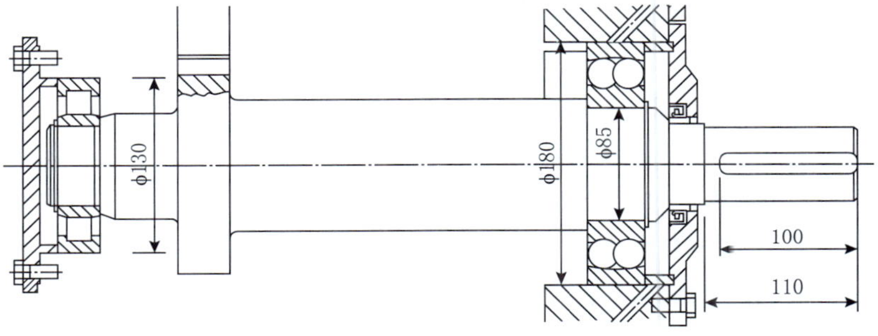

图 2　输入轴部件

4.2.4.7 用临时索具吊住中间轴及齿轮，拆除螺钉、前端盖、轴用挡圈，拆除螺钉、后端盖，将中间轴及齿轮往后移动，拆卸齿轮，中间轴从后轴承安装孔吊出，齿轮从天窗吊出。拆卸前后轴承，检查轴承、齿轮及配合面，择差修复或更换。检查密封 O 形圈，择差更换。中间轴部件见图 3。

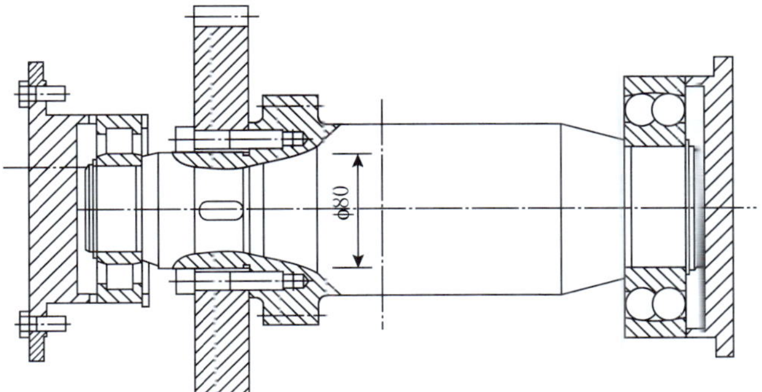

图 3　中间轴部件

4.2.4.8　清洗箱体内部，疏通吹扫润滑油孔。

4.3　回装与质量标准

4.3.1　回装

4.3.1.1　确认箱体内部清洁。回装过程要注意部件的保护，现场环境要保持清洁。

4.3.1.2　中间轴的回装：齿轮预先吊入箱体内；将中间轴从后轴承安装孔装入，套入齿轮，用索具临时固定，对称紧固齿轮安装螺钉；安装孔用挡圈、前轴承、轴用挡圈；安装后轴承、轴用挡圈；检查齿轮端面跳动；安装前后压盖。

4.3.1.3　输入轴的回装：预先安装油封衬套，冷却；将输入轴从后轴承安装孔装入，用索具临时固定；安装前轴承、轴用挡圈；安装后轴承、轴用挡圈；安装前后压盖。

4.3.1.4　导丝辊轴的回装

a）将前轴承端盖、甩油盘、前轴承按顺序装入辊轴，采用热油加热方式升温，按要求控制各部件的加热温度及升温速度。

b）齿轮、锁紧套提前吊装入箱体预定位置，利用叉车将组装后的导丝辊轴装入箱体，将齿轮和锁紧套暂时套在大轴上，热装后轴承及轴用挡圈，待后轴承冷却后将其装入轴承孔，安装前后轴承端盖。注意前轴承端盖回油孔要在下方。

c）将锁紧套准确定位在大轴上，按标准力矩对称紧固齿轮安装螺钉，检查齿轮端跳及导丝辊径跳。

4.3.1.5　确认箱体内无异物，正反双向盘车无卡阻后封闭顶盖和侧窗，再次正反双向盘车检查。

4.3.2　检修质量标准

72/74-58Y03 导丝机检修质量标准见表 1。

表 1　72/74-58Y03 导丝机检修质量标准　　mm

序号	检验项目	质量标准	检验方法
1	导丝辊径向跳动	≤ 0.30	百分表
2	导丝辊后轴承间隙	0.15～0.20	塞尺
3	齿面啮合	齿高≥ 50%，齿宽≥ 70%	涂丹红
4	中间齿轮端跳	≤ 0.10	百分表
5	导丝辊齿轮端跳	≤ 0.10	百分表
6	导丝辊表面	光洁，无磨损	手压泵、压力表
7	油升温	≤ 35℃	温度计
8	油压	≥ 0.2MPa	压力表

5 试车与验收

5.1 试车前准备

5.1.1 按本规程 4.3.2 检修质量标准进行检查验收。
5.1.2 各阀门灵活有效、各密封点无泄漏，各零部件、附件齐全完好。
5.1.3 确认各润滑点都按润滑要求加油、脂。
5.1.4 各连接件紧固良好。
5.1.5 做到工完、料尽、场地清，废弃物按有关规定进行分类处理。
5.1.6 确认相应检修记录齐全、规范。
5.1.7 确认公用工程、工艺条件、电气、仪表满足试车条件。
5.1.8 完成其他试车条件确认。

5.2 试车

5.2.1 空载试车

5.2.1.1 确认电机转向，连续运转 2h 无异常后停车，连接球笼联轴器；
5.2.1.2 试车前要求手动盘车，检查箱体及传动部件有无异物、卡阻；
5.2.1.3 瞬时点动油泵三次无异常后方可连续运转，检查各润滑点油量；
5.2.1.4 主机进行 24h 空载运行验收（低、中、高速各 8h）；
5.2.1.5 齿轮箱温升正常，工作电流正常；
5.2.1.6 全机各动静密封点无泄漏。

5.2.2 负载试车

5.2.2.1 负载试车按满负荷正常生产速度进行调试；
5.2.2.2 检查各润滑点泄漏、温升情况和设备运转正常；
5.2.2.3 全机各部件运行平稳，振动、声音等无异常；
5.2.2.4 检查电机电压、电流正常。

5.3 验收

5.3.1 达到规定试车时间，各项技术指标达到设计要求值或满足生产需要。
5.3.2 设备达到完好标准。
5.3.3 完善检修记录，检修记录齐全、准确，按规定办理验收手续。

6 维护与故障处理

6.1 日常维护

6.1.1 主机润滑油位检查。

6.1.2 球笼联轴器润滑检查、补脂。

6.1.3 检查主箱体是否有异响、异振。

6.1.4 导丝辊运行是否平稳，辊面是否光滑。

6.1.5 循环油润滑系统油过滤器滤芯清洗，消漏。

6.2 常见功能故障与处理方法

72/74-58Y03 导丝机常见功能故障与处理方法见表 2。

表 2 72/74-58Y03 导丝机常见功能故障与处理方法

序号	功能	功能故障	故障模式	故障后果	故障应对策略与检修内容	检修周期／月
1	连续稳定运行	影响机组连续运行	润滑油劣化	润滑效果差	巡检及时发现，分析原因，更换	48
2			润滑油报警	产量损失消耗异常	巡检油位，清洗油滤网	3
3		传动系统不正常	主电动机故障		加强巡检，定期吹扫、紧固润滑	24
4			球笼联轴器故障		加强巡检，定期润滑	36
5			轴承磨损、损坏		巡检油位、油温，保证润滑，及时发现，更换	48
6			传动齿轮磨损、断齿	非计划停工	巡检油位、油温，保证润滑，及时发现，更换	48
7		密封泄漏	润滑油泄漏	污染环境	巡检及时发现，检修	24

附 录 A
（资料性附录）
检修数据记录表

项目	主要控制内容								等级	检修单位	生产装置	设备管理部门	备注
	标准值	现场记录											
		1#	2#	3#	4#	5#	6#	7#					
拆卸时检测													
导丝辊径跳	≤ 0.2mm								B	★	★		
后轴承间隙	≤ 0.2mm								B	★	★		
导丝辊、浸渍辊表面	光洁，无磨损								B	★	★		
回装时检测													
导丝辊径跳	≤ 0.2mm								B	★	★		
后轴承间隙	≤ 0.2mm								B	★	★		
导丝辊、浸渍辊表面	光洁，无磨损								B	★	★		
导丝辊、浸渍辊油封处	表面完好，无泄漏								C	★			
过滤网及油路	清洁、通畅								C	★			
润滑系统	润滑点准确、流量合适、无泄漏								B	★	★		
工作油压	≥ 0.1MPa								C	★			
齿面啮合	齿高≥ 50%，齿宽≥ 70%								B	★	★		
箱体内部	清洁、无异物，零部件到位正确								B	★	★		

注：A 级：施工单位、生产装置、设备管理部门专业人员检查确认后签字。

B 级：施工单位和生产装置专业人员检查确认后签字。

C 级：施工单位专业人员检查确认后签字。

另：如果有监理，监理的职责由甲方授权。

附　录　B
（资料性附录）
试车与验收数据记录表

年　　月　　日

<table>
<tr><td>使用单位</td><td></td><td>检修单位</td><td colspan="4"></td></tr>
<tr><td>设备位号及名称</td><td></td><td>设备类别</td><td colspan="4">动设备（　　）静设备（　　）</td></tr>
<tr><td colspan="2">试车验收前的准备工作</td><td>静设备</td><td>动设备</td><td>标准值</td><td>实测值</td><td>确认</td></tr>
<tr><td colspan="2">1. 各加油点已按规定加好润滑油</td><td></td><td>△</td><td></td><td></td><td></td></tr>
<tr><td colspan="2">2. 密封液已加好</td><td></td><td>△</td><td></td><td></td><td></td></tr>
<tr><td colspan="2">3. 电源线已接好</td><td></td><td>△</td><td></td><td></td><td></td></tr>
<tr><td colspan="2">4. 工艺准备已完毕</td><td>△</td><td>△</td><td></td><td></td><td></td></tr>
<tr><td colspan="2">试车验收内容</td><td></td><td></td><td></td><td></td><td></td></tr>
<tr><td colspan="2">1. 检修记录单位和零部件换修记录单已填好</td><td>△</td><td>△</td><td></td><td></td><td></td></tr>
<tr><td colspan="2">2. 设备本体及检修现场干净</td><td>△</td><td>△</td><td></td><td></td><td></td></tr>
<tr><td colspan="2">3. 加热、冷却系统运行正常</td><td>△</td><td>△</td><td></td><td></td><td></td></tr>
<tr><td colspan="2">4. 润滑、密封液系统工作正常</td><td></td><td>△</td><td></td><td></td><td></td></tr>
<tr><td colspan="2">5. 盘车轻松，无轻重不均匀感</td><td></td><td>△</td><td></td><td></td><td></td></tr>
<tr><td colspan="2">6. 防腐或保温完好</td><td>△</td><td>△</td><td></td><td></td><td></td></tr>
<tr><td colspan="2">7. 静密封点无泄漏</td><td>△</td><td>△</td><td></td><td></td><td></td></tr>
<tr><td colspan="2">8. 温升</td><td></td><td>△</td><td></td><td></td><td></td></tr>
<tr><td colspan="2">9. 电流</td><td></td><td>△</td><td></td><td></td><td></td></tr>
<tr><td colspan="2"></td><td colspan="5"></td></tr>
<tr><td colspan="2"></td><td colspan="5"></td></tr>
<tr><td colspan="2"></td><td colspan="5"></td></tr>
<tr><td colspan="7">验收结论：</td></tr>
<tr><td colspan="7">验收人员签字：

检修单位：　　　　　　　　使用单位：　　　　　　　　主管部门：</td></tr>
</table>

注： 1. 在相应设备类别（　　）内填“√”，“△”指该设备应验收这些项目。

2. 对于状态确认项目，在确认栏内填“√”（符合要求）或“×”（不符合要求）。

3. 对于电流等非定性项目，在“标准值”栏和“实测值”栏内填数值。

37. HV562 第一牵伸机设备维护检修规程

SHS 04546—2019

代替 SHS 04546—2004

目　次

前　言

本规程按照GB/T 1.1—2009《标准化工作导则　第1部分：标准的结构和编写》给出的规则修订。

本规程代替SHS 04546—2004《HV562第一牵伸机设备维护检修规程》，与SHS 04546—2004相比，除了编辑性修改外主要技术变化如下：

——明确了本规程适用第一牵伸机的型号；

——常见功能故障与处理部分按RCM分析方法重新编制；

——增加“附录A　检修数据记录表”；

——增加“附录B　试车与验收数据记录表”。

本规程由中国石油化工集团有限公司、中国石油化工股份有限公司提出。

本规程起草单位：中国石化仪征化纤有限责任公司。

本规程主要起草人：贾传兵。

本规程历次版本发布情况：

——SHS 04546—2004。

HV562 第一牵伸机设备维护检修规程

1 范围

1.1 主题内容

本规程规定了 HV562 型第一牵伸机、HV572 型第二牵伸机的维护检修周期与内容、检修程序与质量标准、试车与验收、维护与故障处理。

1.2 适用范围

本规程适用于HV562型第一牵伸机、HV572型第二牵伸机及同类设备的维护与检修。

2 规范性引用文件

下列文件中的条款通过本规程的引用而成为本规程的条款。凡是注日期的引用文件，其随后所有的修改单（不包括勘误的内容）或修订版均不适用于本规程，然而，鼓励根据本规程达成协议的各方研究是否可使用这些文件的最新版本。凡是不注日期的引用文件，其最新版本适用于本规程。

GB/Z 19414 工业用闭式齿轮传动装置

GB/Z 18620.1 圆柱齿轮 检验实施规范 第 1 部分：轮齿同侧齿面的检验

GB/Z 18620.2 圆柱齿轮 检验实施规范 第 2 部分：径向综合偏差、径向跳动、齿厚和侧隙的检验

3 检修周期与内容

3.1 检修周期

根据 HV562 型第一牵伸机、HV572 型第二牵伸机功能故障及其影响分析的结果，并结合生产装置运行周期，确定设备检修周期，一般为 48～60 个月。

3.2 检修项目

3.2.1 牵伸辊、浸渍辊及所连接的传动部件全部拆检清洗，并更换损坏件。

3.2.2 彻底清洗辊轴前、后轴承及回油孔，疏通前轴承挡油盘的迷宫式密封。

3.2.3 拆检输入轴、过桥轴，检查齿轮与轴的配合情况，更换密封件，轴承择差更换。

3.2.4 检查传动箱齿轮啮合情况，齿面点蚀、磨损、硬性损伤等，齿面做着色探伤检查。

3.2.5 传动箱内检查各润滑油管的位置，油管有无堵塞、变形现象。清洗传动箱体，油箱换油。

3.2.6 水路、油路、气路消漏消堵，压辊气缸及导向杆拆检，更换全部密封件。

3.2.7 冷却器疏通、清洗、试压，检查或更换油冷器防腐镁棒。

3.2.8 油泵拆检，联轴节找正。

3.2.9 视情况按要求对机组进行表面防腐。

4 检修程序与质量标准

4.1 检修前的准备

4.1.1 准备相关技术资料，根据日常维护、运转和测试记录，确定检修内容，制定检修计划。

4.1.2 落实好检修时所需的备品备件、材料、工器具等，并根据相关质量标准做好质量检查和确认。

4.1.3 选择有维修资质的检修单位并与之进行技术交底，熟悉图纸等相关资料，编制设备检修方案。

4.1.4 对参与检修的人员进行安全及环保教育，做好作业危害分析与评估、风险控制措施的交底与落实。

4.1.5 工艺处理符合要求。

4.1.5.1 停车、丝束已清理；

4.1.5.2 油剂已按要求进行排放、槽体清洗。

4.1.6 做好设备停送电管理，现场检修隔离、警示、挂牌管理。

4.1.7 办理好相关作业的票证，填写好设备交出资料，设备交出手续完备。

4.1.8 完成检修前其他工作确认。

4.2 拆卸与检查（见图 1）

4.2.1 牵伸辊、浸渍辊及所连接的传动部件全部拆检，检查轴承、轴承与轴配合情况。

4.2.2 拆检输入轴、过桥轴，检查齿轮与轴的配合情况，一牵输入过桥结构见图 1。

4.2.2.1 拆除轴承盖 M10×25 螺钉，用顶丝拆下轴承盖，检查油封和 O 形圈磨损情况；

4.2.2.2 拆除圆螺母、挡圈；

4.2.2.3 拆除轴承套 M10×25 螺钉，用顶丝拆下轴承套、轴承，检查 O 形圈、轴承磨损情况，择差更换；

4.2.2.4 拆除端盖 M10×25 螺钉，用顶丝拆下端盖，检查油封和 O 形圈磨损情况，择差更换；

4.2.2.5 拆除轴端挡圈 M16×55 螺钉，取下轴端挡圈；

4.2.2.6 采用前后液压千斤顶分别作用在后轴端、传动齿轮两侧，将轴承和齿轮分解下

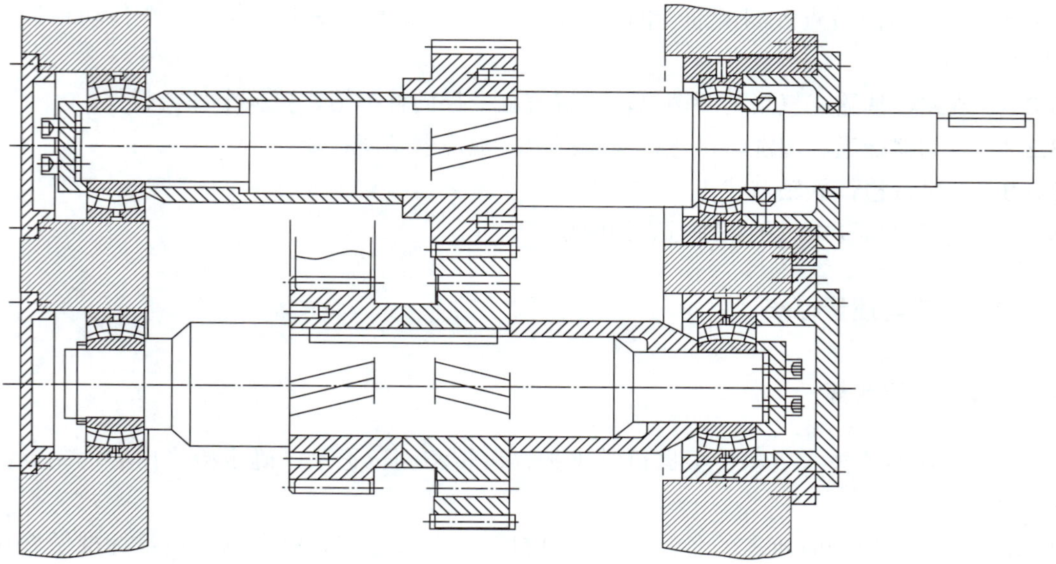

图 1　一牵输入过桥结构图

来，检查轴承与齿轮的磨损情况；

4.2.2.7　用同样方法拆除过桥轴与轴承，并进行检查与确认。

4.2.3　检查传动箱齿轮啮合情况、齿面点蚀、磨损、硬性损伤等，齿面做着色探伤检查。

4.2.4　压辊气缸及导向杆拆检。

4.2.5　油泵拆检。

4.2.6　牵伸辊、浸渍辊、压辊表面质量检查。

4.3　回装与质量标准

4.3.1　回装

4.3.1.1　前侧轴承安装方法

a）轴上先装好挡油圈及甩油盘；

b）轴承放在 130℃油浴中加热 15～20min 后吊入轴中；

c）轴承吊入后应与甩油盘密切接触，无间隙。

4.3.1.2　牵伸辊安装方法

a）将辊安装到用 4.3.1.1 方法嵌入了前侧轴承的轴上；

b）为了防止辊表面受伤，应用保护板罩好辊面；

c）注意将安装在各轴的迷宫环的排油孔装在最下面；

d）将叉车上辊子对准箱体轴承孔缓缓前行，辊轴进入箱体后穿入齿轮及锁紧环，调整叉车位置，直至前轴承完全进入轴承孔；

e）在前轴承逐渐进入轴承孔的过程中，对好挡油圈的螺孔位置，并定位；

f）将齿轮装到轴肩部位，装入锁紧环（现在不要紧固）（2# 辊还要装入另一齿轮及轴套）；

g）除掉工具，装入后轴承、后部轴承垫圈、螺母，并拧紧到其间隙符合规定为止；

h）对称紧固锁紧环，紧固力矩大约为 40N·m，紧固 1 遍后，用百分表测量齿轮端面跳动，增加紧固力矩到约 54N·m，根据跳动量大小调整对角紧固力矩，紧固到位后齿轮端面跳动值≤ 0.10mm；

i）用百分表检测牵伸辊面径向跳动，使之符合要求；

j）盘车转动辊子，使辊子根部缺口转动到挡油板的连接螺栓处，紧固连接螺栓；

k）依次安装防缠罩、轴承盖等附件。

4.3.1.3　输入轴及中间轴的装配

a）将过桥大小齿轮分别加热后组装到改进的过桥轴上，并分别紧固两个齿轮的锁紧环；

b）将组装好的过桥部件，整体吊入箱体，先将过桥轴的小端放进前轴承座孔后再慢慢摆动轴将大端放入到后轴承座内；

c）装入后轴承、后轴承的圆螺母、止退垫；

d）安装前轴承、轴用弹簧挡圈；

e）安装前、后轴承盖；

f）将键用铜棒轻轻敲入输入轴上齿轮部位，将输入轴从后部穿入安装轴孔，依次将齿轮、锁紧环、轴承、圆螺母、止退垫安装到位，将前轴承安装入轴承孔；

g）依次安装后轴承、轴用弹簧挡圈；

h）安装后轴承盖、前轴承盖；

i）用百分表检查输入、过桥齿轮的端面跳动值≤ 0.05mm；

j）检查输入、过桥部件相应润滑管路。

4.3.2　检修质量标准

HV562 第一牵伸机检修质量标准见表 1。

表 1　HV562 第一牵伸机检修质量标准　　mm

序号	检验项目	质量标准	检验方法
1	牵伸辊径向跳动	≤ 0.30	在距辊端 100mm 处
2	浸渍辊径向跳动	≤ 0.30	在距辊端 100mm 处
3	牵伸辊后轴承	最终间隙：0.15～0.20 间隙减少量：0.08～0.09	塞尺
4	齿面啮合	齿高 50%，齿宽 70%	红丹检查
5	油冷却器打压	0.6MPa，20min	试压泵、计时表
6	油压	0.4MPa	压力表
7	润滑油升温	≤ 35℃	温度计

5 试车与验收

5.1 试车前准备

5.1.1 按本规程 4.3.2 检修质量标准进行检查验收。
5.1.2 各阀门灵活有效、各密封点无泄漏，各零部件、附件齐全完好。
5.1.3 确认各润滑点都按润滑要求加油、脂。
5.1.4 各连接件紧固良好。
5.1.5 做到工完、料尽、场地清，废弃物按有关规定进行分类处理。
5.1.6 确认相应检修记录齐全、规范。
5.1.7 确认公用工程、工艺条件、电气、仪表满足试车条件。
5.1.8 完成其他试车条件确认。

5.2 试车

5.2.1 空载试车

5.2.1.1 确认电机转向；
5.2.1.2 试车前要求手动盘车，检查箱体及传动部件有无异物、卡阻；
5.2.1.3 瞬时点动油泵三次无异常后方可连续运转；
5.2.1.4 与主机进行 24h 空载运行验收（低、中、高速各 8h）；
5.2.1.5 全机各动静密封点无泄漏。

5.2.2 负载试车

5.2.2.1 负载试车按满负荷正常生产速度进行调试；
5.2.2.2 检查各润滑点泄漏、温升情况和设备运转正常；
5.2.2.3 全机各部件运行平稳，振动、声音等无异常；
5.2.2.4 检查电机电压、电流正常。

5.3 验收

5.3.1 达到规定试车时间，各项技术指标达到设计要求值或满足生产需要。
5.3.2 设备达到完好标准。
5.3.3 完善检修记录，检修记录齐全、准确，按规定办理验收手续。

6 维护与故障处理

6.1 日常维护

6.1.1 检查传动箱内检查各润滑油管的位置、堵塞、变形情况。

6.1.2 检查各辊径跳、变形及表面光洁度，磨研毛刺，择差检修。

6.1.3 检查紧固全部连接紧固件，补齐缺损件。

6.1.4 检查轧液压辊及其气缸工作情况，更换损坏件（仅适用于 HV572）。

6.1.5 检查调整毛刷部件、扎液压辊部件，补齐缺损件；检查自供油泵、过滤器、压力表等工作情况。

6.1.6 检查调整视油器流量，检查油箱油量、油压、油温油质变化情况，适时添加润滑油。

6.1.7 检查箱体齿轮与轴承是否有异响、振动，牵伸辊运行是否平稳。

6.1.8 检查自紧压辊起落情况，压辊橡胶是否损坏。

6.1.9 检查气缸及气动三大部件是否正常无泄漏。

6.1.10 水路、气路、油路系统全机检漏、消漏。

6.1.11 按设备巡检维护要求做好巡检维护记录。

6.1.12 按设备润滑要求进行润滑，做好润滑记录。

6.2 常见功能故障与处理方法

HV562 第一牵伸机常见功能故障与处理方法见表 2。

表 2 HV562 第一牵伸机常见功能故障与处理方法

序号	功能	功能故障	故障模式	故障后果	故障应对策略与检修内容	检修周期／月
1	保证头道牵伸连续运转	油乳化	1. 油不合格	装置停工	更换润滑油	视情而定
			2. 油冷却器内漏	装置停工	更换油冷却器、换油	视情而定
			3. 浸渍辊油封泄漏	装置停工	更换浸渍辊油封、换油	视情而定
			4. 视窗玻璃破裂	装置停工	更换视窗玻璃、换油	视情而定
			5. 油泵前吸油管泄漏	装置停工	检漏堵漏	视情而定
		润滑点缺油	1. 泵不转	装置停工	拆检自润滑泵传动系统	视情而定
			2. 泵内泄漏严重	装置停工	更换自润滑油泵	视情而定
			3. 过滤器严重堵塞	装置停工	清洗过滤网	视情而定
			4. 管路不畅	装置停工	彻底清洗油管	视情而定
			5. 示油器调整不良	装置停工	重新调整	视情而定
		辊跳动超差	1. 后轴承锁紧套松	装置停工	并紧后轴承锁紧套	视情而定
			2. 后轴承间隙太大	装置停工	更换后轴承	视情而定
			3. 辊筒凹扁超差或辊筒变形	装置停工	更换辊筒	视情而定

附　录　A
（资料性附录）
检修数据记录表

mm

项目	主要控制内容						等级	检修单位	生产装置	设备管理部门	备注
	标准值	现场记录									
		1#	2#	3#	4#	5#					
拆卸时检测											
各辊径跳	≤0.3（距辊端100）						B	★	★		
牵伸辊表面	无脱铬，无损伤						A	★	★	★	★
输入、过桥轴与齿轮检查	齿面完好，配合无松动，齿轮端跳（见表）						A	★	★	★	★
其他传动齿轮	轮齿齿面正常						B	★	★		
	锁紧环螺钉无松动							★	★		
	端面跳动（见数据表）							★	★		
	与轴配合无明显松动							★	★		
回装时检测											
各辊径跳	≤0.3（距辊端100）						B	★	★		
伸辊后轴承间隙	最终：0.15～0.2						B	★	★		
牵伸辊表面	无脱铬，无损伤						A	★	★	★	★
浸渍辊轴套及油封	无磨损，无泄漏						B	★	★		
油冷却器除垢、清洗	清洁、畅通						B	★	★		
打压0.6MPa	保压20min，无泄漏							★	★		
镁棒长度	≥50%							★	★		
润滑系统	润滑位置准确、流量合适、无泄漏						A	★	★	★	★
输入、过桥轴与齿轮检查	齿面完好，配合无松动，齿轮端跳（见表）						A	★	★	★	★

检修数据记录表（续）

项目	主要控制内容						等级	检修单位	生产装置	设备管理部门	备注
	标准值	现场记录									
		1#	2#	3#	4#	5#					
其他传动齿轮	轮齿齿面正常						B	★	★		
	锁紧环螺钉无松动							★	★		
	端面跳动（见数据表）							★	★		
	与轴配合无松动							★	★		
压辊	表面完好，转动灵活						B	★	★		
修后盘动	轻便，无卡阻						B	★	★		
箱体内部	清洁、无异物，零部件到位正确						B	★	★		

导丝辊辊号及浸渍辊	1#	2#	3#	4#	5#	浸渍辊
径跳标准值	≤0.3	≤0.3	≤0.3	≤0.3	≤0.3	≤0.3
修前实测值						
修后实测值						
后轴承间隙标准值	0.15～0.2	0.15～0.2	0.15～0.2	0.15～0.2	0.15～0.2	0.15～0.2
修前实测值						
修后实测值						

齿轮	输入	40T（过）	30T（过）	1#	2#	3#	4#(60T)	4#(42T)
端跳标准值	≤0.08	≤0.08	≤0.08	≤0.10	≤0.10	≤0.10	≤0.10	≤0.15
修前实测值								
修后实测值								
齿轮	浸中	浸渍辊	5#					
端跳标准值	≤0.15	≤0.10	≤0.10					
修前实测值								
修后实测值								

注： A级：施工单位、生产装置、设备管理部门专业人员检查确认后签字。

B级：施工单位和生产装置专业人员检查确认后签字。

C级：施工单位专业人员检查确认后签字。

另：如果有监理，监理的职责由甲方授权。

附　录　B

（资料性附录）

试车与验收数据记录表

年　　月　　日

<table>
<tr><td>使用单位</td><td></td><td>检修单位</td><td colspan="4"></td></tr>
<tr><td>设备位号及名称</td><td></td><td>设备类别</td><td colspan="4">动设备（　　）；静设备（　　）</td></tr>
<tr><td colspan="2">试车验收前的准备工作</td><td>静设备</td><td>动设备</td><td>标准值</td><td>实测值</td><td>确认</td></tr>
<tr><td colspan="2">1. 各加油点按规定加好润滑油</td><td></td><td>△</td><td></td><td></td><td></td></tr>
<tr><td colspan="2">2. 密封液已加好</td><td></td><td>△</td><td></td><td></td><td></td></tr>
<tr><td colspan="2">3. 电源线已接好</td><td></td><td>△</td><td></td><td></td><td></td></tr>
<tr><td colspan="2">4. 工艺准备已完毕</td><td>△</td><td>△</td><td></td><td></td><td></td></tr>
<tr><td colspan="2">试车验收内容</td><td></td><td></td><td></td><td></td><td></td></tr>
<tr><td colspan="2">1. 检修计量单位和零部件换修记录单已填好</td><td>△</td><td>△</td><td></td><td></td><td></td></tr>
<tr><td colspan="2">2. 设备本体及检修现场干净</td><td>△</td><td>△</td><td></td><td></td><td></td></tr>
<tr><td colspan="2">3. 加热、冷却系统运行正常</td><td>△</td><td>△</td><td></td><td></td><td></td></tr>
<tr><td colspan="2">4. 润滑、密封液系统工作正常</td><td></td><td>△</td><td></td><td></td><td></td></tr>
<tr><td colspan="2">5. 盘车轻松、无轻重不均匀感</td><td></td><td>△</td><td></td><td></td><td></td></tr>
<tr><td colspan="2">6. 防腐或保温完好</td><td>△</td><td>△</td><td></td><td></td><td></td></tr>
<tr><td colspan="2">7. 静密封无泄漏</td><td>△</td><td>△</td><td></td><td></td><td></td></tr>
<tr><td colspan="2">8. 温升</td><td></td><td>△</td><td>＜35℃</td><td></td><td></td></tr>
<tr><td colspan="2">9. 电流</td><td></td><td>△</td><td>≤13A</td><td></td><td></td></tr>
<tr><td colspan="2"></td><td></td><td></td><td></td><td></td><td></td></tr>
<tr><td colspan="2"></td><td></td><td></td><td></td><td></td><td></td></tr>
<tr><td colspan="2"></td><td></td><td></td><td></td><td></td><td></td></tr>
<tr><td colspan="7">验收结论：</td></tr>
<tr><td colspan="7">验收人员签字：

检修单位：__________　使用单位：__________　主管单位：__________</td></tr>
</table>

注： 1. 在相应设备类别（　　）内填“√”，“△”指该设备验收这些项目。
2. 对于状态确认项目，在确认栏内填“√”（符合要求）或“×”（不符合要求）。
3. 对于电流等非定型项目，在“标准值”栏内和“实测值”栏内填数值。

38.72/74-58Y05 第一牵伸机维护检修规程

SHS 04547—2019

代替 SHS 04547—2004

目　次

前　言

本规程按照GB/T 1.1—2009《标准化工作导则　第1部分：标准的结构和编写》给出的规则起草。

本规程代替SHS 04547—2004《72/74-58Y05第一牵伸机维护检修规程》，与SHS 04547—2004相比，除了编辑性修改外主要技术变化如下：

——明确了本规程适用第一牵伸机的型号；

——常见功能故障与处理部分按RCM分析方法重新编制；

——增加“附录A　检修数据记录表”；

——增加“附录B　试车与验收数据记录表”。

本规程由中国石油化工集团有限公司、中国石油化工股份有限公司提出。

本规程起草单位：中国石化仪征化纤有限责任公司。

本规程主要起草人：徐永林。

本规程历次版本发布情况：

——SHS 04547—2004。

72/74-58Y05 第一牵伸机维护检修规程

1 范围

1.1 主题内容

本规程规定了72/74-58Y05第一牵伸机的维护检修周期与内容、检修程序与质量标准、试车与验收、维护与故障处理。

1.2 适用范围

本规程适用于72/74-58Y05第一牵伸机、72/74-58Y07第一牵伸机、72/74-58Y12第三牵伸机及同类设备的维护与检修。

2 规范性引用文件

下列文件中的条款通过本规程的引用而成为本规程的条款。凡是注日期的引用文件，其随后所有的修改单（不包括勘误的内容）或修订版均不适用于本规程，然而，鼓励根据本规程达成协议的各方研究是否可使用这些文件的最新版本。凡是不注日期的引用文件，其最新版本适用于本规程。

GB/Z 18620.1　圆柱齿轮　检验实施规范　第1部分：轮齿同侧齿面的检验

GB/Z 18620.2　圆柱齿轮　检验实施规范　第2部分：径向综合偏差、径向跳动、齿厚和侧隙的检验

3 检修周期与内容

3.1 检修周期

根据72/74-58Y05第一牵伸机功能故障及其影响分析的结果，并结合生产装置运行周期，确定设备检修周期，一般为48～60个月。

3.2 检修项目

3.2.1 第一牵伸机主箱体检修，拆检缠辊检测及毛刷部件，拆解辊筒，更换连接螺栓、弹性垫圈，检查轴承及齿轮磨损情况，更换输入轴油封。

3.2.2 传动系统拆分，检查、检修球笼联轴器。

3.2.3 循环油润滑系统检修，更换油泵油封，检查弹性联轴器，择差更换，更换弹性

块；清洗油、水滤芯，择差更换，油冷器清洗打压。

3.2.4 橡胶压辊表面及转动灵活性检查，择差解体检修。

4 检修程序与质量标准

4.1 检修前的准备

4.1.1 准备相关技术资料，根据日常维护、运转和测试记录，确定检修内容，制定检修计划。

4.1.2 落实好检修时所需的备品备件、材料、工器具等，并根据相关质量标准做好质量检查和确认。

4.1.3 选择有维修资质的检修单位并与之进行技术交底，熟悉图纸等相关资料，编制设备检修方案。

4.1.4 对参与检修的人员进行安全及环保教育，做好作业危害分析与评估、风险控制措施的交底与落实。

4.1.5 工艺处理符合要求。

4.1.5.1 清理丝束；

4.1.5.2 关闭压空阀门；

4.1.5.3 停润滑油泵。

4.1.6 做好设备停送电管理，现场检修隔离、警示、挂牌管理。

4.1.7 办理好相关作业的票证，填写好设备交出资料，设备交出手续完备。

4.1.8 完成检修前其他工作确认。

4.2 拆卸与检测

4.2.1 设备内润滑油抽取、排放、收集，送至指定地点存放。

4.2.2 清洗、检查球笼联轴器，更换润滑脂，择差更换联轴器，具体参照 SHS 0107《一般机泵用联轴器检修及质量标准》执行，球笼结构见图 1。

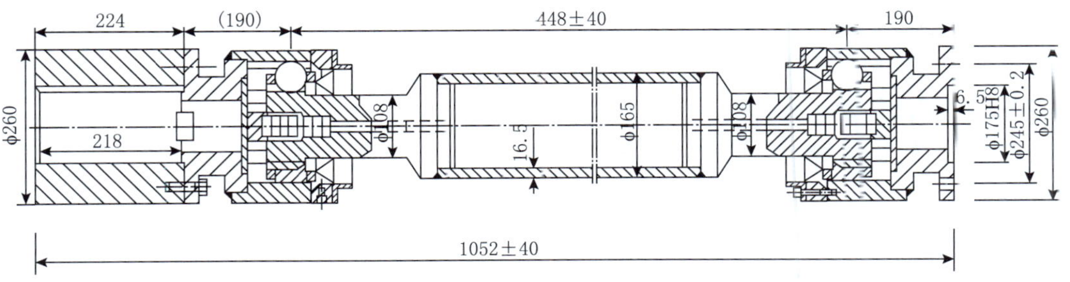

图 1 球笼结构图

4.2.3 清洗油过滤器滤芯、循环水过滤器滤芯，择差更换滤芯及密封件；更换循环油润滑油泵密封件，视轴颈磨损情况解体油泵，修复轴颈，手动盘泵轴无卡阻，具体参照SHS 01017《齿轮泵维护检修规程》执行。

4.2.4 压辊系统拆检

4.2.4.1 压辊系统结构见图2。拆除压辊压杆支架上两侧的压环螺钉、压环，将压辊从压杆支架上拆下进行分解；

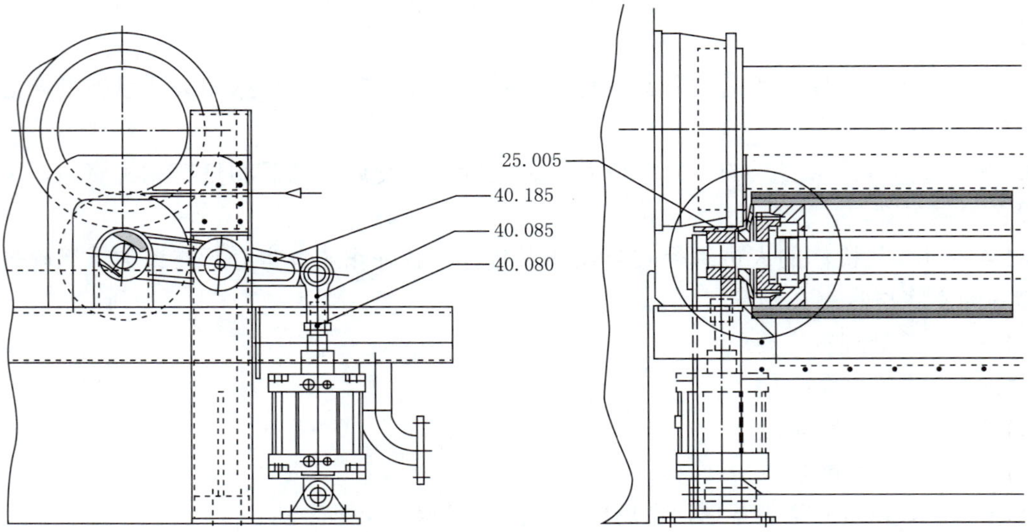

图2 压辊系统结构图

4.2.4.2 取下压辊两侧的防缠罩顶紧螺钉、防缠罩，拆除压盖螺钉、压盖、衬套、O形圈、油封、轴挡和轴承，检查磨损、损坏情况，择差更换；

4.2.4.3 拆除压板与气缸接头处关节轴承连接销轴，将压板与气缸接头分离。拆除压板支架滑动轴承侧挡圈、轴承，拆下销轴，检查轴承、销轴的磨损情况，择差更换损坏件；

4.2.4.4 拆除气缸接头、螺母及气缸安装螺钉，将气缸拆下，检查气缸的内外密封情况，择差更换密封件；

4.2.4.5 检查橡胶压辊表面状况，择差更换压辊、轴承及油封。

4.2.5 主箱体传动系统拆检

4.2.5.1 齿轮箱体结构见图3。检查各牵伸辊径跳、变形及表面粗糙度，研磨毛刺，择差更换。

4.2.5.2 拆卸主箱体侧窗、顶窗，检查轴承、齿轮磨损，齿面作着色探伤检查，择差解体更换。检查各齿轮端面跳动，调整并紧固轮毂锁紧螺栓。拆卸压盖及防缠罩，更换牵伸辊根部V形防水圈。

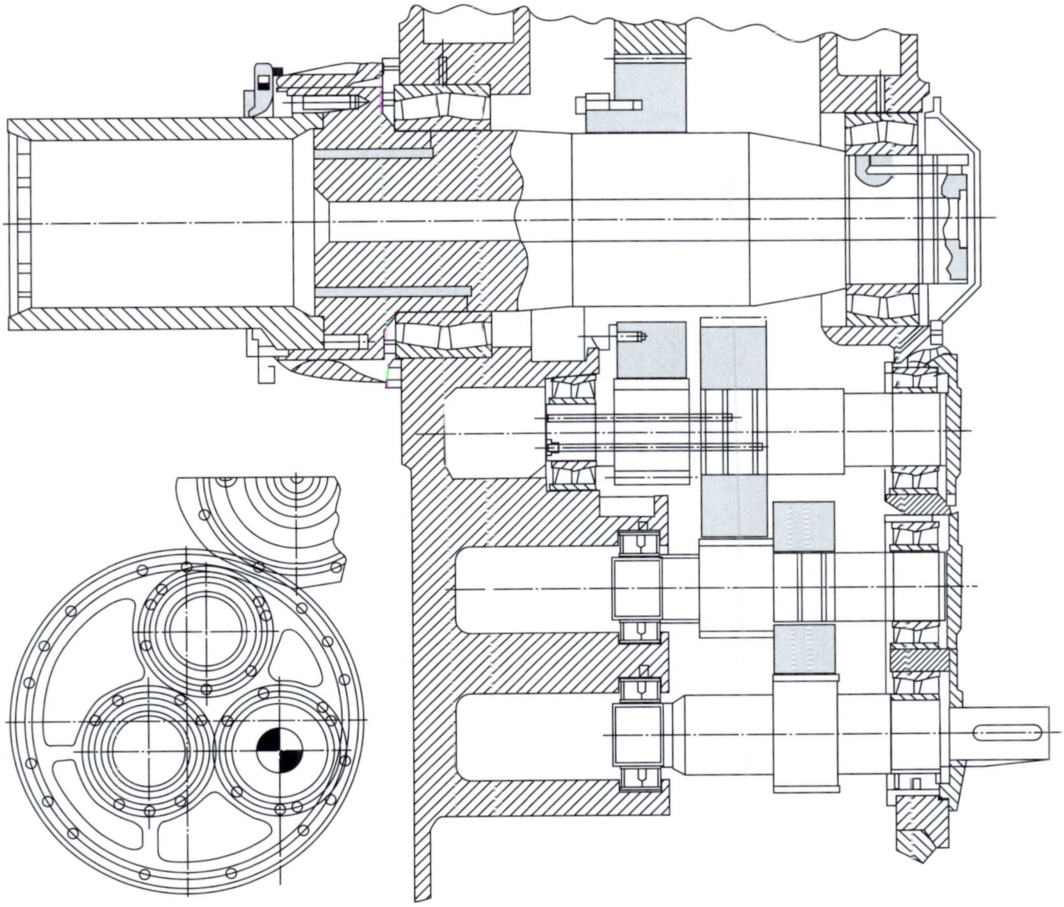

图 3 齿轮箱体结构图

4.2.5.3 拆拔牵伸辊轴：拆卸牵伸辊根部防水密封组件，拆卸后轴承端盖、轴用挡圈，用铲车托住牵伸辊（在铲车叉和辊筒面间必须采取保护措施），松开齿轮锁紧套螺栓，脱开齿轮及锁紧套，用钢丝绳吊住齿轮及锁紧套。用液压泵从轴后端液压加油孔注入高压油对后轴承进行拆卸，慢慢向外拉出辊筒及大轴，送至专业检修场所进行分解、检修。检查轴承、齿轮与大轴的配合面，择差修复或更换。大轴部件见图 4。

4.2.5.4 拆检输入轴、中间轴，输入轴、中间轴部件见图 5。

a）拆除输入轴后端盖上的安装螺钉，拆下端盖、油封、衬套，检查衬套的磨损情况，择差修复，更换油封。

b）将输入轴用索具固定，用拉马将输入轴连同前后轴承从轴承座中移出，从后轴承孔吊出，拆除轴用挡圈、挡油板、轴承，检查齿轮、轴承、轴颈的磨损情况，择差修复或更换。

c）拆除上、下中间轴后轴承压盖的安装螺钉，取下内外压盖。

d）将上、下中间轴用索具固定，拆除轴承座安装螺钉、定位螺钉，用手拉葫芦吊

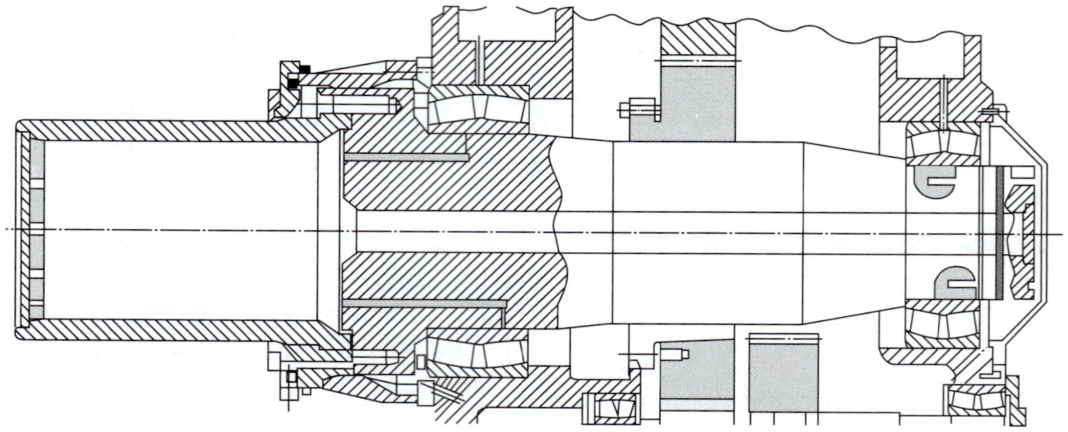

图4 大轴部件图

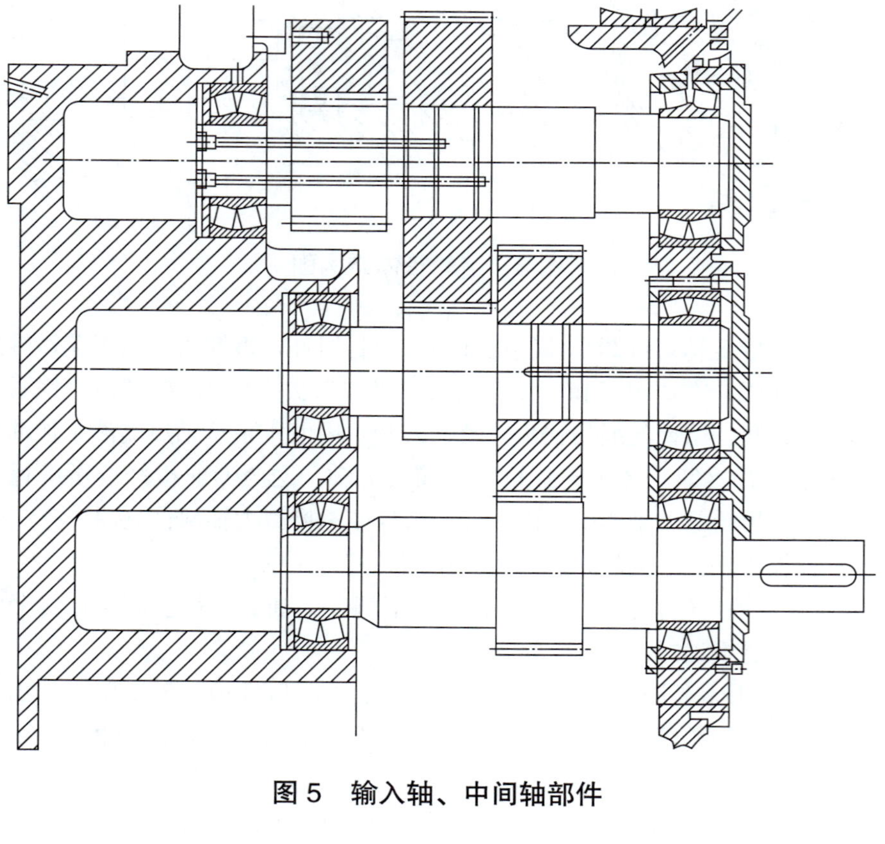

图5 输入轴、中间轴部件

出轴承座，检查轴承孔表面及密封条，择差修复或更换。

e）将上、下中间轴从箱体中吊出，拆卸轴用挡圈、轴承，择差更换；检查轴颈及齿轮表面的磨损情况，择差拆卸修复或更换。

4.2.5.5　清洗箱体内部，疏通吹扫润滑油孔。回装前，与外界相通的各安装孔洞要采取封闭措施，保证箱体内部清洁。

4.3　回装与质量标准

4.3.1　回装

4.3.1.1　输入轴及中间轴的回装

a）确认箱体内部清洁无杂物，按顺序安装中间轴及输入轴。检修人员进入设备内部需要穿戴鞋套。安装完毕，再次清理设备内部。

b）分别将轴承 22319、领圈、轴挡安装在输入轴、中间轴 1、中间轴 2 上，将中间轴齿轮通过油温加热后热套在大轴上，分别将中间轴 1、中间轴 2 安装到机架轴承孔中，轴分别由索具进行吊装、固定。

c）安装轴承座，并用定位销、螺钉进行定位、紧固，此时要确保各轴头装入相应的轴承孔中。

d）安装轴承 23224、轴挡、O 形圈、轴承端盖，拆除索具。

e）将输入轴连同前轴承安装到输入轴上，从后轴承安装孔吊入箱体，安装到机架轴承孔中，用索具临时固定。安装轴承 23224、轴挡、轴套、O 形圈、轴承端盖等，拆除索具。

4.3.1.2　大轴的回装

a）将挡油圈、甩油盘、前轴承 24064 按顺序装入大轴，采用热油加热方式升温，按要求控制各部件的加热温度及升温速度。

b）用铲车及专用工具将大轴回装，注意挡油圈回油孔要在下方。

c）齿轮、锁紧套提前吊装入箱体预定位置，利用叉车将组装后的大轴装入箱体，将齿轮和锁紧套暂时套在大轴上，热装后轴承 23144 及轴用挡圈，待后轴承冷却后将其装入轴承孔，安装后轴承盖。

d）将锁紧套准确定位在大轴上，按标准力矩对称紧固齿轮安装螺钉。

e）利用叉车将辊筒与大轴对接并安装到位，检查牵伸辊径跳。安装防缠罩、挡油圈、甩油盘、压盖，注意挡油圈回油孔方向与箱体回油孔一致。

f）确认箱体内无异物，正反双向盘车无卡阻后封闭顶盖和侧窗，再次正反双向盘车检查。

4.3.1.3　外围部件的回装

安装主电动机、润滑系统、压辊及防缠部件，注意对已完成部件的保护。

4.3.2 检修质量标准

72/74-58Y05 第一牵伸机检修质量标准见表 1。

表 1 72/74-58Y05 第一牵伸机检修质量标准

mm

序号	检验项目	质量标准	检验方法
1	牵伸辊径向跳动	≤ 0.20	在距辊端 100mm 处
2	输入、过桥轴齿轮端面跳动	≤ 0.05	百分表
3	齿面啮合	齿高 50%，齿宽 70%	红丹检查
4	油冷却器打压	0.6MPa，20min	试压泵、计时表
5	油压	0.05MPa	压力表
6	润滑油升温	≤ 35℃	温度计

5 试车与验收

5.1 试车前准备

5.1.1 按本规程 4.3.2 检修质量标准进行检查验收。

5.1.2 各阀门灵活有效、各密封点无泄漏，各零部件、附件齐全完好。

5.1.3 确认各润滑点都按润滑要求加油、脂。

5.1.4 各连接件紧固良好。

5.1.5 做到工完、料尽、场地清，废弃物按有关规定进行分类处理。

5.1.6 确认相应检修记录齐全、规范。

5.1.7 确认公用工程、工艺条件、电气、仪表满足试车条件。

5.1.8 完成其他试车条件确认。

5.2 试车

5.2.1 空载试车

5.2.1.1 确认电动机转向，连续运转 2h 无异常后停车，连接球笼联轴器。

5.2.1.2 试车前要求手动盘车，检查箱体及传动部件有无异物、卡阻。

5.2.1.3 瞬时点动油泵三次无异常后方可连续运转，检查各润滑点油量。

5.2.1.4 与主机进行 24h 空载运行验收（低、中、高速各 8h）。

5.2.1.5 齿轮箱温升正常，工作电流正常。

5.2.1.6 全机各动静密封点无泄漏。

5.2.2 负载试车

5.2.2.1 负载试车按满负荷正常生产速度进行调试；
5.2.2.2 检查各润滑点泄漏、温升情况和设备运转正常；
5.2.2.3 全机各部件运行平稳，振动、声音等无异常；
5.2.2.4 检查电动机电压、电流正常。

5.3 验收

5.3.1 达到规定试车时间，各项技术指标达到设计要求值或满足生产需要。
5.3.2 设备达到完好标准。
5.3.3 完善检修记录，检修记录齐全、准确，按规定办理验收手续。

6 维护与故障处理

6.1 日常维护

6.1.1 传动系统变频电动机抱闸吹扫，球笼联轴器润滑检查补脂。
6.1.2 检查主箱体是否有异响、异振，牵伸辊运行是否平稳，辊面是否光滑，润滑油量是否正常。
6.1.3 检查油站润滑油的油温、油压和循环冷却水的水温、流量，清洗油过滤器、水过滤器滤芯，消漏。
6.1.4 检查缠辊检测系统，检测板无变形，调整间隙，更换损坏的防缠毛刷。
6.1.5 检查压辊的升降平稳性、转动灵活性，轴承补润滑脂，气路系统消漏。
6.1.6 检查蒸汽系统管路、软管、回转接头是否泄漏、晃动大，择差检修更换。
6.1.7 门控系统检查、检修。

6.2 常见功能故障与处理方法

72/74-58Y05 第一牵伸机常见功能故障与处理方法见表 2。

表 2 72/74-58Y05 第一牵伸机常见功能故障与处理方法

序号	功能	功能故障	故障模式	故障后果	故障应对策略与检修内容	检修周期／月
1	满足牵伸能力保证	牵伸辊面异常	毛刺、剥落	影响产品质量、产量	打磨、更换	24
2		橡胶压辊异常	脱胶、开裂	影响产品质量、产量	更换	6

表 2　72/74–58Y05 第一牵伸机常见功能故障与处理方法（续）

序号	功能	功能故障	故障模式	故障后果	故障应对策略与检修内容	检修周期／月
3	连续稳定运行	影响机组连续运行	润滑油劣化	润滑效果差	巡检及时发现，分析原因，更换	24
4			润滑油报警	产量损失消耗异常	加强巡检，清洗油滤网，清洗循环水滤网，补加润滑油	3
5		传动系统不正常	主电机故障		加强巡检，定期吹扫、紧固、润滑	24
6			球笼联轴器故障		加强巡检，保证润滑	36
7			轴承磨损、损坏		巡检油位、油温，保证润滑，及时发现，更换	36
8			传动齿轮磨损、断齿	非计划停工	巡检油位、油温，保证润滑，及时发现，更换	60
9		密封泄漏	润滑油泄漏	污染环境	巡检及时发现，检修	3

附　录　A
（资料性附录）
检修数据记录表

mm

项目	主要控制内容								等级	检修单位	生产装置	设备管理部门	备注
	标准值	现场记录											
		1#	2#	3#	4#	5#	6#	7#					
拆卸时检测													
牵伸辊径跳	≤0.3								A	★	★	★	
牵伸辊表面	无脱铬，无损伤								A	★	★	★	
其他传动齿轮	端面跳动（≤0.08）								A	★	★	★	
	与轴配合无明显松动								B	★	★		
输入、过桥轴与齿轮检查	齿面端跳（≤0.05）	输入		1# 过桥		2# 过桥			A	★	★	★	
									B	★	★		
	齿面完好，配合无松动								B	★	★		
回装时检测													
后轴承间隙	最终：0.26～0.35								B	★	★		
牵伸辊径跳	≤0.3								A	★	★	★	
牵伸辊表面	无脱铬，无损伤								A	★	★	★	
输入轴套及油封	无磨损，无泄漏								B	★	★		
润滑系统	润滑位置准确、流量合适、无泄漏								B	★	★		
其他传动齿轮	端面跳动（≤0.08）								A	★	★	★	
	无裂纹、点蚀，啮合光斑正常								B	★	★		
	锁紧环螺钉无松动								B	★	★		
	与轴配合无明显松动								B	★	★		

检修数据记录表（续）

项目	主要控制内容								等级	检修单位	生产装置	设备管理部门	备注
	标准值	现场记录											
		1#	2#	3#	4#	5#	6#	7#					
输入、过桥轴与齿轮检查	齿面端跳（≤0.05）	输入		1# 过桥		2# 过桥			A	★	★	★	
									B	★	★		
	齿面完好，配合无松动								B	★	★		
压辊	表面完好，转动灵活								B	★	★		
压辊气缸	动作灵活，无泄漏，连接可靠								B	★	★		
修后盘动	轻便、无卡阻								B	★	★		
箱体内部	清洁、无异物，零部件到位正确								B	★	★		

注： A 级：施工单位、生产装置、设备管理部门专业人员检查确认后签字。

B 级：施工单位和生产装置专业人员检查确认后签字。

C 级：施工单位专业人员检查确认后签字。

另：如果有监理，监理的职责由甲方授权。

附　录　B
（资料性附录）
试车与验收数据记录表

年　　月　　日

使用单位		检修单位				
设备位号及名称		设备类别	动设备（　　）；静设备（　　）			
试车验收前的准备工作		静设备	动设备	标准值	实测值	确认
1. 各加油点已按规定加好润滑油			△			
2. 密封液已加好			△			
3. 电源线已接好			△			
4. 工艺准备已完毕		△	△			
试车验收内容						
1. 检修记录单位和零部件换修记录单已填好		△	△			
2. 设备本体及检修现场干净		△	△			
3. 加热、冷却系统运行正常		△	△			
4. 润滑、密封液系统工作正常			△			
5. 盘车轻松，无轻重不均匀感			△			
6. 防腐或保温完好		△	△			
7. 静密封点无泄漏		△	△			
8. 温升			△			
9. 电流			△			
验收结论：						
验收人员签字： 检修单位：　　　　使用单位：　　　　主管部门：						

注：1. 在相应设备类别（　　）内填“√”，“△”指该设备应验收这些项目。
2. 对于状态确认项目，在确认栏内填“√”（符合要求）或“×”（不符合要求）。
3. 对于电流等非定性项目，在“标准值”栏和“实测值”栏内填数值。

39. 72/74–58Y10 紧张定型机维护检修规程

SHS 04549—2019

代替 SHS 04549—2004

目　次

前　言

本规程按照GB/T 1.1—2009《标准化工作导则　第1部分：标准的结构和编写》给出的规则起草。

本规程代替SHS 04549—2004《72/74-58Y10紧张定型机维护检修规程》，与SHS 04549—2004相比，除了编辑性修改外主要技术变化如下：

——明确了本规程适用紧张定型机的型号；

——调整了检修周期，完善了检修内容；

——对常见功能故障与处理部分按RCM分析方法重新编制；

——增加“附录A　检修数据记录表”；

——增加“附录B　试车与验收数据记录表”。

本规程由中国石油化工集团有限公司、中国石油化工股份有限公司提出。

本规程起草单位：中国石化仪征化纤有限责任公司。

本规程主要起草人：徐永林。

本规程历次版本发布情况：

——SHS 04549—2004。

72/74-58Y10 紧张定型机维护检修规程

1 范围

1.1 主题内容

本规程规定了72/74-58Y10紧张定型机的检修周期与内容、检修程序与质量标准、试车与验收、维护与故障处理。

1.2 适用范围

本规程适用于72/74-58Y10紧张定型机及同类型设备维护与检修。

2 规范性引用文件

下列文件中的条款通过本规程的引用而成为本规程的条款。凡是注日期的引用文件，其随后所有的修改单（不包括勘误的内容）或修订版均不适用于本规程，然而，鼓励根据本规程达成协议的各方研究是否可使用这些文件的最新版本。凡是不注日期的引用文件，其最新版本适用于本规程。

GB/Z 18620.1 圆柱齿轮 检验实施规范 第1部分：轮齿同侧齿面的检验

GB/Z 18620.2 圆柱齿轮 检验实施规范 第2部分：径向综合偏差、径向跳动、齿厚和侧隙的检验

3 检修周期与内容

3.1 检修周期

根据72/74-58Y10紧张定型机系统功能故障及影响分析的结果，并结合生产装置运行周期，确定设备检修周期，一般为48～60个月。

3.2 检修项目

3.2.1 传动部件，根据运行情况（振动、温升），择差分解外置变速机，检查轴承、齿轮，择差更换；更换油封；检查联轴器。

3.2.2 循环油润滑部件，检查油泵、弹性联轴器；清洗检查油、水滤网，择差更换滤芯；清洗打压油冷却器。

3.2.3 定型机主箱体，解体回转接头，择差更换石墨密封环等；检查缠辊检测部件；

检查辊筒表面，择差修复，更换连接螺栓、弹性垫圈，择差更换回水管、进汽套管、垫片；检查轴承及齿轮磨损情况，结合运行情况，择差拆拔辊筒及大轴，检查输入轴及中间轴，择差检修。

3.2.4 门控部件，检查、检修变速机、传动链轮、链条、门框架、导轮、导轨、视窗玻璃及密封条。

3.2.5 全机防腐处理。

4 检修程序与质量标准

4.1 检修前的准备

4.1.1 准备相关技术资料，根据日常维护、运转和测试记录，确定检修内容，制定检修计划。

4.1.2 落实好检修时所需的备品备件、材料、工器具等，并根据相关质量标准做好质量检查和确认。

4.1.3 选择有维修资质的检修单位并与之进行技术交底，熟悉图纸等相关资料，编制设备检修方案。

4.1.4 对参与检修的人员进行安全及环保教育，做好作业危害分析与评估、风险控制措施的交底与落实。

4.1.5 工艺处理符合要求。

4.1.5.1 关闭蒸汽进汽总阀门，打开排空阀门，系统降至常温常压；

4.1.5.2 停润滑油泵；

4.1.5.3 移门上升至顶部，关闭压缩空气阀门。

4.1.6 做好设备停送电管理，现场检修隔离、警示、挂牌管理。

4.1.7 办理好相关作业的票证，填写好设备交出资料，设备交出手续完备。

4.1.8 完成检修前其他工作确认。

4.2 拆卸与检测

4.2.1 设备内润滑油抽取、排放、收集，送至指定地点存放。

4.2.2 传动系统拆检：包含外置齿轮变速箱、联轴器。

4.2.2.1 外置齿轮变速箱拆检。外置齿轮变速箱结构如图 1 所示。

a）拆除防护罩，检查、拆除风扇。

b）拆除输入与输出端的金属膜片联轴器与球笼联轴器。

c）检查输入轴、输出轴径向跳动及轴向窜动，择差解体检修。

d）拆除输入、输出轴轴承端盖，检查轴颈磨损情况，择差解体检修。更换油封、O 形圈。

e）拆除需要解体检修的齿轮变速箱的侧板、顶盖。

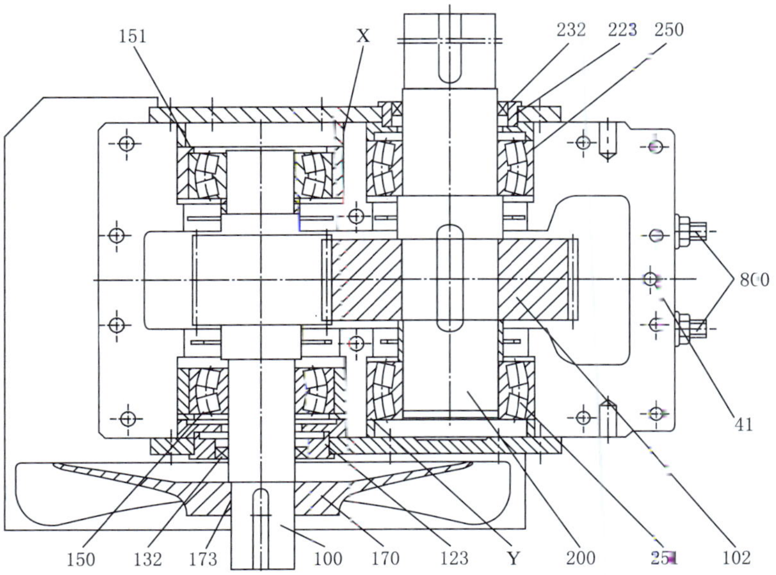

图 1　外置齿轮变速箱结构图

f）将输入、输出轴连带轴承吊出变速机腔体，运到检修班组进行分解。

g）拆卸轴承、轴套、齿轮，检查磨损情况，择差更换。

h）检查输出轴与齿轮、键的配合、磨损情况，择差检修或更换损坏件。

i）清理风扇及护罩。

4.2.2.2　检查金属膜片联轴器磨损状况，择差更换。

4.2.2.3　球笼联轴器的拆检，参照 SHS 01073《一般机泵用联轴器检修及质量标准》执行。

4.2.3　循环油润滑部件拆检：包括油泵、联轴器、油过滤器、油冷却器、循环水过滤器。润滑油站布置如图 2 所示。

a）拆除、分解联轴器，更换联轴器弹性块，检查联轴器，择差更换。

b）择差解体油泵，修复轴颈，更换油泵密封件，手动盘泵轴无卡阻。具体检修参照 SHS 01017《齿轮泵维护检修规程》执行。

c）清洗油过滤器滤芯、循环水过滤器滤芯，择差更换滤芯及密封件。

d）油冷却器的检修，参照 SHS 01009《管壳式换热器维护检修规程》执行。

4.2.4　主箱体拆检，包含辊筒及大轴、输入轴及中间轴。

4.2.4.1　辊筒及大轴拆检：先拆卸外围部件，缠辊检测和回转接头部件，再拆卸主体部件，辊筒及大轴、输入轴及中间轴。辊轴结构如图 3 所示。

a）缠辊检测部件拆检：检查支架及刮板，校正变形，择差更换；检查刮板的动作灵活性，择差更换拉簧。

b）回转接头拆检：拆除支承杆、回转接头与夹套管的连接法兰螺栓，脱开进汽、

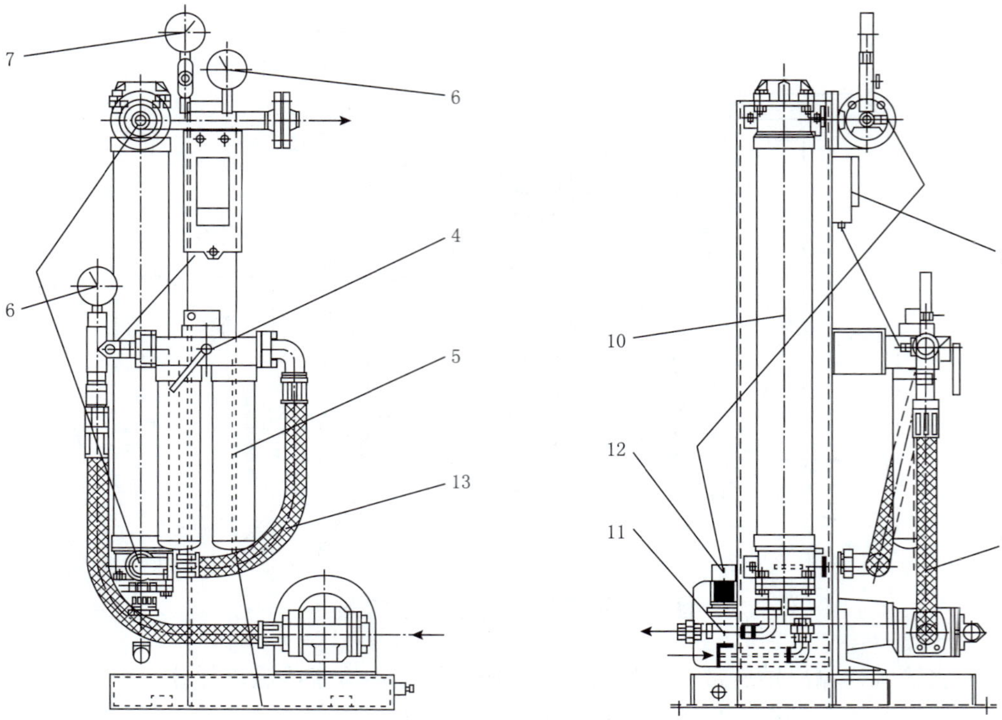

图 2　润滑油站布置图

回水软管；拆除回水腔端盖安装螺钉、端盖、垫片，更换垫片；拆除安装螺钉、中间盖板、静密封环，更换垫片、密封环；拆除动密封环组合件、弹簧、芯轴、静密封环，拆除芯轴外接法兰，检查弹簧与动、静密封环磨损情况，择差更换。

c）辊筒、大轴拆检。

（a）用铲车托住定型辊（在铲车叉和辊筒面间必须采取保护措施），拆除辊轴连接螺栓、后轴承端盖、夹套管定位环，铲车慢慢后退，带出辊筒及夹套管，轻放于预先设置的软质胶皮铺面上。注意：拆卸过程中不得压弯进汽夹套管及回水管。

（b）拆除夹套管连接螺钉，取下进汽夹套管及密封垫片；拆除回水管连接螺钉，取下回水管及密封垫片，择差更换进汽夹套管、回水管及密封垫片。

（c）拆除防缠罩。拆卸轴承座固定螺钉，利用铲车及专用工具，将大轴（连同前、后轴承部件，齿轮）整体拔出箱体，送至专业检修场所进行分解、检修。大轴拆卸如图 4 所示。

（d）拆卸轴用挡圈及挡油盘，采用行车及铲车配合，将大轴整体竖直吊立。用液压泵从轴下端液压加油孔注入高压油对后轴承、齿轮进行拆卸；再利用液压泵从轴上端液压加油孔注入高压油对前轴承进行拆卸。检查大轴，齿轮，前、后轴承，甩油盘，挡油圈等部件及配合面的磨损情况，择差更换或修复。大轴部件解体如图 5 所示。

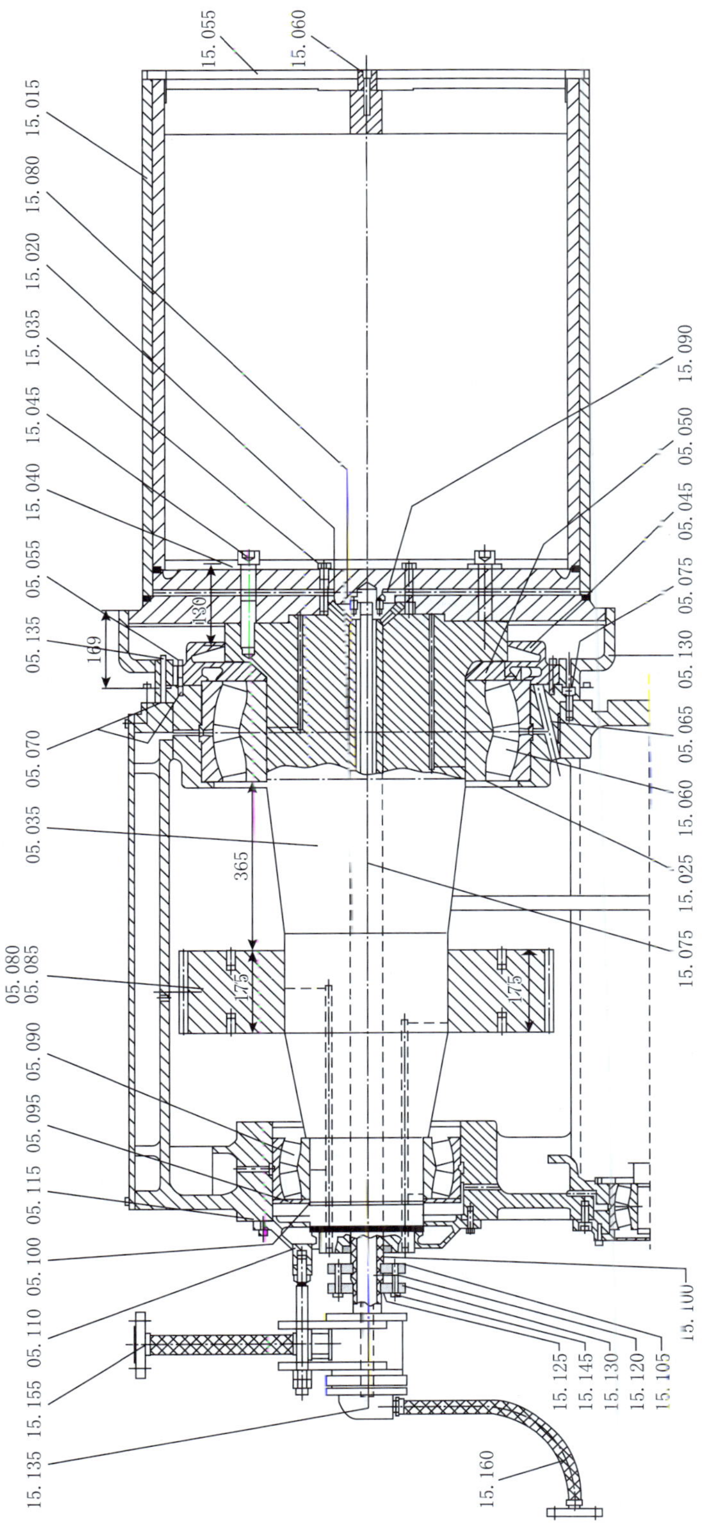
15.055
15.060
15.015
15.080
15.020
15.035
15.045
15.040
05.055
05.135
05.070
05.035
05.080
05.085
05.090
05.095
05.115
05.100
05.110
15.155
15.135
15.160
15.090
05.050
05.045
05.075
05.130
05.065
15.060
15.025
15.075
15.100
15.125
15.145
15.130
15.120
15.105
139
169
365
175
175

图 3 辊轴结构图

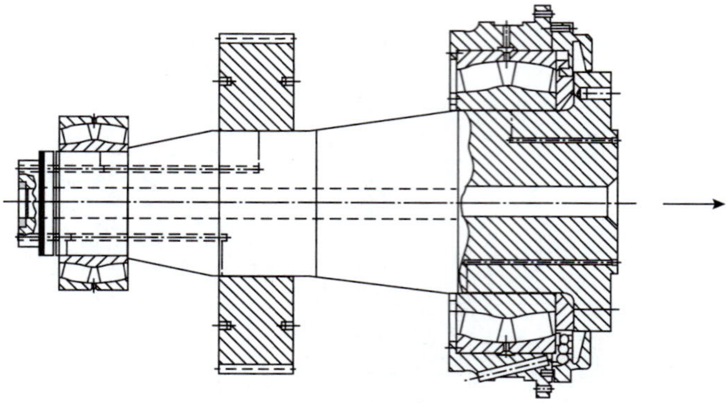

图 4　大轴拆卸

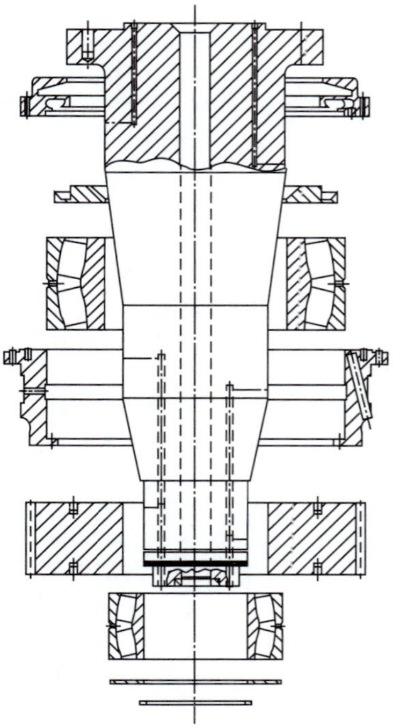

图 5　大轴部件解体

d）输入轴及上、下中间轴拆检。部件结构如图 6 所示。

（a）拆除输入轴后端盖上的安装螺钉，拆下端盖、油封、衬套，检查衬套的磨损情况，择差修复，更换油封。

（b）将输入轴用索具固定，用拉马将输入轴连同前、后轴承从轴承座中移出，从后轴承孔吊出，拆除轴用挡圈、挡油板、轴承，检查齿轮、轴承、轴颈的磨损情况，择差修复或更换。

（c）拆除上、下中间轴后轴承压盖的安装螺钉，取下内、外压盖。

（d）将上、下中间轴用索具固定，拆除轴承座安装螺钉、定位螺钉，用手拉葫芦吊出轴承座，检查轴承孔表面及密封条，择差修复或更换。

（e）将上、下中间轴从箱体中吊出，拆卸轴用挡圈、轴承，择差更换；检查轴颈及齿轮表面的磨损情况，择差拆卸修复或更换。

（f）重复（c）（d）（e）检修步骤，拆检另外一组上、下中间轴。

4.2.4.2 清洗箱体内部，疏通吹扫润滑油孔。回装前，与外界相通的各安装孔洞要采取封闭措施，保证箱体内部清洁。

4.2.5 移门系统的检修，包括变速机、传动链轮、链条、门框架、导轮、导轨、视窗玻璃及密封条。

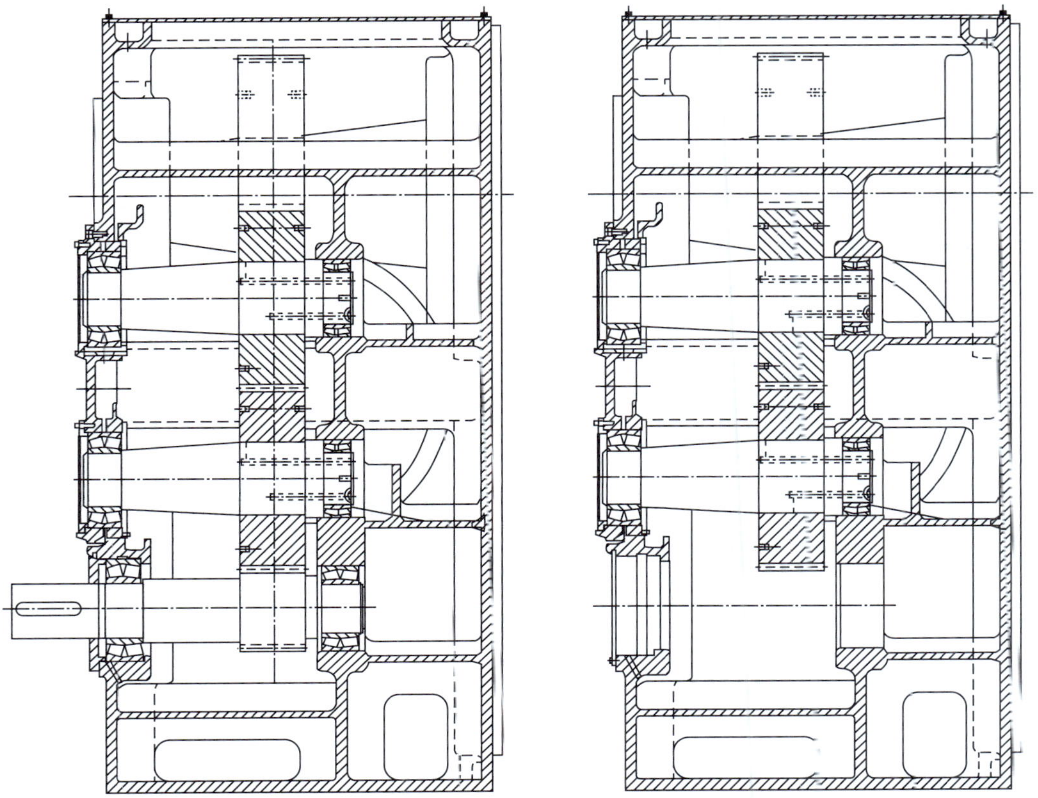

图 6　输入轴、中间轴部件结构图

4.3　回装与质量标准

4.3.1　回装

4.3.1.1　上、下中间轴及输入轴的回装

a）确认箱体内部清洁无杂物，检修人员进入设备内部需要穿戴鞋套。

b）将前轴承已安装好的下中间轴吊入箱体，前轴承安装就位，用索具临时固定。再按照同样步骤安装上中间轴，临时固定。

c）将经检查确认的轴承座吊装就位，安装定位及紧固螺钉。

d）安装上、下中间轴的后轴承，拆除临时索具，按顺序安装轴用挡圈，内、外端盖、紧固螺钉。

e）将前轴承已安装好的输入轴吊入箱体，前轴承安装就位，用索具临时固定。按顺序安装后轴承、挡油板、轴用挡圈、衬套、端盖及紧固螺钉。拆除临时索具。

f）重复步骤 b）c）d），安装另一组上、下中间轴。

安装完毕，再次清理箱体。

4.3.1.2　大轴、辊筒的回装

a）大轴组装与回装，如图 7 所示。

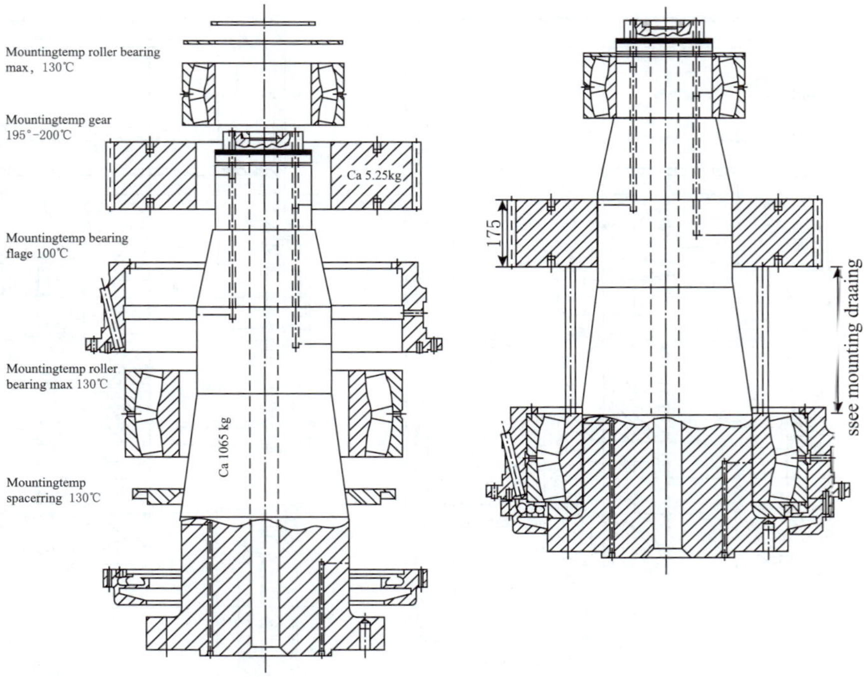

图 7 大轴组装示意图

(a) 齿轮的轴向定位，需提前准备定位杆，365mm 的 3 件，用于定型机 Ⅰ 区，425mm 的 3 件，用于定型机Ⅱ、Ⅲ区，定位杆轴向均匀分布。

(b) 在专业检修场所，采用行车及铲车配合，按顺序组装挡油圈、甩油环、前轴承、轴承座、齿轮、后轴承、挡油盘、轴用挡圈。热装部件采用热油加热方式升温，按要求控制各部件的加热温度及升温速度。注意：要等前一个部件完全冷却后才能安装下一个部件。

(c) 将轴承座的回油孔与挡油圈回油孔调整一致，并用螺钉连接固定。

(d) 用铲车及专用工具将大轴回装，注意回油孔要在下方。轴回装结构如图 8 所示。

(e) 安装轴承座固定螺钉

b) 辊筒的回装

(a) 安装防缠罩，回装回水管、夹套管。

(b) 用铲车将辊筒回装，注意保持水平及对中以免损伤进汽夹套管，同时注意辊面的保护。辊轴连接螺栓应涂 MoS_2，用力矩扳手对角交叉紧固，检查辊筒径向跳动。

(c) 安装夹套管定位环及后轴承盖。注意：后轴承盖的回油孔位置在下方。

4.3.1.3 封盖

确认箱体内无异物，正反双向盘车无卡阻后封闭顶盖和侧窗，再次正反双向盘车检查。

4.3.1.4 外围部件的回装

回装缠辊检测、回转接头和传动系统以及移门系统。注意对已完成部件的保护。

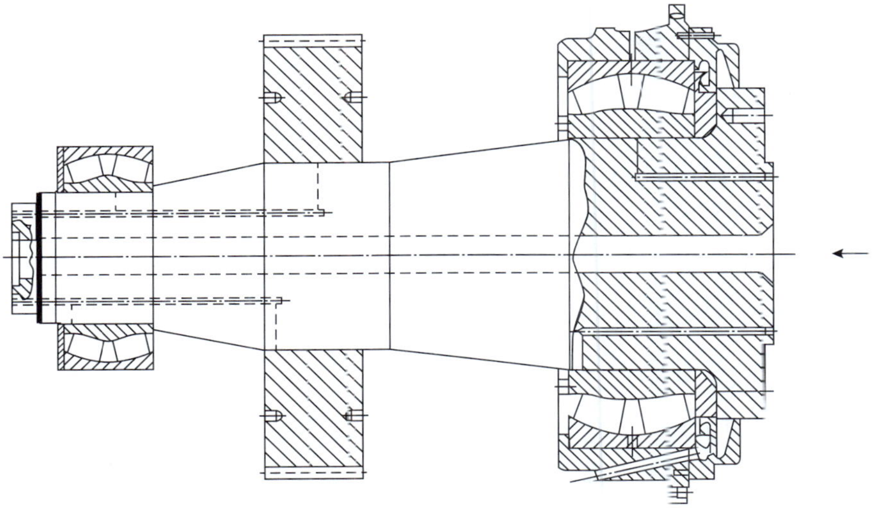

图 3 轴回装结构图

4.3.2 检修质量标准

72/74-58Y10 紧张定型机检修质量标准见表 1。

表 1 72/74-58Y10 紧张定型机检修质量标准 mm

序号	检验项目	质量标准	检验方法
1	变速箱输入轴径向跳动	≤ 0.10	百分表
2	变速箱输入轴轴向窜动	0.05～0.10	百分表
3	变速箱输出轴径向跳动	≤ 0.10	百分表
4	变速箱输出轴轴向窜动	0.05～0.10	百分表
5	定型辊径向跳动	≤ 0.50	在距辊端 100mm 处
6	定型辊前轴承间隙	≤ 0.50（冷态）	塞尺
7	定型辊后轴承间隙	≤ 0.30（冷态）	塞尺
8	输入、中间轴齿轮端面跳动	≤ 0.05	百分表
9	齿面啮合	齿高 50%，齿宽 70%	红丹检查
10	联轴节同轴度	≤ 0.10	百分表
11	油冷却器打压	0.6MPa，20min	试压泵、计时表
12	油压	0.08MPa	压力表
13	润滑油温升	≤ 35℃	温度计

5 试车与验收

5.1 试车前准备

5.1.1 按本规程 4.3.2 检修质量标准进行检查验收。
5.1.2 各阀门灵活有效，各密封点无泄漏，各零部件、附件齐全完好。
5.1.3 确认各润滑点都按润滑要求加油、脂。
5.1.4 各连接件紧固良好。
5.1.5 做到工完、料尽、场地清，废弃物按有关规定进行分类处理。
5.1.6 确认相应检修记录齐全、规范。
5.1.7 确认公用工程、工艺条件、电气及仪表满足试车条件。
5.1.8 检查移门上升、下降平稳，无卡阻、变形、松动。

5.2 试车

5.2.1 空载试车

5.2.1.1 确认电动机转向，连续运转 2h 无异常后停车，连接球笼联轴器。
5.2.1.2 试车前要求手动盘车，检查箱体及传动部件有无异物、卡阻。
5.2.1.3 瞬时点动油泵 3 次无异常后方可连续运转，检查各润滑点油量。
5.2.1.4 主机进行 24h 空载运行验收（低、中、高速各 8h）。
5.2.1.5 齿轮箱温升正常，工作电流正常。
5.2.1.6 全机各动、静密封点无泄漏。

5.2.2 负载试车

5.2.2.1 负载试车按满负荷正常生产速度进行调试。
5.2.2.2 检查各润滑点泄漏、温升情况和设备运转正常。
5.2.2.3 全机各部件运行平稳，振动、声音等无异常。
5.2.2.4 检查电机电压、电流正常。

5.3 验收

5.3.1 达到规定试车时间，各项技术指标达到设计要求值或满足生产需要。
5.3.2 设备达到完好标准。
5.3.3 完善检修记录，检修记录齐全、准确，按规定办理验收手续。

6 维护与故障处理

6.1 日常维护

6.1.1 外置齿轮变速箱循环冷却管路消漏、消堵。

6.1.2 检查主箱体是否有异响、异振，定型辊运行是否平稳，辊面是否光滑。

6.1.3 主机润滑油位检查，球笼联轴器润滑检查、补脂。

6.1.4 循环油润滑系统油过滤器、水过滤器滤芯清洗、消漏。

6.1.5 检查缠辊检测系统，检测板无变形，调整间隙。

6.1.6 蒸汽系统疏水器检查清理，回转接头石墨环更换，支承杆紧固。

6.1.7 移门系统的升降平稳性、灵活性检查，调整链条松紧度，传动变速机润滑检查，气路系统消漏。

6.2 常见功能故障与处理方法

72/74-58Y10 紧张定型机常见功能故障与处理方法见表 2。

表 2 72/74-58Y10 紧张定型机常见功能故障与处理方法

序号	功能	功能故障	故障模式	故障后果	故障应对策略与检修内容	检修周期／月
1	保证定型能力	温度异常	温度波动	产品质量波动，运行异常	加强温度检测，检修蒸汽调节阀门、温度检测元件、疏水器	6
2	连续稳定运行	影响机组连续运行	润滑油劣化	润滑效果差	巡检及时发现，分析原因，更换	24
3			润滑油报警	产量损失消耗异常	加强巡检，清洗油滤网，清洗循环水滤网，补加润滑油	3
4		传动系统不正常	主电机故障		加强巡检，定期吹扫、紧固、润滑	24
5			外置变速箱故障		巡检油位、油温，保证润滑	36
6			球笼联轴器故障		加强巡检，保证润滑	24
7			轴承磨损、损坏		巡检油位、油温，保证润滑，及时发现，更换	12
8			传动齿轮磨损、断齿	非计划停工	巡检油位、油温，保证润滑，及时发现，更换	48
9		密封泄漏	蒸汽泄漏	能耗增加	巡检及时发现，检修	0.5
10			润滑油泄漏	污染环境		3

附　录　A
（资料性附录）
检修数据记录表

mm

序号	检测内容	质量标准	检测方法及工具	检测记录		修复形式		检测人	质控等级	确认人			备注
				修前	修后	更换	修配			主管部门	使用单位	检修单位	
1	前轴承间隙（各定型辊）	最终：0.24～0.32	塞尺						B	★	★		
2	定型辊	无脱铬，无损伤	目测						A	★	★	★	★
3	输入轴套及油封	无磨损，无泄漏	目测						B	★	★		
4	润滑系统	清洁，管路畅通，位置准确，流量合适，无泄漏，固定牢靠，油泵无泄漏，联轴节无磨损	目测，扳手						A	★	★	★	★
5	输入、过桥轴与齿轮检查	齿面完好，啮合光斑正常，配合无松动，齿面端跳（见附表）	着色探伤，目测						A	★	★	★	★
6	其他传动齿轮	①无裂纹、点蚀，啮合光斑正常	目测或探伤						A	★	★	★	★
		②锁紧环螺钉无松动	内六角扳手										
		③端面跳动（见数据表）	百分表										
		④与轴配合无明显松动	盘动										
7	门控系统	灵活，可靠，无泄漏	目测						B	★	★		
8	气路元件	无泄漏，调节器灵活，准确	手感、目测						C	★			
9	修后盘动	轻便，无卡阻	手感										

检修数据记录表（续）

mm

序号	检测内容	质量标准	检测方法及工具	检测记录		修复形式		检测人	质控等级	确认人			备注
				修前	修后	更换	修配			主管部门	使用单位	检修单位	
10	箱体内部（加油试车前）	清洁、无异物，零部件到位正确	手感、目测						A	★	★	★	★

定型辊辊号	1#	2#	3#	4#	5#	6#
径跳标准值	≤0.5	≤0.5	≤0.5	≤0.5	≤0.5	≤0.5
修前实测值						
修后实测值						
前轴承间隙标准值	0.24～0.32	0.24～0.32	0.24～0.32	0.24～0.32	0.24～0.32	0.24～0.32
修前实测值						
修后实测值						

齿轮	输入轴	1# 过桥轴	2# 过桥轴	3# 过桥轴	4# 过桥轴	1# 辊	2# 辊	3# 辊
端跳标准值	≤0.05	≤0.05	≤0.05	≤0.05	≤0.05	≤0.05	≤0.05	≤0.05
修前实测值								
修后实测值								
齿轮	4# 辊	5# 辊	6# 辊	变速箱	输入径向跳动	输入轴向窜动	输出径向跳动	输出轴向窜动
端跳标准值	≤0.05	≤0.05	≤0.05	标准值	≤0.10	0.05～0.10	≤0.10	0.05～0.10
修前实测值				修前实测值				
修后实测值				修后实测值				

说明：1. 在检修记录中：定量的，要求填写具体的真实数据（不管是否在质量标准范围内）；定性的，打“√”或“×”。　　主修人：　　　　班长：

2. 注：A 级：施工单位、生产装置、设备管理部门专业人员检查确认后签字。

B 级：施工单位和生产装置专业人员检查确认后签字。

C 级：施工单位专业人员检查确认后签字。

另：如果有监理，监理的职责由甲方授权。

附　录　B
（资料性附录）
试车与验收数据记录表

年　　月　　日

<table>
<tr><td>使用单位</td><td></td><td colspan="2">检修单位</td><td colspan="3"></td></tr>
<tr><td>设备位号及名称</td><td></td><td colspan="2">设备类别</td><td colspan="3">动设备（　　）；静设备（　　）</td></tr>
<tr><td colspan="2">试车验收前的准备工作</td><td>静设备</td><td>动设备</td><td>标准值</td><td>实测值</td><td>确认</td></tr>
<tr><td colspan="2">1. 各加油点已按规定加好润滑油</td><td></td><td>△</td><td></td><td></td><td></td></tr>
<tr><td colspan="2">2. 密封液已加好</td><td></td><td>△</td><td></td><td></td><td></td></tr>
<tr><td colspan="2">3. 电源线已接好</td><td></td><td>△</td><td></td><td></td><td></td></tr>
<tr><td colspan="2">4. 工艺准备已完毕</td><td>△</td><td>△</td><td></td><td></td><td></td></tr>
<tr><td colspan="2">试车验收内容</td><td></td><td></td><td></td><td></td><td></td></tr>
<tr><td colspan="2">1. 检修记录单位和零部件换修记录单已填好</td><td>△</td><td>△</td><td></td><td></td><td></td></tr>
<tr><td colspan="2">2. 设备本体及检修现场干净</td><td>△</td><td>△</td><td></td><td></td><td></td></tr>
<tr><td colspan="2">3. 加热、冷却系统运行正常</td><td>△</td><td>△</td><td></td><td></td><td></td></tr>
<tr><td colspan="2">4. 润滑、密封液系统工作正常</td><td></td><td>△</td><td></td><td></td><td></td></tr>
<tr><td colspan="2">5. 盘车轻松，无轻重不均匀感</td><td></td><td>△</td><td></td><td></td><td></td></tr>
<tr><td colspan="2">6. 防腐或保温完好</td><td>△</td><td>△</td><td></td><td></td><td></td></tr>
<tr><td colspan="2">7. 静密封点无泄漏</td><td>△</td><td>△</td><td></td><td></td><td></td></tr>
<tr><td colspan="2">8. 温升</td><td></td><td>△</td><td></td><td></td><td></td></tr>
<tr><td colspan="2">9. 电流</td><td></td><td>△</td><td></td><td></td><td></td></tr>
<tr><td colspan="2"></td><td colspan="5"></td></tr>
<tr><td colspan="2"></td><td colspan="5"></td></tr>
<tr><td colspan="2"></td><td colspan="5"></td></tr>
<tr><td colspan="7">验收结论：</td></tr>
<tr><td colspan="7">验收人员签字：

检修单位：　　　　　　　　使用单位：　　　　　　　　主管部门：</td></tr>
</table>

注： 1. 在（　　）内填“√”，“△”指该设备应验收这些项目。

2. 对于定性项目，在确认栏内填“√”（符合要求）或“×”（不符合要求）。

3. 对于电流等非定性项目，在“标准值”栏和“实测值”栏内填数值。

40. HV582 型第三牵伸机维护检修规程

SHS 04550—2019

代替 SHS 04550—2004

目　次

前　　言

本规程按照GB/T 1.1—2009《标准化工作导则　第1部分：标准的结构和编写》给出的规则修订。

本规程代替SHS 04550—2004《HV582型第三牵伸机维护检修规程》，与SHS 04550—2004相比，除了编辑性修改外主要技术变化如下：

——明确了本规程适用第三牵伸机的型号；

——调整了检修周期，完善了检修内容；

——重点对检修程序与质量标准进行了修改；

——对常见功能故障与处理部分按RCM分析方法重新编制；

——增加“附录A　检修数据记录表”。

——增加“附录B　试车与验收数据记录表”。

本规程由中国石油化工集团有限公司、中国石油化工股份有限公司提出。

本规程起草单位：中国石化仪征化纤有限责任公司。

本规程主要起草人：贾传兵。

本规程历次版本发布情况：

——SHS 04550—2004。

HV582 型第三牵伸机维护检修规程

1 范围

1.1 主题内容

本规程规定了 HV582 型第三牵伸机维护检修周期与内容、检修程序与质量标准、试车与验收、维护与故障处理。

1.2 适用范围

本规程适用于 HV582 型第三牵伸机及同类设备维护与检修。

2 规范性引用文件

下列文件中的条款通过本规程的引用而成为本规程的条款。凡是注日期的引用文件，其随后所有的修改单（不包括勘误的内容）或修订版均不适用于本标准，然而，鼓励根据本标准达成协议的各方研究是否可使用这些文件的最新版本。凡是不注日期的引用文件，其最新版本适用于本规程。

GB/Z 19414　工业用闭式齿轮传动装置

GB/Z 18620.1　圆柱齿轮 检验实施规范　第 1 部分：轮齿同侧齿面的检验

GB/Z 18620.2　圆柱齿轮 检验实施规范　第 2 部分：径向综合偏差、径向跳动、齿厚和侧隙的检验

TSG 21　固定式压力容器安全技术监察规程

3 检修周期与内容

3.1 检修周期

根据 HV582 型第三牵伸机系统功能故障及影响分析的结果，并结合生产装置运行周期，确定设备检修周期，一般为 48～60 个月。

3.2 检修项目

3.2.1 油冷却器的检修，参照 SHS 01009《管壳式换热器维护检修规程》执行。

3.2.2 清洗润滑油箱、油泵、过滤器，更换密封件，润滑油箱换油。

3.2.3 传动箱体清洗，按原设计位置校正箱体内润滑油管位置，管路消漏消堵。示油

器拆解、清洗、组装。

3.2.4 分解检修输入轴、过桥轴、牵伸辊部件等，检查齿面啮合、轴孔配合及轴、轴承斜套磨损情况，更换磨损件。

3.2.5 清洗辊轴前、后轴承及回油孔，清洗前轴承挡油盘的迷宫式密封。

3.2.6 齿轮齿面着色探伤检查。

3.2.7 检查所有的虹吸管、夹套管部件、回转接头，择差更换磨损件。

3.2.8 门控气缸解体清洗，更换密封件，拉门链条、门滚轮等部位清洗检修，调整链条松紧度并涂刷润滑油，更换磨损件，气路消漏、消堵。

3.2.9 检修次摆线泵及联轴节，更换密封件。

3.2.10 检修回水系统管、阀及疏水器，更换磨损件。

3.2.11 视情况按要求对机组进行表面防腐。

4 检修程序与质量标准

4.1 检修前的准备

4.1.1 准备相关技术资料，根据日常维护、运转和测试记录，确定检修内容，制定检修计划。

4.1.2 落实好检修时所需的备品备件、材料、工器具等，并根据相关质量标准做好质量检查和确认。

4.1.3 选择有维修资质的检修单位并与之进行技术交底，熟悉图纸等相关资料，编制设备检修方案。

4.1.4 对参与检修的人员进行安全及环保教育，做好作业危害分析与评估、风险控制措施的交底与落实。

4.1.5 工艺处理符合要求：

4.1.5.1 停车、丝束已清理；

4.1.5.2 中压蒸汽已关闭，并排汽降温。

4.1.6 做好设备停送电管理，现场检修隔离、警示、挂牌管理。

4.1.7 办理好相关作业的票证，填写好设备交出资料，设备交出手续完备。

4.1.8 完成检修前其他工作确认。

4.2 拆卸与检测

4.2.1 油冷却器的检修，参照 SHS 01009《管壳式换热器维护检修规程》执行。

4.2.2 分解检修输入轴、过桥轴等，检查齿面啮合、轴孔配合及轴承磨损情况。其分解方法同 SHS 04546《HV562 第一牵伸机维护检修规程》中输入轴、过桥轴拆除方法。

4.2.3 牵伸辊部件分解检修，检查齿面啮合、轴孔配合及轴承磨损情况，三牵牵伸辊结构如图 1 所示。

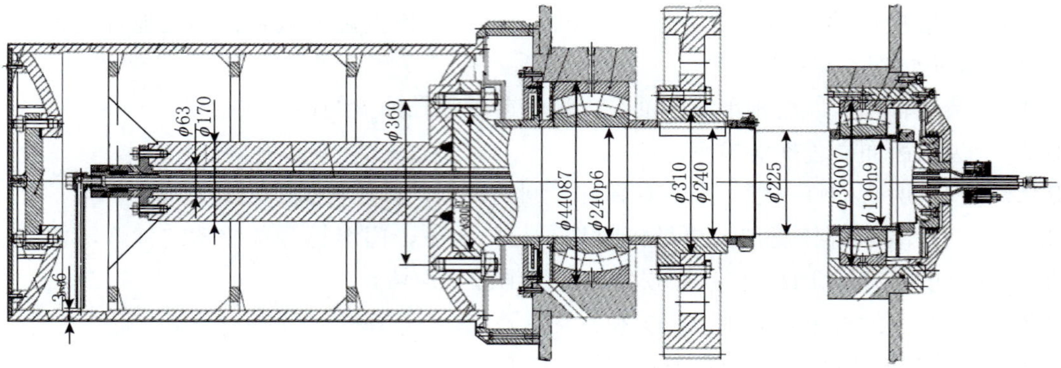

图 1　三牵牵伸辊结构图

4.2.3.1　拆除盖板螺钉 M8×16，取下盖板，拆除端盖结合件螺钉 M8×16，取下端盖结合件。

4.2.3.2　旋松虹吸管，使其与回转接头中盖脱落，拆除虹吸短管，抽出虹吸管，检查虹吸管、短管磨损、变形情况。

4.2.3.3　拆除端外齿套、螺钉 M16×50、夹套管，检查紫铜垫、粉末衬套及夹套管的磨损情况，择差检修或更换。要拆除夹套管需提前拆除回转接头、回转接头与夹套管连接的外接法兰、中间法兰、推拔卡环。

4.2.3.4　拆除后轴承端盖螺钉 M10×25，拆下轴承端盖，检查 O 形圈的磨损情况。

4.2.3.5　拆除螺钉 M12×25、轴承座结合件，检查两种 O 形圈的磨损情况，检查油盘变形情况。

4.2.3.6　拆除止退垫与圆螺母、挡油盘，检查其变形、磨损情况。

4.2.3.7　用圆螺母旋松斜套，拆下斜套，拆下轴承 22240、领圈。

4.2.3.8　拆下螺钉 M10×100、防缠罩，拆除螺钉 M10×40，旋松轴承盖。

4.2.3.9　打开齿轮箱上盖天窗，拆除螺钉 M20×100，将齿轮从轮毂上脱离，并用吊索固定。

4.2.3.10　利用叉车将辊筒、大轴从操作侧方向取出。分解辊筒、轮毂、轴承及密封环、挡圈结合件、轴承盖等。

4.2.4　齿轮齿面着色探伤检查。

4.2.5　检查所有的虹吸管、夹套管部件、回转接头磨损情况。

4.2.6　检修次摆线泵及联轴节。

4.3　回装与质量标准

4.3.1　No.1~No.13 辊轴装入前侧轴承

4.3.1.1　依次将轴承盖、挡圈结合间、密封环、挡圈结合件装入大轴（要特别注意把迷宫环排油孔安装在最下部）；

4.3.1.2 将轴承23248放到加热到130℃左右的油槽中，约浸渍15～20min；

4.3.1.3 将加热的轴承水平吊起，同时嵌入大轴；

4.3.1.4 嵌入后，检查环的端面是否有间隙，轴承是否贴紧环等。

4.3.2 牵伸辊的回装

4.3.2.1 将辊安装到用4.3.1的方法嵌入了前侧轴承的轴上；

4.3.2.2 为了防止辊表面受伤，应用保护板罩好辊面；

4.3.2.3 注意将安装在各轴的迷宫环的排油孔装在最下面；

4.3.2.4 将叉车上辊子对准箱体轴承孔缓缓前行，辊轴进入箱体后穿入齿轮，调整叉车位置，同时铜棒轻敲前轴承外圈，对正前轴承孔，直至前轴承完全进入轴承孔；

4.3.2.5 在前轴承逐渐进入轴承孔的过程中，对好轴承盖的螺孔位置，并定位，确保密封环回油孔在下部，紧固轴承盖螺钉；

4.3.2.6 将齿轮用定位螺杆对正安装螺孔，用铜棒将齿轮敲击安装到轮毂部位；

4.3.2.7 除掉工具，装入后轴承（22240CAMKE4C4+AH2240），再装入迷宫环、后部轴承垫圈、螺母，并拧紧到其间隙符合规定为止。

4.3.2.8 手动盘车无卡阻现象时，逐个安装后端轴承盖。安装一个盘车一次，发现有卡阻现象时，及时检查并排除，保证设备的正常运转；

4.3.2.9 用百分表检测牵伸辊面径向跳动，使之符合要求；

4.3.2.10 依次安装防缠罩，夹套管、虹吸管、端万齿套、垂直管，回转接头部件、尾接及虹吸管连接法兰、外接法兰、中间法兰及推拔卡环，进气、回水金属软管等附件（注意虹吸管及回转接头等的螺纹旋向）。

4.3.3 输入轴及中间轴的装配

4.3.3.1 将过桥大小齿轮分别加热后组装到改进的过桥轴上，并分别紧固两个齿轮的锁紧环；

4.3.3.2 将组装好的过桥部件，整体吊入箱体，先将过桥轴的小端放进前轴承座孔后再慢慢摆动轴将大端放入到后轴承座内；

4.3.3.3 装入后轴承，后轴承的圆螺母、止退垫；

4.3.3.4 安装前轴承、轴用弹簧挡圈；

4.3.3.5 安装前、后轴承盖；

4.3.3.6 将键用铜棒轻轻敲入输入轴上齿轮部位，将输入轴从后部穿入安装轴孔，依次将齿轮HV582-0402、锁紧环、轴承、圆螺母、止退垫安装到位，将前轴承安装入轴承孔；

4.3.3.7 依次安装后轴承、轴用弹簧挡圈；

4.3.3.8 安装后轴承盖、前轴承盖；

4.3.3.9 用百分表检查输入、过桥齿轮的端面跳动值≤ 0.05mm；

4.3.3.10 检查输入、过桥部件相应润滑管路。

4.3.4 检修质量标准

HV582 型第三牵伸机检修质量标准见表 1。

表 1 HV582 型第三牵伸机检修质量标准 mm

序号	检验项目	质量标准	检验方法
1	牵伸辊径向跳动	≤ 0.60	百分表
2	牵伸辊表面凹扁	≤ 1.5 ≤ 2.5	钢直尺和塞尺
3	后轴承间隙、间隙减少量	冷态间隙：0.25～0.30 间隙减少量：0.09～0.11	塞尺
4	输入、过桥齿轮基面跳动	≤ 0.05	千分表
5	油升温	≤ 35℃	温度计
6	油压	≥ 0.6MPa	压力表
7	其余齿轮基面跳动	≤ 0.45	百分表
8	齿面啮合	齿高≥ 40%，齿长≥ 70%	涂丹红
9	油冷却器打压	压力 0.9MPa，保压 20min，无泄漏	试压泵、计时表
10	虹吸管与衬套配合间隙	0.3～1.0	卡尺
11	油冷却器镁棒	＜ 50% 更换	目视

5 试车与验收

5.1 试车前准备

5.1.1 按本规程 4.3.4 检修质量标准进行检查验收；

5.1.2 各阀门灵活有效，各密封点无泄漏，各零部件、附件齐全完好；

5.1.3 确认各润滑点都按润滑要求加油、脂；

5.1.4 各连接件紧固良好；

5.1.5 做到工完、料尽、场地清，废弃物按有关规定进行分类处理；

5.1.6 确认相应检修记录齐全、规范；

5.1.7 确认公用工程、工艺条件、电气及仪表满足试车条件；

5.1.8 完成其他试车条件确认。

5.2 试车

5.2.1 空载试车

5.2.1.1 确认电机转向；
5.2.1.2 试车前要求手动盘车，检查箱体及传动部件有无异物、卡阻；
5.2.1.3 瞬时点动油泵 3 次无异常后方可连续运转；
5.2.1.4 主机进行 24h 空载运行验收（低、中、高速各 8h）；
5.2.1.5 全机各动、静密封点无泄漏。

5.2.2 负载试车

5.2.2.1 负载试车按满负荷正常生产速度进行调试；
5.2.2.2 检查各润滑点泄漏、温升情况和设备运转正常；
5.2.2.3 全机各部件运行平稳，振动、声音等无异常；
5.2.2.4 检查电机电压、电流正常。

5.3 验收

5.3.1 达到规定试车时间，各项技术指标达到设计要求值或满足生产需要。
5.3.2 设备达到完好标准。
5.3.3 完善检修记录，检修记录齐全、准确，按规定办理验收手续。

6 维护与故障处理

6.1 日常维护

6.1.1 检查调整毛刷部件，补齐缺损件；
6.1.2 检查润滑油系统的油质、油位、油压、油温、油过滤器及系统泄漏情况，检查调整视油器流量；
6.1.3 检查输入、过桥等转动部位后轴承端盖的温升、振动，检查调整牵伸辊、陶瓷辊的后轴承斜套的锁紧状况；
6.1.4 检查齿面啮合配合情况；
6.1.5 目测牵伸辊径跳情况，并利用料桶作业进行定期检测；
6.1.6 检查门控动作是否灵活；
6.1.7 检查气、水、汽路系统消堵、消漏（包括择差检修或更换回转接头、进汽、回水软管、疏水器及虹吸管、夹套管等零部件）；
6.1.8 检查或更换油冷却器的防腐镁棒，清洗油过滤器及润滑管路消漏、消堵；
6.1.9 按设备巡检维护要求做好巡检维护记录；
6.1.10 按设备润滑要求进行润滑，做好润滑记录。

6.2 常见功能故障与处理方法

HV582 型第三牵伸机设备常见功能故障与处理方法见表 2。

表 2 HV582 型第三牵伸机常见功能故障与处理方法

序号	功能	功能故障	故障模式	故障后果	故障应对策略与检修内容	检修周期／月
1	保证牵伸设备的牵伸能力	回转接头泄漏	石墨密封环损坏	产品降等	更换密封环	视情而定
			调整不良		重新调整	视情而定
			密封件损坏		更换密封件	视情而定
			弹簧失效		更换弹簧	视情而定
		牵伸辊温低	虹吸管与辊壁间距太大，垂直管脱落或歪斜	产品降等	检修或调整	视情而定
			疏水器失灵		检修或调整	视情而定
			回转接头泄漏		检修或调整	视情而定
			虹吸管损坏		更换	视情而定
		牵伸辊轴断	润滑不良	影响产量	定期检查润滑	视情而定
			轴使用时间长、老化		更换、逐步更新大轴	视情而定
			轴承、斜套抱死		调整润滑与间隙	视情而定
2	保证牵伸设备的连续运行	油乳化	油不合格	装置停工	更换润滑油	视情而定
			油冷却器内漏		更换油冷却器、换油	视情而定
			油泵前吸油管泄漏		检漏堵漏	视情而定
			回转接头处漏水		拆检漏水的回转接头、消漏	视情而定
			视窗玻璃破裂		更换视窗玻璃、换油	视情而定
			箱体压空系统故障		检查压空系统并修复	视情而定
		各润滑点缺油	泵不转	装置停工	拆检自润滑泵传动系统	视情而定
			泵内泄漏严重		更换自润滑油泵	视情而定
			过滤器严重堵塞		清洗过滤网	视情而定
			管路不畅		彻底清洗油管	视情而定
		辊内有异响	虹吸管损坏	装置停工	更换	视情而定
			辊内紧固件松动脱落		紧固或更换紧固件	视情而定
			虹吸管与夹套管壁相碰		调整检修	视情而定

表 2　HV582 型第三牵伸机常见功能故障与处理方法（续）

序号	功能	功能故障	故障模式	故障后果	故障应对策略与检修内容	检修周期／月
2	保证牵伸设备的连续运行	移门升降不灵	门框变形	人身伤害	整修	视情而定
			链条张力不一致		调整张力	视情而定
			油气缸故障		检修	视情而定
			门滚轮脱落、卡阻故障		检修	视情而定
		牵伸辊跳动超差	后轴承锁紧套松	装置停工	并紧后轴承锁紧套	视情而定
			后轴承间隙太大		更换后轴承	视情而定
			辊筒变形		更换辊筒	视情而定
			辊筒与辊轴接合不良		对辊筒、轴接触面成进行修整	视情而定
			前轴承磨损或跑圈		检修	视情而定
		牵伸辊窜位	轴承锥形斜套不到位	装置停工	重新安装	视情而定
			锁紧螺母松动		检修紧固	视情而定
		传动齿轮箱有异音	齿轮啮合不良	装置停工	调整	视情而定
			轴承安装不良或损坏		检修更换	视情而定
			齿轮损坏		检修更换	视情而定
		牵伸辊前轴承润滑油外漏	润滑油回油孔堵	装置停工	检修疏通回孔	视情而定
			润滑油量过大		调整润滑油量	视情而定
			墙板密封垫损坏		检修更换密垫	视情而定

附　录　A

（资料性附录）

检修数据记录表

mm

项目	主要控制内容								等级	施工单位	生产装置	设备管理部门	备注
	标准值	现场记录											
		0#	1#	2#	3#	4#	5#	6#					
		7#	8#	9#	10#	11#	12#						
拆卸时检测													
各牵伸辊径向跳动	≤0.3、≤0.5（距辊端100）								B	★	★		
牵伸辊、陶瓷辊	①表面完好无损伤								B	★	★		
	②与辊、轴连接螺栓无断裂、松动								C	★			
齿轮表面	光洁、完好，啮合光斑正常								C	★			
输入轴与齿轮配合	(0～+0.035/-0.011～+0.011)								A	★	★	★	
过桥轴与齿轮配合	(0～+0.040/-0.0125～+0.0125)								A	★	★	★	
输入轴径跳	≤0.05								A	★	★	★	
输入、过桥齿轮端跳	≤0.05、≤0.20	27T（入）		48T（过）		27T（过）		陶瓷辊	A	★	★	★	
齿轮端跳	≤0.45								A	★	★	★	
辊轴与轮毂配合	(0～+0.046/0～-0.029)								A	★	★	★	
回装时检测													
各牵伸辊径向跳动	≤0.3、≤0.5（距辊端100）								B	★	★		
牵伸辊、陶瓷辊	①表面完好无损伤								B	★	★		
	②与辊、轴连接螺栓无断裂、松动								C	★			

检修数据记录表（续）

项目	主要控制内容								等级	施工单位	生产装置	设备管理部门	备注
	标准值	现场记录											
		0#	1#	2#	3#	4#	5#	6#					
		7#	8#	9#	10#	11#	12#						
各辊后轴承间隙	最终：0.25～0.3								E	★	★		
虹吸管与衬套配合间隙	0.3～1.0								B	★	★		
齿轮表面	光洁、完好，啮合光斑正常								C	★			
输入轴与齿轮配合	(0～+0.035/-0.011～+0.011)								A	★	★	★	
过桥轴与齿轮配合	(0～+0.040/-0.0125～+0.0125)								A	★	★	★	
输入轴径跳	≤0.05								A	★	★	★	
输入、过桥齿轮端跳	≤0.05、≤0.20	27T（入）		48T（过）		27T（过）		陶瓷辊	A	★	★	★	
齿轮端跳	≤0.45								A	★	★	★	
辊轴与轮毂配合	(0～+0.046/0～-0.029)								A	★	★	★	
门控系统	灵活、可靠、无泄漏								C	★			
润滑系统	清洁、管路畅通、无泄漏，完好、准确，流量合适，固定牢靠								B	★	★		
修后手动盘车	灵活、无卡阻								B	★	★		
箱体内部	清洁、无异物，零部件安装正确								B	★	★		

注： A级：施工单位、生产装置、二级管理部门、公司管理部门检查确认后签字。

B级：施工单位和生产装置检查确认后签字。

C级：施工单位检查确认后签字。

D级：施工监理检查确认后签字。

附　录　B

（资料性附录）

试车与验收数据记录表

年　　月　　日

<table>
<tr><td>使用单位</td><td></td><td colspan="2">检修单位</td><td colspan="3"></td></tr>
<tr><td>设备位号及名称</td><td></td><td colspan="2">设备类别</td><td colspan="3">动设备（　　）；静设备（　　）</td></tr>
<tr><td colspan="2">试车验收前的准备工作</td><td>静设备</td><td>动设备</td><td>标准值</td><td>实测值</td><td>确认</td></tr>
<tr><td colspan="2">1. 各加油点按规定加好润滑油</td><td></td><td>△</td><td></td><td></td><td></td></tr>
<tr><td colspan="2">2. 密封液已加好</td><td></td><td>△</td><td></td><td></td><td></td></tr>
<tr><td colspan="2">3. 电源线已接好</td><td></td><td>△</td><td></td><td></td><td></td></tr>
<tr><td colspan="2">4. 工艺准备已完毕</td><td>△</td><td>△</td><td></td><td></td><td></td></tr>
<tr><td colspan="2">试车验收内容</td><td></td><td></td><td></td><td></td><td></td></tr>
<tr><td colspan="2">1. 检修计量单位和零部件换修记录单已填好</td><td>△</td><td>△</td><td></td><td></td><td></td></tr>
<tr><td colspan="2">2. 设备本体及检修现场干净</td><td>△</td><td>△</td><td></td><td></td><td></td></tr>
<tr><td colspan="2">3. 加热、冷却系统运行正常</td><td>△</td><td>△</td><td></td><td></td><td></td></tr>
<tr><td colspan="2">4. 润滑、密封液系统工作正常</td><td></td><td>△</td><td></td><td></td><td></td></tr>
<tr><td colspan="2">5. 盘车轻松、无轻重不均匀感</td><td></td><td>△</td><td></td><td></td><td></td></tr>
<tr><td colspan="2">6. 防腐或保温完好</td><td>△</td><td>△</td><td></td><td></td><td></td></tr>
<tr><td colspan="2">7. 静密封无泄漏</td><td>△</td><td>△</td><td></td><td></td><td></td></tr>
<tr><td colspan="2">8. 温升</td><td></td><td>△</td><td>＜ 35℃</td><td></td><td></td></tr>
<tr><td colspan="2">9. 电流</td><td></td><td>△</td><td>≤ 13A</td><td></td><td></td></tr>
<tr><td colspan="2"></td><td></td><td></td><td></td><td></td><td></td></tr>
<tr><td colspan="2"></td><td></td><td></td><td></td><td></td><td></td></tr>
<tr><td colspan="2"></td><td></td><td></td><td></td><td></td><td></td></tr>
<tr><td colspan="7">验收结论：</td></tr>
<tr><td colspan="7">验收人员签字：
检修单位：____________　使用单位：____________　主管单位____________</td></tr>
</table>

注： 1. 在（　　）内填“√”，“△”指该设备验收这些项目。

2. 对于定性项目，在确认栏内填“√”（符合要求）或“×”（不符合要求）。

3. 对于电流等非定型项目，在“标准值”栏内和“实测值”栏内填数值。

41. 1433-Z06 丝束冷却机检修规程

SHS 04551—2019

代替 SHS 04551—2004

目　次

前　　言

本规程按照 GB/T 1.1—2009《标准化工作导则　第 1 部分：标准的结构和编写》给出的规则起草。

本规程代替 SHS 04551—2003《1433—Z06 丝束冷却机检修规程》，与 SHS 04551—2003 相比，除了编辑性修改外主要技术变化如下：

——更新规范性引用文件；

——增加了润滑系统的维护保养内容；

——结合运行实际，增加了空载试车速度不超过额定速度的 1/2 限制（150m/s）；

——增加了电机及齿轮箱输入轴轴承故障及处理方法；

——修订检修质量标准的相关内容；

——修订常见故障处理的相关内容；

——增加“附录 A　检修数据记录表”；

——增加“附录 B　试车与验收数据记录表”。

本规程由中国石油化工集团有限公司、中国石油化工股份有限公司提出。

本规程起草单位：中国石油化工股份有限公司洛阳分公司。

本规程主要起草人：刘园、牛建峰。

本规程历次版本发布情况：

——SHS 04551—2004。

1433-Z06 丝束冷却机检修规程

1 范围

1.1 主题内容

本规程规定了1433-Z06丝束冷却机维护检修周期与内容、检修程序与质量标准、试车与验收、维护与故障处理。

1.2 适用范围

本规程适用于1433-Z06丝束冷却机的维护与检修，亦适用于AK519丝束冷却机及同类设备的维护与检修。

2 规范性引用文件

下列文件中的条款通过本规程的引用而成为本规程的条款。凡是注日期的引用文件，其随后所有的修改单（不包括勘误的内容）或修订版均不适用于本规程，然而，鼓励根据本规程达成协议的各方研究是否可使用这些文件的最新版本。凡是不注日期的引用文件，其最新版本适用于本规程。

FZ/T 96029 涤纶短纤维后处理联合机

3 检修周期与内容

3.1 检修周期

根据1433-Z06丝束冷却机功能故障及其影响分析的结果，并结合生产装置运行周期，确定设备检修周期，一般为24～36个月。

3.2 检修项目

3.2.1 润滑油系统检查清堵消漏，防止润滑油泵出口压力下降，清理泵出口溢流阀。
3.2.2 检查旋转接头运转情况，择差检修。
3.2.3 检查导丝辊表面，择差更换。
3.2.4 检查齿式联轴器。
3.2.5 检查固定螺栓是否松动并处理。
3.2.6 检查缠丝检测器状态和毛刷架状况，择差更换。

3.2.7 检查测速电机固定情况，调整、紧固。
3.2.8 检查电动机引出线的连接及绝缘情况。
3.2.9 检查电动机轴承润滑情况，补充润滑油。
3.2.10 检查箱体内部齿轮和轴承情况，择差更换。
3.2.11 检查导丝辊的径向跳动并进行水平校正。
3.2.12 箱体清理，着色探伤。
3.2.13 更换润滑油泵和循环水泵联轴节弹性块。
3.2.14 全机补充刷漆。
3.2.15 控制柜检查吹扫，端子紧固。

4 检修程序与质量标准

4.1 拆卸前准备

4.1.1 检查日常检修、运转和测试记录，确定检修内容，编制检修方案。
4.1.2 落实好检修时所需的备品备件、材料、工器具的准备工作并对其质量进行确认。
4.1.3 选择有维修资质的检修单位并与之进行技术交底。
4.1.4 落实消防、安全、环保工作，并对参与检修的人员进行安全及环保教育。
4.1.5 工艺处理符合要求。
4.1.6 办理好相关作业的票证，填写好设备交出资料。

4.2 拆卸与检测

4.2.1 拆卸检查回转接头

4.2.1.1 卸掉支承杆上六角螺母；
4.2.1.2 拆掉旋转接头冷却水进口和出口的法兰；
4.2.1.3 拆掉锥形连接法兰上的六角螺栓，松开法兰，取出锥形套
4.2.1.4 取下铜垫片，把旋转接头从支承杆上取下。

4.2.2 拆检导丝辊

4.2.2.1 拆辊子固定内六角螺栓，注意最后留 2 个螺栓；
4.2.2.2 用胶皮将辊表面包起来，叉车托住辊子，用倒链把辊子与叉车捆在一起，拆除剩下的 2 个螺栓，轻微晃动辊子，使辊子卸掉，拆除虹吸管，叉车将辊子放置到指定位置，拉出辊子时，注意保持平行略微偏上退出，不要损伤两根虹吸管；
4.2.2.3 在拆卸安装辊子时，保持辊面不被划伤，检查辊面情况，检查辊子的法兰管和冷凝水管，必要时更换；
4.2.2.4 拆出辊子后需要立即确认轴上需要修复的螺纹的数量，确认维修方案。

4.2.3 拆卸检查箱体内部件

4.2.3.1 拆箱体侧盖、顶盖，在箱体上端安放吊架；
4.2.3.2 拆轴前端的密封件；
4.2.3.3 拆导丝辊轴：拆轴后端盖，取下卡环，取下档环卸掉螺栓，取下大轴前端护罩，用吊链吊住轴的两端，用一台液压千斤顶和专用工具在轴的后端将轴向外顶，或用两台千斤顶一端顶住前端齿轮，一端顶住后端箱臂，前端用倒链拉，当前端轴承出来后，用叉车将轴接住，倒链绑在叉车上，将轴抽出，放入指定位置，对应编号排放好。

4.2.4 清理齿轮箱内部的残余油及污物。

4.3 回装与质量标准

4.3.1 回装

4.3.1.1 将轴安装好后运送至合适位置，用叉车拖住支架和辊子，并用导链固定到叉子上送到预定位置，用导链及叉车将轴送到预定位置；
4.3.1.2 大轴的螺孔及螺栓上涂防卡剂；
4.3.1.3 用叉车托住新辊，放置到安装位置，盘车使辊子和轴上螺栓孔对准。
4.3.1.4 安装固定螺栓。

4.3.2 检修质量标准

1433-Z06 丝束冷却机检修质量标准见表 1。

表 1 1433-Z06 丝束冷却机检修质量标准

序号	检修项目	质量标准	检验方法
1	辊子径向跳动	≤ 0.2mm	百分表
2	辊子水平度	≤ 0.3/1000	水平仪
3	回转接头	无泄漏	目视
4	齿面啮合	沿齿高≥ 50%	红丹
		沿齿宽≥ 70%	红丹
5	齿轮磨损	≤ 0.3mm	专用工具
6	密封点	无泄漏	目视
7	润滑油系统	无泄漏，润滑到位，泵出口表压≥ 0.1MPa	目视
8	电机和传动轴端对中	径向≤ 0.1mm 轴向≤ 0.1mm	激光对中仪
9	缠丝检器测	检测板与辊面平行，间隙为 3mm； 毛刷架和辊面接触良好，毛毡无破损	塞尺 目视

5 试车与验收

5.1 试车前准备

5.1.1 按本规程 4.3.2 检修质量标准进行检查验收。
5.1.2 确认各润滑点都按润滑要求加油。
5.1.3 做到工完、料尽、场地清，废弃物按有关规定进行分类处理。
5.1.4 确认相应检修记录齐全、规范。
5.1.5 确认公用工程、电气、仪表等满足试车条件。

5.2 试车与验收

5.2.1 空载试车

5.2.1.1 可单独进行试运行，空载试车运行速度不大于 150m/min。
5.2.1.2 手动盘车，使辊子转动 1 圈以上，检查齿轮是否有阻碍。
5.2.1.3 启动润滑油泵 0.5h 以上，检查各润滑点是否正常。
5.2.1.4 设备启动时，检查箱体和联轴节是否有异音、异振。
5.2.1.5 检查回转接头是否泄漏，有无抖动。
5.2.1.6 设置设备的不同运转速度，观察导丝辊的转速变化。用转速仪测定是否和转动值相同。
5.2.1.7 检查电动机运转时的噪声、振动等情况。

5.2.2 负载试车

5.2.1.1 修复空载试车过程中出现的故障和缺陷。
5.2.1.2 由工艺和操作人员调整导丝辊速度，挂丝开车。
5.2.1.3 承载后整机运行无异常振动和过热部位。
5.2.1.4 缠丝检测器工作正常，毛刷架能有效去除毛丝。
5.2.1.5 负载试车时间内应无异常停车。

5.2.3 试车时间

试车分为点动、低速、高速三种运行速度，但不得在空载情况下高速试车，每种速度试车时间为 8h。

5.3 验收

5.3.1 达到规定试车时间，运行状态良好。
5.3.2 试车记录齐全规范。
5.3.3 设备运行符合工艺要求后，由设备主管部门、检修单位和使用单位三方办理交接验收。

6　维护与故障处理

6.1　日常维护

6.1.1　维护内容

6.1.1.1　检查设备运行状态。
6.1.1.2　检查设备润滑状况。
6.1.1.3　机台的清洁卫生，按要求做料桶作业。
6.1.1.4　检查回转接头是否泄漏。
6.1.1.5　检查导丝辊表面磨损及转动情况。
6.1.1.6　检查缠丝检测器是否正常。
6.1.1.7　认真填写巡检记录和设备维护记录，发现问题及时处理。

6.2　常见功能故障与处理方法

1433-Z06 丝束冷却机常见功能故障与处理方法见表 2。

表 2　1433-Z06 丝束冷却机常见功能故障与处理方法

序号	功能	功能故障	故障模式	故障后果	故障应对策略与检修内容	检修周期／月
1	出口丝束达到工艺要求	毛丝多，缠辊多	缠丝检测器损坏或辊面损伤	产品质量不合格	定期检查；维修缠丝检测器；更换辊	视情况而定
		丝束温度过高（＞55℃）	循环冷却水不通	产品质量不合格	定期检查；循环水管路疏通；水泵检查；旋转接头维修	视情况而定
2	保证冷却机连续运转	润滑系统故障	润滑油流量小或者压差报警	齿轮或者轴承磨损	清理过滤器	视情况而定
			润滑油泵出口压力减小	齿轮或者轴承磨损	拆解、清洗油泵溢流阀；更换润滑油泵	24～36
			电机损坏	齿轮或者轴承磨损	维修更换电机	24～36
			润滑油出现泄漏	齿轮或者轴承磨损	查找泄漏点，维修	视情况而定

表 2　1433-Z06 丝束冷却机常见功能故障与处理方法（续）

序号	功能	功能故障	故障模式	故障后果	故障应对策略与检修内容	检修周期／月
2	保证冷却机连续运转	驱动系统故障	电动机故障	机组振动大	维修电机	24~36
			齿式联轴器对中不良	机组振动大	重新对中	视情况而定
		齿轮箱故障	滚动轴承磨损	机组振动大	更换轴承	48~60
			传动齿轮磨损	机组振动大	更换配件	48~60
		辊故障	固定螺栓松动	辊晃动大	重新打表检测，紧固或者更换固定螺栓	视情况而定

附　录　A
（资料性附录）
检修数据记录表

序号	检测项目	质量标准	检测方法	质控等级	实测记录		确认人		
					修前	修后	检修人员	检修单位技术人员	使用单位技术人员
1	辊子径向跳动	≤0.02mm	打表法	停止点					
2	辊子水平度	≤0.3/1000mm	水平仪	停止点					
3	回转接头	无泄漏	目视法	停止点					
4	同步齿轮接触面	沿齿高＞50% 沿齿宽＞70%	着色法	质控点					
5	齿轮磨损	≤0.3mm	着色法	质控点					
6	润滑油系统	无泄漏，出口压力正常	目视	质控点					
7	同步齿轮轴头径向跳动	≤0.01mm	打表法	质控点					
8	联轴器对中度	径向偏差≤0.1mm 角向偏差≤0.1mm	打表法	质控点					
9	辊子表面及轴颈处	无气孔、裂纹和伤痕等缺陷	目测、磁粉、着色	自控点					

备注：自控点是检修人员进行质量检验的检修工序点；质控点是检修方质检员或技术员进行质量检验的工序点；停止点是检修、使用双方技术人员都必须到现场确认的检修工序点。

附 录 B
（资料性附录）
试车与验收记录表

年 月 日

使用单位		检修单位			
设备位号及名称		设备类别	静设备（ ）；动设备（ ）		
试车验收前的准备工作	静设备	动设备	状态确认		确认人
1. 各加油点已按规定加好润滑油		△			
2. 密封液已加好		△			
3. 电源线已接好		△			
4. 工艺准备已完毕	△	△			
5. 检修记录单位和零部件换修记录单已填好	△	△			
6. 设备本体及检修现场干净	△	△			
7. 加热、冷却系统运行正常	△	△			
8. 润滑、密封液系统工作正常		△			
9. 盘车轻松，无轻重不均匀感		△			
10. 电机点动或单试转向正确		△			
11. 防腐或保温完好	△	△			
12. 静密封点无泄漏	△	△			
试车验收数据			标准值	实测值	
13. 温升		△			
14. 电流		△			
15. 振动值		△			
16. 动密封泄漏量		△			
验收结论：					
验收人员签字： 检修单位： 使用单位： 主管部门：					

注： 1. 在相应设备类别（ ）内填“√”，“△”指该设备应验收这些项目。
2. 对于状态确认项目，在确认栏内填“√”（符合要求）或“×”（不符合要求）。
3. 对于电流等非定性项目，在“标准值”栏和“实测值”栏内填数值。

42. 1433-Z08 牵伸上油机检修规程

SHS 04552—2019

代替 SHS 04552—2004

目　次

前　　言

本规程按照GB/T 1.1—2009《标准化工作导则　第1部分：标准的结构和编写》给出的规则起草。

本规程代替SHS 04552—2004《1433-Z08牵伸上油机检修规程》，与SHS 04552—2004相比，除了编辑性修改外主要技术变化如下：

——更新规范性引用文件；

——增加下自由辊采用的刮刀式防缠器维护保养内容；

——增加上油辊表面贴合丝束长度；

——增加上油不足丝片出现光斑的调节方法，上油下自由辊缠丝增加时的调整方法；

——修订检修质量标准的相关内容；

——修订常见故障处理的相关内容。

——增加"附录A　检修数据记录表"；

——增加"附录B　试车与验收数据记录表"。

本规程由中国石油化工集团有限公司、中国石油化工股份有限公司提出。

本规程起草单位：中国石油化工股份有限公司洛阳分公司。

本规程主要起草人：刘园、牛建峰。

本规程历次版本发布情况：

——SHS 04552—2004。

1433–Z08 牵伸上油机检修规程

1 范围

1.1 主题内容

本规程规定了福莱司拿公司（Fleissner）1433-Z08 牵伸上油机检修周期与内容、检修程序与质量标准、试车与验收、维护与故障处理。

1.2 适用范围

本规程适用于福莱司拿公司（Fleissner）1433-Z08 牵伸上油机维护与检修，亦适用于纽马格（Neumag）AK526 型牵伸上油机及同类型设备维护与检修。

2 规范性引用文件

下列文件中的条款通过本规程的引用而成为本规程的条款。凡是注日期的引用文件，其随后所有的修改单（不包括勘误的内容）或修订版均不适用于本规程，然而，鼓励根据本规程达成协议的各方研究是否可使用这些文件的最新版本。凡是不注日期的引用文件，其最新版本适用于本规程。

FZ/T 96029　涤纶短纤维后处理联合机

3 检修周期与内容

3.1 检修周期

根据 1433-Z08 牵伸上油机功能故障及其影响分析的结果，并结合生产装置运行周期，确定设备检修周期，一般为 36～48 个月。

3.2 检修项目

3.2.1 检查传动链条、链轮的磨损情况，择差更换。

3.2.2 调整链条松紧，补充减速机润滑油。

3.2.3 检查被动辊转动灵活性，补充润滑脂。

3.2.4 检查上油辊及导丝辊表面是否光滑。

3.2.5 检查油剂管路是否泄漏或堵塞，清理油槽内污物。

3.2.6 检查油剂供应是否充足，清洗油剂过滤器。

3.2.7 每班清理刮刀刃部附着的异物，检查刮刀式防缠器刮刀的磨损程度，择差更换。
3.2.8 调整传动链张力，更换张紧齿轮。
3.2.9 根据润滑脂状况，更换被动辊轴承。
3.2.10 更换油剂泵及电动机轴承及机封。
3.2.11 根据漏油情况及油质，拆检齿轮箱，择差更换。
3.2.12 调整上油辊位置，使得丝束贴合正常。
3.2.13 更换刮刀式防缠器风线，调整气囊角度。
3.2.14 全机补充刷漆。

4 检修程序与质量标准

4.1 拆卸前准备

4.1.1 检查日常检修、运转和测试的记录，确定检修项目。
4.1.2 落实检修时所需的备品备件、材料及安装自调心轴承专用工具的准备工作，并对其质量进行确认。
4.1.3 选择有维修资质的检修单位并与之进行质量交底。
4.1.4 落实消防、安全、环保工作，并对参与检修的人员进行安全及环保教育。
4.1.5 工艺处理符合要求。
4.1.6 办理好相关作业的票证，填写好设备交出资料。

4.2 拆卸与检测

4.2.1 拆卸被动导丝辊

4.2.1.1 拆被动导丝辊轴端内六角螺栓，拆掉密封护板和密封件。
4.2.1.2 用专用工具，通过盘车，拆辊子固定螺栓，剩上面 2 个。
4.2.1.3 拆除密封件内六角螺栓，使密封件松开，和辊子一起取下。
4.2.1.4 用被子将辊表面包起来，叉车托住辊子，用倒链把辊子与叉车捆在一起，拆除剩下的 2 个螺栓，取下辊子，叉车将辊子放置到指定位置。

4.2.2 拆卸轴

4.2.2.1 拆掉轴小端盖，拆掉卡环。
4.2.2.2 轴的前端用专用工具上紧，用叉车托住。
4.2.2.3 轴的小端用吊带吊住，用专用工具配合千斤顶将轴向外顶。
4.2.2.4 用叉车将轴拉出，放入指定位置。

4.2.3 拆卸上油辊

上油辊结构如图 1 所示。

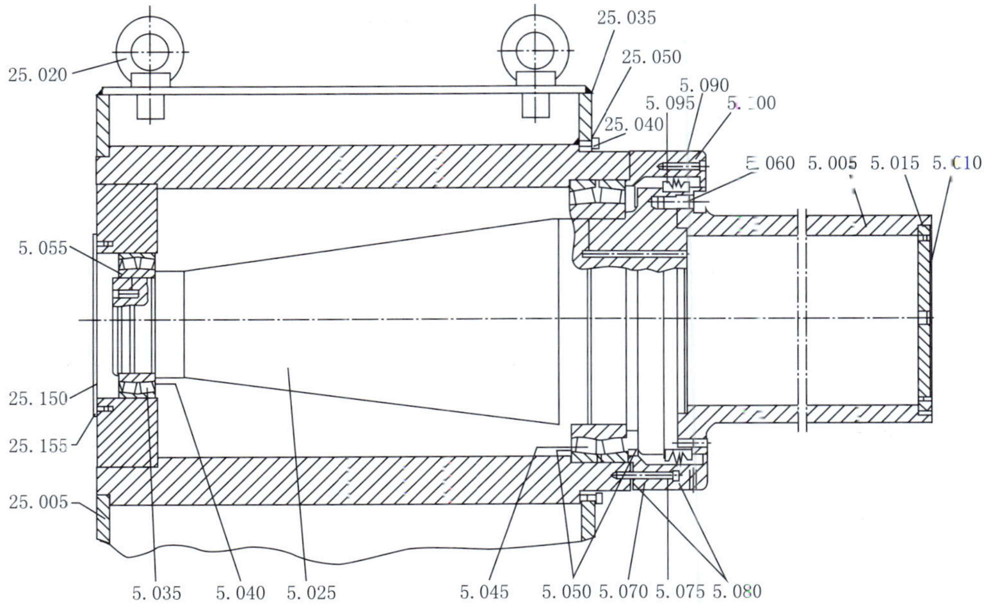

图 1　上油辊结构简图

4.2.3.1　拆掉接油盘。

4.2.3.2　拆掉传动链条。

4.2.3.3　用叉车托住上油辊连同外罩，拆掉在箱体上的4个连接螺栓，把辊和外罩抽出。

4.2.3.4　拆掉外罩上的六角螺栓，去掉外罩。

4.2.3.5　用拉马把轴承拉下。拆下上油辊内内六角螺栓，取下短轴。

4.3　回装与质量标准

4.3.1　回装

4.3.1.1　确认箱体内部清洁无杂物，按顺序安装导丝辊轴及导丝辊。安装完毕，再次清理设备内部。

4.3.1.2　确认箱体表面清洁无杂物，按顺序安装上油辊、接油盘及传动链条，最后安装外罩。

4.3.1.3　安装完箱体内无异物，盘车后无卡阻后封闭顶盖和侧窗。

4.3.2　检修质量标准

1433-Z08 牵伸上油机检修质量标准见表 1。

表 1　1433-Z08 牵伸上油机检修质量标准

序号	检修项目	质量标准	检验方法
1	辊子径向跳动	≤ 0.2mm	百分表
2	辊子水平度	≤ 0.3/1000	水平仪

表 1　1433-Z08 牵伸上油机检修质量标准（续）

序号	检修项目	质量标准	检验方法
3	传动链条	张力合适，链条、链轮无磨损	目视
4	上油辊	表面无伤痕，表面贴合丝束长度 3mm	目视，拉线测量
5	被动辊	表面无伤痕	目视
6	减速机	转动灵活	手动盘车
7	油剂管道	无堵塞	目视
8	刮刀式防缠器	刮刀与辊面贴合严密	透光目视

5　试车与验收

5.1　试车前准备

5.1.1　按本规程 4.3.2 检修质量标准进行检查验收。

5.1.2　确认各润滑点都按润滑要求加油。

5.1.3　做到工完、料尽、场地清，废弃物按有关规定进行分类处理。

5.1.4　确认相应检修记录齐全、规范。

5.2　试车与验收

5.2.1　空载试车

5.2.1.1　检查上油辊是否转动灵活，无杂音。

5.2.1.2　检查被动导丝辊是否转动灵活。

5.2.1.3　启动油剂泵，检查油剂循环是否正常。

5.2.1.4　启动设备，设置设备的不同运转速度（最高速度不得超过额定速度的 1/2），观察导丝辊的转速变化。用转速仪测定是否和转动值相同。

5.2.2　负载试车

5.2.2.1　修复空载试车过程中出现的故障和缺陷。

5.2.2.2　由工艺和操作人员调整上油辊速度，挂丝开车。

5.2.2.3　承载后整机运行无异常振动和过热部位。

5.2.2.4　油剂上油量充足，能满足工艺要求。

5.2.2.5　运行过程中上油辊和被动导丝辊无钩丝。

5.2.2.6　负载试车时间内应无异常停车。

5.2.3　试车时间

试车分为低速、高速运行，每种速度试车时间为 8h。

5.3 验收

5.3.1 交接验收必须具备下列条件：

5.3.1.1 试车运行情况良好；

5.3.1.2 检修记录、试车记录齐全。

5.3.2 检修质量按第 4.3.2 条检修质量标准验收。

5.3.3 按规定办理交接验收手续。

6 维护与故障处理

6.1 日常维护

6.1.1 维护内容

6.1.1.1 检查设备运行状态。

6.1.1.2 检查设备润滑状况，润滑系统是否正常。

6.1.1.3 机台的清洁卫生，按要求做料桶作业。

6.1.1.4 检查上油量是否充足，上油管线是否堵塞，定期清洗油过滤器。

6.1.1.5 检查上油辊和导丝辊表面磨损及转动情况。

6.1.1.6 检查上油辊和丝束接触情况。

6.1.1.7 检查链条及链轮的传动情况。

6.1.1.8 认真填写巡检记录和设备维护记录，发现问题及时处理。

6.2 常见功能故障与处理方法

1433-Z08 牵伸上油机常见功能故障与处理方法见表 2。

表 2 1433-Z08 牵伸上油机常见功能故障与处理方法

序号	功能	功能故障	故障模式	故障后果	故障应对策略与检修内容	检修周期/月
1	出口丝束达到工艺要求	毛丝多，缠辊多	缠丝检测器损坏或辊面损伤	产品质量不合格	定期检查，维修缠丝检测器，更换辊	视情况而定
		丝束上油效果不好	油剂盘油位低或油剂溢出	产品质量不合格	定期检查，循环油剂管路疏通，油剂泵检查，过滤器清理	视情况而定
			油剂温度低	产品质量不合格	定期检查，检查换热器，检查热水循环回路	视情况而定
			丝束不上油或者上油量小	产品质量不合格	定期检查，检查调整油剂辊位置	视情况而定

表 2　1433-Z08 牵伸上油机常见功能故障与处理方法（续）

序号	功能	功能故障	故障模式	故障后果	故障应对策略与检修内容	检修周期 / 月
2	保证牵伸上油机连续运转	油剂系统故障	泵出口压力减小，电机损坏，油剂出现泄漏	油剂泵损坏	维修油剂泵，维修更换电机，查找泄漏点，维修	视情况而定
		驱动系统故障	减速机故障	停机或机组振动大	维修减速机	视情况而定
			电机故障	机组振动大	维修电机	24～36
			传动链条故障	机组振动大	维修更换链条，调整链轮位置	视情况而定
		轴承箱故障	滚动轴承磨损	机组振动大	更换轴承	48～60
		辊故障	固定螺栓松动	辊晃动大	重新打表检测，紧固或者更换固定螺栓	视情况而定

附 录 A
（资料性附录）
检修数据记录表

序号	检测项目	质量标准	检测方法	质控等级	实测记录		确认人		
					修前	修后	检修人员	检修单位技术人员	使用单位技术人员
1	辊子径向跳动	≤0.2mm	打表法	停止点					
2	辊子水平度	≤0.3/1000mm	压铅法	停止点					
3	链条松紧度	≤2%	游标卡尺	质控点					
4	辊面与丝束贴合	表面贴合丝束长度3mm	卷尺	停止点					
5	辊子表面及轴颈处	无气孔、裂纹和伤痕等缺陷	目测、磁粉、着色	自控点					

注：自控点是检修人员进行质量检验的检修工序点；质控点是检修方质检员或技术员进行质量检验的工序点；停止点是检修、使用双方技术人员都必须到现场确认的检修工序点。

附 录 B
（资料性附录）
试车与验收数据记录表

年　　月　　日

<table>
<tr><td>使用单位</td><td></td><td>检修单位</td><td></td></tr>
<tr><td>设备位号及名称</td><td></td><td>设备类别</td><td>静设备（　　）；动设备（　　）</td></tr>
</table>

<table>
<tr><td>试车验收前的准备工作</td><td>静设备</td><td>动设备</td><td colspan="2">状态确认</td><td>确认人</td></tr>
<tr><td>1. 各加油点已按规定加好润滑油、脂</td><td></td><td>△</td><td colspan="2"></td><td></td></tr>
<tr><td>2. 密封液已加好</td><td></td><td>△</td><td colspan="2"></td><td></td></tr>
<tr><td>3. 电源线已接好</td><td></td><td>△</td><td colspan="2"></td><td></td></tr>
<tr><td>4. 工艺准备已完毕</td><td>△</td><td>△</td><td colspan="2"></td><td></td></tr>
<tr><td>5. 检修记录单位和零部件换修记录单已填好</td><td>△</td><td>△</td><td colspan="2"></td><td></td></tr>
<tr><td>6. 设备本体及检修现场干净</td><td>△</td><td>△</td><td colspan="2"></td><td></td></tr>
<tr><td>7. 加热、冷却系统运行正常</td><td>△</td><td>△</td><td colspan="2"></td><td></td></tr>
<tr><td>8. 润滑、密封液系统工作正常</td><td></td><td>△</td><td colspan="2"></td><td></td></tr>
<tr><td>9. 盘车轻松，无轻重不均匀感</td><td></td><td>△</td><td colspan="2"></td><td></td></tr>
<tr><td>10. 电机点动或单试转向正确</td><td></td><td>△</td><td colspan="2"></td><td></td></tr>
<tr><td>11. 防腐或保温完好</td><td>△</td><td>△</td><td colspan="2"></td><td></td></tr>
<tr><td>12. 静密封点无泄漏</td><td>△</td><td>△</td><td colspan="2"></td><td></td></tr>
<tr><td>试车验收数据</td><td colspan="2"></td><td>标准值</td><td>实测值</td><td></td></tr>
<tr><td>13. 温升</td><td></td><td>△</td><td></td><td></td><td></td></tr>
<tr><td>14. 电流</td><td></td><td>△</td><td></td><td></td><td></td></tr>
<tr><td>15. 振动值</td><td></td><td>△</td><td></td><td></td><td></td></tr>
<tr><td>16. 动密封泄漏量</td><td></td><td>△</td><td></td><td></td><td></td></tr>
<tr><td colspan="6">验收结论：</td></tr>
<tr><td colspan="6">验收人员签字：

检修单位：　　　　　　　　使用单位：　　　　　　　　主管部门：</td></tr>
</table>

注： 1. 在相应设备类别（　　）内填“√”，“△”指该设备应验收这些项目。

2. 对于状态确认项目，在确认栏内填“√”（符合要求）或“×”（不符合要求）。

3. 对于电流等非定性项目，在“标准值”栏和“实测值”栏内填数值。

43. HV822 型叠丝机维护检修规程

SHS 04553—2019

代替 SHS 04553—2004

目　次

前　言

本规程按照GB/T 1.1—2009《标准化工作导则　第1部分：标准的结构和编写》给出的规则起草。

本规程代替SHS 04553—2004《HV822型叠丝机维护检修规程》，与SHS 04553—2004相比，除了编辑性修改外主要技术变化如下：

——明确了本规程适用叠丝机的型号；

——对检修周期进行了调整，对检修内容进行了完善；

——重点对检修程序与质量标准进行了修改；

——对常见功能故障与处理部分按RCM分析方法重新编制；

——增加“附录A　检修数据记录表”；

——增加“附录B　试车与验收数据记录表”。

本规程由中国石油化工集团有限公司、中国石油化工股份有限公司提出。

本规程起草单位：中国石化仪征化纤有限责任公司。

本规程主要起草人：贾传兵。

本规程历次版本发布情况：

——SHS 04553—2004。

HV822 型叠丝机维护检修规程

1 范围

1.1 主题内容

本规程规定了 HV822 型叠丝机维护检修周期与内容、检修程序与质量标准、试车与验收、维护与故障处理。

1.2 适用范围

本规程适用于 HV822 型叠丝机及同类设备维护与检修。

2 规范性引用文件

下列文件中的条款通过本规程的引用而成为本规程的条款。凡是注日期的引用文件，其随后所有的修改单（不包括勘误的内容）或修订版均不适用于本规程，然而，鼓励根据本规程达成协议的各方研究是否可使用这些文件的最新版本。凡是不注日期的引用文件，其最新版本适用于本规程。

GBZ 19414　工业用闭式齿轮传动装置

3 检修周期与内容

3.1 检修周期

根据 HV822 型叠丝机系统功能故障及其影响分析的结果，并结合生产装置运行周期，确定设备检修周期，一般为 48～60 个月。

3.2 检修项目

3.2.1 对油剂系统管路及润滑系统油路消漏、消堵，检修管路附件（含视油器），配齐缺损件。

3.2.2 检修上油辊部件及其传动装置，调节链条松紧度。

3.2.3 分解检修长导丝辊、上油辊、电加热辊、牵引辊、加压辊并择差更换。

3.2.4 分解检查加压辊气缸，更换密封件；对气路系统、气缸、换向阀检修，消漏消堵，更换损坏件。

3.2.5 拆检传动箱体和传动部件，检查齿轮啮合及磨损情况，检查链轮、链条磨损情况及链条伸长量，择差更换。

3.2.6 检修移门装置，移门链条清洗上油、张力调整。

3.2.7 油剂泵拆检、清洗，更换密封件。

3.2.8 拆解导丝辊调幅装置，检查、清理调幅装置，择差更换零部件。

3.2.9 清理排风罩通道。

3.2.10 视情况整机防腐。

4 检修程序与质量标准

4.1 检修前的准备

4.1.1 准备相关技术资料，根据日常维护、运转和测试记录，确定检修内容，制定检修计划。

4.1.2 落实好检修时所需的备品备件、材料、工器具等，并根据相关质量标准做好质量检查和确认。

4.1.3 选择有维修资质的检修单位并与之进行技术交底，熟悉图纸等相关资料，编制设备检修方案。

4.1.4 对参与检修的人员进行安全及环保教育，做好作业危害分析与评估、风险控制措施的交底与落实。

4.1.5 工艺处理符合要求：

4.1.5.1 停车、丝束已清理；

4.1.5.2 油剂系统已停车，并排油置换；

4.1.5.3 压空系统已关闭。

4.1.6 做好设备停送电管理，现场检修隔离、警示、挂牌管理。

4.1.7 办理好相关作业的票证，填写好设备交出资料，设备交出手续完备。

4.1.8 完成检修前其他工作确认。

4.2 拆卸与检查

4.2.1 拆检长导丝辊、上油轮、电加热辊、牵引辊、加压辊部件。长导丝辊结构如图1所示。

4.2.1.1 拆除螺钉M8×16、用顶丝拆下后轴承盖10，拆除挡圈9、止退垫、圆螺母，检查O形圈磨损情况。

4.2.1.2 拆除螺钉M8×16、用顶丝拆下前轴承盖3，检查油封磨损情况。

4.2.1.3 在后轴端用液压千斤顶将轴向操作端推压，将后轴承从轴上分离，取下斜套，检查轴承、斜套磨损情况。

4.2.1.4 前轴承随轴一同从设备内抽出，拆除止退垫、圆螺母、挡圈6、轴承5，检查轴承磨损情况。

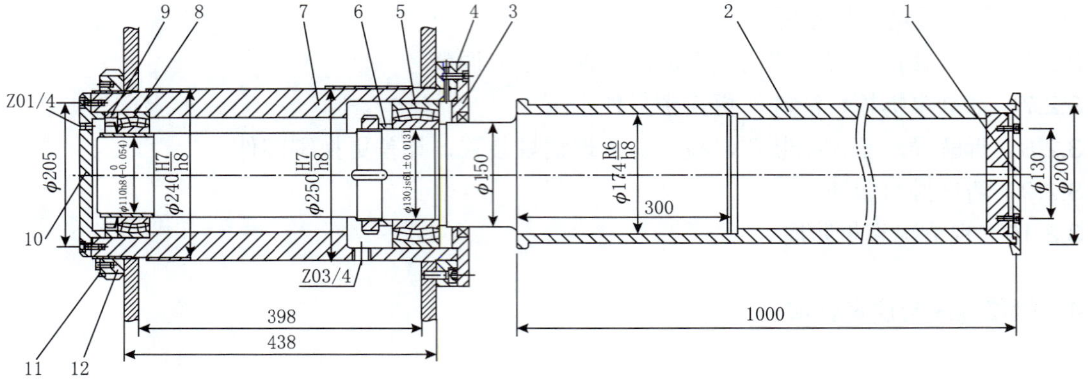

图 1　长导丝辊结构图

4.2.1.5　拆除螺钉 M12×35、M8×16、止退板 11、螺母 12，将轴承座结合件 7 从操作侧取出，检查轴承孔配合尺寸。

4.2.2　拆检无级变速器及传动部件，检查齿轮啮合及磨损情况，检查链轮、链条磨损情况及链条伸长量。

4.2.3　拆检移门装置。

4.2.4　拆检牵引辊主传动部件。

4.2.5　油剂泵拆检。

4.3　回装与质量标准

4.3.1　回装

4.3.1.1　上油装置上的毡条接触压力的调节：

a）检查毡条是否脱落，与上油辊接触是否良好；

b）检查上油管有无下垂至上油辊上的现象；

c）有下垂现象的情况系接触压力太大，可通过调节螺母来调节压力；

d）检查毡条与上油辊之间有无间隙；

e）有间隙时可通过调节螺母予以调节；

f）若毡条堵塞通过压力计可表现出来；

g）若压力计上指示压力超过规定压力，则需更换毡条，发生这种情况有可能是毡条与辊之间夹入废丝；

h）检查毡条的两侧有无油飞散出来；

i）检查油是否连续地从接油盘流出；

j）在油飞散或油连续流出的情况下，要更换毡条。

4.3.1.2　ϕ200×1000 导丝辊（0200）的安装：

a）导丝辊轴依次装入轴承盖板、油封；

b）使用专用工具，把导丝辊（HV822-0200-1）装入机架安装孔；

c）装入后轴承 23024BK+H3024，旋紧圆螺母，使轴承间隙减少量符合要求；

d）安装轴承后盖；

e）安装润滑铜管；

f）安装辊子端盖。

4.3.2 检修质量标准

HV822 型叠丝机检修质量标准见表 1。

表 1 HV822 型叠丝机检修质量标准

mm

序号	检验项目	质量标准	检验方法
1	导丝辊径向跳动	≤0.30	百分表
2	牵引辊径向跳动	≤0.50	百分表
3	滚子链条松紧度	≤40/1000	目测、手感
4	加压辊与牵引辊接触平行度	＜0.03	塞尺
5	加压辊与牵引辊中心线横向偏移	≤0.5	直尺

5 试车与验收

5.1 试车前准备

5.1.1 按本规程 4.3.2 检修质量标准进行检查验收；

5.1.2 各阀门灵活有效，各密封点无泄漏，各零部件、附件齐全完好；

5.1.3 确认各润滑点都按润滑要求加油、脂；

5.1.4 各连接件紧固良好；

5.1.5 做到工完、料尽、场地清，废弃物按有关规定进行分类处理；

5.1.6 确认相应检修记录齐全、规范；

5.1.7 确认公用工程、工艺条件、电气、仪表满足试车条件；

5.1.8 完成其他试车条件确认。

5.2 试车

5.2.1 空载试车

5.2.1.1 确认电机转向；

5.2.1.2 试车前要求手动盘车，检查箱体及传动部件有无异物、卡阻；

5.2.1.3 瞬时点动油泵三次无异常后方可连续运转；

5.2.1.4 与主机进行 24h 空载运行验收（低、中、高速各 8h）；

5.2.1.5　全机各动、静密封点无泄漏。

5.2.2　负载试车

5.2.2.1　负载试车按满负荷正常生产速度进行调试;
5.2.2.2　检查各润滑点泄漏、温升情况，设备运转正常;
5.2.2.3　全机各部件运行平稳，振动、声音等无异常;
5.2.2.4　电动机电压、电流应正常。

5.3　验收

5.3.1　达到规定试车时间，各项技术指标达到设计要求值或满足生产需要。
5.3.2　设备达到完好标准。
5.3.3　检修记录齐全、准确，按规定办理验收手续。

6　维护与故障处理

6.1　日常维护

6.1.1　检查长导丝辊、上油辊、电加热辊、牵引辊、加压辊的表面质量，修磨。
6.1.2　检查所有辊子运转是否平稳，检修、更换各辊损坏的轴承，保证其转动灵活。
6.1.3　检修上油辊部件及其传动装置，调节链条松紧度。
6.1.4　检查无级变速器的振动、响声、温升是否正常。
6.1.5　检修电加热辊摆动座及调整装置，配齐缺损件。
6.1.6　检查牵引辊主传动箱工作状况，调整链条松紧度。
6.1.7　检查加压辊气缸升降是否平稳、灵活。
6.1.8　对油剂系统管路及润滑系统油路消漏消堵，检修管路附件（含视油器），配齐缺损件。
6.1.9　检查移门装置升降是否平稳、灵活。
6.1.10　检查油剂泵运行是否正常，检修油剂齿轮泵。
6.1.11　对气路系统、气缸、换向阀检修，消漏消堵，更换损坏件。
6.1.12　润滑油管路、油剂管路、气路消堵消漏。
6.1.13　按设备巡检维护要求做好巡检维护记录。
6.1.14　按设备润滑要求进行润滑，做好润滑记录。

6.2　常见功能故障与处理方法

HV822型叠丝机设备常见功能故障与处理方法见表2。

表 2　HV822 型叠丝机常见功能故障与处理方法

序号	功能	功能故障	故障模式	故障后果	故障应对策略与检修内容	检修周期／月
1	保证叠丝机设备运转	对丝束作牵伸处理	长导丝辊跳动异常	装置停工	紧固或换斜套	视情而定
			长导丝辊、牵引辊前轴承漏油	装置停工	长导丝辊、牵引辊前轴承漏油，更换油封	视情而定
		上油轮传动链异响	链条较松	装置停工	链条较松，调节链长张紧度	视情而定
			传动链轮不在同一平面内	装置停工	传动链轮不在同一平面内，调整链轮位置	视情而定
		上油轮异响	轴承损坏	装置停工	更换轴承	视情而定
			上油轮轴孔配合处磨损	装置停工	更换上油轮	视情而定
		加热辊异响或不转	轴承润滑不良	装置停工	加油或更换轴承	视情而定

附　录　A
（资料性附录）
检修数据记录表

mm

项目	主要控制内容				等级	施工单位	生产装置	设备管理部门	备注
	标准值	现场记录							
		1#	2#	3#					
拆卸时检测									
ϕ200 导丝辊径跳	≤0.3（距辊端 100mm）				B	★	★		
ϕ350 牵引辊径跳	≤0.5				B	★	★		
各辊表面	无明显划伤、剥落				B	★	★		
加热辊、加压辊、导丝辊、牵引辊	运转灵活无异声				B	★	★		
上油辊	表面完好，运转灵活				B	★	★		
上油毛毡架	间隙均匀、对中、平行				B	★	★		
摆动辊调节部件	调节灵活、轻便				C	★			
回装时检测									
ϕ200 导丝辊径跳	≤0.3（距辊端 100mm）				B	★	★		
ϕ350 牵引辊径跳	≤0.5				B	★	★		
各辊表面	无明显划伤、剥落				B	★	★		
加热辊、加压辊、导丝辊、牵引辊	运转灵活无异声				B	★	★		
上油辊	表面完好，运转灵活				B	★	★		
上油毛毡架	间隙均匀、对中、平行				B	★	★		
摆动辊调节部件	调节灵活、轻便				C	★			
各传动链条	表面完好，张力适中				B	★	★		
移门系统	动作灵活、无泄漏				C	★			
加压辊升降	灵活、可靠				C	★			
润滑系统	管路畅通、位置准确、流量适中、无泄漏				B	★	★		
传动部件	轴孔配合无松动，齿轮、链轮面光洁完好				B	★	★		
修后盘动	轻便、无卡阻				B	★	★		

注：A 级：施工单位、生产装置、设备管理部门专业人员检查确认后签字。

B 级：施工单位和生产装置专业人员检查确认后签字。

C 级：施工单位专业人员检查确认后签字。

另：如果有监理，监理的职责由甲方授权。

附　录　B
（资料性附录）
试车与验收数据记录表

年　　月　　日

使用单位		检修单位				
设备位号及名称		设备类别	动设备（　　）；静设备（　　）			
试车验收前的准备工作		静设备	动设备	标准值	实测值	确认
1. 各加油点按规定加好润滑油			△			
2. 密封液已加好			△			
3. 电源线已接好			△			
4. 工艺准备已完毕		△	△			
试车验收内容						
1. 检修计量单位和零部件换修记录单已填好		△	△			
2. 设备本体及检修现场干净		△	△			
3. 加热、冷却系统运行正常		△	△			
4. 润滑、密封液系统工作正常			△			
5. 盘车轻松、无轻重不均匀感			△			
6. 防腐或保温完好		△	△			
7. 静密封无泄漏		△	△			
8. 温升			△	＜35℃		
9. 电流			△	≤13A		
验收结论：						
验收人员签字： 检修单位：________　使用单位：________　主管单位：________						

注： 1. 在（　　）内填“√”，“△”指该设备验收这些项目。

2. 对于定性项目，在确认栏内填“√”（符合要求）或“×”（不符合要求）。

3. 对于电流等非定型项目，在“标准值”栏内和“实测值”栏内填数值。

44. 72/74-58-Y14 三辊机维护检修规程

SHS 04554—2019

代替 SHS 04554—2004

目　次

前　言

本规程按照GB/T 1.1—2009《标准化工作导则　第1部分：标准的结构和编写》给出的规则起草。

本规程代替SHS 04554—2004《72/74-58-Y14三辊机维护检修规程》，与SHS 04554—2004相比，除了编辑性修改外主要技术变化如下：

——主题内容中强调了设备检修周期与内容、检修程序的内容；

——检修周期与内容章节里，删除小修与中修的提法，小修和中修的部分内容并入检修，属于日常维护的内容并入“维护与故障处理”；

——“4.1　检修前准备”中，增加了与检修以及检修过程中安全和环保有关的文字资料、专用工具、备品配件、施工人员及现场施工条件的确认等，细化了工艺处理要求；

——拆卸与回装程序要按照实际施工工序进行详细叙述；

——运用RCM表对日常故障处理进行了更新；

——增加“附录A　检修数据记录表”；

——增加“附录B　试车与验收数据记录表”。

本规程由中国石油化工集团有限公司、中国石油化工股份有限公司提出。

本规程起草单位：中国石化上海石油化工股份有限公司。

本规程主要起草人：裘伟刚。

本规程历次版本发布情况：

——SHS 04510—2004。

72/74-58-Y14 三辊机维护检修规程

1 范围

1.1 主题内容

本规程规定了涤纶短纤维装置 72/74-58-Y14 三辊机的检修周期、检修内容与质量标准、试车与验收、维护与故障处理。

1.2 适用范围

本规程适用于涤纶短纤维装置 72/74-58-Y14 三辊机及同类设备维护与检修。

2 规范性引用文件

下列文件中的条款通过本规程的引用而成为本规程的条款。凡是注日期的引用文件，其随后所有的修改单（不包括勘误的内容）或修订版均不适用于本规程，然而，鼓励根据本规程达成协议的各方研究是否可使用这些文件的最新版本。凡是不注日期的引用文件，其最新版本适用于本规程。

Fz/T 96029 涤纶短纤维后处理联合机

3 检修周期与内容

3.1 检修周期

根据 72/74-58-Y14 三辊机系统功能故障及其影响分析的结果，并结合生产装置运行周期，确定设备检修周期，一般为 48～60 个月。

3.2 检修内容

3.2.1 导丝辊端面跳动测量并记录；拆辊筒，表面检查并择差喷镀修复至尺寸。

3.2.2 检查传动齿轮啮合情况，包括齿面点蚀、磨损、硬性损伤等，齿面、齿根着色探伤检查，齿轮端面跳动测量并记录。

3.2.3 拆检输入轴与过桥轴部件，检查齿轮与轴的配合松动情况，更换全部骨架密封件，前、后轴承清洗检查，择差更换，轴承挡、齿轮挡、密封挡喷镀修复公差尺寸。

3.2.4 清洗传动箱体并更换润滑油。

3.2.5 油路、气路及气动三元件消漏消堵，压辊气缸拆检，更换全部密封件。

3.2.6 润滑油泵拆检，联轴节检查，弹性块更换，骨架密封更换，管路消漏。
3.2.7 鼓齿联轴节解体检查鼓齿，根据磨损情况更换联轴节，润滑脂清洁更换。
3.2.8 视情况整机防腐。
3.2.9 电气马达检修及油路流量控制器标定。

4 检修程序与质量标准

4.1 拆卸前准备

4.1.1 依据设备隐患排查、状态监测、设备故障、缺陷和日常检修内容，根据生产、工艺质量、安全、操作要求确定检修内容，做好设备修前问题的统计。
4.1.2 落实好检修时所需的备品备件、材料、专用工器具、吊装龙门架的准备工作并对其质量进行确认。
4.1.3 选择有维修资质的检修单位并与之进行技术交底。
4.1.4 对参与检修的人员进行安全及环保教育，做好作业危害分析与评估、风险控制措施的修前交底与落实。
4.1.5 工艺处理符合要求。
4.1.6 办理好相关作业的票证，填写好设备交出资料。

4.2 主要部件拆卸与检查

三辊机传动部件的结构如图 1 所示，主要部件的拆卸与检查内容、拆卸顺序、拆卸注意事项及要求见表 1。

表 1 主要部件拆卸

序号	拆卸与检查内容	拆卸顺序	注意事项及要求
1	导丝辊	距离辊端面处打表测量端面跳动存档，齿轮啮合测试并做着色探伤存档。松下连接螺栓从操作面拆下辊筒	吊装辊筒必须两股吊带，辊筒表面必须包裹保护防止划伤镀层
2	导丝辊轴	拆下后轴承盖螺栓及挡圈后从操作面移出辊轴，当拉出轴时，齿轮必须松开锥形连接器让齿轮与轴彻底分离，吊起齿轮，以便轴拉出	起重吊装必须平稳，防止齿轮撞击造成齿面损坏
3	输入轴及过桥轴	先输入轴后过桥轴从马达面拆下。分别拆下后轴承盖、挡圈、定位螺栓，让后轴承定位圈与后轴承座分离，用千斤顶及吊具缓慢拉出	千斤顶将轴马达面顶出，轴必须吊装平稳，严禁撬棒等坚硬物体损伤齿轮表面。轴承座挡圈必须与轴承座脱离
4	辊轴与过桥齿轮解体	辊轴松开锥形联轴器从后退出，辊轴抽出后，吊出齿轮；输入轴及过桥轴拆下后利用高压油泵将齿轮压出	齿轮必须吊装平稳，以便辊轴抽出，并保护齿孔不损伤

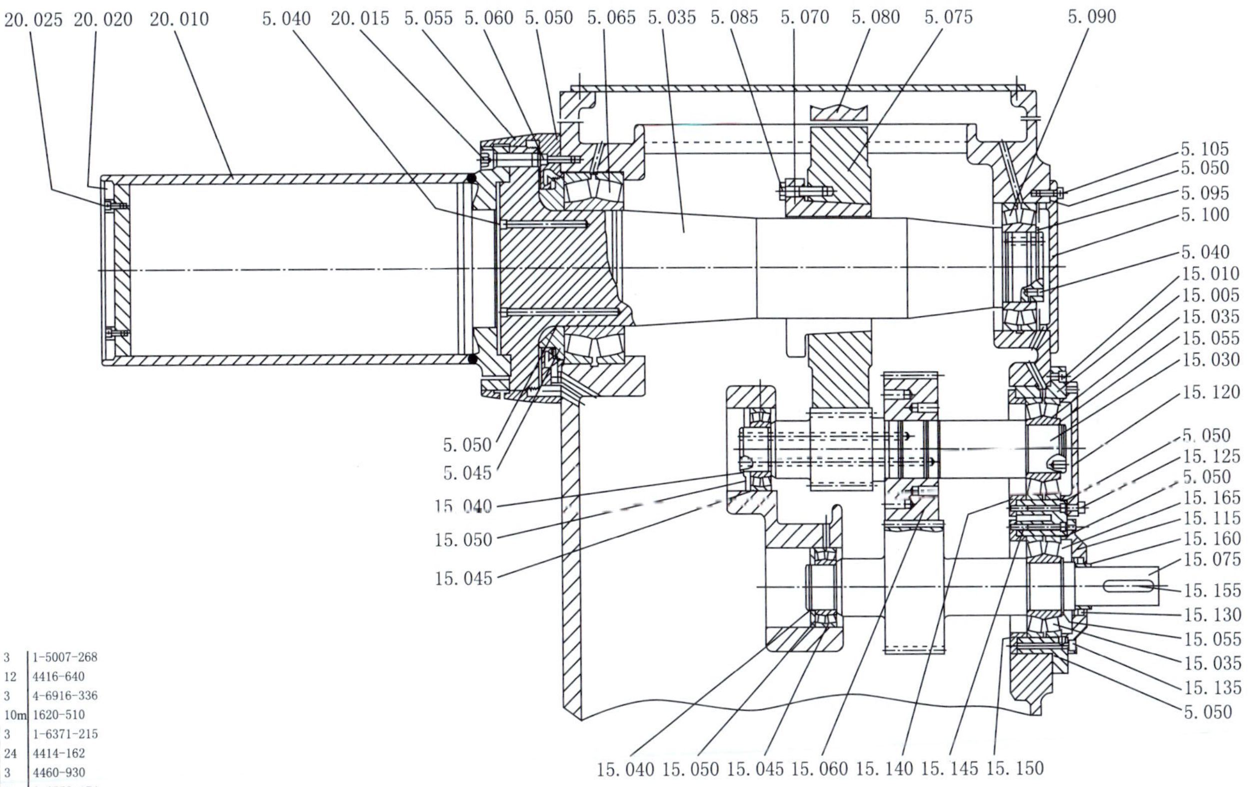

5.035	轴	3	1-5007-268
5.040	堵头	12	4416-640
5.045	甩油盘	3	4-6916-336
5.050	密封圈	10m	1620-510
5.055	防缠罩	3	1-6371-215
5.060	螺钉	24	4414-162
5.065	轴承	3	4460-930
5.070	轮毂	3	2-6572-174
5.075	齿轮	2	1-5016-357
5.080	齿轮	1	1-5016-358
5.085	铆钉	10	4414-293
5.090	轴承	3	4460-613
5.095	挡圈	3	4428-153
5.100	轴承盖	3	3-5007-683
5.105	螺钉	12	4414-154
15.005	轴承座	1	2-0823-122
15.010	螺钉	8	4414-157
15.030	中间轴	1	1-5016-354
15.035	轴承	2	4460-687
15.040	挡圈	2	4428-116

15.045	轴承	2	4460-782
15.050	领圈	2	4-6916-408
15.055	挡圈	2	4428-120
15.060	齿轮	1	3-5016-363
15.075	输入轴	1	1-5016-353
15.115	轴承盖	1	3-5007-746
15.120	轴承盖	1	3-6823-125
15.125	螺钉	3	4414-094
15.130	油封	1	4451-219
15.135	螺钉	3	4414-088

15.140	定位圈	1	3-6916-422
15.145	螺钉	8	4414-126
15.150	定位圈	1	3-6916-758
15.155	键	1	4439-468
15.160	衬套	1	4462-321
15.165	挡油板	1	4-5007-727
20.010	辊筒	3	1-5007-274
20.015	螺钉	27	4414-325
20.020	端盖	3	4-6823-086
20.025	螺钉	9	4414-089

三辊机传动部件
0-8902-228

图 1　三辊机传动部件

表1 主要部件拆卸（续）

序号	拆卸与检查内容	拆卸顺序	注意事项及要求
5	辊轴解体检修	前、后轴承解体更换，轴承端和齿轮端测量保证安装精度，磨损进行喷镀修复	导丝辊轴承更换必须采用高压油泵拆卸，安装采用热套安装
6	联轴节	联轴节加热拆下，检查齿面，择差更换	加热拆卸
7	清洁箱体	润滑油彻底排出，清洁箱体	前、后轴承进油孔、回油孔压空吹扫

4.3 回装及检修质量标准

4.3.1 回装

72/74-58-Y14 三辊机主要部件回装与检查内容、回装顺序、回装注意事项及要求见表2。

表2 72/74-58-Y14 三辊机主要部件回装

序号	回装与检查内容	回装顺序	注意事项及要求
1	各辊轴前轴承装配	热套安装	轴承与轴配合过盈量及轴承加热温度控制
2	输入轴及过桥轴齿轮及前后轴承安装	热套安装	注意配合过盈量及安装面粗糙度
3	输入轴及过桥轴安装	输入轴及过桥轴从右端后盖进入安装	吊装注意齿轮不能撞击，安装使用紫铜棒，严禁异物进入
4	导丝辊轴安装	辊轴左端进入，过门齿轮及锥形套，吊平辊轴，冷装后轴承	齿轮、辊轴必须吊平，前后轴承与箱体安装严禁大锤大力敲击，防止轴承孔损坏
5	辊轴齿轮安装	均匀紧固锥形套螺栓，并打表齿轮端跳验收合格	锥形套紧固螺栓必须锁紧，严禁为了追求端面跳动合格出现假紧
6	辊筒安装	辊筒左面安装，并打表端跳验收合格	紧固螺栓对称均匀紧固，扭力扳手1200kgf·cm
7	联轴节安装	鼓齿热套安装，等冷却后加入新的润滑脂，联轴器安装	马达与箱体之间必须进行对中检查

4.3.2 检修质量标准

72/74-58-Y14 三辊机的检修质量标准见表3。

表 3　72/74–58–Y14 三辊机检修质量标准

序号	检验项目	质量标准	检验方法
1	牵伸辊径向跳动	≤ 0.20mm	在距辊端 100mm 处打表
2	牵伸辊前轴承游隙	≤ 0.20mm	塞尺
3	牵伸辊后轴承游隙	≤ 0.15mm	塞尺
4	齿轮端面跳动	≤ 0.05mm	百分表
5	齿面啮合	齿高 50%，齿宽 70%	红丹检查
6	联轴器找正	≤ 0.04mm	百分表
7	润滑油温升	≤ 30℃	温度表

5　试车与验收

5.1　试车前准备

5.1.1　按本规程 4.3.2 检修质量标准进行检查验收。

5.1.2　确认各箱体、管路等无异物堵塞，润滑点都按润滑要求加油。

5.1.3　做到工完、料尽、场地清，废弃物按有关规定进行分类处理。

5.1.4　确认相应检修记录齐全、规范。

5.1.5　确认公用工程、工艺条件、电气、仪表满足试车条件

5.2　试车与验收

5.2.1　空载试车

5.2.1.1　确认电动机转向。

5.2.1.2　试车前要求手动盘车，检查箱体及传动部件有无异物、卡阻。

5.2.1.3　瞬时点动油泵三次无异常后反方可连续运转。

5.2.1.4　与主机进行 24h 空载运行验收（低、中、高速各 8h）。

5.2.1.5　空载全线联动正常生产速度 24h 试车。

5.2.2　负载试车

5.2.2.1　负载试车按满负荷正常生产速度进行调试。

5.2.2.2　检查各润滑系统泄漏、油压、油温等工作情况。

5.2.2.3 全机各部件运行平稳，振动、声音等无异常。
5.2.2.4 检查电动机电压、电流正常。

5.2.3 验收

5.2.3.1 达到规定试车时间，运行状态良好。
5.2.3.2 试车记录齐全规范。
5.2.3.3 设备运行符合工艺要求后，由设备主管部门、检修单位和使用单位三方办理交接验收。

6 维护与故障处理

6.1 日常维护

6.1.1 维护内容

6.1.1.1 检查自供油泵、过滤器、压力表、温度表等工作情况。定期切换或更换过滤器。
6.1.1.2 检查油箱油量、油质变化情况，视情况添加或更换润滑油。
6.1.1.3 检查箱体齿轮与轴承是否有异响、异振，导丝辊运行是否平稳，辊面是否光滑，端面跳动是否正常。
6.1.1.4 检查橡胶压辊工作情况，压辊橡胶是否损坏，轴承择差更换。
6.1.1.5 毛刷架及缠辊检测器检修调整。
6.1.1.6 检查气动元件工作是否正常。
6.1.1.7 气路、油路系统全机消漏消堵。
6.1.1.8 按设备巡检维护要求做好巡检维护记录。
6.1.1.9 场地清洁。

6.2 常见功能故障与处理方法

72/74-58-Y14 三辊机常见故障与处理方法见表 4。

表 4 72/74-58-Y14 三辊机常见功能故障与处理方法

序号	功能	功能故障	故障模式	故障后果	故障应对策略与检修内容	检修周期 / 月
1	产品合格	产品无毛丝及油污丝	辊筒无划伤，绕辊检测器正常	产品质量不合格	定期检查辊筒表面，对划伤等毛口进行油石修磨	每月
					内绕辊检测器定期调整间隙	每月
			辊筒无润滑油泄漏	产品质量不合格	前、后轴承检查是否良好，无磨损，回油孔压空吹扫	视情而定

表4　72/74-58-Y14三辊机常见功能故障与处理方法（续）

序号	功能	功能故障	故障模式	故障后果	故障应对策略与检修内容	检修周期／月
2	保证机组连续运转	传动系统故障	滚动轴承损坏	故障停车	定期更换润滑油；根据检修周期更换更换滚动轴承	视情而定
			联轴器鼓齿磨损	故障停车	定期更换联轴器润滑脂，每年检查联轴器鼓齿，发现磨损更换	视情而定
			箱体和联轴节同时有撞击声	故障停车	检查测速编码器是否正常	视情而定
			箱体齿轮异声，油温急剧增高	故障停车	检查齿轮是否缺齿或齿轮移位，造成异声和油温变化，更换齿轮	视情而定
		润滑系统故障	润滑油流量失常	故障停车	检查油位、油过滤器、油泵及流量报警检测器	视情而定
			润滑油进出口压差失常	故障停车	切换或更换过滤器	视情而定
			辊筒表面渗油	故障停车、非计划停车	回油孔吹扫，并检查异物产生原因，检查轴承是否有磨损	视情而定
			润滑油温度报警	故障停车、非计划停车	润滑油添加及检查齿轮和轴承是否磨损造成油温急剧升高	视情而定

附　录　A

（资料性附录）

检修数据记录表

装置：　　　　　位号：　　　　　检修日期：　年　月　日　至　年　月　日

项目	主要控制内容				等级	施工单位	生产装置	设备管理部门	备注
	标准值	现场记录							
		1#	2#	3#					
拆卸时检测									
导丝辊径向跳动	≤0.20mm				B	★	★		
导丝辊前轴承间隙	≤0.20mm				B	★	★		
导丝辊后轴承间隙	≤0.15mm				B	★	★		
输入、过桥轴齿轮端面跳动	≤0.05mm				B	★	★		
齿面啮合	齿高50%，齿宽70%				B	★	★		
回装时检测									
导丝辊径向跳动	≤0.20mm				B	★	★		
导丝辊前轴承间隙	≤0.20mm				B	★	★		
导丝辊后轴承间隙	≤0.15mm				B	★	★		
输入、过桥轴齿轮端面跳动	≤0.05mm				B	★	★		
齿面啮合	齿高50%，齿宽70%				B	★	★		

注： A级：施工单位、生产装置、设备管理部门专业人员检查确认后签字。

B级：施工单位和生产装置专业人员检查确认后签字。

C级：施工单位专业人员检查确认后签字。

另：如果有监理，监理的职责由甲方授权。

附 录 B
（资料性附录）
试车与验收数据记录表

年　　月　　日

使用单位		检修单位			
设备位号及名称		设备类别	动设备（　　）；静设备（　　）		
试车验收前的准备工作	静设备	动设备	标准值	实测值	确认
1. 各加油点已按规定加好润滑油		△			
2. 密封液已加好		△			
3. 电源线已接好		△			
4. 工艺准备已完毕	△	△			
试车验收内容					
1. 检修记录单位和零部件换修记录单已填好	△	△			
2. 设备本体及检修现场干净	△	△			
3. 加热、冷却系统运行正常	△	△			
4. 润滑、密封液系统工作正常		△			
5. 盘车轻松，无轻重不均匀感		△			
6. 防腐或保温完好	△	△			
7. 静密封点无泄漏	△	△			
8. 温升		△			
9. 电流		△			
验收结论：					
验收人员签字： 检修单位：　　　　使用单位：　　　　主管部门：					

注： 1. 在（　　）内填“√”，“△”指该设备应验收这些项目。

2. 对于定性项目，在确认栏内填“√”（符合要求）或“×”（不符合要求）。

3. 对于电流等非定性项目，在“标准值”栏和“实测值”栏内填数值。

45. 1436-Z01A 牵伸张力机检修规程

SHS 04556—2019

代替 SHS 04556—2004

目　　次

前 言

本规程按照GB/T 1.1—2009《标准化工作导则 第1部分：标准的结构和编写》给出的规则起草。

本规程代替替代SHS 04556—2004《1436-Z01A张力调节机检修规程》，与SHS 04556—2004相比，除了编辑性修改外主要技术变化如下：

——更新规范性引用文件；

——增加张力传感系统拆检调校内容；

——修订张力异常波动故障处理内容；

——增加“附录A 检修数据记录表”；

——增加“附录B 试车与验收数据记录表”。

本规程由中国石油化工集团有限公司、中国石油化工股份有限公司提出。

本规程起草单位：中国石油化工股份有限公司洛阳分公司。

本规程主要起草人：刘园、牛建峰。

本规程历次版本发布情况：

——SHS 04552—2004。

1436-Z01A 牵伸张力机检修规程

1 范围

1.1 主题内容

本规程规定福莱司拿公司（Fleissner）1436-Z01A 卷曲张力调节机检修周期与内容、检修程序与质量标准、试车与验收、维护与故障处理。

1.2 适用范围

本规程适用于福莱司拿公司（Fleissner）1436-Z01A 卷曲张力调节机维护和检修，亦适用于 7258-Y15、新四机卷曲张力架及同类型设备维护与检修。

2 规范性引用文件

下列文件中的条款通过本规程的引用而成为本规程的条款。凡是注日期的引用文件，其随后所有的修改单（不包括勘误的内容）或修订版均不适用于本规程，然而，鼓励根据本规程达成协议的各方研究是否可使用这些文件的最新版本。凡是不注日期的引用文件，其最新版本适用于本规程。

FZ/T 96029 涤纶短纤维后处理联合机

3 检修周期与内容

3.1 检修周期

根据 1436-Z01A 牵伸张力机系统功能故障及其影响分析的结果，并结合生产装置运行周期，确定设备检修周期，一般为 36～48 个月。

3.2 检修项目

3.2.1 检查固定螺栓是否松动。

3.2.2 检查张力辊转动是否灵活，表面是否有伤痕。

3.2.3 检查张力传感器航空插头是否连接牢靠。

3.2.4 校正张力辊。

3.2.5 调校张力变送器，校正张力辊张力。

3.2.6 全机补充刷漆。

4 检修程序与质量标准

4.1 拆卸前准备

4.1.1 检查日常检修、运转和测试的记录，确定检修项目。
4.1.2 落实好检修时所需的备品备件、材料、工器具的准备工作并对其质量进行确认。
4.1.3 选择有维修资质的检修单位并与之进行质量交底。
4.1.4 落实消防、安全、环保工作，并对参与检修的人员进行安全及环保教育。
4.1.5 工艺处理符合要求。
4.1.6 办理好相关作业的票证，填写好设备交出资料。

4.2 拆卸与检测

4.2.1 拆检张力辊

4.2.1.1 拆掉张力辊两端轴上半圆形压盖。
4.2.1.2 取下张力辊。
4.2.1.3 卸掉张力辊两端端盖，取下轴承卡环。
4.2.1.4 用铜棒在轴一端击打，使一端轴承脱落，从另一端取下轴。
4.2.1.5 用拉马拆除轴上的轴承，更换新的轴承；

4.2.2 拆检张力传感系统

4.2.2.1 拆除张力传感器防护罩，检查传感器插头针座接触是否良好，连接是否牢靠。
4.2.2.2 拆开张力变送器箱，紧固接线端子，检查张力变送器箱供电模块供电电压是否正常，变送器电路板表面防护良好。
4.2.2.3 控制台检查传感器零位，砝码检查传感系统线性关系，零位或线性偏差可按说明书对变送器进行相应调节。

4.3 回装与质量标准

1436-Z01A 牵伸张力机检修质量标准见表 1。

表 1 1436-Z01A 牵伸张力机检修质量标准

序号	检修项目	质量标准	检验方法
1	检查张力辊水平度	≤ 1/1000	水平仪
2	张力辊表面	无划伤	手感　目视
3	张力传感系统	插头连接牢靠， 张力显示准确	零位检查 砝码线性检查
4	张力辊	转动灵活，表面无伤痕	手感　目视

5 试车与验收

5.1 试车前准备

5.1.1 按本规程 4.3 检修质量标准进行检查验收。
5.1.2 做到工完、料尽、场地清，废弃物按有关规定进行分类处理。
5.1.3 确认相应检修记录齐全、规范。

5.2 试车

5.2.1 空载试车

5.2.1.1 手动盘辊。
5.2.1.2 挂上砝码，检查控制台的张力显示是否正确。

5.2.2 负载试车

5.2.2.1 修复空载试车过程中出现的故障和缺陷。
5.2.2.2 由工艺和操作人员调整导丝辊速度和张力控制模式，挂丝开车。
5.2.2.3 承载后整机运行无异常。
5.2.2.4 根据运行情况，微调张力控制系统 PID 参数。
5.2.2.5 负载试车时间内应无异常停车。

5.3 验收

5.3.1 交接验收必须具备的条件

5.3.1.1 试车运行情况良好；
5.3.1.2 检修记录、试车记录齐全。
5.3.2 检修质量按第 4.3 条检修质量标准和设备完好标准验收。
5.3.3 按规定办理交接验收手续。

6 维护与故障处理

6.1 日常维护

6.1.1 维护内容

6.1.1.1 检查设备运行状态。
6.1.1.2 检查设备润滑状况。
6.1.1.3 机台的清洁卫生，按要求做料桶作业。

6.1.1.4 张力辊表面无伤痕且张力无异常波动。

6.2 常见功能故障与处理方法

1436-Z01A 牵伸张力机常见功能故障与处理方法见表 2。

表 2 1436-Z01A 牵伸张力机常见功能故障与处理方法

序号	功能	功能故障	故障模式	故障后果	故障应对策略与检修内容	检修周期 / 月
1	保证牵伸张力机能力	张力异常波动	张力辊轴承磨损、张力传感器损坏、信号线接触异常、张力变送器异常	产品质量不合格	定期检查；检查更换轴承；更换探头；检查接线；检查调校变送器	视情况而定
2	保证牵伸张力机连续运转	张力辊表面损伤	张力辊缠辊多	产品质量不合格	定期检查：检查更换张力辊	视情况而定
		张力辊转动不灵活	轴承磨损	轴承损坏，张力机故障停机	定期检查：检查更换轴承	视情况而定

附 录 A
（资料性附录）
检修数据记录表

序号	检测项目	质量标准	检测方法	质控等级	实测记录		确认人		
					修前	修后	检修人员	检修单位技术人员	使用单位技术人员
1	张力辊水平度	≤ 1mm/1000mm	动平衡实验	停止点					
2	张力传感系统	插头连接牢靠，张力显示准确	零位检查，砝码线性检查	停止点					
3	辊子表面及轴颈处	无气孔、裂纹和伤痕等缺陷	目测、磁粉、着色	自控点					

注：自控点是检修人员进行质量检验的检修工序点；质控点是检修方质检员或技术员进行质量检验的工序点；停止点是检修、使用双方技术人员都必须到现场确认的检修工序点。

附　录　B
（资料性附录）
试车与验收数据记录表

年　　月　　日

<table>
<tr><td>使用单位</td><td></td><td colspan="2">检修单位</td><td colspan="4"></td></tr>
<tr><td>设备位号及名称</td><td></td><td colspan="2">设备类别</td><td colspan="4">静设备（　　）；动设备（　　）</td></tr>
<tr><td colspan="2">试车验收前的准备工作</td><td>静设备</td><td colspan="2">动设备</td><td colspan="2">状态确认</td><td>确认人</td></tr>
<tr><td colspan="2">1. 各加油点已按规定加好润滑油</td><td></td><td colspan="2">△</td><td colspan="2"></td><td></td></tr>
<tr><td colspan="2">2. 密封液已加好</td><td></td><td colspan="2">△</td><td colspan="2"></td><td></td></tr>
<tr><td colspan="2">3. 电源线已接好</td><td></td><td colspan="2">△</td><td colspan="2"></td><td></td></tr>
<tr><td colspan="2">4. 工艺准备已完毕</td><td>△</td><td colspan="2">△</td><td colspan="2"></td><td></td></tr>
<tr><td colspan="2">5. 检修记录单位和零部件换修记录单已填好</td><td>△</td><td colspan="2">△</td><td colspan="2"></td><td></td></tr>
<tr><td colspan="2">6. 设备本体及检修现场干净</td><td>△</td><td colspan="2">△</td><td colspan="2"></td><td></td></tr>
<tr><td colspan="2">7. 加热、冷却系统运行正常</td><td>△</td><td colspan="2">△</td><td colspan="2"></td><td></td></tr>
<tr><td colspan="2">8. 润滑、密封液系统工作正常</td><td></td><td colspan="2">△</td><td colspan="2"></td><td></td></tr>
<tr><td colspan="2">9. 盘车轻松，无轻重不均匀感</td><td></td><td colspan="2">△</td><td colspan="2"></td><td></td></tr>
<tr><td colspan="2">10. 电机点动或单试转向正确</td><td></td><td colspan="2">△</td><td colspan="2"></td><td></td></tr>
<tr><td colspan="2">11. 防腐或保温完好</td><td>△</td><td colspan="2">△</td><td colspan="2"></td><td></td></tr>
<tr><td colspan="2">12. 静密封点无泄漏</td><td>△</td><td colspan="2">△</td><td colspan="2"></td><td></td></tr>
<tr><td colspan="2">试车验收数据</td><td colspan="3"></td><td>标准值</td><td>实测值</td><td></td></tr>
<tr><td colspan="2">13. 温升</td><td></td><td colspan="2">△</td><td></td><td></td><td></td></tr>
<tr><td colspan="2">14. 电流</td><td></td><td colspan="2">△</td><td></td><td></td><td></td></tr>
<tr><td colspan="2">15. 振动值</td><td></td><td colspan="2">△</td><td></td><td></td><td></td></tr>
<tr><td colspan="2">16. 动密封泄漏量</td><td></td><td colspan="2">△</td><td></td><td></td><td></td></tr>
<tr><td colspan="8">验收结论：</td></tr>
<tr><td colspan="8">验收人员签字：
检修单位：　　　　　　　　使用单位：　　　　　　　　主管部门：</td></tr>
</table>

注： 1. 在相应设备类别（　　）内填“√”，“△”指该设备应验收这些项目。

2. 对于状态确认项目，在确认栏内填“√”（符合要求）或“×”（不符合要求）。

3. 对于电流等非定性项目，在“标准值”栏和“实测值”栏内填数值。

46. 72/74-58-Y17 型卷曲机维护检修规程

SHS 04557—2019

代替 SHS 04557—2004

目　次

前　　言

本规程按照GB/T 1.1—2009《标准化工作导则　第1部分：标准的结构和编写》给出的规则起草。

本规程代替SHS 04557—2004《72/74-58-Y17型卷曲机维护检修规程》，与SHS 04557—2004相比，除了编辑性修改外主要技术变化如下：

——明确了本规程适用卷曲机的型号；

——调整了检修周期，完善了检修内容；

——重点对检修程序与质量标准进行了修改；

——对常见功能故障与处理部分按RCM分析方法重新编制；

——增加“附录A　检修数据记录表”；

——增加“附录B　试车与验收数据记录表”。

本规程由中国石油化工集团有限公司、中国石油化工股份有限公司提出。

本规程起草单位：中国石化仪征化纤有限责任公司。

本规程主要起草人：徐永林。

本规程历次版本发布情况：

——SHS 04557—2004。

72/74–58–Y17 型卷曲机维护检修规程

1 范围

1.1 主题内容

本规程规定了 72/74-58-Y17 型卷曲机的检修周期与内容、检修程序与质量标准、试车与验收、维护与故障处理。

1.2 适用范围

本规程适用于 72/74-58-Y17 型卷曲机及同类型设备维护与检修。

2 规范性引用文件

下列文件中的条款通过本规程的引用而成为本规程的条款。凡是注日期的引用文件，其随后所有的修改单（不包括勘误的内容）或修订版均不适用于本规程，然而，鼓励根据本规程达成协议的各方研究是否可使用这些文件的最新版本。凡是不注日期的引用文件，其最新版本适用于本规程。

SHS 01028　变速机维护检修规程

SHS 04521　板式换热器维护检修规程

SHS 01030　离心泵维护检修规程

3 检修周期与内容

3.1 检修周期

根据 72/74-58Y17 型卷曲机系统功能故障及其影响分析的结果，并结合生产装置运行周期，确定设备检修周期，一般为 8～10 个月。

3.2 检修项目

3.2.1 卷曲机主体解体、清理，修磨卷曲刀、卷曲辊，检修侧板、铜片传动机构、摇臂，更换主、背压气缸密封件，择差更换气路接头、软管、气动三元件、手动阀、电磁阀。

3.2.2 传动系统解体，根据变速机的运行情况（振动、温升），酌情解体变速机，检查轴承、油封，择差更换；球笼联轴器清理、检查、润滑。

3.2.3 油剂喷淋系统疏通，更换接头、软管。

3.2.4 循环热水泵解体检修，更换密封件；板式换热器清理，择差更换密封件；旋转接头检修，更换密封环及轴承。

3.2.5 全机清理，防腐处理。

4 检修程序与质量标准

4.1 检修前准备

4.1.1 准备相关技术资料，根据日常维护、运转和测试记录，确定检修内容，制定检修计划。

4.1.2 落实好检修时所需的备品备件、材料、工器具等，并根据相关质量标准做好质量检查和确认。

4.1.3 选择有维修资质的检修单位并与之进行技术交底，熟悉图纸等相关资料，编制设备检修方案。

4.1.4 对参与检修的人员进行安全及环保教育，做好作业危害分析与评估、风险控制措施的交底与落实。

4.1.5 工艺处理符合要求。

4.1.5.1 停蒸汽、油剂、水泵、压空；

4.1.5.2 清理丝束。

4.1.6 做好设备停送电管理，现场检修隔离、警示、挂牌管理。

4.1.7 办理好相关作业的票证，填写好设备交出资料，设备交出手续完备。

4.1.8 完成检修前其他工作确认。

4.2 拆卸与检测

4.2.1 传动系统

包括弹性联轴器、外置齿轮减速箱、球笼联轴器。

4.2.1.1 拆除球笼联轴器及设备地脚螺栓，用电动葫芦将主机及减速机吊离，运至检修间。卷曲机设备结构如图 1 所示。

4.2.1.2 检查减速箱的径向跳动与轴向窜动量，择差更换轴承；开盖检查齿面啮合状况，择差更换。更换输入轴、输出轴油封，清理箱体，更换润滑油。具体检修参照 SHS 01028《变速箱维护检修规程》。减速箱结构如图 2 所示。

4.2.1.3 检查弹性联轴器磨损状况，更换弹性块，择差更换联轴器。具体检修参照 SHS 01073—2018《一般机泵用联轴器检修及质量标准》。

4.2.2 卷曲主机

包括卷曲辊、刀、侧板、铜片传动机构等。卷曲机结构如图 3 所示。

4.2.2.1 检查卷曲辊辊面及端面磨损情况，择差成对更换。分解清洗卷曲辊轴承及轴承

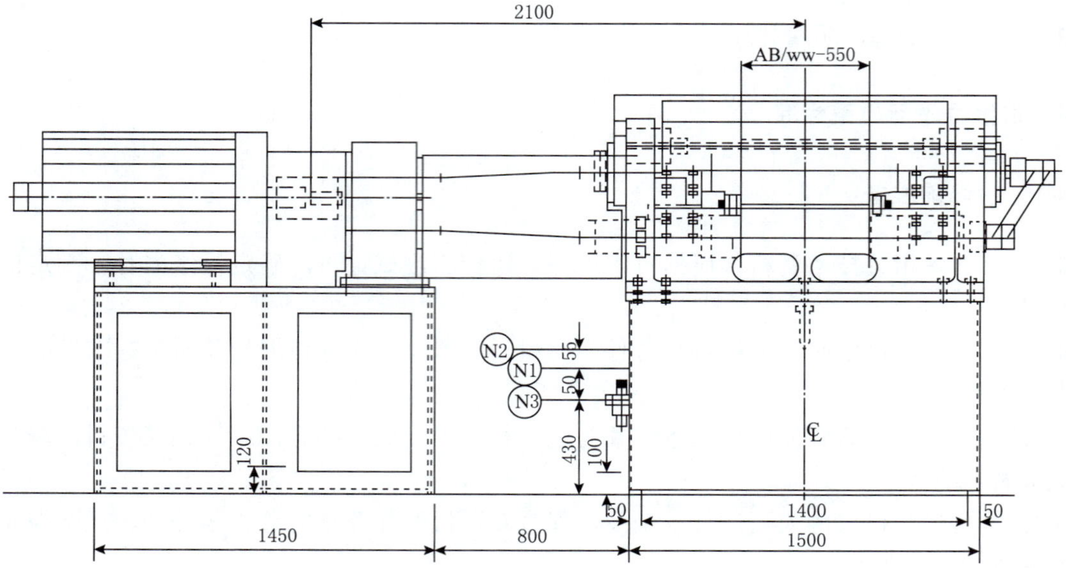

图 1　卷曲机设备结构图

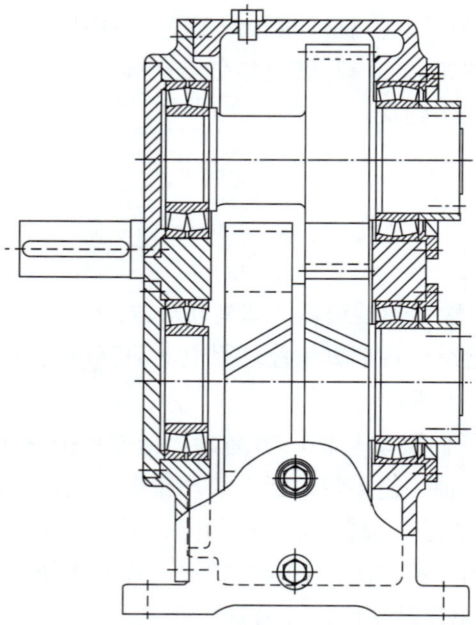

图 2　减速箱结构图

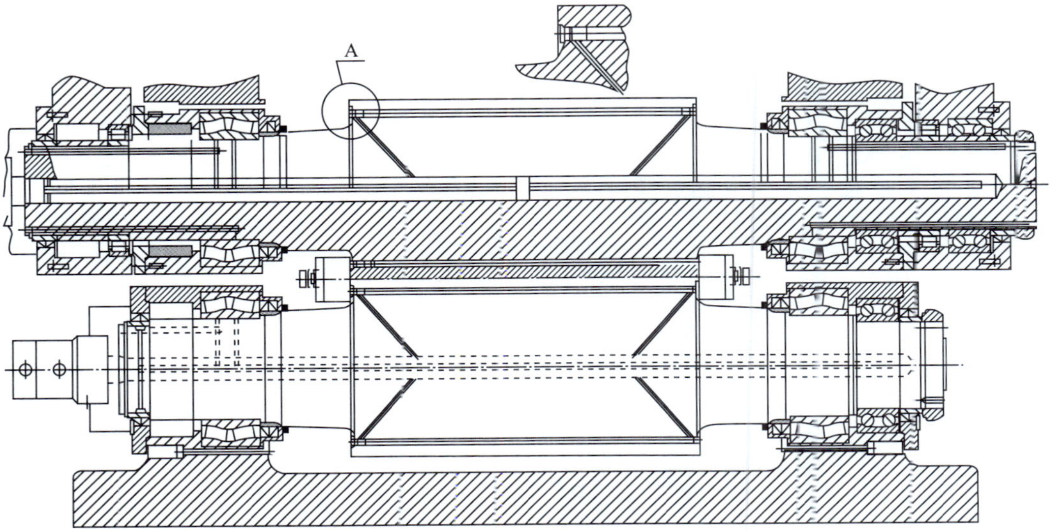

图 3　卷曲机结构图

套部件，择差成对更换轴承，更换密封件及其他损坏件。疏通热水管路，检查堵头密封及磨损。

4.2.2.2　拆卸上、下卷曲刀，侧板等，视情进行修磨、更换损坏件。卷曲刀与侧板结构如图 4 所示。

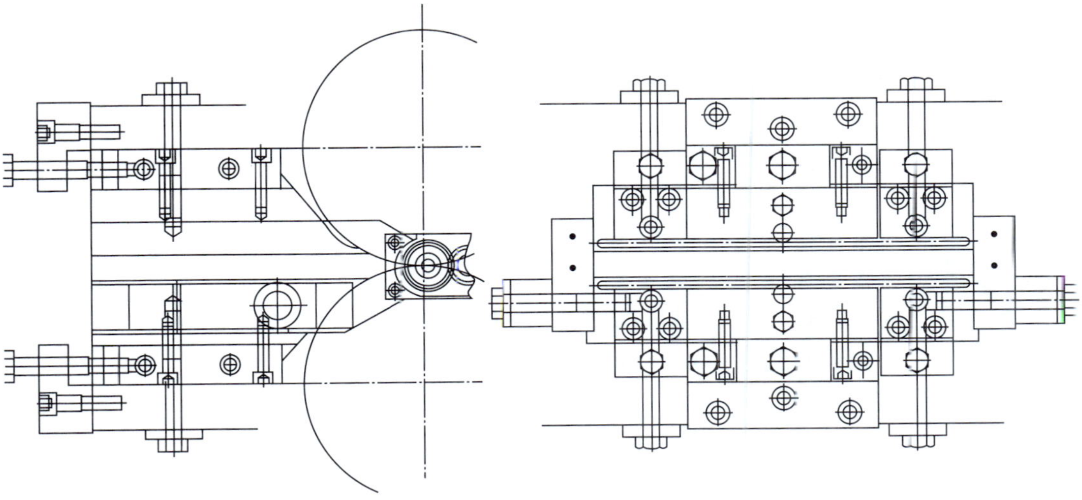

图 4　卷曲刀与侧板结构图

4.2.2.3　拆检下辊摇臂推力轴承，清洗并择差更换。

4.2.2.4　检查铜片传动机构，包括电动机、减速机、传动轴、传动部件。更换易损件、密封件、润滑脂。卷曲侧板铜片加压传动结构如图 5 所示。

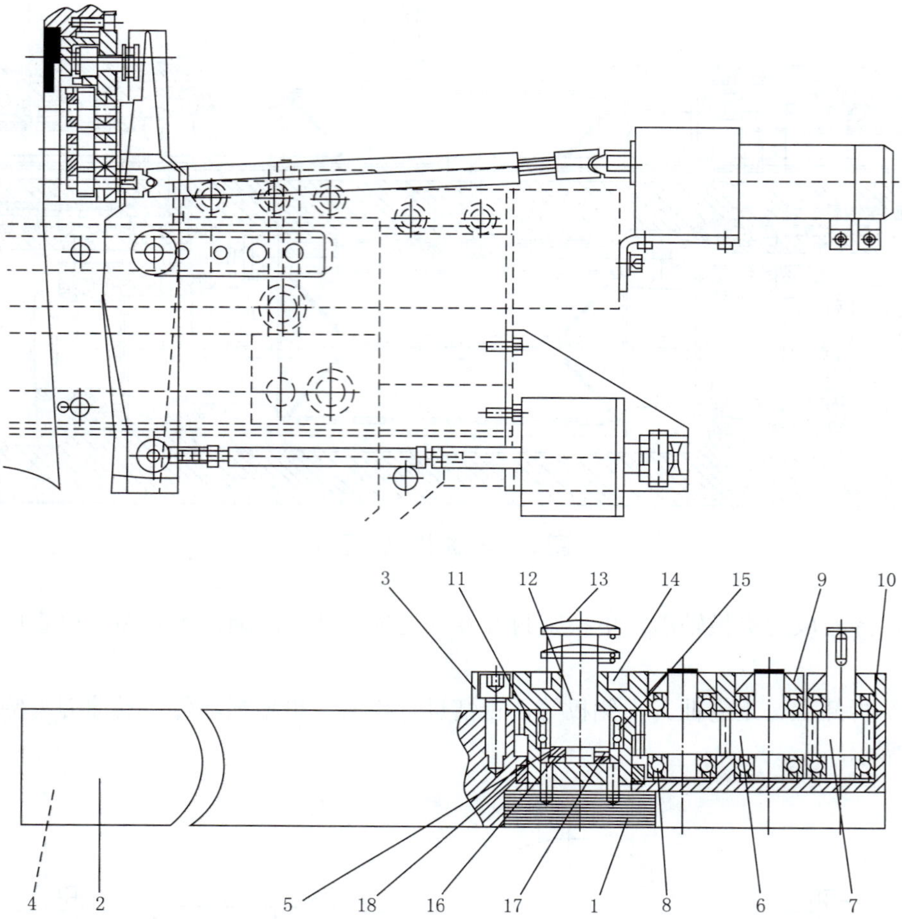

图 5　卷曲侧板铜片加压传动结构图

4.2.2.5　解体热水泵，更换轴承和机械密封及其他磨损件。具体检修参照 SHS 01030《离心泵维护检修规程》。

4.2.2.6　检查热水系统，清洗、检修板式热交换器与连接管。检修回转接头，更换密封件及其他损坏件，择差更换轴承，检查回水管，择差更换。

4.2.2.7　更换气缸密封件、快接、软管，清洗、检修气路部件、气动三元件、手动阀、电磁阀等。卷曲气缸结构如图 6 所示。

4.3　回装与质量标准

4.3.1　回装

回装过程要注意部件的保护，现场环境要保持清洁。

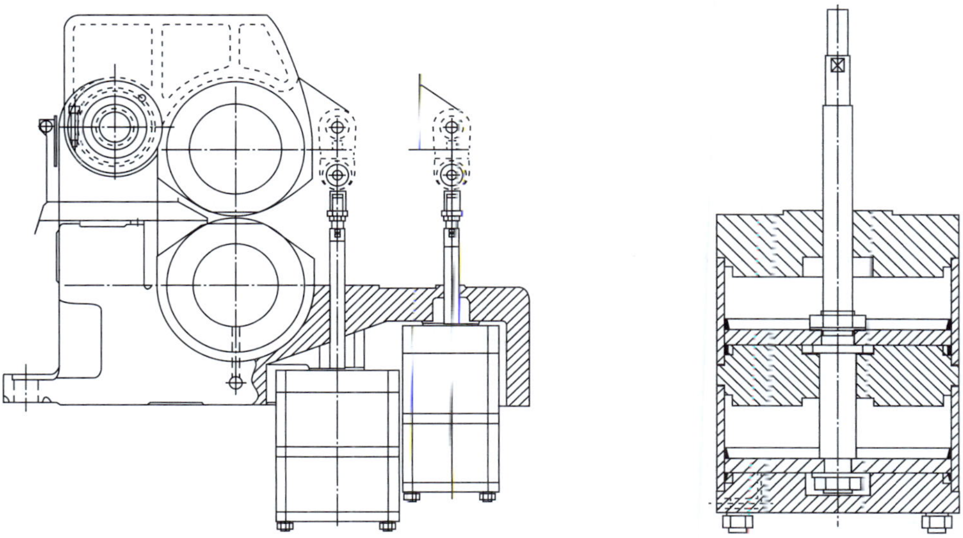

图 6 卷曲气缸结构图

4.3.2 检修质量标准

72/74-58-Y17 型卷曲机检修质量标准见表 1。

表 1 72/74-58-Y17 型卷曲机检修质量标准

mm

序号	检验项目	质量标准	检验方法
1	上、下卷曲辊： （1）轴向窜动量 （2）径向跳动量 （3）端面跳动量	≤ 0.01 ≤ 0.01 ≤ 0.01	轴向压 30MPa 千分表 千分表
2	上、下卷曲辊两端面所组成的平面其不平度	≤ 0.01	刀口平尺 塞尺
3	上、下卷曲辊间隙	0.08～0.10	冷态 加压力 0.4MPa 后测
4	上、下卷曲辊与上、下卷曲刀刀刃的间隙	0.25～0.32	塞尺
5	下卷曲辊侧面与左、右侧板的间隙	0.25～0.30 左右对称	塞尺
6	下卷曲刀与左、右侧板的距离	0.06～0.11 前后一致，左右对称	塞尺
7	丝束出口处活动压板与下卷曲刀的距离	8	直尺（在正常工作状态下）

5 试车与验收

5.1 试车前准备

5.1.1 按本规程 4.3.2 检修质量标准进行检查验收；
5.1.2 各阀门灵活有效、各密封点无泄漏，各零部件、附件齐全完好；
5.1.3 确认各润滑点都按润滑要求加油、脂；
5.1.4 各连接件紧固良好；
5.1.5 做到工完、料尽、场地清，废弃物按有关规定进行分类处理；
5.1.6 确认相应检修记录齐全、规范；
5.1.7 确认公用工程、工艺条件、电气、仪表满足试车条件；
5.1.8 完成其他试车条件确认。

5.2 试车

5.2.1 空载试车

5.2.1.1 确认电机转向，连续运转 2h 无异常后停车，连接球笼联轴器；
5.2.1.2 试车前要求手动盘车，检查箱体及传动部件有无异物、卡阻；
5.2.1.3 瞬时点动油泵三次无异常后方可连续运转，检查各润滑点油量；
5.2.1.4 主机进行 24h 空载运行验收（低、中、高速各 8h）；
5.2.1.5 齿轮箱温升正常，工作电流正常；
5.2.1.6 全机各动、静密封点无泄漏。

5.2.2 负载试车

5.2.2.1 负载试车按满负荷正常生产速度进行调试；
5.2.2.2 检查各润滑点泄漏、温升情况和设备运转正常；
5.2.2.3 全机各部件运行平稳，振动、声音等无异常；
5.2.2.4 检查电机电压、电流正常。

5.3 验收

5.3.1 达到规定试车时间，各项技术指标达到设计要求值或满足生产需要。
5.3.2 设备达到完好标准。
5.3.3 完善检修记录，检修记录齐全、准确，按规定办理验收手续。

6 维护与故障处理

6.1 日常维护

6.1.1 外置齿轮减速箱油位、油温检查，主机润滑油位检查，球笼联轴器润滑检查补脂。

6.1.2 检查主箱体是否有异响、异振，卷曲辊运行是否平稳，辊面是否光滑。

6.1.3 检查设备辊间、辊刀、辊侧板间隙，检查卷曲机出丝情况，视情调整检修。

6.1.4 铜片传动机构检查，及时更换铜片、齿轮、轴承。

6.1.5 入口安全门动作灵敏度、灵活度检查、调整。

6.1.6 热水泵运行情况检查、检修，消漏、弹性块更换；热交换器定期检查、除垢、更换密封垫。

6.1.7 卷曲辊进、回水温度定期检测，卷曲辊冷却水管路定期冲洗。

6.1.8 回转接头检修、消漏。

6.1.9 检查油剂系统，清洗油剂喷淋嘴和油剂过滤网。

6.1.10 气路系统消漏。

6.2 常见功能故障与处理方法

72/74-58-Y17 型卷曲机常见功能故障与处理方法见表 2。

表 2 72/74-58-Y17 型卷曲机常见功能故障与处理方法

序号	功能	功能故障	故障模式	故障后果	故障应对策略与检修内容	检修周期／月
1	保证卷曲能力	冷却水温度异常	阀门内漏	影响产能与质量	更换阀门	48
2			热交换器结垢堵塞		清洗检修	6
3			回转接头连接管异常、卷曲辊内冷却水管路堵塞		更换夹套管、冲洗	12
4		卷曲辊运行异常	辊辊间隙异常	影响产能与质量	轴承磨损更换、润滑不良加油	8
5			上、下辊轴向有错位		轴承磨损更换、润滑不良加油、锁紧垫、帽松动	8
6			刀辊间隙异常		磨损、松动	12
7			刀辊夹丝多		工艺调整减少浆块、丝道调整、铜片传动机构检修	3

表 2　72/74-58-Y17 型卷曲机常见功能故障与处理方法（续）

序号	功能	功能故障	故障模式	故障后果	故障应对策略与检修内容	检修周期／月
8	保证卷曲机连续运行	铜垫磨损快	压力设定值不合适	影响产能与运行	调整	2
9			上、下辊轴向有错位		调整	2
10		出口丝状态不好或跳辊	主、背压设定不合适		调整压力设定值	2
11		卷曲辊轴承振动有杂音	缺润滑脂、或轴承可能损坏		加润滑脂或更换轴承	8
12		联轴节异常	润滑不良		定期润滑	6
13			安装对中不良		调整	12

附　录　A
（资料性附录）
检修数据记录表

mm

项目	主要控制内容			等级	施工单位	生产装置	设备管理部门	备注
	标准值	部位	现场记录					
拆卸时检测								
上辊轴向窜动量	≤0.01	辊端		B	★	★		
上辊径向跳动量	≤0.01	辊面		B	★	★		
上辊端面跳动量	≤0.01	辊端		B	★	★		
下辊轴向窜动量	≤0.01	辊端		B	★	★		
下辊径向跳动量	≤0.01	辊面		B	★	★		
下辊端面跳动量	≤0.01	辊端		B	★	★		
两辊端面平面度	≤0.01	辊端		B	★	★		
上、下卷曲辊间隙	0.08～0.10			B	★	★		
上辊刀间隙	0.25～0.32			B	★	★		
下辊刀间隙	0.25～0.32			B	★	★		
回装时检测								
上辊轴向窜动量	≤0.01	辊端		B	★	★		
上辊径向跳动量	≤0.01	辊面		B	★	★		
上辊端面跳动量	≤0.01	辊端		B	★	★		
下辊轴向窜动量	≤0.01	辊端		B	★	★		
下辊径向跳动量	≤0.01	辊面		B	★	★		
下辊端面跳动量	≤0.01	辊端		B	★	★		
两辊端面平面度	≤0.01	辊端		B	★	★		
上、下卷曲辊间隙	0.08～0.10			B	★	★		
上辊刀间隙	0.25～0.32			B	★	★		
下辊刀间隙	0.25～0.32			B	★	★		
下卷曲辊侧面间隙	0.25～0.30 左右对称			B	★	★		
下卷曲刀侧面间隙	0.06～0.11前后一致， 左右对称			B	★	★		

注： A级：施工单位、生产装置、设备管理部门专业人员检查确认后签字。

B级：施工单位和生产装置专业人员检查确认后签字。

C级：施工单位专业人员检查确认后签字。

另：如果有监理，监理的职责由甲方授权。

附　录　B

（资料性附录）

试车与验收数据记录表

使用单位		检修单位			
设备位号及名称		设备类别	动设备（　　）静设备（　　）		
试车验收前的准备工作	静设备	动设备	标准值	实测值	确认
1. 各加油点已按规定加好润滑油		△			
2. 密封液已加好		△			
3. 电源线已接好		△			
4. 工艺准备已完毕	△	△			
试车验收内容					
1. 检修记录单位和零部件换修记录单已填好	△	△			
2. 设备本体及检修现场干净	△	△			
3. 加热、冷却系统运行正常	△	△			
4. 润滑、密封液系统工作正常		△			
5. 盘车轻松，无轻重不均匀感		△			
6. 防腐或保温完好	△	△			
7. 静密封点无泄漏	△	△			
8. 温升		△			
9. 电流		△			
验收结论：					
验收人员签字： 检修单位：　　　　使用单位：　　　　主管部门：					

注： 1. 在（　　）内填“√”，“△”指该设备应验收这些项目。

2. 对于定性项目，在确认栏内填“√”（符合要求）或“×”（不符合要求）。

3. 对于电流等非定性项目，在“标准值”栏和“实测值”栏内填数值。

47. LHV902、LHV903 型长边轴传动装置维护检修规程

SHS 04559—2019

代替 SHS 04559—2004

目　次

前　　言

本规程按照 GB/T 1.1—2009《标准化工作导则　第 1 部分：标准的结构和编写》给出的规则起草。

本规程代替 SHS 04559—2004《LHV902 型长边轴传动装置维护检修规程》，与 SHS 04559—2004 相比，除了编辑性修改外主要技术变化如下：

——明确了本规程适用长边轴传动装置的型号；

——调整了检修周期，完善了检修内容；

——重点对检修程序与质量标准进行了修改；

——对常见功能故障与处理部分按 RCM 分析方法重新编制；

——增加“附录 A　检修数据记录表”；

——增加“附录 B　试车与验收数据记录表”。

本规程由中国石油化工集团有限公司、中国石油化工股份有限公司提出。

本规程起草单位：中国石化仪征化纤有限责任公司。

本规程主要起草人：贾传兵。

本规程历次版本发布情况：

——SHS 04559—2004。

LHV902、LHV903 型长边轴传动装置维护检修规程

1 范围

1.1 主题内容

本规程规定了 LHV902 型、LHV903 型长边轴传动装置维护检修周期与内容，检修程序与质量标准，试车与验收、维护与故障处理。

1.2 适用范围

本规程适用于 LHV902 型、LHV903 型长边轴传动装置及同类设备维护与检修。

2 规范性引用文件

下列文件中的条款通过本规程的引用而成为本规程的条款。凡是注日期的引用文件，其随后所有的修改单（不包括勘误的内容）或修订版均不适用于本规程，然而，鼓励根据本规程达成协议的各方研究是否可使用这些文件的最新版本。凡是不注日期的引用文件，其最新版本适用于本规程。

SHS 01028 变速机维护检修规程

CGMA 1001.A01 CR 系列圆柱斜齿轮减速箱

CGMA 1001.B01 CF 系列平行轴斜齿轮减速箱

CGMA 1001.C01 CK 系列斜齿轮 - 圆锥齿轮减速箱

3 检修周期与内容

3.1 检修周期

根据 LHV902、LHV903 型长边轴传动装置系统功能故障及影响分析的结果，并结合生产装置运行周期，确定设备检修周期，一般为 48～60 个月。

3.2 检修项目

3.2.1 润滑管路系统、各齿轮箱体密封点消漏。

3.2.2 分解全部边轴，清洗轴承、轴承座、SF 联轴节及蛇形板簧、球笼联轴节、扭矩限制器，并择差更换损坏件，长边轴除锈涂油脂。

3.2.3 检查各齿轮箱齿轮啮合表面、啮合间隙、轴承间隙、传动轴径跳及轴向窜动、

各紧固件情况，择差分解，更换损坏件。

3.2.4 清洗各润滑油箱，油箱换油，次摆线泵清洗检查。

3.2.5 油冷却器清洗，打压试验，择差更换密封件、防腐镁棒。

3.2.6 清洗检查示油器，择差更换。

3.2.7 视情按要求对机组进行油漆。

4 检修程序与质量标准

4.1 检修前的准备

4.1.1 准备相关技术资料，根据日常维护、运转和测试记录，确定检修内容，制定检修计划。

4.1.2 落实好检修时所需的备品备件、材料、工器具等，并根据相关质量标准做好质量检查和确认。

4.1.3 选择有维修资质的检修单位并与之进行技术交底，熟悉图纸等相关资料，编制设备检修方案。

4.1.4 对参与检修的人员进行安全及环保教育，做好作业危害分析与评估、风险控制措施的交底与落实。

4.1.5 工艺处理符合要求，循环水已停，并已排尽。

4.1.6 做好设备停、送电管理，现场检修隔离、警示、挂牌管理。

4.1.7 办理好相关作业的票证，填写好设备交出资料，设备交出手续完备。

4.1.8 完成检修前其他工作确认。

4.2 拆卸与检查

4.2.1 拆检全部边轴，轴承、SF 联轴节及蛇形板簧、球笼联轴节、扭矩限制器。

4.2.2 检查各齿轮箱齿轮啮合表面、啮合间隙、轴承间隙、传动轴径跳及轴向窜动情况，检修参照 SHS 01028《变速机维护检修规程》执行。

4.2.3 次摆线泵清洗检查。

4.2.4 油冷却器清洗，打压试验。

4.2.5 清洗检查示油器。

4.3 回装与质量标准

4.3.1 回装

4.3.1.1 轴承座底面、各底座上加工平面必须经过认真检查，确认无伤痕并清扫干净后安装各轴承座、减（变）速机。

4.3.1.2 各减（变）速器、轴承座的中心刻线同底座上的纵横中心刻线须对准，偏移不大于 1mm。

4.3.1.3 各减（变）速器的水平度符合标准，且各相邻减（变）速器输入轴和输出轴间的跨度水平度符合标准。各 BG 减速器输出轴同各单元机输入轴的跨度水平符合标准，以垫铜皮调整高度。

4.3.1.4 安装视油器，接好进油管和回油管。

4.3.1.5 安装好减（变）速器后，再安装轴承座、轴承组合及纵横边轴。并同各减（变）速器及单元机以联轴节联结起来。各纵横边轴水平度符合标准，联轴节的同轴度检查符合标准。T 型 SF 联轴节间的间隙（δ_{max}～δ_{min}）符合标准。BJ 球笼万向联轴节的水平度符合标准。

4.3.1.6 在轴和联轴节安装完毕后，联轴节内暂不填入润滑脂，但轴和联轴节必须涂防锈油以充分防锈。

4.3.1.7 将各传动轴按顺序放入支架上轴承座中，拧紧轴承上盖，以 MG 两端联轴节为基准，向两个方向找同轴度，使之符合要求。

4.3.1.8 安装蛇形板簧，加注润滑脂；安装防尘罩，防尘密封圈必须完好；安装纵横边轴的安全罩。

4.3.1.9 安装润滑油泵、电机，确认方向正确后，调整前后左右及高度位置，并调整水平后用连接螺栓固定。装上各油冷却器，并确认方向无误后，调整前后左右及高度位置和水平后，以连接螺栓固定。

4.3.2 检修质量标准

LHV902 型长边轴传动装置检修质量标准见表 1。

表 1 LHV902 型长边轴传动装置检修质量标准

序号	检验项目	质量标准	检验方法
1	SF 联轴节间隙	50T、60T：2～4mm 80T、90T：3～6mm 100T、110T：4～8mm	卡尺
2	SF 联轴节同轴度	≤ 0.05mm	百分表
3	弧锥齿轮啮合间隙	CG1、CG6：0.15～0.21mm	压铅及百分表
		BG1、BG4、BG5：0.20～0.28mm	
		BG2、BG3：0.24～0.34mm	
4	齿轮箱输入与输出轴端径跳	≤ 0.05mm	百分表
5	齿轮箱输入与输出轴窜动	≤ 0.10mm	百分表
6	齿轮啮合	齿宽：70%；齿高：50%	红丹着色
7	油冷却器水压试验	在 0.6MPa 压力下，保压 20min	水压泵

表 1　LHV902 型长边轴传动装置检修质量标准（续）

序号	检验项目	质量标准	检验方法
8	润滑油站出口油压	≥ 0.4MPa	压力表
9	油站进出口压力差	< 0.10MPa	压力表
10	BJ 球笼联轴节	≤ 2/1000	水平仪
11	各油站温升	≤ 35℃	温度计

5　试车与验收

5.1　试车前的准备

5.1.1　按本规程 4.3.2 检修质量标准进行检查验收。
5.1.2　各阀门灵活有效，各密封点无泄漏，各零部件、附件齐全完好；
5.1.3　确认各润滑点都按润滑要求加油、脂；
5.1.4　各连接件紧固良好；
5.1.5　做到工完、料尽、场地清，废弃物按有关规定进行分类处理；
5.1.6　确认相应检修记录齐全、规范；
5.1.7　确认公用工程、工艺条件、电气、仪表满足试车条件；
5.1.8　完成其他试车条件确认。

5.2　试车

5.2.1　空载试车

5.2.1.1　确认电机转向；
5.2.1.2　试车前要求手动盘车，检查箱体及传动部件有无异物、卡阻；
5.2.1.3　瞬时点动油泵三次无异常后方可连续运转；
5.2.1.4　与主机进行 24h 空载运行验收（低、中、高速各 8h）；
5.2.1.5　全机各动、静密封点无泄漏。

5.2.2　负载试车

5.2.2.1　负载试车按满负荷正常生产速度进行调试；
5.2.2.2　检查各润滑点泄漏、温升情况和设备运转正常；
5.2.2.3　全机各部件运行平稳，振动、声音等无异常；
5.2.2.4　检查电动机电压、电流正常。

5.3　验收

5.3.1　达到规定试车时间，各项技术指标达到设计要求值或满足生产需要。

5.3.2 设备达到完好标准。

5.3.3 完善检修记录，检修记录齐全、准确，按规定办理验收手续。

6 维护与故障处理

6.1 日常维护

6.1.1 检查紧固各传动齿轮箱、支座、轴承座、安全罩等连接螺栓。

6.1.2 润滑油站吸式、复式过滤器定期清洗或更换滤芯。

6.1.3 润滑管路系统、各齿轮箱体密封点消漏。

6.1.4 润滑油站循环水冷却系统消漏、清洗、疏通，油冷却器防腐镁棒择差更换。

6.1.5 检查各润滑油站的油质、油量、压力、温升，检查调整示油器流量，视情添加润滑油。

6.1.6 检查各润滑油站橡胶轮胎联轴节运行状况。

6.1.7 检查传动轴系（传动轴、轴承、联轴节）、各齿轮减速箱和变速箱的振动、异响、温升及密封情况。

6.1.8 保持机台及现场清洁。

6.1.9 按设备巡检维护要求做好巡检维护记录。

6.1.10 按设备润滑要求进行润滑，做好润滑记录。

6.2 常见功能故障与处理方法

LHV902 型长边轴传动装置常见功能故障与处理方法见表 2。

表 2 LHV902 型长边轴传动装置常见功能故障与处理方法

序号	功能	功能故障	故障模式	故障后果	故障应对策略与检修内容	检修
						周期／月
1	保证牵伸线连续运行	长边轴轴承温度高	缺少润滑油	设备停车	加足润滑油	视情而定
			边轴间同轴度不好		调整同轴度	视情而定
		润滑油温过高	循环水冷却管路堵塞	设备停车	清除堵塞物	视情而定
			循环水管道结垢严重		定期酸洗	视情而定
			传动齿轮箱异常		检修	视情而定
			油位偏低		加油	视情而定
		油站进出口压差大	过滤器滤网堵塞	设备停车	清洗过滤网	视情而定
		油站无压力	油泵电机不转	设备停车	电气检修	视情而定
			油泵联轴节损坏		更换联轴节	视情而定

表 2　LHV902 型长边轴传动装置常见功能故障与处理方法（续）

序号	功能	功能故障	故障模式	故障后果	故障应对策略与检修内容	检修周期/月
1	保证牵伸线连续运行	油站压力低	油泵溢流阀未调好	设备停车	调节溢流阀	视情而定
			气蚀		排气	视情而定
			油泵联轴节松动		紧固	视情而定
			溢流阀未调好		重新调整	视情而定
		齿轮箱异振、异音	齿轮啮合间隙过小或过大	设备停车	调整啮合间隙	视情而定
			组合轴承轴向锁紧螺母松动		紧固锁紧螺母	视情而定
			齿轮轴向压板、锁紧螺母松动		紧固	视情而定
			与边轴、单元机的同轴度不良		调整同轴度	视情而定
			齿轮损坏或齿轮与轴配合松动		更换损坏件	视情而定
			轴承损坏		更换轴承	视情而定

附　录　A

（资料性附录）

检修数据记录表

mm

项目	主要控制内容							等级	施工单位	生产装置	设备管理部门	备注
	标准值	现场记录										
拆卸时检测												
齿轮箱齿轮啮合	高＞50%，宽＞50%，齿面光洁	CG1	BG1	CG2	BG2	CG3	BG3	A	★	★	★	★
		MG	CG4	BG4	CG5	BG5	CG6					
齿轮箱齿轮与轴的配合	孔：0～+0.019 轴：+0.03～+0.043	CG1	CG2	CG3	CG4	CG5	CG6	B	★	★		
	孔：0～+0.022 轴：+0.035～+0.05	BG1	BG2	BG3	BG4	BG5						
回装时检测												
长边轴联轴节同轴度	≤ϕ 0.05							B	★	★		
弧锥齿轮啮合间隙	0.20～0.28	BG1		BG4		BG5		A	★	★	★	★
	0.24～0.34	BG2			BG3							
	0.15～0.21	CG1	CG2	CG3	CG4	CG5	CG6					
齿轮箱输入、输出轴的轴向窜动	0.05～0.10	CG1	BG1	CG2	BG2	CG3	BG3	A	★	★	★	★
		MG	CG4	BG4	CG5	BG5	CG6					
齿轮箱输入、输出轴径跳	≤ 0.10	CG1	BG1	CG2	BG2	CG3	BG3	A	★	★	★	★
		MG	CG4	BG4	CG5	BG5	CG6					
各油站泵联轴节同轴度	≤ 0.10	边1#	边2#	边3#	边4#			B	★	★		
		箱1#	箱2#	箱3#	箱4#							

检修数据记录表（续）

项目	主要控制内容							等级	施工单位	生产装置	设备管理部门	备注
	标准值	现场记录										
齿轮箱齿轮啮合	高＞50%，宽＞50%，齿面光洁	CG1	BG1	CG2	BG2	CG3	BG3	A	★	★	★	★
		MG	CG4	BG4	CG5	BG5	CG6					
齿轮箱齿轮与轴的配合	孔：0～+0.019 轴：+0.03～+0.043	CG1	CG2	CG3	CG4	CG5	CG6	B	★	★		
	孔：0～+0.022 轴：+0.035～+0.05	BG1	BG2	BG3	BG4	BG5						
CG、MG 齿轮端跳	≤0.15	CG1	CG2	CG3	CG4	CG5	CG6	B	★	★		
		MG										
油冷却器打压 0.6MPa	保压 20min，无泄漏	边 1#	边 2#	边 3#	边 4#			B	★	★		
		箱 1#	箱 2#	箱 3#	箱 4#							
SF 联轴节间隙 50T、60T	1.6～4.3（标准 3.5）							C	★			
80T、90T	1.6～6.4（标准 5.0）											
100T、110T	1.6～9.5（标准 5.0）											
长边轴支座、箱座等固定螺栓	无松动、有弹簧垫、不缺定位销							C	★			
齿轮箱体	无泄漏							B	★	★		
齿轮箱修后盘车	灵活、无卡阻							B	★	★		
箱体内部	清洁、无异物							B	★	★		

注： A 级：施工单位、生产装置、设备管理部门专业人员检查确认后签字。

B 级：施工单位和生产装置专业人员检查确认后签字。

C 级：施工单位专业人员检查确认后签字。

另：如果有监理，监理的职责由甲方授权。

附 录 B
（资料性附录）
试车与验收数据记录表

年　　月　　日

使用单位		检修单位	
设备位号及名称		设备类别	动设备（　　）；静设备（　　）

试车验收前的准备工作	静设备	动设备	标准值	实测值	确认
1. 各加油点按规定加好润滑油		△			
2. 密封液已加好		△			
3. 电源线已接好		△			
4. 工艺准备已完毕	△	△			
试车验收内容					
1. 检修计量单位和零部件换修记录单已填好	△	△			
2. 设备本体及检修现场干净	△	△			
3. 加热、冷却系统运行正常	△	△			
4. 润滑、密封液系统工作正常		△			
5. 盘车轻松、无轻重不均匀感		△			
6. 防腐或保温完好	△	△			
7. 静密封无泄漏	△	△			
8. 温升		△	＜35℃		
9. 电流		△	≤13A		
验收结论：					
验收人员签字： 施工单位：__________　使用单位：__________　主管单位：__________					

注： 1. 在（　　）内填“√”，“△”指该设备验收这些项目。

2. 对于定性项目，在确认栏内填“√”（符合要求）或“×”（不符合要求）。

3. 对于电流等非定型项目，在“标准值”栏内和“实测值”栏内填数值。

48. 7258-Y19 型摆丝机维护检修规程

SHS 04560—2019

代替 SHS 04560—2004

目　　次

前　言

本规程按照GB/T 1.1—2009《标准化工作导则　第1部分：标准的结构和编写》给出的规则起草。

本规程代替SHS 04560—2004《7258-Y19型摆丝机维护检修规程》，与SHS 04560—2004相比，除了编辑性修改外主要技术变化如下：

——明确了本规程适用摆丝机的型号；

——对检修周期进行了调整，对检修内容进行了完善；

——重点对检修程序与质量标准进行了修改；

——对常见功能故障与处理部分按RCM分析方法重新编制；

——增加“附录A　检修数据记录表”；

——增加“附录B　试车与验收数据记录表”。

本规程由中国石油化工集团有限公司、中国石油化工股份有限公司提出。

本规程起草单位：中国石化仪征化纤有限责任公司。

本规程主要起草人：邢庆高。

本规程历次版本发布情况：

——SHS 04560—2004。

7258-Y19 型摆丝机维护检修规程

1 范围

1.1 主题内容

本规程规定了 7258-Y19 型摆丝机检修周期与内容、检修程序与质量标准、试车与验收、维护与故障处理。

1.2 适用范围

本规程适用于 7258-Y19 型摆丝机以及同类设备的维护与检修。

2 规范性引用文件

下列文件中的条款通过本规程的引用而成为本规程的条款。凡是注日期的引用文件，其随后所有的修改单（不包括勘误的内容）或修订版均不适用于本规程，然而，鼓励根据本规程达成协议的各方研究是否可使用这些文件的最新版本。凡是不注日期的引用文件，其最新版本适用于本规程。

SHS 01028 变速机维护检修规程

3 检修周期与内容

3.1 检修周期

根据 7258-Y19 型摆丝机系统功能故障及其影响分析的结果，并结合生产装置运行周期，确定设备检修周期，一般为 48～60 个月。

3.2 检修项目

3.2.1 检查皮带是否存在损伤，输送斜道是否有毛刺，视情进行检修或更换。

3.2.2 齿轮箱体、关节轴承润滑情况检查。

3.2.3 变速机解体检修，择差更换损坏件。

3.2.4 回转装置解体检修，择差更换损坏件。

3.2.5 联轴节清洗、加油或择差更换。

3.2.6 按照设备运行状况和设备监测结果，对设备大修内容中的若干项进行检修。

3.2.7 视情况按要求对机组进行油漆。

4 检修与质量标准

4.1 检修前的准备

4.1.1 准备相关技术资料，根据日常维护、运转和测试记录，确定检修内容，制定检修计划。

4.1.2 落实好检修时所需的备品备件、材料、工器具等，并根据相关质量标准做好质量检查和确认。

4.1.3 选择有维修资质的检修单位并与之进行技术交底，熟悉图纸等相关资料，编制设备检修方案。

4.1.4 对参与检修的人员进行安全及环保教育，做好作业危害分析与评估、风险控制措施的交底与落实。

4.1.5 工艺处理符合要求。

4.1.5.1 设备电已停；

4.1.5.2 辊子缠丝、积棉已清理。

4.1.6 做好设备停送电管理，现场检修隔离、警示、挂牌管理。

4.1.7 办理好相关作业的票证，填写好设备交出资料，设备交出手续完备。

4.1.8 完成检修前其他工作确认。

4.2 拆卸与检测

4.2.1 拆卸主传动链条，清洗检查链条、链轮磨损情况。

4.2.2 拆解主传动变速机，检查油封、轴承及齿轮啮合情况，具体按 SHS 01028《变速机维护检修规程》执行；

4.2.3 拆卸转盘变速机传动联轴节、法兰、轴承及轴、配重、衬套，清洗检查磨损情况，联轴节检修按 SHS 01073《一般机泵用联轴器检修及质量标准》执行；

4.2.4 拆解转盘变速机，检查油封、轴承及齿轮啮合情况，具体按 SHS 01028《变速机维护检修规程》执行；

4.2.5 分解从动辊轴承座，拆卸输送皮带，检查皮带、输送斜道是否存在毛刺与损伤；

4.2.6 拆解回转盘，检查轴承状况，检查连杆状况；

4.2.7 检查各转动部分润滑情况；

4.2.8 检查各指示仪表及电气按钮有无损坏、缺少或失灵；

4.2.9 保持机台及周围环境清洁。

4.3 回装与质量标准

4.3.1 回装

4.3.1.1 将转盘变速机就位后安装固定螺栓，回装链条，调整张力后进行地脚紧固，链条涂抹润滑脂；

4.3.1.2 安装转盘连杆，调节摆动范围；

4.3.1.3 安装传送皮带，通过调节轴承座位置来调节皮带张力，两端张力保持平衡；

4.3.1.4 安装主传动变速机，回装链条，调节张力后固定地脚螺栓，链条涂抹润滑脂。

4.3.2 检修质量标准

7258-Y19 型摆丝机检修质量标准见表 1。

表 1 7258-Y19 型摆丝机检修质量标准

序号	检验项目	质量标准	检验方法
1	输送斜道	光滑，不刮丝	目测、手感
2	输送斜道运行	平稳、无卡阻	目测
3	变速机	无泄漏、无异音、无异振	目测、耳听

5 试车与验收

5.1 试车前准备

5.1.1 按本规程 4.3.2 检修质量标准进行检查验收；

5.1.2 确认各润滑点都按润滑要求加油、脂；

5.1.3 各连接件紧固良好；

5.1.4 做到工完、料尽、场地清，废弃物按有关规定进行分类处理；

5.1.5 确认相应检修记录齐全、规范；

5.1.6 确认工艺条件、电气、仪表满足试车条件；

5.1.7 完成其他试车条件确认。

5.2 试车

5.2.1 空载试车

5.2.1.1 确认电动机转向，确认后空运转 48h；

5.2.1.2 手动盘车，减速机运转轻松灵活；

5.2.1.3 与主机进行 24h 空载运行验收（低、中、高速各 8h）；

5.2.1.4 减速机温升正常，工作电流正常；

5.2.1.5 全机各动、静密封点无泄漏。

5.2.2 负载试车

5.2.2.1 负载试车按满负荷正常生产速度进行调试；

5.2.2.2 检查各润滑点泄漏、温升情况和设备运转正常；

5.2.2.3 全机各部件运行平稳，振动、声音等无异常；
5.2.2.4 检查电机电压、电流正常。

5.3 验收

5.3.1 达到规定试车时间，各项技术指标达到设计要求值或满足生产需要。
5.3.2 设备达到完好标准。
5.3.3 完善检修记录，检修记录齐全、准确，按规定办理验收手续。

6 维护与故障处理

6.1 日常维护

6.1.1 检查皮带及输送斜道有无毛刺与损伤。
6.1.2 检查摆丝轴承部位有无异振、异响。
6.1.3 检查润滑系统工作情况，视情况添加或更换润滑油。
6.1.4 检查箱体齿轮与轴承是否有异响、异振。

6.2 常见功能故障与处理方法

7258-Y19 型摆丝机常见功能故障与处理方法见表 2。

表 2 7258-Y19 型摆丝机常见功能故障与处理方法

序号	功能	功能故障	故障模式	故障后果	故障应对策略与检修内容	检修周期 / 月
1	保证摆丝机连续运转	从动辊缠丝多	从动辊防护不良	设备损坏、影响负荷	制安防护罩	定期加油
			丝束运行不稳		减少停车次数	视情检修
			摆丝机皮带上堆丝过多		减少堆丝	视情检修
			皮带运行不稳		张力调整	视情检修
			摆幅与速度异常		调整	视情检修
		主传动减速机异常	漏油	设备损坏、影响负荷	加油	定期加油
			基础松动		基础紧固	视情检修
			皮带松动		调整或更换皮带轮	视情检修
			链条运行卡阻		润滑、检查异常检修	视情检修
		皮带异常松动与损伤	缠丝过多	设备损坏、影响负荷	控制减少缠丝	视情检修
			清理丝束时割伤		修复	视情检修
			皮带调整张力过大		调整	视情检修
			输送板上存在毛刺		打磨	视情检修

表 2　7258-Y19 型摆丝机常见功能故障及处理方法（续）

序号	功能	功能故障	故障模式	故障后果	故障应对策略与检修内容	检修周期／月
1	保证摆丝机连续运转	摆动不均匀	轨道润滑不良	设备损坏、影响负荷	润滑	定期加油
			轨道磨损变形		检修或更换	视情检修
			转向、导向轴承润滑不良		润滑	定期加油
			关节轴承不灵活		清洗、加油、更换检修	视情检修

附　录　A

（资料性附录）

检修数据记录表

项目	主要控制内容		等级	施工单位	生产装置	设备管理部门	备注
	标准值	现场记录					
拆卸时检测							
输送斜道	光滑，不刮丝		B	★	★		
输送斜道运行	平稳、无卡阻		B	★	★		
减速机	无泄漏、无异音、无异振		B	★	★		
回装时检测							
输送斜道	光滑，不刮丝		B	★	★		
输送斜道运行	平稳、无卡阻		B	★	★		
减速机	无泄漏、无异音、无异振		B	★	★		

注：A 级：施工单位、生产装置、设备管理部门专业人员检查确认后签字。
B 级：施工单位和生产装置专业人员检查确认后签字。
C 级：施工单位专业人员检查确认后签字。
另：如果有监理，监理的职责由甲方授权。

附　录　B
（资料性附录）
试车与验收数据记录表

年　　月　　日

<table>
<tr><td>使用单位</td><td></td><td colspan="2">检修单位</td><td colspan="3"></td></tr>
<tr><td>设备位号及名称</td><td></td><td colspan="2">设备类别</td><td colspan="3">动设备（　　）；静设备（　　）</td></tr>
<tr><td colspan="2">试车验收前的准备工作</td><td>静设备</td><td>动设备</td><td>标准值</td><td>实测值</td><td>确认</td></tr>
<tr><td colspan="2">1. 各加油点已按规定加好润滑油</td><td></td><td>△</td><td></td><td></td><td></td></tr>
<tr><td colspan="2">2. 密封液已加好</td><td></td><td>△</td><td></td><td></td><td></td></tr>
<tr><td colspan="2">3. 电源线已接好</td><td></td><td>△</td><td></td><td></td><td></td></tr>
<tr><td colspan="2">4. 工艺准备已完毕</td><td>△</td><td>△</td><td></td><td></td><td></td></tr>
<tr><td colspan="2">试车验收内容</td><td></td><td></td><td></td><td></td><td></td></tr>
<tr><td colspan="2">1. 检修记录单位和零部件换修记录单已填好</td><td>△</td><td>△</td><td></td><td></td><td></td></tr>
<tr><td colspan="2">2. 设备本体及检修现场干净</td><td>△</td><td>△</td><td></td><td></td><td></td></tr>
<tr><td colspan="2">3. 加热、冷却系统运行正常</td><td>△</td><td>△</td><td></td><td></td><td></td></tr>
<tr><td colspan="2">4. 润滑、密封液系统工作正常</td><td></td><td>△</td><td></td><td></td><td></td></tr>
<tr><td colspan="2">5. 盘车轻松，无轻重不均匀感</td><td></td><td>△</td><td></td><td></td><td></td></tr>
<tr><td colspan="2">6. 防腐或保温完好</td><td>△</td><td>△</td><td></td><td></td><td></td></tr>
<tr><td colspan="2">7. 静密封点无泄漏</td><td>△</td><td>△</td><td></td><td></td><td></td></tr>
<tr><td colspan="2">8. 温升</td><td></td><td>△</td><td></td><td></td><td></td></tr>
<tr><td colspan="2">9. 电流</td><td></td><td>△</td><td></td><td></td><td></td></tr>
<tr><td colspan="2"></td><td colspan="5"></td></tr>
<tr><td colspan="2"></td><td colspan="5"></td></tr>
<tr><td colspan="2"></td><td colspan="5"></td></tr>
<tr><td colspan="7">验收结论：</td></tr>
<tr><td colspan="7">验收人员签字：
检修单位：　　　　　　　　使用单位：　　　　　　　　主管部门：</td></tr>
</table>

注： 1. 在（　　）内填“√”，“△”指该设备应验收这些项目。

2. 对于定性项目，在确认栏内填“√”（符合要求）或“×”（不符合要求）。

3. 对于电流等非定性项目，在“标准值”栏和“实测值”栏内填数值。

49. HV725-280 型松弛定型机维护检修规程

SHS 04562—2019

代替 SHS 04562—2004

目　次

前　　言

本规程按照 GB/T 1.1—2009《标准化工作导则　第 1 部分：标准的结构和编写》给出的规则起草。

本规程代替 SHS 04562—2004《HV725-280 型松弛定型机维护检修规程》，与 SHS 04562—2004 相比，除了编辑性修改外主要技术变化如下：

——明确了本规程适用松弛定型机的型号；

——调整了检修周期，完善了检修内容；

——重点对检修程序与质量标准进行了修改；

——对常见功能故障与处理部分按 RCM 分析方法重新编制；

——增加“附录 A　检修数据记录表”；

——增加“附录 B　试车与验收数据记录表”。

本规程由中国石油化工集团有限公司、中国石油化工股份有限公司提出。

本规程起草单位：中国石化仪征化纤有限责任公司。

本规程主要起草人：邢庆高。

本规程历次版本发布情况：

——SHS 04562—2004。

HV725-280 型松弛定型机维护检修规程

1 范围

1.1 主题内容

本规程规定了 HV725-280 型松弛定型机检修周期与内容、检修程序与质量标准、试车与验收、维护与故障处理。

1.2 适用范围

本规程适用于 HV725-280、HV726 型松弛定型机的维护与检修。

2 规范性引用文件

下列文件中的条款通过本规程的引用而成为本规程的条款。凡是注日期的引用文件，其随后所有的修改单（不包括勘误的内容）或修订版均不适用于本规程，然而，鼓励根据本规程达成协议的各方研究是否可使用这些文件的最新版本。凡是不注日期的引用文件，其最新版本适用于本规程。

SHS 01022 离心式风机维护检修规程

SHS 01028 变速机维护检修规程

3 检修周期与内容

3.1 检修周期

根据 HV725-280 型松弛定型机系统功能故障及其影响分析的结果，并结合生产装置运行周期，确定设备检修周期，一般为 48～60 个月。

3.2 检修项目

3.2.1 拆检风机轴承，清洗、检查轴承磨损情况，检查皮带、带轮情况，择差更换。

3.2.2 视运行状态检查叶轮的动平衡。

3.2.3 分解清洗摆线针轮减速机部件，择差更换磨损件，传动系统链条、皮带更换。

3.2.4 清除换热器表面污物，消漏、打压检漏。

3.2.5 烘房框架检查校正、密封件更新。

3.2.6 链条、导轨分解、拆除、更新。

3.2.7 链板拆除，清洗、检修、校正。
3.2.8 箱体内“T”型网、平板网拆除、清洗、安装。
3.2.9 箱体内防护罩、摩擦条择差更换。
3.2.10 摆斗系统检查，择差更换摆斗、轴承、关节轴承等。
3.2.11 拆检主传动轴，择差更换传动链轮、轴承、传动键等。
3.2.12 检查、检修循环风机、排风风机、新风风机、冷却风机调节阀。
3.2.13 箱体内部积棉、积灰清理。
3.2.14 各润滑点加油、脂。
3.2.15 视情况按要求对全机进行油漆。

4 检修程序与质量标准

4.1 检修前的准备

4.1.1 准备相关技术资料，根据日常维护、运转和测试记录，确定检修内容，制定检修计划。
4.1.2 落实好检修时所需的备品备件、材料、工器具等，并根据相关质量标准做好质量检查和确认。
4.1.3 选择有维修资质的检修单位并与之进行技术交底，熟悉图纸等相关资料，编制设备检修方案。
4.1.4 对参与检修的人员进行安全及环保教育，做好作业危害分析与评估、风险控制措施的交底与落实。
4.1.5 工艺处理符合要求：
4.1.5.1 蒸汽管道总阀已关闭，蒸汽管道支线阀已关闭，并用盲板进行隔离；
4.1.5.2 设备已停电拆线；
4.1.5.3 箱体内部积棉、链板积棉已清理。
4.1.6 做好设备停送电管理，现场检修隔离、警示、挂牌管理。
4.1.7 办理好相关作业的票证，填写好设备交出资料，设备交出手续完备。
4.1.8 完成检修前其他工作确认。

4.2 拆卸与检测

4.2.1 将循环风机前端箱体盖板打开，拆卸风机轴承座固定螺栓，拆卸风机皮带，将风机整套抽出。
4.2.2 用拉马将皮带轮从风机轴拆卸下来，分解风机轴承座，检查皮带轮、轴承磨损情况，检修按 SHS 01022《离心式风机维护检修规程》执行。
4.2.3 清理风叶上的缠丝和积灰，检查叶轮的动平衡。
4.2.4 拆卸主传动减速机链条、皮带、带轮，清洗、检查磨损情况。

4.2.5 主传动摆线针轮减速机检修按 SHS 01028《变速机维护检修规程》执行。
4.2.6 在松弛定型机前端逐件拆卸链板，检查链板变形、磨损、开裂状况。
4.2.7 拆卸链板大链条，清洗检查链条磨损、拉伸情况，检查导轨磨损状况。
4.2.8 拆卸换热器，清除表面污物，打压检漏。
4.2.9 检修风阀调节手柄，检查各种风阀开度控制与指示是否一致，确保风门开度符合要求。
4.2.10 检查主传动两侧链轮的同步情况。
4.2.11 拆卸各类风机（排风风机、冷却风机），检修按 SHS 01022《离心式风机维护检修规程》执行。
4.2.12 拆卸链板防护板和摩擦条，检查其磨损、变形和损坏情况。
4.2.13 检查、检修门密封条、操作把手、平板网、“T”型网等。

4.3 回装与质量标准

4.3.1 回装

4.3.1.1 组装风机，将整套叶轮放入风机孔腔内，安装紧固轴承座螺栓，安装风机前盖板。
4.3.1.2 安装风机皮带，检查调整皮带张力。
4.3.1.3 回装换热器，紧固管道接头。
4.3.1.4 链轮、链条、链板的安装与调整：

a）主动、从动轴的组装与调整、回装与调整：

（a）调整主、从动轴位置，确保轴线与丝道中心线垂直，并以此作为基准，在两侧机架上进行标注，便于链条张力调整；

（b）调整主、从动轴与机架位置，检查轴的水平度，并进行调整；

（c）以固定链轮为基准，对可调整链轮进行调节，使得同轴上两侧链轮轮齿同步；

b）在从动轴两侧，同时将链条接上链轮，逐段接上，并沿上部导轨、主传动轴轮、下部导轨、从动轴轮的顺序，将链条装成环状（注意：每隔 15 链节临时装一块链板）；

c）链板安装，用低速运转 5～10 圈使链板间隔自动调整后，紧固各链板。

4.3.1.5 回装防护用侧板摩擦条。
4.3.1.6 将主传动减速机就位后安装主传动链条，调整张力，加润滑脂。
4.3.1.7 回装减速机与电机间传动皮带，调整张力。
4.3.1.8 回装相应检修的离心风机。

4.3.2 检修质量标准

HV725-280 型松弛定型机检修质量标准见表 1。

表 1 HV725-280 型松弛定型机检修质量标准

mm

序号	检验项目	质量标准	检验方法
1	两侧链条张力	均匀适中	目测
2	链板表面	平整、光滑、无毛刺	目测
3	蝴蝶板	无变形、安装螺栓紧固	目测
4	链条的销轴、链板座上的花螺母	开口销完整有效	目测
5	导轨纵向水平度	全机≤ 2	水准仪
6	导轨左右水平度	≤ 0.5/1000	水准仪
7	导轨接头差	≤ 0.2	卡尺
8	链轮轴水平度	≤ 0.2/1000	水平仪
9	风机	无异常振动和温升	手感
10	各密封门	开启灵活、密封可靠	目测
11	各类紧固件	紧固无松动	手感
12	蒸汽加热系统	畅通无泄漏	目测

5 试车与验收

5.1 试车前准备

5.1.1 按本规程 4.3.2 检修质量标准进行检查验收。

5.1.2 各阀门灵活有效，各密封点无泄漏，各零部件、附件齐全完好。

5.1.3 确认各润滑点都按润滑要求加油、脂。

5.1.4 各连接件紧固良好。

5.1.5 做到工完、料尽、场地清，废弃物按有关规定进行分类处理。

5.1.6 确认相应检修记录齐全、规范。

5.1.7 确认公用工程、工艺条件、电气、仪表满足试车条件。

5.1.8 完成其他试车条件确认。

5.2 试车

5.2.1 空载试车

5.2.1.1 确认电动机转向，确认后空运转 48h；
5.2.1.2 手动盘车，减速机运转轻松灵活；
5.2.1.3 与主机进行 24h 空载运行验收（低、中、高速各 8h）；
5.2.1.4 变速机温升正常，工作电流正常；
5.2.1.5 全机各动、静密封点无泄漏。

5.2.2 负载试车

5.2.2.1 负载试车按满负荷正常生产速度进行调试；
5.2.2.2 检查各润滑点泄漏、温升情况和设备运转正常；
5.2.2.3 全机各部件运行平稳，振动、声音等无异常；
5.2.2.4 检查电动机电压、电流正常。

5.3 验收

5.3.1 达到规定试车时间，各项技术指标达到设计要求值或满足生产需要。
5.3.2 设备达到完好标准。
5.3.3 完善检修记录，检修记录齐全、准确，按规定办理验收手续。

6 维护与故障处理

6.1 日常维护

6.1.1 检查链板、蝴蝶板、摩擦条、防护罩是否变形，有无脱落、松动；链板安装螺栓是否松动脱落。
6.1.2 检查传动皮带磨损情况，择差更换，重新调整张力。
6.1.3 检查所有风机运行状态，有异常，更换轴承重新找正。
6.1.4 清除干燥室内絮棉，检查所有密封门，确保干燥室与外界隔热保温。
6.1.5 按设备巡检维护要求做好巡检维护记录。
6.1.6 按设备润滑要求进行润滑，做好润滑记录。

6.2 常见功能故障与处理方法

HV725-280 型松弛定型机常见功能故障与处理方法见表 2。

表 2　HV725-280 型松弛定型机常见功能故障与处理方法

序号	功能	功能故障	故障模式	故障后果	故障应对策略与检修内容	检修周期／月
1	保证松弛定型能力	丝潮、定型能力差	定型温度不精确	影响叠丝能力、影响产能	仪表调节器阀异常检修 蒸汽旁通阀异常检修 加热管线疏水器异常检修 管线温度异常调整 仪表 DCS 温度设定调整 仪表 DCS 中 PID 优化 仪表检测元件异常检修	随时检修
			铺丝不均匀		调整铺丝摆幅与速度 调整松弛链板速度	
			风量异常		风量过大或过小调整 风阀异常，不易调节 风阀风量标定异常调整 循环风机异常及泄漏检修 丝过于板结，工艺调整 清理平板网 清理”[illegible]”型网	
2	保证松弛定型连续运转	风机振动大	缺油	设备损坏、影响负荷	加油	定期加油
			轴承异常		更换检修	视情检修
			风叶不平衡		动平衡检测	视情检修
			基础松动		基础加固	视情检修
			轴磨损严重		修磨检修	视情检修
		主传动减速机异常	漏油		加油	视情检修
			基础松动		基础加固	视情检修
			皮带松动		调整或更换皮带轮	视情检修
			链条运行卡阻		润滑、检查异常检修	视情检修
		链板扭曲变形	安装螺栓松脱		紧固	视情检修
			传动轴链轮两侧不同步		调整	视情检修
			链条两侧张力不一致		调整	视情检修
		链板挂丝	链板表面磨损、含油		打磨或更换链板	视情检修
			链板间夹丝		链板校正	视情检修

表 2 HV725-280 型松弛定型机常见功能故障与处理方法（续）

序号	功能	功能故障	故障模式	故障后果	故障应对策略与检修内容	检修周期 / 月
2	保证松弛定型连续运转	链条运行卡阻	链条缠丝、润滑不良		清理缠丝、润滑	视情检修
			链板变形或松动		调整紧固或更换	视情检修
			链条张力不匀、链轮不同步		检修调整	视情检修
			摩擦条脱落卡阻		更换检修	视情检修
			蝴蝶板脱落卡阻		更换检修	视情检修
			防护罩脱落卡阻		更换检修	视情检修

附　录　A

（资料性附录）

检修数据记录表

项目	主要控制内容		等级	施工单位	生产装置	设备管理部门	备注
	标准值	现场记录					
拆卸时检测							
导轨纵向水平度	全机≤2mm		B	★	★		
导轨左右水平度	≤0.5mm/1000mm		B	★	★		
导轨接头差	≤0.2mm		B	★	★		
链轮轴水平度	≤0.2mm/1000mm		B	★	★		
回装时检测							
两侧链条张力	均匀适中		B	★	★		
链条销轴、链板安装螺母	完整有效、无松动		B	★	★		
链板表面	平整、光滑、无毛刺		B	★	★		
蝴蝶板	无变形、螺栓无松动		B	★	★		
导轨纵向水平度	全机≤2mm		B	★	★		
导轨左右水平度	≤0.5mm/1000mm		B	★	★		
导轨接头差	≤0.2mm		B	★	★		
链轮轴水平度	≤0.2mm/1000mm		B	★	★		
风机	无异常振动和温升		B	★	★		
各密封门	开启灵活、密封可靠		B	★	★		
各类紧固件	紧固无松动		B	★	★		
蒸汽加热系统	畅通无泄漏		B	★	★		

注： A级：施工单位、生产装置、设备管理部门专业人员检查确认后签字。

B级：施工单位和生产装置专业人员检查确认后签字。

C级：施工单位专业人员检查确认后签字。

另：如果有监理，监理的职责由甲方授权。

附 录 B
（资料性附录）
试车与验收数据记录表

年 月 日

使用单位		检修单位			
设备位号及名称		设备类别	动设备（ ）；静设备（ ）		
试车验收前的准备工作	静设备	动设备	标准值	实测值	确认
1. 各加油点已按规定加好润滑油		△			
2. 密封液已加好		△			
3. 电源线已接好		△			
4. 工艺准备已完毕	△	△			
试车验收内容					
1. 检修记录单位和零部件换修记录单已填好	△	△			
2. 设备本体及检修现场干净	△	△			
3. 加热、冷却系统运行正常	△	△			
4. 润滑、密封液系统工作正常		△			
5. 盘车轻松，无轻重不均匀感		△			
6. 防腐或保温完好	△	△			
7. 静密封点无泄漏	△	△			
8. 温升		△			
9. 电流		△			
验收结论：					
验收人员签字： 检修单位： 使用单位： 主管部门：					

注：1. 在（ ）内填“√”，“△”指该设备应验收这些项目。

2. 对于定性项目，在确认栏内填“√”（符合要求）或“×”（不符合要求）。

3. 对于电流等非定性项目，在“标准值”栏和“实测值”栏内填数值。

50. 曳引张力机维护检修规程

SHS 04563—2019

代替 SHS 04563—2004

目　次

前 言

本规程按照GB/T 1.1—2009《标准化工作导则 第1部分：标准的结构和编写》给出的规则修订。

本规程代替SHS 04563—2004《曳引张力机维护检修规程》，与SHS 04563—2004相比，除了编辑性修改外主要技术变化如下：

——明确了本规程适用张力机的型号；

——调整了检修周期，完善了检修内容；

——重点对检修程序与质量标准进行了修改；

——对常见功能故障与处理部分按RCM分析方法重新编制；

——增加“附录A 检修数据记录表”；

——增加“附录B 试车与验收数据记录表”。

本规程由中国石油化工集团有限公司、中国石油化工股份有限公司提出。

本规程起草单位：中国石化仪征化纤有限责任公司。

本规程主要起草人：邢庆高。

本规程历次版本发布情况：

——SHS 04563—2004。

曳引张力机维护检修规程

1 范围

1.1 主题内容

本规程规定了HV836A型曳引张力机检修周期与内容、检修程序与质量标准、试车与验收、维护与故障处理。

1.2 适用范围

本规程适用于HV836A型曳引张力机维护检修，亦适用于SHV836、619888、1461-Z01、AK538、NMC600型曳引张力机及同类设备维护与检修。

2 规范性引用文件

下列文件中的条款通过本规程的引用而成为本规程的条款。凡是注日期的引用文件，其随后所有的修改单（不包括勘误的内容）或修订版均不适用于本规程，然而，鼓励根据本规程达成协议的各方研究是否可使用这些文件的最新版本。凡是不注日期的引用文件，其最新版本适用于本规程。

本规程主要依据该设备制造商提供的有关技术资料和检修实际经验编写修订。

3 检修周期与内容

3.1 检修周期

根据曳引张力机系统功能故障及其影响分析的结果，并结合生产装置运行周期，确定设备检修周期，一般为48～60个月。

3.2 检修项目

3.2.1 拆卸、检查各辊表面及其转动情况，检查压辊压合情况，并消除缠丝。
3.2.2 分解、检查各辊传动部件，校正各辊的平行度、水平度及对丝束中心线的垂直度。
3.2.3 拆卸、检查链接头、链条、链轮、配重运行情况，视情调整链条松紧度。
3.2.4 拆卸、检查调整同步齿形带跑偏情况及其松紧度，视磨损情况更换皮带或皮带轮。
3.2.5 清洗、检查所有轴承，换油或择差更换轴承。
3.2.6 检查压缩空气管路及其附件，视情况调整、消漏、紧固。

3.2.7 分解、清洗、检查气缸，更换密封件。
3.2.8 检查缓冲弹簧，择差更换。

4 检修与质量标准

4.1 检修前的准备

4.1.1 准备相关技术资料，根据日常维护、运转和测试记录，确定检修内容，制定检修计划。
4.1.2 落实好检修时所需的备品备件、材料、工器具等，并根据相关质量标准做好质量检查和确认。
4.1.3 选择有维修资质的检修单位并与之进行技术交底，熟悉图纸等相关资料，编制设备检修方案。
4.1.4 对参与检修的人员进行安全及环保教育，做好作业危害分析与评估、风险控制措施的交底与落实。
4.1.5 工艺处理符合要求：
4.1.5.1 曳引张力机压空气源总阀已关闭；
4.1.5.2 曳引张力机电已停。
4.1.6 做好设备停送电管理，现场检修隔离、警示、挂牌管理。
4.1.7 办理好相关作业的票证，填写好设备交出资料，设备交出手续完备。
4.1.8 完成检修前其他工作确认。

4.2 拆卸与检测

4.2.1 拆卸曳引张力机主传动齿形带，检查磨损状况。
4.2.2 拆卸曳引张力机主传动齿形带带轮、刹车盘，检查磨损状况。
4.2.3 拆卸曳引张力机橡胶压辊轴套定位紧固螺栓，将其一并取下，检查压辊表面状况，分解橡胶压辊，检查轴承磨损情况。
4.2.4 拆卸曳引张力机导丝辊前端压盖、后方紧固圆螺母，将导丝辊取下，解体、清洗、检查辊体、轴及轴承磨损情况。
4.2.5 拆卸压辊气缸、气动部件，检查泄漏情况。
4.2.6 拆卸张力检测装置，清理积棉，张力检测。
4.2.7 链条拆卸、检查、择差更换。

4.3 回装与质量标准

4.3.1 回装

4.3.1.1 将导丝辊与轴通过轴承连接，安装卡簧；

4.3.1.2 将组装好的导丝辊安装至箱体上，回装前盖板与后方圆螺母，安装止推垫圈；
4.3.1.3 将橡胶压辊更换轴承后安装至主动辊上方，将轴套定位螺栓紧固；
4.3.1.4 回装橡胶压辊气缸及气动元件；
4.3.1.5 回装张力检测装置，回装链条；
4.3.1.6 回装主传动带轮、刹车盘及齿形带；
4.3.1.7 安装设备本体盖板。

4.3.2 检修质量标准

HV836A 型曳引张力机检修质量标准见表 1。

表 1 HV836A 型曳引张力机检修质量标准 mm

序号	检验项目	质量标准	检验方法
1	张力辊座导杆的平行度	≤0.03	专用卡板
2	橡胶压辊径跳	≤0.25	百分表
3	曳引辊水平度	≤0.20/1000	水平仪
4	曳引辊径跳	≤0.20	百分表
5	皮带松紧度	F = 7kgf，S=7.5	直尺
6	张力辊水平度	≤0.20/1000	水平仪
7	张力辊径跳	≤0.20	百分表
8	导丝辊水平度	≤0.20/1000	水平仪
9	导丝辊径跳	≤0.20	百分表
10	各辊对丝束中心垂直度	≤1	直角尺

5 试车与验收

5.1 试车前准备

5.1.1 按本规程 4.3.2 检修质量标准进行检查验收；
5.1.2 各阀门灵活有效，各密封点无泄漏，各零部件、附件齐全完好；
5.1.3 确认各润滑点都按润滑要求加油、脂；
5.1.4 各连接件紧固良好；
5.1.5 做到工完、料尽、场地清，废弃物按有关规定进行分类处理；
5.1.6 确认相应检修记录齐全、规范；

5.1.7 确认公用工程、工艺条件、电气、仪表满足试车条件；

5.1.8 完成其他试车条件确认。

5.2 试车

5.2.1 空载试车

5.2.1.1 确认电动机转向，确认后空运转 48h；

5.2.1.2 检查电气、仪表及气路系统情况；

5.2.1.3 与主机进行 24h 空载运行验收（低、中、高速各 8h）；

5.2.1.4 检查电流是否正常，并查看有无异振、异响；

5.2.1.5 全机各动静密封点无泄漏。

5.2.2 负载试车

5.2.2.1 负载试车按满负荷正常生产速度进行调试；

5.2.2.2 检查各润滑点泄漏、温升情况和设备运转正常；

5.2.2.3 全机各部件运行平稳，振动、声音等无异常；

5.2.2.4 检查电动机电压、电流正常。

5.3 验收

5.3.1 达到规定试车时间，各项技术指标达到设计要求值或满足生产需要。

5.3.2 设备达到完好标准。

5.3.3 完善检修记录，检修记录齐全、准确，按规定办理验收手续。

6 维护与故障处理

6.1 日常维护

6.1.1 检查同步齿形带是否跑偏。

6.1.2 检查各轴承部位有无异振、异响。

6.1.3 检查各辊表面质量，光滑无损伤、无变形、无剥落、无毛刺。

6.1.4 检查齿形皮带的跑偏和张力情况。

6.1.5 按设备巡检维护要求做好巡检维护记录。

6.1.6 按设备润滑要求进行润滑，做好润滑记录。

6.2 常见功能故障与处理方法

HV836A 型曳引张力机常见功能故障与处理方法见表 2。

表 2 HV836A 型曳引张力机常见功能故障与处理方法

序号	功能	功能故障	故障模式	故障后果	故障应对策略与检修内容	检修周期 / 月
1	保证张力机的连续运行	各辊运转有异常振动	轴承损坏	设备停车	换轴承	视情而定
			轴磨损		换轴	视情而定
		同步齿形带跑偏	电机与曳引辊轴不同轴	设备停车	调节电机底板	视情而定
			皮带轮呈现锥度		更换皮带轮	视情而定
		各辊表面损伤	辊表面勾刀划伤	设备停车	更换辊子	视情而定
		压辊异常	表面勾刀损伤	设备停车	更换压辊	视情而定
			脱胶、剥落		更换压辊	视情而定
			压合不良		调整或更换压辊	视情而定

附 录 A

（资料性附录）

检修数据记录表

mm

项目	主要控制内容		等级	施工单位	生产装置	设备管理部门	备注
	标准值	现场记录					
拆卸时检测							
张力辊座导杆的平行度	≤0.03		B	★	★		
橡胶压辊径跳	≤0.25		B	★	★		
曳引辊水平度	≤0.20/1000		B	★	★		
曳引辊径跳	≤0.20		B	★	★		
皮带松紧度	F＝7kg，S=7.5		B	★	★		
张力辊水平度	≤0.20/1000		B	★	★		
张力辊径跳	≤0.20		B	★	★		
导丝辊水平度	≤0.20/1000		B	★	★		
导丝辊径跳	≤0.20		B	★	★		
各辊对丝束中心垂直度	≤1		B	★	★		
回装时检测							
张力辊座导杆的平行度	≤0.03		B	★	★		
橡胶压辊径跳	≤0.25		B	★	★		
曳引辊水平度	≤0.20/1000		B	★	★		
曳引辊径跳	≤0.20		B	★	★		
皮带松紧度	F＝7kg，S=7.5		B	★	★		
张力辊水平度	≤0.20/1000		B	★	★		
张力辊径跳	≤0.20		B	★	★		
导丝辊水平度	≤0.20/1000		B	★	★		
导丝辊径跳	≤0.20		B	★	★		
各辊对丝束中心垂直度	≤1		B	★	★		

注： A级：施工单位、生产装置、设备管理部门专业人员检查确认后签字。

B级：施工单位和生产装置专业人员检查确认后签字。

C级：施工单位专业人员检查确认后签字。

另：如果有监理，监理的职责由甲方授权。

附 录 B
（资料性附录）
试车与验收数据记录表

年 月 日

使用单位		检修单位			
设备位号及名称		设备类别	动设备（ ）；静设备（ ）		
试车验收前的准备工作	静设备	动设备	标准值	实测值	确认
1. 各加油点已按规定加好润滑油		△			
2. 密封液已加好		△			
3. 电源线已接好		△			
4. 工艺准备已完毕	△	△			
试车验收内容					
1. 检修记录单位和零部件换修记录单已填好	△	△			
2. 设备本体及检修现场干净	△	△			
3. 加热、冷却系统运行正常	△	△			
4. 润滑、密封液系统工作正常		△			
5. 盘车轻松，无轻重不均匀感		△			
6. 防腐或保温完好	△	△			
7. 静密封点无泄漏	△	△			
8. 温升		△			
9. 电流		△			
验收结论：					
验收人员签字： 检修单位： 使用单位： 主管部门：					

注： 1. 在（ ）内填“√”，“△”指该设备应验收这些项目。

2. 对于定性项目，在确认栏内填“√”（符合要求）或“×”（不符合要求）。

3. 对于电流等非定性项目，在“标准值”栏和“实测值”栏内填数值。

51. HV804型打包机维护检修规程

SHS 04566—2019

代替 SHS 04566—2004

目　　次

前　　言

本规程按照GB/T 1.1—2009《标准化工作导则　第1部分：标准的结构和编写》给出的规则修订。

本规程代替SHS 04566—2004《HV804、HV804-C、HV804-D、HV804-F型打包机维护检修规程》，与SHS 04566—2004相比，除了编辑性修改外主要技术变化如下：

——明确了本规程适用打包机的型号；

——常见功能故障与处理部分按RCM分析方法重新编制；

——增加“附录A　检修数据记录表”；

——增加“附录B　试车与验收数据记录表”。

本规程由中国石油化工集团有限公司、中国石油化工股份有限公司提出。

本规程起草单位：中国石化仪征化纤有限责任公司。

本规程主要起草人：邢庆高。

本规程历次版本发布情况：

——SHS 04566—2004。

HV804 型打包机维护检修规程

1 范围

1.1 主要内容

本规程规定了 HV804 型打包机检修周期与内容、检修程序与质量标准、试车与验收、维护与故障处理。

1.2 适用范围

本规程适用于 HV804、HV804-C、HV804-D、HV804-F 型打包机的维护和检修。

2 规范性引用文件

下列文件中的条款通过本规程的引用而成为本规程的条款。凡是注日期的引用文件，其随后所有的修改单（不包括勘误的内容）或修订版均不适用于本规程，然而，鼓励根据本规程达成协议的各方研究是否可使用这些文件的最新版本。凡是不注日期的引用文件，其最新版本适用于本规程。

FZ/T 96022　化纤打包机

GB/T 15622　液压缸试验方法

GB/T 7782　计量泵（柱塞式）

3 检修周期与内容

3.1 检修周期

根据 HV804 型打包机功能故障及其影响分析的结果，并结合生产装置运行周期，确定设备检修周期，一般为 48～60 个月。

3.2 检修项目

3.2.1 检查并拧紧易松脱部位所有紧固件。

3.2.2 拆卸、清洗所有的油、气过滤器，油滤器适时补油。

3.2.3 检查油、气管路及附件，并消除漏点。

3.2.4 清除推料机构、防弹钩的堵塞絮棉。

3.2.5 检查推料气缸密封件、导向件是否磨损，调速阀调整。

3.2.6 检查所有导向套的磨损情况，视情况更换导向套。
3.2.7 校准各接近开关、行程开关及撞块的位置。
3.2.8 清洗各类阀件，择差更换或修理。
3.2.9 检查出包装置的运行情况，清理出包辊道。
3.2.10 检查油、气缸的运行状况，并排除故障。
3.2.11 拆卸、修复各缸活塞杆表面划痕。
3.2.12 箱体内衬不锈钢板的修复。
3.2.13 检查转箱减速机齿轮啮合、螺栓松动情况，择差更换。
3.2.14 密封框架校正，择差更换破损的毛刷密封。
3.2.15 检查止棉部件动作的灵活性及密封件检修。
3.2.16 检查各类泵的运行情况，择差检修，更换损坏件。检修联轴节、软管，择差更换液压泵。
3.2.17 液压油站滤网清洗，循环水冷却器检修。
3.2.18 润滑点按规定加注油、脂。

4 检修与质量标准

4.1 检修前的准备

4.1.1 准备相关技术资料，根据日常维护、运转和测试记录，确定检修内容，制定检修计划。
4.1.2 落实好检修时所需的备品备件、材料、工器具等，并根据相关质量标准做好质量检查和确认。
4.1.3 选择有维修资质的检修单位并与之进行技术交底，熟悉图纸等相关资料，编制设备检修方案。
4.1.4 对参与检修的人员进行安全及环保教育，做好作业危害分析与评估、风险控制措施的交底与落实。
4.1.5 工艺处理符合要求。
4.1.5.1 打包机已停电并停在检修位；
4.1.5.2 打包机气缸压空总阀已关闭；
4.1.5.3 打包机箱体内积棉、挂棉已清理；
4.1.6 做好设备停送电管理，现场检修隔离、警示、挂牌管理；
4.1.7 办理好相关作业的票证，填写好设备交出资料，设备交出手续完备；
4.1.8 完成检修前其他工作确认。

4.2 拆卸与检测

4.2.1 安装并紧固好吊具和索具。

4.2.2 确认工艺处理完毕，可以实施液压油排放作业。

4.2.3 主压油缸分解、活塞杆吊出，检查活塞杆及油缸内壁磨损情况，检查活塞密封及上下封头密封件磨损情况：

a) 拆除主压油缸下端封头螺栓；
b) 拆除主压油缸上端封头定位螺栓并拧下封头；
c) 用手拉葫芦将主压活塞杆与主压板下放至底部；
d) 拆卸主压活塞密封件；
e) 拆卸上下封头密封件；
f) 主压油缸活塞杆及其配件使用煤油清洗并擦净；
g) 检查活塞杆表面磨损划伤情况，状况较差可外委镀铬修复；
h) 检查油缸内壁磨损划伤情况，状况较差可外委镀铬修复。

4.2.4 预压油缸分解、活塞杆吊出，检查活塞杆及油缸内壁磨损情况，检查活塞密封及上下封头密封件磨损情况。

4.2.5 箱体提升缸分解、活塞杆吊出，检查活塞杆及油缸内壁磨损情况，检查活塞密封及上下封头密封件磨损情况。

4.2.6 转台提升缸固定螺栓拆卸，分解油缸，检查活塞杆及油缸内壁磨损情况，视情况更换损坏部件及密封件。

4.2.7 拆卸转箱减速机固定螺栓，使用吊具取下转箱减速机及转箱齿轮，清洗检查转箱齿轮状况、径向轴承运行状况。

4.2.8 拆卸储料斗气缸、计量斗气缸、推料板气缸、密封框气缸，检测气缸杆与气缸内壁，检查泄漏情况。

4.2.9 拆解、清洗打包机油站各阀组，检查密封件损坏情况。

4.2.10 检查各油泵、油管运行状况。

4.2.11 拆解油泵联轴节，检查、更换损坏件。

4.2.12 油站人孔螺栓拆除，油站内部煤油清洗，并使用面团吸附残留铁屑粉末。

4.3 回装与质量标准

4.3.1 回装

4.3.1.1 主压油缸回装

a）主压油缸活塞及上下封头所有密封件更换；
b）按 4.2.3 主压油缸拆卸相反的顺序安装；
c）回装主压油缸的上下进出油管。

4.3.1.2 预压油缸回装

a）预压油缸活塞及上下封头所有密封件更换；
b）按预压油缸拆卸相反的顺序安装；
c）回装预压油缸的上下进出油管。

4.3.1.3 箱体提升缸回装

a）箱体提升缸活塞及上下封头所有密封件更换；

b）按预压油缸拆卸相反的顺序安装；

c）回装箱体提升缸的上下进出油管。

4.3.1.4 转台提升缸回装

a）转台提升缸所有密封件更换；

b）回装转台提升缸固定螺栓；

c）回装转台提升缸的进出油管。

4.3.1.5 储料斗气缸、计量斗气缸、推料板气缸、密封框气缸密封件更换完毕后回装。

4.3.1.6 油站各阀组消漏后回装。

4.3.1.7 油站油泵、油管消漏后回装。

4.3.1.8 油泵联轴节回装、找正，安装联轴节保护罩。

4.3.1.9 油站内部检验完成后回装人孔盖板。

4.3.1.10 加注打包机液压油。

4.3.2 检修质量标准

HV804 型打包机检修质量标准见表 1。

表 1 HV804 型打包机检修质量标准 mm

序号	检修项目	质量标准	检查方法及说明
1	主压缸活塞杆垂直度	≤ 0.1/1000	框式水平仪
2	预压缸活塞杆垂直度	≤ 0.2/1000	框式水平仪
3	推料导向轴水平度	≤ 0.5/1000	水平仪
4	提箱油缸活塞杆同步偏差	≤ 2	钢直尺
5	转台回转速度	≤ 18～22s/ 次	秒表
6	主压油缸活塞杆升、降时间	升：20～25s 降：20～22s	秒表
7	预压活塞杆升、降时间	升：≤ 10s 降：≤ 16s	秒表
8	液压油温升	≤ 35℃	温度计
9	提箱油缸活塞杆升、降时间	升：≤ 15～17s 降：≤ 20～25s	秒表
10	进料斗开、闭时间	≤ 3s	秒表
11	排料斗开、闭时间	开：3～5s 闭：5～7s	秒表
12	油泵与电机轴的同轴度	≤ 0.10	千分表
13	推料气缸速度	4～7s/ 行程	秒表

5 试车和验收

5.1 试车前准备

5.1.1 按本规程 4.3.2 质量标准进行检查验收；
5.1.2 各阀门灵活有效、各密封点无泄漏，各零部件、附件齐全完好；
5.1.3 确认各润滑点都按润滑要求加油、脂；
5.1.4 各连接件紧固良好；
5.1.5 做到工完、料尽、场地清，废弃物按有关规定进行分类处理；
5.1.6 确认相应检修记录齐全、规范；
5.1.7 确认公用工程、工艺条件、电气、仪表满足试车条件；
5.1.8 完成其他试车条件确认。

5.2 试车

5.2.1 空载试车

5.2.1.1 确认电动机转向；
5.2.1.2 手动各部动作平稳、无撞击；
5.2.1.3 瞬时点动油泵三次无异常后方可连续运转；
5.2.1.4 联动运行正常，打包节拍符合要求；
5.2.1.5 全机各动静密封点无泄漏。

5.2.2 负载试车

5.2.2.1 负载试车按手动投棉进行调试；
5.2.2.2 计量精度达到工艺要求；
5.2.2.3 液压、气压系统工作无异常；
5.2.2.4 检查各润滑点泄漏、温升情况和设备运转情况。

5.3 验收

5.3.1 达到规定试车时间，各项技术指标达到设计要求值或满足生产需要；
5.3.2 设备达到完好标准；
5.3.3 完善检修记录，检修记录齐全、准确，按规定办理验收手续。

6 维护与故障处理

6.1 日常维护

6.1.1 泵站、机台清理灰尘、擦拭积油，检查各限位开关；

6.1.2　按设备巡检维护要求做好巡检维护记录；

6.1.3　按设备润滑要求进行润滑，做好润滑记录；

6.1.4　推料机构、防弹钩清理堵塞絮棉，检查气缸密封件是否磨损，择差更换；

6.1.5　检查导向环是否磨损，择差，更换；

6.1.6　提箱油缸检查活塞杆运行是否同步；

6.1.7　缓冲油缸检查缓冲效果是否合适，定位锁紧是否良好，根据需要重调节流阀和重新注油；

6.1.8　各油缸顶横梁与油缸连接螺栓的松动情况；压紧密封圈的螺栓是否松动；

6.1.9　如果漏油或活塞杆持续下降，需更换密封圈；

6.1.10　液压站油泵有无异响、异振。电磁阀动作是否正常；检查油温、油位。各阀、接头有无漏油；清洗或更换滤油器的滤芯；检查液压油的污染情况　机架中心立柱上、下对开轴承的松动情况；各螺栓的紧固情况。

6.2　常见功能故障与处理方法

HV804 型打包机常见功能故障与处理方法见表 2。

表 2　HV804 型打包机常见功能故障与处理方法

序号	功能	功能故障	故障模式	故障后果	故障应对策略与检修内容	检修周期／月
1	保证打包机连续运行	储料斗不动作	气缸锁紧螺母松	装置停工	紧固锁紧螺母	视情而定
			料斗轴损坏	装置停工	料斗轴修复	视情而定
			大团积棉挡住接近开关	装置停工	清除积棉	视情而定
			气缸损坏	装置停工	更换气缸或密封件	视情而定
			储料斗撕裂	装置停工	补焊校正打磨	视情而定
		计量斗不动作，计量精度有异常	气缸接头脱落	装置停工	气缸接头重新紧固	视情而定
			两侧气缸不同步	装置停工	检查气缸、管路，更换损坏件，调整调速阀	视情而定
			计量箱斗与外界设备发生干涉	装置停工	检查校正计量箱体，消除设备干涉	视情而定
			设备振动严重	装置停工	检查计量箱与上、下部件间的挡板螺栓有无松动	视情而定
			传感器挂钩损坏	装置停工	更换损坏的传感器挂钩	视情而定
			传感器故障	装置停工	更换传感器	视情而定

表 2　HV804 型打包机常见功能故障与处理方法（续）

序号	功能	功能故障	故障模式	故障后果	故障应对策略与检修内容	检修周期 / 月
1	保证打包机连续运行	推棉板动作时有爬行现象，四周漏棉	导向杆、气缸、推棉板间的安装位置不当	装置停工	作相应调整，保证活塞杆运行直线度	视情而定
			连接件松动	装置停工	紧固	视情而定
			密封条损坏	装置停工	更换密封条	视情而定
			气体吹风系统异常	装置停工	调整	视情而定
		推棉气缸不动作或动作不同步	盖板上不锈钢板变形	装置停工	钢板校正	视情而定
			导向杆衬套连接螺栓松动	装置停工	紧固螺栓	视情而定
			被棉卡住	装置停工	清除积棉	视情而定
			气缸内外漏、压力不足	装置停工	气缸检修、调整压力	视情而定
			气缸前后限丢失	装置停工	检查电气元件完好性	视情而定
		止棉板不动作、不到位	罩壳内积棉太多	装置停工	清除积棉	视情而定
			止棉板变形	装置停工	止棉板校正或更换止棉板	视情而定
			摆轴轴承损坏	装置停工	更换轴承	视情而定
			连杆与摆轴相对转动	装置停工	拆检，更换轴、键等损坏件	视情而定
			压缩箱内棉过量	装置停工	人工清除箱体内积棉	视情而定
			预压杆不到下限	装置停工	检查预压缸液压、电气控制回路	视情而定
		取包小车定位不准	电机刹车不灵	装置停工	检修电机抱刹装置	视情而定
			缓冲撞头损坏	装置停工	更换缓冲撞头	视情而定
			链条太松	装置停工	更换链条	视情而定
		料斗气缸不动作	气源压力不足	装置停工	调整气源压力，要求 ≥ 0.60MPa	视情而定
			气缸内、外泄漏	装置停工	更换气缸密封件	视情而定
			软管破裂、管接头脱落	装置停工	更换软管、管接头	视情而定
			电磁阀工作不正常	装置停工	清洗或更换电磁阀	视情而定
			单向节流阀关死	装置停工	调节单向节流阀	视情而定
			消音器堵死	装置停工	清洗或更换消音器	视情而定
			密封件损坏	装置停工	更换密封件	视情而定
			阻尼太小	装置停工	调节气缸阻尼	视情而定

表 2　HV804 型打包机常见功能故障与处理方法（续）

序号	功能	功能故障	故障模式	故障后果	故障应对策略与检修内容	检修周期／月
1	保证打包机连续运行	主压不动作	主压缸内漏	装置停工	更换密封件	视情而定
			油路压力异常	装置停工	检查、更换液压阀组、检查油泵出口压力	视情而定
			油路支承阀异常	装置停工	调整支承阀压力	视情而定
			电气信号联锁异常	装置停工	检查电气信号异常点、检测控制回路	视情而定
		预压不动作	预压缸内外漏	装置停工	更换密封件	视情而定
			油路压力异常	装置停工	检查、更换液压阀组、检查油泵出口压力	视情而定
			油管泄漏	装置停工	更换密封件、消漏	视情而定
			电气信号联锁异常	装置停工	检查电气信号异常点、检测控制回路	视情而定
		顶箱高度不够	顶箱缸内外漏	装置停工	更换密封件	视情而定
			油路泄漏、压力不足	装置停工	油路消漏、油站阀组检修、泵检查	视情而定
			检测信号不准、不足	装置停工	检查检测元件	视情而定
			中心立柱与套存在异物卡阻	装置停工	中心立柱检修	视情而定
		提箱缸异常	提箱动作慢	装置停工	检查密封件及阀组	视情而定
			缸体内外泄漏	装置停工	更换密封件	视情而定
			提箱头松脱	装置停工	更换、紧固螺栓	视情而定
			提箱不同步	装置停工	提箱缸阀组不同步、同步连杆断裂	视情而定
			提箱不动作	装置停工	棉箱防脱装置联锁未解除	视情而定
		转箱异常	转箱电机减速机损坏	装置停工	定期紧固螺栓	视情而定
			轴承损坏	装置停工	更换	视情而定
			立柱与套存在异物卡阻	装置停工	检修去除异物卡阻	视情而定
			传动齿轮断裂	装置停工	更换传动齿轮	视情而定
			转箱不定位	装置停工	定位检测、缓冲装置异常	视情而定
			转箱联锁信号异常	装置停工	检查检测元件、条件是否充分	视情而定

表 2　HV804 型打包机常见功能故障与处理方法（续）

序号	功能	功能故障	故障模式	故障后果	故障应对策略与检修内容	检修周期／月
1	保证打包机连续运行	液压系统油站温度过高、系统不产生压力或压力不足，液压油缸不动作、电磁阀不动作、油缸爬行或工作速度异常	卸荷回路工作不良	装置停工	检查卸荷回路	视情而定
			冷却泵损坏	装置停工	更换冷却泵	视情而定
			油箱液位过低	装置停工	加油	视情而定
			循环水、冷冻水不畅	装置停工	检查循环水、冷冻水管路、阀门	视情而定
			油泵损坏	装置停工	拆检或更换油泵	视情而定
			油箱中液面太低	装置停工	加油	视情而定
			泵吸入、输出口过滤网堵塞	装置停工	清洗过滤网	视情而定
			油温太高	装置停工	检查油冷却循环系统	视情而定
			溢流阀设定压力发生变化	装置停工	重新设定溢流阀压力	视情而定
			溢流阀、插装阀阀芯卡阻	装置停工	清洗或更换插装阀	视情而定
			泵前吸油管密封不良	装置停工	检查泵前油管各接口处密封状况	视情而定
			安全保护区域内有障碍物	装置停工	清除安全区域内的障碍物	视情而定
			油缸密封件坏，有内外泄漏	装置停工	更换密封件	视情而定
			液压站不输出压力油	装置停工	检查系统压力、电磁阀、电气控制回路等	视情而定
			联锁条件不满足	装置停工	检查电气联锁	视情而定
			滑芯卡死	装置停工	更换电磁阀	视情而定

附 录 A
（资料性附录）
检修数据记录表

mm

项目	主要控制内容		等级	施工单位	生产装置	设备管理部门	备注
	标准值	现场记录					
拆卸时检测							
主压缸活塞杆垂直度	≤0.1/1000		B	★	★		
预压缸活塞杆垂直度	≤0.2/1000		B	★	★		
推料导向轴水平度	≤0.5/1000		B	★	★		
提箱油缸活塞杆同步偏差	≤2		B	★	★		
回装时检测							
主压缸活塞杆垂直度	≤0.1/1000		B	★	★		
预压缸活塞杆垂直度	≤0.2/1000		B	★	★		
推料导向轴水平度	≤0.5/1000		B	★	★		
提箱油缸活塞杆同步偏差	≤2		B	★	★		
转台回转速度	≤18～22s/次		B	★	★		
主压油缸活塞杆升、降时间	升：20～25s 降：20～22s		B	★	★		
预压活塞杆升、降时间	升：≤10s 降：≤16s		B	★	★		
液压油温升	≤35℃		B	★	★		
提箱油缸活塞杆升、降时间	升：≤15～17s 降：≤20～25s		B	★	★		
进料斗开、闭时间	≤3s		B	★	★		
排料斗开、闭时间	开：3～5s 闭：5～7s		B	★	★		
油泵与电机轴的同轴度	≤0.10		B	★	★		
推料气缸速度	4～7s/行程		B	★	★		

注： A级：施工单位、生产装置、设备管理部门专业人员检查确认后签字。

B级：施工单位和生产装置专业人员检查确认后签字。

C级：施工单位专业人员检查确认后签字。

另：如果有监理，监理的职责由甲方授权。

附　录　B

（资料性附录）

试车与验收数据记录表

年　　月　　日

设备位号及名称		设备类别	动设备（　　）；静设备（　　）			
试车验收前的准备工作		静设备	动设备	标准值	实测值	确认
1. 各加油点已按规定加好润滑油			△			
2. 密封液已加好			△			
3. 电源线已接好			△			
4. 工艺准备已完毕		△	△			
试车验收内容						
1. 检修记录单位和零部件换修记录单已填好		△	△			
2. 设备本体及检修现场干净		△	△			
3. 加热、冷却系统运行正常		△	△			
4. 润滑、密封液系统工作正常			△			
5. 盘车轻松，无轻重不均匀感			△			
6. 防腐或保温完好		△	△			
7. 静密封点无泄漏		△	△			
8. 温升			△			
9. 电流			△			
验收结论：						
验收人员签字： 检修单位：　　　　使用单位：　　　　主管部门：						

注： 1. 在（　　）内填“√”，“△”指该设备应验收这些项目。

2. 对于定性项目，在确认栏内填“√”（符合要求）或“×”（不符合要求）。

3. 对于电流等非定性项目，在“标准值”栏和“实测值”栏内填数值。

52. 东丽（工业长丝）纺丝机维护检修规程

SHS 04567—2019

代替 SHS 04567—2004

目　　次

前　　言

本规程按照 GB/T 1.1—2009《标准化工作导则　第1部分：标准的结构和编写》给出的规则起草。

本规程代替 SHS 04567—2004《东丽纺丝机维护检修规程》，与 SHS 04567—2004 相比，除了编辑性修改外主要技术变化如下：

——删除小修与中修的提法，部分内容并入大修，属于日常维护的内容并入“维护与故障处理”；

——常见功能故障与处理部分按 RCM 分析方法重新编制；

——增加“附录 A　检修数据记录表”；

——增加“附录 B　试车与验收数据记录表”。

本规程由中国石油化工集团有限公司、中国石油化工股份有限公司提出。

本规程起草单位：中国石化上海石油化工股份有限公司

本规程主要起草人：姜锋。

本规程历次版本发布情况：

——SHS 04567—2004。

东丽（工业长丝）纺丝机维护检修规程

1 范围

1.1 主题内容

本规程规定了东丽 JAN-91 型（工业长丝）纺丝机的维护检修周期与内容、检修质量标准、试车与验收，并收编了常见的故障及处理方法。

1.2 适用范围

本规程适用于日本东丽 JAN-91 型（工业长丝）纺丝机及同类纺丝机的维护与检修。

该机配有纺丝箱体、纺丝组件、纺丝计量泵及传动装置、侧吹风装置、甬道等设备。

2 规范性引用文件

下列文件中的条款通过本规程的引用而成为本规程的条款。凡是注日期的引用文件，其随后所有的修改单（不包括勘误的内容）或修订版均不适用于本规程，然而，鼓励根据本规程达成协议的各方研究是否可使用这些文件的最新版本。凡是不注日期的引用文件，其最新版本适用于本规程。

GB/T 150　压力容器

TSG 21　固定式压力容器安全技术监察规程

3 检修周期与内容

3.1 检修周期

根据东丽（工业长丝）纺丝机功能故障及其影响分析的结果，并结合生产装置运行周期，确定设备检修周期，一般为 48～60 个月。

3.2 检修项目

3.2.1　检查熔体管道接头泄漏情况，必要时消缺。

3.2.2　检查侧吹风、HMLS 环吹风装置密封性、网板破损情况，择差分解、清洗、更换密封件、紧固螺栓。

3.2.3　检查风管有无破损，及时更换损坏风管，检修侧吹、HMLS 环吹风风阀。

3.2.4　检查计量泵运行情况，检查并清洁计量泵减速器、联轴器、泵轴、安全销，如有异常磨损、裂纹，择差检修、更换。

3.2.5 检查计量泵减速机安装位置是否移动，与计量泵的转动中心是否同轴。

3.2.6 清除喷丝板下面加热器与周围积聚的低聚物。

3.2.7 检查侧吹风、环吹风气动系统的换向气阀的密封状况，择差检修。

3.2.8 检查照明灯，择差更换。

3.2.9 检查纺丝箱体有无漏浆，检查聚合物分配管槽内有无泄漏。

3.2.10 拆检纺丝计量泵，清洗校验；检查耐磨板装配状况。

3.2.11 纺丝箱体保温等检查、调整。

3.2.12 箱体后电加热器检查，择差更换。

3.2.13 全部仪表压力表、温度传感器等检查、校验，择差更换。

3.2.14 纺丝箱体热媒系统检漏。补漏过程焊接应考虑焊接变形并做好相应方案措施，修理按压力容器修理规范做好检验检测工作。

3.2.15 螺杆马达、计量泵马达检修。

4 检修程序与质量标准

4.1 检修前准备

4.1.1 检查日常检修、运转和测试记录，确定检修项目，编制好检修方案。

4.1.2 落实好检修时所需的备品配件、材料、工器具的准备工作并对其质量进行确认。

4.1.3 对检修单位人员进行技术交底。

4.1.4 落实消防、安全、环保工作，并对参与检修的人员进行安全及环保教育。

4.1.5 工艺处理符合要求，做好水、电、气的关断、挂牌及安全防护等工作。

4.1.6 办理好相关作业的票证，填写好设备交出资料，设备交出手续完备。

4.2 拆卸与检查

4.2.1 拆检纺丝计量泵及耐磨板，清洗检查密封面。

4.2.2 解体计量泵，检查齿轮，择差调换齿轮。

4.2.3 检查传动轴、底板垫片，择差调换。

4.2.4 拆检纺丝计量泵驱动装置。

4.2.5 择差更换驱动轴头、安全销。

4.2.6 择差更换计量泵减速器轴承、油封、密封垫片以及润滑油。

4.2.7 拆检清洗风网，择差调换破损风网。

4.2.8 调换风网各密封垫片。

4.2.9 拆检清洗断热筒。

4.2.10 调换断热筒内网及密封垫片。

4.2.11 检查风管，择差调换。

4.2.12 拆检风量调节阀，送风口清洁，调节阀开关可靠。

4.2.13 甬道检查，调换损坏件。

4.3 回装与质量标准

4.3.1 回装

4.3.1.1 回装前应确保所有的零、部件清洗干净。确保零部件无裂纹、无机械损伤及毛刺，经检查合格后，方能回装。

4.3.1.2 计量泵马达、减速器回装。回装前应进行检查、检测。

4.3.1.3 侧吹风、环吹风回装。回装前应进行检查、检测。

4.3.1.4 压空管路回装。管路回装前必须经过吹扫，确保管路、换向阀畅通。

4.3.2 质量标准

东丽（工业长丝）纺丝机检修质量标准见表1。

表1 东丽（工业长丝）纺丝机检修质量标准

序号	部位	检修项目	质量要求	检查方法及说明
1	纺丝箱体	机架纵向水平度 横向水平度 组件中心与甬道中心的同轴度	≤0.2mm/1000mm ≤0.1mm/1000mm 上1mm 下1.5mm	直尺、水平尺 水平尺 吊线、钢尺
2	侧吹风装置	空气室内表面 屏蔽过滤网 孔板及蜂窝板 风量调节阀 风管密封性（结合处）	光洁、光滑，无毛刺、杂物 平整、无断丝、无堵塞、无污垢 板孔均匀，平整无堵塞与损坏 灵活，不漏风 不漏风	目视、手感 目视 目视 目视、纸片 送风试验、目视
3	计量泵	减速机与电动机轴的同轴度	≤0.1mm	标准套筒检查
4	计量泵驱动装置	传动轴中心与计量泵中心同轴度	≤0.1mm	专用工具检查

5 试车与验收

5.1 试车前准备

5.1.1 检查各进、出口和旁通阀门，应灵活好用，开启油、水系统，压力、温度达到规定值。

5.1.2 冷却系统运行正常。
5.1.3 润滑油系统运行正常。
5.1.4 盘车轻松、无轻重不均匀感。
5.1.5 各阀门灵活有效、各密封点无泄漏，各零部件、附件齐全完好。
5.1.6 检查仪表、电器、气路系统使其具备试车条件，调试安全联锁装置。
5.1.7 检修资料齐全，检修数据完整、准确、符合要求。
5.1.8 完成其他试车条件确认。

5.2 试车

5.2.1 空负荷运行 5～10min，无异常现象，可进行负荷试车。
5.2.2 负荷试车：
5.2.2.1 仪表指示准确、灵敏；
5.2.2.2 各部位轴承温度不大于 70℃；
5.2.2.3 机组润滑油及各个管路、接头无漏油、漏气、漏水等现象；
5.2.2.4 设备运转平稳，无异常振动，无异常声音；
5.2.2.5 电机电流在额定范围内。

5.3 验收

5.3.1 连续运行 24h 后，各项技术指标达到设计要求值或满足生产需要。
5.3.2 设备达到完好标准。
5.3.3 完善检修记录，检修记录齐全、准确，按规定办理验收手续。

6 维护及故障处理

6.1 日常维护

6.1.1 由专业人员负责进行定期维护保养。
6.1.2 定期检查计量泵减速机的温升、振动、异响、油位及渗漏情况。
6.1.3 定期检查油剂泵的运行情况和输油管、油剂贮槽的过滤器、上油嘴的工作情况和渗漏情况。
6.1.4 定期检查侧吹风、环吹风系统的泄漏情况。
6.1.5 定期检查压力和温度控制仪表是否灵敏、正确。
6.1.6 定期检查计量泵传动轴有否异常情况。
6.1.7 定期检查侧吹风、环吹风、照明灯情况。
6.1.8 定期检查清扫闭锁器及周围积聚的低聚物。
6.1.9 按期加注或更换润滑油和润滑脂。

6.2 常见功能故障与处理方法

东丽（工业长丝）纺丝机常见功能故障与处理方法见表 2。

表 2 东丽（工业长丝）纺丝机常见功能故障与处理方法

序号	功能	功能故障	故障模式	故障后果	故障应对策略与检修内容	检修周期／月
1	保证计量泵及减速器稳定运行	计量泵跳停	保温效果不好	损坏计量泵	停泵后完善保温	视情而定
2			将军帽磨损严重	出料不均匀	更换将军帽	视情而定
3			计量泵内有杂物	损坏计量泵	更换计量泵	视情而定
4			计量泵内齿轮磨损	出料不均匀	更换计量泵	视情而定
5			减速机故障	计量泵跳停	更换减速机	视情而定
6		计量泵泄漏	泵板间泄漏	出料不均匀	更换计量泵及泵板	视情而定
7			计量泵将军帽泄漏	出料不均匀	更换计量泵	视情而定
8		减速机漏油	油封失效	损坏减速器	更换减速器	视情而定
9		减速机异响	轴承损坏	损坏减速器	更换轴承	视情而定
10			齿轮磨损、断齿	损坏减速器	更换齿轮	视情而定
11			润滑不良	损坏减速器	调整油位	视情而定
12			油品变质	损坏减速器	换油	视情而定
13		计量泵驱动轴安全销断	计量泵安装不良	损坏计量泵齿轮	调换计量泵并进行拆检	视情而定
14			计量泵内卡异物	损坏计量泵齿轮	调换计量泵并进行拆检	视情而定
15			工艺温度不当	损坏计量泵齿轮	调整温度	视情而定
16	保证产品质量的稳定	侧吹风气流不良	整流孔板堵塞	影响产品质量	疏通整流孔板、清除异物	视情而定
17			空气净化过滤不良	影响产品质量	检修或更换滤芯	视情而定
18			净化送回风不良	影响产品质量	检修风机	视情而定
19			蝶阀调节不灵活	影响产品质量	修理蝶阀	视情而定

附 录 A
（资料性附录）
检修数据记录表

装置： 位号： 检修日期： 年 月 日 至 年 月 日

项目	主要控制内容			等级	施工单位	生产装置	设备管理部门	备注
	标准值	部位	现场记录					
机架纵向水平度	≤0.2/1000							
机架横向水平度	≤0.1/1000							
组件中心与甬道中心的同轴度	上 1mm 下 1.5mm							
减速机与电动机轴的同轴度	≤0.1mm							
传动轴中心与计量泵中心同轴度	≤0.1mm							

附　录　B
（资料性附录）
试车与验收数据记录表

年　　月　　日

<table>
<tr><td>使用单位</td><td></td><td colspan="2">检修单位</td><td colspan="3"></td></tr>
<tr><td>设备位号及名称</td><td></td><td colspan="2">设备类别</td><td colspan="3">动设备（　　）；静设备（　　）</td></tr>
<tr><td colspan="2">试车验收前的准备工作</td><td>静设备</td><td>动设备</td><td>标准值</td><td>实测值</td><td>确认</td></tr>
<tr><td colspan="2">1. 各加油点已按规定加好润滑油</td><td></td><td>△</td><td></td><td></td><td></td></tr>
<tr><td colspan="2">2. 密封液已加好</td><td></td><td>△</td><td></td><td></td><td></td></tr>
<tr><td colspan="2">3. 电源线已接好</td><td></td><td>△</td><td></td><td></td><td></td></tr>
<tr><td colspan="2">4. 工艺准备已完毕</td><td>△</td><td>△</td><td></td><td></td><td></td></tr>
<tr><td colspan="2">试车验收内容</td><td></td><td></td><td></td><td></td><td></td></tr>
<tr><td colspan="2">1. 检修记录单位和零部件换修记录单已填好</td><td>△</td><td>△</td><td></td><td></td><td></td></tr>
<tr><td colspan="2">2. 设备本体及检修现场干净</td><td>△</td><td>△</td><td></td><td></td><td></td></tr>
<tr><td colspan="2">3. 加热、冷却系统运行正常</td><td>△</td><td>△</td><td></td><td></td><td></td></tr>
<tr><td colspan="2">4. 润滑、密封液系统工作正常</td><td></td><td>△</td><td></td><td></td><td></td></tr>
<tr><td colspan="2">5. 盘车轻松，无轻重不均匀感</td><td></td><td>△</td><td></td><td></td><td></td></tr>
<tr><td colspan="2">6. 防腐或保温完好</td><td>△</td><td>△</td><td></td><td></td><td></td></tr>
<tr><td colspan="2">7. 静密封点无泄漏</td><td>△</td><td>△</td><td></td><td></td><td></td></tr>
<tr><td colspan="2">8. 温升</td><td></td><td>△</td><td></td><td></td><td></td></tr>
<tr><td colspan="2">9. 电流</td><td></td><td>△</td><td></td><td></td><td></td></tr>
<tr><td colspan="2"></td><td colspan="5"></td></tr>
<tr><td colspan="2"></td><td colspan="5"></td></tr>
<tr><td colspan="2"></td><td colspan="5"></td></tr>
<tr><td colspan="7">验收结论：</td></tr>
<tr><td colspan="7">验收人员签字：

检修单位：　　　　　　　　使用单位：　　　　　　　　主管部门：</td></tr>
</table>

注：1. 在（　　）内填“√”，“△”指该设备应验收这些项目。

2. 对于定性项目，在确认栏内填“√”（符合要求）或“×”（不符合要求）。

3. 对于电流等非定性项目，在“标准值”栏和“实测值”栏内填数值。

53. HW-16 型卷绕头维护检修规程

SHS 04575—2019

代替 SHS 04575—2004

目　次

前　言

本规程按照GB/T 1.1—2009《标准化工作导则　第1部分：标准的结构和编写》给出的规则起草。

本规程代替SHS 04575—2004《EW-16型卷绕头维护检修规程》，除了编辑性修改外主要技术变化如下：

——删除小修与中修的提法，部分内容并入大修，属于日常维护的内容并入“维护与故障处理”；

——常见功能故障与处理部分按RCM分析方法重新编制；

——增加“附录A　检修数据记录表”；

——增加“附录B　试车与验收数据记录表”。

本规程由中国石油化工集团有限公司、中国石油化工股份有限公司提出。

本规程起草单位：中国石化上海石油化工股份有限公司。

本规程主要起草人：姜锋。

本规程历次版本发布情况：

——SHS 04575—2004。

HW-16 型卷绕头维护检修规程

1 范围

1.1 主题内容

本规程规定了日本东丽公司 HW-16 型卷绕头的检修周期与检修内容、质量标准、试车与验收、维护和故障处理方法。

1.2 适用范围

本规程适用于日本东丽公司制造的 HW-16 型工业丝卷绕头及其同类设备维护检修。

2 规范性引用文件

下列文件中的条款通过本规程的引用而成为本规程的条款。凡是注日期的引用文件，其随后所有的修改单（不包括勘误的内容）或修订版均不适用于本标准，然而，鼓励根据本标准达成协议的各方研究是否可使用这些文件的最新版本。凡是不注日期的引用文件，其最新版本适用于本规程。

FZ/T 96025 高速卷绕头

3 检修周期与内容

3.1 检修周期

根据 HW-16 型卷绕头功能故障及其影响分析的结果，并结合生产装置运行周期，确定设备检修周期，一般为 48～60 个月。

3.2 检修内容

3.2.1 锭子与筒管间胀紧抱合力测试。

3.2.2 横动箱清扫。

3.2.3 锭子与接触辊间接触压力测试。

3.2.4 检查各气缸动作的准确性。

3.2.5 套筒、胀紧环等检查修整。

3.2.6 检查接触辊工作表面。

3.2.7 波形导丝器的工作表面检查，位置校正。

3.2.8 横动拨叉的工作表面检查，位置校正。
3.2.9 锭子切换系统检查，位置校正。
3.2.10 压缩空气、油雾、轴承冷却系统检查。
3.2.11 锭子刹车块检查。
3.2.12 锭子切换摩擦片检查。
3.2.13 锭子解体检修，蝶形弹簧检查测试，调换锭子轴承、密封环及失效的蝶形弹簧。
3.2.14 锭子油雾系统检查，更换泄漏零件。
3.2.15 锭子动平衡检查。
3.2.16 横动装置解体检修，检查同步齿轮、同步皮带磨损状况，更换损坏件。
3.2.17 横动装置调换轴承。
3.2.18 锭子与接触辊间平行检查。
3.2.19 检查切换气缸、运丝气缸、上升气缸、推出气缸磨损情况，调换密封圈，适量加油润滑。
3.2.20 切换链条检查，调换切换摩擦片，调整张力。
3.2.21 超位罗拉壳体检查、调换。
3.2.22 切换减速器解体检修，调换轴承、油封。
3.2.23 升降气缸密封环调换。
3.2.24 各探头检查、测试、调整、调换。
3.2.25 调节减压阀检修。
3.2.26 压空系统管路、接头泄漏检查、调换。
3.2.27 油雾系统管路、接头泄漏检查、调换。
3.2.28 调换滑环、碳刷。
3.2.29 丝道感丝器、张力仪测试调整、调换。
3.2.30 各类电磁阀检修。
3.2.31 各马达检修。

4 检修与质量标准

4.1 拆卸前准备

4.1.1 检查日常检修、运转和测试记录，确定检修项目，编制好检修方案。
4.1.2 落实好检修时所需的备品备件、原材料、工器具的准备工作并对其质量进行确认。
4.1.3 向检修单位的技术人员进行技术交底。
4.1.4 落实消防、安全、环保工作，并对参与检修的人员进行安全及环保教育。
4.1.5 工艺处理符合要求，做好水、电、气的关断、挂牌及安全防护等工作。
4.1.6 办理好相关作业的票证。

4.2 拆卸与检查

4.2.1 拆卸锭子，检查轴和孔的配合面有无损伤。

4.2.2 解体锭子内轴，检查轴承、蝶型弹簧疲劳状况、联轴器磨损状况、油雾孔是否通畅。调换轴承等损坏部件。

4.2.3 拆卸横动箱，检查齿轮啮合及轴承、同步皮带磨损状态、横动脚片及其他导丝器表面有无损伤、马达及联轴器状况。调换轴承等损坏部件。

4.2.4 拆卸锭子的刹车系统，检查磨损情况。

4.2.5 拆卸压辊，检查轴承磨损、压辊表面完好性及径向跳动状况。

4.2.6 拆卸油雾管路，检查油路的畅通性。

4.3 回装与质量标准

4.3.1 回装

4.3.1.1 回装前应确保所有的零、部件清洗干净。确保零部件无裂纹、无机械损伤及毛刺，经检查合格后，方能回装。

4.3.1.2 锭子回装。锭子回装前应进行检查、检测。

4.3.1.3 横动箱回装。横动箱回装前应进行检查、检测。

4.3.1.4 油雾管路回装。油雾管路回装前必须经过吹扫，确保油路畅通。

4.3.2 质量标准

4.3.2.1 锭子与接触压辊间接触压力和锭子与筒管间的胀紧抱合力应符合表 1 的规定。

表 1 锭子与接触压辊间接触压力和锭子与筒管间的胀紧抱合力

检修项目	接触压力 /N	胀紧抱合力 /kg
测试标准	170±5	4.5±0.5

4.3.2.2 锭子、压辊径向跳动应符合表 2 的规定。

表 2 锭子、压辊径向跳动测试标准

检查项目	锭子径向跳动 /mm			接触压辊径向跳动 /mm		
测试点	前	中	后	前	中	后
测试数据	≤ 0.02	≤ 0.02	≤ 0.02	≤ 0.02	≤ 0.02	≤ 0.02

4.3.2.3 锭子与接触压辊间的平行度应符合图 1、表 3 的规定。

表 3 锭子与接触压辊间的平行度测试标准

检查项目	锭子与接触压辊间的平行度	
测试标准	外侧	内侧
	A=000	*B* ≤ 0.15mm

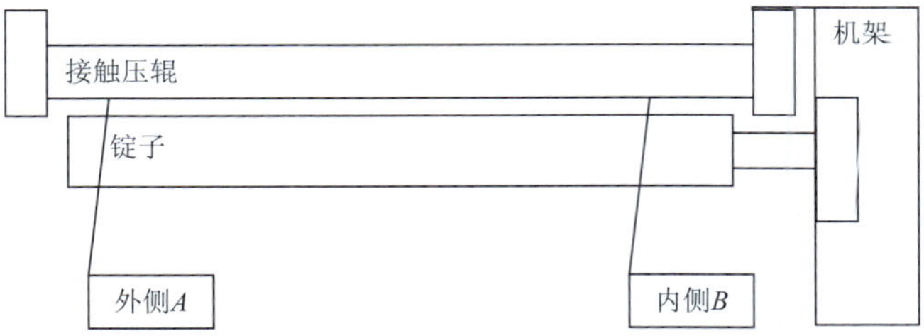

图 1　锭子与接触压辊间的平行度

4.3.2.4　锭子动平衡、接触压辊表面径向跳动应符合表 4 的规定。

表 4　锭子动平衡、接触压辊表面径向跳动检查

检查项目	锭子动平衡	接触压辊表面径向跳动
检查条件	10000r/min	手动
检查标准	≤ 6mm/s	≤ 0.02mm

5　试车与验收

5.1　试车前准备

5.1.1　检查各进、出口阀门，应灵活好用，开启油雾系统，压力、温度达到规定值。

5.1.2　润滑油系统运行正常。

5.1.3　气路系统运行正常。

5.1.4　各转动件盘车轻松、无轻重不均匀感。

5.1.5　各密封点无泄漏，各零部件、附件齐全完好。

5.1.6　检查仪表、电器、气路系统使其具备试车条件。

5.1.7　检修资料齐全，检修数据完整、准确、符合要求。

5.1.8　完成其他试车条件确认。

5.2　试车

5.2.1　空载试车

空负荷运行 5～10min，无异常现象，可进行负荷试车。

5.2.2　负载试车

5.2.2.1　仪表指示准确、灵敏。

5.2.2.2　各部位轴承温度不大于 70℃。

5.2.2.3　机组润滑油及各个管路、接头无漏油、漏气等现象。

5.2.2.4　设备运转平稳，无异常振动，无异常声音。

5.2.2.5 电动机电流在额定范围内。

5.3 验收

5.3.1 设备连续运行 24h 后，各项技术指标达到设计要求值或满足生产需要。

5.3.2 设备达到完好标准。

5.3.3 完善检修记录，检修记录齐全、准确，按规定办理验收手续。

6 维护与故障处理

6.1 日常维护

6.1.1 维护时间：

设备日常维护每日 2 次，上午、下午各一次。

6.1.2 定时巡检，按时填写巡检记录，做到齐全、准确。

6.1.3 定时检查设备的振动、有无异音、油雾泄漏。

6.1.4 定时检查接触压力、筒管胀紧抱和力。

6.1.5 严格执行设备润滑管理制度。

6.2 常见故障与处理方法

HW-16 型卷绕头常见功能故障与处理方法见表 5。

表 5 HW-16 型卷绕头常见功能故障与处理方法

序号	功能	功能故障	故障模式	故障后果	故障应对策略与检修内容	检修周期／月
1	保证设备正常运行	锭子旋转不正常	马达不正常	锭子不旋转	检查马达及电压、电流	视情而定
2			废丝缠绕	锭子卡住不转动	清除废丝	视情而定
3			轴承不良	锭子不旋转	调换轴承	视情而定
4		横动旋转不良	传动齿轮异常	转动异常	调换齿轮	视情而定
5			马达不良	马达不转动	调换马达	视情而定
6		接触压辊旋转不良	轴承不良	转动异常	调换轴承	视情而定
7			废丝缠绕	不转动	清除废丝	视情而定
8	保证产品质量	绕丝不良	横动拨叉交接不良	产品降等	调整横动拨叉位置	视情而定
9			控制系统不良	产品降等	检查脉冲波形	视情而定
10		毛丝、断丝	横动拨叉有损伤	产品降等	检查、调换横动拨叉	视情而定
11			波纹板有损伤	产品降等	检查、调换波纹板	视情而定
12			接触压辊有损伤	产品降等	检查、调换接触压辊	视情而定

表 5　HW-16 型卷绕头常见功能故障与处理方法（续）

序号	功能	功能故障	故障模式	故障后果	故障应对策略与检修内容	检修周期 / 月
13	保证产品质量	侧面塌陷成菊花状	张力过高	产品降等	检查调整卷绕张力	视情而定
14			张力检测器损伤	产品降等	调换张力检测器	视情而定
15		内层丝松动	张力过低	产品降等	检查调整卷绕张力	视情而定
16			接触压力过低	产品降等	检查调整接触压力	视情而定
17		丝饼中间有筋状绕丝	张力过低	产品降等	检查调整卷绕张力	视情而定
18			接触压力过低	产品降等	检查调整接触压力	视情而定
19		丝饼端面隆起	张力过高	产品降等	检查调整卷绕张力	视情而定
20			接触压力过高	产品降等	检查调整接触压力	视情而定
21		端面塌陷	张力过高	产品降等	检查调整卷绕张力	视情而定
22			横动拨叉交接不良	产品降等	调整横动拨叉位置	视情而定
23		交接部成筋	横动拨叉交接不良	产品降等	调整横动拨叉位置	视情而定

附 录 A
（资料性附录）
检修数据记录表

装置： 位号： 检修日期： 年 月 日 至 年 月 日

项目	主要控制内容			等级	施工单位	生产装置	设备管理部门	备注
	标准值	部位	现场记录					
接触压力	（170±5）N							
胀紧抱合力	（4.5±0.5）kg							
锭子与接触压辊间的平行	外侧 =0mm							
锭子与接触压辊间的平行	内侧≤ 0.15mm							
接触压辊表面径向跳动	≤ 0.02mm							
锭子表面径向跳动	≤ 0.02mm							
锭子动平衡	≤ 6mm/s							

附　录　B

（资料性附录）

试车与验收数据记录表

年　　月　　日

<table>
<tr><td>使用单位</td><td></td><td colspan="2">检修单位</td><td colspan="3"></td></tr>
<tr><td>设备位号及名称</td><td></td><td colspan="2">设备类别</td><td colspan="3">动设备（　　）；静设备（　　）</td></tr>
<tr><td colspan="2">试车验收前的准备工作</td><td>静设备</td><td>动设备</td><td>标准值</td><td>实测值</td><td>确认</td></tr>
<tr><td colspan="2">1. 各加油点已按规定加好润滑油</td><td></td><td>△</td><td></td><td></td><td></td></tr>
<tr><td colspan="2">2. 密封液已加好</td><td></td><td>△</td><td></td><td></td><td></td></tr>
<tr><td colspan="2">3. 电源线已接好</td><td></td><td>△</td><td></td><td></td><td></td></tr>
<tr><td colspan="2">4. 工艺准备已完毕</td><td>△</td><td>△</td><td></td><td></td><td></td></tr>
<tr><td colspan="2">试车验收内容</td><td></td><td></td><td></td><td></td><td></td></tr>
<tr><td colspan="2">1. 检修记录单位和零部件换修记录单已填好</td><td>△</td><td>△</td><td></td><td></td><td></td></tr>
<tr><td colspan="2">2. 设备本体及检修现场干净</td><td>△</td><td>△</td><td></td><td></td><td></td></tr>
<tr><td colspan="2">3. 加热、冷却系统运行正常</td><td>△</td><td>△</td><td></td><td></td><td></td></tr>
<tr><td colspan="2">4. 润滑、密封液系统工作正常</td><td></td><td>△</td><td></td><td></td><td></td></tr>
<tr><td colspan="2">5. 盘车轻松，无轻重不均匀感</td><td></td><td>△</td><td></td><td></td><td></td></tr>
<tr><td colspan="2">6. 防腐或保温完好</td><td>△</td><td>△</td><td></td><td></td><td></td></tr>
<tr><td colspan="2">7. 静密封点无泄漏</td><td>△</td><td>△</td><td></td><td></td><td></td></tr>
<tr><td colspan="2">8. 温升</td><td></td><td>△</td><td></td><td></td><td></td></tr>
<tr><td colspan="2">9. 电流</td><td></td><td>△</td><td></td><td></td><td></td></tr>
<tr><td colspan="2"></td><td colspan="5"></td></tr>
<tr><td colspan="2"></td><td colspan="5"></td></tr>
<tr><td colspan="2"></td><td colspan="5"></td></tr>
<tr><td colspan="7">验收结论：</td></tr>
<tr><td colspan="7">验收人员签字：
检修单位：　　　　　　　　使用单位：　　　　　　　　主管部门：</td></tr>
</table>

注： 1. 在（　　）内填“√”，“△”指该设备应验收这些项目。

2. 对于定性项目，在确认栏内填“√”（符合要求）或“×”（不符合要求）。

3. 对于电流等非定性项目，在“标准值”栏和“实测值”栏内填数值。

54. 72/74-58-Y13 叠丝机维护检修规程

SHS 4608—2019

目　次

前　　言

本规程按照GB/T 1.1—2009《标准化工作导则　第1部分：标准的结构和编写》给出的规则起草。

本规程由中国石油化工集团有限公司、中国石油化工股份有限公司提出。

本规程起草单位：中国石化仪征化纤有限责任公司。

本规程主要起草人：徐永林。

本规程2019年首次发布。

72/74-58-Y13 叠丝机维护检修规程

1 范围

1.1 主题内容

本规程规定了 72/74-58-Y13 叠丝机维护检修周期与内容、检修与质量标准、试车与验收、维护与故障处理。

1.2 适用范围

本规程适用于 72/74-58-Y13 叠丝机及同类设备维护与检修。

2 规范性引用文件

下列文件中的条款通过本规程的引用而成为本规程的条款。凡是注日期的引用文件，其随后所有的修改单（不包括勘误的内容）或修订版均不适用于本规程，然而，鼓励根据本规程达成协议的各方研究是否可使用这些文件的最新版本。凡是不注日期的引用文件，其最新版本适用于本规程。

GB/T 150 压力容器

FZ/T 96002 化纤打包机

3 检修周期与内容

3.1 检修周期

根据对设备功能故障及其影响分析的结果，并结合生产装置运行周期，确定设备检修周期，一般为 48～60 个月。

3.2 检修项目

3.2.1 拆检调向装置变速器及传动部件，更换润滑油。

3.2.2 分解检修叠丝辊，择差更换易损件及轴承，更换润滑脂。

3.2.3 拆检移门装置，校正移门及升降导轨、导向轴承，更换气缸密封件及气路元件。

3.2.4 全机防腐处理。

4　检修与质量标准

4.1　检修前准备

4.1.1　准备相关技术资料，根据日常维护、运转和测试记录，确定检修内容，制定检修计划。

4.1.2　落实好检修时所需的备品备件、材料、工器具等，并根据相关质量标准做好质量检查和确认。

4.1.3　选择有维修资质的检修单位并与之进行技术交底，熟悉图纸等相关资料，编制设备检修方案。

4.1.4　对参与检修的人员进行安全及环保教育，做好作业危害分析与评估、风险控制措施的交底与落实。

4.1.5　工艺处理符合要求：

4.1.5.1　移门上升至顶部，关闭压空阀门。

4.1.5.2　清理结束。

4.1.6　做好设备停送电管理，现场检修隔离、警示、挂牌管理。

4.1.7　办理好相关作业的票证，填写好设备交出资料，设备交出手续完备。

4.1.8　完成检修前其他工作确认。

4.2　拆卸与检测

4.2.1　导丝辊拆卸

4.2.1.1　拆除辊筒盖板及轴端轴用挡圈，用铲车托住导丝辊（在铲车叉和辊筒面间必须采取保护措施），用千斤顶配合专用工具，慢慢向外顶出辊筒，用铲车叉接住，轻放于软质面上。注意不得损坏辊面陶瓷。

4.2.1.2　解体分离导丝辊轴与轴承。

4.2.1.3　清洗检查轴、轴承磨损情况，检查导丝辊陶瓷面是否存在损伤。

4.2.2　移门系统检修。

4.2.3　变速机检修参照 SHS 01028《变速机维护检修规程》执行。

4.3　回装与质量标准

4.3.1　回装

4.3.1.1　导丝辊回装

a）离线组装导丝辊与轴承，更换轴承润滑脂；

b）用铲车叉托住导丝辊回装（在铲车叉和辊筒面间必须采取保护措施），注意保持水平及对中，用铜棒敲击将导丝辊回装到位，安装轴用挡圈定位。

4.3.2 移门部件的回装

a）清理门与门框导轨，确保无变形、无油泥、无缠丝；

b）将导向轮组按对组对角安装；

c）将门装入门框架的侧向导轨内，并适量加润滑脂；

d）将运载器装到气缸上，并与移门连接，安装钢丝到吊钩、锁钩上；

e）通入压缩空气进行门控调试，要求运行平稳冲击，上下限运行到位。

4.3.3 检修质量标准

72/74-58-Y13 叠丝机检修质量标准见表 1。

表 1　72/74-58-Y13 叠丝机检修质量标准　mm

序号	检验项目	质量标准	检验方法
1	导丝辊	运转灵活无异声	手感、耳听
2	移门系统	动作灵活、无泄漏	目视

5 试车与验收

5.1 试车前准备

5.1.1 按本规程 4.3.3 检修质量标准进行检查验收。

5.1.2 各阀门灵活有效、各密封点无泄漏，各零部件、附件齐全完好。

5.1.3 确认各润滑点都按润滑要求加油、脂。

5.1.4 各连接件紧固良好。

5.1.5 做到工完、料尽、场地清，废弃物按有关规定进行分类处理。

5.1.6 确认相应检修记录齐全、规范。

5.1.7 确认公用工程、工艺条件、电气、仪表满足试车条件。

5.1.8 完成其他试车条件确认。

5.2 试车

5.2.1 空载试车

5.2.1.1 确认电动机转向，工作电流正常。

5.2.1.2 检查叠丝辊轴承部位有无异振、异响。

5.2.1.3 叠丝辊角度调整灵活可靠。

5.2.2 负载试车

5.2.2.1 负载试车按满负荷正常生产速度进行调试。

5.2.2.2 检查各润滑点泄漏、温升情况和设备运转正常。

5.2.2.3 检查电动机电压、电流正常。

5.3 验收

5.3.1 达到规定试车时间，各项技术指标达到设计要求值或满足生产需要。

5.3.2 设备达到完好标准。

5.3.3 完善检修记录，检修记录齐全、准确，按规定办理验收手续。

6 维护与故障处理

6.1 日常维护

6.1.1 叠丝辊轴承润滑检查，补加润滑脂。

6.1.2 检查辊面，修磨毛刺。

6.1.3 移门系统的升降平稳性、灵活性检查，气路系统消漏。

6.2 常见功能故障与处理方法

72/74-58-Y13 叠丝机常见功能故障与处理方法见表 2。

表 2 72/74-58-Y13 叠丝机常见功能故障与处理方法

序号	功能	功能故障	故障模式	故障后果	故障应对策略与检修内容	检修周期／月
1	保证叠丝能力	导丝辊无法调整方向	电机未运行、故障	影响叠丝能力、影响产能	排查检修或更换电机	随时检修
			变速机故障		排查检修或更换变速机	
			万向联轴器损坏		检修或更换	
			关节轴承异常		检修或更换	
2	保证叠丝机连续运转	移门升降卡阻	导轨变形	设备损坏、影响负荷	校正导轨	定期加油
			移门变形		校正移门	视情检修
			气缸爬行		检修气缸	视情检修
		叠丝辊转动不灵活	轴承损坏		更换轴承	视情检修
			轴磨损严重		修磨检修	视情检修
		导丝辊缠丝严重	导丝辊表面异常，有毛刺、剥落、变形等		更换检修	视情检修

附 录 A

（资料性附录）

检修质量控制确认表

项目	主要控制内容			等级	施工单位	生产装置	设备管理部门	备注
	标准值	部位	现场记录					
拆卸时检测								
导丝辊 1#	运转灵活、表面无损伤			B	★	★		
导丝辊 2#	运转灵活、表面无损伤			B	★	★		
导丝辊 3#	运转灵活、表面无损伤			B	★	★		
导丝辊 4#	运转灵活、表面无损伤			B	★	★		
移门系统	运转灵活、表面无损伤			B	★	★		
回装时检测								
导丝辊 1#	运转灵活、表面无损伤			B	★	★		
导丝辊 2#	运转灵活、表面无损伤			B	★	★		
导丝辊 3#	运转灵活、表面无损伤			B	★	★		
导丝辊 4#	运转灵活、表面无损伤			B	★	★		
移门系统	动作灵活			B	★	★		

注： A 级：施工单位、生产装置、设备管理部门专业人员检查确认后签字。

B 级：施工单位和生产装置专业人员检查确认后签字。

C 级：施工单位专业人员检查确认后签字。

另：如果有监理，监理的职责由甲方授权。

附　录　B
（资料性附录）
试车与验收数据记录表

年　　月　　日

使用单位		检修单位			
设备位号及名称		设备类别	动设备（　　）静设备（　　）		
试车验收前的准备工作	静设备	动设备	标准值	实测值	确认
1. 各加油点已按规定加好润滑油		△			
2. 密封液已加好		△			
3. 电源线已接好		△			
4. 工艺准备已完毕	△	△			
试车验收内容					
1. 检修记录单位和零部件换修记录单已填好	△	△			
2. 设备本体及检修现场干净	△	△			
3. 加热、冷却系统运行正常	△	△			
4. 润滑、密封液系统工作正常		△			
5. 盘车轻松，无轻重不均匀感		△			
6. 防腐或保温完好	△	△			
7. 静密封点无泄漏	△	△			
8. 温升		△			
9. 电流		△			
验收结论：					
验收人员签字： 检修单位：　　　　使用单位：　　　　主管部门：					

注： 1. 在（　　）内填“√”，“△”指该设备应验收这些项目。

2. 对于定性项目，在确认栏内填“√”（符合要求）或“×”（不符合要求）。

3. 对于电流等非定性项目，在“标准值”栏和“实测值”栏内填数值。

55. HV702 型热定型机维护检修规程

SHS 4609—2019

目　次

前　言

本规程按照 GB/T 1.1—2009《标准化工作导则　第 1 部分：标准的结构和编写》给出的规则起草。

本规程由中国石油化工集团有限公司、中国石油化工股份有限公司提出。

本规程起草单位：中国石化仪征化纤有限责任公司。

本规程主要起草人：邢庆高。

本规程 2019 年首次发布

HV702 型热定型机维护检修规程

1 范围

1.1 主题内容

本规程规定了 HV702 型热定型机检修周期与内容、检修程序与质量标准、试车与验收、维护与故障处理。

1.2 适用范围

本规程适用于 HV702 型热定型机的维护与检修。

2 规范性引用文件

下列文件中的条款通过本规程的引用而成为本规程的条款。凡是注日期的引用文件，其随后所有的修改单（不包括勘误的内容）或修订版均不适用于本规程，然而，鼓励根据本规程达成协议的各方研究是否可使用这些文件的最新版本。凡是不注日期的引用文件，其最新版本适用于本规程。

GB/Z 19414 工业用闭式齿轮传动装置

TSG 21 固定式压力容器安全技术监察规程

3 检修周期与内容

3.1 检修周期

根据对设备功能故障及其影响分析的结果、有无备用设备并结合生产装置运行周期，确定设备检修周期，一般为 48～60 个月。

3.2 检修项目

3.2.1 检修传动部分：检查链轮磨损情况，调整链条松紧度。

3.2.2 检查辊、轴（含过桥轴）磨损量，择差更换，检查传动轴键与键槽磨损情况。

3.2.3 轴承检查，测量前、后轴承游隙，后轴承斜套磨损情况，择差更换。

3.2.4 检修次摆线泵及联轴节。

3.2.5 清洗传动箱体、迷宫密封，检查润滑油管位置且校正紧固。

3.2.6 油冷器清洗、打压，更换防腐镁棒。

3.2.7 检修门控系统，调整链条松紧度，校正大门及升降导轨。
3.2.8 更换全部密封件。
3.2.9 检查排风罩的排风情况，排风不良的进行疏通清洗。
3.2.10 全机防腐处理。

4 检修与质量标准

4.1 检修前的准备

4.1.1 准备相关技术资料，根据日常维护、运转和测试记录，确定检修内容，制定检修计划。
4.1.2 落实好检修时所需的备品备件、材料、工器具等，并根据相关质量标准做好质量检查和确认。
4.1.3 选择有维修资质的检修单位并与之进行技术交底，熟悉图纸等相关资料，编制设备检修方案。
4.1.4 对参与检修的人员进行安全及环保教育，做好作业危害分析与评估、风险控制措施的交底与落实。
4.1.5 工艺处理符合要求：
4.1.5.1 中压蒸汽总阀已关闭，支线总阀已关闭，排放阀已打开，蒸汽已排净；
4.1.5.2 定型辊温度已降至常温；
4.1.5.3 热定型机已停电。
4.1.6 做好设备停送电管理，现场检修隔离、警示、挂牌管理。
4.1.7 办理好相关作业的票证，填写好设备交出资料，设备交出手续完备。
4.1.8 完成检修前其他工作确认。

4.2 拆卸与检测

4.2.1 定型辊轴结构见图 1，将热定型机箱体内的润滑油抽净。
4.2.2 拆卸热定型机回转接头。
4.2.3 打开热定型辊前盖板，拆卸辊筒封头端盖，拆卸虹吸管、夹套管。
4.2.4 打开箱体侧窗，解体传动链条并取出，清洗检查链条磨损状况。
4.2.5 拆卸辊筒前端防缠罩，分解轴承前盖板螺栓。
4.2.6 拆卸后轴承盖板，取下圆螺母、斜套、后轴承。
4.2.7 使用叉车将辊轴一起拔出。
4.2.8 分解辊轴，清洗前轴承、迷宫密封，检测前轴承磨损状况、大轴磨损状况，择差检修更换。
4.2.9 检查链轮、链条磨损情况。
4.2.10 检查辊、轴磨损量，传动轴键与键槽配合状况。

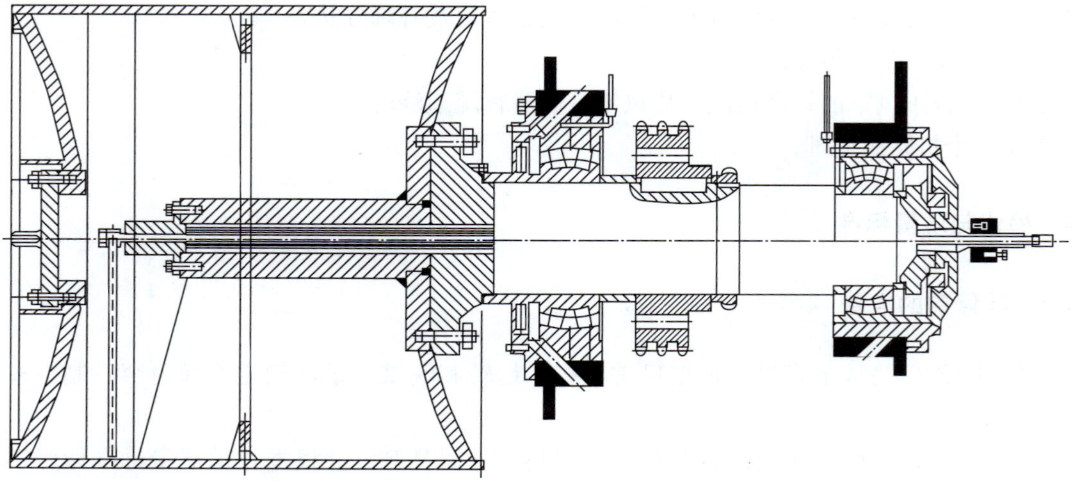

图 1　定型辊轴结构图

4.2.11　检修次摆线泵及联轴节。

4.2.12　检查传动箱体及润滑油管。

4.2.13　油冷器打压。

4.3　回装与质量标准

4.3.1　回装

4.3.1.1　将迷宫、前轴承、链轮安装至热定型机大轴上。

4.3.1.2　将整套大轴与辊筒相连，螺栓紧固找正。

4.3.1.3　将整套辊轴使用叉车安装至设备本体上。

4.3.1.4　将后轴承、斜套、圆螺母、止推垫圈依次安装至大轴后端。

4.3.1.5　安装后轴承盖板、前轴承盖板。

4.3.1.6　安装夹套管、虹吸管、前封头端盖、前盖板。

4.3.1.7　安装回转接头，连接金属软管。

4.3.1.8　安装防缠罩。

4.3.1.9　安装传动链条，调整链条张力。

4.3.1.10　安装箱体侧板。

4.3.1.11　箱体加注润滑油。

4.3.2　检修质量标准

HV702 型热定型机检修质量标准见表 1。

表 1 HV702 型热定型机检修质量标准

mm

序号	检验项目	质量标准	检验方法
1	定型辊表面径跳	≤ 0.6	百分表在距辊端 100 mm 处测
2	定型辊轴向水平	≤ 0.70/1000	水平仪
3	齿轮啮合情况	沿齿高＞ 50%； 沿齿长＞ 70%	涂红丹滚 目测
4	后轴承间隙减小量 （后轴承自由间隙）	0.09～0.11 （0.3）	塞尺
5	滚子链条松紧度	≤ 40/1000	手感目测
6	润滑油温升	≤ 35℃	温度表
7	油压	0.4MPa ≤油压 ≤ 0.5MPa	压力表
8	油位	1/2 ≤油位≤ 2/3 油标高度	目测
9	油冷却器防腐镁棒	＜ 50% 更换	每三个月打开端盖孔检查
10	油冷却器水压试验	0.6MPa	保压 20min 不漏
11	虹吸管与衬套配合间隙	0.3～1.0	卡尺或专用塞规

5 试车与验收

5.1 试车前准备

5.1.1 按本规程 4.3.2 检修质量标准进行检查验收。

5.1.2 各阀门灵活有效、各密封点无泄漏，各零部件、附件齐全完好。

5.1.3 确认各润滑点都按润滑要求加油、脂。

5.1.4 各连接件紧固良好。

5.1.5 做到工完、料尽、场地清，废弃物按有关规定进行分类处理。

5.1.6 确认相应检修记录齐全、规范。

5.1.7 确认公用工程、工艺条件、电气、仪表满足试车条件。

5.1.8 完成其他试车条件确认。

5.2 试车

5.2.1 空载试车

5.2.1.1 试车前要求手动盘车，检查箱体及传动部件有无异物、卡阻。

5.2.1.2 瞬时点动油泵 3 次无异常后反方可连续运转。
5.2.1.3 与主机进行 24h 空载运行验收（低、中、高速各 8h）。
5.2.1.4 热定型机油站温升正常，工作电流正常。
5.2.1.5 全机各动静密封点无泄漏。

5.2.2 负载试车

5.2.2.1 负载试车按满负荷正常生产速度进行调试。
5.2.2.2 检查各润滑点泄漏、温升情况和设备运转正常。
5.2.2.3 全机各部件运行平稳，振动、声音等无异常。
5.2.2.4 检查电动机电压、电流正常。

5.3 验收

5.3.1 达到规定试车时间，各项技术指标达到设计要求值或满足生产需要。
5.3.2 设备达到完好标准。
5.3.3 完善检修记录，检修记录齐全、准确，按规定办理验收手续。

6 维护与故障处理

6.1 日常维护

6.1.1 检查过滤器工作情况，必要时清洗过滤网。
6.1.2 检查回转接头、金属软管，汽路、气路、油路、水路系统消堵消漏。
6.1.3 检查油冷却器润滑油温度，并择差进行检修清洗。
6.1.4 检查紧固全部连接紧固件，配齐缺损件。
6.1.5 检查示油器开度，确保设备润滑。
6.1.6 检查定型辊表面质量，无变形、无毛刺、无损伤。
6.1.7 检查箱体内部传动情况，包括齿轮啮合、链条松动等。
6.1.8 检查传动箱体漏油情况，择差检修。
6.1.9 检查门控系统零部件，确保门控运行平稳、安全。
6.1.10 按设备巡检维护要求做好巡检维护记录。
6.1.11 按设备润滑要求进行润滑，做好润滑记录。

6.2 常见功能故障与处理方法

HV702 型热定型机常见功能故障与处理方法见表 2。

表 2 HV702 型热定型机常见功能故障与处理方法

序号	功能	功能故障	故障模式	故障后果	故障应对策略与检修内容	检修周期／月
1	对丝束作牵伸处理	油乳化	1. 油不合格	装置停工	更换润滑油	视情而定
			2. 油冷却器内漏		更换油冷却器、换油	视情而定
			3. 油泵前吸油管泄漏		检漏堵漏	视情而定
			4. 回转接头处漏水		拆检漏水的回转接头、消漏	视情而定
			5. 视窗玻璃破裂		更换视窗玻璃、换油	视情而定
			6. 箱体压空系统故障		检查压空系统并修复	视情而定
		各润滑点缺油	1. 泵不转	装置停工	拆检自润滑泵传动系统	视情而定
			2. 泵内泄漏严重		更换自润滑油泵	视情而定
			3. 过滤器严重堵塞		清洗过滤网	视情而定
			4. 管路不畅		彻底清洗油管	视情而定
		辊内有异响	1. 虹吸管损坏	装置停工	更换	视情而定
			2. 辊内紧固件松动脱落		紧固或更换紧固件	视情而定
			3. 虹吸管与夹套管壁相碰		调整检修	视情而定
		移门升降不灵	1. 门框变形	人身伤害	整修	视情而定
			2. 链条张力不一致		调整张力	视情而定
			3. 油气缸故障		检修	视情而定
			4. 门滚轮脱落、卡阻故障		检修	视情而定
		牵伸辊跳动超差	1. 后轴承锁紧套松	装置停工	并紧后轴承锁紧套	视情而定
			2. 后轴承间隙太大		更换后轴承	视情而定
			3. 辊筒变形		更换辊筒	视情而定
			4. 辊筒与辊轴接合不良		对辊筒、辊轴接触面成进行修整	视情而定
			5. 前轴承磨损或跑圈		检修	视情而定
		牵伸辊窜位	1. 轴承锥形斜套不到位	装置停工	重新安装	视情而定
			2. 锁紧螺母松动		检修紧固	视情而定
		传动齿轮箱有异音	1. 齿轮（链条）啮合不良	装置停工	调整	视情而定
			2. 轴承安装不良或损坏		检修更换	视情而定
			3. 齿轮损坏（链条断裂）		检修更换	视情而定

表 2　HV702 型热定型机常见功能故障与处理方法（续）

序号	功能	功能故障	故障模式	故障后果	故障应对策略与检修内容	检修周期／月
1	对丝束作牵伸处理	牵伸辊前轴承润滑油外漏	1. 润滑油回油孔堵	装置停工	检修疏通回孔	视情而定
			2. 润滑油量过大		调整润滑油量	视情而定
			3. 墙板密封垫损坏		检修更换密垫	视情而定
	初步定型作用	回转接头泄漏	1. 石墨密封环损坏	产品降等	更换密封环	视情而定
			2. 调整不良		重新调整	视情而定
			3. 密封件损坏		更换密封件	视情而定
			4. 弹簧失效		更换弹簧	视情而定
		牵伸辊温低	1. 虹吸管与辊壁间距太大，垂直管脱落或歪斜	产品降等	检修或调整	视情而定
			2. 疏水器失灵		检修或调整	视情而定
			3. 回转接头泄漏		检修或调整	视情而定
			4. 虹吸管损坏		更换	视情而定

附 录 A
（资料性附录）
检修质量控制确认表

mm

项目	主要控制内容				等级	施工单位	生产装置
	标准值	现场记录					
		1#	2#	3#			
		4#	5#	6#			
拆卸时检测							
定型辊表面径跳	≤ 0.6				B	★	★
定型辊轴向水平	≤ 0.70/1000				B	★	★
回装时检测							
定型辊表面径跳	≤ 0.6				B	★	★
定型辊轴向水平	≤ 0.70/1000				B	★	★
后轴承自由间隙	0.09～0.11 （0.3）				B	★	★
齿轮啮合情况	沿齿高＞ 50%； 沿齿长＞ 70%				B	★	★
滚子链条松紧度	≤ 40/1000				B	★	★
冷却器防腐镁棒	＜ 50% 更换				B	★	★
冷却器水压试验	0.6MPa				B	★	★
虹吸管与衬套配合间隙	0.3～1.0				B	★	★

注： A 级：施工单位、生产装置、设备管理部门专业人员检查确认后签字。

B 级：施工单位和生产装置专业人员检查确认后签字。

C 级：施工单位专业人员检查确认后签字。

另：如果有监理，监理的职责由甲方授权。

附 录 B
（资料性附录）
试车与验收数据记录表

年 月 日

<table>
<tr><td>使用单位</td><td></td><td colspan="2">检修单位</td><td colspan="3"></td></tr>
<tr><td>设备位号及名称</td><td></td><td colspan="2">设备类别</td><td colspan="3">动设备（ ）；静设备（ ）</td></tr>
<tr><td colspan="2">试车验收前的准备工作</td><td>静设备</td><td>动设备</td><td>标准值</td><td>实测值</td><td>确认</td></tr>
<tr><td colspan="2">1. 各加油点已按规定加好润滑油</td><td></td><td>△</td><td></td><td></td><td></td></tr>
<tr><td colspan="2">2. 密封液已加好</td><td></td><td>△</td><td></td><td></td><td></td></tr>
<tr><td colspan="2">3. 电源线已接好</td><td></td><td>△</td><td></td><td></td><td></td></tr>
<tr><td colspan="2">4. 工艺准备已完毕</td><td>△</td><td>△</td><td></td><td></td><td></td></tr>
<tr><td colspan="2">试车验收内容</td><td></td><td></td><td></td><td></td><td></td></tr>
<tr><td colspan="2">1. 检修记录单位和零部件换修记录单已填好</td><td>△</td><td>△</td><td></td><td></td><td></td></tr>
<tr><td colspan="2">2. 设备本体及检修现场干净</td><td>△</td><td>△</td><td></td><td></td><td></td></tr>
<tr><td colspan="2">3. 加热、冷却系统运行正常</td><td>△</td><td>△</td><td></td><td></td><td></td></tr>
<tr><td colspan="2">4. 润滑、密封液系统工作正常</td><td></td><td>△</td><td></td><td></td><td></td></tr>
<tr><td colspan="2">5. 盘车轻松，无轻重不均匀感</td><td></td><td>△</td><td></td><td></td><td></td></tr>
<tr><td colspan="2">6. 防腐或保温完好</td><td>△</td><td>△</td><td></td><td></td><td></td></tr>
<tr><td colspan="2">7. 静密封点无泄漏</td><td>△</td><td>△</td><td></td><td></td><td></td></tr>
<tr><td colspan="2">8. 油温（℃）</td><td></td><td>△</td><td>≤35</td><td></td><td></td></tr>
<tr><td colspan="2">9. 油压（MPa）</td><td></td><td>△</td><td>0.4～0.5</td><td></td><td></td></tr>
<tr><td colspan="2">10. 油位（油标高度）</td><td></td><td>△</td><td>1/2～2/3</td><td></td><td></td></tr>
<tr><td colspan="2">11. 电流</td><td></td><td>△</td><td></td><td></td><td></td></tr>
<tr><td colspan="2"></td><td colspan="5"></td></tr>
<tr><td colspan="2"></td><td colspan="5"></td></tr>
<tr><td colspan="7">验收结论：</td></tr>
<tr><td colspan="7">验收人员签字：

检修单位： 使用单位： 主管部门：</td></tr>
</table>

注： 1. 在（ ）内填“√”，“△”指该设备应验收这些项目。

2. 对于定性项目，在确认栏内填“√”（符合要求）或“×”（不符合要求）。

3. 对于电流等非定性项目，在“标准值”栏和“实测值”栏内填数值。

56. DC–1500 型增压泵维护检修规程

SHS 4610—2019

目　　次

前　言

本规程按照GB/T 1.1—2009《标准化工作导则　第1部分：标准的结构和编写》给出的规则起草。

本规程由中国石油化工集团有限公司、中国石油化工股份有限公司提出。

本规程起草单位：中国石化仪征化纤有限责任公司。

本规程主要起草人：俞建清。

本规程2019年首次发布。

DC-1500 型增压泵维护检修规程

1 范围

1.1 主题内容

本规程规定了 DC-1500 型增压泵的检修周期与内容、检修程序与质量标准、试车与验收、维护与故障处理。

1.2 适用范围

本规程适用于 DC-1500 型增压泵维护与检修。

2 规范性引用文件

下列文件中的条款通过本规程的引用而成为本规程的条款。凡是注日期的引用文件，其随后所有的修改单（不包括勘误的内容）或修订版均不适用于本规程，然而，鼓励根据本规程达成协议的各方研究是否可使用这些文件的最新版本。凡是不注日期的引用文件，其最新版本适用于本规程。

SHS 01028 变速机维护检修规程

SHS 03059 化工设备通用部件检修及质量标准

3 检修周期与内容

3.1 检修周期

根据对设备功能故障及其影响分析的结果、有无备用设备并结合生产装置运行周期，确定设备检修周期，一般为 48～60 个月。

3.2 检修项目

3.2.1 增压泵拆除、分解、清洗、检查，齿轮轴探伤，修磨各部件、更换易损件，组装上机。

3.2.2 同步齿形带及齿形带轮拆除，检查皮带与带轮的磨损情况，择差更换。

3.2.3 球笼联轴器清洗、检查，更换易损件，加润滑脂。

3.2.4 减速机清洗、检查、择差更换易损件及轴承。

3.2.5 紧固地脚螺栓。

3.2.6 检查增压泵的保温情况，视情更换。
3.2.7 检查泵体联接管道（压空、热媒、熔体）是否存在泄漏，视情检修。
3.2.8 增压泵电机、加热器、测温探头和电气控制柜的检修、吹扫、紧固。

4 检修与质量标准

4.1 检修前的准备

4.1.1 准备相关技术资料，根据日常维护、运转和测试记录，确定检修内容，制定检修计划。
4.1.2 落实好检修时所需的备品备件、材料、工器具等，并根据相关质量标准做好质量检查和确认。
4.1.3 选择有维修资质的检修单位并与之进行技术交底，熟悉图纸等相关资料，编制设备检修方案。
4.1.4 对参与检修的人员进行安全及环保教育，做好作业危害分析与评估、风险控制措施的交底与落实。
4.1.5 工艺处理符合要求：
4.1.5.1 增加泵冷却用压空阀门已关闭；
4.1.5.2 熔体裂解、打开泵前、后排放阀排放、吹扫，以确保熔体管道内无压力；
4.1.5.3 增压泵需要在泵工作温度下热拆、分解；
4.1.5.4 增压泵需进行 TEG 清洗，并确保清洁质量。
4.1.6 做好设备停送电管理，现场检修隔离、警示、挂牌管理。
4.1.7 办理好相关作业的票证，填写好设备交出资料，设备交出手续完备。
4.1.8 完成检修前其他工作确认。

4.2 拆卸与检测

4.2.1 安装并紧固好吊具和绳索。
4.2.2 拆除同步齿形带罩壳，拆除同步齿形带、带轮，检查皮带、带轮磨损及老化情况，将拆卸零部平放在待修区。
4.2.3 拆除联轴器防护罩，拆除、分解、检查球笼滑套、传动轴、钢球、保持架及传动滚道的磨损情况，适时调整；具体检修参照 SHS 01073《一般机泵用联轴器检修与质量标准》执行；球笼结构见图 1。
4.2.4 增压泵拆卸、分解、检测：

a）用拉马拆除增压泵端法兰，检查确认法兰有无变形；
b）拆除端面电加热安装螺钉，将加热板移出并放置在合适位置；
c）拆除填料函安装螺钉，用专用工具拆卸填料函，检查填料函的磨损情况；
d）拆松增压泵前板组装螺栓、增压泵安装螺栓，并用拆卸导向杆、支架与底板将

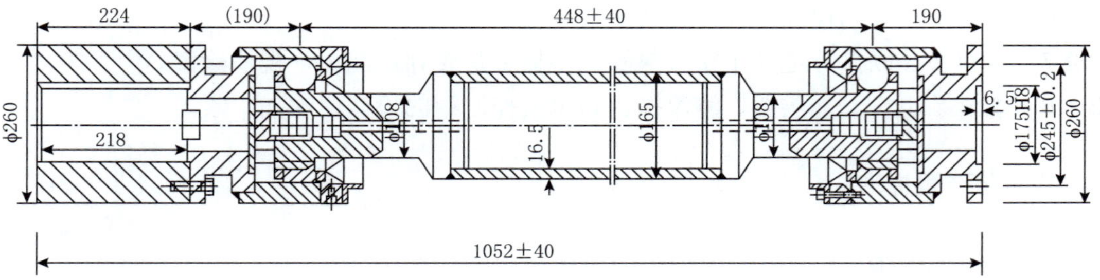

图 1　球笼结构图

增压泵从泵腔内拆除，检查增压泵底板与增压泵耐磨板结合面有无损伤，密封沟槽有无毛刺、有无贯通划痕；

e）用专用高强顶杆对角顶松增压泵前板与腔板，趁热分解泵体，不能敲击泵和泵板的结合面；

f）将泵板、齿轮轴送组件清洗；

g）清洗完后检查齿面、轴颈及泵腔的磨损情况，做好必要的记录。

4.2.5　拆检行星减速机，择差更换高速端、低速端轴承及油封，具体检修按 SHS 01028《变速机维护检修规程》执行。

4.3　回装与质量标准

4.3.1　检查泵的装配螺栓和安装螺栓，使用前螺栓螺纹清理、清洗、套丝、涂刷耐高温脂。

4.3.2　增压泵所有零件在装配前，须用三氯乙烯脱脂，并用干净的压缩空气吹干，滑动部位少许涂些硅油。

4.3.3　用白绸布擦拭增压泵泵板、齿轮轴（含齿轮）、滑动轴承，确保组装零件干净，零件组装过程中需防止撞击损伤，螺栓安装需对称按规定的力矩进行紧固。

4.3.4　检查齿轮轴轴颈、齿轮、滑动轴承、前后泵板、腔板、熔体润滑回路等有无异常损伤。

4.3.5　先将底板、腔板及齿轮轴、齿轮（主、从动）组装在一起，对齿轮进行检测：

a）齿轮啮合侧间隙≤ 0.13mm；

b）单个齿宽误差≤ 0.05mm/100mm；

c）齿轮啮合接触斑点均匀，其接触面积沿齿长≥ 70%，沿齿高≥ 50%；

d）齿轮端面与滑动轴承轴向间隙为 0.1～0.15mm；

e）齿顶隙：0.15～0.25mm，但必须大于轴与轴瓦的径向间隙。

4.3.6　安装增压泵前板，增压泵前板用 M27×160 螺钉、后板用 M27×130 螺钉组装，从动齿轮安装时要注意方向不能装反，前后盖板及齿轮壳体倒角面上数字记号应在一条线上。

4.3.7　检测齿轮轴磨损和与滑动轴承的配合间隙。

a）检查主动齿轮轴的磨损情况，质量标准见表 1；

表 1　齿轮轴质量标准　　mm

检验项目	质量标准	检查方法
齿轮轴轴颈直径处磨损量	≤ 0.1	游标卡尺
齿轮轴（填料处）磨损部位面积范围	≤ 1/3	目测

b）轴颈与滑动轴承配合间隙值见表 2。

表 2　轴颈与滑动轴承配合间隙值

转速 / （r/min）	1500　以下	1500～3000	3000　以上
间隙 /mm	（1.2/1000）D	（1.5/1000）D	（2/1000）D

4.3.8　对泵腔进行熔体清理和金相砂纸打磨，确保增压泵耐磨板安装面干净、无毛刺，先用定位螺栓定位后才能安装、紧固增压泵安装螺栓，并确保螺栓对称紧固与力矩符合要求（第一次 600N·m、第二次 800N·m、第三次 1000N·m）。

4.3.9　球笼联轴节零部件安装。

4.3.10　更换皮带、带轮，分别进行安装，安装后需进行皮带张力、皮带跑偏静态与动态调试。

4.4　检修质量标准

DC-1500 型增压泵检修质量标准见表 3。

表 3　DC-1500 型增压泵检修质量标准　　mm

序号	检验项目	质量标准	检查方法
1	球笼联轴节	表面无裂纹、密封皮碗无损伤、运行无异常振动和声音	目测、听诊棒、测振仪
2	球笼联轴节润滑	润滑脂量 1/3～1/2	
3	增压泵泵板、耐磨板接合面	表面无划伤、裂纹、变形、无较大磨损	目测、透光检测
4	齿轮磨损	≤ 0.3	专用工具
5	轴承孔磨损	≤ 0.1	内径千分尺
6	齿轮轴磨损	≤ 0.1	外径千分尺
7	齿轮、轴	无异常损伤、裂纹	探伤
8	泵输入轴与减速机输出轴同轴度	≤ 0.1	激光对中仪
9	增压泵运转	无异音、异振	听诊棒
10	各密封点	无泄漏	目视
11	减速器	温升≤ 35℃，运转无异音、异振	温度计、测振仪
12	齿形带	传动平稳无异常跳动、噪音、张力适中	目视、听诊

5 试车与验收

5.1 试车前准备

5.1.1 按本规程4.4检修质量标准进行检查验收。

5.1.2 各阀门灵活有效、各密封点无泄漏，各零部件、附件齐全完好。

5.1.3 确认各润滑点都按润滑要求加油、脂。

5.1.4 各连接件紧固良好。

5.1.5 做到工完、料尽、场地清，废弃物按有关规定进行分类处理。

5.1.6 确认相应检修记录齐全、规范。

5.1.7 确认公用工程、工艺条件、电气、仪表满足试车条件。

5.1.8 完成其他试车条件确认。

5.2 试车

5.2.1 空载试车

5.2.1.1 确认电机转向。

5.2.1.2 首先不安装联轴节，启动电机检查减速器运行情况。

5.2.1.3 进行24h空载运行验收（低、中、高速各8h）。

5.2.1.4 增压泵空载盘车灵活、无卡阻。

5.2.2 负载试车

5.2.2.1 负载试车按满负荷正常生产速度进行调试。

5.2.2.2 检查各润滑点泄漏、温升情况和设备运转正常。

5.2.2.3 检查泵体、热媒阀泄漏情况。

5.2.2.4 检查电机电压、电流正常。

5.3 验收

5.3.1 达到规定试车时间，各项技术指标达到设计要求值或满足生产需要。

5.3.2 设备达到完好标准。

5.3.3 完善检修记录，检修记录齐全、准确，按规定办理验收手续。

6 维护与故障处理

6.1 日常维护

6.1.1 保持机台及周围环境清洁。

6.1.2 检查减速器运行情况，定期加注润滑油。

6.1.3 检查球笼联轴节，补加润滑脂。

6.1.4 定期更换电机轴承、润滑脂加注。

6.1.5 按设备润滑基准要求进行润滑，并做好润滑记录。

6.1.6 检查泵轴颈处的泄漏情况，调整冷却压空流量。

6.1.7 检查增压泵、球笼联轴节、减速器、齿形带传动系统的振动情况，检查调整。

6.1.8 定期调整齿形带的张力，视情况更换齿形带、带轮。

6.1.9 按设备巡检维护要求做好巡检维护记录。

6.1.10 检查电机的温度、电流是否正常。

6.1.11 检查各指示仪表有无损坏、缺少、失灵。

6.2 常见功能故障与处理方法

DC-1500 型增压泵常见功能故障与处理方法见表 4。

表 4 DC-1500 型增压泵常见功能故障与处理方法

序号	功能	功能故障	故障模式	故障后果	故障应对策略与检修内容	检修周期 / 月
1	保证熔体增压能力	增压泵泄漏	增压泵轴封熔体泄漏	产品消耗增加	调整轴封冷却压空流量；紧固安装螺栓固	随时调整检修
			增压泵安装面熔体泄漏	熔体外漏、裂解、火灾	紧固安装螺栓固；检修增压泵安装面；确认密封沟槽，更换金属 O 形环	停车检修
		吐出量不稳定	速度太快；入口熔体压力太低；入口熔体温度低；黏度不稳定	消耗高、影响质量	工艺调整	视情而定
2	保证增压泵连续运转	增压泵异常停车	泵体故障	影响负荷、非计划停车	润滑不良造成滑动轴承损坏 齿轮损坏、断轴故障 齿轮轴与密封咬合故障；停车更换增压泵	停车检修
			减速机故障	影响负荷、非计划停车	润滑不良、添加或更换润滑油；高速部故障（轴承、齿轮、键），检修或更换备台；更换老化或磨损油封	停车检修
			联轴节故障	影响负荷、非计划停车	球道磨损严重 润滑不良，关节轴承损坏	停车检修
			电动机故障	影响负荷、非计划停车	轴承缺油，更换轴承或电动机；电动机断轴，更换电动机	1 次 /18 月

表 4 DC-1500 型增压泵常见功能故障与处理方法（续）

序号	功能	功能故障	故障模式	故障后果	故障应对策略与检修内容	检修周期／月
2	保证增压泵连续运转	增压泵异常停车	电气控制系统故障	影响负荷、非计划停车	元件老化，更换；通信故障，检查维修；联锁点表计异常、误报，更换仪表、检查检修	停车检修
			电机低速运行产生过电压自停	设备损伤、影响负荷	工艺调整	视情而定
			超负荷运行跳停	设备损伤、影响负荷	工艺调整	视情而定
			温度异常故障	设备损伤、影响负荷	停车后及时关闭冷却阀；开车前及时做好泵体保温	视情而定
3		增压泵异音	熔体料位或熔体压力太低，无足量的熔体进入齿轮泵	设备损伤、影响负荷	工艺调整	视情而定
			转速太高	设备损伤、影响负荷	工艺调整	视情而定
			泵内存在空气	设备损伤、影响负荷	检查熔体法兰及密封	停车检修
			滑动轴承润滑不良	设备损伤、影响负荷	清理、调整	停车检修
			联轴节轴承润滑不良	设备损伤、影响负荷	清理、调整	停车检修

附 录 A

（资料性附录）

检修质量控制确认表

项目	主要控制内容			等级	施工单位	主产装置	设备管理部门	备注
	标准值	部位	现场记录					
拆卸时检测								
轴承内孔磨损（前、后）	≤ 0.1mm	内径		B	★	★		
轴承	无划痕	内孔、端面		B	★	★		
主动齿轮轴磨损（前、后）	≤ 0.1mm	外径		A	★	★	★	★
从动齿轮轴磨损（前、后）	≤ 0.1mm	外径		A	★	★	★	★
主动齿轮磨损	≤ 0.3mm	齿面		A	★	★	★	★
从动齿轮磨损	≤ 0.3mm	齿面		A	★	★	★	★
前泵板透光检测	无透光	泵板结合面		B	★	★		
中泵板透光检测（前、后）	无透光	泵板结合面		B	★	★		
后泵板透光检测（前、后）	无透光	泵板结合面		B	★	★		
齿轮、轴探伤	无裂纹	齿、轴		A	★	★	★	★
球笼联轴节润滑（前、后）	润滑脂量 1/3～1/2	球头两侧		B	★	★		
回装时检测								
轴承内孔磨损（前、后）	≤ 0.1mm	内径		B	★	★		
轴承	无划痕	内孔、端面		B	★	★		
主齿轮轴磨损（前、后）	≤ 0.1mm	外径		A	★	★	★	★
从齿轮轴磨损（前、后）	≤ 0.1mm	外径		A	★	★	★	★
主动齿轮磨损	≤ 0.3mm	齿面		A	★	★	★	★
从动齿轮磨损	≤ 0.3mm	齿面		A	★	★	★	★
前泵板透光检测	无透光	泵板结合面		B	★	★		
中泵板透光检测（前、后）	无透光	泵板结合面		B	★	★		
后泵板透光检测（前、后）	无透光	泵板结合面		B	★	★		
泵输入轴与减速机输出轴同轴度	≤ 0.1mm			B	★	★		
球笼联轴节润滑（前、后）	润滑脂量 1/3～1/2	球头两侧		B	★	★		

注： A 级：施工单位、生产装置、设备管理部门专业人员检查确认后签字。

B 级：施工单位和生产装置专业人员检查确认后签字。

C 级：施工单位专业人员检查确认后签字。

另：如果有监理，监理的职责由甲方授权。

附 录 B
（资料性附录）
试车与验收数据记录表

年 月 日

使用单位		检修单位			
设备位号及名称		设备类别	动设备（ ）；静设备（ ）		
试车验收前的准备工作	静设备	动设备	标准值	实测值	确认
1. 各加油点已按规定加好润滑油		△			
2. 密封液已加好		△			
3. 电源线已接好		△			
4. 工艺准备已完毕	△	△			
试车验收内容					
1. 检修记录单位和零部件换修记录单已填好	△	△			
2. 设备本体及检修现场干净	△	△			
3. 加热、冷却系统运行正常	△	△			
4. 润滑、密封液系统工作正常		△			
5. 盘车轻松，无轻重不均匀感		△			
6. 防腐或保温完好	△	△			
7. 静密封点无泄漏	△	△			
8. 温升		△			
9. 电流		△			
验收结论：					
验收人员签字： 检修单位： 使用单位： 主管部门：					

注： 1. 在（ ）内填“√”，“△”指该设备应验收这些项目。

2. 对于定性项目，在确认栏内填“√”（符合要求）或“×”（不符合要求）。

3. 对于电流等非定性项目，在“标准值”栏和“实测值”栏内填数值。